Springer-Lehrbuch

Grundkurs Theoretische Physik

Band 1
Klassische Mechanik
10. Auflage
ISBN: 978-3-642-29936-0

Band 2
Analytische Mechanik
9. Auflage
ISBN: 978-3-642-41979-9

Band 3
Elektrodynamik
10. Auflage
ISBN: 978-3-642-37904-8

Band 4
Spezielle Relativitätstheorie, Thermodynamik
8. Auflage
ISBN: 978-3-642-24480-3

Band 5/1
Quantenmechanik – Grundlagen
8. Auflage
ISBN: 978-3-642-25402-4

Band 5/2
Quantenmechanik – Methoden und Anwendungen
8. Auflage
ISBN: 978-3-662-44229-6

Band 6
Statistische Physik
7. Auflage
ISBN: 978-3-642-25392-8

Band 7
Viel-Teilchen-Theorie
8. Auflage
ISBN: 978-3-662-49552-0

Wolfgang Nolting

Grundkurs Theoretische Physik 7

Viel-Teilchen-Theorie

8. Auflage

Springer Spektrum

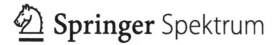

Wolfgang Nolting
Humboldt-Universität zu Berlin
Berlin, Deutschland

ISSN 0937-7433
ISBN 978-3-662-49552-0 ISBN 978-3-642-25808-4 (eBook)
DOI 10.1007/978-3-642-25808-4

Die Deutsche Nationalbibliothek verzeichnet diese Publikation in der Deutschen Nationalbibliografie; detaillierte bibliografische Daten sind im Internet über http://dnb.d-nb.de abrufbar.

Springer Spektrum

Planung: Margit Maly

Gedruckt auf säurefreiem und chlorfrei gebleichtem Papier.

Springer Spektrum ist Teil von Springer Nature
Die eingetragene Gesellschaft ist Springer Berlin Heidelberg
(www.springer.com)

Allgemeines Vorwort

Die sieben Bände der Reihe „*Grundkurs Theoretische Physik*" sind als direkte Begleiter zum Hochschulstudium Physik gedacht. Sie sollen in kompakter Form das wichtigste theoretisch-physikalische Rüstzeug vermitteln, auf dem aufgebaut werden kann, um anspruchsvollere Themen und Probleme im fortgeschrittenen Studium und in der physikalischen Forschung bewältigen zu können.

Die Konzeption ist so angelegt, dass der erste Teil des Kurses,

- *Klassische Mechanik* (Band 1)
- *Analytische Mechanik* (Band 2)
- *Elektrodynamik* (Band 3)
- *Spezielle Relativitätstheorie, Thermodynamik* (Band 4),

als Theorieteil eines „*Integrierten Kurses*" aus Experimentalphysik und Theoretischer Physik, wie er inzwischen an zahlreichen deutschen Universitäten vom ersten Semester an angeboten wird, zu verstehen ist. Die Darstellung ist deshalb bewusst ausführlich, manchmal sicher auf Kosten einer gewissen Eleganz, und in sich abgeschlossen gehalten, sodass der Kurs auch zum Selbststudium ohne Sekundärliteratur geeignet ist. Es wird nichts vorausgesetzt, was nicht an früherer Stelle der Reihe behandelt worden ist. Dies gilt inbesondere auch für die benötigte Mathematik, die vollständig so weit entwickelt wird, dass mit ihr theoretisch-physikalische Probleme bereits vom Studienbeginn an gelöst werden können. Dabei werden die mathematischen Einschübe immer dann eingefügt, wenn sie für das weitere Vorgehen im Programm der Theoretischen Physik unverzichtbar werden. Es versteht sich von selbst, dass in einem solchen Konzept nicht alle mathematischen Theorien mit absoluter Strenge bewiesen und abgeleitet werden können. Da muss bisweilen ein Verweis auf entsprechende mathematische Vorlesungen und vertiefende Lehrbuchliteratur erlaubt sein. Ich habe mich aber trotzdem um eine halbwegs abgerundete Darstellung bemüht, sodass die mathematischen Techniken nicht nur angewendet werden können, sondern dem Leser zumindest auch plausibel erscheinen.

Die mathematischen Einschübe werden natürlich vor allem in den ersten Bänden der Reihe notwendig, die den Stoff bis zum Physik-Vordiplom beinhalten. Im zweiten Teil des Kurses, der sich mit den modernen Disziplinen der Theoretischen Physik befasst,

- *Quantenmechanik: Grundlagen* (Band 5/1)
- *Quantenmechanik: Methoden und Anwendungen* (Band 5/2)
- *Statistische Physik* (Band 6)
- *Viel-Teilchen-Theorie* (Band 7),

sind sie weitgehend überflüssig geworden, insbesondere auch deswegen, weil im Physik-Studium inzwischen die Mathematik-Ausbildung Anschluss gefunden hat. Der frühe Beginn der Theorie-Ausbildung bereits im ersten Semester gestattet es, die *Grundlagen der Quantenmechanik* schon vor dem Vordiplom zu behandeln. Der Stoff der letzten drei Bände kann natürlich nicht mehr Bestandteil eines *„Integrierten Kurses"* sein, sondern wird wohl überall in reinen Theorie-Vorlesungen vermittelt. Das gilt insbesondere für die *„Viel-Teilchen-Theorie"*, die bisweilen auch unter anderen Bezeichnungen wie *„Höhere Quantenmechanik"* etwa im achten Fachsemester angeboten wird. Hier werden neue, über den Stoff des Grundstudiums hinausgehende Methoden und Konzepte diskutiert, die insbesondere für korrelierte Systeme aus vielen Teilchen entwickelt wurden und für den erfolgreichen Übergang zu wissenschaftlichem Arbeiten (Diplom, Promotion) und für das Lesen von Forschungsliteratur inzwischen unentbehrlich geworden sind.

In allen Bänden der Reihe *„Grundkurs Theoretische Physik"* sollen zahlreiche Übungsaufgaben dazu dienen, den erlernten Stoff durch konkrete Anwendungen zu vertiefen und richtig einzusetzen. Eigenständige Versuche, abstrakte Konzepte der Theoretischen Physik zur Lösung realer Probleme aufzubereiten, sind absolut unverzichtbar für den Lernenden. Ausführliche Lösungsanleitungen helfen bei größeren Schwierigkeiten und testen eigene Versuche, sollten aber nicht dazu verleiten, *„aus Bequemlichkeit"* eigene Anstrengungen zu unterlassen. Nach jedem größeren Kapitel sind Kontrollfragen angefügt, die dem Selbsttest dienen und für Prüfungsvorbereitungen nützlich sein können.

Ich möchte nicht vergessen, an dieser Stelle allen denen zu danken, die in irgendeiner Weise zum Gelingen dieser Buchreihe beigetragen haben. Die einzelnen Bände sind letztlich auf der Grundlage von Vorlesungen entstanden, die ich an den Universitäten in Münster, Würzburg, Osnabrück, Valladolid (Spanien), Warangal (Indien) sowie in Berlin gehalten habe. Das Interesse und die konstruktive Kritik der Studenten bedeuteten für mich entscheidende Motivation, die Mühe der Erstellung eines doch recht umfangreichen Manuskripts als sinnvoll anzusehen. In der Folgezeit habe ich von zahlreichen Kollegen wertvolle Verbesserungsvorschläge erhalten, die dazu geführt haben, das Konzept und die Ausführung der Reihe weiter auszubauen und aufzuwerten.

Die ersten Auflagen dieser Buchreihe sind im Verlag Zimmermann-Neufang entstanden. Ich kann mich an eine sehr faire und stets erfreuliche Zusammenarbeit erinnern. Danach erschien die Reihe bei Vieweg. Die Übernahme der Reihe durch den Springer-Verlag im Januar 2001 hat dann zu weiteren professionellen Verbesserungen im Erscheinungsbild des

„Grundkurs Theoretische Physik" geführt. Den Herren Dr. Kölsch und Dr. Schneider und ihren Teams bin ich für viele Vorschläge und Anregungen sehr dankbar. Meine Manuskripte scheinen in guten Händen zu liegen.

Berlin, im April 2001 *Wolfgang Nolting*

Vorwort zur 8. Auflage von Band 7

Am eigentlichen Konzept des „*Grundkurs Theoretische Physik*““ und damit auch an dem siebten Band der Reihe („*Viel-Teilchen-Theorie*“) hat sich natürlich mit der vorliegenden neuen Auflage nichts geändert. Er ist nach wie vor auf ein Physik-Studienprogramm zugeschnitten, das bereits im ersten Semester mit der Theoretischen Physik (Mechanik) beginnt, so wie es die meisten neuen Bachelor/Master-Studienordnungen an deutschen Hochschulen vorsehen. Techniken und Konzepte werden weiterhin so detailliert vermittelt, dass ein Selbststudium ohne aufwendige Zusatzliteratur möglich sein sollte. In diesem Zusammenhang spielen natürlich die Übungsaufgaben, die nach jedem wichtigen Teilabschnitt angeboten werden, eine für den Lerneffekt unverzichtbare Rolle. Die recht anspruchsvolle „*Viel-Teilchen-Theorie*“, die möglicherweise unter anderer Bezeichnung („*Höhere Quantenmechanik*“, „*Ausgewählte Kapitel der Theoretischen Physik*“, ...) einem späten Modul des Masterprogramms zuzurechnen ist oder zur Vorbereitung einer Masterarbeit benötigt wird, macht das übende Anwenden von Konzepten und Methoden sogar besonders notwendig. Dabei sollten die ausführlichen Musterlösungen nicht von der selbständigen Bearbeitung der Aufgaben abhalten, sondern nur als Kontrolle der eigenen Bemühungen dienen.

Die jetzt vorliegende 8. Auflage enthält eine substantielle Erweiterung der diagrammatischen Störungstheorie bei endlichen Temperaturen (Matsubara-Formalismus) in Kap. 6. Die Darstellung wurde neuen, modernen Entwicklungen in der Viel-Teilchen-Theorie angepasst. Zum vertieften Verständnis der für Anwendungen inzwischen unverzichtbaren Matsubara-Methode wurde eine Reihe von Aufgaben mit vollständigen Musterlösungen eingefügt. Außerdem wurden an diversen Stellen des Buchtextes neue Passagen eingeschoben, weil ich glaubte, Erklärungen und Ableitungen dort durchschaubarer gestalten zu können. Eine intensive Durchsicht des Buchmanuskripts hat zudem dazu geführt, eine Vielzahl von ärgerlichen Druckfehlern zu beseitigen.

Wie auch schon bei den früheren Auflagen haben ich sehr von Kommentaren, Druckfehlermeldungen und diversen Verbesserungsvorschlägen zahlreicher Kollegen und insbesondere Studierender profitiert. Dafür möchte ich mich an dieser Stelle ganz herzlich bedanken. Die Zusammenarbeit mit dem Springer-Verlag, insbesondere mit Frau Dr. V. Spillner, verlief, wie auch früher schon, absolut reibungslos und produktiv.

Berlin, im Oktober 2014 *Wolfgang Nolting*

Inhaltsverzeichnis

Die Zweite Quantisierung

1

W. Nolting, *Grundkurs Theoretische Physik 7*, Springer-Lehrbuch,
DOI 10.1007/978-3-642-25808-4_1, © Springer-Verlag Berlin Heidelberg 2015

Die physikalische Welt besteht aus wechselwirkenden Viel-Teilchen-Systemen. Deren exakte Beschreibung erfordert die Lösung von entsprechenden Viel-Teilchen-Schrödinger-Gleichungen, was allerdings in der Regel unmöglich ist. Die Aufgabe der Theoretischen Physik besteht deshalb darin, Konzepte zu entwickeln, mit deren Hilfe ein Viel-Teilchen-Problem *physikalisch vernünftig* approximativ gelöst werden kann.

Der Formalismus der **zweiten Quantisierung** führt zu einer starken Vereinfachung in der Beschreibung von Viel-Teilchen-Systemen, bedeutet letztlich aber nur eine Umformulierung der ursprünglichen Schrödinger-Gleichung, stellt also noch kein Lösungskonzept dar. Typisch für die zweite Quantisierung ist die Einführung von so genannten

- Erzeugungs- und Vernichtungsoperatoren,

die das mühsame Konstruieren von N-Teilchen-Wellenfunktionen als symmetrisierte bzw. antisymmetrisierte Produkte von Ein-Teilchen-Wellenfunktionen überflüssig machen. Die gesamte Statistik steckt dann in

- fundamentalen Vertauschungsrelationen

dieser *Konstruktionsoperatoren.* Die in den Viel-Teilchen-Systemen ablaufenden Wechselwirkungsprozesse werden durch *Erzeugung* und *Vernichtung* gewisser Teilchen ausgedrückt.

Sind die Teilchen eines N-Teilchen-Systems durch irgendeine physikalische Eigenschaft **unterscheidbar**, so ergibt sich die Beschreibung unmittelbar aus den allgemeinen Postulaten der Quantenmechanik. Bei nichtunterscheidbaren Teilchen tritt ein Prinzip in Kraft, das spezielle Symmetrieforderungen an die Hilbert-Raum-Vektoren der N-Teilchen-Systeme stellt.

Wenn die Teilchen unterscheidbar sind, dann sind sie in irgendeiner Form *numerierbar:*

- $\mathcal{H}_1^{(i)}$: Hilbert-Raum des i-ten Teilchens.

Sei $\left\{\widehat{\varphi}^{(i)}\right\}$ ein vollständiger Satz kommutierender Observabler in $\mathcal{H}_1^{(i)}$, dann bilden die (gemeinsamen) Eigenzustände $\left|\varphi_\alpha^{(i)}\right\rangle$ eine

- Basis des $\mathcal{H}_1^{(i)}$,

die wir als orthonormiert annehmen können:

$$\left\langle \varphi_\alpha^{(i)} \middle| \varphi_\beta^{(i)} \right\rangle = \delta_{\alpha\beta} \quad (\text{oder } \delta(\alpha - \beta)) \; .$$

$\mathcal{H}_N$: Hilbert-Raum des N-Teilchen-Systems

$$\mathcal{H}_N = \mathcal{H}_1^{(1)} \otimes \mathcal{H}_1^{(2)} \otimes \cdots \otimes \mathcal{H}_1^{(N)} \; .$$

Als **Basis des** $\mathcal{H}_N$ verwenden wir die direkten Produkte der entsprechenden Ein-Teilchen-Basiszustände:

$$\begin{aligned} \left|\varphi_N\right\rangle &= \left|\varphi_{\alpha_1}^{(1)}\varphi_{\alpha_2}^{(2)}\cdots\varphi_{\alpha_N}^{(N)}\right\rangle \\ &= \left|\varphi_{\alpha_1}^{(1)}\right\rangle\left|\varphi_{\alpha_2}^{(2)}\right\rangle\cdots\left|\varphi_{\alpha_N}^{(N)}\right\rangle . \end{aligned} \tag{1.1}$$

Ein allgemeiner N-Teilchen-Zustand $|\psi_N\rangle$ lässt sich dann nach den $\left|\varphi_N\right\rangle$ entwickeln:

$$\left|\psi_N\right\rangle = \sum_{\alpha_1,\dots,\alpha_N} C\left(\alpha_1,\dots,\alpha_N\right)\left|\varphi_{\alpha_1}^{(1)}\varphi_{\alpha_2}^{(2)}\cdots\varphi_{\alpha_N}^{(N)}\right\rangle . \tag{1.2}$$

Die statistische Interpretation eines solchen N-Teilchen-Zustandes ist identisch mit der für die Ein-Teilchen-Zustände. So ist $\left|C(\alpha_1,\dots,\alpha_N)\right|^2$ die Wahrscheinlichkeit, mit der eine Messung der Observablen $\widehat{\varphi}$ am Zustand $\left|\psi_N\right\rangle$ den Eigenwert zu $\left|\varphi_{\alpha_1}^{(1)}\cdots\varphi_{\alpha_N}^{(N)}\right\rangle$ liefert. – Die Dynamik des N-Teilchen-Systems resultiert aus einer formal unveränderten Schrödinger-Gleichung:

$$i\hbar\left|\dot{\psi}_N\right\rangle = \widehat{H}\left|\psi_N\right\rangle . \tag{1.3}$$

$\widehat{H}$ ist der Hamilton-Operator des N-Teilchen-Systems.

Die Behandlung der Viel-Teilchen-Systeme bringt in der Quantenmechanik bei unterscheidbaren Teilchen genau dieselben Schwierigkeiten mit sich wie in der Klassischen Physik, ganz einfach aufgrund der größeren Komplexität gegenüber dem Ein-Teilchen-Problem. Es gibt jedoch keine zusätzlichen, typisch quantenmechanischen Komplikationen. Das wird anders, wenn wir zu Systemen nichtunterscheidbarer Teilchen übergehen.

1.1 Identische Teilchen

Definition 1.1.1 ***Identische Teilchen***

Teilchen, die sich unter gleichen physikalischen Bedingungen vollkommen gleich verhalten und damit durch keine objektive Messung voneinander unterschieden werden können.

In der Klassischen Mechanik ist bei bekannten Anfangsbedingungen der *Zustand* eines Teilchens für alle Zeiten durch die Hamilton'schen Bewegungsgleichungen festgelegt. Das Teilchen ist stets identifizierbar, da seine Bahn berechenbar ist. In diesem Sinn sind in der Klassischen Mechanik auch identische Teilchen (gleiche Masse, Ladung, Raumerfüllung u. a. m.) unterscheidbar.

Im Gültigkeitsbereich der Quantenmechanik gilt dagegen das fundamentale

- **Prinzip der Ununterscheidbarkeit.**

Dies besagt, dass miteinander wechselwirkende, identische Teilchen prinzipiell nichtunterscheidbar sind. Die Ursache liegt darin, dass als Folge der Unschärferelation keine scharfen Teilchenbahnen existieren. Das Teilchen wird vielmehr als *zerfließendes* Wellenpaket aufzufassen sein. Die Aufenthaltswahrscheinlichkeiten der miteinander wechselwirkenden, identischen Teilchen überlappen, was eine Identifikation unmöglich macht.

Jede Fragestellung, deren Beantwortung die Beobachtung eines Einzelteilchens erfordert, ist für Systeme identischer Teilchen physikalisch sinnlos! Ein Problem besteht nun darin, dass aus rechentechnischen Gründen eine Teilchen-Nummerierung unvermeidbar ist. Diese muss aber so gehalten sein, dass physikalisch relevante Aussagen gegenüber Änderungen der Markierung invariant sind. *Physikalisch relevant* sind ausschließlich die messbaren Größen eines physikalischen Systems. Das sind nicht die *nackten* Operatoren oder Zustände, sondern vielmehr Erwartungswerte von Observablen oder Skalarprodukte von Zuständen. Diese dürfen sich nicht ändern, wenn man in den N-Teilchen-Zuständen die Nummerierung zweier Teilchen miteinander vertauscht. Ansonsten gäbe es ja eine Messung, durch die man die beiden Teilchen unterscheiden könnte. Man kann deshalb die folgende Beziehung als

- **Definitionsgleichung für Systeme identischer Teilchen**

auffassen:

$$\begin{aligned} &\left\langle \varphi_{\alpha_1}^{(1)} \cdots \varphi_{\alpha_i}^{(i)} \cdots \varphi_{\alpha_j}^{(j)} \cdots \varphi_{\alpha_N}^{(N)} \right| \widehat{A} \left| \varphi_{\alpha_1}^{(1)} \cdots \varphi_{\alpha_i}^{(i)} \cdots \varphi_{\alpha_j}^{(j)} \cdots \varphi_{\alpha_N}^{(N)} \right\rangle \\ \overset{!}{=} &\left\langle \varphi_{\alpha_1}^{(1)} \cdots \varphi_{\alpha_i}^{(j)} \cdots \varphi_{\alpha_j}^{(i)} \cdots \varphi_{\alpha_N}^{(N)} \right| \widehat{A} \left| \varphi_{\alpha_1}^{(1)} \cdots \varphi_{\alpha_i}^{(j)} \cdots \varphi_{\alpha_j}^{(i)} \cdots \varphi_{\alpha_N}^{(N)} \right\rangle . \end{aligned} \tag{1.4}$$

Das soll für eine beliebige Observable $\widehat{A}$ und beliebige N-Teilchen-Zustände gelten. Aus (1.4) folgen eine Reihe von charakteristischen Eigenschaften sowohl für die Operatoren als auch für die Zustände. Gleichung (1.4) gilt natürlich für alle Paare (i, j) und natürlich auch nicht nur für die Vertauschung von zwei Teilchen, sondern für beliebige Permutationen der Teilchenindizes. Jede Permutation lässt sich aber als Produkt von Transpositionen der Art (1.4) schreiben.

Definition 1.1.2 ***Permutationsoperator*** $\mathcal{P}$

$$\mathcal{P} \left| \varphi_{\alpha_1}^{(1)} \varphi_{\alpha_2}^{(2)} \cdots \varphi_{\alpha_N}^{(N)} \right\rangle = \left| \varphi_{\alpha_1}^{(i_1)} \varphi_{\alpha_2}^{(i_2)} \cdots \varphi_{\alpha_N}^{(i_N)} \right\rangle . \tag{1.5}$$

$\mathcal{P}$ soll hier auf die Teilchenindizes wirken, natürlich können auch Zustandsindizes α_i in Frage kommen. $(i_1, i_2, \cdots, i_N)$ ist das permutierte N-Tupel $(1, 2, \ldots, N)$.

Definition 1.1.3 ***Transpositionsoperator*** P_{ij}

$$P_{ij}\left|\cdots\varphi_{\alpha_i}^{(i)}\cdots\varphi_{\alpha_j}^{(j)}\cdots\right\rangle = \left|\cdots\varphi_{\alpha_i}^{(j)}\cdots\varphi_{\alpha_j}^{(i)}\cdots\right\rangle . \tag{1.6}$$

Wir wollen einige Eigenschaften des Transpositionsoperators diskutieren. Zweimalige Anwendung von P_{ij} auf einen N-Teilchen-Zustand führt offensichtlich auf den Ausgangszustand zurück. Dies bedeutet:

$$P_{ij}^2 = \mathbf{1} \quad \Leftrightarrow \quad P_{ij} = P_{ij}^{-1} . \tag{1.7}$$

Gleichung (1.4) lässt sich nun wie folgt schreiben:

$$\left\langle\varphi_N\left|\widehat{A}\right|\varphi_N\right\rangle \overset{!}{=} \left\langle P_{ij}\varphi_N\left|\widehat{A}\right|P_{ij}\varphi_N\right\rangle = \left\langle\varphi_N\left|P_{ij}^{+}\widehat{A}P_{ij}\right|\varphi_N\right\rangle .$$

Dies gilt für beliebige N-Teilchen-Zustände des $\mathcal{H}_N$; im Übrigen auch für beliebige Matrixelemente der Form $\left\langle\varphi_N\left|\widehat{A}\right|\psi_N\right\rangle$, da diese durch die Zerlegung

$$\begin{aligned}\left\langle\varphi_N\left|\widehat{A}\right|\psi_N\right\rangle = \frac{1}{4}\Big\{&\left\langle\varphi_N+\psi_N\left|\widehat{A}\right|\varphi_N+\psi_N\right\rangle - \left\langle\varphi_N-\psi_N\left|\widehat{A}\right|\varphi_N-\psi_N\right\rangle\\ &+\mathrm{i}\left\langle\varphi_N-\mathrm{i}\psi_N\left|\widehat{A}\right|\varphi_N-\mathrm{i}\psi_N\right\rangle - \mathrm{i}\left\langle\varphi_N+\mathrm{i}\psi_N\left|\widehat{A}\right|\varphi_N+\mathrm{i}\psi_N\right\rangle\Big\}\end{aligned}$$

auf Ausdrücke der obigen Gestalt gebracht werden können. Es ergibt sich damit die **Operatoridentität:**

$$\widehat{A} = P_{ij}^{+}\widehat{A}P_{ij} \quad \forall(i,j) . \tag{1.8}$$

Eine notwendige, fast triviale Voraussetzung für die Observablen eines Systems identischer Teilchen ist deshalb, dass sie explizit von den Koordinaten **aller** N Teilchen abhängen.

Setzt man in (1.8) speziell $\widehat{A} = \mathbf{1}$, so folgt:

$$\mathbf{1} = P_{ij}^{+}P_{ij} \Rightarrow P_{ij} = P_{ij}^{+}P_{ij}^2 = P_{ij}^{+} .$$

Der Transpositionsoperator P_{ij} ist also hermitesch und unitär im $\mathcal{H}_N$ identischer Teilchen:

$$P_{ij} = P_{ij}^{+} = P_{ij}^{-1} . \tag{1.9}$$

Aus (1.8) folgt weiter:

$$P_{ij}\widehat{A} = P_{ij}P_{ij}^{+}\widehat{A}P_{ij} = \widehat{A}P_{ij} .$$

Alle Observablen des N-Teilchen-Systems vertauschen mit P_{ij}:

$$\left[P_{ij}, \widehat{A}\right]_- = P_{ij}\widehat{A} - \widehat{A}P_{ij} \equiv 0 \,. \tag{1.10}$$

Dies gilt speziell für den Hamilton-Operator $\widehat{H}$ des Systems:

$$\left[P_{ij}, \widehat{H}\right]_- = 0 \,. \tag{1.11}$$

Nach dem Prinzip der Ununterscheidbarkeit identischer Teilchen darf sich der N-Teilchen-Zustand $|\varphi_N\rangle$ nach Anwendung von P_{ij} nur um einen unwesentlichen Phasenfaktor ändern, insbesondere muss $|\varphi_N\rangle$ Eigenzustand zu P_{ij} sein:

$$\begin{aligned} P_{ij}\left|\cdots \varphi_{\alpha_i}^{(i)} \cdots \varphi_{\alpha_j}^{(j)} \cdots\right\rangle &= \left|\cdots \varphi_{\alpha_i}^{(j)} \cdots \varphi_{\alpha_j}^{(i)} \cdots\right\rangle \\ &\overset{!}{=} \lambda\left|\cdots \varphi_{\alpha_i}^{(i)} \cdots \varphi_{\alpha_j}^{(j)} \cdots\right\rangle \,. \end{aligned} \tag{1.12}$$

Wegen (1.7) kommen nur die reellen Eigenwerte

$$\lambda = \pm 1 \tag{1.13}$$

in Frage, die insbesondere von dem speziellen Paar (i, j) unabhängig sind. Dies bedeutet:

Zustände eines Systems identischer Teilchen sind gegenüber Vertauschung eines Teilchenpaares entweder **symmetrisch** oder **antisymmetrisch**!

$\mathcal{H}_N^{(+)}$: Hilbert-Raum der symmetrischen Zustände $|\psi_N^{(+)}\rangle$:

$$P_{ij}\left|\psi_N^{(+)}\right\rangle = \left|\psi_N^{(+)}\right\rangle \quad \forall (i,j) \,. \tag{1.14}$$

$\mathcal{H}_N^{(-)}$: Hilbert-Raum der antisymmetrischen Zustände $|\psi_N^{(-)}\rangle$:

$$P_{ij}\left|\psi_N^{(-)}\right\rangle = -\left|\psi_N^{(-)}\right\rangle \quad \forall (i,j) \,. \tag{1.15}$$

Für den Zeitentwicklungsoperator

$$U(t, t_0) = \exp\left(-\frac{\mathrm{i}}{\hbar} H\,(t - t_0)\right), \qquad H \neq H(t) \tag{1.16}$$

gilt wegen (1.11):

$$\left[P_{ij}, U\right]_- = 0 \,. \tag{1.17}$$

Die Zustände eines Systems aus N identischen Teilchen behalten also für alle Zeiten ihren Symmetriecharakter bei.

Wie konstruiert man solche (anti-)symmetrisierten N-Teilchen-Zustände? Als Ausgangspunkt kann ein nicht symmetrisierter N-Teilchen-Zustand vom Typ (1.1) dienen. Auf diesen wendet man den folgenden Symmetrisierungsoperator an:

$$\widehat{S}_\varepsilon = \sum_{\mathcal{P}} \varepsilon^p \mathcal{P} \, , \tag{1.18}$$

$\varepsilon = \pm$; p = Zahl der Transpositionen, die $\mathcal{P}$ aufbauen. Summiert wird über alle für das N-Tupel $(1, 2, \dots, N)$ denkbaren Permutationsoperatoren $\mathcal{P}$. Multipliziert man ein $\mathcal{P}$ aus der Summe mit einer Transposition P_{ij}, so ergibt sich natürlich eine andere, ebenfalls in der Summe vorkommende Permutation $\mathcal{P}'$ mit $p' = p \pm 1$. Die folgende Umformung ist deshalb einsichtig:

$$P_{ij}\widehat{S}_\varepsilon = \sum_{\mathcal{P}} \varepsilon^p P_{ij}\mathcal{P} = \sum_{\mathcal{P}} \varepsilon^p \mathcal{P}' = \varepsilon \sum_{\mathcal{P}'} \varepsilon^{p'} \mathcal{P}' \, .$$

Dies bedeutet:

$$P_{ij}\widehat{S}_\varepsilon = \varepsilon \widehat{S}_\varepsilon \, . \tag{1.19}$$

Die Vorschrift

$$\left|\psi_N^{(\varepsilon)}\right\rangle = \widehat{S}_\varepsilon \left|\psi_{\alpha_1}^{(1)} \psi_{\alpha_2}^{(2)} \cdots \psi_{\alpha_N}^{(N)}\right\rangle \tag{1.20}$$

führt also auf einen symmetrisierten (ε=+) bzw. antisymmetrisierten (ε=−) N-Teilchen-Zustand, für den (1.14) bzw.(1.15) gültig ist.

Für eine allgemeine Permutation $\mathcal{P}$ gilt dann offenbar:

$$\mathcal{P}\widehat{S}_\varepsilon = \varepsilon^p \widehat{S}_\varepsilon \Leftrightarrow \mathcal{P}\left|\psi_N^{(\varepsilon)}\right\rangle = \varepsilon^p \left|\psi_N^{(\varepsilon)}\right\rangle \, . \tag{1.21}$$

Wir haben bisher gezeigt, dass die N-Teilchen-Zustände identischer Teilchen nur vom Typ $\left|\psi_N^{(\pm)}\right\rangle$ sein können und ihren jeweiligen Symmetriecharakter für alle Zeiten beibehalten. Dies lässt sich noch etwas genauer formulieren:

> Die Zustände eines Systems aus N identischen Teilchen gehören sämtlich zum $\mathcal{H}_N^{(+)}$ oder sämtlich zum $\mathcal{H}_N^{(-)}$.

Dies kann man wie folgt plausibel machen: Wenn $\left|\varphi_N^{(\varepsilon)}\right\rangle$ und $\left|\psi_N^{(\varepsilon')}\right\rangle$ zwei mögliche Zustände des N-Teilchen-Systems sind, dann sollte sich das System durch eine geeignete Maßnahme, d. h. durch Anwenden eines bestimmten Operators $\hat{x}$ (oder eines Satzes von Operatoren), von dem einen in den jeweils anderen Zustand transformieren lassen. Formal heißt dies, dass das Skalarprodukt

$$\left\langle \varphi_N^{(\varepsilon)} \middle| \hat{x} \middle| \psi_N^{(\varepsilon')} \right\rangle \neq 0$$

ist. Dann folgt weiter:

$$\begin{aligned}\varepsilon \left\langle \varphi_N^{(\varepsilon)} \middle| \hat{x} \middle| \psi_N^{(\varepsilon')} \right\rangle &= \left\langle P_{ij}\varphi_N^{(\varepsilon)} \middle| \hat{x} \middle| \psi_N^{(\varepsilon')} \right\rangle = \left\langle \varphi_N^{(\varepsilon)} \middle| P_{ij}^{+}\hat{x} \middle| \psi_N^{(\varepsilon')} \right\rangle \\ &= \left\langle \varphi_N^{(\varepsilon)} \middle| P_{ij}\hat{x} \middle| \psi_N^{(\varepsilon')} \right\rangle = \left\langle \varphi_N^{(\varepsilon)} \middle| \hat{x}P_{ij} \middle| \psi_N^{(\varepsilon')} \right\rangle \\ &= \varepsilon' \left\langle \varphi_N^{(\varepsilon)} \middle| \hat{x} \middle| \psi_N^{(\varepsilon')} \right\rangle .\end{aligned}$$

Also gilt die Behauptung $\varepsilon = \varepsilon'$.

Welcher Raum, $\mathcal{H}_N^{(+)}$ oder $\mathcal{H}_N^{(-)}$, für welchen Teilchentyp in Frage kommt, wird in der relativistischen Quantenfeldtheorie beantwortet. Wir übernehmen hier ohne Beweis den

- Spin-Statistik-Zusammenhang.

$\mathcal{H}_N^{(+)}$: Raum der symmetrischen Zustände von N identischen Teilchen mit

- ganzzahligem Spin.

Die Teilchen heißen **Bosonen.**

Beispiele

π-Mesonen ($S = 0$), Photonen ($S = 1$), Phononen ($S = 0$), Magnonen ($S = 1$), α-Teilchen, ^{4}He, …

$\mathcal{H}_N^{(-)}$: Raum der antisymmetrischen Zustände von N identischen Teilchen mit

- halbzahligem Spin.

Die Teilchen heißen **Fermionen.**

Beispiele

Elektronen, Positronen, Protonen, Neutronen, ^{3}He, …

1.2 „Kontinuierliche" Fock-Darstellung

Wir wollen in diesem Abschnitt die für die zweite Quantisierung typischen Erzeugungs- und Vernichtungsoperatoren einführen. Dazu sind noch ein paar Vorbemerkungen notwendig.

Die erste Aufgabe besteht darin, mithilfe passender Ein-Teilchen-Zustände $|\varphi_\alpha\rangle$ eine Basis des $\mathcal{H}_N^{(\varepsilon)}$ zu konstruieren. Dabei haben wir zu unterscheiden, ob die zugehörige Ein-Teilchen-Observable $\hat{\varphi}$ ein diskretes oder ein kontinuierliches Spektrum besitzt. Wir diskutieren in diesem Abschnitt zunächst den Fall des **kontinuierlichen** Ein-Teilchen-Spektrums. Wir setzen also voraus:

$\widehat{\varphi}$: Ein-Teilchen-Observable mit kontinuierlichem Spektrum

$$\widehat{\varphi}|\varphi_\alpha\rangle = \varphi_\alpha|\varphi_\alpha\rangle\,, \tag{1.22}$$

$$\langle\varphi_\alpha|\varphi_\beta\rangle = \delta\left(\varphi_\alpha - \varphi_\beta\right) \equiv \delta(\alpha-\beta)\,. \tag{1.23}$$

Die Eigenzustände sollen eine Basis des $\mathcal{H}_1$ bilden:

$$\int \mathrm{d}\varphi_\alpha\, |\varphi_\alpha\rangle\langle\varphi_\alpha| = \mathbf{1} \quad \text{in } \mathcal{H}_1\,. \tag{1.24}$$

Ein nicht symmetrisierter N-Teilchen-Zustand ergibt sich wie in (1.1) einfach als Produktzustand:

$$|\varphi_{\alpha_1}\cdots\varphi_{\alpha_N}\rangle = |\varphi_{\alpha_1}^{(1)}\rangle|\varphi_{\alpha_2}^{(2)}\rangle\cdots|\varphi_{\alpha_N}^{(N)}\rangle\,. \tag{1.25}$$

Der obere Index bezieht sich auf das Teilchen, die α_i's sind vollständige Sätze von Quantenzahlen. Das N-Tupel der Zustandsindizes α_i sei nach irgendwelchen Gesichtspunkten beliebig, aber fest angeordnet. Das Zustandssymbol auf der linken Seite von (1.25) enthalte eben diese **Standardanordnung**. Durch Anwendung des Operators $\widehat{S}_\varepsilon$ aus (1.18) machen wir aus (1.25) einen

(anti-)symmetrisierten *N*-Teilchen-Zustand

$$|\varphi_{\alpha_1}\cdots\varphi_{\alpha_N}\rangle^{(\varepsilon)} = \frac{1}{N!}\sum_{\mathcal{P}} \varepsilon^p \mathcal{P}|\varphi_{\alpha_1}\cdots\varphi_{\alpha_N}\rangle\,. \tag{1.26}$$

Dabei haben wir noch einen passenden Normierungsfaktor $1/N!$ eingeführt. Wenn keine Missdeutungen möglich sind, werden wir den Zustand (1.26) auch einfach durch $|\varphi_N^{(\varepsilon)}\rangle$ symbolisieren.

Man macht sich leicht klar, dass im Raum $\mathcal{H}_N^{(\varepsilon)}$ jeder Permutationsoperator $\mathcal{P}$ ein hermitescher Operator ist:

$$\begin{aligned}\langle\psi_N^{(\varepsilon)}|\mathcal{P}^+|\varphi_N^{(\varepsilon)}\rangle &= \left(\langle\varphi_N^{(\varepsilon)}|\mathcal{P}|\psi_N^{(\varepsilon)}\rangle\right)^* = \varepsilon^p\left(\langle\varphi_N^{(\varepsilon)}|\psi_N^{(\varepsilon)}\rangle\right)^* \\ &= \varepsilon^p\langle\psi_N^{(\varepsilon)}|\varphi_N^{(\varepsilon)}\rangle = \langle\psi_N^{(\varepsilon)}|\mathcal{P}|\varphi_N^{(\varepsilon)}\rangle\,.\end{aligned}$$

Daraus folgt:

$$\mathcal{P} = \mathcal{P}^+ \qquad \text{in } \mathcal{H}_N^{(\varepsilon)} . \tag{1.27}$$

Damit können wir für die Zustände (1.26) eine nützliche Beziehung ableiten. Sei $\widehat{A}$ eine beliebige Observable. Dann gilt:

$$\begin{aligned}
\left\langle \psi_N^{(\varepsilon)} \middle| \widehat{A} \middle| \varphi_N^{(\varepsilon)} \right\rangle &= \frac{1}{N!} \sum_{\mathcal{P}} \varepsilon^p \left\langle \psi_{\alpha_1} \cdots \psi_{\alpha_N} \middle| \mathcal{P}^+ \widehat{A} \middle| \varphi_N^{(\varepsilon)} \right\rangle \\
&= \frac{1}{N!} \sum_{\mathcal{P}} \varepsilon^p \left\langle \psi_{\alpha_1} \cdots \psi_{\alpha_N} \middle| \widehat{A} \mathcal{P} \middle| \varphi_N^{(\varepsilon)} \right\rangle \\
&= \frac{1}{N!} \sum_{\mathcal{P}} \varepsilon^{2p} \left\langle \psi_{\alpha_1} \cdots \psi_{\alpha_N} \middle| \widehat{A} \middle| \varphi_N^{(\varepsilon)} \right\rangle .
\end{aligned}$$

Wegen (1.10) vertauscht jede Transposition P_{ij} mit $\widehat{A}$. Da $\mathcal{P}$ als Produkt von Transpositionen dargestellt werden kann, kommutiert auch $\mathcal{P}$ mit jeder *erlaubten* Observablen $\widehat{A}$. Dies haben wir zusammen mit (1.27) im zweiten Schritt ausgenutzt. Da $\varepsilon^{2p} = +1$ ist und die Summe gerade $N!$ Terme enthält, bleibt:

$$\left\langle \psi_N^{(\varepsilon)} \middle| \widehat{A} \middle| \varphi_N^{(\varepsilon)} \right\rangle = \left\langle \psi_{\alpha_1} \cdots \psi_{\alpha_N} \middle| \widehat{A} \middle| \varphi_N^{(\varepsilon)} \right\rangle . \tag{1.28}$$

Auf der rechten Seite ist der bra-Vektor also nicht symmetrisiert. Diese Beziehung gilt insbesondere dann, wenn $\widehat{A}$ die Identität ist:

$$\begin{aligned}
&{}^{(\varepsilon)}\left\langle \varphi_{\beta_1} \cdots \varphi_{\beta_N} \middle| \varphi_{\alpha_1} \cdots \varphi_{\alpha_N} \right\rangle^{(\varepsilon)} \\
&= \left\langle \varphi_{\beta_1} \cdots \varphi_{\beta_N} \middle| \varphi_{\alpha_1} \cdots \varphi_{\alpha_N} \right\rangle^{(\varepsilon)} \\
&= \frac{1}{N!} \sum_{\mathcal{P}_\alpha} \varepsilon^{p_\alpha} \mathcal{P}_\alpha \left\langle \varphi_{\beta_1} \cdots \varphi_{\beta_N} \middle| \varphi_{\alpha_1} \cdots \varphi_{\alpha_N} \right\rangle .
\end{aligned}$$

Der Index α soll andeuten, dass $\mathcal{P}_\alpha$ nur auf die Größen φ_α wirkt. Damit gilt für das

Skalarprodukt zweier (anti-)symmetrisierter *N*-Teilchen-Zustände

$$\begin{aligned}
&{}^{(\varepsilon)}\left\langle \varphi_{\beta_1} \cdots \varphi_{\beta_N} \middle| \varphi_{\alpha_1} \cdots \varphi_{\alpha_N} \right\rangle^{(\varepsilon)} = \\
&= \frac{1}{N!} \sum_{\mathcal{P}_\alpha} \varepsilon^{p_\alpha} \mathcal{P}_\alpha \left\{ \left\langle \varphi_{\beta_1}^{(1)} \middle| \varphi_{\alpha_1}^{(1)} \right\rangle \cdots \left\langle \varphi_{\beta_N}^{(N)} \middle| \varphi_{\alpha_N}^{(N)} \right\rangle \right\} = \\
&= \frac{1}{N!} \sum_{\mathcal{P}_\alpha} \varepsilon^{p_\alpha} \mathcal{P}_\alpha \left[\delta(\beta_1 - \alpha_1) \cdots \delta(\beta_N - \alpha_N) \right] .
\end{aligned} \tag{1.29}$$

Dies ist die logische Verallgemeinerung der Orthonormierungsbedingung (1.23) für die Ein-Teilchen-Zustände auf die (anti-)symmetrisierten N-Teilchen-Zustände.

Mit (1.29) findet man dann:

$$
\begin{aligned}
&\int\!\cdots\!\int \mathrm{d}\beta_1 \cdots \mathrm{d}\beta_N \left|\varphi_{\beta_1}\cdots\varphi_{\beta_N}\right\rangle^{(\varepsilon)}\,{}^{(\varepsilon)}\!\left\langle\varphi_{\beta_1}\cdots\varphi_{\beta_N}\left|\varphi_{\alpha_1}\cdots\varphi_{\alpha_N}\right.\right\rangle^{(\varepsilon)} \\
&= \frac{1}{N!}\sum_{\mathcal{P}_\alpha}\varepsilon^{p_\alpha}\mathcal{P}_\alpha\left|\varphi_{\alpha_1}\cdots\varphi_{\alpha_N}\right\rangle^{(\varepsilon)} = \frac{1}{N!}\sum_{\mathcal{P}_\alpha}\varepsilon^{2p_\alpha}\left|\varphi_{\alpha_1}\cdots\varphi_{\alpha_N}\right\rangle^{(\varepsilon)} \\
&= \left|\varphi_{\alpha_1}\cdots\varphi_{\alpha_N}\right\rangle^{(\varepsilon)}.
\end{aligned}
\tag{1.30}
$$

Jeder beliebige N-Teilchen-Zustand $\left|\psi_N\right\rangle^{(\varepsilon)}$ stellt eine Summe aus Produkten von jeweils N Ein-Teilchen-Zuständen $|\psi\rangle$ dar. Da nach Voraussetzung die $\left|\varphi_\alpha\right\rangle$ im $\mathcal{H}_1$ eine vollständige Basis bilden, lässt sich $|\psi\rangle$ als Linearkombination der $\left|\varphi_\alpha\right\rangle$ schreiben. Dann ist klar, dass sich $\left|\psi_N\right\rangle^{(\varepsilon)}$ stets nach den $\left|\varphi_{\alpha_1}\cdots\right\rangle^{(\varepsilon)}$ wird entwickeln lassen können:

$$
\begin{aligned}
\left|\psi_N\right\rangle^{(\varepsilon)} &= \widehat{S}_\varepsilon\left|\psi^{(1)}\cdots\psi^{(N)}\right\rangle \\
&= \sum_{\alpha_1}C_{\alpha_1}\sum_{\alpha_2}C_{\alpha_2}\cdots\sum_{\alpha_N}C_{\alpha_N}\widehat{S}_\varepsilon\left|\varphi_{\alpha_1}\cdots\varphi_{\alpha_N}\right\rangle \\
&= \sum_{\alpha_1\cdots\alpha_N} C\left(\alpha_1\cdots\alpha_N\right)\left|\varphi_{\alpha_1}\cdots\varphi_{\alpha_N}\right\rangle^{(\varepsilon)}.
\end{aligned}
\tag{1.31}
$$

Damit folgt aus (1.30) die

Vollständigkeitsrelation

$$
\int\!\cdots\!\int \mathrm{d}\beta_1\cdots\mathrm{d}\beta_N \left|\varphi_{\beta_1}\cdots\varphi_{\beta_N}\right\rangle^{(\varepsilon)}\,{}^{(\varepsilon)}\!\left\langle\varphi_{\beta_1}\cdots\varphi_{\beta_N}\right| = \mathbf{1}
\tag{1.32}
$$

in $\mathcal{H}_N^{(\varepsilon)}$.

Die in (1.26) definierten Zustände $\left|\varphi_{\alpha_1}\cdots\varphi_{\alpha_N}\right\rangle^{(\varepsilon)}$ bilden also eine vollständige, orthonormierte Basis des $\mathcal{H}_N^{(\varepsilon)}$.

Die vorstehenden Betrachtungen machen deutlich, wie mühselig das Arbeiten mit (anti-) symmetrisierten N-Teilchen-Zuständen sein kann. Wir wollen diese deshalb nun mithilfe eines speziellen Operators sämtlich aus dem so genannten

$$
\textbf{Vakuumzustand}\ |0\rangle\ ; \quad \langle 0\,|\,0\rangle = 1
\tag{1.33}
$$

aufbauen. Die Eigenart dieses Operators,

$$
a^+_{\varphi_\alpha} \equiv a^+_\alpha\,,
$$

besteht darin, Viel-Teilchen-Hilbert-Räume, die zu verschiedenen Teilchenzahlen gehören, miteinander zu verknüpfen:

$$
a^+_\alpha : \mathcal{H}_N^{(\varepsilon)} \quad\Rightarrow\quad \mathcal{H}_{N+1}^{(\varepsilon)}\,.
\tag{1.34}
$$

Er ist vollständig definiert durch seine Wirkungsweise:

$$a^+_{\alpha_1}|0\rangle = \sqrt{1}\left|\varphi_{\alpha_1}\right\rangle^{(\varepsilon)} ,$$
$$a^+_{\alpha_2}\left|\varphi_{\alpha_1}\right\rangle^{(\varepsilon)} = \sqrt{2}\left|\varphi_{\alpha_2}\varphi_{\alpha_1}\right\rangle^{(\varepsilon)}$$
$$\dots$$

Allgemein gilt:

$$a^+_\beta\underbrace{\left|\varphi_{\alpha_1}\cdots\varphi_{\alpha_N}\right\rangle^{(\varepsilon)}}_{\in\mathcal{H}_N^{(\varepsilon)}} = \sqrt{N+1}\underbrace{\left|\varphi_\beta\varphi_{\alpha_1}\cdots\varphi_{\alpha_N}\right\rangle^{(\varepsilon)}}_{\in\mathcal{H}_{N+1}^{(\varepsilon)}} . \quad (1.35)$$

Man nennt a^+_β einen

- Erzeugungsoperator.

Er *erzeugt* anschaulich ein zusätzliches Teilchen im Ein-Teilchen-Zustand $|\varphi_\beta\rangle$. – Die Umkehrung von (1.35) lautet:

$$\left|\varphi_{\alpha_1}\cdots\varphi_{\alpha_N}\right\rangle^{(\varepsilon)} = \frac{1}{\sqrt{N!}}a^+_{\alpha_1}a^+_{\alpha_2}\cdots a^+_{\alpha_N}|0\rangle . \quad (1.36)$$

Dabei ist streng auf die Reihenfolge der Operatoren zu achten. So gilt z. B.:

$$a^+_{\alpha_1}a^+_{\alpha_2}\left|\varphi_{\alpha_3}\cdots\varphi_{\alpha_N}\right\rangle^{(\varepsilon)} = \sqrt{N(N-1)}\left|\varphi_{\alpha_1}\varphi_{\alpha_2}\varphi_{\alpha_3}\cdots\varphi_{\alpha_N}\right\rangle^{(\varepsilon)},$$
$$a^+_{\alpha_2}a^+_{\alpha_1}\left|\varphi_{\alpha_3}\cdots\varphi_{\alpha_N}\right\rangle^{(\varepsilon)} = \sqrt{N(N-1)}\left|\varphi_{\alpha_2}\varphi_{\alpha_1}\varphi_{\alpha_3}\cdots\varphi_{\alpha_N}\right\rangle^{(\varepsilon)}$$
$$= \varepsilon\sqrt{N(N-1)}\left|\varphi_{\alpha_1}\varphi_{\alpha_2}\varphi_{\alpha_3}\cdots\varphi_{\alpha_N}\right\rangle^{(\varepsilon)} .$$

Da es sich um Basiszustände handelt, lesen wir hieran die folgende Operatoridentität ab:

$$\left[a^+_{\alpha_1}, a^+_{\alpha_2}\right]_{-\varepsilon} \equiv a^+_{\alpha_1}a^+_{\alpha_2} - \varepsilon a^+_{\alpha_2}a^+_{\alpha_1} = 0 . \quad (1.37)$$

Die Erzeugungsoperatoren kommutieren für Bosonen ($\varepsilon = +$) und antikommutieren für Fermionen ($\varepsilon = -$).

Wir diskutieren nun den zu a^+_α adjungierten Operator

$$a_\alpha = \left(a^+_\alpha\right)^+ , \quad (1.38)$$

der die Hilbert-Räume $\mathcal{H}_N^{(\varepsilon)}$ und $\mathcal{H}_{N-1}^{(\varepsilon)}$ miteinander verknüpft:

$$a_\alpha : \mathcal{H}_N^{(\varepsilon)} \quad\Rightarrow\quad \mathcal{H}_{N-1}^{(\varepsilon)} . \quad (1.39)$$

Die Bezeichnung

- Vernichtungsoperator

wird durch die folgenden Überlegungen verständlich. Da a_α zu a_α^+ adjungiert ist, gilt zunächst einmal nach (1.35) bzw. (1.36):

$$ {}^{(\varepsilon)}\langle \varphi_{\alpha_1} \cdots \varphi_{\alpha_N} | a_\beta = \sqrt{N+1}\ {}^{(\varepsilon)}\langle \varphi_\beta \varphi_{\alpha_1} \cdots \varphi_{\alpha_N} | \tag{1.40} $$

$$ {}^{(\varepsilon)}\langle \varphi_{\alpha_1} \cdots \varphi_{\alpha_N} | = \frac{1}{\sqrt{N!}} \langle 0 | a_{\alpha_N} \cdots a_{\alpha_2} a_{\alpha_1} \ . \tag{1.41} $$

Die Bedeutung des Operators a_α ergibt sich durch die Berechnung des folgenden Matrixelements:

$$ \begin{aligned} &{}^{(\varepsilon)}\langle \underbrace{\varphi_{\beta_2} \cdots \varphi_{\beta_N}}_{\in \mathcal{H}_{N-1}^{(\varepsilon)}} | a_\gamma | \underbrace{\varphi_{\alpha_1} \cdots \varphi_{\alpha_N}}_{\in \mathcal{H}_N^{(\varepsilon)}} \rangle^{(\varepsilon)} \\ &= \sqrt{N}\ {}^{(\varepsilon)}\langle \varphi_\gamma \varphi_{\beta_2} \cdots \varphi_{\beta_N} | \varphi_{\alpha_1} \cdots \varphi_{\alpha_N} \rangle^{(\varepsilon)} \\ &= \frac{\sqrt{N}}{N!} \sum_{\mathcal{P}_\alpha} \varepsilon^{p_\alpha} \mathcal{P}_\alpha \big(\delta(\gamma - \alpha_1)\, \delta(\beta_2 - \alpha_2)\, \delta(\beta_3 - \alpha_3) \cdots \delta(\beta_N - \alpha_N) \big) \ . \end{aligned} $$

Im letzten Schritt haben wir (1.29) ausgenutzt. Wir sortieren die Summe noch etwas um:

$$ \begin{aligned} &{}^{(\varepsilon)}\langle \varphi_{\beta_2} \cdots \varphi_{\beta_N} | a_\gamma | \varphi_{\alpha_1} \cdots \varphi_{\alpha_N} \rangle^{(\varepsilon)} \\ &= \frac{1}{\sqrt{N}} \frac{1}{(N-1)!} \Big\{ \delta(\gamma - \alpha_1) \sum_{\mathcal{P}} \varepsilon^{p_\alpha} \mathcal{P}_\alpha \big(\delta(\beta_2 - \alpha_2) \cdots \delta(\beta_N - \alpha_N) \big) \\ &\quad + \varepsilon \delta(\gamma - \alpha_2) \sum_{\mathcal{P}_\alpha} \varepsilon^{p_\alpha} \mathcal{P}_\alpha \big(\delta(\beta_2 - \alpha_1)\, \delta(\beta_3 - \alpha_3) \cdots \delta(\beta_N - \alpha_N) \big) \\ &\quad + \cdots \\ &\quad + \varepsilon^{N-1} \delta(\gamma - \alpha_N) \sum_{\mathcal{P}_\alpha} \varepsilon^{p_\alpha} \mathcal{P}_\alpha \big(\delta(\beta_2 - \alpha_1)\, \delta(\beta_3 - \alpha_2) \cdots \delta(\beta_N - \alpha_{N-1}) \big) \Big\} \ . \end{aligned} $$

Die Summen auf der rechten Seite stellen wiederum Skalarprodukte dar, nun aber im $\mathcal{H}_{N-1}^{(\varepsilon)}$:

$$ \begin{aligned} &{}^{(\varepsilon)}\langle \varphi_{\beta_2} \cdots \varphi_{\beta_N} | a_\gamma | \varphi_{\alpha_1} \cdots \varphi_{\alpha_N} \rangle^{(\varepsilon)} \\ &= \frac{1}{\sqrt{N}} \Big\{ \delta(\gamma - \alpha_1)\ {}^{(\varepsilon)}\langle \varphi_{\beta_2} \cdots \varphi_{\beta_N} | \varphi_{\alpha_2} \cdots \varphi_{\alpha_N} \rangle^{(\varepsilon)} \\ &\quad + \varepsilon \delta(\gamma - \alpha_2)\ {}^{(\varepsilon)}\langle \varphi_{\beta_2} \cdots \varphi_{\beta_N} | \varphi_{\alpha_1} \varphi_{\alpha_3} \cdots \varphi_{\alpha_N} \rangle^{(\varepsilon)} \\ &\quad + \cdots \\ &\quad + \varepsilon^{N-1} \delta(\gamma - \alpha_N)\ {}^{(\varepsilon)}\langle \varphi_{\beta_2} \cdots \varphi_{\beta_N} | \varphi_{\alpha_1} \cdots \varphi_{\alpha_{N-1}} \rangle^{(\varepsilon)} \Big\} \ . \end{aligned} $$

Da der bra-Vektor ein beliebiger Basisvektor des $\mathcal{H}_{N-1}^{(\varepsilon)}$ ist, besagt diese Beziehung:

$$\begin{aligned} a_\gamma \left|\varphi_{\alpha_1} \cdots \varphi_{\alpha_N}\right\rangle^{(\varepsilon)} = \frac{1}{\sqrt{N}} \Big\{ & \delta(\gamma - \alpha_1) \left|\varphi_{\alpha_2} \cdots \varphi_{\alpha_N}\right\rangle^{(\varepsilon)} \\ & + \varepsilon \delta(\gamma - \alpha_2) \left|\varphi_{\alpha_1} \varphi_{\alpha_3} \cdots \varphi_{\alpha_N}\right\rangle^{(\varepsilon)} \\ & + \cdots \\ & + \varepsilon^{N-1} \delta(\gamma - \alpha_N) \left|\varphi_{\alpha_1} \cdots \varphi_{\alpha_{N-1}}\right\rangle^{(\varepsilon)} \Big\} \end{aligned} \tag{1.42}$$

Wenn der Ein-Teilchen-Zustand $|\varphi_\gamma\rangle$ unter den Zuständen $|\varphi_{\alpha_1}\rangle$ bis $|\varphi_{\alpha_N}\rangle$, die den N-Teilchen-Zustand $|\varphi_{\alpha_1} \cdots \varphi_{\alpha_N}\rangle^{(\varepsilon)}$ aufbauen, erscheint, dann resultiert ein $(N-1)$-Teilchen-Zustand, in dem gerade $|\varphi_\gamma\rangle$ nicht mehr vorkommt. Man sagt, a_γ *vernichtet* ein Teilchen im Zustand $|\varphi_\gamma\rangle$. Kommt $|\varphi_\gamma\rangle$ in dem symmetrisierten Ausgangszustand nicht vor, so bringt die Anwendung von a_γ den Ausgangszustand zum Verschwinden. Insbesondere gilt der wichtige Spezialfall:

$$a_\gamma |0\rangle = 0 \, . \tag{1.43}$$

Die Vertauschungsrelation für die Vernichtungsoperatoren folgt unmittelbar aus (1.37):

$$\left[a_{\alpha_1}, a_{\alpha_2}\right]_{-\varepsilon} = -\varepsilon \left(\left[a_{\alpha_1}^+, a_{\alpha_2}^+\right]_{-\varepsilon}\right)^+ .$$

Vernichtungsoperatoren kommutieren ($\varepsilon = +$; Bosonen) bzw. antikommutieren ($\varepsilon = -$; Fermionen):

$$\left[a_{\alpha_1}, a_{\alpha_2}\right]_{-\varepsilon} \equiv 0 \, . \tag{1.44}$$

Es bleibt noch eine dritte Vertauschungsrelation, nämlich die zwischen Erzeugungs- und Vernichtungsoperatoren:

$$\left[a_{\alpha_1}, a_{\alpha_2}^+\right]_{-\varepsilon} = \delta(\alpha_1 - \alpha_2) \, . \tag{1.45}$$

Beweis

$|\varphi_{\alpha_1} \cdots \varphi_{\alpha_N}\rangle^{(\varepsilon)}$ sei ein beliebiger Basiszustand des $\mathcal{H}_N^{(\varepsilon)}$.

$$\begin{aligned} a_\beta \left(a_\gamma^+ \left|\varphi_{\alpha_1} \cdots \varphi_{\alpha_N}\right\rangle^{(\varepsilon)}\right) &= \sqrt{N+1}\, a_\beta \left|\varphi_\gamma \varphi_{\alpha_1} \cdots \varphi_{\alpha_N}\right\rangle^{(\varepsilon)} \\ &= \delta(\beta - \gamma) \left|\varphi_{\alpha_1} \cdots \varphi_{\alpha_N}\right\rangle^{(\varepsilon)} \\ &\quad + \varepsilon \delta(\beta - \alpha_1) \left|\varphi_\gamma \varphi_{\alpha_2} \cdots \varphi_{\alpha_N}\right\rangle^{(\varepsilon)} \\ &\quad + \cdots \\ &\quad + \varepsilon^N \delta(\beta - \alpha_N) \left|\varphi_\gamma \varphi_{\alpha_1} \cdots \varphi_{\alpha_{N-1}}\right\rangle^{(\varepsilon)} , \end{aligned}$$

$$
\begin{aligned}
a_\gamma^+ \left(a_\beta \left| \varphi_{\alpha_1} \cdots \varphi_{\alpha_N} \right\rangle^{(\varepsilon)} \right) = {} & \delta(\beta - \alpha_1) \left| \varphi_\gamma \varphi_{\alpha_2} \cdots \varphi_{\alpha_N} \right\rangle^{(\varepsilon)} \\
& + \varepsilon \delta(\beta - \alpha_2) \left| \varphi_\gamma \varphi_{\alpha_1} \varphi_{\alpha_3} \cdots \varphi_{\alpha_N} \right\rangle^{(\varepsilon)} \\
& + \cdots \\
& + \varepsilon^{N-1} \delta(\beta - \alpha_N) \left| \varphi_\gamma \varphi_{\alpha_1} \cdots \varphi_{\alpha_{N-1}} \right\rangle^{(\varepsilon)} .
\end{aligned}
$$

Wenn wir diese beiden Gleichungen zusammenfassen, dann folgt:

$$
\left(a_\beta a_\gamma^+ - \varepsilon a_\gamma^+ a_\beta \right) \left| \varphi_{\alpha_1} \cdots \varphi_{\alpha_N} \right\rangle^{(\varepsilon)} = \delta(\beta - \gamma) \left| \varphi_{\alpha_1} \cdots \varphi_{\alpha_N} \right\rangle^{(\varepsilon)} .
$$

Dies beweist (1.45).

Wir haben mit (1.36) und (1.41) alle N-Teilchen-Zustände auf den Vakuumzustand $|0\rangle$ zurückführen können, und zwar mithilfe von Erzeugungs- und Vernichtungsoperatoren. Die Wirkung des *Vernichters* auf $|0\rangle$ ist trivial (1.43). Mithilfe der Vertauschungsrelationen (1.37), (1.44) und (1.45) können wir die Anordnung der Operatoren in gewünschter Weise verändern.

Sinnvoll wird die Einführung der Konstruktionsoperatoren aber erst, wenn es uns gelingt, auch die N-Teilchen-Observablen in demselben Formalismus darzustellen.

Zunächst gilt mit der Vollständigkeitsrelation (1.32) für eine beliebige Observable $\widehat{A}$:

$$
\begin{aligned}
\widehat{A} &= \mathbf{1} \cdot \widehat{A} \cdot \mathbf{1} = \\
&= \int \cdots \int \mathrm{d}\alpha_1 \cdots \mathrm{d}\alpha_N \mathrm{d}\beta_1 \cdots \mathrm{d}\beta_N \left| \varphi_{\alpha_1} \cdots \right\rangle^{(\varepsilon)} \cdot \\
&\quad \cdot {}^{(\varepsilon)}\!\left\langle \varphi_{\alpha_1} \cdots \left| \widehat{A} \right| \varphi_{\beta_1} \cdots \right\rangle^{(\varepsilon)} {}^{(\varepsilon)}\!\left\langle \varphi_{\beta_1} \cdots \right| .
\end{aligned}
\tag{1.46}
$$

Wir setzen nun (1.36) und (1.41) ein:

$$
\begin{aligned}
\widehat{A} = {} & \frac{1}{N!} \int \cdots \int \mathrm{d}\alpha_1 \cdots \mathrm{d}\alpha_N \mathrm{d}\beta_1 \cdots \mathrm{d}\beta_N \, a_{\alpha_1}^+ \cdots a_{\alpha_N}^+ |0\rangle \cdot \\
& \cdot {}^{(\varepsilon)}\!\left\langle \varphi_{\alpha_1} \cdots \left| \widehat{A} \right| \varphi_{\beta_1} \cdots \right\rangle^{(\varepsilon)} \langle 0 | a_{\beta_N} \cdots a_{\beta_1} .
\end{aligned}
\tag{1.47}
$$

In der Regel wird $\widehat{A}$ aus Ein-Teilchen- und Zwei-Teilchen-Anteilen bestehen:

$$
\widehat{A} = \sum_{i=1}^{n} \widehat{A}_1^{(i)} + \frac{1}{2} \sum_{i,j}^{i \neq j} \widehat{A}_2^{(i,j)} .
\tag{1.48}
$$

Wir diskutieren zunächst den Ein-Teilchen-Anteil, für den in (1.47) das folgende Matrixelement benötigt wird:

$$
\begin{aligned}
&{}^{(\varepsilon)}\left\langle \varphi_{\alpha_1} \cdots \right| \sum_{i=1}^{n} \widehat{A}_1^{(i)} \left| \varphi_{\beta_1} \cdots \right\rangle^{(\varepsilon)} \\
&= \frac{1}{N!} \sum_{\mathcal{P}_\beta} \varepsilon^{p_\beta} \mathcal{P}_\beta \Big[\left\langle \varphi_{\alpha_1}^{(1)} \right| \widehat{A}_1^{(1)} \left| \varphi_{\beta_1}^{(1)} \right\rangle \left\langle \varphi_{\alpha_2}^{(2)} \middle| \varphi_{\beta_2}^{(2)} \right\rangle \cdots \left\langle \varphi_{\alpha_N}^{(N)} \middle| \varphi_{\beta_N}^{(N)} \right\rangle + \\
&+ \cdots \\
&+ \left\langle \varphi_{\alpha_1}^{(1)} \middle| \varphi_{\beta_1}^{(1)} \right\rangle \cdots \left\langle \varphi_{\alpha_N}^{(N)} \right| \widehat{A}_1^{(N)} \left| \varphi_{\beta_N}^{(N)} \right\rangle \Big] .
\end{aligned}
\tag{1.49}
$$

Hier haben wir bereits (1.28) ausgenutzt. Man macht sich nun leicht klar, dass jeder Term der Summe über die Permutationen nach Einsetzen von (1.49) in (1.47) exakt denselben Beitrag liefert. Jede permutierte Anordnung der $\left|\varphi_{\beta_i}^{(i)}\right\rangle$ kann nämlich durch

1. Umbenennung der Integrationsvariablen β_i und
2. anschließende Vertauschung der entsprechenden Vernichtungsoperatoren

auf die Standardanordnung zurückgeführt werden. Das Vertauschen in 2. liefert wegen (1.44) einen Faktor ε^{p_β}. Insgesamt ergibt das für jede Permutation einen Koeffizienten $\varepsilon^{2p_\beta} = +1$.

Ganz ähnlich zeigt man, dass auch jeder Summand in der eckigen Klammer in (1.49) zu (1.47) denselben Beitrag liefert. Dies gelingt durch

1. Vertauschung von entsprechenden Integrationsvariablen $(\alpha_j \Leftrightarrow \alpha_i,\ \beta_j \Leftrightarrow \beta_i)$ und
2. anschließende Umgruppierung von gleich vielen Erzeugungs- und Vernichtungsoperatoren.

Teil 2. liefert dabei in jedem Fall einen Faktor $\left(\varepsilon^2\right)^{n_j} = +1$. – Damit erhalten wir das nun schon wesentlich vereinfachte Zwischenergebnis:

$$
\begin{aligned}
&\sum_{i=1}^{n} \widehat{A}_1^{(i)} \\
&= \frac{N}{N!} \int \cdots \int \mathrm{d}\alpha_1 \cdots \mathrm{d}\beta_N \, a_{\alpha_1}^{+} \cdots a_{\alpha_N}^{+} \left|0\right\rangle \\
&\quad \cdot \left\{ \left\langle \varphi_{\alpha_1}^{(1)} \right| \widehat{A}_1^{(1)} \left| \varphi_{\beta_1}^{(1)} \right\rangle \delta(\alpha_2 - \beta_2) \cdots \delta(\alpha_N - \beta_N) \right\} \\
&\quad \cdot \left\langle 0 \right| a_{\beta_N} \cdots a_{\beta_1} \\
&= \iint \mathrm{d}\alpha_1 \mathrm{d}\beta_1 \left\langle \varphi_{\alpha_1}^{(1)} \right| \widehat{A}_1^{(1)} \left| \varphi_{\beta_1}^{(1)} \right\rangle a_{\alpha_1}^{+} \\
&\quad \cdot \left\{ \frac{1}{(N-1)!} \int \cdots \int \mathrm{d}\alpha_2 \cdots \mathrm{d}\alpha_N \, a_{\alpha_2}^{+} \cdots a_{\alpha_N}^{+} \left|0\right\rangle \left\langle 0 \right| a_{\alpha_N} \cdots a_{\alpha_2} \right\} a_{\beta_1} .
\end{aligned}
\tag{1.50}
$$

In der geschweiften Klammer steht, wie man an (1.32) abliest, die Identität **1** des $\mathcal{H}_{N-1}^{(\varepsilon)}$. Es bleibt dann als Resultat:

$$\sum_{i=1}^{n} \widehat{A}_1^{(i)} \equiv \iint \mathrm{d}\alpha \mathrm{d}\beta \left\langle \varphi_\alpha \middle| \widehat{A}_1 \middle| \varphi_\beta \right\rangle a_\alpha^+ a_\beta \,. \tag{1.51}$$

Auf der rechten Seite erscheint nicht mehr explizit die Teilchenzahl N. Sie steckt natürlich implizit in der Identität, die nach (1.50) eigentlich zwischen a_α^+ und a_β hinzugedacht werden muss.

Völlig analog behandeln wir nun den Zwei-Teilchen-Anteil der Observablen $\widehat{A}$:

$$\begin{aligned}
&\frac{1}{2}\sum_{i,j}^{i\neq j} \widehat{A}_2^{(i,j)} = \\
&= \frac{1}{2N!}\int\cdots\int \mathrm{d}\alpha_1\cdots \mathrm{d}\beta_N\, a_{\alpha_1}^+ \cdots a_{\alpha_N}^+ \,|0\rangle \cdot \\
&\quad\cdot \left\{ \frac{1}{N!}\sum_{\mathcal{P}_\beta} \varepsilon^{p_\beta}\mathcal{P}_\beta \left[\left\langle \varphi_{\alpha_1}^{(1)} \right| \left\langle \varphi_{\alpha_2}^{(2)} \right| \widehat{A}_2^{(1,2)} \left| \varphi_{\beta_1}^{(1)} \right\rangle \left| \varphi_{\beta_2}^{(2)} \right\rangle \cdot \right.\right. \\
&\quad\cdot \left\langle \varphi_{\alpha_3}^{(3)} \middle| \varphi_{\beta_3}^{(3)} \right\rangle \cdots \left\langle \varphi_{\alpha_N}^{(N)} \middle| \varphi_{\beta_N}^{(N)} \right\rangle + \\
&\quad + \left\langle \varphi_{\alpha_1}^{(1)} \right| \left\langle \varphi_{\alpha_3}^{(3)} \right| \widehat{A}_2^{(1,3)} \left| \varphi_{\beta_1}^{(1)} \right\rangle \left| \varphi_{\beta_3}^{(3)} \right\rangle \left\langle \varphi_{\alpha_2}^{(2)} \middle| \varphi_{\beta_2}^{(2)} \right\rangle \cdot \\
&\quad \left.\left. \cdot \left\langle \varphi_{\alpha_4}^{(4)} \middle| \varphi_{\beta_4}^{(4)} \right\rangle \cdots \left\langle \varphi_{\alpha_N}^{(N)} \middle| \varphi_{\beta_N}^{(N)} \right\rangle + \cdots \right]\right\} \langle 0 | a_{\beta_N} \cdots a_{\beta_1} \,.
\end{aligned} \tag{1.52}$$

Exakt dieselbe Argumentation wie oben für den Ein-Teilchen-Anteil kann hier benutzt werden, um zu zeigen, dass alle $N!$ Permutationen $\mathcal{P}_\beta$ in gleicher Weise zum Vielfachintegral beitragen, und ferner, dass alle $N(N-1)$ Summanden in der eckigen Klammer gleichwertig sind. Dies bedeutet:

$$\begin{aligned}
\frac{1}{2}\sum_{i,j}^{i\neq j} \widehat{A}_2^{(i,j)} &= \frac{1}{2}\int\cdots\int \mathrm{d}\alpha_1 \mathrm{d}\alpha_2 \mathrm{d}\beta_1 \mathrm{d}\beta_2 \left\langle \varphi_{\alpha_1}\varphi_{\alpha_2} \middle| \widehat{A}_2^{(1,2)} \middle| \varphi_{\beta_1}\varphi_{\beta_2} \right\rangle \cdot \\
&\quad \cdot a_{\alpha_1}^+ a_{\alpha_2}^+ \left\{ \frac{1}{(N-2)!}\int\cdots\int \mathrm{d}\alpha_3\cdots \mathrm{d}\alpha_N \cdot \right. \\
&\quad \left. \cdot a_{\alpha_3}^+ \cdots a_{\alpha_N}^+ \,|0\rangle \, \langle 0 | a_{\alpha_N} \cdots a_{\alpha_3} \right\} a_{\beta_2} a_{\beta_1} \,.
\end{aligned} \tag{1.53}$$

In der geschweiften Klammer steht nun die Identität **1** des $\mathcal{H}_{N-2}^{(\varepsilon)}$. Es bleibt damit:

$$\frac{1}{2}\sum_{i,j}^{i\neq j} \widehat{A}_2^{(i,j)} = \frac{1}{2}\int\cdots\int \mathrm{d}\alpha \mathrm{d}\beta \mathrm{d}\gamma \mathrm{d}\delta \left\langle \varphi_\alpha \varphi_\beta \middle| \widehat{A}_2 \middle| \varphi_\gamma \varphi_\delta \right\rangle a_\alpha^+ a_\beta^+ a_\delta a_\gamma \,. \tag{1.54}$$

Das Matrixelement kann mit nicht symmetrisierten Zuständen gebildet werden,

$$\left\langle \varphi_\alpha \varphi_\beta \middle| \widehat{A}_2 \middle| \varphi_\gamma \varphi_\delta \right\rangle = \left\langle \varphi_\alpha^{(1)} \right| \left\langle \varphi_\beta^{(2)} \right| \widehat{A}_2^{(1,2)} \left| \varphi_\gamma^{(1)} \right\rangle \left| \varphi_\delta^{(2)} \right\rangle \,,$$

aber auch mit symmetrisierten Zwei-Teilchen-Zuständen:

$$\left|\varphi_\gamma \varphi_\delta\right\rangle^{(\varepsilon)} = \frac{1}{2!}\left(\left|\varphi_\gamma^{(1)}\right\rangle \left|\varphi_\delta^{(2)}\right\rangle + \varepsilon \left|\varphi_\gamma^{(2)}\right\rangle \left|\varphi_\delta^{(1)}\right\rangle\right) .$$

Man macht sich wiederum leicht klar, dass in

$$\begin{aligned} {}^{(\varepsilon)}\left\langle \varphi_\alpha \varphi_\beta \left| \widehat{A}_2 \right| \varphi_\gamma \varphi_\delta \right\rangle^{(\varepsilon)} = \frac{1}{4}\Big\{ &\left\langle \varphi_\alpha^{(1)}\right| \left\langle \varphi_\beta^{(2)}\right| \widehat{A}_2^{(1,2)} \left|\varphi_\gamma^{(1)}\right\rangle \left|\varphi_\delta^{(2)}\right\rangle \\ &+ \varepsilon \left\langle \varphi_\alpha^{(1)}\right| \left\langle \varphi_\beta^{(2)}\right| \widehat{A}_2^{(1,2)} \left|\varphi_\gamma^{(2)}\right\rangle \left|\varphi_\delta^{(1)}\right\rangle \\ &+ \varepsilon \left\langle \varphi_\alpha^{(2)}\right| \left\langle \varphi_\beta^{(1)}\right| \widehat{A}_2^{(1,2)} \left|\varphi_\gamma^{(1)}\right\rangle \left|\varphi_\delta^{(2)}\right\rangle \\ &+ \varepsilon^2 \left\langle \varphi_\alpha^{(2)}\right| \left\langle \varphi_\beta^{(1)}\right| \widehat{A}_2^{(1,2)} \left|\varphi_\gamma^{(2)}\right\rangle \left|\varphi_\delta^{(1)}\right\rangle \Big\} \end{aligned}$$

jeder Summand denselben Beitrag zum Integral in (1.54) beisteuert, sodass der Normierungsfaktor dafür sorgt, dass das symmetrisierte Matrixelement in (1.54) mit dem nicht symmetrisierten gleichbedeutend ist. Man kann die Wahl also nach Zweckmäßigkeit treffen.

Fassen wir kurz zusammen, was wir bisher erreicht haben. Durch (1.36) und (1.41) haben wir das mühselige Konstruieren von (anti-)symmetrisierten Produkten aus Ein-Teilchen-Wellenfunktionen für die N-Teilchen-Wellenfunktionen ersetzen können durch Anwendung von Produkten aus Erzeugungsoperatoren auf den Vakuumzustand $|0\rangle$. Die Anwendung ist einfach. Das Symmetrieverhalten der Wellenfunktionen wird durch die drei fundamentalen Vertauschungsrelationen (1.37), (1.44) und (1.45) reproduziert. Auch die N-Teilchen-Observablen lassen sich durch die Konstruktionspoperatoren ausdrücken, (1.51) und (1.54), wobei die verbleibenden Matrixelemente einfach berechenbar sind. Wir werden dazu in Kap. 2 einige Anwendungsbeispiele diskutieren.

Wir führen noch zwei wichtige, spezielle Operatoren ein:

Besetzungsdichteoperator

$$\hat{n}_\alpha = a_\alpha^+ a_\alpha . \tag{1.55}$$

Die Wirkungsweise dieses Operators ergibt sich aus (1.35) und (1.42):

$$\begin{aligned} \hat{n}_\alpha \left|\varphi_{\alpha_1} \cdots \varphi_{\alpha_N}\right\rangle^{(\varepsilon)} = {} & \delta(\alpha - \alpha_1) \left|\varphi_\alpha \varphi_{\alpha_2} \cdots \varphi_{\alpha_N}\right\rangle^{(\varepsilon)} \\ &+ \varepsilon \delta(\alpha - \alpha_2) \left|\varphi_\alpha \varphi_{\alpha_1} \varphi_{\alpha_3} \cdots \varphi_{\alpha_N}\right\rangle^{(\varepsilon)} \\ &+ \cdots \\ &+ \varepsilon^{N-1} \delta(\alpha - \alpha_N) \left|\varphi_\alpha \varphi_{\alpha_1} \cdots \varphi_{\alpha_{N-1}}\right\rangle^{(\varepsilon)} \end{aligned}$$

$$
\begin{aligned}
&= \delta(\alpha - \alpha_1) \left| \varphi_\alpha \varphi_{\alpha_2} \cdots \varphi_{\alpha_N} \right\rangle^{(\varepsilon)} \\
&+ \varepsilon \delta(\alpha - \alpha_2)\, \varepsilon \left| \varphi_{\alpha_1} \varphi_\alpha \varphi_{\alpha_3} \cdots \varphi_{\alpha_N} \right\rangle^{(\varepsilon)} \\
&+ \cdots \\
&+ \varepsilon^{N-1} \delta(\alpha - \alpha_N)\, \varepsilon^{N-1} \left| \varphi_{\alpha_1} \cdots \varphi_{\alpha_{N-1}} \varphi_\alpha \right\rangle^{(\varepsilon)} .
\end{aligned}
$$

Die Basiszustände des $\mathcal{H}_N^{(\varepsilon)}$ sind also offensichtlich Eigenzustände des Besetzungsdichteoperators:

$$
\hat{n}_\alpha \left| \varphi_{\alpha_1} \cdots \varphi_{\alpha_N} \right\rangle^{(\varepsilon)} = \left\{ \sum_{i=1}^{n} \delta(\alpha - \alpha_i) \right\} \left| \varphi_{\alpha_1} \cdots \varphi_{\alpha_N} \right\rangle^{(\varepsilon)} . \tag{1.56}
$$

In der geschweiften Klammer steht die mikroskopische Besetzungsdichte.

Teilchenzahloperator

$$
\widehat{N} = \int \mathrm{d}\alpha\, \hat{n}_\alpha = \int \mathrm{d}\alpha\, a_\alpha^+ a_\alpha . \tag{1.57}
$$

Aus (1.56) folgt unmittelbar, dass die Basiszustände des $\mathcal{H}_N^{(\varepsilon)}$ auch Eigenzustände zu $\widehat{N}$ sind, wobei in jedem Fall der Eigenwert die Gesamtteilchenzahl N ist.

$$
\begin{aligned}
\widehat{N} \left| \varphi_{\alpha_1} \cdots \varphi_{\alpha_N} \right\rangle^{(\varepsilon)} &= \int \mathrm{d}\alpha \sum_{i=1}^{N} \delta(\alpha - \alpha_i) \left| \varphi_{\alpha_1} \cdots \varphi_{\alpha_N} \right\rangle^{(\varepsilon)} \\
&= N \left| \varphi_{\alpha_1} \cdots \varphi_{\alpha_N} \right\rangle^{(\varepsilon)} .
\end{aligned} \tag{1.58}
$$

Mithilfe der fundamentalen Vertauschungsrelationen für die Konstruktionsoperatoren berechnen wir den folgenden Kommutator:

$$
\begin{aligned}
\left[\hat{n}_\alpha , a_\beta^+ \right]_- &= \hat{n}_\alpha a_\beta^+ - a_\beta^+ \hat{n}_\alpha \\
&= a_\alpha^+ a_\alpha a_\beta^+ - a_\beta^+ \hat{n}_\alpha \\
&= a_\alpha^+ \left(\delta(\alpha - \beta) + \varepsilon a_\beta^+ a_\alpha \right) - a_\beta^+ \hat{n}_\alpha \\
&= a_\alpha^+ \delta(\alpha - \beta) + \varepsilon^2 a_\beta^+ a_\alpha^+ a_\alpha - a_\beta^+ \hat{n}_\alpha .
\end{aligned}
$$

Die beiden letzten Terme heben sich gerade auf:

$$
\left[\hat{n}_\alpha , a_\beta^+ \right]_- = a_\alpha^+ \delta(\alpha - \beta) . \tag{1.59}
$$

Ganz analog zeigt man:

$$
\left[\hat{n}_\alpha , a_\beta \right]_- = -a_\alpha \delta(\alpha - \beta) . \tag{1.60}
$$

Mit (1.57) ergeben sich dann unmittelbar die analogen Beziehungen für den Teilchenzahloperator:

$$\left[\widehat{N}, a_\alpha^+\right]_- = a_\alpha^+ \; ; \quad \left[\widehat{N}, a_\alpha\right]_- = -a_\alpha \; . \tag{1.61}$$

Dies kann man auch wie folgt schreiben:

$$\widehat{N} a_\alpha^+ = a_\alpha^+ \left(\widehat{N} + \mathbf{1}\right) \; ; \quad \widehat{N} a_\alpha = a_\alpha \left(\widehat{N} - \mathbf{1}\right) \; . \tag{1.62}$$

Wenden wir diese Operatorkombinationen auf einen Basiszustand an,

$$\widehat{N}\left(a_\alpha^+ \left|\varphi_{\alpha_1} \cdots \varphi_{\alpha_N}\right\rangle^{(\varepsilon)}\right) = (N+1)\left(a_\alpha^+ \left|\varphi_{\alpha_1} \cdots \varphi_{\alpha_N}\right\rangle^{(\varepsilon)}\right) \; ,$$
$$\widehat{N}\left(a_\alpha \left|\varphi_{\alpha_1} \cdots \varphi_{\alpha_N}\right\rangle^{(\varepsilon)}\right) = (N-1)\left(a_\alpha \left|\varphi_{\alpha_1} \cdots \varphi_{\alpha_N}\right\rangle^{(\varepsilon)}\right) \; ,$$

so erkennen wir noch einmal, dass die Bezeichnungen *Erzeuger* für a_α^+ und *Vernichter* für a_α offensichtlich sinnvoll sind.

Wir haben in diesem Abschnitt vorausgesetzt, dass die Ein-Teilchen-Observable $\widehat{\varphi}$, aus deren Eigenzustände wir die N-Teilchen-Basis des $\mathcal{H}_N^{(\varepsilon)}$ konstruiert haben, ein kontinuierliches Spektrum besitzt. Ein prominenter Vertreter dieser Klasse ist der

- **Ortsoperator $\hat{\boldsymbol{r}}$.**

Die zugehörigen Konstruktionsoperatoren nennt man

- **Feldoperatoren $\widehat{\psi}(\boldsymbol{r})$, $\widehat{\psi}^+(\boldsymbol{r})$.**

Für diese gelten natürlich alle oben abgeleiteten Beziehungen, allerdings mit einer speziellen Notation:

$$\widehat{\psi}^+(\boldsymbol{r})\left|\boldsymbol{r}_1 \cdots \boldsymbol{r}_N\right\rangle^{(\varepsilon)} = \sqrt{N+1}\left|\boldsymbol{r}\boldsymbol{r}_1 \cdots \boldsymbol{r}_N\right\rangle^{(\varepsilon)} \; , \tag{1.63}$$

$$\left|\boldsymbol{r}_1 \boldsymbol{r}_2 \cdots \boldsymbol{r}_N\right\rangle^{(\varepsilon)} = \frac{1}{\sqrt{N!}} \widehat{\psi}^+(\boldsymbol{r}_1) \cdots \widehat{\psi}^+(\boldsymbol{r}_N)\,|0\rangle \; . \tag{1.64}$$

Die Vertauschungsrelationen der Feldoperatoren folgen direkt aus (1.37), (1.44) und (1.45):

$$\left[\widehat{\psi}^+(\boldsymbol{r}), \widehat{\psi}^+(\boldsymbol{r}')\right]_{-\varepsilon} = \left[\widehat{\psi}(\boldsymbol{r}), \widehat{\psi}(\boldsymbol{r}')\right]_{-\varepsilon} = 0 \; ,$$
$$\left[\widehat{\psi}(\boldsymbol{r}), \widehat{\psi}^+(\boldsymbol{r}')\right]_{-\varepsilon} = \delta(\boldsymbol{r} - \boldsymbol{r}') \; . \tag{1.65}$$

Wichtig ist der Zusammenhang mit allgemeinen Konstruktionsoperatoren a_α, a_α^+. Die Vollständigkeitsrelation liefert:

$$\left|\varphi_\alpha\right\rangle = \int \mathrm{d}^3 r\,|\boldsymbol{r}\rangle\left\langle \boldsymbol{r} \middle| \varphi_\alpha\right\rangle = \int \mathrm{d}^3 r\,\varphi_\alpha(\boldsymbol{r})\,|\boldsymbol{r}\rangle \; .$$

Also folgt wegen $|\varphi_\alpha\rangle = a_\alpha^+|0\rangle$ und $|r\rangle = \widehat{\psi}^+(r)|0\rangle$:

$$a_\alpha^+ = \int d^3r\, \varphi_\alpha(\boldsymbol{r})\widehat{\psi}^+(\boldsymbol{r})\,, \tag{1.66}$$

$$a_\alpha = \int d^3r\, \varphi_\alpha^*(\boldsymbol{r})\widehat{\psi}(\boldsymbol{r})\,. \tag{1.67}$$

Man beachte, dass $\widehat{\psi}(\boldsymbol{r})$, $\widehat{\psi}^+(\boldsymbol{r})$ Operatoren sind, während $\varphi_\alpha(\boldsymbol{r})$ die skalare Wellenfunktion zum Zustand $|\varphi_\alpha\rangle$ ist. Die Umkehrungen zu (1.66) und (1.67) folgen aus

$$|\boldsymbol{r}\rangle = \int d\alpha\, |\varphi_\alpha\rangle\langle\varphi_\alpha|\boldsymbol{r}\rangle$$

mit derselben Überlegung wie oben:

$$\widehat{\psi}^+(\boldsymbol{r}) = \int d\alpha\, \varphi_\alpha^*(\boldsymbol{r})a_\alpha^+\,, \tag{1.68}$$

$$\widehat{\psi}(\boldsymbol{r}) = \int d\alpha\, \varphi_\alpha(\boldsymbol{r})a_\alpha\,. \tag{1.69}$$

1.3 „Diskrete" Fock-Darstellung

Wir nehmen wiederum an, dass die Basis des Hilbert-Raumes $\mathcal{H}_N^{(\varepsilon)}$ eines Systems aus N identischen Teilchen aus den Eigenzuständen einer Ein-Teilchen-Observablen $\widehat{\varphi}$ konstruiert wird, wobei nun aber $\widehat{\varphi}$ ein **diskretes** Spektrum besitzen möge:

$$\widehat{\varphi}|\varphi_\alpha\rangle = \varphi_\alpha|\varphi_\alpha\rangle\,, \tag{1.70}$$

$$\langle\varphi_\alpha|\varphi_\beta\rangle = \delta_{\alpha\beta}\,, \tag{1.71}$$

$$\sum_\alpha |\varphi_\alpha\rangle\langle\varphi_\alpha| = \mathbf{1} \quad \text{in } \mathcal{H}_1\,. \tag{1.72}$$

Im Prinzip haben wir dieselben Überlegungen durchzuführen wie in Abschn. 1.2, können deshalb hier etwas rascher vorgehen.

Ausgangspunkt ist ein nicht symmetrisierter N-Teilchen-Zustand von der Form (1.25):

$$|\varphi_{\alpha_1}\cdots\varphi_{\alpha_N}\rangle = |\varphi_{\alpha_1}^{(1)}\rangle\cdots|\varphi_{\alpha_N}^{(N)}\rangle\,. \tag{1.73}$$

Die Zustandsindizes $\alpha_1, \ldots \alpha_N$ seien auch hier in einer beliebigen, aber festen **Standardanordnung** vorgegeben. Auf diesen Zustand wenden wir den Operator $\widehat{S}_\varepsilon$ aus (1.18) an und erhalten damit einen

(anti-)symmetrisierten *N*-Teilchen-Zustand

$$|\varphi_{\alpha_1}\cdots\varphi_{\alpha_N}\rangle^{(\varepsilon)} = C_\varepsilon \sum_{\mathcal{P}} \varepsilon^p \mathcal{P}|\varphi_{\alpha_1}\cdots\varphi_{\alpha_N}\rangle\,, \tag{1.74}$$

der sich formal von (1.26) nur durch die noch zu bestimmende Normierungskonstante C_ε unterscheidet. Man erkennt, dass sich für Fermionen ($\varepsilon = -$) der antisymmetrisierte Zustand auch als Determinante schreiben lässt:

$$\left|\varphi_{\alpha_1}\cdots\varphi_{\alpha_N}\right\rangle^{(-)} = C_- \begin{vmatrix} \left|\varphi_{\alpha_1}^{(1)}\right\rangle & \left|\varphi_{\alpha_1}^{(2)}\right\rangle & \cdots & \left|\varphi_{\alpha_1}^{(N)}\right\rangle \\ \left|\varphi_{\alpha_2}^{(1)}\right\rangle & \left|\varphi_{\alpha_2}^{(2)}\right\rangle & \cdots & \left|\varphi_{\alpha_2}^{(N)}\right\rangle \\ \vdots & \vdots & \vdots & \vdots \\ \left|\varphi_{\alpha_N}^{(1)}\right\rangle & \left|\varphi_{\alpha_N}^{(2)}\right\rangle & \cdots & \left|\varphi_{\alpha_N}^{(N)}\right\rangle \end{vmatrix} \tag{1.75}$$

Slater-Determinante.

Sind in dem N-Teilchen-Zustand zwei Sätze von Quantenzahlen gleich ($\alpha_i = \alpha_j$), dann bedeutet dies, dass zwei Zeilen der Determinante gleich wären. Dieselbe würde also verschwinden. Die Wahrscheinlichkeit, zwei Fermionen in demselben Ein-Teilchen-Zustand anzutreffen, ist also Null. Das ist die Aussage des **Pauli-Prinzips**, das natürlich nicht nur für den Fall des hier diskutierten *diskreten* Spektrums gilt. Selbstverständlich kann man auch (1.26) für $\varepsilon = -$ als Slater-Determinante schreiben.

Wir wollen im nächsten Schritt die Normierungskonstante C_ε festlegen und führen dazu die

- Besetzungszahl n_i

ein. Damit ist die Häufigkeit gemeint, mit der der Ein-Teilchen-Zustand $\left|\varphi_{\alpha_i}\right\rangle$ im N-Teilchen-Zustand $\left|\varphi_{\alpha_1}\cdots\right\rangle^{(\varepsilon)}$ vorkommt, oder anschaulicher, die Zahl der identischen Teilchen im Zustand $\left|\varphi_{\alpha_i}\right\rangle$:

$$\begin{aligned} &\sum_i n_i = N, \\ &n_i = 0, 1 \qquad \textbf{Fermionen}\,, \\ &n_i = 0, 1, 2, \ldots \qquad \textbf{Bosonen}\,. \end{aligned} \tag{1.76}$$

C_ε sei reell und so gewählt, dass der N-Teilchen-Zustand $\left|\varphi_{\alpha_1}\cdots\varphi_{\alpha_N}\right\rangle^{(\varepsilon)}$ auf 1 normiert ist. Dann folgt:

$$\begin{aligned} 1 \stackrel{!}{=} \left\langle\varphi_N^{(\varepsilon)}\middle|\varphi_N^{(\varepsilon)}\right\rangle &= C_\varepsilon \sum_{\mathcal{P}} \varepsilon^p \left\langle\varphi_{\alpha_1}\cdots\varphi_{\alpha_N}\middle|\mathcal{P}^+\middle|\varphi_N^{(\varepsilon)}\right\rangle \\ &\stackrel{(\mathcal{P}^+=\mathcal{P})}{=} C_\varepsilon \sum_{\mathcal{P}} \varepsilon^{2p} \left\langle\varphi_{\alpha_1}\cdots\middle|\varphi_N^{(\varepsilon)}\right\rangle \\ &= N!\, C_\varepsilon \left\langle\varphi_{\alpha_1}\cdots\varphi_{\alpha_N}\middle|\varphi_N^{(\varepsilon)}\right\rangle\,. \end{aligned}$$

Dies bedeutet:

$$\left(N!\,C_\varepsilon^2\right)^{-1} = \sum_{\mathcal{P}} \varepsilon^p \left\langle\varphi_{\alpha_1}^{(1)}\right|\left\langle\varphi_{\alpha_2}^{(2)}\right|\cdots\left\langle\varphi_{\alpha_N}^{(N)}\right|\left(\mathcal{P}\left|\varphi_{\alpha_1}^{(1)}\right\rangle\cdots\left|\varphi_{\alpha_N}^{(N)}\right\rangle\right)\,. \tag{1.77}$$

Bei Fermionen kommt jeder Zustand genau einmal vor, d. h., alle N Ein-Teilchen-Zustände sind paarweise verschieden. Die rechte Seite ist also nur dann ungleich Null, wenn $\mathcal{P}$ die Identität ist, und ist dann wegen $\varepsilon^0 = +1$ und wegen (1.71) gleich 1.

$$C_- = \frac{1}{\sqrt{N!}} \,. \tag{1.78}$$

Bei Bosonen ($\varepsilon = +$) kommen alle die Permutationen in Frage, die lediglich die Teilchen in den jeweils n_i gleichen Ein-Teilchen-Zuständen $|\varphi_{\alpha_i}\rangle$ miteinander vertauschen. Es gibt offenbar

$$n_1!\, n_2! \cdots n_i! \cdots$$

solcher Permutationen, die jeweils einen Summanden vom Wert +1 zu (1.77) beisteuern. Dies bedeutet:

$$C_+ = \left(N! \prod_i n_i!\right)^{-1/2} \,. \tag{1.79}$$

Formal gilt dieser Ausdruck wegen $0! = 1! = 1$ auch für Fermionen.

Wir erkennen, dass sich ein (anti-)symmetrisierter N-Teilchen-Zustand eindeutig durch Angabe der Besetzungszahlen charakterisieren lässt. Dies führt zu einer alternativen Darstellung, die man die

▸ Besetzungszahldarstellung

nennt:

$$\begin{aligned} \left|N;\, n_1 n_2 \cdots n_i \cdots n_j \cdots\right\rangle^{(\varepsilon)} &\equiv \left|\varphi_{\alpha_1} \cdots \varphi_{\alpha_N}\right\rangle^{(\varepsilon)} \\ &= C_\varepsilon \sum_{\mathcal{P}} \varepsilon^p \mathcal{P} \Big\{ \underbrace{\left|\varphi_{\alpha_1}^{(1)}\right\rangle \left|\varphi_{\alpha_1}^{(2)}\right\rangle \cdots}_{n_1} \cdots \underbrace{\left|\varphi_{\alpha_i}^{(p)}\right\rangle \left|\varphi_{\alpha_i}^{(p+1)}\right\rangle \cdots}_{n_i} \Big\} \,. \end{aligned} \tag{1.80}$$

Es werden in dem Zustandssymbol **alle** Besetzungszahlen angegeben; die unbesetzten Ein-Teilchen-Zustände sind dann durch $n_i = 0$ gekennzeichnet. Zwei Zustände sind offenbar genau dann identisch, wenn sie in allen Besetzungszahlen übereinstimmen. Die

Orthonormierung

$$^{(\varepsilon)}\left\langle N; \cdots n_i \cdots \middle| \overline{N}; \cdots \bar{n}_i \cdots \right\rangle^{(\varepsilon)} = \delta_{N\overline{N}} \prod_i \delta_{n_i \bar{n}_i} \tag{1.81}$$

folgt unmittelbar aus der der Ein-Teilchen-Zustände. Dies gilt in gleicher Weise für die

Vollständigkeit

$$\sum_{n_1}\sum_{n_2}\cdots\sum_{n_i}\cdots \left|N;\cdots n_i\cdots\right\rangle^{(\varepsilon)}\,{}^{(\varepsilon)}\!\left\langle N;\cdots n_i\cdots\right| = \mathbf{1} \tag{1.82}$$

der so genannten **Fock-Zustände**. Summiert wird über alle erlaubten Besetzungszahlen mit der Nebenbedingung $\sum_i n_i = N$.

Die nun zu diskutierenden Konstruktionsoperatoren sind bis auf Normierungsfaktoren wie in Abschn. 1.2 definiert:

Erzeugungsoperator: $a^+_{\alpha_r} \equiv a^+_r$

$$\begin{aligned}
&a_r^+\left|N;\cdots n_r\cdots\right\rangle^{(\varepsilon)}\\
&= a_r^+\left|\varphi_{\alpha_1}\cdots\varphi_{\alpha_N}\right\rangle^{(\varepsilon)}\\
&\equiv \sqrt{n_r+1}\,\left|\varphi_{\alpha_r}\underbrace{\varphi_{\alpha_1}\varphi_{\alpha_1}\cdots}_{n_1}\cdots\underbrace{\varphi_{\alpha_r}\varphi_{\alpha_r}\cdots}_{n_r}\cdots\right\rangle^{(\varepsilon)}\\
&= \varepsilon^{N_r}\sqrt{n_r+1}\,\left|\underbrace{\varphi_{\alpha_1}\varphi_{\alpha_1}\cdots}_{n_1}\cdots\underbrace{\varphi_{\alpha_r}\varphi_{\alpha_r}\cdots}_{n_r+1}\cdots\right\rangle^{(\varepsilon)}
\end{aligned} \tag{1.83}$$

Dabei soll N_r die Zahl der paarweisen Vertauschungen sein, durch die die φ_{α_r} an die „richtige" Stelle gebracht werden.

$$N_r = \sum_{i=1}^{r-1} n_i \tag{1.84}$$

Der Erzeugungsoperator wirkt also wie folgt:

Bosonen:

$$a_r^+\left|N;\cdots n_r\cdots\right\rangle^{(+)} = \sqrt{n_r+1}\,\left|N+1;\cdots n_r+1\cdots\right\rangle^{(+)},$$

Fermionen:

$$a_r^+\left|N;\cdots n_r\cdots\right\rangle^{(-)} = (-1)^{N_r}\delta_{n_r,0}\left|N+1;\cdots n_r+1\cdots\right\rangle^{(-)}. \tag{1.85}$$

Jeder N-Teilchen-Fock-Zustand kann durch wiederholtes Anwenden des Erzeugungsoperators aus dem Vakuumzustand *erzeugt* werden:

$$\left|N;n_1\cdots n_i\cdots\right\rangle^{(\varepsilon)} = \prod_{p=1\cdots}^{\sum n_p=N} \frac{(a_p^+)^{n_p}}{\sqrt{n_p!}}\,\varepsilon^{N_p}\left|0\right\rangle. \tag{1.86}$$

▶ Der Vernichtungsoperator: $a_r \equiv (a_r^+)^+$

ist wiederum als der zum Erzeuger adjungierte Operator definiert. Seine Wirkungsweise lässt sich an dem folgenden allgemeinen Matrixelement ablesen:

$$\begin{aligned}
&{}^{(\varepsilon)}\langle N; \cdots n_r \cdots | a_r | \overline{N}; \cdots \bar{n}_r \cdots \rangle^{(\varepsilon)} \\
&= \varepsilon^{N_r} \sqrt{n_r + 1}\; {}^{(\varepsilon)}\langle N+1; \cdots n_r + 1 \cdots | \overline{N}; \cdots \bar{n}_r \cdots \rangle^{(\varepsilon)} \\
&= \varepsilon^{N_r} \sqrt{n_r + 1}\, \delta_{N+1,\overline{N}} \left(\delta_{n_1 \bar{n}_1} \cdots \delta_{n_r+1, \bar{n}_r} \cdots\right) \\
&= \varepsilon^{\bar{N}_r} \sqrt{\bar{n}_r}\, \delta_{N,\overline{N}-1} \left(\delta_{n_1 \bar{n}_1} \cdots \delta_{n_r, \bar{n}_r - 1} \cdots\right) \\
&= \varepsilon^{\overline{N}_r} \sqrt{\bar{n}_r}\; {}^{(\varepsilon)}\langle N; n_1 \cdots n_r \cdots | \overline{N} - 1; \bar{n}_1 \cdots \bar{n}_r - 1 \cdots \rangle^{(\varepsilon)} .
\end{aligned}$$

Dies gilt so für beliebige Basiszustände, sodass offensichtlich folgen muss:

$$a_r | \overline{N}; \cdots \bar{n}_r \cdots \rangle^{(\varepsilon)} = \varepsilon^{\overline{N}_r} \sqrt{\bar{n}_r}\, | \overline{N} - 1; \bar{n}_1 \cdots \bar{n}_r - 1 \cdots \rangle^{(\varepsilon)} .$$

Bei Fermionen haben wir noch die Beschränkung für die Besetzungszahlen zu beachten:

$$\begin{aligned}
&\textbf{Bosonen:} \\
&a_r | N; \cdots n_r \cdots \rangle^{(+)} = \sqrt{n_r}\, | N-1; \cdots n_r - 1 \cdots \rangle^{(+)} , \\
&\textbf{Fermionen:} \\
&a_r | N; \cdots n_r \cdots \rangle^{(-)} = \delta_{n_r,1} (-1)^{N_r} | N-1; \cdots n_r - 1 \cdots \rangle^{(-)} .
\end{aligned} \tag{1.87}$$

Zur Ableitung der fundamentalen Vertauschungsrelationen gehen wir von den Definitionsgleichungen (1.85) und (1.87) aus. Man liest unmittelbar die folgenden Relationen ab:

1. Bosonen $r \neq p$:

$$\begin{aligned}
&a_r^+ a_p^+ | \cdots n_r \cdots n_p \cdots \rangle^{(+)} \\
&\quad = \sqrt{n_r + 1} \sqrt{n_p + 1}\, | \cdots n_r + 1 \cdots n_p + 1 \cdots \rangle^{(+)} \\
&\quad = a_p^+ a_r^+ | \cdots n_r \cdots n_p \cdots \rangle^{(+)} ,
\end{aligned} \tag{1.88}$$

$$\begin{aligned}
&a_r a_p | \cdots n_r \cdots n_p \cdots \rangle^{(+)} \\
&\quad = \sqrt{n_r} \sqrt{n_p}\, | \cdots n_r - 1 \cdots n_p - 1 \cdots \rangle^{(+)} \\
&\quad = a_p a_r | \cdots n_r \cdots n_p \cdots \rangle^{(+)} ,
\end{aligned} \tag{1.89}$$

$$\begin{aligned}
&a_r^+ a_p | \cdots n_r \cdots n_p \cdots \rangle^{(+)} \\
&\quad = \sqrt{n_p} \sqrt{n_r + 1}\, | \cdots n_r + 1 \cdots n_p - 1 \cdots \rangle^{(+)} \\
&\quad = a_p a_r^+ | \cdots n_r \cdots n_p \cdots \rangle^{(+)} .
\end{aligned} \tag{1.90}$$

$$a_r^+ a_r \left| \cdots n_r \cdots \right\rangle^{(+)} = \sqrt{n_r} a_r^+ \left| \cdots n_r - 1 \cdots \right\rangle^{(+)} = n_r \left| \cdots n_r \cdots \right\rangle^{(+)} , \tag{1.91}$$

$$a_r a_r^+ \left| \cdots n_r \cdots \right\rangle^{(+)} = \sqrt{n_r + 1}\, a_r \left| \cdots n_r + 1 \cdots \right\rangle^{(+)} = (n_r + 1) \left| \cdots n_r \cdots \right\rangle^{(+)} . \tag{1.92}$$

2. Fermionen $r < p$:

$$a_r^+ a_p^+ \left| \cdots n_r \cdots n_p \cdots \right\rangle^{(-)} = (-1)^{N_p} (-1)^{N_r} \delta_{n_r,0} \delta_{n_p,0} \left| \cdots n_r + 1 \cdots n_p + 1 \cdots \right\rangle^{(-)} ,$$

$$a_p^+ a_r^+ \left| \cdots n_r \cdots n_p \cdots \right\rangle^{(-)} = (-1)^{N_r} (-1)^{N_p + 1} \delta_{n_r,0}\, \delta_{n_p,0} \left| \cdots n_r + 1 \cdots n_p + 1 \cdots \right\rangle^{(-)} = -a_r^+ a_p^+ \left| \cdots n_r \cdots n_p \cdots \right\rangle^{(-)} , \tag{1.93}$$

$$a_r^+ a_r \left| \cdots n_r \cdots \right\rangle^{(-)} = (-1)^{2N_r} \delta_{n_r,1} \left| \cdots n_r \cdots \right\rangle^{(-)} = \delta_{n_r,1} \left| \cdots n_r \cdots \right\rangle^{(-)} , \tag{1.94}$$

$$a_r a_r^+ \left| \cdots n_r \cdots \right\rangle^{(-)} = (-1)^{2N_r} \delta_{n_r,0} \left| \cdots n_r \cdots \right\rangle^{(-)} = \delta_{n_r,0} \left| \cdots n_r \cdots \right\rangle^{(-)} , \tag{1.95}$$

$$a_r^+ a_p \left| \cdots n_r \cdots n_p \cdots \right\rangle^{(-)} = (-1)^{N_p} (-1)^{N_r} \delta_{n_p,1}\, \delta_{n_r,0} \left| \cdots n_r + 1 \cdots n_p - 1 \cdots \right\rangle^{(-)}$$

$$a_p a_r^+ \left| \cdots n_r \cdots n_p \cdots \right\rangle^{(-)} = (-1)^{N_r} (-1)^{N_p + 1} \delta_{n_r,0}\, \delta_{n_p,1} \left| \cdots n_r + 1 \cdots n_p - 1 \cdots \right\rangle^{(-)} = -a_r^+ a_p \left| \cdots n_r \cdots n_p \cdots \right\rangle^{(-)} . \tag{1.96}$$

Da alle diese Beziehungen für beliebige Basiszustände gelten, lassen sich an ihnen die folgenden Operationidentitäten ablesen:

$$[a_r, a_s]_{-\varepsilon} = 0 , \tag{1.97}$$

$$[a_r^+, a_s^+]_{-\varepsilon} = 0 , \tag{1.98}$$

$$[a_r, a_s^+]_{-\varepsilon} = \delta_{rs} . \tag{1.99}$$

Dies sind die zu (1.37), (1.44) und (1.45) analogen fundamentalen Vertauschungsrelationen für die Konstruktionsoperatoren in der *diskreten* Fock-Darstellung.

Um einen beliebigen Operator $\widehat{A}$, der wie in (1.48) aus Ein-Teilchen- und Zwei-Teilchen-Anteilen besteht, im Formalismus der zweiten Quantisierung durch Erzeugungs- und Vernichtungsoperatoren darzustellen, haben wir exakt dieselben Überlegungen wie im Fall des kontinuierlichen Spektrums durchzuführen:

$$\begin{aligned}\widehat{A} \equiv &\sum_{p,r} \left\langle \varphi_{\alpha_p} \middle| \widehat{A}_1 \middle| \varphi_{\alpha_r} \right\rangle a_p^+ a_r \\ &+ \frac{1}{2} \sum_{\substack{p,r,\\ s,t}} \left\langle \varphi_{\alpha_p}^{(1)} \varphi_{\alpha_r}^{(2)} \middle| \widehat{A}_2 \middle| \varphi_{\alpha_t}^{(1)} \varphi_{\alpha_s}^{(2)} \right\rangle a_p^+ a_r^+ a_s a_t \ . \end{aligned} \tag{1.100}$$

Der einzige Unterschied zum kontinuierlichen Fall besteht darin, dass hier das Zwei-Teilchen-Matrixelement auf jeden Fall mit nicht symmetrisierten Zwei-Teilchen-Zuständen zu bilden ist. In (1.54) konnte man auch die (anti-)symmetrisierten Zustände verwenden. Die Ursache liegt allein in der unterschiedlichen Normierung.

Das Analogon zum Besetzungsdichteoperator (1.55) ist im *diskreten* Fall der

Besetzungszahloperator

$$\hat{n}_r = a_r^+ a_r \ . \tag{1.101}$$

An (1.91) und (1.94) erkennt man, dass die Fock-Zustände Eigenzustände zu $\hat{n}_r$ sind:

$$\hat{n}_r \left| N; \cdots n_r \cdots \right\rangle^{(\varepsilon)} = n_r \left| N; \cdots n_r \cdots \right\rangle^{(\varepsilon)} \ . \tag{1.102}$$

$\hat{n}_r$ *fragt also ab*, wie viele Teilchen den r-ten Ein-Teilchen-Zustand besetzen:

Teilchenzahloperator

$$\widehat{N} = \sum_r \hat{n}_r \ . \tag{1.103}$$

Auch dessen Eigenzustände sind die Fock-Zustände mit der Gesamtteilchenzahl N als Eigenwert:

$$\begin{aligned}\widehat{N} \left| N; \cdots n_r \cdots \right\rangle^{(\varepsilon)} &= \left(\sum_r n_r \right) \left| N; \cdots n_r \cdots \right\rangle^{(\varepsilon)} \\ &= N \left| N; \cdots n_r \cdots \right\rangle^{(\varepsilon)} \ . \end{aligned} \tag{1.104}$$

Die Ableitung der folgenden nützlichen, für Bosonen wie Fermionen gleichermaßen gültigen Kommutator-Relationen gelingt mit (1.97) bis (1.99) und sei zur Übung empfohlen:

$$\begin{aligned}\left[\hat{n}_r, a_p^+\right]_- &= \delta_{rp} a_p^+ \,; & \left[\hat{n}_r, a_p\right]_- &= -\delta_{rp} a_p \,, \\ \left[\widehat{N}, a_p^+\right]_- &= a_p^+ \,; & \left[\widehat{N}, a_p\right]_- &= -a_p \,. \end{aligned} \tag{1.105}$$

1.4 Aufgaben

Aufgabe 1.4.1

Zwei identische Teilchen bewegen sich in einem eindimensionalen Potentialtopf mit unendlich hohen Wänden:

$$V(x) = \begin{cases} 0 & \text{für } 0 \le x \le a, \\ \infty & \text{für } x < 0 \text{ und } x > a. \end{cases}$$

Berechnen Sie die Energieeigenfunktionen und die Energieeigenwerte des Zwei-Teilchen-Systems, wenn es sich a) um Bosonen, b) um Fermionen handelt. Wie lautet die Grundzustandsenergie im Fall von $N \gg 1$ Bosonen bzw. Fermionen?

Aufgabe 1.4.2

Gegeben sei ein System von zwei Spin-1/2-Teilchen. Die gemeinsamen Eigenzustände

$$\left|S_i, m_S^{(i)}\right\rangle \,; \quad S_i = \frac{1}{2} \,; \quad m_S^{(i)} = \pm\frac{1}{2} \,; \quad i = 1,2$$

der Spinoperatoren $\boldsymbol{S}_i^2, S_i^z$,

$$\boldsymbol{S}_i^2 \left|\frac{1}{2}, m_S^{(i)}\right\rangle = \frac{3}{4}\hbar^2 \left|\frac{1}{2}, m_S^{(i)}\right\rangle \,; \quad S_i^z \left|\frac{1}{2}, m_S^{(i)}\right\rangle = \hbar m_S^{(i)} \left|\frac{1}{2}, m_S^{(i)}\right\rangle \,,$$

bilden eine vollständige Ein-Teilchen-Basis. Für die nicht symmetrisierten Zwei-Teilchen-Zustände,

$$\left|m_{S_1}^{(1)}, m_{S_2}^{(2)}\right\rangle = \left|\frac{1}{2}, m_{S_1}^{(1)}\right\rangle \left|\frac{1}{2}, m_{S_2}^{(2)}\right\rangle \,,$$

sei der Permutations-(Transpositions-)Operator P_{12} wie üblich definiert:

$$P_{12} \left|m_{S_1}^{(1)}, m_{S_2}^{(2)}\right\rangle = \left|m_{S_1}^{(2)}, m_{S_2}^{(1)}\right\rangle \,.$$

Beweisen Sie die folgenden Aussagen:

1. Die gemeinsamen Eigenzustände $|S, M_S\rangle_t$ der Operatoren

$$S_1^2, S_2^2, S^2 = (S_1 + S_2)^2 \,, \quad S^z = S_1^z + S_2^z \,,$$

$$|0,0\rangle_s = 2^{-1/2}\Big(\big|(1/2)^{(1)}, (-1/2)^{(2)}\big\rangle - \big|(1/2)^{(2)}, (-1/2)^{(1)}\big\rangle\Big) \,,$$

$$|1,0\rangle_t = 2^{-1/2}\Big(\big|(1/2)^{(1)}, (-1/2)^{(2)}\big\rangle + \big|(1/2)^{(2)}, (-1/2)^{(1)}\big\rangle\Big) \,,$$

$$|1,\pm 1\rangle_t = \big|(\pm 1/2)^{(1)}, (\pm 1/2)^{(2)}\big\rangle$$

sind Eigenzustände zu P_{12}.

2. Im $\mathcal{H}_2^{(\varepsilon)}$ gilt:

$$P_{12} S_1 P_{12} = S_2 \,; \quad P_{12} S_2 P_{12} = S_1 \,.$$

3. Es gilt die Darstellung:

$$P_{12} = \frac{1}{2}\left(\mathbf{1} + \frac{4}{\hbar^2} S_1 \cdot S_2\right) \,.$$

Aufgabe 1.4.3

$|0\rangle$ sei der normierte Vakuumzustand ($\langle 0 \,|\, 0\rangle = 1$) und $|\varphi_\alpha\rangle$ ein Eigenzustand zu einer Observablen $\widehat{\Phi}$ mit kontinuierlichem Spektrum:

$$\langle \varphi_\alpha \,|\, \varphi_\beta \rangle = \delta(\alpha - \beta) \,.$$

a_α^+ und a_α sind Erzeugungs- und Vernichtungsoperatoren für ein Teilchen im Ein-Teilchen-Zustand $|\Phi_\alpha\rangle$. Leiten Sie mit den Vertauschungsrelationen der a_α^+, a_α die folgende Beziehung ab:

$$\langle 0 \,|\, a_{\beta_N} \cdots a_{\beta_1} a_{\alpha_1}^+ \cdots a_{\alpha_N}^+ \,|\, 0 \rangle = \sum_{\mathcal{P}_\alpha} \varepsilon^{p_\alpha} \mathcal{P}_\alpha \left(\delta(\beta_1 - \alpha_1) \cdots \delta(\beta_N - \alpha_N)\right) \,.$$

$\mathcal{P}_\alpha$ ist der Permutationsoperator, der auf die Zustandsindizes α_i wirkt. ε ist +1 für Bosonen und −1 für Fermionen.

Aufgabe 1.4.4

Gegeben sei ein System von N identischen (spinlosen) Teilchen mit einer lediglich vom Abstand abhängigen Paarwechselwirkung

$$V_{ij} = V\big(|r_i - r_j|\big) \,.$$

Zeigen Sie, dass sich der Hamilton-Operator

$$H = \sum_{i=1}^{n} \frac{p_i^2}{2m} + \frac{1}{2} \sum_{i,j}^{i \neq j} V_{ij}$$

in der kontinuierlichen $\boldsymbol{k}$-Darstellung (ebene Wellen!) wie folgt schreiben lässt:

$$H = \int \mathrm{d}^3 k \left(\frac{\hbar^2 k^2}{2m} \right) a_{\boldsymbol{k}}^+ a_{\boldsymbol{k}} + \frac{1}{2} \iiint \mathrm{d}^3 k \mathrm{d}^3 p \mathrm{d}^3 q \, V(\boldsymbol{q}) a_{\boldsymbol{k}+\boldsymbol{q}}^+ a_{\boldsymbol{p}-\boldsymbol{q}}^+ a_{\boldsymbol{p}} a_{\boldsymbol{k}} \, .$$

Dabei ist

$$V(\boldsymbol{q}) = (2\pi)^{-3} \int \mathrm{d}^3 r \, V(\boldsymbol{r}) \mathrm{e}^{\mathrm{i}\boldsymbol{q} \cdot \boldsymbol{r}} = V(-\boldsymbol{q})$$

die Fourier-Transformierte des Wechselwirkungspotentials. Sie können die folgende Darstellung der δ-Funktion benutzen:

$$\delta\left(\boldsymbol{k} - \boldsymbol{k}'\right) = (2\pi)^{-3} \int \mathrm{d}^3 r \, \mathrm{e}^{-\mathrm{i}(\boldsymbol{k}-\boldsymbol{k}') \cdot \boldsymbol{r}} \, .$$

Aufgabe 1.4.5

Zeigen Sie, dass der Teilchenzahloperator

$$\widehat{N} = \int \mathrm{d}^3 k \, a_{\boldsymbol{k}}^+ a_{\boldsymbol{k}}$$

mit dem Hamilton-Operator aus Aufgabe 1.4.4 kommutiert!

Aufgabe 1.4.6

Für ein System von N identischen (spinlosen) Teilchen mit einer nur vom Abstand abhängigen Paarwechselwirkung $V(|\boldsymbol{r} - \boldsymbol{r}'|)$ lässt sich der Hamilton-Operator H in zweiter Quantisierung wie folgt durch Feldoperatoren ausdrücken:

$$\begin{aligned} H = &\int \mathrm{d}^3 r \, \widehat{\psi}^+(\boldsymbol{r}) \left\{ -\frac{\hbar^2}{2m} \Delta_r \right\} \widehat{\psi}(\boldsymbol{r}) \\ &+ \frac{1}{2} \iint \mathrm{d}^3 r \mathrm{d}^3 r' \, \widehat{\psi}^+(\boldsymbol{r}) \widehat{\psi}^+(\boldsymbol{r}') \, V\left(|\boldsymbol{r} - \boldsymbol{r}'|\right) \widehat{\psi}(\boldsymbol{r}') \widehat{\psi}(\boldsymbol{r}) \, . \end{aligned}$$

Zeigen Sie die Äquivalenz mit der $\boldsymbol{k}$-Darstellung für H, die in Aufgabe 1.4.4 unter Benutzung von ebenen Wellen als Ein-Teilchen-Wellenfunktionen abgeleitet wurde.

Aufgabe 1.4.7

$a_{\varphi_\alpha} = a_\alpha$ und $a^+_{\varphi_\alpha} = a^+_\alpha$ seien Vernichtungs- und Erzeugungsoperatoren für Ein-Teilchen-Eigenzustände $|\varphi_\alpha\rangle$ einer Observablen $\widehat{\Phi}$ mit diskretem Spektrum. Berechnen Sie mithilfe der fundamentalen Vertauschungsrelationen für Bosonen und für Fermionen die folgenden Kommutatoren:

1. $\left[\hat{n}_\alpha, a^+_\beta\right]_-$;
2. $\left[\hat{n}_\alpha, a_\beta\right]_-$;
3. $\left[\widehat{N}, a^+_\alpha\right]_-$;
4. $\left[\widehat{N}, a_\alpha\right]_-$.

Aufgabe 1.4.8

Zeigen Sie, dass unter Voraussetzungen wie in Aufgabe 1.4.7 für Fermionen die folgenden Beziehungen gültig sind:

1. $(a_\alpha)^2 = 0$; $(a^+_\alpha)^2 = 0$,
2. $(\hat{n}_\alpha)^2 = \hat{n}_\alpha$,
3. $a_\alpha \hat{n}_\alpha = a_\alpha$; $a^+_\alpha \hat{n}_\alpha = 0$,
4. $\hat{n}_\alpha a_\alpha = 0$; $\hat{n}_\alpha a^+_\alpha = a^+_\alpha$.

Aufgabe 1.4.9

Gegeben sei ein System von nicht wechselwirkenden, identischen Bosonen bzw. Fermionen:

$$H = \sum_{i=1}^{N} H_1^{(i)} .$$

Der Ein-Teilchen-Operator $H_1^{(i)}$ habe ein diskretes, nicht entartetes Spektrum:

$$H_1^{(i)} |\varphi_r^{(i)}\rangle = \varepsilon_r |\varphi_r^{(i)}\rangle \; ; \quad \langle \varphi_r^{(i)} | \varphi_s^{(i)} \rangle = \delta_{rs} .$$

Die $|\varphi_r^{(i)}\rangle$ werden zum Aufbau der Fock-Zustände $|N; n_1, n_2, \dots\rangle^{(\varepsilon)}$ benutzt. Der allgemeine Zustand des Systems werde durch die nicht normierte Dichtematrix ρ beschrieben, für die in der großkanonischen Gesamtheit (variable Teilchenzahl!) gilt:

$$\rho = \exp\left[-\beta \left(H - \mu \widehat{N}\right)\right] .$$

1. Wie lautet der Hamilton-Operator in zweiter Quantisierung?
2. Verifizieren Sie, dass für die großkanonische Zustandssumme gilt:

$$\Xi(T, V, \mu) = \operatorname{Sp} \rho = \begin{cases} \prod_i \{1 - \exp[-\beta(\varepsilon_i - \mu)]\}^{-1} & \text{Bosonen,} \\ \prod_i \{1 + \exp[-\beta(\varepsilon_i - \mu)]\} & \text{Fermionen.} \end{cases}$$

3. Berechnen Sie den Erwartungswert der Teilchenzahl:

$$\langle \widehat{N} \rangle = \frac{1}{\Xi} \operatorname{Sp}(\rho \widehat{N}) \,.$$

4. Berechnen Sie die innere Energie:

$$U = \langle H \rangle = \frac{1}{\Xi} \operatorname{Sp}(\rho H) \,.$$

5. Berechnen Sie die mittlere Besetzungszahl des i-ten Ein-Teilchen-Zustandes,

$$\langle \hat{n}_i \rangle = \frac{1}{\Xi} \operatorname{Sp}(\rho a_i^+ a_i) \,,$$

und zeigen Sie, dass gilt:

$$U = \sum_i \varepsilon_i \langle \hat{n}_i \rangle \,; \quad \langle \widehat{N} \rangle = \sum_i \langle \hat{n}_i \rangle \,.$$

Aufgabe 1.4.10

Betrachten Sie ein System von Elektronen, die aus zwei verschiedenen Energieniveaus ε_1 und ε_2 stammen. Sie werden durch den folgenden Hamilton-Operator beschrieben:

$$H = \sum_\sigma \left[\varepsilon_1 a_{1\sigma}^+ a_{1\sigma} + \varepsilon_2 a_{2\sigma}^+ a_{2\sigma} + V\left(a_{1\sigma}^+ a_{2\sigma} + a_{2\sigma}^+ a_{1\sigma}\right)\right] \quad (\sigma = \uparrow \text{ oder } \downarrow) \,.$$

1. Zeigen Sie, dass H mit dem Teilchenzahloperator

$$\widehat{N} = \sum_\sigma \left(a_{1\sigma}^+ a_{1\sigma} + a_{2\sigma}^+ a_{2\sigma}\right)$$

vertauscht.

2. Entwickeln Sie mithilfe der Fock-Zustände

$$|N; F\rangle = |N; n_{1\uparrow} n_{1\downarrow}; n_{2\uparrow} n_{2\downarrow}\rangle^{(-)}$$

ein allgemeines Lösungsverfahren zur Berechnung der Energieeigenwerte für beliebige Gesamtelektronenzahlen N $(N = 0, 1, 2, 3, 4)$.

3. Berechnen Sie die Energieeigenwerte für $N = 0$ und $N = 1$.
4. Zeigen Sie, dass von den sechs möglichen Fock-Zuständen zu $N = 2$ zwei bereits Eigenzustände zu H sind. Lösen Sie die verbleibende 4×4-Säkulardeterminante.
5. Finden Sie die Energieeigenwerte für $N = 3$ und $N = 4$.

Kontrollfragen

Zu Abschn. 1.1

1. Was versteht man unter *identischen Teilchen*?
2. Warum sind in der Klassischen Physik auch identische Teilchen unterscheidbar?
3. Was besagt das Prinzip der Ununterscheidbarkeit?
4. Begründen Sie für eine beliebige Observable $\widehat{A}$ eines Systems identischer Teilchen die Operatoridentität $\widehat{A} = P_{ij}^{+}\widehat{A}P_{ij}$, wobei P_{ij} der Transpositionsoperator ist.
5. Wie konstruiert man (anti-)symmetrisierte N-Teilchen-Zustände?
6. Kann sich der Symmetriecharakter eines Zustands N identischer Teilchen mit der Zeit ändern?
7. Begründen Sie, warum alle Zustände eines Systems aus N identischen Teilchen denselben Symmetriecharakter haben.
8. Formulieren Sie den Spin-Statistik-Zusammenhang.
9. Was sind Bosonen, was sind Fermionen? Nennen Sie Beispiele.

Zu Abschn. 1.2

1. Warum ist jeder Permutationsoperator $\mathcal{P}$ im Raum $\mathcal{H}_N^{(\pm)}$ eines Systems von N identischen Teilchen hermitesch?
2. Wie lautet das Skalarprodukt zweier (anti-)symmetrisierter N-Teilchen-Zustände, die aus Ein-Teilchen-Zuständen $|\varphi_\alpha\rangle$ mit kontinuierlichem Spektrum aufgebaut sind?
3. Formulieren Sie für Zustände wie in 2 die Vollständigkeitsrelation.
4. Wie lässt sich mithilfe von Erzeugungsoperatoren ein (anti-)symmetrisierter N-Teilchen-Zustand $|\varphi_{\alpha_1} \cdots \varphi_{\alpha_N}\rangle^{(\pm)}$ aus dem Vakuumzustand $|0\rangle$ konstruieren?
5. Wie wirkt der Vernichtungsoperator a_γ auf den N-Teilchen-Zustand $|\varphi_{\alpha_1} \cdots \varphi_{\alpha_N}\rangle^{(\pm)}$?
6. Wie wirken a_α und a_α^+ auf den Vakuumzustand $|0\rangle$?
7. Erläutern Sie die Begriffe *Erzeugungsoperator*, *Vernichtungsoperator*.
8. Formulieren Sie die drei fundamentalen Vertauschungsrelationen.
9. Drücken Sie einen allgemeinen Ein-Teilchen-Operator durch Erzeugungs- und Vernichtungsoperatoren aus.

10. Bestehen irgendwelche Einschränkungen bezüglich der Ein-Teilchen-Basis $\{|\varphi_\alpha\rangle\}$, aus der die (anti-)symmetrisierten N-Teilchen-Basiszustände des $\mathcal{H}_N^{(\varepsilon)}$ aufgebaut sind? Welche Gesichtspunkte könnten ihre Wahl beeinflussen?
11. Wie sind Besetzungsdichte- und Teilchenzahl-Operator definiert? Wie sehen ihre Eigenzustände aus?
12. Was versteht man unter Feldoperatoren?
13. Welcher Zusammenhang besteht zwischen Feldoperatoren und allgemeinen Konstruktionsoperatoren a_α, a_α^+?

Zu Abschn. 1.3

1. Was beschreibt die Slater-Determinante?
2. In welchem Zusammenhang steht die Slater-Determinante mit dem Pauli-Prinzip?
3. Was versteht man unter der Besetzungszahl n_i?
4. Wie formuliert man einen N-Teilchen-Zustand in der Besetzungszahldarstellung?
5. Formulieren Sie die Orthonormierungs- und Vollständigkeitsbedingungen der Fock-Zustände.
6. Beschreiben Sie die Wirkungsweise von Erzeugungs- und Vernichtungsoperatoren auf N-Teilchen-Zustände in der Besetzungszahldarstellung.
7. Wie kann man einen N-Teilchen-Fock-Zustand aus dem Vakuumzustand $|0\rangle$ erzeugen?
8. Wie lauten die fundamentalen Vertauschungsrelationen im *diskreten* Fall?
9. Zeigen Sie, dass die Fock-Zustände Eigenzustände des Besetzungszahl- und des Teilchenzahl-Operators sind.

Viel-Teilchen-Modellsysteme

2

W. Nolting, *Grundkurs Theoretische Physik 7*, Springer-Lehrbuch,
DOI 10.1007/978-3-642-25808-4_2,

In diesem Abschnitt sollen einige häufig diskutierte Modellsysteme eingeführt werden, an denen wir später die Elemente der abstrakten Theorie demonstrieren und testen wollen. Bei der Formulierung der Modell-Hamilton-Operatoren werden wir bereits das Transformieren von der ersten in die zweite Quantisierung üben können. Die ausgewählten Beispiele stammen sämtlich aus dem Bereich der Theoretischen Festkörperphysik und sollen mit ein paar einführenden Bemerkungen vorbereitet werden.

Der Festkörper ist sicher ein Viel-Teilchen-System,

$$\mathrm{FK} = \sum_{i=1}^{N} (\mathrm{Teilchen})_i \,,$$

zusammengesetzt aus Atomen oder Molkülen, die miteinander wechselwirken. Das *Teilchen* besteht aus einem oder mehreren positiv geladenen Kernen und einer negativen Elektronenhülle. Man unterscheidet **Rumpfelektronen** und **Valenzelektronen**. Die Rumpfelektronen sind fest gebunden, d. h. in unmittelbarer Kernnähe lokalisiert. Sie stammen in der Regel aus abgeschlossenen Schalen – Ausnahmen sind z. B. die $4f$-Elektronen der Seltenen Erden – und haben damit kaum Einfluss auf typische Festkörpereigenschaften. Dies ist anders bei den Valenzelektronen, die aus nicht abgeschlossenen Schalen stammen und z. B. für die Festkörperbindung zuständig sind. Natürlich ist die Aufteilung in Rumpf- und Valenzelektronen nicht immer eindeutig. Darin liegt bereits eine gewisse Näherung. Unter einem **Gitterion** versteht man in diesem Sinne die Summe aus Kern plus Rumpfelektronen. Dies ergibt das folgende **Modell**:

Festkörper:
wechselwirkendes Teilchensystem aus Gitterionen und Valenzelektronen.

Wie sieht der zugehörige Hamilton-Operator aus?

$$H = H_\mathrm{e} + H_\mathrm{i} + H_\mathrm{ei} \,. \tag{2.1}$$

Das **Teilsystem der Elektronen** wird durch den Operator H_e beschrieben:

$$H_\mathrm{e} = \sum_{i=1}^{N_\mathrm{e}} \frac{p_\mathrm{i}^2}{2m} + \frac{1}{2}\frac{1}{4\pi\varepsilon_0} \sum_{i,j}^{i \neq j} \frac{e^2}{|\boldsymbol{r}_i - \boldsymbol{r}_j|} \equiv H_\mathrm{e,\,kin} + H_\mathrm{ee} \,. \tag{2.2}$$

N_e ist die Anzahl der Valenzelektronen. Der erste Summand stellt deren kinetische Energie, der zweite Summand ihre Coulomb-Wechselwirkung dar. $\boldsymbol{r}_i$, $\boldsymbol{r}_j$ sind die Elektronenorte.

Das **Teilsystem der Ionen** wird bestimmt durch den Operator H_i:

$$H_\mathrm{i} = \sum_{\alpha=1}^{N_\mathrm{i}} \frac{p_\alpha^2}{2M_\alpha} + \frac{1}{2} \sum_{\alpha,\beta}^{\alpha \neq \beta} V_\mathrm{i}\left(\boldsymbol{R}_\alpha - \boldsymbol{R}_\beta\right) \equiv H_\mathrm{i,\,kin} + H_\mathrm{ii} \,. \tag{2.3}$$

Die Ion-Ion-Wechselwirkung soll hier zunächst nicht weiter spezifiziert werden. Es handelt sich aber auf jeden Fall um eine Paarwechselwirkung. Sie ist mitverantwortlich dafür, dass die Gleichgewichtslagen der Ionen $\boldsymbol{R}_\alpha^{(0)}$ ein streng periodisches Kristallgitter definieren. Die Ionen führen um diese Gleichgewichtslagen Schwingungen aus. Deren Energien sind quantisiert. Das Elementarquant heißt **Phonon**. Es ist deshalb zweckmäßig, H_{ii} noch einmal aufzuspalten in

$$H_{\mathrm{ii}} = H_{\mathrm{ii}}^{(0)} + H_{\mathrm{p}} \,. \tag{2.4}$$

$H_{\mathrm{ii}}^{(0)}$ bestimmt z. B. die Festkörperbindung, H_{p} die Gitterdynamik.

Die **Wechselwirkung der beiden Teilsysteme** wird schließlich durch

$$H_{\mathrm{ei}} = \sum_{i=1}^{N_{\mathrm{e}}} \sum_{\alpha=1}^{N_{\mathrm{i}}} V_{\mathrm{ei}}\left(\boldsymbol{r}_i - \boldsymbol{R}_\alpha\right) \tag{2.5}$$

wiedergegeben, wobei auch hier eine weitere Aufteilung zweckmäßig ist:

$$H_{\mathrm{ei}} = H_{\mathrm{ei}}^{(0)} + H_{\mathrm{ep}} \,. \tag{2.6}$$

$H_{\mathrm{ei}}^{(0)}$ betrifft die Wechselwirkung der Elektronen mit in Gleichgewichtspositionen befindlichen Ionen. H_{ep} ist die Elektron-Phonon-Wechselwirkung.

Die exakte Lösung für das Gesamtsystem (2.1) erscheint unmöglich. Eine Approximation kann in den folgenden drei Schritten erfolgen:

1. Elektronenbewegung, z. B. im starren Ionengitter: $H_{\mathrm{e}} + H_{\mathrm{ei}}^{(0)}$.
2. Ionenbewegung, z. B. im homogenen Elektronen*see*: H_{p}.
3. Kopplung, z. B. störungstheoretische Behandlung von H_{ep}.

Entsprechend dieses Konzepts diskutieren wir im nächsten Abschnitt zunächst das elektronische Teilsystem.

2.1 Kristallelektronen

2.1.1 Nicht wechselwirkende Bloch-Elektronen

Wir betrachten zunächst Elektronen in einem starren Ionengitter, die nicht miteinander, sondern nur mit dem periodischen Gitterpotential wechselwirken, d. h., wir suchen die Eigenlösungen des folgenden Hamilton-Operators:

$$H_0 = H_{\mathrm{e,\,kin}} + H_{\mathrm{ei}}^{(0)} \,. \tag{2.7}$$

Die in ihren Gleichgewichtspositionen verankerten Ionen definieren das so genannte **Gitterpotential**:

$$\widehat{V}\left(\boldsymbol{r}_i\right) = \sum_{\alpha=1}^{N_{\mathrm{i}}} V_{\mathrm{ei}}\left(\boldsymbol{r}_i - \boldsymbol{R}_\alpha^{(0)}\right) \,. \tag{2.8}$$

Für die Ionenpositionen $\boldsymbol{R}_\alpha^{(0)}$ gilt genauer:

$$\begin{aligned} \boldsymbol{R}_\alpha^{(0)} &\Rightarrow \boldsymbol{R}_s^n = \boldsymbol{R}^n + \boldsymbol{R}_s \, , \\ \boldsymbol{n} &= (n_1, n_2, n_3) \; ; \quad n_i \in \mathbb{Z} \, . \end{aligned} \tag{2.9}$$

$\boldsymbol{R}^n$ definiert das Bravais-Gitter:

$$\boldsymbol{R}^n = \sum_{i=1}^{3} n_i \boldsymbol{a}_i \, . \tag{2.10}$$

$\boldsymbol{a}_1, \boldsymbol{a}_2, \boldsymbol{a}_3$ sind die primitiven Translationen. $\boldsymbol{R}_s$ sind die Ortsvektoren der Basisatome. Die erwähnte Periodizität betrifft das Bravais-Gitter:

$$\widehat{V}\left(\boldsymbol{r}_i + \boldsymbol{R}^n\right) \stackrel{!}{=} \widehat{V}\left(\boldsymbol{r}_i\right) \, . \tag{2.11}$$

$\widehat{V}(\boldsymbol{r}_i) = \widehat{V}(\hat{\boldsymbol{r}}_i)$ ist ein Ein-Teilchen-Operator, und dies überträgt sich auf:

$$H_{\mathrm{ei}}^{(0)} = \sum_{i=1}^{N_e} \widehat{V}\left(\hat{\boldsymbol{r}}_i\right) \, . \tag{2.12}$$

Wir haben deshalb die folgende Eigenwertgleichung zu lösen:

$$h_0 \psi_{\boldsymbol{k}}(\boldsymbol{r}) = \varepsilon(\boldsymbol{k}) \psi_{\boldsymbol{k}}(\boldsymbol{r}) \, . \tag{2.13}$$

Man nennt $\psi_{\boldsymbol{k}}(\boldsymbol{r})$ eine **Bloch-Funktion** und $\varepsilon(\boldsymbol{k})$ die zugehörige **Bloch-Energie**. $\boldsymbol{k}$ ist ein Wellenvektor der ersten Brillouin-Zone. Mit h_0 ist der Operator

$$h_0 = \frac{\boldsymbol{p}^2}{2m} + \widehat{V}(\hat{\boldsymbol{r}}) \tag{2.14}$$

gemeint. Die Lösung (2.13) stellt für realistische Gitter ein nichttriviales Problem dar. Aus der Perdiodizität (2.11) des Gitterpotentials leitet man das fundamentale **Bloch'sche Theorem** ab:

$$\psi_{\boldsymbol{k}}\left(\boldsymbol{r} + \boldsymbol{R}^n\right) = \mathrm{e}^{\mathrm{i}\,\boldsymbol{k} \cdot \boldsymbol{R}^n} \psi_{\boldsymbol{k}}(\boldsymbol{r}) \, . \tag{2.15}$$

Macht man den üblichen Ansatz

$$\psi_{\boldsymbol{k}}(\boldsymbol{r}) = u_{\boldsymbol{k}}(\boldsymbol{r}) \mathrm{e}^{\mathrm{i}\,\boldsymbol{k} \cdot \boldsymbol{r}} \, , \tag{2.16}$$

so muss die Amplitudenfunktion gitterperiodisch sein:

$$u_{\boldsymbol{k}}\left(\boldsymbol{r} + \boldsymbol{R}^n\right) = u_{\boldsymbol{k}}(\boldsymbol{r}) \, . \tag{2.17}$$

Die Bloch-Funktionen $\psi_{\boldsymbol{k}}(\boldsymbol{r})$ bilden ein vollständiges, orthonormiertes System:

$$\int \mathrm{d}^3r\, \psi_{\boldsymbol{k}}^*(\boldsymbol{r})\psi_{\boldsymbol{k}'}(\boldsymbol{r}) = \delta_{\boldsymbol{k},\boldsymbol{k}'} \,, \tag{2.18}$$

$$\sum_{\boldsymbol{k}}^{1.\,\mathrm{BZ}} \psi_{\boldsymbol{k}}^*(\boldsymbol{r})\psi_{\boldsymbol{k}}(\boldsymbol{r}') = \delta(\boldsymbol{r}-\boldsymbol{r}') \,. \tag{2.19}$$

Summiert wird über alle Wellenvektoren $\boldsymbol{k}$ der ersten Brillouin-Zone. Diese sind wegen periodischer Randbedingungen diskret. – Da h_0 keine Spinanteile enthält, faktorisiert die Eigenfunktion in einen Spin- und einen Ortsanteil:

$$\begin{aligned} |\boldsymbol{k}\sigma\rangle \quad &\Leftrightarrow \quad \text{Bloch-Zustand}\,, \\ \langle \boldsymbol{r} \mid \boldsymbol{k}\sigma\rangle &= \psi_{\boldsymbol{k}\sigma}(\boldsymbol{r}) = \psi_{\boldsymbol{k}}(\boldsymbol{r})\chi_\sigma \,, \\ \chi_\uparrow = \begin{pmatrix}1\\0\end{pmatrix} &; \quad \chi_\downarrow = \begin{pmatrix}0\\1\end{pmatrix} . \end{aligned} \tag{2.20}$$

Falls Elektronen aus verschiedenen Energiebändern betrachtet werden, erscheint an der Bloch-Funktion noch ein Bandindex n. Wir beschränken uns hier jedoch auf Elektronen aus einem einzigen Band.

Wir definieren:

$a_{\boldsymbol{k}\sigma}^+ \quad (a_{\boldsymbol{k}\sigma})$: **Erzeugungs-(Vernichtungs-)operator eines Bloch-Elektrons.**

Da H_0 ein Ein-Teilchen-Operator ist, folgt aus (1.100):

$$H_0 = \sum_{\substack{\boldsymbol{k}\sigma \\ \boldsymbol{k}'\sigma'}} \langle \boldsymbol{k}\sigma \mid h_0 \mid \boldsymbol{k}'\sigma'\rangle a_{\boldsymbol{k}\sigma}^+ a_{\boldsymbol{k}'\sigma'} \,.$$

Das Matrixelement lässt sich leicht berechnen

$$\langle \boldsymbol{k}\sigma \mid h_0 \mid \boldsymbol{k}'\sigma'\rangle = \varepsilon(\boldsymbol{k}')\, \langle \boldsymbol{k}\sigma \mid \boldsymbol{k}'\sigma'\rangle = \varepsilon(\boldsymbol{k})\, \delta_{\boldsymbol{k}\boldsymbol{k}'}\, \delta_{\sigma\sigma'} \,, \tag{2.21}$$

da $|\boldsymbol{k}\sigma\rangle$ Eigenzustand zu h_0 ist. Damit folgt:

$$H_0 = \sum_{\boldsymbol{k}\sigma} \varepsilon(\boldsymbol{k}) a_{\boldsymbol{k}\sigma}^+ a_{\boldsymbol{k}\sigma} = \sum_{\boldsymbol{k}\sigma} \varepsilon(\boldsymbol{k}) n_{\boldsymbol{k}\sigma} \,. \tag{2.22}$$

Die *Bloch-Operatoren* $a_{\boldsymbol{k}\sigma}$, $a_{\boldsymbol{k}\sigma}^+$ erfüllen natürlich die fundamentalen Vertauschungsrelationen:

$$\left[a_{\boldsymbol{k}\sigma}, a_{\boldsymbol{k}'\sigma'}\right]_+ = \left[a_{\boldsymbol{k}\sigma}^+, a_{\boldsymbol{k}'\sigma'}^+\right]_+ = 0 \,, \tag{2.23}$$

$$\left[a_{\boldsymbol{k}\sigma}, a_{\boldsymbol{k}'\sigma'}^+\right]_+ = \delta_{\boldsymbol{k}\boldsymbol{k}'}\, \delta_{\sigma\sigma'} \,. \tag{2.24}$$

Vernachlässigt man die kristalline Struktur des Festkörpers und betrachtet das Ionengitter lediglich als positiv geladenen, homogenen Hintergrund für das Elektronensystem ($\widehat{V}(\boldsymbol{r}) = \text{const}$), so werden aus den Bloch-Funktionen ebene Wellen,

$$\psi_{\boldsymbol{k}}(\boldsymbol{r}) \underset{[\widehat{V}=\text{const}]}{\Rightarrow} \frac{1}{\sqrt{V}} e^{i\boldsymbol{k}\cdot\boldsymbol{r}} , \tag{2.25}$$

und aus den Bloch-Energien wegen $p^2/2m = -(\hbar^2/2m)\Delta$:

$$\varepsilon(\boldsymbol{k}) \underset{[\widehat{V}=\text{const}]}{\Rightarrow} \frac{\hbar^2 k^2}{2m} . \tag{2.26}$$

(V ist das Volumen des Festkörpers! Man unterscheide V von $\widehat{V}$, dem Gitterpotential!) Wir wollen noch zwei weitere, für Anwendungen wichtige Darstellungen von H_0 diskutieren, z. B. die mit

Feldoperatoren

$$\widehat{\psi}_\sigma^+(\boldsymbol{r}) , \quad \widehat{\psi}_\sigma(\boldsymbol{r}) ,$$

die wie in (1.63) bis (1.69) zu verstehen sind, wobei wir allerdings zusätzlich den Spin des Elektrons berücksichtigen. Die Verallgemeinerung der früheren Formeln liegt auf der Hand. So gilt z. B.:

$$\left[\widehat{\psi}_\sigma(\boldsymbol{r}), \widehat{\psi}_{\sigma'}^+(\boldsymbol{r}')\right]_+ = \delta(\boldsymbol{r}-\boldsymbol{r}')\,\delta_{\sigma\sigma'} . \tag{2.27}$$

Damit folgt für H_0:

$$\begin{aligned} H_0 &= \sum_{\sigma,\sigma'} \iint d^3r\, d^3r' \,\langle \boldsymbol{r}\sigma \,|\, h_0 \,|\, \boldsymbol{r}'\sigma'\rangle \,\widehat{\psi}_\sigma^+(\boldsymbol{r})\widehat{\psi}_{\sigma'}(\boldsymbol{r}') \\ &= \sum_{\sigma,\sigma'} \iint d^3r\, d^3r' \,\delta_{\sigma\sigma'} \left(-\frac{\hbar^2}{2m}\Delta_{r'} + \widehat{V}(\boldsymbol{r}')\right) \delta(\boldsymbol{r}-\boldsymbol{r}')\,\widehat{\psi}_\sigma^+(\boldsymbol{r})\widehat{\psi}_{\sigma'}(\boldsymbol{r}') \\ &= \sum_{\sigma} \int d^3r\, \widehat{\psi}_\sigma^+(\boldsymbol{r}) \left(-\frac{\hbar^2}{2m}\Delta_r + \widehat{V}(\boldsymbol{r})\right) \widehat{\psi}_\sigma(\boldsymbol{r}) . \end{aligned} \tag{2.28}$$

Eine weitere spezielle, häufig verwendete Ortsdarstellung benutzt

Wannier-Funktionen

$$\omega_\sigma(\boldsymbol{r}-\boldsymbol{R}_i) = \frac{1}{\sqrt{N_i}} \sum_{\boldsymbol{k}}^{1.\,BZ} e^{-i\boldsymbol{k}\cdot\boldsymbol{R}_i}\,\psi_{\boldsymbol{k}\sigma}(\boldsymbol{r}) . \tag{2.29}$$

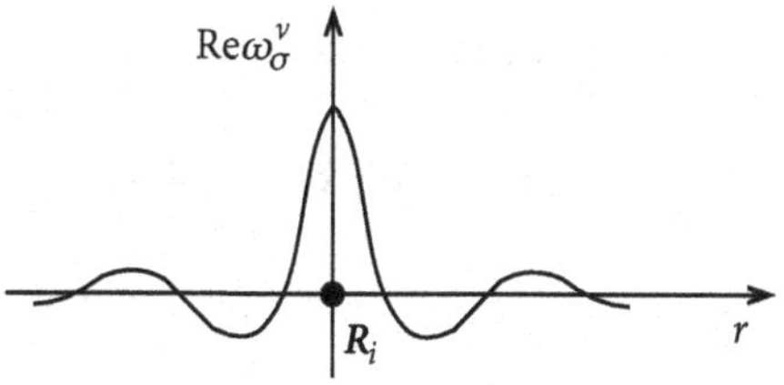

Abb. 2.1 Qualitative Ortsabhängigkeit des Realteils einer Wannier-Funktion

Typisch für diese ist die relativ starke Konzentration um den jeweiligen Gitterplatz $\boldsymbol{R}_\mathrm{i}$. Mit (2.18) sowie

$$\frac{1}{N_\mathrm{i}} \sum_{\boldsymbol{k}}^{1.\,\mathrm{BZ}} \mathrm{e}^{\mathrm{i}\,\boldsymbol{k}\cdot(\boldsymbol{R}_\mathrm{i}-\boldsymbol{R}_j)} = \delta_{ij} \tag{2.30}$$

beweist man leicht die Orthogonalitätsrelation:

$$\int \mathrm{d}^3 r\, \omega_\sigma^* \left(\boldsymbol{r}-\boldsymbol{R}_\mathrm{i}\right) \omega_{\sigma'} \left(\boldsymbol{r}-\boldsymbol{R}_j\right) = \delta_{\sigma\sigma'}\, \delta_{ij}\,. \tag{2.31}$$

Mit den Bezeichnungen

$$\begin{aligned}
|i\sigma\rangle \quad &\Leftrightarrow \quad \text{Wannier-Zustand,}\\
\langle \boldsymbol{r} \mid i\sigma\rangle \;&= \quad \omega_\sigma\left(\boldsymbol{r}-\boldsymbol{R}_\mathrm{i}\right)\,,\\
a_{i\sigma}^+ \quad (a_{i\sigma}):& \quad \text{Erzeugungs- (Vernichtungs-)operator eines Elektrons}\\
& \quad \text{in einem Wannier-Zustand am Gitterplatz } \boldsymbol{R}_\mathrm{i}\,,
\end{aligned} \tag{2.32}$$

lautet H_0 in zweiter Quantisierung,

$$H_0 = \sum_{ij\sigma} T_{ij}\, a_{i\sigma}^+\, a_{j\sigma}\,, \tag{2.33}$$

und beschreibt in anschaulicher Weise das *Hüpfen* eines Elektrons mit dem Spin σ vom Gitterplatz $\boldsymbol{R}_j$ – dort wird es vernichtet – zum Gitterplatz $\boldsymbol{R}_\mathrm{i}$, wo es erzeugt wird. T_{ij} heißt deshalb auch das

- „Hopping"-Integral.

Es gilt zunächst:

$$\begin{aligned}
\langle i\sigma \mid h_0 \mid j\sigma'\rangle &= \delta_{\sigma\sigma'}\,\langle i\sigma \mid h_0 \mid j\sigma\rangle\\
&= \delta_{\sigma\sigma'} \sum_{\substack{\boldsymbol{k},\boldsymbol{k}'\\ \sigma_1,\sigma_2}} \langle i\sigma \mid \boldsymbol{k}\sigma_1\rangle\,\langle \boldsymbol{k}\sigma_1 \mid h_0 \mid \boldsymbol{k}'\sigma_2\rangle\,\langle \boldsymbol{k}'\sigma_2 \mid j\sigma\rangle\\
&= \delta_{\sigma\sigma'} \sum_{\substack{\boldsymbol{k},\boldsymbol{k}'\\ \sigma_1,\sigma_2}} \varepsilon(\boldsymbol{k}')\,\langle i\sigma \mid \boldsymbol{k}\sigma_1\rangle\,\langle \boldsymbol{k}\sigma_1 \mid \boldsymbol{k}'\sigma_2\rangle\,\langle \boldsymbol{k}'\sigma_2 \mid j\sigma\rangle\\
&= \delta_{\sigma\sigma'} \sum_{\boldsymbol{k},\sigma_1} \varepsilon(\boldsymbol{k})\,\langle i\sigma \mid \boldsymbol{k}\sigma_1\rangle\,\langle \boldsymbol{k}\sigma_1 \mid j\sigma\rangle.
\end{aligned} \tag{2.34}$$

Die verbleibenden Matrixelemente berechnen sich schließlich wie folgt:

$$\begin{aligned}\langle i\sigma \mid \boldsymbol{k}\sigma_1\rangle &= \int d^3r \, \langle i\sigma \mid \boldsymbol{r}\rangle \, \langle \boldsymbol{r} \mid \boldsymbol{k}\sigma_1\rangle \\ &= \int d^3r \, \omega_\sigma^* \, (\boldsymbol{r} - \boldsymbol{R}_i) \, \psi_{\boldsymbol{k}\sigma_1}(\boldsymbol{r}) \\ &= \frac{1}{\sqrt{N_i}} \sum_{\boldsymbol{k}'} e^{i\boldsymbol{k}'\cdot\boldsymbol{R}_i} \int d^3r \, \psi^*_{\boldsymbol{k}'\sigma}(\boldsymbol{r}) \psi_{\boldsymbol{k}\sigma_1}(\boldsymbol{r}) \\ &= \frac{1}{\sqrt{N_i}} \sum_{\boldsymbol{k}'} e^{i\boldsymbol{k}'\cdot\boldsymbol{R}_i} \, \delta_{\boldsymbol{k}\boldsymbol{k}'} \, \delta_{\sigma\sigma_1} = \delta_{\sigma\sigma_1} \frac{e^{i\boldsymbol{k}\cdot\boldsymbol{R}_i}}{\sqrt{N_i}} \, .\end{aligned}$$

Dies ergibt in (2.34):

$$\langle i\sigma \mid h_0 \mid j\sigma'\rangle = \delta_{\sigma\sigma'} T_{ij} \tag{2.35}$$

mit

$$T_{ij} = \frac{1}{N_i} \sum_{\boldsymbol{k}} \varepsilon(\boldsymbol{k}) e^{i\boldsymbol{k}\cdot(\boldsymbol{R}_i - \boldsymbol{R}_j)} \, . \tag{2.36}$$

Die Umkehrung lautet

$$\varepsilon(\boldsymbol{k}) = \frac{1}{N_i} \sum_{i,j} T_{ij} e^{-i\boldsymbol{k}\cdot(\boldsymbol{R}_i - \boldsymbol{R}_j)} \, , \tag{2.37}$$

wie man durch Einsetzen in (2.36) mithilfe von (2.30) verifiziert.

Den Zusammenhang zwischen Bloch- und Wannier-Operatoren findet man wie in (1.66) am Beispiel der Feldoperatoren demonstriert:

$$a_{i\sigma} = \frac{1}{\sqrt{N_i}} \sum_{\boldsymbol{k}}^{1.\,\mathrm{BZ}} e^{i\boldsymbol{k}\cdot\boldsymbol{R}_i} \, a_{\boldsymbol{k}\sigma} \, , \tag{2.38}$$

$$a_{\boldsymbol{k}\sigma} = \frac{1}{\sqrt{N_i}} \sum_{i=1}^{N_i} e^{-i\boldsymbol{k}\cdot\boldsymbol{R}_i} \, a_{i\sigma} \, . \tag{2.39}$$

Aus den Vertauschungsrelationen der Bloch-Operatoren (2.23) und (2.24) folgen dann unmittelbar die der Wannier-Operatoren (s. Aufgabe 2.1.3):

$$\left[a_{i\sigma}, a_{j\sigma'}\right]_+ = \left[a^+_{i\sigma}, a^+_{j\sigma'}\right]_+ = 0 \, , \tag{2.40}$$

$$\left[a_{i\sigma}, a^+_{j\sigma'}\right]_+ = \delta_{ij} \, \delta_{\sigma\sigma'} \, . \tag{2.41}$$

2.1.2 Jellium-Modell

Das Modell ist zur Beschreibung einfacher Metalle brauchbar und basiert auf den folgenden Annahmen:

1. N_e Elektronen im Volumen $V = L^3$ üben aufeinander die Coulomb-Wechselwirkung

$$H_{ee} = \frac{e^2}{8\pi\varepsilon_0} \sum_{i,j}^{i \neq j} \frac{1}{|\boldsymbol{r}_i - \boldsymbol{r}_j|} \tag{2.42}$$

aus.

2. Die Ionen sind einfach positiv geladen:

$$N_e = N_i = N\,. \tag{2.43}$$

3. Die Ionen bilden einen *homogen verschmierten* Hintergrund und sorgen damit für a) Ladungsneutralität, b) konstantes Gitterpotential.
Aus den Bloch-Funktionen werden ebene Wellen:

$$\psi_{\boldsymbol{k}\sigma}(\boldsymbol{r}) \Rightarrow \frac{1}{\sqrt{V}} e^{i\boldsymbol{k}\cdot\boldsymbol{r}} \chi_\sigma\,. \tag{2.44}$$

4. Periodische Randbedingungen auf V sorgen für diskrete Wellenzahlen:

$$\boldsymbol{k} = \frac{2\pi}{L}\left(n_x, n_y, n_z\right)\,, \quad n_{x,y,z} \in \mathbb{Z}\,. \tag{2.45}$$

Wie sieht der diesen Annahmen entsprechende Modell-Hamilton-Operator in erster Quantisierung aus? Er sollte sich aus drei Termen zusammensetzen:

$$H = H_e + H_+ + H_{e+}\,. \tag{2.46}$$

H_e ist so wie in (2.2) gemeint und ist der eigentlich entscheidende Term. H_+ beschreibt die homogen verschmierten Ionenladungen, wobei *homogen verschmiert* heißen soll, dass die Ionendichte $n(\boldsymbol{r})$ ortsunabhängig ist:

$$n(\boldsymbol{r}) \longrightarrow \frac{N}{V}\,. \tag{2.47}$$

Damit lautet H_+:

$$H_+ = \frac{e^2}{8\pi\varepsilon_0} \iint d^3r\, d^3r' \frac{n(\boldsymbol{r})\cdot n(\boldsymbol{r}')}{|\boldsymbol{r} - \boldsymbol{r}'|} e^{-\alpha|\boldsymbol{r}-\boldsymbol{r}'|}\,. \tag{2.48}$$

Wegen der Annahme 4. müssen wir unsere Resultate im thermodynamischen Limes diskutieren, d. h. für $N \to \infty$, $V \to \infty$, $N/V \to$ const. Wegen der Langreichweitigkeit der Coulomb-Kräfte divergieren dann die Integrale. Aus diesem Grund wird ein konvergenzerzeugender Faktor $\exp(-\alpha|\boldsymbol{r}-\boldsymbol{r}'|)$ mit $\alpha > 0$ eingeführt. Nach Auswertung der Integrale wird der Grenzübergang $\alpha \to 0$ vollzogen.

Wegen (2.47) benötigen wir in (2.48) das folgende Integral:

$$\iint d^3r\,d^3r'\,\frac{e^{-\alpha|\boldsymbol{r}-\boldsymbol{r}'|}}{|\boldsymbol{r}-\boldsymbol{r}'|} = V\int_V d^3r\,\frac{e^{-\alpha r}}{r} \xrightarrow[V\to\infty]{} \frac{4\pi V}{\alpha^2}\,.$$

Damit ergibt sich:

$$H_+ = \frac{e^2}{8\pi\varepsilon_0}\frac{\widehat{N}^2}{V}\frac{4\pi}{\alpha^2}\,. \tag{2.49}$$

H_+ divergiert zwar für $\alpha \to 0$, wird aber durch andere noch zu besprechende Terme kompensiert. H_{e+} in (2.46) beschreibt die Wechselwirkung der Elektronen mit dem homogenen Ionensee:

$$H_{e+} = -\frac{e^2}{4\pi\varepsilon_0}\sum_{i=1}^{N}\int d^3r\,\frac{n(\boldsymbol{r})}{|\boldsymbol{r}-\boldsymbol{r}_i|}e^{-\alpha|\boldsymbol{r}-\boldsymbol{r}_i|}\,. \tag{2.50}$$

Mit denselben Überlegungen wie zu H_+ folgt:

$$\begin{aligned} H_{e+} &= -\frac{e^2}{4\pi\varepsilon_0}\frac{N}{V}\sum_{i=1}^{N}\int d^3r\,\frac{e^{-\alpha|\boldsymbol{r}-\boldsymbol{r}_i|}}{|\boldsymbol{r}-\boldsymbol{r}_i|} \\ &= -\frac{e^2}{4\pi\varepsilon_0}\frac{N}{V}\sum_{i=1}^{N}\frac{4\pi}{\alpha^2}\,. \end{aligned}$$

Ersetzen wir wiederum die klassische Teilchenzahl N durch den Teilchenzahloperator $\widehat{N}$, so bleibt:

$$H_{e+} = -\frac{e^2}{4\pi\varepsilon_0}\frac{\widehat{N}^2}{V}\frac{4\pi}{\alpha^2}\,. \tag{2.51}$$

Insgesamt wird damit aus unserem Modell:

$$H = H_e - \frac{1}{2}\frac{e^2}{4\pi\varepsilon_0}\frac{\widehat{N}^2}{V}\frac{4\pi}{\alpha^2}\,. \tag{2.52}$$

Dies sieht für $\alpha \to 0$ zwar immer noch kritisch aus, jedoch werden wir sehen, dass H_e einen ganz entsprechenden Term enthält, der den zweiten Summanden in (2.52) gerade aufhebt. H_e ist der eigentlich entscheidende Operator, der sich gemäß (2.2) aus der kinetischen Energie H_0 (2.7) und der Coulomb-Wechselwirkung H_{ee} (2.42) zusammensetzt. H_0 haben wir schon im letzten Abschnitt in die zweite Quantisierung transformiert. H_{ee} ist ein typischer Zwei-Teilchen-Operator, für den nach (1.100) in der Bloch-Darstellung gilt:

$$H_{ee} = \frac{1}{2}\sum_{\substack{\boldsymbol{k}_1\cdots\boldsymbol{k}_4\\ \sigma_1\cdots\sigma_4}} v(\boldsymbol{k}_1\sigma_1,\dots,\boldsymbol{k}_4\sigma_4)\,a^+_{\boldsymbol{k}_1\sigma_1}a^+_{\boldsymbol{k}_2\sigma_2}a_{\boldsymbol{k}_4\sigma_4}a_{\boldsymbol{k}_3\sigma_3}\,. \tag{2.53}$$

Das Matrixelement

$$\begin{aligned}&v(\boldsymbol{k}_1\sigma_1,\dots,\boldsymbol{k}_4\sigma_4)\\&=\frac{e^2}{4\pi\varepsilon_0}\left\langle(\boldsymbol{k}_1\sigma_1)^{(1)}(\boldsymbol{k}_2\sigma_2)^{(2)}\right|\frac{1}{\left|\hat{\boldsymbol{r}}^{(1)}-\hat{\boldsymbol{r}}'^{(2)}\right|}\left|(\boldsymbol{k}_3\sigma_3)^{(1)}(\boldsymbol{k}_4\sigma_4)^{(2)}\right\rangle\end{aligned}$$

ist sicher nur für

$$\sigma_1=\sigma_3\quad\text{und}\quad\sigma_2=\sigma_4$$

von Null verschieden, da der Operator selbst spinunabhängig ist:

$$\begin{aligned}v(\boldsymbol{k}_1\sigma_1,\dots,\boldsymbol{k}_4\sigma_4)&=\frac{e^2}{4\pi\varepsilon_0}\iint \mathrm{d}^3r_1\,\mathrm{d}^3r_2\,\left\langle\boldsymbol{k}_1^{(1)}\boldsymbol{k}_2^{(2)}\right|\frac{1}{\left|\hat{\boldsymbol{r}}^{(1)}-\hat{\boldsymbol{r}}'^{(2)}\right|}\\&\quad\cdot\left|\boldsymbol{r}_1^{(1)}\boldsymbol{r}_2^{(2)}\right\rangle\left\langle\boldsymbol{r}_1^{(1)}\boldsymbol{r}_2^{(2)}\middle|\boldsymbol{k}_3^{(1)}\boldsymbol{k}_4^{(2)}\right\rangle\delta_{\sigma_1\sigma_3}\,\delta_{\sigma_2\sigma_4}\\&=\frac{e^2}{4\pi\varepsilon_0}\iint \mathrm{d}^3r_1\,\mathrm{d}^3r_2\,\frac{1}{\left|\boldsymbol{r}_1-\boldsymbol{r}_2\right|}\left\langle\boldsymbol{k}_1^{(1)}\boldsymbol{k}_2^{(2)}\middle|\boldsymbol{r}_1^{(1)}\boldsymbol{r}_2^{(2)}\right\rangle\\&\quad\cdot\left\langle\boldsymbol{r}_1^{(1)}\boldsymbol{r}_2^{(2)}\middle|\boldsymbol{k}_3^{(1)}\boldsymbol{k}_4^{(2)}\right\rangle\delta_{\sigma_1\sigma_3}\,\delta_{\sigma_2\sigma_4}\\&=\frac{e^2}{4\pi\varepsilon_0}\iint \mathrm{d}^3r_1\,\mathrm{d}^3r_2\,\frac{1}{\left|\boldsymbol{r}_1-\boldsymbol{r}_2\right|}\psi_{\boldsymbol{k}_1}^*(\boldsymbol{r}_1)\,\psi_{\boldsymbol{k}_2}^*(\boldsymbol{r}_2)\\&\quad\cdot\psi_{\boldsymbol{k}_3}(\boldsymbol{r}_1)\,\psi_{\boldsymbol{k}_4}(\boldsymbol{r}_2)\,\delta_{\sigma_1\sigma_3}\,\delta_{\sigma_2\sigma_4}\,.\end{aligned}$$

Mithilfe des Bloch'schen Theorems (2.15) können wir noch zeigen, dass zusätzlich

$$\boldsymbol{k}_1+\boldsymbol{k}_2=\boldsymbol{k}_3+\boldsymbol{k}_4$$

gelten muss. Es bleibt damit:

$$\begin{aligned}v(\boldsymbol{k}_1\sigma_1,\dots,\boldsymbol{k}_4\sigma_4)&=\delta_{\sigma_1\sigma_3}\,\delta_{\sigma_2\sigma_4}\,\delta_{\boldsymbol{k}_1+\boldsymbol{k}_2,\boldsymbol{k}_3+\boldsymbol{k}_4}\,v(\boldsymbol{k}_1,\dots\boldsymbol{k}_4)\,,\\v(\boldsymbol{k}_1,\dots,\boldsymbol{k}_4)&=\frac{e^2}{4\pi\varepsilon_0}\iint \mathrm{d}^3r_1\,\mathrm{d}^3r_2\,\psi_{\boldsymbol{k}_1}^*(\boldsymbol{r}_1)\,\psi_{\boldsymbol{k}_2}^*(\boldsymbol{r}_2)\\&\quad\cdot\frac{1}{\left|\boldsymbol{r}_1-\boldsymbol{r}_2\right|}\psi_{\boldsymbol{k}_3}(\boldsymbol{r}_1)\,\psi_{\boldsymbol{k}_4}(\boldsymbol{r}_2)\,.\end{aligned}\tag{2.54}$$

Für die Coulomb-Wechselwirkung H_{ee} haben wir damit den folgenden Ausdruck gewonnen:

$$H_{\mathrm{ee}}=\frac{1}{2}\sum_{\substack{\boldsymbol{k}_1,\dots,\boldsymbol{k}_4\\\sigma,\sigma'}}v(\boldsymbol{k}_1,\dots,\boldsymbol{k}_4)\,\delta_{\boldsymbol{k}_1+\boldsymbol{k}_2,\boldsymbol{k}_3+\boldsymbol{k}_4}\,a_{\boldsymbol{k}_1\sigma}^+\,a_{\boldsymbol{k}_2\sigma'}^+\,a_{\boldsymbol{k}_4\sigma'}\,a_{\boldsymbol{k}_3\sigma}\,.\tag{2.55}$$

Im Jellium-Modell sind die $\psi_{\boldsymbol{k}}(\boldsymbol{r})$ ebene Wellen, sodass wir noch zu berechnen haben:

$$v_\alpha(\boldsymbol{k}_1,\dots,\boldsymbol{k}_4) = \frac{e^2}{4\pi\varepsilon_0}\frac{1}{V^2}\iint d^3r_1\, d^3r_2\, \frac{e^{-i(\boldsymbol{k}_1-\boldsymbol{k}_3)\cdot\boldsymbol{r}_1} e^{-i(\boldsymbol{k}_2-\boldsymbol{k}_4)\cdot\boldsymbol{r}_2}}{|\boldsymbol{r}_1-\boldsymbol{r}_2|} e^{-\alpha|\boldsymbol{r}_1-\boldsymbol{r}_2|}\,. \tag{2.56}$$

Wir setzen

$$\begin{aligned} \boldsymbol{r} &= \boldsymbol{r}_1-\boldsymbol{r}_2\,; & \boldsymbol{R} &= \frac{1}{2}(\boldsymbol{r}_1+\boldsymbol{r}_2) \\ \Leftrightarrow\quad \boldsymbol{r}_1 &= \frac{1}{2}\boldsymbol{r}+\boldsymbol{R}\,; & \boldsymbol{r}_2 &= -\frac{1}{2}\boldsymbol{r}+\boldsymbol{R}\,. \end{aligned} \tag{2.57}$$

und haben damit zu lösen:

$$\begin{aligned} v_\alpha(\boldsymbol{k}_1,\dots,\boldsymbol{k}_4) &= \frac{e^2}{4\pi\varepsilon_0}\frac{1}{V}\int d^3R\, e^{-i(\boldsymbol{k}_1-\boldsymbol{k}_3+\boldsymbol{k}_2-\boldsymbol{k}_4)\cdot\boldsymbol{R}} \\ &\quad\cdot\frac{1}{V}\int d^3r\,\frac{1}{r}\,e^{-\alpha r} e^{-(i/2)(\boldsymbol{k}_1-\boldsymbol{k}_3-\boldsymbol{k}_2+\boldsymbol{k}_4)\cdot\boldsymbol{r}} \\ &= \frac{e^2}{4\pi\varepsilon_0}\delta_{\boldsymbol{k}_1+\boldsymbol{k}_2,\boldsymbol{k}_3+\boldsymbol{k}_4}\frac{1}{V}\int d^3r\,\frac{e^{-i(\boldsymbol{k}_1-\boldsymbol{k}_3)\cdot\boldsymbol{r}} e^{-\alpha r}}{r}\,. \end{aligned}$$

Mit

$$\int d^3r\,\frac{e^{-i\boldsymbol{q}\cdot\boldsymbol{r}}}{r} e^{-\alpha r} = \frac{4\pi}{q^2+\alpha^2} \tag{2.58}$$

folgt schließlich:

$$v_\alpha(\boldsymbol{k}_1,\dots,\boldsymbol{k}_4) = \frac{e^2}{\varepsilon_0 V\left[(\boldsymbol{k}_1-\boldsymbol{k}_3)^2+\alpha^2\right]}\delta_{\boldsymbol{k}_1-\boldsymbol{k}_3,\boldsymbol{k}_4-\boldsymbol{k}_2}\,. \tag{2.59}$$

Dies setzen wir in (2.55) ein:

$$H_{ee}^{(\alpha)} = \frac{1}{2}\sum_{\substack{\boldsymbol{k},\boldsymbol{p},\boldsymbol{q}\\ \sigma,\sigma'}} v_\alpha(\boldsymbol{q})\, a^+_{\boldsymbol{k}+\boldsymbol{q}\sigma} a^+_{\boldsymbol{p}-\boldsymbol{q}\sigma'} a_{\boldsymbol{p}\sigma'} a_{\boldsymbol{k}\sigma}\,, \tag{2.60}$$

$$v_\alpha(\boldsymbol{q}) = \frac{e^2}{\varepsilon_0 V(q^2+\alpha^2)}\,. \tag{2.61}$$

Wir betrachten nun einmal den $q = 0$-Term der Coulomb-Wechselwirkung:

$$\begin{aligned} &\frac{1}{2}\frac{e^2}{\varepsilon_0 V\alpha^2}\sum_{\substack{\boldsymbol{k},\boldsymbol{p}\\ \sigma,\sigma'}} a^+_{\boldsymbol{k}\sigma} a^+_{\boldsymbol{p}\sigma'} a_{\boldsymbol{p}\sigma'} a_{\boldsymbol{k}\sigma} \\ &= \frac{1}{2}\frac{e^2}{\varepsilon_0 V\alpha^2}\sum_{\substack{\boldsymbol{k},\boldsymbol{p}\\ \sigma,\sigma'}}\left(-\delta_{\sigma\sigma'}\delta_{\boldsymbol{k}\boldsymbol{p}} n_{\boldsymbol{k}\sigma} + n_{\boldsymbol{p}\sigma'} n_{\boldsymbol{k}\sigma}\right) \\ &= \frac{e^2}{2\varepsilon_0 V\alpha^2}\left[-\widehat{N}+\left(\widehat{N}\right)^2\right]\,. \end{aligned} \tag{2.62}$$

Wir erkennen, dass der zweite Summand von (2.62) den zweiten Summanden in (2.52) gerade kompensiert, d. h. den Beitrag von H_+ und H_{e+} aufhebt. Der erste Summand in (2.62) führt zu einer Energie pro Teilchen, die im thermodynamischen Limes verschwindet,

$$-\frac{e^2}{2\varepsilon_0 V \alpha^2} \xrightarrow[N\to\infty;\, V\to\infty]{} 0\,,$$

und deshalb von vornherein weggelassen wird. Wenn wir nun zum Schluss den Grenzübergang $\alpha \to 0$ vollziehen, so bleibt als

Hamilton-Operator des Jellium-Modells

$$H = \sum_{k\sigma} \varepsilon_0(\boldsymbol{k})\, a^+_{\boldsymbol{k}\sigma}\, a_{\boldsymbol{k}\sigma} + \frac{1}{2} \sum_{\substack{\boldsymbol{k},\boldsymbol{p},\boldsymbol{q}\\ \sigma,\sigma'}}^{\boldsymbol{q}\neq 0} v_0(\boldsymbol{q})\, a^+_{\boldsymbol{k}+\boldsymbol{q}\sigma}\, a^+_{\boldsymbol{p}-\boldsymbol{q}\sigma'}\, a_{\boldsymbol{p}\sigma'}\, a_{\boldsymbol{k}\sigma}\,. \tag{2.63}$$

Nach (2.26) ist

$$\varepsilon_0(\boldsymbol{k}) = \frac{\hbar^2 k^2}{2m} \tag{2.64}$$

das Matrixelement der kinetischen Energie und

$$v_0(\boldsymbol{q}) = \frac{1}{V}\frac{e^2}{\varepsilon_0 q^2} \tag{2.65}$$

das der Coulomb-Wechselwirkung.

Wir wollen noch eine nützliche alternative Darstellung für H ableiten, und zwar mithilfe des

Operators der Elektronendichte

$$\hat{\rho}(\boldsymbol{r}) = \sum_{i=1}^{N} \delta(\boldsymbol{r} - \hat{\boldsymbol{r}}_i)\,. \tag{2.66}$$

Es handelt sich dabei um einen Ein-Teilchen-Operator. Der Elektronenort $\hat{\boldsymbol{r}}_i$ ist hier ein Operator, die Variable $\boldsymbol{r}$ natürlich nicht. Nach (1.100) gilt für $\hat{\rho}$ im Formalismus der zweiten Quantisierung in der Bloch-Darstellung:

$$\hat{\rho}(\boldsymbol{r}) = \sum_{\substack{\boldsymbol{k},\boldsymbol{k}'\\ \sigma,\sigma'}} \langle \boldsymbol{k}\sigma|\,\delta(\boldsymbol{r}-\hat{\boldsymbol{r}}')\,|\boldsymbol{k}'\sigma'\rangle\, a^+_{\boldsymbol{k}\sigma}\, a_{\boldsymbol{k}'\sigma'}\,. \tag{2.67}$$

Für das Matrixelement ist zu berechnen:

$$
\begin{aligned}
\langle \boldsymbol{k}\sigma | \delta(\boldsymbol{r}-\hat{\boldsymbol{r}}') | \boldsymbol{k}'\sigma' \rangle &= \sum_{\sigma''} \int d^3r'' \, \langle \boldsymbol{k}\sigma | \delta(\boldsymbol{r}-\hat{\boldsymbol{r}}') | \boldsymbol{r}''\sigma'' \rangle \langle \boldsymbol{r}''\sigma'' | \boldsymbol{k}'\sigma' \rangle \\
&= \sum_{\sigma''} \int d^3r'' \, \delta(\boldsymbol{r}-\boldsymbol{r}'') \langle \boldsymbol{k}\sigma | \boldsymbol{r}''\sigma'' \rangle \langle \boldsymbol{r}''\sigma'' | \boldsymbol{k}'\sigma' \rangle \\
&= \sum_{\sigma''} \delta_{\sigma\sigma''} \delta_{\sigma''\sigma'} \langle \boldsymbol{k}\sigma | \boldsymbol{r}\sigma \rangle \langle \boldsymbol{r}\sigma | \boldsymbol{k}'\sigma \rangle \\
&= \delta_{\sigma\sigma'} \psi_{\boldsymbol{k}}^*(\boldsymbol{r}) \psi_{\boldsymbol{k}'}(\boldsymbol{r}) \, .
\end{aligned}
$$

Beschränkt man sich wie im Jellium-Modell auf ebene Wellen, dann ist

$$
\langle \boldsymbol{k}\sigma | \delta(\boldsymbol{r}-\hat{\boldsymbol{r}}') | \boldsymbol{k}'\sigma' \rangle = \delta_{\sigma\sigma'} \frac{1}{V} e^{i(\boldsymbol{k}'-\boldsymbol{k})\cdot\boldsymbol{r}} \, . \tag{2.68}
$$

Dies bedeutet in (2.67):

$$
\hat{\rho}(\boldsymbol{r}) = \frac{1}{V} \sum_{\boldsymbol{k},\boldsymbol{q},\sigma} a_{\boldsymbol{k}\sigma}^+ a_{\boldsymbol{k}+\boldsymbol{q}\sigma} e^{i\boldsymbol{q}\cdot\boldsymbol{r}} \, . \tag{2.69}
$$

Für die Fourier-Komponente des Elektronendichteoperators gilt also:

$$
\hat{\rho}_{\boldsymbol{q}} = \sum_{\boldsymbol{k}\sigma} a_{\boldsymbol{k}\sigma}^+ a_{\boldsymbol{k}+\boldsymbol{q}\sigma} \, . \tag{2.70}
$$

Man liest daran u. a. ab:

$$
\hat{\rho}_{\boldsymbol{q}}^+ = \hat{\rho}_{-\boldsymbol{q}} \, ; \quad \hat{\rho}_{\boldsymbol{q}=0} = \widehat{N} \, . \tag{2.71}
$$

Damit lässt sich der Hamilton-Operator des Jellium-Modells durch Dichteoperatoren ausdrücken. Die kinetische Energie bleibt unverändert:

$$
\begin{aligned}
H_{ee} &= \frac{1}{2} \sum_{\substack{\boldsymbol{k},\boldsymbol{p},\boldsymbol{q} \\ \sigma,\sigma'}}^{\boldsymbol{q}\neq 0} v_0(\boldsymbol{q}) \, a_{\boldsymbol{k}+\boldsymbol{q}\sigma}^+ a_{\boldsymbol{p}-\boldsymbol{q}\sigma'}^+ a_{\boldsymbol{p}\sigma'} a_{\boldsymbol{k}\sigma} \\
&= \frac{1}{2} \sum_{\substack{\boldsymbol{k},\boldsymbol{p}\boldsymbol{q} \\ \sigma,\sigma'}}^{\boldsymbol{q}\neq 0} v_0(\boldsymbol{q}) \, a_{\boldsymbol{k}+\boldsymbol{q}\sigma}^+ \left\{ -\delta_{\sigma\sigma'} \delta_{\boldsymbol{k},\boldsymbol{p}-\boldsymbol{q}} + a_{\boldsymbol{k}\sigma} a_{\boldsymbol{p}-\boldsymbol{q}\sigma'}^+ \right\} a_{\boldsymbol{p}\sigma'} \\
&= -\frac{1}{2} \sum_{\boldsymbol{q},\boldsymbol{p},\sigma}^{\boldsymbol{q}\neq 0} v_0(\boldsymbol{q}) \, a_{\boldsymbol{p}\sigma}^+ a_{\boldsymbol{p}\sigma} + \frac{1}{2} \sum_{\boldsymbol{q}}^{\boldsymbol{q}\neq 0} v_0(\boldsymbol{q}) \sum_{\boldsymbol{k}\sigma} a_{\boldsymbol{k}+\boldsymbol{q}\sigma}^+ a_{\boldsymbol{k}\sigma} \\
&\quad \cdot \sum_{\boldsymbol{p},\sigma'} a_{\boldsymbol{p}-\boldsymbol{q}\sigma'}^+ a_{\boldsymbol{p}\sigma'} \, .
\end{aligned}
$$

Damit wird insgesamt aus dem Hamilton-Operator des Jellium-Modells:

$$
H = \sum_{\boldsymbol{k}\sigma} \varepsilon_0(\boldsymbol{k}) \, a_{\boldsymbol{k}\sigma}^+ a_{\boldsymbol{k}\sigma} + \frac{1}{2} \sum_{\boldsymbol{q}}^{\boldsymbol{q}\neq 0} v_0(\boldsymbol{q}) \left\{ \hat{\rho}_{\boldsymbol{q}} \hat{\rho}_{-\boldsymbol{q}} - \widehat{N} \right\} \, . \tag{2.72}
$$

Um einen gewissen Einblick in die *Physik* des Modells zu gewinnen, untersuchen wir nun die Grundzustandsenergie des Jellium-Modells. Dazu machen wir eine Störungstheorie erster Ordnung, die uns nach dem Variationsprinzip auf jeden Fall eine obere Schranke für die Grundzustandsenergie liefern wird. Wir betrachten die Coulomb-Wechselwirkung H_{ee} als *Störung*; das *ungestörte* System ist deshalb durch

$$H_0 = \sum_{\boldsymbol{k}\sigma} \varepsilon_0(\boldsymbol{k})\, a^+_{\boldsymbol{k}\sigma}\, a_{\boldsymbol{k}\sigma} \tag{2.73}$$

gegeben (**Sommerfeld-Modell**). Dieses lässt sich exakt lösen. Im

- „ungestörten" Grundzustand $|E_0\rangle$

besetzen die N Elektronen alle Zustände mit Energien, die nicht größer als eine Grenzenergie ε_{F} sind, die man die **Fermi-Energie** nennt:

$$\varepsilon_0(\boldsymbol{k}) = \frac{\hbar^2 k^2}{2m} \leq \varepsilon_{\mathrm{F}} = \frac{\hbar^2 k_{\mathrm{F}}^2}{2m}\,. \tag{2.74}$$

k_{F} ist der **Fermi-Wellenvektor**, der sich wie folgt leicht berechnen lässt: Wegen der isotropen Energiedispersion

$$\varepsilon_0(\boldsymbol{k}) = \varepsilon_0(k) \tag{2.75}$$

besetzen die Elektronen im $\boldsymbol{k}$-Raum alle Zustände innerhalb einer Kugel mit dem Radius k_{F}. Da die $\boldsymbol{k}$-Punkte wegen der periodischen Randbedingungen im k-Raum diskret liegen (s. (2.45)), steht jedem $\boldsymbol{k}$-Punkt ein

$$\textit{Rastervolumen} \quad \Delta k = \frac{(2\pi)^3}{L^3} = \frac{(2\pi)^3}{V} \tag{2.76}$$

zur Verfügung. Wenn wir noch die Spinentartung berücksichtigen, so ergibt sich der folgende Zusammenhang zwischen Elektronenzahl N und Fermi-Wellenvektor k_{F}:

$$N = 2\frac{1}{\Delta k}\left(\frac{4\pi}{3}k_{\mathrm{F}}^3\right) = \frac{V}{3\pi^2}k_{\mathrm{F}}^3\,.$$

Dies bedeutet:

$$k_{\mathrm{F}} = \left(3\pi^2\frac{N}{V}\right)^{1/3}, \tag{2.77}$$

$$\varepsilon_{\mathrm{F}} = \frac{\hbar^2}{2m}\left(3\pi^2\frac{N}{V}\right)^{2/3}. \tag{2.78}$$

Für die mittlere Energie pro Teilchen $\bar{\varepsilon}$ berechnet man leicht:

$$\bar{\varepsilon} = \frac{2}{N}\left(\int\limits_{k \leq k_{\mathrm{F}}} \mathrm{d}^3k \frac{\hbar^2 k^2}{2m}\right)\frac{1}{\Delta k} = \frac{3}{5}\varepsilon_{\mathrm{F}}\,. \tag{2.79}$$

Damit kennen wir bereits die Grundzustandsenergie:

$$E_0 = N\bar{\varepsilon} = \frac{3}{5}N\varepsilon_F \,. \tag{2.80}$$

Wir führen einige Standard-Abkürzungen ein:

$$n_e = \frac{N}{V}: \quad \text{mittlere Elektronendichte} \,, \tag{2.81}$$

$$v_e = \frac{1}{n_e}: \quad \text{mittleres Volumen pro Elektron} \,. \tag{2.82}$$

v_e legt durch

$$v_e = \frac{4\pi}{3}\left(a_B r_s\right)^3 \tag{2.83}$$

den dimensionslosen **Dichteparameter** r_s fest, wobei

$$a_B = \frac{4\pi\varepsilon_0\hbar^2}{me^2} = 0{,}529\,\text{Å} \tag{2.84}$$

der **Bohr'sche Radius** ist. Führt man noch in ähnlicher Weise einen Energieparameter ein,

$$1\,\text{ryd} = \frac{1}{4\pi\varepsilon_0}\frac{e^2}{2a_B} = 13{,}605\,\text{eV} \,, \tag{2.85}$$

so gilt für die Fermi-Energie ε_F:

$$\varepsilon_F = \frac{\alpha^2}{r_s^2}[\text{ryd}] \,; \quad \alpha = \left(\frac{9\pi}{4}\right)^{1/3} \,. \tag{2.86}$$

Damit lautet die *ungestörte* Grundzustandsenergie:

$$E_0 = N\frac{2{,}21}{r_s^2}[\text{ryd}] \,. \tag{2.87}$$

Wir schalten nun die *Störung* H_{ee} ein und berechnen die Energiekorrektur 1. Ordnung:

$$\varepsilon^{(1)} = \frac{1}{2N}\sum_{\substack{k,p,q\\ \sigma,\sigma'}}^{q\neq 0} v_0(\boldsymbol{q})\left\langle E_0 \left| a^+_{\boldsymbol{k}+\boldsymbol{q}\sigma}\, a^+_{\boldsymbol{p}-\boldsymbol{q}\sigma'}\, a_{\boldsymbol{p}\sigma'}\, a_{\boldsymbol{k}\sigma} \right| E_0 \right\rangle \,. \tag{2.88}$$

Nur solche Terme liefern einen Beitrag, bei denen die Vernichter auf Zustände **innerhalb** der Fermi-Kugel wirken und die Erzeuger anschließend die durch die Vernichter geschaffenen Löcher in der Fermi-Kugel wieder auffüllen:

1) Direkter Term:

$$\boldsymbol{k} = \boldsymbol{k} + \boldsymbol{q} \,; \quad \boldsymbol{p} = \boldsymbol{p} - \boldsymbol{q} \quad \Leftrightarrow \quad q = 0 \,. \tag{2.89}$$

Nach unseren Vorüberlegungen kommen solche Terme in der Summe allerdings nicht vor!

2) Austauschterm:

$$\sigma = \sigma' \; ; \quad \boldsymbol{k} + \boldsymbol{q} = \boldsymbol{p} \; ; \quad \boldsymbol{p} - \boldsymbol{q} = \boldsymbol{k} \; . \tag{2.90}$$

Dies ist ein typisch quantenmechanischer Term, der klassisch nicht erklärbar ist. Er resultiert aus dem Antisymmetrisierungsprinzip für die N-Teilchen-Zustände:

$$\begin{aligned} \varepsilon^{(1)} &= \frac{1}{2N} \sum_{\boldsymbol{k},\boldsymbol{q},\sigma}^{\boldsymbol{q}\neq 0} v_0(\boldsymbol{q}) \left\langle E_0 \left| a^+_{\boldsymbol{k}+\boldsymbol{q}\sigma} a^+_{\boldsymbol{k}\sigma} a_{\boldsymbol{k}+\boldsymbol{q}\sigma} a_{\boldsymbol{k}\sigma} \right| E_0 \right\rangle \\ &= -\frac{1}{2N} \sum_{\boldsymbol{k},\boldsymbol{q},\sigma}^{\boldsymbol{q}\neq 0} v_0(\boldsymbol{q}) \left\langle E_0 \left| \hat{n}_{\boldsymbol{k}+\boldsymbol{q}\sigma} \hat{n}_{\boldsymbol{k}\sigma} \right| E_0 \right\rangle \; . \end{aligned} \tag{2.91}$$

Da im *ungestörten* Grundzustand $|E_0\rangle$ alle Zustände innerhalb der Fermi-Kugel besetzt, alle außerhalb unbesetzt sind, folgt:

$$\varepsilon^{(1)} = -\frac{1}{2N} \sum_{\boldsymbol{k},\boldsymbol{q},\sigma}^{\boldsymbol{q}\neq 0} v_0(\boldsymbol{q})\, \Theta\left(k_{\mathrm{F}} - |\boldsymbol{k}+\boldsymbol{q}|\right) \Theta\left(k_{\mathrm{F}} - k\right) \; . \tag{2.92}$$

Im thermodynamischen Limes können wir die Summen durch Integrale ersetzen:

$$\sum_{\boldsymbol{k}} \Rightarrow \frac{1}{\Delta k} \int \mathrm{d}^3k = \frac{V}{(2\pi)^3} \int \mathrm{d}^3k \, .$$

Nach Ausführung der Spinsummation bleibt zu berechnen:

$$\varepsilon^{(1)} = -\frac{V}{N} \frac{e^2}{\varepsilon_0 (2\pi)^6} \int \mathrm{d}^3k \int \mathrm{d}^3q \, \frac{1}{q^2}\, \Theta\left(k_{\mathrm{F}} - |\boldsymbol{k}+\boldsymbol{q}|\right) \Theta\left(k_{\mathrm{F}} - k\right) \; .$$

Die Substitution

$$\boldsymbol{k} \Rightarrow \boldsymbol{x} = \boldsymbol{k} + \frac{1}{2}\boldsymbol{q}$$

führt zu

$$\varepsilon^{(1)} = -\frac{V}{N} \frac{e^2}{\varepsilon_0 (2\pi)^6} \int \mathrm{d}^3q \, \frac{1}{q^2} 2S(q) \, , \tag{2.93}$$

$$S(q) = \frac{1}{2} \int \mathrm{d}^3x \, \Theta\left(k_{\mathrm{F}} - \left|\boldsymbol{x} + \frac{1}{2}\boldsymbol{q}\right|\right) \Theta\left(k_{\mathrm{F}} - \left|\boldsymbol{x} - \frac{1}{2}\boldsymbol{q}\right|\right) \; . \tag{2.94}$$

Für das in Abb. 2.2 skizzierte Kugelsegment haben wir offenbar zu berechnen:

$$S(q) = \Theta\left(k_{\mathrm{F}} - \frac{q}{2}\right) \int_{\frac{q/2}{k_{\mathrm{F}}}}^{1} \mathrm{d}\cos\vartheta \int \mathrm{d}\varphi \int_{y(\vartheta)}^{k_{\mathrm{F}}} \mathrm{d}x\, x^2 \, ,$$

$$y(\vartheta) = \frac{q/2}{\cos\vartheta} \, .$$

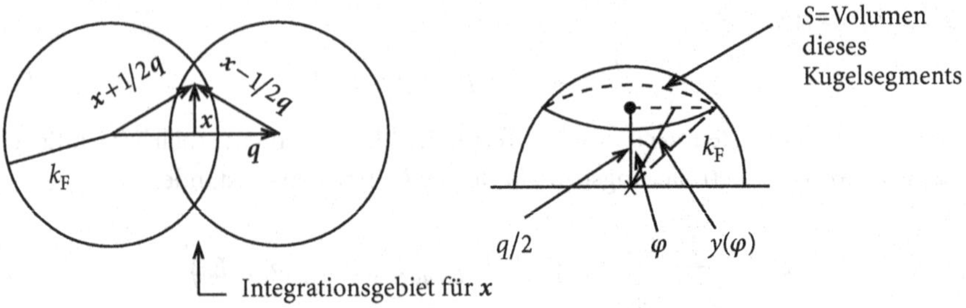

Abb. 2.2 Veranschaulichung des Integrationsgebietes zur Berechnung der Grundzustandsenergie des Jellium-Modells in erster Ordnung Störungstheorie nach (2.93)

Die Integration lässt sich leicht ausführen:

$$S(q) = \frac{2\pi}{3}\Theta\left(k_F - \frac{q}{2}\right)\left\{k_F^3 - \frac{3}{4}qk_F^2 + \frac{1}{16}q^3\right\} . \tag{2.95}$$

Die weitere Auswertung von (2.93) ist dann einfach:

$$\varepsilon^{(1)} = -\frac{0{,}916}{r_s}[\text{ryd}] .$$

Damit ergibt sich insgesamt als Grundzustandsenergie pro Teilchen:

$$\frac{1}{N}E_{\min}[\text{ryd}] = \frac{2{,}21}{r_s^2} - \frac{0{,}916}{r_s} + \varepsilon_{\text{corr}} = \varepsilon . \tag{2.96}$$

Der erste Summand ist die kinetische Energie (2.87), der zweite stellt die so genannte **Austauschenergie** dar. Letztere ist typisch für Systeme identischer Teilchen und eine direkte Folge des Prinzips der Ununterscheidbarkeit und damit für Fermionen des Pauli-Prinzips. Dieses sorgt dafür, dass sich Elektronen parallelen Spins nicht zu nahe kommen. Jeder Effekt, der gleichnamig geladene Teilchen *auf Abstand hält*, führt zu einer Reduktion der Grundzustandsenergie. Das erkärt das Minuszeichen in (2.96). Der letzte Summand wird **Korrelationsenergie** genannt. Diese gibt die Abweichung des störungstheoretischen Resultats vom exakten Ergebnis an und ist damit natürlich unbekannt. Moderne Methoden der Viel-Teilchen-Theorie haben die folgende Entwicklung ergeben (s. (5.177)):

$$\varepsilon_{\text{corr}} = \frac{2}{\pi^2}(1 - \ln 2)\ln r_s - 0{,}094 + O(r_s \ln r_s)\,[\text{ryd}] . \tag{2.97}$$

Das einfache Jellium-Modell liefert bereits recht brauchbare Ergebnisse, z. B.: $\varepsilon - \varepsilon_{\text{corr}}$ durchläuft ein Minimum bei

$$r_0 = (r_S)_{\min} = 4{,}83 ,$$

$$(\varepsilon - \varepsilon_{\text{corr}})_{\min} = -0{,}095\,[\text{ryd}] = -1.29\,[\text{eV}] .$$

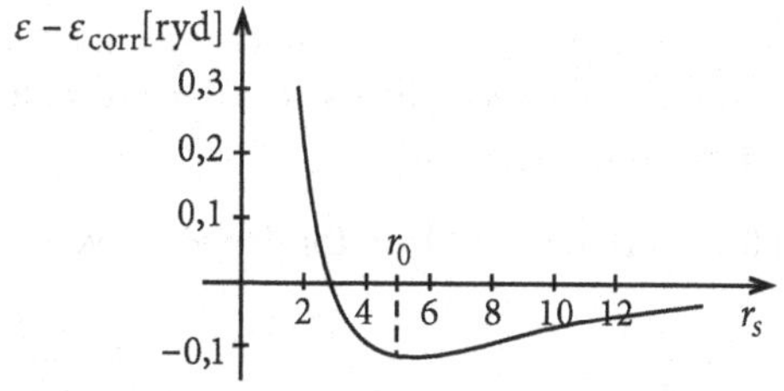

Abb. 2.3 Grundzustandsenergie pro Teilchen im Jellium-Modell als Funktion des Dichteparameters r_S

Dies deutet auf eine optimale Elektronendichte hin, d. h. letztlich auf einen energetisch günstigen Ionenabstand, und erklärt damit, zumindest qualitativ, das Phänomen der **metallischen Bindung.**

2.1.3 Hubbard-Modell

Die entscheidende Vereinfachung des Jellium-Modells besteht darin, die Festkörperionen lediglich als einen positiv geladenen, homogen verschmierten Hintergrund zu berücksichtigen, d. h. die kristalline Struktur vollständig zu vernachlässigen. Aus den Bloch-Funktionen werden dann ebene Wellen (2.44), sodass im Rahmen dieses Modells die Elektronen eine über den gesamten Kristall konstante Aufenthaltswahrscheinlichkeit besitzen. Man wird die Anwendung des Jellium-Modells deshalb von vornherein auf Elektronen aus *breiten* Energiebändern beschränken, also z. B. auf die Leitungselektronen der Alkalimetalle, für die diese Annahmen näherungsweise gültig sind.

Die Elektronen *schmaler* Energiebänder besitzen eine vergleichsweise geringe Beweglichkeit und ausgeprägte Maxima der Aufenthaltswahrscheinlichkeit an den einzelnen Gitterplätzen. Ebene Wellen sind zur Beschreibung solcher Bandelektronen natürlich unbrauchbar. Einen wesentlich besseren Startpunkt stellt dann die so genannte **Tight-Binding-Näherung** dar.

Setzt man ein starkes Gitterpotential $\widehat{V}(\boldsymbol{r})$ und eine schwache Beweglichkeit der Bandelektronen voraus, so sollte in der Nähe der Gitteratome der atomare Hamilton-Operator

$$H_{\text{at}} = \sum_{i=1}^{N_{\text{i}}} h_{\text{at}}^{(i)} , \tag{2.98}$$

der sich additiv aus denen der Einzelatome zusammensetzt, noch eine halbwegs vernünftige Beschreibung liefern, d. h. dem H_0 aus (2.7) noch recht ähnlich sein:

$$h_{\text{at}}^{(i)} \varphi_n (\boldsymbol{r} - \boldsymbol{R}_{\text{i}}) = \varepsilon_n \varphi_n (\boldsymbol{r} - \boldsymbol{R}_{\text{i}}) . \tag{2.99}$$

φ_n ist eine atomare Wellenfunktion, die wir als bekannt voraussetzen wollen. Der Index n symbolisiert einen Satz von Quantenzahlen. Uns interessiert der Fall, in dem die Funktionen φ_n nur wenig überlappen, falls sie um verschiedene Orte $\boldsymbol{R}_{\text{i}}$, $\boldsymbol{R}_j$ zentriert sind. Das hat eine geringe Tunnelwahrscheinlichkeit der Elektronen von Atom zu Atom zur Folge und damit eine lediglich schwache Aufspaltung des Atomniveaus im Festörper, d. h. ein schmales Energieband.

Für den Hamilton-Operator der nicht wechselwirkenden Elektronen (2.7),

$$H_0 = \sum_{i=1}^{N_e} h_0^{(i)} , \tag{2.100}$$

machen wir den folgenden Ansatz:

$$h_0 = h_{at} + V_1(\boldsymbol{r}) . \tag{2.101}$$

Die Korrektur $V_1(\boldsymbol{r})$ sollte also in der Nähe der Gitterionen klein sein, dagegen relativ stark in den Zwischenräumen, wo allerdings die φ_n praktisch schon auf Null abgefallen sind. Nach (2.13) haben wir eigentlich zu lösen:

$$h_0 \psi_{n\boldsymbol{k}}(\boldsymbol{r}) = \varepsilon_n(\boldsymbol{k}) \psi_{n\boldsymbol{k}}(\boldsymbol{r}) . \tag{2.102}$$

Die volle Lösung dieses Eigenwertproblems erscheint außerordentlich kompliziert. Wir machen deshalb für die Bloch-Funktion $\psi_{n\boldsymbol{k}}(\boldsymbol{r})$ den folgenden Ansatz:

$$\psi_{n\boldsymbol{k}}(\boldsymbol{r}) = \frac{1}{\sqrt{N_i}} \sum_{j=1}^{N_i} e^{i\boldsymbol{k}\cdot\boldsymbol{R}_j} \varphi_n\left(\boldsymbol{r} - \boldsymbol{R}_j\right) . \tag{2.103}$$

Dieser Ansatz erfüllt das Bloch-Theorem (2.15), ist in der Nähe der Ionenrümpfe ($V_1(\boldsymbol{r}) \approx 0$) praktisch exakt, während der Fehler in den Zwischenräumen wegen des geringen Überlapp der Wellenfunktionen dort im Rahmen bleiben dürfte. – Der Vergleich mit (2.29) zeigt, dass wir die exakten Wannier-Funktionen durch die atomaren Wellenfunktionen ersetzt haben. Mit (2.102) berechnen wir nun näherungsweise die Bloch-Energien $\varepsilon_n(\boldsymbol{k})$. Zunächst gilt noch streng:

$$\int \varphi_n^*(\boldsymbol{r}) h_0 \psi_{n\boldsymbol{k}}(\boldsymbol{r}) d^3r = \varepsilon_n(\boldsymbol{k}) \int \varphi_n^*(\boldsymbol{r}) \psi_{n\boldsymbol{k}}(\boldsymbol{r}) d^3r ,$$

$$\int \varphi_n^*(\boldsymbol{r}) V_1(\boldsymbol{r}) \psi_{n\boldsymbol{k}}(\boldsymbol{r}) d^3r = \left(\varepsilon_n(\boldsymbol{k}) - \varepsilon_n\right) \int \varphi_n^*(\boldsymbol{r}) \psi_{n\boldsymbol{k}}(\boldsymbol{r}) d^3r .$$

Hier verwenden wir nun den Ansatz (2.103). Mit den Abkürzungen

$$v_n = \int d^3r\, V_1(\boldsymbol{r}) \left|\varphi_n(\boldsymbol{r})\right|^2 , \tag{2.104}$$

$$T_0^{(n)} = \varepsilon_n + v_n , \tag{2.105}$$

$$\alpha_n^{(j)} = \int d^3r\, \varphi_n^*(\boldsymbol{r}) \varphi_n\left(\boldsymbol{r} - \boldsymbol{R}_j\right) , \tag{2.106}$$

$$\gamma_n^{(j)} = \int d^3r\, \varphi_n^*(\boldsymbol{r}) V_1(\boldsymbol{r}) \varphi_n\left(\boldsymbol{r} - \boldsymbol{R}_j\right) \tag{2.107}$$

ergibt sich:

$$\left(\varepsilon_n(\boldsymbol{k}) - \varepsilon_n\right) = v_n + \frac{1}{\sqrt{N_i}} \sum_{j}^{\boldsymbol{R}_j \neq 0} \left[\gamma_n^{(j)} - \left(\varepsilon_n(\boldsymbol{k}) - \varepsilon_n\right) \alpha_n^{(j)}\right] e^{i\boldsymbol{k}\cdot\boldsymbol{R}_j} ,$$

wobei wir die atomaren Wellenfunktionen als normiert vorausgesetzt haben. Für die Bloch-Energie bleibt dann:

$$\varepsilon_n(\boldsymbol{k}) = \varepsilon_n + \frac{v_n + \frac{1}{\sqrt{N_i}} \sum_j^{\neq 0} \gamma_n^{(j)} e^{i\boldsymbol{k}\cdot\boldsymbol{R}_j}}{1 + \frac{1}{\sqrt{N_i}} \sum_j^{\neq 0} \alpha_n^{(j)} e^{i\boldsymbol{k}\cdot\boldsymbol{R}_j}} . \tag{2.108}$$

Die *Überlapp-Integrale* $\gamma_n^{(j)}$ und $\alpha_n^{(j)}$ sind nach Voraussetzung für $\boldsymbol{R}_j \neq 0$ nur sehr kleine Größen, sodass wir getrost weiter vereinfachen können:

$$\varepsilon_n(\boldsymbol{k}) = T_0^{(n)} + \gamma_n^{(1)} \sum_{\Delta} e^{i\boldsymbol{k}\cdot\boldsymbol{R}_\Delta} . \tag{2.109}$$

Δ indiziert die nächsten Nachbarn des Atoms im Koordinatenursprung. Die Summe lässt sich in der Regel leicht ausführen. So gilt für ein **kubisch primitives Gitter**:

$$\begin{aligned} \boldsymbol{R}_\Delta &= a(\pm 1, 0, 0)\,; \quad a(0, \pm 1, 0)\,; \quad a(0, 0, \pm 1)\,, \\ \varepsilon_n^{\text{s.c.}}(\boldsymbol{k}) &= T_0^{(n)} + 2\gamma_n^{(1)} \left(\cos(k_x a) + \cos(k_y a) + \cos(k_z a)\right) . \end{aligned} \tag{2.110}$$

a ist die Gitterkonstante, $T_0^{(n)}$ und $\gamma_n^{(1)}$ sind Parameter, die dem Experiment entnommen werden müssen. $\gamma_n^{(1)}$ ist durch die Breite W des Bandes bestimmt:

$$W_n^{\text{s.c.}} = 12 \left|\gamma_n^{(1)}\right| . \tag{2.111}$$

Die Tight-Binding-Näherung, die zu (2.109) führte, ist streng genommen nur für so genannte s-Bänder in Ordnung. Für p-, d-, f-…-Bänder sind noch gewisse Entartungen zu berücksichtigen, auf die wir hier nicht näher eingehen wollen. Wir beschränken uns im Folgenden auf s-Bänder und lassen ab jetzt den Index n weg.

Die Bloch-Energien (2.109) bzw. (2.110) zeigen jetzt deutlich den Einfluss der Kristallstruktur. Nur für sehr kleine $|\boldsymbol{k}|$ am Bandboden gilt noch in etwa die parabolische Dispersion $\varepsilon(\boldsymbol{k}) \Rightarrow \varepsilon_0(\boldsymbol{k}) = \hbar^2 k^2 / 2m$, die im Jellium-Modell verwendet wird.

In zweiter Quantisierung nimmt H_0 dieselbe Gestalt wie in (2.33) an:

$$H_0 = \sum_{ij\sigma} T_{ij} a_{i\sigma}^+ a_{j\sigma} . \tag{2.112}$$

Die Tight-Binding-Näherung lässt für das Hopping-Integral,

$$T_{ij} = \frac{1}{N_i} \sum_{\boldsymbol{k}} \varepsilon(\boldsymbol{k}) e^{i\boldsymbol{k}\cdot(\boldsymbol{R}_i - \boldsymbol{R}_j)} , \tag{2.113}$$

nur elektronische Übergänge zwischen nächstbenachbarten Gitterplätzen zu. Für die Coulomb-Wechselwirkung der Bandelektronen gilt natürlich unverändert (2.55). Die

Transformation in die Ortsdarstellung ergibt dann:

$$H_{\mathrm{ee}} = \frac{1}{2} \sum_{\substack{ijkl\\ \sigma,\sigma'}} v(ij;kl)\, a_{i\sigma}^{+}\, a_{j\sigma'}^{+}\, a_{l\sigma'}\, a_{k\sigma} \,, \tag{2.114}$$

wobei das Matrixelement mit atomaren Wellenfunktionen zu bilden ist:

$$v(ij;kl) = \\ = \frac{e^2}{4\pi\varepsilon_0} \iint \mathrm{d}^3 r_1\, \mathrm{d}^3 r_2\, \frac{\varphi^*(\boldsymbol{r}_1 - \boldsymbol{R}_i)\,\varphi^*(\boldsymbol{r}_2 - \boldsymbol{R}_j)\,\varphi(\boldsymbol{r}_2 - \boldsymbol{R}_l)\,\varphi(\boldsymbol{r}_1 - \boldsymbol{R}_k)}{|\boldsymbol{r}_1 - \boldsymbol{r}_2|} \,. \tag{2.115}$$

Wegen des geringen Überlapps der um verschiedene Plätze zentrierten atomaren Wellenfunktionen wird das intraatomare Matrixelement

$$U = v(ii;ii) \tag{2.116}$$

stark dominieren. Hubbard schlug vor, die Elektron-Elektron-Wechselwirkung deshalb auf diesen Anteil zu beschränken:

Hubbard-Modell

$$H = \sum_{ij\sigma} T_{ij}\, a_{i\sigma}^{+}\, a_{j\sigma} + \frac{1}{2} U \sum_{i,\sigma} \hat{n}_{i\sigma}\, \hat{n}_{i-\sigma} \tag{2.117}$$

(Schreibweise: $\sigma = \uparrow\ (\downarrow) \Leftrightarrow -\sigma = \downarrow\ (\uparrow)$). Das Hubbard-Modell dürfte damit wohl das einfachste Modell sein, an dem man das Zusammenspiel von kinetischer Energie, Coulomb-Wechselwirkung, Pauli-Prinzip und Gitterstruktur studieren kann.

Die drastischen Vereinfachungen, die zu (2.117) führten, bedingen natürlich eine entsprechend eingeschränkte Anwendbarkeit des Modells.

Das Modell wird benutzt zur Diskussion von

1. elektronischen Eigenschaften von Festkörpern mit schmalen Energiebändern (z. B. Übergangsmetalle),
2. Bandmagnetismus (Fe, Co, Ni, …),
3. Metall-Isolator-Übergängen („Mott-Übergänge"),
4. allgemeinen Gesetzmäßigkeiten der Statistischen Mechanik,
5. Hochtemperatur-Supraleitung.

Trotz der einfachen Struktur liegt die exakte Lösung des Hubbard-Modells bis heute nicht vor. Man ist weiterhin auf Approximationen angewiesen. Beispiele werden in den nächsten Abschnitten diskutiert.

2.1.4 Aufgaben

Aufgabe 2.1.1

Ein Festkörper bestehe aus $N = N'^3$ (N' gerade) Einheitszellen im Volumen $V = L^3$ ($L = aN'$). Für die erlaubten Wellenvektoren gelte infolge periodischer Randbedingungen:

$$\boldsymbol{k} = \frac{2\pi}{L}\left(n_x, n_y, n_z\right) \; ; \quad n_{x,y,z} = 0, \pm 1, +2, \ldots, \pm\left(\frac{N'}{2} - 1\right), N'/2 \, .$$

Beweisen Sie die Orthogonalitätsrelation

$$\delta_{ij} = \frac{1}{N} \sum_{\boldsymbol{k}}^{1.\,\mathrm{BZ}} \exp\left[\mathrm{i}\boldsymbol{k} \cdot \left(\boldsymbol{R}_i - \boldsymbol{R}_j\right)\right] \, .$$

Summiert wird über alle Wellenzahlen der ersten Brillouin-Zone.

Aufgabe 2.1.2

Berechnen Sie die folgenden, häufig auftretenden Integrale:

1.

$$I_1 = \int_V \mathrm{d}^3 r \int_V \mathrm{d}^3 r' \, \frac{\mathrm{e}^{-\alpha|\boldsymbol{r}-\boldsymbol{r}'|}}{|\boldsymbol{r} - \boldsymbol{r}'|} \quad ; \quad \alpha > 0$$

2.

$$I_2 = \int_V \mathrm{d}^3 r \int_V \mathrm{d}^3 r' \, \frac{\mathrm{e}^{\mathrm{i}(\boldsymbol{q}\cdot\boldsymbol{r}+\boldsymbol{q}'\cdot\boldsymbol{r}')}}{|\boldsymbol{r} - \boldsymbol{r}'|}$$

In beiden Fällen sei V endlich mit $V \to \infty$.

Aufgabe 2.1.3

Leiten Sie mithilfe der fundamentalen Vertauschungsrelationen für Bloch-Operatoren $a^+_{\boldsymbol{k}\sigma}$, $a_{\boldsymbol{k}\sigma}$ die entsprechenden für Wannier-Operatoren $a^+_{i\sigma}$, $a_{j\sigma}$ ab.

Aufgabe 2.1.4

In der Theoretischen Festkörperphysik hat man es häufig mit Integralen vom Typ

$$I(T) = \int_{-\infty}^{+\infty} dx\, g(x) f_-(x)\,, \quad f_-(x) = \{\exp[\beta(x-\mu)]+1\}^{-1}$$

zu tun. Diese werden von ihrem $T = 0$-Wert

$$I(T=0) = \int_{-\infty}^{\varepsilon_F} dx\, g(x)$$

durch einen Ausdruck abweichen, der praktisch allein durch das Verhalten der Funktion $g(x)$ in der *Fermi-Schicht* $(\mu - 2k_B T; \mu + 2k_B T)$ bestimmt ist, wobei μ das chemische Potential darstellt. Reihenentwicklungen sind deshalb vielversprechend! Setzen Sie voraus, dass $g(x) \to 0$ für $x \to -\infty$, und dass $g(x)$ für $x \to +\infty$ höchstens wie eine Potenz von x divergiert und regulär in der *Fermi-Schicht* ist.

1. Zeigen Sie, dass

$$I(T) = -\int_{-\infty}^{+\infty} dx\, p(x) \frac{\partial}{\partial x} f_-(x)$$

gilt mit

$$p(x) = \int_{-\infty}^{x} dy\, g(y)\,.$$

2. Benutzen Sie eine Taylor-Entwicklung von $p(x)$ um μ (chemisches Potential) für die folgende Darstellung des Integrals:

$$I(T) = p(\mu) + 2\sum_{n=1}^{\infty} \left(1 - 2^{1-2n}\right) \beta^{-2n} \zeta(2n) g^{(2n-1)}(\mu)\,.$$

Dabei ist $g^{(2n-1)}(\mu)$ die $(2n-1)$-te Ableitung der Funktion $g(x)$ an der Stelle $x = \mu$ und $\zeta(n)$ die Riemann'sche ζ-Funktion:

$$\zeta(n) = \sum_{p=1}^{\infty} p^{-n} = \frac{1}{(1-2^{1-n})\Gamma(n)} \int_0^{\infty} du\, \frac{u^{n-1}}{e^u + 1}\,.$$

3. Berechnen Sie explizit die ersten drei Terme der Entwicklung für $I(T)$.

Aufgabe 2.1.5

Das *Sommerfeld-Modell* kann viele elektronische Eigenschaften der so genannten *einfachen Metalle* wie Na, K, Mg, Cu, … in guter Näherung erklären. Es ist definiert durch die folgenden Modell-Annahmen:

a) Ideales Fermi-Gas im Volumen $V = L^3$.
b) Periodische Randbedingungen auf V.
c) Konstantes Gitterpotential $V(\boldsymbol{r}) = \text{const}$

1. Geben Sie die Eigenenergien und Eigenfunktionen an.
2. Berechnen Sie die Fermi-Energie und den Fermi-Wellenvektor als Funktion der Elektronendichte $n = N / V$.
3. Wie hängt die mittlere Energie pro Elektron mit der Fermi-Energie zusammen?
4. Bestimmen Sie die elektronische Zustandsdichte $\rho_0(E)$.
5. Benutzen Sie den dimensionslosen Dichteparameter r_s aus Gleichung (2.83) zur Berechnung der Grundzustandsenergie E_0 :

$$E_0 = N\frac{2{,}21}{r_s^2}[\text{ryd}]\,.$$

Aufgabe 2.1.6

Diskutieren Sie einige thermodynamische Eigenschaften des in Aufgabe 2.1.5 eingeführten Sommerfeld-Modells.

1. Berechnen Sie die Temperaturabhängigkeit der mittleren Besetzungszahl eines Ein-Teilchen-Niveaus.
2. Wie hängen Gesamtteilchenzahl N und innere Energie $U(T)$ mit der Zustandsdichte $\rho_0(E)$ zusammen?
3. Verifizieren Sie mithilfe der Sommerfeld-Entwicklung aus Aufgabe 2.1.4, dass für das chemische Potential μ gilt:

$$\mu = \varepsilon_\text{F}\left[1 - \frac{\pi^2}{12}\left(\frac{k_\text{B}T}{\varepsilon_\text{F}}\right)^2\right]\,.$$

4. Berechnen Sie mit einer Genauigkeit von $(k_\text{B}T/\varepsilon_\text{F})^4$ die innere Energie $U(T)$ und die spezifische Wärme c_V der Metallelektronen.
5. Berechnen und diskutieren Sie die Entropie

$$S = \frac{\partial}{\partial T}\left(k_\text{B}T\ln\Xi\right)\,.$$

Überprüfen Sie den Dritten Hauptsatz! Ξ ist die großkanonische Zustandssumme, (s. Aufgabe 1.4.9, Teil 2.).

Aufgabe 2.1.7

1. Transformieren Sie den Operator der Elektronendichte

$$\widehat{\rho} = \sum_{i=1}^{N} \delta\left(\boldsymbol{r} - \widehat{\boldsymbol{r}}_{\mathrm{i}}\right)$$

in die zweite Quantisierung mit Wannier-Zuständen als Ein-Teilchen-Basis.
2. Leiten Sie mit dem Ergebnis aus 1. den Zusammenhang zwischen dem Elektronenzahl- und dem Elektronendichteoperator ab.
3. Wie sieht der Elektronendichteoperator aus Teil 1. im Spezialfall des Jellium-Modells aus?

Aufgabe 2.1.8

Stellen Sie den Operator der Elektronendichte

$$\widehat{\rho} = \sum_{i=1}^{N} \delta\left(\boldsymbol{r} - \widehat{\boldsymbol{r}}_{\mathrm{i}}\right)$$

im Formalismus der zweiten Quantisierung durch Feldoperatoren dar.

Aufgabe 2.1.9

Transformieren Sie den Hamilton-Operator des Jellium-Modells in die zweite Quantisierung mit Wannier-Zuständen als Ein-Teilchen-Basis.

Aufgabe 2.1.10

Mithilfe des Elektronendichteoperators

$$\widehat{\rho} = \sum_{i=1}^{N} \delta\left(\boldsymbol{r} - \widehat{\boldsymbol{r}}_{\mathrm{i}}\right)$$

berechnet man die so genannte Dichtekorrelation

$$G(\boldsymbol{r}, t) = \frac{1}{N} \int \mathrm{d}^3 r' \left\langle \rho\left(\boldsymbol{r}' - \boldsymbol{r}, 0\right) \rho\left(\boldsymbol{r}', t\right)\right\rangle$$

sowie den dynamischen Strukturfaktor

$$S(\boldsymbol{q}, \omega) = \int \mathrm{d}^3 r \int_{-\infty}^{+\infty} \mathrm{d}t\, G(\boldsymbol{r}, t) \mathrm{e}^{\mathrm{i}(\boldsymbol{q} \cdot \boldsymbol{r} - \omega t)} .$$

Als statischen Strukturfaktor bezeichnet man den Ausdruck

$$S(\boldsymbol{q}) = \int_{-\infty}^{+\infty} \mathrm{d}\omega\, S(\boldsymbol{q}, \omega)\,,$$

während die statische Paarverteilungsfunktion $g(\boldsymbol{r})$ durch

$$G(\boldsymbol{r}, 0) = \delta(\boldsymbol{r}) + ng(\boldsymbol{r}) \quad (n = N/V)$$

definiert ist.

1. Zeigen Sie, dass für die Dichtekorrelation

$$G(\boldsymbol{r}, t) = \frac{1}{NV} \sum_{\boldsymbol{q}} \langle \rho_{\boldsymbol{q}} \rho_{-\boldsymbol{q}}(t) \rangle \mathrm{e}^{-\mathrm{i}\boldsymbol{q}\cdot\boldsymbol{r}}$$

gilt. Welche Bedeutung hat $G(\boldsymbol{r}, t)$?

2. Verifizieren Sie den Ausdruck

$$ng(\boldsymbol{r}) = \frac{1}{N} \sum_{i,j}^{i \neq j} \left\langle \delta\left(\boldsymbol{r} + \boldsymbol{r}_i(0) - \boldsymbol{r}_j(0)\right) \right\rangle .$$

Überlegen Sie sich auch hier eine passende physikalische Interpretation.

3. Beweisen Sie für den Strukturfaktor die folgenden Relationen:

$$S(\boldsymbol{q}, \omega) = \frac{1}{N} \int_{-\infty}^{+\infty} \mathrm{d}t\, \mathrm{e}^{-\mathrm{i}\omega t} \langle \rho_{\boldsymbol{q}} \rho_{-\boldsymbol{q}}(t) \rangle\,,$$

$$S(\boldsymbol{q}) = \frac{2\pi}{N} \langle \rho_{\boldsymbol{q}} \rho_{-\boldsymbol{q}} \rangle\,.$$

4. Zeigen Sie, dass für $T = 0$ gilt:

$$S(\boldsymbol{q}, \omega) = \frac{2\pi}{N} \sum_n \left| \langle E_n | \rho_{\boldsymbol{q}}^+ | E_0 \rangle \right|^2 \delta\left[\omega - \frac{1}{\hbar}(E_n - E_0)\right] .$$

$|E_n\rangle$ sind die Eigenzustände des Hamilton-Operators, $|E_0\rangle$ ist der Grundzustand.

Aufgabe 2.1.11

1. Benutzen Sie die allgemeinen Resultate aus Aufgabe 2.1.10, um mit den exakten Eigenzuständen des Sommerfeld-Modells den statischen Strukturfaktor $S(\boldsymbol{q})$ zu bestimmen. Skizzieren Sie die q-Abhängigkeit.

2. Berechnen Sie ebenso die statische Paarverteilungsfunktion $g(\boldsymbol{r})$. Skizzieren und diskutieren Sie die r-Abhängigkeit.

Aufgabe 2.1.12

Berechnen Sie in der *Tight-Binding*-Näherung (2.109) die Bloch-Energien $\varepsilon(\boldsymbol{k})$ für eine kubisch innenzentrierte und eine kubisch flächenzentrierte Gitterstruktur.

Aufgabe 2.1.13

Zeigen Sie, dass der *Tight-Binding*-Ansatz (2.103) für die elektronische Wellenfunktion $\varphi_{nk}(\boldsymbol{r})$ das Bloch-Theorem erfüllt.

2.2 Gitterschwingungen

In Abschn. 2.1 wurden die Gitterionen als unbeweglich angenommen und lediglich Anregungen im Elektronensystem untersucht. Gemäß dem Programm nach (2.6) soll nun das Teilsystem der Ionen genauer diskutiert werden, d. h., der Hamilton-Operator (2.3) wird jetzt im Mittelpunkt stehen.

Überträgt man einem einzelnen Gitterion Energie, z. B. durch Teilchenstoß, so wird sich diese infolge der starken Ion-Ion-Wechselwirkung rasch auf das ganze Gitter verteilen. Aus der lokalen wird eine **kollektive Anregung**, an der letztlich alle Gitterbausteine beteiligt sind. Es ist deshalb zweckmäßig, bei der mathematischen Beschreibung anstelle von Ionenkoordinaten noch zu definierende Kollektivkoordinaten zu verwenden. In dieser Darstellung lassen sich die Gitterschwingungen dann quantisieren. Die entsprechenden Quanten heißen **Phononen**.

2.2.1 Harmonische Näherung

Die für die Gitterschwingungen notwendigen rücktreibenden Kräfte sind die so genannten **Bindungskräfte**, die recht unterschiedlichen physikalischen Ursprungs sein können. Qualitativ hat das Paarpotential $V_{\mathrm{i}}\left(\left|\boldsymbol{R}_\alpha - \boldsymbol{R}_\beta\right|\right)$ jedoch stets den in Abb. 2.4 skizzierten

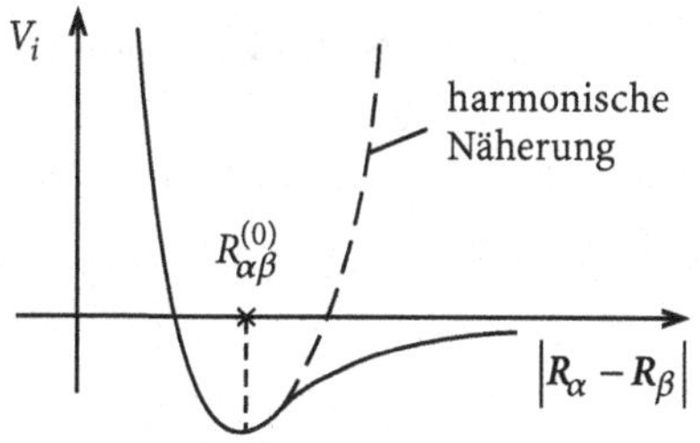

Abb. 2.4 Demonstration der harmonischen Näherung für das Paarpotential im Festkörper

Verlauf. Das Potentialminimum definiert den Gleichgewichtsabstand $R_{\alpha\beta}^{(0)}$. Die so genannte **harmonische Näherung** besteht letztlich darin, den Kurvenverlauf durch eine Parabel anzunähern, was für kleine Auslenkungen aus der Ruhelage vernünftig erscheint. Dies wollen wir nun etwas quantitativer diskutieren.

Ausgangspunkt sei ein Bravais-Gitter mit einer p-atomigen Basis, das wie in (2.9) durch

$$\boldsymbol{R}_s^{\boldsymbol{m}} = \boldsymbol{R}^{\boldsymbol{m}} + \boldsymbol{R}_s \tag{2.118}$$

mit $s = 1, 2, \ldots, p$ und $\boldsymbol{m} \equiv (m_1, m_2, m_3)$; $m_\mathrm{i} \in \mathbb{Z}$,

$$\boldsymbol{R}^{\boldsymbol{m}} = \sum_{i=1}^{3} m_\mathrm{i} \boldsymbol{a}_\mathrm{i} \tag{2.119}$$

beschrieben wird. Es sei

$\boldsymbol{x}_s^{\boldsymbol{m}}(t)$: momentane Position des $(\boldsymbol{m}, s)$-Atoms ,

$\boldsymbol{u}_s^{\boldsymbol{m}}(t)$: Auslenkung des $(\boldsymbol{m}, s)$-Atoms aus der Ruhelage.

Folglich gilt:

$$\boldsymbol{x}_s^{\boldsymbol{m}}(t) = \boldsymbol{R}_s^{\boldsymbol{m}} + \boldsymbol{u}_s^{\boldsymbol{m}}(t) \ . \tag{2.120}$$

Die **kinetische Energie** der Gitterionen lautet dann:

$$H_{i,\,\mathrm{kin}} = \frac{1}{2} \sum_{\substack{\boldsymbol{m} \\ s,\, i}} M_s \left(\frac{\mathrm{d}u_{s,\,i}^{\boldsymbol{m}}}{\mathrm{d}t} \right)^2 , \quad i = x, y, z \ . \tag{2.121}$$

Für die **potentielle Energie** schreiben wir:

$$H_\mathrm{ii} = V\left(\{\boldsymbol{x}_s^{\boldsymbol{m}}\}\right) = V\left(\{\boldsymbol{R}_s^{\boldsymbol{m}} + \boldsymbol{u}_s^{\boldsymbol{m}}\}\right) \ . \tag{2.122}$$

Dabei stellt

$$V_0 = V\left(\{\boldsymbol{R}_s^{\boldsymbol{m}}\}\right) \tag{2.123}$$

die so genannte **Bindungsenergie** dar. Wir entwickeln V um die Gleichgewichtslage:

$$V\left(\{\boldsymbol{x}_s^{\boldsymbol{m}}\}\right) = V_0 + \sum_{\substack{\boldsymbol{m}\\ s,i}} \varphi_{\boldsymbol{m},s,i}\, u_{s,i}^{\boldsymbol{m}} + \frac{1}{2} \sum_{\substack{\boldsymbol{m}\\ s,i}} \sum_{\substack{\boldsymbol{n}\\ t,j}} \varphi_{\boldsymbol{m},s,i}^{\boldsymbol{n},t,j}\, u_{s,i}^{\boldsymbol{m}}\, u_{t,j}^{\boldsymbol{n}} + O\left(u^3\right) . \tag{2.124}$$

Die **harmonische Näherung** besteht nun darin, den Rest $O\left(u^3\right)$ zu vernachlässigen. Die Auslenkungen u betragen in der Regel weniger als 5 % des Gitterabstandes, sodass die harmonische Näherung durchaus angemessen sein wird. Höhere, so genannte **anharmonische Terme** sollen uns deshalb zunächst nicht interessieren.

Für die partiellen Ableitungen φ in (2.124) gilt:

$$\varphi_{\boldsymbol{m},s,i} \equiv \left.\frac{\partial V}{\partial x_{s,i}^{\boldsymbol{m}}}\right|_0 = 0 . \tag{2.125}$$

Dies ist die Definition der Gleichgewichtsposition. Die zweiten Ableitungen bilden eine

Matrix der atomaren Kraftkonstanten

$$\varphi_{\boldsymbol{m},s,i}^{\boldsymbol{n},t,j} \equiv \left.\frac{\partial^2 V}{\partial x_{t,j}^{\boldsymbol{n}}\, \partial x_{s,i}^{\boldsymbol{m}}}\right|_0 . \tag{2.126}$$

Zum Verständnis dieser bedeutenden Matrix dient die Feststellung:

$-\varphi_{\boldsymbol{m},s,i}^{\boldsymbol{n},t,j}\, u_{t,j}^{\boldsymbol{n}}$: Kraft in i-Richtung, die auf das $(\boldsymbol{m}, s)$-Atom ausgeübt wird, wenn das $(\boldsymbol{n}, t)$-Atom in j-Richtung um $u_{t,j}^{\boldsymbol{n}}$ ausgelenkt ist, und alle anderen Teilchen fest bleiben.

Die harmonische Näherung entspricht damit einem linearen Kraftgesetz wie beim harmonischen Oszillator:

$$M_s \ddot{u}_{s,i}^{\boldsymbol{m}} = -\frac{\partial V}{\partial u_{s,i}^{\boldsymbol{m}}} = -\sum_{\substack{\boldsymbol{n}\\ t,j}} \varphi_{\boldsymbol{m},s,i}^{\boldsymbol{n},t,j}\, u_{t,j}^{\boldsymbol{n}} . \tag{2.127}$$

Die Kraftkonstantenmatrix besitzt ein paar offensichtliche Symmetrien. Direkt aus der Definition folgt:

$$\varphi_{\boldsymbol{m},s,i}^{\boldsymbol{n},t,j} \equiv \varphi_{\boldsymbol{n},t,j}^{\boldsymbol{m},s,i} . \tag{2.128}$$

Bei einer Translation des gesamten Festkörpers um $\Delta\boldsymbol{x} = (\Delta x_1, \Delta x_2, \Delta x_3)$ ändern sich die Kräfte natürlich nicht. Deswegen folgt aus

$$-\sum_j \Delta x_j \sum_{\boldsymbol{n},t} \varphi_{\boldsymbol{m},s,i}^{\boldsymbol{n},t,j} = 0$$

die Beziehung

$$\sum_{n,t} \varphi_{m,s,i}^{n,t,j} = 0 \,. \tag{2.129}$$

Schließlich liefert noch die Translationssymmetrie:

$$\varphi_{m,s,i}^{n,t,j} = \varphi_{s,i}^{t,j}(\boldsymbol{n} - \boldsymbol{m}) \,. \tag{2.130}$$

Zur Lösung von (2.127) machen wir nun einen ersten Ansatz der Form:

$$u_{s,i}^{\boldsymbol{m}} = \frac{\hat{u}_{s,i}^{\boldsymbol{m}}}{\sqrt{M_s}} \mathrm{e}^{-\mathrm{i}\omega t} \,. \tag{2.131}$$

Dies ergibt die Eigenwertgleichung

$$\omega^2 \hat{u}_{s,i}^{\boldsymbol{m}} = \sum_{\substack{\boldsymbol{n} \\ t,j}} D_{\boldsymbol{m},s,i}^{\boldsymbol{n},t,j} \hat{u}_{t,j}^{\boldsymbol{n}} \tag{2.132}$$

für die reelle und symmetrische Matrix

$$D = \frac{\varphi}{\sqrt{M_s M_t}} \,. \tag{2.133}$$

Diese besitzt $3pN$ reelle Eigenwerte $(\omega_{s,i}^{\boldsymbol{m}})^2$. Die Eigenwerte $\omega_{s,i}^{\boldsymbol{m}}$ sind also ebenfalls reell oder rein imaginär. Nur die reellen Eigenwerte sind *physikalische* Lösungen. Durch Ausnutzung der Translationssymmetrie (2.130) wird die Dimension des Eigenwertproblems von $3pN$ auf $3p$ reduziert.

$$\omega^2 c_{s,i} = \sum_{t,j} K_{i,j}^{s,t} c_{t,j} \,. \tag{2.134}$$

Dabei wurde definiert:

$$u_{s,i}^{\boldsymbol{m}} = \frac{c_{s,i}}{\sqrt{M_s}} \exp\left[\mathrm{i}\,(\boldsymbol{q} \cdot \boldsymbol{R}_m - \omega t)\right] \,, \tag{2.135}$$

$$K_{i,j}^{s,t}(\boldsymbol{q}) = \sum_{\boldsymbol{p}} \frac{\varphi_{0,s,i}^{\boldsymbol{p},t,j}}{\sqrt{M_s M_t}} \exp(\mathrm{i}\boldsymbol{q} \cdot \boldsymbol{R}^{\boldsymbol{p}}) \,. \tag{2.136}$$

Gleichung (2.134) ist eine Eigenwertgleichung für die Matrix K mit $3p$ Eigenwerten:

$$\omega = \omega_r(\boldsymbol{q}) \,, \quad r = 1, 2, \ldots, 3p \,. \tag{2.137}$$

Kristalle sind anisotrop. Die **Dispersionszweige** $\omega_r(\boldsymbol{q})$ müssen deshalb für jede Raumrichtung $\boldsymbol{q}/|\boldsymbol{q}|$ als Funktion von $q = |\boldsymbol{q}|$ bestimmt werden. Einzelheiten entnehme man dem Standardbeispiel *diatomare, lineare Kette* der Lehrbuchliteratur der Festkörperphysik. Man findet (Aufgabe 2.2.1):

3 **akustische Zweige** $\Leftrightarrow \omega(q = 0) = 0$,

$3(p-1)$ **optische Zweige** $\Leftrightarrow \omega(q = 0) \neq 0$.

Wegen periodischer Randbedingungen sind die Wellenzahlen $\boldsymbol{q}$ diskret. Ist $\boldsymbol{G}$ ein beliebiger reziproker Gittervektor, so gilt wegen $\exp(\mathrm{i}\boldsymbol{G}\cdot\boldsymbol{R}^m) = 1$:

$$\omega_r(\boldsymbol{q}+\boldsymbol{G}) = \omega_r(\boldsymbol{q}) . \tag{2.138}$$

Dies bedeutet, dass man die betrachteten Wellenzahlen $\boldsymbol{q}$ auf die erste Brillouin-Zone beschränken kann. Zeitumkehrinvarianz der Bewegungsgleichungen führt schließlich noch zu:

$$\omega_r(\boldsymbol{q}) = \omega_r(-\boldsymbol{q}) . \tag{2.139}$$

Zu jedem der $3p$ ω_r-Werte hat die Gleichung (2.134) eine Lösung

$$c_{s,i} = \varepsilon_{s,i}^{(r)}(\boldsymbol{q}) , \tag{2.140}$$

die sich so wählen lässt, dass die Orthonormalitätsrelation

$$\sum_{s,i} \varepsilon_{s,i}^{(r)*}(\boldsymbol{q})\, \varepsilon_{s,i}^{(r')}(\boldsymbol{q}) = \delta_{r,r'} \tag{2.141}$$

erfüllt ist. Die allgemeine Lösung der Bewegungsgleichung (2.127) lautet schlussendlich:

$$u_{s,i}^{\boldsymbol{m}}(t) = \frac{1}{\sqrt{NM_s}} \sum_{r=1}^{3p} \sum_{\boldsymbol{q}}^{1.\,\mathrm{BZ}} Q_r(\boldsymbol{q},t)\, \varepsilon_{s,i}^{(r)}(\boldsymbol{q})\, \mathrm{e}^{\mathrm{i}\boldsymbol{q}\cdot\boldsymbol{R}^m} . \tag{2.142}$$

Dabei haben wir den Zeitfaktor $\exp(-\mathrm{i}\omega_r(\boldsymbol{q})t)$ mit in die Koeffizienten $Q_r(\boldsymbol{q},t)$ hineingezogen. Mit

$$\frac{1}{N}\sum_{\boldsymbol{m}} \exp\left(\mathrm{i}\,(\boldsymbol{q}-\boldsymbol{q}')\cdot\boldsymbol{R}^m\right) = \delta_{\boldsymbol{q},\boldsymbol{q}'}$$

findet man für die **Normalkoordinaten** $Q_r(\boldsymbol{q},t)$

$$Q_r(\boldsymbol{q},t) = \frac{1}{\sqrt{N}} \sum_{\substack{\boldsymbol{m}\\ s,i}} \sqrt{M_s}\, u_{s,i}^{\boldsymbol{m}}(t)\, \varepsilon_{s,i}^{(r)*}(\boldsymbol{q})\, \mathrm{e}^{-\mathrm{i}\boldsymbol{q}\cdot\boldsymbol{R}^m} , \tag{2.143}$$

die die Bewegungsgleichung des harmonischen Oszillators

$$\ddot{Q}_r(\boldsymbol{q},t) + \omega_r^2(\boldsymbol{q})Q_r(\boldsymbol{q},t) = 0 . \tag{2.144}$$

erfüllen (s. Aufgabe 2.4.6).

2.2.2 Phononengas

Die harmonische Näherung des letzten Abschnitts liefert für die Lagrange-Funktion $L = T - V$ des Ionensystems den folgenden Ausdruck:

$$L = \frac{1}{2}\sum_{\substack{\boldsymbol{m}\\ s,i}} M_s \left(\dot{u}_{s,i}^{\boldsymbol{m}}\right)^2 - \frac{1}{2}\sum_{\substack{\boldsymbol{m},s,i\\ \boldsymbol{n},t,j}} \varphi_{\boldsymbol{m},s,i}^{\boldsymbol{n},t,j} u_{s,i}^{\boldsymbol{m}} u_{t,j}^{\boldsymbol{n}} . \tag{2.145}$$

Wir wollen L in Normalkoordinaten darstellen. Zur Umformung benutzen wir:

$$\frac{1}{N}\sum_{m}\exp\left[\mathrm{i}\,(\boldsymbol{q}-\boldsymbol{q}')\cdot\boldsymbol{R}^{m}\right]=\begin{cases}1, & \text{falls } \boldsymbol{q}-\boldsymbol{q}'=0 \text{ oder } \boldsymbol{G}\,,\\ 0 & \text{sonst,}\end{cases} \tag{2.146}$$

$$Q_r^*(\boldsymbol{q},t)=Q_r(-\boldsymbol{q},t)\,;\quad \varepsilon_{s,t}^{(r)*}(\boldsymbol{q})=\varepsilon_{s,t}^{(r)}(-\boldsymbol{q}) \tag{2.147}$$

Gleichung (2.147) muss gelten, damit die Verschiebungen $u_{s,i}^{\boldsymbol{m}}$ reell sind. Gleichung (2.146) haben wir schon verschiedentlich benutzt.

$$\begin{aligned}\frac{1}{2}\sum_{\substack{\boldsymbol{m}\\ s,i}}M_s\left(\dot{u}_{s,i}^{\boldsymbol{m}}\right)^2 &= \frac{1}{2}\sum_{\substack{\boldsymbol{m}\\ s,i}}M_s\frac{1}{NM_s}\sum_{\boldsymbol{q},\boldsymbol{q}'}\sum_{r,r'}\dot{Q}_r(\boldsymbol{q},t)\,\dot{Q}_{r'}(\boldsymbol{q}',t)\,\varepsilon_{s,i}^{(r)}(\boldsymbol{q})\\ &\quad\cdot\varepsilon_{s,i}^{(r')}(\boldsymbol{q}')\,\mathrm{e}^{\mathrm{i}(\boldsymbol{q}+\boldsymbol{q}')\cdot\boldsymbol{R}^{m}}\\ &= \frac{1}{2}\sum_{\boldsymbol{q}}\sum_{r,r'}\dot{Q}_r(\boldsymbol{q},t)\,\dot{Q}_{r'}(-\boldsymbol{q},t)\sum_{s,i}\varepsilon_{s,i}^{(r)}(\boldsymbol{q})\,\varepsilon_{s,i}^{(r')}(-\boldsymbol{q})\\ &= \frac{1}{2}\sum_{\boldsymbol{q},r}\dot{Q}_r^*(\boldsymbol{q},t)\,\dot{Q}_r(\boldsymbol{q},t)\,.\end{aligned} \tag{2.148}$$

Ganz analog bestimmen wir die potentielle Energie:

$$\begin{aligned}&\frac{1}{2}\sum_{\substack{\boldsymbol{m},s,i\\ \boldsymbol{n},t,j}}\varphi_{\boldsymbol{m},s,i}^{\boldsymbol{n},t,j}u_{s,i}^{\boldsymbol{m}}u_{t,j}^{\boldsymbol{n}}\\ &=\frac{1}{2N}\sum_{\substack{\boldsymbol{m},s,i\\ \boldsymbol{n},t,j}}\varphi_{\boldsymbol{m},s,i}^{\boldsymbol{n},t,j}\frac{1}{\sqrt{M_sM_t}}\sum_{\boldsymbol{q},\boldsymbol{q}'}\sum_{r,r'}Q_r(\boldsymbol{q},t)\,Q_{r'}(\boldsymbol{q}',t)\\ &\quad\cdot\varepsilon_{s,i}^{(r)}(\boldsymbol{q})\,\varepsilon_{t,j}^{(r')}(\boldsymbol{q}')\,\mathrm{e}^{\mathrm{i}\boldsymbol{q}\cdot\boldsymbol{R}^{m}}\mathrm{e}^{\mathrm{i}\boldsymbol{q}'\cdot\boldsymbol{R}^{n}}\\ &=\frac{1}{2N}\sum_{\substack{s,i\\ \boldsymbol{n},t,j}}\sum_{\boldsymbol{q}\boldsymbol{q}'}\sum_{r,r'}Q_r(\boldsymbol{q},t)\,Q_{r'}(\boldsymbol{q}',t)\,\varepsilon_{s,i}^{(r)}(\boldsymbol{q})\,\varepsilon_{t,j}^{(r')}(\boldsymbol{q}')\\ &\quad\cdot\sum_{\boldsymbol{m}}\frac{\varphi_{s,i}^{t,j}(\boldsymbol{n}-\boldsymbol{m})}{\sqrt{M_sM_t}}\mathrm{e}^{\mathrm{i}\boldsymbol{q}\cdot(\boldsymbol{R}^{m}-\boldsymbol{R}^{n})}\mathrm{e}^{\mathrm{i}(\boldsymbol{q}+\boldsymbol{q}')\cdot\boldsymbol{R}^{n}}\\ &=\frac{1}{2}\sum_{\substack{s,i\\ t,j}}\sum_{\boldsymbol{q},\boldsymbol{q}'}\sum_{r,r'}Q_r(\boldsymbol{q},t)\,Q_{r'}(\boldsymbol{q}',t)\,\varepsilon_{s,i}^{(r)}(\boldsymbol{q})\,\varepsilon_{t,j}^{(r')}(\boldsymbol{q}')\\ &\quad\cdot K_{i,j}^{s,t}(\boldsymbol{q})\frac{1}{N}\sum_{\boldsymbol{n}}\mathrm{e}^{\mathrm{i}(\boldsymbol{q}+\boldsymbol{q}')\cdot\boldsymbol{R}^{n}}\\ &=\frac{1}{2}\sum_{s,i}\sum_{\boldsymbol{q}}\sum_{r,r'}Q_r(\boldsymbol{q},t)\,Q_{r'}(-\boldsymbol{q},t)\,\varepsilon_{s,i}^{(r)}(\boldsymbol{q})\sum_{t,j}K_{ij}^{s,t}(\boldsymbol{q})\,\varepsilon_{t,j}^{(r')}(-\boldsymbol{q})\\ &=\frac{1}{2}\sum_{\boldsymbol{q}}\sum_{r,r'}\omega_{r'}^2(-\boldsymbol{q})\,Q_r(\boldsymbol{q},t)\,Q_{r'}(-\boldsymbol{q},t)\sum_{s,i}\varepsilon_{s,i}^{(r)}(\boldsymbol{q})\,\varepsilon_{s,i}^{(r')}(-\boldsymbol{q})\\ &=\frac{1}{2}\sum_{\boldsymbol{q},r}\omega_r^2(\boldsymbol{q})\,Q_r(\boldsymbol{q},t)\,Q_r^*(\boldsymbol{q},t)\,.\end{aligned} \tag{2.149}$$

Insgesamt gilt dann für die Lagrange-Funktion:

$$
\begin{aligned}
L &= \frac{1}{2}\sum_{r,q}\left\{\dot{Q}_r^*(\boldsymbol{q},t)\,\dot{Q}_r(\boldsymbol{q},t) - \omega_r^2(\boldsymbol{q})\,Q_r^*(\boldsymbol{q},t)\,Q_r(\boldsymbol{q},t)\right\} \\
&= \frac{1}{2}\sum_{r,q}\left\{\dot{Q}_r(-\boldsymbol{q},t)\,\dot{Q}_r(\boldsymbol{q},t) - \omega_r^2(\boldsymbol{q})\,Q_r(-\boldsymbol{q},t)\,Q_r(\boldsymbol{q},t)\right\} . \qquad (2.150)
\end{aligned}
$$

Durch Ableitung der Lagrange-Funktion nach den *„Normalgeschwindigkeiten"* erhalten wir die zugehörigen kanonisch konjugierten Impulse:

$$
\Pi_r(\boldsymbol{q},t) = \frac{\partial L}{\partial \dot{Q}_r(\boldsymbol{q},t)} = \dot{Q}_r^*(\boldsymbol{q},t) . \qquad (2.151)
$$

Man beachte, dass wegen der Summation über alle $\boldsymbol{q}$ $\dot{Q}_r(\boldsymbol{q},t)$ in L zweimal vorkommt. Dadurch wird der Faktor $1/2$ kompensiert. Die kanonischen Impulse brauchen wir für die klassische Hamilton-Funktion:

$$
H = \frac{1}{2}\sum_{r,q}\left\{\Pi_r^*(\boldsymbol{q},t)\,\Pi_r(\boldsymbol{q},t) + \omega_r^2(\boldsymbol{q})\,Q_r^*(\boldsymbol{q},t)\,Q_r(\boldsymbol{q},t)\right\} . \qquad (2.152)
$$

Dies ist ein bemerkenswertes Ergebnis, da wir durch Transformation auf Normalkoordinaten erreicht haben, dass die Hamilton-Funktion in eine Summe von $3pN$ ungekoppelten, linearen harmonischen Oszillatoren zerfällt.

Der nächste Schritt ist die **Quantisierung** der klassischen Variablen. Die Verschiebungen $u_{s,i}^{\boldsymbol{m}}$ und die Impulse $M_s\dot{u}_{s,i}^{\boldsymbol{m}}$ werden nun Operatoren mit den fundamentalen Vertauschungsrelationen:

$$
\left[u_{s,i}^{\boldsymbol{m}}, u_{t,j}^{\boldsymbol{n}}\right]_- = \left[M_s\dot{u}_{s,i}^{\boldsymbol{m}}, M_t\dot{u}_{t,j}^{\boldsymbol{n}}\right]_- = 0 , \qquad (2.153)
$$

$$
\left[M_s\dot{u}_{s,i}^{\boldsymbol{m}}, u_{t,j}^{\boldsymbol{n}}\right]_- = \frac{\hbar}{\mathrm{i}}\,\delta_{\boldsymbol{m},\boldsymbol{n}}\,\delta_{s,t}\,\delta_{i,j} . \qquad (2.154)
$$

Durch Einsetzen erfolgen daraus die Vertauschungsrelationen für die Normalkoordinaten und deren kanonisch konjugierten Impulsen. Mit (2.143) und (2.153) ergibt sich unmittelbar:

$$
[Q_r(\boldsymbol{q}), Q_{r'}(\boldsymbol{q}')]_- = [\Pi_r(\boldsymbol{q}), \Pi_{r'}(\boldsymbol{q}')]_- = 0 . \qquad (2.155)
$$

Für die dritte Relation benutzen wir (2.154):

$$
\begin{aligned}
[\Pi_r(\boldsymbol{q}), Q_{r'}(\boldsymbol{q}')]_- = \frac{1}{N}\sum_{\substack{\boldsymbol{m}\\ s,i}}\sum_{\substack{\boldsymbol{n}\\ t,j}}\sqrt{M_s M_t}\,\varepsilon_{s,i}^{(r)}(\boldsymbol{q})\,\mathrm{e}^{\mathrm{i}\boldsymbol{q}\cdot\boldsymbol{R}^{\boldsymbol{m}}} \\
\cdot\,\varepsilon_{t,j}^{(r')^*}(\boldsymbol{q}')\,\mathrm{e}^{-\mathrm{i}\boldsymbol{q}'\cdot\boldsymbol{R}^{\boldsymbol{n}}}\,\frac{1}{M_s}\left[M_s\dot{u}_{s,i}^{\boldsymbol{m}}, u_{t,j}^{\boldsymbol{n}}\right]
\end{aligned}
$$

$$= \frac{\hbar}{\mathrm{i}} \frac{1}{N} \sum_{\substack{\boldsymbol{m}\\ s,i}} \mathrm{e}^{\mathrm{i}\,(\boldsymbol{q}-\boldsymbol{q}')\cdot \boldsymbol{R}^m} \varepsilon_{s,i}^{(r)}(\boldsymbol{q})\, \varepsilon_{s,i}^{(r')*}(\boldsymbol{q}')$$

$$= \frac{\hbar}{\mathrm{i}} \sum_{s,i} \varepsilon_{s,i}^{(r)}(\boldsymbol{q})\, \varepsilon_{s,i}^{(r')*}(\boldsymbol{q})\, \delta_{\boldsymbol{q},\boldsymbol{q}'} \; .$$

Mit (2.141) folgt schließlich:

$$[\Pi_r(\boldsymbol{q}), Q_{r'}(\boldsymbol{q}')]_- = \frac{\hbar}{\mathrm{i}} \delta_{\boldsymbol{q},\boldsymbol{q}'}\, \delta_{r,r'} \; . \tag{2.156}$$

Wir führen als Nächstes neue Operatoren $b_{\boldsymbol{q}r}$, $b^+_{\boldsymbol{q}r}$ ein:

$$Q_r(\boldsymbol{q}) = \sqrt{\frac{\hbar}{2\omega_r(\boldsymbol{q})}} \left\{ b_{\boldsymbol{q}r} + b^+_{-\boldsymbol{q}r} \right\} , \tag{2.157}$$

$$\Pi_r(\boldsymbol{q}) = \mathrm{i}\sqrt{\frac{1}{2}\hbar\omega_r(\boldsymbol{q})} \left\{ b^+_{\boldsymbol{q}r} - b_{-\boldsymbol{q}r} \right\} . \tag{2.158}$$

Man liest direkt ab (vgl. (2.147)):

$$Q^+_r(-\boldsymbol{q}) = Q_r(\boldsymbol{q}) \; ; \quad \Pi^+_r(-\boldsymbol{q}) = \Pi_r(\boldsymbol{q}) \; . \tag{2.159}$$

Die Umkehrungen von (2.157) und (2.158) lauten:

$$b_{\boldsymbol{q}r} = (2\hbar\omega_r(\boldsymbol{q}))^{-1/2} \left\{ \omega_r(\boldsymbol{q}) Q_r(\boldsymbol{q}) + \mathrm{i}\,\Pi^+_r(\boldsymbol{q}) \right\} , \tag{2.160}$$

$$b^+_{\boldsymbol{q}r} = (2\hbar\omega_r(\boldsymbol{q}))^{-1/2} \left\{ \omega_r(\boldsymbol{q}) Q^+_r(\boldsymbol{q}) - \mathrm{i}\,\Pi_r(\boldsymbol{q}) \right\} . \tag{2.161}$$

Wir berechnen die Vertauschungsrelationen:

$$\begin{aligned}
&\left[b_{\boldsymbol{q}r}, b_{\boldsymbol{q}'r'} \right]_- \\
&= \left(4\hbar^2 \omega_r(\boldsymbol{q}) \omega_{r'}(\boldsymbol{q}') \right)^{-1/2} \\
&\quad \cdot \left\{ \mathrm{i}\omega_r(\boldsymbol{q}) \left[Q_r(\boldsymbol{q}), \Pi^+_{r'}(\boldsymbol{q}') \right]_- + \mathrm{i}\omega_{r'}(\boldsymbol{q}') \left[\Pi^+_r(\boldsymbol{q}), Q_{r'}(\boldsymbol{q}') \right]_- \right\} \\
&= \left(4\hbar^2 \omega_r(\boldsymbol{q}) \omega_{r'}(\boldsymbol{q}') \right)^{-1/2} \\
&\quad \cdot \left\{ \mathrm{i}\omega_r(\boldsymbol{q}) \left(-\frac{\hbar}{\mathrm{i}} \delta_{rr'}\, \delta_{\boldsymbol{q},-\boldsymbol{q}'} \right) + \mathrm{i}\omega_{r'}(\boldsymbol{q}') \left(\frac{\hbar}{\mathrm{i}} \delta_{rr'}\, \delta_{-\boldsymbol{q},\boldsymbol{q}'} \right) \right\} \\
&= 0 \, ,
\end{aligned}$$

$$
\begin{aligned}
&\left[b_{qr}, b^+_{q'r'}\right]_- \\
&= \left(4\hbar^2 \omega_r(\boldsymbol{q})\omega_{r'}(\boldsymbol{q}')\right)^{-1/2} \\
&\quad \cdot \left\{-\mathrm{i}\omega_r(\boldsymbol{q})\left[Q_r(\boldsymbol{q}), \Pi_{r'}(\boldsymbol{q}')\right]_- + \mathrm{i}\omega_{r'}(\boldsymbol{q}')\left[\Pi^+_r(\boldsymbol{q}), Q^+_{r'}(\boldsymbol{q}')\right]_-\right\} \\
&= \left(4\hbar^2 \omega_r(\boldsymbol{q})\,\omega_{r'}(\boldsymbol{q}')\right)^{-1/2} \\
&\quad \cdot \left\{-\mathrm{i}\omega_r(\boldsymbol{q})\left(-\frac{\hbar}{\mathrm{i}}\,\delta_{r,r'}\,\delta_{\boldsymbol{q}\boldsymbol{q}'}\right) + \mathrm{i}\omega_{r'}(\boldsymbol{q}')\left(\frac{\hbar}{\mathrm{i}}\,\delta_{r,r'}\,\delta_{-\boldsymbol{q},-\boldsymbol{q}'}\right)\right\} \\
&= \delta_{rr'}\,\delta_{\boldsymbol{q}\boldsymbol{q}'}\,.
\end{aligned}
$$

b_{qr}, b^+_{qr} sind also **Bose-Operatoren**:

$$\left[b_{qr}, b_{q'r'}\right]_- = \left[b^+_{qr}, b_{q'r'}\right]_- = 0\,, \tag{2.162}$$

$$\left[b_{qr}, b^+_{q'r'}\right]_- = \delta_{qq'}\,\delta_{rr'}\,. \tag{2.163}$$

Wir sind nun in der Lage, die Hamilton-Funktion zu quantisieren:

$$
\begin{aligned}
H &= \sum_{\boldsymbol{q},r} \frac{1}{2}\left\{\Pi^+_r(\boldsymbol{q})\,\Pi_r(\boldsymbol{q}) + \omega^2_r(\boldsymbol{q})\,Q^+_r(\boldsymbol{q})\,Q_r(\boldsymbol{q})\right\} \\
&= \frac{1}{4}\sum_{qr} \hbar\omega_r(\boldsymbol{q})\left\{\left(b_{qr} - b^+_{-qr}\right)\left(b^+_{qr} - b_{-qr}\right) + \left(b^+_{qr} + b_{-qr}\right)\left(b_{qr} + b^+_{-qr}\right)\right\} \\
&= \frac{1}{4}\sum_{qr} \hbar\omega_r(\boldsymbol{q})\left\{b_{qr}\,b^+_{qr} + b^+_{-qr}\,b_{-qr} + b^+_{qr}\,b_{qr} + b_{-qr}\,b^+_{-qr}\right\} \\
&= \frac{1}{4}\sum_{qr} \hbar\omega_r(\boldsymbol{q})\left\{2b^+_{qr}\,b_{qr} + 2b^+_{-qr}\,b_{-qr} + 2\right\}.
\end{aligned}
$$

Wir können noch (2.139) ausnutzen und erhalten dann in der verwendeten harmonischen Näherung als **Hamilton-Operator für die quantisierten Schwingungen des Ionen-Gitters:**

$$H = \sum_{qr} \hbar\omega_r(\boldsymbol{q})\left\{b^+_{qr}\,b_{qr} + \frac{1}{2}\right\}. \tag{2.164}$$

Es handelt sich um ein System von $3pN$ ungekoppelten harmonischen Oszillatoren.

Wir haben in (2.157), (2.158) die Zeitabhängigkeit der Normalkoordinaten Q_r und deren kanonischen Impulse unterdrückt. Wie in (2.142) vereinbart, gilt für diese einfach:

$$Q_r(\boldsymbol{q}t) = Q_r(\boldsymbol{q})\,\mathrm{e}^{-\mathrm{i}\omega_r(\boldsymbol{q})t}\,. \tag{2.165}$$

Dies impliziert nach (2.157):

$$b_{qr}(t) = b_{qr}\,\mathrm{e}^{-\mathrm{i}\omega_r(\boldsymbol{q})t}\,. \tag{2.166}$$

Wir zeigen, dass dieses Resultat mit

$$b_{qr}(t) = \exp\left(\frac{i}{\hbar} Ht\right) b_{qr} \exp\left(-\frac{i}{\hbar} Ht\right) \tag{2.167}$$

übereinstimmt. Dazu beweisen wir die Behauptung

$$b_{qr} H^n = \{\hbar\omega_r(\boldsymbol{q}) + H\}^n \, b_{qr} \,, \tag{2.168}$$

und zwar durch vollständige Induktion:

$n = 1$:

$$\begin{aligned} \left[b_{qr}, H\right]_- &= \sum_{q', r'} \hbar\omega_{r'}(\boldsymbol{q}') \left[b_{qr}, b^+_{q'r'} b_{q'r'}\right]_- = \hbar\omega_r(\boldsymbol{q})\, b_{qr} \\ \Rightarrow \; b_{qr} H &= (\hbar\omega_r(\boldsymbol{q}) + H)\, b_{qr} \,. \end{aligned}$$

$n \Rightarrow n+1$:

$$\begin{aligned} b_{qr} H^{n+1} &= \left(b_{qr} H^n\right) H = (\hbar\omega_r(\boldsymbol{q}) + H)^n \, b_{qr} H \\ &= (\hbar\omega_r(\boldsymbol{q}) + H)^{n+1} \, b_{qr} \,. \end{aligned}$$

Dies beweist die Behauptung (2.168). Damit folgt dann weiter:

$$\begin{aligned} b_{qr} \exp\left(\frac{-i}{\hbar} Ht\right) &= \sum_{n=0}^{\infty} \frac{(-i/\hbar)^n}{n!} t^n \, b_{qr} H^n \\ &= \exp\left[-\frac{i}{\hbar}\left(\hbar\omega_r(\boldsymbol{q}) + H\right) t\right] b_{qr} \,. \end{aligned}$$

Nach Einsetzen in (2.167) folgt hieraus (2.166). Die beiden Beziehungen sind also äquivalent.

Das wesentliche Resultat dieses Abschnitts ist (2.164). Es macht deutlich, dass die Energie der Gitterschwingungen quantisiert ist. Das Elementarquant $\hbar\omega_r(\boldsymbol{q})$ wird als die Energie des Quasiteilchens **Phonon** gedeutet. Im einzelnen trifft man die folgenden Zuordnungen:

b^+_{qr}:	Erzeugungsoperator eines $(\boldsymbol{q}, r)$-Phonons,
b_{qr}:	Vernichtungsoperator eines $(\boldsymbol{q}, r)$-Phonons,
$\hbar\omega_r(\boldsymbol{q})$:	Energie des $(\boldsymbol{q}, r)$-Phonons.

Phononen sind Bosonen! Jeder Schwingungszustand kann deshalb mit beliebig vielen Phononen besetzt sein.

Die in diesem Abschnitt zugrundegelegte harmonische Näherung benutzt letztlich als Modell des Ionengitters ein wechselwirkungsfreies **Phononengas**. Die in der Entwicklung (2.124) vernachlässigten Terme von dritter oder noch höherer Ordnung in den Auslenkungen $u^{m}_{s,i}$ für das Potential V (*Anharmonizität* des Gitters) lassen sich als Kopplung, d. h. Wechselwirkung zwischen den Phononen, deuten. Sie sind wichtig zur Beschreibung von Effekten wie thermische Ausdehnung, Einstellung des thermischen Gleichgewichts, Wärmeleitung, Hochtemperaturverhalten von c_p, c_V, …

2.2.3 Aufgaben

Aufgabe 2.2.1

Gegeben sei eine aus zwei verschiedenen Atomtypen (Massen m_1, m_2) aufgebaute lineare Kette:

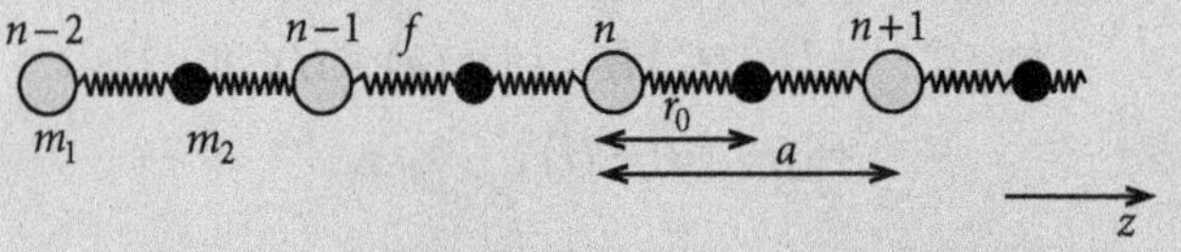

Abb. 2.5 Modell der linearen diatomaren Kette

Die Wechselwirkung zwischen den Atomen kann in guter Näherung als auf nächste Nachbarn beschränkt angesehen werden. Im Rahmen der harmonischen Näherung (lineares Kraftgesetz) lässt sich die Kopplung zwischen benachbarten Atomen durch eine Federkonstante f ausdrücken.

1. Beschreiben Sie die Kette als lineares Bravais-Gitter mit zweiatomiger Basis. Bestimmen Sie die primitiven Translationen und die Vektoren des (reziproken) Gitters sowie die erste Brillouin-Zone.
2. Stellen Sie die Bewegungsgleichung für longitudinale Gitterschwingungen auf.
3. Begründen und benutzen Sie den Lösungsansatz

$$u^n_\alpha = \frac{c_\alpha}{\sqrt{m_\alpha}} \exp\left[\mathrm{i}\,(qR^n - \omega t)\right]$$

   für die Auslenkung des (n,α)-Atoms aus seiner Ruhelage.
4. Skizzieren Sie für eine qualitative Diskussion die Dispersionszweige. Untersuchen Sie insbesondere die Spezialfälle $q = 0,\ +\pi/a,\ -\pi/a,\ 0 < q \ll \pi/a$.

Aufgabe 2.2.2

Berechnen Sie die Zustandsdichte $D(\omega)$ der linearen Kette:

$$D(\omega)\mathrm{d}\omega = \text{Anzahl der Eigenfrequenzen im Intervall } (\omega; \omega + \mathrm{d}\omega)\ .$$

Benutzen Sie dazu passende periodische Randbedingungen. Wie hängt $D(\omega)$ von der *Gruppengeschwindigkeit* $v_\mathrm{g} = \mathrm{d}\omega / \mathrm{d}q_z$ ab? Skizzieren Sie qualitativ $D(\omega)$!

Aufgabe 2.2.3

Berechnen Sie die Zustandsdichte $D(\omega)$ für die Gitterschwingungen eines dreidimensionalen Kristalls. Dieser besitze die nicht notwendig orthogonalen, primitiven Translationen $\boldsymbol{a}_\mathrm{i}$, $i = 1, 2, 3$.

1. Führen Sie periodische Randbedingungen auf einem Parallelepiped mit den Kantenlängen $N_\mathrm{i}a_\mathrm{i}$, $i = 1, 2, 3$ ein. Drücken Sie die *erlaubten* Wellenzahlen durch die primitiven Translationen des reziproken Gitters aus.
2. Berechnen Sie das *Rastervolumen* im $\boldsymbol{q}$-Raum, in dem sich genau ein Wellenvektor befindet.
3. Drücken Sie die Zustandsdichte für einen Dispersionszweig $\omega_r(\boldsymbol{q})$ durch ein Volumenintegral im $\boldsymbol{q}$-Raum aus.
4. Verwenden Sie für eine alternative Darstellung der Zustandsdichte die Gruppengeschwindigkeit:
$$v_\mathrm{g}^{(r)} = \left|\Delta_q \omega_r(\boldsymbol{q})\right|\ .$$
5. Wie lautet die Gesamtzustandsdichte?

Aufgabe 2.2.4

Das so genannte Debye-Modell für die Gitterschwingungen eines reinen Bravais-Gitters ($p = 1$, einatomige Basis) benutzt die beiden Annahmen:

1. Lineare, isotrope Approximation der akustischen Zweige:
$$\omega_r = \bar{v}_r q\ .$$
2. Ersetzung der Brillouin-Zone durch eine Kugel gleichen Volumens.

Wegen 2. muss es eine Grenzfrequenz ω_r^d (*Debye-Frequenz*) geben. Berechnen Sie diese! Leiten Sie die diesem Modell entsprechende Zustandsdichte $D_\mathrm{D}(\omega)$ ab.

Aufgabe 2.2.5

1. Berechnen Sie in der harmonischen Näherung die innere Energie $U(T) = \langle H \rangle$ ($\langle \cdots \rangle$: thermischer Mittelwert) der Gitterschwingungen eines dreidimensionalen Kristalls. Diskutieren Sie die Grenzfälle hoher und tiefer Temperaturen (Hinweis: $\left\langle b^+_{qr}\, b_{qr} \right\rangle \Rightarrow$ Bose-Einstein-Verteilungsfunktion).
2. Benutzen Sie das Debye-Modell (Aufgabe 2.2.4) zur Berechnung der spezifischen Wärme bei tiefen Temperaturen.

Aufgabe 2.2.6

Zeigen Sie, dass die Normalkoordinaten $Q_r(\boldsymbol{q}, t)$ der Gitterschwingungen in harmonischer Näherung die Bewegungsgleichung des harmonischen Oszillators (2.144) erfüllen!

2.3 Elektron-Phonon-Wechselwirkung

Nachdem wir in Abschn. 2.1 die Kristallelektronen und in Abschn. 2.2 die Gitterionen im Wesentlichen ungekoppelt, oder wenn doch, dann nur in sehr einfacher Weise über $H_{\mathrm{e+}}$ (2.50) gekoppelt, diskutiert haben, soll nun die Wechselwirkung zwischen diesen beiden Teilsystemen genauer analysiert werden. In unserem allgemeinen Festkörpermodell (2.1) geht es jetzt also um den Teiloperator H_{ei}.

2.3.1 Hamilton-Operator

Ausgangspunkt ist der Operator (2.5):

$$H_{\mathrm{ei}} = \sum_{j=1}^{N_{\mathrm{e}}} \sum_{\alpha=1}^{N_{\mathrm{i}}} V_{\mathrm{ei}} \left(\boldsymbol{r}_j - \boldsymbol{x}_\alpha \right) = H_{\mathrm{ei}}^{(0)} + H_{\mathrm{ep}} \,. \tag{2.169}$$

Die Wechselwirkung $H_{\mathrm{ei}}^{(0)}$ der Elektronen mit dem starren Ionengitter haben wir bereits in unserem Modell H_0 der Kristallelektronen (s. (2.7)) verarbeitet. H_{ep} ist die eigentliche Elektron-Phonon-Wechselwirkung.

Nach den Überlegungen des letzten Abschnitts wissen wir, dass jede Gitterschwingung durch die Zahl der Phononen in den durch die Wellenzahl $\boldsymbol{q}$ und den Zweig r des

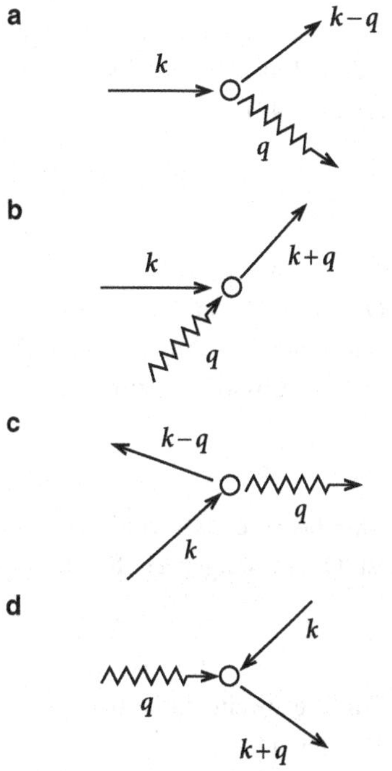

Abb. 2.6 Elementarprozesse der Elektron-Phonon-Wechselwirkung, *durchgezogene Pfeile* für Elektronen, *geschlängelte Pfeile* für Phononen: **a** Phononenemission des Elektrons; **b** Phononenabsorption des Elektrons; **c** Phononenemission durch Elektron-Loch-Rekombination; **d** Erzeugung eines Elektron-Loch-Paares durch Phononenvernichtung

Dispersionsspektrums $\omega_r(\boldsymbol{q})$ definierten Zuständen charakterisiert ist. Elektron-Phonon-Wechselwirkung bedeutet deshalb

- Absorption und Emission von $(\boldsymbol{q}, r)$-Phononen.

Die denkbaren **Elementarprozesse** lassen sich in einfacher Weise graphisch darstellen (s. Abb. 2.6).

Alle Wechselwirkungen lassen sich aus diesen vier Elementarprozessen zusammensetzen. Sie sollten sich deshalb in einem entsprechenden Modell-Hamilton-Operator niederschlagen.

Wir setzen voraus, dass bei der Wechselwirkung das Ion als Ganzes starr verschiebt und nicht deformiert wird, was natürlich keineswegs selbstverständlich ist. Deformationen des Ions stellen allerdings *höhere* Effekte dar. Entsprechend der *harmonischen Näherung* für die Gitterschwingungen entwickeln wir die Wechselwirkungsenergie V_{ei} bis zum ersten nicht verschwindenden Term. Das ist in diesem Fall bereits der lineare:

$$\begin{aligned} V_{\mathrm{ei}}\left(\boldsymbol{r}_j - \boldsymbol{x}_s^m\right) &\equiv V_{\mathrm{ei}}\left(\boldsymbol{r}_j - \boldsymbol{R}_s^m - \boldsymbol{u}_s^m\right) \\ &= V_{\mathrm{ei}}\left(\boldsymbol{r}_j - \boldsymbol{R}_s^m\right) - \boldsymbol{u}_s^m \cdot \nabla V_{\mathrm{ei}} + O\left(u^2\right) . \end{aligned} \tag{2.170}$$

Der erste Summand führt zu $H_{\mathrm{ei}}^{(0)}$ und wurde bereits bei der Behandlung der Kristallelektronen (s. Abschn. 2.1) z. B. in den Bloch-Energien $\varepsilon(\boldsymbol{k})$ berücksichtigt. Der zweite

Term stellt die eigentliche Elektron-Phonon-Wechselwirkung dar. Wir setzen einfach geladene Ionen voraus ($N_e = N_i = N$) und benutzen für die Auslenkungen $\boldsymbol{u}_s^m$ die Darstellung (2.142):

$$H_{\text{ep}} = -\sum_{j=1}^{N} \sum_{\boldsymbol{m},s} \sum_{r=1}^{3p} \sum_{\boldsymbol{q}}^{1.\text{BZ}} \frac{1}{\sqrt{NM_s}} Q_r(\boldsymbol{q})\, \mathrm{e}^{\mathrm{i}\boldsymbol{q}\cdot\boldsymbol{R}_m} \cdot \boldsymbol{\varepsilon}_s^{(r)}(\boldsymbol{q}) \cdot \nabla V_{\text{ei}}\left(\boldsymbol{r}_j - \boldsymbol{R}_s^m\right) . \tag{2.171}$$

$Q_r(\boldsymbol{q})$ ist uns aus (2.157) in zweiter Quantisierung bekannt. Es bleibt noch der elektronische Anteil zu transformieren. In ∇V_{ei} erscheint die Elektronenvariable $\boldsymbol{r}_j$. Wir wählen die Fourier-Darstellung für V_{ei}:

$$V_{\text{ei}}\left(\boldsymbol{r}_j - \boldsymbol{R}_s^m\right) = \sum_{\boldsymbol{p}} V_{\text{ei}}^{(s)}(\boldsymbol{p})\, \mathrm{e}^{\mathrm{i}\boldsymbol{p}\cdot(\boldsymbol{r}_j - \boldsymbol{R}^m)} . \tag{2.172}$$

Man beachte, dass in dieser Darstellung $\boldsymbol{p}$ als Wellenzahl eine Variable und kein Operator ist. Operatoreigenschaften besitzt nur $\boldsymbol{r}_j$.

$$\nabla V_{\text{ei}}\left(\boldsymbol{r}_j - \boldsymbol{R}_s^m\right) = \mathrm{i} \sum_{\boldsymbol{p}} V_{\text{ei}}^{(s)}(\boldsymbol{p})\, \boldsymbol{p}\, \mathrm{e}^{\mathrm{i}\boldsymbol{p}\cdot(\boldsymbol{r}_j - \boldsymbol{R}^m)} . \tag{2.173}$$

Für die zweite Quantisierung dieses Ein-Elektronenoperators wählen wir die Bloch-Darstellung:

$$\sum_{j=1}^{N} \nabla V_{\text{ei}}\left(\boldsymbol{r}_j - \boldsymbol{R}_s^m\right) = \sum_{\substack{\boldsymbol{k},\boldsymbol{k}'\\ \sigma,\sigma'}} \langle \boldsymbol{k}\sigma \,|\, \nabla V_{\text{ei}} \,|\, \boldsymbol{k}'\sigma' \rangle\, a_{\boldsymbol{k}\sigma}^{+} a_{\boldsymbol{k}'\sigma'} . \tag{2.174}$$

Wir berechnen das Matrixelement:

$$\begin{aligned}
\langle \boldsymbol{k}\sigma \,|\, \mathrm{e}^{\mathrm{i}\boldsymbol{p}\cdot\hat{\boldsymbol{r}}} \,|\, \boldsymbol{k}'\sigma' \rangle &= \delta_{\sigma\sigma'} \int \mathrm{d}^3 r\, \langle \boldsymbol{k} \,|\, \mathrm{e}^{\mathrm{i}\boldsymbol{p}\cdot\hat{\boldsymbol{r}}} \,|\, \boldsymbol{r} \rangle \langle \boldsymbol{r} \,|\, \boldsymbol{k}' \rangle \\
&= \delta_{\sigma\sigma'} \int \mathrm{d}^3 r\, \mathrm{e}^{\mathrm{i}\boldsymbol{p}\cdot\boldsymbol{r}} \langle \boldsymbol{k} \,|\, \boldsymbol{r} \rangle \langle \boldsymbol{r} \,|\, \boldsymbol{k}' \rangle \\
&= \delta_{\sigma\sigma'} \int \mathrm{d}^3 r\, \mathrm{e}^{\mathrm{i}\boldsymbol{p}\cdot\boldsymbol{r}} \psi_{\boldsymbol{k}}^*(\boldsymbol{r}) \psi_{\boldsymbol{k}'}(\boldsymbol{r}) .
\end{aligned}$$

Für die Bloch-Funktionen setzen wir (2.16) ein:

$$\langle \boldsymbol{k}\sigma \,|\, \mathrm{e}^{\mathrm{i}\boldsymbol{p}\cdot\hat{\boldsymbol{r}}} \,|\, \boldsymbol{k}'\sigma' \rangle = \delta_{\sigma\sigma'} \int \mathrm{d}^3 r\, \mathrm{e}^{\mathrm{i}(\boldsymbol{p}-\boldsymbol{k}+\boldsymbol{k}')\cdot\boldsymbol{r}}\, u_{\boldsymbol{k}}^*(\boldsymbol{r}) \cdot u_{\boldsymbol{k}'}(\boldsymbol{r}) . \tag{2.175}$$

Die gitterperiodische Amplitudenfunktion $u_{\boldsymbol{k}}(\boldsymbol{r})$ sollte nicht mit den Auslenkungen $\boldsymbol{u}_s^m$ verwechselt werden. Mit (2.175) in (2.174) haben wir nun das folgende Zwischenergebnis:

$$\sum_{j=1}^{N} \nabla V_{\text{ei}}\left(\boldsymbol{r}_j - \boldsymbol{R}_s^m\right) = \mathrm{i} \sum_{\substack{\boldsymbol{k},\boldsymbol{k}'\\ \boldsymbol{p},\sigma}} V_{\text{ei}}^{(s)}(\boldsymbol{p})\, \boldsymbol{p}\, \mathrm{e}^{-\mathrm{i}\boldsymbol{p}\cdot\boldsymbol{R}^m}\, a_{\boldsymbol{k}\sigma}^{+} a_{\boldsymbol{k}'\sigma} \cdot \int \mathrm{d}^3 r\, \mathrm{e}^{\mathrm{i}(\boldsymbol{p}-\boldsymbol{k}+\boldsymbol{k}')\cdot\boldsymbol{r}}\, u_{\boldsymbol{k}}^*(\boldsymbol{r}) u_{\boldsymbol{k}'}(\boldsymbol{r}) . \tag{2.176}$$

Das Produkt der Amplitudenfunktionen ist wegen (2.17) gitterperiodisch. Das Integral kann deshalb nur für $\boldsymbol{k} = \boldsymbol{k}' + \boldsymbol{p}$ von Null verschieden sein. Einsetzen in (2.171) ergibt dann, wenn man noch

$$\frac{1}{N} \sum_m \mathrm{e}^{\mathrm{i}(\boldsymbol{q}-\boldsymbol{p}) \cdot \boldsymbol{R}^m} = \sum_{\boldsymbol{K}} \delta_{\boldsymbol{p}, \boldsymbol{q}+\boldsymbol{K}} \tag{2.177}$$

benutzt, wobei $\boldsymbol{K}$ ein Vektor des reziproken Gitters ist:

$$\begin{aligned} H_{\mathrm{ep}} = &-\sum_{s,r} \sum_{\boldsymbol{q},\boldsymbol{k}',\boldsymbol{K},\sigma} \mathrm{i}\sqrt{\frac{N}{M_s}}\, Q_r(\boldsymbol{q}) V_{\mathrm{ei}}^{(s)}(\boldsymbol{q}+\boldsymbol{K}) \\ &\cdot \left(\boldsymbol{\varepsilon}_s^{(r)}(\boldsymbol{q}) \cdot (\boldsymbol{q}+\boldsymbol{K})\right) a^+_{\boldsymbol{k}'+\boldsymbol{q}+\boldsymbol{K}\sigma}\, a_{\boldsymbol{k}'\sigma} \\ &\cdot \int \mathrm{d}^3 r\, u^*_{\boldsymbol{k}'+\boldsymbol{q}+\boldsymbol{K}}(\boldsymbol{r})\, u_{\boldsymbol{k}'}(\boldsymbol{r}) \,. \end{aligned}$$

Wir verwenden nun noch (2.157) für die Normalkoordinaten $Q_r(\boldsymbol{q}, t)$ und definieren zur Abkürzung das

Matrixelement der Elektron-Phonon-Kopplung

$$\begin{aligned} T^{(s,r)}_{\boldsymbol{k},\boldsymbol{q},\boldsymbol{K}} = &-\mathrm{i}\sqrt{\frac{\hbar N}{2M_s\,\omega_r(\boldsymbol{q})}}\, V_{\mathrm{ei}}^{(s)}(\boldsymbol{q}+\boldsymbol{K}) \left[\boldsymbol{\varepsilon}_s^{(r)}(\boldsymbol{q}) \cdot (\boldsymbol{q}+\boldsymbol{K})\right] \\ &\cdot \int \mathrm{d}^3 r\, u^*_{\boldsymbol{k}+\boldsymbol{q}+\boldsymbol{K}}(\boldsymbol{r})\, u_{\boldsymbol{k}}(\boldsymbol{r}) \,. \end{aligned} \tag{2.178}$$

Dann lautet der Hamilton-Operator der Elektron-Phonon-Wechselwirkung:

$$H_{\mathrm{ep}} = \sum_{\boldsymbol{k}\sigma} \sum_{\boldsymbol{q},\boldsymbol{K}} \sum_{s,r} T^{(s,r)}_{\boldsymbol{k},\boldsymbol{q},\boldsymbol{K}} \left(b_{\boldsymbol{q}r} + b^+_{-\boldsymbol{q}r}\right) a^+_{\boldsymbol{k}+\boldsymbol{q}+\boldsymbol{K}\sigma}\, a_{\boldsymbol{k}\sigma} \,. \tag{2.179}$$

Bei der Emission (Erzeugung) eines $(-\boldsymbol{q}, r)$-Phonons bzw. bei der Absorption (Vernichtung) eines $(\boldsymbol{q}, r)$-Phonons ändert sich die Wellenzahl des Elektrons von $\boldsymbol{k}$ auf $\boldsymbol{k} + \boldsymbol{q} + \boldsymbol{K}$. Man definiert deshalb

$\hbar(\boldsymbol{q} + \boldsymbol{K})$: **Quasi-(Kristall-)Impuls des Phonons,**

wobei $\boldsymbol{q}$ aus der ersten Brillouin-Zone stammt, während $\boldsymbol{K}$ ein beliebiger reziproker Gittervektor sein kann. In (2.179) ist $\boldsymbol{K}$ durch die Forderung

$\boldsymbol{k} + \boldsymbol{q} + \boldsymbol{K} \in$ **1. Brillouin-Zone**

festgelegt. Man unterscheidet:

$\boldsymbol{K} = \boldsymbol{0}$: **Normalprozesse,**

$\boldsymbol{K} \neq \boldsymbol{0}$: **Umklappprozesse.**

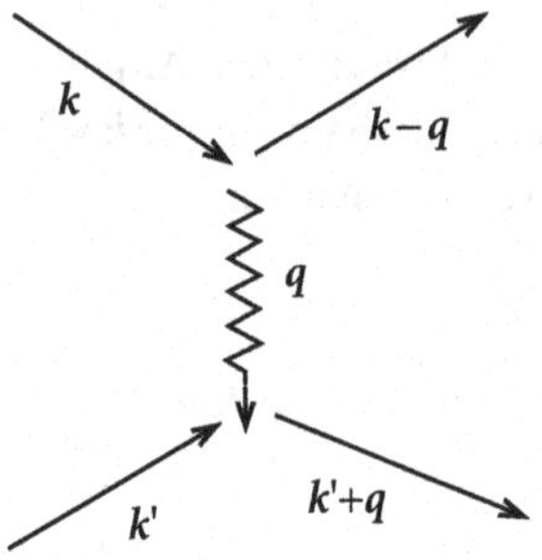

Abb. 2.7 Elementarprozess der phononenvermittelten, effektiven Elektron-Elektron-Wechselwirkung

Das komplizierte Matrixelement (2.178) vereinfacht sich stark, wenn folgende Annahmen erlaubt sind:

1. Reines Bravais-Gitter: $p = 1 \Rightarrow \sum_s$ fällt weg,
2. Normalprozesse: $\boldsymbol{K} = \boldsymbol{0} \Rightarrow \sum_{\boldsymbol{K}}$ fällt weg,
3. Phononen eindeutig longitudinal oder transversal polarisiert:

$$\boldsymbol{\varepsilon}^{(r)}(\boldsymbol{q}) \cdot \boldsymbol{q} \begin{cases} \neq 0: & \textbf{longitudinal,} \\ = 0: & \textbf{transversal.} \end{cases}$$

Unter diesen Annahmen wechselwirken nur die longitudinalen, akustischen Phononen mit den Elektronen. Mit dem Matrixelement

$$T_{\boldsymbol{k},\boldsymbol{q}} = -\mathrm{i}\sqrt{\frac{\hbar N}{2M\omega(\boldsymbol{q})}}\, V_{\mathrm{ei}}(\boldsymbol{q})\,[\boldsymbol{\varepsilon}(\boldsymbol{q})\cdot\boldsymbol{q}] \int \mathrm{d}^3r\, u^*_{\boldsymbol{k}+\boldsymbol{q}}(\boldsymbol{r})u_{\boldsymbol{k}}(\boldsymbol{r}) \tag{2.180}$$

vereinfacht sich die Elektron-Phonon-Wechselwirkung zu:

$$H_{\mathrm{ep}} = \sum_{\boldsymbol{k}\boldsymbol{q}\sigma} T_{\boldsymbol{k}\boldsymbol{q}}\left(b_{\boldsymbol{q}} + b^+_{-\boldsymbol{q}}\right) a^+_{\boldsymbol{k}+\boldsymbol{q}\sigma} a_{\boldsymbol{k}\sigma}\,. \tag{2.181}$$

2.3.2 Effektive Elektron-Elektron-Wechselwirkung

Die zu Beginn des Abschn. 2.3.1 skizzierten Elementarprozesse lassen sich zu weiteren, komplizierteren Kopplungstypen kombinieren. Insbesondere lassen sich phononeninduzierte Elektron-Elektron-Wechselwirkungen realisieren. Abbildung 2.7 symbolisiert einen Prozess, bei dem ein $(\boldsymbol{k}, \sigma)$-Elektron ein $\boldsymbol{q}$-Phonon emittiert, das von einem $(\boldsymbol{k}', \sigma')$-Elektron dann absorbiert wird. Hierbei ist der Spin des Elektrons natürlich unbeteiligt. Das erste Elektron deformiert das Gitter in seiner unmittelbaren Umgebung, d. h. verschiebt als negativ geladenes Teilchen die positiv geladenen Ionen ein wenig. *Deformieren* heißt abstrakt immer Absorption bzw. Emission von Phononen. Ein zweites

Elektron *sieht* diese Deformation des Gitters und reagiert darauf. Es resultiert also eine effektive Elektron-Elektron-Wechselwirkung, die natürlich nichts mit der üblichen Coulomb-Wechselwirkung zu tun hat und deshalb sowohl anziehend wie abstoßend sein kann. Im Falle der Anziehung kann sie zu einer Elektronenpaarbildung führen (**Cooper-Paare**) mit einer Absenkung der Grundzustandsenergie. Dieser Prozess stellt die Grundlage der herkömmlichen Supraleitung dar. Wir verwenden die Elektron-Phonon-Wechselwirkung in der Form (2.181) und lassen Elektron-Elektron- sowie Phonon-Phonon-Wechselwirkungen außer acht. Das Matrixelement T_{kq} (2.180) berechnen wir der Einfachheit halber mit ebenen Wellen, wodurch auch noch die $\boldsymbol{k}$-Abhängigkeit eliminiert wird $\left(u_{\boldsymbol{k}}(\boldsymbol{r}) \Rightarrow 1/\sqrt{V}\right)$:

$$T_{\boldsymbol{q}} = -\mathrm{i}\sqrt{\frac{\hbar N}{2M\omega(\boldsymbol{q})}}\, V_{\mathrm{ei}}(\boldsymbol{q})\left[\boldsymbol{\varepsilon}(\boldsymbol{q})\cdot\boldsymbol{q}\right] . \tag{2.182}$$

An (2.172) erkennt man, dass

$$V_{\mathrm{ei}}^{*}(\boldsymbol{q}) = V_{\mathrm{ei}}(-\boldsymbol{q})$$

sein muss. Wegen (2.147) ist auch

$$\left[\boldsymbol{\varepsilon}(\boldsymbol{q})\cdot\boldsymbol{q}\right]^{*} = \boldsymbol{\varepsilon}(-\boldsymbol{q})\cdot\boldsymbol{q}$$

anzunehmen, sodass

$$T_{\boldsymbol{q}}^{*} = T_{-\boldsymbol{q}} \tag{2.183}$$

folgt. Wir untersuchen nun, ob der folgende Modell-Hamilton-Operator, wie vermutet, Terme einer effektiven Elektron-Elektron-Wechselwirkung enthält:

$$H = \sum_{\boldsymbol{k}\sigma} \varepsilon(\boldsymbol{k})\, a_{\boldsymbol{k}\sigma}^{+} a_{\boldsymbol{k}\sigma} + \sum_{\boldsymbol{q}} \hbar\omega(\boldsymbol{q})\, b_{\boldsymbol{q}}^{+} b_{\boldsymbol{q}} + \sum_{\boldsymbol{k}\boldsymbol{q}\sigma} T_{\boldsymbol{q}}\left(b_{\boldsymbol{q}} + b_{-\boldsymbol{q}}^{+}\right) a_{\boldsymbol{k}+\boldsymbol{q}\sigma}^{+} a_{\boldsymbol{k}\sigma} . \tag{2.184}$$

Wir führen dazu eine passende **kanonische Transformation** durch und versuchen, lineare Terme in H_{ep} zu eliminieren.

$$\begin{aligned}
\widetilde{H} &= \mathrm{e}^{-S} H \mathrm{e}^{S} = \left(1 - S + \frac{1}{2}S^2 + \cdots\right) H \left(1 + S + \frac{1}{2}S^2 + \cdots\right) \\
&= H + [H,S]_- + \frac{1}{2}\left[[H,S]_-,S\right]_- + \cdots , \qquad (2.185)\\
\widetilde{H} &= \mathrm{e}^{-S} H \mathrm{e}^{S} = H_0 + H_{\mathrm{ep}} + [H_0,S]_- + \left[H_{\mathrm{ep}},S\right]_- + \frac{1}{2}\left[[H_0,S]_-,S\right]_- + \cdots
\end{aligned}$$

Wir fassen H_{ep} als kleine Störung auf. S sollte von derselben Größenordnung sein. Wir vernachlässigen in der Entwicklung (2.185) deshalb alle Terme, die in S oder H_{ep} von höherer als quadratischer Ordnung sind. H_0 fasst die beiden ersten Summanden in (2.184) zusammen.

Wir machen für S den Ansatz

$$S = \sum_{kq\sigma} T_q \left(x b_q + y b^+_{-q}\right) a^+_{k+q\sigma} a_{k\sigma} \tag{2.186}$$

und legen die Parameter x und y so fest, dass

$$H_{ep} + [H_0, S]_- \stackrel{!}{=} 0 \tag{2.187}$$

wird. Gelingt uns dies, so lautet der effektive Operator $\widetilde{H}$:

$$\widetilde{H} \approx H_0 + \frac{1}{2}\left[H_{ep}, S\right]_- \ . \tag{2.188}$$

Wir berechnen zunächst den Kommutator:

$$[H_0, S]_- = [H_e, S]_- + \left[H_p, S\right]_- \ .$$

Dabei ist

$$\begin{aligned}
&[H_e, S]_- \\
&= \sum_{p,\sigma'} \sum_{kq\sigma} \varepsilon(p) T_q \left[a^+_{p\sigma'} a_{p\sigma'}, \left(x b_q + y b^+_{-q}\right) a^+_{k+q\sigma} a_{k\sigma}\right]_- \\
&= \sum_{\substack{p,k,q \\ \sigma,\sigma'}} \varepsilon(p) T_q \left(x b_q + y b^+_{-q}\right) \left[a^+_{p\sigma'} a_{p\sigma'}, a^+_{k+q\sigma} a_{k\sigma}\right]_- \\
&= \sum \varepsilon(p) T_q \left(x b_q + y b^+_{-q}\right) \delta_{\sigma\sigma'} \left(\delta_{p,k+q} a^+_{p\sigma'} a_{k\sigma} - \delta_{kp} a^+_{k+q\sigma} a_{p\sigma'}\right) \\
&= \sum_{kq\sigma} T_q \left(\varepsilon(k+q) - \varepsilon(k)\right) a^+_{k+q\sigma} a_{k\sigma} \left(x b_q + y b^+_{-q}\right) .
\end{aligned}$$

Wir haben mehrmals ausgenutzt, dass die Konstruktionsoperatoren von Elektronen und Phononen natürlich vertauschbar sind.

$$\begin{aligned}
\left[H_p, S\right]_- &= \sum_p \sum_{kq\sigma} \hbar\omega(p) T_q \left[b^+_p b_p, \left(x b_q + y b^+_{-q}\right)\right]_- a^+_{k+q\sigma} a_{k\sigma} \\
&= \sum_p \sum_{kq\sigma} \hbar\omega(p) T_q \left(-x \delta_{qp} b_p + y \delta_{-qp} b^+_p\right) a^+_{k+q\sigma} a_{k\sigma} \\
&= \sum_{kq\sigma} T_q \hbar\omega(q) \left(-x b_q + y b^+_{-q}\right) a^+_{k+q\sigma} a_{k\sigma} \ .
\end{aligned}$$

Insgesamt ergibt sich damit:

$$\begin{aligned}
[H_0, S]_- = \sum_{kq\sigma} T_q \Big\{ & x \left(\varepsilon(k+q) - \varepsilon(k) - \hbar\omega(q)\right) b_q \\
& + y \left(\varepsilon(k+q) - \varepsilon(k) + \hbar\omega(q)\right) b^+_{-q} \Big\} a^+_{k+q\sigma} a_{k\sigma} \ .
\end{aligned} \tag{2.189}$$

Gleichung (2.187) lässt sich also durch die folgenden Parameter x, y realisieren:

$$x = \{\varepsilon(\boldsymbol{k}) - \varepsilon(\boldsymbol{k}+\boldsymbol{q}) + \hbar\omega(\boldsymbol{q})\}^{-1} , \tag{2.190}$$

$$y = \{\varepsilon(\boldsymbol{k}) - \varepsilon(\boldsymbol{k}+\boldsymbol{q}) - \hbar\omega(\boldsymbol{q})\}^{-1} . \tag{2.191}$$

Im letzten Schritt setzen wir das so festgelegte S in (2.188) ein. Dabei haben wir im Wesentlichen den folgenden Kommutator zu berechnen:

$$\begin{aligned}
&\left[\left(b_{q'} + b^+_{-q'}\right) a^+_{k'+q'\sigma'} a_{k'\sigma'}, \left(x b_q + y b^+_{-q}\right) a^+_{k+q\sigma} a_{k\sigma}\right]_- \\
&= \left(b_{q'} + b^+_{-q'}\right)\left(x b_q + y b^+_{-q}\right)\left[a^+_{k'+q'\sigma'} a_{k'\sigma'}, a^+_{k+q\sigma} a_{k\sigma}\right]_- \\
&\quad + \left[\left(b_{q'} + b^+_{-q'}\right), \left(x b_q + y b^+_{-q}\right)\right]_- a^+_{k'+q'\sigma'} a_{k'\sigma'} a^+_{k+q\sigma} a_{k\sigma} .
\end{aligned}$$

Nur der letzte Summand führt auf eine effektive Elektron-Elektron-Wechselwirkung. Wir konzentrieren uns also ausschließlich auf diesen:

$$\begin{aligned}
\left[\left(b_{q'} + b^+_{-q'}\right), \left(x b_q + y b^+_{-q}\right)\right]_- &= x\left[b^+_{-q'}, b_q\right]_- + y\left[b_{q'}, b^+_{-q}\right]_- \\
&= -x\delta_{q',-q} + y\delta_{q',-q} .
\end{aligned} \tag{2.192}$$

Dies ergibt den folgenden Beitrag zu $\widetilde{H}$:

$$\begin{aligned}
\widetilde{H}_{\text{eff}} &= \frac{1}{2} \sum_{\substack{kq\sigma \\ k'q'\sigma'}} T_{q'} T_q (y - x)\, \delta_{q',-q}\, a^+_{k'+q'\sigma'} a_{k'\sigma'} a^+_{k+q\sigma} a_{k\sigma} \\
&= \frac{1}{2} \sum_{\substack{kq\sigma \\ k'\sigma'}} T_{-q} T_q (y - x)\left(a^+_{k+q\sigma} a^+_{k'-q\sigma'} a_{k'\sigma'} a_{k\sigma} + \delta_{k',k+q} \hat{n}_{k\sigma}\right) .
\end{aligned}$$

Der letzte Term ist in diesem Zusammenhang relativ uninteressant. Wir erkennen aber, dass die Elektron-Phonon-Wechselwirkung einen Term der folgenden Form hervorruft:

$$\widetilde{H}_{\text{ee}} = \sum_{kpq\sigma,\sigma'} |T_q|^2 \frac{\hbar\omega(\boldsymbol{q})}{(\varepsilon(\boldsymbol{k}+\boldsymbol{q}) - \varepsilon(\boldsymbol{k}))^2 - (\hbar\omega(\boldsymbol{q}))^2}\, a^+_{k+q\sigma} a^+_{p-q\sigma'} a_{p\sigma'} a_{k\sigma} . \tag{2.193}$$

Diese Wechselwirkung ist

abstoßend, falls $(\varepsilon(\boldsymbol{k}+\boldsymbol{q}) - \varepsilon(\boldsymbol{k}))^2 > (\hbar\omega(\boldsymbol{q}))^2$,

anziehend, falls $(\varepsilon(\boldsymbol{k}+\boldsymbol{q}) - \varepsilon(\boldsymbol{k}))^2 < (\hbar\omega(\boldsymbol{q}))^2$.

Letztere Möglichkeit erkärt die Stabilität der Cooper-Paare, ist damit Grundlage für das Verständnis der Supraleitung.

2.3.3 Aufgaben

Aufgabe 2.3.1

Die Ausgangsidee der BCS-Theorie der Supraleitung ist die durch virtuellen Phononenaustausch vermittelte Formation von Leitungselektronen zu so genannten **Cooper-Paaren**, d. h. je zwei Elektronen mit entgegengesetzten Wellenvektoren und entgegengesetzten Spins,

$$(\boldsymbol{k}\uparrow, -\boldsymbol{k}\downarrow)\,,$$

bilden einen gebundenen Zustand. Definieren Sie geeignete Erzeugungs- und Vernichtungsoperatoren für Cooper-Paare! Berechnen Sie die zugehörigen fundamentalen Vertauschungsrelationen! Sind Cooper-Paare Bosonen?

Aufgabe 2.3.2

Die *normale* Elektron-Phonon-Wechselwirkung sorgt für eine durch Phononenaustausch induzierte effektive Elektron-Elektron-Wechselwirkung, die unter bestimmten Umständen auch anziehend sein kann (Abschn. 2.3.2). Betrachten Sie das folgende Modell:

a) N wechselwirkungsfreie Elektronen in Zuständen $k \le k_F$, alle Zustände mit $k > k_F$ unbesetzt ⇔ *gefüllte Fermi-Kugel* $|\mathrm{FK}\rangle$.
b) Zwei zusätzliche Elektronen mit entgegengesetzten Wellenzahlen und entgegengesetzten Spins (Cooper-Paar, s. Aufgabe 2.3.1) wechselwirken gemäß

$$V_{\boldsymbol{k}}(\boldsymbol{q}) = \begin{cases} -V\,, & \text{falls} \quad |\varepsilon(\boldsymbol{k}+\boldsymbol{q}) - \varepsilon(\boldsymbol{k})| \le \hbar\omega_D\,, \\ 0\,, & \text{sonst} \end{cases}$$

(ω_D: Debye-Frequenz).

1. Formulieren Sie den Modell-Hamilton-Operator.
2. Begründen Sie den Ansatz

$$|\psi\rangle = \frac{1}{\sqrt{2}} \sum_{\boldsymbol{k},\sigma} \alpha_\sigma(\boldsymbol{k})\, a^+_{\boldsymbol{k}\sigma}\, a^+_{-\boldsymbol{k}-\sigma} |\mathrm{FK}\rangle$$

für den Cooper-Paar-Zustand und zeigen Sie, dass

$$\alpha_\sigma(\boldsymbol{k}) = -\alpha_{-\sigma}(-\boldsymbol{k})$$

sein muss.

3. Verifizieren Sie, dass aus der Normierung von $|\psi\rangle$ und $|\mathrm{FK}\rangle$

$$\sum_{\boldsymbol{k},\sigma}^{k>k_\mathrm{F}} |\alpha_\sigma(\boldsymbol{k})|^2 = 1$$

folgen muss.

Aufgabe 2.3.3

Betrachten Sie weiterhin das in Aufgabe 2.3.2 definierte *Cooper-Modell* mit dem Ansatz $|\psi\rangle$ für den *Cooper-Paar-Zustand*:

1. Zeigen Sie, dass für den Erwartungswert der kinetischen Energie im Zustand $|\psi\rangle$ gilt:

$$\langle\psi\,|\,T\,|\,\psi\rangle = 2\sum_{\boldsymbol{k},\sigma}^{k>k_\mathrm{F}} \varepsilon(\boldsymbol{k})\,|\alpha_\sigma(\boldsymbol{k})|^2 + 2\sum_{\boldsymbol{k}}^{k<k_\mathrm{F}} \varepsilon(\boldsymbol{k})\,.$$

2. Zeigen Sie, dass für den Erwartungswert der potentiellen Energie im Zustand $|\psi\rangle$ gilt:

$$\langle\psi\,|\,V\,|\,\psi\rangle = 2\sum_{\boldsymbol{k},\boldsymbol{q},\sigma}^{k,\,|\boldsymbol{k}+\boldsymbol{q}|>k_\mathrm{F}} V_{\boldsymbol{k}}(\boldsymbol{q})\,\alpha_\sigma^*(\boldsymbol{k}+\boldsymbol{q})\,\alpha_\sigma(\boldsymbol{k})\,.$$

Aufgabe 2.3.4

Betrachten Sie weiterhin das in Aufgabe 2.3.2 definierte *Cooper-Modell* mit dem Ansatz $|\psi\rangle$ für den *Cooper-Paar-Zustand*:

1. Bestimmen Sie *optimale* Entwicklungskoeffizienten $\alpha_\sigma(\boldsymbol{k})$ durch Minimierung der in Aufgabe 2.3.3 berechneten Energie $E = \langle\psi\,|\,H\,|\,\psi\rangle$. Beachten Sie dabei die aus der Normierung von $|\psi\rangle$ folgende Nebenbedingung aus Aufgabe 2.3.2, 3.
2. Zeigen Sie, dass die Energie des Cooper-Paares kleiner ist als die Energie zweier nicht miteinander wechselwirkender Elektronen an der Fermi-Kante. Welche Schlussfolgerung ergibt sich daraus?
   Hinweis: $\boldsymbol{k}$-Summationen lassen sich bisweilen günstig mithilfe der *freien* Bloch-Zustandsdichte

$$\rho_0(\varepsilon) = \frac{1}{N}\sum_{\boldsymbol{k}} \delta\left(\varepsilon - \varepsilon(\boldsymbol{k})\right)$$

   in einfachere Energieintegrationen verwandeln!

Aufgabe 2.3.5

Zur BCS-Theorie der Supraleitung (Phys. Rev. **108**, 1175 (1957)): Das BCS-Modell unterdrückt von vorneherein alle die Wechselwirkungen, die für die normal- und die supraleitende Phase denselben Beitrag liefern. Es beschränkt sich deshalb auf den anziehenden Teil der phononeninduzierten Elektron-Elektron-Wechselwirkung. Als Testzustände für ein Variationsverfahren zur Berechnung der BCS-Grundzustandsenergie (⇔ Unterschied der Grundzustandsenergien in normal- und supraleitender Phase) werden Produktzustände von Cooper-Paar-Zuständen gewählt, da letztere nach Aufgabe 2.3.4 zu einer Energieabsenkung führen:

$$|\mathrm{BCS}\rangle = \left[\prod_{k}\left(u_k + v_k\, b_k^+\right)\right]|0\rangle\,, \qquad |0\rangle : \quad \text{Teilchenvakuum},$$

$b_k^+ = a_{k\uparrow}^+\, a_{-k\downarrow}^+$: *Cooper-Paar-Erzeugungsoperator* (s. Aufgabe 2.3.1). Die Koeffizienten u_k und v_k seien reell.

1. Zeigen Sie, dass aus der Normierung des Zustands $|\mathrm{BCS}\rangle$

$$u_k^2 + v_k^2 = 1$$

folgt.

2. Berechnen Sie die folgenden Erwartungswerte:

$$\langle \mathrm{BCS}\,|\, b_k^+\, b_k \,|\, \mathrm{BCS}\rangle\;; \qquad \langle \mathrm{BCS}\,|\, b_k^+\, b_k b_p^+\, b_p \,|\, \mathrm{BCS}\rangle\;;$$
$$\langle \mathrm{BCS}\,|\, b_k^+\, b_k\left(1 - b_p^+\, b_p\right) |\, \mathrm{BCS}\rangle\;; \quad \langle \mathrm{BCS}\,|\, b_p^+\, b_k \,|\, \mathrm{BCS}\rangle\,.$$

Aufgabe 2.3.6

Zur BCS-Theorie der Supraleitung (Phys. Rev. **108**, 1175 (1957)): Das BCS-Modell der Supraleitung beschränkt, wie in Aufgabe 2.3.5 bereits erklärt, die Elektron-Elektron-Wechselwirkung auf den phononen-induzierten anziehenden Beitrag (s. Aufgabe 2.3.2). Mit dem Variationsansatz $|\mathrm{BCS}\rangle$ aus Aufgabe 2.3.5 wird eine obere Schranke der Grundzustandsenergie berechnet.

1. Begründen Sie den Modell-Hamilton-Operator:

$$H_{\mathrm{BCS}} = \sum_{\boldsymbol{k},\sigma} t(\boldsymbol{k})\, a_{\boldsymbol{k}\sigma}^+\, a_{\boldsymbol{k}\sigma} - V \sum_{\boldsymbol{k},\boldsymbol{p}}^{\boldsymbol{k}\neq\boldsymbol{p}} b_p^+\, b_k\,; \quad t(\boldsymbol{k}) = \varepsilon(\boldsymbol{k}) - \mu\,.$$

2. Berechnen Sie:

$$E = \langle \mathrm{BCS}\,|\, H_{\mathrm{BCS}} \,|\, \mathrm{BCS}\rangle\,.$$

3. Zeigen Sie, dass für den *Gap-Parameter*

$$\Delta_k = V \sum_p^{\neq k} u_p v_p$$

aus der Minimum-Bedingung für $E = E(\{v_k\})$ folgt:

$$\Delta_k = \frac{V}{2} \sum_p^{\neq k} \Delta_p \left(t^2(\boldsymbol{p}) + \Delta_p^2\right)^{-1/2} .$$

4. Drücken Sie $v_k^2, u_k^2, E_0 = (E(\{v_k\}))_{\min}$ durch Δ_k und $t(\boldsymbol{k})$ aus.

Aufgabe 2.3.7

Zur Ableitung der effektiven Elektron-Elektron-Wechselwirkung $\widetilde{H}$ aus der eigentlichen Elektron-Phonon-Wechselwirkung H wird eine kanonische Transformation (2.185),

$$\widetilde{H} = \mathrm{e}^{-S} H \mathrm{e}^{S} ,$$

durchgeführt. Warum muss $S^+ = -S$ gefordert werden? Wird diese Forderung von der Lösung (2.186), (2.190), (2.191) erfüllt?

2.4 Spinwellen

Besonders intensive Anwendung finden die Konzepte der Viel-Teilchen-Theorie im Bereich des Magnetismus. Für dieses an sich recht alte Phänomen existiert bis heute keine abgeschlossene Theorie. Man ist auf Modell-Vorstellungen angewiesen, die auf spezielle Erscheinungsformen des Magnetismus zugeschnitten sind. Die wichtigsten sollen in diesem Abschnitt entwickelt werden.

2.4.1 Klassifikation der magnetischen Festkörper

Mithilfe der magnetischen Suszeptibilität

$$\chi = \left(\frac{\partial M}{\partial H}\right)_T \qquad (M : \textbf{Magnetisierung}) \tag{2.194}$$

lassen sich die Erscheinungsformen des Magnetismus grob in drei Klassen einteilen:

- Diamagnetismus, Paramagnetismus, „kollektiver" Magnetismus.

Beim

1) Diamagnetismus

handelt es sich im Grunde genommen um einen reinen Induktionseffekt. Das äußere Magnetfeld H induziert magnetische Dipole, die nach der Lenz'schen Regel dem erregenden Feld entgegengerichtet sind. Typisch für den Diamagneten ist deshalb eine negative Suszeptibilität:

$$\chi^{\text{dia}} < 0\,; \quad \chi^{\text{dia}}(T,H) \approx \text{const}\,. \tag{2.195}$$

Diamagnetismus ist natürlich eine Eigenschaft **aller** Stoffe. Man spricht von einem Diamagneten deshalb auch nur dann, wenn nicht **zusätzlich** noch Paramagnetismus oder *kollektiver* Magnetismus vorliegen, die den relativ schwachen Diamagnetismus überkompensieren.

Entscheidende Voraussetzung für

2) Paramagnetismus

ist die Existenz von **permanenten** magnetischen Momenten, die von dem äußeren Feld H ausgerichtet werden, wozu die thermische Bewegung der Elementarmagnete in Konkurrenz steht. Typisch ist deshalb:

$$\chi^{\text{para}} > 0\,; \quad \chi^{\text{para}}(T,H) \overset{\text{i.a.}}{=} \chi^{\text{para}}(T)\,. \tag{2.196}$$

Es kann sich bei den permanenten Momenten um

2a) lokalisierte Momente

handeln, die aus einer nur teilweise gefüllten Elektronenschale resultieren. Ist diese durch weiter außen liegende, vollständig gefüllte Schalen hinreichend gegenüber *Umwelteinflüssen* abgeschirmt, so werden sich die Elektronen dieser Schale nicht am elektrischen Strom beteiligen, sondern sich stets im Bereich ihres *Mutterions* aufhalten. Prominente Beispiele sind die $4f$-Elektronen der **Seltenen Erden**. – Eine nicht vollständig gefüllte Elektronenschale besitzt in der Regel ein resultierendes magnetisches Moment. Ohne äußeres Feld sind die Richtungen der Momente statistisch verteilt, sodass der Festkörper als Ganzes kein Moment aufweist. Im Feld ordnen sich die Momente, wobei die Suszeptibilität bei nicht zu tiefen Temperaturen das so genannte **Curie-Gesetz**

$$\chi^{\text{para}}(T) \approx \frac{C}{T} \qquad (C = \text{const}) \tag{2.197}$$

befolgt. Ein solches System nennt man einen **Langevin-Paramagneten**.

Es kann sich bei den permanenten Momenten eines Paramagneten aber auch um

- **2b) itinerante Momente**

von quasifreien Leitungselektronen handeln, von denen jedes ein Bohr'sches Magneton ($1\mu_B$) mit sich führt. Man spricht in diesem Fall von **Pauli-Paramagnetismus**, dessen Suszeptibilität als Folge des Pauli-Prinzips in erster Näherung temperatur**un**abhängig ist.

Dia- und Paramagnetismus kann man als im Wesentlichen verstanden ansehen. Sie sind mehr oder weniger Eigenschaften des Einzelatoms, also keine typischen Viel-Teilchen-Phänomene. Uns interessiert hier deshalb ausschließlich der

- **3) „kollektive" Magnetismus,**

der aus einer charakteristischen, nur quantenmechanisch verständlichen **Austauschwechselwirkung** zwischen permanenten magnetischen Dipolen resultiert. Diese permanenten Momente können wiederum

- lokalisiert (Gd, EuO, Rb_2MnCl_4)

oder aber auch

- itinerant (Fe, Co, Ni)

sein. Die Austauschwechselwirkung führt zu einer

- kritischen Temperatur T^*,

unterhalb der sich die Momente **spontan**, d. h. ohne äußeres Feld, ordnen. Oberhalb T^* benehmen sie sich wie beim *normalen* Paramagneten. Die Suszeptibilität ist für $T < T^*$ im Allgemeinen eine komplizierte Funktion des Feldes und der Temperatur, die zudem auch noch von der Vorbehandlung der Probe abhängt:

$$\chi^{KM} = \chi^{KM}(T, H, \text{Vorgeschichte}) \quad (T \leq T_C) \; . \tag{2.198}$$

Der kollektive Magnetismus lässt sich in drei große Unterklassen gliedern:

- **3a) Ferromagnetismus**

In diesem Fall heißt die kritische Temperatur

$$T^* = T_C : \quad \textbf{Curie-Temperatur.}$$

Bei $T = 0$ sind alle Momente parallel ausgerichtet (*ferromagnetische Sättigung*). Diese Ordnung wird mit wachsender Temperatur geringer. Es bleibt für $0 < T < T_C$ aber noch eine Vorzugsrichtung, d. h. eine **spontane Magnetisierung** der Probe, die bei T_C dann verschwindet. Oberhalb T_C ist das System paramagnetisch mit einem charakteristischen Hochtemperaturverhalten der Suszeptibilität, das man das **Curie-Weiß-Gesetz** nennt:

$$\chi(T) = \frac{C}{T - T_C} \quad (T \gg T_C) . \tag{2.199}$$

3b) Ferrimagnetismus

Das Gitter *zerfällt* in diesem Fall in zwei ferromagnetische Untergitter A und B mit unterschiedlichen spontanen Magnetisierungen:

$$\boldsymbol{M}_A \neq \boldsymbol{M}_B: \quad \boldsymbol{M}_A + \boldsymbol{M}_B = \boldsymbol{M} \neq 0 \quad \text{für } T < T_C. \tag{2.200}$$

3c) Antiferromagnetismus

Dies ist ein Spezialfall des Ferrimagnetismus. Unterhalb einer kritischen Temperatur, die hier

$$T^* = T_N : \quad \textbf{Néel-Temperatur}$$

heißt, ordnen sich die beiden Untergitter ferromagnetisch mit entgegengesetzt gleichen spontanen Magnetisierungen:

$$T < T_N : \quad |\boldsymbol{M}_A| = |\boldsymbol{M}_B| \neq 0 ; \quad \boldsymbol{M} = \boldsymbol{M}_A + \boldsymbol{M}_B \equiv 0 . \tag{2.201}$$

Oberhalb T_N ist das System normal paramagnetisch mit einem linearen Hochtemperatur-Verhalten der inversen Suszeptibilität, ähnlich wie beim Ferromagneten:

$$\chi(T) = \frac{C}{T - \Theta} \quad (T \gg T_N) . \tag{2.202}$$

Θ nennt man die **paramagnetische Curie-Temperatur**. Sie ist in der Regel negativ.

2.4.2 Modellvorstellungen

Wegen der noch ausstehenden abgeschlossenen Theorie des Magnetismus sind Modellvorstellungen unverzichtbar, die sich jeweils auf ganz spezielle Erscheinungsformen des Phänomens beziehen. Dabei geht es ausschließlich um den kollektiven Magnetismus, wobei der der Isolatoren und der der Metalle unterschiedlich behandelt werden müssen.

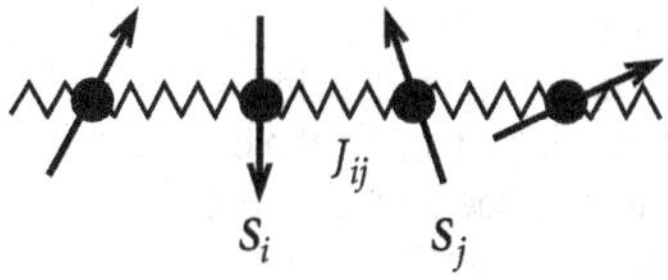

Abb. 2.8 Modell eines Ferromagneten mit lokalisierten magnetischen Momenten. J_{ij} sind die Austauschintegrale

1) Isolatoren

Der Magnetismus wird bewirkt von lokalisierten magnetischen Momenten, die einer unvollständig gefüllten Elektronenschale ($3d$-, $4d$-, $4f$- oder $5f$-) zuzuschreiben sind.

Beispiele:

Ferromagnete:	$CrBr_3, K_2CuF_4, EuO, EuS$, $CdCr_2Se_4, Rb_2CrCl_4, \ldots$
Antiferromagnete:	$MnO, EuTe, NiO, RbMnF_3, Rb_2MnCl_4, \ldots$
Ferrimagnete:	$MO \cdot Fe_2O_3$ (M = zweiwertiges Metallion wie Fe, Ni, Cd, Mg, Mn, ...)

Diese Substanzen werden sehr realistisch beschrieben durch das so genannte

Heisenberg-Modell

$$H = -\sum_{i,j} J_{ij} \boldsymbol{S}_{\mathrm{i}} \cdot \boldsymbol{S}_j \,. \tag{2.203}$$

Mit jedem lokalisierten magnetischen Moment ist ein Drehimpuls $\boldsymbol{J}_{\mathrm{i}}$ verknüpft:

$$\boldsymbol{m}_{\mathrm{i}} = \mu_{\mathrm{B}} \left(\boldsymbol{L}_{\mathrm{i}} + 2\boldsymbol{S}_{\mathrm{i}} \right) \equiv \mu_{\mathrm{B}} g_J \cdot \boldsymbol{J}_{\mathrm{i}} \,. \tag{2.204}$$

$\boldsymbol{L}_{\mathrm{i}}$ ist der Bahn-, $\boldsymbol{S}_{\mathrm{i}}$ der Spinanteil und g_J der Landé-Faktor. Wegen

$$\boldsymbol{S}_{\mathrm{i}} = (g_J - 1)\, \boldsymbol{J}_{\mathrm{i}} \tag{2.205}$$

kann man die Austauschwechselwirkung zwischen den Momenten als eine solche zwischen den zugehörigen Spins formulieren. Der Index i bezieht sich auf den Gitterplatz. Die Kopplungskonstanten J_{ij} werden **Austauschintegrale** genannt.

Der Heisenberg-Hamilton-Operator (2.203) ist als ein *effektiver* Operator zu verstehen. Die Spin-Spin-Wechselwirkung $\left(\boldsymbol{S}_{\mathrm{i}} \cdot \boldsymbol{S}_j\right)$, angewendet auf entsprechende Spinzustände, *simuliert* den Beitrag der Austauschmatrixelemente der Coulomb-Wechselwirkung (vgl. (2.90)), von denen man annimmt, dass sie für die spontane Magnetisierung verantwortlich sind.

So gut das Heisenberg-Modell zu den magnetischen Isolatoren passt, so unbrauchbar ist es zur Beschreibung magnetischer Metalle.

Kapitel 2

Abb. 2.9 Austauschaufspaltung der Zustandsdichte eines Ferromagneten unterhalb der Curie-Temperatur. Die Zustände bis zur Fermi-Energie E_F sind mit Elektronen besetzt

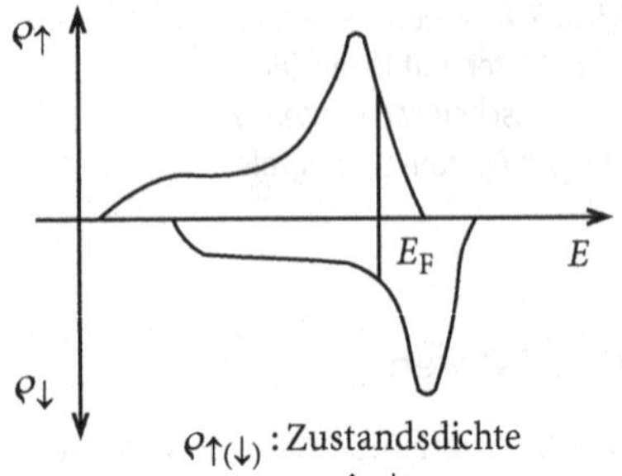

2) Metalle

Es empfiehlt sich eine Unterteilung in solche magnetische Metalle, bei denen Magnetismus und elektrische Leitfähigkeit von derselben Elektronengruppe bewirkt werden, und solche, bei denen diese Eigenschaften verschiedenen Elektronengruppen zuzuschreiben sind. Im ersten Fall spricht man von

2a) Bandmagnetismus

Prominente Vertreter dieser Klasse sind Fe, Co und Ni. Eine quantenmechanische Austauschwechselwirkung sorgt bei $T < T_C$ für eine spinabhängige Bandverschiebung. Da die beiden Spinbänder bis zur gemeinsamen Fermi-Kante E_F mit Elektronen gefüllt sind, folgt

$$N_\uparrow > N_\downarrow \quad (T < T_C)$$

und damit ein spontanes magnetisches Moment. Man beobachtet, dass Bandmagnetismus vor allem in schmalen Energiebändern möglich ist, und glaubt deshalb, das Phänomen durch das in Abschn. 2.1 diskutierte **Hubbard-Modell** (2.117) erklären zu können.

2b) „Lokalisierter" Magnetismus

Der Prototyp dieser Klasse ist das $4f$-Metall Gd. Der Magnetismus wird von lokalisierten $4f$-Momenten getragen, die man realistisch durch das Heisenberg-Modell (2.203) beschreibt. Der elektrische Strom wird von quasi frei beweglichen Leitungselektronen hervorgerufen, die man z. B. im Jellium-Modell (Abschn. 2.1.2) oder aber auch im Hubbard-Modell (Abschn. 2.1.3) verstehen kann. Interessante Phänomene resultieren aus einer Wechselwirkung zwischen den lokalisierten $4f$-Momenten und den itineranten Leitungselektronen. Sie kann z. B. zu einer effektiven Kopplung der $4f$-Momente Anlass geben und damit den Magnetismus verstärken. Sie kann aber auch über Streuung der Leitungselektronen an den Momenten zum elektrischen Widerstand beitragen. Ein angemessenes Modell ist das so genannte

s-f (s-d)-Modell

$$H = H\,(\text{Hubbard, Jellium}) + H\,(\text{Heisenberg}) - g \sum_{i} \sigma_i \cdot \boldsymbol{S}_i \,. \qquad (2.206)$$

σ ist der Spinoperator des Leitungselektrons am Ort $\boldsymbol{R}_i$, g eine entsprechende Koppelkonstante.

2.4.3 Magnonen

Es gibt interessante Analogien zwischen den in Abschn. 2.2 behandelten Gitterschwingungen und den Elementaranregungen eines Ferromagneten. Die Oszillationen der Gitterionen um ihre Gleichgewichtspositionen lassen sich in Normalmoden mit quantisierten Amplituden zerlegen. Die Quantisierungseinheit heißt **Phonon**. Die den Normalmoden des Gitters entsprechenden Oszillationen der Ferromagneten werden nach Bloch

- Spinwellen

genannt, und ihre Quantisierungseinheit ist das

- Magnon.

Dieses soll nun im Rahmen des Heisenberg-Modells (2.203) genauer analysiert werden. – Mit der üblichen Vereinbarung

$$J_{ij} = J_{ji}\,; \quad J_{ii} = 0\,; \quad J_0 = \sum_{i} J_{ij} = \sum_{j} J_{ij} \qquad (2.207)$$

und den bekannten Spinoperatoren

$$\boldsymbol{S}_j = \left(S_j^x, S_j^y, S_j^z\right)\,, \qquad (2.208)$$

$$S_j^{\pm} = S_j^x \pm \mathrm{i}\, S_j^y\,, \qquad (2.209)$$

$$S_j^x = \frac{1}{2}\left(S_j^+ + S_j^-\right)\,; \quad S_j^y = \frac{1}{2\mathrm{i}}\left(S_j^+ - S_j^-\right) \qquad (2.210)$$

lässt sich das Skalarprodukt im Heisenberg-Hamilton-Operator in Komponenten zerlegen:

$$\begin{aligned} \boldsymbol{S}_i \cdot \boldsymbol{S}_j &= \frac{1}{2}\left(S_i^+ S_j^- + S_i^- S_j^+\right) + S_i^z S_j^z \\ \Rightarrow\quad H &= -\sum_{i,j} J_{ij}\left(S_i^+ S_j^- + S_i^z S_j^z\right) - \frac{1}{\hbar} g_J \mu_B B_0 \sum_{i} S_i^z\,. \end{aligned} \qquad (2.211)$$

Gegenüber (2.203) haben wir den Hamilton-Operator um einen Zeeman-Term erweitert, um die Wechselwirkung der lokalisierten Momente mit dem äußeren Feld $B_0 = \mu_0 H$ zu berücksichtigen.

Bisweilen ist es zweckmäßig, die Spinoperatoren im $\boldsymbol{k}$-Raum zu verwenden:

$$S^\alpha(\boldsymbol{k}) = \sum_{\mathrm{i}} \mathrm{e}^{-\mathrm{i}\boldsymbol{k}\cdot\boldsymbol{R}_\mathrm{i}} S_\mathrm{i}^\alpha\,, \tag{2.212}$$

$$S_\mathrm{i}^\alpha = \frac{1}{N}\sum_{\boldsymbol{k}} \mathrm{e}^{\mathrm{i}\boldsymbol{k}\cdot\boldsymbol{R}_\mathrm{i}} S^\alpha(\boldsymbol{k})\,, \tag{2.213}$$

mit $(\alpha = x, y, z, +, -)$.

Aus den bekannten Vertauschungsrelationen im Ortsraum,

$$\left[S_\mathrm{i}^x, S_j^y\right]_- = \mathrm{i}\hbar\,\delta_{ij} S_\mathrm{i}^z \quad \text{und zyklisch,} \tag{2.214}$$

$$\left[S_\mathrm{i}^z, S_j^\pm\right]_- = \pm\hbar\,\delta_{ij} S_\mathrm{i}^\pm\,, \tag{2.215}$$

$$\left[S_\mathrm{i}^+, S_j^-\right]_- = 2\hbar\,\delta_{ij} S_\mathrm{i}^z\,, \tag{2.216}$$

folgen unmittelbar die im $\boldsymbol{k}$-Raum:

$$[S^+(\boldsymbol{k}_1), S^-(\boldsymbol{k}_2)]_- = 2\hbar S^z(\boldsymbol{k}_1 + \boldsymbol{k}_2)\,, \tag{2.217}$$

$$[S^z(\boldsymbol{k}_1), S^\pm(\boldsymbol{k}_2)]_- = \pm\hbar S^\pm(\boldsymbol{k}_1 + \boldsymbol{k}_2)\,, \tag{2.218}$$

$$(S^+(\boldsymbol{k}))^+ = S^-(-\boldsymbol{k})\,. \tag{2.219}$$

Mit den wellenzahlabhängigen Austauschintegralen,

$$J(\boldsymbol{k}) = \frac{1}{N}\sum_{i,j} J_{ij}\,\mathrm{e}^{\mathrm{i}\boldsymbol{k}\cdot(\boldsymbol{R}_\mathrm{i} - \boldsymbol{R}_j)}\,, \tag{2.220}$$

lässt sich dann der Hamilton-Operator (2.211) auf Wellenzahlen umschreiben (Aufgabe 2.4.2):

$$\begin{aligned} H = &-\frac{1}{N}\sum_{\boldsymbol{k}} J(\boldsymbol{k})\left\{S^+(\boldsymbol{k})S^-(-\boldsymbol{k}) + S^z(\boldsymbol{k})S^z(-\boldsymbol{k})\right\} \\ &- \frac{1}{\hbar} g_J \mu_\mathrm{B} B_0 S^z(\boldsymbol{0})\,. \end{aligned} \tag{2.221}$$

Der Grundzustand $|S\rangle$ des Heisenberg-Ferromagneten entspricht der totalen Ausrichtung aller Spins. Wir berechnen zunächst seinen Energieeigenwert. Die Wirkung der Spinoperatoren auf $|S\rangle$ ist unmittelbar klar:

$$S_\mathrm{i}^z|S\rangle = \hbar S|S\rangle \;\Rightarrow\; S^z(\boldsymbol{k})|S\rangle = \hbar NS|S\rangle\,\delta_{\boldsymbol{k},0}\,, \tag{2.222}$$

$$S_\mathrm{i}^+|S\rangle = 0 \;\Rightarrow\; S^+(\boldsymbol{k})|S\rangle = 0\,. \tag{2.223}$$

Damit folgt:

$$
\begin{aligned}
&-\frac{1}{N}\sum_{\mathbf{k}} J(\mathbf{k}) S^+(\mathbf{k}) S^-(-\mathbf{k})\,|S\rangle \\
&= -\frac{1}{N}\sum_{\mathbf{k}} J(\mathbf{k})\left[S^-(-\mathbf{k})S^+(\mathbf{k}) + 2\hbar S^z(\mathbf{0})\right]|S\rangle \\
&= -2N\hbar^2 S J_{\mathrm{ii}}\,|S\rangle = 0\,, \\
&-\frac{1}{N}\sum_{\mathbf{k}} J(\mathbf{k}) S^z(\mathbf{k}) S^z(-\mathbf{k})\,|S\rangle \\
&= -\hbar N S\frac{1}{N} J(\mathbf{0}) S^z(\mathbf{0})\,|S\rangle = -N J_0 \hbar^2 S^2\,|S\rangle\,.
\end{aligned}
$$

Dies ergibt die **Grundzustandsenergie** E_0 des Heisenberg-Ferromagneten:

$$
\begin{aligned}
H\,|S\rangle &= E_0\,|S\rangle\,, \\
E_0 &= -N J_0 \hbar^2 S^2 - N g_J \mu_{\mathrm{B}} B_0 S\,.
\end{aligned}
\tag{2.224}
$$

Wir zeigen nun, dass der Zustand

$$
S^-(\mathbf{k})\,|S\rangle
$$

ebenfalls ein Eigenzustand zu H ist. Dazu berechnen wir den folgenden Kommutator:

$$
\begin{aligned}
&[H, S^-(\mathbf{k})]_- \\
&= -\frac{1}{N}\sum_{\mathbf{p}} J(\mathbf{p})\Big\{[S^+(\mathbf{p}), S^-(\mathbf{k})]_-\, S^-(-\mathbf{p}) \\
&\quad + S^z(\mathbf{p})\,[S^z(-\mathbf{p}), S^-(\mathbf{k})]_- + [S^z(\mathbf{p}), S^-(\mathbf{k})]_-\, S^z(-\mathbf{p})\Big\} \\
&\quad - \frac{1}{\hbar} g_J \mu_{\mathrm{B}} B_0\,[S^z(\mathbf{0}), S^-(\mathbf{k})] \\
&= -\frac{1}{N}\sum_{\mathbf{p}} J(\mathbf{p})\Big\{2\hbar S^z(\mathbf{k}+\mathbf{p}) S^-(-\mathbf{p}) - \hbar S^z(\mathbf{p}) S^-(\mathbf{k}-\mathbf{p}) \\
&\quad - \hbar S^-(\mathbf{k}+\mathbf{p}) S^z(-\mathbf{p})\Big\} + g_J \mu_{\mathrm{B}} B_0 S^-(\mathbf{k}) \\
&= g_J \mu_{\mathrm{B}} B_0 S^-(\mathbf{k}) - \frac{1}{N}\sum_{\mathbf{p}} J(\mathbf{p})\Big\{-2\hbar^2 S^-(\mathbf{k}) \\
&\quad + 2\hbar S^-(-\mathbf{p}) S^z(\mathbf{k}+\mathbf{p}) + \hbar^2 S^-(\mathbf{k}) - \hbar S^-(\mathbf{k}-\mathbf{p}) S^z(\mathbf{p}) \\
&\quad - \hbar S^-(\mathbf{k}+\mathbf{p}) S^z(-\mathbf{p})\Big\}\,.
\end{aligned}
$$

Wegen

$$
J_{\mathrm{ii}} = \frac{1}{N}\sum_{\mathbf{p}} J(\mathbf{p}) = 0
\tag{2.225}
$$

bleibt schließlich:

$$\begin{aligned}[H, S^-(\boldsymbol{k})]_- = g_J \mu_B B_0 S^-(\boldsymbol{k}) - \frac{\hbar}{N} \sum_{\boldsymbol{p}} J(\boldsymbol{p}) \Big\{ 2S^-(-\boldsymbol{p}) S^z(\boldsymbol{k}+\boldsymbol{p}) \\ - S^-(\boldsymbol{k}-\boldsymbol{p}) S^z(\boldsymbol{p}) - S^-(\boldsymbol{k}+\boldsymbol{p}) S^z(-\boldsymbol{p}) \Big\} .\end{aligned} \tag{2.226}$$

Die Anwendung dieses Kommutators auf den Grundzustand $|S\rangle$ ergibt:

$$[H, S^-(\boldsymbol{k})]_- \, |S\rangle = \hbar\omega(\boldsymbol{k}) \left(S^-(\boldsymbol{k}) \, |S\rangle \right) , \tag{2.227}$$

$$\hbar\omega(\boldsymbol{k}) = g_J \mu_B B_0 + 2S\hbar^2 \left(J_0 - J(\boldsymbol{k}) \right) . \tag{2.228}$$

Dabei haben wir noch $J(\boldsymbol{k}) = J(-\boldsymbol{k})$ ausgenutzt. Unsere Behauptung, dass $S^-(\boldsymbol{k})\,|S\rangle$ Eigenzustand zu H ist, ist jetzt leicht zu zeigen:

$$\begin{aligned} H \left(S^-(\boldsymbol{k}) \, |S\rangle \right) &= S^-(\boldsymbol{k}) H \, |S\rangle + [H, S^-(\boldsymbol{k})]_- \, |S\rangle \\ &= E(\boldsymbol{k}) \left(S^-(\boldsymbol{k}) \, |S\rangle \right) , \end{aligned} \tag{2.229}$$

$$E(\boldsymbol{k}) = E_0 + \hbar\omega(\boldsymbol{k}) . \tag{2.230}$$

Setzt man den Grundzustand $|S\rangle$ als normiert voraus, so folgt:

$$\langle S| S^+(-\boldsymbol{k}) S^-(\boldsymbol{k}) \, |S\rangle = \langle S| \left(2\hbar S^z(\boldsymbol{0}) + S^-(\boldsymbol{k}) S^+(-\boldsymbol{k}) \right) |S\rangle = 2\hbar^2 NS .$$

Wir haben damit das folgende wichtige Schlussresultat: Der

normierte Ein-Magnonenzustand

$$|\boldsymbol{k}\rangle = \frac{1}{\hbar\sqrt{2SN}} S^-(\boldsymbol{k}) \, |S\rangle \tag{2.231}$$

ist Eigenzustand zur Energie

$$E(\boldsymbol{k}) = E_0 + \hbar\omega(\boldsymbol{k}) .$$

Dies entspricht der **Anregungsenergie**

$$\hbar\omega(\boldsymbol{k}) = g_J \mu_B B_0 + 2S\hbar^2 \left(J_0 - J(\boldsymbol{k}) \right) , \tag{2.232}$$

die dem Quasiteilchen **Magnon** zugeschrieben wird. Der Feldterm $g_J \mu_B B_0$ gibt weiteren Aufschluss. Man erkennt daran, dass sich das magnetische Moment der Probe im Zustand

$|\boldsymbol{k}\rangle$ gegenüber dem Grundzustand $|S\rangle$ gerade um $g_J\mu_B$ geändert hat. Das Magnon hat deshalb einen Spin $S = 1$:

▸ Magnonen sind Bosonen!

Ein weiteres interessantes Ergebnis liefert der Erwartungswert des lokalen Spinoperators S_i^z im Ein-Magnonenzustand $|\boldsymbol{k}\rangle$:

$$\begin{aligned}
&\langle \boldsymbol{k} \mid S_i^z \mid \boldsymbol{k}\rangle \\
&= \frac{1}{2SN\hbar^2}\langle S|S^+(-\boldsymbol{k})S_i^z S^-(\boldsymbol{k})|S\rangle \\
&= \frac{1}{2SN^2\hbar^2}\sum_{\boldsymbol{q}} \mathrm{e}^{\mathrm{i}\boldsymbol{q}\cdot\boldsymbol{R}_i}\langle S|S^+(-\boldsymbol{k})S^z(\boldsymbol{q})S^-(\boldsymbol{k})|S\rangle \\
&= \frac{1}{2SN^2\hbar^2}\sum_{\boldsymbol{q}} \mathrm{e}^{\mathrm{i}\boldsymbol{q}\cdot\boldsymbol{R}_i}\langle S|S^+(-\boldsymbol{k})\left(-\hbar S^-(\boldsymbol{k}+\boldsymbol{q}) + S^-(\boldsymbol{k})S^z(\boldsymbol{q})\right)|S\rangle \\
&= \frac{1}{2SN^2\hbar^2}\sum_{\boldsymbol{q}} \mathrm{e}^{\mathrm{i}\boldsymbol{q}\cdot\boldsymbol{R}_i}\left\{-2\hbar^2\langle S|S^z(\boldsymbol{q})|S\rangle + \hbar NS\delta_{\boldsymbol{q},0}\,2\hbar\,\langle S|S^z(\boldsymbol{0})|S\rangle\right\} \\
&= \frac{1}{2SN^2\hbar^2}\left\{-2\hbar^2 N\hbar S + 2\hbar^2 NSN\hbar S\right\} \\
&= \hbar S - \frac{\hbar}{N}\,.
\end{aligned}$$

Wir haben also das bemerkenswerte Ergebnis

$$\langle \boldsymbol{k} \mid S_i^z \mid \boldsymbol{k}\rangle = \hbar\left(S - \frac{1}{N}\right) \quad \forall i, \boldsymbol{k}\,. \tag{2.233}$$

Die rechte Seite ist unabhängig von i und $\boldsymbol{k}$. Dies bedeutet, dass sich die Spindeviation $1\hbar$ des Ein-Magnonenzustands $|\boldsymbol{k}\rangle$ gleichmäßig über alle Gitterplätze $\boldsymbol{R}_i$ verteilt. Gegenüber dem total geordneten Grundzustand $|S\rangle$ mit

$$\langle S \mid S_i^z \mid S\rangle = \hbar S \quad \forall i \tag{2.234}$$

ergibt sich pro Gitterplatz eine Abweichung des lokalen Spins um $\hbar / N$. Dies führt unmittelbar zum Begriff der **Spinwelle**, unter der man eben diese **kollektive** Anregung $|\boldsymbol{k}\rangle$ versteht. Jede existierende Spinwelle bedeutet also für das gesamte Gitter eine Spindeviation um genau eine Drehimpulseinheit. Die Spinwelle ist charakterisiert durch die Wellenzahl $\boldsymbol{k}$, was man sich in einem halbklassischen Vektormodell wie folgt vorzustellen hat. Der lokale Spin $\boldsymbol{S}_i$ präzediert um die z-Achse mit einem Öffnungswinkel, der gerade so ist, dass die Projektion des Spins der Länge $\hbar S$ auf die z-Achse $\hbar(S - 1/N)$ beträgt. Von Gitterplatz zu Gitterplatz haben die präzedierenden Spins eine durch $k = 2\pi/\lambda$ festgelegte, konstante Phasenverschiebung. Sie definieren damit offensichtlich eine Welle.

2.4.4 Spinwellennäherung

Das Heisenberg-Modell (2.211) ist für den allgemeinen Fall nicht exakt lösbar. Um zu einer approximativen Lösung zu gelangen, erweist es sich manchmal als zweckmäßig, die etwas *unhandlichen* Spinoperatoren auf Erzeugungs- und Vernichtungsoperatoren der zweiten Quantisierung zu transformieren:

Holstein-Primakoff-Transformation:

$$S_i^+ = \hbar\sqrt{2S}\,\varphi(n_i)\,a_i\,, \tag{2.235}$$

$$S_i^- = \hbar\sqrt{2S}\,a_i^+\,\varphi(n_i)\,, \tag{2.236}$$

$$S_i^z = \hbar\,(S - n_i)\,. \tag{2.237}$$

Dabei bedeuten

$$n_i = a_i^+\,a_i\,; \quad \varphi\,(n_i) = \sqrt{1 - \frac{n_i}{2S}}\,. \tag{2.238}$$

Durch Einsetzen überzeugt man sich, dass die Vertauschungsrelationen der Spinoperatoren (2.214) bis (2.216) genau dann erfüllt sind, wenn die Konstruktionsoperatoren a_i^+, a_i **Bose-Operatoren** sind:

$$\begin{aligned} \left[a_i, a_j\right]_- = \left[a_i^+, a_j^+\right]_- &= 0\,, \\ \left[a_i, a_j^+\right]_- &= \delta_{ij}\,. \end{aligned} \tag{2.239}$$

Die entsprechenden Fourier-Transformierten

$$a_q = \frac{1}{\sqrt{N}}\sum_i \mathrm{e}^{-\mathrm{i}\,\boldsymbol{q}\cdot\boldsymbol{R}_i}\,a_i\,; \quad a_q^+ = \frac{1}{\sqrt{N}}\sum_i \mathrm{e}^{\mathrm{i}\,\boldsymbol{q}\cdot\boldsymbol{R}_i}\,a_i^+ \tag{2.240}$$

können als Magnonenvernichter bzw. -erzeuger interpretiert werden. Der Modell-Hamilton-Operator (2.211) nimmt nach der Transformation die folgende Gestalt an:

$$H = E_0 + 2S\hbar^2 J_0 \sum_i n_i - 2S\hbar^2 \sum_{i,j} J_{ij}\varphi\,(n_i)\;a_i\,a_j^+\,\varphi(n_j) - \hbar^2 \sum_{i,j} J_{ij}\,n_i\,n_j\,. \tag{2.241}$$

Dabei ist E_0 die Grundzustandsenergie (2.224). Ein Nachteil der Holstein-Primakoff-Transformation liegt auf der Hand. Das explizite Arbeiten mit H fordert eine Entwicklung der Quadratwurzel in $\varphi(n_i)$:

$$\varphi(n_i) = 1 - \frac{n_i}{4S} - \frac{n_i^2}{32S^2} - \cdots \tag{2.242}$$

Dies bedeutet, dass H im Prinzip aus unendlich vielen Termen besteht. Die Transformation ist also nur dann sinnvoll, wenn es eine physikalische Rechtfertigung für ein Abbrechen der unendlichen Reihe gibt. Da n_i als Operator der Magnonenzahl am Ort $\boldsymbol{R}_i$ interpretiert werden kann, bei tiefen Temperaturen aber nur wenige Magnonen angeregt sind, kann man sich in einem solchen Fall auf die niedrigsten Potenzen von n_i beschränken. Die einfachste Näherung in diesem Sinne ist die so genannte **Spinwellennäherung**:

$$H^{SW} = E_0 + 2S\hbar^2 \sum_{i,j} \left(J_0\,\delta_{ij} - J_{ij}\right) a_i^+ a_j \,. \tag{2.243}$$

Nach Transformation auf Wellenzahlen wird H^{SW} diagonal

$$H^{SW} = E_0 + \sum_{\boldsymbol{k}} \hbar\omega(\boldsymbol{k})\, a_{\boldsymbol{k}}^+ a_{\boldsymbol{k}} \tag{2.244}$$

mit $\hbar\omega(\boldsymbol{k})$ aus (2.232). In dieser Tieftemperatur-Näherung wird der Ferromagnet also durch ein *Gas* von nicht wechselwirkenden Magnonen beschrieben. Nach den Regeln der statistischen Mechanik ist die mittlere Magnonenzahl $\langle n_{\boldsymbol{k}}\rangle$ bei $T > 0$ dann durch die Bose-Einstein-Verteilungsfunktion gegeben:

$$\langle n_{\boldsymbol{k}}\rangle = \frac{1}{\exp\left(\beta\hbar\omega(\boldsymbol{k})\right) - 1} \,. \tag{2.245}$$

Damit ergibt sich für die Magnetisierung des Ferromagneten:

$$M(T,H) = g_J\mu_B \frac{N}{V}\left(S - \frac{1}{N}\sum_{\boldsymbol{k}} \langle n_{\boldsymbol{k}}\rangle\right) . \tag{2.246}$$

Bei tiefen Temperaturen wird dieses Resultat experimentell ausgezeichnet bestätigt.

2.4.5 Aufgaben

Aufgabe 2.4.1

Leiten Sie aus den bekannten Vertauschungsrelationen der Spinoperatoren im Ortsraum die entsprechenden der wellenzahlabhängigen Spinoperatoren ab:

$$S^\alpha(\boldsymbol{k}) = \sum_i e^{-i\boldsymbol{k}\cdot\boldsymbol{R}_i} S_i^\alpha \,.$$

Aufgabe 2.4.2

Formulieren Sie den Heisenberg-Modell-Hamilton-Operator,

$$H = -\sum_{i,j} J_{ij}\left(S_i^+ S_j^- + S_i^z S_j^z\right) - g_J \frac{\mu_B}{\hbar} B_0 \sum_i S_i^z \,,$$

mithilfe der $\boldsymbol{k}$-abhängigen Spinoperatoren aus Aufgabe 2.4.1 um.

Aufgabe 2.4.3

Führen Sie am Heisenberg-Modell-Hamilton-Operator (Aufgabe 2.4.2) die Holstein-Primakoff-Transformation durch.

Aufgabe 2.4.4

In der *Spinwellennäherung* gilt für die spontane Magnetisierung eines Heisenberg-Ferromagneten bei tiefen Temperaturen:

$$\frac{M_0 - M_S(T)}{M_0} = \frac{1}{NS} \sum_{\boldsymbol{q}} \frac{1}{\exp[\beta \hbar \omega(\boldsymbol{q})] - 1} \quad \text{(s. (2.246))} .$$

$M_0 = g_J \mu_B S \frac{N}{V}$ ist die Sättigungsmagnetisierung und

$$\hbar \omega(\boldsymbol{q}) = 2S\hbar^2 \left(J_0 - J(\boldsymbol{q})\right)$$

die Magnonenenergie. Beweisen Sie das Bloch'sche $T^{3/2}$-Gesetz:

$$\frac{M_0 - M_S(T)}{M_0} \sim T^{3/2} .$$

Hinweise:

a) Verwandeln Sie die $\boldsymbol{q}$-Summation in ein Integral.
b) Überlegen Sie sich, dass es bei tiefen Temperaturen ausreicht, die Magnonenenergien in der für kleine q gültigen Form

$$\hbar \omega(\boldsymbol{q}) = \frac{D}{2S\hbar^2} q^2$$

zu verwenden, und dass es erlaubt ist, die q-Integration statt über die erste Brillouin-Zone über den gesamten q-Raum zu erstrecken.

Aufgabe 2.4.5

Es seien:

H: Hamilton-Operator mit $H|n\rangle = E_n|n\rangle$; $\quad W_n = \dfrac{\exp(-\beta E_n)}{\mathrm{Sp}[\exp(-\beta H)]}$,

A, B, C: beliebige Operatoren.

1. Zeigen Sie, dass

$$(A,B) = \sum_{n,m}^{E_n \neq E_m} \langle n \mid A^+ \mid m\rangle \langle m \mid B \mid n\rangle \frac{W_m - W_n}{E_n - E_m}$$

ein (semidefinites) Skalarprodukt darstellt.
2. Zeigen Sie, dass mit $B = [C^+, H]_-$ gilt:

$$(A,B) = \langle [C^+, A^+]_- \rangle \; ; \quad (B,B) = \langle [C^+, [H,C]_-]_- \rangle \geq 0 \,,$$
$$(A,A) \leq \frac{1}{2}\beta \langle [A, A^+]_+ \rangle \,.$$

3. Beweisen Sie mit 2. die Bogoliubov-Ungleichung:

$$\frac{\beta}{2} \langle [A, A^+]_+ \rangle \langle [[C,H]_-, C^+]_- \rangle \geq \left| \langle [C,A]_- \rangle \right|^2 .$$

Aufgabe 2.4.6

1. Zeigen Sie, dass für das in Aufgabe 2.4.5 definierte Skalarprodukt $(H,H) = 0$ gilt, wenn H der Hamilton-Operator des Systems ist.
2. C sei ein mit dem Hamilton-Operator H kommutierender Operator. Zeigen Sie, dass für diesen die Bogoliubov-Beziehung aus Aufgabe 2.4.5 als Gleichung zu lesen ist.

Aufgabe 2.4.7

Diskutieren Sie das isotrope Heisenberg-Modell:

$$H = -\sum_{i,j} J_{ij} \boldsymbol{S}_i \cdot \boldsymbol{S}_j - bB_0 \sum_i S_i^z \exp(-i\boldsymbol{K} \cdot \boldsymbol{R}_i) \; ; \quad b = \frac{g_J \mu_B}{\hbar} \,.$$

Der Wellen-Vektor $\boldsymbol{K}$ hilft, verschiedene magnetische Konfigurationen zu unterscheiden. So führt $\boldsymbol{K} = 0$ zu Ferromagnetismus. Wir setzen schließlich noch

$$Q = \frac{1}{N} \sum_{i,j} \left| \boldsymbol{R}_i - \boldsymbol{R}_j \right|^2 \left| J_{ij} \right| < \infty$$

voraus, was keine übermäßige Einschränkung bedeutet. Für die Magnetisierung gilt:

$$M(T, B_0) = b\frac{1}{N} \sum_i \exp(i\boldsymbol{K} \cdot \boldsymbol{R}_i) \langle S_i^z \rangle \,.$$

Im Fall des Antiferromagneten ($\boldsymbol{K} = (1/2)\boldsymbol{Q}$, $\boldsymbol{Q}$: kleinster reziproker Gittervektor) stellt M die **Untergitter**magnetisierung dar.

1. Wählen Sie

$$A = S^-(-\boldsymbol{k} - \boldsymbol{K})\,; \quad C = S^+(\boldsymbol{k})$$

und beweisen Sie damit

a) $\langle [C, A]_- \rangle = \frac{2\hbar N}{b} M(T, B_0)$,

b) $\sum_{\boldsymbol{k}} \langle [A, A^+]_+ \rangle \leq 2\hbar^2 NS(S+1)$,

c) $\langle [[C, H]_-, C^+]_- \rangle \leq 4N\hbar^2 \left(|B_0 M| + \hbar^2 k^2 QS(S+1) \right)$.

2. Beweisen Sie mithilfe der Bogoliubov-Ungleichung (Aufgabe 2.4.5) das **Mermin-Wagner-Theorem** (Phys. Rev. Lett. 17, 1133 (1966)): **Im $d = 1$- und $d = 2$-dimensionalen, isotropen Heisenberg-Modell kann es keine spontane Magnetisierung geben.**

a) Zeigen Sie dazu, dass gilt:

$$S(S+1) \geq \frac{M^2 v_d \Omega_d}{\beta \hbar^2 b^2 (2\pi)^d} \int_0^{k_0} dk \, \frac{k^{d-1}}{|BM| + \hbar^2 k^2 QS(S+1)} \, .$$

Dabei ist k_0 der Radius einer Kugel, die vollständig innerhalb der Brillouin-Zone liegt, Ω_d die Oberfläche der d-dimensionalen Einheitskugel (Ω_1=1, Ω_2=2π, Ω_3=4π) und $v_d = V_d / N_d$ das spezifische Volumen des d-dimensionalen Systems im thermodynamischen Limes.

b) Verifizieren Sie für die **spontane Magnetisierung**:

$$M_S(T) = \lim_{B_0 \to 0} M(T, B_0) = 0 \quad \text{für } T \neq 0 \text{ und } d = 1 \text{ und } 2.$$

Kontrollfragen

Zu Abschnitt 2.1

1. Aus welcher Eigenwert-Gleichung folgen Bloch-Funktionen und Bloch-Energien?
2. Was besagt das Bloch'sche Theorem?
3. Wie lauten Orthogonalitäts- und Vollständigkeitsrelationen für Bloch-Funktionen?
4. Geben Sie den Hamilton-Operator H_0 nicht miteinander wechselwirkender Kristallelektronen in zweiter Quantisierung in der Bloch-Darstellung, Ortsdarstellung mit Feldoperatoren und in der Wannier-Darstellung an.
5. Wie lauten die Vertauschungsrelationen für Bloch-Operatoren $a^+_{k\sigma}$, $a_{k\sigma}$ und Wannier-Operatoren $a^+_{i\sigma}$, $a_{i\sigma}$?

6. Wann wird eine Bloch-Funktion zur ebenen Welle?
7. Was versteht man unter einem *Hopping-Integral*?
8. Welcher Zusammenhang besteht zwischen Bloch-und Wannier-Operatoren?
9. Welche Annahmen definieren das Jellium-Modell?
10. Begründen Sie die Notwendigkeit eines *konvergenzerzeugenden* Faktors in den Coulomb-Integralen des Jellium-Modells.
11. Wie lautet der Hamilton-Operator des Jellium-Modells? Worin besteht die Auswirkung der *homogen verschmierten* positiven Ionenladung?
12. Wie stellt sich der Operator der Elektronendichte im Formalismus der zweiten Quantisierung dar, wenn man ebene Wellen als Ein-Teilchen-Basis benutzt?
13. Welcher Zusammenhang besteht zwischen dem Elektronendichteoperator und dem Teilchenzahloperator?
14. Formulieren Sie den Hamilton-Operator des Jellium-Modells mithilfe des Elektronendichteoperators.
15. Definieren Sie die Begriffe Fermi-Energie, Fermi-Wellenvektor.
16. Was versteht man unter dem *direkten Term* und dem *Austauschterm* in der Coulomb-Wechselwirkung des Jellium-Modells?
17. Geben Sie die beiden führenden Terme in der Entwicklung der Grundzustandsenergie des Jellium-Modells nach dem dimensionslosen Dichteparameter r_s an und interpretieren Sie diese.
18. Was versteht man unter *Korrelationsenergie*?
19. Warum ist das Jellium-Modell unbrauchbar zur Beschreibung von Elektronen in schmalen Energiebändern?
20. Beschreiben Sie die so genannte *Tight-Binding-Näherung*.
21. Was sind die entscheidenden Vereinfachungen, die schließlich zum Hubbard-Modell führen?
22. Wie lautet der Hamilton-Operator des Hubbard-Modells?
23. Von welchen physikalischen Parametern werden die Aussagen des Hubbard-Modells vor allem beeinflusst?
24. Nennen Sie einige wichtige Anwendungsbereiche des Hubbard-Modells?

Zu Abschnitt 2.2

1. Warum ist es sinnvoll, bei der Beschreibung der Gitterschwingungen anstelle von Ionenkoordinaten Kollektivkoordinaten zu verwenden?
2. Wie lässt sich die *harmonische Näherung* rechtfertigen?
3. Wie ist die *Matrix der atomaren Kraftkonstanten* definiert? Welche Bedeutung haben ihre Elemente?
4. Nennen Sie einige offensichtliche Symmetrien der Kraftkonstantenmatrix.
5. Begründen Sie die Bezeichnung *akustischer* bzw. *optischer Dispersionszweig*.
6. Welcher Bewegungsgleichung genügen die so genannten *Normalkoordinaten*? Wie hängen diese mit den realen Ionenverschiebungen zusammen?

7. Wie schreibt sich die Lagrange-Funktion des Ionensystems in Normalkoordinaten?
8. Wie lauten die zu den Normalkoordinaten kanonisch konjugierten Impulse?
9. Geben Sie die klassische Hamilton-Funktion des Ionensystems an. Interpretieren Sie diese.
10. Nennen Sie die Vertauschungsrelationen der Normalkoordinaten und der zu ihnen kanonisch konjugierten Impulse.
11. Wie hängen der Erzeugungs- und Vernichtungsoperator b^+_{qr}, b_{qr} mit den Normalkoordinaten und deren kanonisch konjugierten Impulsen zusammen?
12. Warum handelt es sich bei b_{qr} und b^+_{qr} um Bose-Operatoren?
13. Geben Sie den Hamilton-Operator für das Ionensystem in harmonischer Näherung in Termen der Konstruktionsoperatoren b_{qr}, b^+_{qr} an.
14. Was ist ein *Phonon*?

Zu Abschnitt 2.3

1. Beschreiben Sie die Elementarprozesse, die zu einer Elektron-Phonon-Wechselwirkung führen.
2. Welche Approximation der Elektron-Phonon-Wechselwirkung entspricht der harmonischen Näherung für die Gitterschwingungen?
3. Welche Operator-Kombination bestimmt im Formalismus der zweiten Quantisierung die Elektron-Phonon-Wechselwirkung?
4. Was versteht man unter Normal-, was unter Umklappprozessen?
5. Beschreiben Sie, wie man die Elementarprozesse der Elektron-Phonon-Wechselwirkung kombinieren kann.
6. Welches Verfahren der Theoretischen Physik lässt erkennen, dass die Elektron-Phonon-Wechselwirkung Terme einer effektiven, phononeninduzierten Elektron-Elektron-Wechselwirkung enthält?
7. Kann diese effektive Elektron-Elektron-Wechselwirkung auch anziehend sein?

Zu Abschnitt 2.4

1. Welche physikalische Messgröße erscheint besonders geeignet für eine Klassifikation magnetischer Festkörper?
2. Warum ist Diamagnetismus eine Eigenschaft **aller** Stoffe?
3. Was ist die entscheidende Voraussetzung für Paramagnetismus und kollektiven Magnetismus?
4. Wie unterscheiden sich Langevin- und Pauli-Paramagnetismus?
5. Kommentieren Sie das Curie-Gesetz.
6. In welche drei große Unterklassen gliedert man den kollektiven Magnetismus?
7. Wie lautet der Hamilton-Operator des Heisenberg-Modells? Auf welche Klasse von magnetischen Substanzen ist das Modell zugeschnitten?

8. Wann spricht man von *Bandmagnetismus*?
9. Auf welche magnetischen Materialien passt das s-f-(s-d)- Modell?
10. Skizzieren Sie die Ableitung des so genannten *Ein-Magnonenzustands*

$$|\boldsymbol{k}\rangle = \left(\hbar^2 2SN\right)^{-1/2} S^-(\boldsymbol{k})\,|S\rangle \qquad (|S\rangle \Leftrightarrow \text{ferromagnetische Sättigung})$$

als Eigenzustand des Heisenberg-Hamilton-Operators.
11. Welchen Spin hat das Magnon?
12. Was ergibt der Erwartungswert des lokalen Spinoperators S_i^z im Ein-Magnonenzustand $|\boldsymbol{k}\rangle$? Interpretieren Sie das Ergebnis.
13. Erläutern Sie den Begriff *Spinwelle*.
14. Formulieren Sie die Holstein-Primakoff-Transformation der Spinoperatoren.
15. Was versteht man unter der *Spinwellennäherung*? Unter welchen Bedingungen ist diese gerechtfertigt?

3 Green-Funktionen

W. Nolting, *Grundkurs Theoretische Physik 7*, Springer-Lehrbuch,
DOI 10.1007/978-3-642-25808-4_3,

Die Aufgabe der Theoretischen Physik besteht darin, Verfahren zur Berechnung physikalischer Messgrößen zu entwickeln. **Physikalische Messgrößen** sind:

1. die Eigenwerte von Observablen,
2. die Erwartungswerte von Observablen $\langle \widehat{A}(t) \rangle, \langle \widehat{B}(t') \rangle, \ldots,$
3. die Korrelationsfunktionen zwischen Observablen $\langle \widehat{A}(t) \cdot \widehat{B}(t') \rangle \ldots$

Im Rahmen der Statistischen Mechanik sind die Berechnungen von Messgrößen vom Typ 2. oder 3. genau dann möglich, wenn die Zustandssumme des betrachteten physikalischen Systems bekannt ist. Dies setzt auf der anderen Seite die Kenntnis der Eigenwerte und Eigenzustände des Hamilton-Operators voraus, was bei realistischen Viel-Teilchen-Problemen in der Regel nicht gegeben ist. Die **Methode der Green-Funktionen** gestattet eine, im Allgemeinen natürlich approximative, Bestimmung von Erwartungswerten und Korrelationsfunktionen **ohne** explizite Kenntnis der jeweiligen Zustandssumme. Entsprechende Verfahren werden in diesem und den folgenden Kapiteln besprochen. Dazu sind einige Vorbereitungen vonnöten, die zum Teil Wiederholungen aus den ersten Bänden dieser Reihe **Grundkurs: Theoretische Physik** sind.

3.1 Vorbereitungen

3.1.1 Bilder

Zur Beschreibung von Zeitabhängigkeiten physikalischer Systeme benutzt man, je nach Zweckmäßigkeit, eines der drei äquivalenten *Bilder*:

- Schrödinger-, Heisenberg-, Dirac-Bild.

Wir beginnen mit dem Bild, das im Band **Quantenmechanik** fast ausschließlich verwendet wurde.

1) Schrödinger-Bild (Zustandsbild)

In diesem Bild wird die Zeitabhängigkeit von den Zuständen getragen, wohingegen die Operatoren zeitunabhängig sind, falls sie nicht *explizit* von der Zeit abhängen, z. B. durch Ein- und Ausschaltvorgänge. Wir übernehmen aus der elementaren Quantenmechanik die

- Bewegungsgleichungen

a) für reine Zustände:

$$i\hbar \left| \dot{\psi}_s(t) \right\rangle = H \left| \psi_s(t) \right\rangle , \tag{3.1}$$

b) für gemischte Zustände:

$$\dot{\rho}_S = \frac{i}{\hbar}[\rho_S, H]_- \ . \tag{3.2}$$

Dabei ist ρ_S die **Dichtematrix** mit den bekannten Eigenschaften:

$$\rho_S = \sum_m p_m |\psi_m\rangle \langle\psi_m| \tag{3.3}$$

(p_m ist die Wahrscheinlichkeit, dass sich das System im Zustand $|\psi_m\rangle$ befindet),

$$\langle\widehat{A}\rangle = \mathrm{Sp}\left(\rho_s \widehat{A}\right) \ , \tag{3.4}$$

$$\mathrm{Sp}\,\rho_s = 1 \ , \tag{3.5}$$

$$\mathrm{Sp}\,\rho_s^2 = \begin{cases} 1: & \text{reiner Zustand,} \\ <1: & \text{gemischter Zustand.} \end{cases} \tag{3.6}$$

Für das Folgende wichtig ist der

- **Zeitentwicklungsoperator $U_S(t, t_0)$,**

der durch

$$|\psi_S(t)\rangle = U_S(t, t_0)\,|\psi_S(t_0)\rangle \tag{3.7}$$

definiert ist. Wichtige Eigenschaften dieses Operators sind:

$$1.\quad U_S^+(t, t_0) = U_S^{-1}(t, t_0) \ , \tag{3.8}$$

$$2.\quad U_S(t_0, t_0) = \mathbf{1} \tag{3.9}$$

$$3.\quad U_S(t, t_0) = U_S(t, t')\,U_S(t', t_0) \ . \tag{3.10}$$

Benutzt man (3.7) in (3.1), so folgt eine äquivalente Bewegungsgleichung für den Zeitentwicklungsoperator:

$$i\hbar\dot{U}_S(t, t_0) = H_t U_S(t, t_0) \ . \tag{3.11}$$

Der Index t am Hamilton-Operator soll eine mögliche explizite Zeitabhängigkeit andeuten. (3.11) lässt sich unter Beachtung von (3.9) formal integrieren:

$$U_S(t, t_0) = \mathbf{1} - \frac{i}{\hbar}\int_{t_0}^{t} dt_1\, H_{t_1} U_S(t_1, t_0) \ . \tag{3.12}$$

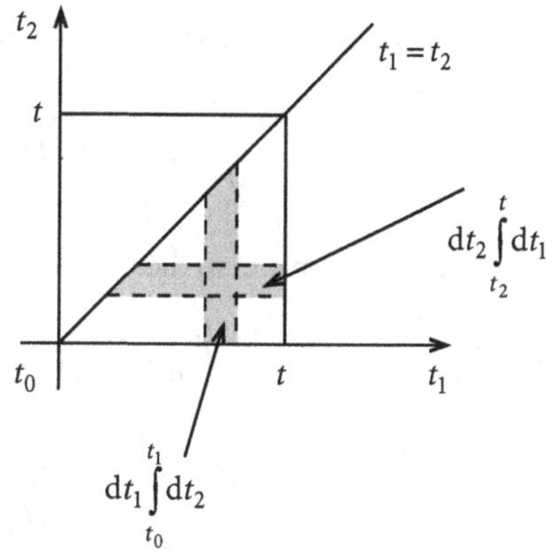

Abb. 3.1 Veranschaulichung zur Umformung des Zeitentwicklungsoperators von (3.14) nach (3.17)

Nach Iteration folgt die

von Neumann'sche Reihe

$$U_S(t, t_0) = \mathbf{1} + \sum_{n=1}^{\infty} U_S^{(n)}(t, t_0) \ , \tag{3.13}$$

$$U_S^{(n)}(t, t_0) = \left(-\frac{\mathrm{i}}{\hbar}\right)^n \int_{t_0}^{t} \mathrm{d}t_1 \int_{t_0}^{t_1} \mathrm{d}t_2 \cdots \int_{t_0}^{t_{n-1}} \mathrm{d}t_n \, H_{t_1} H_{t_2} \cdots H_{t_n} \tag{3.14}$$

$$\left(t \geq t_1 \geq t_2 \geq \cdots \geq t_n \geq t_0\right) .$$

Die Zeitordnung ist streng zu beachten, da die Operatoren H_{t_i} für verschiedene Zeiten nicht notwendig miteinander vertauschen.

Zur weiteren Umformung führen wir einen speziellen Operator ein:

Dyson'scher Zeitordnungsoperator

$$T_D\left(A(t_1) B(t_2)\right) = \begin{cases} A(t_1) B(t_2) & \text{für} \quad t_1 > t_2 \ , \\ B(t_2) A(t_1) & \text{für} \quad t_2 > t_1 \ . \end{cases} \tag{3.15}$$

Die Verallgemeinerung auf mehr als zwei Operatoren liegt auf der Hand. An Abb. 3.1 macht man sich die folgenden Beziehungen klar:

$$\int_{t_0}^{t} \mathrm{d}t_1 \int_{t_0}^{t_1} \mathrm{d}t_2 \, H_{t_1} H_{t_2} = \int_{t_0}^{t} \mathrm{d}t_2 \int_{t_2}^{t} \mathrm{d}t_1 \, H_{t_1} H_{t_2} \ .$$

Auf der rechten Seite Zeile der Gleichung vertauschen wir t_1 und t_2:

$$\int_{t_0}^{t} dt_1 \int_{t_0}^{t_1} dt_2\, H_{t_1} H_{t_2} = \int_{t_0}^{t} dt_1 \int_{t_1}^{t} dt_2\, H_{t_2} H_{t_1} \,.$$

Dies bedeutet, wenn man die beiden letzten Beziehungen kombiniert:

$$\begin{aligned} &\int_{t_0}^{t} dt_1 \int_{t_0}^{t_1} dt_2\, H_{t_1} H_{t_2} \\ &= \frac{1}{2} \int_{t_0}^{t} dt_1 \int_{t_0}^{t} dt_2\, \left(H_{t_1} H_{t_2} \Theta(t_1 - t_2) + H_{t_2} H_{t_1} \Theta(t_2 - t_1) \right) \\ &= \frac{1}{2!} \iint_{t_0}^{t} dt_1 dt_2\, T_D \left(H_{t_1} H_{t_2} \right) \,. \end{aligned} \tag{3.16}$$

Dieses Ergebnis lässt sich auf n Terme verallgemeinern, sodass aus (3.14) nun wird:

$$U_S^{(n)}(t, t_0) = \frac{1}{n!} \left(-\frac{i}{\hbar} \right)^n \int_{t_0}^{t} \cdots \int_{t_0}^{t} dt_1 \cdots dt_n\, T_D \left(H_{t_1} H_{t_2} \cdots H_{t_n} \right) \,. \tag{3.17}$$

Damit lässt sich der Zeitentwicklungsoperator kompakt in der folgenden Form darstellen:

$$U_S(t, t_0) = T_D \exp\left(-\frac{i}{\hbar} \int_{t_0}^{t} dt'\, H_{t'} \right) \,. \tag{3.18}$$

Einen Spezialfall stellt das abgeschlossene System dar:

$$\frac{\partial H}{\partial t} = 0 \quad \Rightarrow \quad U_S(t, t_0) = \exp\left(-\frac{i}{\hbar} H (t - t_0) \right) \,. \tag{3.19}$$

2) Heisenberg-Bild (Operatorbild)

In diesem Bild wird die Zeitabhängigkeit von den Operatoren getragen, während die Zustände zeitlich konstant bleiben.

Das in 1) diskutierte Schrödinger-Bild ist natürlich keineswegs zwingend. Jede unitäre Transformation der Operatoren und Zustände, die die Messgrößen (Erwartungswerte, Skalarprodukte) invariant lässt, ist selbstverständlich erlaubt.

Für die Zustände im Heisenberg-Bild möge gelten:

$$\left| \psi_H(t) \right\rangle \equiv \left| \psi_H \right\rangle \overset{!}{=} \left| \psi_S(t_0) \right\rangle \,. \tag{3.20}$$

Dabei ist t_0 ein beliebiger, aber fester Zeitpunkt, z. B. $t_0 = 0$. Mit (3.7), (3.9) und (3.10) folgt:

$$\left| \psi_H \right\rangle = U_S^{-1}(t, t_0) \left| \psi_S(t) \right\rangle = U_S(t_0, t) \left| \psi_S(t) \right\rangle \,. \tag{3.21}$$

Wegen

$$\langle\psi_H|A_H(t)|\psi_H\rangle \stackrel{!}{=} \langle\psi_S(t)|A_S|\psi_S(t)\rangle \tag{3.22}$$

gilt dann für die Observable A im Heisenberg-Bild:

$$A_H(t) = U_S^{-1}(t, t_0)\, A_S\, U_S(t, t_0)\ . \tag{3.23}$$

Falls H nicht explizit von der Zeit abhängt, vereinfacht sich diese Beziehung zu

$$A_H(t) = \exp\left(\frac{i}{\hbar}H(t-t_0)\right) A_S \exp\left(-\frac{i}{\hbar}H(t-t_0)\right) \quad \left(\frac{\partial H}{\partial t} = 0\right)\ . \tag{3.24}$$

Insbesondere gilt dann:

$$H_H(t) = H_H = H_S = H\ . \tag{3.25}$$

Wir leiten schließlich noch die Bewegungsgleichung der Heisenberg-Operatoren ab:

$$\begin{aligned}
\frac{d}{dt}A_H(t) &= \dot{U}_S^+(t, t_0)\, A_S\, U_S(t, t_0) + U_S^+(t, t_0)\,\frac{\partial A_S}{\partial t}\,U_S(t, t_0) \\
&\quad + U_S^+(t, t_0)\, A_S\, \dot{U}_S(t, t_0) \\
&= -\frac{1}{i\hbar}U_S^+ H A_S U_S + \frac{1}{i\hbar}U_S^+ A_S H U_S + U_S^+\frac{\partial A_S}{\partial t}U_S \\
&= \frac{i}{\hbar}U_S^+[H, A_S]_- U_S + U_S^+\frac{\partial A_S}{\partial t}U_S\ .
\end{aligned}$$

Wir definieren

$$\frac{\partial A_H}{\partial t} = U_S^{-1}(t, t_0)\,\frac{\partial A_S}{\partial t}\,U_S(t, t_0) \tag{3.26}$$

und haben dann als Bewegungsgleichung:

$$i\hbar\frac{d}{dt}A_H(t) = [A_H, H_H]_-(t) + i\hbar\frac{\partial A_H}{\partial t}\ . \tag{3.27}$$

Eine Mittelstellung zwischen Schrödinger- und Heisenberg-Bild nimmt das

3) Dirac-Bild (Wechselwirkungsbild)

ein, d. h., die Zeitabhängigkeit wird auf Zustände **und** Operatoren verteilt. Ausgangspunkt ist die übliche Situation,

$$H = H_0 + V_t\ , \tag{3.28}$$

in der sich der Hamilton-Operator aus einem Anteil H_0 für das *freie* System und einer eventuell explizit zeitabhängigen Wechselwirkung V_t zusammensetzt. Dann wird der folgende

Ansatz vereinbart:

$$|\psi_D(t_0)\rangle = |\psi_S(t_0)\rangle = |\psi_H\rangle \,, \tag{3.29}$$

$$|\psi_D(t)\rangle = U_D\,(t,t')\,|\psi_D\,(t')\rangle \,, \tag{3.30}$$

$$|\psi_D(t)\rangle = U_0^{-1}\,(t,t_0)\,|\psi_S(t)\rangle \,. \tag{3.31}$$

Dabei soll

$$U_0\,(t,t') = \exp\left[-\frac{\mathrm{i}}{\hbar}H_0\,(t-t')\right] \tag{3.32}$$

der Zeitentwicklungsoperator des *freien* Systems sein. Daraus ergibt sich, dass bei fehlender Wechselwirkung das Dirac- mit dem Heisenberg-Bild identisch ist.

Wegen (3.29) bis (3.31) gilt die folgende Umformung:

$$\begin{aligned}|\psi_D(t)\rangle &= U_0^{-1}\,(t,t_0)\,|\psi_S(t)\rangle = U_0^{-1}\,(t,t_0)\,U_S\,(t,t')\,|\psi_S\,(t')\rangle \\ &= U_0^{-1}\,(t,t_0)\,U_S\,(t,t')\,U_0\,(t',t_0)\,|\psi_D\,(t')\rangle \overset{!}{=} U_D\,(t,t')\,|\psi_D\,(t')\rangle \,.\end{aligned}$$

Wir haben damit die Verknüpfung zwischen dem Dirac'schen und dem Schrödinger'schen Zeitentwicklungsoperator gefunden:

$$U_D\,(t,t') = U_0^{-1}\,(t,t_0)\,U_S\,(t,t')\,U_0\,(t',t_0) \,. \tag{3.33}$$

Wir erkennen, dass für $V_t \equiv 0$, d. h. $U_S = U_0$, $U_D\,(t,t') \equiv 1$ wird. Dirac-Zustände sind dann zeitunabhängig. Wir fordern

$$\langle\psi_D(t)|A_D(t)|\psi_D(t)\rangle \overset{!}{=} \langle\psi_S(t)|A_S|\psi_S(t)\rangle$$

für einen beliebigen Operator A. Dies ergibt mit (3.31) und (3.32):

$$A_D(t) = \exp\left(\frac{\mathrm{i}}{\hbar}H_0\,(t-t_0)\right)A_S \exp\left(-\frac{\mathrm{i}}{\hbar}H_0\,(t-t_0)\right) \,. \tag{3.34}$$

Die Dynamik der Operatoren ist im Dirac-Bild also durch H_0 festgelegt. Dies erkennt man insbesondere an der Bewegungsgleichung, die sich unmittelbar aus (3.34) ableitet:

$$\mathrm{i}\hbar\frac{\mathrm{d}}{\mathrm{d}t}A_D(t) = [A_D, H_0]_- + \mathrm{i}\hbar\frac{\partial A_D}{\partial t} \,. \tag{3.35}$$

Analog zu (3.26) haben wir dabei definiert:

$$\frac{\partial A_D}{\partial t} = U_0^{-1}\,(t,t_0)\,\frac{\partial A_S}{\partial t}U_0\,(t,t_0) \,. \tag{3.36}$$

Für die Zeitabhängigkeit der Zustände gilt nach (3.31):

$$\begin{aligned}|\dot\psi_D(t)\rangle &= \dot U_0^+\,(t,t_0)\,|\psi_S(t)\rangle + U_0^+\,(t,t_0)\,|\dot\psi_S(t)\rangle \\ &= \frac{\mathrm{i}}{\hbar}\left(U_0^+\,(t,t_0)\,H_0 - U_0^+\,(t,t_0)\,H\right)|\psi_S(t)\rangle \\ &= \frac{\mathrm{i}}{\hbar}U_0^+\,(t,t_0)\,(-V_t)U_0\,(t,t_0)\,|\psi_D(t)\rangle \,.\end{aligned}$$

Es folgt damit:

$$i\hbar \left| \dot{\psi}_D(t) \right\rangle = V_t^D(t) \left| \psi_D(t) \right\rangle . \tag{3.37}$$

Die Dynamik der Zustände wird also durch die Wechselwirkung V_t festgelegt. Man unterscheide die beiden unterschiedlichen Zeitabhängigkeiten in $V_t^D(t)$! Analog zu (3.37) leitet man die Bewegungsgleichung der Dichtematrix ab:

$$\dot{\rho}_D(t) = \frac{i}{\hbar} \left[\rho_D, V_t^D \right]_- (t) . \tag{3.38}$$

Setzt man (3.30) in (3.37) ein, so ergibt sich mit

$$i\hbar \frac{d}{dt} U_D(t, t') = V_t^D(t) U_D(t, t') \tag{3.39}$$

eine Bewegungsgleichung für den Zeitentwicklungsoperator, die formal-identisch mit (3.11) ist. Derselbe Gedankengang wie der im Anschluss an (3.13) führt dann auf die wichtige Beziehung:

$$U_D(t, t') = T_D \exp\left(-\frac{i}{\hbar} \int_{t'}^{t} dt'' \, V_{t''}^D(t'') \right) , \tag{3.40}$$

die den Ausgangspunkt für die später zu besprechende Diagrammtechnik darstellt. Man beachte, dass sich $U_D(t, t')$ im Gegensatz zu $U_S(t, t')$ auch bei fehlender expliziter Zeitabhängigkeit nicht weiter vereinfachen lässt, da dann lediglich $V_{t''}^D(t'') \to V^D(t'')$ zu ersetzen ist. Eine Zeitabhängigkeit bleibt also.

3.1.2 Linear-Response-Theorie

Wir wollen die Green-Funktionen in Verbindung mit einer ganz konkreten physikalischen Fragestellung einführen:

Wie reagiert ein physikalisches System auf eine äußere Störung?

Zuständig für diesen Problemkreis sind die so genannten

- Response-Größen,

zu denen insbesondere

1. elektrische Leitfähigkeit,
2. magnetische Suszeptibilität,
3. Wärmeleitfähigkeit

zählen. Es stellt sich heraus, dass es sich bei diesen Größen um **retardierte Green-Funktionen** handelt. Um dies zu zeigen, führen wir mit der *Linear-Response*-Theorie ein wichtiges Lösungsverfahren der Theoretischen Physik ein.

Wir beschreiben das vorliegende System durch den Hamilton-Operator:

$$H = H_0 + V_t \,. \tag{3.41}$$

Dabei hat V_t eine etwas andere Bedeutung als in (3.28). Es beschreibt die Wechselwirkung des Systems mit einem äußeren Feld (*Störung*). H_0 betrifft das wechselwirkende Teilchensystem bei abgeschaltetem äußeren Feld. Wegen der Teilchenwechselwirkungen wird deshalb bereits das Eigenwertproblem zu H_0 nicht exakt lösbar sein.

Das skalare Feld F_t kopple an die Observable $\widehat{B}$ des Systems:

$$V_t = \widehat{B} F_t \,. \tag{3.42}$$

Man beachte, dass $\widehat{B}$ ein Operator und F_t eine c-Zahl ist. $\widehat{A}$ sei eine nicht explizit zeitabhängige Observable, deren thermodynamischer Erwartungswert $\langle \widehat{A} \rangle$ als Messwert aufgefasst werden kann. Es soll untersucht werden, wie $\langle \widehat{A} \rangle$ auf die *Störung* V_t reagiert.

Ohne Feld gilt

$$\langle \widehat{A} \rangle_0 = \mathrm{Sp}\left(\rho_0 \widehat{A}\right) , \tag{3.43}$$

wobei ρ_0 die Dichtematrix des feldfreien Systems ist:

$$\rho_0 = \frac{\exp\left(-\beta \mathcal{H}_0\right)}{\mathrm{Sp}\left[\exp\left(-\beta \mathcal{H}_0\right)\right]} \,. \tag{3.44}$$

Gemittelt wird in der großkanonischen Gesamtheit:

$$\mathcal{H}_0 = H_0 - \mu \widehat{N} \,. \tag{3.45}$$

μ ist das chemische Potential. Wenn wir nun das Feld F_t einschalten, wird sich auch die Dichtematrix entsprechend ändern:

$$\rho_0 \longrightarrow \rho_t \,. \tag{3.46}$$

Dies überträgt sich auf den Erwartungswert von $\widehat{A}$:

$$\langle \widehat{A} \rangle_t = \mathrm{Sp}\left(\rho_t \widehat{A}\right) \,. \tag{3.47}$$

Wir benutzen hier zunächst das Schrödinger-Bild, lassen den Index S aber weg. Die Bewegungsgleichung der Dichtematrix lautet nach (3.2):

$$\mathrm{i}\hbar \dot{\rho}_t = \left[\mathcal{H}_0, \rho_t\right]_- + \left[V_t, \rho_t\right]_- \,. \tag{3.48}$$

Wir nehmen an, dass das Feld zu irgendeinem Zeitpunkt eingeschaltet wird, können deshalb als Randbedingung für die Differentialgleichung erster Ordnung (3.48)

$$\lim_{t \to -\infty} \rho_t = \rho_0 \tag{3.49}$$

verwenden.

Wir wechseln nun (vorübergehend) in das Dirac-Bild, in dem mit $t_0 = 0$ nach (3.34) gilt:

$$\rho_t^{\mathrm{D}}(t) = \exp\left(\frac{\mathrm{i}}{\hbar}\mathcal{H}_0 t\right) \rho_t \exp\left(-\frac{\mathrm{i}}{\hbar}\mathcal{H}_0 t\right) . \tag{3.50}$$

Die Bewegungsgleichung (3.38) führt mit der Randbedingung (3.49),

$$\lim_{t \to -\infty} \rho_t^{\mathrm{D}}(t) = \rho_0 , \tag{3.51}$$

zu dem Resultat:

$$\rho_t^{\mathrm{D}}(t) = \rho_0 - \frac{\mathrm{i}}{\hbar} \int\limits_{-\infty}^{t} \mathrm{d}t' \left[V_{t'}^{\mathrm{D}}(t'), \rho_{t'}^{\mathrm{D}}(t')\right]_- . \tag{3.52}$$

Diese Gleichung kann durch Iteration bis zu beliebiger Genauigkeit gelöst werden:

$$\rho_t^{\mathrm{D}}(t) = \rho_0 + \sum_{n=1}^{\infty} \rho_t^{D(n)}(t) , \tag{3.53}$$

$$\begin{aligned} \rho_t^{D(n)}(t) = \left(-\frac{\mathrm{i}}{\hbar}\right)^n \int\limits_{-\infty}^{t} \mathrm{d}t_1 \int\limits_{-\infty}^{t_1} \mathrm{d}t_2 \cdots \int\limits_{-\infty}^{t_{n-1}} \mathrm{d}t_n \\ \cdot \left[V_{t_1}^{\mathrm{D}}(t_1), \left[V_{t_2}^{\mathrm{D}}(t_2), \left[\ldots, \left[V_{t_n}^{\mathrm{D}}(t_n), \rho_0\right]_- \ldots\right]_-\right]_-\right]_- . \end{aligned} \tag{3.54}$$

Diese Formel ist zwar exakt, aber in der Regel auch unbrauchbar, da die unendliche Reihe nicht berechenbar sein wird. Wir setzen deshalb hinreichend kleine, äußere Störungen voraus, sodass wir uns auf lineare Terme in der *Störung V* beschränken können:

Linear Response

$$\rho_t \approx \rho_0 - \frac{\mathrm{i}}{\hbar} \int\limits_{-\infty}^{t} \mathrm{d}t' \exp\left(-\frac{\mathrm{i}}{\hbar}\mathcal{H}_0 t\right) \left[V_{t'}^{\mathrm{D}}(t'), \rho_0\right]_- \exp\left(\frac{\mathrm{i}}{\hbar}\mathcal{H}_0 t\right) . \tag{3.55}$$

Dabei haben wir die Dichtematrix bereits wieder in die Schrödinger-Darstellung zurücktransformiert. Wir können zur Berechnung des *gestörten* Erwartungswertes diesen

Ausdruck nun in (3.47) einsetzen:

$$\begin{aligned}\langle\widehat{A}\rangle_t &= \langle\widehat{A}\rangle_0 - \frac{\mathrm{i}}{\hbar}\int\limits_{-\infty}^{t}\mathrm{d}t'\,\mathrm{Sp}\left\{\exp\left(-\frac{\mathrm{i}}{\hbar}\mathcal{H}_0 t\right)\left[V_{t'}^{\mathrm{D}}(t'),\rho_0\right]_-\exp\left(\frac{\mathrm{i}}{\hbar}\mathcal{H}_0 t\right)\widehat{A}\right\}\\ &= \langle\widehat{A}\rangle_0 - \frac{\mathrm{i}}{\hbar}\int\limits_{-\infty}^{t}\mathrm{d}t'\,F_{t'}\,\mathrm{Sp}\left\{\left[\widehat{B}^{\mathrm{D}}(t'),\rho_0\right]_-\widehat{A}^{\mathrm{D}}(t)\right\}\\ &= \langle\widehat{A}\rangle_0 - \frac{\mathrm{i}}{\hbar}\int\limits_{-\infty}^{t}\mathrm{d}t'\,F_{t'}\,\mathrm{Sp}\left\{\rho_0\left[\widehat{A}^{\mathrm{D}}(t),\widehat{B}^{\mathrm{D}}(t')\right]_-\right\}\,.\end{aligned}$$

Wir haben mehrmals die zyklische Invarianz der Spur ausnutzen können. Damit kennen wir die Reaktion des Systems auf die äußere Störung, wie sie von der Observablen $\widehat{A}$ vermittelt wird:

$$\Delta A_t = \langle\widehat{A}\rangle_t - \langle\widehat{A}\rangle_0 = -\frac{\mathrm{i}}{\hbar}\int\limits_{-\infty}^{t}\mathrm{d}t'\,F_{t'}\left\langle\left[\widehat{A}^{\mathrm{D}}(t),\widehat{B}^{\mathrm{D}}(t')\right]_-\right\rangle_0\,. \tag{3.56}$$

Man beachte, dass die Reaktion des Systems durch einen Erwartungswert des ungestörten Systems bestimmt wird. Die Dirac-Darstellung der Operatoren $\widehat{A}^{\mathrm{D}}(t)$, $\widehat{B}^{\mathrm{D}}(t')$ entspricht der Heisenberg-Darstellung bei abgeschaltetem Feld. Wir definieren:

zweizeitige, retardierte Green-Funktion

$$G_{AB}^{\mathrm{ret}}(t,t') = \langle\langle A(t);B(t')\rangle\rangle = -\mathrm{i}\,\Theta(t-t')\langle[A(t),B(t')]_-\rangle_0\,. \tag{3.57}$$

Die Operatoren sind hier stets in der Heisenberg-Darstellung des feldfreien Systems gedacht. Den entsprechenden Index lassen wir weg.

Die retardierte Green-Funktion G_{AB}^{ret} beschreibt also die Reaktion des Systems, wie sie sich in der Observablen $\widehat{A}$ manifestiert, wenn die Störung an der Observablen $\widehat{B}$ angreift:

$$\Delta A_t = \frac{1}{\hbar}\int\limits_{-\infty}^{+\infty}\mathrm{d}t'\,F_{t'}G_{AB}^{\mathrm{ret}}(t,t')\,. \tag{3.58}$$

Mit der Fourier-Transformierten $F(E)$ der Störung

$$F_t = \frac{1}{2\pi\hbar}\int\limits_{-\infty}^{+\infty}\mathrm{d}E\,\exp\left[-\frac{\mathrm{i}}{\hbar}(E+\mathrm{i}0^+)\,t\right]F(E)\,, \tag{3.59}$$

und im Vorgriff auf ein späteres Ergebnis, dass die Green-Funktion bei nicht explizit zeitabhängigem Hamilton-Operator selbst nur von der Zeitdifferenz $t-t'$ abhängt, können wir (3.58) auch in der folgenden Form schreiben:

Kubo-Formel

$$\Delta A_t = \frac{1}{2\pi\hbar^2} \int\limits_{-\infty}^{+\infty} \mathrm{d}E\, F(E) G_{AB}^{\mathrm{ret}}(E + \mathrm{i}0^+) \exp\left[-\frac{\mathrm{i}}{\hbar}(E + \mathrm{i}0^+)\, t\right] . \tag{3.60}$$

Der Term $\mathrm{i}0^+$ im Exponenten sorgt für die Erfüllung der Randbedingung (3.49). Das Feld F_t wird dadurch, wie man sagt, *adiabatisch* eingeschaltet. Wir wollen in den nächsten drei Abschnitten Anwendungsbeispiele für die wichtige Kubo-Formel diskutieren.

3.1.3 Magnetische Suszeptibilität

Die *Störung* werde durch ein räumlich homogenes, zeitlich oszillierendes Magnetfeld bewirkt:

$$\boldsymbol{B}_t = \frac{1}{2\pi\hbar} \int\limits_{-\infty}^{+\infty} \mathrm{d}E \exp\left[-\frac{\mathrm{i}}{\hbar}(E + \mathrm{i}0^+)\, t\right] \boldsymbol{B}(E) . \tag{3.61}$$

Dieses koppelt an das magnetische Moment des Systems:

$$\boldsymbol{m} = \sum_i \boldsymbol{m}_i = \frac{g_J \mu_\mathrm{B}}{\hbar} \sum_i \boldsymbol{S}_i . \tag{3.62}$$

Dadurch erscheint im Hamilton-Operator der folgende *Störterm*:

$$\begin{aligned} V_t &= -\boldsymbol{m} \cdot \boldsymbol{B}_t \\ &= -\frac{1}{2\pi\hbar} \sum_\alpha^{(x,y,z)} \int\limits_{-\infty}^{+\infty} \mathrm{d}E \exp\left[-\frac{\mathrm{i}}{\hbar}(E + \mathrm{i}0^+)\, t\right] m^\alpha B^\alpha(E) . \end{aligned} \tag{3.63}$$

Von besonderem Interesse ist natürlich die Reaktion der Magnetisierung auf das eingeschaltete Feld. Wegen

$$\boldsymbol{M} = \frac{1}{V} \langle \boldsymbol{m} \rangle = \frac{g_J \mu_\mathrm{B}}{\hbar V} \sum_i \langle \boldsymbol{S}_i \rangle \tag{3.64}$$

werden wir demnach in der Kubo-Formel (3.60) bzw. (3.58) für beide Operatoren $\widehat{A}$ und $\widehat{B}$ den Momentenoperator $\boldsymbol{m}$ wählen. (3.58) liefert dann:

$$M_t^\beta - M_0^\beta = -\frac{1}{V\hbar} \sum_\alpha \int\limits_{-\infty}^{+\infty} \mathrm{d}t'\, B_{t'}^\alpha \left\langle\!\left\langle m^\beta(t); m^\alpha(t') \right\rangle\!\right\rangle . \tag{3.65}$$

Die feldfreie Magnetisierung M_0^β ist natürlich nur beim Ferromagneten von Null verschieden. (3.65) definiert den

Tensor der magnetischen Suszeptibilität

$$\chi_{ij}^{\beta\alpha}(t,t') = -\frac{\mu_0}{V\hbar}\frac{g_J^2\mu_B^2}{\hbar^2}\langle\langle S_i^\beta(t); S_j^\alpha(t')\rangle\rangle \tag{3.66}$$

als eine retardierte Green-Funktion. Es gilt

$$\Delta M_t^\beta = \frac{1}{\mu_0}\sum_{i,j}\sum_\alpha \int_{-\infty}^{+\infty} dt'\, \chi_{ij}^{\beta\alpha}(t,t')\, B_{t'}^\alpha \tag{3.67}$$

oder in der Energiedarstellung:

$$\Delta M_t^\beta = \frac{1}{2\pi\hbar\mu_0}\sum_{i,j}\sum_\alpha \int_{-\infty}^{+\infty} dE \exp\left[-\frac{i}{\hbar}(E+i0^+)\,t\right]\chi_{ij}^{\beta\alpha}(E)B^\alpha(E)\,. \tag{3.68}$$

Wir haben durch (3.62) implizit vorausgesetzt, dass das betrachtete physikalische System permanente, lokalisierte Momente enthält (s. (2.204)). Für solche Situationen sind zwei spezielle Typen von Suszeptibilitäten von besonderem Interesse:

1) longitudinale Suszeptibilität

$$\chi_{ij}^{zz}(E) = -\frac{\mu_0}{V\hbar}\frac{g_J^2\mu_B^2}{\hbar^2}\langle\langle S_i^z; S_j^z\rangle\rangle_E\,. \tag{3.69}$$

Der Index E kennzeichnet die energieabhängige Fourier-Transformierte der retardierten Green-Funktion.

Man kann an χ_{ij}^{zz} wichtige Aussagen über die Stabilität magnetischer Ordnungen ableiten. Dazu berechnet man die räumliche Fourier-Transformierte

$$\chi_{\boldsymbol{q}}^{zz}(E) = \frac{1}{N}\sum_{i,j}\chi_{ij}^{zz}(E)e^{i\boldsymbol{q}\cdot(\boldsymbol{R}_i-\boldsymbol{R}_j)} \tag{3.70}$$

für die paramagnetische Phase. Bei den Singularitäten dieser Response-Funktion genügt ein infinitesimales Feld, um in der Probe eine endliche Magnetisierung hervorzurufen, d. h. eine *spontane* Ordnung der Momente zu bewirken. Man untersucht deshalb, unter welchen Bedingungen

$$\left\{\lim_{(\boldsymbol{q},E)\to 0}\chi_{\boldsymbol{q}}^{zz}(E)\right\}^{-1} = 0 \tag{3.71}$$

wird und liest daran die Kenndaten des Phasenübergangs Para- $\Leftrightarrow$ Ferromagnetismus ab.

Von beträchtlicher Aussagekraft ist auch die

- **2) transversale Suszeptibilität**

$$\chi_{ij}^{+-}(E) = -\frac{\mu_0}{V\hbar}\frac{g_J^2\mu_B^2}{\hbar^2}\langle\langle S_i^+; S_j^- \rangle\rangle_E , \tag{3.72}$$

deren Pole mit den Spinwellenenergien (*Magnonen*) identisch sind:

$$\left\{\chi_{\mathbf{q}}^{+-}(E)\right\}^{-1} = 0 \Leftrightarrow E = \hbar\omega(\mathbf{q}) . \tag{3.73}$$

Diese Beispiele zeigen, dass die *Linear-Response*-Theorie nicht nur ein Näherungsverfahren für schwache äußere Störungen darstellt, sondern auch Aussagen über das ungestörte System liefert.

3.1.4 Elektrische Leitfähigkeit

Wir nehmen nun als *Störung* ein räumlich homogenes, zeitlich oszillierendes elektrisches Feld:

$$\boldsymbol{F}_t = \frac{1}{2\pi\hbar}\int\limits_{-\infty}^{+\infty} dE \exp\left[-\frac{i}{\hbar}(E + i0^+)\,t\right]\boldsymbol{F}(E) . \tag{3.74}$$

Wir wählen für das Feld den Buchstaben $\boldsymbol{F}$ statt des üblichen $\boldsymbol{E}$, um Verwechslungen mit der Energie E zu vermeiden.

Das elektrische Feld koppelt an den Operator des elektrischen Dipolmomentes $\boldsymbol{P}$:

$$\boldsymbol{P} = \int d^3r\, \boldsymbol{r}\rho(\boldsymbol{r}) . \tag{3.75}$$

Wir betrachten N Punktladungen q_i an den Orten $\hat{\boldsymbol{r}}_i(t)$. Dann lautet die Ladungsdichte

$$\rho(\boldsymbol{r}) = \sum_{i=1}^{N} q_i\delta(\boldsymbol{r} - \hat{\boldsymbol{r}}_i) \tag{3.76}$$

und damit der Dipolmomentenoperator:

$$\boldsymbol{P} = \sum_{i=1}^{N} q_i\hat{\boldsymbol{r}}_i . \tag{3.77}$$

Das elektrische Feld bewirkt im Hamilton-Operator den Zusatzterm:

$$\begin{aligned} V_t &= -\boldsymbol{P}\cdot\boldsymbol{F}_t \\ &= -\frac{1}{2\pi\hbar}\sum_{\alpha}^{(x,y,z)}\int\limits_{-\infty}^{+\infty} dE \exp\left[-\frac{i}{\hbar}(E + i0^+)\,t\right]P^\alpha F^\alpha(E) . \end{aligned} \tag{3.78}$$

Man interessiert sich natürlich insbesondere für die Reaktion der Stromdichte auf das Feld. Der Erwartungswert des Stromdichteoperators,

$$\boldsymbol{j} = \frac{1}{V}\sum_{i=1}^{N} q_i \dot{\hat{\boldsymbol{r}}}_i = \frac{1}{V}\dot{\boldsymbol{P}}\,, \tag{3.79}$$

ist ohne Feld sicher Null:

$$\langle \boldsymbol{j} \rangle_0 = 0\,. \tag{3.80}$$

Nach Einschalten des Feldes gilt wegen (3.58):

$$\left\langle j^\beta \right\rangle_t = -\frac{1}{\hbar}\sum_\alpha \int_{-\infty}^{+\infty} \mathrm{d}t'\, F_{t'}^\alpha \left\langle\!\left\langle j^\beta(t); P^\alpha(t') \right\rangle\!\right\rangle\,. \tag{3.81}$$

Daraus wird in der Energiedarstellung:

$$\left\langle j^\beta \right\rangle_t = \frac{1}{2\pi\hbar}\sum_\alpha \int_{-\infty}^{+\infty} \mathrm{d}E\, \exp\left[-\frac{\mathrm{i}}{\hbar}(E+\mathrm{i}0^+)\,t\right] \sigma^{\beta\alpha}(E) F^\alpha(E)\,. \tag{3.82}$$

Diese Beziehung (*Ohm'sches Gesetz*) definiert den

Tensor der elektrischen Leitfähigkeit

$$\sigma^{\beta\alpha}(E) \equiv -\frac{1}{\hbar}\left\langle\!\left\langle j^\beta; P^\alpha \right\rangle\!\right\rangle_E\,, \tag{3.83}$$

dessen Komponenten retardierte Green-Funktionen darstellen. Es empfiehlt sich, diesen Ausdruck noch etwas umzuformen. Wir nutzen dazu die schon einmal verwendete, später noch zu beweisende zeitliche Homogenität der Green-Funktionen aus:

$$\begin{aligned}
\sigma^{\beta\alpha}(E) &= -\frac{1}{\hbar}\int_{-\infty}^{+\infty} \mathrm{d}t\, \left\langle\!\left\langle j^\beta(0); P^\alpha(-t) \right\rangle\!\right\rangle \exp\left[\frac{\mathrm{i}}{\hbar}(E+\mathrm{i}0^+)\,t\right] = \\
&= \frac{\mathrm{i}}{\hbar}\int_0^\infty \mathrm{d}t \left\langle \left[j^\beta, P^\alpha(-t)\right]_- \right\rangle \exp\left[\frac{\mathrm{i}}{\hbar}(E+\mathrm{i}0^+)\,t\right] = \\
&= \frac{\left\langle \left[j^\beta, P^\alpha(-t)\right]_- \right\rangle}{E+\mathrm{i}0^+} \exp\left[\frac{\mathrm{i}}{\hbar}(E+\mathrm{i}0^+)\,t\right]\Bigg|_0^\infty - \\
&\quad - \int_0^\infty \mathrm{d}t\, \frac{\exp\left[(\mathrm{i}/\hbar)(E+\mathrm{i}0^+)\,t\right]}{E+\mathrm{i}0^+} \frac{\mathrm{d}}{\mathrm{d}t}\left\langle \left[j^\beta, P^\alpha(-t)\right]_- \right\rangle = \\
&= -\frac{\left\langle \left[j^\beta, P^\alpha\right]_- \right\rangle}{E+\mathrm{i}0^+} + \int_0^\infty \mathrm{d}t \left\langle \left[j^\beta, \dot{P}^\alpha(-t)\right]_- \right\rangle \frac{\exp\left[(\mathrm{i}/\hbar)(E+\mathrm{i}0^+)\,t\right]}{E+\mathrm{i}0^+} =
\end{aligned}$$

$$= -\frac{\langle [j^\beta, P^\alpha]_- \rangle}{E + \mathrm{i}0^+} + \mathrm{i}V \frac{\langle\langle j^\beta ; j^\alpha \rangle\rangle_E}{E + \mathrm{i}0^+} . \tag{3.84}$$

Der erste Summand kann leicht weiter ausgewertet werden:

$$[j^\beta, P^\alpha]_- = \frac{1}{V} \sum_{i,j} q_i q_j \left[\dot{\hat{r}}_i^\beta, \hat{r}_j^\alpha\right]_- = \frac{1}{V} \sum_{i,j} q_i q_j \frac{\hbar}{\mathrm{i}} \frac{\delta_{ij}\delta_{\alpha\beta}}{m_i} . \tag{3.85}$$

Wir setzen identische Ladungsträger voraus,

$$q_i = q ; \quad m_i = m \quad \forall i ,$$

und haben dann mit (3.85) in (3.84) gefunden:

$$\sigma^{\beta\alpha}(E) = \mathrm{i}\hbar \frac{(N/V)q^2}{m\,(E + \mathrm{i}0^+)} \delta_{\alpha\beta} + \mathrm{i}V \frac{\langle\langle j^\beta ; j^\alpha \rangle\rangle_E}{E + \mathrm{i}0^+} . \tag{3.86}$$

Der erste Summand stellt die Leitfähigkeit eines nicht wechselwirkenden Elektronensystems dar, wie sie aus der klassischen Drude-Theorie bekannt ist. Der Einfluss der Teilchenwechselwirkung wird somit vollständig durch die retardierte Strom-Strom-Green-Funktion *ins Spiel* gebracht.

3.1.5 Dielektrizitätsfunktion

Bringt man eine externe Ladungsdichte $\rho_{\mathrm{ext}}(\boldsymbol{r}, t)$ in ein Metall, so werden sich in dem System der quasifreien Leitungselektronen Dichteänderungen ergeben, die zu einer Abschirmung der *Störladung* führen. Dieser Abschirmeffekt wird durch die Dielektrizitätsfunktion $\varepsilon(\boldsymbol{q}, E)$ beschrieben, die damit ein Maß für die *Antwort* des Systems auf die äußere *Störung* $\rho_{\mathrm{ext}}(\boldsymbol{r}, t)$ darstellt. Sie ist ein weiteres Beispiel für eine *Response-Größe* und lässt sich ebenfalls durch eine retardierte Green-Funktion ausdrücken. Dies soll in diesem Abschnitt gezeigt werden, wobei wir das Problem zunächst mit einer **klassischen** Betrachtung aufbereiten wollen.

Für die Extraladungsdichte setzen wir an:

$$\rho_{\mathrm{ext}}(\boldsymbol{r}, t) = \frac{1}{2\pi\hbar V} \int_{-\infty}^{+\infty} \mathrm{d}E \sum_{\boldsymbol{q}} \rho_{\mathrm{ext}}(\boldsymbol{q}, E) \mathrm{e}^{\mathrm{i}\boldsymbol{q}\cdot\boldsymbol{r}} \exp\left[-\frac{\mathrm{i}}{\hbar}(E + \mathrm{i}0^+)\, t\right] . \tag{3.87}$$

Zwischen ρ_{ext} und der Ladungsdichte der Leitungselektronen,

$$-e\rho(\boldsymbol{r}) = -\frac{e}{V} \sum_{\boldsymbol{q}} \rho_{\boldsymbol{q}} \mathrm{e}^{\mathrm{i}\boldsymbol{q}\cdot\boldsymbol{r}} , \tag{3.88}$$

besteht die Wechselwirkungsenergie

$$V_t = \frac{-e}{4\pi\varepsilon_0} \iint \mathrm{d}^3r\,\mathrm{d}^3r'\, \frac{\rho(\boldsymbol{r})\rho_{\mathrm{ext}}(\boldsymbol{r}',t)}{|\boldsymbol{r}-\boldsymbol{r}'|} \,. \tag{3.89}$$

Wie in (2.58) zeigt man, dass

$$\iint \mathrm{d}^3r\mathrm{d}^3r' \,\frac{\exp[\mathrm{i}\,(\boldsymbol{q}\cdot\boldsymbol{r}+\boldsymbol{q}'\cdot\boldsymbol{r}')]}{|\boldsymbol{r}-\boldsymbol{r}'|} = \delta_{\boldsymbol{q},-\boldsymbol{q}'}\frac{4\pi V}{q^2}$$

gilt. Damit wird aus V_t, wenn man noch

$$\bar{v}(\boldsymbol{q}) = \frac{v_0(\boldsymbol{q})}{-e} = \frac{1}{V}\frac{-e}{\varepsilon_0 q^2} \tag{3.90}$$

definiert und (3.87) sowie (3.88) in (3.89) einsetzt:

$$V_t = \frac{1}{2\pi\hbar}\int\limits_{-\infty}^{+\infty} \mathrm{d}E\,\exp\left[-\frac{\mathrm{i}}{\hbar}\,(E+\mathrm{i}0^+)\,t\right]\sum_{\boldsymbol{q}}\bar{v}(\boldsymbol{q})\rho_{-\boldsymbol{q}}\rho_{\mathrm{ext}}(\boldsymbol{q},E)\,. \tag{3.91}$$

Wir benutzen für das Metall das Jellium-Modell, nehmen also an, dass sich im Gleichgewicht Elektronen- und Ionenladungsdichten gerade kompensieren. Ferner soll die Störladung nur das beweglichere Elektronensystem polarisieren, die Ionenladungen dagegen homogen verschmiert lassen. Die gesamte Ladungsdichte setzt sich dann additiv aus ρ_{ext} und der hierdurch induzierten Ladungsdichte ρ_{ind} im Elektronengas zusammen:

$$\rho_{\mathrm{tot}}(\boldsymbol{r},t) = \rho_{\mathrm{ext}}(\boldsymbol{r},t) + \rho_{\mathrm{ind}}(\boldsymbol{r},t)\,. \tag{3.92}$$

Aus den Maxwell-Gleichungen

$$\mathrm{i}\boldsymbol{q}\cdot\boldsymbol{D}(\boldsymbol{q},E) = \rho_{\mathrm{ext}}(\boldsymbol{q},E)\,, \tag{3.93}$$

$$\mathrm{i}\boldsymbol{q}\cdot\boldsymbol{F}(\boldsymbol{q},E) = \frac{1}{\varepsilon_0}\,(\rho_{\mathrm{ext}}(\boldsymbol{q},E)+\rho_{\mathrm{ind}}(\boldsymbol{q},E)) \tag{3.94}$$

sowie der Materialgleichung

$$\boldsymbol{D}(\boldsymbol{q},E) = \varepsilon_0\varepsilon(\boldsymbol{q},E)\boldsymbol{F}(\boldsymbol{q},E) \tag{3.95}$$

folgt für die induzierte Ladungsdichte:

$$\rho_{\mathrm{ind}}(\boldsymbol{q},E) = \left[\frac{1}{\varepsilon(\boldsymbol{q},E)} - 1\right]\rho_{\mathrm{ext}}(\boldsymbol{q},E)\,. \tag{3.96}$$

Wir transformieren nun unsere bislang klassischen Überlegungen in die quantenmechanische Darstellung. Aus der Elektronendichte ρ_{-q} in (3.91) wird der in (2.70) in zweiter Quantisierung formulierte **Dichteoperator**:

$$\rho_q = \sum_{k\sigma} a^+_{k\sigma} a_{k+q\sigma} \; ; \qquad \rho_{-q} = \rho^+_q \; . \tag{3.97}$$

Die in (3.91) definierte Wechselwirkungsenergie wird dann ebenfalls ein Operator:

$$V_t = \sum_q \rho^+_q \widetilde{F}_t(q) \; . \tag{3.98}$$

Das *Störfeld* $\widetilde{F}_t(q)$,

$$\widetilde{F}_t(q) = \frac{\bar{v}(q)}{2\pi\hbar} \int\limits_{-\infty}^{+\infty} dE \exp\left[-\frac{i}{\hbar}(E + i0^+)\,t\right] \rho_{\text{ext}}(q, E) \; , \tag{3.99}$$

bleibt dagegen eine skalare *c*-Zahl. Uns interessiert, wie der Erwartungswert der induzierten Ladungsdichte (Operator!),

$$\langle \rho_{\text{ind}}(q,t) \rangle = -e \left(\langle \rho_q \rangle_t - \langle \rho_q \rangle_0 \right) \; , \tag{3.100}$$

auf das *Störfeld* reagiert. Die entsprechende Information vermittelt die Kubo-Formel (3.60):

$$\Delta \langle \rho_q \rangle_t = \frac{1}{\hbar} \sum_{q'} \int\limits_{-\infty}^{+\infty} dt' \widetilde{F}_{t'}(q') \langle\langle \rho_q(t); \rho^+_{q'}(t') \rangle\rangle \; . \tag{3.101}$$

Die Translationssymmetrie des ungestörten Systems sorgt dafür, dass die retardierte Green-Funktion nur für $q = q'$ von Null verschieden ist. Dies bedeutet

$$\langle \rho_{\text{ind}}(q,t) \rangle = \frac{-e}{\hbar} \int\limits_{-\infty}^{+\infty} dt' \widetilde{F}_{t'}(q) \langle\langle \rho_q(t); \rho^+_q(t') \rangle\rangle \tag{3.102}$$

oder nach Fourier-Transformation:

$$\langle \rho_{\text{ind}}(q,E) \rangle = \frac{-e\bar{v}(q)}{\hbar} \rho_{\text{ext}}(q,E) \langle\langle \rho_q; \rho^+_q \rangle\rangle_E \; . \tag{3.103}$$

Vergleicht man dieses Resultat nun mit dem klassischen Ausdruck (3.96), so zeigt sich, dass auch die Dielektrizitätsfunktion durch eine retardierte Green-Funktion bestimmt ist:

$$\frac{1}{\varepsilon(q,E)} = 1 + \frac{1}{\hbar} v_0(q) \langle\langle \rho_q; \rho^+_q \rangle\rangle_E \; . \tag{3.104}$$

Ist $\varepsilon(\boldsymbol{q}, E)$ sehr groß, so folgt nach (3.103) und (3.104) $\langle \rho_{\text{ind}} \rangle \simeq -\rho_{\text{ext}}$. Die Abschirmung der Störladung durch die induzierten Ladungen im Elektronengas ist also praktisch vollständig. Der andere Grenzfall $\varepsilon(\boldsymbol{q}, E) \to 0$ entspricht einer Singularität der Green-Funktion $\langle\langle \rho_{\boldsymbol{q}}; \rho_{\boldsymbol{q}}^{+} \rangle\rangle_E$. Nach (3.103) genügen dann schon beliebig kleine Störladungen, um endliche Dichteschwankungen im Leitungselektronensystem zu provozieren. Die Pole von $\langle\langle \rho_{\boldsymbol{q}}; \rho_{\boldsymbol{q}}^{+} \rangle\rangle_E$ entsprechen deshalb gewissen *Eigenschwingungen* (*Resonanzen*) des Systems. Diesen kollektiven Anregungen des Elektronensystems ordnet man das Quasiteilchen **Plasmon** zu, in demselben Sinne, wie wir in Abschn. 2.4.3 zur Spinwelle das Quasiteilchen *Magnon* eingeführt haben.

3.1.6 Spektroskopien, Spektraldichte

Eine weitere wichtige Motivation für die Beschäftigung mit Green-Funktionen ist ihr enger Bezug zu

- Elementaranregungen

des Systems, die mit geeigneten Spektroskopien direkt beobachtbar sind. Gewisse Green-Funktionen erlauben also einen unmittelbaren Zugang zum Experiment. Noch direkter gilt dieses eigentlich für eine weitere fundamentale Funktion, die aber in sehr engem Zusammenhang mit den Green-Funktionen steht, nämlich für die so genannte

- Spektraldichte.

Abbildung 3.2 zeigt in schematischer Form, welche Elementarprozesse in vier bekannten Spektroskopien zur Bestimmung der elektronischen Struktur herangezogen werden. Die *Photoemission (PES)* und die *Inverse Photoemission (IPE)* sind so genannte Ein-Teilchen-Spektroskopien, da das System (der Festkörper) nach dem Anregungsprozess ein Teilchen mehr (weniger) als vor dem Prozess enthält. In der *Photoemission* wird die Energie $\hbar\omega$ eines Photons von einem Elektron eines (teilweise) besetzten Energiebandes absorbiert. Der Zugewinn an Energie kann es dem Elektron gestatten, den Festkörper zu verlasssen. Eine Analyse der kinetischen Energie des Photoelektrons erlaubt dann Rückschlüsse auf die Energien der besetzten Zustände des betreffenden Energiebandes. Der Übergangsoperator $Z_{-1} = a_\alpha$ entspricht dann dem Vernichtungsoperator a_α, wenn sich das Elektron vor dem Anregungsprozess in dem Ein-Teilchen-Zustand $|\alpha\rangle$ befand. In der *Inversen Photoemisssion* läuft gewissermaßen der umgekehrte Prozess ab. Ein Elektron wird in den Festkörper geschossen und landet dort in einem unbesetzten Zustand $|\beta\rangle$ des teilweise gefüllten Energiebandes. Die frei werdende Energie wird als Photon $\hbar\omega$ emittiert und anschließend analysiert. Das System enthält nun ein Elektron mehr als vor dem Prozess. Das entspricht dem Übergangsoperator $Z_{+1} = a_\beta^{\dagger}$. PES und IPE sind in gewisser Weise komplementäre Spektroskopien. Die erste gestattet Aussagen über besetzte, die andere über unbesetzte Zustände des Energiebandes.

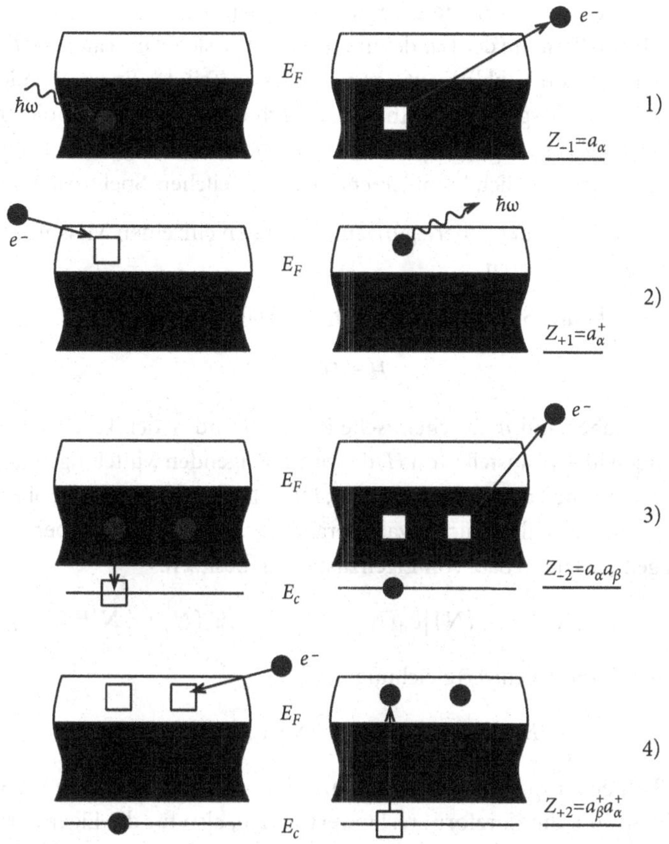

Abb. 3.2 Schematische Darstellung der zentralen Elementarprozesse in vier verschiedenen Spektroskopien: 1. Photoemission (PES), 2. Inverse Photoemission (IPE), 3. Auger-Elektron Spektroskopie (AES), 4. Appearance-Potential Spektroskopie (APS). Z_j ist der Übergangsoperator, wobei j der beim Elementarprozess auftretenden Änderung in der Elektronenzahl entspricht

Auger-Elektronen-Spektroskopie (AES) und *Appearance-Potential-Spektroskopie (APS)* sind Zwei-Teilchen-Spektroskopien. Die Ausgangssituation der AES ist charakterisiert durch die Existenz eines Loches in einem tief liegenden core-Zustand. Ein Elektron des teilweise gefüllten Energiebandes wechselt in diesen core-Zustand und übergibt die frei werdende Energie einem anderen Elektron desselben Energiebandes, das damit den Festkörper verlassen kann. Die Analyse der kinetischen Energie des entweichenden Elektrons verschafft Information über die Energiestruktur der besetzten Bandzustände (Zwei-Teilchen-Zustandsdichte). Das System (Energieband) enthält nach dem Anregungsvorgang zwei Teilchen weniger als vorher: $Z_{-2} = a_\alpha a_\beta$. Praktisch der umgekehrte Prozess wird in der APS ausgenutzt. Ein Elektron landet auf einem unbesetzten Zustand des Energiebandes. Die dabei frei werdende Energie wird einem core-Elektron zur Anregung in einen weiteren freien Zustand des Bandes übertragen. Die sich daran anschließenden *Abregungs*prozesse können im Hinblick auf den unbesetzten Teil des Energiebandes analysiert werden. Das System (Energieband) enthält also nach dem Prozess zwei Elektronen mehr als vor dem Prozess. Als Übergangsoperator haben wir deshalb in diesem Fall: $Z_{+2} = a_\beta^\dagger a_\alpha^\dagger$. AES und APS sind offensichlich komplementäre Zwei-Teilchen-Spektroskopien.

Wir wollen nun mit einfachen Überlegungen die bei den einzelnen Messprozessen auftretenden Intensitäten abschätzen.

- Das zu untersuchende System werde durch den Hamilton-Operator

$$\mathcal{H} = H - \mu\widehat{N} \tag{3.105}$$

  beschrieben. Dabei sind μ das chemische Potential und $\widehat{N}$ der Teilchenzahl-Operator. Wir verwenden hier $\mathcal{H}$ anstelle von H, da wir im Folgenden Mittelungen in der großkanonischen Gesamtheit durchführen wollen. Diese bietet sich an, da der oben diskutierte Übergangsoperator Z_j die Teilchenzahl verändert. H und $\widehat{N}$ sollen aber kommutieren, also einen gemeinsamen Satz von Eigenzuständen besitzen:

$$H\,|E_n(N)\rangle = E_n(N)\,|E_n(N)\rangle \quad ; \quad \widehat{N}\,|E_n(N)\rangle = N\,|E_n(N)\rangle$$

  Damit besitzt $\mathcal{H}$ die Eigenwertgleichung:

$$\mathcal{H}\,|E_n(N)\rangle = (E_n(N) - \mu N)\,|E_n(N)\rangle \to E_n\,|E_n\rangle \tag{3.106}$$

  Um Schreibarbeit zu sparen, werden wir im Folgenden, so lange keine Verwechslungen zu befürchten sind, die Kurzform rechts verwenden, also für die Eigenwerte $(E_n(N) - \mu N)$ kurz E_n und für die Eigenzustände $|E_n(N)\rangle$ einfach $|E_n\rangle$ schreiben. Die tatsächliche Abhängigkeit der Zustände bzw. Eigenenergien von der Teilchenzahl muss aber stets beachtet werden.
- Mit der Wahrscheinlichkeit

$$\frac{1}{\Xi}\exp(-\beta E_n)$$

  befindet sich das System bei der Temperatur T in einem Eigenzustand $|E_n\rangle$ des Hamilton-Operators $\mathcal{H}$. Ξ ist die großkanonische Zustandssumme:

$$\Xi = \mathrm{Sp}\,(\exp(-\beta\mathcal{H}))\ . \tag{3.107}$$

- Der Übergangsoperator Z_r erzwingt einen Übergang zwischen den Zuständen $|E_n\rangle$ und $|E_m\rangle$ mit der Wahrscheinlichkeit:

$$|\langle E_m|Z_r|E_n\rangle|^2 \qquad r = \pm 1, \pm 2$$

- Die **Intensität** der zu messenden Elementarprozesse entspricht der Gesamtzahl der Übergänge mit Anregungsenergien zwischen E und $E + \mathrm{d}E$:

$$I_r(E) = \frac{1}{\Xi}\sum_{m,n} \mathrm{e}^{-\beta E_n}\,|\langle E_m|Z_r|E_n\rangle|^2\,\delta(E - (E_m - E_n)) \tag{3.108}$$

Liegen die Anregungsenergien $(E_m - E_n)$ hinreichend dicht, was für einen Festkörper, z. B., auf jeden Fall gilt, dann wird es sich bei $I_r(E)$ um eine kontinuierliche Funktion der Energie E handeln.

- Wir vernachlässigen an dieser Stelle einige Nebeneffekte, die für eine quantitative Analyse des entsprechenden Experiments durchaus von Bedeutung sein können, die aber für den eigentlich interessierenden Prozess nicht entscheidend sind. Das gilt z. B. in PES und AES für die Tatsache, dass das den Festkörper verlassende **Photoelektron** noch eine Kopplung an das Restsystem aufweisen wird (*sudden approximation*). Ferner werden Matrixelemente für den Übergang vom Bandniveau ins Vakuumniveau hier nicht berücksichtigt. Die „nackte Linienform" der genannten Spektroskopien sollte aber durch (3.108) korrekt beschrieben sein.

Man beachte, dass für den Übergangsoperator

$$Z_r = Z^\dagger_{-r} \tag{3.109}$$

gilt, d. h. komplementäre Spektroskopien werden in gewisser Weise miteinander zusammenhängen. Das soll jetzt genauer untersucht werden.

$$\begin{aligned}
I_r(E) &= \frac{1}{\Xi} \sum_{m,n} e^{\beta E} e^{-\beta E_m} \left|\langle E_m|Z_r|E_n\rangle\right|^2 \delta(E - (E_m - E_n)) \\
&= \frac{1}{\Xi} \sum_{n,m} e^{\beta E} e^{-\beta E_n} \left|\langle E_n|Z_r|E_m\rangle\right|^2 \delta(E - (E_n - E_m)) \\
&= \frac{e^{\beta E}}{\Xi} \sum_{n,m} e^{-\beta E_n} \left|\langle E_m|Z_{-r}|E_n\rangle\right|^2 \delta((-E) - (E_m - E_n))
\end{aligned}$$

Im zweiten Schritt wurden lediglich die Summationsindizes n, m vertauscht; der letzte Übergang benutzte dann (3.109). Wir haben damit eine **Symmetrierelation** für *komplementäre* Spektroskopien abgeleitet:

$$I_r(E) = e^{\beta E}\, I_{-r}(-E) \tag{3.110}$$

Wir definieren nun die für das Folgende wichtige **Spektraldichte**:

$$\frac{1}{\hbar} S_r^{(\pm)}(E) = I_{-r}(E) \mp I_r(-E) = \left(e^{\beta E} \mp 1\right) I_r(-E) \tag{3.111}$$

Die Vorzeichenfreiheit wird später gedeutet werden können. An (3.110) und (3.111) erkennt man, dass Intensitäten von *komplementären* Spektroskopien auf einfache Art und Weise durch ein und dieselbe Spektraldichte bestimmt sind.

$$\hbar\, I_r(E) = \frac{1}{e^{-\beta E} \mp 1}\, S_r^{(\pm)}(-E) \tag{3.112}$$

$$\hbar\, I_{-r}(E) = \frac{e^{\beta E}}{e^{\beta E} \mp 1}\, S_r^{(\pm)}(E) \tag{3.113}$$

Die neu eingeführte Spektraldichte hängt also sehr eng mit den Intensitäten der Spektroskopien zusammen. Wir wollen sie deshalb weiter untersuchen, indem wir eine Fourier-Transformation in die Zeitdarstellung durchführen:

$$
\begin{aligned}
&\frac{1}{2\pi\hbar}\int\limits_{-\infty}^{+\infty} \mathrm{d}E \mathrm{e}^{-\frac{\mathrm{i}}{\hbar}E(t-t')} I_{-r}(E) \\
&= \frac{1}{2\pi\hbar}\frac{1}{\Xi}\sum_{m,n} \mathrm{e}^{-\beta E_n}\, \mathrm{e}^{-\frac{\mathrm{i}}{\hbar}(E_m-E_n)(t-t')} \langle E_m|Z_{-r}|E_n\rangle \langle E_n|Z_{-r}^{\dagger}|E_m\rangle \\
&= \frac{1}{2\pi\hbar}\frac{1}{\Xi}\sum_{m,n} \mathrm{e}^{-\beta E_n} \langle E_m|\mathrm{e}^{\frac{\mathrm{i}}{\hbar}\mathcal{H}t'} Z_{-r}\mathrm{e}^{-\frac{\mathrm{i}}{\hbar}\mathcal{H}t'}|E_n\rangle \langle E_n|\mathrm{e}^{\frac{\mathrm{i}}{\hbar}\mathcal{H}t} Z_r \mathrm{e}^{-\frac{\mathrm{i}}{\hbar}\mathcal{H}t}|E_m\rangle \\
&= \frac{1}{2\pi\hbar}\frac{1}{\Xi}\sum_{m,n} \mathrm{e}^{-\beta E_n} \langle E_n|Z_r(t)|E_m\rangle \langle E_m|Z_r^{\dagger}(t')|E_n\rangle \\
&= \frac{1}{2\pi\hbar}\frac{1}{\Xi}\sum_{n} \mathrm{e}^{-\beta E_n} \langle E_n|Z_r(t) Z_r^{\dagger}(t')|E_n\rangle \\
&= \frac{1}{2\pi\hbar}\langle Z_r(t)\, Z_r^{\dagger}(t')\rangle
\end{aligned}
$$

Ganz analog findet man

$$
\frac{1}{2\pi\hbar}\int\limits_{-\infty}^{+\infty} \mathrm{d}E \mathrm{e}^{-\frac{\mathrm{i}}{\hbar}E(t-t')} I_r(-E) = \frac{1}{2\pi\hbar}\langle Z_r^{\dagger}(t')\, Z_r(t)\rangle
$$

Das bedeutet mit (3.111) für die zweizeitige Spektraldichte:

$$
\begin{aligned}
S_r^{(\varepsilon)}(t,t') &= \frac{1}{2\pi\hbar}\int\limits_{-\infty}^{+\infty} \mathrm{d}E \mathrm{e}^{-\frac{\mathrm{i}}{\hbar}E(t-t')}\, S_r^{(\varepsilon)}(E) \\
&= \frac{1}{2\pi}\left\langle \left[Z_r(t),\, Z_r^{\dagger}(t')\right]_{-\varepsilon}\right\rangle .
\end{aligned}
\tag{3.114}
$$

Dabei ist $\varepsilon = \pm$ lediglich ein zunächst willkürlicher Vorzeichenfaktor. $[\cdots,\cdots]_{-\varepsilon}$ ist entweder der Kommutator oder der Antikommutator:

$$
\left[Z_r(t),\, Z_r^{\dagger}(t')\right]_{-\varepsilon} = Z_r(t)\, Z_r^{\dagger}(t') - \varepsilon\, Z_r^{\dagger}(t')\, Z_r(t) \tag{3.115}
$$

Wir haben zeigen können, dass die Spektraldichte in (3.114) für die Intensitäten der Spektroskopien von zentraler Bedeutung ist. Es lässt sich aber darüberhinaus feststellen, dass die Verallgemeinerung der Spektraldichte auf beliebige Operatoren $\widehat{A}$ und $\widehat{B}$ in engem Zusammenhang mit der in (3.57) eingeführten retardierten Green-Funktion steht. Das gilt auch für die anderen, im nächsten Abschnitt noch zu definierenden Typen von Green-Funktionen. Die **Spektraldichte**

$$S_{AB}^{(\varepsilon)}(t,t') = \frac{1}{2\pi}\left\langle\left[\widehat{A}(t),\widehat{B}(t')\right]_{-\varepsilon}\right\rangle \qquad (3.116)$$

hat denselben fundamentalen Stellenwert für die Viel-Teilchen-Theorie wie die Green's-Funktionen.

3.1.7 Aufgaben

Aufgabe 3.1.1

Berechnen Sie für das nicht wechselwirkende Elektronengas (H_e) und das nicht wechselwirkende Phononengas (H_p),

$$H_e = \sum_{\boldsymbol{k},\sigma} \varepsilon(\boldsymbol{k}) a_{\boldsymbol{k}\sigma}^{+} a_{\boldsymbol{k}\sigma}\,; \quad H_p = \sum_{\boldsymbol{q},r} \hbar\omega_r(\boldsymbol{q})\left(b_{\boldsymbol{q}r}^{+} b_{\boldsymbol{q}r} + \frac{1}{2}\right),$$

die Zeitabhängigkeiten der Vernichtungsoperatoren $a_{\boldsymbol{k}\sigma}(t)$, $b_{\boldsymbol{q}r}(t)$ imHeisenberg-Bild.

Aufgabe 3.1.2

A und B seien lineare Operatoren mit $A \neq A(\lambda)$ und $B \neq B(\lambda)$, $\lambda \in \mathbb{R}$.

1. Schreiben Sie

$$e^{\lambda A} B e^{-\lambda A} = \sum_{n=0}^{\infty} \alpha_n \lambda^n \quad (\alpha_n \text{ Operatoren!})$$

und berechnen Sie die Koeffizienten α_n.

2. Zeigen Sie, dass aus

$$[A,[A,B]_-]_- = 0$$

folgt:

$$e^{\lambda A} B e^{-\lambda A} = B + \lambda[A,B]_- \,.$$

3. Benutzen Sie die Teilergebnisse aus 1. und 2., um die Differentialgleichung

$$\frac{d}{d\lambda}\left(e^{\lambda A} e^{\lambda B}\right) = \left(A + B + \lambda[A,B]_-\right)\left(e^{\lambda A} e^{\lambda B}\right)$$

für $[A,[A,B]_-]_- = [B,[A,B]_-]_- = 0$ abzuleiten.

4. Beweisen Sie mit 3.:

$$e^A e^B = e^{A+B+\frac{1}{2}[A,B]_-}, \qquad \text{falls } [A,[A,B]_-]_- = [B,[A,B]_-]_- = 0.$$

Aufgabe 3.1.3

$A(t)$ sei ein beliebiger Operator in der Heisenberg-Darstellung und ρ der statistische Operator:

$$\rho = \frac{e^{-\beta\mathcal{H}}}{\mathrm{Sp}\,(e^{-\beta\mathcal{H}})}\,.$$

Beweisen Sie die Kubo-Identität:

$$\frac{i}{\hbar}[A(t),\rho]_- = \rho \int_0^\beta d\lambda\, \dot{A}(t - i\lambda\hbar).$$

Aufgabe 3.1.4

Zeigen Sie mithilfe der Kubo-Identität (Aufgabe 3.1.3), dass sich die retardierte (Kommutator-)Green-Funktion wie folgt schreiben lässt:

$$\langle\langle A(t);B(t')\rangle\rangle^{\mathrm{ret}} = -\hbar\Theta(t-t') \int_0^\beta d\lambda \left\langle \dot{B}(t' - i\lambda\hbar)A(t)\right\rangle.$$

Aufgabe 3.1.5

Benutzen Sie die Kubo-Identität (Aufgabe 3.1.3), um den Tensor der elektrischen Leitfähigkeit durch eine Strom-Strom-Korrelationsfunktion auszudrücken:

$$\sigma^{\beta\alpha}(E) = V \int_0^\beta d\lambda \int_0^\infty dt \left\langle j^\alpha(0) j^\beta(t + i\lambda\hbar)\right\rangle \exp\left(\frac{i}{\hbar}(E + i0^+)\,t\right).$$

V ist das System-Volumen!

Aufgabe 3.1.6

Berechnen Sie den Stromdichteoperator $\hat{j}$ im Formalismus der zweiten Quantisierung für die

1. Bloch-Darstellung,
2. Wannier-Darstellung.

Wie sieht in diesen Fällen der Leitfähigkeitstensor aus?

Aufgabe 3.1.7

Im so genannten *Tight-Binding*-Modell (s. Abschn. 2.1.3) für stark gebundene Festkörperelektronen gilt näherungsweise für das Matrixelement:

$$p_{ij\sigma} = \int d^3r\, w_\sigma^*(\boldsymbol{r} - \boldsymbol{R}_i)\, \boldsymbol{r} w_\sigma(\boldsymbol{r} - \boldsymbol{R}_j) \simeq \boldsymbol{R}_i \delta_{ij}\,.$$

Hier ist $w_\sigma(\boldsymbol{r} - \boldsymbol{R}_i)$ die um den Gitterplatz $\boldsymbol{R}_i$ zentrierte Wannier-Funktion (2.29).

1. Wie lauten Dipolmomentenoperator $\widehat{\boldsymbol{P}}$ und Stromdichteoperator $\hat{j}$ in zweiter Quantisierung bei Verwendung der Wannier-Darstellung?
2. Das wechselwirkende Elektronensystem werde durch einen Hamilton-Operator der Form

$$H = \sum_{i,j,\sigma} T_{ij}\, a_{i\sigma}^+ a_{j\sigma} + \sum_{i,j,\sigma,\sigma'} V_{ij\sigma\sigma'}\, n_{i\sigma}\, n_{j\sigma}$$

beschrieben. Berechnen Sie den Stromdichteoperator $\hat{j}$. Welche Green-Funktion bestimmt den Leitfähigkeitstensor $\sigma^{\alpha\beta}(E)$?

3.2 Zweizeitige Green-Funktionen

3.2.1 Bewegungsgleichungen

Zum Aufbau des vollen Green-Funktionsformalismus reicht die bisher eingeführte retardierte Funktion nicht aus. Man benötigt noch zwei weitere Typen Green-Funktionen:

Retardierte Green-Funktion

$$\begin{aligned} G_{AB}^{\mathrm{ret}}(t,t') &\equiv \langle\langle A(t);B(t')\rangle\rangle^{\mathrm{ret}} \\ &= -\mathrm{i}\,\Theta(t-t')\left\langle [A(t),B(t')]_{-\varepsilon}\right\rangle . \end{aligned} \tag{3.117}$$

Avancierte Green-Funktion

$$\begin{aligned} G_{AB}^{\mathrm{av}}(t,t') &\equiv \langle\langle A(t);B(t')\rangle\rangle^{\mathrm{av}} \\ &= +\mathrm{i}\,\Theta(t'-t)\left\langle [A(t),B(t')]_{-\varepsilon}\right\rangle . \end{aligned} \tag{3.118}$$

Kausale Green-Funktion

$$\begin{aligned} G_{AB}^{\mathrm{c}}(t,t') &\equiv \langle\langle A(t);B(t')\rangle\rangle^{\mathrm{c}} \\ &= -\mathrm{i}\left\langle T_\varepsilon\left(A(t)B(t')\right)\right\rangle . \end{aligned} \tag{3.119}$$

Die die Green-Funktionen aufbauenden Operatoren stehen hier in ihrer zeitabhängigen Heisenberg-Darstellung, d. h. nach (3.24) bei nicht explizit zeitabhängigem Hamilton-Operator:

$$X(t) = \exp\left(\frac{\mathrm{i}}{\hbar}\mathcal{H}t\right) X \exp\left(-\frac{\mathrm{i}}{\hbar}\mathcal{H}t\right) . \tag{3.120}$$

$\mathcal{H}$ ist wie in (3.45) definiert:

$$\mathcal{H} = H - \mu\widehat{N} . \tag{3.121}$$

Gemittelt wird in der großkanonischen Gesamtheit:

$$\langle X\rangle = \frac{1}{\Xi}\mathrm{Sp}\left(\mathrm{e}^{-\beta\mathcal{H}}X\right) , \tag{3.122}$$

$$\Xi = \mathrm{Sp}\left(\mathrm{e}^{-\beta\mathcal{H}}\right) . \tag{3.123}$$

Ξ ist die großkanonische Zustandssumme. $\varepsilon = \pm$ ist der in Kap. 1 eingeführte Vorzeichenindex. Die Festlegung von ε in den Definitionen (3.117) bis (3.119) ist völlig willkürlich. Handelt es sich bei A und B um reine Fermi-(Bose-) Operatoren, so erweist sich die Wahl $\varepsilon = -(+)$ als zweckmäßig, wie wir noch sehen werden. Sie ist aber keineswegs zwingend.

Wir erinnern uns, dass

$$\left[A(t), B(t')\right]_{-\varepsilon} = A(t)B(t') - \varepsilon B(t')A(t) \tag{3.124}$$

für ε = + den Kommutator und für ε = − den Antikommutator meint.

Bleibt schließlich noch der **Wick'sche Zeitordnungsoperator** T_ε zu definieren, der Operatoren in einem Produkt nach ihren Zeitargumenten sortiert:

$$T_\varepsilon\left(A(t)B(t')\right) = \Theta(t - t')A(t)B(t') + \varepsilon\Theta(t' - t)B(t')A(t) . \tag{3.125}$$

Wegen ε ist er **nicht** mit dem Dyson'schen Zeitordnungsoperator T_D (3.15) identisch. – Die Stufenfunktion Θ,

$$\Theta(t - t') = \begin{cases} 1 & \text{für} \quad t > t' , \\ 0 & \text{für} \quad t < t' , \end{cases} \tag{3.126}$$

ist für geiche Zeiten nicht definiert. Dies gilt damit auch für die Green-Funktionen.

Wegen des Mittelungsprozesses in den Definitionsgleichungen (3.117) bis (3.119) sind die Green-Funktionen auch temperaturabhängig. Wir werden später zeigen, wie man Zeit- und Temperaturvariable in einen engen Zusammenhang bringen kann (Kap. 6).

Es gibt eine weitere, sehr wichtige Funktion der Viel-Teilchen-Theorie die wir bereits an dieser Stelle einführen wollen. Dies ist die so genannte **Spektraldichte**, deren Aussagekraft mit der der Green-Funktion identisch sein wird:

$$S_{AB}(t, t') = \frac{1}{2\pi}\left\langle\left[A(t), B(t')\right]_{-\varepsilon}\right\rangle . \tag{3.127}$$

Wir können nun die in Abschn. 3.1 schon mehrfach benutzte Tatsache beweisen, dass bei nicht explizit zeitabhängigem Hamilton-Operator Green-Funktionen und Spektraldichte **homogen in der Zeit** sind:

$$\frac{\partial\mathcal{H}}{\partial t} = 0 \Rightarrow G_{AB}^{\alpha}(t, t') = G_{AB}^{\alpha}(t - t') \quad (\alpha = \text{ret, av, c}) , \tag{3.128}$$

$$S_{AB}(t, t') = S_{AB}(t - t') . \tag{3.129}$$

Der Beweis ist offensichtlich erbracht, wenn wir diese Homogenität für die so genannten

Korrelationsfunktionen

$$\langle A(t)B(t')\rangle , \quad \langle B(t')A(t)\rangle$$

Kapitel 3

nachweisen können. Das gelingt durch Ausnutzen der zyklischen Invarianz der Spur:

$$\begin{aligned}
&\mathrm{Sp}\left[\exp(-\beta\mathcal{H})A(t)B(t')\right]\\
&=\mathrm{Sp}\left[\exp(-\beta\mathcal{H})\exp\left(\frac{\mathrm{i}}{\hbar}\mathcal{H}t\right)A\exp\left(-\frac{\mathrm{i}}{\hbar}\mathcal{H}(t-t')\right)B\exp\left(-\frac{\mathrm{i}}{\hbar}\mathcal{H}t'\right)\right]\\
&=\mathrm{Sp}\left[\exp(-\beta\mathcal{H})\exp\left(\frac{\mathrm{i}}{\hbar}\mathcal{H}(t-t')\right)A\exp\left(-\frac{\mathrm{i}}{\hbar}\mathcal{H}(t-t')\right)B\right]\\
&=\mathrm{Sp}\left[\exp(-\beta\mathcal{H})A(t-t')B(0)\right].
\end{aligned}$$

Daraus folgt:

$$\langle A(t)B(t')\rangle = \langle A(t-t')B(0)\rangle\ . \tag{3.130}$$

Analog findet man:

$$\langle B(t')A(t)\rangle = \langle B(0)A(t-t')\rangle\ . \tag{3.131}$$

Damit sind (3.128) und (3.129) bewiesen!

Zur konkreten Berechnung der Green-Funktion benötigen wir in der Regel deren **Bewegungsgleichung**. Diese ergibt sich unmittelbar aus der allgemeinen Bewegungsgleichung (3.27) für Heisenberg-Operatoren. Wegen

$$\frac{\mathrm{d}}{\mathrm{d}t}\Theta(t-t') = \delta(t-t') = -\frac{\mathrm{d}}{\mathrm{d}t'}\Theta(t-t')$$

findet man für alle drei Green-Funktionen (3.117) bis (3.119) formal dieselbe Bewegungsgleichung:

$$\mathrm{i}\hbar\frac{\partial}{\partial t}G^{\alpha}_{AB}(t,t') = \hbar\delta(t-t')\langle[A,B]_{-\varepsilon}\rangle + \langle\langle[A,\mathcal{H}]_-(t);B(t')\rangle\rangle^{\alpha}\ . \tag{3.132}$$

Die Lösungen für die drei Funktionen unterliegen allerdings verschiedenen Randbedingungen:

$$G^{\mathrm{ret}}_{AB}(t,t') = 0 \qquad \text{für } t < t', \tag{3.133}$$

$$G^{\mathrm{av}}_{AB}(t,t') = 0 \qquad \text{für } t > t', \tag{3.134}$$

$$G^{\mathrm{c}}_{AB}(t,t') = \begin{cases} -\mathrm{i}\langle A(t-t')B(0)\rangle & \text{für} \quad t > t'\ ,\\ -\mathrm{i}\varepsilon\langle B(0)A(t-t')\rangle & \text{für} \quad t < t'\ . \end{cases} \tag{3.135}$$

Auf der rechten Seite von (3.132) taucht eine neue Green-Funktion auf, da der Kommutator $[A, \mathcal{H}]_-$ selbst ein Operator ist. Es handelt sich dabei in aller Regel um eine so genannte *höhere* Green-Funktion, d. h. um eine, die aus mehr Operatoren aufgebaut ist als die ursprüngliche Funktion $G^{\alpha}_{AB}(t, t')$. Es gibt für diese natürlich ebenfalls eine Bewegungsgleichung vom Typ (3.132), in der dann auf der rechten Seite eine weitere neue Green-Funktion erscheint,

$$\begin{aligned} \mathrm{i}\hbar \frac{\partial}{\partial t} \langle\langle [A, \mathcal{H}]_-(t); B(t') \rangle\rangle^{\alpha} &= \hbar\delta(t - t') \langle [[A, \mathcal{H}]_-, B]_{-\varepsilon} \rangle \\ &\quad + \langle\langle [[A, \mathcal{H}]_-, \mathcal{H}]_-(t); B(t') \rangle\rangle^{\alpha} , \end{aligned} \tag{3.136}$$

auf die das Verfahren dann erneut angewendet werden kann, usw. Dies führt bei nichttrivialen Problemen zu einer unendlichen **Kette von Bewegungsgleichungen**, die zur approximativen Lösung an irgendeiner Stelle entkoppelt werden muss. Letzteres sollte allerdings physikalisch begründbar sein.

Zweckmäßiger als die Zeitdarstellung der Green-Funktionen und der Spektraldichte ist häufig ihre Energiedarstellung:

$$\begin{aligned} G^{\alpha}_{AB}(E) &\equiv \langle\langle A; B \rangle\rangle^{\alpha}_{E} \\ &= \int\limits_{-\infty}^{+\infty} \mathrm{d}(t - t')\, G^{\alpha}_{AB}(t - t') \exp\left(\frac{\mathrm{i}}{\hbar} E(t - t')\right) , \end{aligned} \tag{3.137}$$

$$G^{\alpha}_{AB}(t - t') = \frac{1}{2\pi\hbar} \int\limits_{-\infty}^{+\infty} \mathrm{d}E\, G^{\alpha}_{AB}(E) \exp\left(-\frac{\mathrm{i}}{\hbar} E(t - t')\right) . \tag{3.138}$$

Ebenso transformiert sich die Spektraldichte. Benutzt man dann noch die Fourier-Darstellungen der δ-Funktionen,

$$\delta(E - E') = \frac{1}{2\pi\hbar} \int\limits_{-\infty}^{+\infty} \mathrm{d}(t - t') \exp\left(-\frac{\mathrm{i}}{\hbar}(E - E')(t - t')\right) , \tag{3.139}$$

$$\delta(t - t') = \frac{1}{2\pi\hbar} \int\limits_{-\infty}^{+\infty} \mathrm{d}E \exp\left(\frac{\mathrm{i}}{\hbar} E(t - t')\right) , \tag{3.140}$$

so wird aus der Bewegungsgleichung (3.132):

$$E \langle\langle A; B \rangle\rangle^{\alpha}_{E} = \hbar \langle [A, B]_{-\varepsilon} \rangle + \langle\langle [A, \mathcal{H}]_-; B \rangle\rangle^{\alpha}_{E} . \tag{3.141}$$

Es handelt sich nun nicht mehr um eine Differentialgleichung, sondern um eine rein algebraische Gleichung. Allerdings ergibt sich auch jetzt eine unendliche Kette von solchen Bewegungsgleichungen, die entkoppelt werden muss. – Die unterschiedlichen Randbedingungen (3.133) bis (3.135) manifestieren sich in der Energiedarstellung in unterschiedlichem analytischen Verhalten der Green-Funktion $G^{\alpha}_{AB}(E)$ in der komplexen E-Ebene. Dies soll im nächsten Abschnitt untersucht werden.

3.2.2 Spektraldarstellungen

Um das aus (3.141) entstehende Gleichungssystem durch Randbedingungen zu ergänzen, ist es wichtig, die so genannten Spektraldarstellungen der Green-Funktionen zu kennen.

Es seien E_n und $|E_n\rangle$ Eigenenergien und Eigenzustände des Hamilton-Operators $\mathcal{H}$ des betrachteten physikalischen Systems:

$$\mathcal{H}|E_n\rangle = E_n|E_n\rangle \,. \tag{3.142}$$

Die Zustände $|E_n\rangle$ mögen ein vollständiges, orthonormiertes System bilden:

$$\sum_n |E_n\rangle\langle E_n| = \mathbf{1}\,; \quad \langle E_n|E_m\rangle = \delta_{nm}\,. \tag{3.143}$$

Wir wollen zunächst die **Korrelationsfunktionen** $\langle A(t)B(t')\rangle$, $\langle B(t')A(t)\rangle$ diskutieren:

$$\begin{aligned}
\Xi\langle A(t)B(t')\rangle &= \mathrm{Sp}\left\{\mathrm{e}^{-\beta\mathcal{H}}A(t)B(t')\right\} = \sum_n \langle E_n|\mathrm{e}^{-\beta\mathcal{H}}A(t)B(t')\,|E_n\rangle \\
&= \sum_{n,m}\langle E_n|A(t)|E_m\rangle\langle E_m|B(t')\,|E_n\rangle\mathrm{e}^{-\beta E_n} \\
&= \sum_{n,m}\langle E_n|A|E_m\rangle\langle E_m|B|E_n\rangle\mathrm{e}^{-\beta E_n} \\
&\quad\cdot\exp\left[\frac{\mathrm{i}}{\hbar}(E_n-E_m)(t-t')\right] \\
&= \sum_{n,m}\langle E_n|B|E_m\rangle\langle E_m|A|E_n\rangle\mathrm{e}^{-\beta E_n}\mathrm{e}^{-\beta(E_m-E_n)} \\
&\quad\cdot\exp\left[-\frac{\mathrm{i}}{\hbar}(E_n-E_m)(t-t')\right]\,.
\end{aligned} \tag{3.144}$$

Im dritten Schritt haben wir zwischen die Operatoren den vollständigen Satz von Eigenzuständen eingeschoben, wodurch die Zeitabhängigkeit der Heisenberg-Operatoren trivial wird. Im letzten Schritt haben wir noch die Indizes n und m vertauscht. – Ganz analog ergibt sich für die zweite Korrelationsfunktion:

$$\begin{aligned}
\Xi\langle B(t')A(t)\rangle &= \sum_{n,m}\langle E_n|B|E_m\rangle\langle E_m|A|E_n\rangle\mathrm{e}^{-\beta E_n} \\
&\quad\cdot\exp\left[-\frac{\mathrm{i}}{\hbar}(E_n-E_m)(t-t')\right]\,.
\end{aligned} \tag{3.145}$$

Einsetzen von (3.144) und (3.145) in (3.127) führt nach Fourier-Transformation auf die wichtige

Spektraldarstellung der Spektraldichte

$$S_{AB}(E) = \frac{\hbar}{\Xi} \sum_{n,m} \langle E_n | B | E_m \rangle \langle E_m | A | E_n \rangle e^{-\beta E_n} \cdot \left(e^{\beta E} - \varepsilon\right) \delta\left[E - (E_n - E_m)\right] . \tag{3.146}$$

Man beachte, dass in den Argumenten der δ-Funktionen die möglichen Anregungsenergien des Systems stehen.

Wir wollen nun die Green-Funktionen durch die Spektraldichte ausdrücken. Dazu benutzen wir die folgende Darstellung der Stufenfunktion (s. Aufgabe 3.2.4):

$$\Theta(t - t') = \frac{i}{2\pi} \int_{-\infty}^{+\infty} dx \frac{e^{-ix(t-t')}}{x + i0^+} . \tag{3.147}$$

Der Beweis gelingt leicht mithilfe des Residuensatzes. Mit (3.147) lässt sich die retardierte Green-Funktion (3.117) wie folgt umformen:

$$\begin{aligned}
G_{AB}^{\text{ret}}(E) &= \int_{-\infty}^{+\infty} d(t-t') \exp\left(\frac{i}{\hbar} E (t-t')\right) (-i\Theta(t-t')) (2\pi S_{AB}(t-t')) \\
&= \int_{-\infty}^{+\infty} d(t-t') \exp\left(\frac{i}{\hbar} E (t-t')\right) (-i\Theta(t-t')) \\
&\quad \cdot \frac{1}{\hbar} \int_{-\infty}^{+\infty} dE' \, S_{AB}(E') \exp\left(-\frac{i}{\hbar} E' (t-t')\right) = \\
&= \int_{-\infty}^{+\infty} dE' \int_{-\infty}^{+\infty} dx \frac{S_{AB}(E')}{x + i0^+} \\
&\quad \cdot \frac{1}{2\pi\hbar} \int_{-\infty}^{+\infty} d(t-t') \exp\left[-\frac{i}{\hbar} (\hbar x - E + E')(t-t')\right] \\
&= \int_{-\infty}^{+\infty} dE' \int_{-\infty}^{+\infty} dx \frac{S_{AB}(E')}{x + i0^+} \frac{1}{\hbar} \delta\left(x - \frac{1}{\hbar}(E - E')\right) .
\end{aligned}$$

Damit haben wir die

Spektraldarstellung der retardierten Green-Funktion

$$G^{\mathrm{ret}}_{AB}(E) = \int\limits_{-\infty}^{+\infty} \mathrm{d}E' \, \frac{S_{AB}(E')}{E - E' + \mathrm{i}0^+} \, . \tag{3.148}$$

Die Behandlung der avancierten Funktion erfolgt völlig analog:

$$\begin{aligned}
G^{\mathrm{av}}_{AB}(E) &= \int\limits_{-\infty}^{+\infty} \mathrm{d}(t-t') \exp\left(\frac{\mathrm{i}}{\hbar} E(t-t')\right) \mathrm{i}\Theta(t'-t)\, 2\pi S_{AB}(t-t') \\
&= \int\limits_{-\infty}^{+\infty} \mathrm{d}E' \int\limits_{-\infty}^{+\infty} \mathrm{d}x \, \frac{S_{AB}(E')}{x + \mathrm{i}0^+} \\
&\quad \cdot \frac{-1}{2\pi\hbar} \int\limits_{-\infty}^{+\infty} \mathrm{d}(t-t') \exp\left[-\frac{\mathrm{i}}{\hbar}(-\hbar x - E + E')(t-t')\right] \\
&= -\int\limits_{-\infty}^{+\infty} \mathrm{d}E' \int\limits_{-\infty}^{+\infty} \mathrm{d}x \, \frac{S_{AB}(E')}{x + \mathrm{i}0^+} \frac{1}{\hbar} \delta\left(-x - \frac{1}{\hbar}(E - E')\right) .
\end{aligned}$$

Dies ergibt die

Spektraldarstellung der avancierten Green-Funktion

$$G^{\mathrm{av}}_{AB}(E) = \int\limits_{-\infty}^{+\infty} \mathrm{d}E' \, \frac{S_{AB}(E')}{E - E' - \mathrm{i}0^+} \, . \tag{3.149}$$

Das Vorzeichen von $\mathrm{i}0^+$ ist der einzige, aber wichtige Unterschied zwischen retardierter und avancierter Funktion, aus dem das unterschiedliche analytische Verhalten resultiert:

- G^{ret}_{AB} ist in die obere, G^{av}_{AB} in die untere Halbebene analytisch fortsetzbar!

Die noch zu besprechende kausale Green-Funktion ist dagegen weder in die obere noch in die untere Halbebene fortsetzbar.

Wenn wir nun die Spektraldarstellung (3.146) der Spektraldichte in (3.148) bzw. (3.149) einsetzen, so ergibt sich der folgende bemerkenswerte Ausdruck:

$$G^{\substack{\mathrm{ret}\\ \mathrm{av}}}_{AB} = \frac{\hbar}{\Xi} \sum_{n,m} \langle E_n | B | E_m \rangle \langle E_m | A | E_n \rangle \mathrm{e}^{-\beta E_n} \frac{\mathrm{e}^{\beta(E_n - E_m)} - \varepsilon}{E - (E_n - E_m) \pm \mathrm{i}0^+} \, . \tag{3.150}$$

Es handelt sich also in beiden Fällen um eine meromorphe Funktion mit einfachen Polen bei den exakten Anregungsenergien des wechselwirkenden Systems. Wenn wir in der Lage sind, die Green-Funktion irgendwie zu bestimmen, so können wir an den Singularitäten genau die Energien $(E_n - E_m)$ ablesen, für die die Matrixelemente der Operatoren A und B von Null verschieden sind. Man kann also durch passende Wahl von A und B dafür sorgen, dass ganz bestimmte Anregungsenergien als Pole in Erscheinung treten.

Wegen ihrer identischen physikalischen Aussagekraft fasst man die retardierte und die avancierte Green-Funktion bisweilen zu einer einzigen Funktion $G_{AB}(E)$ zusammen. Konkret betrachtet man G_{AB}^{ret} und G_{AB}^{av} als die beiden Zweige einer einheitlichen Green-Funktion in der komplexen E-Ebene:

$$G_{AB}(E) = \int_{-\infty}^{+\infty} dE' \, \frac{S_{AB}(E')}{E - E'} = \begin{cases} G_{AB}^{\text{ret}}(E) \, , & \text{falls} \quad \text{Im}\, E > 0 \, , \\ G_{AB}^{\text{av}}(E) \, , & \text{falls} \quad \text{Im}\, E < 0 \, . \end{cases} \tag{3.151}$$

Die Singularitäten liegen nun auf der reellen Achse.

Wir haben in (3.148), (3.149) und (3.151) die Green-Funktionen durch die Spektraldichte ausgedrückt. Mithilfe der Dirac-Identität

$$\frac{1}{x - x_0 \pm i0^+} = \mathcal{P}\frac{1}{x - x_0} \mp i\pi\delta\,(x - x_0) \, , \tag{3.152}$$

in der $\mathcal{P}$ den Cauchy'schen Hauptwert bezeichnet, können wir auch leicht die *Umkehrung* ableiten:

$$S_{AB}(E) = \frac{i}{2\pi}\Big[G_{AB}\,(E + i0^+) - G_{AB}\,(E - i0^+)\Big] \, . \tag{3.153}$$

Wenn man die Spektraldichte in (3.151) als reell voraussetzt, so folgt:

$$S_{AB}(E) = \mp\frac{1}{\pi}\,\text{Im}\, G_{AB}^{\substack{\text{ret}\\ \text{av}}}(E) \, . \tag{3.154}$$

Es fehlt nun noch die Spektraldarstellung der kausalen Green-Funktion. Ausgehend von der Definition (3.119)

$$\begin{aligned} G_{AB}^{c}(E) = -i \int_{-\infty}^{+\infty} d(t - t') \, \exp\left(\frac{i}{\hbar}E\,(t - t')\right) \Big(\Theta\,(t - t')\,\langle A(t)B\,(t')\rangle \\ + \varepsilon\Theta\,(t' - t)\,\langle B\,(t')\,A(t)\rangle\Big) \end{aligned}$$

erhalten wir nach Einsetzen von (3.144), (3.145) und (3.147):

$$G^c_{AB}(E) =$$

$$= \frac{1}{\Xi} \sum_{n,m} \langle E_n|B|E_m\rangle \langle E_m|A|E_n\rangle e^{-\beta E_n} \frac{1}{2\pi} \int_{-\infty}^{+\infty} dt'' \int_{-\infty}^{+\infty} dx \frac{1}{x + i0^+}$$

$$\cdot \left\{ \exp[\beta(E_n - E_m)] \exp\left\{\frac{i}{\hbar}[E - (E_n - E_m) - \hbar x]\right\} t'' \right.$$

$$\left. + \varepsilon \exp\left[\frac{i}{\hbar}(E - (E_n - E_m) + \hbar x)\, t''\right]\right\}$$

$$= \frac{\hbar}{\Xi} \sum_{n,m} \langle E_n|B|E_m\rangle \langle E_m|A|E_n\rangle e^{-\beta E_n}$$

$$\cdot \int_{-\infty}^{+\infty} dx \frac{1}{x + i0^+} \left[e^{\beta(E_n - E_m)} \delta(E - (E_n - E_m) - \hbar x) \right.$$

$$\left. + \varepsilon \delta(E - (E_n - E_m) + \hbar x) \right] .$$

Dies ergibt die

Spektraldarstellung der kausalen Green-Funktion

$$G^c_{AB}(E) = \frac{\hbar}{\Xi} \sum_{n,m} \langle E_n|B|E_m\rangle \langle E_m|A|E_n\rangle e^{-\beta E_n}$$
$$\cdot \left[\frac{e^{\beta(E_n - E_m)}}{E - (E_n - E_m) + i0^+} - \frac{\varepsilon}{E - (E_n - E_m) - i0^+} \right] . \tag{3.155}$$

Die kausale Green-Funktion hat also sowohl in der unteren als auch in der oberen Halbebene Singularitäten, ist also in keine von beiden analytisch fortsetzbar. Für konkrete Rechnungen sind deshalb in der Regel die retardierte und die avancierte Funktion bequemer. Die später zu besprechende Diagrammtechnik ist dagegen nur mit der kausalen Funktion durchführbar.

3.2.3 Spektraltheorem

Wir haben im letzten Abschnitt gesehen, dass aus den Green-Funktionen bzw. aus der Spektraldichte wertvolle mikroskopische Informationen über das betrachtete physikalische

System zugänglich wird. Die Singularitäten dieser Funktionen sind mit den Anregungsenergien des Systems identisch. Die Green-Funktionen liefern aber noch wesentlich mehr. Wir werden nun zeigen, dass die gesamte makroskopische Thermodynamik durch passend definierte Green-Funktionen festgelegt ist. Zu diesem Zweck leiten wir zunächst das fundamentale Spektraltheorem ab.

Wir beginnen mit der Korrelationsfunktion

$$\langle B(t')A(t)\rangle ,$$

deren Spektraldarstellung (3.145) der entsprechenden Darstellung (3.146) der Spektraldichte sehr ähnlich ist. Die Korrelation lässt sich deshalb durch die Spektraldichte ausdrücken. Dies gelingt unmittelbar durch die **Antikommutator-Spektraldichte** ($\varepsilon = -$). Kombination von (3.145) und (3.146) liefert:

$$\langle B(t')A(t)\rangle = \frac{1}{\hbar}\int_{-\infty}^{+\infty} \mathrm{d}E\, \frac{S_{AB}^{(-)}(E)}{\mathrm{e}^{\beta E}+1}\exp\left(-\frac{\mathrm{i}}{\hbar}E(t-t')\right) . \tag{3.156}$$

Diese fundamentale Beziehung wird **Spektraltheorem** genannt. Mit ihr lassen sich beliebige Korrelationsfunktionen und Erwartungswerte ($t = t'$) über passend definierte Spektraldichten berechnen. Man hat jedoch zu beachten, dass bei Verwendung von **Kommutator-Spektraldichten** ($\varepsilon = +$) der obige Ausdruck um eine Konstante D erweitert werden muss, sodass das Spektraltheorem vollständig wie folgt formuliert werden muss:

$$\langle B(t')A(t)\rangle = \frac{1}{\hbar}\int_{-\infty}^{+\infty} \mathrm{d}E\, \frac{S_{AB}^{(\varepsilon)}(E)}{\mathrm{e}^{\beta E}-\varepsilon}\exp\left(-\frac{\mathrm{i}}{\hbar}E(t-t')\right) + \frac{1}{2}(1+\varepsilon)D . \tag{3.157}$$

Dass im ($\varepsilon = +$)-Fall zu (3.156) ein Korrekturterm hinzukommen muss, macht das folgende Beispiel klar. Ersetzen wir in der Definition (3.127) für die Kommutator-Spektraldichte die Operatoren A und B durch

$$\widetilde{A} = A - \langle A\rangle \ ; \quad \widetilde{B} = B - \langle B\rangle , \tag{3.158}$$

so ändert sich die Spektraldichte selbst überhaupt nicht:

$$S_{AB}^{(+)}(t-t') = S_{\widetilde{A}\widetilde{B}}^{(+)}(t-t') .$$

Ohne D würde sich also auch die rechte Seite von (3.156) nicht ändern, wohl hingegen die linke Seite:

$$\left\langle \widetilde{B}(t')\widetilde{A}(t)\right\rangle = \langle B(t')A(t)\rangle - \langle B\rangle\langle A\rangle . \tag{3.159}$$

Die Kommutator-Spektraldichte bestimmt also die Korrelationsfunktion nicht vollständig. Die Ursache lässt sich an (3.146) ablesen, wenn man die Spektraldichte in einen diagonalen und einen nichtdiagonalen Anteil zerlegt:

$$S_{AB}^{(\varepsilon)}(E) = \widehat{S}_{AB}^{(\varepsilon)}(E) + \hbar\,(1-\varepsilon) D\delta(E)\,. \tag{3.160}$$

Dabei gilt:

$$\widehat{S}_{AB}^{(\varepsilon)}(E) = \frac{\hbar}{\Xi} \sum_{n,m}^{E_n \neq E_m} \langle E_n | B | E_m \rangle \langle E_m | A | E_n \rangle \mathrm{e}^{-\beta E_n} \cdot \left(\mathrm{e}^{\beta E} - \varepsilon\right) \delta\left[E - (E_n - E_m)\right], \tag{3.161}$$

$$D = \frac{1}{\Xi} \sum_{n,m}^{E_n = E_m} \langle E_n | B | E_m \rangle \langle E_m | A | E_n \rangle \mathrm{e}^{-\beta E_n}\,. \tag{3.162}$$

In der Kommutator-Spektraldichte tauchen die in D enthaltenen Diagonalterme nicht auf. Sie werden allerdings zur Bestimmung der Korrelationsfunktionen (3.144) und (3.145) benötigt. Die $(\varepsilon = +)$-Spektraldichte reicht deshalb zur Festlegung der Korrelationen nicht aus, falls die Diagonalelemente von Null verschieden sind. Es gilt vielmehr

$$\langle B(t') A(t) \rangle = D + \frac{1}{\hbar} \int_{-\infty}^{+\infty} \mathrm{d}E \, \frac{\widehat{S}_{AB}^{(\varepsilon)}(E)}{\mathrm{e}^{\beta E} - \varepsilon} \exp\left(-\frac{\mathrm{i}}{\hbar} E\,(t-t')\right), \tag{3.163}$$

$$\langle A(t) B(t') \rangle = D + \frac{1}{\hbar} \int_{-\infty}^{+\infty} \mathrm{d}E \, \frac{\widehat{S}_{AB}^{(\varepsilon)}(E) \mathrm{e}^{\beta E}}{\mathrm{e}^{\beta E} - \varepsilon} \exp\left(-\frac{\mathrm{i}}{\hbar} E\,(t-t')\right), \tag{3.164}$$

wie man direkt an den allgemeinen Spektraldarstellungen (3.144) und (3.145) abliest. Beim Einsetzen in die Kommutator-Green-Funktion $G_{AB}^{(+)}(E)$ oder in die Kommutator-Spektraldichte fällt die Konstante D heraus. Die Spektraldarstellung der in (3.151) definierten Green-Funktion $G_{AB}(E)$ lautet damit:

$$G_{AB}^{(-)}(E) = \frac{\hbar}{\Xi} \sum_{n,m} \langle E_n | B | E_m \rangle \langle E_m | A | E_n \rangle \mathrm{e}^{-\beta E_n} \frac{\mathrm{e}^{\beta(E_n - E_m)} + 1}{E - (E_n - E_m)}, \tag{3.165}$$

$$G_{AB}^{(+)}(E) = \frac{\hbar}{\Xi} \sum_{n,m}^{E_n \neq E_m} \langle E_n | B | E_m \rangle \langle E_m | A | E_n \rangle \mathrm{e}^{-\beta E_n} \frac{\mathrm{e}^{\beta(E_n - E_m)} - 1}{E - (E_n - E_m)}\,. \tag{3.166}$$

Der folgende Grenzübergang, der im Komplexen durchzuführen ist, da $G_{AB}^{(\varepsilon)}(E)$ nur dort definiert ist,

$$\lim_{E \to 0} E G_{AB}^{(\varepsilon)}(E) = (1-\varepsilon)\hbar D\,, \tag{3.167}$$

liefert eine praktische Möglichkeit zur Bestimmung der Konstanten D. Das allgemeine Spektraltheorem (3.157) erfordert D bei Benutzung der Kommutator-Funktionen. Bestimmen können wir diese über (3.167) aus der zugehörigen Antikommutator-Green-Funktion $G_{AB}^{(-)}(E)$. – Zwei weitere wichtige Konsequenzen lassen sich an (3.167) ablesen:

1. Die Kommutator-Green-Funktion $G_{AB}^{(+)}(E)$ ist in jedem Fall regulär im Nullpunkt. Diese Tatsache kann als Kriterium für approximative Lösungen verwendet werden.
2. Die Antikommutator-Green-Funktion $G_{AB}^{(-)}(E)$ hat im Fall $D \neq 0$ bei $E = 0$ einen Pol erster Ordnung mit dem Residuum $2\hbar D$. Wir werden einfache Anwendungen des fundamentalen Spektraltheorems in Abschn. 3.3 diskutieren.

3.2.4 Exakte Relationen

Für realistische Probleme sind Green-Funktionen und Spektraldichten leider fast nie exakt berechenbar. Approximationen müssen deshalb toleriert werden. Dann ist es aber sehr nützlich, einige allgemeine exakte Relationen (Grenzfälle, Symmetrierelationen, Summenregeln usw.) zur Verfügung zu haben, an denen man die Näherungen testen kann. Wir listen in diesem Abschnitt einige solcher exakten Relationen auf.

Direkt an den allgemeinen Definitionen der Green-Funktionen liest man ab:

$$G_{AB}^{\mathrm{ret}}(t,t') = \varepsilon G_{BA}^{\mathrm{av}}(t',t) \,. \tag{3.168}$$

Mit (3.117) und (3.118) gilt nämlich:

$$\begin{aligned}\langle\langle A(t); B(t')\rangle\rangle^{\mathrm{ret}} &= -\mathrm{i}\Theta(t-t')\left\langle [A(t), B(t')]_{-\varepsilon}\right\rangle \\ &= +\mathrm{i}\varepsilon\Theta(t-t')\left\langle [B(t'), A(t)]_{-\varepsilon}\right\rangle \\ &= \varepsilon\left\langle\left\langle B(t'); A(t)\right\rangle\right\rangle^{\mathrm{av}} .\end{aligned}$$

Nach Fourier-Transformation wird aus (3.168):

$$\begin{aligned}&\int_{-\infty}^{+\infty} \mathrm{d}(t-t')\; G_{AB}^{\mathrm{ret}}(t-t') \exp\left(\frac{\mathrm{i}}{\hbar}E(t-t')\right) \\ &= \varepsilon \int_{-\infty}^{+\infty} \mathrm{d}(t-t')\; G_{BA}^{\mathrm{av}}(t'-t) \exp\left(\frac{\mathrm{i}}{\hbar}E(t-t')\right) \\ &= \varepsilon \int_{-\infty}^{+\infty} \mathrm{d}(t'-t)\; G_{BA}^{\mathrm{av}}(t'-t) \exp\left[\frac{\mathrm{i}}{\hbar}(-E)(t'-t)\right] .\end{aligned}$$

Dies bedeutet:

$$G_{AB}^{\mathrm{ret}}(E) = \varepsilon G_{BA}^{\mathrm{av}}(-E) \quad (E \text{ reell}) \,. \tag{3.169}$$

Ist E komplex, so hat man zu bedenken, dass $G_{AB}^{\text{ret}}(E)$ und $G_{AB}^{\text{av}}(E)$ nur in jeweils einer Halbebene analytisch sind. Bei komplexem E empfiehlt sich die *kombinierte* Funktion (3.151), die wiederum für reelle E nicht definiert ist:

$$G_{AB}(E) = \varepsilon G_{BA}(-E) \qquad (E \text{ komplex}) . \tag{3.170}$$

Für retardierte wie avancierte Green-Funktionen gilt gleichermaßen:

$$\left(G_{AB}^{\text{ret, av}}(t,t')\right)^* = \varepsilon G_{A^+B^+}^{\text{ret, av}}(t,t') . \tag{3.171}$$

Diese direkt aus der Definition folgende Beziehung hat für den Fall, dass die Green-Funktionen aus hermiteschen Operatoren ($A = A^+$, $B = B^+$) aufgebaut sind, wie z. B. die *Response*-Größen aus Abschn. 3.1, die Konsequenz, dass die Kommutator-Funktionen rein reell und die Antikommutator-Funktionen rein imaginär sind.

Mit der Bewegungsgleichung (3.141) führen wir die folgende Umformung durch:

$$\begin{aligned}
&\int\limits_{-\infty}^{+\infty} \mathrm{d}E \left\{E \langle\langle A;B\rangle\rangle_E^{\text{ret}} - \hbar \langle [A,B]_{-\varepsilon}\rangle\right\} \\
&= \int\limits_{-\infty}^{+\infty} \mathrm{d}E \,\langle\langle [A,\mathcal{H}]_-;B\rangle\rangle_E^{\text{ret}} \\
&= \int\limits_{-\infty}^{+\infty} \mathrm{d}E\,(-\mathrm{i}) \int\limits_0^{\infty} \mathrm{d}t\, \langle[[A,\mathcal{H}]_-(t),B(0)]_{-\varepsilon}\rangle \exp\left(\frac{\mathrm{i}}{\hbar}Et\right) \\
&= \hbar \int\limits_0^{\infty} \mathrm{d}t \left\langle\left[\dot{A}(t),B(0)\right]_{-\varepsilon}\right\rangle \int\limits_{-\infty}^{+\infty} \mathrm{d}E \exp\left(\frac{\mathrm{i}}{\hbar}Et\right) \\
&= 2\pi\hbar^2 \int\limits_0^{\infty} \mathrm{d}t \left\langle\left[\dot{A}(t),B(0)\right]_{-\varepsilon}\right\rangle \delta(t) .
\end{aligned}$$

Wegen

$$\int\limits_0^{\infty} \mathrm{d}x\, \delta(x) f(x) = \frac{1}{2} f(0) \tag{3.172}$$

folgt schließlich:

$$\int\limits_{-\infty}^{+\infty} \mathrm{d}E \left\{E G_{AB}^{\text{ret}}(E) - \hbar \langle [A,B]_{-\varepsilon}\rangle\right\} = \pi\hbar^2 \left\langle\left[\dot{A}(0),B(0)\right]_{-\varepsilon}\right\rangle . \tag{3.173}$$

Die analogen Beziehungen für die beiden anderen Green-Funktionen lauten:

$$\int\limits_{-\infty}^{+\infty} \mathrm{d}E \left\{E G_{AB}^{\text{av}}(E) - \hbar \langle [A,B]_{-\varepsilon}\rangle\right\} = -\pi\hbar^2 \left\langle\left[\dot{A}(0),B(0)\right]_{-\varepsilon}\right\rangle , \tag{3.174}$$

$$\int\limits_{-\infty}^{+\infty} \mathrm{d}E \left\{E G_{AB}^{\text{c}}(E) - \hbar \langle [A,B]_{-\varepsilon}\rangle\right\} = \pi\hbar^2 \left\{\left\langle\dot{A}(0)B(0)\right\rangle + \varepsilon \left\langle B(0)\dot{A}(0)\right\rangle\right\} . \tag{3.175}$$

Die Bedeutung dieser Relationen liegt in dem folgenden Schluss: Die rechten Seiten sind als Erwartungswerte von Produkten aus Operatoren (Observablen) endliche Größen. Die Integrale auf den linken Gleichungsseiten müssen deshalb konvergieren. Notwendige Bedingung dafür ist:

$$\lim_{E\to\infty} G^{\alpha}_{AB}(E) \approx \frac{\hbar}{E}\langle [A,B]_{-\varepsilon}\rangle \; . \tag{3.176}$$

Der Erwartungswert rechts ist in aller Regel direkt berechenbar, so dass das Hochenergieverhalten der Green-Funktion auf einfache Weise bestimmbar ist. Man denke z. B. an die wichtigen Response-Größen $\chi^{\alpha\beta}_{ij}(E)$, $\sigma^{\alpha\beta}(E)$, $\varepsilon(\boldsymbol{q},E)$ aus Abschn. 3.1.

Für die Spektraldichte $S_{AB}(E)$ existieren nützliche Summenregeln, die unabhängig von der Funktion selbst berechnet werden können und deshalb als Kontrolle für die unvermeidlichen Näherungsverfahren dienen. Aus der Definition der Spektraldichte in (3.127) folgt:

$$\begin{aligned}\left(\mathrm{i}\hbar\frac{\partial}{\partial t}\right)^n (2\pi S_{AB}(t,t')) &= \left(\mathrm{i}\hbar\frac{\partial}{\partial t}\right)^n \langle [A(t),B(t')]_{-\varepsilon}\rangle \\ &= \left(\mathrm{i}\hbar\frac{\partial}{\partial t}\right)^n \frac{1}{\hbar}\int_{-\infty}^{+\infty} \mathrm{d}E\, S_{AB}(E)\exp\left(-\frac{\mathrm{i}}{\hbar}E(t-t')\right) \\ &= \frac{1}{\hbar}\int_{-\infty}^{+\infty} \mathrm{d}E\, S_{AB}(E)E^n\exp\left(-\frac{\mathrm{i}}{\hbar}E(t-t')\right) \; .\end{aligned} \tag{3.177}$$

Für $t = t'$ ergeben sich hieraus die so genannten

Spektralmomente

$$M^{(n)}_{AB} = \frac{1}{\hbar}\int_{-\infty}^{+\infty} \mathrm{d}E\, E^n S_{AB}(E) \; . \tag{3.178}$$

Setzen wir auf der linken Seite von (3.177) die Bewegungsgleichung (3.27) für Heisenberg-Operatoren ein und bedenken wir, dass wir auf $S_{AB}(t,t')$ mit demselben Resultat statt $\left(\mathrm{i}\hbar\frac{\partial}{\partial t}\right)^n$ auch $\left(\mathrm{i}\hbar\frac{\partial}{\partial t}\right)^{n-p}\left(-\mathrm{i}\hbar\frac{\partial}{\partial t'}\right)^p$ mit $0 \le p \le n$ hätten wirken lassen können, so ergibt sich die folgende alternative Darstellung der Momente:

$$M^{(n)}_{AB} = \Big\langle \Big[\underbrace{[\cdots[[A,\mathcal{H}]_-,\mathcal{H}]_-\cdots\mathcal{H}]_-}_{(n-p)\text{-facher Kommutator}}, \underbrace{[\mathcal{H},\cdots[\mathcal{H},B]_-\cdots]_-}_{p\text{-facher Kommutator}} \Big]_{-\varepsilon} \Big\rangle \tag{3.179}$$
$$(0 \le p \le n; \quad n = 0,1,2,\dots)$$

Bei bekanntem Hamilton-Operator lassen sich über diese Beziehung im Prinzip alle Momente der Spektraldichte exakt berechnen, und das unabhängig von $S_{AB}(E)$.

Mit den Spektralmomenten läßt sich eine häufig sehr nützliche

- Hochenergieentwicklung

für die Green's-Funktionen formulieren. Für die „kombinierte" Green's-Funktion (3.151) gilt

$$\begin{aligned}G_{AB}(E) &= \int\limits_{-\infty}^{+\infty} dE' \, \frac{S_{AB}(E')}{E - E'} \\ &= \frac{1}{E} \int\limits_{-\infty}^{+\infty} dE' \, \frac{S_{AB}(E')}{1 - \frac{E'}{E}} \\ &= \frac{1}{E} \sum_{n=0}^{\infty} \int\limits_{-\infty}^{+\infty} dE' \, S_{AB}(E') \left(\frac{E'}{E}\right)^n\end{aligned}$$

Der Vergleich mit (3.178) liefert dann:

$$G_{AB}(E) = \hbar \sum_{n=0}^{\infty} \frac{M_{AB}^{(n)}}{E^{n+1}} \tag{3.180}$$

Dieses bedeutet für das extreme Hochenergieverhalten ($E \to \infty$) (vgl. (3.176)):

$$G_{AB}(E) \approx \frac{\hbar}{E} M_{AB}^{(0)} = \frac{\hbar}{E} \langle [A, B]_{-\varepsilon} \rangle \tag{3.181}$$

Die rechte Seite ist in der Regel leicht berechenbar. Das Hochenergieverhalten der wichtigen Response-Funktionen aus Abschn. 3.1, z. B., ist damit bereits bekannt.

3.2.5 Kramers-Kronig-Relationen

Nach (3.148) bzw. (3.149) sind die Green-Funktionen G_{AB}^{ret} und G_{AB}^{av} vollständig durch die Spektraldichte S_{AB} festgelegt. Andererseits ist diese wiederum nach (3.154) allein aus dem Imaginärteil dieser Funktionen ableitbar. Real- und Imaginärteile der Green-Funktionen sind demnach nicht unabhängig voneinander.

Man betrachte das Integral

$$I_C(E) = \oint\limits_C d\overline{E} \, \frac{G_{AB}^{\text{ret}}(\overline{E})}{E - \overline{E} - i0^+} \, .$$

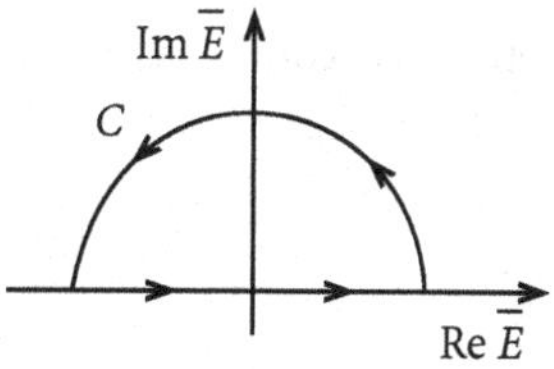

Abb. 3.3 Integrationsweg in der komplexen E-Ebene zur Berechnung des Integrals $I_C(E)$

$G_{AB}^{\mathrm{ret}}(\overline{E})$ ist analytisch in der gesamten oberen Halbebene. Dies gilt, wenn wir E als reell voraussetzen, dann auch für den kompletten Integranden, sodass

$$I_C(E) = 0$$

folgt. Schließen wir den Halbkreis im Unendlichen, so verschwindet der Integrand wegen (3.181) auf diesem. Es bleibt damit, wenn wir die Dirac-Identität (3.152) benutzen:

$$0 = \int_{-\infty}^{+\infty} d\overline{E}\, \frac{G_{AB}^{\mathrm{ret}}(\overline{E})}{E - \overline{E} - \mathrm{i}0^+} = \mathcal{P}\int_{-\infty}^{+\infty} d\overline{E}\, \frac{G_{AB}^{\mathrm{ret}}(\overline{E})}{E - \overline{E}} + \mathrm{i}\pi G_{AB}^{\mathrm{ret}}(E)\,.$$

Daraus folgt:

$$G_{AB}^{\mathrm{ret}}(E) = \frac{\mathrm{i}}{\pi}\mathcal{P}\int_{-\infty}^{+\infty} d\overline{E}\, \frac{G_{AB}^{\mathrm{ret}}(\overline{E})}{E - \overline{E}}\,. \tag{3.182}$$

Ganz analog findet man, wenn man den Halbkreis in der unteren Halbebene schließt, in der $G_{AB}^{\mathrm{av}}(\overline{E})$ analytisch ist, und $-\mathrm{i}0^+$ durch $+\mathrm{i}0^+$ ersetzt:

$$G_{AB}^{\mathrm{av}}(E) = -\frac{\mathrm{i}}{\pi}\mathcal{P}\int_{-\infty}^{+\infty} d\overline{E}\, \frac{G_{AB}^{\mathrm{av}}(\overline{E})}{E - \overline{E}}\,. \tag{3.183}$$

Genau genommen braucht man die vollen Green-Funktionen gar nicht zu kennen. Es reicht die Bestimmung des Real- oder des Imaginärteils aus. Der jeweils andere Teil folgt dann aus den an (3.182) und (3.183) ablesbaren

Kramers-Kronig-Relationen

$$\mathrm{Re}\, G_{AB}^{\substack{\mathrm{ret}\\ \mathrm{av}}}(E) = \mp\frac{1}{\pi}\mathcal{P}\int_{-\infty}^{+\infty} d\overline{E}\, \frac{\mathrm{Im}\, G_{AB}^{\substack{\mathrm{ret}\\ \mathrm{av}}}(\overline{E})}{E - \overline{E}}\,, \tag{3.184}$$

$$\mathrm{Im}\, G_{AB}^{\substack{\mathrm{ret}\\ \mathrm{av}}}(E) = \pm\frac{1}{\pi}\mathcal{P}\int_{-\infty}^{+\infty} d\overline{E}\, \frac{\mathrm{Re}\, G_{AB}^{\substack{\mathrm{ret}\\ \mathrm{av}}}(\overline{E})}{E - \overline{E}}\,. \tag{3.185}$$

Setzen wir voraus, dass die Spektraldichte $S_{AB}(E)$ **reell** ist, so gilt (3.154) und damit:

$$\operatorname{Re} G_{AB}^{\mathrm{ret}}(E) = \operatorname{Re} G_{AB}^{\mathrm{av}}(E) = \mathcal{P} \int_{-\infty}^{+\infty} \mathrm{d}\overline{E}\, \frac{S_{AB}(\overline{E})}{E - \overline{E}} \,, \tag{3.186}$$

$$\operatorname{Im} G_{AB}^{\mathrm{ret}}(E) = -\operatorname{Im} G_{AB}^{\mathrm{av}}(E) = -\pi S_{AB}(E) \,. \tag{3.187}$$

Die Verbindung zur kausalen Green-Funktion gelingt mit (3.146) und (3.155):

$$\operatorname{Im} G_{AB}^{\mathrm{c}}(E) = -\pi S_{AB}(E) \frac{\mathrm{e}^{\beta E} + \varepsilon}{\mathrm{e}^{\beta E} - \varepsilon} \,, \tag{3.188}$$

$$\operatorname{Re} G_{AB}^{\mathrm{c}}(E) = \operatorname{Re} G_{AB}^{\mathrm{ret,\,av}}(E) \,. \tag{3.189}$$

Während (3.184) und (3.185) noch allgemein gültig sind, setzen (3.186) bis (3.189) voraus, dass die Spektraldichte reell ist. Ist dies, wie in der Regel, der Fall, so können diese Relationen als Transformationsformeln für den Wechsel von einem Typ Green-Funktion zum anderen herhalten. Dies ist nicht ganz unwichtig, da, wie bereits erwähnt, die Bewegungsgleichungsmethode $G_{AB}^{\mathrm{ret,\,av}}$ benutzt, die später zu besprechende Diagrammtechnik dagegen G_{AB}^{c}.

3.2.6 Aufgaben

Aufgabe 3.2.1

Beweisen Sie

$$\frac{\mathrm{d}}{\mathrm{d}t} \Theta(t - t') = \delta(t - t') = -\frac{\mathrm{d}}{\mathrm{d}t'} \Theta(t - t') \,,$$

wobei $\Theta(t - t')$ die Stufenfunktion sein soll.

Aufgabe 3.2.2

Leiten Sie die Bewegungsgleichung der kausalen Green'schen Funktion $G_{AB}^{\mathrm{c}}(t, t')$ ab.

Aufgabe 3.2.3

Zeigen Sie, dass für zeitabhängige Korrelationsfunktionen

$$\langle B(0)A(t+\mathrm{i}\hbar\beta)\rangle = \langle A(t)B(0)\rangle$$

gilt, falls der Hamilton-Operator nicht explizit von der Zeit abhängt.

Aufgabe 3.2.4

Beweisen Sie die Darstellung (3.147) der Stufenfunktion:

$$\Theta(t-t') = \frac{\mathrm{i}}{2\pi}\int\limits_{-\infty}^{+\infty} \mathrm{d}x \, \frac{\mathrm{e}^{-\mathrm{i}x(t-t')}}{x+\mathrm{i}0^+} \,.$$

Aufgabe 3.2.5

Beweisen Sie, dass eine komplexe Funktion $F(E)$ eine analytische Fortsetzung in die obere (untere) Halbebene besitzt, wenn ihre Fourier-Transformierte $f(t)$ für $t < 0$ ($t > 0$) verschwindet.

Aufgabe 3.2.6

Berechnen Sie mit dem Ergebnis aus Aufgabe 3.1.7 den Leitfähigkeitstensor für das nicht wechselwirkende Elektronensystem

Aufgabe 3.2.7

Zeigen Sie, dass für retardierte und avancierte Green-Funktionen gleichermaßen gilt:

$$\left[G_{AB}^{\mathrm{ret\,(av)}}(t,t')\right]^* = \varepsilon G_{A^+B^+}^{\mathrm{ret\,(av)}}(t,t') \,.$$

Aufgabe 3.2.8

Beweisen Sie für die kausale Green-Funktion die Beziehung (3.175):

$$\int_{-\infty}^{+\infty} \mathrm{d}E \, [EG^{c}_{AB}(E) - \hbar \langle [A, B]_{-\varepsilon} \rangle] = \pi\hbar^2 \left[\langle \dot{A}(0)B(0) \rangle + \varepsilon \langle B(0)\dot{A}(0) \rangle \right] .$$

Aufgabe 3.2.9

Berechnen Sie für ein System von wechselwirkungsfreien Elektronen,

$$H = \sum_{\boldsymbol{k},\sigma} \varepsilon(\boldsymbol{k}) a^+_{\boldsymbol{k}\sigma} a_{\boldsymbol{k}\sigma} ,$$

sämtliche Spektralmomente,

$$M^{(n)}_{\boldsymbol{k}\sigma} = \langle [\ldots [a_{\boldsymbol{k}\sigma}, \mathcal{H}]_-, \ldots, \mathcal{H}]_-, \mathcal{H}]_-, a^+_{\boldsymbol{k}\sigma}]_+ \rangle ,$$

und daraus die exakte Spektraldichte:

$$S_{\boldsymbol{k}\sigma}(E) = -\frac{1}{\pi} \operatorname{Im} \langle\langle a_{\boldsymbol{k}\sigma}; a^+_{\boldsymbol{k}\sigma} \rangle\rangle^{\mathrm{ret}}_E .$$

Aufgabe 3.2.10

Betrachten Sie ein freies, spinloses Teilchen in einer Dimension:

$$H = \frac{p^2}{2m} , \quad [x, p]_- = \mathrm{i}\hbar$$

Der (gemischte) Zustand des Systems sei durch den Dichteoperator

$$\rho = \mathrm{e}^{-\beta H} \quad \text{(nicht normiert)}$$

gegeben. $\beta = \frac{1}{k_B T}$ ist ein Parameter.

1. Berechnen Sie die Spur des Dichteoperators:
$$\mathrm{Sp}(\rho) = \int \mathrm{e}^{-\beta H} \mathrm{d}p$$
2. Zeigen Sie, dass für den Energie-Erwartungswert
$$\langle H \rangle = \frac{1}{2} k_B T$$
gilt.

3. $\langle H \rangle$ soll jetzt aus der Kommutator-Greenfunktion $G_p^{(+)}(E) = \langle\langle p;p \rangle\rangle^{(\varepsilon=+)}$ berechnet werden. Lösen Sie die Bewegungsgleichung für $G_p^{(+)}(E)$! (Das Ergebnis ist trivial.)
4. Versuchen Sie, den Erwartungswert $\langle H \rangle = \frac{1}{2m}\langle p \cdot p \rangle$ aus dem Spektraltheorem zu bestimmen. Beachten Sie dabei die Konstante D (s. (3.157))!
5. Berechnen Sie die Konstante D mithilfe der Beziehung

$$\lim_{E \to 0} E G_p^{(-)}(E) = 2\hbar D$$

aus der Lösung der Bewegungsgleichung der Antikommutator-Greenfunktion $G_p^{(-)}(E) = \langle\langle p;p \rangle\rangle^{(\varepsilon=-)}$! Gelingt die Bestimmung von $\langle H \rangle$?
6. Es sei nun ein infinitesimales, symmetriebrechendes Feld durch

$$H' = \frac{p^2}{2m} + \frac{m}{2}\omega^2 x^2 \quad (\omega \to 0)$$

eingeführt. Stellen Sie die Bewegungsgleichung für die Kommutator-Greenfunktion auf und lösen Sie diese für $\omega \neq 0$! (Dazu ist auch die Kommutator-Greenfunktion $\langle\langle x;p \rangle\rangle^{(\varepsilon=+)}$ zu bestimmen.)
7. Bestimmen Sie die Konstante D!
8. Berechnen Sie $\langle H \rangle_\omega$ aus dem Spektraltheorem für $G_p^{(+)}(E)$ für $\omega \neq 0$!
9. Zeigen Sie, dass

$$\lim_{\omega \to 0} \langle H' \rangle_\omega = \frac{1}{2} k_B T \,.$$

3.3 Erste Anwendungen

Wir wollen in diesem Abschnitt den abstrakten Green-Funktionsformalismus des letzten Abschnitts auf einfache Systeme anwenden. Deren Eigenschaften sind natürlich aus der elementaren statistischen Mechanik bekannt. Sie helfen uns hier lediglich, mit der Methode vertraut zu werden.

3.3.1 Nicht wechselwirkende Bloch-Elektronen

Wir diskutieren als erstes Beispiel ein System von nicht miteinander, nur mit dem periodischen Gitterpotential wechselwirkenden Festkörperelektronen, beschrieben durch den

Hamilton-Operator (2.22):

$$\mathcal{H}_0 = H_0 - \mu\widehat{N}\,, \tag{3.190}$$

$$H_0 = \sum_{k\sigma} \varepsilon(\boldsymbol{k}) a_{\boldsymbol{k}\sigma}^{+} a_{\boldsymbol{k}\sigma}\,, \tag{3.191}$$

$$\widehat{N} = \sum_{k\sigma} a_{\boldsymbol{k}\sigma}^{+} a_{\boldsymbol{k}\sigma}\,. \tag{3.192}$$

Wir können alle uns interessierenden Eigenschaften des Elektronensystems aus der so genannten

Ein-Elektronen-Green-Funktion

$$G_{\boldsymbol{k}\sigma}^{\alpha}(E) = \langle\langle a_{\boldsymbol{k}\sigma}; a_{\boldsymbol{k}\sigma}^{+} \rangle\rangle_E^{\alpha}\,, \qquad \alpha = \text{ret, av, c}\,; \quad \varepsilon = -\,. \tag{3.193}$$

ableiten. Da es sich um ein reines Fermionensystem handelt, ist die Wahl der Antikommutator-Green-Funktion ($\varepsilon = -$) nahe liegend, jedoch nicht zwingend.

Wir gehen bei der Lösung dieses einfachen Problems genauso vor, wie man auch in komplizierteren Fällen verfahren würde. Der erste Schritt ist das Aufstellen und Lösen der Bewegungsgleichung:

$$EG_{\boldsymbol{k}\sigma}^{\alpha}(E) = \hbar\left\langle\left[a_{\boldsymbol{k}\sigma}, a_{\boldsymbol{k}\sigma}^{+}\right]_{+}\right\rangle + \langle\langle \left[a_{\boldsymbol{k}\sigma}, \mathcal{H}_0\right]_{-}; a_{\boldsymbol{k}\sigma}^{+} \rangle\rangle^{\alpha}\,. \tag{3.194}$$

Mithilfe der fundamentalen Vertauschungsrelationen (2.23) und (2.24) für Fermionen findet man leicht:

$$\begin{aligned}\left[a_{\boldsymbol{k}\sigma}, \mathcal{H}_0\right]_{-} &= \sum_{\boldsymbol{k}',\sigma'} \left(\varepsilon(\boldsymbol{k}') - \mu\right)\left[a_{\boldsymbol{k}\sigma}, a_{\boldsymbol{k}'\sigma'}^{+} a_{\boldsymbol{k}'\sigma'}\right]_{-} \\ &= \sum_{\boldsymbol{k}',\sigma'} \left(\varepsilon(\boldsymbol{k}') - \mu\right)\delta_{\boldsymbol{k}\boldsymbol{k}'}\,\delta_{\sigma\sigma'}\,a_{\boldsymbol{k}'\sigma'} \\ &= \left(\varepsilon(\boldsymbol{k}) - \mu\right) a_{\boldsymbol{k}\sigma}\,.\end{aligned} \tag{3.195}$$

Dies führt nach Einsetzen in (3.194) zu der einfachen Bewegungsgleichung:

$$EG_{\boldsymbol{k}\sigma}^{\alpha}(E) = \hbar + \left(\varepsilon(\boldsymbol{k}) - \mu\right) G_{\boldsymbol{k}\sigma}^{\alpha}(E)\,. \tag{3.196}$$

Auflösen und Erfüllen der Randbedingungen durch Einfügen von $+\mathrm{i}0^{+}$ bzw. $-\mathrm{i}0^{+}$ ergibt:

$$G_{\boldsymbol{k}\sigma}^{\text{ret, av}}(E) = \frac{\hbar}{E - \left(\varepsilon(\boldsymbol{k}) - \mu\right) \pm \mathrm{i}0^{+}}\,. \tag{3.197}$$

Die Singularitäten dieser Funktion entsprechen offensichtlich den möglichen Anregungsenergien des Systems. Bei komplexem Argument E benutzen wir die *kombinierte* Green-

Funktion (3.151):

$$G_{\boldsymbol{k}\sigma}(E) = \frac{\hbar}{E - (\varepsilon(\boldsymbol{k}) - \mu)} \,. \tag{3.198}$$

Wichtig ist die **Ein-Elektronen-Spektraldichte**

$$S_{\boldsymbol{k}\sigma}(E) = \hbar\delta\left(E - (\varepsilon(\boldsymbol{k}) - \mu)\right) \,. \tag{3.199}$$

Wie sehen die zugehörigen zeitabhängigen Funktionen aus? Betrachten wir zunächst die retardierte Green-Funktion:

$$G^{\mathrm{ret}}_{\boldsymbol{k}\sigma}(t-t') = \frac{1}{2\pi\hbar}\int\limits_{-\infty}^{+\infty} \mathrm{d}E \exp\left(-\frac{\mathrm{i}}{\hbar}E(t-t')\right)\frac{\hbar}{E - (\varepsilon(\boldsymbol{k}) - \mu) + \mathrm{i}0^+} \,.$$

Wir substituieren E durch $\overline{E} = E - (\varepsilon(\boldsymbol{k}) - \mu)$:

$$G^{\mathrm{ret}}_{\boldsymbol{k}\sigma}(t-t') = \exp\left[-\frac{\mathrm{i}}{\hbar}(\varepsilon(\boldsymbol{k}) - \mu)(t-t')\right]\frac{1}{2\pi}\int\limits_{-\infty}^{+\infty} \mathrm{d}\overline{E}\,\frac{\exp\left(-\frac{\mathrm{i}}{\hbar}\overline{E}(t-t')\right)}{\overline{E} + \mathrm{i}0^+} \,.$$

Dies ergibt mit (3.147):

$$G^{\mathrm{ret}}_{\boldsymbol{k}\sigma}(t-t') = -\mathrm{i}\Theta(t-t')\exp\left[-\frac{\mathrm{i}}{\hbar}(\varepsilon(\boldsymbol{k}) - \mu)(t-t')\right] \,. \tag{3.200}$$

Die Randbedingung (3.133) ist also in der Tat durch das Einfügen des Infinitesimals $+\mathrm{i}0^+$ erfüllt. Ganz analog finden wir die avancierte Funktion:

$$G^{\mathrm{av}}_{\boldsymbol{k}\sigma}(t-t') = \mathrm{i}\Theta(t'-t)\exp\left[-\frac{\mathrm{i}}{\hbar}(\varepsilon(\boldsymbol{k}) - \mu)(t-t')\right] \,. \tag{3.201}$$

Im nicht wechselwirkenden System zeigen die zeitabhängigen Green-Funktionen also ein oszillatorisches Verhalten mit einer Frequenz, die einer exakten Anregungsenergie entspricht. Wir werden später sehen, dass das in analoger Weise auch für die wechselwirkenden Systeme gültig bleibt. Typisch wird dann jedoch ein zusätzlicher Dämpfungsfaktor sein, der als endliche Lebensdauer der Quasiteilchen zu interpretieren sein wird.

Wir wollen noch die kausale Green-Funktion untersuchen, die gemäß (3.135) die etwas unhandlichen Randbedingungen

$$G^{\mathrm{c}}_{\boldsymbol{k}\sigma}\left((t-t') = 0^+\right) = -\mathrm{i}\left(1 - \langle n_{\boldsymbol{k}\sigma}\rangle\right) \,, \tag{3.202}$$

$$G^{\mathrm{c}}_{\boldsymbol{k}\sigma}\left((t-t') = -0^+\right) = +\mathrm{i}\,\langle n_{\boldsymbol{k}\sigma}\rangle \tag{3.203}$$

zu erfüllen hat. Wir schreiben deshalb die Lösung der Bewegungsgleichung (3.194) in der folgenden Form:

$$G^{\mathrm{c}}_{\boldsymbol{k}\sigma}(E) = \frac{C_1}{E - (\varepsilon(\boldsymbol{k}) - \mu) + \mathrm{i}0^+} + \frac{C_2}{E - (\varepsilon(\boldsymbol{k}) - \mu) - \mathrm{i}0^+} \,.$$

Die Transformation auf die Zeitfunktion erfolgt wie zu (3.200):

$$G^{c}_{\boldsymbol{k}\sigma}(t-t') = \left(-\mathrm{i}\Theta(t-t')\frac{C_1}{\hbar} + \mathrm{i}\Theta(t'-t)\frac{C_2}{\hbar}\right) \cdot \exp\left[-\frac{\mathrm{i}}{\hbar}(\varepsilon(\boldsymbol{k})-\mu)(t-t')\right]. \tag{3.204}$$

Die Randbedingungen (3.202) und (3.203) sind also erfüllt mit

$$C_1 = \hbar\left(1 - \langle n_{\boldsymbol{k}\sigma}\rangle\right); \quad C_2 = \hbar\langle n_{\boldsymbol{k}\sigma}\rangle . \tag{3.205}$$

Wir erkennen an diesem einfachen Beispiel, dass die rechnerische Handhabung der kausalen Green-Funktion,

$$G^{c}_{\boldsymbol{k}\sigma}(E) = \frac{\hbar\left(1-\langle n_{\boldsymbol{k}\sigma}\rangle\right)}{E-(\varepsilon(\boldsymbol{k})-\mu)+\mathrm{i}0^+} + \frac{\hbar\langle n_{\boldsymbol{k}\sigma}\rangle}{E-(\varepsilon(\boldsymbol{k})-\mu)-\mathrm{i}0^+}, \tag{3.206}$$

wesentlich komplizierter ist als die der retardierten oder avancierten Funktion. Insbesondere muss der Erwartungswert $\langle n_{\boldsymbol{k}\sigma}\rangle$ des Anzahloperators noch bestimmt werden. Die Bewegungsgleichungsmethode konzentriert sich deshalb praktisch ausschließlich auf die retardierte und die avancierte Funktion.

Die zeitabhängige Spektraldichte findet sich leicht mit (3.199):

$$S_{\boldsymbol{k}\sigma}(t-t') = \frac{1}{2\pi}\exp\left[-\frac{\mathrm{i}}{\hbar}(\varepsilon(\boldsymbol{k})-\mu)(t-t')\right]. \tag{3.207}$$

Die mittlere Besetzungszahl $\langle n_{\boldsymbol{k}\sigma}\rangle$ des $(\boldsymbol{k},\sigma)$-Niveaus können wir durch Einsetzen von (3.199) in das Spektraltheorem (3.157) angeben. Wir finden das bekannte Ergebnis der Quantenstatistik:

$$\langle n_{\boldsymbol{k}\sigma}\rangle = \frac{1}{\exp\left(\beta(\varepsilon(\boldsymbol{k})-\mu)\right)+1}. \tag{3.208}$$

Dies ist die **Fermi-Funktion**

$$f_-(E) = \frac{1}{\mathrm{e}^{\beta(E-\mu)}+1} \tag{3.209}$$

an der Stelle $E = \varepsilon(\boldsymbol{k})$.

Mithilfe von $\langle n_{\boldsymbol{k}\sigma}\rangle$ können wir durch Summation über alle Wellenzahlen $\boldsymbol{k}$ und beide Spinrichtungen σ die Gesamtelektronenzahl N_e festlegen:

$$\begin{aligned} N_e &= \sum_{\boldsymbol{k}\sigma}\frac{1}{\hbar}\int_{-\infty}^{+\infty}\mathrm{d}E\, S_{\boldsymbol{k}\sigma}(E)\frac{1}{\mathrm{e}^{\beta E}+1} \\ &= \sum_{\boldsymbol{k}\sigma}\frac{1}{\hbar}\int_{-\infty}^{+\infty}\mathrm{d}E f_-(E) S_{\boldsymbol{k}\sigma}(E-\mu) . \end{aligned} \tag{3.210}$$

Bezeichnen wir mit $\rho_\sigma(E)$ die Zustandsdichte pro Spin für das freie Fermionensystem, für das natürlich auch $\rho_\sigma(E) = \rho_{-\sigma}(E)$ gilt, so lässt sich N_e noch wie folgt schreiben:

$$N_e = N \sum_\sigma \int_{-\infty}^{+\infty} dE f_-(E) \rho_\sigma(E) . \tag{3.211}$$

N ist die Zahl der Gitterplätze; $\rho_\sigma(E)$ ist auf 1 normiert. Der Vergleich von (3.210) und (3.211) führt zur wichtigen Definition der

(Quasiteilchen-)Zustandsdichte

$$\rho_\sigma(E) = \frac{1}{N\hbar} \sum_{\boldsymbol{k}} S_{\boldsymbol{k}\sigma}(E - \mu) . \tag{3.212}$$

Die obigen Überlegungen zur Elektronenzahl N_e sind natürlich nicht nur für das freie System richtig, sondern gelten ganz allgemein. Wir werden deshalb später sehen, dass (3.212) bereits die allgemeine Definition der Quasiteilchenzustandsdichte eines beliebigen, wechselwirkenden Elektronensystems darstellt.

Für nicht wechselwirkende Elektronensysteme können wir noch (3.199) einsetzen:

$$\rho_\sigma(E) = \frac{1}{N} \sum_{\boldsymbol{k}} \delta\left(E - \varepsilon(\boldsymbol{k})\right) . \tag{3.213}$$

Spielt das Gitterpotential keine Rolle, ist also

$$\varepsilon(\boldsymbol{k}) = \frac{\hbar^2 k^2}{2m} ,$$

so zeigt $\rho_\sigma(E)$ die bekannte $\sqrt{E}$-Abhängigkeit:

$$\begin{aligned}
\rho_\sigma(E) &= \frac{1}{N} \sum_{\boldsymbol{k}} \delta\left(E - \varepsilon(\boldsymbol{k})\right) = \frac{V}{N(2\pi)^3} \int d^3k\, \delta\left(E - \frac{\hbar^2 k^2}{2m}\right) \\
&= \frac{V}{2\pi^2 N} \int_0^\infty dk\, k^2 \frac{2m}{\hbar^2} \delta\left(\frac{2mE}{\hbar^2} - k^2\right) \\
&= \frac{mV}{2\pi^2 \hbar^2 N} \int_0^\infty dk\, k \left[\delta\left(\sqrt{\frac{2mE}{\hbar^2}} - k\right) + \delta\left(\sqrt{\frac{2mE}{\hbar^2}} + k\right)\right] .
\end{aligned}$$

Nur die erste δ-Funktion liefert einen Beitrag:

$$\rho_\sigma(E) = \begin{cases} \frac{V}{4\pi^2 N}\left(\frac{2m}{\hbar^2}\right)^{3/2} \sqrt{E} , & \text{falls } E \geq 0 , \\ 0 & \text{sonst.} \end{cases} \tag{3.214}$$

Die **innere Energie** U ist als thermodynamischer Erwartungswert des Hamilton-Operators in einfacher Weise durch $\langle n_{\mathbf{k}\sigma}\rangle$ festgelegt:

$$\begin{aligned} U = \langle H_0 \rangle &= \sum_{\mathbf{k}\sigma} \varepsilon(\mathbf{k}) \langle n_{\mathbf{k}\sigma}\rangle \\ &= \frac{1}{2\hbar} \sum_{\mathbf{k}\sigma} \int\limits_{-\infty}^{+\infty} \mathrm{d}E \, (E + \varepsilon(\mathbf{k})) f_-(E) S_{\mathbf{k}\sigma}(E - \mu) \,. \end{aligned} \tag{3.215}$$

Die kompliziertere Darstellung der zweiten Zeile wird sich als die allgemein gültige Definition von U für wechselwirkende Elektronensysteme herausstellen.

Aus U gewinnen wir die **freie Energie** F, und damit letztlich die gesamte Thermodynamik, durch die folgende Überlegung:

Wegen

$$F(T, V) = U(T, V) - TS(T, V) = U(T, V) + T\left(\frac{\partial F}{\partial T}\right)_V$$

gilt auch:

$$U(T, V) = -T^2 \left[\frac{\partial}{\partial T}\left(\frac{1}{T} F(T, V)\right)\right]_V \,. \tag{3.216}$$

Mithilfe des Dritten Hauptsatzes der Thermodynamik,

$$\lim_{T \to 0} \left[\frac{1}{T}(F(T) - F(0))\right] = \left(\frac{\partial F}{\partial T}\right)_V (T = 0) = -S(T = 0, V) = 0 \,,$$

sowie $F(0, V) = U(0, V)$, lässt sich (3.216) integrieren:

$$F(T, V) = U(0, V) - T \int\limits_0^T \mathrm{d}T' \, \frac{U(T', V) - U(0, V)}{T'^2} \,. \tag{3.217}$$

Alle weiteren Größen der Gleichgewichtsthermodynamik lassen sich aus $F(T, V)$ ableiten.

Wir haben in diesem Abschnitt die nicht wechselwirkenden Festkörperelektronen mithilfe der wellenzahlabhängigen Green-Funktion $G^{\alpha}_{\mathbf{k}\sigma}(E)$ beschrieben. Wir hätten natürlich die Ein-Elektronen-Green-Funktion auch in der Wannier-Darstellung untersuchen können. Für H_0 hätten wir (2.33) verwendet. Man findet für

$$G^{\alpha}_{ij\sigma}(E) = \langle\langle a_{i\sigma}; a^{+}_{j\sigma} \rangle\rangle^{\alpha}_{E} \tag{3.218}$$

eine Bewegungsgleichung,

$$E G^{\alpha}_{ij\sigma}(E) = \hbar \delta_{ij} + \sum_{m} (T_{im} - \mu \delta_{im}) \, G^{\alpha}_{mj\sigma}(E) \,, \tag{3.219}$$

die nicht direkt entkoppelt wie $G^{\alpha}_{k\sigma}(E)$ in (3.196), aber durch Fourier-Transformation leicht gelöst werden kann:

$$G^{\substack{\mathrm{ret}\\ \mathrm{av}}}_{ij\sigma}(E) = \frac{1}{N}\sum_{\boldsymbol{k}} \frac{\exp\left(\mathrm{i}\boldsymbol{k}\cdot(\boldsymbol{R}_i - \boldsymbol{R}_j)\right)}{E - (\varepsilon(\boldsymbol{k}) - \mu) \pm \mathrm{i}0^+} \,. \tag{3.220}$$

Die physikalischen Aussagen, die aus dieser Funktion ableitbar sind, sind natürlich dieselben wir die oben aus $G^{\alpha}_{k\sigma}$ gefolgerten.

3.3.2 Freie Spinwellen

Wir wollen als weiteres, sehr einfaches Anwendungsbeispiel ein System von nicht wechselwirkenden Bosonen diskutieren und betrachten dazu die in Abschn. 2.4.4 eingeführten Spinwellen eines Ferromagneten. Ausgangspunkt ist also der Hamilton-Operator (2.244):

$$H_{\mathrm{SW}} = E_0 + \sum_{\boldsymbol{q}} \hbar\omega(\boldsymbol{q}) a^+_{\boldsymbol{q}} a_{\boldsymbol{q}} \,. \tag{3.221}$$

E_0 und $\hbar\omega(q)$ sind in (2.224) bzw. (2.232) erklärt. Wir definieren die folgende

Ein-Magnonen-Green-Funktion

$$G^{\alpha}_{\boldsymbol{q}}(t,t') = \langle\langle a_{\boldsymbol{q}}(t); a^+_{\boldsymbol{q}}(t') \rangle\rangle^{\alpha} \,, \tag{3.222}$$

α = ret, av, c; $\varepsilon = +$. Da Magnonen Bosonen sind, werden wir hier zweckmäßig von der Kommutator-Green-Funktion ausgehen.

Für Magnonen gilt keine Teilchenzahlerhaltung. Es stellt sich bei einer gegebenen Temperatur T genau die Magnonenzahl ein, für die die freie Energie F minimal wird:

$$\left(\frac{\partial F}{\partial N}\right)_{T,V} \overset{!}{=} 0 \,. \tag{3.223}$$

Der Differentialquotient links ist nichts anderes als das chemische Potential μ. Also folgt:

$$\mu = 0 \,. \tag{3.224}$$

Dies bedeutet, dass wir in der Bewegungsgleichung für die Green-Funktion $\mathcal{H} = H - \mu N = H$ setzen können. Wir benötigen den Kommutator

$$\begin{aligned}
\left[a_{\boldsymbol{q}}, H_{\mathrm{SW}}\right]_- &= \sum_{\boldsymbol{q}'} \hbar\omega(\boldsymbol{q}') \left[a_{\boldsymbol{q}}, a^+_{\boldsymbol{q}'} a_{\boldsymbol{q}'}\right]_- \\
&= \sum_{\boldsymbol{q}'} \hbar\omega(\boldsymbol{q}') \left[a_{\boldsymbol{q}}, a^+_{\boldsymbol{q}'}\right]_- a_{\boldsymbol{q}'} \\
&= \hbar\omega(q) a_{\boldsymbol{q}} \,.
\end{aligned} \tag{3.225}$$

Die Bewegungsgleichung wird damit sehr einfach:

$$EG_{\boldsymbol{q}}^{\alpha}(E) = \hbar + \hbar\omega(\boldsymbol{q})G_{\boldsymbol{q}}^{\alpha}(E) \,.$$

Auflösen und Berücksichtigen der Randbedingungen liefert dann:

$$G_{\boldsymbol{q}}^{\substack{\text{ret}\\ \text{av}}}(E) = \frac{\hbar}{E - \hbar\omega(\boldsymbol{q}) \pm \mathrm{i}0^+} \,. \tag{3.226}$$

Die Pole stellen wiederum die Anregungsenergien dar, also die bei Erzeugung oder Vernichtung eines Magnons aufzubringenden Energien. Dies ist natürlich gerade $\hbar\omega(\boldsymbol{q})$.

Mit (3.154) folgt unmittelbar aus (3.226) die fundamentale

Ein-Magnonen-Spektraldichte

$$S_{\boldsymbol{q}}(E) = \hbar\delta\left(E - \hbar\omega(\boldsymbol{q})\right) \,. \tag{3.227}$$

Die zeitabhängige Green-Funktion, z. B. die retardierte, stellt, wie in (3.200) die der freien Bloch-Elektronen, eine ungedämpfte harmonische Schwingung dar:

$$G_{\boldsymbol{q}}^{\text{ret}}(t - t') = -\mathrm{i}\Theta(t - t')\,\mathrm{e}^{-\mathrm{i}\omega(\boldsymbol{q})(t-t')} \,. \tag{3.228}$$

Die Frequenz der Schwingung entspricht wiederum einer exakten Anregungsenergie des Systems.

Mithilfe des Spektraltheorems (3.157) und der Spektraldichte $S_{\boldsymbol{q}}(E)$ erhalten wir den Erwartungswert des Magnonenanzahloperators, die so genannte

Magnonenbesetzungsdichte

$$m_{\boldsymbol{q}} = \left\langle a_{\boldsymbol{q}}^{+} a_{\boldsymbol{q}} \right\rangle = \frac{1}{\exp\left(\beta\hbar\omega(\boldsymbol{q})\right) - 1} + D_{\boldsymbol{q}} \,. \tag{3.229}$$

Da wir von der Kommutator-Green-Funktion ausgegangen sind, müssen wir, wie in Abschn. 3.2.3 ausführlich erläutert, die Konstante $D_{\boldsymbol{q}}$ noch über die entsprechende Antikommutator-Green-Funktion festlegen. Die fundamentalen Vertauschungsrelationen für Bose-Systeme (1.99) liefern für die Inhomogenität in der Bewegungsgleichung:

$$\left\langle \left[a_{\boldsymbol{q}}, a_{\boldsymbol{q}}^{+}\right]_{+} \right\rangle = 1 + 2m_{\boldsymbol{q}} \,. \tag{3.230}$$

Ansonsten erfüllt die Antikommutator-Green-Funktion dieselbe Bewegungsgleichung wie die Kommutator-Funktion. Man erhält:

$$G_q^{(-)}(E) = \frac{\hbar\,(1 + 2m_q)}{E - \hbar\omega(\boldsymbol{q})} \,. \tag{3.231}$$

Bei einem zumindest infinitesimalen, symmetriebrechenden äußeren Feld ($B_0 \geq 0^+$) sind die Magnonenenergien auf jeden Fall von Null verschieden, und zwar positiv. Dann gilt aber nach (3.167):

$$2\hbar D_q = \lim_{E\to 0} E G_q^{(-)}(E) = 0 \,. \tag{3.232}$$

Damit folgt für die Besetzungsdichte:

$$m_q = \frac{1}{\mathrm{e}^{\beta\hbar\omega(q)} - 1} \,. \tag{3.233}$$

Dies ist die Bose-Einstein-Verteilungsfunktion, also das aus der elementaren Quantenstatistik für freie Bose-Systeme bekannte Resultat.

Die **innere Energie** des Spinwellensystems entspricht dem Erwartungswert des Hamilton-Operators, ist demnach mit (3.221) durch

$$U = \langle H \rangle = E_0 + \sum_q \hbar\omega(\boldsymbol{q}) m_q \tag{3.234}$$

gegeben. Die gesamte Gleichgewichtsthermodynamik leitet sich schließlich aus der **freien Energie** F ab, die sich wie in (3.217) aus der inneren Energie bestimmt. Letztlich folgt also alles aus der Magnonenbesetzungsdichte m_q und damit aus der Spektraldichte $S_q(E)$. Auch für kompliziertere, wechselwirkende Systeme werden wir später zeigen können, dass alle Aussagen der Gleichgewichtsthermodynamik zugänglich sind, sobald wir die Spektraldichte oder, gleichwertig damit, eine der Green-Funktionen berechnet haben.

3.3.3 Das Zwei-Spin-Problem

Wir wollen als dritte Anwendung ein Modellsystem mit Wechselwirkungen diskutieren, dessen Zustandssumme noch exakt berechenbar ist, sodass alle interessierenden Korrelationsfunktionen im Prinzip bekannt sind. Es liefert damit die Möglichkeit, die Resultate der Green-Funktions-Methode mit den exakten Lösungen zu vergleichen.

Das Modellsystem bestehe aus zwei Spins vom Betrag

$$S_1 = S_2 = \frac{1}{2} \,, \tag{3.235}$$

die über eine Austauschwechselwirkung J miteinander gekoppelt sind und sich in einem homogenen Magnetfeld befinden mögen. Wir beschreiben sie durch das entsprechend vereinfachte Heisenberg-Modell (2.211):

$$H = -J\left(S_1^+S_2^- + S_1^-S_2^+ + 2S_1^zS_2^z\right) - b\left(S_1^z + S_2^z\right) , \tag{3.236}$$

wobei

$$b = \frac{1}{\hbar} g_J \mu_{\mathrm{B}} B_0 . \tag{3.237}$$

Die Beschränkung auf $S_1 = S_2 = 1/2$ hat einige Vereinfachungen zur Folge:

$$S_i^{\mp}S_i^{\pm} = \frac{\hbar^2}{2} \mp \hbar S_i^z , \tag{3.238}$$

$$S_i^{\pm}S_i^z = -S_i^zS_i^{\pm} = \mp\frac{\hbar}{2}S_i^{\pm} , \tag{3.239}$$

$$\left(S_i^+\right)^2 = 0 ; \quad \left(S_i^z\right)^2 = \frac{\hbar^2}{4} . \tag{3.240}$$

Für die weiteren Betrachtungen benötigen wir eine Reihe von Kommutatoren:

$$\begin{aligned}[S_1^-, H]_- &= -J\,[S_1^-, S_1^+]_-\, S_2^- - 2J\,[S_1^-, S_1^z]_-\, S_2^z - b\,[S_1^-, S_1^z]_- \\ &= 2\hbar J\left(S_1^zS_2^- - S_1^-S_2^z\right) - \hbar b S_1^- .\end{aligned} \tag{3.241}$$

Ganz analog findet man:

$$[S_2^-, H]_- = 2\hbar J\left(S_1^-S_2^z - S_1^zS_2^-\right) - \hbar b S_2^- , \tag{3.242}$$

$$\begin{aligned}[S_1^z, H]_- &= -J\left([S_1^z, S_1^+]_-\, S_2^- + [S_1^z, S_1^-]\, S_2^+\right) = \\ &= -\hbar J\left(S_1^+S_2^- - S_1^-S_2^+\right) = -\,[S_2^z, H]_- .\end{aligned} \tag{3.243}$$

Wir brauchen schließlich noch:

$$\begin{aligned}&[S_1^zS_2^-, H]_- = \\ &= [S_1^z, H]\, S_2^- + S_1^z\,[S_2^-, H]_- \\ &= -\hbar J\left(S_1^+S_2^- - S_1^-S_2^+\right)S_2^- + 2\hbar J\left(S_1^zS_1^-S_2^z - \left(S_1^z\right)^2 S_2^-\right) - \hbar b S_1^zS_2^- \\ &= \hbar J\left[S_1^-\left(\frac{\hbar^2}{2} + \hbar S_2^z\right)\right] + 2\hbar J\left(-S_1^-S_2^z\frac{\hbar}{2}\right) - 2\hbar J\frac{\hbar^2}{4}S_2^- - \hbar b S_1^zS_2^- \\ &= \frac{1}{2}\hbar^3 J\left(S_1^- - S_2^-\right) - \hbar b S_1^zS_2^- .\end{aligned} \tag{3.244}$$

Vertauscht man in dieser Beziehung, bei deren Ableitung (3.238) bis (3.240) ausgenutzt wurden, die Indizes 1 und 2, so folgt:

$$[S_2^z S_1^-, H]_- = \frac{1}{2}\hbar^3 J\,(S_2^- - S_1^-) - \hbar b S_2^z S_1^- \,. \tag{3.245}$$

Hauptanliegen ist die Berechnung der Magnetisierung des Spinsystems, d. h. der Erwartungswerte $\langle S_1^z\rangle = \langle S_2^z\rangle \equiv \langle S^z\rangle$. Die dazu passende Green-Funktion (retardiert oder avanciert) ist nach (3.238)

$$G_{11}^{(+)}(t,t') = \langle\langle S_1^-(t); S_1^+(t')\rangle\rangle^{(+)} \,, \tag{3.246}$$

wobei sich die Kommutator-Funktion ($\varepsilon = +$) als zweckmäßig erweist. Die Bewegungsgleichung für $G_{11}^{(+)}$ enthält natürlich neue, *höhere* Green-Funktionen, für die wir dann weitere Bewegungsgleichungen konstruieren können. Wir erhalten jedoch ein geschlossenes System von Gleichungen, wenn wir zu $G_{11}^{(+)}$ noch die folgenden Funktionen hinzunehmen:

$$G_{21}^{(+)}(t,t') = \langle\langle S_2^-(t); S_1^+(t')\rangle\rangle^{(+)} \,, \tag{3.247}$$

$$\Gamma_{12}^{(+)}(t,t') = \langle\langle (S_1^z S_2^-)(t); S_1^+(t')\rangle\rangle^{(+)} \,, \tag{3.248}$$

$$\Gamma_{21}^{(+)}(t;t') = \langle\langle (S_2^z S_1^-)(t); S_1^+(t')\rangle\rangle^{(+)} \,. \tag{3.249}$$

Die Bewegungsgleichungen der energieabhängigen Fourier-Transformierten dieser Funktionen leiten wir mithilfe der Kommutatoren (3.241) bis (3.243), (3.244), (3.245) ab, benötigen aber noch die *Inhomogenitäten:*

$$\langle [S_1^-, S_1^+]_-\rangle = -2\hbar\,\langle S^z\rangle \,, \tag{3.250}$$

$$\langle [S_2^-, S_1^+]_-\rangle = 0 \,, \tag{3.251}$$

$$\langle [S_1^z S_2^-, S_1^+]_-\rangle = \hbar\,\langle S_1^+ S_2^-\rangle \,, \tag{3.252}$$

$$\langle [S_2^z S_1^-, S_1^+]_-\rangle = -2\hbar\,\langle S_2^z S_1^z\rangle \,. \tag{3.253}$$

Wenn wir noch zur Abkürzung definieren,

$$\rho_{12} = \langle S_1^+ S_2^-\rangle + 2\langle S_1^z S_2^z\rangle \,, \tag{3.254}$$

$$R^{(+)}(E) = \Gamma_{12}^{(+)}(E) - \Gamma_{21}^{(+)}(E) \,, \tag{3.255}$$

so ergeben sich die folgenden Bewegungsgleichungen:

$$(E + \hbar b)G_{11}^{(+)}(E) = -2\hbar^2\langle S^z\rangle + 2\hbar J R^{(+)}(E) \,, \tag{3.256}$$

$$(E + \hbar b)G_{21}^{(+)}(E) = -2\hbar J R^{(+)}(E) \,, \tag{3.257}$$

$$(E + \hbar b)R^{(+)}(E) = \hbar^2\rho_{12} + \hbar^3 J\left(G_{11}^{(+)}(E) - G_{21}^{(+)}(E)\right) . \tag{3.258}$$

Dieses Gleichungssystem lässt sich leicht lösen:

$$(E + \hbar b)\left(G_{11}^{(+)}(E) + G_{21}^{(+)}(E)\right) = -2\hbar^2 \langle S^z \rangle \,, \tag{3.259}$$

$$\left(E + \hbar b - \frac{4\hbar^4 J^2}{E + \hbar b}\right)\left(G_{11}^{(+)}(E) - G_{21}^{(+)}(E)\right)$$
$$= -2\hbar^2 \langle S^z \rangle + 4\hbar J \frac{\hbar^2 \rho_{12}}{E + \hbar b} \,. \tag{3.260}$$

Es stellt sich heraus, dass die Green-Funktionen Pole erster Ordnung bei den folgenden Energien haben:

$$E_1 = -\hbar b \,; \quad E_2 = -\hbar b - 2J\hbar^2 \,; \quad E_3 = -\hbar b + 2J\hbar^2 \,. \tag{3.261}$$

Damit formen wir (3.259) und (3.260) weiter um:

$$G_{11}^{(+)}(E) + G_{21}^{(+)}(E) = \frac{-2\hbar^2 \langle S^z \rangle}{E - E_1} \,,$$
$$G_{11}^{(+)}(E) - G_{21}^{(+)}(E) = -\hbar^2 \langle S^z \rangle \left(\frac{1}{E - E_2} + \frac{1}{E - E_3}\right) -$$
$$- \hbar \rho_{12} \left(\frac{1}{E - E_2} - \frac{1}{E - E_3}\right) .$$

Addition bzw. Subtraktion dieser beiden Gleichungen führt schließlich zu:

$$G_{11}^{(+)}(E) = -\frac{\hbar^2 \langle S^z \rangle}{E - E_1} - \frac{\hbar}{2}\frac{\eta_+}{E - E_2} - \frac{\hbar}{2}\frac{\eta_-}{E - E_3} \,, \tag{3.262}$$

$$G_{21}^{(+)}(E) = -\frac{\hbar^2 \langle S^z \rangle}{E - E_1} + \frac{\hbar}{2}\frac{\eta_+}{E - E_2} + \frac{\hbar}{2}\frac{\eta_-}{E - E_3} \,. \tag{3.263}$$

Dabei haben wir noch die Abkürzung

$$\eta_\pm = \hbar \langle S^z \rangle \pm \rho_{12} \tag{3.264}$$

benutzt. Die noch verbleibende *höhere* Green-Funktion $R^{(+)}(E)$ bestimmt sich am einfachsten aus (3.257):

$$R^{(+)}(E) = -\frac{E - E_1}{2\hbar J} G_{21}^{(+)}(E)$$
$$= \frac{\hbar}{2J} \langle S^z \rangle - \frac{1}{4J}\left[\eta_+\left(1 - \frac{2J\hbar^2}{E - E_2}\right) + \eta_-\left(1 + \frac{2J\hbar^2}{E - E_3}\right)\right] .$$

Dies ergibt:

$$R^{(+)}(E) = \frac{\hbar^2}{2}\frac{\eta_+}{E - E_2} - \frac{\hbar^2}{2}\frac{\eta_-}{E - E_3} \,. \tag{3.265}$$

Wegen (3.167) müssen diese Kommutator-Green-Funktionen bei $E = 0$ regulär sein. Dies ist bei eingeschaltetem Feld ($B_0 \neq 0 \Leftrightarrow b \neq 0 \Leftrightarrow E_1 \neq 0$) unmittelbar klar. Bei ausgeschaltetem Feld ist dies jedoch nur durch

$$\langle S^z \rangle = 0 \quad \text{für} \quad B_0 = 0 \tag{3.266}$$

gewährleistet. Aus den allgemeinen analytischen Eigenschaften der Kommutator-Green-Funktionen folgt also bereits die physikalisch wichtige Aussage, dass es in dem austauschgekoppelten Zwei-Spin-System keine spontane Magnetisierung geben kann.

Zur vollständigen Bestimmung der Green-Funktionen in (3.262), (3.263) und (3.265) haben wir noch mithilfe des Spektraltheorems (3.157) die Erwartungswerte $\langle S^z \rangle$ und ρ_{12} festzulegen. Die zu den Green-Funktionen gehörenden Spektraldichten sind mit (3.152) und (3.154) direkt an (3.262), (3.263) und (3.265) abzulesen:

$$S_{11}^{(+)}(E) = -\hbar^2 \langle S^z \rangle \, \delta(E - E_1) - \frac{\hbar}{2}\eta_+ \delta(E - E_2) - \frac{\hbar}{2}\eta_- \delta(E - E_3) \,, \tag{3.267}$$

$$S_{21}^{(+)}(E) = -\hbar^2 \langle S^z \rangle \, \delta(E - E_1) + \frac{\hbar}{2}\eta_+ \delta(E - E_2) + \frac{\hbar}{2}\eta_- \delta(E - E_3) \,, \tag{3.268}$$

$$S_r^{(+)}(E) = \frac{\hbar^2}{2}\eta_+ \delta(E - E_2) - \frac{\hbar^2}{2}\eta_- \delta(E - E_3) \,. \tag{3.269}$$

Das Spektraltheorem (3.157) liefert dann, wenn man noch die Abkürzungen

$$m_i = \frac{1}{e^{\beta E_i} - 1} \,; \quad i = 1, 2, 3 \tag{3.270}$$

verwendet:

$$\langle S_1^+ S_1^- \rangle = -\hbar \langle S^z \rangle \, m_1 - \frac{1}{2}\eta_+ m_2 - \frac{1}{2}\eta_- m_3 + D_{11} \,, \tag{3.271}$$

$$\langle S_1^+ S_2^- \rangle = -\hbar \langle S^z \rangle \, m_1 + \frac{1}{2}\eta_+ m_2 + \frac{1}{2}\eta_- m_3 + D_{21} \,, \tag{3.272}$$

$$\langle S_1^+ S_1^z S_2^- \rangle - \langle S_1^+ S_2^z S_1^- \rangle = \frac{\hbar}{2}\eta_+ m_2 - \frac{\hbar}{2}\eta_- m_3 + D_R \,. \tag{3.273}$$

Mit

$$\langle S^z \rangle = -\frac{\hbar}{2} + \frac{1}{\hbar} \langle S_1^+ S_1^- \rangle \,, \tag{3.274}$$

$$\eta_+ = -\frac{2}{\hbar} \left(\langle S_1^+ S_1^z S_2^- \rangle - \langle S_1^+ S_2^z S_1^- \rangle \right) \,, \tag{3.275}$$

$$\eta_- = -\eta_+ + 2\hbar \langle S^z \rangle \,, \tag{3.276}$$

$$\langle S_1^z S_2^z \rangle = \frac{1}{4}(\eta_+ - \eta_-) - \frac{1}{2} \langle S_1^+ S_2^- \rangle \tag{3.277}$$

sind dann, bis auf die Konstanten D_{11}, D_{21}, D_R, alle benötigten Korrelationsfunktionen festgelegt.

Nach (3.167) stellen diese Konstanten gerade die Residuen der $E = 0$-Pole der zugehörigen Antikommutator-Green-Funktionen $G_{11}^{(-)}(E)$, $G_{21}^{(-)}(E)$ und $R^{(-)}(E)$ dar. Deren Bewegungsgleichungen unterscheiden sich von denen der Kommutator-Funktionen (3.256) bis (3.258) nur durch die *Inhomogenitäten* auf der rechten Gleichungsseite:

$$\begin{aligned}\langle [S_1^-, S_1^+]_+\rangle &= \hbar^2 ,\\ \langle [S_2^-, S_1^+]_+\rangle &= 2\langle S_1^+ S_2^-\rangle ,\\ \langle [S_1^z S_2^-, S_1^+]_+\rangle &= 0 ,\\ \langle [S_2^z S_1^-, S_1^+]_+\rangle &= \hbar^2 \langle S^z\rangle .\end{aligned}$$

Es ergeben sich die folgenden Bewegungsgleichungen:

$$(E+\hbar b)G_{11}^{(-)}(E) = \hbar^3 + 2\hbar J R^{(-)}(E) , \tag{3.278}$$

$$(E+\hbar b)G_{21}^{(-)}(E) = 2\hbar \langle S_1^+ S_2^-\rangle - 2\hbar J R^{(-)}(E) , \tag{3.279}$$

$$(E+\hbar b)R^{(-)}(E) = -\hbar^3 \langle S^z\rangle + \hbar^3 J\left(G_{11}^{(-)}(E) - G_{21}^{(-)}(E)\right) . \tag{3.280}$$

Dies formen wir weiter um:

$$\begin{aligned}G_{11}^{(-)}(E) + G_{21}^{(-)}(E) &= \hbar\frac{\hbar^2 + 2\langle S_1^+ S_2^-\rangle}{E-E_1} ,\\ \left(E+\hbar b - \frac{4\hbar^4 J^2}{E+\hbar b}\right)&\left(G_{11}^{(-)}(E) - G_{21}^{(-)}(E)\right)\\ &= \hbar^3 - 2\hbar\langle S_1^+ S_2^-\rangle - 4\hbar^4 J\frac{\langle S^z\rangle}{E+\hbar b} .\end{aligned}$$

Dies ergibt:

$$\begin{aligned}&G_{11}^{(-)}(E) - G_{21}^{(-)}(E)\\ &= \left(\hbar^3 - 2\hbar\langle S_1^+ S_2^-\rangle\right)\frac{1}{2}\left(\frac{1}{E-E_2} + \frac{1}{E-E_3}\right) + \hbar^2\left(\frac{1}{E-E_2} - \frac{1}{E-E_3}\right)\langle S^z\rangle .\end{aligned}$$

Addition bzw. Subtraktion dieser beiden Gleichungen führt schließlich zu:

$$\begin{aligned}G_{11}^{(-)}(E) &= \frac{\hbar}{2}\left(\hbar^2 + 2\langle S_1^+ S_2^-\rangle\right)\frac{1}{E-E_1}\\ &\quad + \frac{\hbar}{2}\left(\frac{\hbar^2}{2} + \hbar\langle S^z\rangle - \langle S_1^+ S_2^-\rangle\right)\frac{1}{E-E_2}\\ &\quad + \frac{\hbar}{2}\left(\frac{\hbar^2}{2} - \hbar\langle S^z\rangle - \langle S_1^+ S_2^-\rangle\right)\frac{1}{E-E_3} ,\end{aligned} \tag{3.281}$$

$$
\begin{aligned}
G_{21}^{(-)}(E) &= \frac{\hbar}{2}\left(\hbar^2 + 2\langle S_1^+ S_2^-\rangle\right)\frac{1}{E-E_1} \\
&\quad - \frac{\hbar}{2}\left(\frac{\hbar^2}{2} + \hbar\langle S^z\rangle - \langle S_1^+ S_2^-\rangle\right)\frac{1}{E-E_2} \\
&\quad - \frac{\hbar}{2}\left(\frac{\hbar^2}{2} - \hbar\langle S^z\rangle - \langle S_1^+ S_2^-\rangle\right)\frac{1}{E-E_3} \,.
\end{aligned}
\tag{3.282}
$$

Zur Bestimmung von $R^{(-)}(E)$ benutzen wir (3.279):

$$
\begin{aligned}
R^{(-)}(E) = \frac{1}{2\hbar J}\Bigg[&\hbar\langle S_1^+ S_2^-\rangle - \frac{\hbar^3}{2} \\
&+ \frac{\hbar}{2}\left(\frac{\hbar^2}{2} + \hbar\langle S^z\rangle - \langle S_1^+ S_2^-\rangle\right)\left(1 - \frac{2J\hbar^2}{E-E_2}\right) \\
&+ \frac{\hbar}{2}\left(\frac{\hbar^2}{2} - \hbar\langle S^z\rangle - \langle S_1^+ S_2^-\rangle\right)\left(1 + \frac{2J\hbar^2}{E-E_3}\right)\Bigg] \,.
\end{aligned}
$$

Dies ergibt:

$$
\begin{aligned}
R^{(-)}(E) &= -\frac{\hbar^2}{2}\left(\frac{\hbar^2}{2} + \hbar\langle S^z\rangle - \langle S_1^+ S_2^-\rangle\right)\frac{1}{E-E_2} \\
&\quad + \frac{\hbar^2}{2}\left(\frac{\hbar^2}{2} - \hbar\langle S^z\rangle - \langle S_1^+ S_2^-\rangle\right)\frac{1}{E-E_3} \,.
\end{aligned}
\tag{3.283}
$$

Gemäß (3.167) lesen wir an diesen Ausdrücken direkt

$$
D_{11} = D_{21} = \begin{cases} 0 & \text{für} \quad b \neq 0 \,, \\ \dfrac{\hbar^2}{4} + \dfrac{1}{2}\langle S_1^+ S_2^-\rangle & \text{für} \quad b = 0 \,, \end{cases}
\tag{3.284}
$$

$$
D_R \equiv 0
\tag{3.285}
$$

ab. Damit sind die Gleichzeit-Korrelationsfunktionen (3.271) bis (3.275) vollständig festgelegt.

Von besonderem Interesse ist die Magnetisierung $\langle S^z\rangle$ des Zwei-Spin-Systems für $b \neq 0$, für die wegen (3.271), (3.274) und (3.284) gilt:

$$
\langle S^z\rangle = -\frac{\hbar}{2} - \langle S^z\rangle m_1 - \frac{\eta_+}{2\hbar}m_2 - \frac{\eta_-}{2\hbar}m_3 \,.
\tag{3.286}
$$

Mit (3.276) ergibt sich hieraus:

$$
\langle S^z\rangle\left(1 + m_1 + m_3\right) = -\frac{\hbar}{2} - \frac{\eta_+}{2\hbar}\left(m_2 - m_3\right) \,.
$$

Gleichung (3.273) führt auf

$$\eta_+ = 2\hbar \langle S^z \rangle \frac{m_3}{1 + m_2 + m_3} .$$

Kombiniert man diese beiden Gleichungen, so folgt als Zwischenergebnis:

$$\langle S^z \rangle = -\frac{\hbar}{2} \left(1 + m_1 + m_3 \frac{1 + 2m_2}{1 + m_2 + m_3} \right)^{-1} .$$

Einsetzen der m_i gemäß (3.270) liefert dann nach einfachen Umformungen:

$$\langle S^z \rangle = \frac{\hbar}{2} \frac{\exp(\beta\hbar b) - \exp(-\beta\hbar b)}{1 + \exp(-2\beta\hbar^2 J) + \exp(\beta\hbar b) + \exp(-\beta\hbar b)} . \tag{3.287}$$

Für verschwindendes äußeres Magnetfeld ($B_0 \to 0^+$) wird auch die Magnetisierung des Zwei-Spin-Systems Null. Es gibt also keine spontane Magnetisierung, wie wir ja aus den allgemeinen analytischen Eigenschaften der Kommutator-Green-Funktion $G_{11}^{(+)}(E)$ bereits in (3.266) gefolgert hatten. Bei fehlender Kopplung zwischen den beiden Spins ($J \to 0$) ergibt sich das bekannte Resultat für den $S = \frac{1}{2}$-Paramagneten:

$$\langle S^z \rangle \underset{J \to 0}{\longrightarrow} \frac{\hbar}{2} \tanh\left(\frac{1}{2} g_J \mu_B B_0 \right) . \tag{3.288}$$

Die durch J vermittelte Austauschkopplung zwischen den beiden Spins drückt sich vor allem in den Korrelationen $\langle S_1^+ S_2^- \rangle$ und $\langle S_1^z S_2^z \rangle$ aus, für die ja in der $J \to 0$-Grenze gelten muss:

$$\langle S_1^+ S_2^- \rangle \underset{J \to 0}{\longrightarrow} \langle S_1^+ \rangle \langle S_2^- \rangle = 0 , \tag{3.289}$$

$$\langle S_1^z S_2^z \rangle \underset{J \to 0}{\longrightarrow} \langle S_1^z \rangle \langle S_2^z \rangle = \langle S^z \rangle^2 . \tag{3.290}$$

Nach (3.271) und (3.272) gilt zunächst mit $b \neq 0$:

$$\begin{aligned} \langle S_1^+ S_2^- \rangle &= -\langle S_1^+ S_1^- \rangle - 2\hbar \langle S^z \rangle m_1 \\ &= -\frac{\hbar^2}{2} - \hbar \langle S^z \rangle (1 + 2m_1) . \end{aligned} \tag{3.291}$$

Im letzten Schritt haben wir noch (3.238) ausgenutzt. Einsetzen von (3.287) führt dann auf

$$\langle S_1^+ S_2^- \rangle = \frac{\hbar^2}{2} \frac{1 - \exp(-2\beta\hbar^2 J)}{1 + (-2\beta\hbar^2 J) + \exp(-\beta\hbar b) + \exp(\beta\hbar b)} . \tag{3.292}$$

Der Grenzfall (3.289) ist offensichtlich erfüllt.

Die zweite Korrelationsfunktion $\langle S_1^z S_2^z \rangle$ finden wir wie folgt: Zunächst ergibt sich aus (3.273), (3.275) und (3.276):

$$\eta_+ - \eta_- = -2\hbar \langle S^z \rangle \frac{1 + m_2 - m_3}{1 + m_2 + m_3} .$$

Dies bedeutet nach (3.277):

$$\langle S_1^z S_2^z \rangle = -\frac{\hbar}{2} \langle S^z \rangle \frac{1 + m_2 - m_3}{1 + m_2 + m_3} - \frac{1}{2} \langle S_1^+ S_2^- \rangle \ .$$

Einsetzen von (3.287) und (3.292) führt dann zu:

$$\langle S_1^z S_2^z \rangle = \frac{\hbar^2}{4} \frac{\exp(\beta\hbar b) + \exp(-\beta\hbar b) - \exp(-2\beta\hbar^2 J) - 1}{1 + \exp(\beta\hbar b) + \exp(-\beta\hbar b) + \exp(-2\beta\hbar^2 J)} \ . \tag{3.293}$$

Auch hier erkennen wir, dass der Grenzfall $J \to 0$ korrekt reproduziert wird (3.290).

Wir haben bisher $b \neq 0$ vorausgesetzt, müssen daher noch den Spezialfall $b = 0$ gesondert betrachten. Wir erwarten natürlich, dass er sich als Grenzübergang $b \to 0$ aus (3.292) bzw. (3.293) ergibt. Zunächst einmal muss notwendig $\langle S^z \rangle = 0$ sein (3.266), da die Kommutator-Green-Funktion $G_{11}^{(+)}(E)$ bei $E = 0$ keinen Pol haben darf. Ferner sind in (3.271) bis (3.277) die Konstanten D_{11} und D_{21} nun ungleich Null (3.284). D_R ist jedoch nach wie vor Null. Aus (3.271) und (3.264) folgt

$$\langle S_1^+ S_1^- \rangle_0 = \frac{\hbar^2}{2} = \frac{1}{2} \rho_{12} (m_3 - m_2) + \frac{\hbar^2}{4} + \frac{1}{2} \langle S_1^+ S_2^- \rangle_0 \ . \tag{3.294}$$

Dieselbe Gleichung ergibt sich aus (3.272), sodass wir für $\langle S_1^+ S_2^- \rangle$ keine weitere Bestimmungsgleichung zur Verfügung haben. Die bei $b = 0$ vorliegende Isotropie führt jedoch zu

$$\begin{aligned} \langle S_1^+ S_2^- \rangle_0 &= \langle S_1^- S_2^+ \rangle_0 = \langle S_1^x S_2^x \rangle_0 + \langle S_1^y S_2^y \rangle_0 \\ &= 2 \langle S_1^z S_2^z \rangle_0 \end{aligned} \tag{3.295}$$

und damit zu $\rho_{12} = 2 \langle S_1^+ S_2^- \rangle_0$. Gleichung (3.294) enthält dann nur noch eine Unbekannte:

$$\frac{\hbar^2}{4} = \langle S_1^+ S_2^- \rangle_0 \left(m_3 - m_2 + \frac{1}{2} \right) \ .$$

Daraus folgt in der Tat mit

$$\langle S_1^+ S_2^- \rangle_{b=0} = \frac{\hbar^2}{2} \frac{1 - \exp\left(-2\beta\hbar^2 J\right)}{3 + \exp\left(-2\beta\hbar J\right)} \tag{3.296}$$

der $b \to 0$-Grenzfall des Resultats (3.292) und wegen (3.295) auch der von (3.293). Man beachte, dass dies **nicht** der Fall gewesen wäre, wenn wir die aus der Anwendung des Spektraltheorems resultierenden Konstanten D_{11} und D_{12} unberücksichtigt gelassen hätten.

Wir wollen zum Schluss die Bedeutung der Konstanten D im Spektraltheorem noch an einem weiteren Beispiel demonstrieren. Das für die Korrelation $\langle S_1^z S_2^z \rangle$ exakte Resultat (3.293) haben wir letztlich mithilfe der in (3.249) definierten Green-Funktion $\Gamma_{21}^{(+)}(E)$ gewonnen. Dasselbe hätten wir aber auch mit der Green-Funktion

$$P_{21}^{(+)}(E) = \langle\langle S_2^z ; S_1^z \rangle\rangle_E^{(+)} \tag{3.297}$$

und dem Spektraltheorem (3.157) erreichen können. Wir wollen diese Funktion deshalb berechnen. Mit dem Kommutator (3.243) lautet ihre Bewegungsgleichung:

$$EP_{21}^{(+)}(E) = \hbar J Q^{(+)}(E) . \tag{3.298}$$

Mit $Q^{(+)}(E)$ bezeichnen wir die Green-Funktion

$$Q^{(+)}(E) = \langle\langle S_1^+ S_2^- - S_2^+ S_1^- ; S_1^z \rangle\rangle_E^{(+)} . \tag{3.299}$$

Für deren Bewegungsgleichung benötigen wir den folgenden Kommutator:

$$\begin{aligned}
[S_1^+ S_2^-, H]_- &= [S_1^+, H]_- S_2^- + S_1^+ [S_2^-, H]_- \\
&= (-[S_1^-, H]_-)^+ S_2^- + S_1^+ [S_2^-, H]_- .
\end{aligned}$$

Wir setzen (3.241) und (3.242) ein

$$\begin{aligned}
[S_1^+ S_2^-, H]_- = &(-2\hbar J (S_1^z S_2^+ - S_1^+ S_2^z) + \hbar b S_1^+) S_2^- \\
&+ S_1^+ (2\hbar J (S_1^- S_2^z - S_1^z S_2^-) - \hbar b S_2^-) ,
\end{aligned}$$

und nutzen (3.238) und (3.239) aus:

$$\begin{aligned}
[S_1^+ S_2^-, H]_- &= -2\hbar J \left[S_1^z \left(\frac{\hbar^2}{2} + \hbar S_2^z \right) - S_1^+ \left(-\frac{\hbar}{2} S_2^- \right) \right] \\
&\quad + 2\hbar J \left[\left(\frac{\hbar^2}{2} + \hbar S_1^z \right) S_2^z - \left(-\frac{\hbar}{2} S_1^+ \right) S_2^- \right] \\
&= -J\hbar^3 (S_1^z - S_2^z) = -[S_2^+ S_1^-, H]_- .
\end{aligned}$$

Mit der Inhomogenität

$$\langle [S_1^+ S_2^- - S_2^+ S_1^-, S_1^z]_- \rangle = \hbar \langle -S_1^+ S_2^- - S_2^+ S_1^- \rangle = -2\hbar \langle S_1^+ S_2^- \rangle$$

lautet die Bewegungsgleichung für $Q^{(+)}(E)$:

$$EQ^{(+)}(E) = -2\hbar^2 \langle S_1^+ S_2^- \rangle - 2J\hbar^3 \{ P_{11}^{(+)}(E) - P_{21}^{(+)}(E) \} . \tag{3.300}$$

Die entsprechende Bewegungsgleichung der Funktion

$$P_{11}^{(+)}(E) = \langle\langle S_1^z ; S_1^z \rangle\rangle_E^{(+)} \tag{3.301}$$

ergibt sich unmittelbar mit (3.243) zu

$$EP_{11}^{(+)}(E) = -\hbar J Q^{(+)}(E) . \tag{3.302}$$

Aus (3.298) und (3.302) schließen wir:

$$P_{11}^{(+)}(E) = -P_{21}^{(+)}(E) . \tag{3.303}$$

Dies führt über (3.300) zu

$$E^2 P_{21}^{(+)}(E) = -2\hbar^3 J \langle S_1^+ S_2^- \rangle + 4J^2 \hbar^4 P_{21}^{(+)}(E) .$$

Damit lässt sich $P_{21}^{(+)}(E)$ leicht berechnen:

$$P_{21}^{(+)}(E) = \frac{\hbar}{2} \langle S_1^+ S_2^- \rangle \left(\frac{1}{E + 2\hbar^2 J} - \frac{1}{E - 2\hbar^2 J} \right) . \tag{3.304}$$

Mit dem Spektraltheorem (3.157) und dem Ergebnis (3.292) für $\langle S_1^+ S_2^- \rangle$ erhalten wir schließlich:

$$\langle S_1^z S_2^z \rangle = -\frac{\hbar^2}{4} \frac{1 + \exp\left(-2\beta J \hbar^2\right)}{1 + \exp\left(-2\beta \hbar^2 J\right) + \exp(\beta \hbar b) + \exp(-\beta \hbar b)} + D_\text{p} . \tag{3.305}$$

Ohne die Konstante D_p würde sich ein Widerspruch zu unserem früheren Ergebnis (3.293) ergeben. D_p darf hier also auf keinen Fall vernachlässigt werden. Zur Festlegung von D_p müssen wir schließlich noch die Antikommutator-Green-Funktion $P_{21}^{(-)}(E)$ berechnen. Mit

$$\langle [S_2^z, S_1^z]_+ \rangle = 2 \langle S_1^z S_2^z \rangle$$

lautet deren Bewegungsgleichung:

$$E P_{21}^{(-)}(E) = 2\hbar \langle S_1^z S_2^z \rangle + \hbar J Q^{(-)}(E) . \tag{3.306}$$

Wegen

$$\langle [S_1^+ S_2^-, S_1^z]_+ \rangle = \langle S_2^- (S_1^+ S_1^z + S_1^z S_1^+) \rangle = 0$$

gilt für $Q^{(-)}(E)$ analog zu (3.300):

$$E Q^{(-)}(E) = -2J\hbar^3 \left\{ P_{11}^{(-)}(E) - P_{21}^{(-)}(E) \right\} . \tag{3.307}$$

Mit

$$\langle [S_1^z, S_1^z]_+ \rangle = 2 \left\langle (S_1^z)^2 \right\rangle = \frac{\hbar^2}{2}$$

folgt schließlich noch wie in (3.302):

$$E P_{11}^{(-)}(E) = \frac{\hbar^3}{2} - \hbar J Q^{(-)}(E) . \tag{3.308}$$

Die Gleichungen (3.306), (3.307) und (3.308) bilden ein geschlossenes System, das leicht nach $P_{21}^{(-)}(E)$ aufgelöst werden kann:

$$P_{21}^{(-)}(E) = \frac{2\hbar}{E} \left\{ \frac{E^2 - 2\hbar^4 J^2}{E^2 - 4\hbar^4 J^2} \langle S_1^z S_2^z \rangle - \frac{\hbar^2}{4} \frac{2\hbar^4 J^2}{E^2 - 4\hbar^4 J^2} \right\} . \tag{3.309}$$

Im Gegensatz zur Kommutator-Green-Funktion (3.304) hat also die Antikommutator-Green-Funktion bei $E = 0$ einen Pol erster Ordnung. Nach (3.167) gilt deshalb:

$$D_p = \frac{1}{2\hbar} \lim_{E \to 0} E P_{21}^{(-)}(E) = \frac{1}{2} \langle S_1^z S_2^z \rangle + \frac{\hbar^2}{8} . \tag{3.310}$$

Setzt man diesen Ausdruck für D_p in (3.305) ein, so ergibt sich für $\langle S_1^z S_2^z \rangle$ das korrekte Resultat (3.293).

3.3.4 Aufgaben

Aufgabe 3.3.1

Nach (2.164) werden die quantisierten Schwingungen des Ionengitters durch ein nicht wechselwirkendes Phononengas beschrieben:

$$H = \sum_{q,r} \hbar\omega_r(\boldsymbol{q}) \left(b_{qr}^+ b_{qr} + \frac{1}{2} \right) .$$

Als so genannte *Ein-Phononen-Green-Funktion* definiert man:

$$G_{qr}^{\alpha}(t, t') = \langle\langle b_{qr}(t); b_{qr}^+(t') \rangle\rangle^{\alpha} \qquad (\alpha = \text{ret, av, c}) .$$

1. Begründen Sie, warum für Phononen das chemische Potential μ gleich Null ist.
2. Berechnen Sie $G_{qr}^{\text{ret, av}}(E)$.
3. Leiten Sie die zeitabhängige Green-Funktion $G_{qr}^{\text{ret, av}}(t, t')$ ab.
4. Berechnen Sie die innere Energie U.

Aufgabe 3.3.2

In den Aufgabe 2.3.5 und Aufgabe 2.3.6 wurde die BCS-Theorie der Supraleitung behandelt. Der vereinfachte Modell-Hamilton-Operator,

$$H^* = \sum_{\boldsymbol{k},\sigma} t(\boldsymbol{k}) a_{\boldsymbol{k}\sigma}^+ a_{\boldsymbol{k}\sigma} - \Delta \sum_{\boldsymbol{k}} (b_{\boldsymbol{k}} + b_{\boldsymbol{k}}^+) + \frac{1}{V}\Delta^2 ,$$

in dem $b_{\boldsymbol{k}}^+ = a_{\boldsymbol{k}\uparrow}^+ a_{-\boldsymbol{k}\downarrow}^+$ der *Cooper-Paar-Erzeugungsoperator* ist, und

$$t(\boldsymbol{k}) = \varepsilon(\boldsymbol{k}) - \mu ; \quad t(-\boldsymbol{k}) = t(\boldsymbol{k})$$

definiert wurde, führt zu denselben Ausdrücken für die Grundzustandsenergie und für die Koeffizienten $u_{\boldsymbol{k}}$ und $v_{\boldsymbol{k}}$ im BCS-Ansatz $|\text{BCS}\rangle$ (Aufgabe 2.3.5), wenn man noch

$$\Delta = \Delta^* = V \sum_{\boldsymbol{k}} \langle b_{\boldsymbol{k}} \rangle = V \sum_{\boldsymbol{k}} \langle b_{\boldsymbol{k}}^+ \rangle$$

wählt.

1. Berechnen Sie mit der Ein-Elektronen-Green-Funktion

$$G_{\boldsymbol{k}\sigma}^{\text{ret}}(E) = \langle\langle a_{\boldsymbol{k}\sigma}; a_{\boldsymbol{k}\sigma}^+ \rangle\rangle_E^{\text{ret}}$$

das Anregungsspektrum des Supraleiters. Zeigen Sie, dass dieses eine Energielücke Δ besitzt.
2. Leiten Sie mithilfe des Spektraltheorems für eine passend definierte Green-Funktion eine Bestimmungsgleichung für Δ ab. Zeigen Sie für $T \to 0$ die Äquivalenz mit dem Lückenparameter $\Delta_{\boldsymbol{k}}$ aus Aufgabe 2.3.6, falls $\Delta_{\boldsymbol{k}}$ $\boldsymbol{k}$-unabhängig angenommen wird.

Aufgabe 3.3.3

1. Zeigen Sie mit dem Modell-Hamilton-Operator H^* aus Aufgabe 3.3.2, dass für den p-fachen Kommutator von $a_{\boldsymbol{k}\sigma}$ mit H^* gilt:

$$\left[\dots\left[[a_{\boldsymbol{k}\sigma}, H^*]_-, H^*\right]_- \dots, H^*\right]_-$$
$$= \begin{cases} \left(t^2(\boldsymbol{k}) + \Delta^2\right)^n a_{\boldsymbol{k}\sigma} \,, & \text{falls} \quad p = 2n \,, \\ \left(t^2(\boldsymbol{k}) + \Delta^2\right)^n \left(t(\boldsymbol{k}) a_{\boldsymbol{k}\sigma} - z_\sigma \Delta a_{-\boldsymbol{k}-\sigma}^+\right) \,, & \text{falls} \quad p = 2n+1 \,, \end{cases}$$
$$n = 0, 1, 2, \dots$$

Berechnen Sie damit sämtliche Spektralmomente der Ein-Elektronen-Spektraldichte.
2. Wählen Sie einen Zwei-Pol-Ansatz für die Ein-Elektronen-Spektraldichte

$$S_{\boldsymbol{k}\sigma}(E) = \sum_{i=1}^{2} a_{i\sigma}(\boldsymbol{k}) \delta\left(E - E_{i\sigma}(\boldsymbol{k})\right)$$

und bestimmen Sie die spektralen Gewichte $\alpha_{i\sigma}(\boldsymbol{k})$ und die so genannten Quasiteilchenenergien $E_{i\sigma}(\boldsymbol{k})$ aus den exakt berechneten, ersten vier Spektralmomenten.

Aufgabe 3.3.4

Der Modell-Hamilton-Operator H^* der BCS-Supraleitung,

$$H^* = \sum_k H_k + \frac{\Delta^2}{V},$$

$$H_k = t(\boldsymbol{k})\left(a^+_{k\uparrow}a_{k\uparrow} + a^+_{-k\downarrow}a_{-k\downarrow}\right) - \Delta\left(a^+_{k\uparrow}a^+_{-k\downarrow} + a_{-k\downarrow}a_{k\uparrow}\right),$$

soll untersucht werden.

1. Bestimmen Sie die Energieeigenwerte zu H_k.
2. Wie lauten die zugehörigen Eigenzustände?
3. Geben Sie die möglichen Anregungsenergien des Systems an.

Aufgabe 3.3.5

1. Zeigen Sie, dass die Anregungen des BCS-Supraleiters aus Aufgabe 3.3.4 durch die Operatoren

$$\rho^+_{k\uparrow} = u_k a^+_{k\uparrow} - v_k a_{-k\downarrow}\,; \quad \rho^+_{-k\downarrow} = u_k a^+_{-k\downarrow} + v_k a_{k\uparrow}$$

   erzeugt werden. Die Koeffizienten u_k und v_k sind so wie in Aufgabe 2.3.6 definiert:

$$u_k^2 = \frac{1}{2}\left(1 + \frac{t(\boldsymbol{k})}{\left(t^2(\boldsymbol{k}) + \Delta^2\right)^{1/2}}\right), \quad v_k^2 = 1 - u_k^2 .$$

2. Beweisen Sie, dass es sich bei diesen Operatoren um reine Fermi-Operatoren handelt.
3. Berechnen Sie den Kommutator

$$\left[H^*, \rho^+_{k\uparrow}\right]_- .$$

   Wie ist das Ergebnis zu interpretieren?
4. Formulieren und lösen Sie die Bewegungsgleichung der retardierten Green-Funktion:

$$\widehat{G}^{\text{ret}}_{k\uparrow}(E) = \langle\langle \rho_{k\uparrow}; \rho^+_{k\uparrow} \rangle\rangle^{\text{ret}}_E .$$

Aufgabe 3.3.6

Berechnen Sie für ein freies Bose-Gas ($\mu = 0$):

$$H = E_0 + \sum_{q,r} \hbar\omega_{qr}\, n_{qr}$$

die freie Energie nach der Formel (3.217)

$$F(T) = U(0) - T \int_0^T \mathrm{d}T' \, \frac{U(T') - U(0)}{T'^2}$$

Bestätigen Sie die allgemein gültige Formel:

$$F(T) = -k_B T \ln\left(\mathrm{Sp}\left(\exp(-\beta H)\right)\right)$$

Bedenken Sie dabei, dass wegen $\mu = 0$ die freie Energie mit dem großkanonischen Potential $\Omega(T)$ übereinstimmt.

3.4 Das Quasiteilchenkonzept

In Abschn. 3.3 haben wir relativ einfache, exakt lösbare Modellsysteme diskutiert, die natürlich genau genommen den Formalismus der Green-Funktionen gar nicht erforderlich machen. Sie sollten lediglich mit der Lösungs**technik** vertraut machen. Die volle Tragweite des Verfahrens wird erst bei der Behandlung von wechselwirkenden Viel-Teilchen-Systemen deutlich. In den meisten Fällen werden wir dann allerdings auch nicht mehr in der Lage sein, das Viel-Teilchen-Problem mathematisch streng durchzurechnen. Approximationen werden unvermeidlich und müssen toleriert werden.

Als außerordentlich nützlich hat sich in diesem Zusammenhang das Konzept des

- Quasiteilchens

erwiesen, mit dem wir uns in diesem Abschnitt ausführlich befassen wollen. Um konkret zu sein, werden wir zunächst wechselwirkende Elektronensysteme im Auge haben. Die Übertragung auf andere Viel-Teilchen-Systeme wird keine Schwierigkeiten machen.

Wir wollen untersuchen, welche Aussagen über wechselwirkende Elektronensysteme mithilfe von Green-Funktionen möglich sind. Dazu müssen wir zunächst die Operatoren (oder Operatorkombinationen) A und B festlegen, die die zu diskutierende Green-Funktion aufbauen sollen. In den meisten praktischen Fällen ist der Typ dieser Funktion ziemlich eindeutig durch die physikalische Fragestellung und durch die Darstellung des Modell-Hamilton-Operators vorgegeben.

3.4.1 Ein-Elektronen-Green-Funktion

Nach (2.55) lautet der Hamilton-Operator eines Systems von N_e miteinander wechselwirkenden Elektronen in der Bloch-Darstellung:

$$H = \sum_{k\sigma} \varepsilon(\boldsymbol{k}) a_{k\sigma}^{+} a_{k\sigma} + \frac{1}{2} \sum_{\substack{kpq \\ \sigma\sigma'}} v_{kp}(\boldsymbol{q}) a_{k+q\sigma}^{+} a_{p-q\sigma'}^{+} a_{p\sigma'} a_{k\sigma} \, . \tag{3.311}$$

Wir beschränken uns auf Elektronen eines einzelnen Energiebandes, so dass wir Bandindizes unterdrücken können. Für die so genannten **Bloch-Energien** $\varepsilon(\boldsymbol{k})$ gilt nach (2.14) und (2.21):

$$\varepsilon(\boldsymbol{k}) = \int d^3r \, \psi_k^*(\boldsymbol{r}) \left[-\frac{\hbar^2}{2m} \Delta + V(\boldsymbol{r}) \right] \psi_k(\boldsymbol{r}) \, . \tag{3.312}$$

$\psi_k(\boldsymbol{r})$ ist eine **Bloch-Funktion** und $V(\boldsymbol{r})$ das periodische Gitterpotential. Wir fassen die $\varepsilon(\boldsymbol{k})$ im Folgenden als vorgegebene Modellparameter auf. Das Coulomb-Matrixelement haben wir in (2.54) berechnet:

$$v_{kp}(\boldsymbol{q}) = \frac{e^2}{4\pi\varepsilon_0} \iint d^3r_1 \, d^3r_2 \, \frac{\psi_{k+q}^*(\boldsymbol{r}_1) \, \psi_{p-q}^*(\boldsymbol{r}_2) \, \psi_p(\boldsymbol{r}_2) \, \psi_k(\boldsymbol{r}_1)}{|\boldsymbol{r}_1 - \boldsymbol{r}_2|} \, . \tag{3.313}$$

Für konstantes Gitterpotential $V(\boldsymbol{r}) \equiv \text{const}$ geht dieses über in

$$v_{kp}(\boldsymbol{q}) \xrightarrow[V(\boldsymbol{r})=\text{const}]{} v_0(\boldsymbol{q}) = \frac{e^2}{\varepsilon_0 V q^2} \, . \tag{3.314}$$

Häufig benutzt man den Modell-Hamilton-Operator (3.311) auch in seiner **Wannier-Darstellung** (s. z. B. (2.115)):

$$H = \sum_{ij\sigma} T_{ij} a_{i\sigma}^{+} a_{j\sigma} + \frac{1}{2} \sum_{\substack{ijkl \\ \sigma\sigma'}} v(ij;kl) a_{i\sigma}^{+} a_{j\sigma'}^{+} a_{l\sigma'} a_{k\sigma} \, . \tag{3.315}$$

Die so genannten *Hopping-Integrale*,

$$T_{ij} = \int d^3r \, \omega^*(\boldsymbol{r} - \boldsymbol{R}_i) \left\{ -\frac{\hbar^2}{2m} \Delta + V(\boldsymbol{r}) \right\} \omega(\boldsymbol{r} - \boldsymbol{R}_j) \, , \tag{3.316}$$

sind über Fourier-Transformation mit den Bloch-Energien $\varepsilon(\boldsymbol{k})$ verknüpft (s. (2.113)). $\omega(\boldsymbol{r} - R_i)$ ist die bei R_i zentrierte Wannier-Funktion.

$$\begin{aligned} v(ij;kl) = \frac{e^2}{4\pi\varepsilon_0} &\iint d^3r_1 \, d^3r_2 \, \omega^*(\boldsymbol{r}_1 - \boldsymbol{R}_i) \, \omega^*(\boldsymbol{r}_2 - \boldsymbol{R}_j) \\ &\cdot \frac{1}{|\boldsymbol{r}_1 - \boldsymbol{r}_2|} \omega(\boldsymbol{r}_2 - \boldsymbol{R}_l) \, \omega(\boldsymbol{r}_1 - \boldsymbol{R}_k) \, . \end{aligned} \tag{3.317}$$

Wir werden in diesem Abschnitt zeigen können, dass die bereits durch Gleichung (3.193) eingeführte **Ein-Elektronen-Green-Funktion**

$$G_{k\sigma}^{\alpha}(E) \equiv \langle\langle a_{k\sigma}; a_{k\sigma}^{+} \rangle\rangle_E^{\alpha} \, , \tag{3.318}$$

$$G^{\alpha}_{ij\sigma}(E) \equiv \langle\langle a_{i\sigma}; a^+_{j\sigma} \rangle\rangle^{\alpha}_{E} , \qquad (3.319)$$
$$\alpha = \text{ret, av, c} \quad (\varepsilon = -)$$

bzw. die dazu äquivalente **Ein-Elektronen-Spektraldichte**

$$S_{k\sigma}(E) = \frac{1}{2\pi} \int_{-\infty}^{+\infty} \mathrm{d}(t-t') \exp\left(-\frac{\mathrm{i}}{\hbar} E(t-t')\right) \left\langle [a_{k\sigma}(t), a^+_{k\sigma}(t')]_+ \right\rangle , \qquad (3.320)$$

$$S_{ij\sigma}(E) = \frac{1}{2\pi} \int_{-\infty}^{+\infty} \mathrm{d}(t-t') \exp\left(-\frac{\mathrm{i}}{\hbar} E(t-t')\right) \left\langle \left[a_{i\sigma}(t), a^+_{j\sigma}(t')\right]_+ \right\rangle \qquad (3.321)$$

auch für wechselwirkende Elektronensysteme die gesamte Gleichgewichtsthermodynamik bestimmt. Voraussetzung ist natürlich, dass man sie irgendwie hat berechnen können.

Dazu stellen wir zunächst die Bewegungsgleichung der $\boldsymbol{k}$-abhängigen Green'schen Funktion auf, wobei wir den folgenden Kommutator benötigen:

$$\begin{aligned}[a_{k\sigma}, \mathcal{H}]_- &= (\varepsilon(\boldsymbol{k}) - \mu)\, a_{k\sigma} + \\ &+ \sum_{\substack{p,q\\ \sigma'}} v_{p,k+q}(\boldsymbol{q}) a^+_{p+q\sigma'} a_{p\sigma'} a_{k+q\sigma}\end{aligned} \qquad (3.322)$$

(Ableitung als Übung!). Mit der *höheren* Green-Funktion

$$^{\alpha}\Gamma^{\sigma'\sigma}_{pk;q}(E) \equiv \langle\langle a^+_{p+q\sigma'} a_{p\sigma'} a_{k+q\sigma}; a^+_{k\sigma} \rangle\rangle^{\alpha}_{E} \qquad (3.323)$$

lautet dann die Bewegungsgleichung:

$$(E - \varepsilon(\boldsymbol{k}) + \mu) G^{\alpha}_{k\sigma}(E) = \hbar + \sum_{p,q,\sigma'} v_{p,k+q}(\boldsymbol{q})\, ^{\alpha}\Gamma^{\sigma'\sigma}_{pk;q}(E) . \qquad (3.324)$$

Die unbekannte Funktion Γ auf der rechten Seite verhindert ein direktes Auflösen dieser Gleichung. Wir postulieren jedoch, dass die folgende Zerlegung erlaubt ist:

$$\begin{aligned}\langle\langle [a_{k\sigma}, \mathcal{H} - \mathcal{H}_0]_- ; a^+_{k\sigma} \rangle\rangle^{\alpha}_{E} &= \sum_{p,q,\sigma'} v_{p,k+q}(\boldsymbol{q})\, \Gamma^{\sigma'\sigma}_{pk;q}(E) \\ &\equiv \Sigma^{\alpha}_{\sigma}(\boldsymbol{k}, E) G^{\alpha}_{k\sigma}(E) .\end{aligned} \qquad (3.325)$$

Diese Gleichung definiert die so genannte

- **Selbstenergie** $\Sigma^{\alpha}_{\sigma}(\boldsymbol{k}, E)$,

die wir noch ausführlich diskutieren werden. Mit ihr lässt sich die Bewegungsgleichung (3.324) formal einfach lösen:

$$G^{\alpha}_{k\sigma}(E) = \frac{\hbar}{E - (\varepsilon(\boldsymbol{k}) - \mu + \Sigma^{\alpha}_{\sigma}(\boldsymbol{k}, E))} . \qquad (3.326)$$

Vergleicht man diesen Ausdruck mit dem für das nicht wechselwirkende System (3.197), so erkennt man, dass der gesamte Einfluss der Teilchen-Wechselwirkungen in der Selbstenergie $\Sigma_\sigma(\boldsymbol{k}, E)$ steckt. Im Regelfall handelt es sich um eine komplexwertige Funktion von $(\boldsymbol{k}, E)$, deren Realteil die Energie und deren Imaginärteil die Lebensdauer der noch einzuführenden **Quasiteilchen** bestimmt.

Man kann (3.326) noch etwas umformulieren. Bezeichnen wir mit $G^{(0)}_{\boldsymbol{k}\sigma}(E)$ die Ein-Elektronen-Green-Funktion der nicht wechselwirkenden Elektronen, so folgt aus (3.326):

$$G_{\boldsymbol{k}\sigma}(E) = \hbar\left\{\hbar\left[G^{(0)}_{\boldsymbol{k}\sigma}(E)\right]^{-1} - \Sigma_\sigma(\boldsymbol{k}, E)\right\}^{-1}$$

$$\Rightarrow \quad \left\{\left[G^{(0)}_{\boldsymbol{k}\sigma}(E)\right]^{-1} - \frac{1}{\hbar}\Sigma_\sigma(\boldsymbol{k}, E)\right\} G_{\boldsymbol{k}\sigma}(E) = 1\,.$$

Der Index α ist hier der besseren Übersicht wegen unterdrückt. Wir erhalten schließlich die so genannte

Dyson-Gleichung

$$G_{\boldsymbol{k}\sigma}(E) = G^{(0)}_{\boldsymbol{k}\sigma}(E) + \frac{1}{\hbar}G^{(0)}_{\boldsymbol{k}\sigma}(E)\Sigma_\sigma(\boldsymbol{k}, E)G_{\boldsymbol{k}\sigma}(E)\,. \tag{3.327}$$

Unser Ziel wird eine zumindest approximative Bestimmung der Selbstenergie sein. Einsetzen eines Näherungsausdrucks für $\Sigma_\sigma(\boldsymbol{k}, E)$ in die Dyson-Gleichung bedeutet bereits das Aufsummieren einer **unendlichen** Teilreihe. Es sei jedoch daran erinnert, dass wir zur Ableitung von (3.327) die Zerlegung (3.325) der *höheren* Green-Funktion postulieren mussten.

3.4.2 Elektronische Selbstenergie

Wir wollen uns in diesem Abschnitt ein gewisses Bild von den allgemeinen Strukturen der fundamentalen Größen Selbstenergie, Green-Funktion und Spektraldichte machen. Ausgangspunkt ist die Darstellung (3.326) der Ein-Teilchen-Green-Funktion, wobei es sich bei der Selbstenergie im Allgemeinen um eine komplexe Größe handelt:

$$\Sigma^\alpha_\sigma(\boldsymbol{k}, E) = R^\alpha_\sigma(\boldsymbol{k}, E) + \mathrm{i}I^\alpha_\sigma(\boldsymbol{k}, E)\,. \tag{3.328}$$

Der Index α steht für *retardiert*, *avanciert* oder *kausal*. Die entsprechenden Selbstenergien sind durchaus unterschiedlich. So gilt z. B. nach (3.186) und (3.187) bei **reeller** Spektraldichte:

$$\left(G^{\mathrm{av}}_{\boldsymbol{k}\sigma}(E)\right)^* = G^{\mathrm{ret}}_{\boldsymbol{k}\sigma}(E)\,.$$

Dies impliziert

$$\left(\Sigma_\sigma^{\mathrm{av}}(\boldsymbol{k},E)\right)^* = \Sigma_\sigma^{\mathrm{ret}}(\boldsymbol{k},E)\,. \tag{3.329}$$

Der Zusammenhang ist also einfach. Wir werden unsere Betrachtungen deshalb o. B. d. A. auf die retardierten Funktionen konzentrieren können. Dabei verzichten wir auf den Zusatz $+\mathrm{i}0^+$, falls $I_\sigma \neq 0$ ist. Den Index „ret" an der Selbstenergie lassen wir im Folgenden weg.

Zunächst formen wir Gleichung (3.326) noch etwas um:

$$G_{\boldsymbol{k}\sigma}^{\mathrm{ret}}(E) = \hbar\frac{\left\{E - \left(\varepsilon(\boldsymbol{k}) - \mu + R_\sigma(\boldsymbol{k},E)\right)\right\} + \mathrm{i}I_\sigma(\boldsymbol{k},E)}{\left\{E - \left(\varepsilon(\boldsymbol{k}) - \mu + R_\sigma(\boldsymbol{k},E)\right)\right\}^2 + I_\sigma^2(\boldsymbol{k},E)}\,. \tag{3.330}$$

Nach (3.154) gilt dann für die Spektraldichte:

$$S_{\boldsymbol{k}\sigma}(E) = -\frac{\hbar}{\pi}\frac{I_\sigma(\boldsymbol{k},E)}{\left\{E - \left(\varepsilon(\boldsymbol{k}) - \mu + R_\sigma(\boldsymbol{k},E)\right)\right\}^2 + I_\sigma^2(\boldsymbol{k},E)}\,. \tag{3.331}$$

Mit (3.146) hatten wir die allgemeine Spektraldarstellung der Spektraldichte angeben können, die für den Fall der hier interessierenden Ein-Elektronen-Spektraldichte in

$$\begin{aligned} S_{\boldsymbol{k}\sigma}(E) = \frac{\hbar}{\Xi}\sum_{n,m}\left|\langle E_n|a_{\boldsymbol{k}\sigma}^+|E_m\rangle\right|^2 \mathrm{e}^{-\beta E_n}\left(\mathrm{e}^{\beta E}+1\right) \\ \cdot\,\delta\left[E - (E_n - E_m)\right] \end{aligned} \tag{3.332}$$

übergeht. $S_{\boldsymbol{k}\sigma}(E)$ ist also nichtnegativ für alle $(\boldsymbol{k},\sigma,E)$. Dies bedeutet aber nach (3.331) für den Imaginärteil der Selbstenergie (retardiert!):

$$I_\sigma(\boldsymbol{k},E) \le 0\,. \tag{3.333}$$

Wir wollen den Ausdruck (3.331) nun etwas genauer untersuchen. Ohne explizite Kenntnis über $R_\sigma(\boldsymbol{k},E)$ und $I_\sigma(\boldsymbol{k},E)$ erwarten wir doch für den Normalfall mehr oder weniger ausgeprägte Maxima in der Spektraldichte an den durch

$$E_{i\sigma}(\boldsymbol{k}) \stackrel{!}{=} \varepsilon(\boldsymbol{k}) - \mu + R_\sigma\left(\boldsymbol{k},E_{i\sigma}(\boldsymbol{k})\right)\;;\quad i = 1,2,3,\ldots \tag{3.334}$$

definierten **Resonanzstellen** $E_{i\sigma}(\boldsymbol{k})$. Dabei haben wir zwei Fälle zu unterscheiden.

Fall A: Es sei

$$I_\sigma(\boldsymbol{k},E) \equiv 0 \tag{3.335}$$

in einem gewissen Energiebereich, der die *Resonanz* $E_{i\sigma}$ enthält. Dann müssen wir in (3.331) den Grenzübergang $I_\sigma \to -0^+$ vollziehen. Mit der Darstellung der δ-Funktion als Grenzprozess

$$\delta(E - E_0) = \frac{1}{\pi}\lim_{x\to 0}\frac{x}{(E-E_0)^2 + x^2} \tag{3.336}$$

folgt dann:

$$S_{\boldsymbol{k}\sigma}(E) = \hbar\delta\left[E - (\varepsilon(\boldsymbol{k}) - \mu + R_\sigma(\boldsymbol{k}, E))\right] . \tag{3.337}$$

Nutzen wir noch

$$\delta\left[f(x)\right] = \sum_i \frac{1}{\left|f'(x_i)\right|}\delta\left(x - x_i\right) \; ; \quad f(x_i) = 0 \tag{3.338}$$

aus, so können wir statt (3.337) auch schreiben:

$$S_{\boldsymbol{k}\sigma}(E) = \hbar \sum_{i=1}^{n} \alpha_{i\sigma}(\boldsymbol{k})\delta\left(E - E_{i\sigma}(\boldsymbol{k})\right) , \tag{3.339}$$

$$\alpha_{i\sigma}(\boldsymbol{k}) = \left|1 - \frac{\partial}{\partial E}R_\sigma(\boldsymbol{k}, E)\right|^{-1}_{E = E_{i\sigma}} . \tag{3.340}$$

Summiert wird dabei über jene Resonanzen $E_{i\sigma}$, die in dem Energiebereich liegen, in dem (3.335) gilt.

Fall B: Es gelte

$$I_\sigma(\boldsymbol{k}, E) \neq 0 , \tag{3.341}$$

wobei allerdings in einer gewissen Umgebung der Resonanz $E_{i\sigma}$

$$\left|I_\sigma(\boldsymbol{k}, E)\right| \ll \left|\varepsilon(\boldsymbol{k}) - \mu + R_\sigma(\boldsymbol{k}, E)\right| \tag{3.342}$$

erfüllt sei. Dann erwarten wir ein ausgeprägtes Maximum an der Stelle $E = E_{i\sigma}$. Um dies zu sehen, entwickeln wir den Ausdruck

$$F_\sigma(\boldsymbol{k}, E) \equiv \varepsilon(\boldsymbol{k}) - \mu + R_\sigma(\boldsymbol{k}, E)$$

um die Resonanz und brechen die Reihe nach dem linearen Term ab:

$$\begin{aligned} F_\sigma(\boldsymbol{k}, E) &= F_\sigma\left(\boldsymbol{k}, E_{i\sigma}\right) + \left(E - E_{i\sigma}\right) \left.\frac{\partial F_\sigma}{\partial E}\right|_{E = E_{i\sigma}} + \cdots \\ &= E_{i\sigma}(\boldsymbol{k}) + \left(E - E_{i\sigma}\right) \left.\frac{\partial R_\sigma}{\partial E}\right|_{E = E_{i\sigma}} + \cdots \end{aligned}$$

Dies bedeutet:

$$\begin{aligned} \left(E - \varepsilon(\boldsymbol{k}) + \mu - R_\sigma(\boldsymbol{k}, E)\right)^2 &\simeq \left(E - E_{i\sigma}\right)^2 \left(1 - \left.\frac{\partial R_\sigma}{\partial E}\right|_{E = E_{i\sigma}}\right)^2 \\ &= \alpha_{i\sigma}^{-2}(\boldsymbol{k})\left(E - E_{i\sigma}(\boldsymbol{k})\right)^2 . \end{aligned} \tag{3.343}$$

Abb. 3.4 Qualitativer Verlauf der Spektraldichte eines wechselwirkenden Fermionensystems

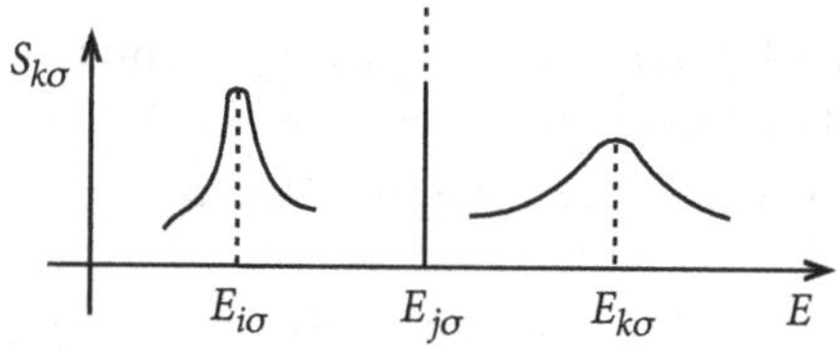

Diesen Ausdruck setzen wir in (3.331) ein. Nehmen wir dann noch an, dass $I_\sigma(\boldsymbol{k}, E)$ in der Nähe der Resonanz $E_{i\sigma}$ eine stetige, nur schwach veränderliche Funktion von E ist, sodass wir in dem interessierenden Energiebereich näherungsweise

$$I_\sigma(\boldsymbol{k}, E) \approx I_\sigma\left(\boldsymbol{k}, E_{i\sigma}(\boldsymbol{k})\right) \equiv I_{i\sigma}(\boldsymbol{k}) \tag{3.344}$$

setzen können, so lässt sich die Spektraldichte wie folgt approximieren:

$$S_{\boldsymbol{k}\sigma}^{(i)}(E) \approx -\frac{\hbar}{\pi} \frac{\alpha_{i\sigma}^2(\boldsymbol{k}) I_{i\sigma}(\boldsymbol{k})}{\left(E - E_{i\sigma}(\boldsymbol{k})\right)^2 + \left(\alpha_{i\sigma}(\boldsymbol{k}) I_{i\sigma}(\boldsymbol{k})\right)^2} \,. \tag{3.345}$$

Unter den getroffenen Voraussetzungen besitzt die Spektraldichte in der Nähe der Resonanz $E_{i\sigma}$ Lorentz-Gestalt. Man beachte jedoch, dass dazu insbesondere (3.342) erfüllt sein muss. Diese Bedingung ist aber unglücklicherweise erst nach vollständiger Lösung des Problems wirklich kontrollierbar. Sie bleibt damit zunächst spekulativ, wird allerdings von vielen Anwendungsbeispielen gut bestätigt. Wir werden jedoch auch Systeme kennen lernen, in denen sich die Gestalt der Spektraldichte als alles andere denn *lorentzartig* herausstellt, bei denen also (3.342) nicht erfüllt ist.

In der Regel wird jedoch nach unseren Vorüberlegungen die Spektraldichte eine Linearkombination von gewichteten Lorentz- und δ-Funktionen darstellen.

Diese Struktur der Spektraldichte wird uns im nächsten Abschnitt zum Begriff des *Quasiteilchens* führen. Interessant ist in diesem Zusammenhang das Verhalten der zeitabhängigen Spektraldichte, die man manchmal auch **Propagator** nennt. (Bisweilen verwendet man diesen Begriff auch für die zeitabhängige Green-Funktion.) Sie stellt im Falle des nicht wechselwirkenden Teilchensystems eine ungedämpfte harmonische Schwingung dar, wie man an Gleichung (3.207) erkennt. Das gilt im wechselwirkenden System nur dann, wenn Fall A vorliegt, wenn sich die Spektraldichte als δ-Funktion (3.337) schreiben lässt. Aus (3.339) folgt dann nämlich:

$$S_{\boldsymbol{k}\sigma}(t - t') = \frac{1}{2\pi} \sum_{i=1}^{n} \alpha_{i\sigma}(\boldsymbol{k}) \exp\left(-\frac{\mathrm{i}}{\hbar} E_{i\sigma}(\boldsymbol{k})\,(t - t')\right) \,. \tag{3.346}$$

Die Schwingungsfrequenzen sind dabei durch die Resonanzenergien $E_{i\sigma}(\boldsymbol{k})$ bestimmt.

Im Fall B dagegen bedingen die Lorentz-Peaks exponentiell gedämpfte Oszillatoren. Um dies einzusehen, nehmen wir einmal an, dass (3.345) näherungsweise für den gesamten Energiebereich gültig ist. Dann können wir schreiben:

$$
\begin{aligned}
S_{k\sigma}^{(i)}(t-t') \approx \frac{1}{4\pi^2 \mathrm{i}} \int\limits_{-\infty}^{+\infty} \mathrm{d}E \exp\left(-\frac{\mathrm{i}}{\hbar} E(t-t')\right) \alpha_{i\sigma}(\boldsymbol{k}) \\
\cdot \left\{ \frac{1}{E - (E_{i\sigma}(\boldsymbol{k}) - \mathrm{i}\alpha_{i\sigma}(\boldsymbol{k}) I_{i\sigma}(\boldsymbol{k}))} \right. \\
\left. - \frac{1}{E - (E_{i\sigma}(\boldsymbol{k}) + \mathrm{i}\alpha_{i\sigma}(\boldsymbol{k}) I_{i\sigma}(\boldsymbol{k}))} \right\} .
\end{aligned}
\tag{3.347}
$$

Wir lösen die Integrale mithilfe des Residuensatzes. Die spektralen Gewichte sind positiv definit, sodass wegen (3.333) gelten muss:

$$
\alpha_{i\sigma}(\boldsymbol{k}) I_{i\sigma}(\boldsymbol{k}) \le 0 . \tag{3.348}
$$

Der erste Summand hat deshalb einen Pol in der oberen, der zweite Summand einen Pol in der unteren Halbebene. Wenn wir die folgenden Integrationswege wählen,

$$
t-t' > 0\colon \int\limits_{-\infty}^{+\infty} \mathrm{d}E \ldots \quad \Rightarrow \quad \int\limits_{\circlearrowright} \mathrm{d}E \ldots ,
$$

$$
t-t' < 0\colon \int\limits_{-\infty}^{+\infty} \mathrm{d}E \ldots \quad \Rightarrow \quad \int\limits_{\circlearrowleft} \mathrm{d}E \ldots ,
$$

dann sorgt die Exponentialfunktion in (3.347) dafür, dass die im Unendlichen geschlossenen Halbkreise keinen Beitrag liefern. Nach dem Residuensatz trägt für $t - t' > 0$ dann nur der zweite Summand, für $t - t' < 0$ nur der erste Summand zum Integral in (3.347) bei. Dies ergibt schließlich:

$$
\begin{aligned}
S_{k\sigma}^{(i)}(t-t') \approx \frac{1}{2\pi} \alpha_{i\sigma}(\boldsymbol{k}) \exp\left(-\frac{\mathrm{i}}{\hbar} E_{i\sigma}(\boldsymbol{k})(t-t')\right) \\
\cdot \exp\left(-\frac{1}{\hbar} \left|\alpha_{i\sigma}(\boldsymbol{k}) I_{i\sigma}(\boldsymbol{k})\right| |t-t'|\right) .
\end{aligned}
\tag{3.349}
$$

Die zeitabhängige Spektraldichte stellt also in der Tat eine gedämpfte Schwingung dar, wobei die Frequenz wieder einer Resonanz $E_{i\sigma}$ entspricht, während die Dämpfung im Wesentlichen durch den Imaginärteil der Selbstenergie reguliert wird.

Im Allgemeinen ist also für wechselwirkende Systeme zu erwarten, dass $S_{k\sigma}(t-t')$ aus einer Überlagerung von gedämpften und ungedämpften Oszillationen, deren Frequenzen den Resonanzenergien $E_{i\sigma}$ entsprechen, bestehen wird. Die resultierende Zeitabhängigkeit kann dann durchaus kompliziert werden.

Genau dieses qualitative Bild vom Zeitverhalten der Spektraldichte wird uns im nächsten Abschnitt zum für die Viel-Teilchen-Theorie typischen Begriff des *Quasiteilchens* führen.

3.4.3 Quasiteilchen

Wir wollen in diesem Abschnitt ein erstes Fazit ziehen. Was ist eigentlich der **neue** Aspekt des Green-Funktions-Formalismus, verglichen mit konventionellen Methoden? Was haben Green-Funktionen oder Spektraldichten mit Quasiteilchen zu tun? Was sind überhaupt Quasiteilchen? Wir vermuten, dass sie etwas mit den mehr oder weniger ausgeprägten Resonanzpeaks in der gerade diskutierten Spektraldichte zu tun haben. Dies wollen wir uns nun qualitativ etwas verdeutlichen, und zwar an dem **Spezialfall**

$$T = 0\,; \quad |\boldsymbol{k}| > k_{\mathrm{F}}\,; \quad t > t'\,.$$

Mit k_{F} ist der Fermi-Wellenvektor gemeint. Das System befinde sich in seinem Grundzustand $|E_0\rangle$. Durch Hinzufügen eines $(\boldsymbol{k}, \sigma)$-Elektrons zur Zeit t entsteht der Zustand

$$|\varphi_0(t)\rangle = a^+_{\boldsymbol{k}\sigma}(t)|E_0\rangle\,, \tag{3.350}$$

bei dem es sich nicht notwendig um einen Eigenzustand des Hamilton-Operators handeln muss. Von den beiden Summanden in der Definition (3.127) des Propagators $S_{\boldsymbol{k}\sigma}(t - t')$ kann wegen $|\boldsymbol{k}| > k_{\mathrm{F}}$ nur einer beitragen. Es ist deshalb

$$2\pi S_{\boldsymbol{k}\sigma}(t - t') = \langle \varphi_0(t)|\varphi_0(t')\rangle\,. \tag{3.351}$$

Damit erhält die zeitabhängige Spektraldichte eine klare Interpretation.

$2\pi S_{\boldsymbol{k}\sigma}(t - t')$ ist die Wahrscheinlichkeitsamplitude dafür, dass der zur Zeit t' durch Hinzufügen eines $(\boldsymbol{k}, \sigma)$-Elektrons aus dem Grundzustand $|E_0\rangle$ entstandene Zustand $|\varphi_0\rangle$ zur Zeit $t > t'$ noch existiert. $S_{\boldsymbol{k}\sigma}(t - t')$ charakterisiert damit die zeitliche Entwicklung (**Propagation**) eines zusätzlichen $(\boldsymbol{k}, \sigma)$-Elektrons in dem N-Teilchen-System. Hätten wir $|\boldsymbol{k}| < k_{\mathrm{F}}$ vorausgesetzt, so würde $S_{\boldsymbol{k}\sigma}(t - t')$ die Propagation eines *Loches* beschreiben.

Zwei typische Fälle sind nun zu unterscheiden:

$$\left|\langle \varphi_0(t)|\varphi_0(t')\rangle\right|^2 = \text{const} \quad \Leftrightarrow \quad \textbf{stationärer}\ \text{Zustand},$$
$$\left|\langle \varphi_0(t)|\varphi_0(t')\rangle\right|^2 \xrightarrow[t-t' \to \infty]{} 0 \quad \Leftrightarrow \quad \text{Zustand mit } \textbf{endlicher Lebensdauer.}$$

Betrachten wir zunächst einmal wieder

1) Nicht wechselwirkende Elektronen,

beschrieben durch

$$\mathcal{H}_0 = \sum_{\boldsymbol{k},\sigma} (\varepsilon(\boldsymbol{k}) - \mu)\, a^+_{\boldsymbol{k}\sigma} a_{\boldsymbol{k}\sigma}\,.$$

Man berechnet leicht

$$[\mathcal{H}_0, a^+_{\boldsymbol{k}\sigma}]_- = (\varepsilon(\boldsymbol{k}) - \mu) a^+_{\boldsymbol{k}\sigma}\,,$$

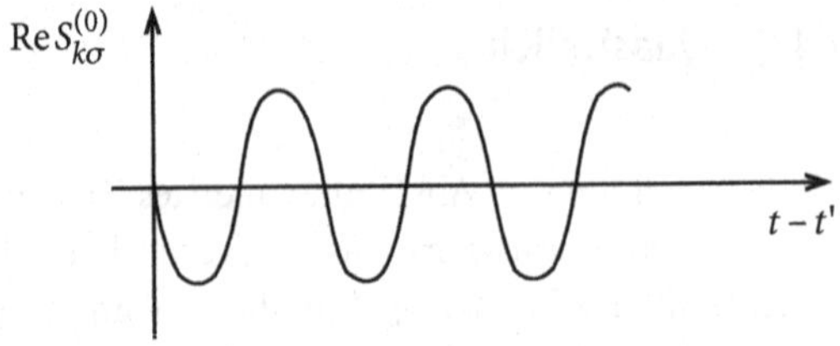

Abb. 3.5 Manifestation eines stationären Zustands in der zeitabhängigen Spektraldichte in Form einer ungedämpften harmonischen Schwingung

womit

$$\begin{aligned}\mathcal{H}_0\left(a^+_{k\sigma}|E_0\rangle\right) &= a^+_{k\sigma}\mathcal{H}_0|E_0\rangle + [\mathcal{H}_0, a^+_{k\sigma}]_-|E_0\rangle\\ &= (E_0+\varepsilon(\boldsymbol{k})-\mu)\left(a^+_{k\sigma}|E_0\rangle\right)\end{aligned}$$

folgt.

In diesem Spezialfall ist also $a^+_{k\sigma}|E_0\rangle$ ein Eigenzustand zu $\mathcal{H}_0$. Damit ergibt sich weiter:

$$\begin{aligned}|\varphi_0(t)\rangle &= \exp\left(\frac{i}{\hbar}\mathcal{H}_0 t\right)a^+_{k\sigma}\exp\left(-\frac{i}{\hbar}\mathcal{H}_0 t\right)|E_0\rangle\\ &= \exp\left(-\frac{i}{\hbar}E_0 t\right)\exp\left(\frac{i}{\hbar}\mathcal{H}_0 t\right)\left(a^+_{k\sigma}|E_0\rangle\right)\\ &= \exp\left(\frac{i}{\hbar}(\varepsilon(\boldsymbol{k})-\mu)\,t\right)\left(a^+_{k\sigma}|E_0\rangle\right)\,.\end{aligned} \tag{3.352}$$

Wegen $|\boldsymbol{k}| > k_F$ und $\langle E_0|E_0\rangle = 1$ gilt noch:

$$\langle E_0|a_{k\sigma}a^+_{k\sigma}|E_0\rangle = \langle E_0|E_0\rangle - \langle E_0|a^+_{k\sigma}a_{k\sigma}|E_0\rangle = 1\,.$$

Damit haben wir schließlich:

$$\langle\varphi_0(t)|\varphi_0(t')\rangle = \exp\left[-\frac{i}{\hbar}(\varepsilon(\boldsymbol{k})-\mu)(t-t')\right]. \tag{3.353}$$

Der Propagator $S^{(0)}_{k\sigma}(t-t')$ stellt also, wie schon anderweitig abgeleitet, eine ungedämpfte harmonische Schwingung dar. Die Frequenz entspricht einer exakten Anregungsenergie des Systems, nämlich $(\varepsilon(\boldsymbol{k})-\mu)$. Wegen

$$|\langle\varphi_0(t)|\varphi_0(t')\rangle|^2 = 1 \tag{3.354}$$

handelt es sich um einen **stationären** Zustand.

■ 2) Wechselwirkende Elektronensysteme

Für den Propagator $S_{k\sigma}(t-t')$ erhalten wir aus (3.351) durch Einschieben eines vollständigen Satzes von Eigenzuständen $|E_n\rangle$ zwischen die beiden zeitabhängigen Konstruktions-

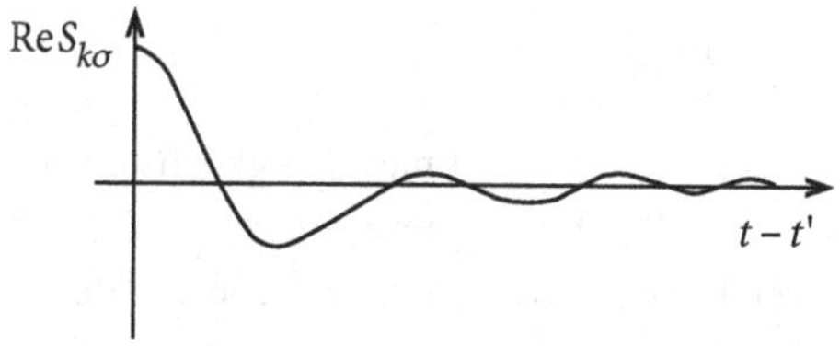

Abb. 3.6 Typisches Zeitverhalten der Spektraldichte im Fall wechselwirkender Teilchensysteme

operatoren:

$$2\pi S_{\mathbf{k}\sigma}(t-t') = \sum_n \left| \left\langle E_n \middle| a^+_{\mathbf{k}\sigma} \middle| E_0 \right\rangle \right|^2 \exp\left(-\frac{\mathrm{i}}{\hbar}(E_n - E_0)(t-t')\right) . \tag{3.355}$$

Im *freien* System ist $a^+_{\mathbf{k}\sigma}\left|E_0\right\rangle$ ein Energieeigenzustand. Deren Orthogonalität sorgt dann dafür, dass nur ein Term der Summe von Null verschieden ist. Dies gilt im wechselwirkenden System nicht mehr. In der Entwicklung

$$\left|\varphi_0\right\rangle = a^+_{\mathbf{k}\sigma}\left|E_0\right\rangle = \sum_m c_m \left|E_m\right\rangle \tag{3.356}$$

werden mehrere, im Allgemeinen unendlich viele, Entwicklungskoeffizienten ungleich Null sein. Jeder Summand für sich stellt zwar wieder eine harmonische Schwingung dar. Die Überlagerung mehrerer Schwingungen unterschiedlicher Frequenz wird jedoch dafür sorgen, dass die Summe in (3.355) für $t = t'$ maximal ist. Für $t - t' > 0$ werden sich die Phasenfaktoren $\exp\left[-(\mathrm{i}/\hbar)(E_n - E_0)(t-t')\right]$ allmählich über den gesamten Einheitskreis der komplexen Zahlenebene verteilen und damit möglicherweise durch destruktive Interferenz für

$$\left|\left\langle \varphi_0(t) \middle| \varphi_0(t') \right\rangle\right|^2 \xrightarrow[t-t' \to \infty]{} 0 \tag{3.357}$$

sorgen. Der zur Zeit t' geschaffene Zustand $\left|\varphi_0(t')\right\rangle$ hat dann nur eine endliche Lebensdauer.

Unter gewissen Umständen gelingt es jedoch, die unregelmäßige Zeitabhängigkeit des Propagators als Überlagerung gedämpfter Oszillationen wohldefinierter Frequenz darzustellen:

$$2\pi S_{\mathbf{k}\sigma}(t-t') = \sum_i \alpha_{i\sigma}(\mathbf{k}) \exp\left[-\frac{\mathrm{i}}{\hbar}\left(\eta^{\mathrm{QT}}_{i\sigma}(\mathbf{k})\right)(t-t')\right] . \tag{3.358}$$

Dieser Ansatz hat formal dieselbe Struktur wie der entsprechende Ausdruck (3.353) für das *freie* System, nur sind nun die *neuen* Ein-Teilchen-Energien im Allgemeinen komplexe Größen:

$$\eta^{\mathrm{QT}}_{i\sigma}(\mathbf{k}) = \mathrm{Re}\,\eta^{\mathrm{QT}}_{i\sigma}(\mathbf{k}) + \mathrm{i}\,\mathrm{Im}\,\eta^{\mathrm{QT}}_{i\sigma}(\mathbf{k}) . \tag{3.359}$$

Der Imaginärteil $\left(\mathrm{Im}\,\eta^{\mathrm{QT}}_{i\sigma} < 0\right)$ ist für die exponentielle Dämpfung der Oszillation verantwortlich. Wir schreiben diese neuen Energien $\eta^{\mathrm{QT}}_{i\sigma}$ einem *fiktiven* Teilchen zu, das wir

▸ Quasiteilchen

nennen wollen. Es ist nämlich gleichsam so, als ob das zur Zeit t' als $(N+1)$-tes Teilchen in das N-Teilchen-System *eingepflanzte* $(\boldsymbol{k},\sigma)$-Elektron in mehrere Quasiteilchen zerfällt, deren Energien durch die Realteile und deren Lebensdauer durch die Imaginärteile der $\eta_{i\sigma}^{\mathrm{QT}}$ festgelegt sind:

$$\begin{aligned} \text{Quasiteilchenenergie} \quad &\hat{=}\ \mathrm{Re}\,\eta_{i\sigma}^{\mathrm{QT}}(\boldsymbol{k})\,, \\ \text{Quasiteilchenlebensdauer} \quad &\hat{=}\ \frac{\hbar}{\left|\mathrm{Im}\,\eta_{i\sigma}^{\mathrm{QT}}(\boldsymbol{k})\right|}\,. \end{aligned} \tag{3.360}$$

Jedes Quasiteilchen ist mit einem

▸ spektralen Gewicht $\alpha_{i\sigma}(\boldsymbol{k})$

versehen, wobei wegen der Erhaltung der Gesamtteilchenzahl

$$\sum_i \alpha_{i\sigma}(\boldsymbol{k}) = 1 \tag{3.361}$$

gelten muss. Vergleichen wir nun

$$\begin{aligned} S_{\boldsymbol{k}\sigma}^{(i)}(t-t') = \frac{1}{2\pi}\alpha_{i\sigma}(\boldsymbol{k})\exp\left[-\frac{\mathrm{i}}{\hbar}\left(\mathrm{Re}\,\eta_{i\sigma}^{\mathrm{QT}}(\boldsymbol{k})\right)(t-t')\right] \\ \cdot \exp\left(-\frac{1}{\hbar}\left|\mathrm{Im}\,\eta_{i\sigma}^{\mathrm{QT}}(\boldsymbol{k})\right|(t-t')\right) \end{aligned} \tag{3.362}$$

mit (3.349), so erkennen wir den Zusammenhang der Quasiteilchenkenngrößen mit der elektronischen Selbstenergie:

Quasiteilchenenergie: $E_{i\sigma}(\boldsymbol{k})$

$$E_{i\sigma}(\boldsymbol{k}) \stackrel{!}{=} \varepsilon(\boldsymbol{k}) - \mu + R_\sigma\left(\boldsymbol{k}, E = E_{i\sigma}(\boldsymbol{k})\right)\,, \tag{3.363}$$

Quasiteilchenlebensdauer: $\tau_{i\sigma}(\boldsymbol{k})$

$$\tau_{i\sigma}(\boldsymbol{k}) = \frac{\hbar}{\left|\alpha_{i\sigma}(\boldsymbol{k})\cdot I_{i\sigma}(\boldsymbol{k})\right|}\,. \tag{3.364}$$

Die spektralen Gewichte $\alpha_{i\sigma}(\boldsymbol{k})$ sind nach (3.340) durch den Realteil der Selbstenergie bestimmt. Damit wird die Lebensdauer der Quasiteilchen nicht allein durch den Imaginär-, sondern auch durch den Realteil von $\Sigma_\sigma(\boldsymbol{k}, E)$ beeinflusst. Allerdings ist für $I_{i\sigma}(\boldsymbol{k}) = 0$ in jedem Fall $\tau_{i\sigma} = \infty$. Die Lorentz-Peaks in der Spektraldichte $S_{\boldsymbol{k}\sigma}(E)$ sind also Quasiteilchen zuzuschreiben, deren Energien durch die Positionen und deren Lebensdauer durch die Breiten der Peaks gegeben sind. δ-Funktionen (3.339) sind dann Spezialfälle, die Quasiteilchen unendlich langer Lebensdauer entsprechen.

Man kann die Analogie zum freien System schließlich noch zur Definition einer

- effektiven Masse $m^*_{i\sigma}(\mathbf{k})$

des Quasiteilchens ausnutzen. Für kleine Wellenzahlen lassen sich die Bloch-Energien stets wie folgt entwickeln:

$$\varepsilon(\mathbf{k}) = T_0 + \frac{\hbar^2 k^2}{2m} + O\left(k^4\right) . \tag{3.365}$$

T_0 ist die untere Kante des betreffenden Energiebandes. Formal denselben Ansatz postulieren wir für die Quasiteilchenenergien:

$$E_{i\sigma}(\mathbf{k}) = T_{0i\sigma} + \frac{\hbar^2 k^2}{2m^*_{i\sigma}} + O\left(k^4\right) . \tag{3.366}$$

Wir setzen (3.365) ein:

$$E_{i\sigma}(\mathbf{k}) = T_{0i\sigma} + \frac{m}{m^*_{i\sigma}}\left(\varepsilon(\mathbf{k}) - T_0\right) + \cdots .$$

Damit folgt:

$$\frac{m}{m^*_{i\sigma}(\mathbf{k})} = \frac{\partial E_{i\sigma}(\mathbf{k})}{\partial \varepsilon(\mathbf{k})} . \tag{3.367}$$

Dies bedeutet aber nach (3.363):

$$\frac{m}{m^*_{i\sigma}} = 1 + \left(\frac{\partial R_\sigma}{\partial \varepsilon(\mathbf{k})}\right)_{E_{i\sigma}} + \left(\frac{\partial R_\sigma}{\partial E_{i\sigma}}\right)_{\varepsilon(\mathbf{k})} \frac{\partial E_{i\sigma}}{\partial \varepsilon(\mathbf{k})}$$

$$\Rightarrow \quad \frac{m}{m^*_{i\sigma}}\left[1 - \left(\frac{\partial R_\sigma}{\partial E_{i\sigma}}\right)_{\varepsilon(\mathbf{k})}\right] = 1 + \left(\frac{\partial R_\sigma}{\partial \varepsilon(\mathbf{k})}\right)_{E_{i\sigma}} .$$

Der Realteil der elektronischen Selbstenergie bestimmt also die effektive Masse des Quasiteilchens:

$$\frac{m^*_{i\sigma}(\mathbf{k})}{m} = \frac{1 - \left(\frac{\partial R_\sigma(\mathbf{k}, E_{i\sigma})}{\partial E_{i\sigma}}\right)_{\varepsilon(\mathbf{k})}}{1 + \left(\frac{\partial R_\sigma(\mathbf{k}, E_{i\sigma})}{\partial \varepsilon(\mathbf{k})}\right)_{E_{i\sigma}}} . \tag{3.368}$$

Eine weitere wichtige Quasiteilchenkenngröße lernen wir im nächsten Abschnitt kennen.

3.4.4 Quasiteilchenzustandsdichte

Auch diese Größe wollen wir in strenger Analogie zum freien Elektronengas begründen. Für die **mittlere Besetzungszahl** $\langle n_{\mathbf{k}\sigma}\rangle$ des $(\mathbf{k}, \sigma)$-Niveaus erhalten wir mithilfe des Spektraltheorems (3.157) aus der Ein-Elektronen-Spektraldichte:

$$\langle n_{\boldsymbol{k}\sigma}\rangle = \langle a_{\boldsymbol{k}\sigma}^{+} a_{\boldsymbol{k}\sigma}\rangle = \frac{1}{\hbar}\int\limits_{-\infty}^{+\infty} \mathrm{d}E f_{-}(E) S_{\boldsymbol{k}\sigma}(E-\mu)\,. \tag{3.369}$$

Im nicht wechselwirkenden System wird daraus (3.208), wenn man für die Spektraldichte (3.199) einsetzt. Wir können aus $\langle n_{\boldsymbol{k}\sigma}\rangle$ durch Summation über alle Wellenzahlen $\boldsymbol{k}$ und alle Spins σ die Gesamtelektronenzahl N_e gewinnen:

$$N_e = \sum_{\boldsymbol{k}\sigma}\langle n_{\boldsymbol{k}\sigma}\rangle = \frac{1}{\hbar}\sum_{\boldsymbol{k}\sigma}\int\limits_{-\infty}^{+\infty} \mathrm{d}E f_{-}(E) S_{\boldsymbol{k}\sigma}(E-\mu)\,. \tag{3.370}$$

Wie im *freien* System muss N_e auch durch Energieintegration über eine Zustandsdichte $\rho_\sigma(E)$ des wechselwirkenden Systems zu bestimmen sein:

$$N_e = N\sum_{\sigma}\int\limits_{-\infty}^{+\infty} \mathrm{d}E f_{-}(E)\rho_\sigma(E)\,. \tag{3.371}$$

N ist hier die Zahl der Gitterplätze, und $\rho_\sigma(E)$ ist offensichtlich auf 1 normiert. Der Vergleich mit (3.370) ergibt dann die

Quasiteilchenzustandsdichte

$$\rho_\sigma(E) = \frac{1}{N\hbar}\sum_{\boldsymbol{k}} S_{\boldsymbol{k}\sigma}(E-\mu)\,. \tag{3.372}$$

Denselben Ausdruck haben wir bereits in Abschn. 3.3.1 für wechselwirkungsfreie Bloch-Elektronen begründen können. Es besteht also ein sehr enger Zusammenhang zwischen Zustandsdichte und Spektraldichte. Alle Eigenschaften der Spektraldichte übertragen sich demnach ziemlich direkt auf die Quasiteilchenzustandsdichte. Setzen wir z. B. (3.332) in (3.372) ein, so erkennen wir, dass $\rho_\sigma(E)$ im Gegensatz zur so genannten **Bloch-Zustandsdichte** $\rho_0(E)$ ((3.213) bzw. (3.214)) des nicht wechselwirkenden Elektronensystems **temperaturabhängig** sein wird. Ferner werden wir an späteren Beispielen erkennen, dass sie auch entscheidend durch die Teilchenzahl beeinflusst wird. Da schließlich die Spektraldichte nach (3.332) eine gewichtete Überlagerung von δ-Funktionen darstellt, in deren Argumenten die Anregungsenergien stehen, die aufgebracht werden müssen, um ein zusätzliches $(\boldsymbol{k},\sigma)$-Elektron in dem N-Teilchensystem unterzubringen oder ein entsprechendes aus diesem herauszuholen, hat auch $\rho_\sigma(E)$ einen direkten Bezug zum Experiment (Photoemission!).

Wegen ihrer fundamentalen Bedeutung wollen wir die Quasiteilchenzustandsdichte $\rho_\sigma(E)$ noch für einen relativ einfachen **Spezialfall** diskutieren. Wir nehmen an, dass die elektro-

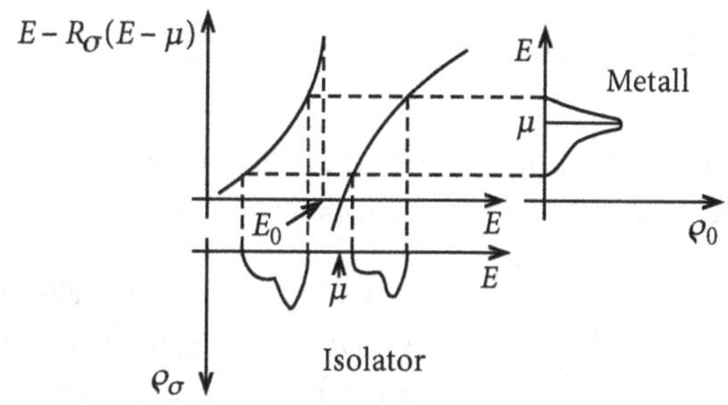

Abb. 3.7 Qualitatives Energieverhalten der Selbstenergie eines wechselwirkenden Teilchensystems, das zu einer korrelationsbedingten Bandaufspaltung Anlass gibt (Mott-Isolator)

nische Selbstenergie $\boldsymbol{k}$-unabhängig und reell ist:

$$R_\sigma(\boldsymbol{k}, E) \equiv R_\sigma(E) \; ; \quad I_\sigma(\boldsymbol{k}, E) \equiv 0 \; . \tag{3.373}$$

Dann gilt gemäß (3.337):

$$S_{\boldsymbol{k}\sigma}(E) = \hbar\delta\left(E - \varepsilon(\boldsymbol{k}) + \mu - R_\sigma(E)\right) \; . \tag{3.374}$$

Dies bedeutet für die Quasiteilchenzustandsdichte $\rho_\sigma(E)$:

$$\rho_\sigma(E) = \frac{1}{N}\sum_{\boldsymbol{k}} \delta\left[E - \varepsilon(\boldsymbol{k}) - R_\sigma(E-\mu)\right] \; . \tag{3.375}$$

Der Vergleich mit der Bloch-Zustandsdichte,

$$\rho_0(E) = \frac{1}{N}\sum_{\boldsymbol{k}} \delta\left(E - \varepsilon(\boldsymbol{k})\right) \; ,$$

ergibt schließlich:

$$\rho_\sigma(E) = \rho_0\left[E - R_\sigma(E-\mu)\right] \; . \tag{3.376}$$

$\rho_\sigma(E)$ ist also für solche Energien von Null verschieden, für die die Funktion $[E-R_\sigma(E-\mu)]$ Werte annimmt, die zwischen der unteren und der oberen Kante des *freien* Bloch-Bandes liegen. Ist R_σ lediglich eine schwach veränderliche, glatte Funktion von E, so wird ρ_σ gegenüber ρ_0 nur leicht deformiert sein, sodass man den Einfluss der Teilchenwechselwirkungen durch Einführung effektiver Teilchenmassen oder ähnlicher Hilfskonzepte der Festkörperphysik hinreichend genau berücksichtigen kann.

Man kann sich jedoch auch leicht Situationen vorstellen, für die $\rho_\sigma(E)$ sich qualitativ deutlich von $\rho_0(E)$ unterscheidet. Dies ist z. B. der Fall, wenn die Funktion $[E - R_\sigma(E-\mu)]$ an irgendeiner Stelle E_0 singulär wird, wie in Abb. 3.7 angedeutet. Diese Situation führt notwendig zu einer Bandaufspaltung. Bei passender Bandfüllung kann das chemische Potential μ dann gerade in die Bandlücke fallen, was zur Folge hat, dass das System nach konventioneller Bandtheorie metallisch sein sollte, während die Viel-Teilchen-Theorie einen Isolator oder Halbleiter voraussagt. Ein prominentes Beispiel für eine solche Situation (*Mott-Isolator*) ist das antiferromagnetische NiO.

3.4.5 Innere Energie

In den Abschnitten 3.1.2 bis 3.1.5 haben wir den Gebrauch von Green-Funktionen an Hand so genannter *Response*-Größen wie

$$\begin{aligned} \sigma^{\alpha\beta}(E)&: \text{ elektrische Leitfähigkeit (3.83)}\,,\\ \chi^{\alpha\beta}(E)&: \text{ magnetische Suszeptibilität (3.66)}\,,\\ \varepsilon(\boldsymbol{q},E)&: \text{ Dielektrizitätsfunktion (3.104)} \end{aligned}$$

motiviert, die sich als retardierte Kommutator-Green-Funktionen herausstellten. Es handelt sich dabei durchweg um *Mehrteilchen-Funktionen*, d. h. um Green-Funktionen, die aus mehr als einem Erzeugungs- und einem Vernichtungsoperator aufgebaut sind. Zu dieser Klasse zählt $G_{\boldsymbol{k}\sigma}(E)$ natürlich nicht. Wir wollen nun aber am Beispiel der inneren Energie zeigen, dass über $G_{\boldsymbol{k}\sigma}(E)$ die gesamte Gleichgewichtsthermodynamik des wechselwirkenden Elektronensystems festgelegt ist.

Für die innere Energie gilt zunächst mit (3.311):

$$U = \langle H\rangle = \sum_{\boldsymbol{k}\sigma}\varepsilon(\boldsymbol{k})\,\langle a^+_{\boldsymbol{k}\sigma}a_{\boldsymbol{k}\sigma}\rangle + \frac{1}{2}\sum_{\substack{\boldsymbol{p},\boldsymbol{k},\boldsymbol{q}\\ \sigma\sigma'}} v_{\boldsymbol{kp}}(\boldsymbol{q})\,\langle a^+_{\boldsymbol{k}+\boldsymbol{q}\sigma}a^+_{\boldsymbol{p}-\boldsymbol{q}\sigma'}a_{\boldsymbol{p}\sigma'}a_{\boldsymbol{k}\sigma}\rangle\,. \tag{3.377}$$

Wir substituieren

$$\boldsymbol{q}\to-\boldsymbol{q}\,,\qquad \text{dann}\quad \boldsymbol{k}-\boldsymbol{q}\to\boldsymbol{k}$$

und nutzen gemäß (3.313)

$$v_{\boldsymbol{k}+\boldsymbol{q},\boldsymbol{p}}(-\boldsymbol{q}) = v_{\boldsymbol{p},\boldsymbol{k}+\boldsymbol{q}}(\boldsymbol{q})$$

aus. Dann wird aus (3.377):

$$U = \sum_{\boldsymbol{k}\sigma}\varepsilon(\boldsymbol{k})\,\langle a^+_{\boldsymbol{k}\sigma}a_{\boldsymbol{k}\sigma}\rangle + \frac{1}{2}\sum_{\substack{\boldsymbol{k},\boldsymbol{p},\boldsymbol{q}\\ \sigma,\sigma'}} v_{\boldsymbol{p},\boldsymbol{k}+\boldsymbol{q}}(\boldsymbol{q})\,\langle a^+_{\boldsymbol{k}\sigma}a^+_{\boldsymbol{p}+\boldsymbol{q}\sigma'}a_{\boldsymbol{p}\sigma'}a_{\boldsymbol{k}+\boldsymbol{q}\sigma}\rangle\,. \tag{3.378}$$

Mithilfe des Spektraltheorems (3.157) können wir die Erwartungswerte auf der rechten Seite durch die Green-Funktionen $G_{\boldsymbol{k}\sigma}(E)$ und $\Gamma^{\sigma\sigma}_{\boldsymbol{pk};\boldsymbol{q}}(E)$, letztere definiert in (3.323), ausdrücken:

$$\begin{aligned} U = \frac{1}{\hbar}\int\limits_{-\infty}^{+\infty}\frac{\mathrm{d}E}{\mathrm{e}^{\beta E}+1}&\left\{\sum_{\boldsymbol{k}\sigma}\varepsilon(\boldsymbol{k})\left(-\frac{1}{\pi}\,\mathrm{Im}\,G^{\mathrm{ret}}_{\boldsymbol{k}\sigma}(E)\right)\right.\\ &\left.+\frac{1}{2}\sum_{\substack{\boldsymbol{kpq}\\ \sigma\sigma'}} v_{\boldsymbol{p},\boldsymbol{k}+\boldsymbol{q}}(\boldsymbol{q})\left(-\frac{1}{\pi}\,\mathrm{Im}\,{}^{\mathrm{ret}}\Gamma^{\sigma'\sigma}_{\boldsymbol{pk};\boldsymbol{q}}(E)\right)\right\}. \end{aligned} \tag{3.379}$$

Mithilfe der Bewegungsgleichung (3.324) lässt sich schließlich noch die *höhere* Green-Funktion ${}^{\text{ret}}\Gamma^{\sigma'\sigma}_{pk;q}$ durch die Ein-Elektronen-Green-Funktion $G^{\text{ret}}_{k\sigma}(E)$ ersetzen:

$$\frac{1}{2}\sum_{\substack{kpq\\ \sigma\sigma'}} v_{p,k+q}(\boldsymbol{q})\,{}^{\text{ret}}\Gamma^{\sigma'\sigma}_{pk;q}(E) = \frac{1}{2}\sum_{k\sigma}\left(-\hbar + (E - \varepsilon(\boldsymbol{k}) + \mu)\,G^{\text{ret}}_{k\sigma}(E)\right) . \tag{3.380}$$

Einsetzen in (3.379) führt dann zu:

$$U = \frac{1}{2\hbar}\sum_{k\sigma}\int\limits_{-\infty}^{+\infty}\frac{\mathrm{d}E}{e^{\beta E}+1}\,(E + \mu + \varepsilon(\boldsymbol{k}))\left(-\frac{1}{\pi}\,\mathrm{Im}\,G^{\text{ret}}_{k\sigma}(E)\right) . \tag{3.381}$$

Nach (3.154) steht auf der rechten Seite gerade die Ein-Elektronen-Spektraldichte $S_{k\sigma}(E)$. Substituieren wir noch E durch $E - \mu$ und setzen die Fermi-Funktion $f_-(E)$ (3.209) ein, so bleibt das bemerkenswerte Resultat,

$$U = \frac{1}{2\hbar}\sum_{k\sigma}\int\limits_{-\infty}^{+\infty}\mathrm{d}E f_-(E)\,(E + \varepsilon(\boldsymbol{k}))\,S_{k\sigma}(E - \mu) , \tag{3.382}$$

das wir in (3.215) bereits im Zusammenhang mit dem nicht wechselwirkenden Elektronensystem kennen gelernt haben. Es ist uns mit (3.382) gelungen, selbst den Beitrag der Zwei-Teilchen-Coulomb-Wechselwirkung zur inneren Energie durch die Ein-Elektronen-Spektraldichte auszudrücken. Wegen des allgemein gültigen Zusammenhangs (3.217) zwischen innerer Energie U und freier Energie $F(T, V)$ ist letztere ebenfalls allein durch $S_{k\sigma}(E)$ bestimmt. Damit ist die Behauptung verifiziert, dass die gesamte Gleichgewichtsthermodynamik des wechselwirkenden Elektronensystems allein aus der Ein-Elektronen-Green-Funktion bzw. -Spektraldichte ableitbar ist.

Wir wollen uns zum Schluss dieses Kapitels noch einmal an die eingangs formulierten Ziele erinnern. Es geht uns um die Berechnung von thermodynamischen Erwartungswerten und Korrelationsfunktionen. Das können wir durch Lösen der Schrödinger-Gleichung erreichen, indem wir Eigenzustände und Eigenwerte des Hamilton-Operators $\mathcal{H}$ zur Konstruktion der Zustandssumme verwenden. Aus dieser ist dann jede gewünschte Information ableitbar. Abgesehen davon, dass die Lösung der Schrödinger-Gleichung nur approximativ gelingen wird, erscheint dieses Verfahren in vielen Fällen unökonomisch, da möglicherweise ein Großteil der mühselig bestimmten Terme sich gegenseitig beim Aufsummieren durch die in Abschn. 3.4.3 diskutierte *destruktive Interferenz* aufheben werden.

Die Spektraldichte $S_{k\sigma}(E)$, aus der ebenfalls die gesamte thermodynamische Information erhältlich ist, ist gewissermaßen eine *pauschale* Größe, die den erwähnten Interferenzeffekt bereits implizit enthält. Nur die hinreichend ausgeprägten Quasiteilchen-Peaks in der Spektraldichte, also die Quasiteilchen mit hinreichend langer Lebensdauer, werden entscheidend zu den diversen Energieintegralen beitragen. In diesem Sinne erscheint die Methode der Green-Funktionen, die keine Zustände berechnet, sondern gleich auf die entscheidenden Größen wie die Spektraldichte zusteuert, als ein recht *ökonomisches* Verfahren. Die **Grundidee** besteht darin, das an sich kompliziert miteinander wechselwirkende

Viel-Teilchen-System durch ein *freies* Gas von Quasiteilchen zu ersetzen. Die tatsächlich ablaufenden Wechselwirkungsprozesse manifestieren sich in den renormierten Energien und in den eventuell endlichen Lebensdauern dieser Quasiteilchen.

3.4.6 Aufgaben

Aufgabe 3.4.1

Berechnen Sie für ein wechselwirkendes Elektronensystem,

$$H = \sum_{\boldsymbol{k},\sigma} \varepsilon(\boldsymbol{k}) a^+_{\boldsymbol{k}\sigma} a_{\boldsymbol{k}\sigma} + \frac{1}{2} \sum_{\substack{\boldsymbol{k},\boldsymbol{p},\boldsymbol{q}\\ \sigma,\sigma'}} v_{\boldsymbol{kp}}(\boldsymbol{q}) a^+_{\boldsymbol{k}+\boldsymbol{q}\sigma} a^+_{\boldsymbol{p}-\boldsymbol{q}\sigma'} a_{\boldsymbol{p}\sigma'} a_{\boldsymbol{k}\sigma} \,,$$

die Bewegungsgleichung der retardierten Ein-Teilchen-Green-Funktion. Bestätigen Sie damit Gleichung (3.324) des Textes.

Aufgabe 3.4.2

$|E_0\rangle$ sei der Grundzustand des wechselwirkungsfreien Elektronensystems (*Fermi-Kugel*). Berechnen Sie die Zeitabhängigkeit des Zustands

$$|\psi_0\rangle = a^+_{\boldsymbol{k}\sigma} a_{\boldsymbol{k}'\sigma'} |E_0\rangle \qquad (k > k_\mathrm{F},\ k' < k_\mathrm{F})\,!$$

Handelt es sich um einen stationären Zustand?

Aufgabe 3.4.3

Für die Ein-Elektronen-Green-Funktion eines wechselwirkenden Elektronensystems gelte:

$$G^\mathrm{ret}_{\boldsymbol{k}\sigma}(E) = \hbar \left[E - 2\varepsilon(\boldsymbol{k}) + E^2 / \varepsilon(\boldsymbol{k}) + \mathrm{i}\gamma |E|\right]^{-1} \,, \qquad \gamma > 0\,.$$

1. Bestimmen Sie die elektronische Selbstenergie $\Sigma_\sigma(\boldsymbol{k}, E)$.
2. Berechnen Sie Energien und Lebensdauern der Quasiteilchen.
3. Unter welcher Voraussetzung ist das Quasiteilchenkonzept brauchbar?
4. Berechnen Sie die effektiven Massen der Quasiteilchen.

Aufgabe 3.4.4

Für ein wechselwirkendes Elektronensystem sei die Selbstenergie

$$\Sigma_\sigma(E) = \frac{a_\sigma\,(E+\mu-b_\sigma)}{(E+\mu-c_\sigma)} \qquad (a_\sigma,\ b_\sigma,\ c_\sigma \quad \text{positiv-reell;} \quad c_\sigma > b_\sigma)$$

berechnet worden. Für die Zustandsdichte der wechselwirkungsfreien Elektronen gelte:

$$\rho_0(E) = \begin{cases} 1/W & \text{für} \quad 0 \le E \le W\,, \\ 0 & \text{sonst.} \end{cases}$$

Bestimmen Sie die Quasiteilchenzustandsdichte. Gibt es eine Bandaufspaltung?

Aufgabe 3.4.5

Ein wechselwirkendes Elektronensystem werde durch das Hubbard-Model (Abschn. 2.1.3) beschrieben. Zeigen Sie, dass für die innere Energie U die Formel (3.382) gültig ist, dass diese sich also durch die Ein-Elektronen-Spektraldichte $S_{k\sigma}(E)$ ausdrücken lässt.

Kontrollfragen

Zu Abschnitt 3.1

1. Warum bezeichnet man die Schrödinger-Darstellung der Zeitabhängigkeit physikalischer Systeme auch als *Zustandsbild*?
2. Nennen Sie die wichtigsten Eigenschaften des Zeitentwicklungsoperators $U_S(t,t_0)$ des Schrödinger-Bildes.
3. Wie lautet der Zeitentwicklungsoperator des Schrödinger-Bildes für den Fall, dass der Hamilton-Operator nicht explizit von der Zeit abhängt?
4. Geben Sie eine kompakte Darstellung von $U_S(t,t_0)$ für den Fall an, dass $\partial H/\partial t \neq 0$ ist.
5. Wie lautet die Bewegungsgleichung für zeitabhängige Heisenberg-Operatoren?
6. Welche Beziehung besteht zwischen den Operatoren des Heisenberg- und denen des Schrödinger-Bildes?
7. Charakterisieren Sie das Dirac-Bild.
8. Wie lautet die Verknüpfung zwischen dem Dirac'schen und dem Schrödinger'sche Zeitentwicklungsoperator?

9. Nennen Sie Beispiele physikalisch wichtiger *Response-Größen*.
10. Worin besteht die vereinfachende Annahme der *Linear-Response*-Theorie?
11. Was ist eine zweizeitige, retardierte Green'sche Funktion?
12. Interpretieren Sie die Kubo-Formel.
13. Durch welche retardierte Green'sche Funktion ist der Tensor der magnetischen Suszeptibilität bestimmt?
14. Wie lässt sich über die Suszeptibilität die Curie-Temperatur T_c des Phasenübergangs Para-/Ferromagnetismus bestimmen?
15. Welche physikalische Bedeutung haben die Singularitäten der transversalen Suszeptibilität $\chi_q^{\pm}(E)$?
16. Welcher Zusammenhang besteht zwischen dem Dipolmomentenoperator und dem Stromdichteoperator?
17. Welche Green'sche Funktion bestimmt den Einfluss der Teilchenwechselwirkungen auf den Leitfähigkeitstensor?
18. Skizzieren Sie den Gedankengang zur Ableitung der Dielektrizitätsfunktion $\varepsilon(\boldsymbol{q}, E)$.
19. Welche physikalische Bedeutung haben die Pole der Green-Funktion $\langle\langle \rho_{\boldsymbol{q}}; \rho_{\boldsymbol{q}}^{+} \rangle\rangle_E^{\text{ret}}$?

Zu Abschnitt 3.2

1. Definieren Sie retardierte, avancierte und kausale Green-Funktionen.
2. Erklären Sie die Wirkungsweise des Wick'schen Zeitordnungsoperators.
3. Wann sind Green'sche Funktionen homogen in der Zeit?
4. Wie lautet die Bewegungsgleichung für zeitabhängige, retardierte (avancierte, kausale) Funktionen? Welchen Randbedingungen unterliegen diese?
5. Wie kommt es zu einer *Bewegungsgleichungskette*?
6. Wie lautet die Spektraldarstellung der Spektraldichte $S_{AB}(E)$?
7. Welcher Zusammenhang besteht zwischen der Spektraldichte $S_{AB}(E)$ und den Green'schen Funktionen $G_{AB}^{\text{ret (av)}}(E)$?
8. Welche physikalische Bedeutung haben die Pole der Green'schen Funktionen?
9. Wie unterscheiden sich $G_{AB}^{\text{ret}}(E)$ und $G_{AB}^{\text{av}}(E)$?
10. Formulieren Sie die so genannte *Dirac-Identität*.
11. Warum ist die kausale Green-Funktion für die Bewegungsgleichungsmethode unbequemer als die retardierte oder die avancierte Funktion?
12. Formulieren und interpretieren Sie das Spektraltheorem.
13. Kann eine Kommutator-Green-Funktion bei $E = 0$ einen Pol haben?
14. Was können Sie über das Hochenergie-Verhalten $(E \to \infty)$ der Green-Funktion $G_{AB}^{\alpha}(E)$ $(\alpha = \text{ret, av, } c)$ aussagen?
15. Erklären Sie den Zusammenhang zwischen Spektraldichte und Spektralmomenten.
16. Wie kann man aus den Spektraldarstellungen der Green'schen Funktion folgern, dass die Real- und Imaginärteile dieser Funktionen nicht unabhängig voneinander sind?
17. Was versteht man unter Kramers-Kronig-Relationen?

18. Welche Zusammenhänge bestehen zwischen den verschiedenen Green-Funktionen $G_{AB}^{\text{ret}}(E)$, $G_{AB}^{\text{av}}(E)$ und $G_{AB}^{\text{c}}(E)$ sowie der Spektraldichte $S_{AB}(E)$?
19. Die kausale Green-Funktion $G_{AB}^{\text{c}}(E)$ sei auf irgendeine Weise bestimmt worden. Wie können Sie daraus auf die retardierte Funktion schließen?

Zu Abschnitt 3.3

1. Wie ist die Ein-Elektronen-Green-Funktion definiert?
2. Wie lautet für wechselwirkungsfreie Bloch-Elektronen die Ein-Elektronen-Spektraldichte?
3. Welches typische Zeitverhalten zeigen die Ein-Teilchen-Green-Funktionen des *freien* Elektronensystems?
4. Skizzieren Sie die Ableitung der kausalen Ein-Teilchen-Green-Funktion für nicht miteinander wechselwirkende Bloch-Elektronen.
5. Wie bestimmt man die mittlere Besetzungszahl $\langle n_{\boldsymbol{k}\sigma}\rangle$ des *freien* Elektronensystems? Wie lautet deren Temperaturabhängigkeit?
6. Welche Überlegung führt zur Definition der Quasiteilchenzustandsdichte $\rho_\sigma(E)$? Wie hängt diese mit der Spektraldichte zusammen?
7. Auf welche Weise ist die innere Energie $U = \langle H_0\rangle$ des nicht wechselwirkenden Elektronensystems durch die Spektraldichte festgelegt?
8. Wie lässt sich aus $U(T,V)$ die freie Energie $F(T,V)$ gewinnen?
9. Wie lautet die Ein-Magnonen-Spektraldichte für ein System von nicht wechselwirkenden Magnonen?
10. Warum ist das chemische Potential μ von Magnonen gleich Null?
11. Warum ist es sinnvoll, zur Beschreibung von Magnonen die Kommutator-Green-Funktion zu verwenden?
12. Begründen Sie für Spin-1 / 2-Teilchen $(S_i^+)^2 = 0$ und $(S_i^z)^2 = \hbar^2/4$.

Zu Abschnitt 3.4

1. Wie wird die elektronische Selbstenergie $\Sigma_\sigma^\alpha(\boldsymbol{k},E)$ (α = ret, av, c) in die Bewegungsgleichung der Ein-Elektronen-Green-Funkion eingeführt?
2. Wie lautet die formale Lösung für $G_{\boldsymbol{k}\sigma}^\alpha(E)$ unter Einbeziehung der Selbstenergie?
3. Formulieren und interpretieren Sie die Dyson-Gleichung der Ein-Elektronen-Green-Funktion.
4. Welcher Zusammenhang besteht zwischen retardierter und avancierter Selbstenergie?
5. Warum kann der Imaginärteil der **retardierten** Selbstenergie nicht positiv sein?
6. Was können Sie über das Vorzeichen des Imaginärteils der **avancierten** Selbstenergie aussagen?
7. Demonstrieren Sie, warum der Realteil der Selbstenergie die *Resonanzstellen* $E_{i\sigma}(\boldsymbol{k})$ der Ein-Elektronen-Spektraldichte bestimmt, bei denen diese ausgeprägte Maxima aufweist.

8. Wie sieht die Spektraldichte des wechselwirkenden Elektronensystems für den Fall aus, dass der Imaginärteil $I_\sigma(\boldsymbol{k}, E)$ der Selbstenergie identisch Null ist?
9. Welche Bedingung an den Imaginärteil der Selbstenergie garantiert ein ausgeprägtes Maximum in der Spektraldichte?
10. Unter welchen Voraussetzungen besitzt die Spektraldichte in der Nähe einer Resonanz Lorentz-Gestalt?
11. Welche allgemeine Struktur ist im Normalfall für die Spektraldichte zu erwarten?
12. Wie sieht bei *identisch verschwindendem* Imaginärteil der Selbstenergie die zeitabhängige Spektraldichte aus?
13. Wie wirken sich Lorentz-Peaks von $S_{\boldsymbol{k}\sigma}(E)$ in $S_{\boldsymbol{k}\sigma}(t-t')$ aus?
14. Welche wohldefinierte physikalische Bedeutung besitzt der Propagator $S_{\boldsymbol{k}\sigma}(t-t')$ für den Spezialfall $T = 0$; $k > k_\mathrm{F}$; $t > t'$? Wie ändert sich diese für $k < k_\mathrm{F}$?
15. Wann bezeichnet man $|\varphi_0(t)\rangle$ als *stationären Zustand*? Wann sagt man, er habe eine endliche Lebensdauer?
16. Welche Zeitabhängigkeit besitzt der Propagator
$$2\pi S_{\boldsymbol{k}\sigma}(t,t') = \langle \varphi_0(t) \,|\, \varphi_0(t') \rangle$$
($|\varphi_0\rangle = a^+_{\boldsymbol{k}\sigma}|E_0\rangle$, $|E_0\rangle$: Grundzustand, $k > k_\mathrm{F}$) für das nicht wechselwirkende Elektronensystem?
17. Wie dürfte sich diese Zeitabhängigkeit für das wechselwirkende Elektronensystem ändern?
18. Erläutern Sie, wie diese Zeitabhängigkeit zum Begriff des Quasiteilchen führt.
19. Was versteht man unter dem spektralen Gewicht und was unter der Lebensdauer eines Quasiteilchens?
20. Wie hängen Quasiteilchenenergien und Quasiteilchenlebensdauern mit der elektronischen Selbstenergie zusammen?
21. Wie manifestiert sich ein Quasiteilchen in der Spektraldichte $S_{\boldsymbol{k}\sigma}(E)$?
22. Wann hat ein Quasiteilchen eine unendlich lange Lebensdauer?
23. Wie ist die effektive Masse eines Quasiteilchens definiert?
24. Welcher enge Zusammenhang besteht zwischen der Quasiteilchenzustandsdichte $\rho_\sigma(E)$ und der Spektraldichte eines wechselwirkenden Elektronensystems?
25. Die Selbstenergie sei reell und $\boldsymbol{k}$-unabhängig und habe eine Singularität bei der Energie E_0. Was bedeutet das für die Quasiteilchenzustandsdichte?
26. Wie hängt die innere Energie eines wechselwirkenden Elektronensystems mit der Ein-Elektronen-Spektraldichte zusammen?

Wechselwirkende Teilchensysteme

4

Kapitel 4

W. Nolting, *Grundkurs Theoretische Physik 7*, Springer-Lehrbuch,
DOI 10.1007/978-3-642-25808-4_4,

Wir wollen in diesem Abschnitt den im letzten Kapitel diskutierten abstrakten Formalismus der Green-Funktionen auf einige realistische Probleme der Viel-Teilchen-Theorie anwenden, wobei wir insbesondere die Modellsysteme aus Kap. 2 zugrunde legen werden. Wir wollen dabei zum einen erkennen, welche Informationen durch passend gewählte Green-Funktionen zugänglich sind, und zum anderen, wie solche Green-Funktionen in praktischen Fällen berechnet werden können. Die in der Regel unumgänglichen Approximationen sollen kritisch erläutert werden.

4.1 Festkörperelektronen

Wir beginnen mit der Untersuchung von wechselwirkenden Festkörperelektronen, wobei wir uns hier auf einige typische Probleme konzentrieren wollen, ohne den Anspruch auf Vollständigkeit zu erheben. Zwei in Abschn. 2.1 vorgestellte Modelle, das Jellium- und das Hubbard-Modell, sollen dabei die Grundlage bilden. Wir beginnen mit einem exakt lösbaren Spezialfall des Hubbard-Modells.

4.1.1 Der Grenzfall des unendlich schmalen Bandes

Das Hubbard-Modell beschreibt wechselwirkende Elektronen in relativ schmalen Energiebändern. Es ist charakterisiert durch den Hamilton-Operator (2.117):

$$\mathcal{H} = \sum_{ij\sigma} \left(T_{ij} - \mu\delta_{ij} \right) a^+_{i\sigma} a_{j\sigma} + \frac{1}{2} U \sum_{i,\sigma} n_{i\sigma} n_{i-\sigma} \,. \tag{4.1}$$

Wir wollen die Ein-Elektronen-Green-Funktion berechnen. Die Darstellung des Hamilton-Operators in (4.1) legt die Verwendung der Wannier-Formulierung (3.319) nahe:

$$G^\alpha_{ij\sigma}(E) = \langle\langle a_{i\sigma}; a^+_{j\sigma} \rangle\rangle^\alpha_E \,. \tag{4.2}$$

Für die Bewegungsgleichung benötigen wir den Kommutator

$$[a_{i\sigma}, \mathcal{H}]_- = \sum_m (T_{im} - \mu\delta_{im}) a_{m\sigma} + U n_{i-\sigma} a_{i\sigma} \,. \tag{4.3}$$

Der zweite Summand führt zu einer *höheren* Green-Funktion:

$$\Gamma^\alpha_{ilm;j\sigma}(E) = \langle\langle a^+_{i-\sigma} a_{l-\sigma} a_{m\sigma}; a^+_{j\sigma} \rangle\rangle^\alpha_E \,. \tag{4.4}$$

Damit lautet die Bewegungsgleichung der Ein-Elektronen-Green-Funktion:

$$(E+\mu)G^{\alpha}_{ij\sigma}(E) = \hbar\delta_{ij} + \sum_m T_{im} G^{\alpha}_{mj\sigma}(E) + U\Gamma^{\alpha}_{iii;j\sigma}(E)\,, \tag{4.5}$$

die wegen der *höheren* Green-Funktion $\Gamma^{\alpha}_{iii;j\sigma}(E)$ auf der rechten Seite nicht direkt lösbar ist. Wir stellen deshalb auch für diese Funktion die entsprechende Bewegungsgleichung auf:

$$\begin{aligned}
&[n_{i-\sigma}a_{i\sigma}, \mathcal{H}_0]_- \\
&= \sum_{lm\sigma'} (T_{lm} - \mu\delta_{lm})\,[n_{i-\sigma}a_{i\sigma}, a^+_{l\sigma'}a_{m\sigma'}]_- \\
&= \sum_{lm\sigma'} (T_{lm} - \mu\delta_{lm})\Big\{\delta_{il}\delta_{\sigma\sigma'}n_{i-\sigma}a_{m\sigma'} \\
&\quad - \delta_{il}\delta_{\sigma-\sigma'}a^+_{i-\sigma}a_{i\sigma}a_{m\sigma'} - \delta_{im}\delta_{\sigma-\sigma'}a^+_{l\sigma'}a_{i-\sigma}a_{i\sigma}\Big\} \\
&= \sum_m (T_{im} - \mu\delta_{im})\Big\{n_{i-\sigma}a_{m\sigma} + a^+_{i-\sigma}a_{m-\sigma}a_{i\sigma} - a^+_{m-\sigma}a_{i-\sigma}a_{i\sigma}\Big\}\,,
\end{aligned} \tag{4.6}$$

$$\begin{aligned}
&[n_{i-\sigma}a_{i\sigma}, \mathcal{H}_1]_- \\
&= \frac{1}{2}U\sum_{m,\sigma'} [n_{i-\sigma}a_{i\sigma}, n_{m\sigma'}n_{m-\sigma'}]_- \\
&= \frac{1}{2}U\sum_{m,\sigma'} n_{i-\sigma}\,[a_{i\sigma}, n_{m\sigma'}n_{m-\sigma'}]_- \\
&= \frac{1}{2}U\sum_{m,\sigma'} n_{i-\sigma}\Big\{\delta_{im}\delta_{\sigma\sigma'}a_{m\sigma'}n_{m-\sigma'} + \delta_{im}\delta_{\sigma-\sigma'}n_{m\sigma'}a_{m-\sigma'}\Big\} \\
&= U a_{i\sigma}n_{i-\sigma}\,.
\end{aligned} \tag{4.7}$$

Im letzten Schritt haben wir die für Fermionen gültige Beziehung

$$n^2_{i\sigma} = n_{i\sigma}$$

ausgenutzt. Insgesamt ergibt sich damit die Bewegungsgleichung:

$$\begin{aligned}
&(E+\mu-U)\Gamma^{\alpha}_{iii;j\sigma}(E) \\
&= \hbar\delta_{ij}\langle n_{i-\sigma}\rangle + \sum_m T_{im}\Big\{\Gamma^{\alpha}_{iim;j\sigma}(E) + \Gamma^{\alpha}_{imi;j\sigma}(E) - \Gamma^{\alpha}_{mii;j\sigma}(E)\Big\}\,.
\end{aligned} \tag{4.8}$$

Wir wollen uns in diesem Abschnitt auf den relativ einfachen, aber durchaus aufschlussreichen Grenzfall des unendlich schmalen Bandes beschränken,

$$\varepsilon(\boldsymbol{k}) \equiv T_0 \quad \Leftrightarrow \quad T_{ij} = T_0\delta_{ij}\,, \tag{4.9}$$

für den sich die Bewegungsgleichungshierarchie von selbst entkoppelt. Gleichung (4.8) vereinfacht sich nämlich zu:

$$(E+\mu-U-T_0)\,\Gamma^{\alpha}_{iii;j\sigma}(E) = \hbar\delta_{ij}\langle n_{-\sigma}\rangle\,. \tag{4.10}$$

Wegen Translationssymmetrie wird der Erwartungswert des Anzahloperators gitterplatzunabhängig ($\langle n_{i\sigma}\rangle = \langle n_\sigma\rangle\ \forall i$). Wir setzen die Lösung von (4.10) in (4.5) ein:

$$(E + \mu - T_0)\, G^{\alpha}_{ii\sigma} = \hbar + \hbar \frac{U \langle n_{-\sigma}\rangle}{E - (T_0 - \mu + U)} \,.$$

Damit ergibt sich schließlich für die retardierte Funktion:

$$G^{\text{ret}}_{ii\sigma}(E) = \frac{\hbar\,(1 - \langle n_{-\sigma}\rangle)}{E - (T_0 - \mu) + \mathrm{i}0^+} + \frac{\hbar \langle n_{-\sigma}\rangle}{E - (T_0 + U - \mu) + \mathrm{i}0^+} \,. \tag{4.11}$$

$G^{\text{ret}}_{ii\sigma}(E)$ hat also zwei, den möglichen Anregungsenergien entsprechende Pole:

$$E_{1\sigma} = T_0 - \mu = E_{1-\sigma} \,, \tag{4.12}$$

$$E_{2\sigma} = T_0 + U - \mu = E_{2-\sigma} \,. \tag{4.13}$$

Das *ursprüngliche* Niveau T_0 spaltet aufgrund der Coulomb-Wechselwirkung in zwei spinunabhängige Quasiteilchenniveaus $E_{1\sigma}$, $E_{2\sigma}$ auf. Die Spektraldichte berechnet sich mit (3.154) leicht aus (4.11):

$$S_{ii\sigma}(E) = \hbar \sum_{j=1}^{2} \alpha_{j\sigma} \delta\left(E - E_{j\sigma}\right) \,. \tag{4.14}$$

Die spektralen Gewichte

$$\alpha_{1\sigma} = 1 - \langle n_{-\sigma}\rangle \;; \quad \alpha_{2\sigma} = \langle n_{-\sigma}\rangle \tag{4.15}$$

sind ein Maß für die Wahrscheinlichkeit, dass das σ-Elektron an einem Gitterplatz ein $(-\sigma)$-Elektron antrifft ($\alpha_{2\sigma}$) oder an einen unbesetzten Platz gerät ($\alpha_{1\sigma}$). Im ersten Fall muss es die Coulomb-Wechselwirkung U aufbringen.

Die Quasiteilchenzustandsdichte

$$\begin{aligned}\rho_\sigma(E) &= \frac{1}{N\hbar} \sum_i S_{ii\sigma}(E - \mu) = \frac{1}{\hbar} S_{ii\sigma}(E - \mu) \\ &= (1 - \langle n_{-\sigma}\rangle)\, \delta(E - T_0) + \langle n_{-\sigma}\rangle\, \delta(E - (T_0 + U))\end{aligned} \tag{4.16}$$

besteht in diesem Grenzfall aus zwei unendlich schmalen *Bändern* bei den Energien T_0 und $T_0 + U$. Das zum Niveau entartete untere Band enthält $(1 - \langle n_{-\sigma}\rangle)$, das obere $\langle n_{-\sigma}\rangle$ Zustände pro Atom. Die Zahl der Zustände in einem Quasiteilchensubband ist also temperaturabhängig!

Wir müssen zur vollständigen Festlegung der Quasiteilchenzustandsdichte noch den Erwartungswert $\langle n_{-\sigma} \rangle$ mithilfe des Spektraltheorems (3.157) bestimmen:

$$\begin{aligned}\langle n_{-\sigma} \rangle &= \frac{1}{\hbar} \int\limits_{-\infty}^{+\infty} \mathrm{d}E\, S_{ii-\sigma}(E) \left[\mathrm{e}^{\beta E} + 1 \right]^{-1} \\ &= (1 - \langle n_\sigma \rangle) f_-(T_0) + \langle n_\sigma \rangle f_-(T_0 + U) \, .\end{aligned}$$

$f_-(E)$ ist hier wieder die Fermi-Funktion. Wir setzen noch den entsprechenden Ausdruck für $\langle n_\sigma \rangle$ ein und finden damit:

$$\langle n_{-\sigma} \rangle = \frac{f_-(T_0)}{1 + f_-(T_0) - f_-(T_0 + U)} \, . \tag{4.17}$$

Die vollständige Lösung für $\rho_\sigma(E)$ lautet also:

$$\begin{aligned}\rho_\sigma(E) &= \frac{1}{1 + f_-(T_0) - f_-(T_0 + U)} \Big\{ (1 - f_-(T_0 + U))\, \delta(E - T_0) \\ &\quad + f_-(T_0)\, \delta(E - T_0 - U) \Big\} \\ &= \rho_{-\sigma}(E) \, .\end{aligned} \tag{4.18}$$

Die Quasiteilchenzustandsdichte ist also spinunabhängig. Spontane Magnetisierung, d. h. Ferromagnetismus, scheidet im Grenzfall des unendlich schmalen Bandes demnach aus:

$$\langle n_\sigma \rangle = \langle n_{-\sigma} \rangle = \frac{1}{2} n \, . \tag{4.19}$$

4.1.2 Hartree-Fock-Näherung

Wir wollen in diesem Abschnitt eine sehr einfache, aber auch sehr typische Approximation kennen lernen, die für *gehobene* Ansprüche zwar viel zu grob ist, häufig jedoch bereits einen ersten wertvollen Einblick in die Physik des zugrunde liegenden Modells vermitteln kann. Die Hartree-Fock-Näherung des Hubbard-Modells ist in der Literatur unter der Bezeichnung **Stoner-Modell** bekannt und wird als solches zur Diskussion des magnetischen Verhaltens von Bandelektronen herangezogen.

Ausgangspunkt ist die folgende Identität für das Produkt zweier Operatoren A und B:

$$AB = (A - \langle A \rangle)(B - \langle B \rangle) + A \langle B \rangle + \langle A \rangle B - \langle A \rangle \langle B \rangle \, . \tag{4.20}$$

Die Vereinfachung besteht in einer Linearisierung dieses Ausdrucks. Wir stellen uns das Produkt AB als Bestandteil einer Green-Funktion vor, die ja als thermodynamischer Mittelwert definiert ist. Die **Hartree-Fock-Näherung** oder auch **Molekularfeldnäherung** vernachlässigt in den Green-Funktionen die *Fluktuation* der Observablen um ihre thermodynamischen Mittelwerte, ersetzt also

$$AB \underset{\text{HFN}}{\longrightarrow} A\langle B\rangle + \langle A\rangle B - \langle A\rangle\langle B\rangle \,. \tag{4.21}$$

Der letzte Summand ist eine reine c-Zahl, die in den Bewegungsgleichungen nicht erscheint.

Wir führen die Näherung (4.21) an der Green-Funktion $\Gamma^{\alpha}_{iii,j\sigma}(E)$ in (4.5) durch. Wegen

$$a_{i\sigma}n_{i-\sigma} \underset{\text{HFN}}{\longrightarrow} a_{i\sigma}\langle n_{-\sigma}\rangle + \langle a_{i\sigma}\rangle n_{i-\sigma} - \langle a_{i\sigma}\rangle\langle n_{-\sigma}\rangle = a_{i\sigma}\langle n_{-\sigma}\rangle$$

gilt für die *höhere* Green-Funktion $\Gamma^{\alpha}_{iii;j\sigma}(E)$ in der Hartree-Fock-Näherung:

$$\Gamma^{\alpha}_{iii;j\sigma}(E) \underset{\text{HFN}}{\longrightarrow} \langle n_{-\sigma}\rangle\, G^{\alpha}_{ij\sigma}(E) \,. \tag{4.22}$$

$\langle n_{-\sigma}\rangle$ kann als Skalar aus der Green-Funktion herausgezogen werden. Damit vereinfacht sich die Bewegungsgleichung (4.5) zu

$$(E + \mu - U\langle n_{-\sigma}\rangle)\, G^{\alpha}_{ij\sigma}(E) = \hbar\delta_{ij} + \sum_m T_{im}G^{\alpha}_{mj\sigma}(E)$$

und kann durch Fourier-Transformation auf Wellenzahlen leicht gelöst werden:

$$\begin{aligned} G_{\boldsymbol{k}\sigma}(E) &= \frac{\hbar}{E - (\varepsilon(\boldsymbol{k}) + U\langle n_{-\sigma}\rangle - \mu)} \\ &\equiv G^{(0)}_{\boldsymbol{k}\sigma}(E - U\langle n_{-\sigma}\rangle) \,. \end{aligned} \tag{4.23}$$

In der Hartree-Fock-Näherung hat also die Ein-Elektronen-Green-Funktion des Hubbard-Modells dieselbe Gestalt wie die des *freien* Systems, allerdings mit *renormierten*, spinabhängigen Ein-Teilchen-Energien. Mithilfe der dimensionslosen

$$\textbf{Magnetisierung} \quad m = \frac{1}{2}(\langle n_\uparrow\rangle - \langle n_\downarrow\rangle) \tag{4.24}$$

und der

$$\textbf{Teilchendichte} \quad n = \langle n_\uparrow\rangle + \langle n_\downarrow\rangle \tag{4.25}$$

lauten die Quasiteilchenenergien:

$$E_\sigma(\boldsymbol{k}) = \left(\varepsilon(\boldsymbol{k}) + \frac{1}{2}Un\right) - z_\sigma mU \,. \tag{4.26}$$

z_σ ist dabei ein Vorzeichenfaktor ($z_\uparrow = +1$, $z_\downarrow = -1$). Zur vollständigen Lösung des Problems haben wir noch den Erwartungswert $\langle n_{-\sigma}\rangle$ in (4.23) festzulegen. Dies gelingt mithilfe des Spektraltheorems. An (4.23) lesen wir unmittelbar den folgenden Ausdruck

$$S_{\boldsymbol{k}\sigma}(E) = \hbar\delta\left(E - \varepsilon(\boldsymbol{k}) - U\langle n_{-\sigma}\rangle + \mu\right) \tag{4.27}$$

für die Spektraldichte ab. Das Spektraltheorem (3.157) liefert dann:

$$\begin{aligned}\langle n_{-\sigma}\rangle &= \frac{1}{N}\sum_i \langle n_{i-\sigma}\rangle = \frac{1}{N}\sum_{\boldsymbol{k}}\langle a^+_{\boldsymbol{k}-\sigma}a_{\boldsymbol{k}-\sigma}\rangle \\ &= \frac{1}{N}\sum_{\boldsymbol{k}}\frac{1}{\hbar}\int\limits_{-\infty}^{+\infty} \mathrm{d}E f_-(E) S_{\boldsymbol{k}-\sigma}(E-\mu)\,.\end{aligned}$$

Dies bedeutet:

$$\langle n_{-\sigma}\rangle = \frac{1}{N}\sum_{\boldsymbol{k}}\left\{1 + \exp\left[\beta\left(\varepsilon(\boldsymbol{k}) + U\langle n_\sigma\rangle - \mu\right)\right]\right\}^{-1}\,. \tag{4.28}$$

Dies ist eine implizite Bestimmungsgleichung für die mittleren Teilchenzahlen $\langle n_\sigma\rangle$, $\langle n_{-\sigma}\rangle$, die wir in eine entsprechende für die Magnetisierung m umschreiben können:

$$m = \frac{1}{2}\sinh(\beta U m)\frac{1}{N}\sum_{\boldsymbol{k}} g_{\boldsymbol{k}}(\beta, n, m)\,. \tag{4.29}$$

Dabei haben wir abgekürzt:

$$g_{\boldsymbol{k}}(\beta, n, m) = \left\{\cosh(\beta U m) + \cosh\left[\beta\left(\varepsilon(\boldsymbol{k}) + \frac{1}{2}Un - \mu\right)\right]\right\}^{-1}\,. \tag{4.30}$$

Für die Teilchendichte gilt:

$$n = \frac{1}{N}\sum_{\boldsymbol{k}}\left\{\exp\left[-\beta\left(\varepsilon(\boldsymbol{k}) + \frac{1}{2}Un - \mu\right)\right] + \cosh(\beta U m)\right\} g_{\boldsymbol{k}}(\beta, n, m)\,. \tag{4.31}$$

Man erkennt unmittelbar, dass der nichtmagnetische Zustand $m = 0$ stets eine mögliche Lösung darstellt. Um zu sehen, ob es weitere Lösungen $m \neq 0$ gibt, formen wir mit der Zustandsdichte (3.213) des nicht wechselwirkenden Systems,

$$\rho_0(E) = \frac{2}{N}\sum_{\boldsymbol{k}}\delta\left(E - \varepsilon(\boldsymbol{k})\right)\,,$$

die wir als bekannt voraussetzen dürfen, den Ausdruck (4.30) noch etwas um:

$$\frac{1}{N}\sum_{\boldsymbol{k}} g_{\boldsymbol{k}}(\beta,n,m) = \frac{1}{2}\int\limits_{-\infty}^{+\infty} \mathrm{d}x\,\rho_0(x)\left\{\cosh(\beta U m) + \cosh\left[\beta\left(x+\frac{1}{2}Un-\mu\right)\right]\right\}^{-1} . \tag{4.32}$$

Für hohe Temperaturen ($T \to \infty \Leftrightarrow \beta \to 0$) können wir die hyperbolischen Funktionen entwickeln:

$$\sinh x = x + \frac{1}{3!}x^3 + \cdots ; \quad \cosh x = 1 + \frac{1}{2!}x^2 + \cdots .$$

Dies bedeutet:

$$\frac{1}{N}\sum_{\boldsymbol{k}} g_{\boldsymbol{k}}(\beta,n,m) \underset{T\to\infty}{\longrightarrow} \frac{1}{4}\int\limits_{-\infty}^{+\infty} \mathrm{d}x\,\rho_0(x) = \frac{1}{2} \tag{4.33}$$

oder mit (4.29):

$$m \underset{T\to\infty}{\longrightarrow} \frac{1}{4}\beta U m . \tag{4.34}$$

Diese Gleichung hat nur die Lösung $m = 0$. Bei hohen Temperaturen gibt es also keine spontane Magnetisierung $m \neq 0$. Wenn also überhaupt eine ferromagnetische Lösung $m \neq 0$ existiert, dann offenbar nur unterhalb einer kritischen Temperatur T_C (**Curie-Temperatur**). Nähern wir uns *von unten* T_C, so sollte m sehr klein werden (Phasenübergang zweiter Ordnung!), sodass wir in (4.32) den ersten Summanden entwickeln können. In der Nähe von T_C sollte demnach mit (4.29) gelten:

$$T \overset{<}{\to} T_C : \quad 1 \approx \frac{1}{4}\beta_C U \int\limits_{-\infty}^{+\infty} \mathrm{d}x \frac{\rho_0(x)}{1+\cosh\left(\beta_C\left(x+\frac{1}{2}Un-\mu\right)\right)} . \tag{4.35}$$

Damit wirklich Ferromagnetismus vorliegt, muss mindestens

$$T_C = 0^+ \quad \left(\beta_C = (k_B T_C)^{-1} \to \infty\right)$$

gefordert werden. Mit der folgenden Darstellung der δ-Funktion (Beweis als Aufgabe 4.1.2!),

$$\delta(x) = \lim_{\beta\to\infty} \frac{1}{2}\frac{\beta}{1+\cosh(\beta x)} , \tag{4.36}$$

erhalten wir aus (4.35) das Kriterium

$$1 \approx \frac{U}{2}\rho_0\left(\mu - \frac{1}{2}Un\right). \tag{4.37}$$

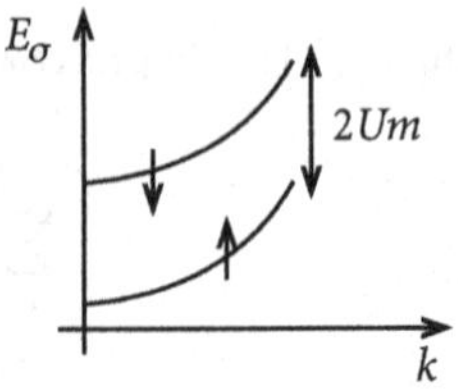

Abb. 4.1 Spinabhängige Aufspaltung der Quasiteilchenenergien des Stoner-Modells für Temperaturen unterhalb der Curie-Temperatur

Bei $T \approx 0$ kann man das chemische Potential μ durch die Fermi-Energie E_F ersetzen. Nach (4.26) hängt diese mit der des *freien* Systems (ε_F) wegen $m \approx 0$ über $E_\mathrm{F} \approx \varepsilon_\mathrm{F} + \frac{1}{2}Un$ zusammen. Damit ergibt sich aus (4.37) das bekannte

Stoner-Kriterium

$$1 \leq \frac{U}{2}\rho_0(\varepsilon_\mathrm{F}) \tag{4.38}$$

für das Auftreten von Ferromagnetismus. Ist diese Relation erfüllt, so sollte das Elektronensystem eine *spontane*, d. h. nicht durch ein äußeres Magnetfeld erzwungene Magnetisierung $m \neq 0$ aufweisen. Trotz der diversen, stark vereinfachenden Annahmen, die letzlich zu (4.38) führten, erweist sich das Stoner-Kriterium als *trendmäßig richtig*.

Wir kommen zum Schluss noch einmal zu den Quasiteilchenenergien $E_\sigma(\boldsymbol{k})$ (4.26) zurück. Wir haben gesehen, dass unter bestimmten Bedingungen (4.38) die Magnetisierung $m \neq 0$ sein kann. Dies entspricht einer temperaturabhängigen **Austauschaufspaltung** ΔE_ex

$$\Delta E_\mathrm{ex} = 2Um\,,$$

die in diesem einfachen Beispiel *starr*, d. h. $\boldsymbol{k}$-unabhängig ist. Entsprechend der Bedeutung der Ein-Elektronen-Green-Funktion sind die Quasiteilchenenergien $E_\sigma(\boldsymbol{k})$ gerade die Energien, die aufgebracht werden müssen, um ein zusätzliches $(\boldsymbol{k},\sigma)$-Elektron in dem N-Teilchensystem unterzubringen. Als eigentliche Anregungsenergie innerhalb des Systems ergibt sich dann:

$$\begin{aligned}\Delta E_{\sigma\sigma'}(\boldsymbol{k};\boldsymbol{q}) &= E_{\sigma'}(\boldsymbol{k}+\boldsymbol{q}) - E_\sigma(\boldsymbol{k})\\ &= \varepsilon(\boldsymbol{k}+\boldsymbol{q}) - \varepsilon(\boldsymbol{k}) + mU\left(z_\sigma - z_{\sigma'}\right)\,.\end{aligned} \tag{4.39}$$

Erfolgt eine solche Anregung ohne Spinflip ($\sigma = \sigma'$) innerhalb eines Teilbandes, dann ist diese wegen der starren Bandverschiebung mit einer entsprechenden im nicht wechselwirkenden $(U = 0)$-System identisch. Bei einem kugelsymmetrischen Fermi-Körper, d. h.

Abb. 4.2 Anregungsspektrum im Stoner-Modell für Übergänge ohne Spinflip

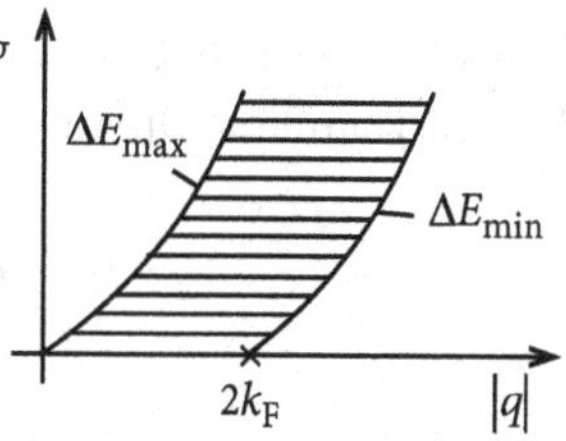

$\varepsilon(\boldsymbol{k}) = \hbar^2 k^2 / 2m^*$, liegt das Anregungsspektrum dann zwischen den beiden Kurven:

$$\Delta E_{max}(\boldsymbol{q}) = \frac{\hbar^2}{2m^*}\left(q^2 + 2k_F\,|\boldsymbol{q}|\right) , \tag{4.40}$$

$$\Delta E_{min}(\boldsymbol{q}) = \begin{cases} \frac{\hbar^2}{2m^*}\left(q^2 - 2k_F\,|\boldsymbol{q}|\right) , & \text{falls} \quad |\boldsymbol{q}| > 2k_F , \\ 0 & \text{sonst.} \end{cases} \tag{4.41}$$

Anregungen mit Spinflip bedeuten dagegen Übergänge zwischen den beiden Teilbändern:

$$\Delta E_{\uparrow\downarrow}(\boldsymbol{k};\boldsymbol{q}) = \varepsilon(\boldsymbol{k}+\boldsymbol{q}) - \varepsilon(\boldsymbol{k}) + 2Um . \tag{4.42}$$

Man unterscheidet zwischen **starkem** ($2Um > \varepsilon_F$) und **schwachem Ferromagnetismus** ($2Um < \varepsilon_F$) (s. Abb. 4.3):

4.1.3 Elektronenkorrelationen

Die im letzten Abschnitt besprochene Hartree-Fock-Näherung des Hubbard-Modells wird an der *höheren* Green-Funktion $\Gamma^{\alpha}_{iiij\sigma}(E)$ vollzogen (s. (4.22)), die in der Bewegungsgleichung (4.5) für die Ein-Elektronen-Green-Funktion erscheint. Man macht sich leicht klar,

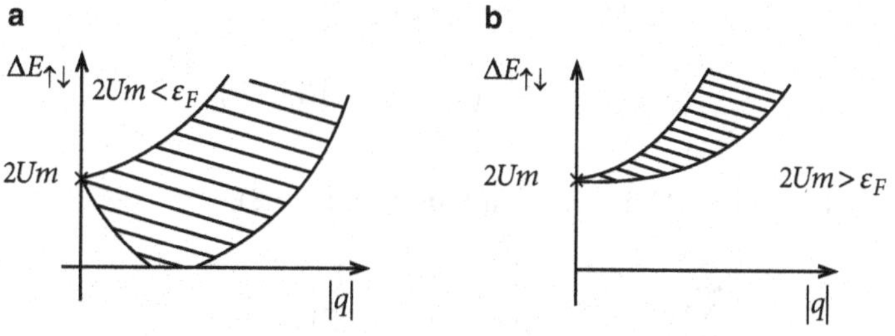

Abb. 4.3 Anregungsspektrum im Stoner-Modell für Übergänge mit Spinflip: **a** schwacher Ferromagnet; **b** starker Ferromagnet

dass sich dieselben Resultate ergeben hätten, wenn man die Näherung (4.21) direkt auf den Modell-Hamilton-Operator (4.1) angewendet hätte:

$$\begin{aligned}\mathcal{H} \to \mathcal{H}_S &= \sum_{i,j,\sigma} \left(T_{ij} + \left(U\langle n_{-\sigma}\rangle - \mu\right)\delta_{ij}\right) a^+_{i\sigma} a_{j\sigma} \\ &= \sum_{\boldsymbol{k},\sigma} \left(E_\sigma(\boldsymbol{k}) - \mu\right) a^+_{\boldsymbol{k}\sigma} a_{\boldsymbol{k}\sigma} \,.\end{aligned} \tag{4.43}$$

$\mathcal{H}_S$ definiert das eigentliche Stoner-Modell. Es handelt sich um einen Ein-Teilchen-Operator, für den $G_{\boldsymbol{k}\sigma}(E)$ leicht exakt berechenbar ist und mit (4.23) übereinstimmt.

Weiterführende Information gewinnt man, wenn man die Entkopplung der Bewegungsgleichungskette an einer *späteren* Stelle durchführt, z. B. an den in der Bewegungsgleichung (4.8) für $\Gamma^\alpha_{iii;j\sigma}(E)$ erscheinenden neuen Green-Funktionen. Das Resultat wird dann allerdings nicht mehr im Rahmen eines Ein-Teilchen-Modells formulierbar sein. In diesem Zusammenhang führt man den Begriff der

- Teilchen-Korrelationen

ein und meint damit alle Einflüsse der Teilchen-Wechselwirkungen, die **nicht** in einem Ein-Teilchen-Modell beschreibbar sind und deshalb echte

- Viel-Teilchen-Effekte

darstellen.

Die oben bereits erwähnten *Entkopplungen* gehen auf Hubbard selbst zurück, der auf diese Weise eine approximative Lösung seines eigenen Modells vorschlug. Man vollzieht das Hartree-Fock-Verfahren (4.21) an den Green-Funktionen der Gleichung (4.8). Unter Beachtung von Teilchenzahl- und Spinerhaltung findet man damit:

$$\Gamma^\alpha_{iim;j\sigma}(E) \xrightarrow{i \neq m} \langle n_{-\sigma}\rangle\, G^\alpha_{mj\sigma}(E), \tag{4.44}$$

$$\Gamma^\alpha_{imi;j\sigma}(E) \xrightarrow{i \neq m} \left\langle a^+_{i-\sigma} a_{m-\sigma}\right\rangle G^\alpha_{ij\sigma}(E)\,, \tag{4.45}$$

$$\Gamma^\alpha_{mii;j\sigma}(E) \xrightarrow{i \neq m} \left\langle a^+_{m-\sigma} a_{i-\sigma}\right\rangle G^\alpha_{ij\sigma}(E)\,. \tag{4.46}$$

Gleichungen (4.45) und (4.46) liefern nach Einsetzen in (4.8),

$$\begin{aligned}&\sum_m^{m\neq i} T_{im}\left(\Gamma^\alpha_{imi;j\sigma}(E) - \Gamma^\alpha_{mii;j\sigma}(E)\right) \\ &\longrightarrow G^\alpha_{ij\sigma}(E) \sum_m T_{im}\left(\left\langle a^+_{i-\sigma} a_{m-\sigma}\right\rangle - \left\langle a^+_{m-\sigma} a_{i-\sigma}\right\rangle\right)\,,\end{aligned} \tag{4.47}$$

keinen Beitrag, wenn wir, wie immer, ein translationssymmetrisches Gitter voraussetzen:

$$\begin{aligned}
&\sum_m T_{im}\left(\langle a^+_{i-\sigma}a_{m-\sigma}\rangle - \langle a^+_{m-\sigma}a_{i-\sigma}\rangle\right)\\
&= \frac{1}{N}\sum_i\sum_m T_{im}\left(\langle a^+_{i-\sigma}a_{m-\sigma}\rangle - \langle a^+_{m-\sigma}a_{i-\sigma}\rangle\right)\\
&= \frac{1}{N}\sum_{i,m}(T_{im}-T_{mi})\langle a^+_{i-\sigma}a_{m-\sigma}\rangle\\
&= 0\,.
\end{aligned} \tag{4.48}$$

Von der ersten zur zweiten Zeile haben wir die Translationssymmetrie ausgenutzt, von der zweiten zur dritten im zweiten Summanden die Summationsindizes vertauscht und von der dritten zur vierten $T_{im} = T_{mi}$ verwendet.

Mit (4.47) und (4.48) bleibt von der Bewegungsgleichung (4.8):

$$(E+\mu-T_0-U)\,\Gamma^\alpha_{iii;j\sigma}(E) = \hbar\delta_{ij}\langle n_{-\sigma}\rangle + \langle n_{-\sigma}\rangle\sum_m^{m\neq i} T_{im}G^\alpha_{mj\sigma}(E)\,.$$

Auflösen nach $\Gamma^\alpha_{iii;j\sigma}(E)$ und Einsetzen in (4.5) liefert für die Ein-Elektronen-Green-Funktion eine Bestimmungsgleichung

$$\begin{aligned}
(E+\mu-T_0)\,G^\alpha_{ij\sigma}(E) = &\left(\hbar\delta_{ij} + \sum_m^{m\neq i} T_{im}G^\alpha_{mj\sigma}(E)\right)\\
&\cdot\left(1+\frac{U\langle n_{-\sigma}\rangle}{E+\mu-T_0-U}\right),
\end{aligned}$$

die durch Fourier-Transformation auf Wellenzahlen gelöst wird. Wir definieren

$$\Sigma_\sigma(E) = U\langle n_{-\sigma}\rangle\frac{E+\mu-T_0}{E+\mu-U(1-\langle n_{-\sigma}\rangle)-T_0} \tag{4.49}$$

und haben dann für die Green-Funktion des wechselwirkenden Elektronensystems genau die nach den allgemeinen Ausführungen in Abschn. 3.4.1 zu erwartende Gestalt gefunden (s. (3.326)):

$$G_{\boldsymbol{k}\sigma}(E) = \hbar\left[E-(\varepsilon(\boldsymbol{k})-\mu+\Sigma_\sigma(E))\right]^{-1}\,. \tag{4.50}$$

Man zeigt leicht, dass für $U \to 0$ (*Bandlimit*) und für $\varepsilon(\boldsymbol{k}) \to T_0$ (*Atomares Limit*) diese Lösung in die exakten Ausdrücke (3.198) bzw. (4.11) übergeht. Die Hartree-Fock-Lösung (4.23) ist dagegen nur im Bandlimit korrekt. Die Selbstenergie ist Null, wenn die Wechselwirkung *ausgeschaltet* wird ($U = 0$), aber auch für $\langle n_{-\sigma}\rangle = 0$, weil das σ-Elektron dann keinen Wechselwirkungspartner hat.

Abb. 4.4 Qualitativer Energieverlauf der Selbstenergie in der Hubbard-Lösung des Hubbard-Modells

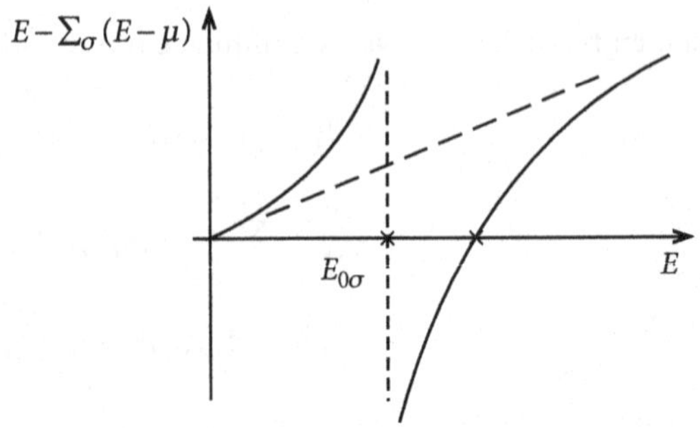

Die Selbstenergie ist in der *Hubbard-Lösung* (4.49) reell und $\boldsymbol{k}$-unabhängig, erfüllt damit die Voraussetzungen (3.373) des in Abschn. 3.4.4 diskutierten Spezialfalles, der für die Quasiteilchenzustandsdichte die Darstellung (3.376) bedeutet:

$$\rho_\sigma(E) = \rho_0\left[E - \Sigma_\sigma(E-\mu)\right] . \tag{4.51}$$

Das Argument $E - \Sigma_\sigma(E-\mu)$ divergiert bei

$$E_{0\sigma} = U\left(1 - \langle n_{-\sigma}\rangle\right) + T_0 . \tag{4.52}$$

Dies führt zu einer durch Elektronenkorrelationen bedingten Bandaufspaltung, die in einem Ein-Teilchen-Bild prinzipiell nicht verständlich ist.

Betrachten wir zum Schluss noch die Spektraldichte, für die nach (3.374)

$$S_{\boldsymbol{k}\sigma}(E) = \hbar\delta\left[E - \varepsilon(\boldsymbol{k}) + \mu - \Sigma_\sigma(E)\right] \tag{4.53}$$

gilt. Mit der Formel (3.338) kann dafür auch

$$S_{\boldsymbol{k}\sigma}(E) = \hbar\sum_{j=1}^{2}\alpha_{j\sigma}(\boldsymbol{k})\delta\left(E + \mu - E_{j\sigma}(\boldsymbol{k})\right) \tag{4.54}$$

geschrieben werden. Dabei gilt für die Quasiteilchenenergien,

$$\begin{aligned} E_{j\sigma}(\boldsymbol{k}) &= \frac{1}{2}\left(U + \varepsilon(\boldsymbol{k}) + T_0\right) \\ &\quad + (-1)^j\sqrt{\frac{1}{4}\left(T_0 + U - \varepsilon(\boldsymbol{k})\right)^2 + U\langle n_{-\sigma}\rangle\left(\varepsilon(\boldsymbol{k}) - T_0\right)} , \end{aligned} \tag{4.55}$$

und für die spektralen Gewichte:

$$\alpha_{j\sigma}(\boldsymbol{k}) = (-1)^j\,\frac{E_{j\sigma}(\boldsymbol{k}) - T_0 - U\left(1 - \langle n_{-\sigma}\rangle\right)}{E_{2\sigma}(\boldsymbol{k}) - E_{1\sigma}(\boldsymbol{k})} . \tag{4.56}$$

Die erwähnte Bandaufspaltung manifestiert sich hier darin, dass zu jeder Wellenzahl $\boldsymbol{k}$ zwei Quasiteilchenenergien existieren. Diese sind reell, entsprechen also Quasiteilchen mit unendlich langer Lebensdauer. Bewegt sich das Elektron im oberen der beiden Teilbänder, so hüpft es vornehmlich über solche Gitterplätze, an denen sich schon ein anderes Elektron desselben Energiebandes mit entgegengesetztem Spin aufhält. Im unteren Teilband bevorzugt es dagegen unbesetzte Plätze. Dies führt zu einem energetischen Abstand der beiden Teilbänder um etwa den Betrag U, wovon man sich mit (4.55) leicht überzeugt.

Die die Bandaufspaltung bewirkende Singularität $E_{0\sigma}$ ist jedoch auch für einen schwerwiegenden Nachteil der Hubbard-Lösung verantwortlich. Man sollte erwarten, dass mit abnehmendem U/W (W = Bloch-Bandbreite) die zunächst getrennten Subbänder allmählich überlappen. Wir erkennen aber an (4.52), dass für beliebig kleine U/W stets eine Singularität $E_{0\sigma}$ in $(E - \Sigma_\sigma(E-\mu))$ existiert, sodass die Theorie für **alle** Parameterwerte eine Lücke prophezeit. Für kleine U/W erscheint die Hubbard-Lösung deshalb fragwürdig.

4.1.4 Interpolationsmethode

Wir wollen in diesem Abschnitt ein sehr einfaches Näherungsverfahren kennen lernen, das sich für *erste Abschätzungen* recht informativ zeigen kann. Es erweist sich als exakt in den beiden extremen Grenzen, *Bandlimit* (Wechselwirkung → 0) und *Atomares Limit* ($\varepsilon(\boldsymbol{k}) \to T_0 \; \forall \boldsymbol{k}$), und sollte deshalb auch im Zwischenbereich eine halbwegs brauchbare Näherung darstellen können. Zur Erklärung der Methode beginnen wir zunächst mit dem freien System, das durch

$$\mathcal{H}_0 = \sum_{\boldsymbol{k},\sigma} (\varepsilon(\boldsymbol{k}) - \mu)\, a^+_{\boldsymbol{k}\sigma} a_{\boldsymbol{k}\sigma} \equiv \sum_{ij\sigma} \left(T_{ij} - \mu\delta_{ij}\right) a^+_{i\sigma} a_{j\sigma} \tag{4.57}$$

beschrieben wird. Das zugehörige *Atomare Limit* ist dann noch einfacher:

$$\mathcal{H}_{00} = \sum_{i,\sigma} (T_0 - \mu)\, a^+_{i\sigma} a_{i\sigma} \,. \tag{4.58}$$

Die hiermit verknüpfte Ein-Teilchen-Green-Funktion wollen wir die

- Schwerpunktfunktion $G_{00\sigma}(E)$

nennen. Ihre Bewegungsgleichung ist schnell aufgestellt und gelöst:

$$G_{00\sigma}(E) = \hbar\,[E - T_0 + \mu]^{-1} \,. \tag{4.59}$$

Die Ein-Teilchen-Green-Funktion zu $\mathcal{H}_0$ haben wir schon früher abgeleitet (3.198):

$$G^{(0)}_{\boldsymbol{k}\sigma}(E) = \hbar[E - \varepsilon(\boldsymbol{k}) + \mu]^{-1} \,.$$

Sie lässt sich offenbar wie folgt durch die Schwerpunktfunktion ausdrücken:

$$G_{k\sigma}^{(0)}(E) = \hbar \left[\hbar G_{00\sigma}^{-1}(E) + T_0 - \varepsilon(\boldsymbol{k})\right]^{-1} . \tag{4.60}$$

Diese Beziehung ist natürlich noch exakt. Wir **postulieren** nun, dass formal dieselbe Beziehung zwischen $G_{k\sigma}(E)$ und Schwerpunktfunktion $G_{0\sigma}(E)$ (= Lösung des Atomaren Limits!) auch für **beliebige Modellsysteme** in guter Näherung gültig ist:

Interpolationsmethode

$$G_{k\sigma}(E) = \hbar \left[\hbar G_{0\sigma}^{-1}(E) + T_0 - \varepsilon(\boldsymbol{k})\right]^{-1} . \tag{4.61}$$

Dies impliziert als Quasiteilchenzustandsdichte:

$$\rho_\sigma(E) = \rho_0 \left[\hbar G_{0\sigma}^{-1}(E - \mu) + T_0\right] . \tag{4.62}$$

Dabei ist $G_{0\sigma}(E)$ als Lösung des Atomaren Limits in aller Regel relativ einfach bestimmbar.

Wir wollen diesen Ausdruck einmal für das Hubbard-Modell auswerten. Für die *Atomic Limit*-Lösung gilt (4.11):

$$G_{0\sigma}(E) = \hbar \frac{E - T_0 + \mu - U\left(1 - \langle n_{-\sigma}\rangle\right)}{(E - T_0 + \mu)(E - T_0 + \mu - U)} .$$

Daraus folgt:

$$\begin{aligned} \hbar G_{0\sigma}^{-1}(E) &= (E - T_0 + \mu)\left(1 - \frac{U \langle n_{-\sigma}\rangle}{E - T_0 + \mu - U\left(1 - \langle n_{-\sigma}\rangle\right)}\right) \\ &= E + \mu - T_0 - \Sigma_\sigma(E) . \end{aligned} \tag{4.63}$$

$\Sigma_\sigma(E)$ ist die Selbstenergie (4.49). Die Interpolationsmethode (4.61) liefert also mit

$$G_{k\sigma}(E) = \hbar \left[E + \mu - \varepsilon(\boldsymbol{k}) - \Sigma_\sigma(E)\right]^{-1} \tag{4.64}$$

für das Hubbard-Modell exakt dieselbe Lösung wie die im letzten Abschnitt besprochenen *Hubbard-Entkopplungen*. Per Konstruktion ist die Interpolationsmethode im *Bandlimit* und im *Atomaren Limit* exakt.

4.1.5 Momentenmethode

Die in Abschn. 4.1.3 diskutierte *Hubbard-Lösung* ist ursprünglich zur Beschreibung von Bandmagnetismus konzipiert worden. Man kann sich jedoch klar machen, dass eine spontane Magnetisierung im Rahmen dieser Theorie nur unter sehr außergewöhnlichen, physikalisch sogar wenig plausiblen Bedingungen (z. B. geringe Teilchendichte n!) möglich wird. Auf die Ursache hierfür werden wir später noch zu sprechen kommen. Während das Stoner-Modell (Abschn. 4.1.2) das Auftreten von Ferromagnetismus offensichtlich überschätzt – das Stoner-Kriterium (4.30) ist zu schwach –, liefert die *Hubbard-Lösung* ein zu scharfes Kriterium!

Wir wollen jetzt am Beispiel des Hubbard-Modells eine Methode entwickeln, die sich von den üblichen *Entkopplungsprozeduren* der Green-Funktionen deutlich absetzt. Sie hat sich bereits als ein sehr effektives Verfahren der Viel-Teilchen-Theorie erwiesen, liefert z. B. im Fall des Hubbard-Modells sehr realistische Kriterien für die Möglichkeit von Bandferromagnetismus.

Ausgangspunkt ist in diesem Fall die Ein-Elektronen-Spektraldichte (3.320) bzw. (3.321):

$$S_{ij(\mathbf{k})\sigma}(E) = \frac{1}{2\pi}\int\limits_{-\infty}^{+\infty} \mathrm{d}(t-t')\,\exp\left(-\frac{\mathrm{i}}{\hbar}E\,(t-t')\right) \cdot \left\langle\left[a_{i(\mathbf{k})\sigma}(t), a^{+}_{j(\mathbf{k})\sigma}(t')\right]_{+}\right\rangle . \tag{4.65}$$

Das Verfahren besteht aus zwei Teilschritten. Zunächst versucht man, die allgemeine Struktur dieser fundamentalen Funktion zu *erraten*, wobei man sich von exakt lösbaren Grenzfällen, Spektraldarstellungen, bereits vorliegenden *vertrauenswürdigen* Approximationen oder allgemeinen *Plausibilitätsbetrachtungen* leiten lässt. Dies führt zu einem gewissen **Ansatz** für die Spektraldichte, der eine Reihe von zunächst unbekannten Parametern enthält. Diese werden dann im zweiten Schritt den exakt berechenbaren Spektralmomenten $M^{(n)}_{\mathbf{k}\sigma}$ der gesuchten Spektraldichte angepasst. Entscheidend ist, dass es für diese nach (3.178) und (3.179) zwei äquivalente Darstellungen gibt. Die eine liefert den Zusammenhang mit der Spektraldichte

$$M^{(n)}_{\mathbf{k}\sigma} = \frac{1}{\hbar}\int\limits_{-\infty}^{+\infty} \mathrm{d}E\, E^n S_{\mathbf{k}\sigma}(E)\,; \quad n = 0, 1, 2, \ldots , \tag{4.66}$$

während sich über die zweite Relation alle Momente unabhängig von der gesuchten Funktion zumindest im Prinzip exakt berechnen lassen:

$$M^{(n)}_{\mathbf{k}\sigma} = \frac{1}{N}\sum_{i,j} \mathrm{e}^{-\mathrm{i}\mathbf{k}\cdot(\mathbf{R}_i - \mathbf{R}_j)} \cdot \left\langle\left[\underbrace{\left[\ldots\left[a_{i\sigma}, \mathcal{H}\right]_{-}, \ldots, \mathcal{H}\right]_{-}}_{(n-p)\text{-fach}}, \underbrace{\left[\mathcal{H}, \ldots, \left[\mathcal{H}, a^{+}_{j\sigma}\right]_{-} \ldots\right]_{-}}_{p\text{-fach}}, \right]_{+}\right\rangle . \tag{4.67}$$

Wir werden also für $S_{\mathbf{k}\sigma}(E)$ einen **Ansatz** suchen, der m freie Parameter enthält, diesen dann in (4.66) einsetzen und die Parameter schließlich mithilfe der ersten m, nach (4.67) exakt berechneten Momente $M_{k\sigma}^{(n)}$ festlegen. Das Verfahren ist an zwei entscheidende Voraussetzungen geknüpft. Zum einen sollte der Ansatz der korrekten Struktur der Spektraldichte möglichst nahekommen. Zum anderen müssen alle in den Momenten vorkommenden Erwartungswerte durch $S_{k\sigma}(E)$ mithilfe des Spektraltheorems (3.157) in irgendeiner Form ausdrückbar sein, um zu einem geschlossenen, selbstkonsistent lösbaren Gleichungssystem zu gelangen. Mit wachsender Ordnung n der Momente werden die Erwartungswerte jedoch immer komplizierter, sodass letztere Bedingung der Zahl der verwendbaren Momente Grenzen setzt.

Wie könnte nun ein *vernünftiger* Ansatz im Rahmen des Hubbard-Modells aussehen? Die allgemeinen Betrachtungen des Abschn. 3.4.2 haben gezeigt, dass in aller Regel die Spektraldichte eine Linearkombination von gewichteten δ- und Lorentz-Funktionen darstellen sollte. Sind wir nicht an Lebensdauer-Effekten interessiert, so können wir die Version (3.339) akzeptieren:

$$S_{k\sigma}(E) = \hbar \sum_{j=1}^{n_0} \alpha_{j\sigma}(\boldsymbol{k}) \delta\left(E + \mu - E_{j\sigma}(\boldsymbol{k})\right) . \tag{4.68}$$

Die $\alpha_{j\sigma}(\boldsymbol{k})$ und $E_{j\sigma}(\boldsymbol{k})$ betrachten wir als die zunächst unbestimmten Parameter. Die Frage ist nur noch, wie groß die Zahl n_0 der Quasiteilchenpole ist. Einen Hinweis könnte das exakt lösbare Atomare Limit geben, das natürlich als Grenzfall ebenfalls in (4.68) enthalten sein muss. Für dieses gilt aber nach (4.14):

$$n_0 = 2 . \tag{4.69}$$

Die Hubbard-Lösung (4.54) bzw. das äquivalente Resultat (4.64) der Interpolationsmethode entsprechen ebenfalls einer solchen *Zwei-Pol-Struktur* der Spektraldichte. Es liegt deshalb nahe, als **Ansatz** eine Summe von zwei gewichteten δ-Funktionen zu wählen. Er enthält damit vier unbestimmte Parameter, die beiden spektralen Gewichte $\alpha_{j\sigma}(\boldsymbol{k})$ und die beiden Quasiteilchenenergien $E_{j\sigma}(\boldsymbol{k})$. Diese legen wir über die ersten vier exakt berechneten Spektralmomente fest. Mit dem Modell-Hamilton-Operator (4.1) in (4.67) ergibt sich nach direkter, allerdings etwas mühseliger Rechnung:

$$M_{k\sigma}^{(0)} = 1 , \tag{4.70}$$

$$M_{k\sigma}^{(1)} = (\varepsilon(\boldsymbol{k}) - \mu) + U \langle n_{-\sigma} \rangle , \tag{4.71}$$

$$M_{k\sigma}^{(2)} = (\varepsilon(\boldsymbol{k}) - \mu)^2 + 2U \langle n_{-\sigma} \rangle (\varepsilon(\boldsymbol{k}) - \mu) + U^2 \langle n_{-\sigma} \rangle , \tag{4.72}$$

$$\begin{aligned} M_{k\sigma}^{(3)} &= (\varepsilon(\boldsymbol{k}) - \mu)^3 + 3U \langle n_{-\sigma} \rangle (\varepsilon(\boldsymbol{k}) - \mu)^2 + \\ &\quad + U^2 \langle n_{-\sigma} \rangle (2 + \langle n_{-\sigma} \rangle) (\varepsilon(\boldsymbol{k}) - \mu) + \\ &\quad + U^2 \langle n_{-\sigma} \rangle (1 - \langle n_{-\sigma} \rangle) (B_{k-\sigma} - \mu) + U^3 \langle n_{-\sigma} \rangle . \end{aligned} \tag{4.73}$$

Dabei haben wir zur Abkürzung geschrieben:

$$\langle n_{-\sigma} \rangle (1 - \langle n_{-\sigma} \rangle) B_{k-\sigma} = B_{S,-\sigma} + B_{W,-\sigma}(\boldsymbol{k}) + T_0 \langle n_{-\sigma} \rangle . \tag{4.74}$$

Dieser Term stellt sich als entscheidend für die Möglichkeit einer spontanen Spinordnung heraus. Er muss deshalb sehr sorgfältig diskutiert werden. Am wichtigsten ist der erste Summand, der für eine **spinabhängige Bandverschiebung** sorgt:

$$B_{S,-\sigma} = \frac{1}{N}\sum_{i,j} T_{ij} \left\langle a^+_{i-\sigma} a_{j-\sigma} (2n_{i\sigma} - 1)\right\rangle \,. \tag{4.75}$$

Der zweite Summand in (4.75) beeinflusst wegen seiner $\boldsymbol{k}$-Abhängigkeit vor allem die Breiten der Quasiteilchenbänder:

$$\begin{aligned} B_{W,-\sigma}(\boldsymbol{k}) = \frac{1}{N}\sum_{i,j} T_{ij} e^{i\boldsymbol{k}\cdot(\boldsymbol{R}_i-\boldsymbol{R}_j)} \cdot &\left\{\left\langle n_{i-\sigma} n_{j-\sigma}\right\rangle - \left\langle n_{-\sigma}\right\rangle^2 \right.\\ &\left. - \left\langle a^+_{j\sigma} a^+_{j-\sigma} a_{i-\sigma} a_{i\sigma}\right\rangle - \left\langle a^+_{j\sigma} a^+_{i-\sigma} a_{j-\sigma} a_{i\sigma}\right\rangle\right\} \,. \end{aligned} \tag{4.76}$$

Das Hubbard-Modell soll vornehmlich Fragen des Magnetismus beantworten. In diesem Zusammenhang spielt $B_{W,-\sigma}(\boldsymbol{k})$ nur eine untergeordnete Rolle. So kompensieren sich in einer Hartree-Fock-Näherung die beiden ersten Terme auf der rechten Seite von (4.76). Die beiden anderen Terme sind sogar spinunabhänig. Es gilt nämlich

$$\left\langle a^+_{j\sigma} a^+_{j-\sigma} a_{i-\sigma} a_{i\sigma}\right\rangle = \left\langle a^+_{j-\sigma} a^+_{j\sigma} a_{i\sigma} a_{i-\sigma}\right\rangle$$

und bei reellen Erwartungswerten:

$$\begin{aligned} \left\langle a^+_{j\sigma} a^+_{i-\sigma} a_{j-\sigma} a_{i\sigma}\right\rangle &= \left\langle \left(a^+_{j\sigma} a^+_{i-\sigma} a_{j-\sigma} a_{i\sigma}\right)^+\right\rangle \\ &= \left\langle a^+_{i\sigma} a^+_{j-\sigma} a_{i-\sigma} a_{j\sigma}\right\rangle \\ &= \left\langle a^+_{j-\sigma} a^+_{i\sigma} a_{j\sigma} a_{i-\sigma}\right\rangle \,. \end{aligned}$$

Es dürfte deshalb völlig ausreichen, $B_{W,-\sigma}(\boldsymbol{k})$ nur in der über alle Wellenzahlen $\boldsymbol{k}$ gemittelten Form zu berücksichtigen:

$$\begin{aligned} &\frac{1}{N}\sum_{\boldsymbol{k}} B_{W,-\sigma}(\boldsymbol{k}) \\ &= \frac{1}{N}\sum_{i,j} T_{ij} \left(\frac{1}{N}\sum_{\boldsymbol{k}} e^{-i\boldsymbol{k}\cdot(\boldsymbol{R}_i-\boldsymbol{R}_j)}\right) \left\{\left\langle n_{i-\sigma} n_{j-\sigma}\right\rangle - \left\langle n_{-\sigma}\right\rangle^2 \right.\\ &\quad \left. - \left\langle a^+_{j\sigma} a^+_{j-\sigma} a_{i-\sigma} a_{i\sigma}\right\rangle - \left\langle a^+_{j\sigma} a^+_{i-\sigma} a_{j-\sigma} a_{i\sigma}\right\rangle\right\} \\ &= \frac{1}{N}\sum_{ij} T_{ij}\delta_{ij} \left\{\left\langle n_{i-\sigma} n_{j-\sigma}\right\rangle - \left\langle n_{-\sigma}\right\rangle^2 \right.\\ &\quad \left. - \left\langle a^+_{j\sigma} a^+_{j-\sigma} a_{i-\sigma} a_{i\sigma}\right\rangle - \left\langle a^+_{j\sigma} a^+_{i-\sigma} a_{j-\sigma} a_{i\sigma}\right\rangle\right\} \\ &= T_0 \left\{\left\langle n_{-\sigma}\right\rangle \left(1 - \left\langle n_{-\sigma}\right\rangle\right) - 2\left\langle n_{i-\sigma} n_{i\sigma}\right\rangle\right\} \,. \end{aligned} \tag{4.77}$$

$B_{k,-\sigma}$ aus (4.74) geht dann insgesamt über in die **Bandkorrektur** $B_{-\sigma}$:

$$\begin{aligned}\langle n_{-\sigma}\rangle (1-\langle n_{-\sigma}\rangle) B_{-\sigma} &= T_0 \langle n_{-\sigma}\rangle (1-\langle n_{-\sigma}\rangle)\\ &+ \frac{1}{N}\sum_{i,j}^{i\neq j} T_{ij} \left\langle a^+_{i-\sigma} a_{j-\sigma} (2n_{i\sigma}-1)\right\rangle .\end{aligned} \tag{4.78}$$

Mit den exakten Spektralmomenten (4.70) bis (4.73) sind über (4.66) die freien Parameter in unserem *Ansatz* (4.68) für die Spektraldichte festgelegt. Man findet für die **Quasiteilchenenergien**,

$$E_{j\sigma}(\boldsymbol{k}) = H_\sigma(\boldsymbol{k}) + (-1)^j \sqrt{K_\sigma(\boldsymbol{k})}\,, \tag{4.79}$$

$$H_\sigma(\boldsymbol{k}) = \frac{1}{2}(\varepsilon(\boldsymbol{k}) + U + B_{-\sigma})\,, \tag{4.80}$$

$$K_\sigma(\boldsymbol{k}) = \frac{1}{4}(U + B_{-\sigma} - \varepsilon(\boldsymbol{k}))^2 + U\langle n_{-\sigma}\rangle(\varepsilon(\boldsymbol{k}) - B_{-\sigma})\,, \tag{4.81}$$

und für die spektralen Gewichte:

$$\alpha_{j\sigma}(\boldsymbol{k}) = (-1)^j \frac{E_{j\sigma}(\boldsymbol{k}) - B_{-\sigma} - U(1-\langle n_{-\sigma}\rangle)}{E_{2\sigma}(\boldsymbol{k}) - E_{1\sigma}(\boldsymbol{k})}\,. \tag{4.82}$$

Die Resultate haben dieselbe Struktur wie die *Hubbard-Lösungen* (4.55) und (4.56). Neu, aber auch entscheidend, ist die Bandkorrektur $B_{-\sigma}$. Ersetzen wir in den obigen Ausdrücken diese durch ihren *Atomic Limit*-Wert,

$$B_{-\sigma} \xrightarrow[T_{ij}\to T_0\delta_{ij}]{} T_0\,, \tag{4.83}$$

so ergeben sich exakt die Hubbard-Resultate. In der Momentenmethode bekommen die Quasiteilchengrößen über $B_{-\sigma}$ eine zusätzliche Spinabhängigkeit.

Zur vollständigen Lösung des Problems haben wir noch die Erwartungswerte $\langle n_{-\sigma}\rangle$ und $B_{-\sigma}$ zu bestimmen bzw. durch $S_{k\sigma}(E)$ auszudrücken, um zu einem geschlossenen, selbstkonsistent lösbaren Gleichungssystem zu gelangen. Für $\langle n_{-\sigma}\rangle$ können wir direkt das Spektraltheorem (3.157) verwenden:

$$\langle n_{-\sigma}\rangle = \frac{1}{N\hbar}\sum_{\boldsymbol{k}}\int\limits_{-\infty}^{+\infty} dE f_-(E) S_{\boldsymbol{k}-\sigma}(E-\mu)\,. \tag{4.84}$$

Die Bandkorrektur $B_{-\sigma}$ ist allerdings im Wesentlichen durch eine *höhere* Gleichzeit-Korrelationsfunktion, nämlich durch

$$\left\langle a^+_{i-\sigma} a_{j-\sigma} n_{i\sigma}\right\rangle\,,$$

bestimmt. Glücklicherweise lässt sich dieser Term ebenfalls durch die Ein-Elektronen-Spektraldichte ausdrücken. Dies erfordert jedoch einige Vorüberlegungen. Zunächst haben wir wie in (4.3),

$$[\mathcal{H}, a_{i-\sigma}^{+}]_{-} = \sum_{m} (T_{mi} - \mu\delta_{mi})\, a_{m-\sigma}^{+} + U n_{i\sigma}\, a_{i-\sigma}^{+}\,, \tag{4.85}$$

und können damit den gesuchten Erwartungswert wie folgt darstellen:

$$\begin{aligned} \left\langle a_{i-\sigma}^{+} a_{j-\sigma} n_{i\sigma} \right\rangle = &-\frac{1}{U} \sum_{m} (T_{mi} - \mu\delta_{mi}) \left\langle a_{m-\sigma}^{+} a_{j-\sigma} \right\rangle \\ &+ \frac{1}{U} \left\langle [\mathcal{H}, a_{i-\sigma}^{+}]_{-}\, a_{j-\sigma} \right\rangle . \end{aligned} \tag{4.86}$$

Benutzen wir nun noch einmal das Spektraltheorem, so wie die Bewegungsgleichung (3.27) für zeitabhängige Heisenberg-Operatoren, so können wir für den zweiten Summanden schreiben:

$$\begin{aligned} &\left\langle [\mathcal{H}, a_{i-\sigma}^{+}]\, a_{j-\sigma} \right\rangle \\ &= \frac{1}{\hbar} \int_{-\infty}^{+\infty} \mathrm{d}E\, \left(\mathrm{e}^{\beta E} + 1\right)^{-1} \int_{-\infty}^{+\infty} \mathrm{d}(t - t') \\ &\cdot \exp\left(\frac{\mathrm{i}}{\hbar} E\,(t - t')\right) \left(-\mathrm{i}\hbar \frac{\partial}{\partial t'}\right) S_{ji-\sigma}(t - t') = \\ &= \frac{1}{\hbar} \int_{-\infty}^{+\infty} \mathrm{d}E\, \left(\mathrm{e}^{\beta E} + 1\right)^{-1} \int_{-\infty}^{+\infty} \mathrm{d}(t - t')\, \exp\left(\frac{\mathrm{i}}{\hbar} E\,(t - t')\right) \\ &\cdot \frac{1}{2\pi\hbar} \int_{-\infty}^{+\infty} \mathrm{d}\overline{E}\, \exp\left[-\frac{\mathrm{i}}{\hbar} \overline{E}\,(t - t')\right] \overline{E} S_{ji-\sigma}(\overline{E}) \\ &= \frac{1}{\hbar} \int_{-\infty}^{+\infty} \mathrm{d}E\, \left(\mathrm{e}^{\beta E} + 1\right)^{-1} \int_{-\infty}^{+\infty} \mathrm{d}\overline{E}\, \delta(E - \overline{E}) \overline{E} S_{ji-\sigma}(\overline{E}) . \end{aligned}$$

Damit folgt schließlich:

$$\begin{aligned} \left\langle [\mathcal{H}, a_{i-\sigma}^{+}]_{-}\, a_{j-\sigma} \right\rangle = &\frac{1}{N\hbar} \sum_{\boldsymbol{k}} \mathrm{e}^{-\mathrm{i}\boldsymbol{k}\cdot(\boldsymbol{R}_i - \boldsymbol{R}_j)} \\ &\cdot \int_{-\infty}^{+\infty} \mathrm{d}E f_{-}(E)(E - \mu) S_{\boldsymbol{k}-\sigma}(E - \mu) . \end{aligned} \tag{4.87}$$

Für den noch fehlenden Erwartungswert $\left\langle a_{m-\sigma}^{+} a_{j-\sigma} \right\rangle$ in (4.86) können wir das Spektraltheorem direkt anwenden:

$$\begin{aligned} \left\langle a_{m-\sigma}^{+} a_{j-\sigma} \right\rangle = &\frac{1}{N\hbar} \sum_{\boldsymbol{k}} \mathrm{e}^{-\mathrm{i}\boldsymbol{k}\cdot(\boldsymbol{R}_m - \boldsymbol{R}_j)} \\ &\cdot \int_{-\infty}^{+\infty} \mathrm{d}E f_{-}(E) S_{\boldsymbol{k}-\sigma}(E - \mu) . \end{aligned} \tag{4.88}$$

Damit ergibt sich für den Erwartungswert (4.86):

$$\begin{aligned}\left\langle a_{i-\sigma}^{+} a_{j-\sigma} n_{i\sigma}\right\rangle &= \frac{1}{N\hbar}\sum_{\boldsymbol{k}} e^{-i\boldsymbol{k}\cdot(\boldsymbol{R}_i-\boldsymbol{R}_j)} \\ &\cdot \int\limits_{-\infty}^{+\infty} dE f_{-}(E)\frac{1}{U}(E-\varepsilon(\boldsymbol{k}))\, S_{\boldsymbol{k}-\sigma}(E-\mu)\,.\end{aligned} \tag{4.89}$$

Für die Bandkorrektur benötigen wir

$$\begin{aligned}&\frac{1}{N}\sum_{i,j} T_{ij}\left\langle a_{i-\sigma}^{+} a_{j-\sigma}\,(2n_{i\sigma}-1)\right\rangle \\ &= \frac{1}{N\hbar}\sum_{\boldsymbol{k}} \varepsilon(\boldsymbol{k}) \int\limits_{-\infty}^{+\infty} dE f_{-}(E)\left[\frac{2}{U}(E-\varepsilon(\boldsymbol{k}))-1\right] S_{\boldsymbol{k}-\sigma}(E-\mu)\,,\end{aligned}$$

wovon wir noch den Diagonalterm

$$T_0\left\langle n_{i-\sigma}\,(2n_{i\sigma}-1)\right\rangle = \frac{T_0}{N\hbar}\sum_{\boldsymbol{k}} \int\limits_{-\infty}^{+\infty} dE f_{-}(E)\left[\frac{2}{U}(E-\varepsilon(\boldsymbol{k}))-1\right] S_{\boldsymbol{k}-\sigma}(E-\mu)$$

abzuziehen haben. Wenn wir dann noch unseren Zwei-Pol-Ansatz (4.68) für die Spektraldichte einsetzen, so bleibt für die gesuchte Bandkorrektur:

$$\begin{aligned}&\langle n_{-\sigma}\rangle\,(1-\langle n_{-\sigma}\rangle)\, B_{-\sigma} \\ &= \langle n_{-\sigma}\rangle\,(1-\langle n_{-\sigma}\rangle)\, T_0 + \frac{1}{N}\sum_{\boldsymbol{k}}\sum_{j=1}^{2} \alpha_{j-\sigma}(\boldsymbol{k})\,(\varepsilon(\boldsymbol{k})-T_0) f_{-}\left(E_{j-\sigma}(\boldsymbol{k})\right) \\ &\cdot\left[\frac{2}{U}\left(E_{j-\sigma}(\boldsymbol{k})-\varepsilon(\boldsymbol{k})\right)-1\right].\end{aligned} \tag{4.90}$$

Ganz offensichtlich bilden die Gleichungen (4.79) bis (4.82), (4.84) und (4.90) ein geschlossenes System, das selbstkonsistent gelöst werden kann. Als Modellparameter sind aufzufassen:

1. die **Temperatur**, die in die Fermi-Funktionen eingeht,
2. die **Bandbesetzung** $n = \sum_\sigma \langle n_\sigma \rangle$, die das chemische Potential μ festlegt,
3. die **Coulomb-Wechselwirkung** U und
4. die **Gitterstruktur**, die die *freie* Bloch-Zustandsdichte $\rho_0(E) = \frac{1}{N}\sum_{\boldsymbol{k}} \delta\left(E-\varepsilon(\boldsymbol{k})\right)$ bzw. die Ein-Teilchen-Energien $\varepsilon(\boldsymbol{k})$ bestimmt und die $\boldsymbol{k}$-Summationen beeinflusst.

Abbildung 4.5 zeigt die Quasiteilchenzustandsdichte

$$\rho_\sigma(E) = \frac{1}{N}\sum_{\boldsymbol{k}}\sum_{j=1}^{2} \alpha_{j\sigma}(\boldsymbol{k})\delta\left(E-E_{j\sigma}(\boldsymbol{k})\right) \tag{4.91}$$

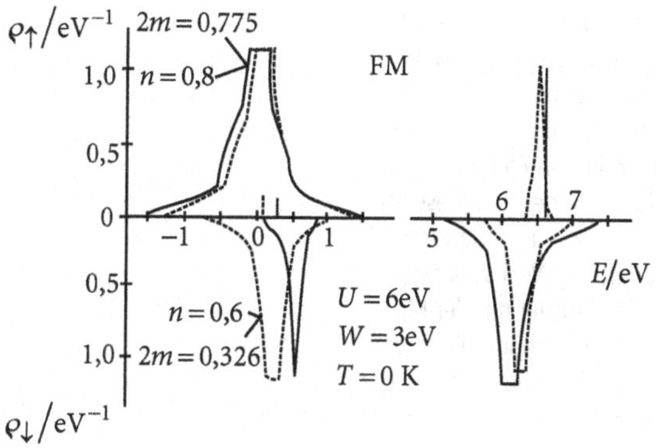

Abb. 4.5 Quasiteilchenzustandsdichte des Hubbard-Modells in der ferromagnetischen Phase als Funktion der Energie für zwei verschiedene Bandbesetzungen, berechnet mithilfe der Momentenmethode

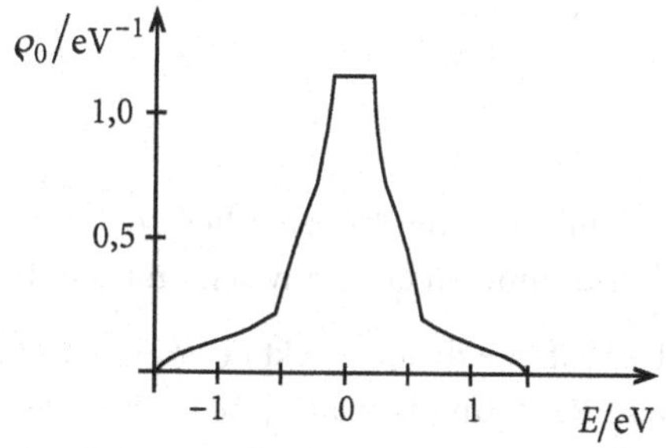

Abb. 4.6 Bloch-Zustandsdichte des wechselwirkungsfreien Systems als Funktion der Energie

für zwei verschiedene Bandbesetzungen $n = 0{,}6$ und $n = 0{,}8$, sowie $U = 6\,\text{eV}$ und $T = 0\,\text{K}$. Die verwendete Bloch-Zustandsdichte ist in Abb. 4.6 skizziert. Wir erkennen, dass das ursprüngliche Band pro Spinrichtung in zwei Quasiteilchenteilbänder aufspaltet.

Für die skizzierten Situationen gibt es zusätzlich eine Verschiebung der beiden Spinspektren gegeneinander. Da die Bänder bis zu den durch Balken gekennzeichneten Fermi-Energien aufgefüllt sind, ergibt sich eine Spinvorzugsrichtung und damit eine von Null verschiedene, spontane Magnetisierung m. Letztlich wird die beobachtete Bandverschiebung durch die Bandkorrektur $B_{-\sigma}$ bewirkt. Sobald $B_\uparrow \neq B_\downarrow$ ist, folgt $m \neq 0$. Die Bandkorrektur fehlt in den Hubbard-Lösungen des Abschn. 4.1.3, mit denen sich deshalb Ferromagnetismus nur schwer realisieren lässt.

Abbildung 4.7 verdeutlicht, wie entscheidend die Parameter U und n für die Möglichkeit von Ferromagnetismus sind.

Die Quasiteilchenzustandsdichten $\rho_{\uparrow\downarrow}(E)$ sind im Gegensatz zu $\rho_0(E)$ deutlich temperaturabhängig. Mit wachsender Temperatur werden $\rho_\uparrow$ und $\rho_\downarrow$ immer ähnlicher, um oberhalb einer kritischen Temperatur T_C, die man die **Curie-Temperatur** nennt, vollends zusammenzufallen. Auch T_C ist sehr stark von der Bandbesetzung n und der Wechselwirkungskonstanten U abhängig, wie Abb. 4.9. (In den Abbildungen ist mit W stets die Breite des *freien* Bloch-Bandes gemeint!)

Kapitel 4

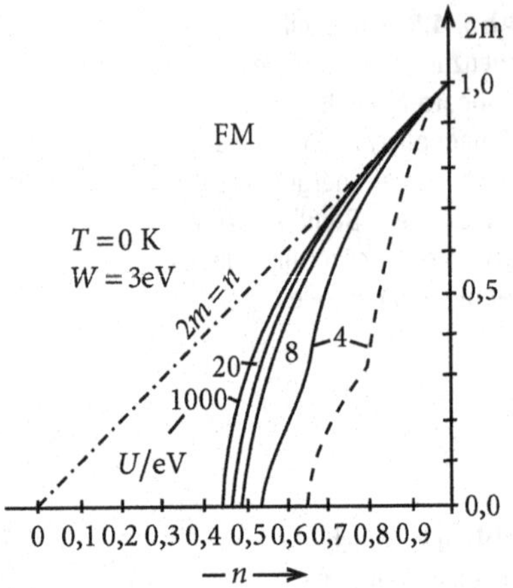

Abb. 4.7 Spontane Magnetisierung m eines durch das Hubbard-Modell beschriebenen Systems von korrelierten Elektronen als Funktion der Bandbesetzung n für verschiedene Werte der Coulomb-Wechselwirkung U, berechnet mit der Momentenmethode für eine Bloch-Zustandsdichte wie in Abb. 4.6

Die mit der vom Konzept her doch sehr einfachen Momentenmethode gefundenen T_C-Werte stimmen qualitativ sehr gut mit dem Experiment überein.

Der entscheidende Punkt der Momentenmethode ist natürlich der Ansatz (4.68). Die weitere Rechnung ist dann praktisch exakt. Man kann zeigen (A. Lonke, J. Math. Phys. **12**, 2422 (1971)), dass ein solcher Ansatz genau dann mathematisch streng ist, wenn die Determinante

$$D_{k\sigma}^{(r)} \equiv \begin{vmatrix} M_{k\sigma}^{(0)} & \cdots & M_{k\sigma}^{(r)} \\ \vdots & & \vdots \\ M_{k\sigma}^{(r)} & \cdots & M_{k\sigma}^{(2r)} \end{vmatrix} \tag{4.92}$$

gleich Null ist für $r = n_0$ und ungleich Null für alle niedrigeren Ordnungen $r = 1, 2, \ldots, n_0 - 1$. Die Elemente der Determinante sind gerade die Spektralmomente (4.67). (Man untersuche als Aufgabe 4.1.9 mit (4.92) das in Abschn. 4.1.1 gelöste Atomare Limit!)

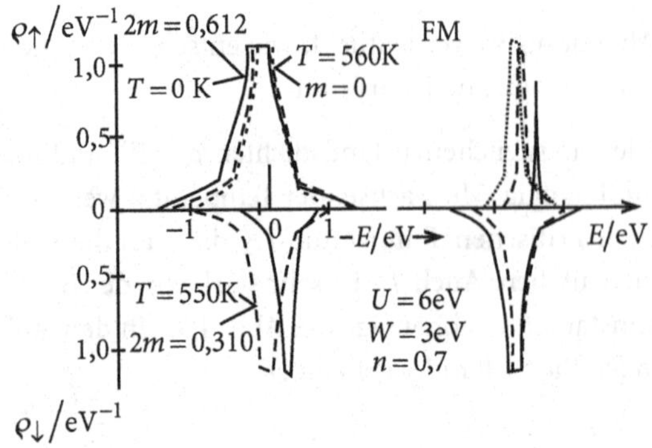

Abb. 4.8 Quasiteilchenzustandsdichte des Hubbard-Modells in der ferromagnetischen Phase als Funktion der Energie für zwei verschiedene Temperaturen, berechnet mithilfe der Momentenmethode

Abb. 4.9 Curie-Temperatur im Hubbard-Modell als Funktion der Coulomb-Wechselwirkung U für verschiedene Bandbesetzungen n, berechnet mit der Momentenmethode

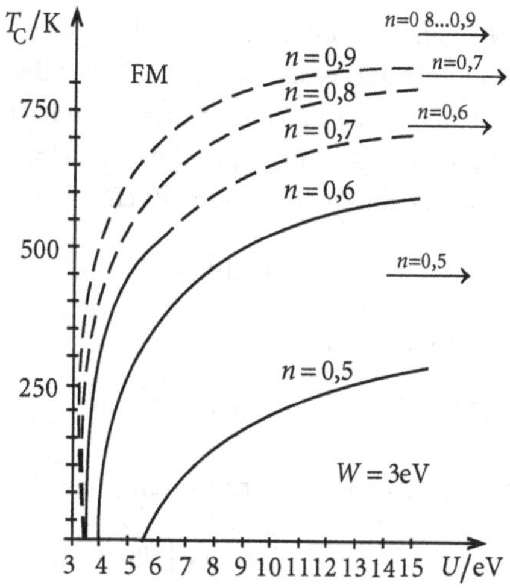

4.1.6 Das exakt halbgefüllte Band

Bisweilen lässt sich wertvolle physikalische Information gewinnen, wenn man den eigentlichen Modell-Hamilton-Operator auf einen äquivalenten, effektiven Operator transformiert. Eine interessante Möglichkeit in dieser Hinsicht bietet das Hubbard-Modell für den Spezialfall des exakt halbgefüllten Bandes. Im Hubbard-Modell wird ja das System als ein Gitter von Atomen aufgefasst, die nur ein einziges atomares Niveau tragen, das dann maximal mit zwei Elektronen entgegengesetzten Spins besetzt sein kann. *Halbgefülltes Band* heißt also, dass jedes Atom genau ein Elektron beisteuert, d. h., es gibt gleich viele Elektronen wie Gitterplätze ($n = 1$!). Im *Atomaren Limit* ist im Grundzustand jeder Platz mit genau einem Elektron besetzt. Die einzige Variable ist dann der Elektronenspin. Wenn man nun langsam *das Hopping einschaltet*, so werden die Bandelektronen noch hochgradig lokalisiert bleiben. *Virtuelle* Platzwechsel sorgen allerdings für eine indirekte Kopplung zwischen den Elektronenspins an den verschiedenen Gitterplätzen. Eine solche Situation wird in der Regel durch das Heisenberg-Modell (2.203) beschrieben. Dass für die geschilderte Situation ($n = 1$, $U / W \gg 1$) eine Äquivalenz zwischen Hubbard- und Heisenberg-Modell besteht, soll in diesem Abschnitt mithilfe einer elementaren Störungstheorie gezeigt werden.

Wir fassen das *Hopping* der Elektronen als Störung auf:

$$H = H_0 + H_1 \,, \tag{4.93}$$

$$H_0 = T_0 \sum_{i,\sigma} n_{i\sigma} + \frac{1}{2} U \sum_{i,\sigma} n_{i\sigma} n_{i-\sigma} \,; \quad (n = 1; \quad U / W \gg 1) \,, \tag{4.94}$$

$$H_1 = \sum_{i,j,\sigma}^{i \neq j} T_{ij} a_{i\sigma}^{+} a_{j\sigma} \,. \tag{4.95}$$

Wir betrachten nur den Grundzustand. – Sämtliche Eigenwerte und Eigenzustände zu H_0 sind charakterisiert durch die Zahl d der doppelt besetzten Gitterplätze. Die Zustände zu gleichem d sind noch hochgradig entartet durch die explizite Verteilung der N_σ Elektronen mit Spin σ ($\sigma = \uparrow$ oder $\downarrow$) auf die einzelnen Gitterplätze. Die entsprechende Kennzeichnung geschehe durch griechische Buchstaben $\alpha, \beta, \gamma, \ldots$

$$H_0 \,|d\alpha\rangle^{(0)} = E_d^{(0)} \,|d\alpha\rangle^{(0)} = (NT_0 + dU)\, |d\alpha\rangle^{(0)} \,. \tag{4.96}$$

Wegen $n = 1$ ist

$$|0\alpha\rangle^{(0)} : \quad 2^N\text{-fach } \textbf{entarteter Grundzustand}.$$

Störungstheorie erster Ordnung erfordert die Lösung der Säkulargleichung,

$$\det\left[{}^{(0)}\langle 0\alpha' \mid H_1 \mid 0\alpha\rangle^{(0)} - E_0^{(1)}\delta_{\alpha\alpha'}\right] \stackrel{!}{=} 0\,, \tag{4.97}$$

mit 2^N Lösungen $E_{0\alpha}^{(1)}$. Nun macht man sich leicht klar, dass

$${}^{(0)}\langle d\alpha' \mid H_1 \mid 0\alpha\rangle^{(0)} \neq 0 \quad \text{höchstens für } d = 1 \tag{4.98}$$

sein kann, da jeder Summand des Operators H_1 einen leeren und einen doppelt besetzten Platz produziert. Die Störmatrix in (4.97) enthält also als Elemente nur Nullen. Sämtliche Energiekorrekturen erster Ordnung $E_{0\alpha}^{(1)}$ verschwinden; die Entartung bleibt völlig unverändert.

Störungstheorie zweiter Ordnung erfordert die Lösung des Gleichungssystems:

$$\begin{aligned}\sum_\alpha C_\alpha \Bigg\{ &\sum_{d,\gamma}^{d\neq 0} {}^{(0)}\langle 0\alpha' \mid H_1 \mid d\gamma\rangle^{(0)}\,{}^{(0)}\langle d\gamma \mid H_1 \mid 0\alpha\rangle^{(0)} \\ &\cdot \frac{1}{E_0^{(0)} - E_d^{(0)}} - E_0^{(2)}\delta_{\alpha\alpha'}\Bigg\} \stackrel{!}{=} 0\,.\end{aligned} \tag{4.99}$$

Dies entspricht der Eigenwertgleichung eines **effektiven Hamilton-Operators** H_{eff} mit den Matrixelementen:

$$\begin{aligned}&{}^{(0)}\langle 0\alpha'|H_1 \sum_{d,\gamma}^{d\neq 0} \frac{|d\gamma\rangle^{(0)}\,{}^{(0)}\langle d\gamma|}{E_0^{(0)} - E_d^{(0)}} H_1\,|0\alpha\rangle^{(0)} \\ &= -\frac{1}{U}\,{}^{(0)}\langle 0\alpha'|H_1 \left(\sum_{d,\gamma} |d\gamma\rangle^{(0)}\,{}^{(0)}\langle d\gamma|\right) H_1\,|0\alpha\rangle^{(0)} \\ &= -\frac{1}{U}\,{}^{(0)}\langle 0\alpha' \mid H_1^2 \mid 0\alpha\rangle^{(0)}\,.\end{aligned} \tag{4.100}$$

Im ersten Schritt haben wir (4.98) ausgenutzt, wodurch

$$\left(E_d^{(0)} - E_0^{(0)}\right) \longrightarrow \left(E_1^{(0)} - E_0^{(0)}\right) = U$$

wird und die Einschränkung $d \neq 0$ weggelassen werden kann. Der zweite Schritt folgt mit der Vollständigkeitsrelation für die *ungestörten* Zustände $|d\gamma\rangle^{(0)}$. Sei

- P_0: Projektionsoperator auf den $d = 0$-Unterraum,

dann folgt für unseren effektiven Hamilton-Operator zweiter Ordnung:

$$H_{\text{eff}} = P_0 \left(-\frac{H_1^2}{U} \right) P_0 \,. \tag{4.101}$$

Diesen schreiben wir nun auf Spinoperatoren um. Dazu setzen wir zunächst (4.95) ein:

$$H_{\text{eff}} = -\frac{1}{U} P_0 \left(\sum_{\substack{ij \\ \sigma}}^{i \neq j} \sum_{\substack{mn \\ \sigma'}}^{m \neq n} T_{ij} T_{mn} \, a_{i\sigma}^+ a_{j\sigma} a_{m\sigma'}^+ a_{n\sigma'} \right) P_0 \,. \tag{4.102}$$

In der Vielfachsumme liefern nur die Terme

$$i = n \quad \text{und} \quad j = m$$

einen Beitrag. Es bleibt also:

$$\begin{aligned} H_{\text{eff}} &= -\frac{1}{U} P_0 \left(\sum_{\substack{ij \\ \sigma\sigma'}}^{i \neq j} T_{ij} T_{ji} \, a_{i\sigma}^+ a_{j\sigma} a_{j\sigma'}^+ a_{i\sigma'} \right) P_0 \\ &= -\frac{1}{U} P_0 \left(\sum_{\substack{ij \\ \sigma\sigma'}}^{i \neq j} T_{ij}^2 \, a_{i\sigma}^+ a_{i\sigma'} \left(\delta_{\sigma\sigma'} - a_{j\sigma'}^+ a_{j\sigma} \right) \right) P_0 \\ &= -\frac{1}{U} P_0 \left(\sum_{ij\sigma}^{i \neq j} T_{ij}^2 \left(n_{i\sigma} - n_{i\sigma} n_{j\sigma} - a_{i\sigma}^+ a_{i-\sigma} a_{j-\sigma}^+ a_{j\sigma} \right) \right) P_0 \,. \end{aligned} \tag{4.103}$$

Wir führen nun **Spinoperatoren** ein:

$$S_i^z = \frac{1}{2} \sum_{\sigma} z_\sigma n_{i\sigma} \,, \tag{4.104}$$

$$S_i^\sigma = a_{i\sigma}^+ a_{i-\sigma} \quad \left(S_i^\uparrow \equiv S_i^+ ,\, S_i^\downarrow \equiv S_i^- \right) . \tag{4.105}$$

Man überzeugt sich leicht, dass diese Operatoren die elementaren Vertauschungsrelationen (2.215) und (2.216) erfüllen (s. Aufgabe 4.1.6). (Zur Erinnerung: $z_\uparrow = +1$, $z_\downarrow = -1$.)

$$\begin{aligned} P_0 \left(S_i^z S_j^z \right) P_0 &= \frac{1}{4} \sum_{\sigma,\sigma'} z_\sigma z_{\sigma'} P_0 \left(n_{i\sigma} n_{j\sigma'} \right) P_0 \\ &= \frac{1}{4} \sum_{\sigma} \left\{ P_0 \left(n_{i\sigma} n_{j\sigma} \right) P_0 - P_0 \left(n_{i\sigma} n_{j-\sigma} \right) P_0 \right\} \end{aligned}$$

$$= \frac{1}{4}\sum_\sigma \left\{P_0\left(n_{i\sigma}n_{j\sigma}\right)P_0 - P_0\left[n_{i\sigma}\left(\mathbf{1}-n_{j\sigma}\right)\right]P_0\right\}$$
$$= \frac{1}{2}P_0\left\{\sum_\sigma n_{i\sigma}n_{j\sigma}\right\}P_0 - \frac{1}{4}P_0\left\{\sum_\sigma n_{i\sigma}\right\}P_0$$
$$= \frac{1}{2}P_0\left\{\sum_\sigma n_{i\sigma}n_{j\sigma}\right\}P_0 - \frac{1}{4}P_0^2 .$$

Es gilt damit:

$$P_0\left\{\sum_\sigma n_{i\sigma}n_{j\sigma}\right\}P_0 = P_0\left\{2S_i^zS_j^z + \frac{1}{2}\right\}P_0 , \tag{4.106}$$

wobei wir insbesondere

$$P_0\left\{\sum_\sigma n_{i\sigma}\right\}P_0 \equiv P_0\mathbf{1}P_0 \tag{4.107}$$

ausgenutzt haben; eine Beziehung, die natürlich nur für unseren Spezialfall $n = 1$ richtig ist. Schließlich folgt noch aus (4.105):

$$\begin{aligned} P_0\left\{\sum_\sigma a_{i\sigma}^+ a_{i-\sigma} a_{j-\sigma}^+ a_{j\sigma}\right\}P_0 &= P_0\left\{\sum_\sigma S_i^\sigma S_j^{-\sigma}\right\}P_0 \\ &= P_0\left\{2S_i^xS_j^x + 2S_i^yS_j^y\right\}P_0 . \end{aligned} \tag{4.108}$$

Setzen wir (4.106) bis (4.108) in (4.103) ein, so erhalten wir einen effektiven Operator vom *Heisenberg-Typ*:

$$H_{\text{eff}} = P_0\left\{\sum_{i,j}^{i\neq j}\frac{T_{ij}^2}{U}\left(2\boldsymbol{S}_i\cdot\boldsymbol{S}_j - \frac{1}{2}\right)\right\}P_0 . \tag{4.109}$$

Die **Austauschintegrale**

$$J_{ij} = -2\frac{T_{ij}^2}{U} \tag{4.110}$$

sind stets negativ, wodurch eine antiferromagnetische Ordnung der Elektronenspins begünstigt wird.

Wir haben damit gezeigt, dass für das halbgefüllte Band ($n = 1$) das Hubbard-Modell dem Heisenberg-Modell äquivalent ist, wobei wir hier sogar in der glücklichen Lage sind, den Austauschintegralen J_{ij} eine mikroskopische Bedeutung zuordnen zu können.

Der Ausdruck (4.100) der zweiten Ordnung Störungstheorie beschreibt virtuelle Sprungprozesse von einem Platz $\boldsymbol{R}_i$ nach $\boldsymbol{R}_j$ und wieder zurück (Abb. 4.10). Nach (4.100) führen diese Sprungprozesse zu einem Energie**gewinn**. Die Sprungwahrscheinlichkeit ist proportional zu T_{ij} und zwischen nächstbenachbarten Plätzen sicher maximal. In einem Ferromagneten ist das virtuelle *Hopping* wegen des Pauli-Prinzips verboten, da alle Spins parallel sind. In einem Paramagneten sind die Spins in ihren Richtungen statistisch verteilt. Die

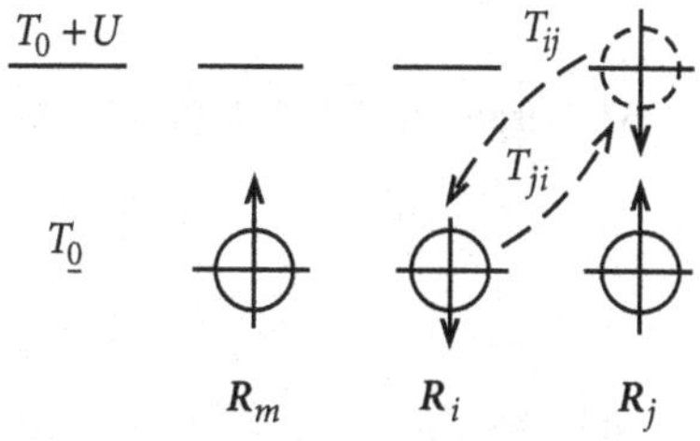

Abb. 4.10 Virtuelle Hüpfprozesse eines Elektrons im stark korrelierten Hubbard-Modell bei halber Bandfüllung ($n = 1$)

Zahl der nächsten Nachbarn mit einem antiparallelen Elektronenspin ist deshalb sicher geringer als beim Antiferromagneten. Es ist deshalb in der Tat ein antiferromagnetischer Grundzustand zu erwarten.

4.1.7 Aufgaben

Aufgabe 4.1.1

Wie sieht der Hubbard-Hamilton-Operator in der Bloch-Darstellung aus? Worin unterscheidet er sich vom Hamilton-Operator des Jellium-Modells?

Aufgabe 4.1.2

Verifizieren Sie die folgende Darstellung der δ-Funktion:

$$\delta(x) = \frac{1}{2} \lim_{\beta \to \infty} \frac{\beta}{1 + \cosh(\beta x)} \quad (\beta > 0) .$$

Aufgabe 4.1.3

1. Führen Sie am Hamilton-Operator des Jellium-Modells die Hartree-Fock-Näherung durch. Nutzen Sie dabei die Spin-, Impuls- und Teilchenzahlerhaltung aus.
2. Berechnen Sie damit die Ein-Elektronen-Spektraldichte.
3. Konstruieren Sie mithilfe des Spektraltheorems eine implizite Bestimmungsgleichung für die mittlere Besetzungszahl $\langle n_{k\sigma} \rangle$.
4. Berechnen Sie die innere Energie $U(T)$.

5. Vergleichen Sie $U(T=0)$ mit dem störungstheoretischen Resultat aus Abschn. 2.1.2.

Aufgabe 4.1.4

Überprüfen Sie, ob

1. die Stoner-Näherung,
2. die Hubbard-Näherung

zum Hubbard-Modell die exakten Grenzfälle des Bandlimits ($U \to 0$) und des Atomaren Limits ($\varepsilon(\boldsymbol{k}) \to T_0 \;\forall \boldsymbol{k}$) korrekt reproduzieren.

Aufgabe 4.1.5

Berechnen Sie die elektronische Selbstenergie des Hubbard-Modells im Grenzfall des unendlich schmalen Bandes. Vergleichen Sie das Resultat mit der Selbstenergie der Hubbard-Näherung.

Aufgabe 4.1.6

1. Zeigen Sie, dass die folgende Definition von Spinoperatoren für itinerante Band-Elektronen sinnvoll ist:
$$S_i^z = \frac{\hbar}{2}\left(n_{i\uparrow} - n_{i\downarrow}\right) \; ; \quad S_i^+ = \hbar a_{i\uparrow}^+ a_{i\downarrow} \; ; \quad S_i^- = \hbar a_{i\downarrow}^+ a_{i\uparrow} \; .$$
Verifizieren Sie die üblichen Vertauschungsrelationen.
2. Transformieren Sie den Hubbard-Hamilton-Operator auf die Spinoperatoren von Teil 1. Dabei möge sich das Elektronensystem in einem statischen, ortsabhängigen Magnetfeld
$$B_0 \exp\left(-\mathrm{i}\boldsymbol{K}\cdot\boldsymbol{R}_i\right) \boldsymbol{e}_z$$
befinden.
3. Berechnen Sie für die wellenzahlabhängigen Spinoperatoren
$$S^\alpha(\boldsymbol{k}) = \sum_i S_i^\alpha \exp\left(-\mathrm{i}\boldsymbol{k}\cdot\boldsymbol{R}_i\right) \qquad (\alpha = x, y, z, +, -)$$
die zu 1. analogen Vertauschungsrelationen.

Aufgabe 4.1.7

1. Zeigen Sie mithilfe des Resultats von Teil 3. in Aufgabe 4.1.6, dass für den Hubbard-Hamilton-Operator in der Wellenzahl-Darstellung gilt:

$$H = \sum_{k,\sigma} \varepsilon(\boldsymbol{k}) a^+_{k\sigma} a_{k\sigma} - \frac{2U}{3\hbar^2 N} \sum_{k} \boldsymbol{S}(\boldsymbol{k}) \cdot \boldsymbol{S}(-\boldsymbol{k}) + \frac{1}{2} U\widehat{N} - bS^z(\boldsymbol{K}) ,$$

$$b = \frac{2\mu_B}{\hbar} \mu_0 H , \quad \widehat{N} = \sum_{i\sigma} n_{i\sigma} .$$

2. Beweisen Sie die folgende Antikommutator-Relation:

$$\sum_{k} [S^-(-\boldsymbol{k}-\boldsymbol{K}), S^+(\boldsymbol{k}+\boldsymbol{K})]_+ = \hbar^2 N \sum_{i} (n_{i\uparrow} - n_{i\downarrow})^2$$

$$(\boldsymbol{K} \quad \text{beliebig!}) .$$

3. Verifizieren Sie die folgenden Kommutator-Ausdrücke:

$$\left[S^+(\boldsymbol{k}), \sum_{p} \boldsymbol{S}(\boldsymbol{p}) \boldsymbol{S}(-\boldsymbol{p}) \right]_- = \left[S^+(\boldsymbol{k}), \widehat{N} \right]_- = 0 .$$

4. Berechnen Sie mit dem Hubbard-Hamilton-Operator H den folgenden Kommutator:

$$[S^+(\boldsymbol{k}), H]_- = \hbar \sum_{i,j} T_{ij} \left(e^{-i\boldsymbol{k}\cdot\boldsymbol{R}_i} - e^{-i\boldsymbol{k}\cdot\boldsymbol{R}_j} \right) a^+_{i\uparrow} a_{j\downarrow} + b\hbar S^+(\boldsymbol{k}+\boldsymbol{K}) .$$

5. Bestätigen Sie das Ergebnis für den folgenden Doppel-Kommutator:

$$[[S^+(\boldsymbol{k}), H]_-, S^-(-\boldsymbol{k})]_- = \hbar^2 \sum_{i,j,\sigma} T_{ij} \left(e^{-i\boldsymbol{k}\cdot(\boldsymbol{R}_i - \boldsymbol{R}_j)} - 1 \right) a^+_{i\sigma} a_{j\sigma} + 2b\hbar^2 S^z(\boldsymbol{K}) .$$

Aufgabe 4.1.8

Für ein System von wechselwirkenden Elektronen in einem schmalen Energieband kann

$$Q = \frac{1}{N} \sum_{i,j} |T_{ij}| \left(\boldsymbol{R}_i - \boldsymbol{R}_j \right)^2 < \infty$$

angenommen werden, da die *Hopping-Integrale* T_{ij} in der Regel exponentiell mit dem Abstand $|\boldsymbol{R}_i - \boldsymbol{R}_j|$ abfallen.

1. Setzen Sie

$$A = S^-(-\boldsymbol{k}-\boldsymbol{K}) ; \quad C = S^+(\boldsymbol{k})$$

und schätzen Sie mit den Teilergebnissen aus Aufgabe 4.1.7 ab:

a) $\Sigma_k \langle [A, A^+]_+ \rangle \leq 4\hbar^2 N^2$,
b) $\langle [[C, H]_-, C^+]_- \rangle \leq N\hbar^2 Q k^2 + 2b\hbar^2 \left|\langle S^z(\boldsymbol{K})\rangle\right|$,
c) $\langle [C, A]_- \rangle = 2\hbar \langle S^z(-\boldsymbol{K})\rangle$.

Unterscheiden Sie in 1.a) bis 1.c) Kommutatoren $[\dots, \dots]_-$ und Antikommutatoren $[\dots, \dots]_+$.

2. Führen Sie wie beim Heisenberg-Modell in Aufgabe 2.4.7 die Magnetisierung

$$M(T, B_0) = \frac{2\mu_B}{\hbar} \frac{1}{N} \sum_i e^{i\boldsymbol{k}\cdot\boldsymbol{R}_i} \langle S_i^z \rangle$$

ein. Benutzen Sie die Ergebnisse von Teil 1., um mit der **Bogoliubov-Ungleichung** aus Aufgabe 2.4.5 abzuschätzen:

$$\beta \geq \frac{M^2}{(2\mu_B)^2} \frac{1}{N} \sum_k \frac{1}{|B_0 M| + \frac{1}{2}k^2 Q} .$$

3. Zeigen Sie mit dem Resultat von Teil 2., dass es im $d = 1$- und im $d = 2$-dimensionalen Hubbard-Modell keine **spontane** Magnetisierung geben kann (**Mermin-Wagner-Theorem**):

$$M_S(T) = \lim_{B_0 \to 0} M(T, B_0) = 0 \quad \text{für } T \neq 0 \text{ und } d = 1, 2 .$$

Aufgabe 4.1.9

Ein wechselwirkendes Elektronensystem in einem schmalen Energieband werde approximativ durch das Hubbard-Modell im *Grenzfall des unendlich schmalen Bandes,*

$$T_{ij} = T_0 \delta_{ij} ,$$

beschrieben.

1. Verifizieren Sie für die Ein-Elektronen-Spektralmomente die folgende exakte Darstellung:

$$M_{ii\sigma}^{(n)} = T_0^n + \left[(T_0 + U)^n - T_0^n\right] \langle n_{i-\sigma} \rangle ; \quad n = 0, 1, 2, \dots$$

2. Benutzen Sie das *Lonke-Theorem* (4.92) für den Beweis, dass die Ein-Elektronen-Spektraldichte eine Zwei-Pol-Funktion, d. h. eine Linearkombination von zwei δ-Funktionen, darstellt.
3. Berechnen Sie die Quasiteilchenenergien und deren spektrale Gewichte.

Aufgabe 4.1.10

In Aufgabe 3.3.2 hatten wir gesehen, dass der vereinfachte Modell-Hamilton-Operator H^*,

$$H^* = \sum_{k,\sigma} t(k) a^+_{k\sigma} a_{k\sigma} - \Delta \sum_k (b_k + b^+_k) + \frac{1}{V}\Delta^2 \; ; \quad b^+_k = a^+_{k\uparrow} a^+_{-k\downarrow} \; ,$$

die BCS-Supraleitung beschreibt.

1. Geben Sie sämtliche Spektralmomente der Ein-Elektronen-Spektraldichte an.
2. Zeigen Sie mithilfe des Lonke-Theorems (4.92), dass es sich bei der Ein-Elektronen-Spektraldichte um eine Zwei-Pol-Funktion handeln muss.

4.2 Kollektive elektronische Anregungen

Alle in Abschn. 4.1 abgeleiteten Aussagen über wechselwirkende Festkörperelektronen haben wir mit der Ein-Elektronen-Green-Funktion bzw. Ein-Elektronen-Spektraldichte gewinnen können. Es gibt jedoch auch wichtige **kollektive** elektronische Anregungen wie

- Ladungsdichtewellen (Plasmonen), Spindichtewellen (Magnonen),

zu deren Beschreibung andere Green-Funktionen gewählt werden müssen. Um auf die Problematik vorzubereiten, wollen wir zunächst mehr oder weniger qualitativ das Phänomen der **Abschirmung** diskutieren, eine charakteristische Konsequenz der Elektron-Elektron-Wechselwirkung.

4.2.1 Ladungsabschirmung (Thomas-Fermi-Näherung)

Wie kann es in einem Elektronensystem, das sich in einem homogen verschmierten, positiv geladenen *Ionensee* bewegt, zu kollektiven Anregungen kommen?

Zunächst beginnen wir mit der allereinfachsten Annahme, dass nämlich die Elektronen untereinander nicht wechselwirken (Sommerfeld-Modell). Es ergibt sich dann eine ortsunabhängige Teilchendichte n_0 (2.77):

$$n_0 = \frac{k_F^3}{3\pi^2} = \frac{(2m\varepsilon_F)^{3/2}}{3\pi^2\hbar^3} = n_0(\varepsilon_F) \; . \tag{4.111}$$

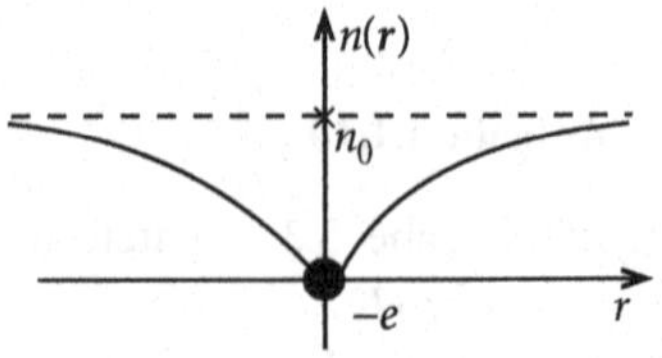

Abb. 4.11 Schematische Darstellung der Ortsabhängigkeit der Teilchendichte im Sommerfeld-Modell in der Nähe einer statischen Störladung

Wir bringen nun in das System eine zusätzliche statische Elektronenladung ($q = -e$), die im Koordinatenursprung angebracht sein möge. Mit dieser wechselwirken die System-Elektronen. Wegen der Coulomb-Abstoßung benötigen sie in der Nähe der *Testladung* bei $r = 0$ die zusätzliche potentielle Energie

$$E_{\text{pot}}(\boldsymbol{r}) = (-e)\varphi(\boldsymbol{r})\,, \tag{4.112}$$

wobei $\varphi(\boldsymbol{r})$ das elektrostatische Potential der *Testladung* ist. Sie werden also die Umgebung von $\boldsymbol{r} = 0$ zu meiden suchen, d. h., die Teilchendichte $n(\boldsymbol{r})$ wird ortsabhängig. Eigentlich müssen wir zur Berechnung der Teilchendichte die Schrödinger-Gleichung

$$-\frac{\hbar^2}{2m}\Delta\psi_i(\boldsymbol{r}) - e\varphi(\boldsymbol{r})\psi_i(\boldsymbol{r}) = \varepsilon_i\psi_i(\boldsymbol{r})$$

lösen und über

$$n(\boldsymbol{r}) = \sum_i |\psi_i(\boldsymbol{r})|^2$$

die Teilchendichte bestimmen. In der **Thomas-Fermi-Näherung** wird das Verfahren drastisch durch die Annahme vereinfacht, dass sich die Ein-Teilchen-Energien $\varepsilon(\boldsymbol{k})$ bei Anwesenheit der Testladung näherungsweise wie folgt schreiben lassen:

$$E(\boldsymbol{k}) \approx \varepsilon(\boldsymbol{k}) - e\varphi(\boldsymbol{r})\,. \tag{4.113}$$

Dies ist natürlich nicht ganz unproblematisch, da diese Beziehung im Widerspruch zur Unschärferelation gleichzeitig scharfen Impuls und scharfen Ort des Elektrons impliziert. Man muss sich das Elektron als Wellenpaket vorstellen, dessen Ortsunschärfe dann von der Größenordnung $1/k_{\text{F}}$ sein wird. Um (4.113) akzeptieren zu können, müssen wir dann noch fordern, dass sich $\varphi(\boldsymbol{r})$ über einen Bereich der Größenordnung $1/k_{\text{F}}$ nur wenig ändert. Gehen wir zu den wellenzahlabhängigen Fourier-Komponenten über, so wird die Thomas-Fermi-Näherung nur im Bereich

$$q \ll k_{\text{F}} \tag{4.114}$$

vertrauenswürdig sein.

Für die ungestörte Teilchendichte n_0 (4.111) gilt nach (3.209):

$$n_0(\varepsilon_{\text{F}}) = \frac{2}{V}\sum_{\boldsymbol{k}} \{\exp[\beta(\varepsilon(\boldsymbol{k}) - \varepsilon_{\text{F}})] + 1\}^{-1}\,.$$

Um aus n_0 $n(\mathbf{r})$ zu gewinnen, ersetzen wir die *ungestörten* Ein-Teilchen-Energien $\varepsilon(\mathbf{k})$ durch die Energien $E(\mathbf{k})$ aus (4.113):

$$\begin{aligned} n(\mathbf{r}) &= \frac{2}{V}\sum_{\mathbf{k}} \{\exp[\beta(\varepsilon(\mathbf{k}) - e\varphi(\mathbf{r}) - \varepsilon_F)] + 1\}^{-1} \\ &= n_0(\varepsilon_F + e\varphi(\mathbf{r})) \ . \end{aligned} \tag{4.115}$$

Dies bedeutet nach (4.111):

$$n(\mathbf{r}) = \frac{[2m(\varepsilon_F + e\varphi(\mathbf{r}))]^{3/2}}{3\pi^2\hbar^3} \ . \tag{4.116}$$

Wir entwickeln $n(\mathbf{r})$ um n_0 und brechen die Reihe unter der Voraussetzung

$$\varepsilon_F \gg |e\varphi(\mathbf{r})|$$

nach dem linearen Term ab:

$$n(\mathbf{r}) \approx n_0 + e\varphi(\mathbf{r})\frac{\partial n_0}{\partial \varepsilon_F} = n_0\left(1 + \frac{3}{2}\frac{e\varphi(\mathbf{r})}{\varepsilon_F}\right) \ . \tag{4.117}$$

Die r-Abhängigkeit ist qualitativ im letzten Bild dargestellt. Es bildet sich um die statische Ladung bei $r = 0$ ein *virtuelles* Loch, das denselben Effekt wie eine zusätzliche positive Ladung erzielt, da dort der positive Ionenuntergrund stärker als normal *durchscheint*. Das Coulomb-Potential der Testladung wird damit abgeschirmt, sodass die System-Elektronen dieses nur dann spüren, wenn ihr Abstand kleiner als eine charakteristische Länge, die noch zu definierende **Abschirmlänge**, ist. Wir bestimmen diese über die **Poisson-Gleichung**:

$$\Delta\varphi(\mathbf{r}) = -\frac{(-e)}{\varepsilon_0}\delta(\mathbf{r}) - \frac{(-e)}{\varepsilon_0}\{n(\mathbf{r}) - n_0\} \ . \tag{4.118}$$

Der erste Summand auf der rechten Seite stellt die Ladungsdichte der statischen Punktladung dar. Der zweite Summand ist eine Folge der nicht mehr vollständigen Kompensation von positiver Ionenladung und Elektronenladung in der Nähe der Störung. Mit (4.117) vereinfacht sich (4.118) zu:

$$\left(\Delta - \frac{3}{2}\frac{n_0 e^2}{\varepsilon_0\varepsilon_F}\right)\varphi(\mathbf{r}) = \frac{e}{\varepsilon_0}\delta(\mathbf{r}) \ . \tag{4.119}$$

Die Lösung dieser Differentialgleichung gelingt am einfachsten durch Fourier-Transformation:

$$\begin{aligned} \varphi(\mathbf{r}) &= \frac{V}{(2\pi)^3}\int d^3q\,\varphi(\mathbf{q})e^{i\mathbf{q}\cdot\mathbf{r}} \ , \\ \delta(\mathbf{r}) &= \frac{1}{(2\pi)^3}\int d^3q\,e^{i\mathbf{q}\cdot\mathbf{r}} \ . \end{aligned}$$

Dies ergibt in (4.119):

$$\left(-q^2 - \frac{3}{2}\frac{n_0 e^2}{\varepsilon_0 \varepsilon_F}\right)\varphi(\boldsymbol{q}) = \frac{e}{\varepsilon_0 V}\,.$$

Wir definieren

$$q_{TF} = \sqrt{\frac{3 n_0 e^2}{2\varepsilon_0 \varepsilon_F}} \tag{4.120}$$

und haben dann:

$$\varphi(\boldsymbol{q}) = \frac{-e}{\varepsilon_0 V\left(q^2 + q_{TF}^2\right)}\,. \tag{4.121}$$

Die Rücktransformation benutzt den Residuensatz:

$$\begin{aligned}
\varphi(\boldsymbol{r}) &= \frac{-e}{\varepsilon_0 (2\pi)^3}\int d^3q\,\frac{e^{i\boldsymbol{q}\cdot\boldsymbol{r}}}{q^2 + q_{TF}^2}\\
&= \frac{-e}{4\pi^2\varepsilon_0}\int_0^\infty dq\,\frac{q^2}{q^2+q_{TF}^2}\int_{-1}^{+1} dx\, e^{iqrx}\\
&= \frac{ie}{4\pi^2\varepsilon_0 r}\int_0^\infty dq\,\frac{q}{q^2+q_{TF}^2}\left(e^{iqr} - e^{-iqr}\right)\\
&= \frac{ie}{4\pi^2\varepsilon_0 r}\int_{-\infty}^{+\infty} dq\,\frac{q e^{iqr}}{q^2+q_{TF}^2}\\
&= \frac{ie}{4\pi^2\varepsilon_0}\frac{1}{r}\oint dq\,\frac{q e^{iqr}}{(q+iq_{TF})(q-iq_{TF})}\\
&= \frac{-e}{2\pi\varepsilon_0 r}\frac{iq_{TF}}{2iq_{TF}}e^{-q_{TF}r}\,.
\end{aligned}$$

Es ergibt sich, wie erwartet, ein **abgeschirmtes Coulomb-Potential**

$$\varphi(\boldsymbol{r}) = \frac{-e}{4\pi\varepsilon_0 r}\exp\left(-q_{TF}r\right) \begin{cases} \xrightarrow{\text{kleine } r} \dfrac{-\varepsilon}{4\pi\varepsilon_0 r} \\ \xrightarrow{r\to\infty} 0 \end{cases} \tag{4.122}$$

(*Yukawa-Potential*). Innerhalb der

Abschirmlänge

$$\lambda_{TF} = q_{TF}^{-1} = \sqrt{\frac{2\varepsilon_0\varepsilon_F}{3n_0 e^2}} \tag{4.123}$$

wird das Potential der Testladung auf den e-ten Teil abgeschirmt. Wenn man (2.84) bis (2.86) ausnutzt, so lässt sich λ_{TF} durch den in (2.83) definierten dimensionslosen Dichteparameter r_S ausdrücken:

$$\lambda_{TF} \approx 0{,}34\,\sqrt{r_S}\,\text{Å}\,. \tag{4.124}$$

Typische metallische Dichten sind $2 \leq r_S \leq 6$. Damit ist λ_{TF} von der Größenordnung des mittleren Teilchenabstandes. Die Abschirmung ist also beträchtlich!

Als ein charakteristisches Maß für den Abschirmungseffekt haben wir in Abschn. 3.1.5 die Dielektrizitätsfunktion $\varepsilon(\boldsymbol{q}, E)$ eingeführt. Für die hier diskutierte statische Situation gilt nach (3.96):

$$\frac{\rho_{\text{ind}}(\boldsymbol{q}, 0)}{\rho_{\text{ext}}(\boldsymbol{q}, 0)} = \frac{1}{\varepsilon(\boldsymbol{q}, 0)} - 1\,.$$

Nun ist

$$\rho_{\text{ind}}(\boldsymbol{r}) = -e\left(n(\boldsymbol{r}) - n_0\right)$$

und damit nach (4.117):

$$\begin{aligned}\rho_{\text{ind}}^{\text{TF}}(\boldsymbol{q}) &= -\frac{3}{2}\frac{e^2}{\varepsilon_F} n_0\,\varphi(\boldsymbol{q}) = -\frac{3}{2}e^2\frac{2\varepsilon_0 q_{\text{TF}}^2}{3e^2}\frac{-e}{\varepsilon_0 V\left(q^2 + q_{\text{TF}}^2\right)}\\ &= \frac{e q_{\text{TF}}^2}{V\left(q^2 + q_{\text{TF}}^2\right)}\,.\end{aligned}$$

Mit $\rho_{\text{ext}}(\boldsymbol{q}, 0) = -e / V$ ergibt sich dann für die Dielektrizitätsfunktion in der Thomas-Fermi-Näherung der folgende einfache Ausdruck:

$$\varepsilon^{\text{TF}}(\boldsymbol{q}) = 1 + \frac{q_{\text{TF}}^2}{q^2}\,. \tag{4.125}$$

Der entscheidende Nachteil der Thomas-Fermi-Näherung besteht in der Annahme, dass es sich um ein statisches Problem handelt. Abschirmprozesse sollten aber dynamische Prozesse sein. Bringen wir eine negative Testladung in das Elektronensystem, so werden die gleichnamig geladenen Elektronen abgestoßen. Sie werden zunächst über die stationäre Gleichgewichtslage hinauspendeln. Dadurch scheint der positive Untergrund stärker durch und zieht die Elektronen wieder an. Diese fließen zurück, kommen dadurch der Testladung zu nahe, werden wieder abgestoßen usw. Das Ganze stellt ein schwingungsfähiges System dar mit Oszillationen in der Elektronendichte. Dieses System wird dann auch **Eigenschwingungen** besitzen, die kollektiven Anregungen entsprechen und **Plasmonen** genannt werden. Nach diesen wollen wir in den nächsten Abschnitten suchen. Sie tauchen in der Thomas-Fermi-Näherung natürlich nicht auf!

4.2.2 Ladungsdichtewellen, Plasmonen

Wir hatten in Abschn. 3.1.5 gesehen, dass die Dielektrizitätsfunktion $\varepsilon(\boldsymbol{q}, E)$ die Reaktion des Elektronensystems auf eine zeitabhängige äußere Störung beschreibt. Gemäß (3.104) gilt:

$$\varepsilon^{-1}(\boldsymbol{q}, E) = 1 + \frac{1}{\hbar} v_0(\boldsymbol{q}) \langle\langle \hat{\rho}_q; \hat{\rho}_q^+ \rangle\rangle_E^{\mathrm{ret}} , \tag{4.126}$$

$$v_0(\boldsymbol{q}) = \frac{1}{V} \frac{e^2}{\varepsilon_0 q^2} . \tag{4.127}$$

Dabei ist $\widehat{\rho}_q$ die Fourier-Komponente des Dichteoperators:

$$\widehat{\rho}_q = \sum_{k\sigma} a_{k\sigma}^+ a_{k+q\sigma} . \tag{4.128}$$

Eine erste Näherung für $\varepsilon(\boldsymbol{q}, E)$ haben wir im letzten Abschnitt im Rahmen der klassischen Thomas-Fermi-Theorie kennen gelernt (4.125), die aber nur für statische Probleme ($E = 0$) und $|\boldsymbol{q}| \to 0$ glaubhaft sein kann.

Über die Nullstellen von $\varepsilon(\boldsymbol{q}, E)$ können wir die *spontanen* Ladungsdichteschwankungen des Systems finden, zu deren Anregung beliebig kleine Störladungen ausreichen. Um diese **Eigenschwingungen** des geladenen Teilchensystems soll es im folgenden gehen. Sie manifestieren sich offensichtlich in den Polen der retardierten Green-Funktion,

$$\chi(\boldsymbol{q}, E) = \langle\langle \widehat{\rho}_q; \widehat{\rho}_q^+ \rangle\rangle_E^{\mathrm{ret}} , \tag{4.129}$$

die man auch **verallgemeinerte Suszeptibilität** nennt (vgl. mit (3.69), (3.70)). Wir berechnen diese Funktion zunächst für das **nicht wechselwirkende** System. Dabei gehen wir zweckmäßig von der folgenden Green-Funktion aus,

$$f_{k\sigma}(\boldsymbol{q}, E) = \langle\langle a_{k\sigma}^+ a_{k+q\sigma}; \widehat{\rho}_q^+ \rangle\rangle_E^{\mathrm{ret}} , \tag{4.130}$$

die nach Summation über $\boldsymbol{k}, \sigma$ in $\chi(\boldsymbol{q}, E)$ übergeht. Zur Aufstellung der Bewegungsgleichung benötigen wir den Kommutator

$$\begin{aligned}
&\left[a_{k\sigma}^+ a_{k+q\sigma}, \mathcal{H}_0\right]_- \\
&= \sum_{p,\sigma'} (\varepsilon(\boldsymbol{p}) - \mu) \left[a_{k\sigma}^+ a_{k+q\sigma}, a_{p\sigma'}^+ a_{p\sigma'}\right]_- \\
&= \sum_{p,\sigma'} (\varepsilon(\boldsymbol{p}) - \mu) \left\{\delta_{\sigma\sigma'} \delta_{p,k+q} a_{k\sigma}^+ a_{p\sigma'} - \delta_{\sigma\sigma'} \delta_{p,k} a_{p\sigma'}^+ a_{k+q\sigma}\right\} \\
&= (\varepsilon(\boldsymbol{k}+\boldsymbol{q}) - \varepsilon(\boldsymbol{k}))\, a_{k\sigma}^+ a_{k+q\sigma}
\end{aligned} \tag{4.131}$$

und die Inhomogenität

$$\begin{aligned}\left[a_{k\sigma}^{+}a_{k+q\sigma},\widehat{\rho}_q^{+}\right]_- &= \sum_{p,\sigma'}\left[a_{k\sigma}^{+}a_{k+q\sigma},a_{p+q\sigma'}^{+}a_{p\sigma'}\right]_- \\ &= \sum_{p,\sigma'}\left\{\delta_{\sigma\sigma'}\delta_{pk}a_{k\sigma}^{+}a_{p\sigma'}-\delta_{\sigma\sigma'}\delta_{kp}a_{p+q\sigma'}^{+}a_{k+q\sigma}\right\} \\ &= n_{k\sigma}-n_{k+q\sigma}\end{aligned} \tag{4.132}$$

und erhalten dann:

$$\{E-(\varepsilon(\boldsymbol{k}+\boldsymbol{q})-\varepsilon(\boldsymbol{k}))\}f_{k\sigma}(\boldsymbol{q},E)=\hbar\left(\langle n_{k\sigma}\rangle^{(0)}-\langle n_{k+q\sigma}\rangle^{(0)}\right). \tag{4.133}$$

Der Index „0" bedeutet Mittelung im *freien* System. Daraus erhalten wir die

Suszeptibilität des freien Systems

$$\chi_0(\boldsymbol{q},E)=\hbar\sum_{k,\sigma}\frac{\langle n_{k\sigma}\rangle^{(0)}-\langle n_{k+q\sigma}\rangle^{(0)}}{E-(\varepsilon(\boldsymbol{k}+\boldsymbol{q})-\varepsilon(\boldsymbol{k}))}. \tag{4.134}$$

Dies ist im Übrigen gleichzeitig die verallgemeinerte Suszeptibilität des Stoner-Modells, wenn man gemäß (4.26) $E_\sigma(\boldsymbol{k})$ für $\varepsilon(\boldsymbol{k})$ einsetzt. Im obigen Ausdruck ist die σ-Summation rein formal, da die Besetzungszahlen $\langle n_{k\sigma}\rangle^{(0)}$ im freien System natürlich spinunabhängig sind.

Bei Berücksichtigung von realistischen Teilchenwechselwirkungen lässt sich die Suszeptibilität nicht mehr exakt berechnen. Wir diskutieren im folgenden eine Näherung für das **Jellium-Modell**, dessen Hamilton-Operator wir in der Form (2.72) verwenden:

$$H=\sum_{k\sigma}\varepsilon(\boldsymbol{k})a_{k\sigma}^{+}a_{k\sigma}+\frac{1}{2}\sum_{q}^{\neq 0}v_0(\boldsymbol{q})\left(\widehat{\rho}_q\widehat{\rho}_{-q}-\widehat{N}\right), \tag{4.135}$$

mit $\varepsilon(\boldsymbol{k})$ aus (2.64) und $v_0(\boldsymbol{q})$ aus (4.127). Ausgangspunkt ist wiederum die Green-Funktion $f_{k\sigma}(\boldsymbol{q},E)$, deren Bewegungsgleichung sich wie folgt schreiben lässt:

$$\begin{aligned}&[E-(\varepsilon(\boldsymbol{k}+\boldsymbol{q})-\varepsilon(\boldsymbol{k}))]f_{k\sigma}(\boldsymbol{q},E)=\hbar\left(\langle n_{k\sigma}\rangle-\langle n_{k+q\sigma}\rangle\right)\\ &\quad+\frac{1}{2}\sum_{q_1}^{\neq 0}v_0(\boldsymbol{q}_1)\langle\langle\left[a_{k\sigma}^{+}a_{k+q\sigma},\widehat{\rho}_{q_1}\widehat{\rho}_{-q_1}\right]_-;\widehat{\rho}_q^{+}\rangle\rangle.\end{aligned} \tag{4.136}$$

Gemittelt wird nun natürlich mit Zuständen des wechselwirkenden Systems. Wir haben bei der Aufstellung von (4.136) die Kommutatoren (4.131) und (4.132) bereits ausgenutzt. Ferner zeigt man leicht (Aufgabe 4.2.1):

$$\left[a_{k\sigma}^{+}a_{k+q\sigma},\widehat{N}\right]_-\equiv 0. \tag{4.137}$$

Wir formen die Bewegungsgleichung weiter um. Zunächst gilt:

$$\begin{aligned}
&\left[a_{k\sigma}^{+} a_{k+q\sigma}, \widehat{\rho}_{q_1} \widehat{\rho}_{-q_1}\right]_{-} \\
&= \left[a_{k\sigma}^{+} a_{k+q\sigma}, \widehat{\rho}_{q_1}\right]_{-} \widehat{\rho}_{-q_1} + \widehat{\rho}_{q_1} \left[a_{k\sigma}^{+} a_{k+q\sigma}, \widehat{\rho}_{-q_1}\right]_{-} , \\
&\left[a_{k\sigma}^{+} a_{k+q\sigma}, \widehat{\rho}_{q_1}\right]_{-} \\
&= \sum_{p,\sigma'} \left[a_{k\sigma}^{+} a_{k+q\sigma}, a_{p\sigma'}^{+} a_{p+q_1\sigma'}\right]_{-} \\
&= \sum_{p,\sigma'} \left\{\delta_{\sigma\sigma'} \delta_{p,k+q} a_{k\sigma}^{+} a_{p+q_1\sigma'} - \delta_{\sigma\sigma'} \delta_{k,p+q_1} a_{p\sigma'}^{+} a_{k+q\sigma}\right\} \\
&= a_{k\sigma}^{+} a_{k+q+q_1\sigma} - a_{k-q_1\sigma}^{+} a_{k+q\sigma} .
\end{aligned}$$

Analog findet man:

$$\left[a_{k\sigma}^{+} a_{k+q\sigma}, \widehat{\rho}_{-q_1}\right]_{-} = a_{k\sigma}^{+} a_{k+q-q_1\sigma} - a_{k+q_1\sigma}^{+} a_{k+q\sigma} .$$

Mit $v_0(\boldsymbol{q}_1) = v_0(-\boldsymbol{q}_1)$ können wir dann die Bewegungsgleichung wie folgt schreiben:

$$\begin{aligned}
&[E - (\varepsilon(\boldsymbol{k}+\boldsymbol{q}) - \varepsilon(\boldsymbol{k}))] f_{k\sigma}(\boldsymbol{q}, E) \\
&= \hbar \left(\langle n_{k\sigma}\rangle - \langle n_{k+q\sigma}\rangle\right) + \frac{1}{2} \sum_{q_1}^{\neq 0} v_0(\boldsymbol{q}_1) \\
&\quad \cdot \left(\left\langle\!\left\langle \left[\widehat{\rho}_{q_1}, a_{k\sigma}^{+} a_{k+q-q_1\sigma}\right]_{+} ; \widehat{\rho}_{q}^{+} \right\rangle\!\right\rangle - \left\langle\!\left\langle \left[\widehat{\rho}_{q_1}, a_{k+q_1\sigma}^{+} a_{k+q\sigma}\right]_{+} ; \widehat{\rho}_{q}^{+} \right\rangle\!\right\rangle\right) .
\end{aligned} \tag{4.138}$$

Noch ist alles exakt. Man beachte, dass in den höheren Green-Funktionen auf der rechten Seite nun Antikommutatoren stehen! Wir vollziehen im nächsten Schritt die so genannte

- **Random Phase Approximation (RPA):**

1. *Höhere* Green-Funktionen werden nach der Hartree-Fock-Methode (4.18) entkoppelt, wobei Impulserhaltung beachtet wird. Beispiel:

$$\begin{aligned}
\widehat{\rho}_{q_1} a_{k\sigma}^{+} a_{k+q-q_1\sigma} \xrightarrow{\text{HFN}} \; & \widehat{\rho}_{q_1} \left\langle a_{k\sigma}^{+} a_{k+q-q_1\sigma}\right\rangle \\
&+ \left\langle\widehat{\rho}_{q_1}\right\rangle a_{k\sigma}^{+} a_{k+q-q_1\sigma} \\
&- \left\langle\widehat{\rho}_{q_1}\right\rangle \left\langle a_{k\sigma}^{+} a_{k+q-q_1\sigma}\right\rangle \\
=\; & \delta_{qq_1} \widehat{\rho}_{q_1} \langle n_{k\sigma}\rangle + \\
&+ \delta_{q_1 0} \cdot N a_{k\sigma}^{+} a_{k+q\sigma} .
\end{aligned} \tag{4.139}$$

2. Besetzungszahlen werden durch die des *freien* Systems ersetzt:

$$\langle n_{k\sigma}\rangle \longrightarrow \langle n_{k\sigma}\rangle^{(0)} . \tag{4.140}$$

Damit ist die Bewegungsgleichung (4.138) *entkoppelt*:

$$\begin{aligned}[E-(\varepsilon(\boldsymbol{k}+\boldsymbol{q})-\varepsilon(\boldsymbol{k}))]f_{\boldsymbol{k}\sigma}(\boldsymbol{q},E) \\ = \hbar\left(\langle n_{\boldsymbol{k}\sigma}\rangle^{(0)}-\langle n_{\boldsymbol{k}+\boldsymbol{q}\sigma}\rangle^{(0)}\right) \\ +v_0(\boldsymbol{q})\left(\langle n_{\boldsymbol{k}\sigma}\rangle^{(0)}-\langle n_{\boldsymbol{k}+\boldsymbol{q}\sigma}\rangle^{(0)}\right)\langle\langle\widehat{\rho}_{\boldsymbol{q}};\widehat{\rho}_{\boldsymbol{q}}^{+}\rangle\rangle_E\,.\end{aligned}\qquad(4.141)$$

Mit $\chi(\boldsymbol{q},E)\equiv\langle\langle\widehat{\rho}_{\boldsymbol{q}};\widehat{\rho}_{\boldsymbol{q}}^{+}\rangle\rangle_E=\sum_{\boldsymbol{k}\sigma}f_{\boldsymbol{k}\sigma}(\boldsymbol{q},E)$ sowie (4.134) erhalten wir schließlich die verallgemeinerte Suszeptibilität in der RPA:

$$\chi_{\mathrm{RPA}}(\boldsymbol{q},E)=\frac{\chi_0(\boldsymbol{q},E)}{1-\frac{1}{\hbar}v_0(\boldsymbol{q})\chi_0(\boldsymbol{q},E)}\,.\qquad(4.142)$$

Nach (4.126) folgt damit für die Dielektrizitätsfunktion:

$$\begin{aligned}\varepsilon_{\mathrm{RPA}}(\boldsymbol{q},E)&=1-\frac{1}{\hbar}v_0(\boldsymbol{q})\chi_0(\boldsymbol{q},E)\\ &=1-v_0(\boldsymbol{q})\sum_{\boldsymbol{k},\sigma}\frac{\langle n_{\boldsymbol{k}\sigma}\rangle^{(0)}-\langle n_{\boldsymbol{k}+\boldsymbol{q}\sigma}\rangle^{(0)}}{E-(\varepsilon(\boldsymbol{k}+\boldsymbol{q})-\varepsilon(\boldsymbol{k}))}\,.\end{aligned}\qquad(4.143)$$

Diesen Ausdruck nennt man auch die **Lindhard-Funktion**. Wie in Abschn. 3.1.5 gezeigt, beschreibt $\varepsilon(\boldsymbol{q},E)$ den Zusammenhang zwischen der Polarisation $\rho_{\mathrm{ind}}(\boldsymbol{q},E)$ des Mediums, also den Fluktuationen der Ladungsdichte im Elektronensystem, und einer äußeren Störung $\rho_{\mathrm{ext}}(\boldsymbol{q},E)$. Nach (3.96) gilt:

$$\rho_{\mathrm{ind}}(\boldsymbol{q},E)=\left(\frac{1}{\varepsilon(\boldsymbol{q},E)}-1\right)\rho_{\mathrm{ext}}(\boldsymbol{q},E)\,.\qquad(4.144)$$

Interessant sind deshalb die Nullstellen der Dielektrizitätsfunktion, die die **Eigenschwingungen** des Systems festlegen. Nach (4.143) erhalten wir diese aus der Forderung

$$f_{\boldsymbol{q}}(E)\equiv v_0(\boldsymbol{q})\sum_{\boldsymbol{k}\sigma}\frac{\langle n_{\boldsymbol{k}\sigma}\rangle^{(0)}-\langle n_{\boldsymbol{k}+\boldsymbol{q}\sigma}\rangle^{(0)}}{E-(\varepsilon(\boldsymbol{k}+\boldsymbol{q})-\varepsilon(\boldsymbol{k}))}\overset{!}{=}1\,.\qquad(4.145)$$

Eine erste Auswertung dieses Ausdrucks wurde von J. Lindhard (1954) publiziert.

Die Funktion $f_{\boldsymbol{q}}(E)$ hat innerhalb des **Ein-Teilchen-Kontinuums**

$$E_{\boldsymbol{k}}(\boldsymbol{q})=\varepsilon(\boldsymbol{k}+\boldsymbol{q})-\varepsilon(\boldsymbol{k})\qquad(4.146)$$

eine dichte Folge von Polstellen. Dazwischen liegt dann jeweils eine Schnittstelle $f_{\boldsymbol{q}}(E)=1$ (s. Abb. 4.12). Im thermodynamischen Limes fallen diese mit den Ein-Teilchen-Anregungen $E_{\boldsymbol{k}}(\boldsymbol{q})$ zusammen und sind deshalb für uns hier uninteressant. Es gibt jedoch eine weitere Schnittstelle $E_{\mathrm{p}}(\boldsymbol{q})$ außerhalb des Kontinuums, die keine Ein-Teilchen-Anregung

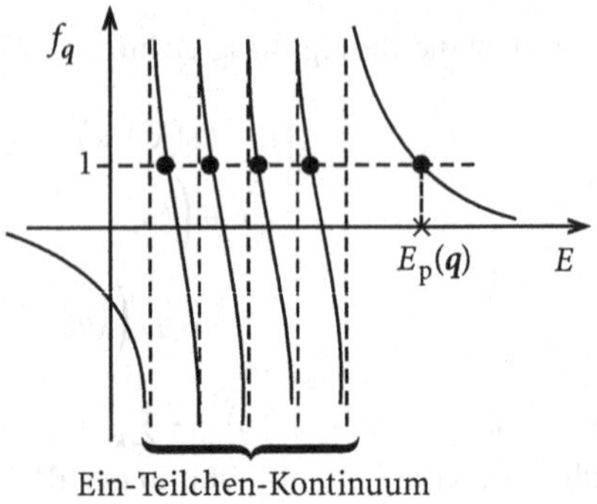

Abb. 4.12 Graphische Illustration zum Auffinden der Nullstellen der Lindhard-Funktion

sein kann, vielmehr eine **kollektive Mode** darstellt:

$$E_p(\boldsymbol{q}) \equiv \hbar\omega_p(\boldsymbol{q}) : \quad \textbf{Plasmaschwingung, Plasmon.}$$

Qualitativ ergibt sich das in Abb. 4.13 skizzierte Anregungsspektrum. Da eine langwellige Plasmaschwingung (q klein) die korrelierte Bewegung einer großen Zahl von Elektronen darstellt, haben Plasmonen recht hohe Energien,

$$5\,\text{eV} \cdots E_p(\boldsymbol{q}) \cdots 25\,\text{eV} ,$$

können deshalb nicht thermisch angeregt werden. Durch Einschießen hochenergetischer Teilchen in Metalle hat man jedoch Plasmonen erzeugen und beobachten können.

Wir wollen die Plasmonendispersion $\omega_p(\boldsymbol{q})$ für kleine $|\boldsymbol{q}|$ näherungsweise bestimmen. Wir setzen

$$\varepsilon(\boldsymbol{k}) = \frac{\hbar^2 k^2}{2m^*} , \tag{4.147}$$

wobei m^* eine effektive Masse des Elektrons darstellen möge, die in einfachster Näherung den ansonsten vernachlässigten Einfluss des Gitterpotentials berücksichtigen soll. Wegen (4.147) können wir dann

$$\langle n_{\boldsymbol{k}\sigma}\rangle^{(0)} = \langle n_{-\boldsymbol{k}\sigma}\rangle^{(0)} \tag{4.148}$$

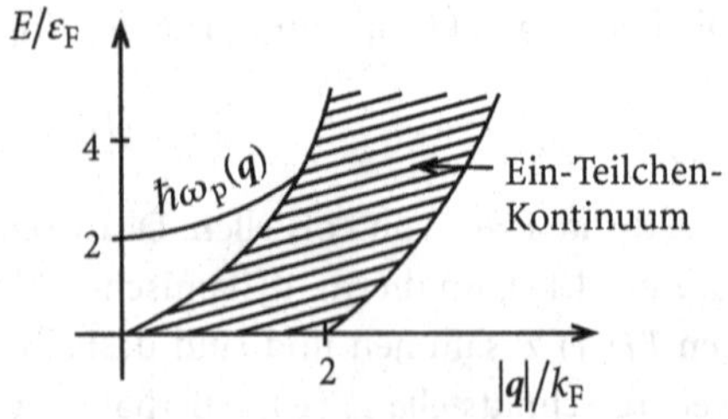

Abb. 4.13 Wellenzahlabhängigkeit der Nullstellen der Lindhard-Funktion (Plasmonen-Mode und Ein-Teilchen-Kontinuum)

annehmen. Wir substituieren im zweiten Summanden von (4.145) $\boldsymbol{k}$ durch $(-\boldsymbol{k}-\boldsymbol{q})$ und nutzen dann (4.148) aus:

$$\begin{aligned}
1 &= f_{\boldsymbol{q}}(E_\mathrm{p}) \\
&= v_0(\boldsymbol{q}) \sum_{\boldsymbol{k}\sigma} \left\{ \frac{\langle n_{\boldsymbol{k}\sigma}\rangle^{(0)}}{E_\mathrm{p} - \varepsilon(\boldsymbol{k}+\boldsymbol{q}) + \varepsilon(\boldsymbol{k})} - \frac{\langle n_{-\boldsymbol{k}\sigma}\rangle^{(0)}}{E_\mathrm{p} - \varepsilon(-\boldsymbol{k}) + \varepsilon(-\boldsymbol{k}-\boldsymbol{q})} \right\} \\
&= 2v_0(\boldsymbol{q}) \sum_{\boldsymbol{k}\sigma} \frac{\langle n_{\boldsymbol{k}\sigma}\rangle^{(0)} \left(\varepsilon(\boldsymbol{k}+\boldsymbol{q}) - \varepsilon(\boldsymbol{k})\right)}{E_\mathrm{p}^2 - \left(\varepsilon(\boldsymbol{k}+\boldsymbol{q}) - \varepsilon(\boldsymbol{k})\right)^2} \,.
\end{aligned} \tag{4.149}$$

Wir setzen (4.147) ein:

$$\omega_\mathrm{p}^2 = \frac{e^2}{\varepsilon_0 m^* V q^2} \sum_{\boldsymbol{k}\sigma} \frac{\langle n_{\boldsymbol{k}\sigma}\rangle^{(0)} \left(q^2 + 2\boldsymbol{k}\cdot\boldsymbol{q}\right)}{1 - \frac{\hbar^2}{\omega_\mathrm{p}^2}\left(\frac{q^2}{2m^*} + \frac{\boldsymbol{k}\cdot\boldsymbol{q}}{m^*}\right)^2} \,. \tag{4.150}$$

Untersuchen wir zunächst einmal den Fall $|\boldsymbol{q}| \to 0$. Dann können wir den Klammerausdruck im Nenner gegen die 1 vernachlässigen. Ferner gilt:

$$\sum_{\boldsymbol{k},\sigma} \langle n_{\boldsymbol{k}\sigma}\rangle^{(0)} = N_\mathrm{e} = n_0 V \,, \tag{4.151}$$

$$\begin{aligned}
\sum_{\boldsymbol{k},\sigma} \langle n_{\boldsymbol{k}\sigma}\rangle^{(0)} (2\boldsymbol{k}\cdot\boldsymbol{q}) &= \sum_{\boldsymbol{k}',\sigma} \langle n_{-\boldsymbol{k}'\sigma}\rangle^{(0)} (-2\boldsymbol{k}'\cdot\boldsymbol{q}) \\
&\overset{(4.148)}{=} -\sum_{\boldsymbol{k}',\sigma} \langle n_{\boldsymbol{k}'\sigma}\rangle^{(0)} (2\boldsymbol{k}'\cdot\boldsymbol{q}) \\
&= 0 \,.
\end{aligned} \tag{4.152}$$

Es bleibt dann für $|\boldsymbol{q}| = 0$ die so genannte

$$\textbf{Plasmafrequenz:} \quad \omega_\mathrm{p} = \omega_\mathrm{p}(\boldsymbol{q}=0) = \sqrt{\frac{n_0 e^2}{\varepsilon_0 m^*}} \,. \tag{4.153}$$

Für $\boldsymbol{q} \neq 0$, aber $|\boldsymbol{q}|$ noch klein, entwickeln wir den Nenner in (4.150) bis zu quadratischen Termen in q:

$$\begin{aligned}
\omega_\mathrm{p}^2 &\approx \frac{e^2}{\varepsilon_0 m^* V} \sum_{\boldsymbol{k}\sigma} \langle n_{\boldsymbol{k}\sigma}\rangle^{(0)} \left(1 + 2\frac{\boldsymbol{k}\cdot\boldsymbol{q}}{q^2}\right) \left[1 + \frac{\hbar^2}{\omega_\mathrm{p}^2}\frac{q^4}{4m^{*2}}\left(1 + 2\frac{\boldsymbol{k}\cdot\boldsymbol{q}}{q^2}\right)^2\right] \\
&= \frac{e^2}{\varepsilon_0 m^* V} \sum_{\boldsymbol{k}\sigma} \langle n_{\boldsymbol{k}\sigma}\rangle^{(0} \left[1 + 2\frac{\boldsymbol{k}\cdot\boldsymbol{q}}{q^2} + \frac{q^4\hbar^2}{4m^{*2}\omega_\mathrm{p}^2}\right. \\
&\qquad \left.\cdot \left(1 + 6\frac{\boldsymbol{k}\cdot\boldsymbol{q}}{q^2} + 12\frac{(\boldsymbol{k}\cdot\boldsymbol{q})^2}{q^4} + 8\frac{(\boldsymbol{k}\cdot\boldsymbol{q})^3}{q^6}\right)\right] .
\end{aligned}$$

Die ungeraden Potenzen von $(\boldsymbol{k}\cdot\boldsymbol{q})$ liefern wegen der $\boldsymbol{k}$-Summation (s. (4.152)) keinen Beitrag:

$$\omega_{\mathrm{p}}^2(\boldsymbol{q}) \approx \omega_{\mathrm{p}}^2(0) + \frac{3e^2\hbar^2}{\varepsilon_0 m^{*3}\omega_{\mathrm{p}}^2(\boldsymbol{q})}\frac{1}{V}\sum_{\boldsymbol{k},\sigma}\langle n_{\boldsymbol{k}\sigma}\rangle^{(0)}(\boldsymbol{k}\cdot\boldsymbol{q})^2 \,. \tag{4.154}$$

Wir können auf der rechten Seite $\omega_{\mathrm{p}}^2(\boldsymbol{q})$ durch $\omega_{\mathrm{p}}^2(0)$ ersetzen und ferner für tiefe Temperaturen abschätzen:

$$\begin{aligned}\frac{1}{V}\sum_{\boldsymbol{k},\sigma}\langle n_{\boldsymbol{k}\sigma}\rangle^{(0)} k^2\cos^2\vartheta \;&\approx\; \frac{2\cdot 2\pi}{(2\pi)^3}\int\limits_{-1}^{+1} \mathrm{d}\cos\vartheta\,\cos^2\vartheta \int\limits_0^{k_{\mathrm{F}}} \mathrm{d}k\,k^4 \\ &\overset{(4.111)}{=} \frac{1}{5}n_0 k_{\mathrm{F}}^2 \,.\end{aligned}$$

Dies bedeutet in (4.154) mit (4.153):

$$\omega_{\mathrm{p}}^2(q) \approx \omega_{\mathrm{p}}^2 + \frac{3}{5}\frac{\hbar^2 k_{\mathrm{F}}^2}{m^{*2}} q^2 \,. \tag{4.155}$$

Wir haben damit aus den Nullstellen der Dielektrizitätsfunktion $\varepsilon(\boldsymbol{q}, E)$ die

Plasmonendispersion

$$\omega_{\mathrm{p}}(\boldsymbol{q}) = \omega_{\mathrm{p}}\left(1 + \frac{3}{10}\frac{\hbar^2 k_{\mathrm{F}}^2}{m^{*2}\omega_{\mathrm{p}}^2} q^2\right) + O\left(q^4\right) \tag{4.156}$$

abgeleitet.

Um unser allgemeines RPA-Resultat (4.143) mit der semiklassischen Thomas-Fermi-Näherung des letzten Abschnitts vergleichen zu können, werten wir schließlich die Dielektrizitätsfunktion noch in der **statischen Grenze** $E = 0$ aus. Nach (4.143) und (4.149) haben wir dazu zu berechnen:

$$\varepsilon_{\mathrm{RPA}}(\boldsymbol{q}, 0) = 1 + 2v_0(\boldsymbol{q})\sum_{\boldsymbol{k},\sigma}\frac{\langle n_{\boldsymbol{k}\sigma}\rangle^{(0)}}{\varepsilon(\boldsymbol{k}+\boldsymbol{q}) - \varepsilon(\boldsymbol{k})} \,. \tag{4.157}$$

Wir ersetzen wie üblich die $\boldsymbol{k}$-Summation durch eine entsprechende Integration ($T \approx 0$):

$$\sum_{\boldsymbol{k},\sigma}\langle n_{\boldsymbol{k}\sigma}\rangle^{(0)}\left(\varepsilon(\boldsymbol{k}+\boldsymbol{q}) - \varepsilon(\boldsymbol{k})\right)^{-1} = \frac{2V}{(2\pi)^3}\int\limits_{\mathrm{FK}} \mathrm{d}^3k\,\left(\varepsilon(\boldsymbol{k}+\boldsymbol{q}) - \varepsilon(\boldsymbol{k})\right)^{-1} \equiv I(\boldsymbol{q}) \,.$$

FK bedeutet *Fermi-Kugel*. Mit (4.147) folgt weiter:

$$\begin{aligned}I(\boldsymbol{q}) &= \frac{V}{2\pi^2}\frac{2m^*}{\hbar^2}\int\limits_{-1}^{+1}\mathrm{d}x\int\limits_0^{k_{\mathrm{F}}}\mathrm{d}k\,k^2\frac{1}{2kqx + q^2} \\ &= \frac{Vm^*}{\pi^2\hbar^2}\frac{1}{2q}\int\limits_0^{k_{\mathrm{F}}}\mathrm{d}k\,k\ln\left|\frac{q+2k}{q-2k}\right| \,.\end{aligned}$$

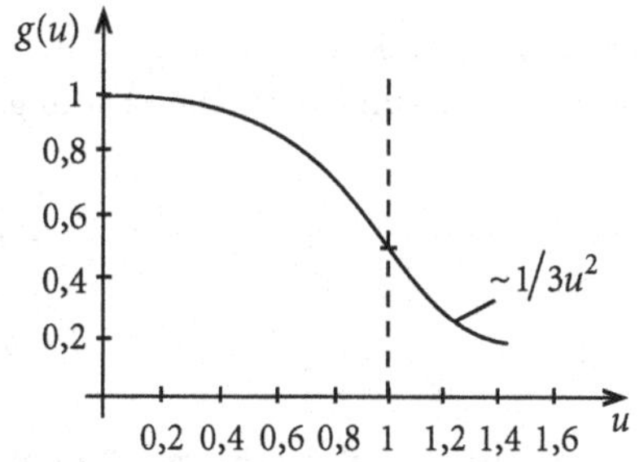

Abb. 4.14 Qualitativer Verlauf der Lindhard-Korrektur (4.160)

Rechts steht noch ein Standardintegral:

$$\int x \ln(a+bx)\mathrm{d}x = \frac{1}{2}\left(x^2 - \frac{a^2}{b^2}\right)\ln(a+bx) - \frac{1}{2}\left(\frac{x^2}{2} - \frac{ax}{b}\right) . \tag{4.158}$$

Damit folgt:

$$I(\boldsymbol{q}) = \frac{Vm^*}{2q\pi^2\hbar^2}\left[\frac{1}{2}qk_\mathrm{F} + \frac{1}{2}\left(k_\mathrm{F}^2 - \frac{q^2}{4}\right)\ln\left|\frac{q+2k_\mathrm{F}}{q-2k_\mathrm{F}}\right|\right] . \tag{4.159}$$

Wir definieren die folgende Funktion:

$$g(u) = \frac{1}{2}\left(1 + \frac{1}{2u}(1-u^2)\ln\left|\frac{1+u}{1-u}\right|\right) . \tag{4.160}$$

Dann können wir schreiben:

$$I(\boldsymbol{q}) = \frac{1}{2}\frac{Vm^*}{\pi^2\hbar^2}k_\mathrm{F}\, g\left(\frac{q}{2k_\mathrm{F}}\right) .$$

Mit (4.120) und (4.157) lautet dann die statische Dielektrizitätsfunktion:

$$\varepsilon_\mathrm{RPA}(\boldsymbol{q}) = 1 + \frac{q_\mathrm{TF}^2}{q^2}\, g\left(\frac{q}{2k_\mathrm{F}}\right) . \tag{4.161}$$

Für $g = 1$ ergibt sich hieraus das Thomas-Fermi-Resultat (4.125). Für kleine q, d. h. große Wellenlängen, gilt deshalb:

$$\varepsilon_\mathrm{RPA}(\boldsymbol{q}) \underset{q \ll k_\mathrm{F}}{\approx} \varepsilon^\mathrm{TF}(\boldsymbol{q}) . \tag{4.162}$$

Die so genannte **Lindhard-Korrektur** $g\,(q/2k_\mathrm{F})$ ist 1 für $q = 0$ und nicht analytisch für $q = 2k_\mathrm{F}$. Dort hat die erste Ableitung von g eine logarithmische Singularität mit interessanten physikalischen Konsequenzen. Mithilfe der Poisson-Gleichungen für die externe Ladungsdichte $\rho_{\mathrm{ext}}(\boldsymbol{r})$ und der totalen Ladungsdichte $\rho(\boldsymbol{r}) = \rho_{\mathrm{ext}}(\boldsymbol{r}) + \rho_{\mathrm{ind}}(\boldsymbol{r})$,

$$q^2 \varphi(\boldsymbol{q}) = \frac{1}{\varepsilon_0} \rho(\boldsymbol{q}) , \tag{4.163}$$

$$q^2 \varphi_{\mathrm{ext}}(\boldsymbol{q}) = \frac{1}{\varepsilon_0} \rho_{\mathrm{ext}}(\boldsymbol{q}) , \tag{4.164}$$

können wir das **abgeschirmte Potential** $\varphi(\boldsymbol{q})$ durch die statische Dielektrizitätsfunktion $\varepsilon(\boldsymbol{q})$ auf das externe Potential zurückführen. Mit (3.96) gilt:

$$\varphi(\boldsymbol{q}) = \frac{\varphi_{\mathrm{ext}}(\boldsymbol{q})}{\varepsilon(\boldsymbol{q})} . \tag{4.165}$$

Ist φ_{ext} das Potential einer Punktladung $(-e)$, also

$$\varphi_{\mathrm{ext}}(\boldsymbol{q}) = \frac{-e}{\varepsilon_0 V q^2} ,$$

so folgt z. B. mit dem Thomas-Fermi-Resultat (4.125) gerade (4.121). Setzen wir jedoch das RPA-Ergebnis (4.162) ein und transformieren zurück in den Ortsraum, so dominiert für große Abstände ein Term der Form

$$\varphi(\boldsymbol{r}) \sim \frac{1}{r^3} \cos(2k_{\mathrm{F}} r) . \tag{4.166}$$

Das Potential fällt also nicht wie in der Thomas-Fermi-Theorie exponentiell ab, sondern hat sehr langreichweitige Oszillationen, die man **Friedel-Oszillationen** nennt.

4.2.3 Spindichtewellen, Magnonen

Es gibt eine weitere Art von kollektiven Anregungen in einem System von wechselwirkenden Bandelektronen, die durch die Existenz des Elektronenspins möglich wird. In Abschn. 3.1.3 haben wir die **transversale Suszeptibilität** χ_{ij}^{+-} eingeführt (3.72), die sich für Bandelektronen wie folgt schreiben lässt:

$$\chi_{ij}^{+-}(E) = -\gamma \langle\langle a_{i\uparrow}^+ a_{i\downarrow}; a_{j\downarrow}^+ a_{j\uparrow} \rangle\rangle_E ; \quad \left(\gamma = \frac{\mu_0}{V\hbar} g^2 \mu_{\mathrm{B}}^2 \right) . \tag{4.167}$$

Die Pole der wellenzahlabhängigen Fourier-Transformierten,

$$\chi_{\boldsymbol{q}}^{+-}(E) = \frac{1}{N} \sum_{i,j} \chi_{ij}^{+-}(E) \mathrm{e}^{\mathrm{i}\boldsymbol{q}(\boldsymbol{R}_i - \boldsymbol{R}_j)} = -\gamma \frac{1}{N} \sum_{\boldsymbol{k},\boldsymbol{p}} \bar{\chi}_{\boldsymbol{k}\boldsymbol{p}}(\boldsymbol{q}) , \tag{4.168}$$

$$\bar{\chi}_{\boldsymbol{k}\boldsymbol{p}}(\boldsymbol{q}) = \langle\langle a_{\boldsymbol{k}\uparrow}^+ a_{\boldsymbol{k}+\boldsymbol{q}\downarrow}; a_{\boldsymbol{p}\downarrow}^+ a_{\boldsymbol{p}-\boldsymbol{q}\uparrow} \rangle\rangle_E , \tag{4.169}$$

entsprechen Spinwellenenergien (Magnonen). Den Begriff der Spinwelle haben wir in Abschn. 2.4.3 für ein System wechselwirkender, lokalisierter (!) Spins (Heisenberg-Modell!) eingeführt. Es handelt sich um eine kollektive Anregung, die mit einer Änderung der z-Komponente des Gesamtspins um eine Drehimpulseinheit verknüpft ist. Diese Spindeviation ist dabei nicht an ein einzelnes Elektron gebunden, sondern verteilt sich gleichmäßig über das gesamte Spinsystem. Wenn auch weniger anschaulich, so lässt sich doch das Konzept der Spinwelle auch auf itinerante Bandelektronen mit ihren permanenten Spins übertragen. Dies soll hier kurz diskutiert werden. Wir berechnen $\chi_{\boldsymbol{q}}^{+-}(E)$ zunächst im Rahmen des Stoner-Modells, das nach (4.43) durch den Hamilton-Operator

$$\mathcal{H}_{\mathrm{S}} = \sum_{\boldsymbol{k},\sigma} (E_\sigma(\boldsymbol{k}) - \mu)\, a_{\boldsymbol{k}\sigma}^+ a_{\boldsymbol{k}\sigma} \tag{4.170}$$

beschrieben wird. Wir stellen die Bewegungsgleichung für die Green-Funktion $\bar{\chi}_{\boldsymbol{kp}}(\boldsymbol{q})$ auf. Dazu benötigen wir den Kommutator,

$$\begin{aligned}
&\left[a_{\boldsymbol{k}\uparrow}^+ a_{\boldsymbol{k}+\boldsymbol{q}\downarrow}, \mathcal{H}_{\mathrm{S}}\right]_- \\
&= \sum_{\boldsymbol{k}',\sigma} \left(E_\sigma(\boldsymbol{k}') - \mu\right) \left[a_{\boldsymbol{k}\uparrow}^+ a_{\boldsymbol{k}+\boldsymbol{q}\downarrow}, a_{\boldsymbol{k}'\sigma}^+ a_{\boldsymbol{k}'\sigma}\right]_- \\
&= \sum_{\boldsymbol{k}',\sigma} \left(E_\sigma(\boldsymbol{k}') - \mu\right) \left(\delta_{\sigma\downarrow}\delta_{\boldsymbol{k}',\boldsymbol{k}+\boldsymbol{q}}\, a_{\boldsymbol{k}\uparrow}^+ a_{\boldsymbol{k}'\sigma} - \delta_{\sigma\uparrow}\delta_{\boldsymbol{k}',\boldsymbol{k}}\, a_{\boldsymbol{k}'\sigma}^+ a_{\boldsymbol{k}+\boldsymbol{q}\downarrow}\right) \\
&= \left(E_\downarrow(\boldsymbol{k}+\boldsymbol{q}) - E_\uparrow(\boldsymbol{k})\right) a_{\boldsymbol{k}\uparrow}^+ a_{\boldsymbol{k}+\boldsymbol{q}\downarrow} \\
&\overset{(4.39)}{=} \Delta E_{\uparrow\downarrow}(\boldsymbol{k};\boldsymbol{q})\, a_{\boldsymbol{k}\uparrow}^+ a_{\boldsymbol{k}+\boldsymbol{q}\downarrow}\,,
\end{aligned} \tag{4.171}$$

und die *Inhomogenität*:

$$\left\langle \left[a_{\boldsymbol{k}\uparrow}^+ a_{\boldsymbol{k}+\boldsymbol{q}\downarrow}, a_{\boldsymbol{p}\downarrow}^+ a_{\boldsymbol{p}-\boldsymbol{q}\uparrow}\right]_- \right\rangle = \left(\langle n_{\boldsymbol{k}\uparrow}\rangle^{(S)} - \langle n_{\boldsymbol{k}+\boldsymbol{q}\downarrow}\rangle^{(S)}\right) \delta_{\boldsymbol{p},\boldsymbol{k}+\boldsymbol{q}}\,. \tag{4.172}$$

Dies ergibt die einfache Bewegungsgleichung:

$$\left(E - \Delta E_{\uparrow\downarrow}(\boldsymbol{k};\boldsymbol{q})\right) \overline{\chi}_{\boldsymbol{kp}}(\boldsymbol{q}) = \left(\langle n_{\boldsymbol{k}\uparrow}\rangle^{(S)} - \langle n_{\boldsymbol{k}+\boldsymbol{q}\downarrow}\rangle^{(S)}\right) \delta_{\boldsymbol{p},\boldsymbol{k}+\boldsymbol{q}}\,. \tag{4.173}$$

Es folgt mit (4.168) die transversale Suszeptibilität des Stoner-Modells:

$$\left(\chi_{\boldsymbol{q}}^{+-}(E)\right)^{(S)} = \frac{\gamma}{N} \sum_{\boldsymbol{k}} \frac{\langle n_{\boldsymbol{k}+\boldsymbol{q}\downarrow}\rangle^{(S)} - \langle n_{\boldsymbol{k}\uparrow}\rangle^{(S)}}{E - \Delta E_{\uparrow\downarrow}(\boldsymbol{k};\boldsymbol{q})}\,. \tag{4.174}$$

Die Pole sind mit dem Ein-Teilchen-Spinflip-Anregungsspektrum identisch. In diesem Modell ohne echte Wechselwirkungen gibt es natürlich keine kollektiven Anregungen.

Im nächsten Schritt berechnen wir die Suszeptibilität im Rahmen des **Hubbard-Modells**:

$$\mathcal{H} = \sum_{\boldsymbol{k}\sigma} (\varepsilon(\boldsymbol{k}) - \mu)\, a_{\boldsymbol{k}\sigma}^+ a_{\boldsymbol{k}\sigma} + \frac{U}{N} \sum_{\boldsymbol{kpq}} a_{\boldsymbol{k}\uparrow}^+ a_{\boldsymbol{k}-\boldsymbol{q}\uparrow} a_{\boldsymbol{p}\downarrow}^+ a_{\boldsymbol{p}+\boldsymbol{q}\downarrow}\,. \tag{4.175}$$

Für die Bewegungsgleichung der Green-Funktion $\overline{\chi}_{kp}(\boldsymbol{q})$ ergibt sich gegenüber (4.173) ein zusätzlicher Term aus der Wechselwirkung:

$$\begin{aligned}
&\frac{U}{N}\sum_{k'pq'}\left[a^+_{k\uparrow}a_{k+q\downarrow}, a^+_{k'\uparrow}a_{k'-q'\uparrow}a^+_{p\downarrow}a_{p+q'\downarrow}\right]_- \\
&= \frac{U}{N}\sum_{k'pq'}\Big(\delta_{p,k+q}\,a^+_{k\uparrow}a^+_{k'\uparrow}a_{k'-q'\uparrow}a_{p+q'\downarrow} \\
&\quad \delta_{k,k'-q'}\,a^+_{k'\uparrow}a^+_{p\downarrow}a_{p+q'\downarrow}a_{k+q\downarrow}\Big) \\
&= \frac{U}{N}\sum_{k'q'}\Big(a^+_{k\uparrow}a^+_{k'\uparrow}a_{k'-q'\uparrow}a_{k+q+q'\downarrow} - a^+_{k+q'\uparrow}a^+_{k'\downarrow}a_{k'+q'\downarrow}a_{k+q\downarrow}\Big)\,.
\end{aligned} \tag{4.176}$$

Wir finden in der Bewegungsgleichung also zwei neue *höhere* Green-Funktionen,

$$H^{k'q'}_{kpq}(E) = \langle\langle a^+_{k\uparrow}a^+_{k'\uparrow}a_{k'-q'\uparrow}a_{k+q+q'\downarrow}; a^+_{p\downarrow}a_{p-q\uparrow}\rangle\rangle_E\,, \tag{4.177}$$

$$K^{k'q'}_{kpq}(E) = \langle\langle a^+_{k+q'\uparrow}a^+_{k'\downarrow}a_{k'+q'\downarrow}a_{k+q\downarrow}; a^+_{p\downarrow}a_{p-q\uparrow}\rangle\rangle_E\,, \tag{4.178}$$

die wir mithilfe des RPA-Verfahrens vereinfachen, wobei wir auf Impuls- und Spinerhaltung achten:

$$H^{k'q'}_{kpq}(E) \Rightarrow \langle n_{k'\uparrow}\rangle^{(S)}\,\delta_{q',0}\,\overline{\chi}_{kp}(\boldsymbol{q}) - \langle n_{k\uparrow}\rangle^{(S)}\,\delta_{k,k'-q'}\,\overline{\chi}_{k+q',p}(\boldsymbol{q})\,, \tag{4.179}$$

$$K^{k'q'}_{kpq} \Rightarrow \langle n_{k'\downarrow}\rangle^{(S)}\,\delta_{q',0}\,\overline{\chi}_{k,p}(q) - \langle n_{k+q\downarrow}\rangle^{(S)}\,\overline{\chi}_{k+q',p}(\boldsymbol{q})\,\delta_{k',k+q}\,. \tag{4.180}$$

Damit ergibt sich für $\overline{\chi}_{k,p}(\boldsymbol{q})$ die folgende vereinfachte Bewegungsgleichung:

$$\begin{aligned}
&[E-(\varepsilon(\boldsymbol{k}+\boldsymbol{q})-\varepsilon(\boldsymbol{k}))]\,\overline{\chi}_{kp}(\boldsymbol{q}) \\
&= \delta_{p,k+q}\left[\langle n_{k\uparrow}\rangle^{(S)} - \langle n_{k+q\downarrow}\rangle^{(S)}\right] \\
&\quad + \overline{\chi}_{kp}(\boldsymbol{q})\frac{U}{N}\sum_{k'}\left[\langle n_{k'\uparrow}\rangle^{(S)} - \langle n_{k'\downarrow}\rangle^{(S)}\right] \\
&\quad - \frac{U}{N}\left[\langle n_{k\uparrow}\rangle^{(S)} - \langle n_{k+q\downarrow}\rangle^{(S)}\right]\sum_{q'}\overline{\chi}_{k+q',p}(E)\,.
\end{aligned} \tag{4.181}$$

Mit (4.39) folgt weiter:

$$\begin{aligned}
(E-\Delta E_{\uparrow\downarrow}(\boldsymbol{k};\boldsymbol{q}))\,\overline{\chi}_{kp}(\boldsymbol{q}) &= \delta_{p,k+q}\left[\langle n_{k\uparrow}\rangle^{(S)} - \langle n_{k+q\downarrow}\rangle^{(S)}\right] \\
&\quad - \frac{U}{N}\left[\langle n_{k\uparrow}\rangle^{(S)} - \langle n_{k+q\downarrow}\rangle^{(S)}\right]\sum_{k'}\overline{\chi}_{k'p}(\boldsymbol{q})\,.
\end{aligned} \tag{4.182}$$

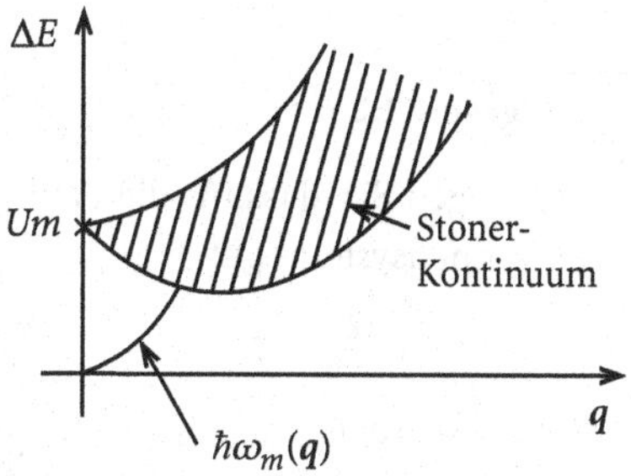

Abb. 4.15 Anregungsspektrum für Spinumkehrprozesse im System von Bandelektronen. Die *durchgezogene Linie* ist die Spinwellendispersion

Dies bedeutet mit (4.168) und (4.174):

$$\chi_q^{+-}(E) = \left(\chi_q^{+-}(E)\right)^{(S)} + \chi_q^{+-}(E)\left[\frac{U}{\gamma}\left(\chi_q^{+-}(E)\right)^{(S)}\right] ,$$
$$\chi_q^{+-}(E) = \frac{\left(\chi_q^{+-}(E)\right)^{(S)}}{1-\gamma^{-1}U\left(\chi_q^{+-}(E)\right)^{(S)}} . \tag{4.183}$$

Dieses Resultat ähnelt sehr stark dem RPA-Ergebnis (4.142) für die verallgemeinerte Suszeptibilität. Die Auswertung erfolgt deshalb nach demselben Schema wie im letzten Abschnitt. Wir wollen hier nicht noch einmal auf Einzelheiten eingehen.

Qualitativ ergibt sich das in Abb. 4.15 dargestellte Anregungsspektrum für Spin-Umklappprozesse. $\hbar\omega_m(\boldsymbol{q})$ ist eine kollektive Spinwellenmode mit

$$\hbar\omega_m(\boldsymbol{q}) \approx Dq^2 \quad (q \to 0) . \tag{4.184}$$

Das gesamte Spektrum setzt sich aus dem Ein-Teilchen-Stoner-Kontinuum und der kollektiven Mode zusammen. Spinwellen in Metallen wurden zunächst in Eisen mit inelastischer Neutronenstreuung nachgewiesen. Als charakteristischen Unterschied zu den Spinwellen in lokalisierten Spinsystemen ergibt eine genauere Analyse eine T^2-Abhängigkeit der Magnetisierung bei tiefen Temperaturen anstelle des Bloch'schen $T^{3/2}$-Gesetzes.

4.2.4 Aufgaben

Aufgabe 4.2.1

Beweisen Sie die folgende Kommutator-Beziehung:

$$\left[a_{\boldsymbol{k}\sigma}^{+}a_{\boldsymbol{k}+\boldsymbol{q}\sigma}, \widehat{N}\right] = 0 \quad (\widehat{N}\text{: Teilchenzahloperator}).$$

Aufgabe 4.2.2

1. Zeigen Sie, dass für die Pauli-Suszeptibilität eines wechselwirkungsfreien Elektronensystems gilt:

$$\chi_{\mathrm{Pauli}} \simeq \mu_{\mathrm{B}}^2 \mu_0 \rho_0(E_{\mathrm{F}}) .$$

Dabei ist E_{F} die Fermi-Energie, ρ_0 die Zustandsdichte, μ_{B} das Bohr'sche Magneton und μ_0 die Permeabilität des Vakuums. Die Suszeptibilität ist wie folgt definiert:

$$\chi = \frac{\partial M}{\partial H} ; \quad M = \mu_{\mathrm{B}} \left(N_{\uparrow} - N_{\downarrow} \right) \quad \textit{Magnetisierung.}$$

H ist ein homogenes Magnetfeld.

2. Werten Sie die *verallgemeinerte* Suszeptibilität $\chi_0(\boldsymbol{q})$ des wechselwirkungsfreien Elektronensystems (4.134),

$$\chi_0(\boldsymbol{q}, E = 0) = \hbar \sum_{\boldsymbol{k}, \sigma} \frac{\langle n_{\boldsymbol{k}+\boldsymbol{q}\sigma} \rangle^{(0)} - \langle n_{\boldsymbol{k}\sigma} \rangle^{(0)}}{\varepsilon(\boldsymbol{k}+\boldsymbol{q}) - \varepsilon(\boldsymbol{k})} ,$$

für $T = 0$ aus und vergleichen Sie das Ergebnis mit χ_{Pauli} aus Teil 1.

Aufgabe 4.2.3

1. Berechnen Sie im Rahmen des Hubbard-Modells die *diagonale* Suszeptibilität wechselwirkender Elektronen:

$$\chi_{\boldsymbol{q}}^{zz}(E) = \frac{1}{N} \sum_{i,j} \chi_{ij}^{zz}(E) \exp\left(\mathrm{i}\boldsymbol{q} \cdot \left(\boldsymbol{R}_i - \boldsymbol{R}_j \right) \right) ,$$

$$\chi_{ij}^{zz}(E) = -\frac{4\mu_{\mathrm{B}}^2 \mu_0}{V\hbar^3} \langle\langle \sigma_i^z ; \sigma_j^z \rangle\rangle ,$$

$$\sigma_i^z = \frac{\hbar}{2} \left(n_{i\uparrow} - n_{i\downarrow} \right) .$$

Benutzen Sie eine zu Abschn. 4.2.3 analoge RPA-Näherung.

2. Leiten Sie mithilfe von (3.71) und dem Resultat aus Teil 1. eine Bedingung für Ferromagnetismus ab.

Aufgabe 4.2.4

Als wichtiges experimentelles Hilfsmittel zur Erforschung elektronischer Zustände in Festkörpern haben sich die *Auger-Elektronen (AES)*- und die *Auftrittspotential (APS)*-Spektroskopie erwiesen. In AES wird ein primär erzeugtes *Core-Loch* durch ein Bandelektron aufgefüllt. Die dabei frei werdende Energie wird auf ein anderes Bandelektron übertragen, das dadurch den Festkörper verlassen kann. Dessen kinetische Energie wird gemessen! – In APS läuft gewissermaßen der umgekehrte Prozess ab. Ein Elektron trifft auf einen Festkörper und fällt auf einen unbesetzten Bandzustand. Die frei werdende Energie wird dazu benutzt, ein *Core-Elektron* in einen weiteren unbesetzten Zustand anzuregen. Die anschließende Rekombinationsstrahlung (⇔ Auffüllen des entstandenen *Core-Lochs*) wird zur Analyse verwendet. Wegen des beteiligten, streng lokalisierten *Core-Zustandes* wird die Anregung der beiden Löcher bzw. Elektronen als intraatomar angesehen.

Wir betrachten ein nicht entartetes Energieband, dessen wechselwirkende Elektronen im Rahmen des Stoner-Modells (4.43),

$$\mathcal{H}_S = \sum_{\boldsymbol{k},\sigma} (E_\sigma(\boldsymbol{k}) - \mu)\, a^+_{\boldsymbol{k}\sigma} a_{\boldsymbol{k}\sigma},$$

beschrieben werden. Eine exakte Betrachtung liefert für die APS- (AES-)Intensitäten die folgenden Energie- und Temperaturabhängigkeiten (s. Abschn. 3.1.6):

$$I_{\mathrm{APS}}(E-2\mu) = \mathrm{e}^{\beta(E-2\mu)} I_{\mathrm{AES}}(2\mu - E) = \frac{\mathrm{e}^{\beta(E-2\mu)}}{\mathrm{e}^{\beta(E-2\mu)} - 1} \left(\frac{1}{\hbar} S^{(2)}_{ii}(E-2\mu) \right) .$$

Beide Intensitäten werden durch dieselbe Zwei-Teilchen-Kommutator-Spektraldichte bestimmt:

$$S^{(2)}_{ii}(E) = -\frac{1}{\pi}\,\mathrm{Im}\, D_{ii}(E)\,; \quad D_{ij}(E) = \langle\langle a_{i-\sigma} a_{i\sigma}; a^+_{j\sigma} a^+_{j-\sigma} \rangle\rangle^{\mathrm{ret}}_E .$$

1. Zeigen Sie, dass sich die Zwei-Teilchen-Spektraldichte wie folgt durch die Quasiteilchen-Zustandsdichte $\rho^{(S)}_\sigma(E)$ des Stoner-Modells ausdrücken lässt:

$$S^{(2)}_{ii}(E-2\mu) = \hbar \int \mathrm{d}x\, \rho^{(S)}_\sigma(x)\, \rho^{(S)}_{-\sigma}(E-x)\, (1 - f_-(x) - f_-(E-x)) ,$$

$f_-(x)$ ist die Fermi-Funktion.

2. W sei die Breite des Energiebandes für die nicht wechselwirkenden Elektronen. Wie breit ist der Energiebereich, in dem $S^{(2)}_{ii}(E-2\mu)$ von Null verschieden ist?

Aufgabe 4.2.5

Über die Intensitäten I_{APS}, I_{AES} der in Aufgabe 4.2.4 erklärten AE- und AP-Spektroskopien lassen sich wichtige Korrelationsfunktionen und Summenregeln ableiten. Zeigen Sie mithilfe der Spektraldarstellung der Zwei-Teilchen-Spektraldichte, dass folgende Relationen unabhängig vom verwendeten Ein-Band-Modell gültig sind:

$$\int_{-\infty}^{+\infty} \mathrm{d}E\, I_{\text{APS}}(E - 2\mu) = 1 - n + \langle n_\sigma n_{-\sigma} \rangle \; ; \quad \int_{-\infty}^{+\infty} \mathrm{d}E\, I_{\text{AES}}(2\mu - E) = \langle n_\sigma n_{-\sigma} \rangle \; .$$

Aufgabe 4.2.6

Elektronen eines nicht entarteten Energiebandes (s-Band) sollen durch das Hubbard-Modell beschrieben werden. Zeigen Sie, dass für die Intensitäten der in Aufgabe 4.2.4 vorgestellten *Auger-Elektronen* (AES)- und *Auftrittspotential* (APS)-Spektroskopie im Falle eines **leeren** ($n = 0$) Energiebandes ($\mu \to -\infty$) gilt:

$$I_{\text{AES}}(E) = 0 \; ; \quad I_{\text{APS}} = -\frac{1}{\pi} \operatorname{Im} \frac{1}{N} \sum_{\boldsymbol{k}} \frac{\Lambda_{\boldsymbol{k}}^{(0)}(E)}{1 - U \Lambda_{\boldsymbol{k}}^{(0)}(E)} \, ,$$

$$\Lambda_{\boldsymbol{k}}^{(0)}(E) = \frac{1}{N} \sum_{\boldsymbol{p}} \frac{1}{E - \varepsilon\left(\boldsymbol{k} + \frac{1}{2}\boldsymbol{p}\right) - \varepsilon\left(\boldsymbol{k} - \frac{1}{2}\boldsymbol{p}\right) + \mathrm{i}0^+} \, .$$

Es dürfte zweckmäßig sein, von der retardierten Green-Funktion

$$D_{mn;\,jj}^{\text{ret}}(E) = \langle\langle a_{m\sigma} a_{n-\sigma} ; a_{j-\sigma}^{+} a_{j\sigma}^{+} \rangle\rangle_E^{\text{ret}}$$

auszugehen. Stellen Sie deren Bewegungsgleichung auf und zeigen Sie, dass sich die *höheren* Green-Funktionen wegen $n = 0$ sehr stark vereinfachen! Demonstrieren Sie, dass sich I_{APS} für schwache Elektronenkorrelationen, d. h. kleine U, als Selbstfaltungsintegral der Bloch-Zustandsdichte $\rho_0(E)$ schreiben lässt.

Aufgabe 4.2.7

Berechnen Sie wie in Aufgabe 4.2.6 die APS- und AES-Intensitäten für den Fall eines **vollständig besetzten** Energiebandes ($n = 2$).

4.3 Elementaranregungen in ungeordneten Legierungen

4.3.1 Problemstellung

Wir haben bisher elektronische Eigenschaften von Festkörpern mit periodischer Gitterstruktur untersucht, die deshalb gegenüber Symmetrieoperationen invariant bleiben. So gilt z. B. die bereits mehrfach ausgenutzte Translationssymmetrie, die dafür sorgt, dass der Ein-Teilchen-Anteil des Hamilton-Operators diagonal im $\boldsymbol{k}$-Raum ist. Der entscheidende Vorteil des periodischen Festkörpers gegenüber dem ungeordneten System besteht in der Anwendbarkeit des Bloch-Theorems (2.15), mit dem man das gesamte Problem auf die Lösung der Schrödinger-Gleichung für eine mikroskopische Elementarzelle reduzieren kann. Für ungeordnete Systeme gilt das Bloch-Theorem nicht. Man muss für diese deshalb ein Potential unendlicher Reichweite in die Betrachtungen einbeziehen, was mathematisch streng natürlich nur für wenige, relativ uninteressante Grenzfälle möglich ist.

Machen wir uns zunächst Gedanken über einen passenden Modell-Hamilton-Operator, dessen Gestalt natürlich entscheidend vom Typ der räumlichen Unordnung bestimmt sein wird. Wir wollen uns im folgenden auf den Ein-Teilchen-Anteil beschränken, d. h. die Wechselwirkungen der Elementaranregungen untereinander unberücksichtigt lassen. Dann wird der Modell-Hamilton-Operator für alle Elementaranregungen (Elektronen, Phononen, Magnonen usw.) formal dieselbe Struktur haben:

$$H = \sum_{i,j}^{i \neq j} \sum_{m,n} T_{ij}^{mn} a_{im}^{+} a_{jn} + \sum_{i,m} \varepsilon_m a_{im}^{+} a_{im} + \sum_{i,j} \sum_{m,n} V_{ij}^{mn} a_{im}^{+} a_{jn} \, . \tag{4.185}$$

Der erste Summand beschreibt das *Hüpfen* des Teilchens vom Zustand $|n\rangle$ bei $\boldsymbol{R}_j$ in den Zustand $|m\rangle$ bei $\boldsymbol{R}_i$. T_{ij}^{mn} ist das entsprechende Transferintegral. ε_m ist die atomare Energie des Zustandes $|m\rangle$ im ideal periodischen System. Das eigentliche Problem steckt in dem dritten Summanden. Die **Störmatrix** V_{ij}^{mn} enthält die statistischen Abweichungen der atomaren Energien und der Transferintegrale von den entsprechenden Größen des idealen Systems:

$$V_{ij}^{mn} = (\eta_m - \varepsilon_m)\delta_{ij}\delta_{mn} + \left(\widetilde{T}_{ij}^{mn} - T_{ij}^{mn}\right) \, . \tag{4.186}$$

Die Vielfalt der möglichen Unordnungstypen lässt sich grob in zwei Klassen aufteilen: **Substitutionsunordnung** und **strukturelle Unordnung**. Die erste Kategorie ist durch eine noch streng periodische Anordnung der Gitterbausteine gekennzeichnet, wobei jedoch für eine propagierende Elementaranregung die physikalischen Verhältnisse von Ort zu Ort wechseln. Beispiele sind Legierungen und Mischkristalle. Von struktureller Unordnung spricht man, wenn noch eine zusätzliche Abweichung der Gitterstruktur von der strengen räumlichen Periodizität vorliegt, wie z. B. in amorphen Festkörpern, in Gläsern, in dotierten Halbleitern, in flüssigen Metallen usw.

Wir entwickeln das theoretische Konzept am allereinfachsten Unordnungstyp, nämlich der

- diagonalen Substitutionsunordnung.

Dabei denken wir an ein periodisches Gitter, in dem die atomaren Bausteine von Gitterplatz zu Gitterplatz statistisch ihren Charakter ändern, wovon die *Hopping*-Integrale allerdings unbeeinflusst sein sollen. Nach (4.186) bleibt dann:

$$V_{ij}^{mn} = (\eta_m - \varepsilon_m)\,\delta_{ij}\,\delta_{mn}\,. \tag{4.187}$$

Diese idealisierte Situation liegt näherungsweise in solchen Legierungen vor, deren reine Komponenten sich in ihren Bandstrukturen sehr ähnlich sind. Man denke an Ni-Cu- oder Ag-Au-Legierungen.

Um konkret zu sein, betrachten wir im folgenden Elektronen in einer mehrkomponentigen Legierung mit *diagonaler* Substitutionsunordnung. Es ist schließlich noch klar, dass das Einbeziehen von Bandübergängen in dem hier interessierenden Zusammenhang nichts grundsätzlich Neues bieten kann. Wir beschränken uns deshalb auf ein Einband-Modell und unterdrücken den Bandindex:

$$H = \sum_\sigma H_\sigma\,; \quad H_\sigma = H_{0\sigma} + V_{0\sigma}\,, \tag{4.188}$$

$$H_{0\sigma} = \sum_{i,j} T_{ij}\,a_{i\sigma}^+\,a_{j\sigma}\,, \tag{4.189}$$

$$V_{0\sigma} = \sum_i \eta_{(i)\sigma}\,a_{i\sigma}^+\,a_{i\sigma}\,. \tag{4.190}$$

Fassen wir die hineingesteckten **Voraussetzungen** noch einmal kurz zusammen:

1. α-komponentige Legierung. Jede Komponente ist durch genau **ein** atomares Niveau gekennzeichnet ($\eta_{(i)\sigma} = \eta_{m\sigma} - T_{ii} = \widehat{\eta}_{m\sigma}$, falls ein Atom der Sorte m bei $\boldsymbol{R}_i$ liegt),
2. **diagonale** Substitutionsunordnung (4.187),
3. **keine** Elektron-Elektron Wechselwirkung,
4. statistisch unabhängige und homogene Verteilung der Atomsorten.

Die Einschränkungen 1. und 2. lassen sich reduzieren. Wegen 4. werden die atomaren Niveaus $\eta_{m\sigma}$ statistische Zufallsvariable. Die Konzentrationen c_m der Legierungskomponenten sind gleichzeitig die Wahrscheinlichkeiten dafür, an einem bestimmten Gitterplatz ein Atom der Sorte m anzutreffen.

Wir kennen den großen Informationsgehalt der Ein-Teilchen-Green-Funktion,

$$G_{ij\sigma}(E) = \langle\langle a_{i\sigma}; a_{j\sigma}^+ \rangle\rangle_E\,, \tag{4.191}$$

und werden deshalb versuchen, diese so gut wie möglich zu bestimmen. Ihre Bewegungsgleichung ist mit (4.188) leicht abgeleitet:

$$E G_{ij\sigma}(E) = \hbar\delta_{ij} + \sum_m \left(T_{im} + \eta_{(i)\sigma}\,\delta_{im}\right) G_{mj\sigma}(E)\,. \tag{4.192}$$

Wegen der fehlenden Translationssymmetrie kann diese Gleichung nun aber nicht einfach durch Fourier-Transformation gelöst werden.

Wenn wir mit $\widehat{G}_\sigma(E)$ die Green-Funktions-Matrix bezeichnen, deren Elemente in der Wannier-Darstellung gerade die $G_{ij\sigma}(E)$ sind, so können wir (4.192) auch als Matrix-Gleichung lesen, die für manche Zwecke einfacher zu handhaben ist:

$$E\widehat{G}_\sigma(E) = \hbar\mathbf{1} + (H_{0\sigma} + V_{0\sigma})\,\widehat{G}_\sigma(E)\,. \tag{4.193}$$

Die formale Lösung ist einfach:

$$\widehat{G}_\sigma(E) = \hbar\,[E - H_\sigma]^{-1}\,. \tag{4.194}$$

Die Green-Funktion des *freien* Systems lautet entsprechend:

$$\widehat{G}_{0\sigma}(E) = \hbar\,[E - H_{0\sigma}]^{-1}\,. \tag{4.195}$$

Kombiniert man die letzten beiden Gleichungen,

$$\begin{aligned}\widehat{G}_\sigma(E) &= \hbar\left[\hbar\widehat{G}_{0\sigma}^{-1}(E) - V_{0\sigma}\right]^{-1}\\ &= \left[1 - \frac{1}{\hbar}\widehat{G}_{0\sigma}(E)V_{0\sigma}\right]^{-1}\widehat{G}_{0\sigma}(E)\,,\end{aligned}$$

so ergibt sich die **Dyson-Gleichung** (3.327):

$$\widehat{G}_\sigma(E) = \widehat{G}_{0\sigma}(E) + \frac{1}{\hbar}\widehat{G}_{0\sigma}(E)V_{0\sigma}\widehat{G}_\sigma(E)\,. \tag{4.196}$$

Gehen wir für einen Moment wieder zurück in die Wannier-Darstellung, so liest sich die Dyson-Gleichung mit (4.190) wie folgt:

$$G_{ij\sigma}(E) = G_{ij\sigma}^{(0)}(E) + \frac{1}{\hbar}\sum_m G_{im\sigma}^{(0)}(E)\eta_{(m)\sigma}G_{mj\sigma}(E)\,. \tag{4.197}$$

Es erweist sich als zweckmäßig, an dieser Stelle die **Streumatrix** (T-Matrix) $\widehat{T}_{0\sigma}$ einzuführen. Sie wird durch die folgende Gleichung definiert:

$$\widehat{G}_\sigma(E) = \widehat{G}_{0\sigma}(E) + \frac{1}{\hbar}\widehat{G}_{0\sigma}(E)\widehat{T}_{0\sigma}\widehat{G}_{0\sigma}(E)\,. \tag{4.198}$$

$\widehat{G}_\sigma(E)$ bzw. $G_{ij\sigma}(E)$ wird genau wie der Hamilton-Operator H_σ von der konkreten Verteilung der Atomsorten $m = 1, 2, \dots, \alpha$ über das Gitter abhängen. Zu einem vorgegebenen Satz von Konzentrationen $(c_1, c_2, \dots, c_\alpha)$ gibt es deshalb ein ganzes Ensemble von Green-Funktionen. Dies bedeutet hier jedoch eine völlig unnötige Erschwernis, da spezielle Konfigurationen nicht interessieren, weil für diese experimentelle Aussagen kaum reproduzierbar wären. Wichtig sind allein die konfigurationsgemittelten Größen, die wir durch eine Winkelklammer,

$$\langle\dots\rangle \quad\Leftrightarrow\quad \textbf{Konfigurationsmittelung}\,,$$

symbolisieren wollen. Konfigurationsmittelung bedeutet Ensemble-Mittelung über alle makroskopisch nichtunterscheidbaren, mikroskopisch aber unterschiedlichen Atomanordnungen, die zu einem vorgegebenen Satz von Konzentrationen möglich sind. Die praktische Durchführung der Mittelung geschieht wie folgt. Sei F_σ ein Funktional der Zufallsvariablen $\eta_{m\sigma}$, dann gilt:

$$\langle F_\sigma \rangle = \sum_{m=1}^{\alpha} c_m F_\sigma(\eta_{m\sigma}) \; . \tag{4.199}$$

Führt man diese Mittelung an der Green-Funktions-Matrix (4.194) durch, so wird durch sie ein effektiver Hamilton-Operator $H^\sigma_{\text{eff}}(E)$ definiert:

$$\left\langle \widehat{G}_\sigma(E) \right\rangle = \left\langle \frac{\hbar}{E - H_\sigma} \right\rangle = \frac{\hbar}{E - H^\sigma_{\text{eff}}(E)} \; . \tag{4.200}$$

H^σ_{eff} besitzt nun wegen der vollzogenen Konfigurationsmittelung die volle Symmetrie des Gitters, ist dafür aber unter Umständen energieabhängig und komplex. Das Grundgitter (*freies* System) ist natürlich von der Konfigurationsmittelung unbeeinflusst. Es gilt deshalb:

$$\left\langle \widehat{G}_{0\sigma}(E) \right\rangle \equiv \widehat{G}_{0\sigma}(E) \; , \tag{4.201}$$

und H^σ_{eff} wird sich gemäß (4.188) schreiben lassen als:

$$H^\sigma_{\text{eff}}(E) = H_{0\sigma} + \Sigma_{0\sigma}(E) \; . \tag{4.202}$$

Die Bestimmung von $\Sigma_{0\sigma}(E)$ löst offenbar das Problem.

Wir können schließlich noch die Dyson-Gleichung (4.196) und die T-Matrix-Gleichung (4.198) für die konfigurationsgemittelte Green-Funktion aufschreiben:

$$\left\langle \widehat{G}_\sigma(E) \right\rangle = \widehat{G}_{0\sigma}(E) + \frac{1}{\hbar} \widehat{G}_{0\sigma}(E) \Sigma_{0\sigma}(E) \left\langle \widehat{G}_\sigma(E) \right\rangle \; , \tag{4.203}$$

$$\left\langle \widehat{G}_\sigma(E) \right\rangle = \widehat{G}_{0\sigma}(E) + \frac{1}{\hbar} \widehat{G}_{0\sigma}(E) \left\langle \widehat{T}_{0\sigma} \right\rangle \widehat{G}_{0\sigma}(E) \; . \tag{4.204}$$

4.3.2 Methode des effektiven Mediums

Die Aufspaltung des Modell-Hamilton-Operators H_σ gemäß (4.188) in $H_{0\sigma}$ und $V_{0\sigma}$ ist so nicht zwingend. Wir können genauso gut anstelle des *ungestörten* Kristalls, gemeint ist damit das streng periodische Grundgitter, irgendein passend gewähltes **effektives Medium** abspalten, indem wir jedem Gitterplatz ein fiktives, reelles oder komplexes Potential $v_{K\sigma}$ zuordnen. Das effektive Medium ist dann definiert durch den Hamilton-Operator

$$K_\sigma = \sum_{i,j} T_{ij}\, a^+_{i\sigma} a_{j\sigma} + \sum_i v_{K\sigma}\, a^+_{i\sigma} a_{i\sigma} \; . \tag{4.205}$$

Es ist natürlich so gewählt, dass das zugehörige Viel-Teilchen-Problem exakt lösbar ist. Da es außerdem die volle Symmetrie des Grundgitters aufweist, ist die Green-Funktion des effektiven Mediums,

$$\widehat{R}_\sigma(E) = \hbar\,[E - K_\sigma]^{-1} \ , \tag{4.206}$$

bekannt und diagonal im $\boldsymbol{k}$-Raum:

$$R_{\boldsymbol{k}\sigma}(E) = \hbar\,(E - \widetilde{\varepsilon}_\sigma(\boldsymbol{k}))^{-1} , \tag{4.207}$$

$$\widetilde{\varepsilon}_\sigma(\boldsymbol{k}) = \varepsilon(\boldsymbol{k}) + v_{K\sigma} \ . \tag{4.208}$$

Der Modell-Hamilton-Operator schreibt sich nun:

$$H_\sigma = K_\sigma + V_{K\sigma}, \tag{4.209}$$

$$V_{K\sigma} = \sum_i \left(\eta_{(i)\sigma} - v_{K\sigma}\right) a_{i\sigma}^+ a_{i\sigma} \equiv \sum_i \widetilde{\eta}_{(i)\sigma}\, a_{i\sigma}^+ a_{i\sigma} \ . \tag{4.210}$$

$\widetilde{\eta}_{(i)\sigma}$ gibt die Abweichung des lokalen Potentials bei $\boldsymbol{R}_i$ gegenüber dem effektiven Medium an. Die Gleichungen (4.196), (4.198), (4.203) und (4.204) übertragen sich direkt. Wir haben nur $\widehat{G}_{0\sigma}$ durch $\widehat{R}_\sigma(E)$ zu ersetzen. Natürlich ändern sich auch die Selbstenergie $(\Sigma_{0\sigma} \Rightarrow \Sigma_{K\sigma})$ und die T-Matrix $\left(\widehat{T}_{0\sigma} \Rightarrow \widehat{T}_{K\sigma}\right)$.

$$\widehat{G}_\sigma(E) = \widehat{R}_\sigma(E) + \frac{1}{\hbar}\widehat{R}_\sigma(E) V_{K\sigma} \widehat{G}_\sigma(E) \ , \tag{4.211}$$

$$\widehat{G}_\sigma(E) = \widehat{R}_\sigma(E) + \frac{1}{\hbar}\widehat{R}_\sigma(E) \widehat{T}_{K\sigma} \widehat{R}_\sigma(E) \ , \tag{4.212}$$

$$\left\langle \widehat{G}_\sigma(E)\right\rangle = \widehat{R}_\sigma(E) + \frac{1}{\hbar}\widehat{R}_\sigma(E) \Sigma_{K\sigma}(E) \left\langle \widehat{G}_\sigma(E)\right\rangle \ , \tag{4.213}$$

$$\left\langle \widehat{G}_\sigma(E)\right\rangle = \widehat{R}_\sigma(E) + \frac{1}{\hbar}\widehat{R}_\sigma(E) \left\langle \widehat{T}_{K\sigma}\right\rangle \widehat{R}_\sigma(E) \ . \tag{4.214}$$

Kombinieren wir die ersten beiden Gleichungen für die nicht gemittelte Funktion, so können wir die T-Matrix durch das statistische Potential $V_{K\sigma}$ ausdrücken:

$$\begin{aligned} \widehat{T}_{K\sigma} &= V_{K\sigma} \widehat{G}_\sigma \widehat{R}_\sigma^{-1} = V_{K\sigma}\left(1 - \frac{1}{\hbar}\widehat{R}_\sigma V_{K\sigma}\right)^{-1} \widehat{R}_\sigma \widehat{R}_\sigma^{-1} \ , \\ \widehat{T}_{K\sigma} &= V_{K\sigma}\left(1 - \frac{1}{\hbar}\widehat{R}_\sigma V_{K\sigma}\right)^{-1} \ . \end{aligned} \tag{4.215}$$

Ganz analog findet man durch Kombination von (4.213) und (4.214):

$$\left\langle \widehat{T}_{K\sigma}\right\rangle = \Sigma_{K\sigma}\left(1 - \frac{1}{\hbar}\widehat{R}_\sigma \Sigma_{K\sigma}\right)^{-1} \ , \tag{4.216}$$

$$\Sigma_{K\sigma} = \left\langle \widehat{T}_{K\sigma}\right\rangle \left(1 + \frac{1}{\hbar}\left\langle \widehat{T}_{K\sigma}\right\rangle \widehat{R}_\sigma\right)^{-1} \ . \tag{4.217}$$

Wir erinnern uns nun daran, dass wir das effektive Medium noch gar nicht konkret spezifiziert haben. Wir variieren dieses nun so lange, d. h., wir ändern den Typ der Quasiteilchen des effektiven Mediums so lange, bis diese an den lokalen Potentialen nicht mehr gestreut werden. Dies ist genau dann der Fall, wenn die konfigurationsgemittelte T-Matrix verschwindet:

$$\left\langle \widehat{T}_{K\sigma} \right\rangle \stackrel{!}{=} 0 \,. \tag{4.218}$$

Lässt sich das erreichen, so ist automatisch das volle Problem gelöst. Aus (4.217) folgt dann nämlich:

$$\Sigma_{K\sigma}(E) \equiv 0 \quad \Leftrightarrow \quad \left\langle \widehat{G}_\sigma(E) \right\rangle = \widehat{R}_\sigma(E) \,. \tag{4.219}$$

Die Green-Funktion $\widehat{R}_\sigma$ des effektiven Mediums ist aber nach Voraussetzung bekannt.

Die Forderung (4.218) lässt sich jedoch in der Regel nicht streng erfüllen, da $\widehat{T}_{K\sigma}$ nicht explizit bekannt ist. Wir diskutieren im nächsten Abschnitt ein passendes Näherungsverfahren.

4.3.3 Coherent Potential Approximation

Wir versuchen zunächst, die Streumatrix $\widehat{T}_{K\sigma}$ durch atomare Streumatrizen $\hat{t}^{(i)}_{K\sigma}$ auszudrücken. $\widehat{G}_{i\sigma}(E)$ sei die Green-Funktion für den Spezialfall, dass nur das atomare Streuzentrum am Gitterplatz $\boldsymbol{R}_i$ *eingeschaltet* ist, d. h., die Summe für $V_{K\sigma}$ in (4.210) enthält nur einen Summanden:

$$V^{(i)}_{K\sigma} = \widetilde{\eta}_{(i)\sigma}\, a^+_{i\sigma}\, a_{i\sigma} \,. \tag{4.220}$$

Dann folgt aus (4.211):

$$\begin{aligned} \widehat{G}_{i\sigma}(E) &= \widehat{R}_\sigma(E) + \frac{1}{\hbar}\widehat{R}_\sigma(E) V^{(i)}_{K\sigma} \widehat{R}_\sigma(E) \\ &\quad + \frac{1}{\hbar^2}\widehat{R}_\sigma(E) V^{(i)}_{K\sigma} \widehat{R}_\sigma(E) V^{(i)}_{K\sigma} \widehat{R}_\sigma(E) + \cdots \\ &= \widehat{R}_\sigma(E) + \frac{1}{\hbar}\widehat{R}_\sigma(E) V^{(i)}_{K\sigma} \widehat{G}_{i\sigma}(E) \,. \end{aligned} \tag{4.221}$$

Gleichung (4.212) definiert dann die **atomare Streumatrix** $t^{(i)}_{K\sigma}$:

$$\widehat{G}_{i\sigma}(E) = \widehat{R}_\sigma(E) + \frac{1}{\hbar}\widehat{R}_\sigma(E) \hat{t}^{(i)}_{K\sigma} \widehat{R}_\sigma(E) \,. \tag{4.222}$$

Der Vergleich mit (4.221) ergibt:

$$\begin{aligned} \hat{t}^{(i)}_{K\sigma} &= V^{(i)}_{K\sigma} + \frac{1}{\hbar} V^{(i)}_{K\sigma} \widehat{R}_\sigma V^{(i)}_{K\sigma} + \frac{1}{\hbar^2} V^{(i)}_{K\sigma} \widehat{R}_\sigma V^{(i)}_{K\sigma} \widehat{R}_\sigma V^{(i)}_{K\sigma} + \cdots \\ &= V^{(i)}_{K\sigma} \left(1 - \frac{1}{\hbar}\widehat{R}_\sigma V^{(i)}_{K\sigma}\right)^{-1} \,. \end{aligned} \tag{4.223}$$

Dieses Ergebnis ist natürlich konsistent mit (4.215). Wir gehen nun zu der *vollen* Dyson-Gleichung (4.211) zurück und setzen dort $V_{K\sigma} = \sum_i V_{K\sigma}^{(i)}$ ein:

$$\widehat{G}_\sigma = \widehat{R}_\sigma + \frac{1}{\hbar}\widehat{R}_\sigma \sum_i V_{K\sigma}^{(i)}\widehat{R}_\sigma + \frac{1}{\hbar^2}\widehat{R}_\sigma \sum_{i,j} V_{K\sigma}^{(i)}\widehat{R}_\sigma V_{K\sigma}^{(j)}\widehat{R}_\sigma + \cdots$$

Mit (4.223) folgt dann:

$$\begin{aligned}\widehat{G}_\sigma(E) = \widehat{R}_\sigma(E) &+ \frac{1}{\hbar}\widehat{R}_\sigma(E)\sum_i \hat{t}_{K\sigma}^{(i)}\widehat{R}_\sigma(E)\\ &+ \frac{1}{\hbar^2}\widehat{R}_\sigma(E)\sum_{i,j}^{i\neq j} \hat{t}_{K\sigma}^{(i)}\widehat{R}_\sigma(E)\hat{t}_{K\sigma}^{(j)}\widehat{R}_\sigma(E)\\ &+ \frac{1}{\hbar^3}\widehat{R}_\sigma(E)\sum_{i,j,k}^{i\neq j;\,k\neq j} \hat{t}_{K\sigma}^{(i)}\widehat{R}_\sigma(E)\hat{t}_{K\sigma}^{(j)}\widehat{R}_\sigma(E)\hat{t}_{K\sigma}^{(k)}\widehat{R}_\sigma(E)\\ &+ \cdots\,.\end{aligned} \tag{4.224}$$

Der Vergleich mit (4.212) liefert dann das gewünschte Resultat:

$$\begin{aligned}\widehat{T}_{K\sigma} = \sum_i \hat{t}_{K\sigma}^{(i)} &+ \frac{1}{\hbar}\sum_{i,j}^{i\neq j} \hat{t}_{K\sigma}^{(i)}\widehat{R}_\sigma(E)\hat{t}_{K\sigma}^{(j)}\\ &+ \frac{1}{\hbar^2}\sum_{i,j,k}^{i\neq j;\,j\neq k} \hat{t}_{K\sigma}^{(i)}\widehat{R}_\sigma(E)\hat{t}_{K\sigma}^{(j)}\widehat{R}_\sigma(E)\hat{t}_{K\sigma}^{(k)} + \cdots\,.\end{aligned} \tag{4.225}$$

Noch ist alles exakt. Bei bekannter T-Matrix ist auch das volle Problem gelöst, da dann via (4.212) auch die Ein-Teilchen-Green-Funktion festliegt. Jede approximative Bestimmung von $\widehat{T}_{K\sigma}$ führt also zu einer genäherten Lösung des gesamten Legierungsproblems.

Es empfiehlt sich an dieser Stelle, die Operator-Beziehung (4.225) noch einmal für die entsprechenden Matrixelemente zu formulieren:

$$\begin{aligned}\left(\widehat{T}_{K\sigma}\right)_{mn} = t_{K\sigma}^{(m)}\delta_{mn} &+ \frac{1}{\hbar}t_{K\sigma}^{(m)}\overline{R}_{mn\sigma}(E)t_{K\sigma}^{(n)}\\ &+ \frac{1}{\hbar^2}\sum_j t_{K\sigma}^{(m)}\overline{R}_{mj\sigma}(E)t_{K\sigma}^{(j)}\overline{R}_{jn\sigma}(E)t_{K\sigma}^{(n)}\\ &+ \cdots\,.\end{aligned} \tag{4.226}$$

Dabei ist zur Abkürzung geschrieben:

$$\overline{R}_{mn\sigma}(E) = R_{mn\sigma}(E)\left(1-\delta_{mn}\right)\,. \tag{4.227}$$

Wir benötigen die konfigurationsgemittelte T-Matrix. Führen wir die Mittelung an dem Ausdruck (4.225) durch, so ergeben sich Terme der Form

$$\left\langle \hat{t}_{K\sigma}^{(i)}\widehat{R}_\sigma\hat{t}_{K\sigma}^{(j)}\widehat{R}_\sigma\cdots\widehat{R}_\sigma\hat{t}_{K\sigma}^{(n)}\right\rangle\,. \tag{4.228}$$

Sind die Indizes $i, j, \dots, n$ sämtlich paarweise verschieden, so faktorisiert dieser Ausdruck. Die so genannte **T-Matrix-Approximation (TMA)** postuliert, dass das propagierende Elektron niemals an einen Platz zurückkehrt, an dem es bereits einmal gestreut wurde. Wegen der statistischen Unabhängigkeit der lokalen Streupotentiale gilt dann:

$$\left\langle \hat{t}^{(i)}_{K\sigma} \widehat{R}_\sigma \hat{t}^{(j)}_{K\sigma} \widehat{R}_\sigma \cdots \widehat{R}_\sigma \hat{t}^{(n)}_{K\sigma} \right\rangle \xrightarrow[\text{TMA}]{} \left\langle \hat{t}^{(i)}_{K\sigma} \right\rangle \widehat{R}_\sigma \left\langle \hat{t}^{(j)}_{K\sigma} \right\rangle \widehat{R}_\sigma \cdots \widehat{R}_\sigma \left\langle \hat{t}^{(n)}_{K\sigma} \right\rangle . \tag{4.229}$$

Nach der Konfigurationsmittelung ist die atomare Streumatrix natürlich gitterplatz**un**abhängig. Damit lässt sich nun (4.225) aufsummieren, wenn man noch

$$\left\langle \hat{t}^{(i)}_{K\sigma} \right\rangle = \langle t_{K\sigma} \rangle \begin{pmatrix} 0 & \ddots & & 0 \\ & & 1 & \\ & & \ddots & \\ 0 & & & 0 \end{pmatrix} \leftarrow i\text{-te Zeile}$$

berücksichtigt. Wir schreiben

$$\mathbf{1}_i \equiv \begin{pmatrix} 0 & \ddots & & 0 \\ & & 1 & \\ & & \ddots & \\ 0 & & & 0 \end{pmatrix} \leftarrow i\text{-te Zeile} \qquad \begin{matrix} \uparrow \\ i\text{-te Spalte} \end{matrix} \tag{4.230}$$

und haben dann:

$$\left\langle \hat{t}^{(i)}_{K\sigma} \right\rangle = \langle t_{K\sigma} \rangle \, \mathbf{1}_i . \tag{4.231}$$

Dabei ist $\langle t_{K\sigma} \rangle$ nun kein Operator mehr. Vielmehr gilt mit (4.223) und (4.199):

$$\langle t_{K\sigma} \rangle = \sum_{m=1}^{\alpha} c_m \frac{\widehat{\eta}_{m\sigma} - v_{K\sigma}}{1 - \frac{1}{\hbar} R_{ii\sigma}(E) \left(\widehat{\eta}_{m\sigma} - v_{K\sigma} \right)} . \tag{4.232}$$

Aus (4.225) wird damit $\left(\sum_i \left\langle \hat{t}^{(i)}_{K\sigma} \right\rangle = \left\langle \hat{t}_{K\sigma} \right\rangle \mathbf{1} \right)$:

$$\begin{aligned} \left\langle \widehat{T}_{K\sigma} \right\rangle^{\text{TMA}} &= \langle t_{K\sigma} \rangle \, \mathbf{1} \left(1 + \frac{1}{\hbar} \widehat{\widehat{R}}_\sigma(E) \langle t_{K\sigma} \rangle \right. \\ &\quad \left. + \frac{1}{\hbar^2} \widehat{\widehat{R}}_\sigma(E) \langle t_{K\sigma} \rangle \widehat{\widehat{R}}_\sigma(E) \langle t_{K\sigma} \rangle + \cdots \right) , \\ \left\langle \widehat{T}_{K\sigma} \right\rangle^{\text{TMA}} &= \langle t_{K\sigma} \rangle \, \mathbf{1} \left(1 - \frac{1}{\hbar} \widehat{\widehat{R}}_\sigma(E) \langle t_{K\sigma} \rangle \right)^{-1} . \end{aligned} \tag{4.233}$$

Setzen wir dieses Ergebnis in den Ausdruck (4.217) für die Selbstenergie ein, so erkennen wir, dass diese im Rahmen der TMA in der Wannier-Darstellung diagonal ist:

$$\left(\Sigma^{\text{TMA}}_{K\sigma}(E) \right)_{ij} = \langle t_{K\sigma} \rangle \, \delta_{ij} \left(1 + \frac{1}{\hbar} R_{ii\sigma}(E) \langle t_{K\sigma} \rangle \right)^{-1} . \tag{4.234}$$

Man beachte, dass die Green-Funktion $R_{ii\sigma}(E)$ wegen der Translationssymmetrie nur formal den Index i trägt. Sie ist natürlich gitterplatzunabhängig:

$$
\begin{aligned}
R_{ii\sigma}(E) &= \frac{1}{N}\sum_{\boldsymbol{k}} R_{\boldsymbol{k}\sigma}(E) \\
&= \frac{\hbar}{N}\sum_{\boldsymbol{k}} \left(E - \varepsilon(\boldsymbol{k}) - v_{K\sigma}\right)^{-1} .
\end{aligned}
\tag{4.235}
$$

Die Selbstenergie ist wellenzahlunabhängig:

$$
\Sigma_{K\sigma}^{\mathrm{TMA}}(\boldsymbol{k}; E) \equiv \Sigma_{K\sigma}^{\mathrm{TMA}}(E) . \tag{4.236}
$$

Bei der TMA handelt es sich offenbar um ein nichtselbstkonsistentes Verfahren, da die Lösung von der willkürlichen Wahl des effektiven Mediums abhängt. Intuitiv erwartet man, dass die Güte der TMA umso höher zu bewerten ist, je ähnlicher das effektive Medium bereits dem tatsächlichen System gewählt wird.

Wir können nun aber mit den Ergebnissen des letzten Abschnitts das Verfahren leicht selbstkonsistent machen, indem wir nämlich das Potential des effektiven Mediums durch die Forderung (4.218) festlegen. Dies bedeutet aber nach (4.233), dass durch

$$
\langle t_{K\sigma} \rangle \overset{!}{=} 0 \tag{4.237}
$$

$v_{K\sigma}$ bestimmt ist. Diese Methode heißt in der Literatur

- **Coherent Potential Approximation (CPA).**

Nach (4.232) löst man $(T_{ii} = T_0,\ \widehat{\eta}_{m\sigma} = \eta_{m\sigma} - T_0)$:

$$
0 \overset{!}{=} \sum_{m=1}^{\alpha} c_m \frac{\eta_{m\sigma} - v_{K\sigma} - T_0}{1 - \frac{1}{\hbar} R_{ii\sigma}(E)\left(\eta_{m\sigma} - v_{K\sigma} - T_0\right)} \tag{4.238}
$$

für

$$
v_{K\sigma} \to \Sigma_{\sigma}^{\mathrm{CPA}}(E) \tag{4.239}
$$

und hat dann wegen (4.219) die Ein-Teilchen-Green-Funktion

$$
\langle G_{\boldsymbol{k}\sigma}(E) \rangle = R_{\boldsymbol{k}\sigma}(E) = \hbar \left(E - \varepsilon(\boldsymbol{k}) - \Sigma_{\sigma}^{\mathrm{CPA}}(E)\right)^{-1} \tag{4.240}
$$

vollständig bestimmt. Damit sind auch alle anderen, aus der Ein-Teilchen-Green-Funktion ableitbaren Größen bekannt, wie z. B. die Quasiteilchenzustandsdichte:

$$
\rho_{\sigma}(E) = -\frac{1}{\pi} \operatorname{Im} \int_{-\infty}^{+\infty} dx \, \frac{\rho_0(x)}{E - x - \Sigma_{\sigma}^{\mathrm{CPA}}(E)} . \tag{4.241}
$$

Dabei haben wir die Summation über $\boldsymbol{k}$ durch eine Integration über die *freie* Zustandsdichte $\rho_0(x)$ ersetzt.

Die zu lösende Gleichung (4.238) ist in der Regel hochgradig nichtlinear und deshalb nur numerisch lösbar.

Das physikalische Konzept der CPA ist klar und relativ einfach. Nun leiden Theorien, die in gewisser Weise physikalischer Intuition folgen, häufig darunter, dass ihre mathematische Struktur verschwommen bleibt. Dies gilt jedoch nicht für die CPA! Trotz ihres naiven Konzepts ist sie doch das Resultat sorgfältig durchgeführter Mathematik. Um dies zu verdeutlichen, leiten wir im nächsten Abschnitt die CPA-Formel (4.238) noch einmal auf einem ganz anderen Weg mithilfe einer Diagrammtechnik ab. Dabei werden wir eine Reihe weiterer, in der Theorie der ungeordneten Systeme häufig verwendeter Methoden kennen lernen und die Überlegenheit der CPA erfahren können.

4.3.4 Diagrammatische Methoden

Wir gehen noch einmal zurück zu der Dyson-Gleichung (4.197):

$$\begin{aligned} G_{ij\sigma}(E) &= G^{(0)}_{ij\sigma}(E) + \frac{1}{\hbar}\sum_m G^{(0)}_{im\sigma}(E)\eta_{(m)\sigma}G^{(0)}_{mj\sigma}(E) \\ &\quad + \frac{1}{\hbar^2}\sum_{m,n} G^{(0)}_{im\sigma}(E)\eta_{(m)\sigma}G^{(0)}_{mn\sigma}(E)\eta_{(n)\sigma}G^{(0)}_{nj\sigma}(E) \\ &\quad + \cdots \end{aligned} \tag{4.242}$$

und vollziehen die Konfigurationsmittelung direkt an dieser unendlichen Reihe:

$$\begin{aligned} \left\langle G_{ij\sigma}\right\rangle &= G^{(0)}_{ij\sigma} + \frac{1}{\hbar}\sum_m G^{(0)}_{im\sigma}G^{(0)}_{mj\sigma}\left\langle \eta_{(m)\sigma}\right\rangle \\ &\quad + \frac{1}{\hbar^2}\sum_{m,n} G^{(0)}_{im\sigma}G^{(0)}_{mn\sigma}G^{(0)}_{nj\sigma}\left\langle \eta_{(m)\sigma}\eta_{(n)\sigma}\right\rangle \\ &\quad + \cdots \end{aligned} \tag{4.243}$$

Wegen der angenommenen statistischen Unabhängigkeit der Gitterplätze gilt natürlich:

$$\left\langle \eta_{(m)\sigma}\eta_{(n)\sigma}\right\rangle = \delta_{mn}\left\langle \eta^2_{(m)\sigma}\right\rangle + (1-\delta_{mn})\left\langle \eta_{(m)\sigma}\right\rangle^2 . \tag{4.244}$$

Wir vereinbaren die folgenden

- **Diagrammregeln**

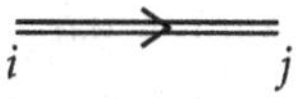

$$\Rightarrow \quad \langle G_{ij\sigma} \rangle$$

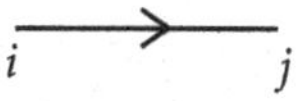

$$\Rightarrow \quad G^{(0)}_{ij\sigma}$$

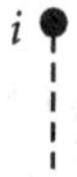

$$\Rightarrow \quad \frac{1}{\hbar}\langle \eta_{(i)\sigma} \rangle = \frac{1}{\hbar}\sum_{m=1}^{\alpha} c_m \widehat{\eta}_{m\sigma}$$

$$\Rightarrow \quad \frac{1}{\hbar^n}\langle \eta^n_{(i)\sigma} \rangle = \frac{1}{\hbar^n}\sum_{m=1}^{\alpha} c_m \widehat{\eta}^n_{m\sigma}$$

Damit können wir nun obiges Resultat (4.243) für $\langle G_{ij\sigma} \rangle$ durch Diagramme darstellen:

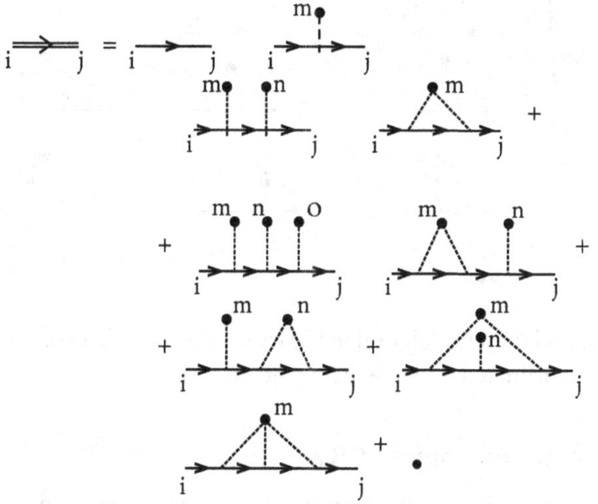

(4.245)

Unter der **Ordnung eines Diagramms** versteht man die Zahl der **Wechselwirkungslinien** (gestrichelt!). Explizit aufgetragen sind in (4.245) alle Diagramme bis zur dritten Ordnung. Bei der Auswertung der Diagramme ist über alle inneren Indizes zu summieren.

Beispiel

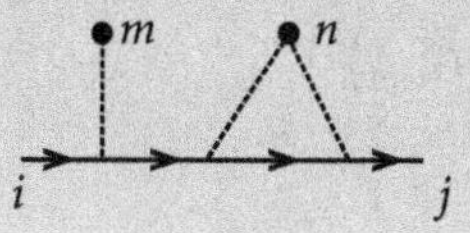

$$\Leftrightarrow \quad \frac{1}{\hbar^3}\sum_{m,n} G^{(0)}_{im\sigma} G^{(0)}_{mn\sigma} G^{(0)}_{nn\sigma} G^{(0)}_{nj\sigma} \langle \eta_{(m)\sigma} \rangle \langle \eta^2_{(n)\sigma} \rangle \,.$$

Wir können nun aber auch die **Dyson-Gleichung** durch Diagramme darstellen:

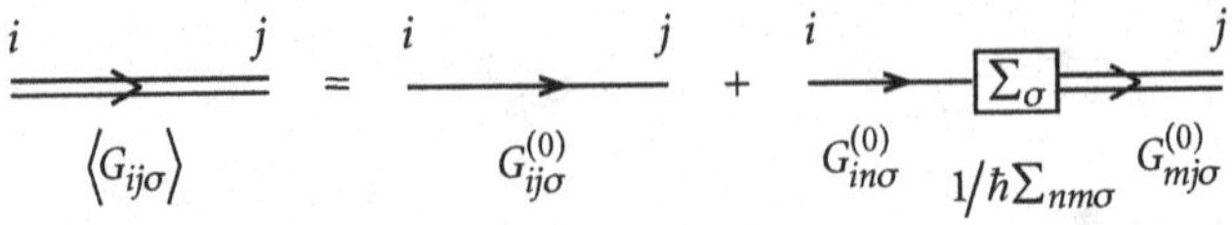

$$\underset{\langle G_{ij\sigma}\rangle}{\overset{i \qquad\qquad j}{\Longrightarrow}} = \underset{G_{ij\sigma}^{(0)}}{\overset{i \qquad\qquad j}{\longrightarrow}} + \underset{G_{in\sigma}^{(0)} \quad 1/\hbar\Sigma_{nm\sigma} \quad G_{mj\sigma}^{(0)}}{\overset{i \qquad\qquad\qquad\qquad j}{\longrightarrow\boxed{\Sigma_\sigma}\Longrightarrow}} \qquad (4.246)$$

Σ_σ ist definiert als die Summe aller derjenigen Diagramme, die sich nicht durch Zerschneiden eines Teilchenpropagators ($\longrightarrow$) in zwei selbstständige Diagramme aus der Entwicklung von $\langle G_{ij\sigma}\rangle$ zerlegen lassen, wobei die beiden äußeren Anschlüsse bei i und j weggelassen werden. Bis zur vierten Ordnung besteht demnach Σ_σ aus den folgenden Diagrammen:

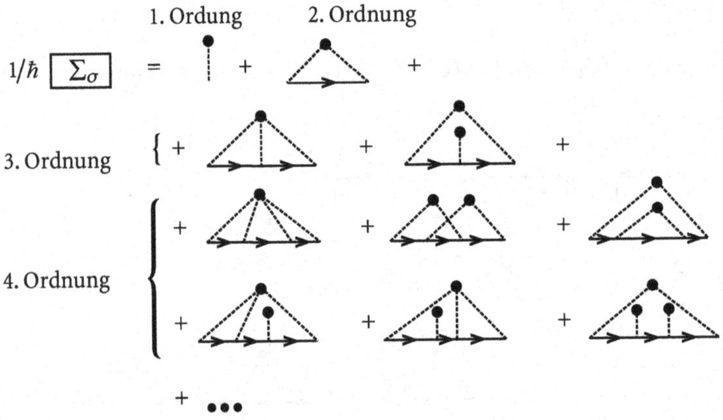

$$(4.247)$$

Man kann nun anhand dieser noch exakten Darstellung alle bekannten Approximationen zur Theorie der ungeordneten Systeme klassifizieren.

■ **1) Virtual Crystal Approximation (VCA)**

Die einfachste Approximation ist die des virtuellen Kristalls, die aus der Entwicklung von Σ_σ nur den ersten Term mitnimmt:

$$\frac{1}{\hbar}\Sigma_\sigma^{\mathrm{VCA}} \Leftrightarrow \quad \equiv \delta_{rt}\frac{1}{\hbar}\sum_{m=1}^{\alpha} c_m\widehat{\eta}_{m\sigma} \equiv \delta_{rt}\frac{1}{\hbar}\langle\widehat{\eta}_\sigma\rangle \ . \qquad (4.248)$$

Dies bedeutet für die Green-Funktion:

$$\langle G_{ij\sigma}(E)\rangle^{\mathrm{VCA}} = G_{ij\sigma}^{(0)}(E) + \frac{1}{\hbar}\langle\widehat{\eta}_\sigma\rangle\sum_m G_{im\sigma}^{(0)}\langle G_{mj\sigma}\rangle^{\mathrm{VCA}} \ .$$

Transformation auf Wellenzahlen ergibt dann:

$$\langle G_{k\sigma}(E)\rangle^{\mathrm{VCA}} = G_{k\sigma}^{(0)}\left(E - \langle\widehat{\eta}_\sigma\rangle\right) \ . \qquad (4.249)$$

Dies entspricht einer Molekularfeldnäherung. Die Quasiteilchenenergien $E_\sigma^{\mathrm{VCA}}(\boldsymbol{k})$ sind gegenüber den freien Bloch-Energien $\varepsilon(\boldsymbol{k})$ nur um einen konstanten Energiebetrag $\langle \widehat{\eta}_\sigma \rangle$ verschoben:

$$E_\sigma^{\mathrm{VCA}}(\boldsymbol{k}) = \varepsilon(\boldsymbol{k}) + \langle \eta_\sigma \rangle - T_0 \,. \tag{4.250}$$

Die VCA ist sicher nur dann brauchbar, wenn sich die atomaren Niveaus der Legierungskomponenten nur wenig voneinander unterscheiden.

2) Single Site Approximation (SSA)

Eine schon etwas subtilere Näherung besteht darin, aus der exakten Selbstenergie-Entwicklung (4.247) alle die Diagramme zu berücksichtigen, die genau einen Vertexpunkt enthalten, also linear in den Konzentrationen c_m sind. Man vernachlässigt damit Korrelationen zwischen Streuprozessen an verschiedenen Gitterplätzen.

$\frac{1}{\hbar}\Sigma_\sigma^{\mathrm{SSA}}$ ⇔ 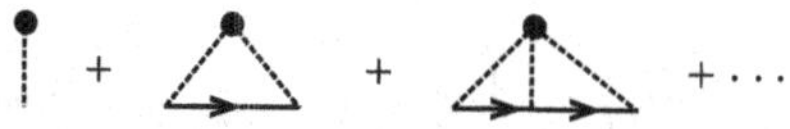 (4.251)

Diese unendliche Reihe lässt sich exakt aufsummieren:

$$\begin{aligned}\frac{1}{\hbar}&\left(\Sigma_\sigma^{\mathrm{SSA}}\right)_{rt}\\ &= \delta_{rt}\left[\frac{1}{\hbar}\sum_m c_m \widehat{\eta}_{m\sigma} + \frac{1}{\hbar^2}\sum_m c_m \widehat{\eta}_{m\sigma}^2 G_{mm\sigma}^{(0)}\right.\\ &\quad\left.+\frac{1}{\hbar^3}\sum_m c_m \widehat{\eta}_{m\sigma}^3 \left(G_{mm\sigma}^{(0)}\right)^2 + \cdots\right]\\ &= \delta_{rt}\frac{1}{\hbar}\sum_m c_m \widehat{\eta}_{m\sigma}\left[1 + \frac{1}{\hbar}\widehat{\eta}_{m\sigma} G_{mm\sigma}^{(0)} + \frac{1}{\hbar^2}\left(\widehat{\eta}_{m\sigma} G_{mm\sigma}^{(0)}\right)^2 + \cdots\right].\end{aligned}$$

Rechts in der Klammer steht die geometrische Reihe:

$$\frac{1}{\hbar}\left(\Sigma_\sigma^{\mathrm{SSA}}\right)_{rt} = \delta_{rt}\frac{1}{\hbar}\sum_m c_m \frac{\widehat{\eta}_{m\sigma}}{1 - \frac{1}{\hbar}\widehat{\eta}_{m\sigma} G_{mm\sigma}^{(0)}} \,. \tag{4.252}$$

Nach (4.232) stellt die Selbstenergie der SSA, die nur Vielfachstreuung an einem isolierten Einzelpotential berücksichtigt, gerade die atomare T-Matrix dar. Die Selbstenergie ist wegen des *Single Site*-Aspekts nach Fourier-Transformation wellenzahlunabhängig:

$$\Sigma_\sigma^{\mathrm{SSA}}(\boldsymbol{k}, E) \equiv \Sigma_\sigma^{\mathrm{SSA}}(E) \,. \tag{4.253}$$

Die volle Ein-Teilchen-Green-Funktion lautet dann

$$\langle G_{\boldsymbol{k}\sigma} \rangle^{\mathrm{SSA}} = \hbar\left(E - \varepsilon(\boldsymbol{k}) - \Sigma_\sigma^{\mathrm{SSA}}(E)\right)^{-1} \,, \tag{4.254}$$

und die Quasiteilchenenergien bestimmen sich wie üblich aus den Polen dieser Funktion:

$$\left(E - \varepsilon(\boldsymbol{k}) - \Sigma_\sigma^{\mathrm{SSA}}(E)\right)\Big|_{E = E_\sigma(\boldsymbol{k})} \overset{!}{=} 0 \,. \tag{4.255}$$

Wegen der $\boldsymbol{k}$-Unabhängigkeit kann man die *volle* Green-Funktion durch die des *freien* Systems ausdrücken:

$$\langle G_{\boldsymbol{k}\sigma}(E)\rangle^{\mathrm{SSA}} = G^{(0)}_{\boldsymbol{k}\sigma}\left(E - \Sigma^{\mathrm{SSA}}_{\sigma}(E)\right) . \tag{4.256}$$

3) Modified Propagator Method (MPM)

Man kann in einem nächsten Schritt die SSA dadurch selbstkonsistent machen, dass man den freien Propagator in (4.251) durch die *volle* Green-Funktion ersetzt:

$$\frac{1}{\hbar}\Sigma^{\mathrm{MPM}}_{\sigma} \quad \Leftrightarrow \tag{4.257}$$

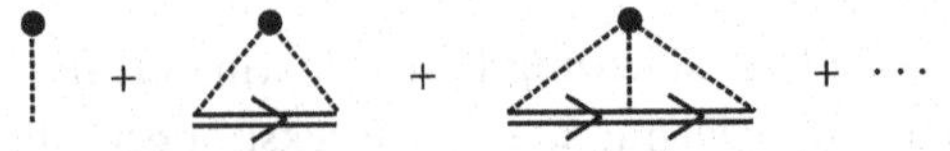

Man reproduziert damit genau das Ergebnis der so genannten *Modified Propagator Method*, die allerdings ursprünglich auf einer ganz anderen Idee beruhte:

$$\frac{1}{\hbar}\Sigma^{\mathrm{MPM}}_{\sigma}(E) = \frac{1}{\hbar}\sum_{m} c_m \frac{\widehat{\eta}_{m\sigma}}{1 - \frac{1}{\hbar}\widehat{\eta}_{m\sigma} G^{(0)}_{mm\sigma}\left(E - \Sigma^{\mathrm{MPM}}_{\sigma}(E)\right)} . \tag{4.258}$$

Man erkennt unmittelbar, dass durch das Einsetzen des vollen Propagators in die SSA-Diagramme eine große Anzahl von Diagrammen der exakten Entwicklung wieder ins Spiel kommt, die von der SSA selbst vernachlässigt werden. So fehlt aus der exakten Entwicklung (4.247) für Σ_σ bis zur vierten Ordnung eigentlich nur das *gekreuzte* Diagramm, das echte Cluster-Effekte beschreibt.

4) Average T-Matrix Approximation (ATA)

Man kann sich einen sehr offensichtlichen Fehler der SSA leicht klar machen, der jedoch letztlich bereits auf einer Ungenauigkeit unserer allgemeinen Diagrammregeln beruht. Setzt man z. B. den ersten Term aus der Selbstenergieentwicklung (4.247) in die Dyson-Gleichung ein, so erhält man unter anderem das skizzierte Diagramm,

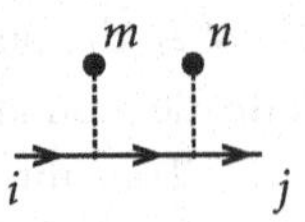

das wegen der beiden Vertexpunkte den Beitrag

$$\frac{1}{\hbar^2}\langle\widehat{\eta}_\sigma\rangle^2 \sum_{m,n} G^{(0)}_{im\sigma} G^{(0)}_{mn\sigma} G^{(0)}_{nj\sigma}$$

liefert. Nach den Regeln muss über alle m und n summiert werden. Der Fehler liegt in den Diagonaltermen $m = n$, da diese hier quadratisch in den Konzentrationen c gezählt werden,

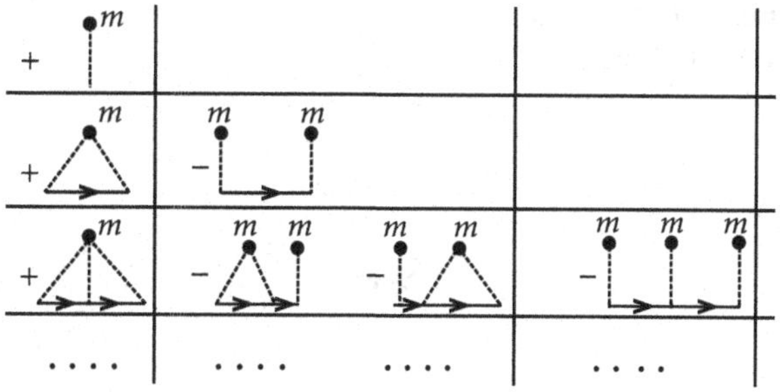

Abb. 4.16 Diagramm-Korrektur der Single Site Approximation

obwohl das korrekte $m=n$-Diagramm nur linear in c ist:

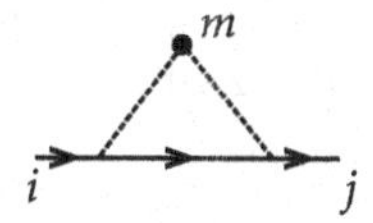

(Merke: $\langle \widehat{\eta}_\sigma^2 \rangle \neq \langle \widehat{\eta}_\sigma \rangle^2 !$)

Dieser offensichtliche Fehler kann durch die folgende Zusatzvorschrift eliminiert werden: Man ziehe von jedem Diagramm der SSA die Beiträge aller derjenigen Diagramme ab, die sich aus den ursprünglichen Diagrammen durch *Abreißen* der Wechselwirkungslinien von Vertexpunkten konstruieren lassen. Dies wird durch Abb. 4.16 veranschaulicht.

Wir haben schließlich noch eine wichtige Zusatzvorschrift zu beachten. In den *Korrekturspalten* dürfen natürlich nur solche Diagramme erscheinen, die ein wirkliches Pendant in der SSA (erste Spalte) haben. Andererseits kommt es zu so genannten **Überkorrekturen**, d. h. zu Korrekturen zu einem gar nicht existenten Diagramm.

Beispiel

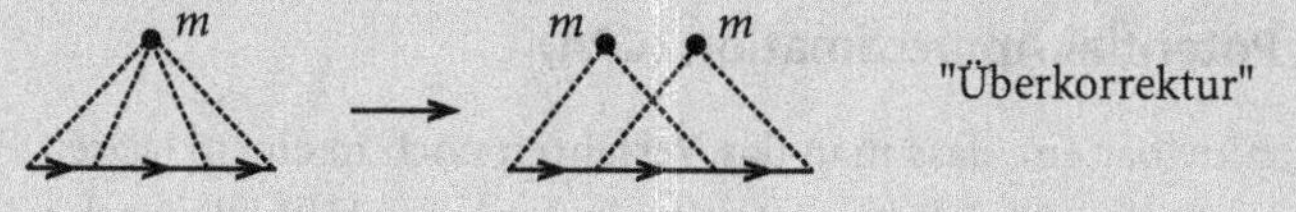

Das *gekreuzte* Diagramm darf nicht gezählt werden. Wir summieren die einzelnen Spalten separat auf:

$$\textbf{1. Spalte:} \quad \frac{1}{\hbar}\Sigma_\sigma^{\text{SSA}} = \frac{1}{\hbar}\langle t_{0\sigma}\rangle \qquad \text{(s. (4.252))}\,,$$

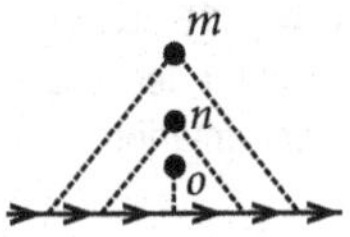

Abb. 4.17 Beispiel eines Nestdiagramms

2. Spalte: $\frac{1}{\hbar}\Sigma_\sigma^{\text{ATA}} G_{mm\sigma}^{(0)} \frac{1}{\hbar}\Sigma_\sigma^{\text{ATA}}$,

$\vdots$

***n*. Spalte:** $\frac{1}{\hbar}\Sigma_\sigma^{\text{ATA}} \left[G_{mm\sigma}^{(0)} \frac{1}{\hbar}\Sigma_\sigma^{\text{ATA}}\right]^{n-1}$.

Dies lässt sich leicht zusammenfassen:

$$\begin{aligned}
\frac{1}{\hbar}\Sigma_\sigma^{\text{ATA}} &= \frac{1}{\hbar}\langle t_{0\sigma}\rangle - \frac{1}{\hbar}\Sigma_\sigma^{\text{ATA}} \sum_{n=1}^{\infty}\left[G_{mm\sigma}^{(0)}\frac{1}{\hbar}\Sigma_\sigma^{\text{ATA}}\right]^n \\
&= \frac{1}{\hbar}\langle t_{0\sigma}\rangle + \frac{1}{\hbar}\Sigma_\sigma^{\text{ATA}} - \frac{1}{\hbar}\Sigma_\sigma^{\text{ATA}} \sum_{n=0}^{\infty}\left[G_{mm\sigma}^{(0)}\frac{1}{\hbar}\Sigma_\sigma^{\text{ATA}}\right]^n \\
&= \frac{1}{\hbar}\langle t_{0\sigma}\rangle + \frac{1}{\hbar}\Sigma_\sigma^{\text{ATA}} - \frac{1}{\hbar}\Sigma_\sigma^{\text{ATA}} \left(1 - G_{mm\sigma}^{(0)}\frac{1}{\hbar}\Sigma_\sigma^{\text{ATA}}\right)^{-1} .
\end{aligned}$$

Dies ergibt schließlich:

$$\Sigma_\sigma^{\text{ATA}}(E) = \langle t_{0\sigma}\rangle \left(1 + \frac{1}{\hbar} G_{mm\sigma}^{(0)}(E)\,\langle t_{0\sigma}\rangle\right)^{-1} . \tag{4.259}$$

Der Vergleich mit (4.234) macht klar, dass sich die ATA von der *T-Matrix Approximation* (TMA) nur dadurch unterscheidet, dass in der ATA das effektive Medium wieder durch den *freien*, ungestörten Kristall ersetzt wurde mit der entsprechenden atomaren T-Matrix:

$$\langle t_{0\sigma}\rangle = \sum_{m=1}^{\alpha} c_m \frac{\widehat{\eta}_{m\sigma}}{1 - \frac{1}{\hbar}\widehat{\eta}_{m\sigma} G_{ii\sigma}^{(0)}} . \tag{4.260}$$

■ 5) Coherent Potential Approximation (CPA)

Es leuchtet unmittelbar ein, dass man das Verfahren noch in einem letzten Punkt verbessern kann, wenn man es nämlich wie unter Punkt 3) bei der MPM dadurch selbstkonsistent macht, dass man den freien Propagator $G_{mm\sigma}^{(0)}$ in den Diagrammen der ATA durch die volle Ein-Teilchen-Green-Funktion ersetzt.

Die **Vielfachbesetzungskorrekturen** wie in den Diagrammen der ATA werden jetzt allerdings noch etwas vielfältiger, haben aber alle dieselbe Ursachen wie unter Punkt 4) erklärt. – Neu an der CPA ist nun das Einbeziehen von so genannten *Nest-Diagrammen*, die den propagierenden Teilchen erlauben, zwischen zwei Streuereignissen an demselben Platz

Abb. 4.18 Vollständige Diagrammkorrekturen zur Modified Propagator Method, die zur CPA führen

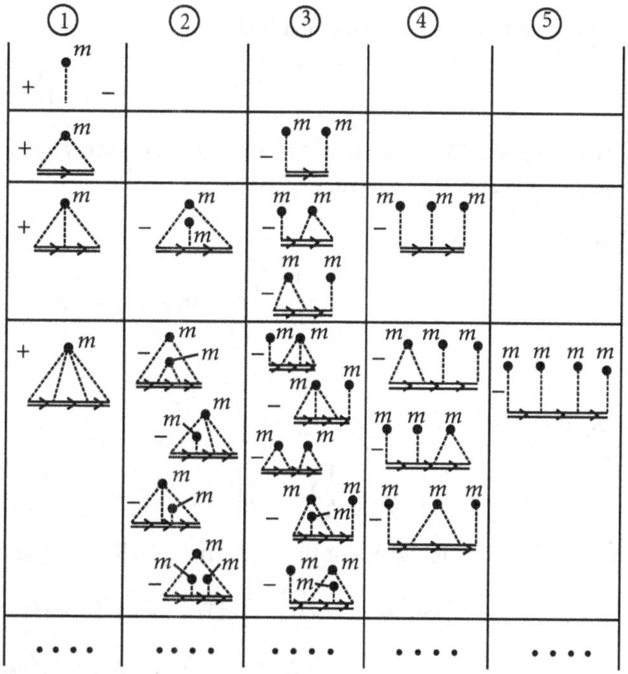

m an allen anderen Plätzen gestreut zu werden. Schwierigkeiten machen wieder die Diagonalterme $m = n = o$, die subtrahiert werden müssen. Dazu gehören z. B. alle Diagramme der zweiten Spalte. Wir summieren die einzelnen Kolumnen wieder separat auf.

1. Spalte:
Es ergibt sich dasselbe Ergebnis wie bei der ATA, nur ist der freie durch den vollen Propagator zu ersetzen:

$$\frac{1}{\hbar}\Sigma_\sigma^{(1)} = \frac{1}{\hbar}\sum_{m=1}^{\alpha} c_m \widehat{\eta}_{m\sigma}\left(1 - \frac{1}{\hbar}\widehat{\eta}_{m\sigma}\langle G_{ii\sigma}\rangle\right)^{-1} . \tag{4.261}$$

2. Spalte:
Diese Diagramme erhalten wir offenbar, wenn wir Σ_σ als Funktional des wie folgt definierten Propagators γ_σ auffassen:

$$= \langle G_{mm\sigma}\rangle + \frac{1}{\hbar}\langle G_{mm\sigma}\rangle\,\Sigma_\sigma[\gamma_\sigma]\gamma_\sigma . \tag{4.262}$$

Damit liefert die zweite Spalte den Beitrag:

$$-\frac{1}{\hbar}\left(\Sigma_\sigma[\gamma_\sigma] - \Sigma_\sigma\left[\langle G_{mm\sigma}\rangle\right]\right).$$

Der erste Summand in (4.262) taucht nicht auf. Entsprechende Diagramme müssen also noch einmal abgezogen werden.

3. Spalte:

$$-\frac{1}{\hbar}\Sigma_\sigma[\gamma_\sigma]\langle G_{mm\sigma}\rangle\frac{1}{\hbar}\Sigma_\sigma[\gamma_\sigma]. \tag{4.263}$$

$$\vdots$$

***n*. Spalte:**

$$-\frac{1}{\hbar}\Sigma_\sigma[\gamma_\sigma]\left(\langle G_{mm\sigma}\rangle\frac{1}{\hbar}\Sigma_\sigma[\gamma_\sigma]\right)^{n-2}. \tag{4.264}$$

Wir erhalten damit insgesamt für die gesuchte Selbstenergie $\Sigma_\sigma[\langle G_{mn\sigma}\rangle]$:

$$\begin{aligned}\Sigma_\sigma\left[\langle G_{mm\sigma}\rangle\right] &= \Sigma_\sigma^{(1)} - \Sigma_\sigma[\gamma_\sigma] + \Sigma_\sigma\left[\langle G_{mm\sigma}\rangle\right]\\ &\quad + \Sigma_\sigma[\gamma_\sigma] - \sum_{n=0}^{\infty}\left(\frac{1}{\hbar}\Sigma_\sigma[\gamma_\sigma]\langle G_{mm\sigma}\rangle\right)^n\Sigma_\sigma[\gamma_\sigma].\end{aligned}$$

Dies bedeutet zunächst

$$\Sigma_\sigma^{(1)} = \left(1 - \frac{1}{\hbar}\Sigma_\sigma[\gamma_\sigma]\langle G_{mm\sigma}\rangle\right)^{-1}\Sigma_\sigma[\gamma_\sigma] \tag{4.265}$$

und kann nach $\Sigma_\sigma[\gamma_\sigma]$ aufgelöst werden:

$$\Sigma_\sigma[\gamma_\sigma] = \frac{\Sigma_\sigma^{(1)}}{1 + \frac{1}{\hbar}\langle G_{mm\sigma}\rangle\Sigma_\sigma^{(1)}}. \tag{4.266}$$

Dies formen wir mit (4.262) weiter um:

$$\begin{aligned}\Sigma_\sigma[\gamma_\sigma] &= \frac{\Sigma_\sigma^{(1)}\left(1 + \gamma_\sigma\frac{1}{\hbar}\Sigma_\sigma[\gamma_\sigma]\right)}{1 + \gamma_\sigma\frac{1}{\hbar}\Sigma_\sigma[\gamma_\sigma] + \gamma_\sigma\frac{1}{\hbar}\Sigma_\sigma^{(1)}}\\ \Rightarrow\quad \Sigma_\sigma[\gamma_\sigma]&\left(1 + \gamma_\sigma\frac{1}{\hbar}\Sigma_\sigma[\gamma_\sigma]\right) = \Sigma_\sigma^{(1)}.\end{aligned} \tag{4.267}$$

Wir setzen (4.261) ein:

$$\begin{aligned}\Sigma_\sigma[\gamma_\sigma] &= \sum_{m=1}^{\alpha} c_m\widehat{\eta}_{m\sigma}\left[\left(1 - \frac{1}{\hbar}\widehat{\eta}_{m\sigma}\langle G_{ii\sigma}\rangle\right)\left(1 + \gamma_\sigma\frac{1}{\hbar}\Sigma_\sigma[\gamma_\sigma]\right)\right]^{-1}\\ &= \sum_{m=1}^{\alpha} c_m\widehat{\eta}_{m\sigma}\left[1 + \gamma_\sigma\frac{1}{\hbar}\Sigma_\sigma[\gamma_\sigma] - \frac{1}{\hbar}\widehat{\eta}_{m\sigma}\gamma_\sigma\right]^{-1}.\end{aligned} \tag{4.268}$$

Dies ist eine selbstkonsistente Bestimmungsgleichung für die Selbstenergie als Funktional von γ_σ. Das eigentlich erwünschte Resultat

$$\Sigma_\sigma^{\mathrm{CPA}}(E) \equiv \Sigma_\sigma\left[\langle G_{mm\sigma}(E)\rangle\right] \tag{4.269}$$

erhalten wir durch den Grenzübergang

$$\gamma_\sigma \quad \Rightarrow \quad \langle G_{mm\sigma}\rangle \; .$$

Es ergibt sich der folgende Ausdruck:

$$\Sigma_\sigma^{\mathrm{CPA}}(E) = \sum_m c_m \frac{\widehat{\eta}_{m\sigma}}{1 - \frac{1}{\hbar}\langle G_{ii\sigma}\rangle\left(\widehat{\eta}_{m\sigma} - \Sigma_\sigma^{\mathrm{CPA}}\right)} \; . \tag{4.270}$$

Dies lässt sich weiter umformen:

$$\frac{1}{\hbar}\Sigma_\sigma^{\mathrm{CPA}}\langle G_{ii\sigma}\rangle = \sum_m c_m\left(-1 + \frac{1 + \frac{1}{\hbar}\langle G_{ii\sigma}\rangle\Sigma_\sigma^{\mathrm{CPA}}}{1 - \frac{1}{\hbar}\langle G_{ii\sigma}\rangle\left(\widehat{\eta}_{m\sigma} - \Sigma_\sigma^{\mathrm{CPA}}\right)}\right) .$$

Mit $\sum_m c_m = 1$ folgt daraus:

$$0 = \left(1 + \frac{1}{\hbar}\Sigma_\sigma^{\mathrm{CPA}}\langle G_{ii\sigma}\rangle\right)\sum_m c_m\left(1 - \frac{1}{1 - \frac{1}{\hbar}\langle G_{ii\sigma}\rangle\left(\widehat{\eta}_{m\sigma} - \Sigma_\sigma^{\mathrm{CPA}}\right)}\right) .$$

Dies führt schließlich zu

$$0 = \sum_{m=1}^{\alpha} c_m \frac{\eta_{m\sigma} - \Sigma_\sigma^{\mathrm{CPA}}(E) - T_0}{1 - \frac{1}{\hbar}\langle G_{ii\sigma}(E)\rangle\left(\eta_{m\sigma} - \Sigma_\sigma^{\mathrm{CPA}}(E) - T_0\right)} \; . \tag{4.271}$$

Diese selbstkonsistente Bestimmungsgleichung für die CPA-Selbstenergie $\Sigma_\sigma^{\mathrm{CPA}}(E)$ ist wegen

$$\langle G_{ii\sigma}(E)\rangle = G_{ii\sigma}^{(0)}\left(E - \Sigma_\sigma^{\mathrm{CPA}}(E)\right) \tag{4.272}$$

mit (4.238) identisch. Wegen des *Single Site*-Aspektes der Näherung ist sie ebenfalls wellenzahlunabhängig.

Wir sehen, dass diese formal recht einfache Lösung drei wesentliche Parameter enthält:

1. Konzentrationen der Legierungskomponenten,
2. atomare Niveaus $\eta_{m\sigma}$,
3. Zustandsdichte $\rho_0(E)$ des ungestörten, reinen Kristalls.

$\rho_0(E)$ benötigen wir zur Festlegung des *freien* Propagators:

$$G_{ii\sigma}^{(0)}(E) = \int_{-\infty}^{+\infty} \mathrm{d}x\, \frac{\rho_0(x)}{E - x} \; . \tag{4.273}$$

Die Überlegungen dieses Abschnitts haben gezeigt, dass die CPA unter allen Methoden, die den *Single Site*-Aspekt benutzen, die mit Abstand beste ist.

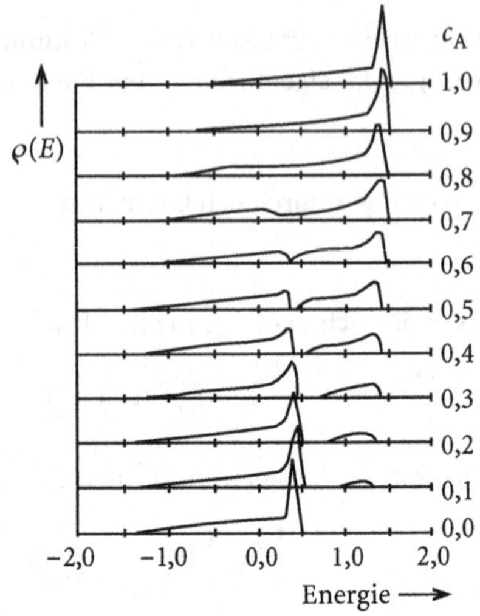

Abb. 4.19 Typische CPA-Lösung für die Zustandsdichte einer binären AB-Legierung, wenn die reinen Legierungspartner A und B gleiche Zustandsdichten, aber mit verschobenen Schwerpunkten besitzen. c_A und $c_B = 1 - c_A$ sind die Konzentrationen von A bzw. B

4.3.5 Anwendungen

Die nahe liegendste Anwendung der CPA beträfe eine **binäre Legierung** aus den Atomsorten A und B, die mit Konzentrationen c_A, $c_B = 1 - c_A$ in die Legierung eingehen. Ein typisches Ergebnis ist in Abb. 4.19 skizziert. Die reinen Kristalle sollen dieselben *kirchturmähnlichen* Zustandsdichten aufweisen, deren Schwerpunke jedoch bei unterschiedlichen Energien liegen. Liegen diese hinreichend weit auseinander, so führt dies bei mittleren Konzentrationen zu einer Bandaufspaltung in der AB-Legierung und zu deutlichen Deformationen der Zustandsdichte.

Der Anwendungsbereich der CPA geht aber weit über die realen Legierungen hinaus. Sie ist inzwischen zu einem Standardverfahren der allgemeinen Viel-Teilchen-Theorie gereift, und zwar im Zusammenhang mit dem Begriff der

▸ Legierungsanalogie.

Man denke an irgendein elektronisches Viel-Teilchen-Modell, wie z. B. das Hubbard-Modell (2.117). Dieses löst man im *Atomaren Limit*, d. h. für den Fall, dass alle N Energieband-Zustände auf ein dann N-fach entartetes Niveau T_0 fallen. In der Green-Funktion,

$$G_{0\sigma}(E) = \hbar \sum_{m=1}^{p} \frac{\alpha_{m\sigma}}{E - \eta_{m\sigma}} , \tag{4.274}$$

sind dann die $\eta_{m\sigma}$ die p Quasiteilchenniveaus, in die T_0 aufgrund der Wechselwirkung aufspaltet. Die spektralen Gewichte α_σ geben den Entartungsgrad des Quasiteilchenniveaus an:

▸ $N\alpha_{m\sigma}$: Entartung des Niveaus $\eta_{m\sigma}$.

Diese Situation entspricht aber einer *fiktiven* Legierung aus p Komponenten mit den

- Konzentrationen: $\alpha_{1\sigma}, \alpha_{2\sigma}, \ldots, \alpha_{p\sigma}$

und den

- atomaren Niveaus: $\eta_{1\sigma}, \eta_{2\sigma}, \ldots, \eta_{p\sigma}$.

Diese Größen sind bekannt. Man kann sie in die CPA-Formel (4.271) einsetzen und die Selbstenergie $\Sigma_\sigma^{\mathrm{CPA}}(E)$ für ein durch $\rho_0(E)$ definiertes Kristallgitter ausrechnen. So transformiert, z. B., die atomare Lösung (4.11) des Hubbard-Modells dieses auf eine binäre Legierung mit den atomaren Niveaus T_0 und $T_0 + U$ und den *Konzentrationen* $(1 - \langle n_{-\sigma}\rangle)$ und $\langle n_{-\sigma}\rangle$.

Diese Legierungsanalogie hat sich als eine außerordentlich mächtige Methode der Viel-Teilchen-Theorie herausgestellt. In Abschn. 4.5.3 diskutieren wir ein konkretes Anwendungsbeispiel.

4.4 Spinsysteme

Wir haben in Abschn. 2.4.2 das Heisenberg-Modell als ein realistisches Modell für magnetische Isolatoren eingeführt. Trotz der einfachen Struktur des Hamilton-Operators (2.203) ist das zugehörige Viel-Teilchen-Problem bis heute nicht exakt gelöst. Man ist also weiterhin auf Approximationen angewiesen. Eine erste haben wir mit der Spinwellen-Näherung (2.243) bereits kennen gelernt, die allerdings vom Konzept her auf den Tieftemperaturbereich beschränkt ist.

Das in Abschn. 3.3.3 gerechnete Zwei-Spinsystem konnte mathematisch streng gelöst und damit als wertvolles Demonstrationsbeispiel für abstrakte Konzepte der Viel-Teilchen-Theorie verwendet werden. Für schlüssige Aussagen über einen makroskopischen Ferromagneten ist es natürlich überfordert.

4.4.1 Tyablikow-Näherung

Als Modell für einen ferromagnetischen Isolator betrachten wir ein System von lokalisierten magnetischen Momenten, beschrieben durch Spinoperatoren $\boldsymbol{S}_i$, $\boldsymbol{S}_j$ in einem homogenen, zeitunabhängigen Magnetfeld $\boldsymbol{B}_0 = \mu_0 \boldsymbol{H}$:

$$H = -\sum_{i,j} J_{ij}\left(S_i^+ S_j^- + S_i^z S_j^z\right) - \frac{1}{\hbar} g_J \mu_B B_0 \sum_i S_i^z \,. \tag{4.275}$$

Wir nehmen an, dass das Spinsystem unterhalb einer kritischen Temperatur T_C **ferromagnetisch** ordnet, interessieren uns deshalb primär für dessen **Magnetisierung**:

$$M(T, B_0) = \frac{1}{V} g_J \frac{\mu_B}{\hbar} \sum_i \langle S_i^z \rangle_{T, B_0} \; . \tag{4.276}$$

Dazu benötigen wir den thermodynamischen Erwartungswert des Spinoperators S_i^z, der wegen Translationssymmetrie gitterplatz**un**abhängig sein wird:

$$\langle S_i^z \rangle_{T, B_0} \equiv \langle S^z \rangle_{T, B_0} \; . \tag{4.277}$$

Welche Green-Funktion kann uns diese Größe liefern? Wenn wir zunächst der Einfachheit halber voraussetzen, dass die lokalisierten Spins den Betrag

$$S = \frac{1}{2} \tag{4.278}$$

besitzen, dann vereinfacht sich die allgemein gültige Beziehung

$$S_i^{\pm} S_i^{\mp} = \hbar^2 S (S + 1) \pm \hbar S_i^z - (S_i^z)^2 \tag{4.279}$$

zu

$$S_i^{\pm} S_i^{\mp} = \hbar (\hbar S \pm S_i^z) \qquad \left((S_i^z)^2 = \frac{\hbar^2}{4} \mathbf{1} \right) . \tag{4.280}$$

Offensichtlich ist dann die folgende retardierte Kommutator-Green-Funktion ein guter Ausgangspunkt:

$$G_{ij}^{\mathrm{ret}}(t, t') = \langle\langle S_i^+(t); S_j^-(t') \rangle\rangle^{\mathrm{ret}} \; . \tag{4.281}$$

Wir stellen zunächst die Bewegungsgleichung der energieabhängigen Fourier-Transformierten auf und benutzen dazu die folgenden Kommutatoren:

$$\left[S_i^+, S_j^- \right]_- = 2\hbar \delta_{ij} S_i^z \; , \tag{4.282}$$

$$\left[S_i^+, H \right]_- = -2\hbar \sum_m J_{mi} \left(S_m^+ S_i^z - S_i^+ S_m^z \right) + g_J \mu_B B_0 S_i^+ \; . \tag{4.283}$$

Zur Ableitung der letzten Beziehung haben wir $J_{ii} = 0$ ausnutzen können. Die Bewegungsgleichung für $G_{ij}^{\mathrm{ret}}(E)$ lautet somit:

$$\begin{aligned} (E - g_J \mu_B B_0)\, G_{ij}^{\mathrm{ret}}(E) &= 2\hbar^2 \delta_{ij} \langle S_i^z \rangle \\ &\quad + 2\hbar \sum_m J_{im} \Big(\langle\langle S_i^+ S_m^z; S_j^- \rangle\rangle_E^{\mathrm{ret}} \\ &\qquad - \langle\langle S_m^+ S_i^z; S_j^- \rangle\rangle_E^{\mathrm{ret}} \Big) . \end{aligned} \tag{4.284}$$

Diese Gleichung ist wegen der *höheren* Green-Funktionen auf der rechten Seite nicht direkt auflösbar. Eine einfache Näherung besteht darin, an den *höheren* Green-Funktionen die Hartree-Fock-Entkopplung (4.21) durchzuführen. Wegen $\langle S_i^+ \rangle \equiv 0$ (Spinerhaltung!) bedeutet dies:

$$\begin{aligned}\langle\langle S_i^+ S_m^z ; S_j^- \rangle\rangle_E^{\text{ret}} &\underset{i \neq m}{\longrightarrow} \langle S^z \rangle G_{ij}^{\text{ret}}(E)\,, \\ \langle\langle S_m^+ S_i^z ; S_j^- \rangle\rangle_E^{\text{ret}} &\underset{i \neq m}{\longrightarrow} \langle S^z \rangle G_{mj}^{\text{ret}}(E)\,.\end{aligned} \tag{4.285}$$

Damit vereinfacht sich die Bewegungsgleichung (4.284) zu:

$$\begin{aligned}&\left(E - g_J \mu_B B_0 - 2\hbar J_0 \langle S^z \rangle\right) G_{ij}^{\text{ret}}(E) \\ &= 2\hbar^2 \delta_{ij} \langle S^z \rangle - 2\hbar \langle S^z \rangle \sum_m J_{im} G_{mj}^{\text{ret}}(E)\,.\end{aligned} \tag{4.286}$$

J_0 ist in (2.207) definiert. Diese Gleichung lässt sich leicht durch Transformation auf Wellenzahlen lösen ((2.212), (2.220)):

$$G_{\boldsymbol{q}}^{\text{ret}}(E) = \frac{2\hbar^2 \langle S^z \rangle}{E - E(\boldsymbol{q}) + \mathrm{i}0^+}\,. \tag{4.287}$$

Die Pole der Green-Funktion entsprechen den Elementaranregungen des Spinsystems,

$$E(\boldsymbol{q}) = g_J \mu_B B_0 + 2\hbar \langle S^z \rangle \left(J_0 - J(\boldsymbol{q})\right)\,, \tag{4.288}$$

die sich wegen $\langle S^z \rangle$ als temperaturabhängig herausstellen. Für $T \to 0$ ist die Näherung (4.285) exakt, (4.288) stimmt dann wegen $\langle S^z \rangle_{T=0} = \hbar S$ (*ferromagnetische Sättigung*) mit (2.232) überein.

Zur vollständigen Festlegung der Quasiteilchenenergien $E(\boldsymbol{q})$ benötigen wir noch eine Bestimmungsgleichung für $\langle S^z \rangle$, die wir mithilfe des Spektraltheorems (3.157) und der Spektraldichte

$$S_{\boldsymbol{q}}(E) = -\frac{1}{\pi} \operatorname{Im} G_{\boldsymbol{q}}^{\text{ret}}(E) = 2\hbar^2 \langle S^z \rangle\, \delta\left(E - E(\boldsymbol{q})\right) \tag{4.289}$$

gewinnen. Man überprüft leicht mithilfe der zugehörigen Antikommutator-Green-Funktion, dass für die Konstante D im Spektraltheorem

$$D \equiv 0 \qquad \text{für } B_0 \geq 0^+ \tag{4.290}$$

zu wählen ist. Es gilt also:

$$\begin{aligned}\langle S_j^- S_i^+ \rangle &= \frac{1}{N} \sum_{\boldsymbol{q}} \mathrm{e}^{-\mathrm{i}\boldsymbol{q}\cdot(\boldsymbol{R}_i - \boldsymbol{R}_j)} \frac{1}{\hbar} \int_{-\infty}^{+\infty} \frac{S_{\boldsymbol{q}}(E)\mathrm{d}E}{\mathrm{e}^{\beta E} - 1} \\ &= 2\hbar \langle S^z \rangle \frac{1}{N} \sum_{\boldsymbol{q}} \frac{\mathrm{e}^{-\mathrm{i}\boldsymbol{q}\cdot(\boldsymbol{R}_i - \boldsymbol{R}_j)}}{\mathrm{e}^{\beta E(\boldsymbol{q})} - 1}\,.\end{aligned} \tag{4.291}$$

Wegen der vereinbarten Beschränkung auf $S = \frac{1}{2}$ können wir über (4.280) $\langle S^z \rangle$ direkt mit $\langle S_i^- S_i^+ \rangle$ in Verbindung bringen,

$$\langle S^z \rangle = \hbar S - \frac{1}{\hbar} \langle S_i^- S_i^+ \rangle \,,$$

woraus die folgende implizite Bestimmungsgleichung für $\langle S^z \rangle$ resultiert:

$$\langle S^z \rangle = \frac{\hbar S}{1 + \frac{2}{N} \sum\limits_{q} \left(e^{\beta E(q)} - 1 \right)^{-1}} \,. \tag{4.292}$$

Da nach (4.288) die Quasiteilchenenergien $E(\boldsymbol{q})$ noch $\langle S^z \rangle$ enthalten, ist die allgemeine Lösung nicht analytisch durchführbar. Sie bereitet am Rechner jedoch keinerlei Schwierigkeiten.

Wir wollen im nächsten Schritt aus (4.292) eine explizite Bestimmungsgleichung für die Curie-Temperatur T_C ableiten. Dazu untersuchen wir den Spezialfall

$$B_0 = 0^+ ,\ T \overset{<}{\to} T_C \quad \Leftrightarrow \quad \langle S^z \rangle \overset{>}{\to} 0 \,,$$

für den die Quasiteilchenenergien $E(\boldsymbol{q})$ sehr klein werden, sodass der Nenner in (4.292) eine Entwicklung gestattet.

$$\begin{aligned} \langle S^z \rangle &\simeq \hbar S \left(\frac{2}{N} \sum_{q} \frac{1}{1 + \beta_C E(\boldsymbol{q}) + \cdots - 1} \right)^{-1} \\ &\simeq \hbar S \beta_C \left(\frac{2}{N} \sum_{q} \frac{1}{2 \langle S^z \rangle \hbar \left(J_0 - J(\boldsymbol{q}) \right)} \right)^{-1} . \end{aligned}$$

Die Curie-Temperatur

$$k_B T_C = \left\{ \frac{1}{NS} \sum_{q} \frac{1}{\hbar^2 \left(J_0 - J(\boldsymbol{q}) \right)} \right\}^{-1} \tag{4.293}$$

ist natürlich zum einen von den Austauschintegralen abhängig, zum anderen aber auch von der Gitterstruktur, die die $\boldsymbol{q}$-Summation beeinflusst. Letztere lässt sich bei bekannten Austauschintegralen für nicht zu komplizierte Gitter ohne Schwierigkeiten ausführen.

Man kann ferner zeigen, dass für tiefe Temperaturen die Tyablikow-Näherung (4.292) das Bloch'sche $T^{3/2}$-Gesetz,

$$1 - \frac{\langle S^z \rangle}{\hbar S} \sim T^{3/2} \,, \tag{4.294}$$

korrekt reproduziert (Aufgabe 4.4.1), was als nachträgliche Rechtfertigung der zunächst recht willkürlich erscheinenden Entkopplung (4.285) gewertet werden kann. Insgesamt liefert die Tyablikow-Näherung über den gesamten Temperaturbereich $0 \le T \le T_C$ vertretbare Ergebnisse.

Wir berechnen zum Schluss noch die innere Energie U des Spinsystems als thermodynamischen Erwartungswert des Hamilton-Operators:

$$U = \langle H \rangle = -\sum_{i,j} J_{ij} \left(\left\langle S_i^+ S_j^- \right\rangle + \left\langle S_i^z S_j^z \right\rangle \right) - \frac{1}{\hbar} g_J \mu_B B_0 N \left\langle S^z \right\rangle . \tag{4.295}$$

Die Terme $\left\langle S_i^+ S_j^- \right\rangle$ und $\langle S^z \rangle$ konnten wir bereits durch die Spektraldichte $S_q(E)$ ausdrücken. Noch zu diskutieren bleibt $\left\langle S_i^z S_j^z \right\rangle$. Wir benutzen zunächst die für $S = \frac{1}{2}$ gültigen Operatoridentitäten

$$S_i^- S_i^z = \frac{\hbar}{2} S_i^- ; \quad S_i^- S_i^+ = \hbar^2 S - \hbar S_i^z , \tag{4.296}$$

um mit (4.283)

$$\begin{aligned} &S_i^- \left[S_i^+ , H \right]_- \\ &= -2\hbar \sum_m J_{mi} \left\{ \frac{\hbar}{2} S_m^+ S_i^- - \hbar^2 S S_m^z + \hbar S_i^z S_m^z \right\} + g_J \mu_B B_0 \left(\hbar^2 S - \hbar S_i^z \right) \end{aligned}$$

zu berechnen. Dies bedeutet:

$$\begin{aligned} -\sum_{i,j} J_{ij} \left\langle S_i^z S_j^z \right\rangle = &\frac{1}{2\hbar^2} \sum_i \langle S_i^- [S_i^+ , H]_- \rangle \\ &+ \frac{1}{2} \sum_{i,j} J_{ij} \left\langle S_i^+ S_j^- \right\rangle - \hbar S J_0 N \langle S^z \rangle \\ &- \frac{1}{2\hbar^2} g_J \mu_B B_0 N \left(\hbar^2 S - \hbar \langle S^z \rangle \right) . \end{aligned}$$

Wir bezeichnen mit E_0 die Grundzustandsenergie des Ferromagneten (2.224),

$$E_0 = -N J_0 \hbar^2 S^2 - N g_J \mu_B B_0 S ,$$

und finden dann mit (4.295) für die innere Energie U:

$$\begin{aligned} U = &-\frac{1}{2} \sum_{i,j} J_{ij} \left\langle S_i^+ S_j^- \right\rangle + \frac{1}{2\hbar^2} \sum_i \left\langle S_i^- [S_i^+ , H]_- \right\rangle \\ &+ N S J_0 \left(\langle S_i^- S_i^+ \rangle - \hbar^2 S \right) - \frac{1}{2} g_J \mu_B B_0 N S \\ &+ \frac{1}{2\hbar} g_J \mu_B B_0 N \langle S^z \rangle - \frac{1}{\hbar} g_J \mu_B B_0 N \langle S^z \rangle \\ = &\, E_0 + \frac{1}{2\hbar^2} \sum_i \langle S_i^- [S_i^+ , H]_- \rangle \\ &+ \frac{1}{2} \sum_{i,j} \left\{ \left(J_0 \delta_{ij} - J_{ij} \right) + \delta_{ij} \frac{1}{\hbar^2} g_J \mu_B B_0 \right\} \left\langle S_j^- S_i^+ \right\rangle . \end{aligned}$$

Wir haben hier mehrfach die Normierung $J_{ii} = 0$ ausgenutzt. Nach Fourier-Transformation auf Wellenzahlen steht in der geschweiften Klammer gerade die Spinwellenenergie $\hbar\omega(\boldsymbol{q})$ des $S = 1/2$-Ferromagneten (2.232):

$$\begin{aligned} U = E_0 &+ \frac{1}{2\hbar^3} \sum_{\boldsymbol{q}} \hbar\omega(\boldsymbol{q}) \int\limits_{-\infty}^{+\infty} \mathrm{d}E \, \frac{S_{\boldsymbol{q}}(E)}{\mathrm{e}^{\beta E} - 1} \\ &+ \frac{1}{2\hbar^2} \sum_i \langle S_i^- [S_i^+, H]_- \rangle \; . \end{aligned} \tag{4.297}$$

Wir versuchen, schließlich auch noch den letzten Summanden durch die Spektraldichte $S_{\boldsymbol{q}}(E)$ auszudrücken:

$$\begin{aligned} &\frac{1}{2\hbar^2} \sum_i \langle S_i^- [S_i^+, H]_- \rangle \\ &= \frac{\mathrm{i}\hbar}{2\hbar^2} \sum_i \left(\frac{\partial}{\partial t} \langle S_i^-(t') \, S_i^+(t) \rangle \right)_{t=t'} \\ &= \frac{\mathrm{i}\hbar}{2\hbar^2} \sum_{\boldsymbol{q}} \left(\frac{1}{\hbar} \frac{\partial}{\partial t} \int\limits_{-\infty}^{+\infty} \mathrm{d}E \, \frac{S_{\boldsymbol{q}}(E)}{\mathrm{e}^{\beta E} - 1} \exp\left(-\frac{\mathrm{i}}{\hbar} E \, (t - t') \right) \right)_{t=t'} \\ &= \frac{1}{2\hbar^3} \sum_{\boldsymbol{q}} \int\limits_{-\infty}^{+\infty} \mathrm{d}E \, \frac{E S_{\boldsymbol{q}}(E)}{\mathrm{e}^{\beta E} - 1} \; . \end{aligned} \tag{4.298}$$

Hier haben wir die Bewegungsgleichung für zeitabhängige Heisenberg-Operatoren (3.27) und noch einmal das Spektraltheorem (3.157) ausgenutzt. Damit ist schlussendlich die innere Energie U vollständig durch die Spektraldichte $S_{\boldsymbol{q}}(E)$ bestimmt:

$$U = E_0 + \frac{1}{2\hbar^3} \sum_{\boldsymbol{q}} \int\limits_{\infty}^{+\infty} \mathrm{d}E \, \frac{(E + \hbar\omega(\boldsymbol{q}))}{\mathrm{e}^{\beta E} - 1} S_{\boldsymbol{q}}(E) \; . \tag{4.299}$$

Setzen wir noch für die Spektraldichte den Ausdruck (4.289) ein, so lässt sich die Energieintegration leicht ausführen. Es bleibt für den $S = (1/2)$-Ferromagneten:

$$U = E_0 + \frac{1}{\hbar} \langle S^z \rangle \sum_{\boldsymbol{q}} \frac{E(\boldsymbol{q}) + \hbar\omega(\boldsymbol{q})}{\exp(\beta E(\boldsymbol{q})) - 1} \; . \tag{4.300}$$

Mithilfe der allgemein gültigen Beziehung (3.217) können wir aus $U(T, V)$ die freie Energie $F(T, V)$ bestimmen, womit dann die gesamte Thermodynamik des $S = \frac{1}{2}$-Ferromagneten festgelegt ist.

Bisher haben wir unsere Betrachtungen auf den Sonderfall $S = 1/2$ beschränkt, da dieser gegenüber dem allgemeinen Fall $S \geq 1/2$ gewisse Vereinfachungen zulässt. Das eigentliche Ziel ist die Bestimmung von $\langle S^z \rangle$ mithilfe einer passend gewählten Green-Funktion. Wegen (4.280) ist das für $S = 1/2$ mit der Funktion (4.281) unmittelbar möglich. Für $S > 1/2$

ist jedoch statt (4.280) die Beziehung (4.279) zu mitteln:

$$\langle S_i^- S_i^+ \rangle = \hbar^2 S(S+1) - \hbar \langle S_i^z \rangle - \left\langle (S_i^z)^2 \right\rangle . \tag{4.301}$$

Der Term $\left\langle (S_i^z)^2 \right\rangle$ macht Schwierigkeiten. Er kann **nicht** durch die Green-Funktion (4.281) ausgedrückt werden. Wir wählen deshalb nun als Ausgangspunkt einen ganzen Satz von Green-Funktionen:

$$G_{ij}^{(n)}(E) = \left\langle\left\langle S_i^+ ; (S_j^z)^n S_j^- \right\rangle\right\rangle_E ; \quad n = 0, 1, 2, \ldots, 2S-1 . \tag{4.302}$$

Da der Operator links vom Semikolon derselbe ist wie der im vorher diskutierten $S = 1/2$-Fall, ändert sich an der Bewegungsgleichung nur die Inhomogenität. Akzeptieren wir dieselben Entkopplungen wie in (4.285), so können wir die Lösung für die Green-Funktion (4.302) direkt angeben:

$$G_{\boldsymbol{q}}^{(n)}(E) = \frac{\hbar \left\langle [S_i^+, (S_i^z)^n S_i^-]_- \right\rangle}{E - E(\boldsymbol{q})} . \tag{4.303}$$

Die Quasiteilchenenergien $E(\boldsymbol{q})$ sind exakt dieselben wie in (4.288). Aus dem Spektraltheorem folgt nun:

$$\left\langle (S_i^z)^n S_i^- S_i^+ \right\rangle = \left\langle [S_i^+, (S_i^z)^n S_i^-]_- \right\rangle \varphi(S) , \tag{4.304}$$

$$\varphi(S) = \frac{1}{N} \sum_{\boldsymbol{q}} \left(e^{\beta E(\boldsymbol{q})} - 1 \right)^{-1} . \tag{4.305}$$

Für den Erwartungswert auf der linken Seite von (4.304) können wir mit (4.301) schreiben:

$$\begin{aligned} \left\langle (S_i^z)^n S_i^- S_i^+ \right\rangle &= \hbar^2 S(S+1) \left\langle (S_i^z)^n \right\rangle \\ &\quad - \hbar \left\langle (S_i^z)^{n+1} \right\rangle - \left\langle (S_i^z)^{n+2} \right\rangle . \end{aligned} \tag{4.306}$$

Diese Gleichung benötigen wir nur für $n = 0, 1, \ldots, 2S-1$, da die im Spinraum gültige Operatoridentität

$$\prod_{m_S=-S}^{+S} (S_i^z - \hbar m_S) = 0 \tag{4.307}$$

für ein Abbrechen der Gleichungskette (4.306) sorgt. Für $n = 2S-1$ ist in dieser die höchste S_i^z-Potenz gleich $2S+1$. Diese lässt sich aber durch Auflösen der Beziehung (4.307) nach $(S_i^z)^{2S+1}$,

$$\left\langle (S_i^z)^{2S+1} \right\rangle = \sum_{n=0}^{2S} \alpha_n(S) \left\langle (S_i^z)^n \right\rangle , \tag{4.308}$$

durch die niedrigeren Potenzen von S_i^z ausdrücken. Die Zahlen $\alpha_n(S)$ lassen sich für gegebenen Spin S leicht aus (4.307) ableiten.

Wir beweisen als Nächstes durch vollständige Induktion die Behauptung

$$S_i^+ (S_i^z)^n = (S_i^z - \hbar)^n S_i^+ . \tag{4.309}$$

Für $n = 1$ ist wegen

$$\begin{aligned} S_i^+ S_i^z &= -\left[S_i^z, S_i^+\right]_- + S_i^z S_i^+ \\ &= -\hbar S_i^+ + S_i^z S_i^+ = \left(S_i^z - \hbar\right) S_i^+ \end{aligned}$$

die Behauptung korrekt. Der Schluss von n auf $n + 1$ gelingt wie folgt:

$$\begin{aligned} S_i^+ \left(S_i^z\right)^{n+1} &= S_i^+ \left(S_i^z\right)^n S_i^z \\ &= \left(S_i^z - \hbar\right)^n S_i^+ S_i^z \\ &= \left(S_i^z - \hbar\right)^n \left(S_i^z - \hbar\right) S_i^+ \\ &= \left(S_i^z - \hbar\right)^{n+1} S_i^+ \,. \end{aligned}$$

Damit ist (4.309) bewiesen. Diese Beziehung benutzen wir nun, um den Kommutator in (4.304) weiter auszuwerten:

$$\begin{aligned} \left[S_i^+, \left(S_i^z\right)^n S_i^-\right]_- &= \left(S_i^z - \hbar\right)^n S_i^+ S_i^- - \left(S_i^z\right)^n S_i^- S_i^+ \\ &= \left\{\left(S_i^z - \hbar\right)^n - \left(S_i^z\right)^n\right\} S_i^- S_i^+ + 2\hbar \left(S_i^z - \hbar\right)^n S_i^z \,. \end{aligned} \tag{4.310}$$

Nach Mittelung und Einsetzen von (4.301) erhalten wir einen Ausdruck, der zusammen mit (4.306) aus (4.304) das folgende Gleichungssystem macht:

$$\begin{aligned} &\hbar^2 S(S+1) \left\langle \left(S_i^z\right)^n \right\rangle - \hbar \left\langle \left(S_i^z\right)^{n+1} \right\rangle - \left\langle \left(S_i^z\right)^{n+2} \right\rangle \\ &= \left\{ 2\hbar \left\langle \left(S_i^z - \hbar\right)^n S_i^z \right\rangle \right. \\ &\quad \left. + \left\langle \left(\left(S_i^z - \hbar\right)^n - \left(S_i^z\right)^n\right) \left(\hbar^2 S(S+1) - \hbar S_i^z - \left(S_i^z\right)^2\right) \right\rangle \right\} \varphi(S) \,, \\ &\qquad n = 0, 1, \ldots, 2S - 1 \,. \end{aligned} \tag{4.311}$$

Dies sind $2S$ Gleichungen, die zusammen mit (4.308) die $(2S+1)$ Erwartungswerte $\langle (S_i^z)^n \rangle$, $n = 1, 2, \ldots, 2S+1$, zu bestimmen gestatten. Dieses Verfahren ist für große S natürlich sehr aufwändig, insbesondere weil $\langle S^z \rangle$ in komplizierter Weise noch einmal in $\varphi(S)$ auftaucht, bietet aber keine prinzipiellen Schwierigkeiten.

4.4.2 „Renormierte" Spinwellen

Wir haben in Abschn. 2.4.3 das Konzept der Spinwelle eingeführt, ausgehend von der Tatsache, dass der normierte Ein-Magnonenzustand,

$$|\boldsymbol{q}\rangle = \frac{1}{\hbar\sqrt{2SN}} S^-(\boldsymbol{q}) |S\rangle \,,$$

ein exakter Eigenzustand des Heisenberg-Hamilton-Operators ist mit dem Eigenwert

$$E(\boldsymbol{q}) = E_0 + \hbar\omega(\boldsymbol{q}) \,.$$

Die *lineare* Spinwellennäherung (Abschn. 2.4.4) beschreibt den Ferromagneten als ein *Gas* von nicht wechselwirkenden Magnonen. Sie basiert auf der Holstein-Primakoff-Transformation ((2.235) bis (2.238)) der Spinoperatoren, die eine unendliche Reihe in der Magnonenbesetzungszahl darstellt, welche nach dem linearen Term abgebrochen wird. Eine solche Näherung kann allerdings nur für sehr tiefe Temperaturen gerechtfertigt werden, wenn das Magnonen*gas* noch so dünn ist, dass die Wechselwirkungen zwischen den Magnonen vernachlässigt werden können. Letzteres ist bei etwas höheren Temperaturen nicht mehr erlaubt, der Ansatz (2.243) wird unbrauchbar.

Wir wollen in diesem Abschnitt mithilfe der in Abschn. 4.1.5 am Hubbard-Modell demonstrierten Momentenmethode die Spinwellenenergien durch Einbeziehen der Wechselwirkung *renormieren.* Wir benutzen dazu zunächst die so genannte **Dyson-Maleév-Transformation** der Spinoperatoren:

$$\begin{aligned} S_i^- &= \hbar\sqrt{2S}\alpha_i^+ \,, \\ S_i^+ &= \hbar\sqrt{2S}\left(1-\frac{n_i}{2S}\right)\alpha_i \,, \\ S_i^z &= \hbar\,(S-n_i)\ . \end{aligned} \tag{4.312}$$

α_i^+, α_i sind Bose-Operatoren, erfüllen also die fundamentalen Vertauschungsrelationen (1.97) bis (1.99). $n_i = \alpha_i^+\alpha_i$ kann als Magnonenbesetzungszahloperator interpretiert werden. Die Transformation (4.312) hat gegenüber der Holstein-Primakoff-Transformation den Vorteil, dass keine unendlichen Reihen auftreten. Der Heisenberg-Hamilton-Operator besteht nach der Transformation aus endlich vielen Termen:

$$H = E_0 + H_2 + H_4 \,, \tag{4.313}$$

$$H_2 = 2S\hbar^2\sum_{i,j}\left(J_0\delta_{ij} - J_{ij} + \delta_{ij}\frac{1}{\hbar^2}g_J\mu_B B_0\right)\alpha_i^+\alpha_j \,, \tag{4.314}$$

$$H_4 = -\hbar^2\sum_{i,j}J_{ij}n_in_j + \hbar^2\sum_{i,j}J_{ij}n_i\alpha_i\alpha_j^+ \,. \tag{4.315}$$

Der Term H_2 beschreibt *freie* Spinwellen, H_4 drückt die Wechselwirkung zwischen diesen aus.

Der entscheidende Nachteil der Transformation (4.312) besteht darin, dass S_i^-, S_i^+ nicht mehr adjungierte Operatoren sind und H demzufolge nicht mehr hermitesch. Auf die daraus resultierenden Komplikationen wollen wir jedoch hier nicht näher eingehen (F. J. Dyson, Phys. Rev. **102**, 1217, 1230 (1956)). Mit

$$\alpha_{\boldsymbol{q}} = \frac{1}{\sqrt{N}}\sum_i \mathrm{e}^{-\mathrm{i}\boldsymbol{q}\cdot\boldsymbol{R}_i}\alpha_i \tag{4.316}$$

schreiben wir nun H auf Wellenzahlen um:

$$\begin{aligned} H = E_0 &+ \sum_{\boldsymbol{q}}\hbar\omega(\boldsymbol{q})\alpha_{\boldsymbol{q}}^+\alpha_{\boldsymbol{q}} \\ &+ \frac{\hbar^2}{N}\sum_{\boldsymbol{q}_1\cdots\boldsymbol{q}_4}\left(J(\boldsymbol{q}_2) - J(\boldsymbol{q}_2-\boldsymbol{q}_4)\right)\delta_{\boldsymbol{q}_1+\boldsymbol{q}_2,\boldsymbol{q}_3+\boldsymbol{q}_4}\alpha_{\boldsymbol{q}_1}^+\alpha_{\boldsymbol{q}_2}^+\alpha_{\boldsymbol{q}_3}\alpha_{\boldsymbol{q}_4}\ . \end{aligned} \tag{4.317}$$

Mit $\hbar\omega(\boldsymbol{q})$ sind wieder die *nackten* Spinwellenenergien (2.232) gemeint.

Wir definieren als **Ein-Magnonen-Spektraldichte**:

$$B_{\boldsymbol{q}}(E) = \frac{1}{2\pi} \int_{-\infty}^{+\infty} \mathrm{d}(t-t') \exp\left(\frac{\mathrm{i}}{\hbar} E\,(t-t')\right) \left\langle \left[\alpha_{\boldsymbol{q}}(t), \alpha_{\boldsymbol{q}}^{+}(t')\right]_{-} \right\rangle . \tag{4.318}$$

Die zugehörigen Spektralmomente berechnen sich aus:

$$M_{\boldsymbol{q}}^{(n)} = \left\langle \left[\underbrace{\left[\ldots \left[\left[\alpha_{\boldsymbol{q}}, H\right]_{-}, H\right]_{-}, \ldots, H \right]_{-}}_{n\text{-facher Kommutator}}, \alpha_{\boldsymbol{q}}^{+} \right]_{-} \right\rangle . \tag{4.319}$$

Sie sind über

$$M_{\boldsymbol{q}}^{(n)} = \frac{1}{\hbar} \int_{-\infty}^{+\infty} \mathrm{d}E\, E^{n} B_{\boldsymbol{q}}(E) \tag{4.320}$$

mit der Spektraldichte verknüpft.

Welchen Ansatz wählen wir für $B_{\boldsymbol{q}}(E)$? Das Spinwellen-Resultat

$$B_{\boldsymbol{q}}^{\mathrm{SW}}(E) = \hbar\delta\left(E - \hbar\omega(\boldsymbol{q})\right) \tag{4.321}$$

als auch die Tyablikow-Näherung (4.289) entsprechen Ein-Pol-Ansätzen. Legen wir auf Lebensdauereffekte keinen besonderen Wert, so sollte

$$B_{\boldsymbol{q}}(E) = b_{\boldsymbol{q}}\delta\left(E - \hbar\Omega(\boldsymbol{q})\right) \tag{4.322}$$

einen physikalisch *vernünftigen* Ausgangspunkt darstellen, wobei $b_{\boldsymbol{q}}$ und $\hbar\Omega(\boldsymbol{q})$ zunächst unbekannte Parameter sind. Wir berechnen nun mit (4.319) die ersten beiden Spektralmomente:

$$M_{\boldsymbol{q}}^{(0)} = \left\langle \left[\alpha_{\boldsymbol{q}}, \alpha_{\boldsymbol{q}}^{+}\right]_{-} \right\rangle = 1 . \tag{4.323}$$

Für das zweite Moment benötigen wir den folgenden Kommutator:

$$\begin{aligned}
\left[\alpha_{\boldsymbol{q}}, H\right]_{-} &= \hbar\omega(\boldsymbol{q})\alpha_{\boldsymbol{q}} + \frac{\hbar^2}{N} \sum_{\boldsymbol{q}_1 \cdots \boldsymbol{q}_4} \left\{ J(\boldsymbol{q}_2) - J(\boldsymbol{q}_2 - \boldsymbol{q}_4) \right\} \\
&\quad \cdot \delta_{\boldsymbol{q}_1 + \boldsymbol{q}_2, \boldsymbol{q}_3 + \boldsymbol{q}_4} \left(\delta_{\boldsymbol{q},\boldsymbol{q}_1} \alpha_{\boldsymbol{q}_2}^{+} \alpha_{\boldsymbol{q}_3} \alpha_{\boldsymbol{q}_4} + \delta_{\boldsymbol{q}\boldsymbol{q}_2} \alpha_{\boldsymbol{q}_1}^{+} \alpha_{\boldsymbol{q}_3} \alpha_{\boldsymbol{q}_4} \right) \\
&= \hbar\omega(\boldsymbol{q})\alpha_{\boldsymbol{q}} + \frac{\hbar^2}{N} \sum_{\boldsymbol{q}_2, \boldsymbol{q}_4} \left\{ J(\boldsymbol{q}_2) - 2J(\boldsymbol{q} - \boldsymbol{q}_4) + J(\boldsymbol{q}) \right\} \\
&\quad \cdot \alpha_{\boldsymbol{q}_2}^{+} \alpha_{\boldsymbol{q}+\boldsymbol{q}_2-\boldsymbol{q}_4} \alpha_{\boldsymbol{q}_4} .
\end{aligned} \tag{4.324}$$

Damit berechnen wir weiter:

$$\begin{aligned}\left[[\alpha_q, H]_-, \alpha_q^+\right]_- &= \hbar\omega(\boldsymbol{q}) + \\ &+ \frac{\hbar^2}{N}\sum_{q_2,q_4}\{J(\boldsymbol{q}_2) - 2J(\boldsymbol{q}-\boldsymbol{q}_4) + J(\boldsymbol{q})\}\left(\delta_{qq_4} + \delta_{q_2q_4}\right)\alpha_{q_2}^+\alpha_{q_2} \\ &= \hbar\omega(\boldsymbol{q}) + 2\frac{\hbar^2}{N}\sum_{q_2}\{J(\boldsymbol{q}) + J(\boldsymbol{q}_2) - J(\boldsymbol{0}) - J(\boldsymbol{q}-\boldsymbol{q}_2)\}\,\alpha_{q_2}^+\alpha_{q_2}\,. \end{aligned} \tag{4.325}$$

Das zweite Spektralmoment lautet somit:

$$M_q^{(1)} = \hbar\omega(\boldsymbol{q}) + 2\frac{\hbar^2}{N}\sum_{\bar{q}}\{J(\boldsymbol{q}) + J(\bar{\boldsymbol{q}}) - J(\boldsymbol{0}) - J(\boldsymbol{q}-\bar{\boldsymbol{q}})\}\left\langle\alpha_{\bar{q}}^+\alpha_{\bar{q}}\right\rangle. \tag{4.326}$$

Die zunächst unbekannten Parameter im Spektraldichte-Ansatz (4.322) sind durch $M_q^{(1)}$ und $M_q^{(2)}$ über (4.320) eindeutig festgelegt:

$$b_q \equiv \hbar\,, \tag{4.327}$$

$$\hbar\Omega(\boldsymbol{q}) = \hbar\omega(\boldsymbol{q}) + 2\frac{\hbar^2}{N}\sum_{\bar{q}}\frac{J(\boldsymbol{q}) + J(\bar{\boldsymbol{q}}) - J(\boldsymbol{0}) - J(\boldsymbol{q}-\bar{\boldsymbol{q}})}{\exp\left(\beta\hbar\Omega(\bar{\boldsymbol{q}})\right) - 1}\,. \tag{4.328}$$

Für die letzte Gleichung haben wir noch das Spektraltheorem ausgenutzt:

$$\left\langle\alpha_{\bar{q}}^+\alpha_{\bar{q}}\right\rangle = \frac{1}{\hbar}\int_{-\infty}^{+\infty} dE\,\frac{B_{\bar{q}}(E)}{\exp(\beta E) - 1} = \left\{\exp\left(\beta\hbar\Omega(\bar{\boldsymbol{q}})\right) - 1\right\}^{-1}. \tag{4.329}$$

Die Konstante D im allgemeinen Spektraltheorem (3.157) verschwindet hier wegen $B_0 \geq 0^+$. Es ist bemerkenswert, dass die *renormierten* Spinwellenenergien (4.328), berechnet mithilfe der konzeptionell einfachen Momentenmethode, sich als vollständig äquivalent zur wohlbekannten Dyson'schen Spinwellentheorie erweisen. Die Momentenmethode stellt sich auch hier wieder als ein ebenso einfaches wie mächtiges Lösungsverfahren der Viel-Teilchen-Theorie heraus.

Das Ergebnis (4.328) lässt sich für konkrete Systeme leicht weiter auswerten. Die Austauschintegrale J_{ij} sind nur vom Abstand $\left|\boldsymbol{R}_i - \boldsymbol{R}_j\right|$ abhängig. Sei z_n die Zahl der magnetischen Atome (Spins) in der n-ten Schale relativ zu einem herausgegriffenen Atom und J_n das Austauschintegral zwischen diesem und seinen n-ten Nachbarn und sei ferner

$$J(\boldsymbol{q}) = \sum_n z_n J_n \gamma_q^{(n)}\,; \quad \gamma_q^{(n)} = \frac{1}{z_n}\sum_{\Delta_n} e^{i\boldsymbol{q}\cdot\boldsymbol{R}_{\Delta_n}}\,, \tag{4.330}$$

wobei die Summe über alle *magnetischen* Gitterplätze Δ_n der n-ten Schale läuft, dann können wir die *renormierten* Spinwellenenergien in die folgende Form bringen:

$$\hbar\Omega(\boldsymbol{q}) = 2S\sum_n\left(1 - \gamma_q^{(n)}\right)z_n J_n\left(1 - A_n(T)\right)\,, \tag{4.331}$$

$$A_n(T) = \frac{1}{NS}\sum_p\frac{1 - \gamma_p^{(n)}}{\exp\left(\beta\hbar\Omega(\boldsymbol{p})\right) - 1}\,. \tag{4.332}$$

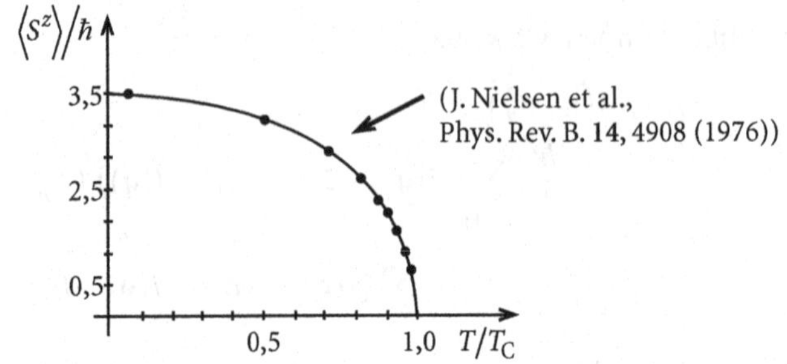

Abb. 4.20 Spontane Magnetisierung von EuO als Funktion der Temperatur, berechnet mit der Momentenmethode. Die Punkte sind experimentelle Daten

Dieses gelingt mit der durch Translationssymmetrie begründbaren Annahme:

$$\sum_{\bar{q}} \gamma_{q-\bar{q}} \langle \alpha^+_{\bar{q}} \alpha_{\bar{q}} \rangle \approx \gamma_q \sum_{\bar{q}} \gamma_{\bar{q}} \langle \alpha^+_{\bar{q}} \alpha_{\bar{q}} \rangle \,.$$

Prototyp eines ferromagnetischen Heisenberg-Spinsystems ist EuO, von dem man weiß, dass nur der Austausch zwischen nächsten und übernächsten Nachbarn von Bedeutung ist (J. Als Nielsen et al., Phys. Rev. B **14**, 4908 (1976)):

$$\frac{J_1}{k_B} = 0{,}625\,\mathrm{K}\,; \quad \frac{J_2}{k_B} = 0{,}125\,\mathrm{K}\,. \tag{4.333}$$

Die magnetischen $4f$-Momente des EuO sind an den Eu^{2+}-Gitterplätzen streng lokalisiert. Sie bilden damit eine kubisch flächenzentrierte Struktur. Die Summation in (4.332) erstreckt sich deshalb auf die erste f. c. c.-Brillouin-Zone und kann exakt durchgeführt werden, so dass (4.331) für alle Temperaturen selbstkonsistent gelöst werden kann. Mit den Spinwellenenergien $\hbar\Omega(\boldsymbol{q})$ können wir über

$$\langle S^z \rangle = \hbar S - \frac{\hbar}{N} \sum_q \{\exp(\beta\hbar\Omega(\boldsymbol{q})) - 1\}^{-1} \tag{4.334}$$

die Magnetisierung des Systems berechnen und mit dem Experiment vergleichen. Das Ergebnis (4.334) sollte im Temperaturbereich $0 \le T \le 0{,}8 \cdot T_C$ anwendbar sein ($T_C(\mathrm{EuO}) = 69{,}33\,\mathrm{K}$). Aus der Theorie der Phasenübergänge (s. Abschn. 4.2 von Bd. 4) lernt man, dass die Magnetisierung des Ferromagneten im kritischen Bereich $0{,}9 \cdot T_C \le T \le T_C$ durch ein Potenzgesetz beschrieben werden kann (J. Als Nielsen et al., Phys. Rev. B. **14**, 4908 (1976)):

$$\langle S^z \rangle = 1{,}17 \cdot S \cdot \left(1 - \frac{T}{T_C}\right)^{0{,}36} \,. \tag{4.335}$$

Kombiniert man (4.334) und (4.335) und *„fittet"* den kleinen Zwischenbereich ($0{,}8T_C \le T \le 0{,}9T_C$) passend, so ergibt sich, wie Abb. 4.20 zeigt, eine praktisch quantitative Übereinstimmung mit dem Experiment (Punkte!).

4.4.3 Aufgaben

Aufgabe 4.4.1

Zeigen Sie, dass die Tyablikow-Näherung für das Heisenberg-Modell das Bloch'sche $T^{3/2}$-Gesetz,

$$\frac{1-\langle S^z \rangle}{\hbar S} \sim T^{3/2} ,$$

erfüllt. Sie können dabei ausnutzen, dass für kleine Wellenzahlen $|\boldsymbol{q}|$ die Austauschintegrale sich durch

$$J_0 - J(\boldsymbol{q}) = \frac{D}{2S\hbar^2} q^2$$

approximieren lassen.

Aufgabe 4.4.2

Leiten Sie für ein System von lokalisierten Spins mit $S = 1$ im Rahmen des Heisenberg-Modells die folgende implizite Bestimmungsgleichung ab:

$$\langle S^z \rangle_{S=1} = \hbar \frac{1 + 2\Phi(1)}{1 + 3\Phi(1) + 3\Phi^2(1)} ,$$

$$\Phi(S) = \frac{1}{N} \sum_{\boldsymbol{q}} [\exp(\beta E(\boldsymbol{q})) - 1]^{-1} ,$$

$$E(\boldsymbol{q}) = 2\hbar \langle S^z \rangle (J_0 - J(\boldsymbol{q})) .$$

Benutzen Sie die Tyablikow-Näherung für die in Abschn. 4.3.2 definierte Green'sche Funktion:

$$G_{ij}^{(n)}(E) = \left\langle\!\left\langle S_i^+ ; \left(S_j^z\right)^n S_j^- \right\rangle\!\right\rangle_E^{\text{ret}} ; \quad n = 1, 2 .$$

Berechnen Sie auch $\left\langle (S^z)^2 \right\rangle_{S=1}$.

Aufgabe 4.4.3

Verifizieren Sie die folgenden Kommutatoren für Spinoperatoren:

1. $$[(S_i^-)^n, S_i^z]_- = n\hbar (S_i^-)^n ; \quad n = 1, 2, \ldots$$

2. $$\left[(S_i^-)^n, (S_i^z)^2\right]_- = n^2\hbar^2(S_i^-)^n + 2n\hbar S_i^z (S_i^-)^n \; ; \qquad n = 1, 2, \ldots$$

3. $$[S_i^+, (S_i^-)^n]_- = \left[2n\hbar S_i^z + \hbar^2 n(n-1)\right] (S_i^-)^{n-1} \; ; \qquad n = 1, 2, \ldots$$

Aufgabe 4.4.4

Verifizieren Sie die folgende Operatoridentität:

$$(S_i^-)^n (S_i^+)^n = \prod_{p=1}^{n} \left[\hbar^2 S(S+1) - (n-p)(n-p+1)\hbar^2 - (2n-2p+1)\hbar S_i^z - (S_i^z)^2\right].$$

Aufgabe 4.4.5

Finden Sie mithilfe der retardierten Green-Funktionen

$$G_{ij}^{(n)}(E) = \left\langle\!\left\langle S_i^+; (S_j^-)^{n+1} (S_j^+)^n \right\rangle\!\right\rangle_E^{\text{ret}} ; \quad n = 0, 1, \ldots, 2S-1$$

ein geschlossenes Gleichungssystem für die spontane Magnetisierung $\langle S^z \rangle$ eines $S \geq 1/2$-Spinsystems. Lösen Sie die Bewegungsgleichung mithilfe der Tyablikow-Näherung und benutzen Sie Teilergebnisse der Aufgaben Aufgabe 4.4.3 und Aufgabe 4.4.4. Zeigen Sie die Äquivalenz des obigen Systems von Green-Funktionen mit dem aus (4.302) (s. Aufgabe 4.4.2) explizit für $S = 1$.

4.5 Elektron-Magnon-Wechselwirkung

Wir haben bereits an früherer Stelle darauf hingewiesen, dass es interessante Analogien zwischen den in Abschn. 2.2 behandelten Gitterschwingungen (*Phononen*) und den in Abschn. 2.4.3 eingeführten **Magnonen** gibt. So wie die Elektron-Phonon-Wechselwirkung (Abschn. 2.3) zu einer Reihe von spektakulären Phänomenen führt – man denke nur an die Supraleitung –, so hat auch die analoge Elektron-Magnon-Wechselwirkung interessante Konsequenzen. Dies gilt insbesondere für solche Systeme, bei denen magnetische und elektrische Eigenschaften von verschiedenen Elektronengruppen geprägt werden. Dieses wiederum ist typisch für Verbindungen, an denen Seltene Erden beteiligt sind, auf die die folgenden Betrachtungen deshalb gezielt ausgerichtet sind.

4.5.1 Magnetische 4*f*-Systeme (*s*-*f*-Modell)

Unter einem 4*f*-**System** versteht man einen Festkörper, dessen elektronische Eigenschaften im Wesentlichen der Existenz von nur teilweise gefüllten 4*f*-Schalen zuzuschreiben sind. Dies sind also Verbindungen, an denen so genannte Seltene Erden beteiligt sein müssen. Die Elektronenkonfiguration des neutralen Seltenen-Erd-Atoms entspricht der stabilen Edelgaskonfiguration des Xenons plus zusätzliche 4*f*-, 6*s*- und manchmal auch noch 5*d*-Anteile:

$$[\mathrm{SE}] = [\mathrm{Xe}](4f)^n(5d)^m(6s)^2 \; ; \quad (0 \le n \le 14 \, ; \; m = 0, 1) \, .$$

Im Periodensystem folgen die Seltenen Erden auf das Element Lanthan (La) und unterscheiden sich von diesem und voneinander durch ein sukzessives Auffüllen der 4*f*-Schale, also durch die Zahl n ihrer 4*f*-Elektronen. In kondensierter Materie erscheinen die 4*f*-Systeme als Isolatoren, Halbleiter und Metalle, und typisch ist dabei der Valenzzustand 3+,

$$\mathrm{SE} \longrightarrow (\mathrm{SE})^{3+} + \left\{(6s)^2 + 4f^1\right\} ,$$

wobei die Seltene Erde ihre beiden 6*s*-Elektronen und eines der 4*f*-Elektronen abgibt. In Isolatoren (z. B. $NdCl_3$) werden diese drei Elektronen zur Bindung benötigt, während sie in metallischen 4*f*-Systemen (z. B. Gd) die quasifreien Leitungselektronen darstellen. Es gibt von dieser Regel ein paar Ausnahmen. Ce, Pr können auch vierwertig, Sm, Eu, Tm, Yb auch zweiwertig in gewissen Verbindungen vorliegen.

Ein wesentliches Charakteristikum der 4*f*-Systeme ist die strenge Lokalisation der 4*f*-Elektronen. Die 4*f*-Schale wird durch weiter außen liegende, vollständig gefüllte Elektronenschalen (5*s*, 5*p*) sehr stark gegenüber Einflüssen aus der Umgebung abgeschirmt, sodass selbst in komplizierter Materie die 4*f*-Wellenfunktionen benachbarter Seltenen Erdionen so gut wie gar nicht überlappen. Das hat unter anderem auch zur Folge, dass sich die 4*f*-Schale selbst im Festkörper sehr gut durch die Hund'schen Regeln der Atomphysik beschreiben lässt. Koppeln – diesen Regeln gemäß – die 4*f*-Elektronendrehimpulse zu einem Gesamtdrehimpuls $J \neq 0$, so ruft die unvollständig gefüllte 4*f*-Schale ein permanentes magnetisches Moment hervor, das zudem am Ort der Seltenen Erde streng lokalisiert ist. Dann ist es aber auch nicht weiter verwunderlich, dass in gewissen 4*f*-Systemen gewisse Austauschwechselwirkungen dafür sorgen, dass diese permanenten magnetischen Momente unterhalb einer für das jeweilige Material charakteristischen kritischen Temperatur kollektiv magnetisch, z. B. ferromagnetisch, ordnen. In diesem Fall sprechen wir dann von einem **magnetischen** 4*f*-**System**. Prototypen dieser Klasse sind die Europiumchalkogenide EuX (X = O, S, Se, Te) und das Gd. Die EuX sind Isolatoren bzw. Halbleiter, Gd ist ein Metall.

Die Tatsache, dass elektrische und magnetische Eigenschaften der 4*f*-Systeme von zwei verschiedenen Elektronengruppen verantwortet werden, führt zu interessanten wechselseitigen Effekten. So beobachtet man z. B. in ferromagnetischen Systemen eine drastische

Temperaturabhängigkeit der Leitungsbandstruktur, die von dem Magnetisierungszustand der $4f$-Momente bestimmt wird. Auf der anderen Seite reagiert das Momentensystem empfindlich auf Änderungen der Ladungsträgerdichte im Leitungsband, was z. B. durch Dotieren mit passenden Fremdsubstanzen erreicht werden kann.

Völlig unumstritten ist das theoretische Modell, mit dem man magnetische $4f$-Systeme beschreibt. Es handelt sich um das in (2.206) bereits eingeführte **s-f-Modell**, das wir hier noch einmal im Detail besprechen wollen. Es ist definiert durch den folgenden Hamilton-Operator:

$$H = H_s + H_{ss} + H_f + H_{sf} \; . \tag{4.336}$$

H_s drückt die kinetische Energie der Leitungselektronen und ihre Wechselwirkung mit dem periodischen Gitterpotential aus:

$$H_s = \sum_{ij\sigma} \left(T_{ij} - \mu \delta_{ij} \right) a^+_{i\sigma} a_{j\sigma} = \sum_{\boldsymbol{k}\sigma} \left(\varepsilon(\boldsymbol{k}) - \mu \right) a^+_{\boldsymbol{k}\sigma} a_{\boldsymbol{k}\sigma} \; . \tag{4.337}$$

Dies entspricht dem Operator $\mathcal{H}_0$ aus Gleichung (3.190) in Abschn. 3.3.1. Die Symbole in (4.337) haben dieselbe Bedeutung wie in (3.190).

H_{ss} erfasst die Coulomb-Wechselwirkung der Leitungselektronen, die wir der Einfachheit halber als stark abgeschirmt annehmen wollen, sodass sie vom *Hubbard-Typ* sein wird:

$$H_{ss} = \frac{1}{2} U \sum_{i,\sigma} n_{i\sigma} n_{i-\sigma} \; . \tag{4.338}$$

Bei der Formulierung von H_s und H_{ss} haben wir vorausgesetzt, dass das Leitungsband ein so genanntes s-Band ist, das maximal mit zwei Elektronen pro Gitterplatz besetzt sein kann.

Das Teilsystem der magnetischen $4f$-Momente wird wegen deren strenger Lokalisation sehr realistisch durch das Heisenberg-Modell (2.203) beschrieben:

$$H_f = -\sum_{i,j} J_{ij} \boldsymbol{S}_i \cdot \boldsymbol{S}_j \; . \tag{4.339}$$

Von entscheidender Bedeutung ist nun die Kopplung zwischen den Leitungs- und den $4f$-Elektronen, für die man eine intraatomare s-f-Austauschwechselwirkung ansetzt, d. h. eine lokale Wechselwirkung zwischen dem Spin $\boldsymbol{\sigma}$ des Leitungselektrons und dem $4f$-Spin $\boldsymbol{S}_i$:

$$H_{sf} = -g \sum_i \boldsymbol{\sigma}_i \cdot \boldsymbol{S}_i \; . \tag{4.340}$$

Formal hat dieser Operator dieselbe Gestalt wie H_f, nur ist ein $4f$-Spin durch den Elektronenspin ersetzt und die Doppelsumme auf die diagonalen (intraatomaren) Anteile beschränkt. g ist die entsprechende s-f-Austauschkonstante. Für praktische Zwecke ist die kompakte Schreibweise in (4.340) ungünstig. Man benutzt für den Elektronenspin besser den Formalismus der zweiten Quantisierung. Dazu transformieren wir wie in (4.104) und (4.105) die Spinoperatoren auf Erzeugungs- und Vernichtungsoperatoren:

$$\frac{1}{\hbar} \sigma_i^z = \frac{1}{2} \sum_\sigma z_\sigma n_{i\sigma} \; ; \quad (z_\uparrow = +1; \quad z_\downarrow = -1) \; , \tag{4.341}$$

$$\frac{1}{\hbar}\sigma_i^+ = a_{i\uparrow}^+ a_{i\downarrow} , \tag{4.342}$$

$$\frac{1}{\hbar}\sigma_i^- = a_{i\downarrow}^+ a_{i\uparrow} . \tag{4.343}$$

Damit ergibt sich die s-f-Wechselwirkung wie folgt,

$$H_{sf} = -\frac{1}{2} g\hbar \sum_{i,\sigma} \left(z_\sigma S_i^z n_{i\sigma} + S_i^\sigma a_{i-\sigma}^+ a_{i\sigma} \right) , \tag{4.344}$$

wobei wir zur Abkürzung

$$S_i^\uparrow \equiv S_i^+ = S_i^x + \mathrm{i} S_i^y ; \quad S_i^\downarrow \equiv S_i^- = S_i^x - \mathrm{i} S_i^y \tag{4.345}$$

geschrieben haben. Die Wechselwirkung setzt sich also aus zwei Bestandteilen zusammen, einem *diagonalen* Term zwischen den z-Komponenten der beteiligten Spinoperatoren und einem *nichtdiagonalen* Term, der offensichtlich Spinaustauschprozesse zwischen den beiden Wechselwirkungspartnern beschreibt. Es stellt sich heraus, dass es gerade diese Spinflipterme sind, die die Leitungsbandstruktur ganz wesentlich beeinflussen.

Das s-f-Modell (4.336) hat sich als außerordentlich realistisch für die magnetischen $4f$-Systeme erwiesen. Es definiert allerdings ein wirklich nichttriviales Viel-Teilchen-Problem, das für den allgemeinen Fall nicht exakt gelöst werden kann. Viel kann man aus zwei Grenzfällen lernen, die wir in den nächsten Abschnitten besprechen wollen.

4.5.2 Das unendlich schmale Band

Wir wollen uns zunächst nicht für die *Dispersion* ($\boldsymbol{k}$-Abhängigkeit) der Energiebandzustände interessieren und lassen deshalb in einem Gedankenexperiment die Gitterkonstante so groß werden, dass das Leitungsband zu einem Niveau T_0 entartet. Aus dem Modell-Hamilton-Operator (4.336) wird dann:

$$\widehat{H} = (T_0 - \mu) \sum_\sigma n_\sigma + \frac{1}{2} U \sum_\sigma n_\sigma n_{-\sigma} - \frac{1}{2} g\hbar \sum_\sigma \left(z_\sigma S^z n_\sigma + S^\sigma a_{-\sigma}^+ a_\sigma \right) . \tag{4.346}$$

Wegen $J_{ii} = 0$ verschwindet H_f in dieser Grenze. Wir wollen aber weiterhin annehmen, dass das lokalisierte Spinsystem ferromagnetisch ordnet, d. h. unterhalb T_C eine endliche Magnetisierung $\langle S^z \rangle$ aufweist. $\langle S^z \rangle$ lässt sich natürlich nicht selbstkonsistent aus $\widehat{H}$ ableiten, soll deshalb als Parameter aufgefasst werden. Dies wird später noch klarer werden.

Das zu $\widehat{H}$ gehörige Viel-Teilchen-Problem lässt sich mit etwas Aufwand exakt lösen. Wir definieren die folgenden Operatorkombinationen,

$$d_\sigma = z_\sigma S^z a_\sigma + S^{-\sigma} a_{-\sigma} , \tag{4.347}$$

$$D_\sigma = z_\sigma S^z n_{-\sigma} a_\sigma + S^{-\sigma} n_\sigma a_{-\sigma} , \tag{4.348}$$

$$p_\sigma = n_{-\sigma} a_\sigma , \tag{4.349}$$

und berechnen damit die Kommutatoren:

$$\left[a_\sigma, \widehat{H}\right]_- = T_0 - \mu a_\sigma - \frac{1}{2} g\hbar d_\sigma + U p_\sigma \,, \tag{4.350}$$

$$\begin{aligned}\left[d_\sigma, \widehat{H}\right]_- &= \\ &= \left(T_0 - \mu + \frac{1}{2} g\hbar^2\right) d_\sigma - \frac{1}{2} gS(S+1)\hbar^3 a_\sigma + \left(U - g\hbar^2\right) D_\sigma \,,\end{aligned} \tag{4.351}$$

$$\left[D_\sigma, \widehat{H}\right]_- = \left(T_0 - \mu + U - \frac{1}{2} g\hbar^2\right) D_\sigma - \frac{1}{2} gS(S+1)\hbar^3 p_\sigma \,, \tag{4.352}$$

$$\left[p_\sigma, \widehat{H}\right]_- = (T_0 - \mu + U)\, p_\sigma - \frac{1}{2} g\hbar D_\sigma \,. \tag{4.353}$$

Für die folgenden vier Green-Funktionen

$$G_{a\sigma}(E) = \langle\langle a_\sigma; a_\sigma^+ \rangle\rangle_E \,, \tag{4.354}$$

$$G_{d\sigma}(E) = \langle\langle d_\sigma; a_\sigma^+ \rangle\rangle_E \,, \tag{4.355}$$

$$G_{D\sigma}(E) = \langle\langle D_\sigma; a_\sigma^+ \rangle\rangle_E \,, \tag{4.356}$$

$$G_{p\sigma}(E) = \langle\langle p_\sigma; a_\sigma^+ \rangle\rangle_E \tag{4.357}$$

lassen sich leicht mithilfe der obigen Kommutatoren die Bewegungsgleichungen aufstellen:

$$(E - T_0 + \mu)\, G_{a\sigma}(E) = \hbar - \frac{\hbar}{2} g G_{d\sigma}(E) + U G_{p\sigma}(E) \,, \tag{4.358}$$

$$\begin{aligned}&\left(E - T_0 + \mu - \frac{\hbar^2}{2} g\right) G_{d\sigma}(E) = \\ &\quad = \hbar z_\sigma \langle S^z \rangle - \frac{\hbar^3}{2} gS(S+1)\, G_{a\sigma}(E) + \left(U - g\hbar^2\right) G_{D\sigma}(E) \,,\end{aligned} \tag{4.359}$$

$$\begin{aligned}&\left(E - T_0 + \mu - U + \frac{1}{2} g\hbar^2\right) G_{D\sigma}(E) = \\ &\quad = -\hbar^2 \Delta_{-\sigma} - \frac{\hbar^3}{2} gS(S+1)\, G_{p\sigma}(E) \,,\end{aligned} \tag{4.360}$$

$$(E - T_0 + \mu - U)\, G_{p\sigma}(E) = \hbar \langle n_{-\sigma} \rangle - \frac{\hbar}{2} g G_{D\sigma}(E) \,. \tag{4.361}$$

Dabei haben wir zur Abkürzung geschrieben:

$$\hbar \Delta_\sigma = \langle S^\sigma a_{-\sigma}^+ a_\sigma \rangle + z_\sigma \langle S^z n_\sigma \rangle \,. \tag{4.362}$$

Die Gleichungen (4.358) bis (4.361) bilden ein geschlossenes System. Zur Lösung setzen wir zunächst (4.360) in (4.361) ein:

$$\begin{aligned}&\left(E - T_0 + \mu - U - \frac{\hbar^4 / 4g^2 S(S+1)}{E - T_0 + \mu - U + \hbar^2/2g}\right) G_{p\sigma}(E) \\ &= \hbar \langle n_{-\sigma} \rangle + \frac{\frac{\hbar^3}{2} g \Delta_{-\sigma}}{E - U + \hbar^2/2g - T_0 + \mu} \,.\end{aligned}$$

Wir kürzen ab:

$$E_3 = T_0 + U - \frac{\hbar^2}{2} g(S+1) \,; \quad E_4 = T_0 + U + \frac{\hbar^2}{2} gS \,. \tag{4.363}$$

$G_{p\sigma}(E)$ stellt offensichtlich eine Zwei-Pol-Funktion dar:

$$G_{p\sigma}(E) = \frac{\hbar}{(E - E_3 + \mu)(E - E_4 + \mu)} \cdot \left[\frac{\hbar^2}{2} g\Delta_{-\sigma} + \langle n_{-\sigma}\rangle \left(E - T_0 + \mu - U + \frac{\hbar^2}{2} g\right)\right] .$$

Wir setzen deshalb

$$G_{p\sigma}(E) = \hbar \left(\frac{\vartheta_{3\sigma}}{E - E_3 + \mu} + \frac{\vartheta_{4\sigma}}{E - E_4 + \mu}\right) \tag{4.364}$$

und bestimmen die spektralen Gewichte aus:

$$\vartheta_{3\sigma} = \lim_{E \to E_3 - \mu} \frac{1}{\hbar} (E - E_3 + \mu)\, G_{p\sigma}(E) = \frac{1}{2S + 1} \left(S \langle n_{-\sigma}\rangle - \Delta_{-\sigma}\right) , \tag{4.365}$$

$$\vartheta_{4\sigma} = \lim_{E \to E_4 - \mu} \frac{1}{\hbar} (E - E_4 + \mu)\, G_{p\sigma}(E) = \frac{1}{2S + 1} \left((S + 1) \langle n_{-\sigma}\rangle + \Delta_{-\sigma}\right) . \tag{4.366}$$

Damit ist $G_{p\sigma}(E)$ vollständig bestimmt. Die Summenregel

$$\vartheta_{3\sigma} + \vartheta_{4\sigma} = \langle n_{-\sigma}\rangle \tag{4.367}$$

dient der Kontrolle. An (4.361) wird klar, dass $G_{D\sigma}(E)$ dieselben Pole wie $G_{p\sigma}(E)$ haben muss:

$$G_{D\sigma}(E) = \hbar^2 \left(\frac{\gamma_{3\sigma}}{E - E_3 + \mu} + \frac{\gamma_{4\sigma}}{E - E_4 + \mu}\right) . \tag{4.368}$$

Für die spektralen Gewichte findet man wie in (4.365) und (4.366):

$$\gamma_{3\sigma} = (S + 1)\, \vartheta_{3\sigma} ; \quad \gamma_{4\sigma} = -S \vartheta_{4\sigma} . \tag{4.369}$$

Auch hier ist die Summenregel (= erstes Spektralmoment) erfüllt:

$$\gamma_{3\sigma} + \gamma_{4\sigma} = -\Delta_{-\sigma} . \tag{4.370}$$

Wir setzen nun die Ergebnisse für $G_{D\sigma}(E)$ und $G_{p\sigma}(E)$ in (4.358) und (4.359) ein und lösen nach $G_{a\sigma}(E)$ auf:

$$\left(E - T_0 + \mu - \frac{\frac{\hbar^4}{4} g^2 S (S + 1)}{E - T_0 + \mu - \frac{\hbar^2}{2} g}\right) G_{a\sigma}(E) = \hbar \left(1 - \frac{\frac{\hbar}{2} g z_\sigma \langle S^z\rangle}{E - T_0 + \mu - \frac{1}{2} g \hbar^2}\right) + U G_{p\sigma}(E) - \frac{\frac{1}{2} g \left(U - g\hbar^2\right) \hbar}{E - T_0 + \mu - \frac{1}{2} g} G_{D\sigma}(E) . \tag{4.371}$$

Die Klammer auf der linken Seite der Gleichung lässt sich als Produkt $(E - E_1 + \mu)\,(E - E_2 + \mu)$ mit

$$E_1 = T_0 - \frac{\hbar^2}{2} gS\,; \quad E_2 = T_0 + \frac{\hbar^2}{2} g(S+1) \tag{4.372}$$

schreiben. $G_{a\sigma}(E)$ stellt also offensichtlich eine Vier-Pol-Funktion dar:

$$G_{a\sigma}(E) = \hbar \sum_{i=1}^{4} \frac{\alpha_{i\sigma}}{E - E_i + \mu} \,. \tag{4.373}$$

Für die spektralen Gewichte ergeben sich mit (4.371) und

$$\alpha_{i\sigma} = \lim_{E \to E_i - \mu} \frac{1}{\hbar} (E - E_i + \mu)\, G_{a\sigma}(E)$$

die folgenden Ausdrücke:

$$\alpha_{1\sigma} = \frac{1}{2S+1} \left\{ S + 1 + \frac{z_\sigma}{\hbar} \langle S^z \rangle + \Delta_{-\sigma} - (S+1) \langle n_{-\sigma} \rangle \right\} , \tag{4.374}$$

$$\alpha_{2\sigma} = \frac{1}{2S+1} \left\{ S - \frac{z_\sigma}{\hbar} \langle S^z \rangle - \Delta_{-\sigma} - S \langle n_{-\sigma} \rangle \right\} , \tag{4.375}$$

$$\alpha_{3\sigma} = \vartheta_{3\sigma}\,; \quad \alpha_{4\sigma} = \vartheta_{4\sigma} \,. \tag{4.376}$$

Bleibt noch die Green-Funktion $G_{d\sigma}(E)$, die sich nun leicht über (4.358) festlegen lässt:

$$G_{d\sigma}(E) = \hbar^2 \sum_{i=1}^{4} \frac{\beta_{i\sigma}}{E - E_i + \mu} \,. \tag{4.377}$$

Für die spektralen Gewichte gilt jetzt:

$$\beta_{1\sigma} = S\alpha_{1\sigma}\,; \quad \beta_{2\sigma} = -(S+1)\alpha_{2\sigma}\,; \quad \beta_{3\sigma} = (S+1)\alpha_{3\sigma}\,; \quad \beta_{4\sigma} = -S\alpha_{4\sigma} \,. \tag{4.378}$$

Die uns eigentlich interessierende Größe ist die Ein-Elektronen-Green-Funktion $G_{a\sigma}(E)$ (4.373), zu deren vollständigen Festlegung wir noch die Erwartungswerte $\Delta_{-\sigma}$ und $\langle n_{-\sigma} \rangle$ sowie das chemische Potential μ kennen müssen. Schreiben wir zur Abkürzung

$$f_i(T) = \frac{1}{1 + \exp[\beta(E_i - \mu)]}\,; \quad i = 1, \ldots, 4 \,, \tag{4.379}$$

so folgt $\langle n_{-\sigma} \rangle$ unter Anwendung des Spektraltheorems aus der Ein-Elektronen-Spektraldichte

$$S_{a\sigma}(E) = -\frac{1}{\pi} \operatorname{Im} G_{a\sigma}(E + i0^+) = \hbar \sum_{i=1}^{4} \alpha_{i\sigma} \delta(E - E_i + \mu) \,. \tag{4.380}$$

Man findet unmittelbar:

$$\langle n_{-\sigma} \rangle = \sum_{i=1}^{4} \alpha_{i-\sigma} f_i(T) \,. \tag{4.381}$$

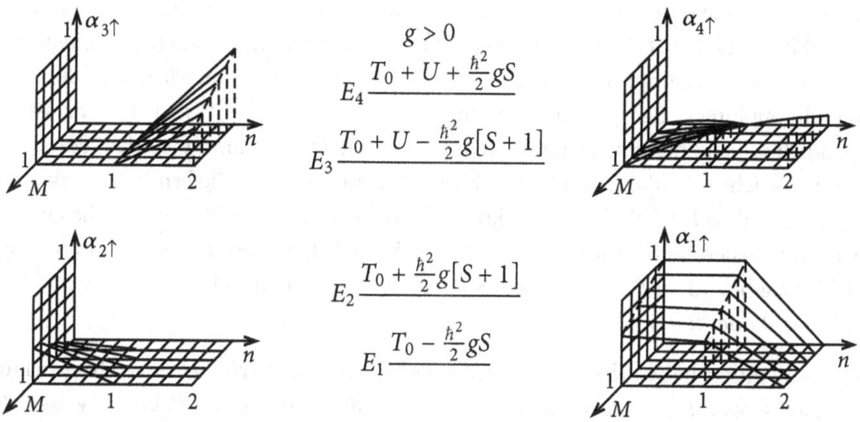

Abb. 4.21 Spektrale Gewichte der exakten Lösung des sf-Modells für die Grenze des unendlich schmalen Bandes als Funktion der Teilchendichte n und der renormierten Magnetisierung $M = 1 - \langle S^z \rangle / S$. E_1 bis E_4 sind die Quasiteilchenniveaus

Das chemische Potential μ ist durch die *Band*besetzung n (= Zahl der Elektronen des betrachteten Energie*bandes* pro Gitterplatz) festgelegt:

$$n = \sum_{\sigma} \langle n_\sigma \rangle = \sum_{i,\sigma} \alpha_{i\sigma} f_i(T) . \qquad (4.382)$$

$\Delta_{-\sigma}$ lässt sich über die *höhere* Spektraldichte

$$S_{d\sigma}(E) = -\frac{1}{\pi} \operatorname{Im} G_{d\sigma}(E + \mathrm{i}0^+) = \hbar^2 \sum_{i=1}^{4} \beta_{i\sigma} \delta(E - E_i + \mu) \qquad (4.383)$$

ebenfalls leicht aus dem Spektraltheorem ableiten:

$$\Delta_{-\sigma} = \sum_{i=1}^{4} \beta_{i-\sigma} f_i(T) . \qquad (4.384)$$

Mit (4.381), (4.382) und (4.384) sind die spektralen Gewichte aller vier Green-Funktionen vollständig bestimmt.

Die Pole der Ein-Elektronen-Green-Funktion $G_{a\sigma}(E)$ stellen die Quasiteilchen-Energien des wechselwirkenden Systems dar. Aufgrund dieser Wechselwirkungen spaltet das zum Niveau T_0 entartete Bloch-Band in vier Quasiteilchenniveaus E_i auf, die in (4.363) und (4.372) aufgelistet sind. Im Gegensatz zu den spektralen Gewichten $\alpha_{i\sigma}$ sind die Niveaus **un**abhängig von Spin, Temperatur und Bandbesetzung.

Die $\uparrow$-Gewichte sind in Abb. 4.21 als Funktion der Bandbesetzung n $(0 \le n \le 2)$ sowie der renormierten Magnetisierung $M = (S - \langle S^z \rangle) / S$ für einen realistischen Parametersatz ($U = 2\,\text{eV}$; $g\hbar^2 = 0{,}2\,\text{eV}$; $S = 7/2$) aufgetragen. Die entsprechenden $\downarrow$-Gewichte lassen sich mithilfe der Teilchen-Loch-Symmetrie

$$\alpha_{1\sigma}(T, n) = \alpha_{4-\sigma}(T, 2-n) ; \quad \alpha_{2\sigma}(T, n) = \alpha_{3-\sigma}(T, 2-n) \qquad (4.385)$$

ebenfalls der Skizze entnehmen. Die Temperaturabhängigkeit der $\alpha_{i\sigma}$ resultiert praktisch ausschließlich aus der $4f$-Magnetisierung $\langle S^z \rangle$, die wir hier als Parameter ansehen müssen. Das ist nicht ganz unproblematisch, da das Momentensystem natürlich auch durch die Austauschkopplung (4.344) von den Leitungselektronen beeinflusst wird. $\langle S^z \rangle$ müsste also eigentlich selbstkonsistent im Rahmen des vollen Modells bestimmt werden. Für $H_f = 0$ würde eine solche selbstkonsistente Rechnung allerdings $\langle S^z \rangle = 0$ liefern. – Wir erkennen an der Skizze, dass für jede Parameterkonstellation von den vier Niveaus höchstens drei tatsächlich realisiert sind; mindestens eines von ihnen hat ein verschwindendes spektrales Gewicht. Es gibt zudem eine Reihe von Spezialfällen, in denen weitere Niveaus ausfallen, z. B. für $T = 0$ oder $n = 0, 1, 2$.

Welche Bedeutung haben die spektralen Gewichte? Bei *ausgeschalteten* Wechselwirkungen ist das Niveau T_0 $2N$-fach entartet (N = Zahl der Gitterplätze, Faktor 2 wegen der beiden Spinrichtungen). Die $\alpha_{i\sigma}$ legen nun fest, wie sich die Entartung bei *eingeschalteten* Wechselwirkungen auf die Quasiteilchenniveaus verteilt. $\alpha_{i\sigma}N$ ist der Entartungsgrad des (i, σ)-Niveaus. Diese Interpretation legt nun nahe, die in Abschn. 4.3.5 eingeführte Legierungsanalogie (CPA) auf das s-f-Modell anzuwenden, um mit den obigen *atomaren* Ergebnissen zu Aussagen über den eigentlich interessierenden Fall endlicher Bandbreiten zu gelangen.

4.5.3 Legierungsanalogie

Wir denken uns eine aus vier Komponenten zusammengesetzte fiktive Legierung. Jede Komponente ist durch ein einziges, uns interessierendes Niveau

$$\eta_{m\sigma} \equiv E_m \quad (m = 1, 2, 3, 4) \tag{4.386}$$

ausgezeichnet und mit der

$$\textbf{Konzentration} \quad c_{m\sigma} \equiv \alpha_{m\sigma}(T, n) \tag{4.387}$$

statistisch über das Gitter verteilt. Im Falle sehr großer Gitterabstände ist dann das Niveau $\eta_{m\sigma}$ insgesamt $(c_{m\sigma}N)$-fach entartet. Dies entspricht aber genau der Situation im *realen* System, in dem bei großen Abständen jedes Quasiteilchenniveau $(\alpha_{m\sigma}N)$-fach entartet ist.

Wir wählen als Zustandsdichte des betrachteten Energiebandes im ungestörten, reinen Kristall eine einfache semielliptische Gestalt,

$$\rho_0(E) = \begin{cases} \dfrac{4}{\pi W}\sqrt{1 - 4\left(\dfrac{E}{W}\right)^2} & \text{falls} \quad |E| \le \dfrac{W}{2}\,, \\ 0 & \text{sonst}\,, \end{cases} \tag{4.388}$$

und ferner die konkreten Parameter

$$\hbar^2 g = 0{,}2\,\text{eV}\;; \quad U = 2\,\text{eV}\;; \quad S = \frac{7}{2}\;; \quad W = 1{,}17\,\text{eV}\;, \tag{4.389}$$

die als realistisch für den ferromagnetischen $4f$-Isolator EuS angesehen werden können. Dieses alles setzen wir in die Gleichung (4.271) ein, aus der wir dann für verschiedene Temperaturen, d. h. verschiedene $4f$-Magnetisierungen, und für verschiedene Bandbesetzungen n die CPA-Selbstenergie $\Sigma_\sigma^{\text{CPA}}(E)$ selbstkonsistent berechnen können. Mit

$$\rho_\sigma(E) = \rho_0\left(E - \Sigma_\sigma^{\text{CPA}}(E)\right) \tag{4.390}$$

finden wir dann die (T, n)-abhängige Quasiteilchenzustandsdichte. Die konkrete Auswertung muss am Rechner erfolgen. Das auffallendste Merkmal der Quasiteilchenzustandsdichte ist die Multisubbandstruktur, die zudem eine ausgeprägte (T, n)-Abhängigkeit aufweist. Abbildung 4.22 zeigt für drei verschiedene Temperaturen $T = 0$, $T = 0{,}8\,T_C$ und $T = T_C = 16{,}6\,\text{K}$ die Abhängigkeit von der Bandbesetzung n. Für $n < 1$ besteht das Spektrum im Allgemeinen aus zwei nieder- und einem höher-energetischen Quasiteilchensubband. Man kann die Teilbänder grob anschaulich wie folgt klassifizieren: Bewegt sich das σ-Elektron (bei $n < 1$) im obersten Band, so hüpft es vornehmlich über Gitterplätze, die schon mit einem $(-\sigma)$-Elektron besetzt sind. Dazu muss aber die Coulomb-Wechselwirkung U aufgebracht werden. Das erklärt auch die Position dieses Quasiteilchenbandes etwa 2 eV oberhalb der beiden anderen Bänder, in denen das Elektron über leere Plätze propagiert. Es ist damit klar, dass das oberste Subband bei $n = 0$ verschwinden muss, weil dann keine Wechselwirkungspartner existieren, und die beiden unteren Bänder bei $n = 2$, da dann keine leeren Plätze vorhanden sind. Die beiden niederenergetischen Bänder können wie folgt unterschieden werden. Im untersten Subband bewegt sich das Elektron über Gitterplätze, an denen ein paralleler $4f$-Spin lokalisiert ist, im zweiten Subband stellt es sich dann antiparallel zum $4f$-Spin ein. In der ferromagnetischen Sättigung bei $T = 0$ kann ein $\uparrow$-Elektron keinen antiparallelen $4f$-Spin finden, das zweite Subband tritt deshalb bei $T = 0$ im $\uparrow$-Spektrum nicht in Erscheinung. – Auf diese Art und Weise lassen sich selbst Details der bemerkenswerten (T, n)-Abhängigkeit der Quasiteilchenzustandsdichte $\rho_\sigma(E)$ anschaulich deuten. Für $n > 1$, d. h. mehr als halbgefülltes Bloch-Band, nutzt man zur Interpretation der Spektren zweckmäßig die Teilchen-Loch-Symmetrie aus.

4.5.4 Das magnetische Polaron

Es gibt zum s-f-Modell (4.336) einen sehr aufschlussreichen Spezialfall, der die Situation eines einzelnen Elektrons (*Testelektron*) im ansonsten leeren Leitungsband betrifft, eine für ferromagnetische Isolatoren wie EuO, EuS durchaus zutreffende Situation. Dieses Problem ist in der *ferromagnetischen Sättigung*, d. h. für $T = 0$, exakt lösbar.

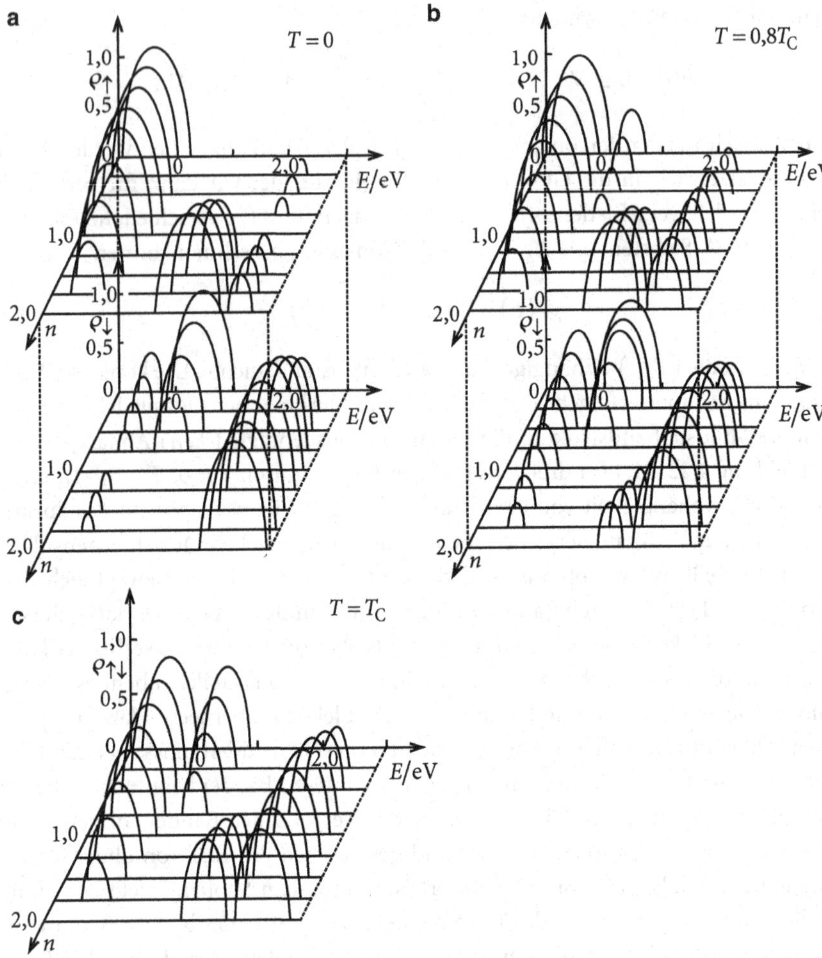

Abb. 4.22 Quasiteilchenzustandsdichte des sf-Modells als Funktion der Energie für verschiedenen Bandbesetzungen n, berechnet mit der CPA-Legierungsanalogie. Die Teilbilder **a**, **b** und **c** betreffen drei verschiedene Temperaturen

Die gesamte, uns interessierende Information leiten wir wiederum aus der (retardierten oder avancierten) Ein-Elektronen-Green-Funktion ab:

$$G_{ij\sigma}(E) \equiv \langle\langle a_{i\sigma}; a_{j\sigma}^+ \rangle\rangle_E = \frac{1}{N}\sum_{\boldsymbol{k}} G_{\boldsymbol{k}\sigma}(E) \mathrm{e}^{\mathrm{i}\boldsymbol{k}\cdot(\boldsymbol{R}_i - \boldsymbol{R}_j)} . \qquad (4.391)$$

Wir lassen den Index „av“ oder „ret“ der Einfachheit halber im folgenden weg. Drei weitere, *höhere* Green-Funktionen werden noch von Bedeutung sein:

$$D_{ik,j\sigma}(E) = \langle\langle S_i^z a_{k\sigma}; a_{j\sigma}^+ \rangle\rangle_E , \qquad (4.392)$$

$$F_{ik,j\sigma}(E) = \langle\langle S_i^{-\sigma} a_{k-\sigma}; a_{j\sigma}^+ \rangle\rangle_E , \qquad (4.393)$$

$$P_{ik,j\sigma}(E) = \langle\langle n_{i-\sigma} a_{k\sigma}; a_{j\sigma}^+ \rangle\rangle_E . \tag{4.394}$$

Für die Bewegungsgleichung der Funktion $G_{ij\sigma}(E)$ benötigen wir den Kommutator:

$$[a_{i\sigma}, H]_- = \sum_m T_{im} a_{m\sigma} + U n_{i-\sigma} a_{i\sigma} - \frac{\hbar}{2} g z_\sigma S_i^z a_{i\sigma} - \frac{\hbar}{2} g S_i^{-\sigma} a_{i-\sigma} . \tag{4.395}$$

Dies ergibt als Bewegungsgleichung:

$$\begin{aligned} &\sum_m (E\delta_{im} - T_{im}) G_{mj\sigma}(E) = \\ &= \hbar\delta_{ij} + U P_{ii,j\sigma}(E) - \frac{\hbar}{2} g \left(z_\sigma D_{ii,j\sigma}(E) + F_{ii,j\sigma}(E) \right) . \end{aligned} \tag{4.396}$$

Wie in (3.325) führen wir an dieser Stelle die elektronische Selbstenergie ein:

$$\langle\langle [a_{i\sigma}, H - H_s]_-; a_{j\sigma}^+ \rangle\rangle_E \equiv \sum_l \Sigma_{il\sigma}(E) G_{lj\sigma}(E) . \tag{4.397}$$

Die Bestimmung von $\Sigma_{il\sigma}(E)$ bzw. der $\boldsymbol{k}$-abhängigen Fourier-Transformierten $\Sigma_{\boldsymbol{k}\sigma}(E)$ löst das Problem. Der Vergleich mit (4.396) zeigt, dass die Selbstenergie im Wesentlichen durch die *höheren* Green-Funktionen *P*, *D* und *F* festgelegt wird:

$$\sum_l \Sigma_{il\sigma}(E) G_{lj\sigma}(E) = U P_{ii,j\sigma}(E) - \frac{\hbar}{2} g \left(z_\sigma D_{ii,j\sigma}(E) + F_{ii,j\sigma}(E) \right) . \tag{4.398}$$

Wir wollen nun unsere Voraussetzung ($T = 0, n = 0$) ausnutzen, die besagt, dass wir die in den Green-Funktionen erforderlichen Mittelungen mit dem Grundzustand $|0\rangle$ ausführen können, der einem **Elektronen-** und **Magnonenvakuum** entspricht. Für diesen Spezialfall gelten einige offensichtliche Vereinfachungen:

$$D_{ik,j\sigma}(E) \xrightarrow[T=0,\, n=0]{} \hbar S G_{kj\sigma}(E) , \tag{4.399}$$

$$P_{ik,j\sigma}(E) \xrightarrow[n=0]{} 0 . \tag{4.400}$$

Die Selbstenergie ist also im Wesentlichen durch die Spinflipfunktion $F_{ik,j\sigma}(E)$ bestimmt. Diese wird für $\sigma = \uparrow$ besonders einfach. Wegen

$$S_i^+ |0\rangle = 0 \quad \Leftrightarrow \quad \langle 0| S_i^- = 0 \tag{4.401}$$

folgt nämlich:

$$F_{ik,j\uparrow}(E) \xrightarrow[T=0,\, n=0]{} 0 . \tag{4.402}$$

Man beachte, dass bei endlichen Bandbesetzungen $n \neq 0$ wegen der s-f-Kopplung das Spinsystem nicht notwendig ferromagnetisch gesättigt sein muss. Die Schlussfolgerungen (4.399) und (4.402) sind dann nicht mehr erlaubt.

Mit (4.402) ist das $\uparrow$-Problem trivial gelöst:

$$\Sigma_{il\uparrow}^{(0,0)}(E) \equiv -\frac{1}{2} g\hbar^2 S \delta_{il} ,$$

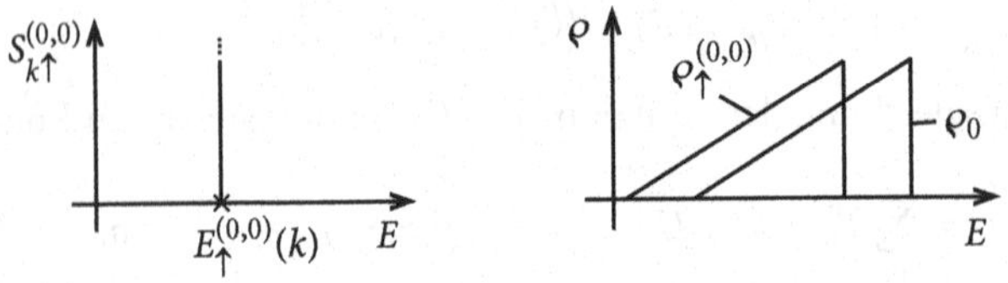

Abb. 4.23 ↑-Spektraldichte und ↑-Quasiteilchenzustandsdichte der exakten Lösung des ($n = 0, T = 0$)-sf-Modells

$$\Sigma_{\boldsymbol{k}\uparrow}^{(0,0)}(E) \equiv -\frac{1}{2}g\hbar^2 S\,. \tag{4.403}$$

Für die retardierte Green-Funktion gilt somit:

$$G_{\boldsymbol{k}\uparrow}^{(0,0)}(E) = \hbar\left\{E - \varepsilon(\boldsymbol{k}) + \frac{1}{2}g\hbar^2 S + \mathrm{i}0^+\right\}^{-1}\,. \tag{4.404}$$

Die ↑-Quasiteilchenenergien sind in diesem Spezialfall gegenüber den freien Bloch-Energien $\varepsilon(\boldsymbol{k})$ lediglich um einen konstanten Energiebetrag verschoben:

$$E_{\uparrow}^{(0,0)}(\boldsymbol{k}) \equiv \varepsilon(\boldsymbol{k}) - \frac{1}{2}g\hbar^2 S\,. \tag{4.405}$$

Die ↑-Spektraldichte stellt eine einfache δ-Funktion dar,

$$S_{\boldsymbol{k}\uparrow}^{(0,0)}(E) = \hbar\delta\left(E - \varepsilon(\boldsymbol{k}) + \frac{1}{2}g\hbar^2 S\right)\,, \tag{4.406}$$

typisch für ein Quasiteilchen unendlich langer Lebensdauer. Die Quasiteilchenzustandsdichte

$$\rho_{\uparrow}^{(0,0)}(E) = \frac{1}{N}\sum_{\boldsymbol{k}} S_{\boldsymbol{k}\uparrow}^{(0,0)}(E) = \rho_0\left(E + \frac{1}{2}g\hbar^2 S\right) \tag{4.407}$$

verbleibt gegenüber der *freien* Bloch-Zustandsdichte

$$\rho_0(E) = \frac{1}{N}\sum_{\boldsymbol{k}} \delta\left(E - \varepsilon(\boldsymbol{k})\right) \tag{4.408}$$

undeformiert, wird lediglich um einen konstanten Energiebetrag starr verschoben.

Das ↑-Spektrum besteht also aus einem einzigen Quasiteilchenband. Die CPA-Ergebnisse des letzten Abschnitts erweisen sich für diesen Spezialfall als exakt. Physikalisch sind diese Ergebnisse sehr einfach zu verstehen. Bei der Temperatur $T = 0$ hat das ↑-Elektron keine Möglichkeit, seinen Spin mit dem total parallel ausgerichteten Spinsystem auszutauschen. Die Spinflipterme im s-f-Austausch (4.344) werden bedeutungslos, lediglich der diagonale Anteil der s-f-Wechselwirkung sorgt für die relativ unbedeutende starre Verschiebung des Quasiteilchenspektrums.

Die Situation wird komplizierter, aber auch interessanter beim ↓-Spektrum. Ein ↓-Elektron kann natürlich auch bei $T = 0$ seinen Spin mit dem dann antiparallel orientierten lokalisierten f-Spin austauschen. Die Spinflipterme des s-f-Austausches werden in diesem Fall das Quasiteilchenspektrum recht drastisch modifizieren. Dies soll nun etwas genauer untersucht werden.

Nach (4.398) gilt zunächst:

$$\sum_l \Sigma_{il\downarrow}^{(0,0)} G_{lj\downarrow}^{(0,0)} = \frac{1}{2} g\hbar^2 S G_{ij\downarrow}^{(0,0)} - \frac{1}{2} g\hbar F_{ii,j\downarrow}^{(0,0)} . \tag{4.409}$$

Wir stellen die Bewegungsgleichung der *Spinflipfunktion* $F_{ik,j\downarrow}(E)$ auf. Dazu benötigen wir den folgenden Kommutator:

$$\begin{aligned}
[S_i^+ a_{k\uparrow}, H]_- = &\sum_m T_{km} S_i^+ a_{m\uparrow} + U S_i^+ n_{k\downarrow} a_{k\uparrow} \\
&- \frac{1}{2} g\hbar \left(S_i^+ S_k^z a_{k\uparrow} + S_i^+ S_k^- a_{k\downarrow}\right) \\
&+ \frac{1}{2} g\hbar^2 \left(n_{i\uparrow} - n_{i\downarrow}\right) S_i^+ a_{k\uparrow} \\
&- g\hbar^2 S_i^z a_{i\uparrow}^+ a_{i\downarrow} a_{k\uparrow} \\
&- 2\hbar \sum_m J_{im} \left(S_i^z S_m^+ - S_m^z S_i^+\right) a_{k\uparrow} .
\end{aligned} \tag{4.410}$$

Die aus diesen Termen resultierenden Green-Funktionen lassen sich zum Teil wieder wegen ($n = 0$, $T = 0$) vereinfachen:

$$\begin{aligned}
\langle\langle S_i^+ n_{k\downarrow} a_{k\uparrow}; a_{j\downarrow}^+ \rangle\rangle &\xrightarrow[n=0]{} 0 , \\
\langle\langle S_i^+ S_k^z a_{k\uparrow}; a_{j\downarrow}^+ \rangle\rangle &= -\hbar\delta_{ik} \langle\langle S_i^+ a_{k\uparrow}; a_{j\downarrow}^+ \rangle\rangle + \langle\langle S_k^z S_i^+ a_{k\uparrow}; a_{j\downarrow}^+ \rangle\rangle \\
&\xrightarrow[n=0,\,T=0]{} \hbar(S - \delta_{ik}) F_{ik,j\downarrow}^{(0,0)} , \\
\langle\langle S_i^+ S_k^- a_{k\downarrow}; a_{j\downarrow}^+ \rangle\rangle &= 2\hbar\delta_{ik} \langle\langle S_i^z a_{k\downarrow}; a_{j\downarrow}^+ \rangle\rangle + \langle\langle S_k^- S_i^+ a_{k\downarrow}; a_{j\downarrow}^+ \rangle\rangle \\
&\xrightarrow[n=0,\,T=0]{} 2\hbar^2 S \delta_{ik} G_{ij\downarrow}^{(0,0)} , \\
\langle\langle (n_{i\uparrow} - n_{i\downarrow}) S_i^+ a_{k\downarrow}; a_{j\downarrow}^+ \rangle\rangle &\xrightarrow[n=0]{} 0 , \\
\langle\langle S_i^z a_{i\uparrow}^+ a_{i\downarrow} a_{k\uparrow}; a_{j\downarrow}^+ \rangle\rangle &\xrightarrow[n=0]{} 0 , \\
\langle\langle (S_i^z S_m^+ - S_m^z S_i^+) a_{k\uparrow}; a_{j\downarrow}^+ \rangle\rangle &\xrightarrow[n=0,\,T=0]{} \hbar S \left(F_{mk,j\downarrow}^{(0,0)} - F_{ik,j\downarrow}^{(0,0)}\right) .
\end{aligned}$$

Damit bleibt als Bewegungsgleichung

$$\begin{aligned}
&\left(E + \frac{1}{2} g\hbar^2 (S - \delta_{ik})\right) F_{ik,j\downarrow}^{(0,0)}(E) \\
&= \sum_m T_{km} F_{im,j\downarrow}^{(0,0)}(E) - g\hbar^3 S \delta_{ik} G_{ij\downarrow}^{(0,0)}(E) \\
&- 2\hbar^2 S \sum_m J_{im} \left(F_{mk,j\downarrow}^{(0,0)}(E) - F_{ik,j\downarrow}^{(0,0)}(E)\right) .
\end{aligned} \tag{4.411}$$

Zur Lösung transformieren wir die ortsabhängigen Funktionen in den $\boldsymbol{k}$-Raum ((2.213), (2.240), Translationssymmetrie):

$$G_{ij\sigma}(E) = \frac{1}{N}\sum_{\boldsymbol{k}} \exp\left(\mathrm{i}\boldsymbol{k}\cdot(\boldsymbol{R}_i - \boldsymbol{R}_j)\right) G_{\boldsymbol{k}\sigma}(E)\,, \tag{4.412}$$

$$F_{ik,j\sigma}(E) = \frac{1}{N^{3/2}}\sum_{\boldsymbol{k},\boldsymbol{q}} \exp\left(\mathrm{i}\left(\boldsymbol{q}\cdot\boldsymbol{R}_i + (\boldsymbol{k}-\boldsymbol{q})\cdot\boldsymbol{R}_k - \boldsymbol{k}\cdot\boldsymbol{R}_j\right)\right) F_{\boldsymbol{k}\boldsymbol{q}\sigma}(E)\,. \tag{4.413}$$

Damit wird aus (4.411) nach *einfachen* Umformungen:

$$\begin{aligned}&\left(E + \frac{1}{2}g\hbar^2 S - \varepsilon(\boldsymbol{k}-\boldsymbol{q}) - \hbar\omega(\boldsymbol{q})\right) F^{(0,0)}_{\boldsymbol{k}\boldsymbol{q}\downarrow}(E)\\ &= \frac{1}{2}g\hbar^2\frac{1}{N}\sum_{\bar{\boldsymbol{q}}} F^{(0,0)}_{\boldsymbol{k}\bar{\boldsymbol{q}}\downarrow}(E) - g\hbar^3 S\frac{1}{\sqrt{N}}G^{(0,0)}_{\boldsymbol{k}\downarrow}(E)\,.\end{aligned} \tag{4.414}$$

Die Spinwellenenergien $\hbar\omega(\boldsymbol{q})$ sind wie in (2.232) definiert. Wir schreiben zur Abkürzung:

$$B_{\boldsymbol{k}}(E) = \frac{1}{N}\sum_{\boldsymbol{q}}\left\{E + \frac{1}{2}g\hbar^2 S - \varepsilon(\boldsymbol{k}-\boldsymbol{q}) - \hbar\omega(\boldsymbol{q})\right\}^{-1}\,. \tag{4.415}$$

Damit folgt aus (4.414):

$$\frac{1}{\sqrt{N}}\sum_{\boldsymbol{q}} F^{(0,0)}_{\boldsymbol{k}\boldsymbol{q}\downarrow}(E) = -\frac{g\hbar^3 S B_{\boldsymbol{k}}(E)}{1 - \frac{1}{2}g\hbar^2 B_{\boldsymbol{k}}(E)} G^{(0,0)}_{\boldsymbol{k}\downarrow}(E)\,. \tag{4.416}$$

Die Bewegungsgleichung der Ein-Teilchen-Green-Funktion lautet nach (4.396), (4.399), (4.400), (4.412) und (4.413):

$$\left(E - \frac{1}{2}g\hbar^2 S - \varepsilon(\boldsymbol{k})\right) G^{(0,0)}_{\boldsymbol{k}\downarrow}(E) = \hbar - \frac{1}{2}g\hbar\frac{1}{\sqrt{N}}\sum_{\boldsymbol{q}} F^{(0,0)}_{\boldsymbol{k}\boldsymbol{q}\downarrow}(E)\,. \tag{4.417}$$

In diese Gleichung setzen wir (4.416) ein:

$$\left(E - \frac{1}{2}g\hbar^2 S - \varepsilon(\boldsymbol{k})\right) G^{(0,0)}_{\boldsymbol{k}\downarrow}(E) = \hbar + \frac{\frac{1}{2}g^2\hbar^4 S}{1 - \frac{1}{2}g\hbar^2 B_{\boldsymbol{k}}(E)} B_{\boldsymbol{k}}(E) G^{(0,0)}_{\boldsymbol{k}\downarrow}(E)\,.$$

Durch Vergleich mit

$$G^{(0,0)}_{\boldsymbol{k}\downarrow}(E) = \hbar\left\{E - \varepsilon(\boldsymbol{k}) - \Sigma^{(0,0)}_{\boldsymbol{k}\downarrow}(E)\right\}^{-1} \tag{4.418}$$

folgt schließlich die $\downarrow$-Selbstenergie:

$$\Sigma^{(0,0)}_{\boldsymbol{k}\downarrow}(E) = \frac{1}{2}g\hbar^2 S\left(1 + \frac{g\hbar^2 B_{\boldsymbol{k}}(E)}{1 - \frac{1}{2}g\hbar^2 B_{\boldsymbol{k}}(E)}\right)\,. \tag{4.419}$$

Damit ist das Problem vollständig und exakt gelöst.

Wir wollen versuchen, dieses Ergebnis zu interpretieren. Zunächst ergibt sich für die Auswertung eine beträchtliche Vereinfachung, wenn wir in (4.415) die Magnonenenergien $\hbar\omega(\boldsymbol{q})$ unterdrücken. Das ist sicher erlaubt, da diese stets um einige Größenordnungen kleiner sind als andere typische Energiegrößen, wie z. B. die Bloch-Bandbreite W oder die s-f-Kopplungskonstante g. Mit dieser Vereinfachung wird der im Allgemeinen komplexe *Propagator* $B_{\boldsymbol{k}}(E)$ wellenzahl**un**abhängig:

$$B_{\boldsymbol{k}}(E) \equiv B(E) = R_{\mathrm{B}}(E) + \mathrm{i}I_{\mathrm{B}}(E) \,. \tag{4.420}$$

Dabei ist der Imaginärteil $I_{\mathrm{B}}(E)$ praktisch mit der ↑-Zustandsdichte (4.407) identisch:

$$\begin{aligned} I_{\mathrm{B}}(E) &= -\frac{\pi}{N}\sum_{\boldsymbol{q}} \delta\left(E + \frac{1}{2}g\hbar^2 S - \varepsilon(\boldsymbol{k}-\boldsymbol{q})\right) \\ &= -\frac{\pi}{N}\sum_{\hat{\boldsymbol{q}}} \delta\left(E + \frac{1}{2}g\hbar^2 S - \varepsilon(\hat{\boldsymbol{q}})\right) \\ &= -\pi\rho_0\left(E + \frac{1}{2}g\hbar^2 S\right) = -\pi\rho_{\uparrow}^{(0,0)}(E) \,. \end{aligned} \tag{4.421}$$

Der Realteil ist ein Hauptwertintegral:

$$R_{\mathrm{B}}(E) = \mathcal{P}\int \mathrm{d}x \frac{\rho_0(x)}{E + \frac{1}{2}g\hbar^2 S - x} \,. \tag{4.422}$$

Auch die elektronische Selbstenergie (4.419) wird im Allgemeinen eine komplexe Größe sein, die wegen obiger Vereinbarung, $\hbar\omega(\boldsymbol{q})$ zu vernachlässigen, ebenfalls wellenzahlunabhängig ist:

$$\Sigma_{\boldsymbol{k}\downarrow}^{(0,0)}(E) \equiv \Sigma_{\downarrow}^{(0,0)}(E) = R_{\downarrow}(E) + \mathrm{i}I_{\downarrow}(E) \,. \tag{4.423}$$

Setzen wir (4.420) in (4.419) ein, so ergibt sich konkret:

$$R_{\downarrow}(E) = \frac{1}{2}g\hbar^2 S\left(1 + g\hbar^2\frac{R_{\mathrm{B}}(E)\left(1 - \frac{1}{2}g\hbar^2 R_{\mathrm{B}}(E)\right) - \frac{1}{2}g\hbar^2 I_{\mathrm{B}}^2(E)}{\left(1 - \frac{1}{2}g\hbar^2 R_{\mathrm{B}}(E)\right)^2 + \frac{1}{4}g^2\hbar^4 I_{\mathrm{B}}^2(E)}\right) \,, \tag{4.424}$$

$$I_{\downarrow}(E) = \frac{1}{2}g^2\hbar^4 S\frac{I_{\mathrm{B}}(E)}{\left(1 - \frac{1}{2}g\hbar^2 R_{\mathrm{B}}(E)\right)^2 + \frac{1}{4}g^2\hbar^4 I_{\mathrm{B}}^2(E)} \,. \tag{4.425}$$

Der Vergleich mit (4.421) zeigt, dass der Imaginärteil der elektronischen ↓-Selbstenergie genau dann von Null verschieden ist, wenn die ↑-Zustandsdichte $\rho_{\uparrow}^{(0,0)}(E)$ endliche Werte annimmt. $I_{\downarrow} \neq 0$ bedeutet, dass die Lebensdauer des entsprechenden Quasiteilchens endlich ist. Sie ist offensichtlich durch Spinflip-Prozesse begrenzt. Erinnern wir uns nämlich, dass wir in den obigen Ausdrücken eigentlich noch die Magnonenenergien zu berücksichtigen haben, so wird klar, dass das ursprüngliche ↓-Elektron durch Emission eines Magnons seinen Spin umdreht und zum ↑-Elektron wird. So etwas ist natürlich nur dann möglich, wenn überhaupt passende ↑-Zustände zur Verfügung stehen, auf denen das ursprüngliche ↓-Elektron landen kann.

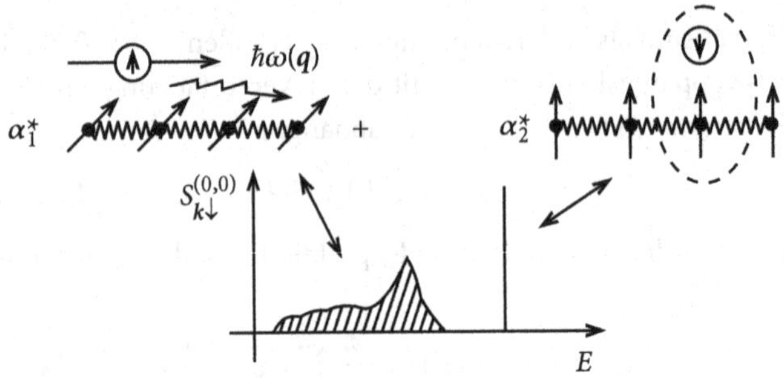

Abb. 4.24 Schematische Darstellung der Elementarprozesse, die zur exakten ↓-Spektraldichte des ($n = 0, T = 0$)-sf-Modells beitragen; *links* Magnonenemission, *rechts* Bildung eines stabilen magnetischen Polarons

Hat die Green-Funktion außerhalb des $\rho_\uparrow^{(0,0)}(E) \neq 0$-Bereichs einen Pol, d. h. ist dort

$$E = \varepsilon(\boldsymbol{k}) + R_\downarrow(E)$$

erfüllbar, so erscheint ein weiteres Quasiteilchen, nun aber mit unendlicher Lebensdauer. Die Spektraldichte

$$S_{\boldsymbol{k}\downarrow}^{(0,0)}(E) = -\frac{1}{\pi}\,\mathrm{Im}\,G_{\boldsymbol{k}\downarrow}^{(0,0)}(E + \mathrm{i}0^+)$$

wird sich also in der Regel aus zwei Termen zusammensetzen, die zwei verschiedenen Elementarprozessen entsprechen (vgl. Abschn. 3.4.2):

$$S_{\boldsymbol{k}\downarrow}^{(0,0)}(E) = \begin{cases} -\dfrac{\hbar}{\pi}\dfrac{I_\downarrow(E)}{(E - \varepsilon(\boldsymbol{k}) - R_\downarrow(E))^2 + I_\downarrow^2(E)}\,, & \text{falls } \varepsilon_0 \le E + \frac{1}{2}g\hbar^2 S \le \varepsilon_0 + W\,, \\ \hbar\delta(E - \varepsilon(\boldsymbol{k}) - R_\downarrow(E)) & \text{sonst}\,. \end{cases} \tag{4.426}$$

(ε_0 ist die untere Kante und W die Breite des Bloch-Bandes.) Das ursprüngliche ↓-Elektron kann mit dem lokalisierten Spinsystem einmal durch Magnonenemission seinen Spin austauschen und dabei zum ↑-Elektron werden. Dies führt zu dem ersten Term in (4.426), einem stets einige eV breiten **Streuspektrum**, das denselben Energiebereich wie die ↑-Zustandsdichte einnimmt. – Das ↓-Elektron kann aber auch mit einem antiparallel orientierten $4f$-Spin mehr oder weniger lokal einen gebundenen Zustand bilden. Solange dessen Energie außerhalb des Streuspektrums liegt, wird dadurch ein Quasiteilchen mit unendlich langer Lebensdauer geschaffen, das man das **magnetische Polaron** nennt.

Wir wollen zum Abschluss dieses Kapitels die exakten $T = 0$-Resultate mithilfe der konkreten Bloch-Zustandsdichte für ein kubisch primitives Gitter diskutieren, die sich in der „Tight-Binding-Näherung" mit den Energien aus (2.110) berechnet. Einzelheiten einer solchen Rechnung sind hier unwichtig.

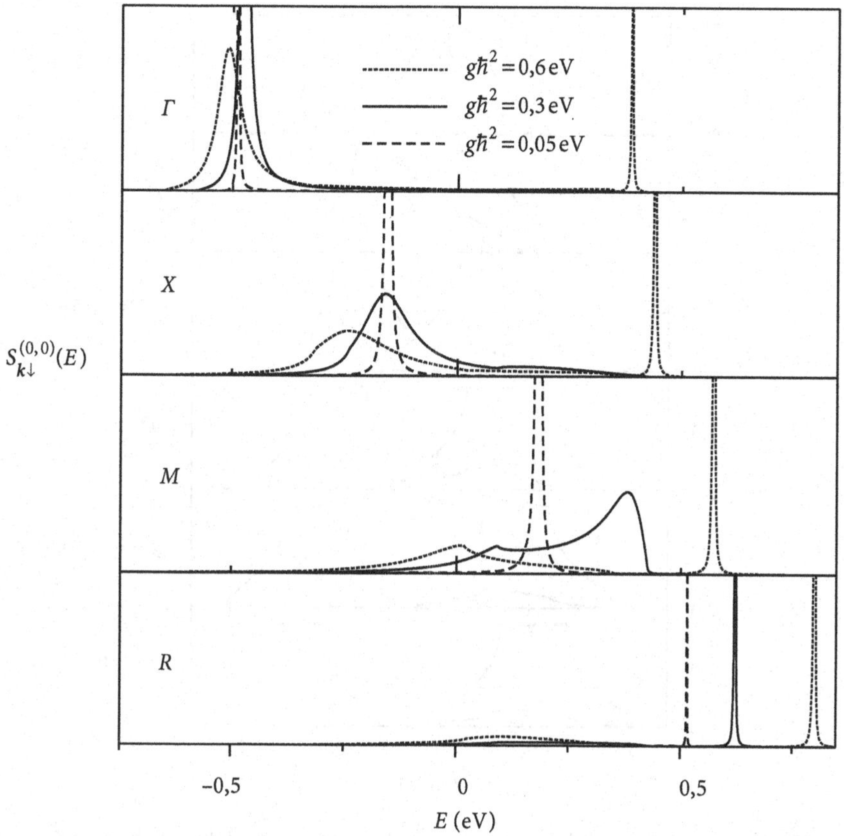

Abb. 4.25 ↓-Spektraldichte als Funktion der Energie für verschiedene Wellenzahlen der ersten Brillouin-Zone und unterschiedliche Kopplungskonstanten $g\hbar^2$ ($\boldsymbol{k}(\Gamma) = (0,0,0)$; $\boldsymbol{k}(X) = \frac{\pi}{a}(1,0,0)$; $\boldsymbol{k}(M) = \frac{\pi}{a}(1,1,0)$; $\boldsymbol{k}(R) = \frac{\pi}{a}(1,1,1)$; a: Gitterkonstante). Parameter: $S = \frac{1}{2}$, $W = 1$ eV, kubisch primitives Gitter, $n = 0$, $T = 0$

Abbildung 4.25 zeigt die Spektraldichte $S_{\boldsymbol{k}\downarrow}^{(0,0)}(E)$ für bestimmte $\boldsymbol{k}$-Vektoren der ersten Brillouin-Zone und für drei verschiedene Kopplungsstärken $g\hbar^2$. Für schwache Kopplungen ($g\hbar^2 = 0{,}05$ eV) besteht die Spektraldichte aus einem einzigen schmalen Peak, dessen Position $\boldsymbol{k}$-abhängig ist und etwa bei der Energie $\varepsilon(\boldsymbol{k}) + \frac{1}{2}g\hbar^2 S$ liegt, was einer Molekularfeldnäherung entspricht. Genauer gilt im „weak-coupling-limit"

$$E_\downarrow(\boldsymbol{k}) \approx \varepsilon(\boldsymbol{k}) + \frac{1}{2}g\hbar^2 S + \frac{g^2\hbar^4 S}{2N}\sum_{\boldsymbol{q}} \frac{1}{\varepsilon(\boldsymbol{k}) + g\hbar^2 S - \varepsilon(\boldsymbol{q})}\,. \tag{4.427}$$

Für stärkere Kopplungen ändert sich das Bild vollkommen. Wie in Abb. 4.24 bereits schematisch angedeutet, spaltet sich ein scharfer hochenergetischer Peak ab, der dem stabilen

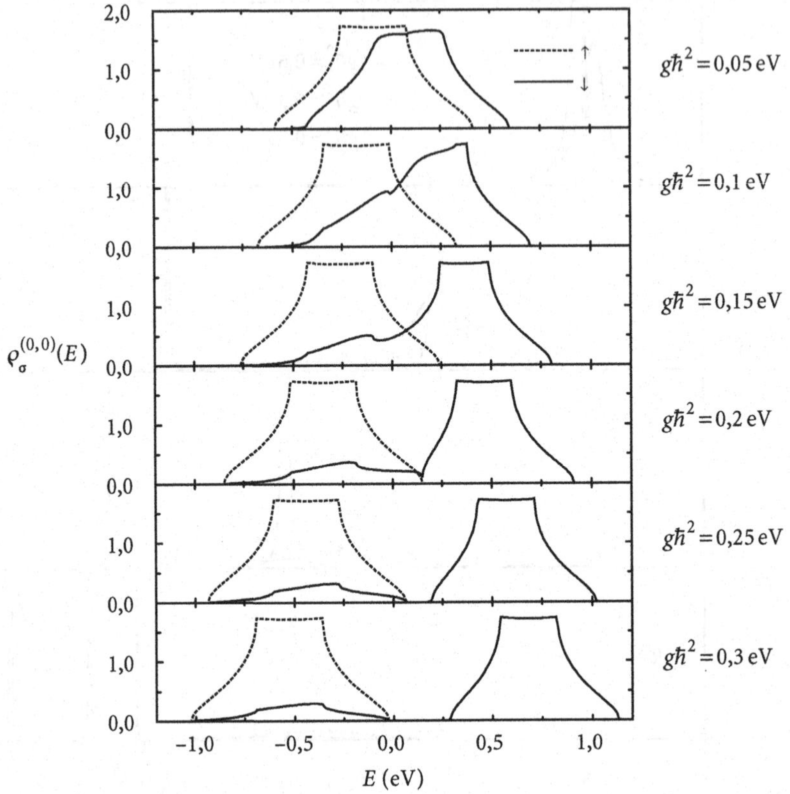

Abb. 4.26 Quasiteilchenzustandsdichte $\rho_\sigma(E)$ als Funktion der Energie E für verschiedene Kopplungsstärken $g\hbar^2$. *Durchgezogene Linien* für $\sigma = \downarrow$, *gestrichelte Linien* für $\sigma = \uparrow$. Parameter: $S = \frac{7}{2}$, $W = 1$ eV, kubisch primitives Gitter, $n = 0$, $T = 0$

magnetischen Polaron entspricht. Das aus Magnonen-Emissionen durch das $\downarrow$-Elektron entstehende Streuspektrum stellt in der Regel eine relativ flache, niederenergetische Struktur dar, ist jedoch bisweilen auch zu einem recht ausgeprägten Peak gebündelt (Abb. 4.25; Γ-Punkt; $g\hbar^2 = 0{,}6$ eV).

Mit

$$\rho_\sigma^{(0,0)}(E) = \frac{1}{N\hbar}\sum_{\boldsymbol{k}} S_{\boldsymbol{k}\sigma}^{(0,0)}(E) \tag{4.428}$$

können wir schließlich noch die Quasiteilchen-Zustandsdichte berechnen. Resultate für das kubisch primitive Gitter sind in Abb. 4.26 dargestellt. Nach (4.407) ist $\rho_\uparrow(E)$ mit der Bloch-Zustandsdichte identisch, lediglich um den konstanten Energiebetrag $-\frac{1}{2}g\hbar^2 S$ starr verschoben. Wesentlich mehr Struktur zeigt $\rho_\downarrow(E)$. Die beiden geschilderten Elementarprozesse führen schon für moderate Kopplungen zu einer Aufspaltung des ursprünglichen Bloch-Bandes in zwei Quasiteilchenteilbänder. Das untere Band entsteht als Folge von Magnonen-Emission. Da das ↓-Elektron bei diesem Prozess seinen eigenen Spin umkehrt, müssen ↑-Zustände vorhanden sein, auf denen das ↓-Elektron dann „landen" kann. Das erklärt, warum das „Streuband" denselben Energiebereich einnimmt wie $\rho_\uparrow(E)$. Das obere Quasiteilchenband besteht aus Polaronen-Zuständen.

Die Viel-Teilchen-Korrelationen sorgen hier also für ein Phänomen, das in einer konventionellen Ein-Teilchen-Theorie keine Erklärung findet.

4.5.5 Aufgaben

Aufgabe 4.5.1

Berechnen Sie im Rahmen des s-f-Modells die vollständige Bewegungsgleichung der *höheren* Green-Funktion (4.392):

$$D_{ik,j\sigma}(E) = \langle\langle S_i^z a_{k\sigma}; a_{j\sigma}^+ \rangle\rangle_E .$$

Aufgabe 4.5.2

Berechnen Sie im Rahmen des s-f-Modells die vollständige Bewegungsgleichung der *höheren* Green-Funktion (4.394):

$$P_{ik,j\sigma}(E) = \langle\langle n_{i-\sigma} a_{k\sigma}; a_{j\sigma}^+ \rangle\rangle_E .$$

Aufgabe 4.5.3

Berechnen Sie im Rahmen des s-f-Modells die vollständige Bewegungsgleichung der *höheren* Green-Funktion (4.393):

$$F_{ik,j\sigma}(E) = \langle\langle S_i^{-\sigma} a_{k-\sigma}; a_{j\sigma}^+ \rangle\rangle_E .$$

Aufgabe 4.5.4

Diskutieren Sie im Rahmen des s-f-Modells den Spezialfall eines einzelnen Loches im ansonsten vollständig besetzten Leitungsband. Bei ferromagnetisch gesättigtem f-Spinsystem lässt sich diese Situation mathematisch streng behandeln.

1. Zeigen Sie, dass die Ein-Elektronen-Green-Funktion für $\sigma = \downarrow$-Elektronen die folgende einfache Gestalt annimmt:

$$G_{\boldsymbol{k}\downarrow}^{(n=2,\,T=0)}(E) = \hbar \left(E - \varepsilon(\boldsymbol{k}) - U - \frac{1}{2} g\hbar^2 S + \mathrm{i}0^+ \right)^{-1} .$$

2. Berechnen Sie die elektronische $\sigma = \uparrow$-Selbstenergie. Vergleichen Sie das Ergebnis mit dem in Abschn. 4.5.4 diskutierten *magnetischen Polaron*!

Aufgabe 4.5.5

Vollziehen Sie an der Bewegungsgleichung der Ein-Elektronen-Green-Funktion des s-f-Modells die Hartree-Fock-Näherung. Testen Sie das Ergebnis an den exakten Grenzfällen der atomaren Grenze und des leeren bzw. vollständig gefüllten Leitungsbandes bei $T = 0$. Worin würden Sie den Hauptnachteil dieser Näherung sehen?

Kontrollfragen

Zu Abschnitt 4.1

1. Wie lautet der Hubbard-Hamilton-Operator im Grenzfall des unendlich schmalen Bandes?
2. Welche Struktur haben Ein-Elektronen-Green-Funktion und -Spektraldichte für diesen Grenzfall?
3. Kann im unendlich schmalen Band Ferromagnetismus auftreten?
4. Was bezeichnet man als Hartree-Fock- oder Molekularfeld-Näherung einer Green-Funktion?
5. Welche Gestalt nimmt die Ein-Elektronen-Green-Funktion des Hubbard-Modells in der Hartree-Fock-Näherung an?
6. In welcher Beziehung steht das Stoner- zum Hubbard-Modell?
7. Wie lauten die Quasiteilchenenergien des Stoner-Modells?
8. Erläutern Sie das Stoner-Kriterium für Ferromagnetismus.
9. Wann spricht man von starkem, wann von schwachem Ferromagnetismus?
10. Was versteht man unter *Teilchen-Korrelationen*?

11. Inwiefern sind die so genannten *Hubbard-Entkopplungen* auch als Molekularfeld-Näherung interpretierbar?
12. Wie kann man leicht an der Selbstenergie erkennen, dass die *Hubbard-Näherung* zum Hubbard-Modell zu einer Aufspaltung in zwei Quasiteilchenteilbänder führt?
13. Welche Lebensdauer besitzen die Quasiteilchen in der Hubbard-Näherung?
14. Nennen Sie einen schwerwiegenden Nachteil der *Hubbard-Lösung*.
15. Welcher Zusammenhang besteht im Rahmen der Interpolationsmethode zwischen der Green-Funktion eines Modellsystems und der zugehörigen Lösung des Atomaren Limits?
16. Wie vergleichen sich für das Hubbard-Modell die Lösungen der Ein-Elektronen-Green-Funktion nach der Interpolationsmethode und nach der Hubbard'schen Entkopplungsmethode?
17. Skizzieren Sie die Momentenmethode.
18. Begründen Sie den Zwei-Pol-Ansatz für die Spektraldichte des Hubbard-Modells.
19. Wie unterscheiden sich die Quasiteilchenenergien der Hubbard-Näherung von denen der Momentenmethode?
20. Warum sind die Lösungen nach der Momentenmethode zur Beschreibung magnetischer Elektronensysteme realistischer als die über die Hubbard-Entkopplungen gefundenen Lösungen?
21. Von welchen physikalischen Größen wird die konkrete Gestalt der Quasiteilchenzustandsdichte des Hubbard-Modells bestimmt?
22. Unter welchen Voraussetzungen lässt sich eine Äquivalenz zwischen dem Hubbard- und dem Heisenberg-Modell erkennen?
23. Können Sie begründen, warum das Hubbard-Modell im Fall des halbgefüllten Energiebandes ($n = 1$) Antiferromagnetismus gegenüber Ferromagnetismus begünstigt?

Zu Abschnitt 4.2

1. Worin besteht die vereinfachende Annahme der Thomas-Fermi-Näherung?
2. Was versteht man unter der *Abschirmlänge*?
3. Welche einfache Struktur nimmt die statische Dielektrizitätsfunktion $\varepsilon(\boldsymbol{q})$ in der Thomas-Näherung an?
4. Was sind *Plasmonen*? Durch die Pole welcher Green-Funktion sind diese bestimmt?
5. Kann man mit der Ein-Elektronen-Green-Funktion Ladungsdichtewellen (Plasmonen) beschreiben?
6. Welche Gestalt hat die Suszeptibilität $\chi_0(\boldsymbol{q}, E)$ des nicht wechselwirkenden Elektronensystems?
7. Wie hängt die Suszeptibilität in der *Random Phase Approximation* (RPA) mit $\chi_0(\boldsymbol{q}, E)$ zusammen?
8. Skizzieren Sie graphisch das Auffinden der Plasmonendispersion $\hbar\omega_p(\boldsymbol{q})$ über die *Lindhard-Funktion*.
9. Von welcher Größenordnung sind Plasmonenenergien?

10. Wie ist die *Plasmafrequenz* definiert?
11. Geben Sie die Wellenzahlabhängigkeit der Plasmonendisperion $\omega_p(\boldsymbol{q})$ für kleine $|\boldsymbol{q}|$ an.
12. Was bedeutet die *Lindhard-Korrektur*? Welcher Bezug besteht zu den *Friedel-Oszillationen* des abgeschirmten Coulomb-Potentials einer *Störladungsdichte* $\rho_{\text{ext}}(\boldsymbol{r})$?
13. Welche Green'sche Funktion eignet sich zur Bestimmung und Diskussion von Spindichtewellen und Magnonen im Hubbard-Modell?

Zu Abschnitt 4.3

1. Definieren Sie die Begriffe strukturelle Unordnung, Substitutionsunordnung, diagonale Substitutionsunordnung.
2. Welches ist für die theoretische Beschreibung der entscheidende Vorteil des periodischen Festkörpers gegenüber dem ungeordneten System?
3. Wie unterscheiden sich T-Matrix- und Dyson-Gleichung?
4. Was versteht man unter Konfigurationsmittelung in einem ungeordneten System? Wie wird sie praktisch durchgeführt?
5. Erläutern Sie die Methode des effektiven Mediums.
6. Durch welche Gleichung wird die **atomare** Streumatrix definiert?
7. Welche Vereinfachung benutzt die so genannte *T-Matrix-Approximation* (TMA)?
8. Man bezeichnet die TMA als *nichtselbstkonsistent*. Was ist damit gemeint?
9. Wie gewinnt man aus der TMA die *Coherent Potential Approximation* (CPA)?
10. Die CPA gilt im Gegensatz zur TMA als *selbstkonsistent*. Warum?
11. Formulieren Sie die Diagrammregeln für die Ein-Teilchen-Green-Funktion ungeordneter Systeme.
12. Was versteht man unter der Ordnung eines Diagramms?
13. Wie sieht die Diagrammdarstellung der Dyson-Gleichung aus?
14. Klassifizieren Sie die *Virtual Crystal Approximation* (VCA). Wann darf sie angewendet werden?
15. Was vernachlässigt die *Single Site Approximation* (SSA)?
16. Welche Gestalt hat die Selbstenergie in der SSA?
17. Wie geht die *Modified Propagator Method* (MPM) aus der SSA hervor?
18. Welche Diagrammkorrekturen werden vollzogen, um von der SSA zur *Average T-Matrix Approximation* (ATA) zu gelangen? Was versteht man in diesem Zusammenhang unter *Überkorrekturen*?
19. Wie unterscheiden sich die Selbstenergien von TMA und ATA?
20. Wie erhält man aus der ATA die CPA? Welche *Vielfachbesetzungskorrekturen* sind zu beachten?
21. Warum ist die CPA-Selbstenergie wellenzahlunabhängig?
22. Von welchen Parametern hängt die CPA-Selbstenergie ab?
23. Was versteht man im Zusammenhang mit der CPA unter dem Begriff der Legierungsanalogie?
24. Formulieren Sie die CPA-Legierungsanalogie des Hubbard-Modells.

Zu Abschnitt 4.4

1. Welche Green-Funktion ist zweckmäßig für die Berechnung der Magnetisierung eines *Spin-(1 / 2)-Systems* im Rahmen des Heisenberg-Modells?
2. Was versteht man unter der *Tyablikow-Näherung*? Wie ist sie für tiefe Temperaturen ($T \to 0$) zu bewerten?
3. Erfüllt die *Tyablikow-Näherung* das Bloch'sche $T^{3/2}$-Gesetz?
4. Welche Schwierigkeiten ergeben sich bei der Berechnung der Magnetisierung von $S > 1/2$*-Systemen*?
5. Formulieren Sie die Dyson-Maleév-Transformation der Spinoperatoren.
6. Welchen Vorteil und welchen Nachteil besitzt die Dyson-Maleév- gegenüber der Holstein-Primakoff-Transformation?
7. Welcher einfache Ansatz für die Ein-Magnonen-Spektraldichte liefert über die Momentenmethode bereits das volle Spinwellen-Resultat von Dyson?

Zu Abschnitt 4.5

1. Was versteht man unter einem $4f$-System?
2. Wie lautet der Hamilton-Operator des s-f-Modells? Welche Festkörper werden typischerweise durch dieses Modell beschrieben?
3. Wie viele Pole besitzt die Ein-Elektronen-Green-Funktion des s-f-Modells im Grenzfall des unendlich schmalen Bandes? Charakterisieren Sie diese.
4. Formulieren Sie die CPA-Legierungsanalogie des s-f-Modells.
5. Versuchen Sie eine physikalische Interpretation der verschiedenen Quasiteilchensubbänder der CPA-Lösung des s-f-Modells.
6. Wie sehen die $\uparrow$-Quasiteilchenenergien für ein Elektron im ansonsten leeren Leitungsband bei $T = 0$ aus? Warum haben sie in dieser Grenze eine solch einfache Gestalt?
7. Ist die CPA-Lösung für den in 6. gemeinten Spezialfall korrekt?
8. Warum ist in diesem Spezialfall der Imaginärteil der $\downarrow$-Selbstenergie genau dann von Null verschieden, wenn die $\uparrow$-Zustandsdichte endliche Werte annimmt?
9. Welche physikalischen Prozesse bestimmen die Lebensdauer der $\downarrow$-Quasiteilchen?
10. Was besagt eine δ-Funktion bezüglich der Lebensdauer des entsprechenden Quasiteilchens?
11. Welche Elementarprozesse sorgen in dem oben genannten, exakt lösbaren Spezialfall für eine Aufspaltung der $\downarrow$-Quasiteilchenzustandsdichte in zwei Teilbänder?

Störungstheorie
$(T = 0)$

5

Kapitel 5

W. Nolting, *Grundkurs Theoretische Physik 7*, Springer-Lehrbuch,
DOI 10.1007/978-3-642-25808-4_5,

Die allgemeinen Betrachtungen in Kap. 3 hatten gezeigt, dass wir alles, was zur Beschreibung physikalischer Systeme notwendig ist, durch passend definierte Green-Funktionen ausdrücken können. Mit dieser Feststellung allein ist jedoch ein Viel-Teilchen-Problem noch nicht gelöst. Wir müssen Verfahren zur Bestimmung solcher Green-Funktionen suchen. Einige haben wir in Kap. 4 im Zusammenhang mit konkreten Fragestellungen der Festkörperphysik bereits kennen gelernt. Ziel dieses Kapitels ist die Entwicklung einer

- diagrammatischen Störungstheorie,

wobei wir zunächst generell

$$T = 0 : \quad \langle \ldots \rangle \quad \Rightarrow \quad \langle E_0 | \ldots | E_0 \rangle$$

voraussetzen wollen. Alle Mittelwerte sind mit dem Grundzustand $|E_0\rangle$ des wechselwirkenden Systems durchzuführen.

5.1 Kausale Green-Funktion

5.1.1 „Konventionelle" zeitunabhängige Störungstheorie

Wir zerlegen den Hamilton-Operator $\mathcal{H}$,

$$\mathcal{H} = \mathcal{H}_0 + V , \tag{5.1}$$

wie üblich in einen *ungestörten* Anteil $\mathcal{H}_0$ und einen *Störanteil* V. Die Zerlegung sei so durchgeführt, dass das Eigenwertproblem zu $\mathcal{H}_0$ als gelöst angesehen werden kann:

$$\mathcal{H}_0 |\eta_n\rangle = \eta_n |\eta_n\rangle . \tag{5.2}$$

Gesucht ist der Grundzustand des vollen Problems:

$$\mathcal{H} |E_0\rangle = E_0 |E_0\rangle . \tag{5.3}$$

Bisweilen spaltet man vom Störanteil V, bei dem es sich in der Regel um die Teilchenwechselwirkung handelt, eine Koppelkonstante λ ab,

$$V = \lambda v , \tag{5.4}$$

und versucht dann, die gesuchten Größen E_0, $|E_0\rangle$ nach Potenzen von λ zu entwickeln. Ist λ hinreichend klein, so wird man die *Störreihe* nach endlich vielen Termen abbrechen können. Ist diese Voraussetzung nicht gegeben, so wird man versuchen, unendliche Teilreihen aus den dominierenden Termen aufzusummieren.

Mit (5.2) und (5.3) gilt zunächst:

$$\langle \eta_0 | V | E_0 \rangle = \langle \eta_0 | \left(\mathcal{H} - \mathcal{H}_0 \right) | E_0 \rangle = \left(E_0 - \eta_0 \right) \langle \eta_0 | E_0 \rangle \, .$$

Dies ergibt die noch exakte

Niveauverschiebung

$$\Delta E_0 \equiv E_0 - \eta_0 = \frac{\langle \eta_0 | V | E_0 \rangle}{\langle \eta_0 | E_0 \rangle} \, . \tag{5.5}$$

Damit können wir natürlich noch nicht viel anfangen, da $|E_0\rangle$ unbekannt ist. Wir definieren den **Projektionsoperator**

$$P_0 \equiv |\eta_0\rangle \langle \eta_0| \tag{5.6}$$

Für den **Orthogonalprojektor** Q gilt:

$$\begin{aligned} Q_0 \equiv \mathbf{1} - P_0 &= \sum_{n=0}^{\infty} |\eta_n\rangle \langle \eta_n| - |\eta_0\rangle \langle \eta_0| \\ &= \sum_{n=1}^{\infty} |\eta_n\rangle \langle \eta_n| \, . \end{aligned} \tag{5.7}$$

Wir gehen nun zurück zu der exakten Eigenwertgleichung (5.3), in der wir den Grundzustand $|E_0\rangle$ als nicht entartet voraussetzen wollen. Mit einer beliebigen reellen Konstanten D können wir schreiben:

$$\left(D - \mathcal{H}_0 \right) |E_0\rangle = \left(D - \mathcal{H} + V \right) |E_0\rangle = \left(D - E_0 + V \right) |E_0\rangle \, .$$

Der Operator $(D - \mathcal{H}_0)$ besitzt eine eindeutige Umkehrung, falls $\mathcal{H}_0$ als Eigenwert nicht gerade die Konstante D aufweist:

$$|E_0\rangle = \frac{1}{D - \mathcal{H}_0} \left(D - E_0 + V \right) |E_0\rangle \, .$$

Wir benutzen nun die oben eingeführten Projektoren:

$$|E_0\rangle = P_0 |E_0\rangle + Q_0 |E_0\rangle = |\eta_0\rangle \langle \eta_0 | E_0\rangle + Q_0 |E_0\rangle \, .$$

Mit der Definition

$$|\widetilde{E}_0\rangle = \frac{|E_0\rangle}{\langle \eta_0 | E_0 \rangle} \tag{5.8}$$

haben wir dann eine Gleichung für $|\widetilde{E}_0\rangle$,

$$|\widetilde{E}_0\rangle = |\eta_0\rangle + \frac{1}{D - \mathcal{H}_0} Q_0 (D - E_0 + V) |\widetilde{E}_0\rangle , \tag{5.9}$$

die sich offenbar iterieren lässt. Wir haben in (5.9) bereits ausgenutzt, dass Q_0 mit $\mathcal{H}_0$ kommutiert. Aus der Definition (5.6) folgt nämlich unmittelbar:

$$[P_0, \mathcal{H}_0]_- = 0 \tag{5.10}$$

und damit auch:

$$[Q_0, \mathcal{H}_0]_- = 0 . \tag{5.11}$$

Durch Iteration von (5.9) erhalten wir die

störungstheoretische Grundformel

$$|\widetilde{E}_0\rangle = \sum_{m=0}^{\infty} \left\{ \frac{1}{D - \mathcal{H}_0} Q_0 (D - E_0 + V) \right\}^m |\eta_0\rangle . \tag{5.12}$$

Auf der rechten Seite taucht nur noch der *ungestörte* Grundzustand auf, allerdings auch der noch unbekannte Eigenwert E_0. Dafür haben wir die Konstante D noch frei. – Für die Niveauverschiebung ΔE_0 gilt mit (5.12) in (5.5):

$$\begin{aligned} \Delta E_0 &= \langle \eta_0 | V | \widetilde{E}_0 \rangle \\ &= \sum_{m=0}^{\infty} \langle \eta_0 | V \left\{ \frac{1}{D - \mathcal{H}_0} Q_0 (D - E_0 + V) \right\}^m | \eta_0 \rangle . \end{aligned} \tag{5.13}$$

Durch spezielle Festlegungen von D ergeben sich unterschiedliche Versionen der stationären Störungstheorie.

1) Schrödinger-Störungstheorie

Wählt man

$$D = \eta_0 , \tag{5.14}$$

so ergibt sich:

$$|\widetilde{E}_0\rangle = \sum_{m=0}^{\infty} \left\{ \frac{1}{\eta_0 - \mathcal{H}_0} Q_0 (V - \Delta E_0) \right\}^m |\eta_0\rangle , \tag{5.15}$$

$$\Delta E_0 = \sum_{m=0}^{\infty} \langle \eta_0 | V \left\{ \frac{1}{\eta_0 - \mathcal{H}_0} Q_0 (V - \Delta E_0) \right\}^m | \eta_0 \rangle . \tag{5.16}$$

Für eine praktische Auswertung müssen diese allgemeinen Resultate nun nach Potenzen der Koppelkonstanten λ sortiert werden. Dazu werten wir die ersten Terme der Niveauverschiebung explizit aus:

$$\Delta E_0(m=0) = \langle \eta_0 | \lambda v | \eta_0 \rangle \sim \lambda\,, \tag{5.17}$$

$$\begin{aligned}\Delta E_0(m=1) &= \langle \eta_0 | V \frac{1}{\eta_0 - \mathcal{H}_0} Q_0 (V - \Delta E_0) | \eta_0 \rangle \\ &= \langle \eta_0 | V \frac{1}{\eta_0 - \mathcal{H}_0} \sum_{n=1}^{\infty} | \eta_n \rangle \langle \eta_n | V | \eta_0 \rangle \\ &= \sum_{n=1}^{\infty} \frac{|\langle \eta_0 | \lambda v | \eta_n \rangle|^2}{\eta_0 - \eta_n} \sim \lambda^2\,. \end{aligned} \tag{5.18}$$

Dies sind die bekannten Resultate der Schrödinger-Störungstheorie. Bis m=1 läuft die Störreihe mit den λ-Potenzen parallel, d. h.

$$\Delta E_0(m) \sim \lambda^{m+1} \quad (m = 0, 1)\,. \tag{5.19}$$

Dies gilt jedoch schon beim $m = 2$-Term nicht mehr.

$$\begin{aligned}&\Delta E_0(m=2) = \\ &= \langle \eta_0 | V \frac{1}{\eta_0 - \mathcal{H}_0} Q_0 (V - \Delta E_0) \frac{1}{\eta_0 - \mathcal{H}_0} Q_0 (V - \Delta E_0) | \eta_0 \rangle \\ &= \sum_{n=1}^{\infty} \langle \eta_0 | V \frac{1}{\eta_0 - \mathcal{H}_0} Q_0 (V - \Delta E_0) | \eta_n \rangle \langle \eta_n | V | \eta_0 \rangle \frac{1}{\eta_0 - \eta_n} \\ &= \sum_{n=1}^{\infty} \sum_{m=1}^{\infty} \frac{\langle \eta_0 | V | \eta_m \rangle \langle \eta_m | V | \eta_n \rangle \langle \eta_n | V | \eta_0 \rangle}{(\eta_0 - \eta_m)(\eta_0 - \eta_n)} \\ &\quad - \Delta E_0 \sum_{n=1}^{\infty} \frac{|\langle \eta_0 | V | \eta_n \rangle|^2}{(\eta_0 - \eta_n)^2}\,. \end{aligned} \tag{5.20}$$

Der erste Summand ist proportional zu λ^3, der zweite enthält wegen ΔE_0 alle λ-Potenzen ≥ 3. Das Sortieren wird mit wachsendem m immer mühsamer. Es ist z. B. nicht möglich, die allgemeine Energiekorrektur proportional λ^n konkret und übersichtlich zu formulieren. Dies erweist sich als folgenschwerer Nachteil, wenn ein physikalisches Problem das Aufsummieren einer unendlichen Teilreihe erforderlich macht. Dazu benötigt man Störreihen, die die Korrekturen proportional λ^n direkt liefern. Solche werden wir im nächsten Abschnitt kennen lernen. – Schauen wir jedoch zunächst, ob die

2) Brillouin-Wigner-Störungstheorie

im obigen Sinne besser geeignet ist als die Schrödinger'sche. Hier setzt man

$$D = E_0 \tag{5.21}$$

und erhält dann:

$$|\widetilde{E}_0\rangle = \sum_{m=0}^{\infty}\left\{\frac{1}{E_0-\mathcal{H}_0}Q_0 V\right\}^m |\eta_0\rangle\,, \tag{5.22}$$

$$\Delta E_0 = \sum_{m=0}^{\infty}\langle\eta_0|V\left\{\frac{1}{E_0-\mathcal{H}_0}Q_0 V\right\}^m |\eta_0\rangle\,. \tag{5.23}$$

Man macht sich sehr leicht klar, dass das erwünschte Sortieren nach Potenzen von λ hier dieselben Schwierigkeiten macht wie unter 1).

Man hilft sich mit einem Trick weiter. Es wird künstlich aus dem eigentlich zeitunabhängigen ein zeitabhängiges Problem geschaffen, um über den Zeitentwicklungsoperator, der nach (3.18) bzw. (3.40) aus nach λ-Potenzen sortierten Termen besteht, aus dem Grundzustand des nicht wechselwirkenden den des wechselwirkenden Systems zu konstruieren.

5.1.2 „Adiabatisches Einschalten" der Wechselwirkung

Wir machen den Hamilton-Operator (5.1) *künstlich* zeitabhängig, indem wir ihn durch

$$\mathcal{H}_\alpha = \mathcal{H}_0 + V e^{-\alpha|t|}\,; \quad \alpha > 0 \tag{5.24}$$

ersetzen. Ausgehend vom ungestörten System ($\mathcal{H}_0$) bei $t = -\infty$ schalten wir die Wechselwirkung langsam ein, sodass sie bei $t = 0$ ihre volle Stärke erreicht, um dann in derselben Weise für $t \to \infty$ wieder ausgeschaltet zu werden:

$$\lim_{t\to\pm\infty}\mathcal{H}_\alpha = \mathcal{H}_0\,; \quad \lim_{t\to 0}\mathcal{H}_\alpha = \mathcal{H}\,. \tag{5.25}$$

Am Schluss der Rechnung wird der Übergang $\alpha \to 0$ vollzogen, d. h. die Wechselwirkung unendlich langsam (**adiabatisch**) ein- bzw. ausgeschaltet. Wenn nun der Grundzustand $|\eta_0\rangle$ des freien Systems nicht entartet ist, ferner der Überlapp $\langle\eta_0 \mid E_0\rangle$ endlich ist, dann erscheint es zumindest plausibel, dass sich der Grundzustand $|E_0\rangle$ des wechselwirkenden Systems bei diesem *adiabatischen* Einschaltprozess kontinuierlich aus $|\eta_0\rangle$ entwickelt. Dies wollen wir im Folgenden etwas quantitativer untersuchen.

Es erweist sich als günstig, die interessierenden Operatoren im Dirac-Bild darzustellen. Nach (3.34) gilt für den Wechselwirkungsoperator,

$$V_\mathrm{D}(t)\exp(-\alpha|t|) = \exp\left(\frac{\mathrm{i}}{\hbar}\mathcal{H}_0 t\right)V\exp\left(-\frac{\mathrm{i}}{\hbar}\mathcal{H}_0 t\right)\exp\left(-\alpha|t|\right)\,, \tag{5.26}$$

der in (3.40) und (3.18) den Zeitentwicklungsoperator bestimmt:

$$U_\alpha^D(t, t_0) = \sum_{n=0}^{\infty} \frac{1}{n!} \left(-\frac{i}{\hbar}\right)^n \int_{t_0}^{t} \cdots \int dt_1 \cdots dt_n e^{-\alpha(|t_1| + \ldots + |t_n|)} \cdot T_D\left\{V_D(t_1) \cdots V_D(t_n)\right\} . \tag{5.27}$$

Jeder Term gehört zu einer bestimmten Potenz der Kopplungskonstanten λ. Die Reihe ist also im Sinne der Vorbetrachtungen des letzten Abschnitts günstig sortiert.

Die Wirkungsweise des Zeitentwicklungsoperators ist nach (3.30) klar:

$$\left|\psi_\alpha^D(t)\right\rangle = U_\alpha^D(t, t_0) \left|\psi_\alpha^D(t_0)\right\rangle . \tag{5.28}$$

Die Bewegungsgleichung (3.37),

$$i\hbar \left|\dot{\psi}_\alpha^D(t)\right\rangle = e^{-\alpha|t|} V_D(t) \left|\psi_\alpha^D(t)\right\rangle ,$$

impliziert bei $\alpha > 0$:

$$i\hbar \left|\dot{\psi}_\alpha^D(t \to \pm\infty)\right\rangle = 0 .$$

Der Zustand wird im Wechselwirkungsbild in dieser Grenze also zeitunabhängig. Wir setzen

$$\left|\psi_\alpha^D(t \to -\infty)\right\rangle = \left|\eta_0\right\rangle , \tag{5.29}$$

da wegen $T = 0$ sich $\left|\psi_\alpha^D(t \to -\infty)\right\rangle$ nur um einen Phasenfaktor vom Grundzustand des freien Systems unterscheiden wird. Diesen können wir o. B. d. A. gleich 1 setzen. Damit ist die Phase für den entsprechenden Grenzzustand bei $t \to +\infty$ allerdings nicht mehr frei:

$$\left|\psi_\alpha^D(t \to +\infty)\right\rangle = e^{i\varphi} \left|\eta_0\right\rangle . \tag{5.30}$$

Mit (5.28) erhalten wir nun für die Zeitentwicklung des Dirac-Zustands:

$$\left|\psi_\alpha^D(t)\right\rangle = U_\alpha^D(t, -\infty) \left|\eta_0\right\rangle . \tag{5.31}$$

Bei $t = 0$ ist die Wechselwirkung voll eingeschaltet. Es kann natürlich nicht ausgeschlossen werden, dass der Zustand $\left|\psi_\alpha^D(0)\right\rangle$ noch von α abhängt. α legt ja die Geschwindigkeit des Einschaltprozesses fest. Führt man diesen jedoch *adiabatisch* ($\alpha \to 0$) durch, so könnte man meinen, dass sich zu jeder Zeit t der der entsprechenden Wechselwirkungsstärke zugeordnete Grundzustand einstellt. Dann würde der gesuchte exakte Grundzustand aus (5.31) und

$$\left|E_0^D\right\rangle \stackrel{?}{=} \lim_{\alpha \to 0} \left|\psi_\alpha^D(0)\right\rangle \tag{5.32}$$

berechenbar sein. Da wir aber für (5.29) explizit $\alpha > 0$ annehmen mussten, ist keineswegs sicher, dass der Limes $\alpha \to 0$ wirklich existiert.

Gell-Mann–Low-Theorem

Wenn der Zustand

$$\lim_{\alpha \to 0} \frac{U_\alpha^{\mathrm{D}}(0,-\infty)\left|\eta_0\right\rangle}{\left\langle\eta_0\right|U_\alpha^{\mathrm{D}}(0,-\infty)\left|\eta_0\right\rangle} = \lim_{\alpha \to 0} \frac{\left|\psi_\alpha^{\mathrm{D}}(0)\right\rangle}{\left\langle\eta_0\middle|\psi_\alpha^{\mathrm{D}}(0)\right\rangle} \tag{5.33}$$

in jeder Ordnung Störungstheorie existiert, dann ist er exakter Eigenzustand zu $\mathcal{H}$. Der Grenzwert (5.32) **existiert dagegen nicht!**

Dieses Theorem legt den Eigenzustand fest, der sich nach dem adiabatischen Einschalten der Störung aus dem *freien* Grundzustand entwickelt. Das muss nicht notwendig der Grundzustand des wechselwirkenden Systems sein. Deswegen werden wir später die Zusatzannahme **postulieren** müssen, dass kein *Überkreuzen* der Zustände beim Entwickeln aus den freien Zuständen auftritt. Das wird in der Regel wohl auch richtig sein, jedoch schließt diese Zusatzannahme natürlich Phänomene wie Supraleitung aus. Dort führt die Wechselwirkung zu einem neuen Typ Grundzustand mit veränderter Symmetrie und einer geringeren Energie als der *adiabatische* Grundzustand.

Wir wollen den Beweis des Gell-Mann–Low-Theorems kurz skizzieren: Ausgangspunkt ist die Beziehung

$$\begin{aligned}(\mathcal{H}_0 - \eta_0)\left|\psi_\alpha^{\mathrm{D}}(0)\right\rangle &= (\mathcal{H}_0 - \eta_0)\, U_\alpha^{\mathrm{D}}(0,-\infty)\left|\eta_0\right\rangle \\ &= \left[\mathcal{H}_0, U_\alpha^{\mathrm{D}}(0,-\infty)\right]_- \left|\eta_0\right\rangle .\end{aligned} \tag{5.34}$$

Setzen wir (5.27) ein, so haben wir den folgenden Kommutator auszuwerten:

$$\begin{aligned}&\left[\mathcal{H}_0, V_{\mathrm{D}}(t_1)\cdots V_{\mathrm{D}}(t_n)\right]_- \\ &\quad= \left[\mathcal{H}_0, V_{\mathrm{D}}(t_1)\right]_- V_{\mathrm{D}}(t_2)\cdots V_{\mathrm{D}}(t_n) \\ &\qquad+ V_{\mathrm{D}}(t_1)\left[\mathcal{H}_0, V_{\mathrm{D}}(t_2)\right]_- V_{\mathrm{D}}(t_3)\cdots V_{\mathrm{D}}(t_n) \\ &\qquad+ \ldots \\ &\qquad+ V_{\mathrm{D}}(t_1)\, V_{\mathrm{D}}(t_2)\cdots\left[\mathcal{H}_0, V_{\mathrm{D}}(t_n)\right]_- \\ &\quad= -\mathrm{i}\hbar\left\{\frac{\partial}{\partial t_1} + \frac{\partial}{\partial t_2} + \cdots + \frac{\partial}{\partial t_n}\right\} V_{\mathrm{D}}(t_1)\cdots V_{\mathrm{D}}(t_n) .\end{aligned} \tag{5.35}$$

Im letzten Schritt haben wir die Bewegungsgleichung (3.35) ausgenutzt. Es ist unmittelbar klar, dass aus (5.35)

$$\left[\mathcal{H}_0, T_{\mathrm{D}}\left(V_{\mathrm{D}}(t_1)\cdots V_{\mathrm{D}}(t_n)\right)\right]_- = -\mathrm{i}\hbar\left(\sum_{j=1}^{n} \frac{\partial}{\partial t_j}\right) T_{\mathrm{D}}\big(V_{\mathrm{D}}(t_1)\cdots V_{\mathrm{D}}(t_n)\big) \tag{5.36}$$

folgt. Dies setzen wir mit (5.27) in (5.34) ein:

$$\begin{aligned}(\mathcal{H}_0 - \eta_0)\left|\psi_\alpha^{\mathrm{D}}(0)\right\rangle &= -\sum_{n=1}^{\infty}\frac{1}{n!}\left(-\frac{\mathrm{i}}{\hbar}\right)^{n-1}\int_{-\infty}^{0}\!\!\cdots\!\int \mathrm{d}t_1\cdots\mathrm{d}t_n \\ &\quad\cdot \mathrm{e}^{-\alpha(|t_1|+\cdots+|t_n|)}\left(\sum_{j=1}^{n}\frac{\partial}{\partial t_j}\right) T_{\mathrm{D}}\big(V_{\mathrm{D}}(t_1)\cdots V_{\mathrm{D}}(t_n)\big)\left|\eta_0\right\rangle .\end{aligned} \tag{5.37}$$

Wegen der anschließenden Integrationen liefern die n Zeitdifferentiationen natürlich denselben Beitrag. Man braucht die Zeiten ja nur passend umzuindizieren. Wir können in (5.37) also die Ersetzung

$$\left(\sum_{j=1}^{n}\frac{\partial}{\partial t_j}\right) \longrightarrow n\frac{\partial}{\partial t_n}$$

vereinbaren. Nun ist aber

$$\begin{aligned}&\int_{-\infty}^{0}\mathrm{d}t_n\,\mathrm{e}^{+\alpha t_n}\frac{\partial}{\partial t_n}T_{\mathrm{D}}\big(V_{\mathrm{D}}(t_1)\cdots V_{\mathrm{D}}(t_n)\big) \\ &= \left[\mathrm{e}^{\alpha t_n}T_{\mathrm{D}}\big(V_{\mathrm{D}}(t_1)\cdots V_{\mathrm{D}}(t_n)\big)\right]_{-\infty}^{0} - \int_{-\infty}^{0}\mathrm{d}t_n\,\alpha\mathrm{e}^{\alpha t_n}T_{\mathrm{D}}\big(V_{\mathrm{D}}(t_1)\cdots V_{\mathrm{D}}(t_n)\big) \\ &= V_{\mathrm{D}}(0)T_{\mathrm{D}}\big(V_{\mathrm{D}}(t_1)\cdots V_{\mathrm{D}}(t_{n-1})\big) - \alpha\int_{-\infty}^{0}\mathrm{d}t_n\,\mathrm{e}^{-\alpha|t_n|}T_{\mathrm{D}}\big(V_{\mathrm{D}}(t_1)\cdots V_{\mathrm{D}}(t_n)\big) .\end{aligned}$$

Dies bedeutet für (5.37):

$$\begin{aligned}&(\mathcal{H}_0 - \eta_0)\left|\psi_\alpha^{\mathrm{D}}(0)\right\rangle \\ &= -V_{\mathrm{D}}(0)\sum_{n=1}^{\infty}\frac{1}{(n-1)!}\left(-\frac{\mathrm{i}}{\hbar}\right)^{n-1} \\ &\quad\cdot\int_{-\infty}^{0}\!\!\cdots\!\int \mathrm{d}t_1\cdots\mathrm{d}t_{n-1}\mathrm{e}^{-\alpha(|t_1|+\cdots+|t_{n-1}|)}T_{\mathrm{D}}\big(V_{\mathrm{D}}(t_1)\cdots V_{\mathrm{D}}(t_{n-1})\big)\left|\eta_0\right\rangle \\ &\quad+\alpha\sum_{n=1}^{\infty}\frac{1}{(n-1)!}\left(-\frac{\mathrm{i}}{\hbar}\right)^{n-1}\int_{-\infty}^{0}\!\!\cdots\!\int \mathrm{d}t_1\cdots\mathrm{d}t_n \\ &\quad\cdot \mathrm{e}^{-\alpha(|t_1|+\ldots+|t_n|)}T_{\mathrm{D}}\big(V_{\mathrm{D}}(t_1)\cdots V_{\mathrm{D}}(t_n)\big)\left|\eta_0\right\rangle .\end{aligned} \tag{5.38}$$

Wegen (5.4) gilt:

$$T_{\mathrm{D}}\big(V_{\mathrm{D}}(t_1)\cdots V_{\mathrm{D}}(t_n)\big) \sim \lambda^n .$$

Im zweiten Summanden von (5.38) haben wir dann einen Term der Form

$$\alpha\left(-\frac{\mathrm{i}}{\hbar}\right)^{n-1}\frac{1}{(n-1)!}\lambda^n=\alpha\mathrm{i}\hbar\lambda\frac{\partial}{\partial\lambda}\left[\left(-\frac{\mathrm{i}}{\hbar}\right)^n\frac{1}{n!}\lambda^n\right]. \tag{5.39}$$

Damit können wir die beiden Summanden in (5.38) zusammenfassen:

$$\begin{aligned}&(\mathcal{H}_0-\eta_0)\left|\psi_\alpha^{\mathrm{D}}(0)\right\rangle\\&=\left(-V_{\mathrm{D}}(0)+\mathrm{i}\hbar\alpha\lambda\frac{\partial}{\partial\lambda}\right)\sum_{n=0}^{\infty}\frac{1}{n!}\left(-\frac{\mathrm{i}}{\hbar}\right)^n\int_{-\infty}^{0}\cdots\int\mathrm{d}t_1\cdots\mathrm{d}t_n\mathrm{e}^{-\alpha(|t_1|+\ldots+|t_n|)}\\&\quad\cdot T_{\mathrm{D}}\big(V_{\mathrm{D}}(t_1)\cdots V_{\mathrm{D}}(t_n)\big)\left|\eta_0\right\rangle\\&=\left(-V_{\mathrm{D}}(0)+\mathrm{i}\hbar\alpha\lambda\frac{\partial}{\partial\lambda}\right)\left|\psi_\alpha^{\mathrm{D}}(0)\right\rangle.\end{aligned} \tag{5.40}$$

Bei $t=0$ ist die Wechselwirkung im Dirac-Bild mit der des Schrödinger-Bildes identisch. Wir können also noch $\mathcal{H}_0$ mit $V_{\mathrm{D}}(0)$ zusammenfassen:

$$(\mathcal{H}-\eta_0)\left|\psi_\alpha^{\mathrm{D}}(0)\right\rangle=\mathrm{i}\hbar\alpha\lambda\frac{\partial}{\partial\lambda}\left|\psi_\alpha^{\mathrm{D}}(0)\right\rangle. \tag{5.41}$$

Wir formen noch etwas um:

$$\begin{aligned}&\left(\mathcal{H}-\eta_0-\mathrm{i}\hbar\alpha\lambda\frac{\partial}{\partial\lambda}\right)\frac{\left|\psi_\alpha^{\mathrm{D}}(0)\right\rangle}{\left\langle\eta_0\middle|\psi_\alpha^{\mathrm{D}}(0)\right\rangle}\\&=(\mathcal{H}-\eta_0)\frac{\left|\psi_\alpha^{\mathrm{D}}(0)\right\rangle}{\left\langle\eta_0\middle|\psi_\alpha^{\mathrm{D}}(0)\right\rangle}-\frac{\mathrm{i}\hbar\alpha\lambda}{\left\langle\eta_0\middle|\psi_\alpha^{\mathrm{D}}(0)\right\rangle}\frac{\partial}{\partial\lambda}\left|\psi_\alpha^{\mathrm{D}}(0)\right\rangle\\&\quad+\frac{\mathrm{i}\hbar\alpha\left|\psi_\alpha^{\mathrm{D}}(0)\right\rangle}{\left(\left\langle\eta_0\middle|\psi_\alpha^{\mathrm{D}}(0)\right\rangle\right)^2}\left\langle\eta_0\right|\lambda\frac{\partial}{\partial\lambda}\left|\psi_\alpha^{\mathrm{D}}(0)\right\rangle\\&\overset{(5.41)}{=}(\mathcal{H}-\eta_0)\frac{\left|\psi_\alpha^{\mathrm{D}}(0)\right\rangle}{\left\langle\eta_0\middle|\psi_\alpha^{\mathrm{D}}(0)\right\rangle}-(\mathcal{H}-\eta_0)\frac{\left|\psi_\alpha^{\mathrm{D}}(0)\right\rangle}{\left\langle\eta_0\middle|\psi_\alpha^{\mathrm{D}}(0)\right\rangle}\\&\quad+\frac{\left|\psi_\alpha^{\mathrm{D}}(0)\right\rangle}{\left\langle\eta_0\middle|\psi_\alpha^{\mathrm{D}}(0)\right\rangle}\frac{\left\langle\eta_0\right|(\mathcal{H}-\eta_0)\left\langle\psi_\alpha^{\mathrm{D}}(0)\right|}{\left\langle\eta_0\middle|\psi_\alpha^{\mathrm{D}}(0)\right\rangle}\\&=\frac{\left|\psi_\alpha^{\mathrm{D}}(0)\right\rangle}{\left\langle\eta_0\middle|\psi_\alpha^{\mathrm{D}}(0)\right\rangle}\left\{\frac{\left\langle\eta_0\middle|\mathcal{H}\middle|\psi_\alpha^{\mathrm{D}}(0)\right\rangle}{\left\langle\eta_0\middle|\psi_\alpha^{\mathrm{D}}(0)\right\rangle}-\eta_0\right\}.\end{aligned}$$

Insgesamt haben wir also gefunden:

$$\left\{\mathcal{H}-\frac{\left\langle\eta_0\middle|\mathcal{H}\middle|\psi_\alpha^{\mathrm{D}}(0)\right\rangle}{\left\langle\eta_0\middle|\psi_\alpha^{\mathrm{D}}(0)\right\rangle}-\mathrm{i}\hbar\alpha\lambda\frac{\partial}{\partial\lambda}\right\}\frac{\left|\psi_\alpha^{\mathrm{D}}(0)\right\rangle}{\left\langle\eta_0\middle|\psi_\alpha^{\mathrm{D}}(0)\right\rangle}=0. \tag{5.42}$$

Nun soll nach Voraussetzung der Zustand rechts neben der Klammer auch für $\alpha \to 0$ in jeder störungstheoretischen Ordnung existieren, d. h. in jeder Ordnung der Koppelkonstanten λ. Daran ändert sich auch dann nichts, wenn wir diesen Ausdruck nach λ ableiten. Vollziehen wir nun in (5.42) den Grenzübergang $\alpha \to 0$, so verschwindet der dritte Summand in der Klammer:

$$\left\{\mathcal{H} - \frac{\langle\eta_0|\mathcal{H}|\psi_0^{\mathrm{D}}(0)\rangle}{\langle\eta_0|\psi_0^{\mathrm{D}}(0)\rangle}\right\}\frac{|\psi_0^{\mathrm{D}}(0)\rangle}{\langle\eta_0|\psi_0^{\mathrm{D}}(0)\rangle} = 0\,. \tag{5.43}$$

Damit ist die Behauptung des Gell-Mann–Low-Theorems bewiesen. Wir haben gezeigt, dass es sich bei dem Zustand (5.33) unter den getroffenen Voraussetzungen um einen exakten Eigenzustand handelt. Gemäß früherer Überlegungen treffen wir die Zusatzannahme, dass es sich dabei um den Grundzustand handelt:

$$\frac{|\psi_0^{\mathrm{D}}(0)\rangle}{\langle\eta_0|\psi_0^{\mathrm{D}}(0)\rangle} \stackrel{!}{=} \frac{|E_0^{\mathrm{D}}(0)\rangle}{\langle\eta_0|E_0^{\mathrm{D}}(0)\rangle} = |\widetilde{E}_0\rangle\,. \tag{5.44}$$

Wir zeigen zum Schluss noch, dass Zähler und Nenner von (5.33) für sich genommen in der Grenze $\alpha \to 0$ **nicht** existieren. Wir betrachten dazu den folgenden Ausdruck:

$$\begin{aligned}
&\mathrm{i}\hbar\alpha\lambda\frac{\partial}{\partial\lambda}\ln\langle\eta_0|\psi_\alpha^{\mathrm{D}}(0)\rangle\\
&= \frac{1}{\langle\eta_0|\psi_\alpha^{\mathrm{D}}(0)\rangle}\mathrm{i}\hbar\alpha\lambda\frac{\partial}{\partial\lambda}\langle\eta_0|\psi_\alpha^{\mathrm{D}}(0)\rangle\\
&\stackrel{(5.41)}{=} \frac{1}{\langle\eta_0|\psi_\alpha^{\mathrm{D}}(0)\rangle}\langle\eta_0|\,(\mathcal{H}-\eta_0)\,|\psi_\alpha^{\mathrm{D}}(0)\rangle\\
&= \frac{\langle\eta_0|V_{\mathrm{D}}(0)|\psi_\alpha^{\mathrm{D}}(0)\rangle}{\langle\eta_0|\psi_\alpha^{\mathrm{D}}(0)\rangle} \underset{\alpha\to 0}{\stackrel{(5.5)}{\longrightarrow}} \Delta E_0(\lambda)\,.
\end{aligned}$$

Daraus folgt weiter:

$$\frac{\partial}{\partial\lambda}\ln\langle\eta_0|\psi_\alpha^{\mathrm{D}}(0)\rangle \underset{\alpha\to 0}{\longrightarrow} \frac{1}{\mathrm{i}\hbar}\frac{\Delta E_0(\lambda)}{\lambda}\frac{1}{\alpha}\,.$$

Die Integration über λ führt auf einen Ausdruck der Form

$$\ln\langle\eta_0|\psi_\alpha^{\mathrm{D}}(0)\rangle \underset{\alpha\to 0}{\longrightarrow} \frac{-\mathrm{i}f(\lambda)}{\alpha}$$

und damit

$$\langle\eta_0|\psi_\alpha^{\mathrm{D}}(0)\rangle \underset{\alpha\to 0}{\longrightarrow} \exp\left(-\mathrm{i}\frac{f(\lambda)}{\alpha}\right)\,. \tag{5.45}$$

Der Zustand $|\psi_\alpha^{\mathrm{D}}(0)\rangle$ hat also eine mit $1/\alpha$ für $\alpha \to 0$ divergierende Phase. Der Grenzübergang (5.32) existiert deshalb nicht. Diese divergierende Phase kürzt sich bei dem Zustand (5.33) offensichtlich heraus.

5.1.3 Kausale Green-Funktion

Green-Funktionen sind nach ihrer Definition in Abschn. 3.2.1 Erwartungswerte von zeitabhängigen Heisenberg-Operatoren. Da wir in diesem Abschnitt generell $T = 0$ voraussetzen wollen, sind diese Erwartungswerte mit dem Grundzustand zu bilden. Die Heisenberg-Darstellung ist für eine Störungstheorie ungünstig, bequemer ist die Dirac-Darstellung. Wir untersuchen deshalb zunächst die entsprechenden Transformationen.

Wir haben mit (5.44) den Grundzustand des wechselwirkenden Systems gefunden:

$$\left|\widetilde{E}_0\right\rangle = \lim_{\alpha\to 0} \frac{U_\alpha^{\mathrm{D}}(0,-\infty)\left|\eta_0\right\rangle}{\left\langle\eta_0\right|U_\alpha^{\mathrm{D}}(0,-\infty)\left|\eta_0\right\rangle} \,. \tag{5.46}$$

Da die Wechselwirkung für positive Zeiten auf dieselbe Art und Weise wieder ausgeschaltet wird, wie sie von $t = -\infty$ kommend für negative Zeiten eingeschaltet wurde, hätten wir das Gell-Mann–Low-Theorem auch für den Zustand

$$\left|\widetilde{E}_0'\right\rangle = \lim_{\alpha\to 0} \frac{U_\alpha^{\mathrm{D}}(0,+\infty)\left|\eta_0\right\rangle}{\left\langle\eta_0\right|U_\alpha^{\mathrm{D}}(0,+\infty)\left|\eta_0\right\rangle} \tag{5.47}$$

beweisen können. Da $\left|\eta_0\right\rangle$ nach Voraussetzung nicht entartet ist, können sich $\left|\widetilde{E}_0\right\rangle$ und $\left|\widetilde{E}_0'\right\rangle$ höchstens durch eine Phase voneinander unterscheiden. Wegen

$$\left\langle\eta_0\middle|\widetilde{E}_0\right\rangle = \left\langle\eta_0\middle|\widetilde{E}_0'\right\rangle = 1 \tag{5.48}$$

ist jedoch sogar:

$$\left|\widetilde{E}_0\right\rangle \equiv \left|\widetilde{E}_0'\right\rangle \,. \tag{5.49}$$

Der **normierte** Grundzustand, der zur Zeit $t = 0$ in allen Bildern derselbe ist, lautet dann:

$$\left|E_0\right\rangle = \frac{\left|\widetilde{E}_0\right\rangle}{\left(\left\langle\widetilde{E}_0\middle|\widetilde{E}_0\right\rangle\right)^{1/2}} = \frac{\left|\widetilde{E}_0'\right\rangle}{\left(\left\langle\widetilde{E}_0'\middle|\widetilde{E}_0'\right\rangle\right)^{1/2}} \,. \tag{5.50}$$

Für den Zeitentwicklungsoperator in der Dirac-Darstellung gilt nach (3.33),

$$U_\alpha^{\mathrm{D}}(t,t') = \exp\left(\frac{\mathrm{i}}{\hbar}\mathcal{H}_0 t\right) U_\alpha^{\mathrm{S}}(t,t') \exp\left(-\frac{\mathrm{i}}{\hbar}\mathcal{H}_0 t'\right) , \tag{5.51}$$

und damit für einen beliebigen Operator A in der Heisenberg-Darstellung:

$$\begin{aligned} A_\alpha^{\mathrm{H}}(t) &= U_\alpha^{\mathrm{S}}(0,t) A_\alpha^{\mathrm{S}} U_\alpha^{\mathrm{S}}(t,0) \\ &= U_\alpha^{\mathrm{S}}(0,t) \exp\left(-\frac{\mathrm{i}}{\hbar}\mathcal{H}_0 t\right) A^{\mathrm{D}}(t) \exp\left(\frac{\mathrm{i}}{\hbar}\mathcal{H}_0 t\right) U_\alpha^{\mathrm{S}}(t,0) \\ &= U_\alpha^{\mathrm{D}}(0,t) A^{\mathrm{D}}(t) U_\alpha^{\mathrm{D}}(t,0) \,. \end{aligned} \tag{5.52}$$

Damit können wir nun den Erwartungswert einer Heisenberg-Observablen im Grundzustand bilden:

$$\begin{aligned}\langle E_0 | A^{\mathrm{H}}(t) | E_0 \rangle &= \frac{\langle \widetilde{E}_0 | A^{\mathrm{H}}_{\alpha \to 0}(t) | \widetilde{E}_0 \rangle}{\langle \widetilde{E}_0 | \widetilde{E}_0 \rangle} \\ &\overset{(5.49)}{=} \frac{\langle \widetilde{E}'_0 | A^{\mathrm{H}}_{\alpha \to 0}(t) | \widetilde{E}_0 \rangle}{\langle \widetilde{E}'_0 | \widetilde{E}_0 \rangle} \\ &= \lim_{\alpha \to 0} \frac{\langle \eta_0 | U^{\mathrm{D}}_\alpha(+\infty, 0) A^{\mathrm{H}}_\alpha(t) U^{\mathrm{D}}_\alpha(0, -\infty) | \eta_0 \rangle}{\langle \eta_0 | U^{\mathrm{D}}_\alpha(\infty, 0) U^{\mathrm{D}}_\alpha(0, -\infty) | \eta_0 \rangle\rangle} \,.\end{aligned}$$

Wir definieren,

$$\textit{Streumatrix:} \quad S_\alpha = U^{\mathrm{D}}_\alpha(+\infty, -\infty)\,, \tag{5.53}$$

und können dann mithilfe von (5.52) den Erwartungswert bezüglich des *wechselwirkenden* Grundzustands in einen Ausdruck überführen, der sich auf den Grundzustand $|\eta_0\rangle$ des freien Systems bezieht:

$$\langle E_0 | A^{\mathrm{H}}(t) | E_0 \rangle = \lim_{\alpha \to 0} \frac{\langle \eta_0 | U^{\mathrm{D}}_\alpha(\infty, t) A^{\mathrm{D}}(t) U_\alpha(t, -\infty) | \eta_0 \rangle}{\langle \eta_0 | S_\alpha | \eta_0 \rangle} \,. \tag{5.54}$$

Mit (5.51) lässt sich diese Beziehung unmittelbar auf mehrere Operatoren verallgemeinern:

$$\begin{aligned}&\langle E_0 | A^{\mathrm{H}}(t) B^{\mathrm{H}}(t') | E_0 \rangle \\ &= \lim_{\alpha \to 0} \frac{\langle \eta_0 | U^{\mathrm{D}}_\alpha(\infty, t) A^{\mathrm{D}}(t) U^{\mathrm{D}}_\alpha(t, t') B^{\mathrm{D}}(t') U^{\mathrm{D}}_\alpha(t', -\infty) | \eta_0 \rangle}{\langle \eta_0 | S_\alpha | \eta_0 \rangle} \,.\end{aligned} \tag{5.55}$$

Mithilfe dieses Ausdrucks wollen wir nun die in (3.119) definierte kausale Green-Funktion in eine für die Störungstheorie vernünftige Form bringen. Dazu werden wir U^{D}_α nach (5.27) einsetzen, wobei wir allerdings ab jetzt den Index „D“ weglassen, da im Folgenden ausschließlich in der Dirac-Darstellung gearbeitet wird.

In der Definition der kausalen Green-Funktion (3.119) taucht der Wick'sche Zeitordnungsoperator T_ε auf. Dieser sortiert Operatoren zu späteren Zeiten nach links, wobei jede Vertauschung einen Faktor $\varepsilon = +1$ für Bose-Operatoren und $\varepsilon = -1$ für Fermi-Operatoren beisteuert. In U^{D}_α taucht dagegen der Dyson'sche Zeitordnungsoperator T_{D} (3.15) auf. Dieser sortiert wie T_ε, aber ohne den Faktor ε. T_{D} wirkt auf die Wechselwirkung $V(t)$. Diese besteht jedoch im Fall von Fermionen immer aus einer geraden Anzahl von Konstruktionsoperatoren, sodass die Ersetzung

$$T_{\mathrm{D}} \quad \Rightarrow \quad T_\varepsilon$$

im Zeitentwicklungsoperator stets erlaubt ist. – Wir behaupten nun, dass man den Erwartungswert (5.54) wie folgt schreiben kann:

$$\begin{aligned}&\left\langle E_0 \middle| A^{\mathrm{H}}(t) \middle| E_0 \right\rangle \\ &= \lim_{\alpha\to 0} \frac{1}{\left\langle \eta_0 \middle| S_\alpha \middle| \eta_0 \right\rangle} \sum_{\nu=0}^{\infty} \frac{1}{\nu!}\left(-\frac{\mathrm{i}}{\hbar}\right)^{\nu} \int_{-\infty}^{+\infty}\!\!\cdots\!\int \mathrm{d}t_1\cdots \mathrm{d}t_\nu \\ &\quad\cdot \mathrm{e}^{-\alpha(|t_1|+\ldots+|t_\nu|)} \left\langle \eta_0 \middle| T_\varepsilon\left\{V(t_1)\cdots V(t_\nu)A(t)\right\} \middle| \eta_0 \right\rangle .\end{aligned} \tag{5.56}$$

Zum **Beweis** betrachten wir eine *Momentaufnahme* im ν-ten Summanden:

$$\begin{aligned} n \text{ Zeiten} \quad & t_1, t_2, \ldots, t_n > t ,\\ m \text{ Zeiten} \quad & \bar{t}_1, \bar{t}_2, \ldots, \bar{t}_m < t ,\end{aligned}$$

mit $m + n = \nu$. In diesem Fall gilt:

$$T_\varepsilon\{\ldots\} = T_\varepsilon\left\{V(t_1)\cdots V(t_n)\right\}A(t)T_\varepsilon\left\{V(\bar{t}_1)\cdots V(\bar{t}_m)\right\} .$$

Diese Situation lässt sich bei ν unabhängigen Zeiten durch

$$\frac{\nu!}{n!\,m!}$$

Möglichkeiten gleichen Beitrags realisieren. Wir erfassen dann **alle** Möglichkeiten durch Summation über alle *denkbaren* n und m mit $\nu = n + m$ als Randbedingung:

$$\begin{aligned}&\sum_{\nu=0}^{\infty} \frac{1}{\nu!}\left(-\frac{\mathrm{i}}{\hbar}\right)^{\nu} \int_{-\infty}^{+\infty}\!\!\cdots\!\int \mathrm{d}t_1\cdots \mathrm{d}t_\nu\, \mathrm{e}^{-\alpha(|t_1|+\ldots+|t_\nu|)} \\ &\quad\cdot T_\varepsilon\left\{V(t_1)\cdots V(t_\nu)A(t)\right\} \\ &= \sum_{\nu=0}^{\infty} \frac{1}{\nu!} \sum_{n,m}^{0\ldots\infty} \left(-\frac{\mathrm{i}}{\hbar}\right)^{\nu} \frac{\nu!}{n!\,m!}\delta_{\nu,n+m} \int_{t}^{\infty}\!\!\cdots\!\int \mathrm{d}t_1\cdots \mathrm{d}t_n \\ &\quad\cdot \mathrm{e}^{-\alpha(|t_1|+\cdots+|t_n|)} T_\varepsilon\left\{V(t_1)\cdots V(t_n)\right\}A(t) \\ &\quad\cdot \int_{-\infty}^{t}\!\!\cdots\!\int \mathrm{d}\bar{t}_1\cdots \mathrm{d}\bar{t}_m\, \mathrm{e}^{-\alpha(|\bar{t}_1|+\ldots+|\bar{t}_m|)} T_\varepsilon\left\{V(\bar{t}_1)\cdots V(\bar{t}_m)\right\} \\ &= \left[\sum_{n=0}^{\infty} \frac{1}{n!}\left(-\frac{\mathrm{i}}{\hbar}\right)^{n} \int_{t}^{\infty}\!\!\cdots\!\int \mathrm{d}t_1\cdots \mathrm{d}t_n\, \mathrm{e}^{-\alpha(|t_1|+\ldots+|t_n|)} \cdot \right. \\ &\quad\left.\cdot T_\varepsilon\left\{V(t_1)\cdots V(t_n)\right\}\right] A(t) \left[\sum_{m=0}^{\infty} \frac{1}{m!}\left(-\frac{\mathrm{i}}{\hbar}\right)^{m} \cdot \right. \\ &\quad\left.\cdot \int_{-\infty}^{t}\!\!\cdots\!\int \mathrm{d}\bar{t}_1\cdots \mathrm{d}\bar{t}_m\, \mathrm{e}^{-\alpha(|\bar{t}_1|+\ldots+|\bar{t}_m|)} T_\varepsilon\left\{V(\bar{t}_1)\cdots V(\bar{t}_m)\right\}\right] .\end{aligned}$$

Der Vergleich mit (5.27) liefert dann:

$$\sum_{\nu=0}^{\infty} \frac{1}{\nu!}\left(-\frac{\mathrm{i}}{\hbar}\right)^{\nu} \int_{-\infty}^{+\infty}\cdots\int \mathrm{d}t_1\cdots\mathrm{d}t_\nu\, \mathrm{e}^{-\alpha(|t_1|+\ldots+|t_\nu|)} \cdot T_\varepsilon\left\{V(t_1)\cdots V(t_\nu)A(t)\right\} = U_\alpha(\infty,t)A(t)U_\alpha(t,-\infty)\,. \tag{5.57}$$

Zusammen mit (5.54) beweist diese Beziehung die Behauptung (5.56).

Mit demselben Gedankengang können wir nun auch (5.55) umformen. Wir haben lediglich die Integrationsvariablen in drei Gruppen einzuteilen. Dies führt zu:

$$\begin{aligned}&\left\langle E_0\middle|T_\varepsilon\left\{A^{\mathrm{H}}(t)B^{\mathrm{H}}(t')\right\}\middle|E_0\right\rangle \\ &= \lim_{\alpha\to 0}\frac{1}{\langle\eta_0|S_\alpha|\eta_0\rangle}\sum_{\nu=0}^{\infty}\frac{1}{\nu!}\left(-\frac{\mathrm{i}}{\hbar}\right)^{\nu}\int_{-\infty}^{+\infty}\cdots\int \mathrm{d}t_1\cdots\mathrm{d}t_\nu \\ &\quad\cdot \mathrm{e}^{-\alpha(|t_1|+\cdots+|t_\nu|)}\left\langle\eta_0\middle|T_\varepsilon\left\{V(t_1)\cdots V(t_\nu)A(t)B(t')\right\}\middle|\eta_0\right\rangle\,.\end{aligned} \tag{5.58}$$

Wir können damit nun speziell die kausale $T = 0$-Green-Funktion in eine Form bringen, die sich für eine diagrammatische Störungstheorie als zweckmäßig erweist:

kausale Ein-Elektronen-Green-Funktion ($T = 0$)

$$\begin{aligned}&\mathrm{i}G^{\mathrm{c}}_{k\sigma}(t,t') = \\ &= \lim_{\alpha\to 0}\frac{1}{\langle\eta_0|S_\alpha|\eta_0\rangle}\sum_{\nu=0}^{\infty}\frac{1}{\nu!}\left(-\frac{\mathrm{i}}{\hbar}\right)^{\nu}\int_{-\infty}^{+\infty}\cdots\int \mathrm{d}t_1\cdots\mathrm{d}t_\nu \\ &\quad\cdot \mathrm{e}^{-\alpha(|t_1|+\ldots+|t_\nu|)}\left\langle\eta_0\middle|T_\varepsilon\left\{V(t_1)\cdots V(t_\nu)\,a_{k\sigma}(t)a^{+}_{k\sigma}(t')\right\}\middle|\eta_0\right\rangle\,.\end{aligned} \tag{5.59}$$

Der Nenner $\langle\eta_0 \mid S_\alpha \mid \eta_0\rangle$ hat dabei eine analoge Gestalt wie der Zähler, nur die Operatoren $a_{k\sigma}$, $a^{+}_{k\sigma}$ fehlen im Argument des T_ε-Operators.

5.1.4 Aufgaben

Aufgabe 5.1.1

$\mathcal{P} = |\eta\rangle\langle\eta|$ sei der Projektionsoperator auf den Eigenzustand $|\eta\rangle$ des Hamilton-Operators H. Zeigen Sie, dass $\mathcal{P}$ und der Orthogonalprojektor $\mathcal{Q} = \mathbf{1} - \mathcal{P}$ mit H kommutieren.

Aufgabe 5.1.2

Wenn

$$H = H_0 + \lambda v = H(\lambda)$$

der Hamilton-Operator eines Teilchensystems mit Wechselwirkung ist, so werden der (nomierte) Grundzustand $|E_0\rangle$ und die Grundzustandsenergie E_0 Funktionen der Koppelkonstanten λ. Zeigen Sie, dass für die Niveauverschiebung des *ungestörten* Grundzustands $|\eta_0\rangle$ aufgrund der Wechselwirkung λv gilt:

$$\Delta E_0(\lambda) = E_0(\lambda) - \eta_0 = \int\limits_0^\lambda \frac{d\lambda'}{\lambda} \langle E_0(\lambda')|\lambda' v|E_0(\lambda')\rangle .$$

Aufgabe 5.1.3

Elektronen eines Valenzbandes, die mit einem antiferromagnetisch geordneten lokalisierten Spinsystem wechselwirken, beschreiben wir durch das folgende vereinfachte s-f-Modell:

$$H = H_0 + H_1 ; \quad H_0 = \sum_{\substack{\boldsymbol{k},\sigma\\ \alpha,\beta}} \varepsilon_{\alpha\beta}(\boldsymbol{k}) a^+_{\boldsymbol{k}\sigma\alpha} a_{\boldsymbol{k}\sigma\beta} ;$$

$$H_1 = -\frac{1}{2} g \sum_{\boldsymbol{k},\sigma,\alpha} z_\sigma \langle S^z_\alpha \rangle a^+_{\boldsymbol{k}\sigma\alpha} a_{\boldsymbol{k}\sigma\alpha} .$$

$\alpha = \mathrm{A,B}$ kennzeichnet die beiden chemisch äquivalenten, ferromagnetischen Untergitter A und B:

$$\langle S^z_{\mathrm{A}} \rangle = -\langle S^z_{\mathrm{B}} \rangle = \langle S^z \rangle .$$

Die Bloch-Energien

$$\varepsilon_{\mathrm{AA}}(\boldsymbol{k}) = \varepsilon_{\mathrm{BB}}(\boldsymbol{k}) = \varepsilon(\boldsymbol{k}); \qquad \varepsilon_{\mathrm{AB}}(\boldsymbol{k}) = \varepsilon^*_{\mathrm{BA}}(\boldsymbol{k}) = t(\boldsymbol{k})$$

seien bekannt, wobei $\boldsymbol{k}$ eine Wellenzahl aus der ersten Brillouin-Zone eines der beiden äquivalenten Untergitter ist.

1. Berechnen Sie Eigenwerte und Eigenzustände des *ungestörten* Operators H_0.
2. Berechnen Sie die Energiekorrekturen erster und zweiter Ordnung in der Schrödinger-Störungstheorie.
3. Berechnen Sie die Energiekorrekturen erster und zweiter Ordnung in der Brillouin-Wigner-Störungstheorie.
4. Vergleichen Sie die Ergebnisse von Teil 1. und 2. mit den exakten Eigenenergien.

Kapitel 5

5.2 Das Wick'sche Theorem

5.2.1 Das Normalprodukt

Um konkret zu sein, wollen wir uns im Folgenden ausschließlich auf

- Fermi-Systeme

konzentrieren, die einer **Paarwechselwirkung** der Form

$$V(t) = \frac{1}{2} \sum_{\substack{kl \\ mn}} v(kl; nm) a_k^+(t) a_l^+(t) a_m(t) a_n(t) \tag{5.60}$$

unterliegen. Die nahe liegendste Realisierung wäre die Elektron-Elektron-Coulomb-Wechselwirkung mit $k \equiv (\boldsymbol{k}, \sigma)$, ... Die Operatoren stehen in ihrer Dirac-Darstellung, wobei die Zeitabhängigkeit eigentlich trivial ist. Nach dem **Baker-Hausdorff-Theorem** (s. Aufgabe 3.1.2) gilt:

$$a_k(t) = \exp\left(\frac{\mathrm{i}}{\hbar}\mathcal{H}_0 t\right) a_k \exp\left(-\frac{\mathrm{i}}{\hbar}\mathcal{H}_0 t\right) = \sum_{n=0}^{\infty} \frac{1}{n!}\left(-\frac{\mathrm{i}}{\hbar}t\right)^n L^n(\mathcal{H}_0)\, a_k\,, \tag{5.61}$$

$$L(\mathcal{H}_0)\, a_k = [a_k, \mathcal{H}_0]_- = \left(\varepsilon(\boldsymbol{k}) - \mu\right) a_k\,, \tag{5.62}$$

$$\begin{aligned} L^n(\mathcal{H}_0)\, a_k &= \Big[\underbrace{\ldots[[a_k, \mathcal{H}_0]_-, \mathcal{H}_0]_- \ldots, \mathcal{H}_0}_{n\text{-fach}}\Big]_- \\ &= \left(\varepsilon(\boldsymbol{k}) - \mu\right)^n a_k\,. \end{aligned} \tag{5.63}$$

Dies bedeutet:

$$a_k(t) = \exp\left(-\frac{\mathrm{i}}{\hbar}\left(\varepsilon(\boldsymbol{k}) - \mu\right)t\right) a_k\,, \tag{5.64}$$

$$a_k^+(t) = \exp\left(\frac{\mathrm{i}}{\hbar}\left(\varepsilon(\boldsymbol{k}) - \mu\right)t\right) a_k^+\,. \tag{5.65}$$

Nach (5.59) besteht die Aufgabe darin, Erwartungswerte der folgenden Form zu bilden:

$$\begin{aligned} &\left\langle \eta_0 \right| T_\varepsilon \Big\{ a_{k_1}^+(t_1)\, a_{l_1}^+(t_1)\, a_{m_1}(t_1)\, a_{n_1}(t_1) \cdots \\ &\cdots a_{k_n}^+(t_n)\, a_{l_n}^+(t_n)\, a_{m_n}(t_n)\, a_{n_n}(t_n)\, a_{k\sigma}(t) a_{k\sigma}^+(t') \Big\} \left| \eta_0 \right\rangle . \end{aligned} \tag{5.66}$$

Wir versuchen, diese Produkte so umzuformen, dass die Anwendung der Operatoren auf den Grundzustand $|\eta_0\rangle$ des wechselwirkungsfreien Systems leicht durchführbar wird. Wir führen dazu neue Operatoren ein. Im Grundzustand $|\eta_0\rangle$ sind alle Niveaus innerhalb der *Fermi-Kugel* (Radius k_F im $\boldsymbol{k}$-Raum) besetzt. Der Operator

$$\gamma^+_{\boldsymbol{k}\sigma} = \begin{cases} a^+_{\boldsymbol{k}\sigma} & \text{für} \quad |\boldsymbol{k}| > k_F , \\ a_{\boldsymbol{k}\sigma} & \text{für} \quad |\boldsymbol{k}| \le k_F \end{cases} \tag{5.67}$$

erzeugt deshalb außerhalb der Fermi-Kugel ein Teilchen, innerhalb derselben ein Loch. Das entsprechende Vernichten wird von dem Operator $\gamma_{\boldsymbol{k}\sigma}$ bewirkt:

$$\gamma_{\boldsymbol{k}\sigma} = \begin{cases} a_{\boldsymbol{k}\sigma} & \text{für} \quad |\boldsymbol{k}| > k_F , \\ a^+_{\boldsymbol{k}\sigma} & \text{für} \quad |\boldsymbol{k}| \le k_F . \end{cases} \tag{5.68}$$

Für die γ's gelten natürlich dieselben fundamentalen Vertauschungsrelationen wie für die a's. Für $|\boldsymbol{k}| > k_F$ sind $\gamma_{\boldsymbol{k}\sigma}$ und $\gamma^+_{\boldsymbol{k}\sigma}$ Konstruktionsoperatoren für Teilchen, für $|\boldsymbol{k}| \le k_F$ für Löcher. Wegen

$$\gamma_{\boldsymbol{k}\sigma}|\eta_0\rangle = 0 \tag{5.69}$$

nennt man $|\eta_0\rangle$ auch das **Fermi-Vakuum** oder den **Vakuumzustand**. Wir führen nun das so genannte

- Normalprodukt $N(\cdots\gamma_k^+\cdots\gamma_l)$

eines Produkts aus solchen auf das Fermi-Vakuum bezogene Erzeugungs- und Vernichtungsoperatoren γ^+, γ durch die Vorschrift ein, dass alle Erzeuger γ^+ links von allen Vernichtern γ zu stehen kommen. Jede dazu benötigte Vertauschung von zwei Operatoren bringt einen Faktor (-1). Die Reihenfolge der γ's unter sich und der γ^+'s unter sich ist dabei belanglos.

Beispiel

$$\begin{aligned} N(\gamma_1\gamma_2^+\gamma_3) &= (-1)\gamma_2^+\gamma_1\gamma_3 \\ &= (-1)^2\gamma_2^+\gamma_3\gamma_1 \\ &= N(\gamma_2^+\gamma_3\gamma_1) \\ &= (-1)^3 N(\gamma_3\gamma_2^+\gamma_1) . \end{aligned}$$

Stehen im Argument von N die „ursprünglichen" a und a^+, so werden diese gemäß (5.67) und (5.68) als γ bzw. γ^+ interpretiert.

Wichtig für unsere Zwecke ist:

$$\langle\eta_0|N(\cdots\gamma_k^+\cdots\gamma_l\cdots)|\eta_0\rangle = 0 . \tag{5.70}$$

Eine Zerfällung der T-Produkte nach N-Produkten in (5.66) wäre also wünschenswert, soll deshalb im Folgenden versucht werden. Wir definieren:

Kontraktion

$$\underbrace{A(t)B(t')} \equiv T_\varepsilon\{A(t)B(t')\} - N\{A(t)B(t')\}\,. \tag{5.71}$$

Sind die Operatoren A, B beide Erzeuger oder beide Vernichter, so ist die Kontraktion offenbar Null. Interessant sind also nur die folgenden beiden Fälle:

$$\underbrace{\gamma_k(t)\gamma^+_{k'}(t')} = \begin{cases} \gamma_k(t)\gamma^+_{k'}(t') + \gamma^+_{k'}(t')\,\gamma_k(t) & \text{für} \quad t > t'\,, \\ 0 & \text{für} \quad t < t'\,, \end{cases} \tag{5.72}$$

$$\underbrace{\gamma^+_{k'}(t')\,\gamma_k(t)} = \begin{cases} -\gamma_k(t)\gamma^+_{k'}(t') - \gamma^+_{k'}(t')\,\gamma_k(t) & \text{für} \quad t > t'\,, \\ 0 & \text{für} \quad t < t'\,. \end{cases} \tag{5.73}$$

Da die Zeitabhängigkeit der γ's wegen (5.64) und (5.65) trivial ist, ferner für $k \neq k'$ alle Konstruktionsoperatoren antikommutieren, sind obige Kontraktionen für $k \neq k'$ sämtlich Null.

Wir formulieren (5.72) und (5.73) noch einmal explizit für die *ursprünglichen* Operatoren a_k, a^+_k:

$|\boldsymbol{k}| > k_\mathrm{F}$:

$$\underbrace{a_k(t)a^+_{k'}(t')} = \delta_{kk'} \begin{cases} \exp\left[-\frac{\mathrm{i}}{\hbar}\big(\varepsilon(\boldsymbol{k}) - \mu\big)(t - t')\right] & \text{für} \quad t > t'\,, \\ 0 & \text{für} \quad t < t'\,, \end{cases} \tag{5.74}$$

$$\underbrace{a^+_{k'}(t')\,a_k(t)} = \delta_{kk'} \begin{cases} -\exp\left[-\frac{\mathrm{i}}{\hbar}\big(\varepsilon(\boldsymbol{k}) - \mu\big)(t - t')\right] & \text{für} \quad t > t'\,, \\ 0 & \text{für} \quad t < t'\,. \end{cases} \tag{5.75}$$

$|\boldsymbol{k}| \leq k_\mathrm{F}$:

$$\underbrace{a_k(t)a^+_{k'}(t')} = \delta_{kk'} \begin{cases} 0 & \text{für} \quad t > t'\,, \\ -\exp\left[-\frac{\mathrm{i}}{\hbar}\big(\varepsilon(\boldsymbol{k}) - \mu\big)(t - t')\right] & \text{für} \quad t < t'\,, \end{cases} \tag{5.76}$$

$$\underbrace{a^+_{k'}(t')\,a_k(t)} = \delta_{kk'} \begin{cases} 0 & \text{für} \quad t > t'\,, \\ \exp\left[-\frac{\mathrm{i}}{\hbar}\big(\varepsilon(\boldsymbol{k}) - \mu\big)(t - t')\right] & \text{für} \quad t < t'\,, \end{cases} \tag{5.77}$$

Nun gilt nach (3.204) für die *freie*, kausale Green-Funktion ($\varepsilon = -1$, $T = 0$):

$$\begin{aligned} \mathrm{i}G^{0,\mathrm{c}}_{\boldsymbol{k}\sigma}(t-t') &= \left\{\Theta(t-t')\left(1-\langle n_{\boldsymbol{k}\sigma}\rangle^{(0)}\right) - \Theta(t'-t)\langle n_{\boldsymbol{k}\sigma}\rangle^{(0)}\right\} \\ &\quad \cdot \exp\left[-\frac{\mathrm{i}}{\hbar}\left(\varepsilon(\boldsymbol{k})-\mu\right)(t-t')\right] . \end{aligned} \tag{5.78}$$

Der Vergleich liefert:

$$\underline{a_k(t)a_k^+}(t') = \mathrm{i}G_k^{0,\mathrm{c}}(t-t') , \tag{5.79}$$

$$\underline{a_k^+(t')\,a_k}(t) = -\mathrm{i}G_k^{0,\mathrm{c}}(t-t') . \tag{5.80}$$

Die T_ε-Produkte von zwei zeitabhängigen Konstruktionsoperatoren zerfallen also in Normalprodukte, die bei der Mittelwertbildung mit dem freien Grundzustand $|\eta_0\rangle$ verschwinden, und Kontraktionen, die nichts anderes als freie, kausale Green-Funktionen sind. (Im Argument der Green-Funktion steht stets *Vernichterzeit* minus *Erzeugerzeit*.) Kontraktionen sind dabei C-Zahlen, also keine Operatoren:

$$\langle \eta_0 | \underline{a_k(t)a_k^+}(t') | \eta_0 \rangle = \underline{a_k(t)a_k^+}(t') . \tag{5.81}$$

Diese wichtigen Relationen gelten für $t \neq t'$. Für $t = t'$ sind die kausalen Funktionen **nicht** definiert.

Das Problem der *Gleichzeitigkeit* taucht immer dann auf, wenn in einem typischen Term wie (5.66) Erzeuger und Vernichter miteinander kontrahiert werden, die aus demselben Wechselwirkungspotential $V(t)$ stammen. Man vereinbart, dass die T_ε-Produkte die Operatoren in ihrer *natürlichen* Reihenfolge belassen, d. h. den Erzeuger links vom Vernichter. Dies bedeutet

$$t_{\text{Vernichter}} - t_{\text{Erzeuger}} = 0^-$$

und damit:

$$\underline{a_k(t)a_k^+}(t) = \mathrm{i}G_k^{0,\mathrm{c}}(0^-) ; \quad \underline{a_k^+(t)a_k}(t) = -\mathrm{i}G_k^{0,\mathrm{c}}(0^-) , \tag{5.82}$$

wobei nach (5.78) gilt:

$$\mathrm{i}G_k^{0,\mathrm{c}}(0^-) = -\langle n_k\rangle^{(0)} . \tag{5.83}$$

5.2.2 Der Wick'sche Satz

Gleichung (5.71) liefert die gesuchte Zerfällung eines T_ε-Produkts aus zwei Faktoren in Normalprodukte und Kontraktionen. Allgemein folgt diese aus dem Wick'schen Satz für ein T_ε-Produkt aus n Faktoren.

Satz 5.2.1

$$U, V, W, \ldots, X, Y, Z: \quad \text{Fermionenoperatoren} .$$

Dann gilt:

$$\begin{aligned}
T_\varepsilon(UVW \ldots XYZ) &= N(UVW \ldots XYZ) \\
\begin{pmatrix} N\text{-Produkte} \\ \text{mit einer} \\ \text{Kontraktion} \end{pmatrix} \quad & +N(\underbracket{UV}W \ldots XYZ) + \\
& +N(\underbracket{UVW} \ldots XYZ) + \\
& + \ldots \\
\begin{pmatrix} N\text{-Produkte} \\ \text{mit zwei} \\ \text{Kontraktionen} \end{pmatrix} \quad & +N(\underbracket{UV}W \ldots X\underbracket{YZ}) + \\
& +N(\underbracket{UVW} \ldots X\underbracket{YZ}) + \\
& + \ldots \\
& + \{\textit{totale Paarung}\}
\end{aligned} \tag{5.84}$$

Unter **totaler Paarung** versteht man die vollständige und auf alle denkbaren Arten und Weisen durchgeführte Zerlegung des Operatorprodukts $UVW \ldots XYZ$ in Kontraktionen, was natürlich eine gerade Anzahl von Operatoren voraussetzt.

Der obige Wick'sche Satz, den man auch als Wick'sches Theorem bezeichnet, ist eine Operatoridentität. Sein Wert wird jedoch erst bei der Mittelung mit dem Grundzustand $|\eta_0\rangle$ deutlich, wenn alle Normalprodukte verschwinden:

$$\langle \eta_0 | T_\varepsilon(UVW \ldots XYZ) | \eta_0 \rangle = \{\textit{totale Paarung}\} . \tag{5.85}$$

Dabei stellt nach (5.79) bis (5.82) die *totale Paarung* eine Summe von Produkten aus kausalen Green-Funktionen der freien Systeme dar.

Bevor wir den Satz beweisen, betrachten wir als **Beispiel** das T_ε-Produkt aus vier Operatoren:

$$\begin{aligned}
T_\varepsilon(UVWX) = N(UVWX) \\
&+ \Big(\underbracket{UV}\, N(WX) + \underbracket{VW}\, N(UX) \\
&\quad + \underbracket{WX}\, N(UV) + \underbracket{UX}\, N(VW) \\
&\quad - \underbracket{UW}\, N(VX) - \underbracket{VX}\, N(UW) \Big) \\
&+ \left\{ \underbracket{UV}\,\underbracket{WX} - \underbracket{UW}\,\underbracket{VX} + \underbracket{UX}\,\underbracket{VW} \right\} .
\end{aligned} \tag{5.86}$$

Kontraktionen können als C-Zahlen natürlich aus dem N-Produkt herausgezogen werden. Dazu treffen wir die **Vorzeichenkonvention**, dass die zu kontrahierenden Operatoren im N-Produkt nebeneinander stehen müssen. Die dazu erforderlichen Vertauschungen von je zwei Fermionenoperatoren liefern jeweils einen Faktor (-1).

Zum **Beweis** des Satzes ist die Annahme erlaubt, dass die Operatoren $U, V, W, \ldots, X, Y, Z$ im Argument des T_ε-Operators bereits zeitgeordnet sind. Wenn das noch nicht der Fall ist, dann ordnen wir das Argument des T_ε-Operators entsprechend um. Dies ergibt bei p Vertauschungen einen Faktor $(-1)^p$ auf der linken Seite von (5.84). Derselbe Faktor tritt aber dann auch in jedem Summanden auf der rechten Seite auf, wenn wir entsprechend die Argumente der N-Produkte umsortieren.

Entscheidend für den Beweis des Wick'schen Theorems ist der folgende

Hilfssatz 5.2.1

Sei Z ein Operator mit einer **früheren** Zeit als $U, V, W, \ldots, X, Y$. Dann gilt:

$$\begin{aligned} N(UV\ldots XY)Z &= N(UV\ldots X\underbrace{YZ}) \\ &+ N(UV\ldots \underbrace{XYZ}) \\ &+ \ldots \\ &+ N(\underbrace{UV\ldots XY}Z) \\ &+ N(UV\ldots XYZ)\,. \end{aligned} \tag{5.87}$$

Beweis

1. Z: **Vernichter** auf dem Fermi-Vakuum. Dann gilt:

   $$\underbrace{UZ} = T_\varepsilon(UZ) - N(UZ) = UZ - UZ = 0\,.$$

   Gleichung (5.87) ist also offensichtlich bewiesen, falls

   $$N(UV\ldots XY)Z = N(UV\ldots XYZ)$$

   angenommen werden darf. Dies ist aber sicher erlaubt, da Z ein Vernichter sein soll.
2. Z: **Erzeuger** auf dem Fermi-Vakuum.

Wir können davon ausgehen, dass die Operatoren $U, V, \ldots, X, Y$ in (5.87) bereits normal-geordnet sind. Wenn dies nicht der Fall ist, werden wir in den Argumenten der N-Produkte passend umsortieren, was in **jedem** Summanden einen Faktor $(-1)^m$ einbringt. – Wenn aber bereits Normalordnung vorliegt, dann können wir o. B. d. A. die Operatoren $U, V, \ldots X, Y$ sämtlich als Vernichter auf dem Fermi-Vakuum ansehen. Wir können nämlich später von links *Erzeuger einfüllen*, ohne die Normalordnungen zu ändern. Die rechts dann zusätzlich erscheinenden Terme enthalten Kontraktionen des Erzeugers Z mit einem der *eingefüllten* Erzeuger, sind also sämtlich Null.

Wir brauchen also das Lemma nur für den Fall zu beweisen, dass Z ein Erzeuger und $U, V, \ldots, X, Y$ Vernichter sind. Wir führen den Beweis durch **vollständige Induktion:**

$\boxed{n = 2:}$

Wir haben zu zeigen:

$$N(Y)Z = N(\underbracket{YZ}) + N(YZ)\ .$$

Die Kontraktion ist eine C-Zahl. Deshalb ist die Beziehung genau dann bewiesen, wenn

$$YZ = \underbracket{YZ} + N(YZ)$$

gilt. Mit der Voraussetzung $t_y > t_z$ ist dies aber gerade die Definition (5.71) der Kontraktion:

$$T_\varepsilon(YZ) = \underbracket{YZ} + N(YZ)\ .$$

$\boxed{n \Rightarrow n+1:}$

Wir multiplizieren (5.87) von links mit einem weiteren Vernichter D: Da auch $U, V, \ldots, X, Y$ Vernichter sind, folgt zunächst:

$$DN(UV \ldots XY)Z = N(DUV \ldots XY)Z\ .$$

Nach Induktionsvoraussetzung gilt (5.87) für n Operatoren:

$$\begin{aligned} DN(UV \ldots XY)Z &= DN(UV \ldots X\underbracket{YZ}) + DN(UV \ldots \underbracket{XYZ}) \\ &\quad + \cdots + DN(\underbracket{UV \ldots XYZ}) + DN(U \ldots Z) \\ &= N(DUV \ldots X\underbracket{YZ}) + N(DUV \ldots \underbracket{XYZ}) \\ &\quad + \cdots + N(D\underbracket{UV \ldots XYZ}) + DN(UV \ldots XYZ)\ . \end{aligned}$$

Im letzten Schritt haben wir ausgenutzt, dass der einzige Erzeuger in den Argumenten der N-Produkte, der Operator Z, ausschließlich in Kontraktionen auftaucht, also nicht mehr als Operator wirkt. Wir können also den Vernichter D, wie angegeben, in die N-Produkte ziehen. – (5.87) ist demnach bewiesen, wenn

$$DN(UV\ldots XYZ) = N(\underbrace{DU\ldots YZ}) + N(DU\ldots YZ)$$

gezeigt werden kann. Nun ist aber:

$$\begin{aligned}
DN(UV\ldots YZ) &= (-1)^n DZUV\ldots Y \\
&\overset{(t_D \geq t_Z)}{=} (-1)^n \underbrace{DZ}UV\ldots Y + (-1)^n N(DZ)UV\ldots Y \\
&= (-1)^{2n} N(\underbrace{DUV\ldots YZ}) + (-1)^{n+1} N(ZD)UV\ldots Y \\
&= N(\underbrace{DUV\ldots YZ}) + (-1)^{n+1} N(ZDUV\ldots Y) \\
&= N(\underbrace{DUV\ldots YZ}) + (-1)^{n+1}(-1)^{n+1} N(DUV\ldots YZ) \\
&= N(\underbrace{DUV\ldots YZ}) + N(DUV\ldots YZ)\,.
\end{aligned}$$

Damit ist der Hilfssatz (5.87) bewiesen.

Man erkennt unmittelbar, dass (5.87) auch dann gültig ist, wenn das Normalprodukt auf der linken Seite bereits eine oder mehrere Kontraktionen enthält:

$$\begin{aligned}
N(U\underbrace{V\ldots}XY)Z &= N(U\underbrace{V\ldots}X\underbrace{YZ}) + \ldots \\
&\quad + \cdots + N(\underbrace{U\underbrace{V\ldots}XYZ}) + N(U\underbrace{V\ldots}XYZ)\,.
\end{aligned} \tag{5.88}$$

Damit können wir nun den Wick'schen Satz (5.84) beweisen, wiederum durch vollständige Induktion. Wir nutzen dabei die oben erläuterte Tatsache aus, dass die Operatoren bereits als zeitgeordnet angenommen werden können.

$\boxed{n = 2:}$

$$T_\varepsilon(UV) = UV = N(UV) + \underbrace{UV}\,.$$

Dies ist nichts anderes als die Definition der Kontraktion.

$\boxed{n \Rightarrow n+2:}$

Wir multiplizieren (5.84) von rechts mit AB, wobei

$$t_U > t_V > t_W > \cdots > t_X > t_Y > t_Z > t_A > t_B$$

anzunehmen ist, und nutzen zweimal hintereinander den Hilfssatz (5.87) aus.

$$\begin{aligned}
T_\varepsilon(UV\ldots YZ)AB &= T_\varepsilon(UV\ldots YZAB)\\
&= N(UV\ldots YZ)AB + N(\underbracket{UV}\ldots YZ)AB\\
&\quad + \ldots\\
&= N(UV\ldots YZA)B + N(UV\ldots Y\underbracket{ZA})B\\
&\quad + \ldots\\
&\quad + N(\underbracket{UV}\ldots YZA)B + N(\underbracket{UV}\ldots\ Y\underbracket{ZA})B\\
&\quad + \ldots\\
&\quad + \{\textit{totale Paarung}\}_n\big(\underbracket{AB} + N(AB)\big)\\
&= N(UV\ldots YZAB) + N(UV\ldots YZ\underbracket{AB})\\
&\quad + \ldots\\
&\quad + N(UV\ldots Y\underbracket{ZA}B) + N(UV\ldots\ \underbracket{Y\underbracket{ZA}B})\\
&\quad + \ldots\\
&\quad + \{\textit{totale Paarung}\}_n N(AB)\\
&\quad + \{\textit{totale Paarung}\}_n \underbracket{AB}\\
&= N(UV\ldots YZAB) + N(UV\ldots YZ\underbracket{AB})\\
&\quad + N(UV\ldots Y\underbracket{ZAB}) + \ldots\\
&\quad + N(\underbracket{UV}\ldots YZ\underbracket{AB}) + N(\underbracket{UV}\ldots Y\underbracket{ZAB}) + \ldots\\
&\quad + \ldots\\
&\quad + \{\textit{totale Paarung}\}_{n+2}\,.
\end{aligned}$$

Die $\{\textit{totale Paarung}\}_{n+2}$ resultiert aus $\{\textit{totale Paarung}\}_n\underbracket{AB}$ und aus allen jenen Termen, bei denen im n-ten Schritt im Argument der N-Produkte alle Operatoren bis auf zwei gepaart sind.

Damit ist das fundamentale Wick'sche Theorem bewiesen!

5.2.3 Aufgaben

Aufgabe 5.2.1

1. Stellen Sie das zeitgeordnete Produkt

$$T_\varepsilon\left\{a_{k\sigma}(t_1)\, a^+_{l\sigma'}(t_2)\, a_{m\sigma}(t_3)\, a^+_{n\sigma'}(t_3)\right\}$$

durch Normalprodukte und passende Kontraktionen dar.
2. Drücken Sie den Erwartungswert des zeitgeordneten Produkts aus Teil 1. im Grundzustand $|\eta_0\rangle$ des ungestörten Systems durch Produkte der freien kausalen Green-Funktion aus.

Aufgabe 5.2.2

Werten Sie den Erwartungswert des zeitgeordneten Produkts aus Teil 1. von Aufgabe 5.2.1 im Grundzustand $|\eta_0\rangle$ des ungestörten Systems für den Spezialfall $\boldsymbol{k} = \boldsymbol{l} = \boldsymbol{m} = \boldsymbol{n}$, $\sigma = \sigma'$ explizit aus, und zwar für

1. $t_1 > t_2 > t_3$,
2. $t_1 > t_3 > t_2$.

Kontrollieren Sie die Resultate durch direkte Berechnungen der Erwartungswerte, d. h. ohne Anwendung des Wick'schen Theorems.

5.3 Feynman-Diagramme

Das Wick'sche Theorem zeigt den Weg für Störungsentwicklungen der verschiedenen Erwartungswerte. Die Hauptaufgabe besteht darin, aus vorgegebenen Produkten von Konstruktionsoperatoren alle denkbaren Kontraktionen zu bilden, wobei diese nach (5.79) und (5.82) direkt mit den ungestörten, kausalen Green-Funktionen zusammenhängen. Diese Aufgabe ist in der Regel mit beträchtlichem Aufwand verbunden, der jedoch durch Einführung von Feynman-Graphen ganz erheblich gesenkt werden kann.

Wir beginnen mit dem Erwartungwert des Zeitentwicklungsoperators,

$$\langle\eta_0|\, U_\alpha(t, t')\, |\eta_0\rangle\ ,$$

den man auch die **Vakuumamplitude** nennt. Andere Beispiele werden dann ganz zwanglos folgen.

5.3.1 Störungsentwicklung für die Vakuumamplitude

Nach (5.27) haben wir zu berechnen:

$$\left\langle \eta_0 \middle| U_\alpha(t,t') \middle| \eta_0 \right\rangle = 1 + \sum_{n=1}^{\infty} \left\langle \eta_0 \middle| U_\alpha^{(n)}(t,t') \middle| \eta_0 \right\rangle , \tag{5.89}$$

$$\begin{aligned} \left\langle \eta_0 \middle| U_\alpha^{(n)}(t,t') \middle| \eta_0 \right\rangle = \frac{1}{n!}\left(-\frac{\mathrm{i}}{\hbar}\right)^n \int_{t'}^{t} \cdots \int \mathrm{d}t_1 \cdots \mathrm{d}t_n \\ \cdot\, \mathrm{e}^{-\alpha(|t_1| + \ldots + |t_n|)} \left\langle \eta_0 \middle| T_\varepsilon\left\{V(t_1)\cdots V(t_n)\right\} \middle| \eta_0 \right\rangle . \end{aligned} \tag{5.90}$$

$V(t)$ soll eine Paarwechselwirkung vom Typ (5.60) sein. Es erweist sich für später als zweckmäßig, in diese eine triviale Integration einzubauen:

$$V(t_1) = \frac{1}{2}\sum_{\substack{kl\\mn}} v(kl;nm) \int_{-\infty}^{+\infty} \mathrm{d}t_1'\, \delta(t_1 - t_1')\, a_k^+(t_1)\, a_l^+(t_1')\, a_m(t_1')\, a_n(t_1) . \tag{5.91}$$

Betrachten wir als Beispiel einmal den ersten Term der Störreihe (5.89):

$$\begin{aligned} \left\langle \eta_0 \middle| U_\alpha^{(1)}(t,t') \middle| \eta_0 \right\rangle = -\frac{\mathrm{i}}{2\hbar} \int_{t'}^{t} \mathrm{d}t_1\, \mathrm{e}^{-\alpha|t_1|} \sum_{klmn} \int_{-\infty}^{+\infty} \mathrm{d}t_1'\, \delta(t_1 - t_1') \\ \cdot\, v(kl;nm) \left\langle \eta_0 \middle| T_\varepsilon\left\{a_k^+(t_1)\, a_l^+(t_1')\, a_m(t_1')\, a_n(t_1)\right\} \middle| \eta_0 \right\rangle . \end{aligned}$$

Zur Auswertung des Matrixelements benutzen wir das Wick'sche Theorem:

$$\begin{aligned} \left\langle \eta_0 \middle| T_\varepsilon\{\ldots\} \middle| \eta_0 \right\rangle &= \underbrace{a_k^+(t_1)\, a_n(t_1)}\underbrace{a_l^+(t_1')\, a_m(t_1')} \\ &\quad - \underbrace{a_k^+(t_1)\, a_m(t_1')}\underbrace{a_l^+(t_1')\, a_n(t_1)} \\ &= \left[-\mathrm{i}G_k^{0,\mathrm{c}}(0^-)\delta_{kn}\right]\left[-\mathrm{i}G_l^{0,\mathrm{c}}(0^-)\delta_{lm}\right] \\ &\quad - \left[-\mathrm{i}G_k^{0,\mathrm{c}}(t_1' - t_1)\,\delta_{km}\right]\left[-\mathrm{i}G_l^{0,\mathrm{c}}(t_1 - t_1')\,\delta_{ln}\right] . \end{aligned}$$

Dies ergibt mit (5.83) nach Einsetzen:

$$\begin{aligned} &\left\langle \eta_0 \middle| U_\alpha^{(1)}(t,t') \middle| \eta_0 \right\rangle \\ &= \frac{\mathrm{i}}{2\hbar} \int_{t'}^{t} \mathrm{d}t_1\, \mathrm{e}^{-\alpha|t_1|} \sum_{k,l} \langle n_k \rangle^{(0)} \langle n_l \rangle^{(0)} \left(v(kl;lk) - v(kl;kl)\right) . \end{aligned} \tag{5.92}$$

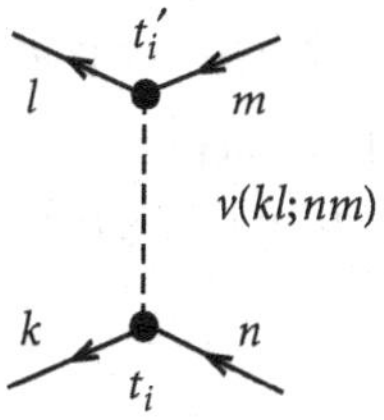

Abb. 5.1 Bezifferung eines Vertex als Grundelement eines Feynman-Diagramms

Wir wollen uns dieses Ergebnis durch Diagramme veranschaulichen. Dabei soll im Folgenden schrittweise eine eineindeutige Übersetzungsvorschrift der komplizierten Terme in der Störreihe auf die so genannten

- Feynman-Graphen

erarbeitet werden.

Vertex. Die Wechselwirkung wird durch eine gestrichelte Linie symbolisiert. Die Zeitindizes t_i, t_i' dienen nur zur Unterscheidung der Enden der Wechselwirkungslinie. Wegen $\delta(t_i - t_i')$ im Integranden von (5.91) geben beide Punkte natürlich letztlich denselben Zeitpunkt an. Eine in einen Vertexpunkt einlaufende Linie symbolisiert einen Vernichtungs-, eine auslaufende Linie einen Erzeugungsoperator.

Eine **Kontraktion** wird durch eine ausgezogene, mit einem Pfeil versehene Linie repräsentiert, die zwei Vertexpunkte miteinander verbindet. Wir denken uns eine Zeitachse mit von links nach rechts zunehmendem Zeitindex. Man unterscheidet:

1) Propagierende Linien

Im Zeitargument der Green-Funktion steht, wie schon früher vereinbart, stets *(Vernichterzeit – Erzeugerzeit).*

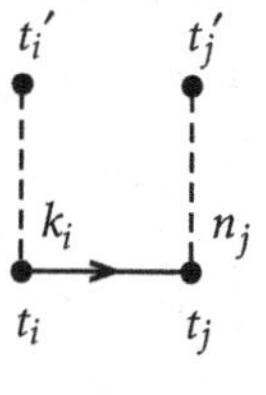

$$\Leftrightarrow \quad \underbrace{a^+_{k_i}(t_i)\, a_{n_j}(t_j)} = \\ = -\mathrm{i}G^{0,c}_{k_i}\left(t_j - t_i\right)\delta_{k_i n_j}\,, \tag{5.93}$$

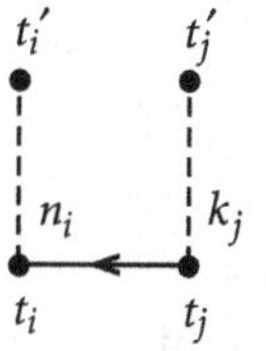

$$\Leftrightarrow \quad \underbrace{a_{n_i}(t_i)\, a^+_{k_j}(t_j)} = \\ = \mathrm{i}G^{0,c}_{k_j}\left(t_i - t_j\right)\delta_{n_i k_j}\,. \tag{5.94}$$

Innerhalb der Kontraktion erscheint vorn der Operator mit der weiter links angeordneten Zeit.

2) Nicht propagierende Linien

Darunter versteht man eine ausgezogene Linie, die an ein und demselben Vertex aus- und einläuft. Es gibt dazu mehrere Möglichkeiten:

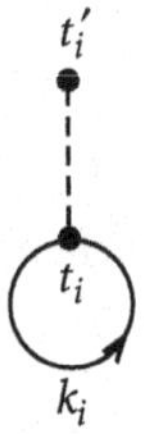

$$\Leftrightarrow \quad \underbrace{a^+_{k_i}(t_i)a_{k_i}(t_i)} = -\mathrm{i}G^{0,\mathrm{c}}_{k_i}(0^-)\delta_{k_i n_i} = \langle n_{k_i}\rangle^{(0)}\,\delta_{k_i n_i}\,. \tag{5.95}$$

Diese Zuordnung ist Konvention, der Pfeil an der **Blase** also eigentlich überflüssig.

$$\Leftrightarrow \quad \underbrace{a^+_{k_i}(t_i)a_{m_i}(t_i')} = -\mathrm{i}G^{0,\mathrm{c}}_{k_i}(0^-)\delta_{k_i m_i} = \langle n_{k_i}\rangle^{(0)}\,\delta_{k_i m_i}\,. \tag{5.96}$$

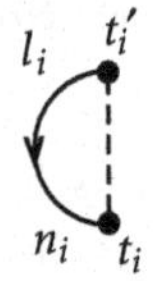

$$\Leftrightarrow \quad \underbrace{a_{n_i}(t_i)a^+_{l_i}(t_i')} = \mathrm{i}G^{0,\mathrm{c}}_{n_i}(0^-)\delta_{n_i l_i} = -\langle n_{l_i}\rangle^{(0)}\,\delta_{l_i n_i}\,. \tag{5.97}$$

Wir vereinbaren, im T_ε-Produkt die Kontraktionen immer so zu sortieren, dass bei Gleichzeitigkeit die Operatoren mit den „gestrichenen" Zeiten rechts von denen mit den „ungestrichenen" Zeiten platziert sind. Kombiniert man (5.96) mit (5.97), so erkennt man, dass man innerhalb einer Kontraktion die „gestrichenen" mit den „ungestrichenen" Zeiten vertauschen kann. Dies werden wir später noch ausnutzen.

Der erste Term in der Störreihe für $U_\alpha(t,t')$ hat nur einen einzigen Vertex. Als ausgezogene Linien kommen deshalb nur nicht propagierende Linien in Frage. Die Vierfach- wird dadurch zur Zweifachsumme:

$$\langle \eta_0 | U^{(1)}_\alpha(t,t') | \eta_0\rangle = -\frac{\mathrm{i}}{2\hbar}\int\limits_{t'}^{t} \mathrm{d}t_1\, \mathrm{e}^{-\alpha|t_1|}\int\limits_{-\infty}^{+\infty}\mathrm{d}t_1'\,\delta(t-t_1)$$

$$\sum_{k,l}\left\{ \quad \right.$$

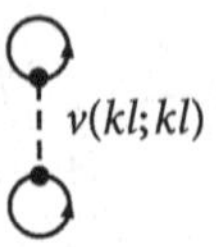

$$+$$

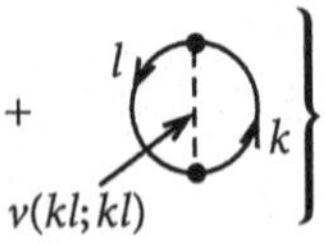

$$\left. \quad \right\}. \tag{5.98}$$

Mit den oben aufgelisteten Diagrammregeln ergibt sich hierfür unmittelbar das Ergebnis (5.92). Da an jedem Vertex zwei Linien ein- und zwei Linien auslaufen müssen, ist klar, dass in erster Ordnung keine weiteren Diagramme als die beiden in (5.98) möglich sind.

Für den ersten Term der Störreihe ist die Diagrammdarstellung eine Spielerei, von Nutzen wird sie erst bei höheren Termen und beim partiellen Aufsummieren werden.

Wie viele verschiedene Graphen sind bei n Vertizes möglich? Das kann man sich wie folgt klar machen: Bei n Vertizes gibt es $2n$ auslaufende Pfeile. Der erste auslaufende Pfeil hat dann $2n$ Möglichkeiten, als einlaufender Pfeil an einem Vertex zu enden, dem zweiten Pfeil bleiben dann noch $(2n-1)$ Möglichkeiten, dem dritten $(2n-2)$ usw.:

- n Vertizes $\Leftrightarrow$ $(2n)!$ verschiedene Graphen zur Vakuumamplitude.

Es werden jedoch nicht immer alle wirklich explizit zu zählen sein. Graphen, die lediglich durch Vertauschung der Indizes an einer Wechselwirkungslinie auseinander hervorgehen, sind natürlich identisch, da ja über **alle** Wellenzahlen später summiert wird. Auch sind solche Diagramme gleich, bei denen lediglich die Anordnung der Zeitindizes modifiziert wurde, da ja über alle Zeiten unabhängig integriert wird. In diesen Sachverhalt werden wir später eine gewisse Systematik einzubringen haben.

Bevor wir allgemeine Diagrammregeln formulieren, wollen wir zur Übung noch den zweiten Summanden der Störreihe genauer untersuchen:

$$\begin{aligned}
&\langle \eta_0 | U_\alpha^{(2)}(t,t') | \eta_0 \rangle \\
&= \frac{1}{2^2 2!}\left(-\frac{\mathrm{i}}{\hbar}\right)^2 \int\limits_{t'}^{t}\cdots\int \mathrm{d}t_1 \mathrm{d}t'_1 \mathrm{d}t_2 \mathrm{d}t'_2 \, \mathrm{e}^{-\alpha(|t_1|+|t_2|)} \delta(t_1 - t'_1) \\
&\cdot \delta(t_2 - t'_2) \sum_{k_1 l_1 m_1 n_1} \sum_{k_2 l_2 m_2 n_2} v(k_1 l_1; n_1 m_1)\, v(k_2 l_2; n_2 m_2) \\
&\cdot \langle \eta_0 | T_\varepsilon\{(2)\} | \eta_0 \rangle \,.
\end{aligned} \tag{5.99}$$

Die *totale Paarung* des zeitgeordneten Produkts in $\langle \eta_0 \mid T_\varepsilon\{(2)\} \mid \eta_0 \rangle$ enthält 24 Terme:

$$a^+_{k_1}(t_1) a^+_{l_1}(t'_1) a_{m_1}(t') a_{n_1}(t_1) a^+_{k_2}(t_2) a^+_{2l}(t'_2) a_{m_2}(t'_2) a_{n_2}(t_2)$$

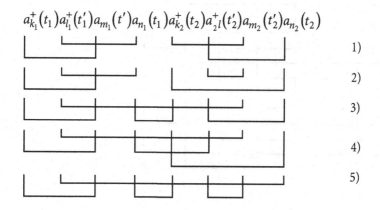

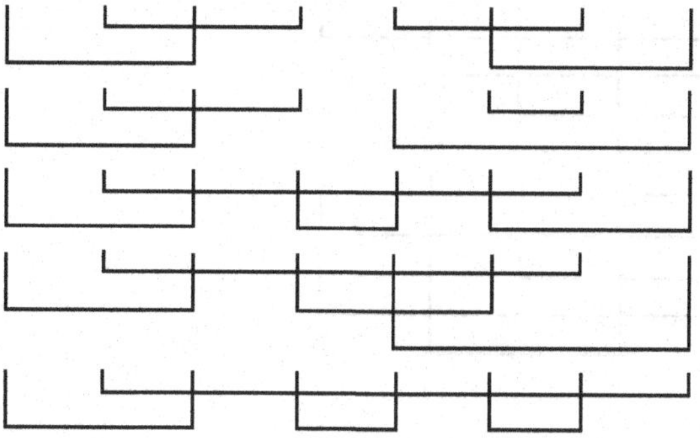

1)
2)
3)
4)
5)

$$a^{+}_{k_1}(t_1)\,a^{+}_{l_1}(t'_1)\,a_{m_1}(t')\,a_{n_1}(t_1)\,a^{+}_{k_2}(t_2)\,a^{+}_{{}_2l}(t'_2)\,a_{m_2}(t'_2)\,a_{n_2}(t_2)$$

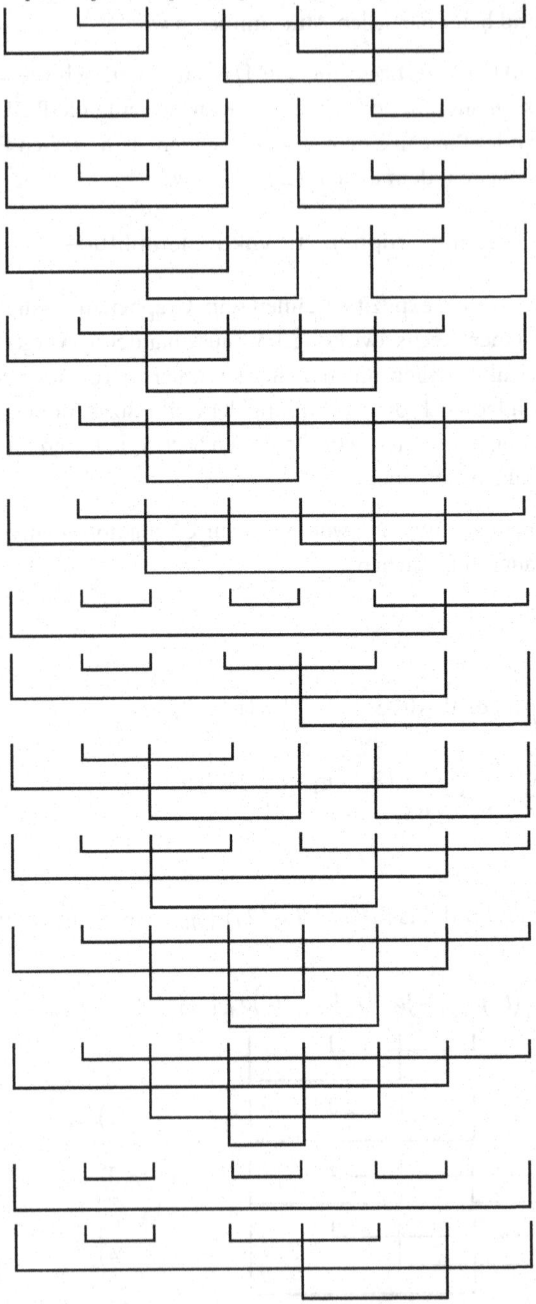

6)

7)

8)

9)

10)

11)

12)

13)

14)

15)

16)

17)

18)

19)

20)

$$a_{k_1}^+(t_1)a_{l_1}^+(t_1')a_{m_1}(t_1')a_{n_1}(t_1)a_{k_2}^+(t_2)a_{l_2}^+(t_2')a_{m_2}(t_2')a_{n_2}(t_2)$$

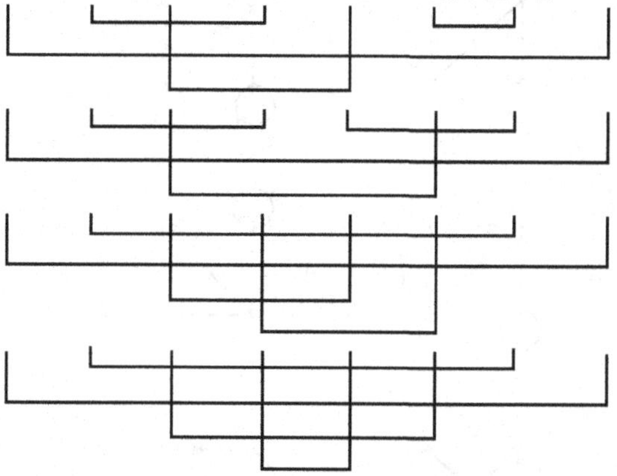

21)

22)

23)

24)

Bei der Auswertung der hier angedeuteten Kontraktionen hat man zu beachten, dass die zu kontrahierenden Operatoren nebeneinander stehen müssen. Die dazu notwendigen paarweisen Vertauschungen liefern jeweils einen Faktor (-1). Ferner hatten wir noch vereinbart, in einer Kontraktion die Operatoren so anzuordnen, dass links der Operator mit dem kleineren Zeitindex steht und bei Gleichzeitigkeit der Operator mit der *ungestrichenen* Zeit. – Das klingt alles sehr kompliziert, wird aber durch die später zu beweisende **Schleifenregel** stark vereinfacht werden.

Wir übersetzen die obigen Beiträge der *totalen Paarung* in die *Diagrammsprache*:

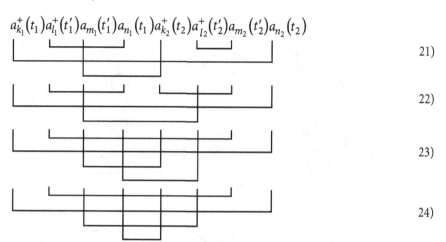

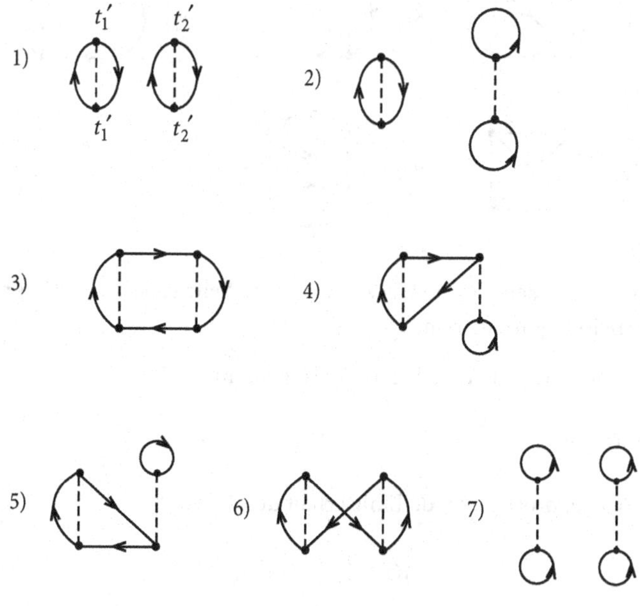

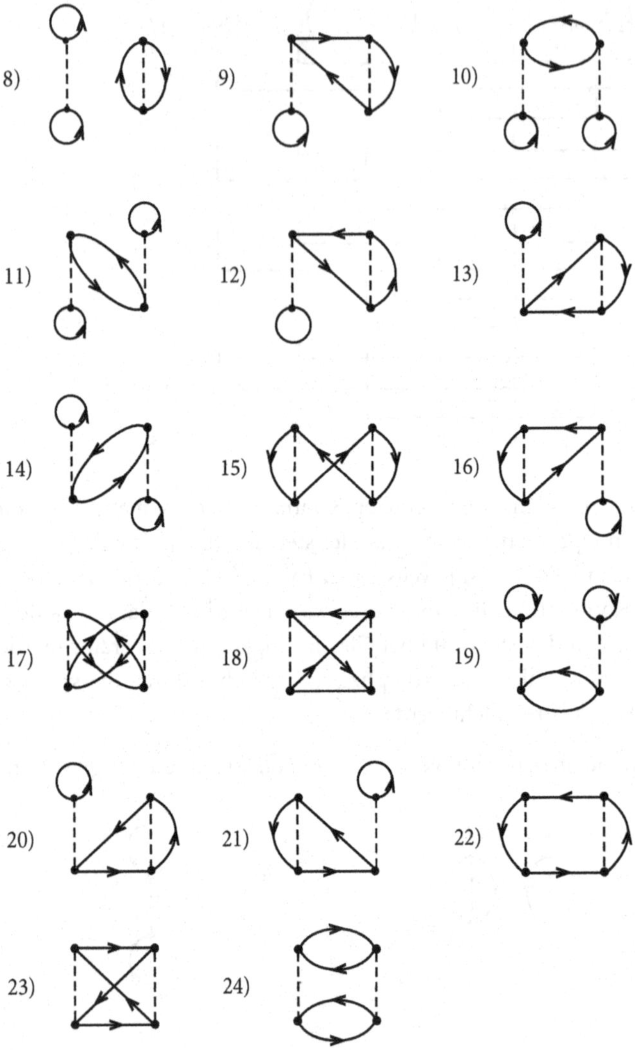

Alle 24 Diagramme müssen natürlich gezählt werden. Sehr viele dieser Diagramme liefern aber denselben Beitrag zur Störreihe.

Eine erste wertvolle Vereinfachung liefert die so genannte

- Schleifenregel.

1. Jede ausgezogene, propagierende Linie erhält den Faktor

$$\mathrm{i}G_{k_\nu}^{0,\mathrm{c}}\left(t_\nu - t_\mu\right)\delta_{k_\nu,k_\mu}$$

$(t_\nu$: Vernichterzeit; t_μ: Erzeugerzeit).

2. Jede nicht propagierende Linie erhält den Faktor

$$\mathrm{i}G^{0,\mathrm{c}}_{k_\nu}(0^-)\delta_{k_\nu k_\mu} = -\langle n_{k_\nu}\rangle^{(0)}\,\delta_{k_\nu k_\mu}\,. \tag{5.100}$$

3. Vorzeichen des Gesamtbeitrags

$$(-1)^S\,,$$

S: Zahl der geschlossenen Fermionenschleifen,
Schleife: geschlossener Zug von ausgezogenen Linien.

Beweis

In den Termen n-ter Ordnung der Störreihe treten die Operatoren in Viererpäckchen der Form

$$a_k^+(t)a_l^+(t')\,a_m(t')\,a_n(t)$$

auf. Wir können diese ohne Vorzeichenwechsel auf

$$a_k^+(t)a_n(t)a_l^+(t')\,a_m(t')$$

umschreiben, da dazu im T_ε-Produkt jeweils zwei Vertauschungen notwendig sind. – *Gleichzeitige* Operatoren gehen in eine Schleife immer in der Form

$$a_k^+(t)a_n(t)$$

ein, falls es sich nicht um eine Blase handelt, die wir gesondert behandeln wollen. Solche Operatorprodukte lassen sich wiederum ohne Vorzeichenwechsel beliebig durch das T_ε-Produkt ziehen. Dann lässt sich eine Schleife aber immer wie folgt anordnen:

$$a^+(t_1)\,a(t_1)\,a^+(t_2)a(t_2)\cdots a^+(t_{n-1})a(t_{n-1})a^+(t_n)a(t_n)\,.$$

Man halte dazu $a^+(t_1)\,a(t_1)$ fest, ziehe $a^+(t_n)\,a(t_n)$ ganz nach rechts, schließe $a^+(t_{n-1})a(t_{n-1})$ an usw. Sind nun die Zeitindizes in einer Kontraktion unterschiedlich, so entspricht dies einer propagierenden Linie. Die inneren Kontraktionen in dem obigen Ausdruck haben dann die Operatorenreihenfolge, die nach (5.94) zu einem Beitrag der Form 1. führt. Werden *gleichzeitige* Operatoren mit *gestrichenen* und *ungestrichenen* Zeiten kontrahiert, so entspricht dies einer nicht propagierenden Linie der Form (5.97), die einen Beitrag wie in 2. liefert. Dies gilt wiederum für die inneren Kontraktionen. Die einzige Ausnahme stellt die äußere Kontraktion dar, in der die zu kontrahierenden Operatoren in der *falschen* Reihenfolge angeordnet sind. Wertet man die gesamte Schleife also nach den Vorschriften 1. und 2. aus, so bekommt sie noch einen zusätzlichen Faktor (-1).

Besteht der Diagrammterm aus mehreren Schleifen, so kann man die Operatoren im T_ε-Produkt gleich so umordnen, dass in der *totalen Paarung* die Schleifen direkt faktorisieren. Dies geht ohne Vorzeichenwechsel, da jede Schleife natürlich aus einer geraden Anzahl von Operatoren aufgebaut ist.

Die Blase $\underbrace{a_k^+(t)a_k(t)}$ stellt einen Spezialfall einer Schleife dar.

Nach 2. liefert sie den Beitrag $-\langle n_k\rangle^{(0)}$, nach 3. noch einmal einen Faktor (-1), insgesamt also $+\langle n_k\rangle^{(0)}$. Dies stimmt aber in der Tat mit (5.95) überein. Damit ist die Schleifenregel bewiesen.

„Vorläufige" Diagrammregeln. Term n-ter Ordnung in der Störreihe für $\langle\eta_0 \mid U_\alpha(t,t') \mid \eta_0\rangle$:

Man zeichne **alle (!)** Diagramme mit n Vertizes, deren Endpunkte paarweise mit ausgezogenen, gerichteten Linien verknüpft sind. Der Beitrag eines Diagramms berechnet sich dann wie folgt:

1. Vertex $i \Leftrightarrow v(k_i l_i;\, n_i m_i)$.
2. Propagierende Linie $\Leftrightarrow \mathrm{i}G_{k_i}^{0,\mathrm{c}}(t_i - t_j)\delta_{k_i,k_j}$.
3. Nicht propagierende Linie $\Leftrightarrow -\left\langle n_{k_i}\right\rangle^{(0)} \delta_{k_i,k_j}$.
4. Faktor $(-1)^S$; S = Zahl der Fermionenschleifen.
5. Summation über alle Wellenzahlen und evtl. Spins $\ldots, k_i, l_i, m_i, n_i, \ldots$.
6. δ-Funktionen $\delta(t_i - t_i')$, Einschaltfaktor $\exp[-\alpha(|t_1| + \ldots + |t_n|)]$ einfügen.
7. Über alle t_i, t_i' von t' bis t integrieren.
8. Faktor $\frac{1}{n!}\left(-\frac{\mathrm{i}}{2\hbar}\right)^n$ hinzufügen.

Beispiel

Diagramm 3)

$$3) = \frac{1}{2!}\left(-\frac{\mathrm{i}}{2\hbar}\right)^2 \int_{t'}^{t}\!\!\cdots\!\!\int \mathrm{d}t_1\,\mathrm{d}t_1'\,\mathrm{d}t_2\,\mathrm{d}t_2'\,\delta(t_1 - t_1')\,\delta(t_2 - t_2')$$
$$\cdot\, \mathrm{e}^{-\alpha(|t_1|+|t_2|)} \sum_{\substack{k_1,\ldots,n_1 \\ k_2,\ldots,n_2}} v(k_1\ldots)\,v(k_2\ldots)\,(-1)$$

$$
\cdot \left(\mathrm{i}G^{0,c}_{l_1}(t'_2 - t'_1)\right)\left(\mathrm{i}G^{0,c}_{n_1}(t_1 - t_2)\right)\left(-\langle n_{k_1}\rangle^{(0)}\right)\left(-\langle n_{n_2}\rangle^{(0)}\right)
\cdot \delta_{l_1,m_2}\delta_{n_1,k_2}\delta_{k_1,m_1}\delta_{n_2,l_2}
$$

$$
= \frac{+1}{2!}\left(-\frac{\mathrm{i}}{2\hbar}\right)^2 \iint\limits_{t'}^{t} \mathrm{d}t_1\,\mathrm{d}t_2\, \mathrm{e}^{-\alpha(|t_1|+|t_2|)} \sum_{k_1,l_1,n_1,n_2} v(k_1 l_1; n_1 k_1)
\cdot v(n_1 n_2; n_2 l_1)\, G^{0,c}_{l_1}(t_2 - t_1)\, G^{0,c}_{n_1}(t_1 - t_2)\, \langle n_{k_1}\rangle^{(0)} \langle n_{n_2}\rangle^{(0)}\ .
$$

5.3.2 Linked-Cluster-Theorem

Das bisher entwickelte Verfahren erscheint so noch zu kompliziert. Wir wollen es weiter vereinfachen durch Ausnutzen der Topologie. Was ist in den obigen Regeln eigentlich unter

- „alle" Diagramme mit *n* Vertizes

gemeint? Unter diesen gibt es zunächst einmal eine ganze Reihe von Diagrammen, die alle denselben Beitrag zur Störreihe liefern:

Diagramme **gleicher Struktur** sind solche, die durch Vertauschung der Vertizes und durch Vertauschung der Zeitpunkte an den Vertizes auseinander hervorgehen. Bei n Vertizes gibt es $n!$ Vertauschungsmöglichkeiten derselben untereinander und 2^n Vertauschungen von *oben* und *unten* an den einzelnen Vertizes. Zu einem gegebenen Diagrammtyp mit n Vertizes existieren also

- Diagramme gleicher Struktur,

die zur Störreihe denselben Beitrag liefern, da unabhängig über alle Wellenzahlen summiert und alle Zeiten integriert wird. Die Indizes an den Wellenzahlen und an den Zeiten sollen ja nur die Variablen unterscheiden helfen.

Beispiel

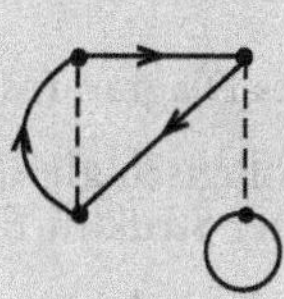

Wir finden alle Diagramme *gleicher Struktur* wie das skizzierte z. B. nach der folgenden Vorschrift: Lasse die Pfeile weg und konstruiere alle Diagramme durch Vertauschen von *rechts* und *links* sowie *oben* und *unten*:

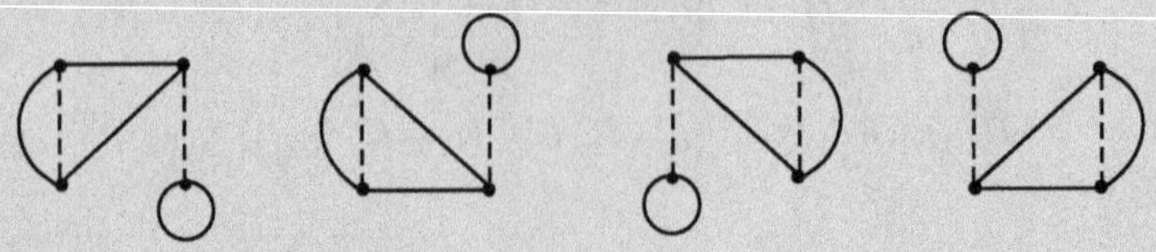

Bei jedem dieser Diagramme gibt es nun noch zwei Möglichkeiten für den Umlaufsinn. Insgesamt haben wir also acht Diagramme ($2^2 2!$) gleicher Struktur.

Unter den $2^n n!$ Diagrammen gleicher Struktur sind nun aber auch solche, die schon

- topologisch gleich

sind. Das sind Diagramme mit gewissen Symmetrien, die dafür sorgen, dass das Vertauschen gewisser Vertizes oder das Vertauschen der Vertexpunkte identische Diagramme liefert. So ist das Diagramm

1.

invariant gegenüber einem Vertauschen von oben und unten.
Das Diagramm

2.

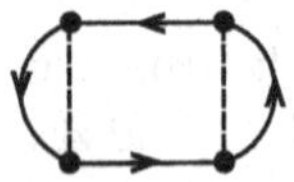

bleibt unverändert, wenn man die beiden Vertizes miteinander vertauscht und gleichzeitig an beiden Vertizes *oben* und *unten* wechselt.

Wir führen die folgenden Bezeichnungen ein:

Θ :	Struktur eines Diagramms,
$h(\Theta)$:	Zahl der topologisch **gleichen** Diagramme innerhalb einer Struktur Θ,
$A_n(\Theta)$:	Zahl der topologisch **verschiedenen** Diagramme innerhalb einer Struktur

$$A_n(\Theta) = \frac{2^n n!}{h(\Theta)} \,. \tag{5.101}$$

Topologisch verschiedene Diagramme gleicher Struktur entsprechen unterschiedlichen Kombinationen von Kontraktionen in der totalen Paarung, die aber sämtlich zum Störterm denselben Beitrag liefern.

Man nehme also aus allen paarweise verschiedenen Strukturen

$$\Theta_1, \Theta_2, \ldots, \Theta_\nu, \ldots$$

jeweils einen Vertreter $D_\nu^{(n)}$ heraus und berechne dessen Beitrag $U(D_\nu^{(n)})$ nach den Diagrammregeln des letzten Abschnitts. Dann lautet der Gesamtbeitrag der Struktur Θ_ν:

$$U(\Theta_\nu) = A_n(\Theta_\nu)\, U\left(D_\nu^{(n)}\right) = a_n(\Theta_\nu)\, U^*\left(D_\nu^{(n)}\right) \,. \tag{5.102}$$

Hier ist $U^*(D_\nu^{(n)})$ der Beitrag des Diagramms $D_\nu^{(n)}$ **ohne** den in Regel 8. geforderten Faktor, d. h.

$$a_n(\Theta_\nu) = \frac{1}{h(\Theta_\nu)} \left(-\frac{\mathrm{i}}{\hbar}\right)^n \,. \tag{5.103}$$

Anschließend summiere man über alle Strukturen:

$$\left\langle \eta_0 \middle| U_\alpha^{(n)}(t,t') \middle| \eta_0 \right\rangle = \sum_\nu a_n(\Theta_\nu)\, U^*\left(D_\nu^{(n)}\right) \,. \tag{5.104}$$

Wir definieren nun

- zusammenhängende Diagramme

als solche, die durch keinen Schnitt in zwei selbstständige Diagramme niedrigerer Ordnung zerlegt werden können, ohne dass dabei eine Linie des Diagramms unterbrochen würde. – Die Diagramme 1), 2), 7) und 8) in Abschn. 5.3.1 sind offensichtlich nicht zusammenhängend.

Sei nun $D^{(n)}$ ein Diagramm der Struktur Θ, das in zwei zusammenhängende Diagramme $D_1^{(n_1)}$ und $D_2^{(n_2)}$ der Strukturen Θ_1 und Θ_2 zerfällt, selbst also nicht zusammenhängend ist. Dann gilt für $\Theta_1 \neq \Theta_2$:

$$h(\Theta) = h(\Theta_1)\, h(\Theta_2) \,, \tag{5.105}$$

da zu jedem Diagramm aus Θ_1 $h(\Theta_2)$ topologisch gleiche Diagramme der Struktur Θ_2 existieren. Der Gesamtbeitrag der Struktur Θ beträgt dann:

$$U(\Theta) = \frac{\left(-\frac{\mathrm{i}}{\hbar}\right)^{n_1+n_2}}{h(\Theta_1)\, h(\Theta_2)} U^*\left(D^{(n)}\right) \,.$$

Nicht zusammenhängende Diagramme haben keine gemeinsamen Integrations- oder Summationsvariable in den Unterstrukturen. Deshalb faktorisiert der Gesamtbeitrag $U^*(D^{(n)})$:

$$U^*\left(D^{(n)}\right) = U^*\left(D_1^{(n_1)}\right) U^*\left(D_2^{(n_2)}\right) . \tag{5.106}$$

Dies bedeutet aber auch:

$$U(\Theta) = U(\Theta_1)\, U(\Theta_2) \quad (\Theta_1 \neq \Theta_2) . \tag{5.107}$$

Bei gleichen Strukturen $(\Theta_1 = \Theta_2)$ gilt statt (5.105):

$$h(\Theta) = h(\Theta_1)\, h(\Theta_2)\, 2! = 2!\, h^2(\Theta_1) , \tag{5.108}$$

da das Vertauschen der gleichen Strukturen weitere topologisch gleiche Diagramme liefert:

$$U(\Theta) = \frac{1}{2!} U^2(\Theta_1) \quad (\Theta_1 = \Theta_2) . \tag{5.109}$$

Diese Überlegungen lassen sich leicht auf beliebige Strukturen Θ verallgemeinern. Sei

$$\Theta = p_1\Theta_1 + \dots + p_n\Theta_n \; ; \quad p_\nu \in \mathbb{N} , \tag{5.110}$$

wobei Θ_ν zusammenhängende Strukturen sind. Dann gilt für den Gesamtbeitrag dieser Struktur:

$$U(\Theta) = \frac{1}{p_1!} U^{p_1}(\Theta_1) \frac{1}{p_2!} U^{p_2}(\Theta_2) \cdots \frac{1}{p_n!} U^{p_n}(\Theta_n) . \tag{5.111}$$

Betrachten wir nun einmal die volle Störreihe des Zeitentwicklungsoperators $U_\alpha(t, t')$:

$$\begin{aligned}
\langle \eta_0 | U_\alpha(t,t') | \eta_0 \rangle &= 1 + \sum_\Theta U(\Theta) \\
&= 1 + \underbrace{U(\Theta_1) + U(\Theta_2) + \dots +}_{\substack{\text{Beiträge aller zusammen-} \\ \text{hängenden Diagramme}}} \\
&\quad \underbrace{\begin{aligned} &+ \frac{1}{2!} U^2(\Theta_1) + U(\Theta_1)\, U(\Theta_2) + U(\Theta_1)\, U(\Theta_3) + \dots \\ &+ \frac{1}{2!} U^2(\Theta_2) + U(\Theta_2)\, U(\Theta_3) + \dots \\ &\vdots \\ &+ \frac{1}{2!} U^2(\Theta_n) + U(\Theta_n)\, U(\Theta_{n+1}) + \dots + \end{aligned}}_{\substack{\text{Beiträge aller nicht zusammenhängenden Diagramme,} \\ \text{die in \textbf{zwei} zusammenhängende zerfallen}}} \\
&\quad + \frac{1}{3!} U^3(\Theta_1) + \frac{1}{2!} U^2(\Theta_1)\, U(\Theta_2) + \dots
\end{aligned}$$

$$
\begin{aligned}
&+ U(\Theta_1)\, U(\Theta_2)\, U(\Theta_3) + \ldots \\
&\underbrace{+ \frac{1}{3!} U^3(\Theta_2) + \frac{1}{2!} U^2(\Theta_2)\, U(\Theta_1) + \cdots +}_{\substack{\text{Beiträge aller nicht zusammenhängenden Diagramme,} \\ \text{die in \textbf{drei} zusammenhängende zerfallen}}} \\
&+ \ldots \\
= {} & 1 + \left(\sum_{\nu}^{\text{zus.}} U(\Theta_\nu) \right) \\
&+ \frac{1}{2!} \Big(U^2(\Theta_1) + 2U(\Theta_1)\, U(\Theta_2) + \ldots \\
&\qquad + U^2(\Theta_2) + 2U(\Theta_2)\, U(\Theta_3) + \ldots \Big) \\
&+ \frac{1}{3!} \Big(U^3(\Theta_1) + 3U^2(\Theta_1)\, U(\Theta_2) + 6U(\Theta_1)\, U(\Theta_2)\, U(\Theta_3) + \ldots \Big) \\
&+ \ldots \\
= {} & 1 + \left\{ \sum_{\nu}^{\text{zus.}} U(\Theta_\nu) \right\} + \frac{1}{2!} \left\{ \sum_{\nu}^{\text{zus.}} U(\Theta_\nu) \right\}^2 + \ldots .
\end{aligned}
$$

Damit haben wir das wichtige

Linked-Cluster-Theorem

$$
\left\langle \eta_0 \middle| U_\alpha(t, t') \middle| \eta_0 \right\rangle = \exp\left\{ \sum_{\nu}^{\text{zus}} U(\Theta_\nu) \right\} \tag{5.112}
$$

abgeleitet mit der bemerkenswerten Konsequenz, dass wir nur die zusammenhängenden Diagramme aufzusummieren haben, die paarweise verschiedene Strukturen aufweisen.

Wir können nun die Diagrammregeln des letzten Abschnitts auf den neuesten Stand bringen:

Störungstheoretische Berechnung der Vakuumamplitude

$$
\left\langle \eta_0 \middle| U_\alpha(t, t') \middle| \eta_0 \right\rangle .
$$

Man suche alle **zusammenhängenden** Diagramme mit paarweise verschiedenen Strukturen auf und berechne den Beitrag eines Diagramms n-ter Ordnung wie folgt:

1. Vertex $\Leftrightarrow$ $v(kl; nm)$.
2. Propagierende Linie $\Leftrightarrow$ $\mathrm{i}G_{k_\nu}^{0,c}(t_\nu - t_\mu)\delta_{k_\nu,k_\mu}$.

3. Nicht propagierende Linie $\Leftrightarrow$ $-\langle n_{k_\nu}\rangle^{(0)}\,\delta_{k_\nu,k_\mu}$.
4. Summation über alle $\ldots, k_i, l_i, m_i, n_i, \ldots$
5. Multiplikation mit $\exp\big(-\alpha(|t_1|+\cdots+|t_n|)\big)\delta(t_1-t_1')\cdots\delta(t_n-t_n')$, dann Integration über alle t_i', t_i von t' bis t.
6. Faktor $\left(-\frac{i}{\hbar}\right)^n \frac{(-1)^S}{h(\Theta)}$.

Man setze schließlich den resultierenden Beitrag $U(\Theta)$ in (5.112) ein.

5.3.3 Hauptsatz von den zusammenhängenden Diagrammen

Die bisherigen Betrachtungen bezogen sich auf die Diagrammentwicklung der Vakuumamplitude

$$\left\langle \eta_0 \right| U_\alpha(t,t') \left|\eta_0\right\rangle ,$$

die für $t = +\infty$ und $t' = -\infty$ in die Streumatrix S_α (5.53) übergeht. Eigentlich interessiert sind wir jedoch an Ausdrücken der Form (5.58):

$$\begin{aligned}
&\left\langle E_0 \right| T_\varepsilon\left\{A^{\mathrm{H}}(t)B^{\mathrm{H}}(t')\right\}\left| E_0\right\rangle \\
&= \lim_{\alpha\to 0}\frac{1}{\left\langle \eta_0 \right| S_\alpha \left| \eta_0\right\rangle}\sum_{\nu=0}^{\infty}\frac{1}{\nu!}\left(-\frac{i}{\hbar}\right)^\nu \int\limits_{-\infty}^{+\infty}\!\!\cdots\!\int \mathrm{d}t_1\cdots\mathrm{d}t_\nu \\
&\quad\cdot\, \mathrm{e}^{-\alpha(|t_1|+\ldots+|t_\nu|)}\left\langle \eta_0 \right| T_\varepsilon\left\{V(t_1)\cdots V(t_\nu)A(t)B(t')\right\}\left|\eta_0\right\rangle ,
\end{aligned} \tag{5.113}$$

wobei die Operatoren rechts in der Dirac-Darstellung stehen und $A(t)$, $B(t')$ Produkte von Fermi-Konstruktionsoperatoren sein sollen. Die Störentwicklung des Zählers auf der rechten Seite erfolgt ganz analog zu der der bisher besprochenen Vakuumamplitude:

1. Wick'sches Theorem: totale Paarung der auftretenden Konstruktionsoperatoren.
2. Summationen über alle *inneren* k_i, l_i,... Über die *äußeren* Indizes der in A und B auftretenden Operatoren wird **nicht** summiert.
3. Integrationen über alle *inneren* Zeitvariablen von $-\infty$ bis $+\infty$, aber **nicht** über t und t'.

$A(t)$ enthalte $\bar{n}$ Konstruktionsoperatoren, $B(t')$ $\bar{m}$, wobei $\bar{m}+\bar{n}$ eine gerade Zahl sein soll. Ein Diagramm n-ter Ordnung lässt sich symbolisch dann wie folgt darstellen:

Man unterscheidet:

„offene" Diagramme	= Diagramme **mit** äußeren Linien,
„geschlossene" Diagramme; Vakuum-Fluktuations-Diagramme	= Diagramme **ohne** äußere Linien.

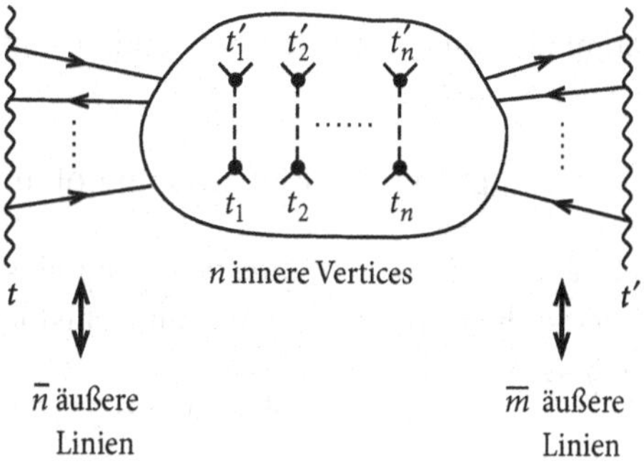

Abb. 5.2 Allgemeine Struktur eines offenen Diagramms n-ter Ordnung

Es gilt offenbar:

Jedes offene Diagramm besteht aus offenen, zusammenhängenden Diagrammen plus zusammenhängenden Vakuum-Fluktuations-Diagrammen.

Man erhält **alle** solche Diagramme, wenn man zu **jeder** Kombination D_0 von offenen, zusammenhängenden Diagrammen **alle denkbaren** Vakuum-Fluktuations-Diagramme hinzunimmt. Letztere ergeben nach (5.112) den Faktor

$$\exp\left\{\sum_{\nu}^{\text{zus.}} U(\Theta_\nu)\right\} .$$

Alle Diagramme mit der gleichen Kombination D_0 von offenen zusammenhängenden Diagrammen tragen deshalb zum Zähler in (5.113) mit

$$U(D_0)\exp\left\{\sum_{\nu}^{\text{zus.}} U(\Theta_\nu)\right\}$$

bei. Daraus folgt:

Gesamtbeitrag aller Diagramme der Störreihe:

$$\left(\sum_{D_0} U(D_0)\right)\exp\left\{\sum_{\nu}^{\text{zus.}} U(\Theta_\nu)\right\} . \tag{5.114}$$

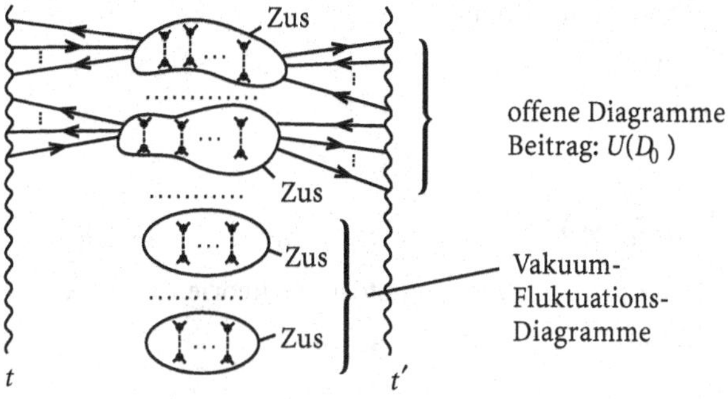

Abb. 5.3 Allgemeine Struktur eines beliebigen Diagrammbeitrags zur Vakuumamplitude

Summiert wird über alle Kombinationen offener zusammenhängender Diagramme. Dies ist der

- **Hauptsatz von den zusammenhängenden Diagrammen,**

ohne den jede Diagrammentwicklung illusorisch wäre. Setzen wir ihn in (5.113) ein, so kürzt sich der Beitrag der Vakuum-Fluktuations-Diagramme gerade gegen $\langle \eta_0 \mid S_\alpha \mid \eta_0 \rangle$ heraus.

$$\left\langle E_0 \middle| T_\varepsilon \left\{ A^{\mathrm{H}}(t) B^{\mathrm{H}}(t') \right\} \middle| E_0 \right\rangle = \lim_{\alpha \to 0} \sum_{D_0} U(D_0) \ . \tag{5.115}$$

Dabei ist also D_0 eine Kombination von offenen, zusammenhängenden Diagrammen mit insgesamt n bei t und m bei t' angehefteten äußeren Linien, wobei n und m die Zahlen der Fermionenoperatoren in $A(t)$ und $B(t')$ sind.

Ganz analog finden wir für den einfacheren Ausdruck (5.56):

$$\left\langle E_0 \middle| A^{\mathrm{H}}(t) \middle| E_0 \right\rangle = \lim_{\alpha \to 0} \sum_{\overline{D}_0} U\left(\overline{D}_0\right) \ . \tag{5.116}$$

Dabei ist nun $\overline{D}_0$ eine Kombination von offenen, zusammenhängenden Diagrammen mit so vielen festen, bei t angehefteten Linien, wie Fermionenoperatoren in $A(t)$ enthalten sind.

Für beide Fälle (5.115) und (5.116) diskutieren wir in den nächsten Abschnitten Anwendungsbeispiele.

5.3.4 Aufgaben

Aufgabe 5.3.1

Werten Sie die Vakuumamplitude $\langle \eta_0 \mid U_\alpha(t, t') \mid \eta_0 \rangle$ in erster Ordnung Störungstheorie für das

1. Hubbard-Modell,
2. Jellium-Modell

aus.

Aufgabe 5.3.2

Zur zweiten Ordnung Störungstheorie für die Vakuumamplitude gehört das Diagramm:

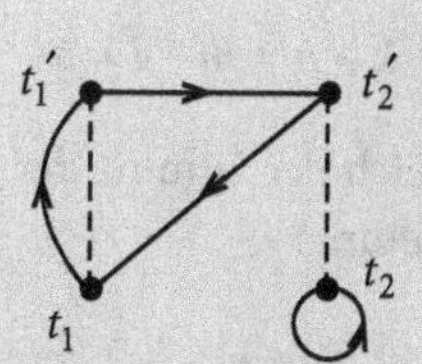

1. Berechnen Sie den Beitrag dieses Diagramms.
2. Was ergibt sich für das Hubbard-Modell?
3. Wie sieht dieser Beitrag für das Jellium-Modell aus?

Aufgabe 5.3.3

Untersuchen Sie, welche der in Abschn. 5.3.1 aufgelisteten Diagramme zweiter Ordnung zur Vakuumamplitude topologisch verschieden, aber von gleicher Struktur sind, d. h. unterschiedlichen Termen der *totalen Paarung* mit gleichem Beitrag zur Störreihe entsprechen. Wie viele der 24 Diagramme müssen demnach explizit ausgewertet werden?

5.4 Ein-Teilchen-Green-Funktion

5.4.1 Diagrammatische Störreihe

Eine wichtige Anwendung der diagrammatischen Störungstheorie betrifft die kausale Ein-Teilchen-Green-Funktion:

$$iG^c_{\mathbf{k}\sigma}(t-t') = \left\langle E_0 \middle| T_\varepsilon\left\{a_{\mathbf{k}\sigma}(t)a^+_{\mathbf{k}\sigma}(t')\right\} \middle| E_0 \right\rangle . \tag{5.117}$$

Dies entspricht dem Fall (5.115), d. h., es ist über alle paarweise verschiedenen Strukturen von zusammenhängenden Diagrammen mit zwei festen äußeren Linien, den Operatoren $a_{\mathbf{k}\sigma}(t)$ und $a^+_{\mathbf{k}\sigma}(t')$ entsprechend, zu summieren.

Wir schieben eine Bemerkung zur Wechselwirkung ein. Bei dieser soll es sich um eine Paarwechselwirkung handeln $(v(|\mathbf{r}_1 - \mathbf{r}_2|)$. Das ganze System besitze Translationssymmetrie. Dann sind die Impulse an einem Vertex nicht beliebig, es ist vielmehr

▸ Impulserhaltung am Vertex

zu fordern:

$$\boldsymbol{k} - \boldsymbol{n} = \boldsymbol{m} - \boldsymbol{l} = \boldsymbol{q}\ . \tag{5.118}$$

Die Summe der *einlaufenden* ist gleich der Summe der *auslaufenden* Impulse. – An jedem Vertex**punkt** gelte zudem Spinerhaltung:

$$\sigma_k = \sigma_n\ ; \quad \sigma_l = \sigma_m\ . \tag{5.119}$$

Durch (5.118) und (5.119) reduziert sich die Zahl der Summationen noch einmal sehr stark. Dies werden wir an *passender* Stelle ausnutzen.

Wir kommen nun zur Diagrammentwicklung der Green-Funktion. In

- nullter Ordnung

ergibt sich lediglich eine von t' nach t propagierende Linie:

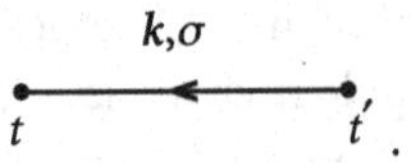

Dies entspricht dem Beitrag:

$$\mathrm{i}G^{0,c}_{\boldsymbol{k}\sigma}(t - t')\ .$$

Für die

- erste Ordnung

haben wir auszuwerten:

$$\frac{1}{1!}\frac{1}{2}\left(-\frac{\mathrm{i}}{\hbar}\right)\int\limits_{-\infty}^{+\infty}\mathrm{d}t_1\int\limits_{-\infty}^{+\infty}\mathrm{d}t_1'\,\delta(t_1 - t_1')\,\mathrm{e}^{-\alpha|t_1|}\sum_{\substack{\boldsymbol{k}_1\boldsymbol{l}_1\boldsymbol{m}_1\boldsymbol{n}_1\\ \sigma_1\sigma_1'}} v(\boldsymbol{k}_1\boldsymbol{l}_1;\boldsymbol{n}_1\boldsymbol{m}_1)$$

$$\left\langle\eta_0\left|T_\epsilon\{a_{\boldsymbol{k}\sigma}(t)a^+_{\boldsymbol{k}\sigma}(t')a^+_{\boldsymbol{k}_1\sigma_1}(t_1)a_{\boldsymbol{n}_1\sigma_1}(t_1)a^+_{\boldsymbol{l}_1\sigma_1'}(t_1')a_{\boldsymbol{m}_1\sigma_1'}(t_1')\}\right|\eta_0\right\rangle$$

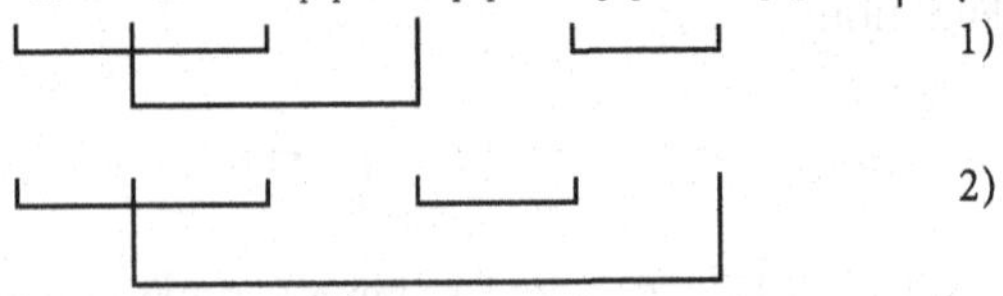

Nur offene, zusammenhängende Diagramme brauchen berücksichtigt zu werden.

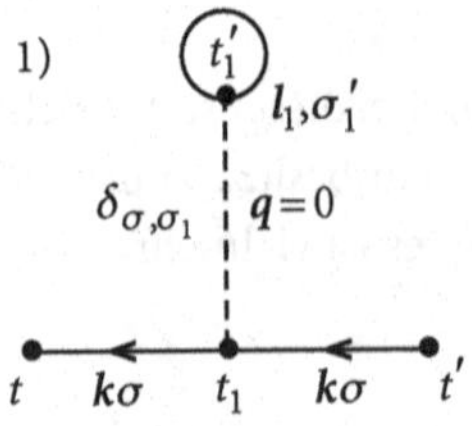

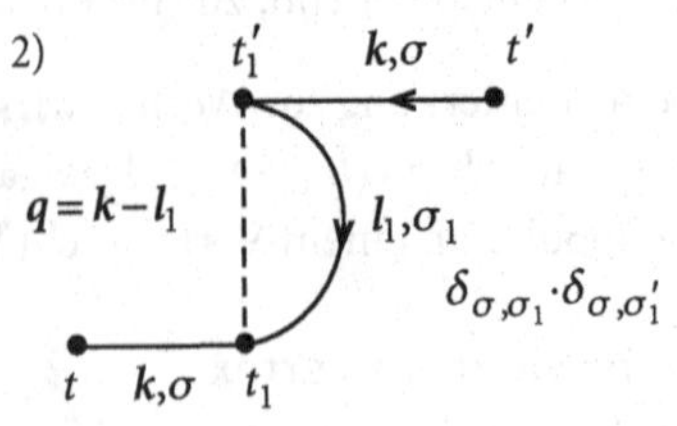

Man kann am Vertex natürlich noch *oben* und *unten* vertauschen. Dies liefert topologisch verschiedene Diagramme gleicher Struktur, die durch den Faktor $2^1 \cdot 1!$ berücksichtigt werden.

▸ Zweite Ordnung

Wir haben die folgenden offenen, zusammenhängenden Diagramme zu zählen:

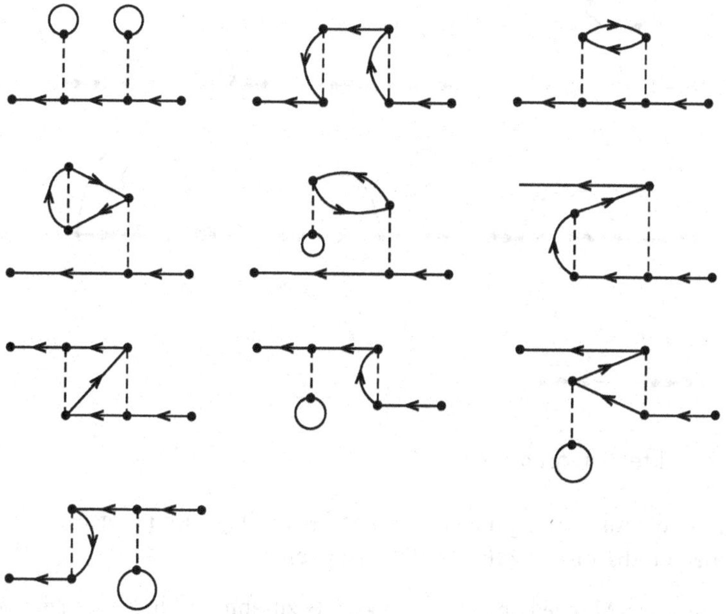

Zu jedem dieser Diagramme gibt es wieder $2^2 \cdot 2! = 8$ topologisch verschiedene Diagramme gleicher Struktur, die denselben Beitrag liefern. Topologisch gleiche Diagramme gibt es wegen der *äußeren* Anschlüsse **nicht**. Man wählt für die Green-Funktions-Diagramme bisweilen eine etwas modifizierte Darstellung, indem man die propagierenden Linien *streckt*, dafür die Vertizes nicht notwendig als senkrechte Linien einzeichnet. Obige Diagramme zeichnet man dann wie folgt:

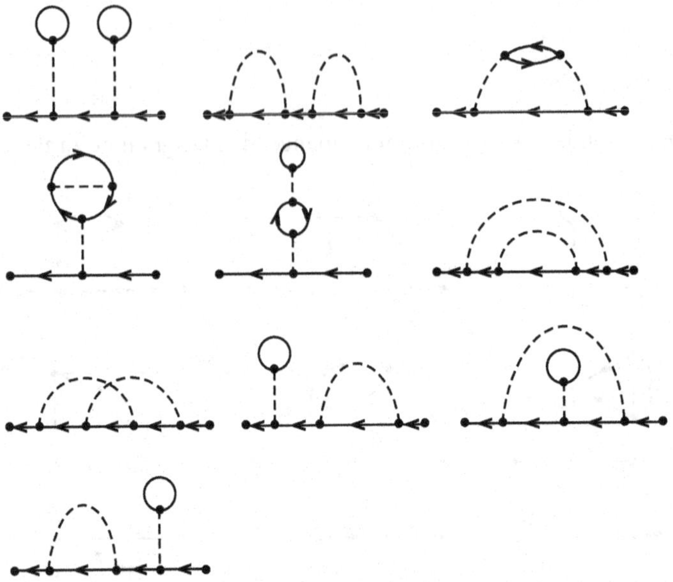

▸ „Gestreckte" Diagramme

Die Regeln für die Auswertung dieser nicht bezifferten Diagramme ergeben sich unmittelbar aus denen in Abschn. 5.3.2 für die Vakuumamplitude:

Man zeichne je ein Mitglied aus jeder Struktur Θ zusammenhängender Diagramme mit zwei äußeren Anschlüssen. Jedes Diagramm n-ter Ordnung enthält n Vertizes und $(2n+1)$ ausgezogene Linien, darunter zwei äußere. Der Beitrag eines solchen Diagramms berechnet sich dann wie folgt:

1. Vertex $\Leftrightarrow$ $v(kl; nm)$.
2. Propagierende Linie $\Leftrightarrow$ $\mathrm{i}G^{0,\mathrm{c}}_{k_\nu}(t_\nu - t_\mu)\delta_{k_\nu,k_\mu}$.
3. Nicht propagierende Linie $\Leftrightarrow$ $\mathrm{i}G^{0,\mathrm{c}}_{k_\nu}(0^-)\delta_{k_\nu,k_\mu}$.
4. Impulserhaltung am Vertex; Spinerhaltung am Vertexpunkt.
5. Multiplikation mit $\mathrm{e}^{-\alpha(|t_1|+\dots+|t_n|)}\delta(t_1 - t'_1)\cdots\delta(t_n - t'_n)$.
6. Summation über alle *inneren* Wellenzahlen und Spins $\dots, k_i, l_i, m_i, n_i, \dots$ sowie Integration über alle *inneren* Zeiten t_i, t'_i von $-\infty$ bis $+\infty$.
7. Faktor $\left(-\frac{\mathrm{i}}{\hbar}\right)^n (-1)^S$; S = Schleifenzahl $(\hbar(\Theta) \equiv 1)$.

In 2. und 3. sind mit k_ν, k_μ die Indizes (Wellenzahl, Spin) gemeint, die der Propagator $\mathrm{i}G^{0,\mathrm{c}}$ miteinander verbindet.

Die Auswertung der Diagramme nach diesen Regeln gestaltet sich etwas unbequem, da nach (5.78) die kausale Ein-Elektronen-Green-Funktion eine ungünstige Zeitabhängigkeit

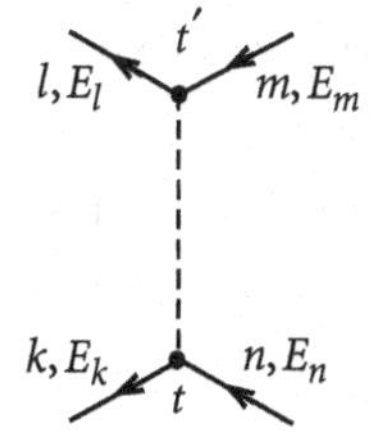

Abb. 5.4 Bezifferung eines Vertex in einem Diagramm zur energieabhängigen Ein-Elektronen-Green-Funktion

aufweist. Man geht besser zur Fourier-Transformierten über:

$$G_k^{0,c}(t-t') = \frac{1}{2\pi\hbar}\int_{-\infty}^{+\infty} dE\, G_k^{0,c}(E)\exp\left(-\frac{i}{\hbar}E(t-t')\right). \tag{5.120}$$

In den Diagrammen wird der Übergang wie folgt vollzogen:

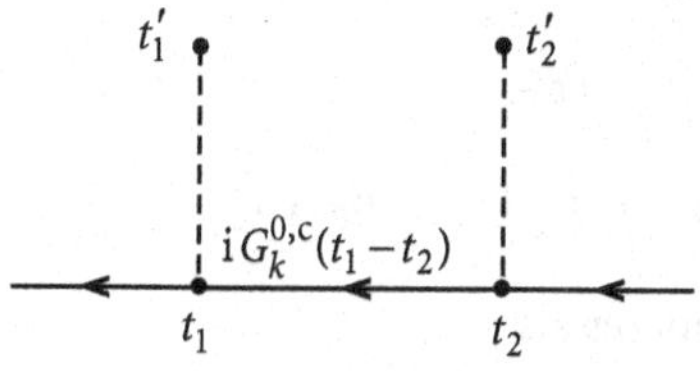

$$\frac{\exp\left(-\frac{i}{\hbar}Et_1\right)}{\sqrt{2\pi\hbar}}\left(iG_k^{0,c}(E)\right)\frac{\exp\left(\frac{i}{\hbar}Et_2\right)}{\sqrt{2\pi\hbar}}$$

Der bei t_2 auslaufenden Linie ordnen wir den zusätzlichen Faktor

$$\frac{\exp\left(\frac{i}{\hbar}Et_2\right)}{\sqrt{2\pi\hbar}}$$

zu. Die bei t_1 einmündende Linie bringt dagegen den Term

$$\frac{\exp\left(-\frac{i}{\hbar}Et_1\right)}{\sqrt{2\pi\hbar}}$$

mit. Es empfiehlt sich deshalb, die aus einem Vertex ein- und auslaufenden Linien zusätzlich mit Energien zu indizieren. Dem gesamten Vertex ist dann außer dem Matrixelement $v(kl;nm)$ noch der Faktor

$$\frac{1}{(2\pi\hbar)^2}\exp\left\{\frac{i}{\hbar}(E_k-E_n)t+\frac{i}{\hbar}(E_l-E_m)t'-\alpha|t|\right\}\delta(t-t')$$

zugeordnet. Die anschließende Zeitintegration wird einfach:

$$\begin{aligned}
&\int\limits_{-\infty}^{+\infty} \mathrm{d}t \int\limits_{-\infty}^{+\infty} \mathrm{d}t' \exp\left\{\frac{\mathrm{i}}{\hbar}\left[(E_k - E_n)\,t + (E_l - E_m)\,t'\right]\right\} \exp\left(-\alpha\,|t|\right)\delta\,(t - t') \\
&\quad = \int\limits_{0}^{+\infty} \mathrm{d}t \exp\left(\frac{\mathrm{i}}{\hbar}\overline{E}t - \alpha t\right) + \int\limits_{-\infty}^{0} \mathrm{d}t \exp\left(\frac{\mathrm{i}}{\hbar}\overline{E}t + \alpha t\right) \\
&\quad = \frac{-1}{\frac{\mathrm{i}}{\hbar}\overline{E} - \alpha} + \frac{1}{\frac{\mathrm{i}}{\hbar}\overline{E} + \alpha} = \frac{2\alpha}{\left(\frac{1}{\hbar}\overline{E}\right)^2 + \alpha^2}\,, \\
&\quad \overline{E} = (E_k - E_n) + (E_l - E_m)\;.
\end{aligned}$$

Der anschließende Grenzübergang $\alpha \to 0$ (*adiabatisches Einschalten*) macht aus diesem Ausdruck dann eine δ-Funktion:

$$\begin{aligned}
&\lim_{\alpha \to 0} \frac{1}{(2\pi\hbar)^2} \iint\limits_{-\infty}^{+\infty} \mathrm{d}t\mathrm{d}t' \exp\left\{\frac{\mathrm{i}}{\hbar}\left[(E_k - E_n)\,t + (E_l - E_m)\,t'\right]\right\} \\
&\quad \cdot \exp\left(-\alpha\,|t|\right)\delta\,(t - t') \\
&= \frac{1}{2\pi\hbar}\delta\left[(E_k + E_l) - (E_m + E_n)\right]\;.
\end{aligned} \tag{5.121}$$

Dies bedeutet aber nichts anderes als

▸ Energieerhaltung am Vertex.

Eine gewisse Sonderstellung nehmen die äußeren Linien ein:

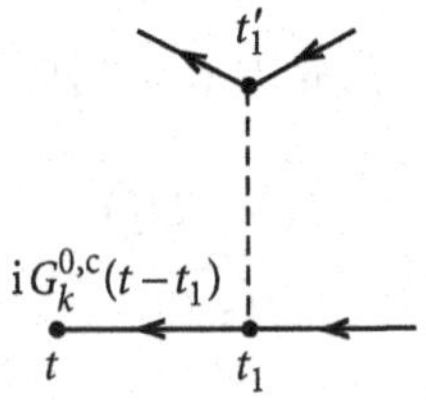

$$\frac{\exp\left(-\frac{\mathrm{i}}{\hbar}Et\right)}{\sqrt{2\pi\hbar}}\left(\mathrm{i}G_k^{0,\mathrm{c}}(E)\right)\frac{\exp\left(\frac{\mathrm{i}}{\hbar}Et_1\right)}{\sqrt{2\pi\hbar}}$$

Der Faktor $\exp\left[(\mathrm{i}/\hbar)Et_1\right]/\sqrt{2\pi\hbar}$ wird, wie oben beschrieben, in den Vertex bei t_1 hineingezogen und trägt nach Integration über t_1 zu der (5.121) entsprechenden δ-Funktion bei. Es bleibt dann noch der Term

$$\frac{\exp\left(-\frac{\mathrm{i}}{\hbar}Et\right)}{\sqrt{2\pi\hbar}}\left(\mathrm{i}G_k^{0,\mathrm{c}}(E)\right)\,,$$

der am Schluss über alle E integriert wird, um $G_k^{\mathrm{c}}\,(t - t')$ zu erhalten.

Analoges gilt für die von t' rechts in das Diagramm einlaufende Linie:

$$\mathrm{i}G_k^{0,\mathrm{c}}(E')\,\frac{\exp\left(\frac{\mathrm{i}}{\hbar}E't'\right)}{\sqrt{2\pi\hbar}}\;.$$

Wenn die *inneren* Summationen und Integrationen insgesamt den Zahlenwert I liefern, so gilt für das Gesamtdiagramm:

$$\begin{aligned}
\mathrm{i}\widetilde{G}_k(t-t') &= \frac{\mathrm{i}}{2\pi\hbar}\iint \mathrm{d}E\,\mathrm{d}E'\,\left(\mathrm{i}G_k^{0,\mathrm{c}}(E)\right)\left(\mathrm{i}G_k^{0,\mathrm{c}}(E')\right)\\
&\quad\cdot\exp\left[\frac{\mathrm{i}}{\hbar}(E't'-Et)\right]\\
&\overset{!}{=} \mathrm{i}\widetilde{G}_k\left((t+t_0)-(t'+t_0)\right)\\
&= \frac{I}{2\pi\hbar}\iint \mathrm{d}E\,\mathrm{d}E'\,\left(\mathrm{i}G_k^{0,\mathrm{c}}(E)\right)\left(\mathrm{i}G_k^{0,\mathrm{c}}(E')\right)\\
&\quad\cdot\exp\left[\frac{\mathrm{i}}{\hbar}(E't'-Et)\right]\exp\left[\frac{\mathrm{i}}{\hbar}(E'-E)\,t_0\right]\;.
\end{aligned}$$

Da nach (3.129) die Green-Funktion nur von der Zeitdifferenz abhängt, folgt:

$$\mathrm{i}\widetilde{G}_k(t-t') = \frac{\mathrm{i}}{2\pi\hbar}\int \mathrm{d}E\,\left(\mathrm{i}G_k^{0,\mathrm{c}}(E)\right)^2\exp\left(\frac{\mathrm{i}}{\hbar}E(t'-t)\right)\;.$$

Dies bedeutet für die Fourier-Transformierte:

$$\mathrm{i}\widetilde{G}_k(E) = I\left(\mathrm{i}G_k^{0,\mathrm{c}}(E)\right)^2\;. \tag{5.122}$$

Die beiden äußeren Anschlüsse eines Diagramms zur Ein-Teilchen-Green-Funktion $G_k^{\mathrm{c}}(E)$ tragen also nicht nur gleiche Wellenzahl und Spin $k = (\boldsymbol{k}, \sigma)$, sondern auch dieselbe Energie E.

Wenn wir uns nun noch in Erinnerung rufen, wie die freie, energieabhängige, kausale $T = 0$-Green-Funktion nach (3.206) aussieht,

$$\begin{aligned}
G_{\boldsymbol{k}\sigma}^{0,\mathrm{c}}(E) &= \frac{\hbar}{E-(\varepsilon(\boldsymbol{k})-\varepsilon_F)\pm \mathrm{i}0^+}\\
(+\quad &\text{für}\quad |\boldsymbol{k}|>k_\mathrm{F}\,,\quad -\quad \text{für}\quad |\boldsymbol{k}|<k_\mathrm{F}\,)\,,
\end{aligned} \tag{5.123}$$

dann haben wir alles zusammen, um die Diagrammregeln für $\mathrm{i}G_{\boldsymbol{k}\sigma}^{\mathrm{c}}(E)$ zu formulieren:

▸ Diagrammregeln für $\mathrm{i}G_{\boldsymbol{k}\sigma}^{\mathrm{c}}(E)$:

Je ein Mitglied aus jeder Struktur Θ zusammenhängender Diagramme mit zwei äußeren Anschlüssen ist aufzusuchen. Ein Diagramm n-ter Ordnung (n Vertizes, $(2n+1)$ ausgezogene Linien) liefert dann den folgenden Beitrag:

1. Vertex $\Leftrightarrow$ $\frac{1}{2\pi\hbar} v(kl, nm) \delta_{E_k+E_l, E_m+E_n}$.
2. Propagierende **und** nicht propagierende Linie $\Leftrightarrow$ $\mathrm{i}G_{k_\nu}^{0,\mathrm{c}}(E_{k_\nu})\delta_{k_\nu k_\mu}$.
3. Faktor: $(-1)^S \left(-\frac{\mathrm{i}}{\hbar}\right)^n$.
4. Summation über alle *inneren* Indizes k_i, l_i, …; Integration über alle *inneren* Energien $E_{k_i}, E_{l_i}, \ldots$
5. *Äußere* Anschlüsse: $\mathrm{i}G_k^{0,\mathrm{c}}(E)$.

5.4.2 Dyson-Gleichung

Wie wir bereits früher angemerkt haben, ist das Aufsummieren endlich vieler Terme einer Störreihe nicht immer sinnvoll, z. B. dann, wenn die Störung nicht wirklich klein ist oder wenn Divergenzen in den einzelnen Störtermen auftreten. Es ist dann häufig besser, eine Approximation durch Aufsummieren einer unendlichen Teilreihe zu entwickeln. Eine solche Möglichkeit ergibt sich über die so genannte **Dyson-Gleichung**, die wir bereits in (3.327) kennen gelernt haben. Sie soll nun mit unserer Diagrammtechnik rekonstruiert werden.

Definition 5.4.1

Selbstenergieanteil = Teil eines Diagramms, das durch zwei propagierende Linien mit dem Rest des Diagramms verknüpft ist.

Beispiele

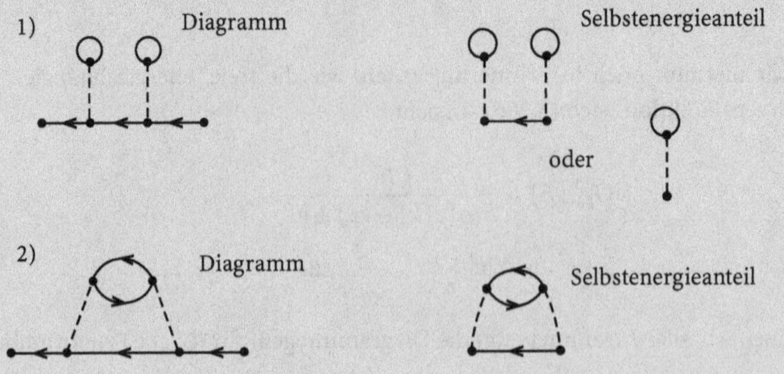

Ein Selbstenergieanteil ist also ein Diagrammteil mit zwei äußeren *Anschlüssen* für je eine ein- und eine auslaufende propagierende Linie.

Definition 5.4.2

Eigentlicher (irreduzibler) Selbstenergieanteil = Selbstenergieanteil, der **nicht** durch Auftrennen einer propagierenden Linie in zwei unabhängige Selbstenergieanteile zerlegt werden kann.

Beispiele

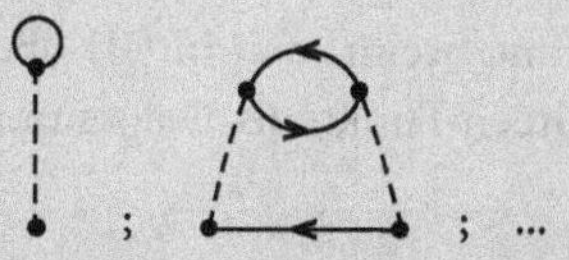

⟺ „eigentlich“

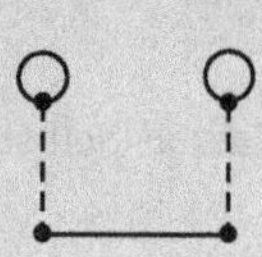

⟺ „nicht eigentlich“

Bis zur zweiten Ordnung besitzt die kausale Green-Funktion die folgenden irreduziblen Selbstenergieanteile:

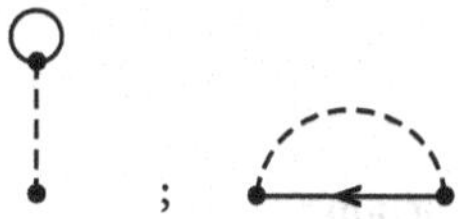

1. Ordnung

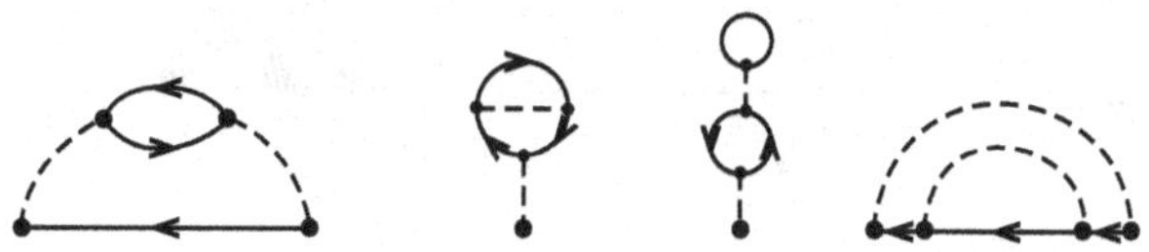

2. Ordung

Mit Ausnahme des Diagramms nullter Ordnung kann man **jedes** zu $iG^c_{k\sigma}(E)$ beitragende Diagramm wie folgt zerlegen:

(I): $iG^{0,c}_k(E)$,
(II): eigentlicher Selbstenergieanteil,
(III): **irgendein** Green-Funktions-Diagramm.

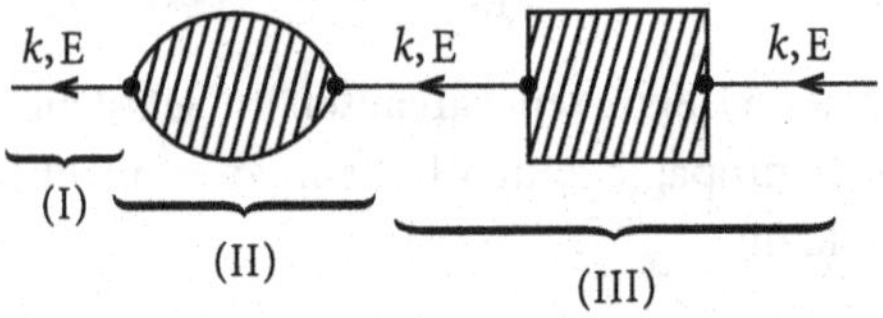

Wegen Energie- und Impulserhaltung an jedem Vertex trägt der mittlere Propagator dieselben festen Indizes k, E wie die ein- und auslaufenden propagierenden Linien.

Man bekommt offensichtlich **alle** Diagramme, wenn man in (II) über **alle** eigentlichen Selbstenergieanteile und in (III) über **alle** Green-Funktions-Diagramme summiert.

Definition 5.4.3

Selbstenergie $(\Sigma_{k\sigma}(E)) = i\hbar \cdot$ Summe aller eigentlichen Selbstenergieanteile. Mit den Bezeichnungen

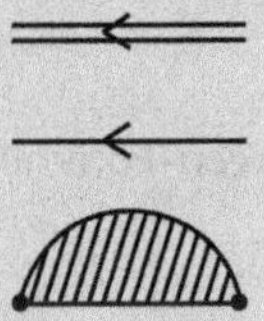

$: iG^c_{k\sigma}(E)$

$: iG^{0,c}_{k\sigma}(E)$

$: -\frac{i}{\hbar}\Sigma_{k\sigma}(E)$

finden wir die

Diagrammdarstellung der Dyson-Gleichung

Die Selbstenergiediagramme sind in der Regel von einfacherer Gestalt als die Green-Funktions-Diagramme. Sobald die Selbstenergie (approximativ oder exakt) berechnet ist, ist auch die Green-Funktion bestimmt:

$$
\begin{aligned}
iG^c_{k\sigma}(E) &= iG^{0,c}_{k\sigma}(E) + iG^{0,c}_{k\sigma}(E)\left(-\frac{i}{\hbar}\Sigma_{k\sigma}(E)\right) iG^c_{k\sigma}(E)\,,\\
G^c_{k\sigma}(E) &= G^{0,c}_{k\sigma}(E) + G^{0,c}_{k\sigma}(E)\frac{1}{\hbar}\Sigma_{k\sigma}(E) G^c_{k\sigma}(E)\,.
\end{aligned}
\tag{5.124}
$$

Diese Gleichung lässt sich formal lösen:

$$G^{c}_{k\sigma}(E) = \frac{G^{0,c}_{k\sigma}(E)}{1 - G^{0,c}_{k\sigma}(E)\frac{1}{\hbar}\Sigma_{k\sigma}(E)} \tag{5.125}$$

$$= \frac{\hbar}{E - \varepsilon(\boldsymbol{k}) + \varepsilon_{\mathrm{F}} - \Sigma_{k\sigma}(E)} . \tag{5.126}$$

Im letzten Schritt haben wir (5.123) ausgenutzt, wobei wir das imaginäre Infinitesimal $\pm i0^{+}$ mit in $\Sigma_{k\sigma}(E)$ hineingezogen haben, da es sich dabei in der Regel um eine komplexe Funktion handelt. Bei reellem $\Sigma_{k\sigma}(E)$ ist $\pm i0^{+}$ im Sinne von (5.123) wieder einzuführen. – Die physikalische Bedeutung der Selbstenergie ist ausgiebig in Abschn. 3.4 diskutiert worden, braucht hier also nicht wiederholt zu werden.

Man beachte, dass selbst die denkbar einfachste Näherung für $\Sigma_{k\sigma}(E)$ nach (5.124) das Aufsummieren einer **unendlichen** Teilreihe bedeutet:

Setzen wir wie beim Jellium-Modell (Abschn. 2.1.2)

$$v(\boldsymbol{q} = \boldsymbol{0}) = 0 \tag{5.127}$$

voraus, so tragen alle Diagramme mit *Blasen* nichts bei, da sie einem Impulsübertrag $q = 0$ entsprechen. Es bleibt dann als einfachste Näherung:

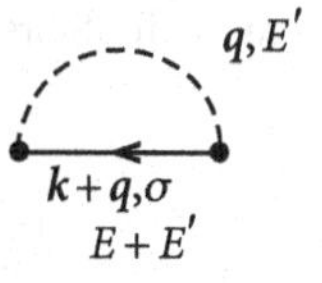

$$\hat{=} -\frac{i}{\hbar}\Sigma^{(1)}_{k\sigma}(E) .$$

Die Auswertung ergibt sich unmittelbar aus den Diagrammregeln in Abschn. 5.4.1:

$$-\frac{i}{\hbar}\Sigma^{(1)}_{k\sigma}(E) = -\frac{i}{\hbar}\frac{1}{2\pi\hbar}\sum_{\boldsymbol{q}}^{q\neq 0} v(\boldsymbol{q}) \int dE'\, iG^{0,c}_{\boldsymbol{k}+\boldsymbol{q}\sigma}(E + E')$$

$$= \frac{-i}{2\pi\hbar^{2}}\sum_{\boldsymbol{q}}^{q\neq 0} v(\boldsymbol{q}) i2\pi\hbar G^{0,c}_{\boldsymbol{k}+\boldsymbol{q}\sigma}(0^{-}) .$$

Dabei haben wir hier speziell wie im Jellium-Modell $v(\boldsymbol{kl};\boldsymbol{nm}) = v(\boldsymbol{k}-\boldsymbol{n}) = v(\boldsymbol{m}-\boldsymbol{l}) = v(\boldsymbol{q})$ vorausgesetzt. Es bleibt damit

$$\Sigma^{(1)}_{k\sigma}(E) = -\sum_{\boldsymbol{q}} v(\boldsymbol{q}) \left\langle n_{\boldsymbol{k}+\boldsymbol{q},\sigma}\right\rangle^{(0)} . \tag{5.128}$$

5.4.3 Aufgaben

Aufgabe 5.4.1

Berechnen Sie für das Hubbard-Modell den Beitrag erster Ordnung zur Selbstenergie der Ein-Elektronen-Green-Funktion. Welcher Approximation der Bewegungsgleichungsmethode (Kap. 4) entspricht diese Selbstenergie?

Aufgabe 5.4.2

Diskutieren Sie die Selbstenergiediagramme zweiter Ordnung für das Hubbard-Modell, die einen von Null verschiedenen Beitrag zur Ein-Elektronen-Green-Funktion liefern können.

Aufgabe 5.4.3

Berechnen Sie für das Hubbard-Modell die Green'sche Ein-Elektronenfunktion in erster Ordnung Störungstheorie und vergleichen Sie das Ergebnis mit der Green'schen Funktion, die sich ergibt, wenn man die Selbstenergie in erster Ordnung berechnet (Aufgabe 5.4.1).

Aufgabe 5.4.4

Selbst die Näherung niedrigster Ordnung für die Selbstenergie bedeutet für die Ein-Elektronen-Green-Funktion das Aufsummieren einer unendlichen Teilreihe von Diagrammen. Geben Sie alle bis zur zweiten Ordnung auftretenden Diagramme an.

Aufgabe 5.4.5

Welche Näherung ergibt sich, wenn man in der Selbstenergie erster Ordnung die *freien* durch die *vollen* Green-Funktions-Propagatoren ersetzt:

$\widehat{\Sigma}^{(1)}_{\mathbf{k}\sigma}(E) =$

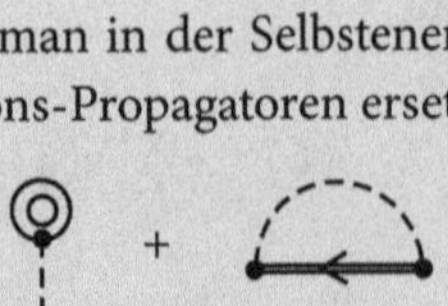

Geben Sie Beispiele von Diagrammen an, die durch diese so genannte *Renormierung* der Teilchenpropagatoren neu gegenüber der Näherung in Aufgabe 5.4.4 hinzukommen.

5.5 Grundzustandsenergie des Elektronengases (Jellium-Modell)

5.5.1 Störungstheorie erster Ordnung

Nach der Ein-Elektronen-Green-Funktion diskutieren wir nun eine weitere Anwendung der in Abschn. 5.3 entwickelten Diagrammtechnik. Es soll um die Grundzustandsenergie des wechselwirkenden Elektronengases gehen, zu dessen Beschreibung wir das Jellium-Modell (Abschn. 2.1.2) benutzen. Dieses ist durch den Wechselwirkungsoperator

$$V(t) = \frac{1}{2} \sum_{klmn} v(kl;nm) a_k^+(t) a_l^+(t) a_m(t) a_n(t) , \qquad k \equiv (\boldsymbol{k}, \sigma_k) \tag{5.129}$$

charakterisiert, wobei für das Matrixelement

$$v(kl;nm) = v(\boldsymbol{k} - \boldsymbol{n}) \delta_{\boldsymbol{k}+\boldsymbol{l},\, \boldsymbol{m}+\boldsymbol{n}} \delta_{\sigma_k \sigma_n} \delta_{\sigma_m \sigma_l} \tag{5.130}$$

gilt:

$$v(\boldsymbol{q}) = \frac{e^2}{\varepsilon_0 V q^2} ; \quad v(\boldsymbol{0}) = 0 . \tag{5.131}$$

Das $\boldsymbol{q} = \boldsymbol{0}$-Matrixelement wird durch den homogen verschmierten, positiv geladenen Ionen-Hintergrund kompensiert.

Für die Grundzustandsenergie bzw. die Niveauverschiebung gilt nach (5.5) oder (5.43):

$$E_0 = \lim_{\alpha \to 0} \frac{\left\langle \eta_0 \middle| \mathcal{H}_\alpha \middle| \psi_\alpha^{\mathrm{D}}(0) \right\rangle}{\left\langle \eta_0 \middle| \psi_\alpha^{\mathrm{D}}(0) \right\rangle} , \tag{5.132}$$

$$\Delta E_0 = E_0 - \eta_0 = \lim_{\alpha \to 0} \frac{\left\langle \eta_0 \middle| V(t=0) U_\alpha(0,-\infty) \middle| \eta_0 \right\rangle}{\left\langle \eta_0 \middle| U_\alpha(0,-\infty) \middle| \eta_0 \right\rangle} . \tag{5.133}$$

Alle Operatoren sind natürlich hier wieder in ihrer Dirac-Darstellung gemeint. Den Nenner kennen wir bereits aus Abschn. 5.3. Es ist die Vakuumamplitude für $t' = -\infty$ und $t = 0$.

Es bleibt auszuwerten:

$$\Delta E_0 = \lim_{\alpha \to 0} \frac{1}{\langle \eta_0 | U_\alpha(0, -\infty) | \eta_0 \rangle} \sum_{n=0}^{\infty} \frac{1}{n!} \left(-\frac{\mathrm{i}}{\hbar} \right)^n$$
$$\cdot \int_{-\infty}^{0} \cdots \int \mathrm{d}t_1 \cdots \mathrm{d}t_n \, \mathrm{e}^{-\alpha(|t_1| + \ldots + |t_n|)} \tag{5.134}$$
$$\cdot \left\langle \eta_0 \middle| V(t=0) T_\varepsilon \{ V(t_1) \cdots V(t_n) \} \middle| \eta_0 \right\rangle .$$

Wir können den Operator $V(t = 0)$ in das T_ε-Produkt ziehen, da die Zeiten $t_1, \ldots, t_n$ sämtlich ≤ 0 sind. Die Diagrammentwicklung dieses Ausdrucks entspricht der Situation (5.116):

$$\Delta E_0 = \lim_{\alpha \to 0} \sum_{\widehat{D}_0} U\left(\widehat{D}_0\right) . \tag{5.135}$$

Summiert wird über alle Kombinationen $\widehat{D}_0$ von offenen, zusammenhängenden Diagrammen mit vier festen, bei $t = t' = 0$ angehefteten Linien. Nach dem Wick'schen Theorem haben wir aus typischen Termen der Störreihe wie

$$T_\varepsilon \Big\{ a_k^+(t=0) a_l^+(t'=0) \, a_m(t'=0) \, a_n(t=0) a_{k_1}^+(t_1) \, a_{l_1}^+(t_1')$$
$$\cdot \, a_{m_1}(t') \, a_{n_1}(t_1) \cdots a_{k_n}^+(t_n) \, a_{l_n}^+(t_n') \, a_{m_n}(t_n') \, a_{n_n}(t_n) \Big\}$$

die *totale Paarung* zu konstruieren. Die Feynman-Diagramme haben formal dieselbe Gestalt wie die der Vakuumamplitude in Abschn. 5.3.1 mit der Ausnahme, dass der linke Vertex bei $t = t' = 0$ fest ist. Über die Zeiten, Impulse, Spins der *inneren* Vertizes wird integriert bzw. summiert. Wir können uns an dieser Stelle bereits überlegen, wie viele topologisch verschiedene Diagramme gleicher Struktur es zu einer gegebenen Ordnung geben kann. Wegen der Integrationen und Summationen kann man die *inneren* Vertizes untereinander vertauschen und an denselben *oben* und *unten* wechseln. Der linke Vertex ist fest. Es lässt sich aber auch dort *oben* und *unten* vertauschen:

$$A(\Theta_n) = \frac{2^{n+1} n!}{h(\Theta_n)} . \tag{5.136}$$

$h(\Theta_n)$ ist die Zahl der topologisch gleichen Diagramme.

Die Diagramme der ersten Ordnung Störungstheorie ($n = 0$) enthalten keine *inneren* Vertizes:

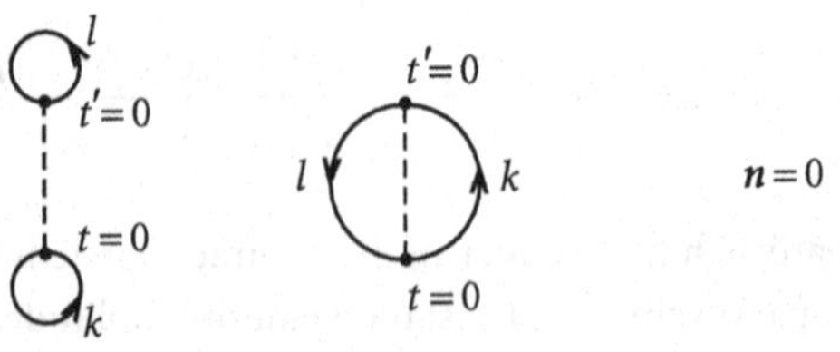

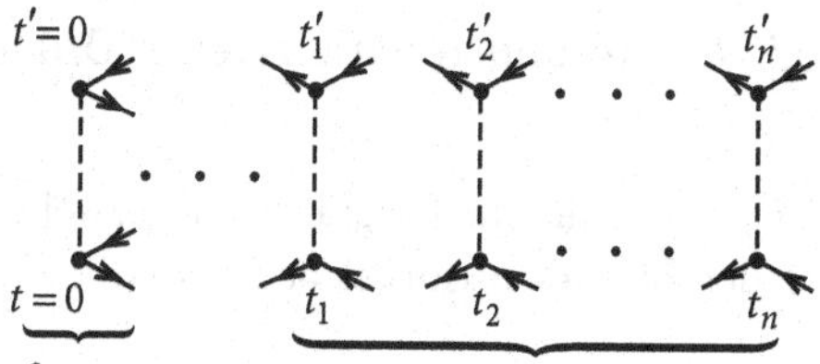

Abb. 5.5 Äußere und innere Vertizes bei der Berechnung der Grundzustandsenergie des Jellium-Modells

Eine *Blase* wie im linken Diagramm liefert wegen

$$v(\boldsymbol{k}-\boldsymbol{n}) = v(\boldsymbol{0}) = 0$$

im Jellium-Modell keinen Beitrag. Es bleibt also nur das zweite Diagramm. Vertauschen von *oben* und *unten* liefert ein topologisch gleiches Diagramm. Es ist damit $h(\Theta_0) = 2$; $A(\Theta_0) = 1$. Die Regeln des Abschn. 5.3 ergeben dann:

$$\begin{aligned}
\Delta E_0^{(1)} &= -\frac{1}{2} \sum_{klmn} v(kl;nm) \langle n_k \rangle^{(0)} \langle n_l \rangle^{(0)} \delta_{km} \delta_{ln} \\
&= -\frac{1}{2} \sum_{\substack{\boldsymbol{kl} \\ \sigma_k, \sigma_l}} v(\boldsymbol{k}-\boldsymbol{l}) \delta^2_{\sigma_k \sigma_l} \langle n_{\boldsymbol{k}\sigma_k} \rangle^{(0)} \langle n_{\boldsymbol{l}\sigma_l} \rangle^{(0)} .
\end{aligned}$$

Mit $\boldsymbol{l} = \boldsymbol{k} + \boldsymbol{q}$ und $\sigma_k = \sigma_l = \sigma$ bleibt also zu berechnen:

$$\Delta E_0^{(1)} = -\sum_{\boldsymbol{k},\boldsymbol{q}}^{\boldsymbol{q} \neq \boldsymbol{0}} v(\boldsymbol{q}) \Theta(k_\mathrm{F} - k)\, \Theta(k_\mathrm{F} - |\boldsymbol{k}+\boldsymbol{q}|) . \tag{5.137}$$

Einen solchen Ausdruck haben wir bereits in Abschn. 2.1.2 ausgewertet. Nach (2.96) gilt:

$$\Delta E_0^{(1)} = -\frac{0{,}916}{r_s} N[\mathrm{ryd}] . \tag{5.138}$$

Mit (2.87) für η_0 ergibt sich in erster Ordnung Störungstheorie für die Grundzustandsenergie die so genannte **Hartree-Fock-Energie**:

$$E_0^{(1)} = \eta_0 + \Delta E_0^{(1)} = N\left(\frac{2{,}21}{r_s^2} - \frac{0{,}916}{r_s}\right)[\mathrm{ryd}] . \tag{5.139}$$

Der erste Term stellt die kinetische Energie, der zweite die **Austauschenergie** dar.

5.5.2 Störungstheorie zweiter Ordnung

Wie sehen nun die Diagramme der zweiten Ordnung Störungstheorie aus? Nach (5.134) ist der folgende Ausdruck auszuwerten:

$$
\begin{aligned}
\Delta E_0^{(2)} = \lim_{\alpha \to 0} & \frac{1}{\langle \eta_0 | U_\alpha(0, -\infty) | \eta_0 \rangle} \left(-\frac{\mathrm{i}}{\hbar} \right) \int_{-\infty}^{+\infty} \mathrm{d}t' \, \delta(t') \int_{-\infty}^{0} \mathrm{d}t_1 \\
& \cdot \int_{-\infty}^{+\infty} \mathrm{d}t_1' \, \delta(t_1 - t_1') \, \mathrm{e}^{-\alpha |t_1|} \frac{1}{4} \sum_{klmn} \sum_{k_1 l_1 m_1 n_1} v(kl; nm) v(k_1 l_1; n_1 m_1) \\
& \cdot \left\langle \eta_0 \middle| T_\varepsilon \left\{ a_k^+(0) a_l^+(t') a_m(t') a_n(0) a_{k_1}^+(t_1) a_{l_1}^+(t_1') a_{m_1}(t_1') a_{n_1}(t_1) \right\} \middle| \eta_0 \right\rangle .
\end{aligned}
\tag{5.140}
$$

Nur zusammenhängende, offene Diagramme brauchen betrachtet zu werden. Zu jeder Diagrammstruktur gibt es nach (5.136)

$$
A(\Theta_1) = \frac{4}{h(\Theta_1)} \tag{5.141}
$$

topologisch verschiedene Diagramme gleicher Struktur. Folgende Strukturen treten auf:

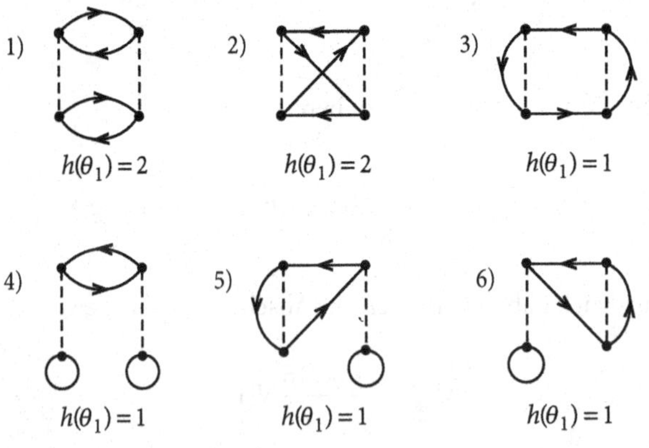

Wegen des **festen** Vertex links sind die Diagramme 5) und 6) anders als im Fall der Vakuumamplitude **nicht** von gleicher Struktur.

Wegen (5.131) liefern alle Diagramme mit *Blasen* keinen Beitrag. Die Strukturen 4), 5) und 6) brauchen deshalb nicht ausgewertet zu werden. Man kann sich leicht klar machen, dass dies auch für Diagramme vom Typ 3) gilt:

Wir führen dazu die genaue Bezifferung des Diagramms durch:

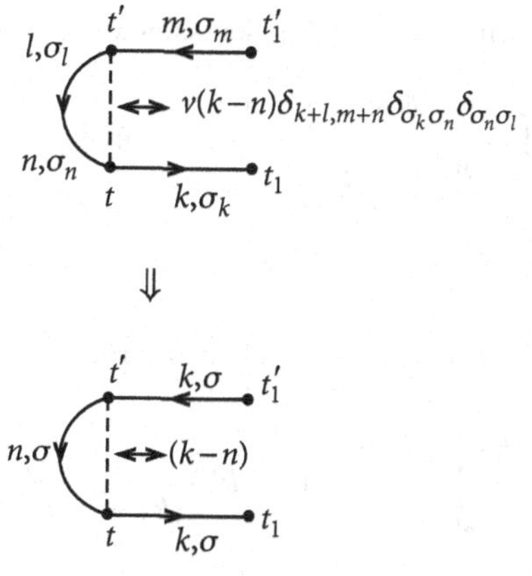

Wegen $t' > t_1'$ ist der Propagator *oben*, $\mathrm{i}G^{0,\mathrm{c}}_{k\sigma}(t' - t_1')$, nach (5.78) nur für $k > k_\mathrm{F}$ von Null verschieden, der *unten*, $\mathrm{i}G^{0,\mathrm{c}}_{k\sigma}(t_1 - t)$, wegen $t_1 < t$ aber nur für $k < k_\mathrm{F}$. Beides geht nicht gleichzeitig. Der Diagrammbeitrag verschwindet also. Da die t_i, t_i' stets kleiner sind als die *festen* Zeiten t, t' (nach Ausführen der trivialen Integrationen), gilt dies auch für alle höheren Ordnungen. Diagramme der Art

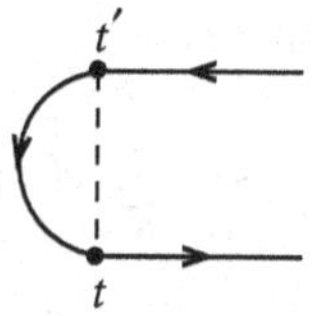

können für das Jellium-Modell keinen Beitrag liefern. Wir konzentrieren unsere Betrachtungen auf die Strukturen 1) und 2). Der Beitrag von 1) berechnet sich wie folgt:

$$
\begin{aligned}
U_{(1)}\left(\Theta_1\right) &= \lim_{\alpha\to 0}\frac{4}{2}\frac{1}{4}\left(-\frac{\mathrm{i}}{\hbar}\right)(-1)^2\sum_{klmn} v(kl;nm) \\
&\quad \cdot \sum_{k_1 l_1 m_1 n_1} v\left(k_1 l_1; n_1 m_1\right)\int_{-\infty}^{+\infty}\mathrm{d}t'\,\delta\left(t'\right)\int_{-\infty}^{0}\mathrm{d}t_1\mathrm{e}^{-\alpha|t_1|} \\
&\quad \cdot \int_{-\infty}^{+\infty}\mathrm{d}t_1'\,\delta\left(t_1 - t_1'\right)\left(\mathrm{i}G^{0,\mathrm{c}}_{k}\left(t_1 - 0\right)\delta_{kn_1}\right)\left(\mathrm{i}G^{0,\mathrm{c}}_{n}\left(0 - t_1\right)\delta_{nk_1}\right) \\
&\quad \cdot \left(\mathrm{i}G^{0,\mathrm{c}}_{l}\left(t_1' - t'\right)\delta_{lm_1}\right)\left(\mathrm{i}G^{0,\mathrm{c}}_{m}\left(t' - t_1'\right)\delta_{ml_1}\right) \\
&= \lim_{\alpha\to 0}\left(-\frac{\mathrm{i}}{2\hbar}\right)\sum_{klmn} v(kl;nm)v(nm;kl) \\
&\quad \cdot \int_{-\infty}^{0}\mathrm{d}t_1\,\mathrm{e}^{-\alpha|t_1|}\left(\mathrm{i}G^{0,\mathrm{c}}_{k}\left(t_1\right)\right)\left(\mathrm{i}G^{0,\mathrm{c}}_{n}\left(-t_1\right)\right)\left(\mathrm{i}G^{0,\mathrm{c}}_{l}\left(t_1\right)\right)\left(\mathrm{i}G^{0,\mathrm{c}}_{m}\left(-t_1\right)\right)\,.
\end{aligned}
$$

In diesen Ausdruck setzen wir nun die freien, kausalen Green-Funktionen nach (5.78) ein:

$$
\begin{aligned}
U_{(1)}(\Theta_1) &= \lim_{\alpha \to 0} \left(-\frac{\mathrm{i}}{2\hbar}\right) \sum_{\substack{\boldsymbol{klmn} \\ \sigma_k \sigma_l \sigma_m \sigma_n}}^{|\boldsymbol{l}|, |\boldsymbol{k}| < k_F < |\boldsymbol{n}|, |\boldsymbol{m}|} v(\boldsymbol{k} - \boldsymbol{n}) \delta_{\boldsymbol{m}+\boldsymbol{n}, \boldsymbol{k}+\boldsymbol{l}} \\
&\quad \cdot \delta_{\sigma_k \sigma_n} \delta_{\sigma_m \sigma_l} v(\boldsymbol{n} - \boldsymbol{k}) \delta_{\boldsymbol{k}+\boldsymbol{l}, \boldsymbol{m}+\boldsymbol{n}} \delta_{\sigma_n \sigma_k} \delta_{\sigma_m \sigma_l} \\
&\quad \cdot \int\limits_{-\infty}^{0} \mathrm{d}t_1 \exp\left[\alpha t_1 - \frac{\mathrm{i}}{\hbar}\Big(\varepsilon(\boldsymbol{k}) - \mu + \varepsilon(\boldsymbol{l}) - \mu - \varepsilon(\boldsymbol{n}) + \mu - \varepsilon(\boldsymbol{m}) + \mu\Big) t_1\right] \\
&= \frac{1}{2} 4 \sum_{\boldsymbol{klmn}}^{|\boldsymbol{l}|, |\boldsymbol{k}| < k_F < |\boldsymbol{n}|, |\boldsymbol{m}|} v^2(\boldsymbol{n} - \boldsymbol{k}) \frac{\delta_{\boldsymbol{k}+\boldsymbol{l}, \boldsymbol{m}+\boldsymbol{n}}}{\varepsilon(\boldsymbol{k}) + \varepsilon(\boldsymbol{l}) - \varepsilon(\boldsymbol{n}) - \varepsilon(\boldsymbol{m})} \,.
\end{aligned}
$$

Mit $\boldsymbol{n} = \boldsymbol{k} + \boldsymbol{q}$, $\boldsymbol{l} = \boldsymbol{p}$, $\boldsymbol{m} = \boldsymbol{p} - \boldsymbol{q}$ folgt schließlich:

$$
U_{(1)}(\Theta_1) = 2 \sum_{\substack{\boldsymbol{k}, \boldsymbol{p}, \boldsymbol{q} \\ \left(\substack{p, k < k_F \\ |\boldsymbol{k}+\boldsymbol{q}|, |\boldsymbol{p}-\boldsymbol{q}| > k_F}\right)}}^{\boldsymbol{q} \neq 0} \frac{v^2(\boldsymbol{q})}{\varepsilon(\boldsymbol{k}) + \varepsilon(\boldsymbol{p}) - \varepsilon(\boldsymbol{k}+\boldsymbol{q}) - \varepsilon(\boldsymbol{p}-\boldsymbol{q})} \,. \tag{5.142}
$$

Wir werden später zeigen, dass dieser Beitrag wegen der Coulomb-Wechselwirkung $v^2(\boldsymbol{q})$ divergiert. Dies gilt nicht für die Struktur 2):

$$
\begin{aligned}
U_{(2)}(\Theta_1) &= \lim_{\alpha \to 0} \frac{4}{2} \frac{1}{4} \left(-\frac{\mathrm{i}}{\hbar}\right)(-1) \sum_{klmn} v(kl; nm) \\
&\quad \cdot \sum_{k_1 l_1 m_1 n_1} v(k_1 l_1; n_1 m_1) \int\limits_{-\infty}^{0} \mathrm{d}t_1\, \mathrm{e}^{-\alpha |t_1|} \left(\mathrm{i} G_k^{0,\mathrm{c}}(t_1)\, \delta_{k m_1}\right) \\
&\quad \cdot \left(\mathrm{i} G_n^{0,\mathrm{c}}(-t_1)\, \delta_{n k_1}\right) \left(\mathrm{i} G_l^{0,\mathrm{c}}(t_1)\, \delta_{l n_1}\right) \left(\mathrm{i} G_m^{0,\mathrm{c}}(-t_1)\, \delta_{m l_1}\right) \\
&= \frac{\mathrm{i}}{2\hbar} \sum_{\substack{\boldsymbol{klmn} \\ \sigma_k \sigma_l \sigma_m \sigma_n}} v(\boldsymbol{k} - \boldsymbol{n}) \delta_{\boldsymbol{k}+\boldsymbol{l}, \boldsymbol{m}+\boldsymbol{n}} \delta_{\sigma_k \sigma_n} \delta_{\sigma_m \sigma_l} \\
&\quad \cdot v(\boldsymbol{n} - \boldsymbol{l}) \delta_{\boldsymbol{n}+\boldsymbol{m}, \boldsymbol{l}+\boldsymbol{k}} \delta_{\sigma_n \sigma_l} \delta_{\sigma_m \sigma_k} \\
&\quad \cdot \left[-\frac{\mathrm{i}}{\hbar}\big(\varepsilon(\boldsymbol{k}) + \varepsilon(\boldsymbol{l}) - \varepsilon(\boldsymbol{n}) - \varepsilon(\boldsymbol{m})\big)\right]^{-1} \Bigg|_{\substack{k, l < k_F \\ n, m > k_F}} \\
&= - \sum_{\boldsymbol{klmn}}^{k, l < k_F < n, m} \frac{\delta_{\boldsymbol{k}+\boldsymbol{l}, \boldsymbol{n}+\boldsymbol{m}} v(\boldsymbol{k} - \boldsymbol{n}) v(\boldsymbol{n} - \boldsymbol{l})}{\varepsilon(\boldsymbol{k}) + \varepsilon(\boldsymbol{l}) - \varepsilon(\boldsymbol{n}) - \varepsilon(\boldsymbol{m})} \,.
\end{aligned}
$$

Die Struktur 2) liefert also den Beitrag:

$$
U_{(2)}(\Theta_1) = - \sum_{\substack{\boldsymbol{k}, \boldsymbol{p}, \boldsymbol{q} \\ \left(\substack{p, k < k_F \\ |\boldsymbol{k}+\boldsymbol{q}|, |\boldsymbol{p}-\boldsymbol{q}| > k_F}\right)}}^{\boldsymbol{q} \neq 0} \frac{v(\boldsymbol{q}) v(\boldsymbol{k}+\boldsymbol{q}-\boldsymbol{p})}{\varepsilon(\boldsymbol{k}) + \varepsilon(\boldsymbol{p}) - \varepsilon(\boldsymbol{k}+\boldsymbol{q}) - \varepsilon(\boldsymbol{p}-\boldsymbol{q})} \,. \tag{5.143}
$$

Wir wollen nun durch explizite Auswertung die oben aufgestellte Behauptung beweisen, dass der Beitrag $U_{(1)}(\Theta_1)$ divergiert:

$$\varepsilon(\boldsymbol{k}) + \varepsilon(\boldsymbol{p}) - \varepsilon(\boldsymbol{k}+\boldsymbol{q}) - \varepsilon(\boldsymbol{p}-\boldsymbol{q}) = \frac{\hbar^2}{m}\boldsymbol{q}\cdot(\boldsymbol{p}-\boldsymbol{k}-\boldsymbol{q}) \,.$$

Wir normieren die Wellenzahlen

$$\bar{\boldsymbol{q}} = -\frac{\boldsymbol{q}}{k_\mathrm{F}} \;; \quad \bar{\boldsymbol{k}} = -\frac{\boldsymbol{k}}{k_\mathrm{F}} \;; \quad \bar{\boldsymbol{p}} = \frac{\boldsymbol{p}}{k_\mathrm{F}}$$

und ersetzen wie üblich die Summen durch Integrale:

$$\sum_{\boldsymbol{k}} \quad \Rightarrow \quad \frac{V}{(2\pi)^3}\int \mathrm{d}^3k \,.$$

Es bleibt dann auszurechnen:

$$U_{(1)}(\Theta_1) = \frac{-2V^3}{(2\pi)^9}\,k_\mathrm{F}^3\,\frac{e^4}{\varepsilon_0^2V^2}\int\frac{\mathrm{d}^3\bar{q}}{\bar{q}^4}\iint \mathrm{d}^3\bar{k}\,\mathrm{d}^3\bar{p}\,\frac{m/\hbar^2}{\bar{\boldsymbol{q}}\cdot(\bar{\boldsymbol{p}}+\bar{\boldsymbol{k}}+\bar{\boldsymbol{q}})} \,.$$

Wir benutzen noch die Energieeinheit „ryd" (2.35):

$$1\,\mathrm{ryd} = \frac{me^4}{2\hbar^2(4\pi\varepsilon_0)^2}\,, \tag{5.144}$$

$$U_{(1)}(\Theta_1) = -\frac{3N}{8\pi^5}\iiint\limits_{\left(\substack{\bar{p},\,\bar{k}<1\\ |\bar{\boldsymbol{k}}+\bar{\boldsymbol{q}}|,\,|\bar{\boldsymbol{p}}+\bar{\boldsymbol{q}}|>1}\right)} \mathrm{d}^3\bar{q}\,\mathrm{d}^3\bar{k}\,\mathrm{d}^3\bar{p}\,\frac{1}{\bar{q}^4}\,\frac{1}{\bar{\boldsymbol{q}}\cdot(\bar{\boldsymbol{p}}+\bar{\boldsymbol{k}}+\bar{\boldsymbol{q}})} \,. \tag{5.145}$$

Dabei haben wir noch $k_\mathrm{F}^3 = 3\pi^2 N/V$ ausgenutzt. Wir kürzen ab

$$x_p = \frac{\bar{\boldsymbol{p}}\cdot\bar{\boldsymbol{q}}}{\bar{p}\bar{q}}\;; \quad x_k = \frac{\bar{\boldsymbol{k}}\cdot\bar{\boldsymbol{q}}}{\bar{k}\bar{q}}$$

und betrachten das Integral

$$I(\bar{\boldsymbol{q}}) = \iint \mathrm{d}^3\bar{p}\,\mathrm{d}^3\bar{k}\,\frac{1}{\bar{q}\bar{p}x_p + \bar{q}\bar{k}x_k + \bar{q}^2} \,. \tag{5.146}$$

Der Integrationsbereich ist durch

$$\bar{k} < 1 < |\bar{\boldsymbol{k}}+\bar{\boldsymbol{q}}| \;; \quad \bar{p} < 1 < |\bar{\boldsymbol{p}}+\bar{\boldsymbol{q}}|$$

festgelegt. Wir schätzen diese Ausdrücke für kleine $\bar{q}$ ab.

$$
\begin{aligned}
|\bar{\boldsymbol{k}} + \bar{\boldsymbol{q}}| &= \sqrt{\bar{k}^2 + \bar{q}^2 + 2\bar{k}\bar{q}x_k} = \bar{k}\left(1 + 2x_k\frac{\bar{q}}{\bar{k}} + \frac{\bar{q}^2}{\bar{k}^2}\right)^{1/2} \\
&= \bar{k} + \bar{q}x_k + O(\bar{q}^2)\,, \\
|\bar{\boldsymbol{p}} + \bar{\boldsymbol{q}}| &= \bar{p} + \bar{q}x_p + O(\bar{q}^2)\,.
\end{aligned}
$$

Dies bedeutet für den Integrationsbereich:

$$
1 - \bar{q}x_k < \bar{k} < 1\,; \quad 1 - \bar{q}x_p < \bar{p} < 1\,.
$$

Wir legen die Polarachse parallel zu $\bar{\boldsymbol{q}}$ und haben dann auszuwerten:

$$
I(\bar{\boldsymbol{q}}) \approx 4\pi^2 \int_{-1}^{+1} \mathrm{d}x_k \int_{-1}^{+1} \mathrm{d}x_p \int_{1-\bar{q}x_k}^{1} \mathrm{d}\bar{k} \int_{1-\bar{q}x_p}^{1} \mathrm{d}\bar{p}\, \frac{\bar{k}^2\bar{p}^2}{\bar{q}\bar{p}x_p + \bar{q}\bar{k}x_k + \bar{q}^2}\,.
$$

Für $\bar{q} \to 0$ können wir im Nenner des Integranden $\bar{k}, \bar{p} = 1 + O(\bar{q})$ annehmen:

$$
\begin{aligned}
I(\bar{\boldsymbol{q}}) &\approx 4\pi^2 \int_{-1}^{+1} \mathrm{d}x_k \int_{-1}^{+1} \mathrm{d}x_p \int_{1-\bar{q}x_k}^{1} \mathrm{d}\bar{k} \int_{1-\bar{q}x_p}^{1} \mathrm{d}\bar{p}\, \frac{\bar{k}^2\bar{p}^2}{\bar{q}\left(x_p + x_k\right)} \\
&= \frac{4\pi^2}{9} \iint_{-1}^{+1} \mathrm{d}x_k\, \mathrm{d}x_p\, \frac{\left\{1 - (1 - \bar{q}x_k)^3\right\}\left\{1 - \left(1 - \bar{q}x_p\right)^3\right\}}{\bar{q}\left(x_p + x_k\right)} \\
&\approx \alpha\bar{q} + O\left(\bar{q}^2\right)\,.
\end{aligned}
\tag{5.147}
$$

Dabei ist

$$
\alpha = 4\pi^2 \iint_{-1}^{+1} \mathrm{d}x_k\, \mathrm{d}x_p\, \frac{x_k x_p}{x_k + x_p}
$$

ein einfacher Zahlenwert. Setzen wir dieses Ergebnis in (5.145) ein,

$$
U_{(1)}\left(\Theta_1\right) \approx -\frac{3N}{2\pi^4}\alpha \int_0^{?} \frac{\mathrm{d}\bar{q}}{\bar{q}}\,,
\tag{5.148}
$$

so erkennen wir, dass das Integral an der unteren Grenze divergiert. Für die obere Grenze gilt unsere Abschätzung nicht, jedoch treten wegen des $1/\bar{q}^4$-Terms dort keine Besonderheiten auf.

Für die Struktur 2) gilt nach (5.143):

$$
\begin{aligned}
&U_{(2)}\left(\Theta_1\right) = \\
&= -\frac{V^3}{(2\pi)^9} \frac{e^4}{\varepsilon_0^2 V^2} \frac{m}{\hbar^2} \iiint_{\substack{k,\,p < k_\mathrm{F} \\ \left(|\boldsymbol{k}+\boldsymbol{q}|,\,|\boldsymbol{p}-\boldsymbol{q}| > k_\mathrm{F}\right)}} \mathrm{d}^3q\, \mathrm{d}^3k\, \mathrm{d}^3p\, \frac{1}{q^2|\boldsymbol{k}+\boldsymbol{q}-\boldsymbol{p}|^2\boldsymbol{q}\cdot(\boldsymbol{p}-\boldsymbol{k}-\boldsymbol{q})}
\end{aligned}
$$

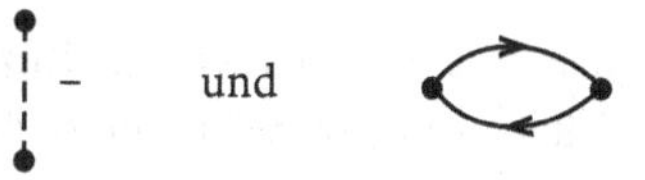

Abb. 5.6 Bauteile eines Ringdiagramms

$$= -\frac{3N}{16\pi^5} \iiint\limits_{\left(\substack{\bar{k},\bar{p}<1 \\ |\bar{\boldsymbol{k}}+\bar{\boldsymbol{q}}|,\,|\bar{\boldsymbol{p}}-\bar{\boldsymbol{q}}|>1}\right)} \mathrm{d}^3\bar{q}\,\mathrm{d}^3\bar{k}\,\mathrm{d}^3\bar{p}\, \frac{1}{\bar{q}^2|\bar{\boldsymbol{p}}+\bar{\boldsymbol{k}}+\bar{\boldsymbol{q}}|^2\bar{\boldsymbol{q}}\cdot(\bar{\boldsymbol{p}}+\bar{\boldsymbol{k}}+\bar{\boldsymbol{q}})}[\mathrm{ryd}]\,.$$

Wir erhalten damit einen Ausdruck, der analytisch integriert werden kann (L. Onsager et al., Annalen der Physik **18**, 71 (1966)):

$$U_{(2)}(\Theta_1) = 0{,}0484 \cdot N\,[\mathrm{ryd}]\,. \tag{5.149}$$

Die Ursache für die Divergenz der Struktur 1) liegt in dem Faktor $v^2(\boldsymbol{q})$. Dies gilt auch für alle höheren Ordnungen, die jeweils ein Diagramm vom Typ 1) enthalten, welches einen Faktor $v^{n+1}(\boldsymbol{q})$ beisteuert, der die Divergenz erzeugt. Solche Diagramme nennt man **Ringdiagramme**, die durchgehende Folgen von *Bauteilen* (Abb. 5.6) darstellen. Diese liefern an **jeder** Wechselwirkungslinie denselben Impulsübertrag $\boldsymbol{q}$.

Wir machen für das Jellium-Modell damit die seltsame Beobachtung, dass die Störungstheorie in erster Ordnung gute Resultate liefert (5.138), wohingegen jeder weiterer Term der Störreihe divergiert. Summiert man jedoch die unendliche Reihe auf, so kompensieren sich die Beiträge der Ringdiagramme zu einem endlichen Wert.

5.5.3 Korrelationsenergie

Die so genannte *Hartree-Fock-Lösung* (5.139) für die Grundzustandsenergie des wechselwirkenden Elektronengases, die wir hier mit einer Störungstheorie erster Ordnung abgeleitet haben, ergab sich letztlich als Erwartungswert der Coulomb-Wechselwirkung im **ungestörten** Grundzustand $|\eta_0\rangle$. Dieser berücksichtigt das Pauli-Prinzip, das dafür sorgt, dass sich Elektronen parallelen Spins nicht zu nahe kommen. Dies führt zu einer Reduktion der Grundzustandsenergie, da dadurch gleichnamig geladene Teilchen auf Abstand gehalten werden. – Wegen der abstoßenden Elektron-Elektron-Wechselwirkung sollte es aber auch unwahrscheinlich sein, dass sich Elektronen antiparallelen Spins zu sehr nähern. Dieser Tatsache, dass auch Teilchen entgegengesetzten Spins miteinander **korreliert** sind, wird in der Hartree-Fock-Näherung **nicht** Rechnung getragen. Man bezeichnet deshalb die Abweichung der exakten Grundzustandsenergie von dem Hartree-Fock-Resultat als

- Korrelationsenergie,

die wir in diesem Abschnitt nach einem Verfahren von M. Gell-Mann und K. A. Brueckner (Phys. Rev. **106**, 364 (1957)) für den Grenzfall hoher Elektronendichten genauer abschätzen wollen. Nach dem Rayleigh-Ritz'schen Variationsprinzip stellt das störungstheoretische Resultat (5.139) bereits eine obere Schranke für die Grundzustandsenergie dar. Die Berücksichtigung der Korrelationen sollte deshalb zu einer weiteren Absenkung führen.

Als Maß für die Elektronendichte benutzen wir den dimensionslosen Dichteparameter r_s, der durch (2.83) definiert wird:

$$\frac{V}{N} = \frac{4\pi}{3}\left(a_B r_s\right)^3 \; ; \quad a_B = \frac{4\pi\varepsilon_0 \hbar^2}{me^2} \; .$$

a_B ist der Bohr'sche Radius. Hohe Elektronendichten bedeuten kleine Werte für r_s.

Bei der Abschätzung höherer Störungskorrekturen kann es sich als sinnvoll erweisen, den Übergang von (3.14) nach (3.18) für den Zeitentwicklungsoperator wieder rückgängig zu machen. Wir können dann anstelle von (5.134) auch die folgende Formel für die Grundzustandsenergie verwenden:

$$\begin{aligned}\Delta E_0 = \lim_{\alpha \to 0} & \frac{1}{\left\langle \eta_0 \right| U_\alpha(0,-\infty) \left| \eta_0 \right\rangle} \sum_{n=0}^{\infty} \left(-\frac{\mathrm{i}}{\hbar}\right)^n \\ & \cdot \int\limits_{-\infty}^{0} \mathrm{d}t_1 \int\limits_{-\infty}^{t_1} \mathrm{d}t_2 \cdots \int\limits_{-\infty}^{t_{n-1}} \mathrm{d}t_n \, \mathrm{e}^{-\alpha(|t_1| + \ldots + |t_n|)} \\ & \cdot \left\langle \eta_0 \right| V(t=0) V(t_1) V(t_2) \cdots V(t_n) \left| \eta_0 \right\rangle .\end{aligned} \tag{5.150}$$

Man beachte, dass in (5.150) gegenüber (5.134) der Faktor $1/n!$ fehlt. Bei der Abzählung der topologisch verschiedenen Diagramme gleicher Struktur haben wir aufzupassen, da die Vertizes wegen der festen Zeitordnung nicht mehr beliebig vertauscht werden dürfen. Das macht gerade den Faktor $1/n!$ aus. Statt (5.136) gilt nun:

$$A^*(\Theta_n) = \frac{2^{n+1}}{h(\Theta_n)} = 2^{n+1} \; . \tag{5.151}$$

Wegen der festen Anordnung der Vertizes gibt es nun keine zusammenhängenden, topologisch gleichen Diagramme mehr.

Betrachten wir zunächst einmal aus der dritten Ordnung Störungstheorie ($n = 2$) das entsprechende Ringdiagramm (Abb. 5.7), das wir mit (5.150) auswerten wollen.

$$\begin{aligned}& U_{\text{Ring}}(\Theta_2) = \\ & = \lim_{\alpha \to 0} 8 \frac{1}{8} \left(-\frac{\mathrm{i}}{\hbar}\right)^2 (-1)^3 \sum_{klmn} \sum_{k_1 \ldots} \sum_{k_2 \ldots} v(kl,nm) v(k_1 l_1, n_1 m_1) \, v(k_2 l_2, n_2 m_2)\end{aligned}$$

$$\cdot \int_{-\infty}^{0} dt_1 \int_{-\infty}^{t_1} dt_2\, e^{-\alpha(|t_1|+|t_2|)} \cdot \left(iG_k^{0,c}(t_2)\,\delta_{kn_2}\right)\left(iG_n^{0,c}(-t_2)\,\delta_{nk_2}\right)$$
$$\cdot\left(iG_l^{0,c}(t_1)\,\delta_{l,m_1}\right)\left(iG_m^{0,c}(-t_1)\,\delta_{m,l_1}\right)\left(iG_{k_1}^{0,c}(t_2-t_1)\,\delta_{k_1m_2}\right)\left(iG_{n_1}^{0,c}(t_1-t_2)\,\delta_{n_1l_2}\right).$$

Wir setzen gemäß (5.130) die expliziten Coulomb-Matrixelemente ein und führen die Spinsummationen aus, die triviale Zahlenwerte liefern, da die freien Green-Funktionen spinunabhängig sind:

$$= -8\left(-\frac{i}{\hbar}\right)^2 \lim_{\alpha\to 0} \sum_{\substack{\boldsymbol{klmn}\\ \boldsymbol{k}_1}} v(\boldsymbol{k}-\boldsymbol{n})v(\boldsymbol{n}-\boldsymbol{k})$$
$$\cdot\, v(\boldsymbol{n}-\boldsymbol{k}) \int_{-\infty}^{0} dt_1 \int_{-\infty}^{t_1} dt_2\, e^{-\alpha(|t_1|+|t_2|)}\,\delta_{\boldsymbol{k}+\boldsymbol{l},\,\boldsymbol{m}+\boldsymbol{n}} \left(iG_{\boldsymbol{k}}^{0,c}(t_2)\right)\left(iG_{\boldsymbol{n}}^{0,c}(-t_2)\right)$$
$$\cdot\left(iG_{\boldsymbol{l}}^{0,c}(t_1)\right)\left(iG_{\boldsymbol{m}}^{0,c}(-t_1)\right)\left(iG_{\boldsymbol{k}_1}^{0,c}(t_2-t_1)\right)\left(iG_{\boldsymbol{k}_1+\boldsymbol{k}-\boldsymbol{n}}^{0,c}(t_1-t_2)\right).$$

Wir schreiben

$$\boldsymbol{k}\to\boldsymbol{k}_1\,;\quad \boldsymbol{l}\to\boldsymbol{k}_2\,;\quad \boldsymbol{m}\to\boldsymbol{k}_2+\boldsymbol{q}\,;\quad \boldsymbol{n}\to\boldsymbol{k}_1-\boldsymbol{q}\,;\quad \boldsymbol{k}_1\to\boldsymbol{k}_3$$

und erhalten dann nach Einsetzen von (5.78):

$$U_{\text{Ring}}(\Theta_2) = 8\left(-\frac{i}{\hbar}\right)^2 \lim_{\alpha\to 0} \sum_{\substack{\boldsymbol{k}_1,\boldsymbol{k}_2,\boldsymbol{k}_3\\ \boldsymbol{q}}}^{\boldsymbol{q}\neq 0} v^3(\boldsymbol{q}) \int_{-\infty}^{0} dt_1 \int_{-\infty}^{t_1} dt_2\, e^{\alpha(t_1+t_2)}$$
$$\cdot\,\Theta(k_F-k_1)\,\Theta(|\boldsymbol{k}_1-\boldsymbol{q}|-k_F)$$
$$\cdot\,\Theta(k_F-k_2)\,\Theta(|\boldsymbol{k}_2+\boldsymbol{q}|-k_F)$$
$$\cdot\,\Theta(k_F-k_3)\,\Theta(|\boldsymbol{k}_3+\boldsymbol{q}|-k_F)$$
$$\cdot\,\exp\left[-\frac{i}{\hbar}\Big(\varepsilon(\boldsymbol{k}_2)-\varepsilon(\boldsymbol{k}_2+\boldsymbol{q})-\varepsilon(\boldsymbol{k}_3)+\varepsilon(\boldsymbol{k}_3+\boldsymbol{q})\Big)t_1\right]$$
$$\cdot\,\exp\left[-\frac{i}{\hbar}\Big(\varepsilon(\boldsymbol{k}_1)-\varepsilon(\boldsymbol{k}_1-\boldsymbol{q})+\varepsilon(\boldsymbol{k}_3)-\varepsilon(\boldsymbol{k}_3+\boldsymbol{q})\Big)t_2\right]$$
$$= 8 \sum_{\substack{\boldsymbol{k}_1,\boldsymbol{k}_2,\boldsymbol{k}_3,\boldsymbol{q}\\ \left(\substack{k_1<k_F<|\boldsymbol{k}_1-\boldsymbol{q}|\\ k_2<k_F<|\boldsymbol{k}_2+\boldsymbol{q}|\\ k_3<k_F<|\boldsymbol{k}_3+\boldsymbol{q}|}\right)}}^{\boldsymbol{q}\neq 0} \frac{v^3(\boldsymbol{q})}{\left(\varepsilon(\boldsymbol{k}_1)-\varepsilon(\boldsymbol{k}_1-\boldsymbol{q})+\varepsilon(\boldsymbol{k}_3)-\varepsilon(\boldsymbol{k}_3+\boldsymbol{q})\right)}$$
$$\cdot\,\frac{1}{\left(\varepsilon(\boldsymbol{k}_2)-\varepsilon(\boldsymbol{k}_2+\boldsymbol{q})+\varepsilon(\boldsymbol{k}_1)-\varepsilon(\boldsymbol{k}_1-\boldsymbol{q})\right)}.$$

Abb. 5.7 Ringdiagramm dritter Ordnung

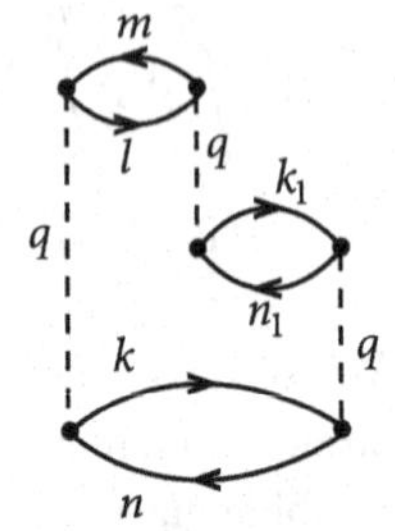

Wir substituieren

$$q \to -\frac{\boldsymbol{q}}{k_F}\ ; \quad \boldsymbol{k}_2 \to -\frac{\boldsymbol{k}_2}{k_F}\ ; \quad \boldsymbol{k}_3 \to -\frac{\boldsymbol{k}_3}{k_F}$$

und verwenden wiederum die Energieeinheit „ryd" (5.144). Mit

$$k_F a_B = \frac{\alpha}{r_s}\ ; \quad \alpha = \left(\frac{9\pi}{4}\right)^{1/3} \quad \text{(s. (2.86))}$$

folgt dann als Zwischenergebnis:

$$U_{\text{Ring}}(\Theta_2) = \frac{3N}{4\pi^7\alpha} r_s \int \frac{d^3\bar{q}}{\bar{q}^6} \iiint\limits_{\substack{\bar{k}_i < 1 < |\bar{\boldsymbol{k}}_i + \bar{\boldsymbol{q}}| \\ i=1,2,3}} d^3\bar{k}_1 d^3\bar{k}_2\, d^3\bar{k}_3 \cdot \frac{1}{\left[\bar{\boldsymbol{q}} \cdot (\bar{\boldsymbol{k}}_1 + \bar{\boldsymbol{k}}_3 + \bar{\boldsymbol{q}})\right]\left[\bar{\boldsymbol{q}} \cdot (\bar{\boldsymbol{k}}_1 + \bar{\boldsymbol{k}}_2 + \bar{\boldsymbol{q}})\right]} [\text{ryd}] \tag{5.152}$$

Wir wollen uns wie zu (5.79) klar machen, dass auch dieser Beitrag divergiert. Dazu untersuchen wir zunächst das Dreifach-Integral über die $\bar{\boldsymbol{k}}_i$

$$I_{(2)}(\bar{\boldsymbol{q}}) \equiv \iiint\limits_{\substack{\bar{k}_i<1<|\bar{\boldsymbol{k}}_i + \bar{\boldsymbol{q}}| \\ i=1,2,3}} d^3\bar{k}_1\, d^3\bar{k}_2\, d^3\bar{k}_3 \left\{\left(\bar{q}\bar{k}_1 x_1 + \bar{q}\bar{k}_3 x_3 + \bar{q}^2\right) \cdot \left(\bar{q}\bar{k}_1 x_1 + \bar{q}\bar{k}_2 x_2 + \bar{q}^2\right)\right\}^{-1} \tag{5.153}$$

für kleine $\bar{q}$. Wir haben wieder

$$x_i = \frac{\bar{\boldsymbol{k}}_i \cdot \bar{\boldsymbol{q}}}{\bar{k}_i \bar{q}}\ ; \quad i = 1, 2, 3$$

abgekürzt. Die Integrationsbereiche lassen sich wie nach (5.146) zu

$$1 - \bar{q} x_i < \bar{k}_i < 1\ ; \quad i = 1, 2, 3$$

abschätzen. In diesen Bereichen ist aber $\bar{k}_i = 1 + O(\bar{q})$. Die Polarachse wird parallel zu $\bar{\boldsymbol{q}}$ gewählt:

$$I_{(2)}(\bar{\boldsymbol{q}}) \approx 8\pi^3 \iiint\limits_{-1}^{+1} dx_1\, dx_2\, dx_3 \iiint\limits_{1-\bar{q}x_i}^{+1} d\bar{k}_1\, d\bar{k}_2\, d\bar{k}_3\, \bar{k}_1^2 \bar{k}_2^2 \bar{k}_3^2$$

$$\cdot \left\{\bar{q}^2 \left[(x_1 + x_3)(x_1 + x_2) + O(\bar{q})\right]\right\}^{-1}$$

$$= \frac{8\pi^3}{9} \iiint\limits_{-1}^{+1} dx_1\, dx_2\, dx_3 \left[1 - (1 - \bar{q}x_1)^3\right]\left[1 - (1 - \bar{q}x_2)^3\right]$$

$$\cdot \left[1 - (1 - \bar{q}x_3)^3\right]\left\{\bar{q}^2 (x_1 + x_3)(x_1 + x_2) + O\left(\bar{q}^3\right)\right\}^{-1} .$$

Dies ergibt

$$I_{(2)}(\bar{\boldsymbol{q}}) = \alpha_{(2)}\bar{q} + O\left(\bar{q}^2\right) \tag{5.154}$$

mit einem einfachen Zahlenwert $\alpha_{(2)}$. Die $\bar{q}$-Abhängigkeit ist also dieselbe wie in (5.147). Es bleibt dann für den Beitrag (5.152) des Ringdiagramms,

$$U_{\text{Ring}}\left(\Theta_2\right) \approx \gamma_{(2)} r_s \int\limits_0^{?} \frac{d\bar{q}}{\bar{q}^3} , \tag{5.155}$$

der offensichtlich an der unteren Integrationsgrenze divergiert.

In $(n+1)$-ter Ordnung Störungstheorie ist das zu (5.153) analoge Integral $I_{(n)}(\bar{q})$ für kleine $\bar{q}$ abzuschätzen. Die Integrationen über die *inneren* Zeiten $t_1, t_2, \ldots, t_n$ liefern mit obiger Abschätzung jeweils einen Faktor $\bar{q}^{-1}$. Wir haben an jedem Vertex eigentlich drei unabhängige $\boldsymbol{k}$-Summationen. Bei Ringdiagrammen liefert jeder *innere* Vertex, bis auf den letzten, jedoch nur **eine** zusätzliche, unabhängige Wellenzahl-Summation. Bei n *inneren* Vertizes sind das $(n-1)$ Summationen. Der *feste* Vertex links steuert drei Summationen bei, davon eine über $\bar{q}$. Insgesamt haben wir nach Übergang in den thermodynamischen Limes in $I_{(n)}(\bar{q})$ $(n+1)\bar{k}_i$-Integrationen jeweils von $1 - \bar{q}x_i$ bis 1. Jede liefert nach Entwicklung für kleine $\bar{q}$, wie vor (5.154) demonstriert, einen Faktor $\bar{q}$. Dies bedeutet insgesamt

$$I_{(n)}(\bar{q}) \approx \alpha_{(n)}\bar{q} + O\left(\bar{q}^2\right) . \tag{5.156}$$

Der Beitrag U des Ringdiagramms in $(n+1)$-ter Ordnung Störungstheorie divergiert deshalb wegen des Faktors $v^{n+1}(\bar{\boldsymbol{q}}) \sim \bar{q}^{-(2n+2)}$ wie

$$U_{\text{Ring}}\left(\Theta_n\right) \sim \int\limits_0^{?} \frac{d\bar{q}}{\bar{q}^{2n-1}} . \tag{5.157}$$

Man vergleiche mit den speziellen Ergebnissen (5.148) für $n = 1$ und (5.155) für $n = 2$.

Wichtig ist nun noch die Abhängigkeit der einzelnen Diagrammbeiträge vom Dichteparameter r_s, die sich leicht für beliebige Diagramme, also nicht nur für Ringdiagramme, abschätzen lässt. In zweiter Ordnung Störungstheorie ($n = 1$) haben wir alle denkbaren Diagramme für das Jellium-Modell in Abschn. 5.5.2 exakt ausgerechnet. Sie erweisen sich als unabhängig von r_s. Bei jeder um $\Delta n = 1$ anwachsenden Ordnung kommt ein Faktor

$$v\left(\boldsymbol{k}_i - \boldsymbol{k}_j\right) \sim \frac{1}{|\boldsymbol{k}_i - \boldsymbol{k}_j|^2}$$

hinzu, der nach Skalierung einen Faktor k_F^{-2} beisteuert. Jeder neue *innere* Vertex liefert außerdem eine weitere Zeitvariable, über die dann zu integrieren ist. Dies ergibt einen zusätzlichen Energie-Nenner $\left\{\varepsilon(k_i) + \dots\right\}^{-1}$, der nach Skalierung wegen $\varepsilon(k_i) \sim k_i^2$ ebenfalls einen Faktor k_F^{-2} liefert. Jeder zusätzliche *innere* Vertex bedingt **eine** weitere $\boldsymbol{k}$-Summation, die nach Übergang in den thermodynamischen Limes,

$$\sum_{\boldsymbol{k}} \longrightarrow \frac{V}{(2\pi)^3} \int \mathrm{d}^3k\,,$$

zu einem Skalierungsfaktor k_F^3 führt. – Insgesamt ruft also jede um $\Delta n = 1$ anwachsende Ordnung der Störungstheorie einen Faktor k_F^{-1} und damit wegen

$$k_\mathrm{F} a_\mathrm{B} = \frac{\alpha}{r_s}$$

einen Faktor r_s hervor. Für einen Beitrag $U(\Theta_n)$ zur $(n+1)$-ten Ordnung Störungstheorie gilt also:

$$U\left(\Theta_n\right) \sim r_s^{n-1}\,; \quad n = 0, 1, 2, \dots \tag{5.158}$$

Dies ist natürlich außerordentlich günstig für eine Störungstheorie im Bereich hoher Elektronendichten ($r_s \to 0$). Die Störungsentwicklung ließe sich nach endlich vielen Termen abbrechen, wenn da nicht das divergente $q \to 0$-Verhalten in gewissen Termen wäre, das aus der Langreichweitigkeit der Coulomb-Wechselwirkung resultiert.

Die Korrelationsenergie muss insgesamt natürlich endlich sein, d. h., die Coulomb-Wechselwirkung wird letztendlich durch das Elektronengas selbst abgeschirmt. Es werden sich also die divergenten Terme der Störreihe beim Aufsummieren zu einem endlichen Wert kompensieren müssen. Wir werden deshalb versuchen, unendliche Partialsummen über die *kritischen* Diagramme durchzuführen, während die nichtdivergenten Terme wegen (5.158) nur bis zu einer endlichen Ordnung berücksichtigt zu werden brauchen. Es ist dabei allerdings zu beachten, dass nicht nur die Ringdiagramme Singularitäten aufweisen. Wir wollen deshalb zunächst begründen, warum wir uns dennoch bei der Auswertung im Wesentlichen auf die Ringdiagramme beschränken dürfen. Die eigentlichen Ringdiagramme sehen wie Abb. 5.8 aus.

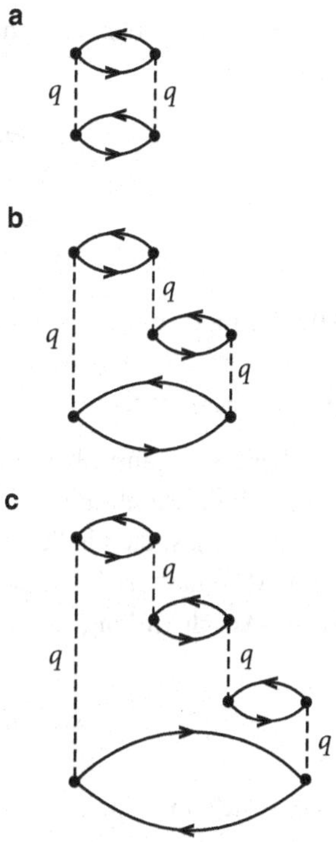

Abb. 5.8 Ringdiagramme niedriger Ordnung

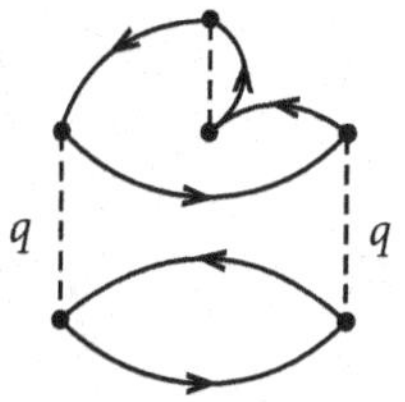

Abb. 5.9 Beispiel eines divergenten Nicht-Ringdiagramms

In Abb. 5.9 ist ein divergentes Nicht-Ringdiagramm als Beispiel skizziert. Es gehört zu $U(\Theta_2)$ und liefert einen Term $v^2(q)$, ist damit *weniger divergent* als das entsprechende Ringdiagramm, jedoch *genauso divergent* wie $U_{\text{Ring}}(\Theta_1)$. Es ist deshalb nicht unmittelbar einsichtig, warum es vernachlässigt werden darf. Es divergiert gemäß

$$\int_0^{?} \frac{d\bar{q}}{\bar{q}^{4-3}} g_2^{(3)}(\bar{q}) ,$$

wobei $g_2^{(3)}(\bar{q})$ ein *harmloser* Faktor ist, der für $\bar{q} \to 0$ endlich bleibt. Der obere Index soll die Ordnung $(n+1)$ der Störungstheorie angeben, der untere Index $(m = 2)$ die Zahl der gleichen Impulsüberträge der jeweiligen Struktur, wodurch ein Faktor $\bar{q}^{-2m}$ ins Spiel kommt.

Allgemein kann man für den Diagrammbeitrag n-ter Ordnung schreiben:

$$U(\Theta_n) = r_s^{n-1} \sum_{m=1}^{n+1} \int_0^{?} d\bar{q}\, \bar{q}^{3-2m} g_m^{(n+1)}(\bar{\mathbf{q}}) ,$$
$$g_m^{(n+1)}(\bar{\mathbf{q}}) \xrightarrow[\bar{q} \to 0]{} \text{const} . \tag{5.159}$$

Alle Beiträge außer $m = 1$ sind divergent. Die eigentlichen Ringdiagramme entsprechen $m = n + 1$ (s. (5.157)). Warum darf man sich bei der Auswertung dennoch auf die Ringdiagramme beschränken?

Wie bereits erwähnt, liegt die physikalische Ursache der Divergenzen in der Langreichweitigkeit des Coulomb-Potentials. Die Reaktion des Elektronengases führt zu einem Abschirmeffekt, sodass lediglich solche Wellenzahlen q zum Tragen kommen, deren Betrag einen Minimalwert k_m überschreitet. Nehmen wir als Maß für k_m die reziproke **Thomas-Fermi-Abschirmlänge** (4.124),

$$k_m \sim r_s^{-1/2} \quad \Rightarrow \quad \bar{k}_m = \frac{k_m}{k_F} \sim \frac{r_s^{-1/2}}{k_F} \sim r_s^{+1/2} ,$$

so lässt sich abschätzen:

$$m = 2: \quad \int_{\bar{k}_m}^{?} \frac{d\bar{q}}{\bar{q}} g_2^{(n+1)}(\bar{\mathbf{q}}) \sim \ln \bar{k}_m \sim \ln r_s ,$$

$$m > 2: \quad \int_{\bar{k}_m}^{?} d\bar{q} \cdot \bar{q}^{3-2m} g_m^{(n+1)}(\bar{\mathbf{q}}) \sim \bar{k}_m^{4-2m} \sim r_s^{2-m} .$$

Der Beitrag eines Diagramms mit n *inneren* Vertizes skaliert dann wegen (5.159) wie

$$U(\Theta_n) \sim r_s^{n+1-m} \quad (m > 2) . \tag{5.160}$$

Dies bedeutet für Ringdiagramme $(m = n + 1)$

$$U_{\text{Ring}}(\Theta_n) \sim r_s^0 \quad (m > 2) \tag{5.161}$$

und für die Beiträge aller anderen Diagramme:

$$U(\Theta_n) \sim r_s^t \xrightarrow[r_s \to 0]{} 0 \quad (t > 0) .$$

Ein Spezialfall ist $n = 1$, den wir im letzten Abschnitt explizit gerechnet haben:

$$U_{\text{Ring}}(\Theta_1) \sim \ln r_s ,$$
$$U_{(2)}(\Theta_1) \sim r_s^0 \quad (\text{s. } (5.149)) . \tag{5.162}$$

Bei hohen Elektronendichten (r_s klein!) stellt demnach der folgende Ausdruck eine sinnvolle Näherung für die Korrelationsenergie dar:

$$E_{\text{corr}} \approx \sum_{n=1}^{\infty} U_{\text{Ring}}(\Theta_n) + U_{(2)}(\Theta_1) \,. \tag{5.163}$$

Wir werden deshalb als Nächstes versuchen, die Ringdiagramme aufzusummieren.

Ausgangspunkt ist die folgende Darstellung für $U_{\text{Ring}}(\Theta)$:

$$U_{\text{Ring}}(\Theta_{n-1}) = (-1)^{n-1}\frac{3N}{8\pi^5}\left(\frac{r_s}{\alpha\pi^2}\right)^{n-2}\int \frac{I_{(n-1)}(\bar{\boldsymbol{q}})}{\bar{q}^{2n}}\mathrm{d}^3\bar{q}\,[\text{ryd}] \,, \tag{5.164}$$

$$I_{(n-1)}(\bar{q}) = \frac{1}{n}\int_{-\infty}^{+\infty}\!\cdots\!\int \mathrm{d}t_1\cdots\mathrm{d}t_n\, F_{\bar{q}}(t_1)\cdots F_{\bar{q}}(t_n)\,\delta(t_1+\cdots+t_n) \,, \tag{5.165}$$

$$F_{\bar{q}}(t) = \int\limits_{\bar{p}<1<|\bar{\boldsymbol{p}}+\bar{\boldsymbol{q}}|} \mathrm{d}^3\bar{p}\,\exp\left(-\left(\frac{1}{2}\bar{q}^2 + \bar{\boldsymbol{q}}\cdot\bar{\boldsymbol{p}}\right)|t|\right) . \tag{5.166}$$

Zum allgemeinen Beweis dieser Behauptung müssen wir auf die Originalliteratur verweisen (M. Gell-Mann, K. A. Brueckner, Phys. Rev. **106**, 364 (1957)). Wir wollen aber den Fall $n = 2$ explizit überprüfen.

$$\begin{aligned}
&I_{(1)}(\bar{\boldsymbol{q}})\\
&= \frac{1}{2}\iint_{-\infty}^{+\infty} \mathrm{d}t_1\,\mathrm{d}t_2\, F_{\bar{q}}(t_1)\,F_{\bar{q}}(t_2)\,\delta(t_1+t_2)\\
&= \frac{1}{2}\int_{-\infty}^{+\infty} \mathrm{d}t_1\, F_{\bar{q}}(t_1)\,F_{\bar{q}}(-t_1)\\
&= \iint\limits_{\substack{\bar{p}_i<1<|\bar{\boldsymbol{p}}_i+\bar{\boldsymbol{q}}|\\ i=1,2}} \mathrm{d}^3\bar{p}_1\,\mathrm{d}^3\bar{p}_2 \int_0^{\infty} \mathrm{d}t\,\exp\left(-\left(\frac{1}{2}\bar{q}^2+\bar{\boldsymbol{q}}\cdot\bar{\boldsymbol{p}}_1\right)t\right)\exp\left(-\left(\frac{1}{2}\bar{q}^2+\bar{\boldsymbol{q}}\cdot\bar{\boldsymbol{p}}_2\right)t\right) .
\end{aligned}$$

Die Exponenten

$$\frac{1}{2}\bar{q}^2 + \bar{\boldsymbol{q}}\cdot\bar{\boldsymbol{p}}_i = \frac{1}{2}\left[(\bar{\boldsymbol{q}}+\bar{\boldsymbol{p}}_i)^2 - \bar{\boldsymbol{p}}_i^2\right] \tag{5.167}$$

sind im Integrationsbereich positiv, sodass obige Integrale auf jeden Fall konvergieren:

$$I_{(1)}(\bar{\boldsymbol{q}}) = \iint\limits_{\bar{p}_i<1<|\bar{\boldsymbol{p}}_i+\bar{\boldsymbol{q}}|i=1,2} \mathrm{d}^3\bar{p}_1\mathrm{d}^3\bar{p}_2\,\frac{1}{\bar{\boldsymbol{q}}\cdot(\bar{\boldsymbol{q}}+\bar{\boldsymbol{p}}_1+\bar{\boldsymbol{p}}_2)} \quad \text{(s. (5.146))} \,.$$

Setzen wir dies in (5.164) ein, so ergibt sich in der Tat exakt (5.145). – Die Kontrolle des Falls $n = 3$ sei zur Übung empfohlen.

Wir setzen nun in (5.164) den folgenden Ausdruck für die δ-Funktion ein,

$$\delta(t) = \frac{1}{2\pi} \int\limits_{-\infty}^{+\infty} d\omega\, e^{i\omega t} = \frac{\bar{q}}{2\pi} \int\limits_{-\infty}^{+\infty} d\omega\, e^{i\bar{q}\omega t} ,$$

und erhalten dann:

$$\begin{aligned} I_{(n-1)}(\bar{q}) &= \frac{\bar{q}}{2\pi n} \int\limits_{-\infty}^{+\infty} d\omega \int\limits_{-\infty}^{+\infty}\!\!\cdots\!\!\int dt_1 \cdots dt_n\, F_{\bar{q}}(t_1) \cdots F_{\bar{q}}(t_n) \\ &\quad \cdot \exp\left[i\bar{q}\omega(t_1 + \cdots + t_n)\right] \\ &= \frac{\bar{q}}{2\pi n} \int\limits_{-\infty}^{+\infty} d\omega \left[\int\limits_{-\infty}^{+\infty} dt\, F_{\bar{q}}(t) e^{i\bar{q}\omega t} \right]^n . \end{aligned} \tag{5.168}$$

Wir werten die eckige Klammer weiter aus:

$$\begin{aligned} R_{\bar{q}}(\omega) &\equiv \int\limits_{-\infty}^{+\infty} dt\, F_{\bar{q}}(t) e^{i\bar{q}\omega t} \\ &= \int\limits_{\bar{p} < 1 < |\bar{\boldsymbol{p}} + \bar{\boldsymbol{q}}|} d^3\bar{p} \int\limits_{-\infty}^{+\infty} dt\, \exp(i\bar{q}\omega t) \exp\left(-\left(\frac{1}{2}\bar{q}^2 + \bar{\boldsymbol{q}} \cdot \bar{\boldsymbol{p}}\right)|t|\right) \\ &= \int d^3\bar{p}\, \Theta(1 - \bar{p})\, \Theta(|\bar{\boldsymbol{p}} + \bar{\boldsymbol{q}}| - 1) \frac{2\left(\frac{1}{2}\bar{q}^2 + \bar{\boldsymbol{q}} \cdot \bar{\boldsymbol{p}}\right)}{\bar{q}^2\omega^2 + \left(\frac{1}{2}\bar{q}^2 + \bar{\boldsymbol{q}} \cdot \bar{\boldsymbol{p}}\right)^2} . \end{aligned} \tag{5.169}$$

Wegen (5.167) ist der Bruch im Integranden antisymmetrisch gegenüber einer Vertauschung $\bar{\boldsymbol{p}} \rightleftharpoons \bar{\boldsymbol{p}} + \bar{\boldsymbol{q}}$. Im Produkt der Stufenfunktionen

$$\Theta(1 - \bar{p})\, \Theta(|\bar{\boldsymbol{p}} + \bar{\boldsymbol{q}}| - 1) = \Theta(1 - \bar{p}) \left\{1 - \Theta(1 - |\bar{\boldsymbol{p}} + \bar{\boldsymbol{q}}|)\right\}$$

ist dagegen der zweite Summand symmetrisch gegenüber einer solchen Vertauschung, sodass insgesamt bleibt:

$$R_{\bar{q}}(\omega) = 2 \int d^3\bar{p}\, \Theta(1 - \bar{p}) \frac{\frac{1}{2}\bar{q}^2 + \bar{\boldsymbol{q}} \cdot \bar{\boldsymbol{p}}}{\bar{q}^2\omega^2 + \left(\frac{1}{2}\bar{q}^2 + \bar{\boldsymbol{q}} \cdot \bar{\boldsymbol{p}}\right)^2} .$$

Wir führen zunächst die Winkelintegrationen aus. Mit

$$\int\limits_{-1}^{+1} \frac{dx}{\pm i\bar{q}\omega + \frac{1}{2}\bar{q}^2 + \bar{q}\bar{p}x} = \frac{1}{\bar{q}\bar{p}} \ln \frac{\pm i\bar{q}\omega + \frac{1}{2}\bar{q}^2 + \bar{q}\bar{p}}{\pm i\bar{q}\omega + \frac{1}{2}\bar{q}^2 - \bar{q}\bar{p}}$$

folgt als Zwischenergebnis:

$$R_{\bar{q}}(\omega) = \frac{2\pi}{\bar{q}} \int\limits_0^1 d\bar{p}\, \bar{p} \ln \frac{\left(\frac{1}{2}\bar{q} + \bar{p}\right)^2 + \omega^2}{\left(\frac{1}{2}\bar{q} - \bar{p}\right)^2 + \omega^2} .$$

Mit

$$x = \bar{p} \pm \frac{1}{2}\bar{q}$$

bleibt auszuwerten:

$$R_{\bar{q}}(\omega) = \frac{2\pi}{\bar{q}}\left[\int_{\frac{1}{2}\bar{q}}^{1+\frac{1}{2}\bar{q}} dx\left(x - \frac{1}{2}\bar{q}\right)\ln(x^2+\omega^2) - \int_{-\frac{1}{2}\bar{q}}^{1-\frac{1}{2}\bar{q}} dx\left(x + \frac{1}{2}\bar{q}\right)\ln\left(x^2+\omega^2\right)\right].$$

Die Integrale sind elementar:

$$\int dx \ln\left(x^2+\omega^2\right) = x\ln\left(x^2+\omega^2\right) + 2\omega\arctan\frac{x}{\omega} - 2x + C_1\,, \tag{5.170}$$

$$\int dx\, x\ln\left(x^2+\omega^2\right) = \frac{1}{2}\left(x^2+\omega^2\right)\ln\left(x^2+\omega^2\right) - \frac{x^2}{2} + C_2\,. \tag{5.171}$$

Damit ergibt sich:

$$\begin{aligned} R_{\bar{q}}(\omega) = 2\pi\Bigg\{1 - \omega\left(\arctan\frac{1+\frac{1}{2}\bar{q}}{\omega} + \arctan\frac{1-\frac{1}{2}\bar{q}}{\omega}\right) \\ + \frac{1-\frac{1}{4}\bar{q}^2+\omega^2}{2\bar{q}}\ln\frac{\left(1+\frac{1}{2}\bar{q}\right)^2+\omega^2}{\left(1-\frac{1}{2}\bar{q}\right)^2+\omega^2}\Bigg\}\,. \end{aligned} \tag{5.172}$$

Dies setzen wir zunächst in (5.168) ein, um damit dann (5.164) auszuwerten:

$$\begin{aligned} \Delta E_{\text{Ring}} &= \sum_{n=2}^{\infty}\Delta E_{\text{Ring}}^{(n)} = \sum_{n=2}^{\infty} U_{\text{Ring}}(\Theta_{n-1}) \\ &= -\frac{3N}{8\pi^5}\left(\frac{\alpha\pi^2}{r_s}\right)^2\int d^3\bar{q}\,\frac{\bar{q}}{2\pi}\int_{-\infty}^{+\infty} d\omega \sum_{n=2}^{\infty}\frac{(-1)^n}{n}\left(r_s\frac{R_{\bar{q}}(\omega)}{\alpha\pi^2\bar{q}^2}\right)^n\,. \end{aligned} \tag{5.173}$$

Die Reihe konvergiert, falls

$$-1 < r_s\frac{R_{\bar{q}}(\omega)}{\alpha\pi^2\bar{q}^2} < +1 \tag{5.174}$$

angenommen werden darf, was allerdings für kleine $\bar{q}$ sicher fragwürdig wird:

$$\Delta E_{\text{Ring}} = \frac{3N}{16\pi^6}\left(\frac{\alpha\pi^2}{r_s}\right)^2\int d^3\bar{q}\,\bar{q}\int_{-\infty}^{+\infty} d\omega\left[\ln\left(1 + r_s\frac{R_{\bar{q}}(\omega)}{\alpha\pi^2\bar{q}^2}\right) - r_s\frac{R_{\bar{q}}(\omega)}{\alpha\pi^2\bar{q}^2}\right]. \tag{5.175}$$

Damit sind wir im Prinzip fertig. Die verbleibenden Mehrfachintegrale müssen am Rechner ausgewertet werden. Die Verwendung des Logarithmus erweist sich trotz (5.174) als immer korrekt (K. Sawada: Phys. Rev. **106**, 372 (1957); K. Sawada, K. Brueckner, N. Fukuda, R. Brout: Phys. Rev. **108**, 507 (1957)):

$$\Delta E_{\text{Ring}} = N\left[\frac{2}{\pi^2}(1-\ln 2)\ln r_s - 0{,}142 + O\left(r_s\ln r_s\right)\right][\text{ryd}]\,. \tag{5.176}$$

Mit (5.149) und (5.176) in (5.163) haben wir schließlich die Korrelationsenergie bestimmt:

$$\frac{1}{N}E_{\text{corr}} = [0{,}0622 \ln r_s - 0{,}094 + O(r_s \ln r_s)]\,[\text{ryd}]\,. \tag{5.177}$$

Weitergehende Korrekturen entsprechen höheren r_s-Potenzen, die wir im Fall hoher Elektronendichten vernachlässigen können. Nur für diese ist aber auch (5.177) akzeptabel. Man beachte jedoch, dass für typische metallische Elektronendichten $1 < r_s < 6$ angenommen werden muss.

5.6 Diagrammatische Partialsummen

Wir haben in Abschn. 5.4.2 die Dyson-Gleichung für die Ein-Elektronen-Green-Funktion abgeleitet. Zentraler Punkt war dabei die Einführung des Selbstenergiekonzepts (5.124). Jede noch so einfache Approximation für die Selbstenergie $\Sigma_{k\sigma}(E)$ entspricht bereits einer unendlichen Partialsumme. Das Selbstenergiekonzept ist jedoch nicht die einzige Möglichkeit, Partialsummen zu bilden. Wir wollen in diesem Abschnitt weitere Varianten kennen lernen. Das Aufsummieren solcher unendlichen Teilreihen ist oft sehr wichtig, bisweilen sogar unumgänglich. Lebensdauereffekte von Quasiteilchen sind z. B. nur auf diese Weise berechenbar. Im letzten Abschnitt hatten wir gesehen, dass sich Divergenzen in den einzelnen Termen der Störentwicklung für die Grundzustandsenergie durch passende Partialsummen zu endlichen Werten kompensieren.

Bei vielen Diagrammentwicklungen lässt sich eine beträchtliche Reduktion der Zahl der Diagramme erreichen, wenn man nur solche Diagramme mitnimmt, die in **keiner** Teilchenlinie einen Selbstenergieanteil enthalten („Skelett-Diagramme"), und dafür in den übrig bleibenden Diagrammen jeden freien Propagator durch den vollen Propagator ersetzt. Auf ähnliche Weise lassen sich auch Wechselwirkungslinien renormieren (*ankleiden*). Einige der wichtigsten Verfahren dieser Art sollen im Folgenden stichpunktartig besprochen werden, wobei wir die Betrachtungen konkret auf das Jellium-Modell beschränken wollen.

5.6.1 Polarisationspropagator

Im Zusammenhang mit der Dielektrizitätsfunktion $\varepsilon(\boldsymbol{q}, E)$ haben wir in Abschn. 3.1.5 die so genannte **Dichtekorrelation** eingeführt. Es handelt sich dabei um eine Zwei-Teilchen-Green-Funktion:

$$\begin{aligned} D_q(t,t') &= \langle\langle \rho_q(t); \rho_q^+(t') \rangle\rangle = -\mathrm{i}\left\langle T_\varepsilon\left(\rho_q(t)\rho_q^+(t')\right)\right\rangle \\ &= \frac{1}{2\pi\hbar}\int\limits_{-\infty}^{+\infty} \mathrm{d}E\, D_q(E)\exp\left(-\frac{\mathrm{i}}{\hbar}E\,(t-t')\right)\,. \end{aligned} \tag{5.178}$$

Die Dichteoperatoren $\rho_q(t)$ haben wir in (3.97) kennen gelernt:

$$\rho_q(t) = \sum_{k,\sigma} a^+_{k\sigma}(t) a_{k+q\sigma}(t); \qquad \rho^+_q(t) = \rho_{-q}(t) \,. \tag{5.179}$$

Die Berechnung des Ausdrucks (5.178),

$$\begin{aligned} iD_q(E) = &\int\limits_{-\infty}^{+\infty} d(t-t')\exp\left(\frac{i}{\hbar}E(t-t')\right) \\ &\cdot \sum_{\substack{k,p\\ \sigma,\sigma'}} \left\langle E_0 \middle| T_\varepsilon\left\{a^+_{k\sigma}(t) a_{k+q\sigma}(t) a^+_{p\sigma'}(t')\, a_{p-q\sigma'}(t')\right\} \middle| E_0 \right\rangle , \end{aligned} \tag{5.180}$$

entspricht der in (5.115) formulierten Aufgabenstellung. Es ist über alle Kombinationen von offenen, zusammenhängenden Diagrammen zu summieren, die insgesamt vier äußere Linien aufweisen, von denen je zwei bei t und bei t' angeheftet sind:

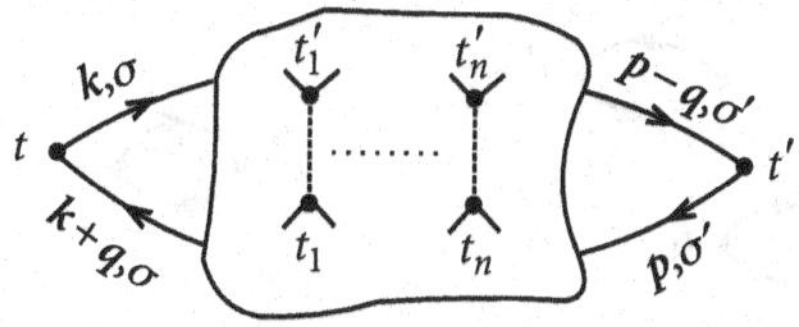

Denken wir insbesondere wieder an das Jellium-Modell, so sind wegen $v(\mathbf{0}) = 0$ alle offenen Diagramme der obigen Art selbst auch schon zusammenhängend. So erfordert z. B. ein Diagrammanteil der Form

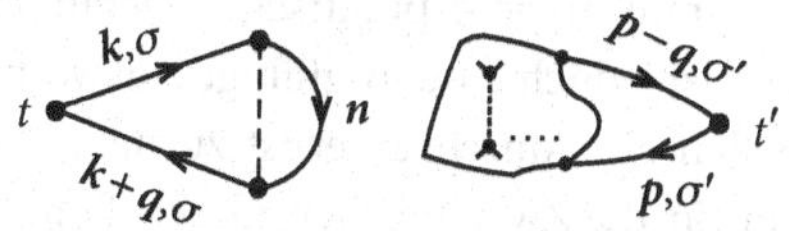

wegen Impulserhaltung am Vertex $\mathbf{k} + \mathbf{q} + \mathbf{n} = \mathbf{k} + \mathbf{n} \;\Leftrightarrow\; \mathbf{q} = 0$, liefert also keinen Beitrag. Wir haben also in (5.180) nicht über *Kombinationen* von offenen, zusammenhängenden Diagrammen mit *insgesamt* vier äußeren Linien zu summieren, sondern nur über die zusammenhängenden Diagramme selbst.

Die nullte Ordnung enthält keinen Vertex. Es ist deshalb für $\mathbf{q} \neq 0$ nur ein Diagramm möglich.

$\boxed{n = 0:}$

$n=0$:

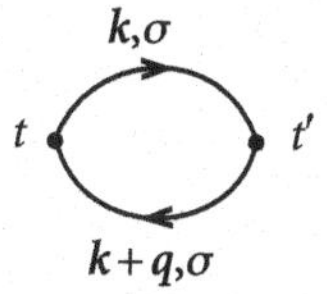

$$\Leftrightarrow \quad (-1)\left(iG^{0,c}_{k\sigma}(t'-t)\right)\delta_{k,p-q}\left(iG^{0,c}_{k+q,\sigma}(t'-t)\right)\delta_{p,k+q} \,.$$

Der Faktor (-1) stammt aus der Schleifenregel.
In erster Ordnung ergeben sich folgende Diagrammstrukturen:

$\boxed{n = 1:}$

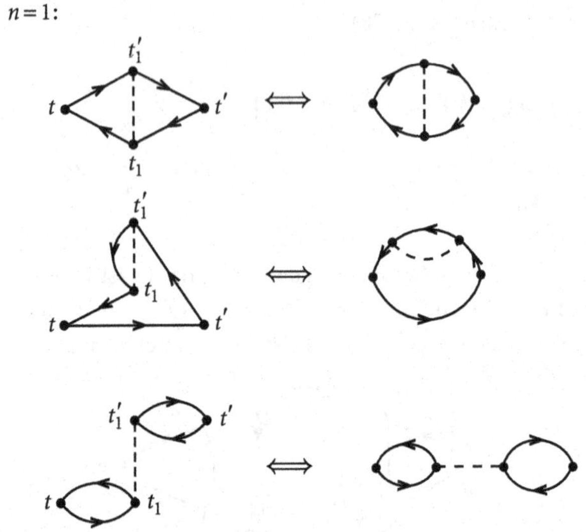

Die beiden Darstellungen sind natürlich völlig äquivalent, die rechte ist die üblichere. Wie bei der Ein-Teilchen-Green-Funktion in Abschn. 5.4.1 können wir nun wieder zu der energieabhängigen Fourier-Transformierten übergehen. Die wichtigste Konsequenz ist dann die Energieerhaltung an jedem Vertex. Ansonsten können die im Anschluss an (5.123) formulierten Diagrammregeln praktisch unverändert übernommen werden. Für eine quantitative Analyse ist jedoch eine sorgfältige Auswertung der trivialen Faktoren unumgänglich. Letztere stellen eine durchaus ernst zu nehmende Fehlerquelle dar. Wir wollen die Diagrammregeln für die Zwei-Teilchen-Green-Funktion $D_{\boldsymbol{q}}(t, t')$ bzw. $D_{\boldsymbol{q}}(E)$ deshalb hier noch einmal explizit zusammenstellen.

Betrachten wir zunächst das Diagramm zur Ordnung $n = 0$:

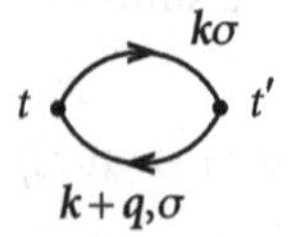

$$\equiv \mathrm{i}\hbar\Lambda_{\boldsymbol{q}}^{(0)}(t, t') \,. \tag{5.181}$$

Gleichung (5.180) entsprechend gilt:

$$\begin{aligned} \mathrm{i}\hbar\Lambda_{\boldsymbol{q}}^{(0)}(t, t') &= -\sum_{\substack{\boldsymbol{k},\sigma\\ \boldsymbol{p}}} \delta_{\boldsymbol{k}+\boldsymbol{q},\boldsymbol{p}} \left(\mathrm{i}G^{0,\mathrm{c}}_{\boldsymbol{k}+\boldsymbol{q}\sigma}(t-t')\right)\left(\mathrm{i}G^{0,\mathrm{c}}_{\boldsymbol{k}\sigma}(t'-t)\right) \\ &= -\frac{1}{(2\pi\hbar)^2}\sum_{\boldsymbol{k},\sigma}\iint \mathrm{d}E\,\mathrm{d}E' \exp\left(-\frac{\mathrm{i}}{\hbar}E(t-t')\right) \\ &\quad \cdot \left(\mathrm{i}G^{0,\mathrm{c}}_{\boldsymbol{k}+\boldsymbol{q}\sigma}(E+E')\right)\left(\mathrm{i}G^{0,\mathrm{c}}_{\boldsymbol{k}\sigma}(E')\right) \,. \end{aligned}$$

Dies bedeutet für die energieabhängige Fourier-Transformierte:

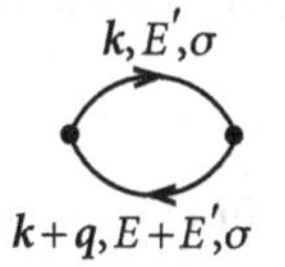

$$\equiv \mathrm{i}\hbar \Lambda_{q}^{(0)}(E) = \frac{-1}{2\pi\hbar} \sum_{k,\sigma} \mathrm{d}E' \left(\mathrm{i}G_{k+q\sigma}^{(0,c)}(E+E')\right)\left(\mathrm{i}G_{k\sigma}^{(0,c)}(E')\right) . \tag{5.182}$$

Nach (5.123) hat die Green-Funktion $G^{0,c}$ die Dimension *Zeit*. Das gilt dann auch für $\hbar\Lambda_{q}^{(0)}$. $\Lambda_{q}^{(0)}(E)$ selbst besitzt also die Dimension $1/\textit{Energie}$.

Wie sieht nun die Fourier-Transformation eines allgemeinen Diagramms der Störreihe aus?

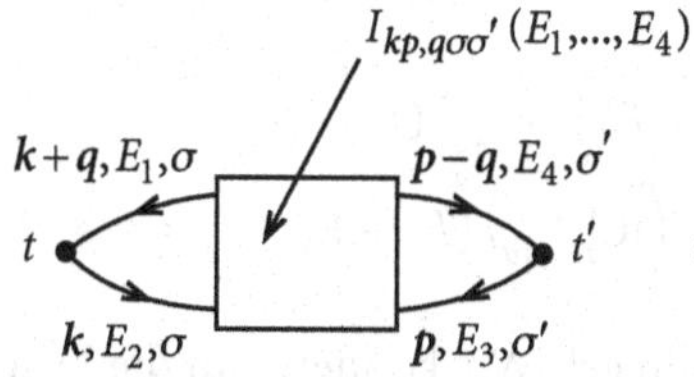

$\equiv \mathrm{i}\widetilde{D}_{\mathrm{q}}(\mathrm{t},\mathrm{t}')$. $\equiv \mathrm{i}\widetilde{D}_{q}(t,t')$.

Nach den Überlegungen in Abschn. 5.4.1 tragen die vier äußeren Linien die folgenden Beiträge:

$$(k+q, E_1): \quad \frac{1}{\sqrt{2\pi\hbar}} \exp\left(-\frac{\mathrm{i}}{\hbar}E_1 t\right)\left(\mathrm{i}G_{k+q\sigma}^{0,c}(E_1)\right) ,$$

$$(k, E_2): \quad \frac{1}{\sqrt{2\pi\hbar}} \exp\left(\frac{\mathrm{i}}{\hbar}E_2 t\right)\left(\mathrm{i}G_{k\sigma}^{0,c}(E_2)\right) ,$$

$$(p, E_3): \quad \frac{1}{\sqrt{2\pi\hbar}} \exp\left(\frac{\mathrm{i}}{\hbar}E_3 t'\right)\left(\mathrm{i}G_{p\sigma'}^{0,c}(E_3)\right) ,$$

$$(p-q, E_4): \quad \frac{1}{\sqrt{2\pi\hbar}} \exp\left(-\frac{\mathrm{i}}{\hbar}E_4 t'\right)\left(\mathrm{i}G_{p-q\sigma'}^{0,c}(E_4)\right) .$$

Der *Kern* des Diagramms steuere $I_{kp,q\sigma}(E_1\cdots E_4)$ bei. Dann haben wir insgesamt:

$$\begin{aligned}
\mathrm{i}\widetilde{D}_{q}(t,t') = \frac{-1}{(2\pi\hbar)^2} \sum_{\substack{k,p\\ \sigma\sigma'}} \int\cdots\int \mathrm{d}E_1\cdots\mathrm{d}E_4\, I_{kp,q\sigma}(E_1\cdots E_4)\\
\cdot \exp\left\{-\frac{\mathrm{i}}{\hbar}\left[(E_1-E_2)\,t-(E_3-E_4)\,t'\right]\right\}\left(\mathrm{i}G_{k+q,\sigma}^{0,c}(E_1)\right)\\
\cdot \left(\mathrm{i}G_{k\sigma}^{0,c}(E_2)\right)\left(\mathrm{i}G_{p\sigma'}^{0,c}(E_3)\right)\left(\mathrm{i}G_{p-q\sigma'}^{0,c}(E_4)\right) .
\end{aligned}$$

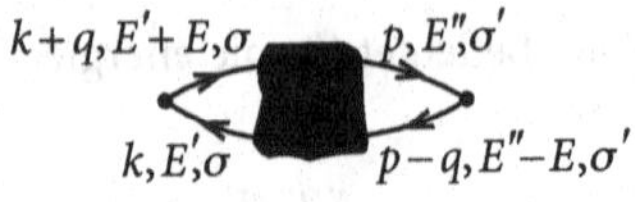

Abb. 5.10 Allgemeine Diagrammstruktur der Dichtekorrelation

Green-Funktionen sind nur von Zeitdifferenzen abhängig (3.128). Wir können deshalb

$$E_1 - E_2 = E_3 - E_4 \equiv E$$

annehmen. Mit $E_1 = E' + E$, $E_2 = E'$, $E_3 = E''$, $E_4 = E'' - E$ bleibt dann nach Fourier-Transformation:

$$\begin{aligned} \mathrm{i}\widetilde{D}_q(E) = \frac{-1}{2\pi\hbar} \sum_{k,p,\sigma,\sigma'} \iint \mathrm{d}E'\,\mathrm{d}E''\, I_{kp,q\sigma\sigma'}(E', E''; E) \\ \cdot \left(\mathrm{i}G^{0,c}_{k+q\sigma}(E' + E)\right)\left(\mathrm{i}G^{0,c}_{k\sigma}(E')\right) \\ \cdot \left(\mathrm{i}G^{0,c}_{p\sigma'}(E'')\right)\left(\mathrm{i}G^{0,c}_{p-q\sigma'}(E'' - E)\right) . \end{aligned} \tag{5.183}$$

Der Faktor (-1) resultiert aus der Schleifenregel. Wir können nun die Diagrammregeln für die Zwei-Teilchen-Green-Funktion formulieren:

▸ Diagrammregeln für $\mathrm{i}D_q(E)$

Man betrachte alle Diagramme mit vier äußeren Anschlüssen wie in Abb. 5.10. Ein Diagramm n-ter Ordnung (n Vertizes!) ist dann wie folgt auszuwerten (vgl. Abschn. 5.4.1):

1. Vertex $\Leftrightarrow$ $\frac{1}{2\pi\hbar}\left(-\frac{\mathrm{i}}{\hbar}\right) v(kl, nm)\delta\left[(E_k + E_l) - (E_m + E_n)\right]$.
2. Propagator (= *durchgezogene* Linie): $\mathrm{i}G^{0,c}_{k_\nu}(E_{k_\nu})\,\delta_{k_\nu k_\mu}$.
3. Faktor: $(-1)^S$; S = Zahl der Fermionenschleifen.
4. *Äußere* Anschlüsse:

$$\text{links:} \quad \frac{1}{\sqrt{2\pi\hbar}}\left(\mathrm{i}G^{0,c}_{k+q\sigma}(E' + E)\right)\left(\mathrm{i}G^{0,c}_{k\sigma}(E')\right) ,$$

$$\text{rechts:} \quad \frac{1}{\sqrt{2\pi\hbar}}\left(\mathrm{i}G^{0,c}_{p-q\sigma'}(E'' - E)\right)\left(\mathrm{i}G^{0,c}_{p\sigma'}(E'')\right)$$

5. Summation bzw. Integration über alle *inneren* Wellenzahlen, Spins und Energien. Dazu zählen auch $\boldsymbol{k}$, $\boldsymbol{p}$, σ, σ', E', E'', **nicht** jedoch E und $\boldsymbol{q}$.

Damit lässt sich die Störreihe der Zwei-Teilchen-Green-Funktion $\mathrm{i}D_q(E)$ systematisch entwickeln.

Genau wie bei der Dyson-Gleichung der Ein-Elektronen-Green-Funktion in Abschn. 5.4.2 erkennen wir, dass auch die Diagrammentwicklung für $\mathrm{i}D_q(E)$ nach den obigen Regeln eine unendliche Teilreihe enthält, die sich abtrennen lässt.

Definition 5.6.1

Polarisationsanteil

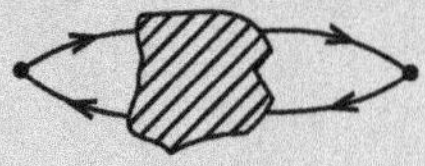

= Diagrammanteil in $iD_q(E)$ mit zwei festen äußeren Anschlüssen, in die je eine äußere Linie einmündet und von denen je eine äußere Linie ausgeht.

Es handelt sich damit selbst um ein Diagramm aus der Entwicklung von

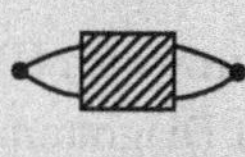 $\Leftrightarrow \quad iD_q(E)$.

Beispiele

1) 

2) 

Definition 5.6.2

Eigentlicher, irreduzibler Polarisationsanteil = Polarisationsanteil, der sich **nicht** durch Auftrennen einer Wechselwirkungslinie in zwei selbstständige Diagramme zerlegen lässt.

Beispiele

1)  ,  , ... *irreduzibel,*

2) 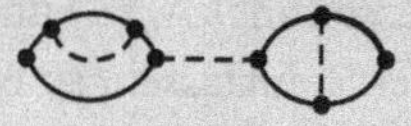 , ... *reduzibel*

Jedes Diagramm, das nicht schon selbst ein irreduzibler Polarisationsanteil ist, lässt sich dann offensichtlich wie folgt zerlegen:

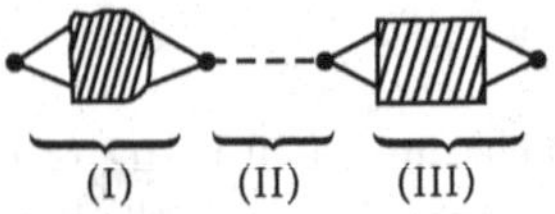
(I)
(II)
(III)

(I): Irreduzibler Polarisationsanteil,
(II): Wechselwirkungslinie,
(III): Diagramm aus der Entwicklung von $\mathrm{i}D_q(E)$.

Wir erhalten offensichtlich **alle** Diagramme, wenn wir in (I) über **alle** irreduziblen Polarisationsanteile und in (III) über **alle** möglichen Diagramme summieren und ferner die Summe aller irreduziblen Polarisationsanteile selbst hinzuzählen.

Definition 5.6.3

$\mathrm{i}\hbar\Lambda_q(E) \Leftrightarrow$ 

= Summe aller irreduziblen Polarisationsanteile.

Damit können wir die folgende diagrammatische **Dyson-Gleichung** formulieren:

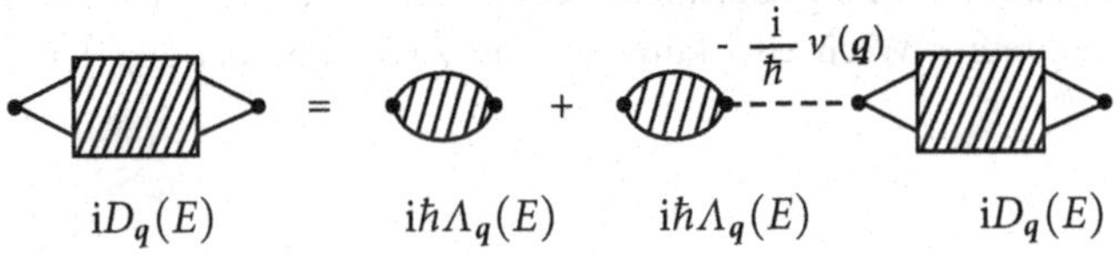
$-\frac{\mathrm{i}}{\hbar}v(q)$
=
+
$\mathrm{i}D_q(E)$
$\mathrm{i}\hbar\Lambda_q(E)$
$\mathrm{i}\hbar\Lambda_q(E)$
$\mathrm{i}D_q(E)$

(5.184)

Wir haben noch den Beitrag der Wechselwirkungslinie zu erläutern, der etwas vom Punkt 1. der obigen Diagrammregeln abweicht. Die Energieerhaltung, die durch die δ-Funktion in 1. gewährleistet wird, ist bei **dieser** Wechselwirkungslinie durch die Anschlüsse links und rechts bereits vorgegeben. Wenn wir bei der Auswertung des zweiten Summanden in (5.184) die *rechten* Anschlüsse von $\mathrm{i}\hbar\Lambda_q(E)$ und die *linken* Anschlüsse von $\mathrm{i}D_q(E)$ als *äußere* Anschlüsse gemäß Regel 5. auffassen, so entfällt natürlich die Zeitintegration (5.121) am Vertex und damit der Faktor $(1/2\pi\hbar)\delta_{E_k+E_l,E_m+E_n}$. Dies wird an der Herleitung von (5.183) klar.

Die formale Lösung zu (5.184) lautet

$$D_q(E) = \frac{\hbar\Lambda_q(E)}{1 - \Lambda_q(E)v(\boldsymbol{q})} . \tag{5.185}$$

$D_q(E)$ ist also vollständig durch den Polarisationspropagator $\Lambda_q(E)$ festgelegt, der nach den obigen Diagrammregeln zu berechnen ist und wesentlich einfacher aufgebaut ist als die *ursprüngliche* Zwei-Teilchen-Green-Funktion $D_q(E)$.

5.6.2 Effektive Wechselwirkung

Mithilfe des im letzten Abschnitt eingeführten Polarisationspropagators $\Lambda_q(E)$ lässt sich ein weiteres, sehr nützliches Konzept entwickeln, nämlich das der **effektiven (angekleideten) Wechselwirkung**. In der Diagrammentwicklung für die Ein-Teilchen-Green-Funktion $\mathrm{i}G^{\mathrm{c}}_{\boldsymbol{k}\sigma}(E)$, die in Abschn. 5.4.1 durchgeführt wurde, taucht eine Reihe von Graphen auf, die in einer Wechselwirkungslinie einen irreduziblen Polarisationsanteil enthalten.

Beispiel

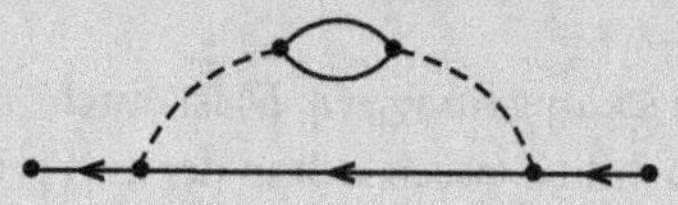

Beim Summieren über alle denkbaren Diagramme werden wir eine große Zahl solcher Graphen antreffen, die sich von dem skizzierten nur dadurch unterscheiden, dass die Schlaufe in der Wechselwirkungslinie durch etwas Komplizierteres ersetzt wird. Die Gesamtheit aller solcher Diagramme wollen wir durch Einführen der effektiven Wechselwirkung $v_{\mathrm{eff}}(\boldsymbol{q}, E)$ erfassen. Wir vereinbaren die folgenden Symbole:

$$= = = = = = \quad \Leftrightarrow \quad -\frac{\mathrm{i}}{\hbar} v_{\mathrm{eff}}(\boldsymbol{q}, E)$$

$$- - - - - - \quad \Leftrightarrow \quad -\frac{\mathrm{i}}{\hbar} v(\boldsymbol{q}) \,.$$

Der Vorfaktor $(-\mathrm{i}/\hbar)$ entspricht der Diagrammregel 1. für $\mathrm{i}D_q(E)$. Die Energieerhaltung, die zu dem Term

$$\frac{1}{2\pi\hbar} \delta_{E_k+E_l, E_m+E_n}$$

führt, ist sowohl für $v_{\mathrm{eff}}(\boldsymbol{q}, E)$ als auch für die *nackte* Wechselwirkung $v(\boldsymbol{q})$ zu beachten, wird deshalb für die folgenden Überlegungen nicht explizit berücksichtigt.

Man unterdrückt nun in der Diagrammentwicklung für $\mathrm{i}G^{\mathrm{c}}_{\boldsymbol{k}\sigma}(E)$ alle die Diagramme, die in mindestens einer Wechselwirkungslinie einen Polarisationsanteil enthalten. In den verbleibenden Diagrammen ersetzt man die einfachen (*nackten*) Wechselwirkungslinien $v(\boldsymbol{q})$

durch die effektiven, wobei $v_{\text{eff}}(\boldsymbol{q}, E)$ aus folgender Entwicklung resultiert:

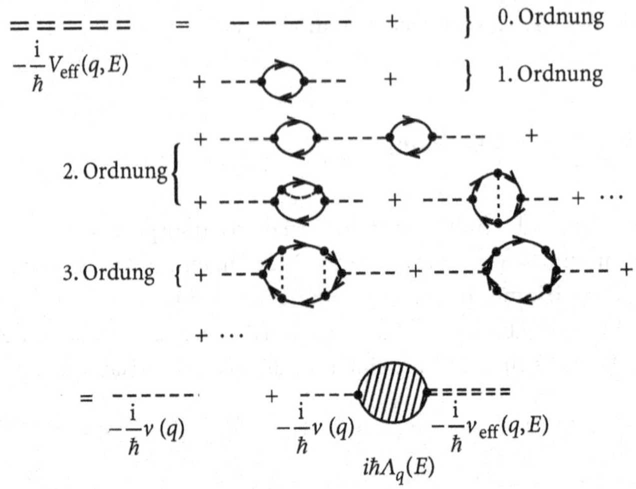

Die n-te Ordnung in der Entwicklung für $v_{\text{eff}}(\boldsymbol{q}, E)$ ist durch $(n+1)$ Wechselwirkungslinien $v(\boldsymbol{q})$ gekennzeichnet. Offensichtlich lassen sich in der angegebenen Form die Diagramme zu einer Dyson-Gleichung mit der formalen Lösung zusammenfassen:

$$v_{\text{eff}}(\boldsymbol{q}, E) = \frac{v(\boldsymbol{q})}{1 - v(\boldsymbol{q})\Lambda_{\boldsymbol{q}}(E)} . \tag{5.186}$$

Durch den Polarisationspropagator $\Lambda_{\boldsymbol{q}}(E)$ ist also auch die effektive Wechselwirkung eindeutig festgelegt.

Die nach der oben beschriebenen Einführung der effektiven Wechselwirkung noch in der Entwicklung von $\mathrm{i}G^{\mathrm{c}}_{\boldsymbol{k}\sigma}(E)$ verbleibenden Diagramme nennt man **Skelettdiagramme**.

In Abschn. 3.1.5 haben wir die Dielektrizitätsfunktion $\varepsilon(\boldsymbol{q}, E)$ diskutiert. Über die Beziehung (3.104) können wir diese nun mit dem Polarisationspropagator bzw. mit der effektiven Wechselwirkung in Verbindung bringen:

$$\begin{aligned}\frac{1}{\varepsilon^{\mathrm{c}}(\boldsymbol{q}, E)} &= 1 + \frac{1}{\hbar} v(\boldsymbol{q}) \langle\langle \rho_{\boldsymbol{q}} ; \rho^{+}_{\boldsymbol{q}} \rangle\rangle^{\mathrm{c}}_{E} \\ &= 1 + \frac{1}{\hbar} v(\boldsymbol{q}) D_{\boldsymbol{q}}(E) .\end{aligned}$$

Der Index c soll darauf hindeuten, dass die hier benutzte Diagrammtechnik die kausale Green-Funktion betrifft. Die Überlegungen in Abschn. 3.1.5 bezogen sich dagegen auf die entsprechende retardierte Funktion. Wegen (3.188), (3.189) für $T \to 0$,

$$\begin{aligned}\operatorname{Re} \varepsilon^{\text{ret}}(\boldsymbol{q}, E) &= \operatorname{Re} \varepsilon^{\mathrm{c}}(\boldsymbol{q}, E) , \\ \operatorname{Im} \varepsilon^{\text{ret}}(\boldsymbol{q}, E) &= \operatorname{sign}(E) \operatorname{Im} \varepsilon^{\mathrm{c}}(\boldsymbol{q}, E) ,\end{aligned} \tag{5.187}$$

ist die Transformation aber einfach. Mit (5.185) folgt:

$$\varepsilon^{c}(\boldsymbol{q},E)=1-v(\boldsymbol{q})\Lambda_{\boldsymbol{q}}(E)\,. \tag{5.188}$$

Setzen wir dies in (5.186) ein,

$$v_{\text{eff}}(\boldsymbol{q},E)=\frac{v(\boldsymbol{q})}{\varepsilon^{c}(\boldsymbol{q},E)}\,, \tag{5.189}$$

so erkennen wir, dass die Dielektrizitätsfunktion die Abschirmung der *nackten* Wechselwirkung aufgrund der Polarisation des Fermi-Sees durch die Teilchenwechselwirkungen ausdrückt.

Wir wollen die Diskussion eines wichtigen Spezialfalls einschieben, durch den wir einen direkten Bezug zwischen der Selbstenergie der Dyson-Gleichung und dem Polarisationspropagator herstellen können. Ausgangspunkt ist die einfachste Näherung $\Lambda_{\boldsymbol{q}}^{(0)}(E)$ für den Polarisationspropagator, die wir in (5.182) formuliert haben. Sie bedeutet für die effektive Wechselwirkung das Aufsummieren von Ringdiagrammen.

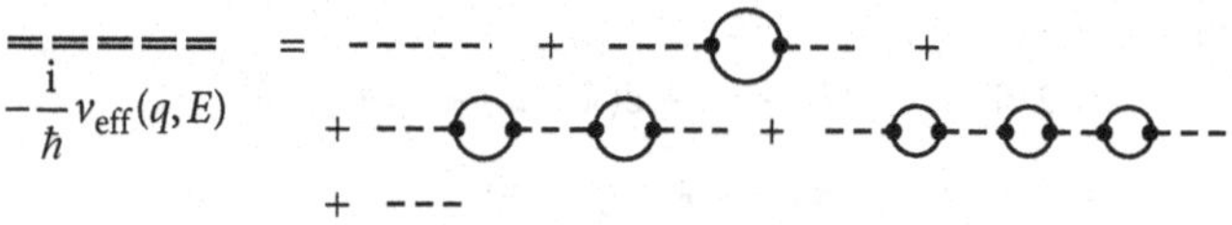

Damit konstruieren wir nun andererseits eine unendliche Teilreihe für die Selbstenergie $\Sigma_{\boldsymbol{k}\sigma}(E)$. Wir ersetzen in dem Anwendungsbeispiel am Schluss des Abschn. 5.4.2 $\left(\Sigma_{\boldsymbol{k}\sigma}^{(1)}(E)\right)$ die nackte durch die effektive Wechselwirkung:

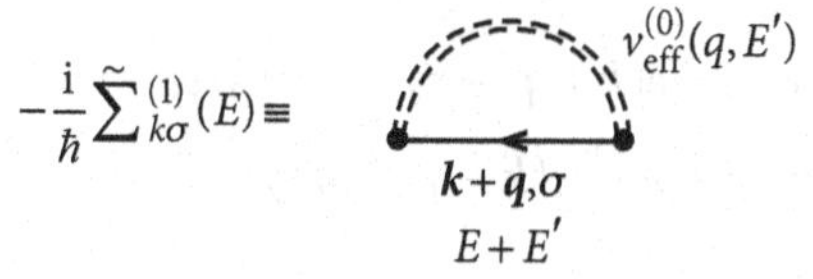

$$-\frac{i}{\hbar}\widetilde{\Sigma}_{\boldsymbol{k}\sigma}^{(1)}(E)=-\frac{i}{\hbar}\frac{1}{2\pi\hbar}\sum_{\boldsymbol{q}}\int dE'\,v_{\text{eff}}^{(0)}(\boldsymbol{q},E')\,iG_{\boldsymbol{k}+\boldsymbol{q},\sigma}^{0,c}(E+E')\,. \tag{5.190}$$

Dies führt zu der so genannten **RPA (Random Phase Approximation)**, die durch das niedrigste Diagramm für $\Lambda_{\boldsymbol{q}}(E)$ und bereits durch **alle** Ringdiagramme für $\Sigma_{\boldsymbol{k}\sigma}(E)$ gekennzeichnet ist:

$$\widetilde{\Sigma}_{\boldsymbol{k}\sigma}^{(1)}(E)=\frac{1}{2\pi\hbar}\sum_{\boldsymbol{q}}\int_{-\infty}^{+\infty}dE'\left(iG_{\boldsymbol{k}+\boldsymbol{q}\sigma}^{0,c}(E+E')\right)\frac{v(\boldsymbol{q})}{1-v(\boldsymbol{q})\Lambda_{\boldsymbol{q}}^{(0)}(E')}\,. \tag{5.191}$$

Wir sehen, dass die niedrigste Ordnung Störungstheorie einer *höheren* Green-Funktion bereits einer unendlichen Teilsumme für eine Green-Funktion niedrigerer Ordnung entspricht. Dies ist im übrigen ein typisches Merkmal der Diagrammtechnik.

Wir wollen das RPA-Ergebnis für den Polarisationspropagator einmal explizit auswerten. Ausgangspunkt ist das Zwischenergebnis (5.182), in das wir (5.123) einsetzen:

$$\Lambda_{q}^{(0)}(E) = \frac{-\mathrm{i}}{2\pi} 2 \sum_{k} \int_{-\infty}^{+\infty} \mathrm{d}E' \, \frac{1}{E + E' - (\varepsilon(\boldsymbol{k}+\boldsymbol{q}) - \varepsilon_{\mathrm{F}}) + \mathrm{i}0_{\boldsymbol{k}+\boldsymbol{q}}} \cdot \frac{1}{E' - (\varepsilon(\boldsymbol{k}) - \varepsilon_{\mathrm{F}}) + \mathrm{i}0_{\boldsymbol{k}}} \, .$$

$0_{\boldsymbol{k}}$ ist positiv, falls $|\boldsymbol{k}| > k_{\mathrm{F}}$, und negativ, falls $|\boldsymbol{k}| < k_{\mathrm{F}}$. Wir lösen das Integral durch komplexe Integration. Liegen beide Pole in derselben Halbebene, so können wir den Integrationsweg in der anderen Halbebene schließen. Im vom Integrationsweg umschlossenen Gebiet liegt dann kein Pol. Das Integral verschwindet also. Zwei Fälle bleiben zu diskutieren:

1. $|\boldsymbol{k}+\boldsymbol{q}| > k_{\mathrm{F}}; \; |\boldsymbol{k}| < k_{\mathrm{F}}$
   In diesem Fall ist folgendes Integral zu lösen:

$$\int \mathrm{d}E' \, (E + E' - \varepsilon(\boldsymbol{k}+\boldsymbol{q}) + \varepsilon_{\mathrm{F}} + \mathrm{i}0^{+})^{-1} \, (E' - \varepsilon(\boldsymbol{k}) + \varepsilon_{\mathrm{F}} - \mathrm{i}0^{+})^{-1}$$

$$= 2\pi\mathrm{i} \, (E + \varepsilon(\boldsymbol{k}) - \varepsilon_{\mathrm{F}} - \varepsilon(\boldsymbol{k}+\boldsymbol{q}) + \varepsilon_{\mathrm{F}} + \mathrm{i}0^{+})^{-1}$$
$$= 2\pi\mathrm{i} \, (E + \varepsilon(\boldsymbol{k}) - \varepsilon(\boldsymbol{k}+\boldsymbol{q}) + \mathrm{i}0^{+})^{-1} \, .$$

2. $|\boldsymbol{k}+\boldsymbol{q}| < k_{\mathrm{F}}; \; |\boldsymbol{k}| > k_{\mathrm{F}}$

$$\int \mathrm{d}E' \, (E + E' - \varepsilon(\boldsymbol{k}+\boldsymbol{q}) + \varepsilon_{\mathrm{F}} - \mathrm{i}0^{+})^{-1} \, (E' - \varepsilon(\boldsymbol{k}) + \varepsilon_{\mathrm{F}} + \mathrm{i}0^{+})^{-1}$$

$$= 2\pi\mathrm{i} \, (-E + \varepsilon(\boldsymbol{k}+\boldsymbol{q}) - \varepsilon_{\mathrm{F}} - \varepsilon(\boldsymbol{k}) + \varepsilon_{\mathrm{F}} + \mathrm{i}0^{+})^{-1}$$
$$= -2\pi\mathrm{i} \, (E + \varepsilon_{\boldsymbol{k}} - \varepsilon(\boldsymbol{k}+\boldsymbol{q}) - \mathrm{i}0^{+})^{-1} \, .$$

Dies ergibt insgesamt für $\Lambda_{q}^{(0)}(E)$:

$$\Lambda_{q}^{(0)}(E) = 2 \sum_{k} \left\{ \frac{\left(1 - \langle n_{\boldsymbol{k}+\boldsymbol{q}} \rangle^{(0)}\right) \langle n_{\boldsymbol{k}} \rangle^{(0)}}{E + \varepsilon(\boldsymbol{k}) - \varepsilon(\boldsymbol{k}+\boldsymbol{q}) + \mathrm{i}0^{+}} - \frac{\left(1 - \langle n_{\boldsymbol{k}} \rangle^{(0)}\right) \langle n_{\boldsymbol{k}+\boldsymbol{q}} \rangle^{(0)}}{E + \varepsilon(\boldsymbol{k}) - \varepsilon(\boldsymbol{k}+\boldsymbol{q}) - \mathrm{i}0^{+}} \right\} . \tag{5.192}$$

Wir können schließlich noch die Grundzustandsenergie des wechselwirkenden Elektronengases durch den Polarisationspropagator ausdrücken. Wegen $v(\mathbf{0}) = 0$ (Jellium-Modell) sind alle Grundzustandsdiagramme zusammenhängend und offen. Mit dem festen Vertex bei $t = t' = 0$ sind vier äußere Linien (zwei Erzeuger und zwei Vernichter) verbunden.

Das an den Vertex angeschlossene Restdiagramm entspricht dem allgemeinen Diagramm der Dichtekorrelation. Es lässt sich deshalb wiederum ein irreduzibler Polarisationsanteil abspalten. Der Rest ist dann ein Diagramm der effektiven Wechselwirkung

$$\Delta E_0 = 2\sum_q \int_{-\infty}^{+\infty} \frac{\mathrm{d}E}{2\pi\hbar} v_{\mathrm{eff}}(\boldsymbol{q}, E) \mathrm{i}\hbar\Lambda_{\boldsymbol{q}}(E) . \tag{5.193}$$

Die Faktoren 2 und $1/2\pi\hbar$ resultieren aus der Spinsummation bzw. aus der Energieerhaltung am Vertex. Der nach Diagrammregel 1. für $\mathrm{i}D_{\boldsymbol{q}}(E)$ mit einem Vertex verknüpfte Faktor $-\mathrm{i}/\hbar$ resultiert letztlich aus der Störreihe für den Zeitentwicklungsoperator, erscheint also nur bei den *inneren* Vertizes. In (5.193) geht die effektive Wechselwirkung deshalb ohne diesen Faktor ein. Mit (5.188) und (5.189) lässt sich schließlich die Niveauverschiebung durch die Dielektrizitätsfunktion ausdrücken:

$$\Delta E_0 = \frac{\mathrm{i}}{\pi} \sum_q \int_{-\infty}^{+\infty} \mathrm{d}E \left\{ \frac{1}{\varepsilon^{\mathrm{c}}(\boldsymbol{q}, E)} - 1 \right\} . \tag{5.194}$$

ΔE_0 ist natürlich reell, deswegen muss bereits gelten:

$$\Delta E_0 = -\frac{1}{\pi} \sum_q \int_{-\infty}^{+\infty} \mathrm{d}E \,\mathrm{Im} \frac{1}{\varepsilon^{\mathrm{c}}(\boldsymbol{q}, E)} . \tag{5.195}$$

Wie im letzten Abschnitt ausführlich diskutiert, sind für die Grundzustandsenergie insbesondere die Ringdiagramme wichtig. Diese finden wir genau dann, wenn wir in (5.193) für den Polarisationspropagator dessen niedrigste Nährerung $\Lambda_{\boldsymbol{q}}^{(0)}(E)$ einsetzen:

$$\Delta E_0^{\mathrm{RPA}} = \frac{\mathrm{i}}{\pi} \sum_q \int_{-\infty}^{+\infty} \mathrm{d}E \frac{v(\boldsymbol{q})\Lambda_{\boldsymbol{q}}^{(0)}(E)}{1 - v(\boldsymbol{q})\Lambda_{\boldsymbol{q}}^{(0)}(E)} .$$

Kapitel 5

5.6.3 Vertexfunktion

Die Methode, Diagrammentwicklungen durch Einführung gewisser *Diagrammblöcke* zu vereinfachen, lässt sich noch in vielfältiger Weise ausdehnen. Wir haben bis jetzt die Selbstenergie der Ein-Teilchen-Green-Funktion, den Polarisationspropagator der Dichtekorrelation und die effektive Wechselwirkung eingeführt. Schauen wir uns noch einmal den Polarisationspropagator $\Lambda_q(E)$ etwas genauer an. In den niedrigsten Ordnungen ergeben sich die folgenden Diagrammbeiträge:

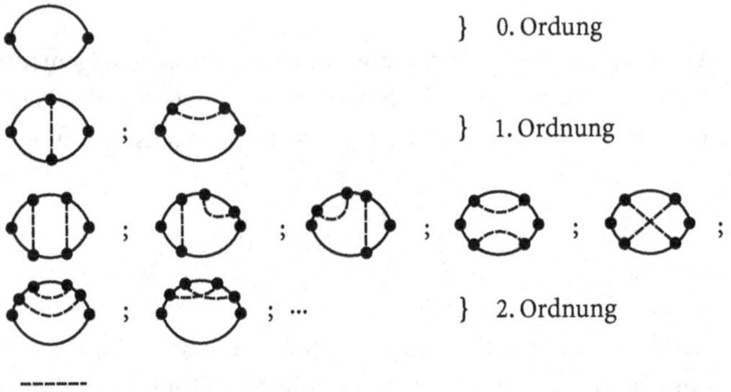

Wir definieren:

Definition 5.6.4

Vertexanteil
= Diagrammteil mit **zwei** Anschlüssen für Teilchenlinien und **einem** Anschluss für eine Wechselwirkungslinie.

Beispiele

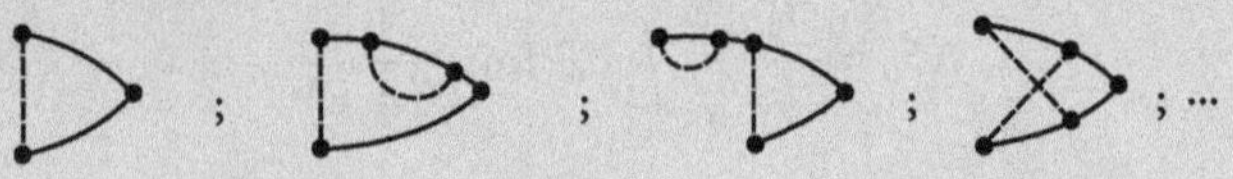

Definition 5.6.5

Irreduzibler Vertexanteil
= Vertexanteil, von dem sich **nicht** durch Auftrennen einer propagierenden Linie ein selbstständiges Selbstenergiediagramm oder durch Auftrennen einer Wechselwirkungslinie ein selbstständiges Polarisationsdiagramm abspalten lässt.

Beispiele

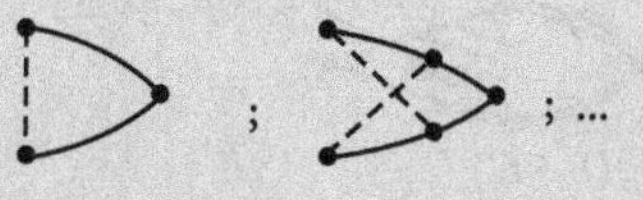

irredzibel

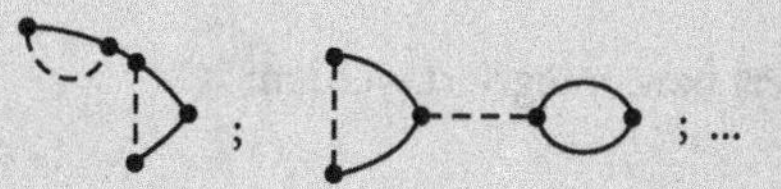

reduzibel

Wir definieren schließlich noch:

Definition 5.6.6

Vertexfunktion

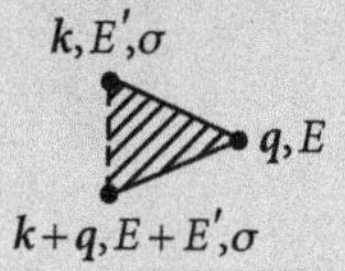

$\Leftrightarrow \quad \Gamma_\sigma(\boldsymbol{q}E;\boldsymbol{k}E')$ = Summe aller irreduziblen Vertex-Anteile.

Wir geben die niedrigsten Ordnungen an:

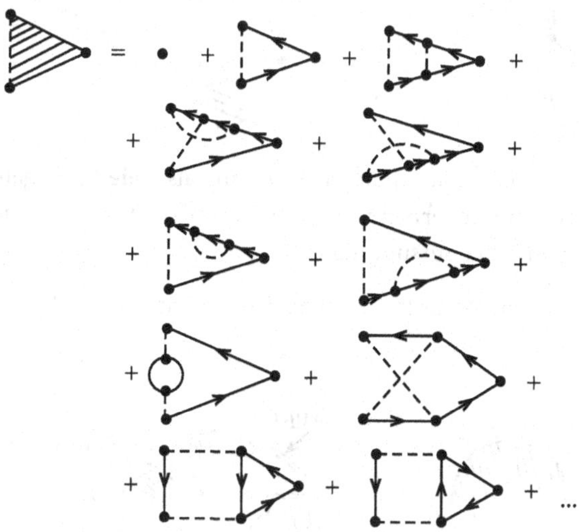

Wir können die Vertexfunktion zur Darstellung des Polarisationspropagators benutzen:

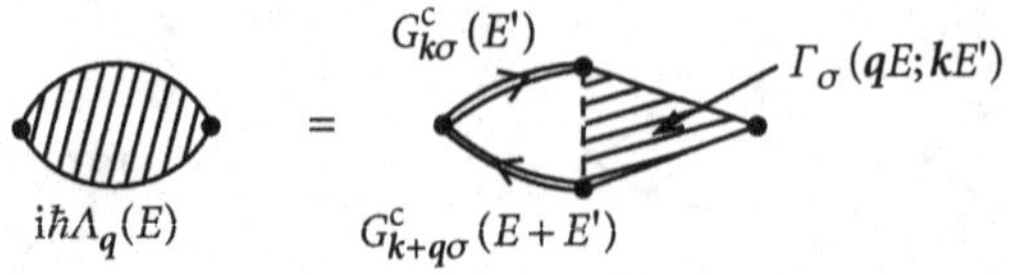

Über *innere* Variable muss summiert bzw. integriert werden:

$$i\hbar\Lambda_q(E) = \frac{-1}{2\pi\hbar}\sum_{k\sigma}\int_{-\infty}^{+\infty} dE' \left(iG^{c}_{k\sigma}(E')\right) \cdot \left(iG^{c}_{k+q\sigma}(E+E')\right)\Gamma_\sigma(qE;kE') \ . \tag{5.196}$$

Der Faktor $1/2\pi\hbar$ folgt aus Regel 4. für $iD_q(E)$; das Vorzeichen entspricht der Schleifenregel.

Die niedrigste Näherung liefert bereits das RPA-Ergebnis (5.182):

$$\textbf{RPA:} \quad G^{c}_{k\sigma} \longrightarrow G^{0,c}_{k\sigma}\,, \qquad \Gamma_\sigma \longrightarrow 1\,. \tag{5.197}$$

Physikalisch bedeutet dies eine Vernachlässigung sämtlicher Streuprozesse des Teilchen-Loch-Paares. Besser werden diese durch die so genannte **Leiternäherung** berücksichtigt:

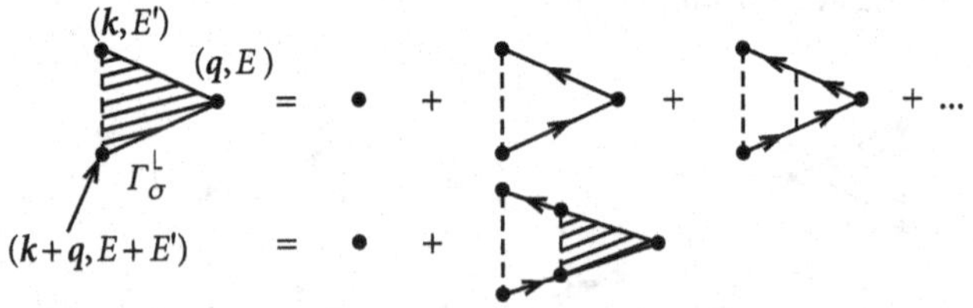

(5.198)

Die durchgezogenen Linien sind in dieser Näherung als **freie** Propagatoren gemeint. Die Dyson-Gleichung für die Leiternäherung der Vertexfunktion lässt sich für bestimmte Wechselwirkungstypen exakt aufsummieren.

Wir können schließlich die Vertexfunktion noch dazu verwenden, die elektronische Selbstenergie zu zerlegen:

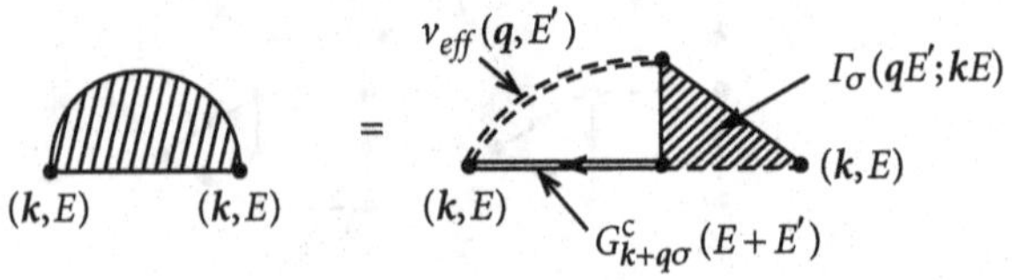

Als Formel geschrieben lautet diese Zerlegung:

$$-\frac{\mathrm{i}}{\hbar}\Sigma_{\boldsymbol{k}\sigma}(E) = \frac{-\mathrm{i}}{2\pi\hbar^2}\sum_{\boldsymbol{q}}\int\limits_{-\infty}^{+\infty} \mathrm{d}E'\, v_{\mathrm{eff}}\left(\boldsymbol{q}, E'\right)\left(\mathrm{i}G^{\mathrm{c}}_{\boldsymbol{k}+\boldsymbol{q}\sigma}\left(E+E'\right)\right)\Gamma_\sigma\left(\boldsymbol{q}E'; \boldsymbol{k}E\right)\ . \tag{5.199}$$

Benutzen wir die einfachste Näherung (5.197) zusammen mit $v_{\mathrm{eff}} \to v$, so ergibt sich bereits die *Hartree-Fock-Näherung* (5.128).

5.6.4 Aufgaben

Aufgabe 5.6.1

Berechnen Sie approximativ über passende Partialsummen im Rahmen des Hubbard-Modells die transversale Suszeptibilität,

$$\chi_{\boldsymbol{q}}^{\pm}(E) = -\gamma \int\limits_{-\infty}^{+\infty} \mathrm{d}\left(t-t'\right)\, \exp\left[\frac{\mathrm{i}}{\hbar}E\left(t-t'\right)\right]\frac{1}{N}\sum_{\boldsymbol{k},\boldsymbol{p}}\left\{-\mathrm{i}\left\langle E_0\right| T_\varepsilon\left(a^+_{\boldsymbol{k}\uparrow}(t)a_{\boldsymbol{k}+\boldsymbol{q}\downarrow}(t)\cdot\right.\right.$$
$$\left.\left.\cdot\, a^+_{\boldsymbol{p}\downarrow}\left(t'\right)a_{\boldsymbol{p}-\boldsymbol{q}\uparrow}\left(t'\right)\right)\left|E_0\right\rangle\right\} = -\frac{\gamma}{N}\widehat{\chi}_{\boldsymbol{q}}^{\pm}(E)\,,$$

die sich diagrammatisch ganz analog zur in Abschn. 5.6 besprochenen Dichte-Dichte-Green-Funktion $D_{\boldsymbol{q}}(E)$ behandeln lässt.

1. Zeigen Sie mithilfe der Dyson-Gleichung, dass $\widehat{\chi}_{\boldsymbol{q}}^{\pm}(E)$ vollständig durch den passend definierten Polarisationspropagator bestimmt ist.
2. Berechnen Sie die Vertexfunktion in der Leiternäherung.
3. Stellen Sie die transversale Suszeptibilität durch die *volle* Ein-Elektronen-Green-Funktion und die Vertexfunktion dar.
4. Ersetzen Sie in der exakten Darstellung der transversalen Suszeptibilität aus Teil 3. die *vollen* durch die *freien* Propagatoren und verwenden Sie für die Vertexfunktion die Leiternäherung aus Teil 2. Vergleichen Sie das Ergebnis für die transversale Suszeptibilität mit dem aus Abschn. 4.2.3.

Kapitel 5

Aufgabe 5.6.2

Die in Abschn. 4.3.1 eingeführte T-Matrix lässt sich wie folgt defnieren:

$$\left(-\frac{\mathrm{i}}{\hbar} T_{k\sigma}(E)\right) = \text{Summe aller eigentlichen und uneigentlichen Selbstenergieanteile.}$$

Finden Sie mithilfe der T-Matrix eine exakte diagrammatische Darstellung der Ein-Elektronen-Green-Funktion. Leiten Sie den Zusammenhang zwischen T-Matrix und Selbstenergie ab.

Aufgabe 5.6.3

In Aufgabe 4.2.4 wurde gezeigt, dass die so genannte *Appearance-Potential-Spectroscopy* (APS) und *Auger-Elektronen-Spektroskopie* (AES) vollständig bestimmt sind durch die Zwei-Teilchen-Spektraldichte

$$S_{ii\sigma}^{(2)}(E) = -\frac{1}{\pi} \operatorname{Im} \langle\langle a_{i-\sigma} a_{i\sigma}; a_{i\sigma}^+ a_{i-\sigma}^+ \rangle\rangle_E .$$

1. Überlegen Sie sich eine angemessene Diagrammdarstellung.
2. Beschreiben Sie wie in Aufgabe 4.2.6 das wechselwirkende Elektronensystem durch das Hubbard-Modell und überlegen Sie sich eine Approximation, die die direkten Wechselwirkungen der beiden angeregten Teilchen (*direkte Korrelationen*) exakt mitnimmt, dafür die Wechselwirkungen mit dem Restsystem (*indirekte Korrelationen*) vernachlässigt.
3. Wie könnte man mit einer vorher bestimmten *vollen* Ein-Elektronen-Green-Funktion die Näherung aus Teil 2. erweitern, um die *indirekten* Korrelationen zumindest approximativ zu berücksichtigen?

Kontrollfragen

Zu Abschnitt 5.1

1. Wie lautet die störungstheoretische Grundformel?
2. Wie gehen Schrödinger-Störungstheorie und Brillouin-Wigner-Störungstheorie aus der Grundformel hervor?
3. Welchen Nachteil weist die *konventionelle*, zeitunabhängige Störungstheorie auf?
4. Was versteht man unter *adiabatischem Einschalten* einer Wechselwirkung?

5. Formulieren und interpretieren Sie das Gell-Mann–Low-Theorem.
6. Wie entwickelt sich nach dem Gell-Mann–Low-Theorem der normierte Grundzustand des wechselwirkenden Systems aus dem des freien Systems?
7. Stellen Sie den Erwartungswert einer beliebigen, zeitabhängigen Heisenberg-Observablen im Grundzustand mit dem *Trick* des adiabatischen Einschaltens durch einen Ausdruck dar, der sich auf den Grundzustand $|\eta_0\rangle$ des freien Systems bezieht.
8. Diskutieren Sie die Struktur der kausalen Ein-Elektronen-Green-Funktion, wie sie sich für eine diagrammatische Störungstheorie als zweckmäßig erweist.

Zu Abschnitt 5.2

1. Was wird als *Fermi-Vakuum* bezeichnet?
2. Wie ist das *Normal-Produkt* definiert? Zu welchem Zweck wird es eingeführt?
3. Was versteht man unter einer *Kontraktion*?
4. Was ergibt die Kontraktion zweier Vernichtungsoperatoren?
5. Warum ist die Kontraktion $\underbracket{a_k(t)a^+_{k'}}(t')$ kein Operator?

   Wie hängt sie mit der kausalen $T = 0$-Green-Funktion zusammen? Was ist für Gleichzeitigkeit $t = t'$ vereinbart?
6. Formulieren Sie das Wick'sche Theorem.
7. Was bedeutet *totale Paarung*?

Zu Abschnitt 5.3

1. Welcher Erwartungswert wird *Vakuumamplitude* genannt?
2. Welche Diagramme enthält der erste Term der Störreihe für die Vakuumamplitude?
3. Was versteht man unter einem *Vertex*?
4. Wie viele verschiedene Graphen mit **vier** Vertizes gibt es zur Vakuumamplitude?
5. Formulieren Sie die *Schleifenregel.*
6. Welche Diagramme bezeichnet man als *von gleicher Struktur*?
7. Wie viele Diagramme gleicher Struktur zur Vakuumamplitude gibt es bei n Vertizes?
8. Was sind *topologisch gleiche* Diagramme?
9. Was ist ein *zusammenhängendes* Diagramm?
10. Formulieren und interpretieren Sie das *Linked-Cluster-Theorem.*
11. Was ist ein *offenes* Diagramm? Was ist ein *Vakuum-Fluktuations-Diagramm*?
12. Was besagt der *Hauptsatz von den zusammenhängenden Diagrammen*?

Zu Abschnitt 5.4

1. Was bedeutet Impulserhaltung am Vertex?
2. Was versteht man unter *gestreckten* Diagrammen der Ein-Teilchen-Green-Funktion?

3. Welche Überlegung führt zur Energieerhaltung am Vertex?
4. Wie lauten die Diagrammregeln für die kausale Ein-Elektronen-Green-Funktion $iG^c_{k\sigma}(E)$?
5. Was ist ein Selbstenergieanteil? Wann nennt man diesen *eigentlich* oder irreduzibel?
6. Wie ist die Selbstenergie definiert?
7. Wie sieht die Diagrammdarstellung der Dyson-Gleichung aus?

Zu Abschnitt 5.5

1. Welcher Ausdruck ist zur Berechnung der Niveauverschiebung $\Delta E_0 = E_0 - \eta_0$ auszuwerten?
2. Wie unterscheiden sich die Feynman-Diagramme für ΔE_0 von denen der Vakuumamplitude?
3. Wie viele topologisch verschiedene Diagramme gleicher Struktur Θ_n gibt es zur Ordnung n in der Entwicklung für ΔE_0?
4. Was ergibt sich in erster Ordnung Störungstheorie für die Grundzustandsenergie des Jellium-Modells?
5. Warum liefern Diagramme mit *Blasen* für das Jellium-Modell keinen Beitrag?
6. Welche Diagrammstrukturen tragen zur Störungstheorie zweiter Ordnung für die Grundzustandsenergie bei?
7. Welcher Diagrammtyp sorgt für Divergenzen bereits in zweiter Ordnung Störungstheorie für die Grundzustandsenergie des Jellium-Modells?
8. Was versteht man unter *Ringdiagrammen*?
9. Interpretieren Sie den Begriff *Korrelationsenergie*.
10. Wie hängt ein Grundzustandsdiagramm n-ter Ordnung vom Dichteparameter r_s ab?
11. Warum darf man sich bei der approximativen Bestimmung der Grundzustandsenergie des Jellium-Modells für hohe Elektronendichten bei nicht divergenten Diagrammen auf niedrige Ordnungen beschränken, während die Ringdiagramme als unendliche Partialsumme aufsummiert werden müssen?
12. Was ist die physikalische Ursache für die Divergenz eines Ringdiagramms?

Zu Abschnitt 5.6

1. Formulieren Sie die Diagrammregeln für die Zwei-Teilchen-Green-Funktion $iD_q(E)$ (*Dichte-Dichte-Korrelation*).
2. Was ist ein Polarisationsanteil? Wann heißt dieser *eigentlich* oder irreduzibel?
3. Was versteht man unter dem Polarisationspropagator? Welche Form nimmt er in der so genannten RPA an?
4. Formulieren Sie mithilfe des Polarisationspropagators die Dyson-Gleichung für $iD_q(E)$.
5. Wie kann man über den Polarisationspropagator eine *effektivere Wechselwirkung* $v_{\text{eff}}(\boldsymbol{q}, E)$ definieren?

6. Was sind *Skelettdiagramme*?
7. Welcher Zusammenhang besteht zwischen der effektiven Wechselwirkung $v_{\text{eff}}(\boldsymbol{q}, E)$ und der Dielektrizitätsfunktion?
8. Wie kann man die so genannte RPA der Selbstenergie $\Sigma_{\boldsymbol{k}\sigma}(E)$ diagrammatisch mithilfe der *angekleideten* Wechselwirkung $v_{\text{eff}}(\boldsymbol{q}, E)$ darstellen?
9. Stellen Sie die Grundzustandsenergie des Jellium-Modells durch den Polarisationspropagator und die effektive Wechselwirkung dar.
10. Drücken Sie die Niveauverschiebung ΔE_0 durch die Dielektrizitätsfunktion aus. Welches Ergebnis ergibt sich in RPA?
11. Was ist ein Vertexanteil? Wann ist dieser irreduzibel?
12. Wie ist die Vertexfunktion definiert?
13. Stellen Sie den Polarisationspropagator mithilfe der Vertexfunktion dar.
14. Was versteht man unter der *Leiternäherung*?
15. Wie kann man die Selbstenergie $\Sigma_{\boldsymbol{k}\sigma}(E)$ durch die Vertexfunktion darstellen?

Störungstheorie bei endlichen Temperaturen

6

Kapitel 6

W. Nolting, *Grundkurs Theoretische Physik 7*, Springer-Lehrbuch,
DOI 10.1007/978-3-642-25808-4_6, © Springer-Verlag Berlin Heidelberg 2015

6.1 Matsubara-Methode

Bislang haben wir uns ausschließlich um störungstheoretische Methoden gekümmert, die bei $T = 0$ angewendet werden können. Experimente werden jedoch bei endlichen Temperaturen durchgeführt. Da jede Theorie letztlich die Aufgabe hat, Experimente zu erklären bzw. vorherzusagen, ist die Erweiterung auf $T > 0$ unumgänglich. Zumindest haben wir zu untersuchen, ob die $T = 0$ -Methoden des letzten Kapitels auf den $T \neq 0$ -Fall in irgendeiner Form übertragbar sind. Überlegungen dieser Art sind sehr eng mit dem Namen Matsubara verknüpft (T. Matsubara, Progr. Theoret. Phys. **14**, 351 (1955)). Wir nennen deshalb das in diesem Abschnitt zu besprechende Verfahren die **Matsubara-Methode**.

Wir haben in Kap. 3 gezeigt, dass die retardierte Green-Funktion einen direkten Bezug zum Experiment aufweist (z. B. Response-Funktionen, Quasiteilchenzustandsdichte, Korrelationsfunktionen, Anregungsenergien). Zu ihrer approximativen Bestimmung gibt es eine Reihe von Verfahren (Bewegungsgleichungsmethode, Momentenmethode, CPA, ...), eine störungstheoretische Diagrammtechnik im Sinne von Kap. 5 lässt sich jedoch nicht formulieren. Für die retardierte Funktion gibt es kein Wick'sches Theorem, obwohl sich eine Dyson-Gleichung wie in (3.327) konstruieren lässt. Die retardierte Green-Funktion ist also störungstheoretisch nicht so einfach zugänglich. Dazu ist jedoch zumindest bei $T = 0$ die kausale Funktion hervorragend geeignet. Die spezielle Form (5.85) des Wick'schen Theorems macht eine recht effektive Diagrammtechnik möglich. Da andererseits bei $T = 0$ die Transformation von der kausalen auf die retardierte Funktion sehr einfach ist ((3.188), (3.189)), lohnte es sich, die Störungstheorie für die kausale Green-Funktion in Kap. 5 zu entwickeln.

Bei endlichen Temperaturen sind nun aber die Voraussetzungen für die Anwendbarkeit des Wick'schen Theorems in der speziellen Form (5.85) nicht mehr erfüllt. Wir können Mittelwerte nicht mehr ausschließlich mit dem Grundzustand $|\eta_0\rangle$ des wechselwirkungsfreien Systems bilden, das Verschwinden der Normalprodukte wie in (5.70) kann nicht mehr ausgenutzt werden. Die nun einzuführenden **Matsubara-Funktionen** sind eigentlich nichts anderes als passend verallgemeinerte kausale Green-Funktionen, die die Anwendung eines modifizierten Wick-Theorems erlauben und damit störungstheoretisch zugänglich werden. Ferner werden wir zeigen können, dass der Übergang von diesen zu den eigentlich interessierenden retardierten Funktionen sehr einfach ist.

6.1.1 Matsubara-Funktionen

Mit den Gleichungen (3.130) und (3.131) hatten wir abgeleitet, dass bei nicht explizit zeitabhängigem Hamilton-Operator die Korrelationsfunktionen $\langle A(t)B(t')\rangle$, $\langle B(t')A(t)\rangle$ und damit alle drei Green-Funktionen nur von der Zeitdifferenz $t - t'$ abhängen:

$$\begin{aligned}\langle A(t)B(t')\rangle &= \langle A(t-t')B(0)\rangle = \langle A(0)B(t'-t)\rangle\,,\\ \langle B(t')A(t)\rangle &= \langle B(t'-t)A(0)\rangle = \langle B(0)A(t-t')\rangle\,.\end{aligned}$$

Die beiden Korrelationsfunktionen, die die Green-Funktionen $G^{\alpha}_{AB}(t,t')$ (α = ret, av, c) aufbauen, sind nicht unabhängig voneinander, wenn man formal die Zeitvariable **komplexe** Werte annehmen lässt:

$$\begin{aligned}
&\Xi\langle A(t-\mathrm{i}\hbar\beta)B(t')\rangle \\
&= \mathrm{Sp}\left\{\exp(-\beta\mathcal{H})\exp\left[\frac{\mathrm{i}}{\hbar}\mathcal{H}(t-\mathrm{i}\hbar\beta)\right]A(0)\exp\left[-\frac{\mathrm{i}}{\hbar}\mathcal{H}(t-\mathrm{i}\hbar\beta)\right]B(t')\right\} \\
&= \mathrm{Sp}\left\{B(t')\exp(-\beta\mathcal{H})\exp(+\beta\mathcal{H})\exp\left(\frac{\mathrm{i}}{\hbar}\mathcal{H}t\right)A(0)\exp\left(-\frac{\mathrm{i}}{\hbar}\mathcal{H}t\right)\exp(-\beta\mathcal{H})\right\} \\
&= \mathrm{Sp}\left\{\exp(-\beta\mathcal{H})B(t')A(t)\right\}.
\end{aligned}$$

Wir haben hier mehrmals die zyklische Invarianz der Spur ausgenutzt. Die resultierende Beziehung

$$\langle A(t-\mathrm{i}\hbar\beta)B(t')\rangle = \langle B(t')A(t)\rangle \tag{6.1}$$

legt es nahe, auch die Definitionen der Green-Funktionen auf komplexe Zeiten auszudehnen. Das hätte einen weiteren Vorteil: Jede *normale* Störungstheorie basiert auf der Annahme, dass sich der Hamilton-Operator $\mathcal{H}$ des Systems gemäß $\mathcal{H} = \mathcal{H}_0 + V$ zerlegen lässt, wobei angenommen wird, dass das Eigenwertproblem zu $\mathcal{H}_0$ exakt lösbar ist. Bei $T \neq 0$-Mittelwerten (3.122) erscheint die Störung V dann an zwei verschiedenen Stellen, einmal in der Heisenberg-Darstellung der zeitabhängigen Operatoren via $\exp\left(\pm\frac{\mathrm{i}}{\hbar}\mathcal{H}t\right)$, zum anderen im Dichteoperator $\exp(-\beta\mathcal{H})$ der großkanonischen Mittelung. Für beide müsste dann eigentlich eine Störentwicklung durchgeführt werden. Das lässt sich im Arbeitsaufwand reduzieren, wenn man $\hbar\beta$ als Real- oder Imaginärteil einer komplexen Zeit auffasst. Man kann die beiden Exponentialfunktionen dann zusammenfassen.

Die Matsubara-Methode geht von rein imaginären Zeiten aus und führt die reelle Größe

$$\tau = \mathrm{i}t \tag{6.2}$$

ein. Dies ergibt eine modifizierte Heisenberg-Darstellung für Operatoren:

$$A(\tau) = \exp\left(\frac{1}{\hbar}\mathcal{H}\tau\right)A(0)\exp\left(-\frac{1}{\hbar}\mathcal{H}\tau\right). \tag{6.3}$$

Ein bisschen werden wir beim Gebrauch dieser Darstellung aufpassen müssen, da der die imaginären Zeitverschiebungen verursachende Operator $\exp\left(\frac{1}{\hbar}\mathcal{H}\tau\right)$ **nicht** unitär ist. Die Bewegungsgleichung lautet nun:

$$-\hbar\frac{\partial}{\partial\tau}A(\tau) = [A(\tau),\mathcal{H}]_- . \tag{6.4}$$

Mit der Stufenfunktion

$$\Theta(\tau) = \begin{cases} 1, & \text{falls} \quad \tau > 0 \quad \Leftrightarrow \quad t \quad \text{negativ imaginär,} \\ 0, & \text{falls} \quad \tau < 0 \quad \Leftrightarrow \quad t \quad \text{positiv imaginär} \end{cases} \tag{6.5}$$

können wir einen **Zeitordnungsoperator** definieren:

$$T_\tau\{A(\tau)B(\tau')\} = \Theta(\tau-\tau')A(\tau)B(\tau') + \varepsilon^p\Theta(\tau'-\tau)B(\tau')A(\tau) . \tag{6.6}$$

p ist die Zahl der Transpositionen von Konstruktionsoperatoren, die notwendig sind, um den zweiten Summanden wieder in die Operatorreihenfolge des ersten Summanden zu bringen. $\varepsilon = \pm 1$ ist wie üblich definiert. Es ist somit $\varepsilon^p = +1$ („*bosonisch*"), falls $\varepsilon = +1$ oder $\varepsilon = -1$ und p gerade, und $\varepsilon^p = -1$ („*fermionisch*"), falls $\varepsilon = -1$ und p ungerade. In jedem Fall kann auch ε^p wie ε nur die Werte ± 1 annehmen. Wir wollen deshalb im Folgenden der Einfachheit halber ε^p durch ε ersetzen, um uns *bei Bedarf* an die usprüngliche Festsetzung in (6.6) zu erinnern.

Nach diesen Vorbereitungen definieren wir nun die

Matsubara-Funktion

$$G^M_{AB}(\tau,\tau') \equiv \langle\langle A(\tau);B(\tau')\rangle\rangle^M = -\langle T_\tau(A(\tau)B(\tau'))\rangle . \tag{6.7}$$

Aus der Definition folgt unmittelbar die Bewegungsgleichung dieser Funktion, wenn wir (6.4) und (6.6) einsetzen:

$$-\hbar\frac{\partial}{\partial\tau}G^M_{AB}(\tau,\tau') = \hbar\delta(\tau-\tau')\langle[A,B]_{-\varepsilon}\rangle + \langle\langle[A(\tau),\mathcal{H}]_-;B(\tau')\rangle\rangle^M . \tag{6.8}$$

Wir wollen einige wichtige Eigenschaften auflisten. Wegen

$$\begin{aligned}
&\Xi\langle A(\tau)B(\tau')\rangle \\
&= \mathrm{Sp}\left\{\exp(-\beta\mathcal{H})\exp\left(\frac{1}{\hbar}\mathcal{H}\tau\right)A\exp\left(-\frac{1}{\hbar}\mathcal{H}(\tau-\tau')\right)B\exp\left(-\frac{1}{\hbar}\mathcal{H}\tau'\right)\right\} \\
&= \mathrm{Sp}\left\{\exp(-\beta\mathcal{H})\exp\left(\frac{1}{\hbar}\mathcal{H}(\tau-\tau')\right)A\exp\left(-\frac{1}{\hbar}\mathcal{H}(\tau-\tau')\right)B\right\} \\
&= \Xi\langle A(\tau-\tau')B\rangle
\end{aligned}$$

hängt auch die Matsubara-Funktion nur von Zeitdifferenzen ab:

$$G^M_{AB}(\tau,\tau') = G^M_{AB}(\tau-\tau',0) = G^M_{AB}(0,\tau'-\tau) . \tag{6.9}$$

Eine ganz wichtige Eigenschaft betrifft ihre Periodizität. Sei

$$\hbar\beta > \tau-\tau'+n\hbar\beta > 0 \quad n\in\mathbb{Z} ,$$

dann gilt:

$$
\begin{aligned}
&\Xi G^{\mathrm{M}}_{AB}\underbrace{(\tau - \tau' + n\hbar\beta)}_{>0} \\
&= -\operatorname{Sp}\left\{\exp(-\beta\mathcal{H})T_\tau\left(A(\tau-\tau'+n\hbar\beta)B(0)\right)\right\} \\
&= -\operatorname{Sp}\left\{\exp(-\beta\mathcal{H})A(\tau-\tau'+n\hbar\beta)B(0)\right\} \\
&= -\operatorname{Sp}\left\{\exp(-\beta\mathcal{H})\exp\left(\frac{1}{\hbar}\mathcal{H}(\tau-\tau'+n\hbar\beta)\right)A(0)\right. \\
&\qquad \left.\cdot \exp\left(-\frac{1}{\hbar}\mathcal{H}(\tau-\tau'+n\hbar\beta)\right)B(0)\right\} \\
&= -\operatorname{Sp}\left\{\exp\left(\frac{1}{\hbar}\mathcal{H}(\tau-\tau'+(n-1)\hbar\beta)\right)A(0)\right. \\
&\qquad \left.\cdot \exp\left(-\frac{1}{\hbar}\mathcal{H}(\tau-\tau'+(n-1)\hbar\beta)\right)\exp(-\beta\mathcal{H})B(0)\right\} \\
&= -\operatorname{Sp}\left\{\exp(-\beta\mathcal{H})B(0)A\underbrace{(\tau-\tau'+(n-1)\hbar\beta)}_{<0}\right\} \\
&= -\operatorname{Sp}\left\{\exp(-\beta\mathcal{H})T_\tau\left(B(0)A(\tau-\tau'+(n-1)\hbar\beta)\right)\right\} \\
&= -\varepsilon\operatorname{Sp}\left\{\exp(-\beta\mathcal{H})T_\tau\left(A(\tau-\tau'+(n-1)\hbar\beta)B(0)\right)\right\}.
\end{aligned}
$$

Damit ergibt sich die wichtige Beziehung:

$$
\begin{aligned}
&\hbar\beta > \tau - \tau' + n\hbar\beta > 0: \\
&G^{\mathrm{M}}_{AB}(\tau-\tau'+n\hbar\beta) = \varepsilon G^{\mathrm{M}}_{AB}\left(\tau-\tau'+(n-1)\hbar\beta\right).
\end{aligned}
\tag{6.10}
$$

Insbesondere gilt für $n = 1$:

$$
\begin{aligned}
&G^{\mathrm{M}}_{AB}(\tau-\tau'+\hbar\beta) = \varepsilon G^{\mathrm{M}}_{AB}(\tau-\tau'), \\
&\text{falls} \quad -\hbar\beta < \tau-\tau' < 0.
\end{aligned}
\tag{6.11}
$$

Die Matsubara-Funktion ist demnach periodisch mit einem Periodizitätsintervall $2\hbar\beta$. Wir können unsere Betrachtungen auf das Zeitintervall $-\hbar\beta < \tau - \tau' < \hbar\beta$ beschränken.

Wegen der Periodizität bietet sich für die Matsubara-Funktion eine **Fourier-Entwicklung** an:

$$
G^{\mathrm{M}}(\tau) = \frac{1}{2}a_0 + \sum_{n=1}^{\infty}\left[a_n\cos\frac{n\pi}{\hbar\beta}\tau + b_n\sin\frac{n\pi}{\hbar\beta}\tau\right],
$$

$$a_n = \frac{1}{\hbar\beta} \int_{-\hbar\beta}^{+\hbar\beta} d\tau\, G^M(\tau) \cos\left(\frac{n\pi}{\hbar\beta}\tau\right),$$

$$b_n = \frac{1}{\hbar\beta} \int_{-\hbar\beta}^{+\hbar\beta} d\tau\, G^M(\tau) \sin\left(\frac{n\pi}{\hbar\beta}\tau\right).$$

Wir definieren

$$E_n = \frac{n\pi}{\beta}; \quad G^M(E_n) = \frac{1}{2}\hbar\beta\,(a_n + ib_n) \tag{6.12}$$

und können dann schreiben:

$$\begin{aligned} G^M(\tau) &= \frac{1}{2}a_0 + \sum_{n=1}^{\infty} \left\{ \frac{a_n}{2}\left[\exp\left(\frac{i}{\hbar}E_n\tau\right) + \exp\left(-\frac{i}{\hbar}E_n\tau\right)\right] \right. \\ &\quad \left. + \frac{b_n}{2i}\left[\exp\left(\frac{i}{\hbar}E_n\tau\right) - \exp\left(-\frac{i}{\hbar}E_n\tau\right)\right]\right\} \\ &= \frac{1}{2}\sum_{n=-\infty}^{+\infty} \left(a_n + ib_n\right)\exp\left(-\frac{i}{\hbar}E_n\tau\right). \end{aligned}$$

Dabei haben wir ausgenutzt:

$$E_{-n} = -E_n\,;\; a_{-n} = a_n\,;\; b_{-n} = -b_n\,;\; b_0 = 0$$

Es gilt also:

$$G^M(\tau) = \frac{1}{\hbar\beta} \sum_{n=-\infty}^{+\infty} \exp\left(-\frac{i}{\hbar}E_n\tau\right) G^M(E_n), \tag{6.13}$$

$$G^M(E_n) = \frac{1}{2} \int_{-\hbar\beta}^{+\hbar\beta} d\tau\, G^M(\tau) \exp\left(\frac{i}{\hbar}E_n\tau\right). \tag{6.14}$$

Dies lässt sich noch etwas weiter vereinfachen:

$$\begin{aligned} G^M(E_n) &= \frac{1}{2}\int_0^{\hbar\beta} \ldots + \frac{1}{2}\int_{-\hbar\beta}^{0} \ldots \\ &= \frac{1}{2}\int_0^{\hbar\beta} d\tau\, G^M(\tau)\exp\left(\frac{i}{\hbar}E_n\tau\right) \\ &\quad + \frac{1}{2}\int_0^{\hbar\beta} d\tau'\, G^M(\tau' - \hbar\beta)\exp\left(\frac{i}{\hbar}E_n\tau'\right)\exp(-iE_n\beta) \\ &\qquad (\tau' = \tau + \hbar\beta) \end{aligned}$$

$$= \left[1 + \varepsilon \exp(-\mathrm{i}\beta E_n)\right] \frac{1}{2} \int_0^{\hbar\beta} \mathrm{d}\tau \, G^{\mathrm{M}}(\tau) \exp\left(\frac{\mathrm{i}}{\hbar} E_n \tau\right) .$$

Die Klammer verschwindet für Fermionen ($\varepsilon = -1$), falls n gerade, und für Bosonen ($\varepsilon = +1$), falls n ungerade ist. Es bleibt also:

$$G^{\mathrm{M}}(\tau) = \frac{1}{\hbar\beta} \sum_{n=-\infty}^{+\infty} \exp\left(-\frac{\mathrm{i}}{\hbar} E_n \tau\right) G^{\mathrm{M}}(E_n) , \tag{6.15}$$

$$G^{\mathrm{M}}(E_n) = \int_0^{\hbar\beta} \mathrm{d}\tau \, G^{\mathrm{M}}(\tau) \exp\left(\frac{\mathrm{i}}{\hbar} E_n \tau\right) , \tag{6.16}$$

$$E_n = \begin{cases} 2n\pi / \beta : & \text{Bosonen,} \\ (2n+1)\pi / \beta : & \text{Fermionen.} \end{cases} \tag{6.17}$$

Für diese Matsubara-Funktionen werden wir später ein Wick'sches Theorem formulieren können. Um zu zeigen, dass sie auch einen direkten Bezug zum Experiment gewährleisten, stellen wir noch den Zusammenhang mit der retardierten Funktion her. Dies gelingt mithilfe der **Spektraldarstellung** (Notation wie in Abschn. 3.2.2):

$$\begin{aligned} &\langle A(\tau) B(0) \rangle \\ &= \frac{1}{\Xi} \sum_n \langle E_n | A(\tau) B(0) | E_n \rangle \exp(-\beta E_n) \\ &= \frac{1}{\Xi} \sum_{n,m} \langle E_n | A | E_m \rangle \langle E_m | B | E_n \rangle \exp(-\beta E_n) \exp\left[\frac{1}{\hbar} (E_n - E_m) \tau\right] . \end{aligned}$$

Für die Spektraldichte $S_{AB}(E)$ hatten wir mit (3.146) abgeleitet:

$$\begin{aligned} S_{AB}(E) = \frac{\hbar}{\Xi} \sum_{n,m} & \langle E_n | A | E_m \rangle \langle E_m | B | E_n \rangle \mathrm{e}^{-\beta E_n} \\ & \cdot \left(1 - \varepsilon \mathrm{e}^{-\beta E}\right) \delta\left[E - (E_m - E_n)\right] . \end{aligned}$$

Also gilt:

$$\langle A(\tau) B(0) \rangle = \frac{1}{\hbar} \int_{-\infty}^{+\infty} \mathrm{d}E \, \frac{S_{AB}(E)}{1 - \varepsilon \exp(-\beta E)} \exp\left(-\frac{1}{\hbar} E \tau\right) . \tag{6.18}$$

Im Integrationsintervall in (6.16) ist τ stets positiv, sodass für die Matsubara-Funktion auszuwerten bleibt:

$$G^{\mathrm{M}}_{AB}(E_n) = -\int_0^{\hbar\beta} \mathrm{d}\tau \, \exp\left(\frac{\mathrm{i}}{\hbar} E_n \tau\right) \langle A(\tau) B(0) \rangle . \tag{6.19}$$

Wir setzen

$$\int_0^{\hbar\beta} d\tau \exp\left(\frac{1}{\hbar}(iE_n - E)\,\tau\right) = \frac{\hbar}{iE_n - E}\left[\exp(i\beta E_n)\exp(-\beta E) - 1\right]$$
$$= \frac{\hbar}{iE_n - E}\left[\varepsilon \exp(-\beta E) - 1\right]$$

zusammen mit (6.18) in (6.19) ein:

$$G^{M}_{AB}(E_n) = \int_{-\infty}^{+\infty} dE' \frac{S_{AB}(E')}{iE_n - E'} . \tag{6.20}$$

Der Vergleich mit (3.148) bestätigt die formale Übereinstimmung mit der Spektraldarstellung der retardierten Green-Funktion, wenn man die Ersetzung

$$iE_n \longrightarrow E + i0^+ \tag{6.21}$$

vornimmt. Man erhält also die retardierte Green-Funktion aus der Matsubara-Funktion ganz einfach durch analytische Fortsetzung von der imaginären Achse auf die reelle E-Achse. – Der Vollständigkeit halber sei noch erwähnt, dass die avancierte Green-Funktion aus der Matsubara-Funktion (6.20) durch den Übergang $iE_n \to E - i0^+$ erhältlich ist.

Die in (3.351) definierte („kombinierte“) Green-Funktion erweist sich als die eindeutige analytische Fortsetzung der Matsubara-Funktion in die komplexe E-Ebene (s. Aufgabe 6.1.3).

6.1.2 Großkanonische Zustandssumme

Die folgenden Überlegungen beziehen sich auf Systeme von Fermionen oder Bosonen, die wie üblich einer Paarwechselwirkung unterliegen mögen:

$$\mathcal{H} = \mathcal{H}_0 + V , \tag{6.22}$$
$$\mathcal{H}_0 = \sum_k \left(\varepsilon(\boldsymbol{k}) - \mu\right) a^+_k a_k , \tag{6.23}$$
$$V = \frac{1}{2}\sum_{klmn} v(kl;nm)\, a^+_k a^+_l a_m a_n . \tag{6.24}$$

Im Fall von $S = 1/2$-Fermionen ist $k \equiv (\boldsymbol{k}, \sigma)$, bei $S = 0$-Bosonen $k = \boldsymbol{k}$ zu lesen. Letztlich wird die Aufgabe darin bestehen, Erwartungswerte von zeitgeordneten Operatorprodukten zu berechnen, wobei die Mittelung in der großkanonischen Gesamtheit durchzuführen ist:

$$\left\langle T_\tau\left(\cdots I(\tau_i)\cdots J(\tau_j)\cdots\right)\right\rangle = \frac{1}{\Xi}\,\mathrm{Sp}\left\{e^{-\beta\mathcal{H}}\, T_\tau\left(\cdots I(\tau_i)\cdots J(\tau_j)\cdots\right)\right\} . \tag{6.25}$$

Ξ ist die schon häufig verwendete **großkanonische Zustandssumme**

$$\Xi = \mathrm{Sp}\left\{ e^{-\beta \mathcal{H}} \right\} . \tag{6.26}$$

Es wird sich herausstellen, dass diese wichtige Funktion in etwa die Rolle übernehmen wird, die die Vakuumamplitude im $T = 0$-Formalismus spielte.

Zum Aufbau der $T = 0$ -Störungstheorie hatte sich die Dirac- oder Wechselwirkungsdarstellung als besonders günstig erwiesen. Dies gilt in modifizierter Form auch für den Matsubara-Formalismus. Die folgenden Überlegungen laufen deshalb weitgehend parallel zu denen in Abschn. 3.1.1. Man definiert zunächst analog zu (3.34) für einen beliebigen Operator A_S des Schrödinger-Bildes den Übergang ins Dirac-Bild wie folgt:

$$A_D(\tau) = \exp\left(\frac{1}{\hbar} \mathcal{H}_0 \tau \right) A_S \exp\left(-\frac{1}{\hbar} \mathcal{H}_0 \tau \right) . \tag{6.27}$$

Für die Transformation ins Heisenberg-Bild gilt nach (6.3):

$$A_H(\tau) = \exp\left(\frac{1}{\hbar} \mathcal{H} \tau \right) A_S \exp\left(-\frac{1}{\hbar} \mathcal{H} \tau \right) . \tag{6.28}$$

A_S ist höchstens explizit zeitabhängig. Wir definieren als Analogon zum Dirac'schen Zeitentwicklungsoperator (3.33):

$$U_D\left(\tau, \tau'\right) = \exp\left(\frac{1}{\hbar} \mathcal{H}_0 \tau \right) \exp\left(-\frac{1}{\hbar} \mathcal{H}\left(\tau - \tau'\right) \right) \exp\left(-\frac{1}{\hbar} \mathcal{H}_0 \tau' \right) . \tag{6.29}$$

Dieser Operator ist zwar nicht unitär, hat aber wie sein Analogon (3.33) für reelle Zeiten die Eigenschaften:

$$U_D\left(\tau_1, \tau_2\right) U_D\left(\tau_2, \tau_3\right) = U_D\left(\tau_1, \tau_3\right) , \tag{6.30}$$

$$U_D(\tau, \tau) = \mathbf{1} . \tag{6.31}$$

Über U_D lassen sich Dirac- und Heisenberg-Bild miteinander verknüpfen:

$$\begin{aligned} A_H(\tau) &= \exp\left(\frac{1}{\hbar} \mathcal{H} \tau \right) \exp\left(-\frac{1}{\hbar} \mathcal{H}_0 \tau \right) A_D(\tau) \exp\left(\frac{1}{\hbar} \mathcal{H}_0 \tau \right) \exp\left(-\frac{1}{\hbar} \mathcal{H} \tau \right) \\ &= U_D(0, \tau) A_D(\tau) U_D(\tau, 0) . \end{aligned} \tag{6.32}$$

Mit (6.29) lässt sich leicht die Bewegungsgleichung des Zeitentwicklungsoperators ableiten:

$$
\begin{aligned}
&-\hbar\frac{\partial}{\partial\tau}U_{\mathrm{D}}(\tau,\tau') = \\
&= -\exp\left(\frac{1}{\hbar}\mathcal{H}_0\tau\right)(\mathcal{H}_0-\mathcal{H})\exp\left(-\frac{1}{\hbar}\mathcal{H}(\tau-\tau')\right)\exp\left(-\frac{1}{\hbar}\mathcal{H}_0\tau'\right) = \\
&= \exp\left(\frac{1}{\hbar}\mathcal{H}_0\tau\right)V\exp\left(-\frac{1}{\hbar}\mathcal{H}_0\tau\right)\exp\left(\frac{1}{\hbar}\mathcal{H}_0\tau\right)\exp\left(-\frac{1}{\hbar}\mathcal{H}(\tau-\tau')\right)\exp\left(-\frac{1}{\hbar}\mathcal{H}_0\tau'\right), \\
&-\hbar\frac{\partial}{\partial\tau}U_{\mathrm{D}}(\tau,\tau') = V_{\mathrm{D}}(\tau)U_{\mathrm{D}}(\tau,\tau')\,.
\end{aligned}
\tag{6.33}
$$

$V_{\mathrm{D}}(\tau)$ ist die Wechselwirkung in der Dirac-Darstellung. Mit (6.31) als Randbedingung lautet die formale Lösung der Bewegungsgleichung:

$$
U_{\mathrm{D}}(\tau,\tau') = \mathbf{1} - \frac{1}{\hbar}\int_{\tau'}^{\tau} \mathrm{d}\tau''\, V_{\mathrm{D}}(\tau'')\,U_{\mathrm{D}}(\tau'',\tau')\,. \tag{6.34}
$$

Dies stimmt bis auf unwesentliche Faktoren mit (3.12) überein. Wir finden deshalb mit denselben Überlegungen wie zu (3.13) und (3.17):

$$
U_{\mathrm{D}}(\tau,\tau') = \sum_{n=0}^{\infty}\frac{1}{n!}\left(-\frac{1}{\hbar}\right)^n \int_{\tau'}^{\tau}\mathrm{d}\tau_1\cdots\int_{\tau'}^{\tau}\mathrm{d}\tau_n T_\tau\big(V_{\mathrm{D}}(\tau_1)\cdots V_{\mathrm{D}}(\tau_n)\big)\,. \tag{6.35}
$$

Mit derselben Begründung wie zu (5.56) haben wir hier den eigentlich in der Entwicklung (6.35) erscheinenden Dyson'schen Zeitordnungsoperator T_{D} (3.15), der ohne den Faktor ε *sortiert*, durch den Operator T_τ aus (6.6) ersetzen können. Das ist erlaubt, da nach (6.24) die Wechselwirkung V durch eine gerade Anzahl von Konstruktionsoperatoren aufgebaut ist.

Gleichung (6.35) ist der Ausgangspunkt der $T > 0$-Störungstheorie. Eine erste wichtige Folgerung ziehen wir für die großkanonische Zustandssumme. Aus (6.29) folgt:

$$
\exp\left(-\frac{1}{\hbar}\mathcal{H}\tau\right) = \exp\left(-\frac{1}{\hbar}\mathcal{H}_0\tau\right)U_{\mathrm{D}}(\tau,0)\,.
$$

Wählen wir speziell $\tau = \hbar\beta$,

$$
\mathrm{e}^{-\beta\mathcal{H}} = \mathrm{e}^{-\beta\mathcal{H}_0}U_{\mathrm{D}}(\hbar\beta,0)\,, \tag{6.36}
$$

so können wir die Zustandssumme mit U_{D} in Verbindung bringen:

$$
\begin{aligned}
\Xi &= \mathrm{Sp}\left\{\mathrm{e}^{-\beta\mathcal{H}_0}U_{\mathrm{D}}(\hbar\beta,0)\right\} \\
&= \sum_{n=0}^{\infty}\frac{1}{n!}\left(-\frac{1}{\hbar}\right)^n\int_0^{\hbar\beta}\!\!\cdots\!\int \mathrm{d}\tau_1\cdots\mathrm{d}\tau_n\ \mathrm{Sp}\left\{\mathrm{e}^{-\beta\mathcal{H}_0}T_\tau\big(V_{\mathrm{D}}(\tau_1)\cdots V_{\mathrm{D}}(\tau_n)\big)\right\}.
\end{aligned}
\tag{6.37}
$$

6.1.3 Ein-Teilchen-Matsubara-Funktion

Von besonderem Interesse wird die **Ein-Teilchen-Matsubara-Funktion** sein:

$$G_k^{\mathrm{M}}(\tau) = -\left\langle T_\tau\left(a_k(\tau)a_k^+(0)\right)\right\rangle . \tag{6.38}$$

Wir werden später zeigen, dass diese eine Dyson-Gleichung erfüllt:

$$\begin{aligned} G_k^{\mathrm{M}}(\tau) &= \frac{1}{\hbar\beta}\sum_{n=-\infty}^{+\infty}\exp\left(-\frac{\mathrm{i}}{\hbar}E_n\tau\right)G_k^{\mathrm{M}}(E_n)\,, \\ G_k^{\mathrm{M}}(E_n) &= \frac{\hbar}{\mathrm{i}E_n - \left(\varepsilon(\boldsymbol{k})-\mu\right) - \Sigma^{\mathrm{M}}(k,E_n)}\,. \end{aligned} \tag{6.39}$$

Dabei hängt die Selbstenergie $\Sigma^{\mathrm{M}}(k,E_n)$, durch die der Einfluss der Teilchenwechselwirkungen Berücksichtigung findet, durch den folgenden Übergang mit der uns vertrauten retardierten Selbstenergie zusammen:

$$\Sigma^{\mathrm{M}}(k,E_n)\xrightarrow[\mathrm{i}E_n\to E+\mathrm{i}0^+]{}\Sigma^{\mathrm{ret}}(k,E) = R^{\mathrm{ret}}(k,E) + \mathrm{i}I^{\mathrm{ret}}(k,E)\,. \tag{6.40}$$

R^{ret} und I^{ret} bestimmen nach (3.331) direkt die Ein-Teilchen-Spektraldichte $S_k(E)$, deren Aussagekraft und direkter Bezug zum Experiment in Kap. 3 ausgiebig diskutiert wurden.

Für die anschließend zu besprechende Störungstheorie benötigen wir die Matsubara-Funktion $G_k^{0,\mathrm{M}}(\tau)$ des durch $\mathcal{H}_0$ definierten, **nicht** wechselwirkenden Teilchensystems, die sich natürlich exakt berechnen lässt. Dazu leiten wir zunächst die Zeitentwicklung des *Heisenberg-Operators* $a_k(\tau)$ explizit ab. Die Beziehung

$$a_k\mathcal{H}_0^n = \left(\varepsilon(\boldsymbol{k})-\mu+\mathcal{H}_0\right)^n a_k \tag{6.41}$$

beweisen wir durch vollständige Induktion. Wegen

$$[a_k,\mathcal{H}_0]_- = \left(\varepsilon(\boldsymbol{k})-\mu\right)a_k$$

ist die Behauptung für $n = 1$ offensichtlich richtig:

$$a_k\mathcal{H}_0 = [a_k,\mathcal{H}_0]_- + \mathcal{H}_0 a_k = \left(\varepsilon(\boldsymbol{k})-\mu+\mathcal{H}_0\right)a_k\,.$$

Der Schluss von n auf $n+1$ gelingt wie folgt:

$$\begin{aligned} a_k\mathcal{H}_0^{n+1} &= (a_k\mathcal{H}_0^n)\mathcal{H}_0 \\ &= \left(\varepsilon(\boldsymbol{k})-\mu+\mathcal{H}_0\right)^n a_k\mathcal{H}_0 \\ &= \left(\varepsilon(\boldsymbol{k})-\mu+\mathcal{H}_0\right)^n\left(\varepsilon(\boldsymbol{k})-\mu+\mathcal{H}_0\right)a_k \\ &= \left(\varepsilon(\boldsymbol{k})-\mu+\mathcal{H}_0\right)^{n+1}a_k \quad \text{q. e. d.} \end{aligned}$$

Mit (6.27) gilt weiter:

$$
\begin{aligned}
&\exp\left(\frac{1}{\hbar}\mathcal{H}_0\tau\right)a_k\exp\left(-\frac{1}{\hbar}\mathcal{H}_0\tau\right)\\
&=\exp\left(\frac{1}{\hbar}\mathcal{H}_0\tau\right)\sum_{n=0}^{\infty}\frac{1}{n!}\left(-\frac{\tau}{\hbar}\right)^n a_k\mathcal{H}_0^n\\
&=\exp\left(\frac{1}{\hbar}\mathcal{H}_0\tau\right)\sum_{n=0}^{\infty}\frac{1}{n!}\left(-\frac{1}{\hbar}\left(\varepsilon(\boldsymbol{k})-\mu+\mathcal{H}_0\right)\tau\right)^n a_k\\
&=\exp\left(\frac{1}{\hbar}\mathcal{H}_0\tau\right)\exp\left(-\frac{1}{\hbar}\left(\varepsilon(\boldsymbol{k})-\mu+\mathcal{H}_0\right)\tau\right)a_k\,.
\end{aligned}
$$

Dies bedeutet:

$$
a_k(\tau)=a_k\exp\left(-\frac{1}{\hbar}\left(\varepsilon(\boldsymbol{k})-\mu\right)\tau\right). \tag{6.42}
$$

Dieses Ergebnis hätten wir natürlich auch direkt mit der Bewegungsgleichung (6.42) finden können:

$$
-\hbar\frac{\partial}{\partial\tau}a_k(\tau)=\left[a_k,\mathcal{H}_0\right]_-(\tau)=\left(\varepsilon(\boldsymbol{k})-\mu\right)a_k(\tau)\,.
$$

Ganz analog beweist man:

$$
a_k^+(\tau)=a_k^+\exp\left(\frac{1}{\hbar}\left(\varepsilon(\boldsymbol{k})-\mu\right)\tau\right). \tag{6.43}
$$

Man erkennt, dass in der *modifizierten* Heisenberg-Darstellung $a_k(\tau)$ und $a_k^+(\tau)$ für $\tau\neq 0$ nicht mehr zueinander adjungiert sind.

Mit (6.42) und (6.43) ist die *freie* Ein-Teilchen-Matsubara-Funktion leicht berechenbar:

$$
\begin{aligned}
G_k^{0,\mathrm{M}}&=-\left\langle T_\tau\left(a_k(\tau)a_k^+(0)\right)\right\rangle^{(0)}\\
&=-\Theta(\tau)\left\langle a_k(\tau)a_k^+(0)\right\rangle^{(0)}-\varepsilon\Theta(-\tau)\left\langle a_k^+(0)a_k(\tau)\right\rangle^{(0)}\\
&=-\exp\left(-\frac{1}{\hbar}\left(\varepsilon(\boldsymbol{k})-\mu\right)\tau\right)\left\{\Theta(\tau)\left\langle a_ka_k^+\right\rangle^{(0)}+\varepsilon\Theta(-\tau)\left\langle a_k^+a_k\right\rangle^{(0)}\right\}, \qquad (6.44)\\
G_k^{0,\mathrm{M}}(\tau)&=-\exp\left(-\frac{1}{\hbar}\left(\varepsilon(\boldsymbol{k})-\mu\right)\tau\right)\left\{\Theta(\tau)\left(1+\varepsilon\left\langle n_k\right\rangle^{(0)}\right)+\Theta(-\tau)\varepsilon\left\langle n_k\right\rangle^{(0)}\right\}.
\end{aligned}
$$

Dieses Resultat erinnert stark an die Darstellung (3.204) für die kausale Funktion. Den Erwartungswert des Anzahloperators $\langle n_k\rangle^{(0)}$ bestimmen wir mit (6.18):

$$
\begin{aligned}
\left\langle a_ka_k^+\right\rangle^{(0)}&=\frac{1}{\hbar}\int_{-\infty}^{+\infty}\mathrm{d}E\,\frac{S_k^{(0)}(E)}{1-\varepsilon\mathrm{e}^{-\beta E}}\overset{(3.199)}{=}\frac{1}{1-\varepsilon\mathrm{e}^{-\beta(\varepsilon(\boldsymbol{k})-\mu)}}\\
&=\frac{\mathrm{e}^{\beta(\varepsilon(\boldsymbol{k})-\mu)}}{\mathrm{e}^{\beta(\varepsilon(\boldsymbol{k})-\mu)}-\varepsilon}=1+\frac{\varepsilon}{\mathrm{e}^{\beta(\varepsilon(\boldsymbol{k})-\mu)}-\varepsilon}=1+\varepsilon\left\langle n_k\right\rangle^{(0)}\,.
\end{aligned}
$$

Dies ergibt das aus der Quantenstatistik bekannte Resultat (Fermi- bzw. Bose-Funktion):

$$\langle n_k \rangle^{(0)} = \left\{ \mathrm{e}^{\beta(\varepsilon(\boldsymbol{k}) - \mu)} - \varepsilon \right\}^{-1} . \tag{6.45}$$

Die energieabhängige Matsubara-Funktion berechnet sich schnell durch Einsetzen von (3.199) in (6.20):

$$G_k^{0,\mathrm{M}}(E_n) = \frac{\hbar}{\mathrm{i}E_n - \left(\varepsilon(\boldsymbol{k}) - \mu\right)} . \tag{6.46}$$

Natürlich hätten wir auch (6.44) in (6.16) verwenden und direkt transformieren können. – Die Temperaturabhängigkeit steckt hier lediglich noch in den Energien $E_n \sim \beta^{-1}$. Wir werden später sehen, wie die mittleren Besetzungszahlen bei expliziter Auswertung von Diagrammen und Korrelationsfunktionen in die Gleichungen zurückkehren.

Wir wollen nun die Ein-Teilchen-Funktion des wechselwirkenden Systems (6.38) in eine der Störungstheorie angemessene Form bringen:

$$G_k^{\mathrm{M}}(\tau_1, \tau_2) = -\left\langle T_\tau\left(a_k(\tau_1)\, a_k^+(\tau_2)\right)\right\rangle . \tag{6.47}$$

Die Operatoren stehen hier noch in ihrer modifizierten Heisenberg-Darstellung. Die Zeitdifferenzen $\tau_1 - \tau_2$ sind auf das Intervall

$$-\hbar\beta < \tau_1 - \tau_2 < +\hbar\beta$$

beschränkt. Wir können deshalb für τ_1 und τ_2

$$0 < \tau_1, \tau_2 < \hbar\beta \tag{6.48}$$

annehmen. Gleichung (6.47) lässt sich mit (6.36) und (6.32) weiter umformen, wobei wir zunächst $\tau_1 > \tau_2$ voraussetzen wollen:

$$\begin{aligned}
G_k^{\mathrm{M}}(\tau_1, \tau_2) &= -\frac{1}{\Xi}\,\mathrm{Sp}\left\{\mathrm{e}^{-\beta\mathcal{H}}\, T_\tau\left(a_k(\tau_1)\, a_k^+(\tau_2)\right)\right\} \\
&= -\frac{1}{\Xi}\,\mathrm{Sp}\left\{\mathrm{e}^{-\beta\mathcal{H}}\, a_k(\tau_1)\, a_k^+(\tau_2)\right\} \\
&= -\frac{1}{\Xi}\,\mathrm{Sp}\Big\{\mathrm{e}^{-\beta\mathcal{H}_0}\, U_\mathrm{D}(\hbar\beta, 0)\, U_\mathrm{D}(0, \tau_1) \\
&\qquad \cdot\, a_k^\mathrm{D}(\tau_1)\, U_\mathrm{D}(\tau_1, 0)\, U_\mathrm{D}(0, \tau_2)\, a_k^{+\mathrm{D}}(\tau_2)\, U_\mathrm{D}(\tau_2, 0)\Big\} \\
&= -\frac{1}{\Xi}\,\mathrm{Sp}\left\{\mathrm{e}^{-\beta\mathcal{H}_0}\, U_\mathrm{D}(\hbar\beta, \tau_1) a_k^\mathrm{D}(\tau_1)\, U_\mathrm{D}(\tau_1, \tau_2)\, a_k^{+\mathrm{D}}(\tau_2)\, U_\mathrm{D}(\tau_2, 0)\right\} .
\end{aligned}$$

Da nach (6.48) $\hbar\beta$ *die späteste Zeit* ist, sind die Operatoren in der Spur bereits zeitgeordnet. Wir können deshalb den Zeitordnungsoperator T_τ wieder einführen und im Argument von T_τ die Operatoren U_D ohne Vorzeichenänderung an a_k^D bzw. a_k^{+D} vorbeiziehen, da sie nach (6.35) und (6.24) aus einer geraden Anzahl von Konstruktionsoperatoren aufgebaut sind:

$$\begin{aligned}
&G_k^M(\tau_1, \tau_2) \\
&= -\frac{1}{\Xi} \mathrm{Sp}\left\{ e^{-\beta\mathcal{H}_0} T_\tau\left(U_D(\hbar\beta, \tau_1)\, a_k^D(\tau_1)\, U_D(\tau_1, \tau_2)\, a_k^{+D}(\tau_2)\, U_D(\tau_2, 0) \right) \right\} \\
&= -\frac{1}{\Xi} \mathrm{Sp}\left\{ e^{-\beta\mathcal{H}_0} T_\tau\left(U_D(\hbar\beta, \tau_1)\, U_D(\tau_1, \tau_2)\, U_D(\tau_2, 0)\, a_k^D(\tau_1)\, a_k^{+D}(\tau_2) \right) \right\} \\
&= -\frac{1}{\Xi} \mathrm{Sp}\left\{ e^{-\beta\mathcal{H}_0} T_\tau\left(U_D(\hbar\beta, 0) a_k^D(\tau_1)\, a_k^{+D}(\tau_2) \right) \right\} .
\end{aligned}$$

Im letzten Schritt haben wir noch einmal (6.30) benutzt. Wir müssen nun noch den anderen Fall $\tau_1 < \tau_2$ untersuchen:

$$\begin{aligned}
&G_k^M(\tau_1, \tau_2) \\
&= -\frac{\varepsilon}{\Xi} \mathrm{Sp}\left\{ e^{-\beta\mathcal{H}} a_k^+(\tau_2)\, a_k(\tau_1) \right\} \\
&= -\frac{\varepsilon}{\Xi} \mathrm{Sp}\Big\{ e^{-\beta\mathcal{H}_0} U_D(\hbar\beta, 0) U_D(0, \tau_2)\, a_k^{+D}(\tau_2) \\
&\qquad\qquad \cdot U_D(\tau_2, 0)\, U_D(0, \tau_1)\, a_k^D(\tau_1)\, U_D(\tau_1, 0) \Big\} \\
&= -\frac{\varepsilon}{\Xi} \mathrm{Sp}\left\{ e^{-\beta\mathcal{H}_0} U_D(\hbar\beta, \tau_2)\, a_k^{+D}(\tau_2)\, U_D(\tau_2, \tau_1)\, a_k^D(\tau_1)\, U_D(\tau_1, 0) \right\} \\
&= -\frac{\varepsilon}{\Xi} \mathrm{Sp}\left\{ e^{-\beta\mathcal{H}_0} T_\tau\left(U_D(\hbar\beta, \tau_2)\, a_k^{+D}(\tau_2)\, U_D(\tau_2, \tau_1)\, a_k^D(\tau_1)\, U_D(\tau_1, 0) \right) \right\} \\
&= -\frac{\varepsilon}{\Xi} \mathrm{Sp}\left\{ e^{-\beta\mathcal{H}_0} T_\tau\left(U_D(\hbar\beta, 0) a_k^{+D}(\tau_2)\, a_k^D(\tau_1) \right) \right\} \\
&= -\frac{1}{\Xi} \mathrm{Sp}\left\{ e^{-\beta\mathcal{H}_0} T_\tau\left(U_D(\hbar\beta, 0) a_k^D(\tau_1)\, a_k^{+D}(\tau_2) \right) \right\} .
\end{aligned}$$

Beide Fälle $\tau_1 > \tau_2$ und $\tau_1 < \tau_2$ führen also zu demselben Ergebnis. Dieses lautet, wenn wir ab sofort den Index D an den Operatoren unterdrücken, da nun **alle** Operatoren in ihrer Dirac-Darstellung gemeint sind:

$$G_k^M(\tau_1, \tau_2) = -\frac{\mathrm{Sp}\left\{ e^{-\beta\mathcal{H}_0} T_\tau\left(U(\hbar\beta, 0) a_k(\tau_1)\, a_k^+(\tau_2) \right) \right\}}{\mathrm{Sp}\left\{ e^{-\beta\mathcal{H}_0} U(\hbar\beta, 0) \right\}} . \tag{6.49}$$

Setzen wir noch den Zeitentwicklungsoperator U nach (6.35) ein, so erkennen wir eine starke Analogie zur kausalen $T = 0$-Green-Funktion (5.59). Es ist deshalb nicht weiter verwunderlich, dass wir später zur Auswertung von (6.49) praktisch dieselben Verfahren wie in Kap. 5 werden verwenden können. Wichtige Unterschiede sind, dass die Zeitintegrationen über **endliche** Intervalle zu erstrecken sind und **keine** *Einschaltfaktoren* auftreten. Wir haben nirgendwo die Hypothese des *adiabatischen Einschaltens* (s. Abschn. 5.1.2) benutzen müssen. – Die Zustandssumme Ξ übernimmt im Matsubara-Formalismus in etwa die Rolle, die die Vakuumamplitude (5.89) im $T = 0$-Formalismus spielte. Das wird im nächsten Abschnitt noch klarer werden.

6.1.4 Aufgaben

Aufgabe 6.1.1

Verifizieren Sie das Ergebnis (6.46) für die energieabhängige, „freie" Ein-Teilchen-Matsubara-Funktion $G_k^{0,\mathrm{M}}(E_n)$ durch direkte Transformation der zugehörigen zeitabhängigen Funktion $G_k^{0,\mathrm{M}}(\tau)$ (6.44).

Aufgabe 6.1.2

1. Zeigen Sie, dass die zeitabhängige Ein-Teilchen-Matsubara-Funktion

$$G_k^{\mathrm{M}}(\tau) = -\langle T_\tau (a_k(\tau)\, a_k^+(0))\rangle$$

bei $\tau = 0$ unstetig ist und berechnen Sie den Unstetigkeitssprung!

2. Drücken Sie

$$\frac{1}{\hbar\beta} \sum_{n=-\infty}^{+\infty} G_k^{\mathrm{M}}(E_n)$$

durch die mittlere Besetzungszahl $\langle n_k \rangle$ aus. Wie unterscheidet sich das Ergebnis von

$$\frac{1}{\hbar\beta} \sum_{n=-\infty}^{+\infty} G_k^{\mathrm{M}}(E_n) \exp\left(\frac{\mathrm{i}}{\hbar} E_n 0^+\right) ?$$

Aufgabe 6.1.3

Zeigen Sie, dass die in (3.151) definierte („kombinierte") Green-Funktion $G_{AB}(E)$ als analytische Fortsetzung der Matsubara-Funktion $G_{AB}^{\mathrm{M}}(E)$ (6.20) in die komplexe E-Ebene eindeutig ist!

Aufgabe 6.1.4

Ein wechselwirkendes Teilchensystem (Bosonen oder Fermionen) werde durch den Hamilton-Operator (6.22) beschrieben. Zeigen Sie, dass sich die innere Energie U wie folgt durch die Ein-Teilchen-Matsubara-Funktion ausdrücken lässt:

$$U = \langle H \rangle = -\frac{1}{2}\,\varepsilon \lim_{\tau \to -0^+} \sum_p \left(\varepsilon(p) - \hbar\frac{\partial}{\partial\tau}\right) G_p^{\mathrm{M}}(\tau)$$

$(H = \mathcal{H}(\mu = 0))$.

Aufgabe 6.1.5

Verifizieren Sie die folgende Partialbruchzerlegung der Fermi/Bose-Verteilungsfunktion:

$$\langle n_k \rangle^{(0)} = \frac{1}{\exp(\beta(\varepsilon(\boldsymbol{k}) - \mu)) - \varepsilon} = -\frac{\varepsilon}{2} - \frac{\varepsilon}{\beta} \sum_{n=-\infty}^{+\infty} \frac{1}{\mathrm{i}E_n - (\varepsilon(\boldsymbol{k}) - \mu)} \,.$$

6.2 Diagrammatische Störungstheorie

6.2.1 Das Wick'sche Theorem

Für eine diagrammatische Analyse der zeitgeordneten Produkte in (6.49) benötigen wir ein Hilfsmittel, das die Rolle des Wick'schen Theorems (5.85) im $T = 0$-Formalismus für die kausale Funktion übernimmt. Wir wollen dieses nun zu begründende Hilfsmittel **verallgemeinertes Wick'sches Theorem** nennen. Es wird darum gehen, Ausdrücke der folgenden Form auszuwerten:

$$\mathrm{Sp}\left\{\mathrm{e}^{-\beta\mathcal{H}_0} T_\tau(UVW\cdots XYZ)\right\} = \Xi_0 \left\langle T_\tau(UVW\cdots XYZ)\right\rangle^{(0)} .$$

Ξ_0 ist die großkanonische Zustandssumme des nicht wechselwirkenden Systems. $U, V, W \ldots$ sind Konstruktionsoperatoren in der Dirac-Darstellung, die jeweils zu irgendeiner Zeit τ wirken. Wir definieren:

Kontraktion

$$\underset{\sqcup}{UV} = \left\langle T_\tau(UV)\right\rangle^{(0)} = \varepsilon \underset{\sqcup}{VU} \,. \qquad (6.50)$$

Da U und V Konstruktionsoperatoren sein sollen, wird es sich bei der Kontraktion analog zum $T = 0$-Fall im Wesentlichen um die Ein-Teilchen-Matsubara-Funktion handeln. Wir beweisen nun ein

verallgemeinertes Wick-Theorem

$$\begin{aligned}\left\langle T_\tau(UVW\cdots XYZ)\right\rangle^{(0)} &= (\underbrace{UV}\,\underbrace{W\cdots}\,\underbrace{X}\,\underbrace{YZ}) + (\underbrace{UVW\cdots}\,\underbrace{XYZ}) + \cdots \\ &= \{\textbf{totale Paarung}\}\,.\end{aligned} \tag{6.51}$$

Man beachte, dass dieses Theorem **keine** Operatoridentität darstellt. Unter **totaler Paarung** verstehen wir wie in Abschn. 5.2.2 die vollständige und auf alle denkbaren Arten und Weisen durchgeführte Aufteilung des Operatorproduks $UVW\cdots XYZ$ in Produkte von Kontraktionen, was natürlich eine gerade Anzahl von Operatoren voraussetzt. Letzteres wird jedoch immer gegeben sein. $\mathcal{H}_0$ vertauscht nämlich mit dem Teilchenzahloperator $\widehat{N}$; die Teilchenzahl ist deshalb eine Erhaltungsgröße. Ein Erwartungswert der Form $\langle UV\cdots YZ\rangle^{(0)}$ ist deshalb nur dann von Null verschieden, wenn das Produkt eine gleiche Zahl von Erzeugungs- und Vernichtungsoperatoren enthält. Insgesamt handelt es sich also immer um eine gerade Operatorzahl. – Wir treffen für (6.51) noch die **Vorzeichenvereinbarung**, dass die zu kontrahierenden Operatoren zunächst in benachbarte Positionen zu bringen sind. Jede dazu notwendige Vertauschung liefert einen Faktor ε.

Wir können zunächst wieder wie beim Beweis des Wick'schen Satzes in Abschn. 5.2.2 davon ausgehen, dass die Operatoren auf der linken Seite von (6.51) bereits zeitgeordnet sind. Wenn dies nicht der Fall wäre, würden die entsprechenden Vertauschungen für **jeden** Term in (6.51) denselben Faktor ε^m bedeuten. Wir können also ohne Beschränkung der Allgemeinheit für den Beweis

$$\tau_U > \tau_V > \tau_W > \cdots > \tau_X > \tau_Y > \tau_Z \tag{6.52}$$

voraussetzen. – Wegen (6.42) und (6.43) ist die Zeitabhängigkeit der Konstruktionsoperatoren sehr einfach. Wir schreiben:

$$U = \gamma_U(\tau_U)\,\alpha_U\,; \qquad \alpha_U = a_U^+ \text{ oder } a_U\,, \tag{6.53}$$

$$\gamma_U(\tau_U) = \exp\left(\sigma_U \frac{1}{\hbar}\big(\varepsilon(\boldsymbol{U}) - \mu\big)\tau_U\right); \qquad \sigma_U = \begin{cases} -\,, & \text{falls} \quad \alpha_U = a_U\,, \\ +\,, & \text{falls} \quad \alpha_U = a_U^+\,. \end{cases} \tag{6.54}$$

Betrachten wir zunächst einmal die Kontraktion

$$\underbrace{UV} = \left\langle T_\tau(UV)\right\rangle^{(0)} = \langle UV\rangle^{(0)} = \gamma_U(\tau_U)\gamma_V(\tau_V)\,\langle\alpha_U\alpha_V\rangle^{(0)}\,. \tag{6.55}$$

Da die Mittelung im *freien* System erfolgt, kann man weiter schließen:

$$\begin{aligned} &\langle \alpha_U \alpha_V \rangle^{(0)} \neq 0 \quad \text{nur, falls} \\ &1) \quad \alpha_U = a_U\,, \quad \alpha_V = a_U^+\,, \\ &2) \quad \alpha_U = a_U^+\,, \quad \alpha_V = a_U\,. \end{aligned}$$

Daraus folgt mit (6.45):

1.

$$\begin{aligned} \langle a_U a_U^+ \rangle^{(0)} &= 1 + \varepsilon \langle n_U \rangle^{(0)} \\ &= 1 + \frac{\varepsilon}{e^{\beta(\varepsilon(U)-\mu)} - \varepsilon} = \frac{1}{1 - \varepsilon e^{-\beta(\varepsilon(U)-\mu)}} \\ &= \frac{[a_U, a_U^+]_{-\varepsilon}}{1 - \varepsilon \gamma_U(\hbar\beta)}\,. \end{aligned}$$

2.

$$\begin{aligned} \langle a_U^+ a_U \rangle^{(0)} &= \langle n_U \rangle^{(0)} = \frac{1}{\gamma_U(\hbar\beta) - \varepsilon} \\ &= \frac{-\varepsilon}{1 - \varepsilon \gamma_U(\hbar\beta)} = \frac{[a_U^+, a_U]_{-\varepsilon}}{1 - \varepsilon \gamma_U(\hbar\beta)}\,. \end{aligned}$$

Wir können die beiden Fälle offensichtlich zusammenfassen:

$$\underset{\sqcup}{UV} = \gamma_U(\tau_U)\gamma_V(\tau_V)\,\frac{[\alpha_U, \alpha_V]_{-\varepsilon}}{1 - \varepsilon \gamma_U(\hbar\beta)}\,. \tag{6.56}$$

Wir kommen nun zum eigentlichen Beweis von (6.51). Es gilt zunächst:

$$\langle UV \cdots YZ \rangle^{(0)} = \gamma_U \gamma_V \cdots \gamma_Y \gamma_Z \langle \alpha_U \alpha_V \cdots \alpha_Y \alpha_Z \rangle^{(0)}\,.$$

Wir versuchen nun, den Operator α_U ganz nach rechts zu *ziehen*:

$$\begin{aligned} \frac{\langle UV \cdots YZ \rangle^{(0)}}{\gamma_U \gamma_V \cdots \gamma_Y \gamma_Z} &= \langle [\alpha_U, \alpha_V]_{-\varepsilon}\, \alpha_W \cdots \alpha_Z \rangle^{(0)} \\ &\quad + \varepsilon \langle \alpha_V\, [\alpha_U, \alpha_W]_{-\varepsilon} \cdots \alpha_Z \rangle^{(0)} \\ &\quad + \cdots \\ &\quad + \varepsilon^{p-2} \langle \alpha_V \alpha_W \cdots [\alpha_U, \alpha_Z]_{-\varepsilon} \rangle^{(0)} \\ &\quad + \varepsilon^{p-1} \langle \alpha_V \alpha_W \cdots \alpha_Y \alpha_Z \alpha_U \rangle^{(0)}\,. \end{aligned} \tag{6.57}$$

p ist die Zahl der Operatoren im Erwartungswert. Da p gerade sein muss, ist $\varepsilon^{p-1} = \varepsilon$. Wir formen den letzten Summanden in (6.57) noch einmal um. Dabei hilft uns (6.41):

$$\begin{aligned} a_U e^{-\beta\mathcal{H}_0} &= \sum_{n=0}^{\infty} \frac{1}{n!}(-\beta)^n a_U \mathcal{H}_0^n \\ &= \sum_{n=0}^{\infty} \frac{1}{n!}\left(-\beta(\varepsilon(\boldsymbol{U}) - \mu + \mathcal{H}_0)\right)^n a_U \\ &= e^{-\beta(\varepsilon(\boldsymbol{U}) - \mu + \mathcal{H}_0)} a_U \\ &= \gamma_U(\hbar\beta) e^{-\beta\mathcal{H}_0} a_U \,. \end{aligned}$$

Analog findet man

$$a_U^+ e^{-\beta\mathcal{H}_0} = e^{+\beta(\varepsilon(\boldsymbol{U}) - \mu) - \beta\mathcal{H}_0} a_U^+ = \gamma_U(\hbar\beta) e^{-\beta\mathcal{H}_0} a_U^+ \,,$$

sodass wir zusammenfassen können:

$$\alpha_U e^{-\beta\mathcal{H}_0} = \gamma_U(\hbar\beta) e^{-\beta\mathcal{H}_0} \alpha_U \,. \tag{6.58}$$

Unter Ausnutzung der zyklischen Invarianz der Spur finden wir mit (6.58) für den letzten Summanden in (6.57):

$$\begin{aligned} \left\langle \alpha_V \alpha_W \cdots \alpha_Z \alpha_U \right\rangle^{(0)} &= \frac{1}{\Xi_0} \operatorname{Sp}\left\{ e^{-\beta\mathcal{H}_0} \alpha_V \alpha_W \cdots \alpha_Z \alpha_U \right\} \\ &= \frac{1}{\Xi_0} \operatorname{Sp}\left\{ \alpha_U e^{-\beta\mathcal{H}_0} \alpha_V \alpha_W \cdots \alpha_Z \right\} \\ &= \frac{\gamma_U(\hbar\beta)}{\Xi_0} \operatorname{Sp}\left\{ e^{-\beta\mathcal{H}_0} \alpha_U \alpha_V \cdots \alpha_Z \right\} \\ &= \gamma_U(\hbar\beta) \left\langle \alpha_U \alpha_V \cdots \alpha_Z \right\rangle^{(0)} . \end{aligned}$$

Dies ergibt in (6.57):

$$\begin{aligned} &\frac{\langle UV \cdots YZ \rangle^{(0)}}{\gamma_U \gamma_V \cdots \gamma_Z} \left(1 - \varepsilon\gamma_U(\hbar\beta)\right) \\ &= \left\langle [\alpha_U, \alpha_V]_{-\varepsilon}\, \alpha_W \cdots \alpha_Z \right\rangle^{(0)} \\ &\quad + \varepsilon \left\langle \alpha_V\, [\alpha_U, \alpha_W]_{-\varepsilon} \cdots \alpha_Z \right\rangle^{(0)} \\ &\quad + \cdots \\ &\quad + \varepsilon^{p-2} \left\langle \alpha_V \alpha_W \cdots [\alpha_U, \alpha_Z]_{-\varepsilon} \right\rangle^{(0)} . \end{aligned}$$

Es folgt schließlich mit (6.56):

$$
\begin{aligned}
\langle UVW\cdots XYZ\rangle^{(0)} &= \langle \underbracket{UV} W\cdots XYZ\rangle^{(0)} \\
&\quad + \varepsilon\langle V\underbracket{UW}\cdots XYZ\rangle^{(0)} \\
&\quad + \cdots \\
&\quad + \varepsilon^{p-2}\langle VW\cdots \underbracket{UZ}\rangle^{(0)} \\
&= \langle \underbracket{UV} W\cdots XYZ\rangle^{(0)} \\
&\quad + \langle \underbracket{UVW}\cdots XYZ\rangle^{(0)} \\
&\quad + \cdots \\
&\quad + \langle \underbracket{UVW\cdots XYZ}\rangle^{(0)} .
\end{aligned}
\tag{6.59}
$$

Die Kontraktion selbst ist eine C-Zahl, kann also aus dem Erwartungswert herausgezogen werden. Auf den verbleibenden Mittelwert lässt sich wieder (6.59) anwenden. Schließlich erhalten wir die *totale Paarung*. Mit (6.52) ist dann das *verallgemeinerte* Wick'sche Theorem (6.51) bewiesen.

6.2.2 Diagrammanalyse der großkanonischen Zustandssumme

Wir beginnen mit der Analyse der großkanonischen Zustandssumme Ξ, aus der sich die gesamte makroskopische Thermodynamik des wechselwirkenden Teilchensystems ableiten lässt. Wir setzen die großkanonische Zustandssumme Ξ_0 des nicht wechselwirkenden Systems als bekannt voraus und haben dann nach (6.37) zu berechnen:

$$
\frac{\Xi}{\Xi_0} = \frac{1}{\Xi_0}\,\mathrm{Sp}\left\{\mathrm{e}^{-\beta\mathcal{H}_0}U(\hbar\beta,0)\right\} = \left\langle U(\hbar\beta,0)\right\rangle^{(0)} . \tag{6.60}
$$

Die zugehörige Störreihe ist ebenfalls in (6.37) angegeben. Ihr n-ter Term lautet:

$$
\begin{aligned}
&\frac{1}{n!}\left(-\frac{1}{\hbar}\right)^n \int_0^{\hbar\beta}\!\!\cdots\!\int \mathrm{d}\tau_1\cdots\mathrm{d}\tau_n \left\langle T_\tau\big(V(\tau_1)\cdots V(\tau_n)\big)\right\rangle^{(0)} \\
&= \frac{1}{n!}\left(-\frac{1}{\hbar}\right)^n \frac{1}{2^n} \sum_{\substack{k_1 l_1\\ m_1 n_1}} \cdots \sum_{\substack{k_n l_n\\ m_n n_n}} v(k_1 l_1; n_1 m_1)\cdots v(k_n\cdots) \\
&\quad\cdot \int_0^{\hbar\beta}\!\!\cdots\!\int \mathrm{d}\tau_1\cdots\mathrm{d}\tau_n \Big\langle T_\tau\Big\{a_{k_1}^+(\tau_1)\,a_{l_1}^+(\tau_1)\,a_{m_1}(\tau_1)\,a_{n_1}(\tau_1) \\
&\quad\cdot\cdots\cdot a_{k_n}^+(\tau_n)\,a_{l_n}^+(\tau_n)\,a_{m_n}(\tau_n)\,a_{n_n}(\tau_n)\Big\}\Big\rangle^{(0)} .
\end{aligned}
\tag{6.61}
$$

Bis auf die *Einschaltfaktoren* und $(-1/\hbar)^n$ anstelle von $(-i/\hbar)^n$ ist dieser Ausdruck mit (5.90), der Entwicklung für die Vakuumamplitude, identisch. Da auch die algebraische Struktur des verallgemeinerten Wick'schen Theorems (6.51) dieselbe ist wie im $T = 0$-Fall, wenn man (5.84) mit dem Grundzustand $|\eta_0\rangle$ des freien Systems mittelt, können wir praktisch alle in Abschn. 5.3 abgeleiteten Regeln und Gesetzmäßigkeiten direkt übernehmen. Die Feynman-Diagramme werden dieselben Strukturen wie im $T = 0$-Fall haben. Wir können deshalb die in Abschn. 5.3 für die Vakuumamplitude durchgeführten Überlegungen fast unverändert hier wiederholen, wollen das aber nur stichpunktartig tun.

Die Zeitargumente in einem Viererpaket

$$a_k^+(\tau)a_l^+(\tau)a_m(\tau)a_n(\tau)$$

haben wir früher in τ und τ' aufgeteilt, um formal an einem Vertex *unten* und *oben* unterscheiden zu können. Darauf verzichten wir jetzt, vereinbaren aber, dass a_k^+ und a_n an dem einen und a_l^+ und a_m an dem anderen Vertexpunkt ankoppeln. Jede Kombination von Kontraktionen aus der *totalen Paarung* wird durch ein Feynman-Diagramm dargestellt. Die Zahl der Vertizes entspricht der *Ordnung* des Diagramms.

Wir übernehmen die Notation aus Abschn. 5.3.2. Demnach bezeichnet Θ die Struktur eines Diagramms. Alle *topologisch verschiedenen* Diagramme gleicher Struktur liefern denselben Beitrag zur Störreihe, gehören aber zu unterschiedlichen Kombinationen von Kontraktionen, müssen deshalb gesondert gezählt werden. Ihre Zahl lässt sich angeben. Es gilt wie in (5.101):

$$A_n(\Theta) = \frac{2^n n!}{h(\Theta)} \,. \tag{6.62}$$

Der Faktor 2^n resultiert aus dem Vertauschen von *unten* und *oben* am Vertex, $n!$ aus der Permutation der Vertizes. $h(\Theta)$ ist die Zahl der topologisch **gleichen** Diagramme innerhalb der Struktur Θ. Diese entsprechen identischen Kombinationen von Kontraktionen, dürfen deshalb nur einmal gezählt werden.

Als **zusammenhängende Diagramme** bezeichnen wir wiederum solche, die durch keinen Schnitt in zwei selbstständige Diagramme niedrigerer Ordnung zerlegt werden können. Für den Beitrag aller zusammenhängenden Diagramme der Struktur Θ zur Ordnung n schreiben wir:

$$U_n(\Theta) = \frac{2^n}{h(\Theta)}\left(-\frac{1}{\hbar}\right)^n U_n^*\left(D^{(n)}\right) \,, \tag{6.63}$$

$$U_n^*\left(D^{(n)}\right) = \int_0^{\hbar\beta}\!\cdots\!\int d\tau_1\cdots d\tau_n \left\langle T_\tau\big(V(\tau_1)\cdots V(\tau_n)\big)\right\rangle^{(0)}_{\text{zus.}} \,. \tag{6.64}$$

Wir betrachten nun ein nicht zusammenhängendes Diagramm, das aus p zusammenhängenden Diagrammteilen mit $n_1, n_2, \ldots, n_p$ Vertizes besteht ($n_1 + n_2 + \cdots + n_p = n$). Nicht zusammenhängende Diagramme haben keine gemeinsamen Integrations- oder Summationsvariablen in den Unterstrukturen. Deshalb faktorisiert der Gesamtbeitrag nach (6.64):

$$U_n^*\left(D^{(n)}\right) = U_{n_1}^*\left(D^{(n_1)}\right)\cdots U_{n_p}^*\left(D^{(n_p)}\right) .$$

Gibt es unter den p zusammenhängenden Diagrammteilen $p_1,\ldots, p_\nu$ gleiche der Struktur $\Theta_1,\ldots, \Theta_\nu$

$$\Theta = p_1\Theta_1 + p_2\Theta_2 + \cdots + p_\nu\Theta_\nu\ ; \qquad p_1 + p_2 + \cdots + p_\nu = p\ ,$$

so ist in (6.63)

$$h(\Theta) = p_1!\, h^{p_1}(\Theta_1)\, p_2!\, h^{p_2}(\Theta_2)\cdots p_\nu!\, h^{p_\nu}(\Theta_\nu) \tag{6.65}$$

zu setzen. Die Fakultäten $p_1!, p_2!,\ldots, p_\nu!$ resultieren aus der Tatsache, dass das Vertauschen der p_μ Diagrammteile untereinander zu topologisch gleichen Diagrammen führt. Als Gesamtbeitrag der Struktur ergibt sich dann:

$$U_n(\Theta) = \frac{1}{p_1!}U^{p_1}(\Theta_1)\frac{1}{p_2!}U^{p_2}(\Theta_2)\cdots\frac{1}{p_\nu!}U^{p_\nu}(\Theta_\nu)\ . \tag{6.66}$$

Wir können jetzt leicht die gesamte Störreihe für Ξ / Ξ_0 kompakt formulieren:

$$\frac{\Xi}{\Xi_0} = \sum_{p_1,p_2,\ldots}^{0\ldots\infty}\frac{1}{p_1!}U^{p_1}(\Theta_1)\frac{1}{p_2!}U^{p_2}(\Theta_2)\cdots \tag{6.67}$$

In dem Produkt rechts erscheinen **alle** paarweise verschiedenen zusammenhängenden Diagrammstrukturen. Jedes p_ν läuft von 0 bis ∞. Dies bedeutet

$$\frac{\Xi}{\Xi_0} = \exp\big(U(\Theta_1)\big)\exp\big(U(\Theta_2)\big)\cdots$$

oder

$$\frac{\Xi}{\Xi_0} = \exp\left\{\sum_\nu^{\text{zus.}} U(\Theta_\nu)\right\}\ . \tag{6.68}$$

Dies entspricht dem **Linked-Cluster-Theorem** (5.112). Wir können uns also ab sofort bei der Auswertung der großkanonischen Zustandssumme auf die zusammenhängenden Diagramme beschränken.

Die Analyse eines Diagrammteils erfolgt völlig analog zum $T = 0$-Spezialfall.

Die Vertizes werden mit Zeiten τ_i beziffert, deren Indizes von links nach rechts zunehmen. Jeder Vertex erhält den Faktor $v(kl; nm)$ (Abb. 6.1). Die Faktoren $1/2$ kürzen sich in der

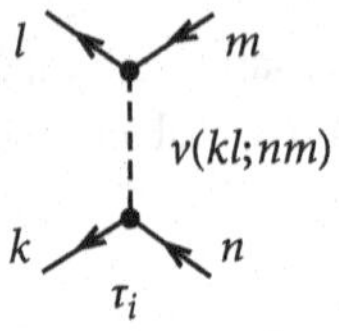

Abb. 6.1 Bezifferung eines Vertex in der Diagrammanalyse von Matsubara-Funktionen

Gesamtbilanz gegen den Term 2^n in (6.63) weg.

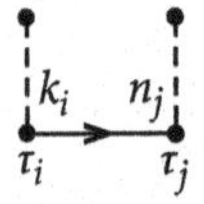

$$\mathrel{\hat{=}} \underbrace{a^+_{k_i}(\tau_i)\, a_{n_j}}(\tau_j) = \varepsilon G^{0,\mathrm{M}}_{k_i}(\tau_j - \tau_i)\,\delta_{k_i n_j}\,, \tag{6.69}$$

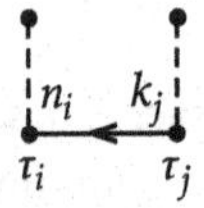

$$\mathrel{\hat{=}} \underbrace{a_{n_i}(\tau_i)\, a^+_{k_j}}(\tau_j) = -G^{0,\mathrm{M}}_{n_i}(\tau_i - \tau_j)\,\delta_{n_i k_j}\,. \tag{6.70}$$

Bei Gleichzeitigkeit ($\tau_i = \tau_j = \tau$) vereinbaren wir wie im $T = 0$-Fall, dass der Zeitordnungsoperator den Erzeuger nach links bringt:

$$\begin{aligned} \underbrace{a^+_k(\tau)a_k}(\tau) &\overset{!}{=} \left\langle T_\tau\left(a^+_k(\tau)a_k(\tau - 0^+)\right)\right\rangle^{(0)} \\ &= -\varepsilon G^{0,\mathrm{M}}_k(-0^+) \\ &= \varepsilon \underbrace{a_k(\tau)a^+_k}(\tau)\,. \end{aligned} \tag{6.71}$$

Mit (6.44) bedeutet dies:

$$\underbrace{a^+_k(\tau)a_k}(\tau) = \langle n_k\rangle^{(0)}\,. \tag{6.72}$$

Damit sind wir nun endgültig in der Lage, die

▸ Diagrammregeln für die großkanonische Zustandssumme Ξ/Ξ_0

zu formulieren:

Man suche alle zusammenhängenden Diagramme mit paarweise verschiedener Struktur auf und berechne den Beitrag eines Diagramms n-ter Ordnung (n Vertizes, $2n$ Propagatoren) wie folgt:

1. Vertex $\Leftrightarrow v(kl; nm)$.
2. Propagierende Linie $\Leftrightarrow -G^{0,\mathrm{M}}_{k_\nu}(\tau_\nu - \tau_\mu)\delta_{k_\nu,k_\mu}$ (von τ_μ nach τ_ν).
3. Nicht propagierende Linie (Gleichzeitigkeit) $\Leftrightarrow -G^{0,\mathrm{M}}_{k_\nu}(-0^+)\delta_{k_\nu k_\mu}$.
4. Summation über alle $\ldots, k_i, l_i, m_i, n_i, \ldots$
5. Integration über alle $\tau_1, \ldots, \tau_n$ von 0 bis $\hbar\beta$.
6. Faktor: $\left(-\frac{1}{\hbar}\right)^n \frac{\varepsilon^S}{h(\Theta)}$; S = Zahl der Schleifen.

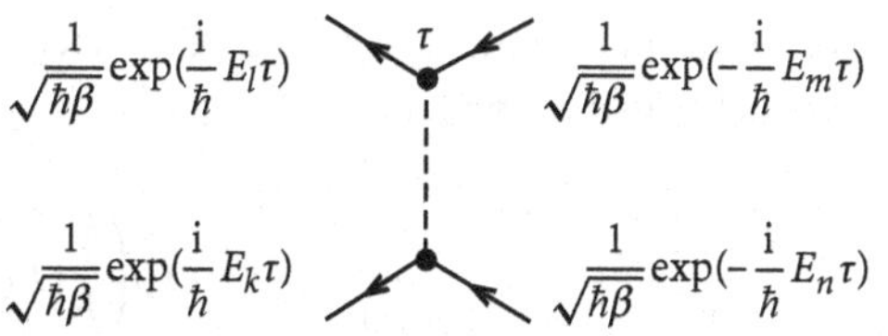

Abb. 6.2 Vertex-Bezifferung für den Übergang von zeit- zu energieabhängigen Matsubara-Funktionen

Die Schleifenregel, die in Regel 6. zu dem Faktor ε^s führt, wird wie im $T = 0$-Fall (5.100) bewiesen.

Die Zeitabhängigkeit der *freien* Ein-Teilchen-Matsubara-Funktion $G_k^{0,M}(\tau)$ ist nach (6.44) etwas unhandlich. Die notwendige Fallunterscheidung $\tau \gtrless 0$ macht die Auswertung der Feynman-Diagramme relativ kompliziert. Die energieabhängige Funktion ist dagegen wesentlich einfacher strukturiert (6.46). Nach (6.15) gilt:

$$G_k^{0,M}(\tau_2 - \tau_1) = \frac{1}{\hbar\beta}\sum_n \exp\left(-\frac{i}{\hbar}E_n(\tau_2 - \tau_1)\right)G_k^{0,M}(E_n) \,. \tag{6.73}$$

In den Diagrammen vereinbaren wir die folgende Zuordnung:

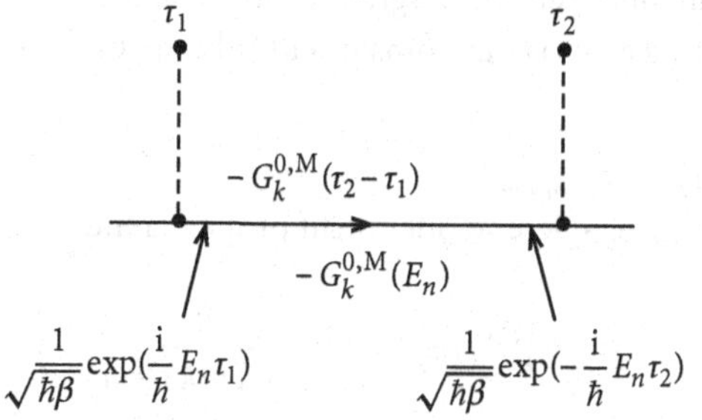

Jede an einem Vertexpunkt auslaufende Linie erhält einen zusätzlichen Faktor

$$\frac{\exp\left(\frac{i}{\hbar}E_n\tau_1\right)}{\sqrt{\hbar\beta}} \,.$$

Die entsprechende, bei τ_2 einlaufende Linie bringt den Faktor

$$\exp\left(-\frac{i}{\hbar}E_n\tau_2\right) / \sqrt{\hbar\beta}$$

mit (Abb. 6.2). Die Zeitabhängigkeiten stecken ausschließlich in diesen Exponentialfunktionen.

Der Vertex bei τ enthält dann die skizzierten Faktoren, mit denen man die Zeitintegrationen leicht ausführen kann:

$$\frac{1}{(\hbar\beta)^2}\int_0^{\hbar\beta} d\tau \exp\left(\frac{i}{\hbar}\left(E_k + E_l - E_m - E_n\right)\tau\right)$$

$$= \frac{1}{(\hbar\beta)^2}\frac{\exp\left[\frac{i}{\hbar}\left(E_k + E_l - E_m - E_n\right)\tau\right]}{\frac{i}{\hbar}\left(E_k + E_l - E_m - E_n\right)}\Bigg|_0^{\hbar\beta}$$

$$= \frac{1}{\hbar\beta}\begin{cases}0\,, & \text{falls} \quad (E_k + E_l) \neq (E_m + E_n)\;, \\ 1\,, & \text{falls} \quad (E_k + E_l) = (E_m + E_n)\;.\end{cases}$$

Die Kombination $(E_k + E_l - E_m - E_n)$ ist nach (6.17) sowohl für Bosonen als auch für Fermionen ein geradzahliges Vielfaches von π / β. Die Zeitintegrationen führen also zur Energieerhaltung am Vertex. Wir können nun noch einmal die

▸ **Diagrammregeln für die großkanonische Zustandssumme Ξ / Ξ_0**

neu formulieren:

Man suche alle zusammenhängenden Diagramme mit paarweise verschiedenen Strukturen und berechne den Beitrag eines Diagramms n-ter Ordnung nach den folgenden Vorschriften:

1. Vertex $\Leftrightarrow$ $v(kl; nm)\frac{1}{\hbar\beta}\delta_{E_k+E_l, E_m+E_n}$.
2. Ausgezogene Linie (propagierend oder nicht propagierend):

$$-G_k^{0,\mathrm{M}}\left(E_{n_k}\right) = \frac{-\hbar}{iE_{n_k} - \left(\varepsilon(\boldsymbol{k}) - \mu\right)}\,.$$

3. Nicht propagierende Linien zusätzlich:

$$\exp\left(\frac{i}{\hbar}E_{n_k}0^+\right).$$

4. Summationen über alle $\ldots, k_i, l_i, m_i, n_i, \ldots$ und über alle E_{n_i}.
5. Faktor: $\left(-\frac{1}{\hbar}\right)^n \frac{\varepsilon^S}{h(\Theta)}$; S = Zahl der Schleifen.

Der konvergenzerzeugende Faktor für nicht propagierende Linien in Regel 3. kann direkt an (6.73) abgelesen werden. Er folgt aus unserer Vereinbarung, bei Gleichzeitigkeit den Grenzübergang

$$\tau_2 \longrightarrow \tau_1 - 0^+$$

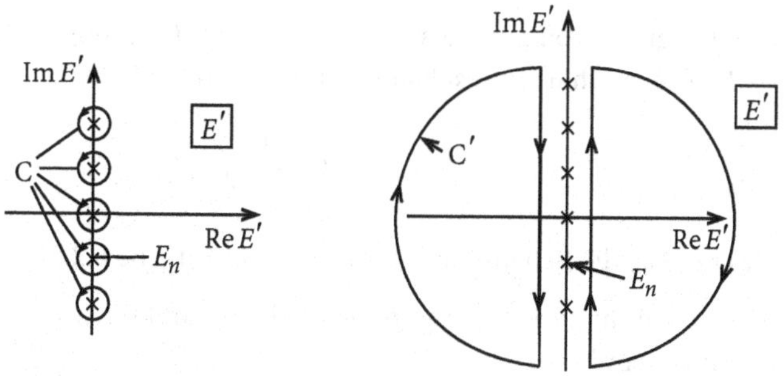

Abb. 6.3 Integrationswege in der komplexen Energieebene zur Durchführung von Summationen über Matsubara-Energien

zu vollziehen. Dies bedeutet aber, dass wir einer ausgezogenen Linie, die an ein und demselben Vertex beginnt und endet, neben dem Beitrag 2. noch den Faktor 3. zuordnen müssen.

Die in Regel 4. geforderten Wellenzahlsummationen werden wir praktisch immer durch Übergang in den thermodynamischen Limes durch eine entsprechende Integration ersetzen können:

$$\sum_{\boldsymbol{k}} \quad \Rightarrow \quad \frac{V}{(2\pi)^3} \int d^3k \,. \tag{6.74}$$

Neu für uns sind die Summationen über die Matsubara-Energien E_n, für die (6.17) gilt. Auch diese Summationen lassen sich in Integrationen umwandeln. Sei $F = F(\mathrm{i}E_n)$ irgendeine Funktion dieser E_n, die keinen Pol bei irgendeiner Matsubara-Energie $\mathrm{i}E_n$ besitzt, dann gilt:

$$\frac{1}{\hbar\beta} \sum_{n=-\infty}^{+\infty} F(\mathrm{i}E_n) = \frac{-1}{2\pi\hbar\mathrm{i}} \int_C dE' \, \frac{F(E')}{1 - \varepsilon \mathrm{e}^{\beta E'}} \,. \tag{6.75}$$

Mit C ist der in Abb. 6.3 skizzierte Weg der komplexen E'-Ebene gemeint. – Wenn die Funktion $F(E')$ im Unendlichen stärker als $1/E'$ verschwindet, dann werden wir später C durch die Kontur C' ersetzen dürfen.

Zum Beweis von (6.75) formen wir die rechte Seite wie folgt um:

$$I = \frac{-1}{2\pi\hbar\mathrm{i}} \sum_n \int_{C_n} dE' \, \frac{F(E')}{E' - \mathrm{i}E_n} f(E') \,.$$

Dabei soll

$$f(E') = \frac{E' - \mathrm{i}E_n}{1 - \varepsilon \mathrm{e}^{\beta E'}}$$

sein. $f(E')$ bleibt endlich für $E' = \mathrm{i}E_n$:

$$f(E' = \mathrm{i}E_n) = \lim_{E' \to \mathrm{i}E_n} \frac{\frac{d}{dE'}(E' - \mathrm{i}E_n)}{\frac{d}{dE'}\left(1 - \varepsilon \mathrm{e}^{\beta E'}\right)}$$

$$= \lim_{E' \to \mathrm{i}E_n} \frac{1}{-\varepsilon\beta \mathrm{e}^{\beta E'}} = -\frac{1}{\beta} \,.$$

Der Integrand von I hat also einen Pol erster Ordnung bei $E' = \mathrm{i}E_n$ mit dem Residuum $-\frac{1}{\beta}F(\mathrm{i}E_n)$. Nach dem Residuensatz folgt dann für I:

$$I = \frac{1}{\hbar\beta}\sum_n F(\mathrm{i}E_n) \; .$$

Das beweist die Behauptung (6.75) (s. auch Aufgabe 6.2.5).

Wir wollen im nächsten Abschnitt an einem konkreten Beispiel die Anwendung der Diagrammregeln üben.

6.2.3 Ringdiagramme

Wie in Abschn. 5.5 für die Grundzustandsenergie des Jellium-Modells demonstriert, so spielen auch bei der großkanonischen Zustandssumme Ξ die Ringdiagramme eine entscheidende Rolle. Sie lassen sich exakt aufsummieren. Das wollen wir wieder für das Jellium-Modell, also für ein System von Fermionen, durchführen. Betrachten wir als Beispiel das Ringdiagramm dritter Ordnung:

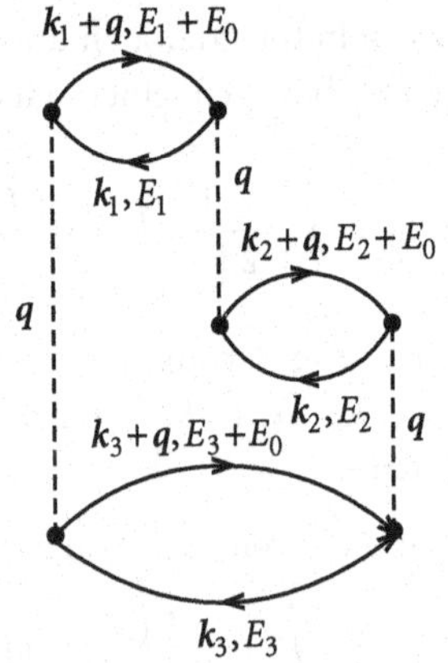

Energie- und Impulserhaltung sind bei der Bezifferung des Diagramms bereits berücksichtigt worden. Die E_ν's sind nach Voraussetzung Fermiquanten,

$$E_\nu = (2n_\nu + 1)\,\frac{\pi}{\beta} \, ,$$

folglich muss der Energieübertrag E_0 ein Bose-Quant sein:

$$E_0 = 2n_0\frac{\pi}{\beta} \; .$$

Wir haben wegen der Spinerhaltung am Vertex noch drei unabhängige Spinsummationen zu berücksichtigen. Der Beitrag I_3 ergibt sich dann zu:

$$I_3 = \underbrace{2^3\left(-\frac{1}{\hbar}\right)^3\frac{(-1)^3}{h(\Theta_3)}}_{(5)}\underbrace{\frac{V^4}{(2\pi)^{12}}\int\cdots\int d^3q\,d^3k_1\,d^3k_2\,d^3k_3\sum_{E_0E_1E_2E_3}}_{(4)}$$

$$\cdot\underbrace{\frac{1}{(\hbar\beta)^3}v^3(q)}_{(1)}\underbrace{\prod_{\nu=1}^{3}\left(\frac{-\hbar}{\mathrm{i}E_\nu-\varepsilon(\boldsymbol{k}_\nu)+\mu}\,\frac{-\hbar}{\mathrm{i}\,(E_\nu+E_0)-\varepsilon(\boldsymbol{k}_\nu+\boldsymbol{q})+\mu}\right)}_{(2)}\,.$$

Wir ziehen den Term

$$\widetilde{\Lambda}_{\boldsymbol{q}}(\boldsymbol{k};E_0)=\frac{1}{\hbar\beta}\sum_{E_n}\frac{-\hbar}{\mathrm{i}E_n-\varepsilon(\boldsymbol{k})+\mu}\,\frac{-\hbar}{\mathrm{i}\,(E_n+E_0)-\varepsilon(\boldsymbol{k}+\boldsymbol{q})+\mu}\tag{6.76}$$

heraus und definieren noch

$$\hbar\Lambda_{\boldsymbol{q}}^{(0)}(E_0)=2\frac{V}{(2\pi)^3}\int d^3k\,\widetilde{\Lambda}_{\boldsymbol{q}}(\boldsymbol{k};E_0)\,.\tag{6.77}$$

Dies entspricht der niedrigsten Näherung (5.182) des Polarisationspropagators. Der Faktor 2 resultiert aus der Spinentartung. Damit lässt sich nun der Diagrammbeitrag I_3 wie folgt schreiben:

$$I_3=\frac{1}{h(\Theta_3)}\frac{V}{(2\pi)^3}\int d^3q\sum_{E_0}\left(v(\boldsymbol{q})\Lambda_{\boldsymbol{q}}^{(0)}(E_0)\right)^3\,.\tag{6.78}$$

Dies lässt sich leicht auf eine beliebige Ordnung n des Ringdiagramms erweitern. Für die Zahl $h(\Theta_n)$ der topologisch gleichen Ringdiagramme findet man

$$h(\Theta_n)=2n\,.\tag{6.79}$$

Topologisch gleiche Diagramme erhält man z. B. durch **zyklisches** Vertauschen der Vertizes. Das ergibt n Möglichkeiten. Vertauschen von *oben* und *unten* gleichzeitig an den Vertizes liefert noch einmal einen Faktor 2. Für den Beitrag n-ter Ordnung gilt also:

$$I_n=\frac{1}{2}\frac{V}{(2\pi)^3}\int d^3q\sum_{E_0}\frac{1}{n}\left(v(\boldsymbol{q})\Lambda_{\boldsymbol{q}}^{(0)}(E_0)\right)^n\,,\qquad n\geq 2\,.\tag{6.80}$$

Der Beitrag $n=1$ ist noch ausgespart. Es handelt sich um ein *Gleichzeit*-Diagramm (Abb. 6.4), das nach Regel 3. einen zusätzlichen Faktor $\exp\left(\frac{\mathrm{i}}{\hbar}E_0 0^+\right)$ bekommt. Wir werden sehen, dass ohne diesen Faktor der $n=1$-Beitrag zur großkanonischen Zustandssumme divergieren würde. Da er andererseits in den $n\geq 2$-Termen nicht *stört*, fügen wir ihn in (6.80) allgemein für alle n ein:

$$\sum_{n=1}^{\infty}I_n=\frac{1}{2}\frac{V}{(2\pi)^3}\int d^3q\sum_{E_0}\left[\sum_{n=1}^{\infty}\frac{1}{n}\left(v(\boldsymbol{q})\Lambda_{\boldsymbol{q}}^{(0)}(E_0)\exp\left(\frac{\mathrm{i}}{\hbar}E_0 0^+\right)\right)^n\right]\,.$$

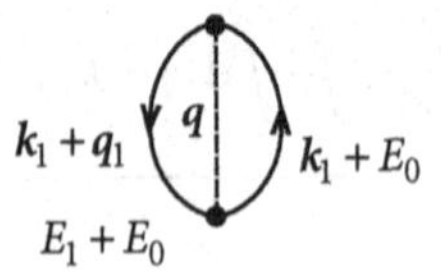

Abb. 6.4 Diagramm erster Ordnung in der Ringdiagramm-Näherung zur großkanonischen Zustandssumme

Mit

$$\ln(1-x) = -\sum_{n=1}^{\infty} \frac{x^n}{n}$$

lässt sich die *Ringdiagramm-Näherung* der großkanonischen Zustandssumme dann wie folgt schreiben, wenn man noch bedenkt, dass der $n = 0$-Term gerade die 1 liefert:

$$\left(\frac{\Xi}{\Xi_0}\right)_{\text{Ring}} = 1 - \frac{1}{2}\frac{V}{(2\pi)^3} \int \mathrm{d}^3q \sum_{E_0} \ln\left(1 - v(\boldsymbol{q})\Lambda_{\boldsymbol{q}}^{(0)}(E_0)\right) . \tag{6.81}$$

Wir schreiben den konvergenzerzeugenden Faktor nicht explizit hin, fügen ihn lediglich *bei Bedarf* ein.

Bleibt schließlich noch $\Lambda_{\boldsymbol{q}}^{(0)}(E_0)$ auszuwerten. Wir berechnen dazu zunächst nach (6.76) $\widetilde{\Lambda}_{\boldsymbol{q}}(\boldsymbol{k}; E_0)$. Mit (6.75) gilt:

$$\widetilde{\Lambda}_{\boldsymbol{q}}(\boldsymbol{k}; E_0) = \frac{-1}{2\pi\hbar\mathrm{i}} \int_C \frac{\mathrm{d}E'}{1+\mathrm{e}^{\beta E'}} \frac{\hbar^2}{\left(E' - \varepsilon(\boldsymbol{k}) + \mu\right)\left(E' + \mathrm{i}E_0 - \varepsilon(\boldsymbol{k}+\boldsymbol{q}) + \mu\right)} .$$

Der Bruch rechts verschwindet im Unendlichen wie $1/E'^2$. Wir können also den Weg C durch C' ersetzen (s. Abb. 6.3). Zwei Pole erster Ordnung liegen im von C' berandeten Gebiet, die jeweils mathematisch negativ umlaufen werden. Mit dem Residuensatz folgt dann:

$$\widetilde{\Lambda}_{\boldsymbol{q}}(\boldsymbol{k}; E_0) = \frac{\hbar}{\left(1 + \mathrm{e}^{\beta(\varepsilon(\boldsymbol{k})-\mu)}\right)\left(\varepsilon(\boldsymbol{k}) - \varepsilon(\boldsymbol{k}+\boldsymbol{q}) + \mathrm{i}E_0\right)} + \frac{\hbar}{\left(1 + \mathrm{e}^{\beta(\varepsilon(\boldsymbol{k}+\boldsymbol{q})-\mu)}\mathrm{e}^{-\mathrm{i}\beta E_0}\right)} .$$

E_0 ist ein Bose-Quant, und damit ist $\mathrm{e}^{\mathrm{i}\beta E_0} = +1$. Es bleibt:

$$\widetilde{\Lambda}_{\boldsymbol{q}}(\boldsymbol{k}; E_0) = \hbar \frac{\langle n_{\boldsymbol{k}}\rangle^{(0)} - \langle n_{\boldsymbol{k}+\boldsymbol{q}}\rangle^{(0)}}{\varepsilon(\boldsymbol{k}) - \varepsilon(\boldsymbol{k}+\boldsymbol{q}) + \mathrm{i}E_0} . \tag{6.82}$$

Das Ergebnis

$$\Lambda_q^{(0)}(E_0) = \frac{2V}{(2\pi)^3} \int d^3k \, \frac{\langle n_k \rangle^{(0)} - \langle n_{k+q} \rangle^{(0)}}{\varepsilon(\boldsymbol{k}) - \varepsilon(\boldsymbol{k}+\boldsymbol{q}) + iE_0} \tag{6.83}$$

vergleiche man mit (5.192).

Wenn wir dieses Resultat in (6.81) einsetzen, so können wir die Summation über die Matsubara-Frequenzen E_0 wieder mithilfe von (6.75) in eine Integration verwandeln. In der Reihenentwicklung für den Logarithmus würde der $n = 1$-Term dann ohne den konvergenzerzeugenden Faktor $\exp\left(\frac{i}{\hbar} E_0 0^+\right)$ Schwierigkeiten machen, da $\Lambda_q^{(0)}$ sich im Unendlichen *nur* wie $1 / E_0$ verhält. Mit diesem Faktor sind zwei Fälle zu unterscheiden:

1. $|E| \to \infty$ mit $\operatorname{Re} E > 0$:
   Der gesamte Integrand verhält sich asymptotisch wie

$$\exp \frac{\left(\frac{1}{\hbar} \operatorname{Re} E 0^+\right)}{\exp(\beta E)|E|} \sim \frac{1}{|E|} \exp\left(-\left(\beta\hbar - 0^+\right) \frac{\operatorname{Re} E}{\hbar}\right).$$

   Da $\beta\hbar > 0^+ > 0$ gilt, sind die Voraussetzungen für Jordan's Lemma erfüllt. Wir können also die Kontur C durch C' ersetzen.
2. $|E| \to \infty$ mit $\operatorname{Re} E < 0$:
   Der Integrand verhält sich nun asymptotisch wie

$$\frac{\exp\left(\frac{1}{\hbar} \operatorname{Re} E 0^+\right)}{1} \frac{1}{|E|}$$

   und erfüllt damit ebenfalls die Voraussetzungen.

6.2.4 Ein-Teilchen-Matsubara-Funktion

Die wichtigsten Vorbereitungen für eine diagrammatische Analyse der Ein-Teilchen-Matsubara-Funktion haben wir bereits in Abschn. 6.1.3 getroffen. Die folgenden Überlegungen bauen auf (6.49) auf und laufen weitgehend parallel zu denen in Abschn. 5.3.3. Die zum mit $1 / \Xi_0$ multiplizierten Zähler in (6.49) beitragenden Diagramme der Störreihe sind sämtlich offen. Sie besitzen zwei ausgezogene *äußere* Linien, von denen die eine bei τ_2 startet, die andere in τ_1 einläuft. Hängt ein Diagrammteil an einem dieser beiden *äußeren* Anschlüsse, dann notwendig auch an dem anderen. Das erfordert die Teilchenzahlerhaltung. Zu jeder Kombination von Kontraktionen tragen gleich viele Erzeuger wie Vernichter bei.

Jedes so geartete offene Diagramm besteht aus einem offenen, zusammenhängenden Diagramm plus Kombinationen von geschlossenen, zusammenhängenden Diagrammen aus

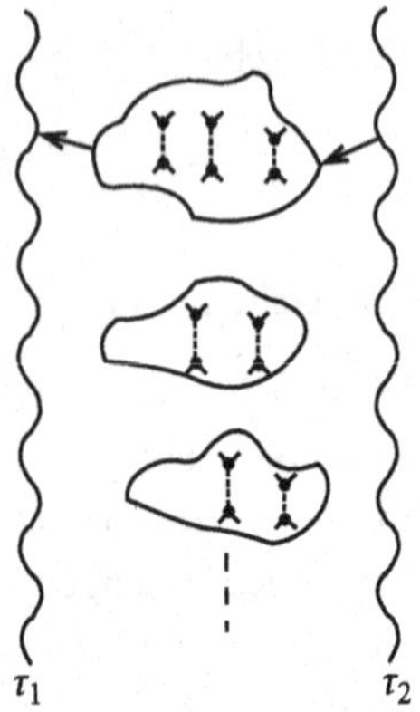

Abb. 6.5 Allgemeine Struktur eines offenen Diagramms für die Ein-Teilchen-Matsubara-Funktion

der Entwicklung von Ξ (Abb. 6.5). Man erhält demnach **alle** Diagramme, wenn man zu **jedem** offenen, zusammenhängenden Diagramm D_0 mit zwei *äußeren* Anschlüssen alle möglichen Ξ / Ξ_0-Diagramme hinzunimmt. Letztere ergeben nach (6.68) den Faktor

$$\exp\left\{\sum_{\nu}^{\text{zus.}} U\left(\Theta_\nu\right)\right\} .$$

Der Gesamtbeitrag aller Diagramme der Störreihe für den mit $1 / \Xi_0$ multiplizierten Zähler in (6.49) ist dann:

$$\left\{\sum_{D_0} U(D_0)\right\} \exp\left\{\sum_{\nu}^{\text{zus.}} U\left(\Theta_\nu\right)\right\} .$$

Der letzte Faktor kürzt sich gerade gegen den mit $1 / \Xi_0$ multiplizierten Nenner in (6.49) weg, sodass für die Matsubara-Funktion bleibt:

$$G_k^{\mathrm{M}}\left(\tau_1, \tau_2\right) = -\left\langle T_\tau\left(U(\hbar\beta, 0) a_k\left(\tau_1\right) a_k^+\left(\tau_2\right)\right)\right\rangle_{\substack{\text{zus.}\\ \text{offen}}}^{(0)} . \tag{6.84}$$

Die Diagrammregeln für die zeitabhängige Funktion leiten sich direkt aus denen für die großkanonische Zustandssumme ab, die wir im Anschluss an (6.72) formuliert haben, wobei lediglich Summationen und Integrationen auf *innere* Variable zu beschränken sind.

Wir gehen deshalb direkt zu der energieabhängigen Funktion über. Zunächst erkennt man leicht, dass jedes zusammenhängende Diagramm mit zwei äußeren Linien kein topologisch gleiches Diagramm gleicher Struktur besitzt:

$$h\left(\Theta_n\right) = 1 \quad \forall n . \tag{6.85}$$

Wir können praktisch alle Regeln aus Abschn. 6.2.2 übernehmen, lediglich die äußeren Linien benötigen eine gewisse Sonderbehandlung.

Wegen Energieerhaltung an jedem Vertex werden die beiden äußeren Linien dieselbe Energie E_n tragen:

Links:

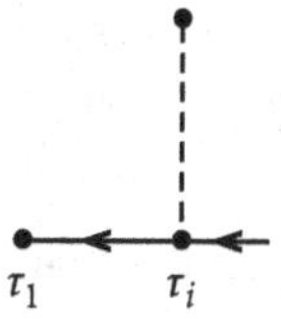

$$
\begin{aligned}
&-G_k^{0,\mathrm{M}}(\tau_1-\tau_i)\\
&=\sum_n \underbrace{\left(\frac{1}{\sqrt{\hbar\beta}}\exp\left(-\frac{\mathrm{i}}{\hbar}E_n\tau_1\right)\right)}_{(1)}\underbrace{\left(-G_k^{0,\mathrm{M}}(E_n)\right)}_{(2)}\underbrace{\left(\frac{1}{\sqrt{\hbar\beta}}\exp\left(\frac{\mathrm{i}}{\hbar}E_n\tau_i\right)\right)}_{(3)}\,.
\end{aligned}
$$

Der Beitrag (3) wird dem Vertex zugeordnet und sorgt dort für Energieerhaltung. (2) wird von der durchgezogenen, äußeren Linie übernommen. (1) wird für die gesamte Fourier-Zerlegung benötigt.

Rechts:

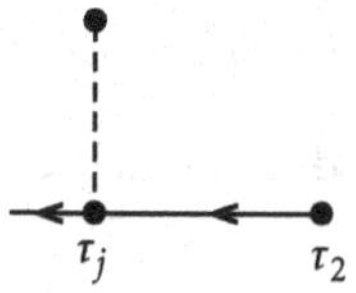

$$
\begin{aligned}
&-G_k^{0,\mathrm{M}}(\tau_j-\tau_2)\\
&=\sum_n \underbrace{\left(\frac{1}{\sqrt{\hbar\beta}}\exp\left(-\frac{\mathrm{i}}{\hbar}E_n\tau_j\right)\right)}_{(1)}\underbrace{\left(-G_k^{0,\mathrm{M}}(E_n)\right)}_{(2)}\underbrace{\left(\frac{1}{\sqrt{\hbar\beta}}\exp\left(\frac{\mathrm{i}}{\hbar}E_n\tau_2\right)\right)}_{(3)}\,.
\end{aligned}
$$

(1) geht in den Vertex, (2) wird der äußeren Linie zugeordnet, (3) erscheint in der Fourier-Zerlegung.

Liefern die inneren Linien insgesamt den Beitrag I, so folgt:

$$
-G_k^{\mathrm{M}}(\tau_1-\tau_2)=\frac{1}{\hbar\beta}\sum_n I\left(-G_k^{0,\mathrm{M}}(E_n)\right)^2\exp\left(-\frac{\mathrm{i}}{\hbar}E_n(\tau_1-\tau_2)\right)\,, \tag{6.86}
$$

$$
-G_k^{\mathrm{M}}(E_n)=I\left(G_k^{0,\mathrm{M}}(E_n)\right)^2\,. \tag{6.87}
$$

Damit haben wir nun die

▸ Diagrammregeln für $-G_k^{\mathrm{M}}(E_n)$.

Man suche alle zusammenhängenden Diagramme mit zwei äußeren Linien und paarweise verschiedener Struktur. Ein Diagramm n-ter Ordnung (n Vertizes; $2n+1$ ausgezogene Linien, davon 2 äußere) wird nach folgenden Vorschriften ausgewertet:

1. Vertex: $v(kl;nm)\frac{1}{\hbar\beta}\delta_{E_k+E_l,E_m+E_n}$.
2. Ausgezogene (propagierende und nicht propagierende) Linie:

$$-G_{k_i}^{0,\mathrm{M}} = \frac{-\hbar}{\mathrm{i}E_{n_{k_i}} - \varepsilon(\boldsymbol{k}_i) + \mu} \, .$$

3. Zusätzlicher Faktor für nicht propagierende Linie

$$\exp\left(\frac{\mathrm{i}}{\hbar}E_{n_k}0^+\right) .$$

4. Summation über alle *inneren* k_i, l_i und alle *inneren* Matsubara-Energien.
5. Ausgezogene *äußere* Linien: $G_k^{0,\mathrm{M}}(E_n)$.
6. Faktor: $\left(-\frac{1}{\hbar}\right)^n \varepsilon^s$; S = Zahl der Schleifen.

Wir wollen zum Schluss als erstes Anwendungsbeispiel die Ein-Teilchen-Matsubara-Funktion des

wechselwirkenden Elektronengases $(\varepsilon = -1)$

in erster Ordnung Störungstheorie diagrammatisch auswerten. Ausgangspunkt ist der Hamilton-Operator,

$$H = \sum_{\boldsymbol{k}\sigma} \varepsilon(\boldsymbol{k})\, a_{\boldsymbol{k}\sigma}^+ a_{\boldsymbol{k}\sigma} + \frac{1}{2}\sum_{\substack{\boldsymbol{kpq}\\ \sigma\sigma'}} v(\boldsymbol{q})\, a_{\boldsymbol{k}+\boldsymbol{q}\sigma}^+ a_{\boldsymbol{p}-\boldsymbol{q}\sigma'}^+ a_{\boldsymbol{p}\sigma'} a_{\boldsymbol{k}\sigma} \, , \tag{6.88}$$

der von der Struktur her mit dem des Jellium-Modells (2.63) identisch ist, allerdings ohne die Einschränkung $\boldsymbol{q} \neq 0$. Die Matrixelemente $\varepsilon(\boldsymbol{k})$ und $v(\boldsymbol{q})$ haben aber dieselbe physikalische Bedeutung. Hier geht es uns allerdings nur um eine erste Anwendung der in diesem Kapitel entwickelten Diagrammregeln und nicht so sehr um spezielle physikalische Inhalte.

Der Vergleich von (6.88) mit dem allgemeinen Ansatz (6.22)–(6.24) ergibt die folgende Zuordnung:

$$\begin{aligned} k &= (\boldsymbol{k}, \sigma_k) \to (\boldsymbol{k}+\boldsymbol{q}, \sigma) \\ l &= (\boldsymbol{l}, \sigma_l) \to (\boldsymbol{p}-\boldsymbol{q}, \sigma') \\ m &= (\boldsymbol{m}, \sigma_m) \to (\boldsymbol{p}, \sigma') \\ n &= (\boldsymbol{n}, \sigma_n) \to (\boldsymbol{k}, \sigma) \end{aligned}$$

Abb. 6.6 Ein-Teilchen-Matsubara-Funktion des wechselwirkenden Elektronengases in erster Ordnung Störungstheorie

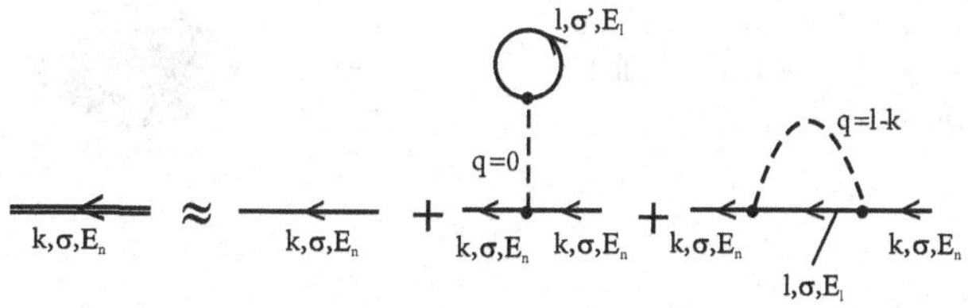

Ferner gilt Impulserhaltung am Vertex und Spinerhaltung an jedem Vertexpunkt:

$$v(kl;nm) \to v(\boldsymbol{q} = \boldsymbol{k} - \boldsymbol{n})\, \delta_{\boldsymbol{k}+\boldsymbol{l},\boldsymbol{m}+\boldsymbol{n}}\, \delta_{\sigma_k \sigma_n} \delta_{\sigma_m \sigma_l} \,.$$

Dieses ist in der Beschriftung der Diagramme in Abb. 6.6, die zur Störungstheorie erster Ordnung für die Ein-Teilchen-Matsubara-Funktion beitragen, bereits berücksichtigt. Zur Auswertung benutzen wir obige Diagrammregeln:

$$\begin{aligned}
-G^{(1)}_{\boldsymbol{k}\sigma}(E_n) &= -G^{(0)}_{\boldsymbol{k}\sigma}(E_n) + \frac{1}{\hbar^2\beta} \sum_{\boldsymbol{l}\sigma' E_l} v(0) \left(-G^{(0)}_{\boldsymbol{l}\sigma'}(E_l) \exp\left(\frac{\mathrm{i}}{\hbar} E_l \cdot 0^+\right)\right) \left(-G^{(0)}_{\boldsymbol{k}\sigma}(E_n)\right)^2 \\
&\quad - \frac{1}{\hbar^2\beta} \sum_{\boldsymbol{l}E_l} v(\boldsymbol{l}-\boldsymbol{k}) \left(-G^{(0)}_{\boldsymbol{l}\sigma'}(E_l) \exp\left(\frac{\mathrm{i}}{\hbar} E_l \cdot 0^+\right)\right) \left(-G^{(0)}_{\boldsymbol{k}\sigma}(E_n)\right)^2 .
\end{aligned}$$

Dies lässt sich wie folgt zusammenfassen:

$$G^{(1)}_{\boldsymbol{k}\sigma}(E_n) = G^{(0)}_{\boldsymbol{k}\sigma}(E_n) + G^{(0)}_{\boldsymbol{k}\sigma}(E_n) \frac{1}{\hbar} \Sigma^{(1)}_{\boldsymbol{k}\sigma}(E_n)\, G^{(0)}_{\boldsymbol{k}\sigma}(E_n) \,.$$

Dabei wurde definiert:

$$\begin{aligned}
\Sigma^{(1)}_{\boldsymbol{k}\sigma}(E_n) &= \frac{1}{\hbar\beta} \sum_{\boldsymbol{l}\sigma' E_l} \left(v(0) - v(\boldsymbol{l}-\boldsymbol{k})\delta_{\sigma\sigma'}\right) G^{(0)}_{\boldsymbol{l}\sigma'}(E_l) \exp\left(\frac{i}{\hbar} E_l \cdot 0^+\right) \\
&= \sum_{\boldsymbol{l}\sigma'} \left(v(0) - v(\boldsymbol{l}-\boldsymbol{k})\delta_{\sigma\sigma'}\right) \langle n_{\boldsymbol{l}\sigma'}\rangle^{(0)} \equiv \Sigma^{(1)}_{\boldsymbol{k}\sigma} \,. \qquad (6.89)
\end{aligned}$$

Im letzten Schritt haben wir (6.44) ausgenutzt (s. auch die Aufgaben 6.1.2 und 6.2.5). Man beachte, dass die „*freie*“ Matsubara-Funktion natürlich eigentlich spinunabhängig ist. Die entsprechenden Summationen können deshalb trivial ausgeführt werden.

Das Ergebnis sieht aus wie der erste Iterationsschritt einer Dyson-Gleichung wie in (3.341) oder (5.124). Dann wäre $\Sigma^{(1)}_{\boldsymbol{k}\sigma}$ als (energieunabhängige) **Selbstenergie** in erster Ordnung Störungstheorie zu interpretieren. Insbesondere scheint es so zu sein, dass auch der $T \neq 0$-Matsubara-Formalismus die Definition einer Selbstenergie zulässt, was auch nicht weiter verwundern muss, da $T = 0$- und $T \neq 0$-Diagramme strukturell identisch sind. Die $T \neq 0$-Selbstenergie soll in den nächsten Abschnitten im Detail untersucht und besprochen werden.

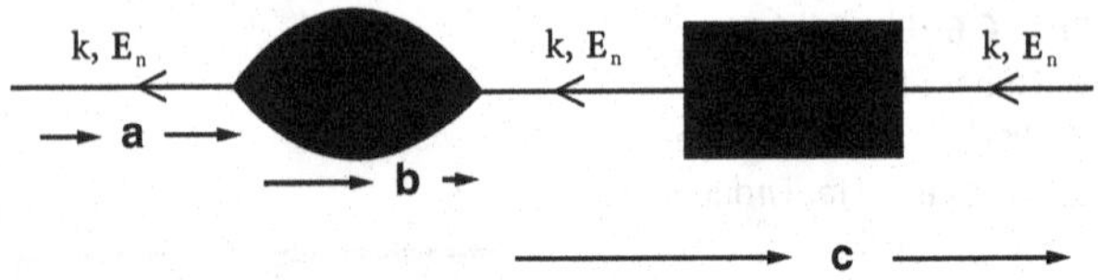

Abb. 6.7 Typischer Aufbau eines Ein-Teilchen-Matsubara-Diagramms

Der $T \neq 0$-Matsubara-Formalismus benötigt an keiner Stelle die Hypothese des adiabatischen Einschaltens, die mit einer gewissen Unsicherheit behaftet ist. Das Gell-Mann–Low-Theorem garantiert nur, dass der adiabatisch eingeschaltete Zustand ein Eigenzustand des vollen Hamilton-Operators ist. Es muss, ausgehend vom Grundzustand des *freien* Systems, sich nicht notwendig nach dem Einschalten der Wechselwirkung der Grundzustand des wechselwirkenden Systems ergeben. Das wird zwar in der Regel der Fall sein, man kann aber auch in einem angeregten Zustand *landen*. Der $T \to 0$-Grenzübergang im Matsubara-Formalismus ergibt dagegen in jedem Fall den Grundzustand (W. Kohn, J. M. Luttinger: Phys. Rev. **118**, 41 (1960)).

6.2.5 Dyson-Gleichung, Skelett-Diagramme

Das Konzept der konventionellen Störungstheorie ist sicher nicht immer sinnvoll, d. h. bisweilen sogar unbrauchbar, wenn z. B. die Wechselwirkung nicht wirklich klein ist oder Divergenzen in gewissen Störtermen auftreten. Dann kann das Aufsummieren von **unendlichen Teilsummen** wesentlich erfolgversprechender sein. Dieses ist bei endlichen Temperaturen natürlich genauso möglich wie in dem bereits ausgiebig diskutierten $T = 0$-Fall. So lässt sich genau wie in Abschn. 5.4.2 ausführlich geschildert eine Dyson-Gleichung aufstellen. Der „**Selbstenergieanteil**" ist auch jetzt als Teil eines Ein-Teilchen-Matsubara-Diagramms definiert, der durch zwei propagierende Linien mit dem Rest des Diagramms verknüpft ist. Die Beispiele nach Definition 5.4.1 sind direkt zu übernehmen. Das gilt auch für die Definition 5.4.2 des „**Irreduziblen Selbstenergieanteils**" als ein Selbstenergieanteil, der sich nicht durch Auftrennen einer propagierenden Linie in zwei selbstständige Selbstenergieanteile zerlegen lässt. Beispiele befinden sich nach Definition 5.4.2. Damit lässt sich jedes Diagramm bis auf das nullter Ordnung wie in Abb. 6.7 darstellen. (a) ist der „freie" Propagator $-G_k^{0,M}(E_n)$, (b) irgendein irreduzibler Selbstenergieanteil und (c) irgendein Ein-Teilchen-Matsubara-Diagramm niedrigerer Ordnung. Man erhält offensichtlich den Beitrag **aller** Diagramme, wenn man in (b) über **alle** irreduziblen Selbstenergieanteile und in (c) über **alle** denkbaren Ein-Teilchen-Matsubara-Diagramme summiert. Das führt zu der **Definition:**

Selbstenergie $\Sigma_k(E_n)$

$\equiv (-\hbar) \cdot$ *Summe aller irreduziblen Selbstenergieanteile.*

$\Sigma_k(\mathbf{E}_n) \Leftrightarrow$ 

Abb. 6.8 Diagrammatisches Symbol für die Selbstenergie

Damit ergibt sich eine Dyson-Gleichung,

$$-G_k^{\mathrm{M}}(E_n) = -G_k^{0,\mathrm{M}}(E_n) + \left(-G_k^{0,\mathrm{M}}(E_n)\right)\left(-\frac{1}{\hbar}\Sigma_k(E_n)\right)\left(-G_k^{\mathrm{M}}(E_n)\right), \tag{6.90}$$

die sich nach der Ein-Teilchen-Matsubara-Funktion auflösen lässt:

$$G_k^{\mathrm{M}}(E_n) = \frac{G_k^{0,\mathrm{M}}(E_n)}{1 - G_k^{0,\mathrm{M}}(E_n)\frac{1}{\hbar}\Sigma_k(E_n)} = \frac{\hbar}{\mathrm{i}E_n + \mu - \varepsilon(k) - \Sigma_k(E_n)}. \tag{6.91}$$

Nach Ersetzung $\mathrm{i}E_n \to E + \mathrm{i}0^+$ handelt es sich bei $\Sigma_k(E)$ um exakt die Selbstenergie, die wir über die Bewegungsgleichungsmethode in (3.326) eingeführt hatten. Ihre physikalische Bedeutung wurde ausgiebig in Abschn. 3.4 diskutiert. Sie entspricht natürlich bis auf einen unwesentlichen Faktor ebenso der $T = 0$-Selbstenergie aus Abschn. 5.4 (s. Definition 5.4.3). Alles, was dort über typische Selbstenergie-Diagramme gesagt wurde, überträgt sich unmittelbar. Insbesondere sind auch jetzt die Selbstenergie-Diagramme in der Regel einfacher, weil kompakter als die Diagramme der Ein-Teilchen-Matsubara-Funktion. So treten ja nur irreduzible Diagramme auf.

Wir wollen hier im Zusammenhang mit dem Matsubara-Formalismus vor allem noch einmal das Konzept der Bildung von „**Partialsummen**" aufgreifen. Selbst eine einfache Approximation für die Selbstenergie bedeutet ja für die Ein-Teilchen-Funktion $G_k^{\mathrm{M}}(E_n)$ bereits das Aufsummieren einer unendlichen Teilreihe. Betrachten wir einmal die beiden irreduziblen Selbstenergie-Anteile in Abb. 6.10. Aus diesen lassen sich weitere Selbstenergie-Diagramme durch Einschieben zusätzlicher Selbstenergie-Anteile in vorhandene Propagatoren erstellen. So entstehen zum Beispiel die Diagramme in Abb. 6.11 aus dem rechten Diagramm in Abb. 6.10. Man erfasst diese Diagramme, und noch unendlich viele mehr, wenn man in dem rechten Diagramm aus Abb. 6.10 den freien Propagator durch den *vollen* Propagator ersetzt (Abb. 6.12). Man nennt das eine „**Renormierung**" des Ein-Teilchen-Propagators. Ein anderes Beispiel für eine solche Renormierung zeigt Abb. 6.13.

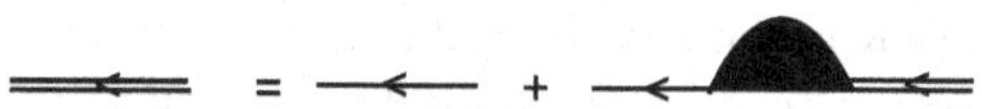

Abb. 6.9 Diagrammatische Dyson-Gleichung

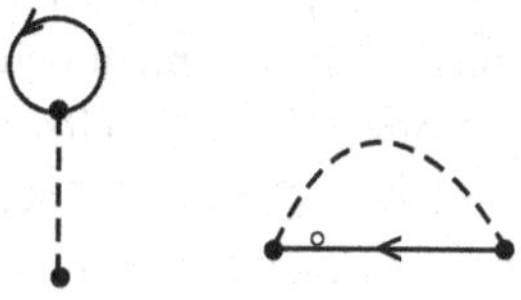

Abb. 6.10 Irreduzible Selbstenergie-Anteile erster Ordnung

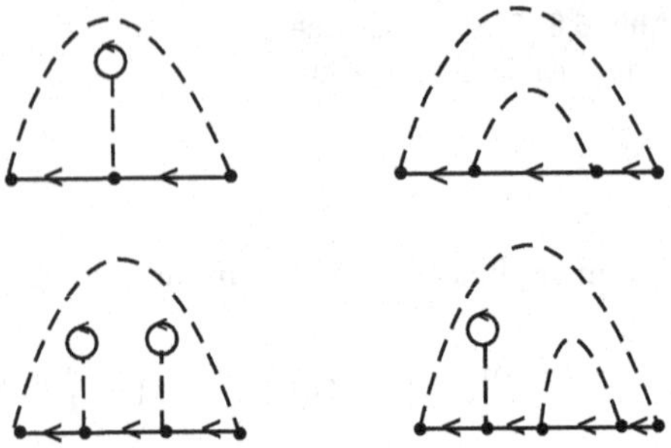

Abb. 6.11 Beispiele irreduzibler Selbstenergie-Anteile

Abb. 6.12 Renormierung eines Selbstenergie-Diagramms

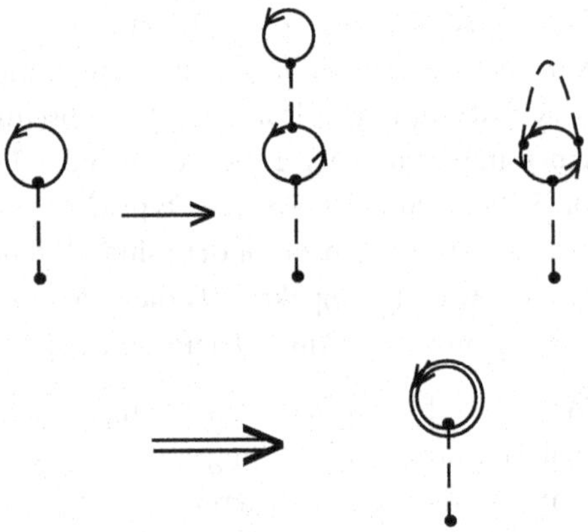

Abb. 6.13 Renormierung eines Selbstenergie-Diagramms

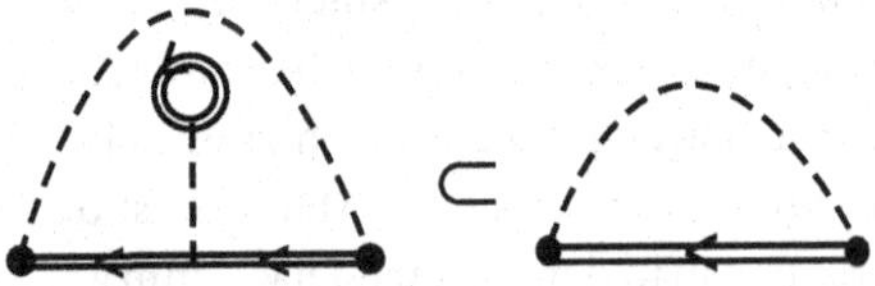

Abb. 6.14 Beispiel für ein renormiertes Selbstenergie-Diagramm (*links*), dessen Beiträge bereits vollständig in einem anderen renormierten Diagramm (*rechts*) enthalten sind

Die Renormierung erzeugt ersichtlich unendlich viele Diagramme. Man muss jedoch darauf achten, dass eine solche Renormierung von Propagatoren in der Selbstenergie nicht zu einer Doppelzählung von Diagrammen führt. So dürfen die beiden renormierten Diagramme in Abb. 6.14 nicht beide gezählt werden, da man erkennt, dass die aus dem linken Diagramm folgenden Beiträge samt und sonders bereits in dem rechten Diagramm enthalten sind. Das gilt nämlich bereits für die beiden renormierten Propagatoren in Abb. 6.15. Alle Ein-Teilchen-Diagramme, die zum linken Propagator gehören, werden auch vom rech-

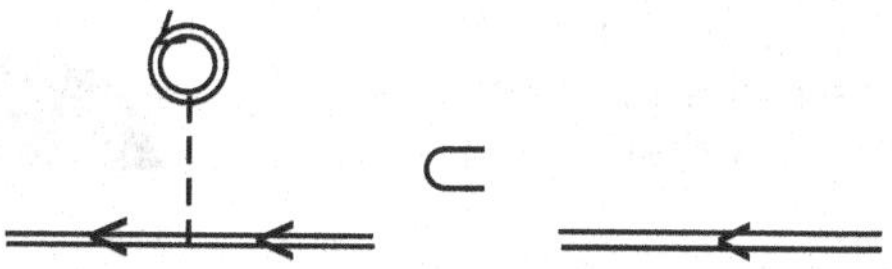

Abb. 6.15 Renormierter Propagator (*links*), dessen Diagramme bereits sämtlich im Ein-Teilchen-Propagator (*rechts*) enthalten sind

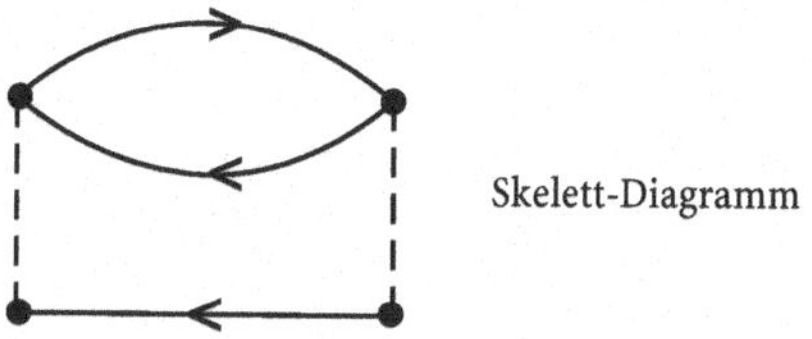

Abb. 6.16 Beispiel eines Skelett-Diagramms

ten Propagator geliefert. Das linke renormierte Diagramm zweiter Ordnung in Abb. 6.14 darf also nicht gezählt werden. Charakteristisch für das zugehörige nicht-renormierte Diagramm ist, dass in einem der Propagatoren ein Selbstenergie-Anteil zu erkennen ist. Das führt uns zu der

Definition 6.2.1

Skelett-Diagramm ≡ *Selbstenergie-Diagramm, das nur aus (freien) Propagatoren aufgebaut ist, die keinen Selbstenergie-Anteil enthalten.*

Dies macht man sich wiederum am besten an Beispielen klar. Das Diagramm in Abb. 6.16 ist eindeutig ein *„Skelett"*, die Beispiele in Abb. 6.11 offensichtlich nicht, da der (Basis-) Propagator einen vollständigen Selbstenergie-Anteil enthält.

Definition 6.2.2

„angezogenes" („dressed") Skelett-Diagramm ≡ *Skelett-Diagramm, bei dem die „freien" durch die „vollen" Propagatoren ersetzt sind.*

Damit gilt aber offensichtlich:

Selbstenergie ≡ *Summe aller angezogenen Skelett-Diagramme.*

Abbildung 6.17 zeigt die Darstellung der Selbstenergie durch Skelett-Diagramme bis zur zweiten Ordnung, wobei die *„Ordnung eines Skelett-Diagramms"* hier durch die Zahl der explizit erscheinenden Wechselwirkungslinien definiert ist. Man überzeuge sich, dass *alle* Selbstenergie-Diagramme bis zur zweiten Ordnung in dem Ansatz von Abb. 6.17 enthalten sind, und durch die Renormierung noch unendlich viele mehr mit beliebiger Ordnung.

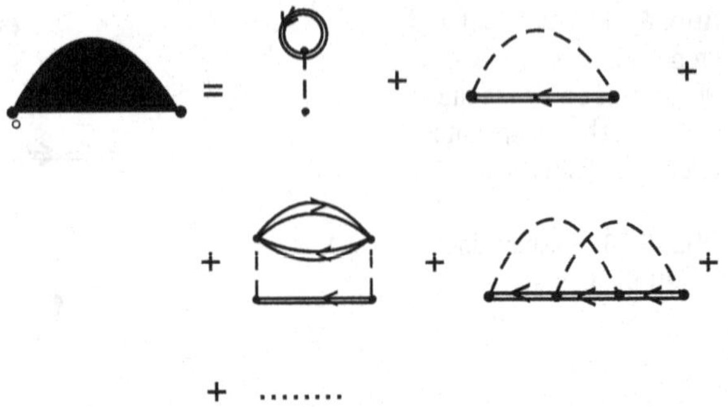

Abb. 6.17 Skelett-Diagramme der Selbstenergie bis zur zweiten Ordnung

Dabei muss der „*angezogene*“ Propagator gemäß (6.91) bzw. Abb. 6.9 „*selbstkonsistent*“ bestimmt werden. Die explizite Ausführung erfolgt in aller Regel iterativ. Man spricht deshalb von „**selbstkonsistenter Renormierung**“.

Im nächsten Abschnitt soll eine erste Auswertung folgen.

6.2.6 Hartree-Fock-Näherung

Wir diskutieren die einfachste Anwendung des entwickelten Formalismus, die allerdings in aktuellen Rechnungen durchaus häufige Verwendung findet. Die „Hartree-Fock-Näherung“ besteht in der Beschränkung für die Selbstenergie auf die $n = 1$-Skelett-Diagramme (Abb. 6.18). Die Auswertung erfolgt mit den Diagrammregeln, die nach (6.87) aufgelistet sind.

1. *Hartree-Term*
   Energieerhaltung am Vertex ist direkt erfüllt:

$$-\frac{1}{\hbar}\,\Sigma_k^{(\mathrm{H})}(E) = -\frac{1}{\hbar}\,\varepsilon \sum_{l,E'}\left(-G_l^{\mathrm{M}}(E')\,\mathrm{e}^{\frac{\mathrm{i}}{\hbar}E'0^+}\right)\frac{1}{\hbar\beta}\,v(kl;kl)\,. \tag{6.92}$$

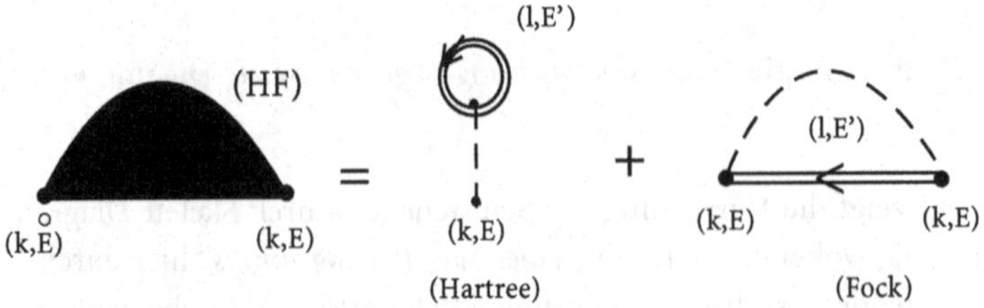

Abb. 6.18 Skelett-Diagramme der Hartree-Fock-Näherung

Nun gilt:

$$\frac{1}{\hbar\beta}\sum_{E'} G_l^{\mathrm{M}}(E')\,\mathrm{e}^{\frac{\mathrm{i}}{\hbar}E'0^+} = G_l(\tau=-0^+) = -\left\langle T_\tau\left(a_l(-0^+)\,a_l^\dagger(0)\right)\right\rangle$$
$$= -\varepsilon\,\langle a_l^+(0)\,a_l(-0^+)\rangle = -\varepsilon\,\langle n_l\rangle\ . \tag{6.93}$$

Damit bleibt:

$$\Sigma_k^{(\mathrm{H})}(E) \equiv \Sigma_k^{(\mathrm{H})} = \sum_l v(kl;kl)\,\langle n_l\rangle\ . \tag{6.94}$$

Der Erwartungswert des Besetzungszahloperators ist hier selbstkonsistent im „vollen" System zu berechnen.

2. *Fock-Term*

$$-\frac{1}{\hbar}\Sigma_k^{(\mathrm{F})}(E) = -\frac{1}{\hbar}\sum_{l,E'}\left(-G_l^{\mathrm{M}}(E')\,\mathrm{e}^{\frac{\mathrm{i}}{\hbar}E'0^+}\right)\frac{1}{\hbar\beta}\,v(lk;kl)\ . \tag{6.95}$$

Die E'-Summation erfolgt wie oben. Damit ergibt sich unmittelbar:

$$\Sigma_k^{(\mathrm{F})}(E) \equiv \Sigma_k^{(\mathrm{F})} = \varepsilon\sum_l v(lk;kl)\,\langle n_l\rangle\ . \tag{6.96}$$

Insgesamt haben wir damit als **Hartree-Fock-Selbstenergie**:

$$\Sigma_k^{(\mathrm{HF})}(E) \equiv \Sigma_k^{(\mathrm{HF})} = \sum_l \left(v(kl;kl) + \varepsilon\,v(lk;kl)\right)\langle n_l\rangle\ . \tag{6.97}$$

Diese ist ersichtlich energieunabhängig und reell.

Wie erwähnt ist die Lösung so noch nicht vollständig, da $\langle n_l\rangle$ noch selbstkonsistent bestimmt werden muss. Das gelingt mit dem Spektraltheorem (6.18)

$$\langle n_l\rangle = \langle a_l^+(0)\,a_l(-0^+)\rangle = -\varepsilon\,G_l^{\mathrm{M}}(\tau=-0^+) = \frac{1}{\hbar}\int_{-\infty}^{+\infty}\mathrm{d}E\,\frac{S_l(E)}{\mathrm{e}^{\beta E}-\varepsilon} + \frac{1}{2}(1+\varepsilon)D\,, \tag{6.98}$$

wobei sich die („normale") Spektraldichte nach (6.21) wie folgt aus der Green-Funktion berechnet:

$$S_l(E) = -\frac{1}{\pi}\,\mathrm{Im}\,G_l^{\mathrm{M}}\left(\mathrm{i}E_n \to E + \mathrm{i}0^+\right)\ . \tag{6.99}$$

Die Größe D wurde in Abschn. 3.2.3 ausführlich besprochen. Sie wird für die späteren Anwendungen keine Rolle spielen, da es sich dort um „fermionische" Systeme handeln wird, für die Antikommutator-Green-Funktionen eingesetzt werden. Bei Verwendung von Kommutator-Funktionen, wie üblich bei „bosonischen" Systemen, darf ein $D \neq 0$ nicht von vorneherein ausgeschlossen werden.

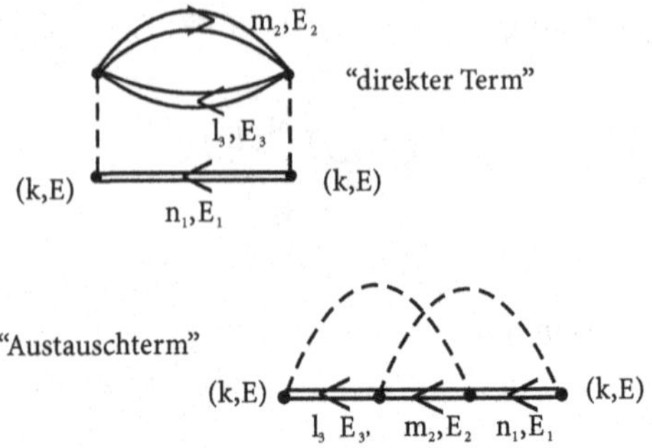

Abb. 6.19 Skelett-Diagramme zweiter Ordnung

Die vollständige Lösung wird dann iterativ gefunden. Man startet mit einem Anfangswert für $\langle n_l \rangle$, legt damit über (6.97) die Hartree-Fock-Selbstenergie $\Sigma_k^{(\mathrm{HF})}$ fest und berechnet mit (6.91) die Green-Funktion bzw. die Spektraldichte. Das Spektraltheorem (6.98) führt dann zu einem neuen Wert für $\langle n_l \rangle$.

Bevor wir einige Beispiele rechnen, soll die Approximation der Selbstenergie mit Hilfe der Skelett-Diagramme allgemein noch um einen nicht-trivialen Schritt weiterentwickelt werden.

6.2.7 „Störungstheorie" zweiter Ordnung

Es sind nun die in Abb. 6.19 abgebildeten, „**angezogenen**" Skelett-Diagramme auszuwerten. Dabei ist zu beachten, dass von den eigentlichen Selbstenergie-Diagrammen zweiter Ordnung einige bereits in den $n = 1$-Skelett-Diagrammen enthalten sind. Wir wollen die beiden Diagramme zunächst getrennt auswerten.

1. *Direkter Term:*
   Die Diagrammregeln führen zu folgendem Ausdruck:

$$
\begin{aligned}
-\frac{1}{\hbar}\Sigma_k^{(d)}(E) &= \left(-\frac{1}{\hbar}\right)^2 \sum_{E_1,E_2,E_3} \sum_{n_1,m_2,l_3} \frac{\varepsilon}{(\hbar\beta)^2} \\
&\quad \cdot v(km_2;n_1l_3)\, v(n_1l_3;km_2)\delta_{E+E_2,E_1+E_3}\delta_{E_1+E_3,E+E_2} \\
&\quad \cdot \left(-G_{n_1}^{\mathrm{M}}(E_1)\right)\left(-G_{m_2}^{\mathrm{M}}(E_2)\right)\left(-G_{l_3}^{\mathrm{M}}(E_3)\right) \\
&= \frac{-\varepsilon}{\hbar^2} \sum_{lmn} \frac{1}{(\hbar\beta)^2} \sum_{E_1,E_2} v(km;nl)v(nl;km) \cdot \\
&\quad \cdot G_n^{\mathrm{M}}(E_1)G_m^{\mathrm{M}}(E_2)G_l^{\mathrm{M}}(E+E_2-E_1)\,.
\end{aligned}
$$

   Wir definieren:

$$
I_{nml}(E) = \frac{1}{(\hbar\beta)^2} \sum_{E_1,E_2} G_n^{\mathrm{M}}(E_1)G_m^{\mathrm{M}}(E_2)G_l^{\mathrm{M}}(E+E_2-E_1)\,. \tag{6.100}
$$

Damit gilt:

$$\Sigma_k^{(d)}(E) = \frac{\varepsilon}{\hbar} \sum_{lmn} v(km; nl)\, v(nl; km)\, I_{nml}(E) \,. \tag{6.101}$$

Die beiden Coulomb-Matrixelemente sind natürlich identisch.

2. *Austauschterm*:
In diesem Fall (Abb. 6.19) ergeben die Diagrammregeln:

$$\begin{aligned}
-\frac{1}{\hbar}\Sigma_k^{(ex)}(E) &= \left(-\frac{1}{\hbar}\right)^2 \sum_{E_1,E_2,E_3} \sum_{n_1,m_2,l_3} \frac{1}{(\hbar\beta)^2} \\
&\quad \cdot v(m_2k; n_1l_3)\, v(n_1l_3; km_2)\, \delta_{E+E_2,E_1+E_3}\, \delta_{E_1+E_3,E+E_2} \\
&\quad \cdot \left(-G_{n_1}^{\mathrm{M}}(E_1)\right)\left(-G_{m_2}^{\mathrm{M}}(E_2)\right)\left(-G_{l_3}^{\mathrm{M}}(E_3)\right) \\
&= \frac{-1}{\hbar^2} \sum_{lmn} v(mk; nl) v(nl; km) \cdot \\
&\quad \cdot \frac{1}{(\hbar\beta)^2} \sum_{E_1,E_2} G_n^{\mathrm{M}}(E_1) G_m^{\mathrm{M}}(E_2) G_l^{\mathrm{M}}(E + E_2 - E_1) \,.
\end{aligned}$$

Es bleibt damit auszuwerten:

$$\Sigma_k^{(ex)}(E) = \frac{1}{\hbar} \sum_{lmn} v(mk; nl)\, v(nl; km)\, I_{nml}(E) \,. \tag{6.102}$$

Die Skelett-Diagramme können also wie folgt zusammengefasst werden:

$$\begin{aligned}
\Sigma_k^{(2)}(E) &= \Sigma_k^{(d)}(E) + \Sigma_k^{(ex)}(E) \\
&= \frac{1}{\hbar} \sum_{lmn} \left(v(mk; nl) + \varepsilon v(km; nl)\right)\, v(nl; km)\, I_{nml}(E)
\end{aligned} \tag{6.103}$$

Es bleibt demnach „lediglich“ $I_{nml}(E)$ zu bestimmen. Wir benutzen dazu die Spektraldarstellung (6.20) der Matsubara-Funktion:

$$G_m^{\mathrm{M}}(E) = \int_{-\infty}^{+\infty} \mathrm{d}E' \, \frac{S_m(E')}{\mathrm{i}E - E'} \,.$$

E ist dabei eine Matsubara-Energie. Damit gilt:

$$I_{nml}(E) = \int_{-\infty}^{+\infty}\int_{-\infty}^{+\infty}\int_{-\infty}^{+\infty} \mathrm{d}x\,\mathrm{d}y\,\mathrm{d}z\, S_n(x) S_m(y) S_l(z)\, F_E(x,y,z) \tag{6.104}$$

mit der Festlegung:

$$F_E(x,y,z) = \frac{1}{(\hbar\beta)^2} \sum_{E_1,E_2} \frac{1}{\mathrm{i}E_1 - x} \frac{1}{\mathrm{i}E_2 - y} \frac{1}{\mathrm{i}(E + E_2 - E_1) - z} \,. \tag{6.105}$$

Die beiden Matsubara-Summationen werden als Aufgabe 6.2.4 durchgeführt, mit dem Resultat:

$$F_E(x,y,z) = \frac{1}{\hbar^2}\frac{1}{\mathrm{i}E - x + y - z} \cdot \left(-f_\varepsilon(z)f_\varepsilon(x) + f_\varepsilon(y)f_\varepsilon(x) - f_\varepsilon(y)f_\varepsilon(-z)\right) . \qquad (6.106)$$

Dabei ist f_ε die Fermi- oder Bose-Funktion für $\mu = 0$:

$$f_\varepsilon(x) = \frac{1}{\mathrm{e}^{\beta x} - \varepsilon} . \qquad (6.107)$$

Für diese gilt offenbar:

$$f_\varepsilon(x) + f_\varepsilon(-x) = \frac{1}{\mathrm{e}^{\beta x} - \varepsilon} + \frac{1}{\mathrm{e}^{-\beta x} - \varepsilon} = \frac{1}{\mathrm{e}^{\beta x} - \varepsilon} - \frac{\varepsilon \mathrm{e}^{\beta x}}{-\varepsilon + \mathrm{e}^{\beta x}} = -\varepsilon .$$

Damit lässt sich (6.106) noch etwas umformen:

$$\begin{aligned}
&-f_\varepsilon(z)f_\varepsilon(x) + f_\varepsilon(y)f_\varepsilon(x) - f_\varepsilon(y)f_\varepsilon(-z) \\
&= (-\varepsilon)\Big(-f_\varepsilon(z)f_\varepsilon(x)\{f_\varepsilon(y) + f_\varepsilon(-y)\} + f_\varepsilon(y)f_\varepsilon(x)\{f_\varepsilon(z) + f_\varepsilon(-z)\} \\
&\quad - f_\varepsilon(y)f_\varepsilon(-z)\{f_\varepsilon(x) + f_\varepsilon(-x)\}\Big) \\
&= (-\varepsilon)\Big(-f_\varepsilon(z)f_\varepsilon(x)f_\varepsilon(y) - f_\varepsilon(z)f_\varepsilon(x)f_\varepsilon(-y) + f_\varepsilon(y)f_\varepsilon(x)f_\varepsilon(z) \\
&\quad + f_\varepsilon(y)f_\varepsilon(x)f_\varepsilon(-z) - f_\varepsilon(y)f_\varepsilon(-z)f_\varepsilon(x) - f_\varepsilon(y)f_\varepsilon(-z)f_\varepsilon(-x)\Big) \\
&= \varepsilon\Big(f_\varepsilon(x)f_\varepsilon(-y)f_\varepsilon(z) + f_\varepsilon(-x)f_\varepsilon(y)f_\varepsilon(-z)\Big) .
\end{aligned}$$

Damit erhalten wir schließlich:

$$\begin{aligned}
I_{nml}(E) = \frac{\varepsilon}{\hbar^2} \int\limits_{-\infty}^{+\infty}\int\limits_{-\infty}^{+\infty}\int\limits_{-\infty}^{+\infty} \mathrm{d}x\,\mathrm{d}y\,\mathrm{d}z\, \frac{S_n(x)S_m(y)S_l(z)}{\mathrm{i}E - x + y - z} \cdot \\
\cdot\Big(f_\varepsilon(x)f_\varepsilon(-y)f_\varepsilon(z) + f_\varepsilon(-x)f_\varepsilon(y)f_\varepsilon(-z)\Big) . \qquad (6.108)
\end{aligned}$$

Mit (6.103) ist damit der Beitrag der $n = 2$-Skelett-Diagramme vollständig bestimmt. Man beachte jedoch, dass die Ein-Teilchen-Spektraldichten in $I_{nml}(E)$ *selbstkonsistent* mit Hilfe von (6.91) und (6.99) berechnet werden müssen. Eine weitere Auswertung der Theorie erfordert nun eine Konkretisierung des Modellsystems. Das soll in den beiden nächsten Kapiteln exemplarisch an zwei Fermionen-Modellen durchgeführt werden.

6.2.8 Hubbard-Modell

Dieses Modell haben wir bereits in Abschn. 2.1.3 eingeführt und in Abschn. 4.1 ausführlich diskutiert. Es ist heute das Standard-Modell zur Beschreibung hochkorrelierter Festkörperelektronen und dient damit der Deutung von Phänomenen wie z. B. Magnetismus, Supraleitung und Metall-Isolator-(Mott-)Übergängen. Es behandelt Leitungselektronen in einem nicht-entarteten Energieband (s-Band) mit ausschließlich intraatomarer Coulomb-Wechselwirkung. In Wannier-Darstellung bedeutet das nach (2.117):

$$H = \sum_{ij\sigma} T_{ij} a^{\dagger}_{i\sigma} a_{j\sigma} + \frac{1}{2} U \sum_{i\sigma} n_{i\sigma} n_{i-\sigma} \,. \tag{6.109}$$

Nach (2.36) bis (2.41) sowie (2.116) ist die Bedeutung der Wannier-Operatoren und der Matrixelemente klar. Für unsere Zwecke hier ist allerdings die *„Bloch-Darstellung"* günstiger. Die entsprechende Transformation des Hamilton-Operators wurde als Aufgabe 4.1.1 durchgeführt:

$$H = \sum_{\boldsymbol{k}\sigma} \varepsilon(\boldsymbol{k}) a^{\dagger}_{\boldsymbol{k}\sigma} a_{\boldsymbol{k}\sigma} + \frac{U}{2N} \sum_{\boldsymbol{kpq}\sigma} a^{\dagger}_{\boldsymbol{k}+\boldsymbol{q}\sigma} a^{\dagger}_{\boldsymbol{p}-\boldsymbol{q}-\sigma} a_{\boldsymbol{p}-\sigma} a_{\boldsymbol{k}\sigma} \,. \tag{6.110}$$

Der Vergleich des Wechselwirkungsterms mit der allgemeinen Darstellung (6.24) bedeutet neben der Zuordnung

$$k \to (\boldsymbol{k}, \sigma_k) \,; \quad l \to (\boldsymbol{l}, \sigma_l) \,; \quad m \to (\boldsymbol{m}, \sigma_m) \,; \quad n \to (\boldsymbol{n}, \sigma_n) \tag{6.111}$$

für das Wechselwirkungsmatrixelement:

$$v_{\mathrm{H}}(kl; nm) = \frac{U}{N} \delta_{\boldsymbol{k}+\boldsymbol{l},\boldsymbol{m}+\boldsymbol{n}} \, \delta_{\sigma_k \sigma_n} \, \delta_{\sigma_l \sigma_m} \, \delta_{\sigma_k -\sigma_l} \,. \tag{6.112}$$

Man erkennt sofort, dass wegen der speziellen Spin-Relationen im Hubbard-Modell, die fordern, dass Operatoren an „unteren" und solche an „oberen" Vertexpunkten entgegengesetzte Spins haben müssen, der Fock-Term von den Diagrammen erster Ordnung (Abb. 6.18) verschwindet:

$$v_{\mathrm{H}}(lk; kl) \propto \delta_{\sigma_l \sigma_k} \, \delta_{\sigma_k \sigma_l} \, \delta_{\sigma_l -\sigma_k} \quad \curvearrowright \quad v_{\mathrm{H}}(lk; kl) = 0 \,.$$

Der Hartree-Term trägt dagegen bei

$$v_{\mathrm{H}}(kl; kl) = \frac{U}{N} \delta_{\sigma_k -\sigma_l} \,. \tag{6.113}$$

In erster Ordnung Störungstheorie (Hartree-Fock-Näherung) ergibt sich damit für das Hubbard-Modell eine wellenzahl- und energieunabhängige Selbstenergie ($\sigma_k \to \sigma$):

$$\Sigma^{(\mathrm{HF})}_{\boldsymbol{k}\sigma}(\mathrm{Hubbard}) \equiv \Sigma^{(\mathrm{HF})}_{\sigma} = \frac{U}{N} \sum_{\boldsymbol{l}} \langle n_{\boldsymbol{l}-\sigma} \rangle = \frac{U}{N} N_{-\sigma} = U \langle n_{-\sigma} \rangle \,. \tag{6.114}$$

$\langle n_{-\sigma}\rangle$ ist die mittlere Zahl der $-\sigma$-Elektronen pro Gitterplatz, die, wie erwähnt, selbstkonsistent bestimmt werden muss.

Die zweite Ordnung in der Diagramm-Entwicklung sieht natürlich wesentlich komplizierter aus. Ihre Auswertung ist aber mit (6.103) und (6.108) bereits weitgehend durchgeführt. Zunächst erkennen wir, dass das Austausch-Diagramm in Abb. 6.19 aus denselben Gründen wie das Fock-Diagramm in erster Ordnung keinen Beitrag liefert:

$$\begin{aligned} v_{\mathrm{H}}(mk;nl)\,v_{\mathrm{H}}(nl;km) &= \frac{U^2}{N^2}\,\delta^2_{\boldsymbol{m}+\boldsymbol{k},\boldsymbol{n}+\boldsymbol{l}}\,\delta_{\sigma_m\sigma_n}\,\delta_{\sigma_k\sigma_l}\,\delta_{\sigma_m-\sigma_k}\,\delta_{\sigma_n\sigma_k}\,\delta_{\sigma_l\sigma_m}\,\delta_{\sigma_n-\sigma_l}\\ &= 0\,. \end{aligned}$$

Für den direkten Term in Abb. 6.19 benötigen wir dagegen:

$$v_{\mathrm{H}}(km;nl)\,v_{\mathrm{H}}(nl;km) = v_{\mathrm{H}}^2(km;nl) = \frac{U^2}{N^2}\,\delta^2_{\boldsymbol{m}+\boldsymbol{k},\boldsymbol{n}+\boldsymbol{l}}\,\delta^2_{\sigma_k\sigma_n}\,\delta^2_{\sigma_m\sigma_l}\,\delta^2_{\sigma_k-\sigma_m}\,. \tag{6.115}$$

Das setzen wir in (6.103) und (6.108) ein und haben dann insgesamt als Selbstenergie des Hubbard-Modells bis zur zweiten Ordnung in den Skelett-Diagrammen ($\sigma_k \to \sigma$):

$$\begin{aligned} \Sigma^{(\mathrm{Hubbard})}_{\boldsymbol{k}\sigma}(E) = U\,\langle n_{-\sigma}\rangle &+ \\ &+ \frac{U^2}{\hbar^3}\,\frac{1}{N^2}\sum_{\boldsymbol{lmn}}\delta_{\boldsymbol{m}+\boldsymbol{k},\boldsymbol{n}+\boldsymbol{l}}\int\limits_{-\infty}^{+\infty}\mathrm{d}x\int\limits_{-\infty}^{+\infty}\mathrm{d}y\int\limits_{-\infty}^{+\infty}\mathrm{d}z\,\cdot\\ &\cdot\frac{S_{\boldsymbol{n}\sigma}(x)\,S_{\boldsymbol{m}-\sigma}(y)\,S_{\boldsymbol{l}-\sigma}(z)}{\mathrm{i}E - x + y - z}\,\cdot\\ &\cdot\Big(f_-(x)f_-(-y)f_-(z) + f_-(-x)f_-(y)f_-(-z)\Big)\\ &+ \mathcal{O}(U^3)\,. \end{aligned} \tag{6.116}$$

Die Selbstenergie ist nicht-lokal, energieabhängig und i. a. komplex. Sie wird für $U \to 0^+$ exakt. Die retardierte Selbstenergie ergibt sich aus (6.116) wiederum unmittelbar durch die Ersetzung $\mathrm{i}E \to E + \mathrm{i}0^+$. Die explizite, selbstkonsistente Auswertung erfordert allerdings einen nicht unerheblichen numerischen Aufwand, wobei insbesondere die Wellenzahlsummationen Schwierigkeiten machen können.

6.2.9 Jellium-Modell

Dieses Modell wurde in Abschn. 2.1.2 eingeführt. Es beschreibt schwach korrelierte Elektronen in den breiten Energiebändern der sog. „einfachen" Metalle mit hoher elektrischer Leitfähigkeit. Es fasst die Ionenladungen als homogen verschmiert auf und vernachlässigt damit die kristalline Struktur des Festkörpers. Der Modell-Hamilton-Operator wurde als Gleichung (2.63) abgeleitet:

$$H = \sum_{k\sigma} \varepsilon(\boldsymbol{k}) a^{\dagger}_{\boldsymbol{k}\sigma} a_{\boldsymbol{k}\sigma} + \frac{1}{2} \sum_{\boldsymbol{kpq}\sigma\sigma'}^{\boldsymbol{q}\neq 0} v(\boldsymbol{q})\, a^{\dagger}_{\boldsymbol{k+q}\sigma} a^{\dagger}_{\boldsymbol{p-q}\sigma'} a_{\boldsymbol{p}\sigma'} a_{\boldsymbol{k}\sigma} \tag{6.117}$$

mit

$$\varepsilon(\boldsymbol{k}) = \frac{\hbar^2 k^2}{2m}\,; \quad v(\boldsymbol{q}) = \frac{e^2}{\varepsilon_0 V q^2}\,. \tag{6.118}$$

Der Vergleich des Wechselwirkungsterms mit der allgemeinen Formulierung (6.24) ergibt hier die Zuordnung:

$$v_J(kl;nm) = v(\boldsymbol{k}-\boldsymbol{n})\, \delta_{\boldsymbol{k+l,m+n}} (1-\delta_{\boldsymbol{kn}})\, \delta_{\sigma_k\sigma_n}\, \delta_{\sigma_l\sigma_m}\,. \tag{6.119}$$

Da der Impulsübertrag $\boldsymbol{q} = 0$ „verboten" ist, liefert nun von den Hartree-Fock-Diagrammen in Abb. 6.18 der Hartree-Term keinen Beitrag $(v_J(kl;kl) \equiv 0)$. Von den $n = 1$-Skelett-Diagrammen ist also nur der Fock-Part auszuwerten:

$$v_J(lk;kl) = v(\boldsymbol{l}-\boldsymbol{k})(1-\delta_{\boldsymbol{k,l}})\, \delta^2_{\sigma_l\sigma_k}\,. \tag{6.120}$$

Setzt man $\sigma_k = \sigma$, so ergibt (6.97) als Beitrag erster Ordnung zur Selbstenergie des Jellium-Modells:

$$\Sigma^{(\mathrm{HF})}_{\boldsymbol{k}\sigma}(\text{Jellium}) = -\sum_{\boldsymbol{l}}^{\boldsymbol{l}\neq\boldsymbol{k}} v(\boldsymbol{l}-\boldsymbol{k})\, \langle n_{\boldsymbol{l}\sigma}\rangle\,. \tag{6.121}$$

Sie hängt nicht von der Energie, wohl aber von der Wellenzahl ab.

Die Skelett-Diagramme zweiter Ordnung in Abb. 6.19 tragen anders als beim Hubbard-Modell im Fall des Jellium-Modells beide bei. Mit (6.119) haben wir für die Kombinationen von Coulomb-Matrixelementen in (6.103):

$$\begin{aligned} v(km;nl)\, v(nl;km) &= v^2(km;nl) \\ &= v^2(\boldsymbol{k}-\boldsymbol{n})\, \delta^2_{\boldsymbol{k+m,n+l}} (1-\delta_{\boldsymbol{kn}})^2\, \delta^2_{\sigma_k\sigma_n}\, \delta^2_{\sigma_m\sigma_l} \\ &= v^2(\boldsymbol{k}-\boldsymbol{n})\, \delta_{\boldsymbol{k+m,n+l}} (1-\delta_{\boldsymbol{kn}})\, \delta_{\sigma_k\sigma_n}\, \delta_{\sigma_m\sigma_l} \end{aligned} \tag{6.122}$$

$$\begin{aligned} v(mk;nl)\, v(nl;km) &= v(\boldsymbol{m}-\boldsymbol{n})\, v(\boldsymbol{n}-\boldsymbol{k})\, (1-\delta_{\boldsymbol{mn}})\, (1-\delta_{\boldsymbol{nk}})\,\cdot \\ &\quad\cdot \delta^2_{\boldsymbol{k+m,n+l}}\, \delta_{\sigma_m\sigma_n}\, \delta_{\sigma_k\sigma_l}\, \delta_{\sigma_n\sigma_k}\, \delta_{\sigma_l\sigma_m}\,. \end{aligned} \tag{6.123}$$

Mit (6.103) und (6.121) haben wir als Jellium-Selbstenergie bis zur zweiten Ordnung in den Skelett-Diagrammen:

$$\begin{aligned}\Sigma_{k\sigma}^{(\text{Jellium})}(E) = &-\sum_{l}^{l\neq k} v(\boldsymbol{l}-\boldsymbol{k})\,\langle n_{l\sigma}\rangle + \\ &+\frac{1}{\hbar}\sum_{l,m,n,\sigma'}\Big(v(\boldsymbol{m}-\boldsymbol{n})\,v(\boldsymbol{n}-\boldsymbol{k})\,(1-\delta_{mn})\,\delta_{\sigma\sigma'}-v^2(\boldsymbol{k}-\boldsymbol{n})\Big)\cdot \\ &\cdot(1-\delta_{kn})\,\delta_{k+m,n+l}\,I_{n\sigma,m\sigma',l\sigma'}(E)\,. \end{aligned} \tag{6.124}$$

Dabei gilt nach (6.108):

$$\begin{aligned}I_{n\sigma,m\sigma',l\sigma'}(E) = &\frac{-1}{\hbar^2}\int\limits_{-\infty}^{+\infty}\mathrm{d}x\int\limits_{-\infty}^{+\infty}\mathrm{d}y\int\limits_{-\infty}^{+\infty}\mathrm{d}z\,\frac{S_{n\sigma}(x)S_{m\sigma'}(y)S_{l\sigma'}(z)}{\mathrm{i}E-x+y-z}\cdot \\ &\cdot\Big(f_-(x)f_-(-y)f_-(z)+f_-(-x)f_-(y)f_-(-z)\Big)\,. \end{aligned} \tag{6.125}$$

Damit haben wir auch für die Ein-Teilchen-Matsubara-Funktion des Jellium-Modells über (6.91), (6.98) und (6.124) ein geschlossenes Gleichungssystem gefunden, das selbstkonsistent gelöst werden kann.

6.2.10 Imaginärteil der Selbstenergie im Niederenergiebereich

Die Skelett-Diagramme der Selbstenergie lassen sich noch ein wenig weiter analysieren. So kann man wichtige Aussagen zum Imaginärteil finden, die zum einen rein praktisch zum Testen von unvermeidlichen Approximationen wertvoll sein können, zum anderen aber auch zum tieferen Verständnis des Quasiteilchenbildes der Viel-Teilchen-Theorie beitragen. Zerlegt man wie in (3.327) die Selbstenergie in einen Real- und einen Imaginärteil,

$$\Sigma_k(E) = R_k(E) + \mathrm{i}\,I_k(E)\,,$$

und bezeichnet mit n die Ordnung des Skelett-Diagramms, dann gilt (J. M. Luttinger, Phys. Rev. **121**, 942 (1961)):

$$T=0:\quad I_k^{(n)}(E)\propto E^{2n-2}\quad \text{für}\quad E\to 0\quad (n\geq 2)\,. \tag{6.126}$$

Nach (6.97) ist die Selbstenergie für $n = 1$ in der Tat reell. Wir wollen das Theorem für $n = 2$ beweisen, also für den aus den Skelett-Diagrammen zweiter Ordnung resultierenden Beitrag (6.103) zur Selbstenergie. Die Energieabhängigkeit steckt ausschließlich in der Funktion $I_{nml}(E)$ (6.108). Die Fermi/Bose-Funktion vereinfacht sich für $T = 0$ zu:

$$f_\varepsilon^{(T=0)}(x) = \begin{cases} 0 & \text{für}\quad x>0 \\ -\varepsilon & \text{für}\quad x<0 \end{cases}\,. \tag{6.127}$$

Mit passender Variablensubstitution folgt damit aus (6.108):

$$I_{nml}(E) = -\frac{\varepsilon^2}{\hbar^2}\int\limits_0^\infty\int\limits_0^\infty\int\limits_0^\infty \mathrm{d}x\,\mathrm{d}y\,\mathrm{d}z\left(\frac{S_n(-x)S_m(y)S_l(-z)}{E+x+y+z+\mathrm{i}0^+}+\right.$$
$$\left.+\frac{S_n(x)S_m(-y)S_l(z)}{E-x-y-z+\mathrm{i}0^+}\right). \qquad (6.128)$$

Hier ist der Übergang zur *„retardierten"* Funktion bereits vollzogen. Die Spektraldichte ist reell. Mit der Dirac-Identität (3.152) folgt dann:

$$\mathrm{Im}\, I_{nml}(E) = \frac{\pi}{\hbar^2}\int\limits_0^\infty\int\limits_0^\infty\int\limits_0^\infty \mathrm{d}x\,\mathrm{d}y\,\mathrm{d}z\big\{S_n(-x)S_m(y)S_l(-z)\,\delta(E+x+y+z)+$$
$$+S_n(x)S_m(-y)S_l(z)\,\delta(E-x-y-z)\big\}. \qquad (6.129)$$

Der erste Summand ist nur für $E \le 0$, der zweite nur für $E \ge 0$ von null verschieden, wobei zusätzlich $0 \le x, y, z \le |E|$ gelten muss. Die Integrationen lassen sich deshalb wie folgt einschränken:

$$\int\limits_0^\infty\int\limits_0^\infty\int\limits_0^\infty \mathrm{d}x\,\mathrm{d}y\,\mathrm{d}z\cdots \longrightarrow \int\limits_0^{|E|}\int\limits_0^{|E|}\int\limits_0^{|E|} \mathrm{d}x\,\mathrm{d}y\,\mathrm{d}z\cdots$$

Wenn wir dann noch substituieren

$$x \to |E|\widehat{x}; \quad y \to |E|\widehat{y}; \quad z \to |E|\widehat{z}$$

bedeutet das:

$$E>0: \quad \delta(E-x-y-z) = \frac{1}{E}\delta(1-\widehat{x}-\widehat{y}-\widehat{z})$$
$$E<0: \quad \delta(E+x+y+z) = \delta(|E|-x-y-z) = \frac{1}{|E|}\delta(1-\widehat{x}-\widehat{y}-\widehat{z}).$$

Damit ergibt sich das Zwischenergebnis:

$$\mathrm{Im}\, I_{nml}(E) = \frac{\pi}{\hbar^2}|E|^2\int\limits_0^1\int\limits_0^1\int\limits_0^1 \mathrm{d}\widehat{x}\,\mathrm{d}\widehat{y}\,\mathrm{d}\widehat{z}\,\delta(1-\widehat{x}-\widehat{y}-\widehat{z})\cdot \qquad (6.130)$$
$$\cdot\Big(S_n(-|E|\widehat{x})S_m(|E|\widehat{y})S_l(-|E|\widehat{z}) + S_n(|E|\widehat{x})S_m(-|E|\widehat{y})S_l(|E|\widehat{z})\Big).$$

Als nächstes führen wir eine Taylor-Entwicklung der Spektraldichten um $|E| = 0$ durch:

$$S_n(|E|\widehat{x}) = S_n(0) + |E|\widehat{x}\,S_n'(0) + \cdots \qquad (6.131)$$

Das bedeutet für die Klammer in (6.130):

$$\begin{aligned}(\cdots) &= 2S_n(0)S_m(0)S_l(0) + |E|\Big\{-\widehat{x}S'_n(0)S_m(0)S_l(0) + \widehat{y}S_n(0)S'_m(0)S_l(0)\\ &\quad - \widehat{z}S_n(0)S_m(0)S'_l(0) + \widehat{x}S'_n(0)S_m(0)S_l(0) - \widehat{y}S_n(0)S'_m(0)S_l(0)\\ &\quad + \widehat{z}S_n(0)S_m(0)S'_l(0)\Big\} + \mathcal{O}(|E|^2)\\ &= 2S_n(0)S_m(0)S_l(0) + \mathcal{O}(|E|^2)\,.\end{aligned}$$

Es bleibt dann schließlich noch zu integrieren:

$$\int_0^1\int_0^1\int_0^1 \mathrm{d}\widehat{x}\,\mathrm{d}\widehat{y}\,\mathrm{d}\widehat{z}\,\delta(1-\widehat{x}-\widehat{y}-\widehat{z}) = \int_0^1 \mathrm{d}\widehat{x}\int_0^{1-\widehat{x}}\mathrm{d}\widehat{y} = \int_0^1 \mathrm{d}\widehat{x}(1-\widehat{x}) = \frac{1}{2}\,.$$

Das Niederenergieverhalten des Imaginärteils der Funktion $I_{nml}(E)$ lässt sich also wie folgt abschätzen:

$$\mathrm{Im}\, I_{nml}(E) = \left(\frac{\pi}{\hbar^2}S_n(0)S_m(0)S_l(0)\right)\cdot E^2 + \mathcal{O}(E^4)\,. \tag{6.132}$$

Damit kennen wir den Beitrag der Skelett-Diagramme zweiter Ordnung zum Imaginärteil der Selbstenergie im Niederenergiebereich. Beachten wir noch, dass wegen der „*großkanonischen*" Definition der Green'schen Funktion die Energie stets als $E+\mu$ erscheint, so lässt sich das Ergebnis auch wie folgt formulieren:

$$I_k^{(2)}(E-\mu) = \gamma_k\,(E-\mu)^2 + \mathcal{O}((E-\mu)^4) \quad (T=0)\,. \tag{6.133}$$

Der Imaginärteil der Selbstenergie verschwindet also quadratisch mit der Energie am chemischen Potential (Fermi-Energie). Insbesondere haben dort die Quasiteilchen eine unendliche Lebensdauer!

$$\gamma_k = \frac{\pi}{\hbar^3}\sum_{lmn}\Big(\varepsilon v(km;nl)v(nl;km) + v(nl;km)v(mk;nl)\Big)S_n(0)S_m(0)S_l(0)\,. \tag{6.134}$$

Unter der Voraussetzung, dass die störungstheoretische Diagrammentwicklung konvergiert, was wir bei den vorangegangenen Überlegungen implizit immer vorausgesetzt haben, sollte die Selbstenergie also stets das folgende Niederenergieverhalten zeigen,

$$\Sigma_k(E) = \alpha_k + \beta_k\cdot E + i\gamma_k\cdot E^2 + \ldots \quad (T=0)\,, \tag{6.135}$$

mit reellen Koeffizienten α_k, β_k und γ_k.

Die Entwicklung (6.135) gilt so nur für $T=0$. Es lässt sich aber auch zur Temperaturabhängigkeit des Imaginärteils der Selbstenergie bei $E=0$ eine Abschätzung angeben. Letztere ist wiederum ausschließlich durch $I_{nml}(E)$ (6.108) gegeben.

$$-\frac{1}{\pi}\,\mathrm{Im}\,I_{nml}(E)\bigg|_{E=0} = \frac{\varepsilon}{\hbar^2}\int\limits_{-\infty}^{+\infty}\int\limits_{-\infty}^{+\infty}\int\limits_{-\infty}^{+\infty} \mathrm{d}x\,\mathrm{d}y\,\mathrm{d}z\,S_n(x)S_m(y)S_l(z)\,\cdot \\ \cdot\,\delta(-x+y-z)\Big(f_\varepsilon(x)f_\varepsilon(-y)f_\varepsilon(z)+f_\varepsilon(-x)f_\varepsilon(y)f_\varepsilon(-z)\Big)\,. \tag{6.136}$$

Man erkennt, dass die beiden Terme in der Klammer durch $T \leftrightarrow -T$ auseinander hervorgehen. Die Klammer ist also eine gerade Funktion von T. Für $T = 0$ verschwindet der gesamte Ausdruck wegen (6.132). Die Spektraldichten können für wechselwirkende Teilchensysteme zwar temperaturabhängig sein, jedoch gilt in nullter Ordnung

$$S_n(x)S_m(y)S_l(z) \longrightarrow S_n^{(0)}(x)S_m^{(0)}(y)S_l^{(0)}(z)$$

mit in jedem Fall temperaturunabhängigen Spektraldichten des nicht wechselwirkenden Teilchensystems. Es bleibt deshalb als Abschätzung:

$$-\frac{1}{\pi}\,\mathrm{Im}\,I_{nml}(E)\bigg|_{E=0} \propto T^2 \quad (T \to 0)\,. \tag{6.137}$$

Das überträgt sich unmittelbar auf den Imaginärteil der Selbstenergie, da diese in erster Ordnung reell ist:

$$\mathrm{Im}\,\Sigma_k(E=0) \propto T^2 \qquad (T \to 0)\,. \tag{6.138}$$

Dieses wichtige Resultat werden wir im Zusammenhang mit dem Konzept der *„Fermi-Flüssigkeiten"* wieder aufgreifen.

6.2.11 Quasiteilchen, Fermi-Flüssigkeit

Wir kommen noch einmal zu dem für die Viel-Teilchen-Theorie fundamentalen

- Quasiteilchenkonzept

zurück, das ausführlich und allgemein bereits in Abschn. 3.4 behandelt wurde, nun aber mit den Ergebnissen der letzten Abschnitte weiter präzisiert und ausgebaut werden kann. Zentrale Größen für das Quasiteilchenkonzept in Abschn. 3.4 waren die **Ein-Teilchen-Spektraldichte** und die **Selbstenergie**, für die wir einige allgemeine Aussagen ableiten konnten. Um konkret zu sein, werden wir uns auch jetzt wieder auf

- Systeme wechselwirkender Fermionen in der Grenze $T \to 0$

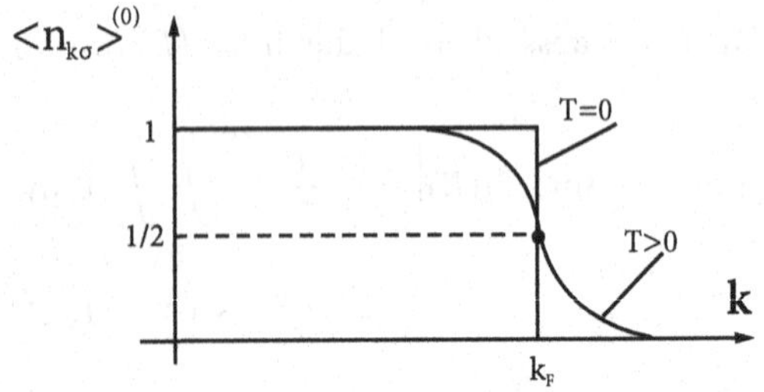

Abb. 6.20 Mittlere Besetzungszahl eines Ein-Teilchen-Niveaus des idealen Fermi-Gases

beschränken. Die Behandlung von Bose-*Flüssigkeiten* bei tiefen Temperaturen erweist sich als deutlich aufwendiger, was letztlich der bereits beim Bose-*Gas* auftretenden *Bose-Einstein-Kondensation* zuzuschreiben ist (*Grundkurs: Theoretische Physik, Band 6, Abschn. 3.3.3*). Generelle Voraussetzung für die folgenden Überlegungen ist die

- Konvergenz der diagrammatischen Störreihe,

wie sie in den vorangegangenen Unterkapiteln entwickelt wurde.

Es stellt sich heraus, dass für viele wichtige Fragestellungen die komplette Bestimmung der zentralen Spektraldichte gar nicht unbedingt notwendig ist. Häufig reicht es aus, sich auf einen kleinen Energiebereich um das chemische Potential μ herum zu beschränken. Wesentliche Systemeigenschaften (Leitfähigkeit $\sigma = 1/\rho$, Wärmekapazität c_V, magnetische Suszeptibilität $\chi_T, \ldots$) werden letztlich in diesem Bereich bestimmt.

Die (Tieftemperatur-) Eigenschaften des Fermi-Systems im Grenzfall fehlender Wechselwirkung, d. h. des **(idealen) Fermi-Gases**, sind aus der Quantenstatistik wohlbekannt (*Grundkurs: Theoretische Physik, Band 6, Abschn. 3.2*), z. B.:

$$c_V \propto T \;\; ; \;\; \chi_T \approx \text{const.} \, ; \quad \rho \propto T^2 \, . \tag{6.139}$$

Die Spektraldichte hat in diesem Grenzfall nach (3.199) die einfache Gestalt:

$$S^{(0)}_{\boldsymbol{k}\sigma}(E) = \hbar\, \delta\left(E + \mu_0 - \varepsilon(\boldsymbol{k})\right) \, .$$

Der Index ‚0' deutet auf die fehlende Wechselwirkung hin. Mit Hilfe des Spektraltheorems (3.157) folgt unmittelbar die mittlere Besetzungszahl $\langle n_{\boldsymbol{k}\sigma}\rangle^{(0)}$ des $(\boldsymbol{k}, \sigma)$-Niveaus,

$$\langle n_{\boldsymbol{k}\sigma}\rangle^{(0)} = \frac{1}{\exp\left(\beta(\varepsilon(\boldsymbol{k}) - \mu_0)\right) + 1} = f_-(\varepsilon(\boldsymbol{k}) - \mu_0) \overset{T\to 0}{\longrightarrow} \Theta(\varepsilon_\mathrm{F} - \varepsilon(\boldsymbol{k})) \, , \tag{6.140}$$

die bei $T = 0$ bekanntlich zur Stufenfunktion wird (s. Abb. 6.20). $\varepsilon_\mathrm{F} = \mu_0(T = 0)$ ist die *Fermi-Energie*. Die $T = 0$-Unstetigkeit der Verteilungsfunktion bei $k = k_\mathrm{F}$ macht die Definition einer **„Fermi-Fläche"** sinnvoll, die für $T > 0$ in bekannter Weise „aufweicht":

$$\textbf{„Fermi-Fläche"} = \left\{\boldsymbol{k} : \varepsilon(\boldsymbol{k}) \overset{!}{=} \mu_0(T = 0) = \varepsilon_\mathrm{F}\right\} . \tag{6.141}$$

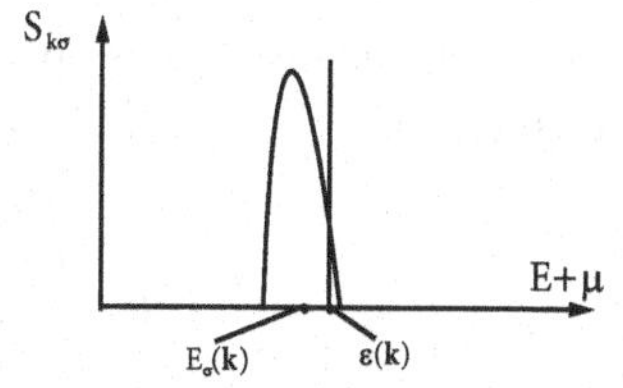

Abb. 6.21 Spektraldichte für das Fermi-Gas und die Fermi-Flüssigkeit (schematisch)

Was passiert nun bei „eingeschalteter" Wechselwirkung? Bei nur schwach wechselwirkenden Fermionen sollten sich deren Eigenschaften nicht dramatisch ändern. Insbesondere sollte sich eine eineindeutige Relation zwischen den Anregungen des „freien" und des wechselwirkenden Systems ergeben. Das setzt zunächst einmal voraus, dass sich der Grundzustand des wechselwirkenden Systems „stetig" aus dem des „freien" Systems entwickelt. Die Spektraldichte, die beim „freien" System eine einfache Delta-Funktion ist, dürfte weiterhin einen ausgeprägten Peak darstellen, mit möglicherweise nun endlicher Breite (s. Abschn. 3.4.2 und Abb. 6.21).

Wie verhält sich die Verteilungsfunktion (Abb. 6.20) nach Einschalten der Wechselwirkung? Denkt man an das temperaturbedingte Aufweichen an der Fermi-Kante, das in einem Bereich der Größenordnung $k_B T$ um μ herum auftritt, und berücksichtigt zudem, dass die Wechselwirkung v und Fermi-Energie ε_F mit einigen eV durchaus dieselbe Größenordnung aufweisen, so sollte eigentlich die Verteilungsfunktion durch die Wechselwirkung stark deformiert werden (Abb. 6.22). Eine vernünftige Definition einer Fermi-Fläche wäre dann natürlich nicht mehr möglich. Es sollte eine starke Umverteilung von Teilchen aus besetzten Zuständen unterhalb μ in unbesetzte Zustände oberhalb μ stattfinden. Das wird so experimentell allerdings **nicht** beobachtet. Stattdessen findet man eine charakteristische Unstetigkeit bei $T = 0$, durch die die Festlegung einer Fermi-Fläche auch im wechselwirkenden System letztlich möglich bleibt (Abb. 6.23). Aber woher stammt dieser $\langle n_{k\sigma} \rangle$-Sprung? Das soll im Folgenden geklärt werden.

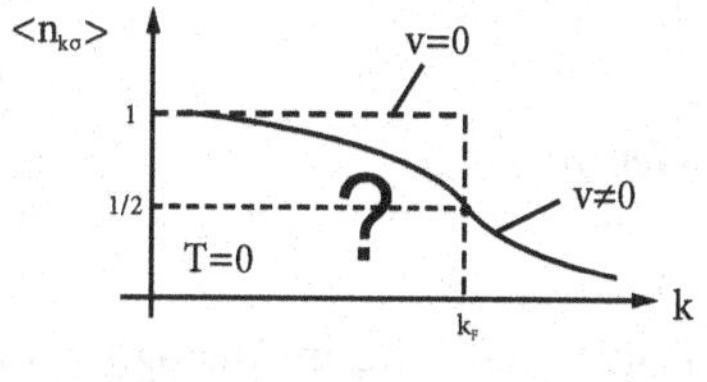

Abb. 6.22 „Eigentlich" zu erwartende Änderung der Ein-Teilchen-Verteilungsfunktion nach Einschalten der Wechselwirkung v (schematisch)

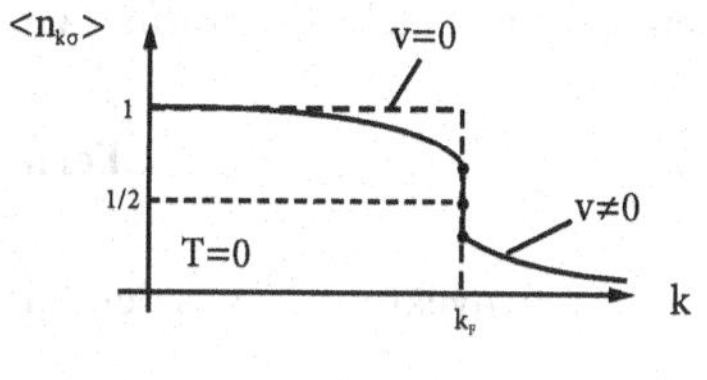

Abb. 6.23 Experimentell beobachtetes Verhalten der Ein-Teilchen-Verteilungsfunktion eines wechselwirkenden Fermionensystems (schematisch)

Erinnern wir uns an das Spektraltheorem (3.157) und die allgemeine Form der Spektraldichte:

$$\langle n_{\mathbf{k}\sigma}\rangle = \frac{1}{\hbar}\int_{-\infty}^{+\infty} \mathrm{d}E \, \frac{S_{\mathbf{k}\sigma}(E)}{\mathrm{e}^{\beta E}+1} \tag{6.142}$$

$$\xrightarrow{T\to 0} -\frac{1}{\pi}\int_{-\infty}^{0} \mathrm{d}E \, \mathrm{Im}\,\frac{1}{E+\mathrm{i}0^{+}-\varepsilon(\mathbf{k})+\mu-\Sigma_{\mathbf{k}\sigma}(E)} \,. \tag{6.143}$$

Die $\mathbf{k}$-Abhängigkeiten von $\varepsilon(\mathbf{k})$ und $\Sigma_{\mathbf{k}\sigma}(E)$ sollten eigentlich „gutartig" sein. Eine Unstetigkeit in $\langle n_{\mathbf{k}\sigma}\rangle$ ist deshalb wohl nur über eine Singularität im Integranden in (6.142) vorstellbar. Das wiederum setzt voraus, dass der Imaginärteil der Selbstenergie,

$$\Sigma_{\mathbf{k}\sigma}(E) = R_{\mathbf{k}\sigma}(E) + \mathrm{i}\, I_{\mathbf{k}\sigma}(E) \,,$$

bei einer bestimmten (reellen) Energie verschwindet. Das ist aber nach den Überlegungen in Abschn. 6.2.10 (6.135) im Niederenergiebereich in der Tat der Fall:

$$R_{\mathbf{k}\sigma}(E) = \alpha_{\mathbf{k}\sigma} + \beta_{\mathbf{k}\sigma}\cdot E + \mathcal{O}(E^2) \tag{6.144}$$

$$I_{\mathbf{k}\sigma}(E) = \gamma_{\mathbf{k}\sigma}\cdot E^2 + \mathcal{O}(E^4) \,. \tag{6.145}$$

Nun gilt allgemein für die Ein-Teilchen-Spektraldichte nach (3.330)):

$$S_{\mathbf{k}\sigma}(E) = -\frac{\hbar}{\pi}\,\frac{I_{\mathbf{k}\sigma}(E)}{\left\{E+\mu-\varepsilon(\mathbf{k})-R_{\mathbf{k}\sigma}(E)\right\}^2 + I_{\mathbf{k}\sigma}^2(E)} \,. \tag{6.146}$$

Wegen der für Fermi-Flüssigkeiten zu fordernden eineindeutigen Relation zwischen freiem und wechselwirkendem Fermi-System wird $S_{\mathbf{k}\sigma}(E)$ *genau eine* Resonanz bei der Energie $E+\mu = E_\sigma(\mathbf{k})$ haben. Diese erfüllt die Gleichung:

$$E_\sigma(\mathbf{k}) - \varepsilon(\mathbf{k}) - R_{\mathbf{k}\sigma}\left(E_\sigma(\mathbf{k})-\mu\right) \overset{!}{=} 0 \,. \tag{6.147}$$

Wegen

$$E_\sigma(\mathbf{k}) \xrightarrow{v\to 0} \varepsilon(\mathbf{k})$$

liegt es nun nahe, in Analogie zum „freien" System wie in (6.141), zunächst versuchsweise, eine Fermi-Fläche des *wechselwirkenden* Systems zu definieren:

$$\textbf{„Fermi-Fläche"} = \left\{\mathbf{k} : E_\sigma(\mathbf{k}) \overset{!}{=} \mu\right\} . \tag{6.148}$$

Für Wellenvektoren $\mathbf{k}$ aus der Fermi-Fläche würde das bedeuten:

$$\mu \overset{!}{=} \varepsilon(\mathbf{k}) + R_{\mathbf{k}\sigma}(0) = \varepsilon(\mathbf{k}) + \Sigma_{\mathbf{k}\sigma}(0) \,. \tag{6.149}$$

Sinn macht diese Definition allerdings nur dann, wenn die Verteilungsfunktion $\langle n_{k\sigma}\rangle$ in der Tat wie im freien System auf der Fermi-Fläche eine Unstetigkeitsstelle aufweist. Das wird noch zu untersuchen sein.

Für Wellenvektoren $\boldsymbol{k}$ auf der Fermi-Fläche gilt also $E_\sigma(\boldsymbol{k}) - \mu = 0$. Für Punkte in der Nähe der Fermi-Fläche sollte deshalb $(E_\sigma(\boldsymbol{k}) - \mu)$ auf jeden Fall eine kleine Größe sein. Wir werden also entwickeln können:

$$R_{\boldsymbol{k}\sigma}\left(E_\sigma(\boldsymbol{k}) - \mu\right) \approx R_{\boldsymbol{k}\sigma}(0) + \left(E_\sigma(\boldsymbol{k}) - \mu\right) \left.\frac{\partial R_{\boldsymbol{k}\sigma}}{\partial E}\right|_{E=0} = \alpha_{\boldsymbol{k}\sigma} + \beta_{\boldsymbol{k}\sigma}\left(E_\sigma(\boldsymbol{k}) - \mu\right) . \tag{6.150}$$

Das setzen wir in die „Quasiteilchen-Gleichung“ (6.147) ein:

$$\begin{aligned} 0 &= E_\sigma(\boldsymbol{k}) - \varepsilon(\boldsymbol{k}) - \alpha_{\boldsymbol{k}\sigma} - \beta_{\boldsymbol{k}\sigma}\left(E_\sigma(\boldsymbol{k}) - \mu\right) + \dots \\ &\approx \left(E_\sigma(\boldsymbol{k}) - \mu\right)\left(1 - \beta_{\boldsymbol{k}\sigma}\right) - \left(\varepsilon(\boldsymbol{k}) + \alpha_{\boldsymbol{k}\sigma} - \mu\right) . \end{aligned}$$

Man definiert nun als **„Quasiteilchen-Gewicht“**:

$$z_{\boldsymbol{k}\sigma} \equiv \left(1 - \left.\frac{\partial R_{\boldsymbol{k}\sigma}}{\partial E}\right|_{E=0}\right)^{-1} = \left(1 - \beta_{\boldsymbol{k}\sigma}\right)^{-1} . \tag{6.151}$$

Dieses ist weitgehend identisch mit dem bereits früher eingeführten (allgemeineren) spektralen Gewicht ((3.339), (3.342)) und hat zudem einen engen Bezug zur in (3.367) definierten effektiven Masse. Für die **„Quasiteilchenenergie“** gilt somit:

$$E_\sigma(\boldsymbol{k}) - \mu \approx z_{\boldsymbol{k}\sigma}\left(\varepsilon(\boldsymbol{k}) + R_{\boldsymbol{k}\sigma}(0) - \mu\right) . \tag{6.152}$$

Das verwenden wir, um den Energienenner der retardierten Ein-Teilchen-Green-Funktion

$$N_{\boldsymbol{k}\sigma} \equiv E + \mathrm{i}0^+ - \varepsilon(\boldsymbol{k}) + \mu - R_{\boldsymbol{k}\sigma}(E + \mathrm{i}0^+) - \mathrm{i}I_{\boldsymbol{k}\sigma}(E + \mathrm{i}0^+)$$

abzuschätzen. In erster Näherung gilt:

$$\begin{aligned} N^{(1)}_{\boldsymbol{k}\sigma} &= E + \mathrm{i}0^+ - \varepsilon(\boldsymbol{k}) + \mu - \alpha_{\boldsymbol{k}\sigma} - \beta_{\boldsymbol{k}\sigma}(E + \mathrm{i}0^+) \\ &= (E + \mathrm{i}0^+)(1 - \beta_{\boldsymbol{k}\sigma}) - (\varepsilon(\boldsymbol{k}) - \mu + \alpha_{\boldsymbol{k}\sigma}) \\ &= (E + \mathrm{i}0^+)(1 - \beta_{\boldsymbol{k}\sigma}) - z^{-1}_{\boldsymbol{k}\sigma}\left(E_\sigma(\boldsymbol{k}) - \mu\right) \\ &= z^{-1}_{\boldsymbol{k}\sigma}\left(E + \mathrm{i}0^+ - (E_\sigma(\boldsymbol{k}) - \mu)\right) . \end{aligned}$$

Mit Hilfe der Dirac-Identität (3.152) folgt somit für die Spektraldichte in einfachster Näherung für Wellenzahlen dicht an der Fermi-Fläche:

$$S^{(1)}_{\boldsymbol{k}\sigma}(E) \approx \hbar z_{\boldsymbol{k}\sigma}\,\delta\left(E + \mu - E_\sigma(\boldsymbol{k})\right) . \tag{6.153}$$

Abb. 6.24 Mögliche Form eines Quasiteilchenpeaks in der Ein-Teilchen-Spektraldichte

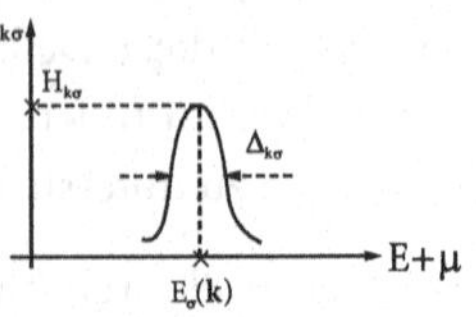

Dieses Resultat vernachlässigt zunächst einmal vollständig den Imaginärteil der Selbstenergie, was streng nur auf der Fermi-Fläche gültig ist. Wir gehen deshalb nun einen Schritt weiter, indem wir den Imaginärteil in niedrigster Ordnung (6.145) berücksichtigen:

$$\begin{aligned} N_{k\sigma}^{(2)} &= E - \varepsilon(\boldsymbol{k}) + \mu - \alpha_{k\sigma} - \beta_{k\sigma}E - \mathrm{i}\gamma_{k\sigma}E^2 + \ldots \\ &= z_{k\sigma}^{-1}\left(E + \mu - E_\sigma(\boldsymbol{k})\right) - \mathrm{i}\gamma_{k\sigma}E^2 + \ldots \end{aligned}$$

Bei endlichem Imaginärteil der Selbstenergie kann natürlich der Term $\mathrm{i}0^+$ unterdrückt werden. Für die Spektraldichte ergibt sich nun nach (3.154):

$$S_{k\sigma}^{(2)}(E) \approx -\frac{\hbar}{\pi} z_{k\sigma} \frac{(z_{k\sigma}\gamma_{k\sigma})E^2}{\left(E + \mu - E_\sigma(\boldsymbol{k})\right)^2 + (z_{k\sigma}\gamma_{k\sigma})^2 E^4} \,. \tag{6.154}$$

Diese Darstellung der Spektraldichte ersetzt die allgemeinere Formel (6.146) im Niederenergiebereich. Die Delta-Funktion aus (6.153) ist nun zu einem Peak endlicher Breite ausgeschmiert (Abb. 6.24). Die beiden Resultate (6.153) und (6.154) zeigen, dass das Quasiteilchen-Gewicht $z_{k\sigma}$ in etwa der Fläche unter dem Quasiteilchen-Peak in der Spektraldichte entspricht. Die Position des Peaks ist bei der **Quasiteilchen-Energie**

$$E + \mu = E_\sigma(\boldsymbol{k})$$

zentriert mit einer Peakhöhe von

$$H_{k\sigma} = -\frac{\hbar}{\pi} \frac{1}{\gamma_{k\sigma}\left(E_\sigma(\boldsymbol{k}) - \mu\right)^2}$$

und einer endlichen Breite

$$\Delta_{k\sigma} = z_{k\sigma}|\gamma_{k\sigma}|\left(E_\sigma(\boldsymbol{k}) - \mu\right)^2 \,, \tag{6.155}$$

die quadratisch mit dem Abstand der Quasiteilchen-Energie $E_\sigma(\boldsymbol{k})$ vom chemischen Potential μ zunimmt. Die physikalische Interpretation folgt natürlich genau dem Quasiteilchen-Konzept aus Abschn. 3.4. Der Quasiteilchen-Peak in der Nähe der Fermi-Fläche entspricht einer „*gedämpften Anregung*“ des Systems. Dabei ist in der Regel $(E_\sigma(\boldsymbol{k}) - \mu)$ keine exakte Anregung, sondern eher der Schwerpunkt einer Vielzahl von dicht liegenden, exakten Anregungsenergien, wie man an der Spektraldarstellung (3.146) der Spektraldichte erkennt. Die Breite des Peaks ist ein Maß für die Dämpfung und lässt wie in (3.363) die Definition einer

▶ Quasiteilchen-Lebensdauer

sinnvoll erscheinen:

$$\tau_{k\sigma} = \frac{\hbar}{\Delta_{k\sigma}} = \frac{\hbar}{z_{k\sigma}|\gamma_{k\sigma}|\left(E_\sigma(\boldsymbol{k}) - \mu\right)^2} \,. \tag{6.156}$$

Für $(\boldsymbol{k}\sigma)$ aus der Fermi-Fläche $(E_\sigma(\boldsymbol{k}) \overset{!}{=} \mu)$ wird das Quasiteilchen stabil:

$$\tau_{k\sigma} \overset{E_\sigma(\boldsymbol{k})\to\mu}{\longrightarrow} \infty \,. \tag{6.157}$$

Im Vergleich zu Abschn. 3.4 ist das Quasiteilchen-Bild durch die Zusatzinformationen der letzten Abschnitte nun wesentlich detaillierter geworden, wobei die Aussagen allerdings auf die unmittelbare Umgebung der Fermi-Fläche beschränkt sind.

Es bleibt schließlich noch die Verteilungsfunktion $\langle n_{k\sigma}\rangle$ für wechselwirkende Fermi-Systeme zu untersuchen, mit der wir ja die Diskussion dieses Kapitels gestartet hatten.

Bei $T = 0\,\mathrm{K}$ liefert das Spektraltheorem für die mittlere Besetzungszahl (Verteilungsfunktion):

$$\langle n_{k\sigma}\rangle = \frac{1}{\hbar}\int\limits_{-\infty}^{0} \mathrm{d}E\, S_{k\sigma}(E) = \frac{1}{\hbar}\int\limits_{-\infty}^{-\eta} \mathrm{d}E\, S_{k\sigma}(E) + \frac{1}{\hbar}\int\limits_{-\eta}^{0} \mathrm{d}E\, S_{k\sigma}(E) \,. \tag{6.158}$$

Dabei ist $\eta > 0$ und hinreichend klein. Dann kann zum einen angenommen werden, dass

$$\langle \widehat{n}_{k\sigma}\rangle = \frac{1}{\hbar}\int\limits_{-\infty}^{-\eta} \mathrm{d}E\, S_{k\sigma}(E) \tag{6.159}$$

eine gutartige, „harmlose" Funktion der Wellenzahl ohne irgendwelche Besonderheiten ist. Zum anderen sollte sich der zweite Term in (6.158) für hinreichend kleine η mit (6.153) wie folgt abschätzen lassen:

$$\begin{aligned}\frac{1}{\hbar}\int\limits_{-\eta}^{0} \mathrm{d}E\, S_{k\sigma}(E) &\to z_{k\sigma} \int\limits_{-\eta}^{0} \mathrm{d}E\,\delta\left(E + \mu - E_\sigma(\boldsymbol{k})\right)\\ &= z_{k\sigma}\,\Theta\left(\mu - E_\sigma(\boldsymbol{k})\right)\,\Theta\left(\eta - \mu + E_\sigma(\boldsymbol{k})\right) \,.\end{aligned}$$

In unmittelbarer Nähe der Fermi-Fläche ergibt die zweite Stufenfunktion gerade die Eins, sodass in diesem Bereich gilt:

$$\langle n_{k\sigma}\rangle = z_{k\sigma}\,\Theta\left(\mu - E_\sigma(\boldsymbol{k})\right) + \langle \widehat{n}_{k\sigma}\rangle \,. \tag{6.160}$$

Die Verteilungsfunktion macht also auf der Fermi-Fläche den in Abb. 6.24 angedeuteten Unstetigkeitssprung. Die Höhe des Sprungs entspricht gerade dem Quasiteilchen-Gewicht $z_{k\sigma} < 1$. Im nicht-wechselwirkenden System ist $z_{k\sigma} = 1$. Dieser Sprung in der Verteilungsfunktion $\langle n_{k\sigma} \rangle$ macht es in der Tat möglich, auch für das wechselwirkende Fermionen-System in sinnvoller Weise eine Fermi-Fläche zu definieren.

Die in diesem Abschn. 6.2.11 abgeleiteten Resultate basieren ausschließlich auf der Gültigkeit der in den vorigen Abschnitten entwickelten diagrammatischen Störungstheorie, d. h. auf ihrer Anwendbarkeit auf korrelierte Fermionen-Systeme. Sie sind aber auf der anderen Seite auch so allgemein, dass durch sie eine spezielle Klasse von Systemen definiert wird, nämlich die

▸ (normale) Fermi-Flüssigkeit,

deren Voraussetzungen wir noch einmal zusammenstellen:

- Existenz einer Fermi-Fläche,
- $\langle n_{k\sigma} \rangle$-Sprung auf der Fermi-Fläche,
- eineindeutiger Bezug zum idealen Fermi-Gas, d. h. „wohldefinierte" nieder-energetische Quasiteilchenanregungen,
- $\operatorname{Im} \Sigma_{k\sigma}(E)$ und $\tau_{k\sigma}^{-1}$ wachsen *quadratisch* mit dem Abstand der Quasiteilchenenergie von der Fermi-Fläche an.

Das Fermi-Flüssigkeits-Konzept ist sinnvoll also nur für

- kleine Anregungsenergien,
- Wellenzahlen in der Nähe der Fermi-Fläche,
- tiefe Temperaturen.

6.2.12 Aufgaben

Aufgabe 6.2.1

1. Stellen Sie den „freien" Mittelwert des zeitgeordneten Produkts

$$\left\langle T_\tau \left\{ a_{k\sigma}(\tau_1) a_{l\sigma'}^\dagger(\tau_2) a_{m\sigma}(\tau_3) a_{n\sigma'}^\dagger(\tau_3) \right\} \right\rangle^{(0)}$$

durch passende Kontraktionen dar.
2. Drücken Sie den Ausdruck in 1.) durch „freie" Ein-Teilchen-Matsubara-Funktionen aus!

Aufgabe 6.2.2

Werten Sie die großkanonische Zustandssumme Ξ/Ξ_0 in erster Ordnung Störungstheorie für das

1. Hubbard-Modell (6.109)
2. Jellium-Modell (6.117)

aus!

Aufgabe 6.2.3

Zur zweiten Ordnung Störungstheorie für die großkanonische Zustandssumme gehört das in Abb. 6.25 dargestellte Diagramm.

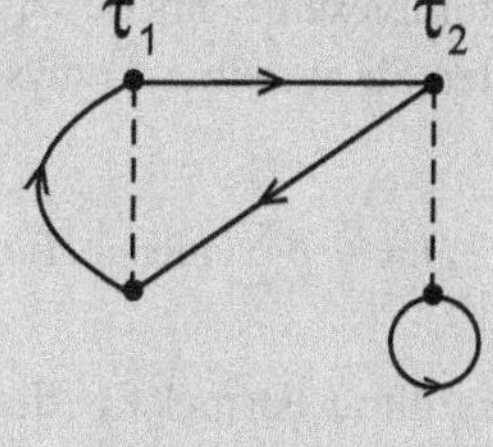

Abb. 6.25 Beispiel eines Diagramms zweiter Ordnung zur großkanonischen Zustandssumme

1. Berechnen Sie den Diagrammbeitrag D für ein wechselwirkendes Teilchensystem (6.111–6.113)!
2. Was ergibt sich für das Hubbard-Modell?
3. Wie sieht der Beitrag für das Jellium-Modell aus?
4. Was ergäbe das analoge Diagramm in der Energie-Darstellung?

Aufgabe 6.2.4

Verifizieren Sie für die energieabhängige Funktion (6.105)

$$F_E(x,y,z) = \frac{1}{(\hbar\beta)^2} \sum_{E_1,E_2} \frac{1}{\mathrm{i}E_1 - x} \frac{1}{\mathrm{i}E_2 - y} \frac{1}{\mathrm{i}(E + E_2 - E_1) - z}$$

das Ergebnis (6.106). Dabei sind E, E_1, E_2 Matsubara-Energien, alle entweder bosonisch oder fermionisch.

Aufgabe 6.2.5

1. Zeigen Sie, dass die Fermi/Bose-Funktion

$$f_\varepsilon(E) = \frac{1}{e^{\beta E} - \varepsilon} \qquad \varepsilon = \pm 1$$

in der komplexen E-Ebene Pole erster Ordnung bei den (fermionischen/bosonischen) Matsubara-Energien $E = \mathrm{i}E_n$ aufweist. Was gilt für die Residuen?

2. Die Funktion $H(E)$ sei bis auf isolierte Singularitäten $\widehat{E}_i$ in der gesamten komplexen Ebene holomorph und besitze keine gemeinsamen Pole mit der Fermi/Bose-Funktion f_ε. Die Produktfunktion $H(E)f_\varepsilon(E)$ verschwinde im Unendlichen stärker als $\frac{1}{E}$, was insbesondere dann gilt, wenn man dieses bereits für $H(E)$ annehmen kann. Untersuchen Sie das Wegintegral

$$I_C \equiv \oint_C H(E) f_\varepsilon(E)\, \mathrm{d}E$$

wobei C ein Kreis in der komplexen E-Ebene sein möge, z. B. mit seinem Mittelpunkt im Ursprung. Leiten Sie aus einer Analyse des Integrals I_C die folgende Gleichung ab:

$$\sum_{E_n} H(\mathrm{i}E_n) = -\varepsilon\beta \sum_{\widehat{E}_i} \left(\mathrm{Res}_{\widehat{E}_i} H(E)\right) f_\varepsilon(\widehat{E}_i)\, .$$

Machen Sie sich klar, dass diese Formel für die praktische Auswertung von Matsubara-Summationen zu (6.75) äquivalent ist.

Aufgabe 6.2.6

Gegeben sei ein nicht wechselwirkendes Teilchensystem, das durch die Ein-Teilchen-Matsubara-Funktion (6.46)

$$G_k^{0,\mathrm{M}}(E_n) = \frac{\hbar}{\mathrm{i}E_n - \varepsilon(k) + \mu}$$

beschrieben wird. Führen Sie mit Hilfe der Formel aus Aufgabe 6.2.5 (bzw. mit (6.75)) die folgenden Matsubara-Summationen aus:

1.
$$G_k^{0,\mathrm{M}}(\tau = 0) \to \frac{1}{\hbar\beta} \sum_{E_n} G_k^{0,\mathrm{M}}(E_n)$$

2.
$$G_k^{0,\mathrm{M}}(\tau = -0^+) = \frac{1}{\hbar\beta} \sum_{E_n} G_k^{0,\mathrm{M}}(E_n) \exp\left(\frac{\mathrm{i}}{\hbar} E_n 0^+\right).$$

Vergleichen Sie die Ergebnisse mit denen aus Aufgabe 6.1.2.

Aufgabe 6.2.7

Die „kombinierte" Ein-Teilchen-Green-Funktion $G_k(E)$ (3.151) ist für komplexe E definiert und besitzt Pole ausschließlich auf der reellen Achse. Zeigen Sie für ein System von (wechselwirkenden) Fermionen, dass sich der Erwartungswert des Besetzungszahloperators $\langle n_k \rangle$ mit Hilfe von $G_k(E)$ wie folgt durch eine Summation über Matsubara-Energien darstellen lässt:

$$\langle n_k \rangle = \frac{1}{\hbar\beta} \sum_{E_n} G_k^{\mathrm{M}}(\mathrm{i}E_n) \exp\left(\frac{\mathrm{i}}{\hbar} E_n \cdot 0^+\right) .$$

Verifizieren Sie das Spektraltheorem!

6.3 Mehr-Teilchen-Matsubara-Funktionen

Das in Abschn. 6.2 entwickelte Selbstenergiekonzept hatte zu beträchtlichen Vereinfachungen geführt. Die hinter diesem Konzept stehende *Methode der Partialsummationen* erweist sich offensichtlich als hilfreich. Insbesondere das Einführen von Skelett-Diagrammen hat das Verfahren durchsichtig und überschaubar gemacht. Wie wir aber bereits aus Abschn. 5.6 wissen, ist das Selbstenergiekonzept nicht die einzige Möglichkeit, Partialsummen zu bilden. Die Ideen, die dort für den $T = 0$-Spezialfall entwickelt wurden, lassen sich weitgehend auf den $T \neq 0$-Matsubara-Formalismus übertragen. Wir diskutieren deshalb in diesem Abschnitt weitere Varianten von Partialsummationen und werden uns dabei an vielen Stellen auf das in Abschn. 5.6 Erarbeitete beziehen können. Insbesondere werden die für $T \neq 0$ gültigen Diagramme von derselben Struktur sein wie die $T = 0$-Diagramme aus Abschn. 5.6, sodass wir im Folgenden häufig entsprechende, schon entwickelte Darstellungen werden benutzen können.

6.3.1 Dichtekorrelation

Die sogenannte „*Dichtekorrelation*"

$$\langle\langle \rho_{\boldsymbol{q}} ; \rho_{\boldsymbol{q}}^+ \rangle\rangle_E^{\mathrm{ret}}$$

die sich letztlich mit dem (adjungierten) „*Dichteoperator*" (3.97),

$$\rho_{\boldsymbol{q}} = \sum_{\boldsymbol{k}\sigma} a_{\boldsymbol{k}\sigma}^+ a_{\boldsymbol{k}+\boldsymbol{q}\sigma} ; \qquad \rho_{\boldsymbol{q}}^+ \equiv \rho_{-\boldsymbol{q}} , \tag{6.161}$$

definiert, wurde in Abschn. 3.1.5 als retardierte Green-Funktion eingeführt. Am Beispiel des Jellium-Modells wurde ihr enger Zusammenhang mit der physikalisch wichtigen „*Dielektrizitätsfunktion*" demonstriert:

$$\frac{1}{\varepsilon(\boldsymbol{q},E)} = 1 + \frac{1}{\hbar}\, v(\boldsymbol{q})\, \langle\langle \rho_{\boldsymbol{q}}\, ;\, \rho_{\boldsymbol{q}}^{+} \rangle\rangle_E^{\text{ret}} \,. \tag{6.162}$$

$v(\boldsymbol{q}) = e^2/\varepsilon_0 V q^2$ ist das für das Jellium-Modell relevante Coulomb-Matrixelement ((3.90), (6.118)). Die Ableitung in Abschn. 3.1.5 zeigt jedoch, dass dieser Faktor in (6.162) durch gewisse *normale* Fourier-Transformationen ins Spiel kommt und nicht durch die Wechselwirkung im Jellium-Modell bewirkt wird. Der Ausdruck sollte also allgemeiner gelten. Vorausgesetzt wurde nur, dass sich die Ladungsdichten von Elektronen- und Ionensystem im Gleichgewicht gerade kompensieren, und dass die externe Störladung nur auf das (schnellere) elektronische Teilsystem wirkt. Wichtig ist der Zusammenhang (3.96) zwischen einer externen „*Störladung*" $\rho_{\text{ext}}(\boldsymbol{q},E)$ und der von dieser induzierten Ladungsdichte $\rho_{\text{ind}}(\boldsymbol{q},E)$:

$$\rho_{\text{ind}}(\boldsymbol{q},E) = \left(\frac{1}{\varepsilon(\boldsymbol{q},E)} - 1\right) \rho_{\text{ext}}(\boldsymbol{q},E) \,. \tag{6.163}$$

Daran erkennt man interessante Grenzfälle:

- $\varepsilon(\boldsymbol{q},E) \gg 1 \;\Rightarrow\;$ praktisch vollständige Abschirmung der Störladung
- $\varepsilon(\boldsymbol{q},E) \to 0 \;\Leftrightarrow\; \langle\langle \rho_{\boldsymbol{q}}\, ;\, \rho_{\boldsymbol{q}}^{+} \rangle\rangle_E^{\text{ret}}$-Singularitäten $\;\Rightarrow\;$ beliebig kleine Störladungen bewirken endliche Ladungsdichteschwankungen $\Rightarrow$ **„Plasmonen"** $E = E(\boldsymbol{q})$.

Man kann die retardierte Dichtekorrelation und damit die Dielektrizitätsfunktion so wie in Abschn. 4.2.2 mit Hilfe der Bewegungsgleichungsmethode Green'scher Funktionen (Kap. 3) (approximativ) bestimmen. Es soll in Ergänzung dazu jetzt überlegt werden, wie man über den **diagrammatischen Matsubara-Formalismus** die Dichtekorrelation berechnen kann.

Wir wollen für das Folgende die in Abb. 6.26 skizzierte Vertexbezifferung voraussetzen:

- Spinerhaltung an jedem Vertexpunkt: $\sigma_k = \sigma_n \;;\; \sigma_l = \sigma_m$
- Impulserhaltung am Vertex: $\boldsymbol{k} + \boldsymbol{l} = \boldsymbol{m} + \boldsymbol{n}$
- Wechselwirkungsmatrixelement höchstens vom Impulsübertrag abhängig: $\boldsymbol{q} \equiv \boldsymbol{k} - \boldsymbol{n} = \boldsymbol{m} - \boldsymbol{l}$.

Diese Annahmen sind für die meisten uns interessierenden Modelle erfüllt, auf jeden Fall für das Hubbard- und das Jellium-Modell:

$$v(kl;nm) \to v_{\sigma_k\sigma_l}(\boldsymbol{q} = \boldsymbol{k} - \boldsymbol{n})\, \delta_{\boldsymbol{k}+\boldsymbol{l},\boldsymbol{m}+\boldsymbol{n}}\, \delta_{\sigma_k\sigma_n}\delta_{\sigma_l\sigma_m}$$

$$v_{\sigma_k\sigma_l}(\boldsymbol{q}) = \begin{cases} v(\boldsymbol{q}) & \text{(Jellium)} \\ \dfrac{U}{N}\,\delta_{\sigma_k -\sigma_l} & \text{(Hubbard)}\,. \end{cases} \tag{6.164}$$

Abb. 6.26 Vertexbezifferung

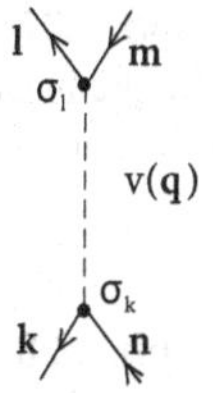

Ausgangspunkt ist die folgende Zwei-Teilchen-Matsubara-Funktion:

$$D_q(E_0) = \langle\langle \rho_q\,;\, \rho_q^+ \rangle\rangle_{E_0}^{M} = \int_0^{\hbar\beta} d\tau\, e^{\frac{i}{\hbar}E_0(\tau-\tau')} D_q(\tau-\tau') \tag{6.165}$$

$$D_q(\tau-\tau') = -\left\langle T_\tau\left(\rho_q(\tau)\,\rho_q^+(\tau')\right)\right\rangle . \tag{6.166}$$

Die Operatoren stehen hier noch in ihrer *modifizierten Heisenberg-Darstellung* (6.3). Der Übergang in die *modifizierte Dirac-Darstellung* (6.27) vollzieht sich genauso wie zu (6.49):

$$\begin{aligned} D_q(\tau-\tau') &= -\sum_{\substack{kp\\ \sigma\sigma'}} \frac{\left\langle T_\tau\left(U(\hbar\beta,0)\, a_{k\sigma}^+(\tau) a_{k+q\sigma}(\tau)\, a_{p\sigma'}^+(\tau') a_{p-q\sigma'}(\tau')\right)\right\rangle^{(0)}}{\langle U(\hbar\beta,0)\rangle^{(0)}} \\ &\equiv \sum_{\sigma\sigma'} D_{q\sigma\sigma'}(\tau-\tau') . \end{aligned} \tag{6.167}$$

Wir unterdrücken den Index D an den Operatoren, da ab jetzt alle in der Dirac-Darstellung gemeint sind. Es erweist sich als zweckmäßig, insbesondere für die in den nächsten Abschnitten zu besprechenden Partialsummationen, die Diagrammanalyse zunächst für $D_{q\sigma\sigma'}(\tau-\tau')$ durchzuführen. Der schlussendliche Übergang zur eigentlich interessierenden Dichtekorrelation ist dann natürlich einfach durch eine Summation über σ und σ' getan. Wir wollen $D_{q\sigma\sigma'}$ als *„spinaufgelöste Dichtekorrelation"* bezeichnen.

Wie zu (6.84) demonstriert sorgt der *„Hauptsatz von den zusammenhängenden Diagrammen"* dafür, dass sich der Nenner in (6.167) gerade herauskürzt, sodass man bei der Auswertung nur über **zusammenhängende, offene Diagramme** zu summieren hat:

$$D_{q\sigma\sigma'}(\tau-\tau') = -\sum_{kp} \left\langle T_\tau\left(U(\hbar\beta,0)\, a_{k\sigma}^+(\tau) a_{k+q\sigma}(\tau)\, a_{p\sigma'}^+(\tau') a_{p-q\sigma'}(\tau')\right)\right\rangle^{(0)}_{\substack{\text{zus.}\\ \text{offen}}} . \tag{6.168}$$

Jeder Summand

$$\widehat{D}_{kpq\sigma\sigma'}(\tau-\tau') = -\left\langle T_\tau\left(U(\hbar\beta,0)\, a_{k\sigma}^+(\tau) a_{k+q\sigma}(\tau)\, a_{p\sigma'}^+(\tau') a_{p-q\sigma'}(\tau')\right)\right\rangle^{(0)}_{\substack{\text{zus.}\\ \text{offen}}} \tag{6.169}$$

entspricht einer Kombination von offenen, zusammenhängenden Diagrammen mit insgesamt je zwei äußeren Linien bei τ und τ' (eine *einlaufend*, die andere *auslaufend*), wie

Abb. 6.27 Allgemeine Diagrammstruktur zur Dichtekorrelation

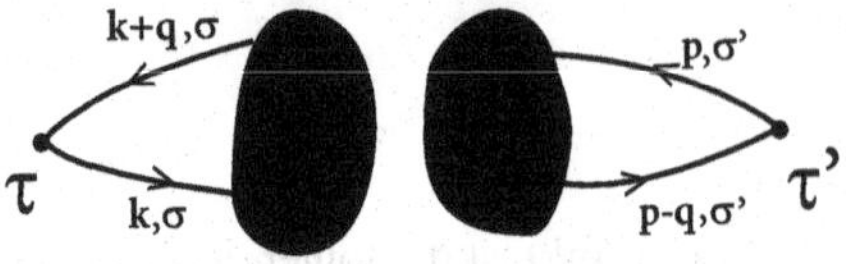

Abb. 6.28 Schematische Darstellung einer offenen, nicht zusammenhängenden Diagrammstruktur zur Dichtekorrelation

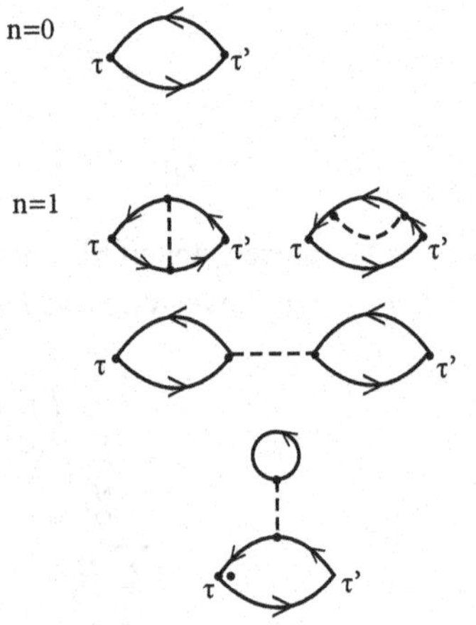

Abb. 6.29 Mögliche Diagramme nullter und erster Ordnung zur Dichtekorrelation

schematisch in Abb. 6.27 dargestellt. Wegen (6.167) entsprechen diese im Fall der Dichtekorrelation Propagatoren *mit gleichem Spinindex* σ. In Abschn. 6.3.5 wird ein Beispiel präsentiert, bei dem diese äußeren Propagatoren unterschiedliche Spins tragen.

Man macht sich nun wie in Abschn. 5.6.1 sehr leicht klar, dass alle offenen Diagramme automatisch auch zusammenhängend sein müssen. Wegen der vereinbarten Impulserhaltung am Vertex ist eine nicht zusammenhängende Diagrammstruktur wie in Abb. 6.28 nur für $\boldsymbol{q} = 0$ möglich. Im Jellium-Modell liefern solche Diagramme wegen $v(\mathbf{0}) = 0$ keinen Beitrag. Auf jeden Fall sind sie relativ uninteressant, da für $\boldsymbol{q} = \mathbf{0}$ der Dichteoperator mit dem Anzahloperator $\widehat{N} = \sum_{\boldsymbol{k}\sigma} a^+_{\boldsymbol{k}\sigma} a_{\boldsymbol{k}\sigma}$ übereinstimmt.

Einige Beispiele von Diagrammen der nullten und ersten Ordnung, wobei die Ordnung wieder durch die Zahl der Wechselwirkungslinien festgelegt wird, sind in Abb. 6.29 zu sehen. Sie sind strukturell natürlich mit den $T = 0$-Diagrammen aus Abschn. 5.6.1 identisch.

Bei der Auswertung erweist sich auch hier die Energiedarstellung als günstig.

$$\widehat{D}_{\boldsymbol{kpq}\sigma\sigma'}(\tau - \tau') = \frac{1}{\hbar\beta} \sum_{E_0} \mathrm{e}^{-\frac{i}{\hbar}(E_0(\tau-\tau')} \widehat{D}_{\boldsymbol{kpq}\sigma\sigma'}(E_0) \,. \tag{6.170}$$

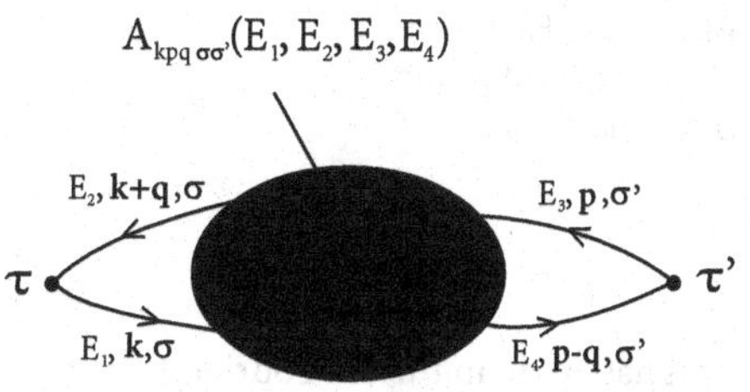

Abb. 6.30 Zur Energiedarstellung eines Dichtekorrelations-Diagramms

Diese führt zunächst, wie in Abschn. 6.2.2 erläutert, zur Energieerhaltung am Vertex. Wie bei der Diskussion der Ein-Teilchen-Matsubara-Funktion in Abschn. 6.2.4 erfordern die äußeren Linien allerdings eine gesonderte Betrachtung. Deren Beitrag lässt sich, wie vor (6.86) dargestellt, in drei Faktoren zerlegen. Der erste geht in den Vertex zur Energieerhaltung. Die zweiten und dritten Faktoren liefern Beiträge der folgenden Form:

$$(\boldsymbol{k}, E_1): \quad \left(-G^{0,\mathrm{M}}_{\boldsymbol{k}\sigma}(E_1)\right)\left(\frac{1}{\sqrt{\hbar\beta}}\exp\left(\frac{\mathrm{i}}{\hbar}E_1\tau\right)\right)$$

$$(\boldsymbol{k}+\boldsymbol{q}, E_2): \quad \left(-G^{0,\mathrm{M}}_{\boldsymbol{k}+\boldsymbol{q}\sigma}(E_2)\right)\left(\frac{1}{\sqrt{\hbar\beta}}\exp\left(-\frac{\mathrm{i}}{\hbar}E_2\tau\right)\right)$$

$$(\boldsymbol{p}, E_3): \quad \left(-G^{0,\mathrm{M}}_{\boldsymbol{p}\sigma'}(E_3)\right)\left(\frac{1}{\sqrt{\hbar\beta}}\exp\left(\frac{\mathrm{i}}{\hbar}E_3\tau'\right)\right)$$

$$(\boldsymbol{p}-\boldsymbol{q}, E_4): \quad \left(-G^{0,\mathrm{M}}_{\boldsymbol{p}-\boldsymbol{q}\sigma'}(E_4)\right)\left(\frac{1}{\sqrt{\hbar\beta}}\exp\left(-\frac{\mathrm{i}}{\hbar}E_4\tau'\right)\right) .$$

Bezeichnen wir wie in Abb. 6.30 den Beitrag des Diagrammkerns mit $A_{\boldsymbol{kpq}\sigma\sigma'}(E_1 \dots E_4)$, so gilt insgesamt:

$$\begin{aligned}-\widehat{D}_{\boldsymbol{kpq}\sigma\sigma'}(\tau-\tau') = \frac{\varepsilon}{\hbar^2\beta^2}\sum_{E_1\dots E_4}&\left(-G^{0,\mathrm{M}}_{\boldsymbol{k}\sigma}(E_1)\right)\left(-G^{0,\mathrm{M}}_{\boldsymbol{k}+\boldsymbol{q}\sigma}(E_2)\right)\times\\ &\times\left(-G^{0,\mathrm{M}}_{\boldsymbol{p}\sigma'}(E_3)\right)\left(-G^{0,\mathrm{M}}_{\boldsymbol{p}-\boldsymbol{q}\sigma'}(E_4)\right)\times\\ &\times A_{\boldsymbol{kpq}\sigma\sigma'}(E_1\dots E_4)\,\mathrm{e}^{-\frac{\mathrm{i}}{\hbar}((E_2-E_1)\tau-(E_3-E_4)\tau')} .\end{aligned}$$

Der Faktor ε resultiert aus der Schleifenregel. Da wir voraussetzen wollen, dass der Hamilton-Operator des betrachteten Systems keine explizite Zeitabhängigkeit besitzt, kann der obige Ausdruck nur von der Zeit**differenz** $\tau - \tau'$ abhängen („Homogenität der Zeit"). Das bedeutet:

$$E_2 - E_1 \overset{!}{=} E_3 - E_4 \equiv E_0 . \tag{6.171}$$

Als Differenz zweier Matsubara-Energien ist E_0 auf jeden Fall *bosonisch*. Wir schreiben:

$$E_1 = E\,;\; E_2 = E + E_0\,;\;\; E_3 = E'\,;\; E_4 = E' - E_0$$

Abb. 6.31 Energieabhängige spinaufgelöste Dichtekorrelation

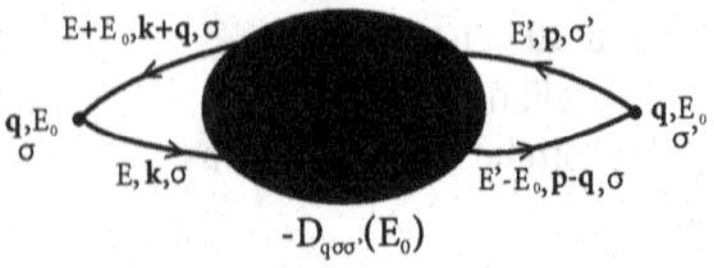

und haben dann für die Fourier-Transformierte in (6.170):

$$
\begin{aligned}
-\widehat{D}_{\boldsymbol{kpq}\sigma\sigma'}(E_0) = \frac{\varepsilon}{\hbar\beta} \sum_{E,E'} \left(-G^{0,\mathrm{M}}_{\boldsymbol{k}\sigma}(E)\right)\left(-G^{0,\mathrm{M}}_{\boldsymbol{k+q}\sigma}(E+E_0)\right) \times \\
\times \left(-G^{0,\mathrm{M}}_{\boldsymbol{p}\sigma'}(E')\right)\left(-G^{0,\mathrm{M}}_{\boldsymbol{p-q}\sigma'}(E'-E_0)\right) A_{\boldsymbol{kpq}\sigma\sigma'}(E,E',E_0) \,.
\end{aligned}
\tag{6.172}
$$

Wegen

$$
D_{\boldsymbol{q}\sigma\sigma'}(E_0) = \sum_{\boldsymbol{kp}} \widehat{D}_{\boldsymbol{kpq}\sigma\sigma'}(E_0) \tag{6.173}
$$

lassen sich nun die

▸ Diagrammregeln für die spinaufgelöste Dichtekorrelation $-D_{\boldsymbol{q}\sigma\sigma'}(E_0)$

formulieren:

Man suche offene, zusammenhängende Diagramme mit vier äußeren durchgezogenen Linien wie in Abb. 6.31. Ein Diagramm n-ter Ordnung (n Vertizes!) ist dann wie folgt auszuwerten:

1. Vertex $\Leftrightarrow$ $\frac{1}{\hbar\beta} v_{\sigma_k\sigma_l}(\boldsymbol{q})\, \delta_{E_k+E_l,E_m+E_n}\, \delta_{\boldsymbol{k+l},\boldsymbol{m+n}}\, \delta_{\sigma_k\sigma_n} \delta_{\sigma_l\sigma_m}$; $\quad (\boldsymbol{q} = \boldsymbol{k} - \boldsymbol{n})$ (s. (6.164))
2. Ausgezogene innere Linien (propagierend oder nicht-propagierend) $\Leftrightarrow$
$$
-G^{0,\mathrm{M}}_{\boldsymbol{n}\sigma_n}(E_n) = \frac{-\hbar}{\mathrm{i}E_n - \varepsilon(\boldsymbol{n}) + \mu} \,.
$$
3. Nicht-propagierende Linie erhält einen zusätzlichen Faktor $\Leftrightarrow$
$$
\exp\left(\frac{\mathrm{i}}{\hbar} E_n \cdot 0^+\right) .
$$
4. Äußere Anschlüsse (Propagatoren) $\Leftrightarrow$
$$
\begin{aligned}
\text{links:} \quad & \left(-G^{0,\mathrm{M}}_{\boldsymbol{k}\sigma}(E)\right)\left(-G^{0,\mathrm{M}}_{\boldsymbol{k+q}\sigma}(E+E_0)\right) \\
\text{rechts:} \quad & \left(-G^{0,\mathrm{M}}_{\boldsymbol{p}\sigma'}(E')\right)\left(-G^{0,\mathrm{M}}_{\boldsymbol{p-q}\sigma'}(E'-E_0)\right) .
\end{aligned}
$$
5. Summation über alle „inneren" Wellenzahlen, Spins und Matsubara-Energien, auch über $\boldsymbol{k}, \boldsymbol{p}, E, E'$, **nicht** jedoch über $\boldsymbol{q}, E_0, \sigma, \sigma'$.

Abb. 6.32 Dichtekorrelation in niedrigster (nullter) Ordnung

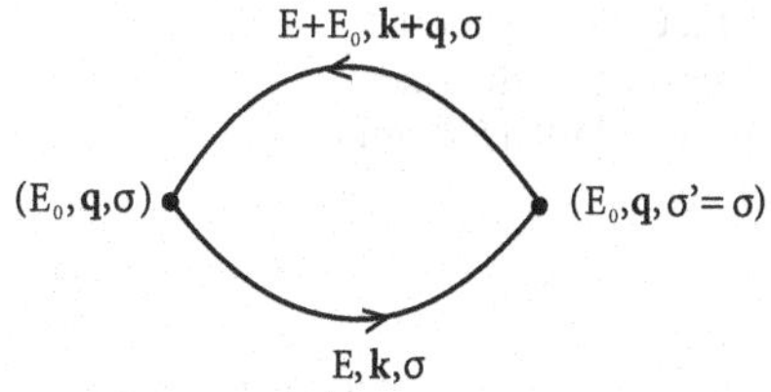

6. Faktor:

$$\frac{1}{\hbar\beta}\left(-\frac{1}{\hbar}\right)^n \varepsilon^S\,; \qquad S = \text{Schleifenzahl}\,.$$

Der zusätzliche Faktor $1/\hbar\beta$ in Regel 6. resultiert aus den jetzt **vier** äußeren Anschlüssen, im Vergleich zu den zwei Anschlüssen bei der Ein-Teilchen-Matsubara-Funktion (Abschn. 6.2.4)! Um zur eigentlichen Dichtekorrelation $-D_{\boldsymbol{q}}(E_0)$ zu gelangen, haben wir $-D_{\boldsymbol{q}\sigma\sigma'}(E_0)$ lediglich noch über σ und σ' zu summieren.

Wir wollen als erste Anwendung des Formalismus die Dichtekorrelation in niedrigster, d. h. nullter Ordnung explizit berechnen. Auszuwerten ist das in Abb. 6.32 dargestellte Diagramm, für das $\sigma = \sigma'$ gelten muss:

$$\begin{aligned} -\hbar\Lambda_{\boldsymbol{q}}^{(0)}(E_0) &\equiv -D_{\boldsymbol{q}}^{(n=0)}(E_0) = -\sum_{\sigma\sigma'} D_{\boldsymbol{q}\sigma\sigma'}^{(n=0)}(E_0)\,\delta_{\sigma\sigma'} \\ &= \frac{\varepsilon}{\hbar\beta}\sum_{\boldsymbol{k},E,\sigma} G_{\boldsymbol{k}+\boldsymbol{q}}^{0,\mathrm{M}}(E+E_0)\,G_{\boldsymbol{k}}^{0,\mathrm{M}}(E)\,. \end{aligned} \tag{6.174}$$

Die „freie" Matsubara-Funktion ist nicht spinabhängig, die Summation über σ liefert deshalb lediglich einen Faktor zwei:

$$\begin{aligned} \hbar\Lambda_{\boldsymbol{q}}^{(0)}(E_0) &= -2\varepsilon\hbar^2\sum_{\boldsymbol{k}} I_{\boldsymbol{k}}(\boldsymbol{q}) \\ &= -2\varepsilon\hbar^2\cdot\frac{1}{\hbar\beta}\sum_{\boldsymbol{k}}\sum_{E}\frac{1}{\mathrm{i}E-\varepsilon(\boldsymbol{k})+\mu}\cdot\frac{1}{\mathrm{i}(E+E_0)-\varepsilon(\boldsymbol{k}+\boldsymbol{q})+\mu} \end{aligned} \tag{6.175}$$

Die Matsubara-Energie-Summation führen wir nach (6.75) durch:

$$I_{\boldsymbol{k}}(\boldsymbol{q}) = \frac{\varepsilon}{2\pi\mathrm{i}\hbar}\oint_{C'}\mathrm{d}E\frac{1}{\mathrm{e}^{\beta E}-\varepsilon}\cdot\frac{1}{(E-\varepsilon(\boldsymbol{k})+\mu)(E+\mathrm{i}E_0-\varepsilon(\boldsymbol{k}+\boldsymbol{q})+\mu)}\,. \tag{6.176}$$

Der Weg C' ist der aus Abb. 6.3. Er wird mathematisch negativ durchlaufen. Der Integrand besitzt zwei Pole bei $E_1 = \varepsilon(\boldsymbol{k})-\mu$ und $E_2 = \varepsilon(\boldsymbol{k}+\boldsymbol{q})-\mu-\mathrm{i}E_0$. Der Residuensatz liefert somit:

$$\begin{aligned} I_{\boldsymbol{k}}(\boldsymbol{q}) = \frac{-2\varepsilon\pi\mathrm{i}}{2\pi\mathrm{i}\hbar}\Bigg(&\frac{1}{\mathrm{e}^{\beta(\varepsilon(\boldsymbol{k})-\mu)}-\varepsilon}\cdot\frac{1}{\varepsilon(\boldsymbol{k})-\mu+\mathrm{i}E_0-\varepsilon(\boldsymbol{k}+\boldsymbol{q})+\mu} \\ &+\frac{1}{\mathrm{e}^{\beta(\varepsilon(\boldsymbol{k}+\boldsymbol{q})-\mu-\mathrm{i}E_0)}-\varepsilon}\cdot\frac{1}{\varepsilon(\boldsymbol{k}+\boldsymbol{q})-\mu-\mathrm{i}E_0-\varepsilon(\boldsymbol{k})+\mu}\Bigg)\,. \end{aligned}$$

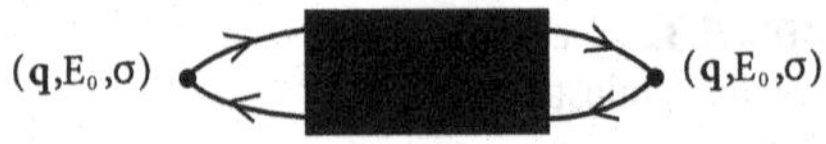

Abb. 6.33 Allgemeine Diagrammstruktur eines spinaufgelösten Polarisationsanteils

Wie bereits festgestellt ist E_0 „*bosonisch*", sodass $\exp(-\mathrm{i}\beta E_0) = +1$ gilt. Es bleibt damit:

$$I_k(q) = \frac{-\varepsilon}{\hbar} \frac{1}{\mathrm{i}E_0 + \varepsilon(\boldsymbol{k}) - \varepsilon(\boldsymbol{k}+\boldsymbol{q})} \Big(f_\varepsilon(\varepsilon(\boldsymbol{k}) - \mu) - f_\varepsilon(\varepsilon(\boldsymbol{k}+\boldsymbol{q}) - \mu) \Big)$$
$$= \frac{-\varepsilon}{\hbar} \frac{\langle n_{\boldsymbol{k}} \rangle^{(0)} - \langle n_{\boldsymbol{k}+\boldsymbol{q}} \rangle^{(0)}}{\mathrm{i}E_0 + \varepsilon(\boldsymbol{k}) - \varepsilon(\boldsymbol{k}+\boldsymbol{q})}$$

Dies bedeutet schlussendlich:

$$\Lambda_{\boldsymbol{q}}^{(0)}(E_0) = 2 \sum_{\boldsymbol{k}} \frac{\langle n_{\boldsymbol{k}} \rangle^{(0)} - \langle n_{\boldsymbol{k}+\boldsymbol{q}} \rangle^{(0)}}{\mathrm{i}E_0 + \varepsilon(\boldsymbol{k}) - \varepsilon(\boldsymbol{k}+\boldsymbol{q})} . \tag{6.177}$$

Damit ist die Dichtekorrelation in einfachster Näherung bestimmt. Einsetzen in (6.162) liefert einen Näherungsausdruck für die Dielektrizitätsfunktion:

$$\frac{1}{\varepsilon^{(0)}(\boldsymbol{q}, E)} = 1 + 2v(\boldsymbol{q}) \sum_{\boldsymbol{k}} \frac{\langle n_{\boldsymbol{k}} \rangle^{(0)} - \langle n_{\boldsymbol{k}+\boldsymbol{q}} \rangle^{(0)}}{E + \mathrm{i}0^+ + \varepsilon(\boldsymbol{k}) - \varepsilon(\boldsymbol{k}+\boldsymbol{q})} . \tag{6.178}$$

Hier haben wir bereits den Übergang (6.21) zur retardierten Funktion vollzogen. Die Nullstellen der Dielektrizitätsfunktion stellen Elementaranregungen des Systems dar. Interpretieren wir den Ausdruck für das Jellium-Modell, so entsprechen die Nullstellen gerade den „Teilchen-Loch-Anregungen". Weitere Nullstellen treten nicht auf. Es gibt z. B. noch keinerlei Hinweise auf kollektive Anregungen („Plasmonen").

6.3.2 Polarisationspropagator

Wie bei der Dyson-Gleichung der Ein-Teilchen-Matsubara-Funktion (6.90) lassen sich auch für die Dichtekorrelation unendliche Teilreihen abspalten. Analog zum $T = 0$-Fall in Abschn. 5.6.1 definieren wir:

Definition 6.3.1 *„Spinaufgelöster Polarisationsanteil"*

Diagrammteil aus $-D_{q\sigma\sigma'}(E_0)$ mit zwei äußeren Anschlüssen für Wechselwirkungslinien, in die zudem je ein Propagator einläuft und von denen je einer ausläuft (Abb. 6.33).

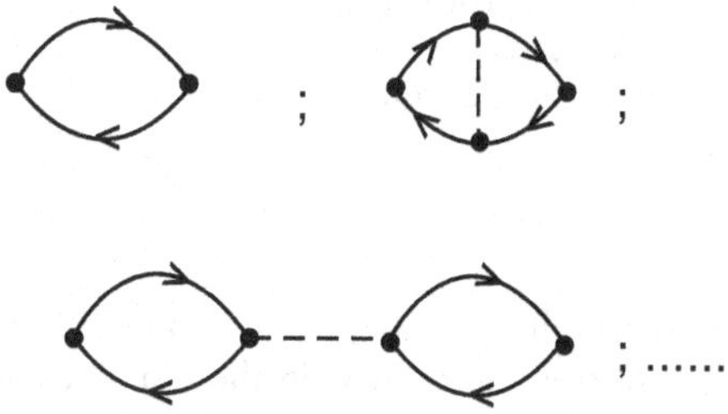

Abb. 6.34 Beispiele von (irreduziblen und reduziblen) Polarisationsanteilen

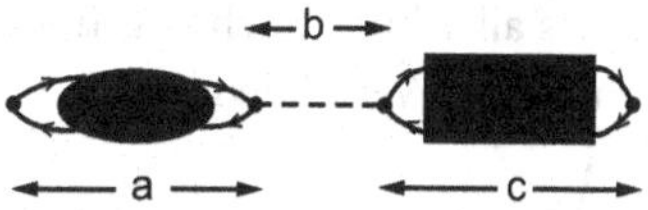

Abb. 6.35 Allgemeine Struktur eines reduziblen Polarisationsanteils

Man macht sich leicht klar, dass das bereits alle Diagramme aus der Entwicklung von $-D_{q\sigma\sigma'}(E_0)$ sind (vgl. Abb. 6.31 und 6.33). Beispiele finden sich in Abb. 6.34.

Im nächsten Schritt definiert man:

Definition 6.3.2 *„Irreduzibler spinaufgelöster Polarisationsanteil"*

Polarisationsanteil, der **nicht** durch Auftrennen einer Wechselwirkungslinie in zwei selbständige Polarisationsanteil-Diagramme niedriger Ordnung zerlegt werden kann.

Das dritte Diagramm in Abb. 6.34 ist offensichtlich reduzibel, die beiden ersten Diagramme sind dagegen irreduzibel. Die allgemeine Gestalt eines *reduziblen* Diagramms setzt sich dann, wie in Abb. 6.35 schematisch skizziert, aus drei Struktureinheiten zusammen. Der Teil a symbolisiert irgendeinen irreduziblen spinaufgelösten Polarisationsanteil, Teil b ist eine Wechselwirkungslinie, und Teil c stellt irgendein (reduzibles oder irreduzibles) spinaufgelöstes Dichtekorrelations-Diagramm niedrigerer Ordnung dar. Es ist offensichtlich, dass man **alle** Diagramme erhält, wenn man in Teil a über **alle** irreduziblen spinaufgelösten Polarisationsanteile und in Teil c über **alle** spinaufgelösten Dichtekorrelations-Diagramme summiert und schließlich noch **alle** irreduziblen spinaufgelösten Polarisationsanteile hinzuzählt. Das führt zu der Definition:

Definition 6.3.3 *„Spinaufgelöster Polarisationspropagator"*

$-\hbar\Lambda_{q\sigma\sigma'}(E_0)$: Summe aller irreduziblen spinaufgelösten Polarisationsanteile.

Diagrammatisch wird der Polarisationspropagator durch das Symbol in Abb. 6.36 gekennzeichnet. Wir können nun mit Hilfe des spinaufgelösten Polarisationspropagators für die

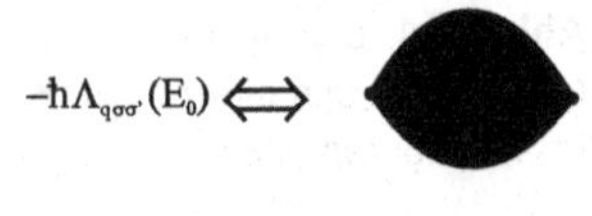

Abb. 6.36 Diagrammatisches Symbol für den spinaufgelösten Polarisationspropagator

uns eigentlich interessierende spinaufgelöste Dichtekorrelation eine **Dyson-Gleichung** formulieren, die zu der für die Ein-Teilchen-Matsubara-Funktion in (6.91) äquivalent ist. Das ist in Abb. 6.37 diagrammatisch formuliert. Die Bezifferung des Vertex in Abb. 6.37 muss allerdings noch begründet werden. Nach Regel 1. in Abschn. 6.3.1 trägt der Vertex „normalerweise" den Faktor

$$\frac{1}{\hbar\beta}\, v_{\sigma\sigma'}(\boldsymbol{q})\, \delta_{E_1+E_2,E_3+E_4}\, \delta_{\boldsymbol{k}+\boldsymbol{l},\boldsymbol{m}+\boldsymbol{n}}\, \delta_{\sigma_k\sigma_n}\delta_{\sigma_l\sigma_m}\,.$$

Die Kronecker-Delta's können hier weggelassen werden, da Energie-, Spin- und Impulserhaltung direkt in die Diagrammbezifferung eingegangen sind. Fasst man den rechten Anschluss von $-\hbar\Lambda_{\boldsymbol{q}\sigma\sigma''}$ und den linken von $(-D_{\boldsymbol{q}\sigma'''}(E_0))$ als „äußere" Anschlüsse auf, so bringen diese nach Regel 5. (Abschn. 6.3.1) einen Faktor $1/\hbar\beta$ ein, den „innere" Propagatoren sonst *nicht* tragen. Dieser Faktor braucht deswegen *nicht* mehr von dem skizzierten Vertex beigesteuert zu werden. Schließlich ist noch zu beachten, dass die Ordnung n eines Diagramms durch die Zahl der Vertizes gegeben ist. Dies führt zu einem Faktor $(-\frac{1}{\hbar})^n$. Wird wie in der Dyson-Gleichung in Abb. 6.37 ein Vertex gesondert herausgezogen, so muss er also noch den Faktor $(-\frac{1}{\hbar})$ mitbringen. Es bleibt dann:

$$D_{\boldsymbol{q}\sigma\sigma'}(E_0) = \hbar\Lambda_{\boldsymbol{q}\sigma\sigma'}(E_0) + \sum_{\sigma''\sigma'''} \Lambda_{\boldsymbol{q}\sigma\sigma''}(E_0) v_{\sigma''\sigma'''}(\boldsymbol{q}) D_{\boldsymbol{q}\sigma'''\sigma'}(E_0)\,. \tag{6.179}$$

Fasst man die einzelnen Terme als 2×2-Matrizen im Spinraum auf, wobei die Elemente der modellspezifischen Wechselwirkungsmatrix $\widetilde{V}(\boldsymbol{q})$ in (6.164) definiert sind,

$$\widetilde{V}(\boldsymbol{q}) = \left(v_{\sigma\sigma'}(\boldsymbol{q})\right)_{\substack{\sigma=\uparrow,\downarrow\\ \sigma'=\uparrow,\downarrow}}$$

so, lässt sich (6.179) auch als Matrix-Gleichung schreiben,

$$\widetilde{D}_{\boldsymbol{q}}(E_0) = \hbar\widetilde{\Lambda}_{\boldsymbol{q}}(E_0) + \widetilde{\Lambda}_{\boldsymbol{q}}(E_0)\widetilde{V}(\boldsymbol{q})\widetilde{D}_{\boldsymbol{q}}(E_0)\,,$$

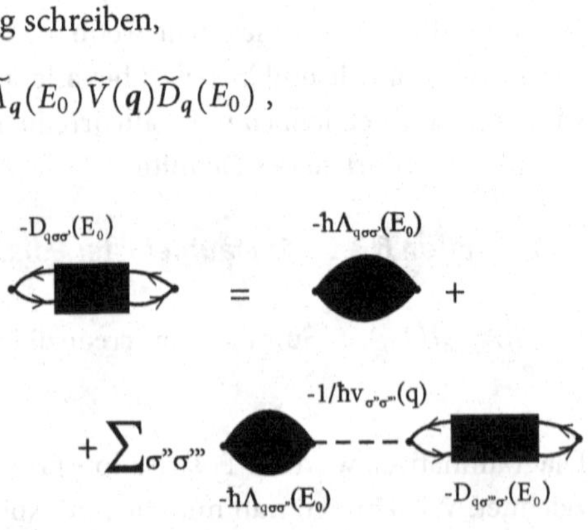

Abb. 6.37 Dyson-Gleichung der spinaufgelösten Dichte-Korrelation

mit der Lösung

$$\widetilde{D}_{q}(E_0) = \frac{\hbar\widetilde{\Lambda}_{q}(E_0)}{\mathbb{1} - \widetilde{\Lambda}_{q}(E_0)\widetilde{V}(q)} \,. \tag{6.180}$$

Damit ist die Dichtekorrelation $D_{q}(E_0)$ vollständig durch den Polarisationspropagator festgelegt, wobei zu beachten ist, dass nach Lösen der Matrix-Gleichung über alle Elemente $D_{q\sigma\sigma'}(E_0)$ der Matrix $\widetilde{D}_{q}(E_0)$ zu summieren ist. Man unterscheide also $D_{q}(E_0)$ und $\widetilde{D}_{q}(E_0)$:

$$D_{q}(E_0) = \langle\langle \rho_{q}\,;\, \rho_{q}^{+}\rangle\rangle_{E_0}^{M} = \sum_{\sigma\sigma'} D_{q\sigma\sigma'}(E_0) \,. \tag{6.181}$$

Durch die spezielle Form der Wechselwirkungsmatrix im Jellium-Modell,

$$\widetilde{V}(q) \equiv v(q)\begin{pmatrix} 1 & 1 \\ 1 & 1 \end{pmatrix} , \tag{6.182}$$

lässt sich in (6.180) die Dichtekorrelation auch direkt durch den eigentlichen, d. h. nicht spinaufgelösten Polarisationspropagator,

$$\Lambda_{q}(E_0) = \sum_{\sigma\sigma'} \Lambda_{q\sigma\sigma'}(E_0) \tag{6.183}$$

ausdrücken (s. Aufgabe 6.3.1):

$$D_{q}(E_0) = \langle\langle \rho_{q};\, \rho_{q}^{+}\rangle\rangle_{E_0}^{M} = \frac{\hbar\Lambda_{q}(E_0)}{1 - v(q)\Lambda_{q}(E_0)} \,. \tag{6.184}$$

Das bedeutet für die physikalisch wichtige Dielektrizitätsfunktion (6.162):

$$\varepsilon(q, E_0) = 1 - v(q)\Lambda_{q}(E_0) \,. \tag{6.185}$$

In erster Näherung ist der Polarisationspropagator $\Lambda_{q}(E_0)$ des Jellium-Modells durch den Ausdruck $\Lambda_{q}^{(0)}(E_0)$ aus (6.177) zu ersetzen, was für $D_{q}(E_0)$ allerdings bereits das Aufsummieren einer unendlichen Teilreihe bedeutet („*random phase approximation*", *RPA*):

$$\varepsilon_{\mathrm{RPA}}(q, E) = 1 - 2v(q)\sum_{k} \frac{\langle n_{k}\rangle^{(0)} - \langle n_{k+q}\rangle^{(0)}}{E + \mathrm{i}0^{+} + \varepsilon(k) - \varepsilon(k+q)} \,. \tag{6.186}$$

Hier haben wir bereits wieder den Übergang (6.21) zur retardierten Funktion vollzogen. Man beachte, dass trotz formaler Ähnlichkeit $\varepsilon_{\mathrm{RPA}}(q, E)$ nicht mit $\varepsilon^{(0)}(q, E)$ aus (6.178) übereinstimmt. Letzteres entspricht in einer Entwicklung von $1/\varepsilon$,

$$\frac{1}{\varepsilon} = \frac{1}{1 - v\Lambda} = \sum_{n=0}^{\infty} (v\Lambda)^{n} = \underbrace{1 + v\Lambda}_{(6.177)} + \ldots \,,$$

Abb. 6.38 Selbstenergie-Diagramme mit Polarisationsanteilen

gerade den ersten beiden Summanden. Das Aufsummieren einer unendlichen Teilreihe führt zu einer physikalisch wichtigen, weiteren Nullstelle von $\varepsilon_{\mathrm{RPA}}(\boldsymbol{q}, E)$, die mit einer Plasmonen-Anregung identifiziert werden kann. In Abschn. 4.2.2 haben wir mit Hilfe der Bewegungsgleichungs-Methode Green'scher Funktionen mit (4.143) exakt dasselbe RPA-Ergebnis für die Dielektrizitätsfunktion wie in (6.186) herleiten können. Die dort vollzogene physikalische Interpretation, insbesondere auch die graphische Illustration in Abb. 4.12, kann demnach vollständig übernommen und muss hier nicht wiederholt werden.

Man beachte, dass für das Hubbard-Modell die Matrix-Gleichung (6.180) mit der Wechselwirkung

$$\widetilde{V} \equiv \frac{U}{N}\begin{pmatrix} 0 & 1 \\ 1 & 0 \end{pmatrix} \tag{6.187}$$

gelöst werden muss, die keine direkte Vereinfachung wie beim Jellium-Modell zulässt. Eine explizite Berechnung der Elemente $D_{\boldsymbol{q}\sigma\sigma'}(E_0)$ wird als Aufgabe 6.3.2 durchgeführt.

6.3.3 Effektive Wechselwirkung

Unabhängig von der ursprünglichen Zielsetzung, die Dichtekorrelation zu beschreiben, gibt es weitere wichtige Anwendungen des Polarisationspropagators. In Abschn. 5.6.2 haben wir für den Spezialfall $T = 0$ gezeigt, wie man mit Hilfe des Polarisationspropagators das Konzept einer effektiven Wechselwirkung entwickeln kann. Das lässt sich ziemlich direkt auf den $T \neq 0$-Matsubara-Formalismus übertragen, was im Folgenden kurz angedeutet werden soll.

Unter den Selbstenergie-Diagrammen der Ein-Teilchen-Matsubara-Funktion (Abschn. 6.2.5) gibt es solche, die in einer Wechselwirkungslinie reduzible oder irreduzible Polarisationsanteile enthalten. Beispiele sind in Abb. 6.38 skizziert. Die Gesamtheit solcher Diagramme lässt sich durch Einführen einer „*effektiven Wechselwirkung*" $v_{\mathrm{eff},\sigma\sigma'}$ erfassen. Diagrammatisch wollen wir die „nackte" von der „effektiven" Wechselwirkung wie folgt unterscheiden:

$$\sigma =\!=\!=\!=\!=\!=\!=\sigma' \quad \Leftrightarrow \quad -\frac{1}{\hbar} v_{\mathrm{eff},\sigma\sigma'}(\boldsymbol{q}, E)$$

$$\sigma - - - - - \sigma' \quad \Leftrightarrow \quad -\frac{1}{\hbar} v_{\sigma\sigma'}(\boldsymbol{q}) \,.$$

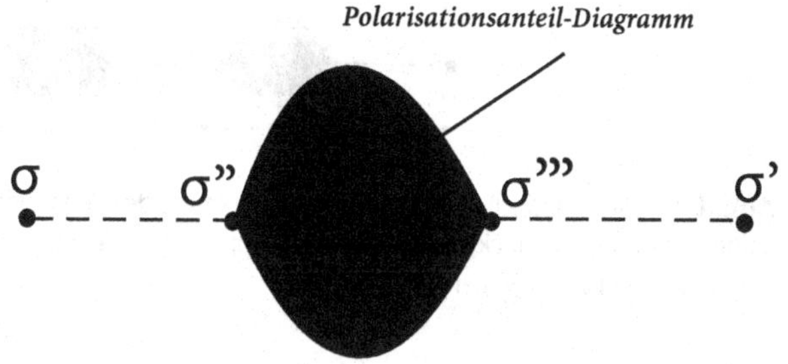

Abb. 6.39 Allgemeine Struktur eines Diagramms zur effektiven Wechselwirkung

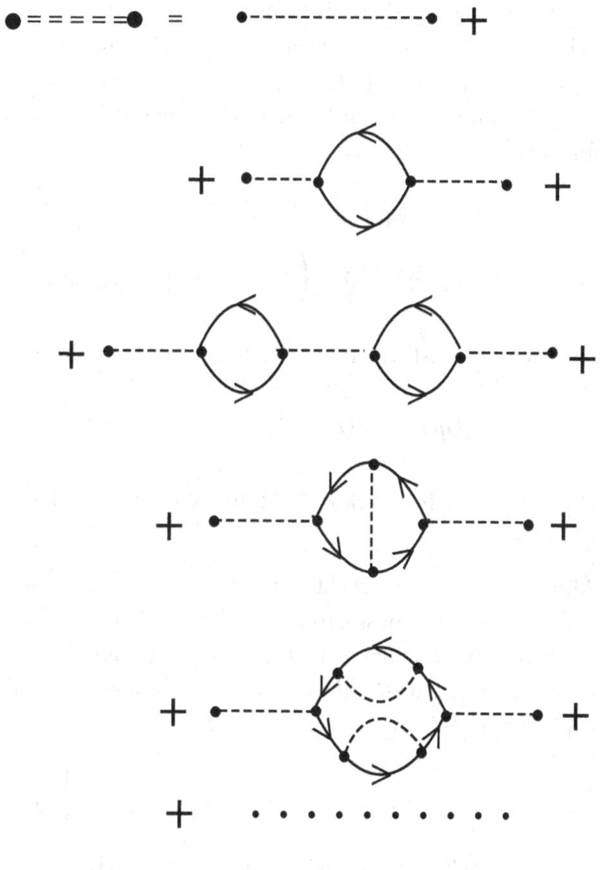

Abb. 6.40 Explizite diagrammatische Beiträge zur effektiven Wechselwirkung $v_{\text{eff},\sigma\sigma'}(\boldsymbol{q}, E)$ (ohne Spinbezifferung)

Die allgemeine Struktur eines Diagramms ist wie in Abb. 6.39 aus zwei „nackten" Wechselwirkungslinien und irgendeinem reduziblen oder irreduziblen (spinaufgelösten) Polarisationsanteil aufgebaut. Die Summe aller dieser Diagramme führt dann zur effektiven Wechselwirkung. Es macht Sinn, auch der effektiven Wechselwirkung eine „*Ordnung*" zuzuordnen. Die „*n-te Ordnung*" von $v_{\text{eff},\sigma\sigma'}$ enthält $(n+1)$ Wechselwirkungslinien. Beispiel der nullten, ersten, zweiten und dritten Ordnung sind in Abb. 6.40 dargestellt.

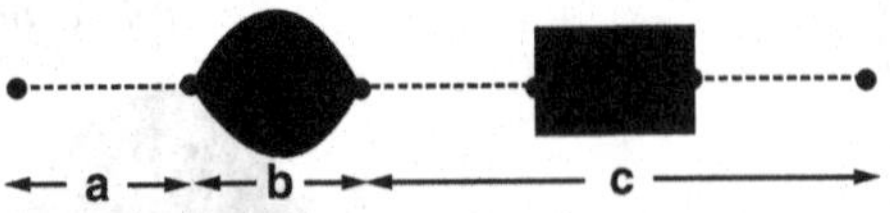

Abb. 6.41 Schematischer Aufbau eines Diagramms der effektiven Wechselwirkung $v_{\mathrm{eff},\sigma\sigma'}(\boldsymbol{q},E)$ (ohne Spinbezifferung): **a** „nackte" Wechselwirkung; **b** „irgendein" irreduzibler Polarisationsanteil; **c** „irgendein" Diagramm aus $v_{\mathrm{eff},\sigma\sigma'}(\boldsymbol{q},E)$

Jedes Diagramm, bis auf das nullter Ordnung, ist von der in Abb. 6.41 skizzierten Struktur. Es ist offensichtlich, dass man **alle** Wechselwirkungsdiagramme erfasst, wenn man in b über **alle** irreduziblen Polarisationsanteile summiert, was zum Polarisationspropagator führt, und in (c) über alle Diagramme der effektiven Wechselwirkung, und schließlich noch das Diagramm nullter Ordnung hinzuaddiert. Das lässt sich erneut als **Dyson-Gleichung** formulieren:

$$-\frac{1}{\hbar}v_{\mathrm{eff},\sigma\sigma'}(\boldsymbol{q},E) = \tag{6.188}$$
$$= -\frac{1}{\hbar}v_{\sigma\sigma'}(\boldsymbol{q}) + \sum_{\sigma''\sigma'''}\left(-\frac{1}{\hbar}v_{\sigma\sigma''}(\boldsymbol{q})\right)\left(-\hbar\Lambda_{\boldsymbol{q}\sigma''\sigma'''}(E)\right)\left(-\frac{1}{\hbar}v_{\mathrm{eff},\sigma'''\sigma'}(\boldsymbol{q},E)\right).$$

Übersichtlicher ist wie in (6.180) die Matrix-Schreibweise:

$$\widetilde{v}_{\mathrm{eff}}(\boldsymbol{q},E) = \widetilde{V}(\boldsymbol{q}) + \widetilde{V}(\boldsymbol{q})\widetilde{\Lambda}_{\boldsymbol{q}}(E)\widetilde{v}_{\mathrm{eff}}(\boldsymbol{q},E) = \frac{\widetilde{V}(\boldsymbol{q})}{\mathbb{1} - \widetilde{V}(\boldsymbol{q})\widetilde{\Lambda}_{\boldsymbol{q}}(E)}. \tag{6.189}$$

Damit ist auch die „effektive" Wechselwirkung vollständig durch den Polarisationspropagator bestimmt.

Ähnlich wie bei der Dichtekorrelation (6.180) gestattet die spezielle Form der „nackten" Wechselwirkungsmatrix im Jellium-Modell (6.182) die effektive Wechselwirkung durch den eigentlichen, d. h. nicht spinaufgelösten Polarisationspropagator (6.183) auszudrücken. Im Jellium-Model erweist sich damit auch die effektive Wechselwirkung als nicht explizit spinabhängig (s. Aufgabe 6.3.3):

$$v_{\mathrm{eff},\sigma\sigma'}(\boldsymbol{q},E) \equiv v_{\mathrm{eff}}(\boldsymbol{q},E) = \frac{v(\boldsymbol{q})}{1 - v(\boldsymbol{q})\Lambda_{\boldsymbol{q}}(E)} = \frac{v(\boldsymbol{q})}{\varepsilon(\boldsymbol{q},E)}. \tag{6.190}$$

Im letzten Schritt haben wir noch die Dielektrizitätsfunktion nach (6.185) ins Spiel gebracht. $\varepsilon(\boldsymbol{q},E)$ beschreibt offensichtlich die (dynamische) Abschirmung der „nackten" Wechselwirkung durch Polarisation des korrelierten Jellium-Teilchensystems. Mit (5.189) hatten wir das analoge $T = 0$-Resultat über die kausale Green-Funktion formulieren können.

Die spezielle Wechselwirkungsmatrix (6.187) des Hubbard-Modells lässt eine solche Vereinfachung wie im Jellium-Modell nicht zu. Es ist deshalb die Matrix-Gleichung (6.189) direkt zu verwenden (s. Aufgabe 6.3.4). Man beachte, dass anders als bei der „nackten"

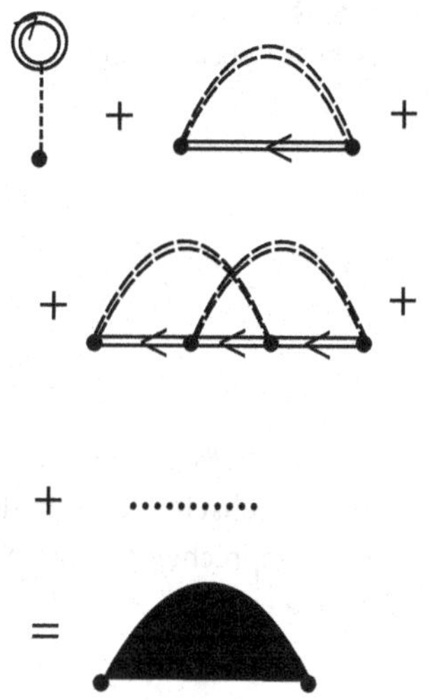

Abb. 6.42 „Doppelte" Renormierung von Selbstenergie-Diagrammen („effektive" Wechselwirkungen, „volle" Propagatoren)

Wechselwirkung oberer und unterer Vertexpunkt der effektiven Wechselwirkung nicht notwendig unterschiedlichen Spin tragen müssen, d. h. i. a. ist auch im Hubbard-Modell $v_{\text{eff},\sigma\sigma}(\boldsymbol{q}, E) \neq 0$.

Die effektive Wechselwirkung erlaubt eine zu Abschn. 6.2 alternative Herangehensweise an eine (approximative) Bestimmung der Ein-Teilchen-Matsubara-Funktion bzw. der entsprechenden Ein-Teilchen-Selbstenergie:

- Man unterdrücke in den Selbstenergie-Diagrammen der Ein-Teilchen-Matsubara-Funktion alle Diagramme, die in mindestens einer Wechselwirkungslinie einen Polarisationsanteil enthalten. In den verbleibenden

  ▸ „Skelett-Diagrammen"

  ersetze man die „nackten" durch die effektiven Wechselwirkungen. Das bedeutet wieder das automatische Aufsummieren unendlicher Teilreihen und führt zu einem neuen Bestimmungskonzept für die Selbstenergie!
- Man kann nun zusätzlich in den verbleibenden Skelett-Diagrammen so wie in Abschn. 6.2.5 freie Propagatoren durch volle („angekleidete") Propagatoren ersetzen, wobei letztere mit Hilfe der Dyson-Gleichung in Abb. 6.9 selbstkonsistent zu bestimmen sind (Abb. 6.42). Durch die verschiedenen Renormierungen besteht natürlich die Gefahr der Doppelzählung von gewissen Diagrammen, was zu gravierenden Resultatsverfälschungen führen kann und deshalb unbedingt vermieden werden muss. So darf die Wechselwirkungslinie im ersten Diagramm in Abb. 6.42 nicht „angekleidet" werden, da dann z. B. das Diagramm aus Abb. 6.43 zweimal auftreten würde, einmal über die Selbstenergie des vollen Propagators in erster Ordnung (linkes Diagramm in Abb. 6.10), zum anderen durch die effektive Wechselwirkung in erster Ordnung (zweites Diagramm in Abb. 6.40).

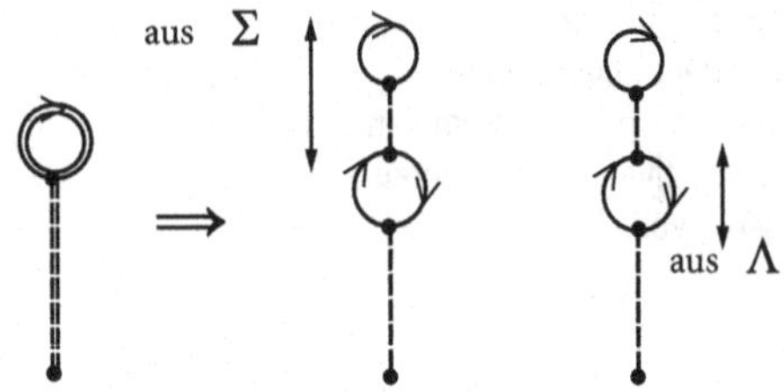

Abb. 6.43 Beispiel einer Diagramm-Doppelzählung

Aus demselben Grund erscheint auch der „direkte Term" aus Abb. 6.19 nicht mit effektiver Wechselwirkung in der Entwicklung in Abb. 6.42. Man macht sich leicht klar, dass das entsprechende Diagramm bereits vollständig im zweiten Summanden in Abb. 6.42 enthalten ist.

6.3.4 Vertexfunktion

Wir wollen noch eine weitere Variante diskutieren, die es gestattet, Diagrammentwicklungen durch Einführen von „Diagrammblöcken" zu vereinfachen. Das soll hier zunächst am Beispiel des Polarisationspropagators erläutert werden (Abb. 6.36). Dabei mögen dieselben Voraussetzungen gelten wie in den letzten Abschnitten, z. B. (6.164). Beispiele für Polarisationsanteil-Diagramme niedriger Ordnung finden sich in Abb. 6.34. Die $T = 0$-Diagramme in Abschn. 5.6.3 sind natürlich toplogisch äquivalent.

Definition 6.3.4 *„Vertexanteil"*

Diagrammteil eines (spinaufgelösten) Polarisationsanteils mit **zwei** Anschlüssen für je eine Teilchenlinie und **einem** Anschluss für eine Wechselwirkungslinie.

Beispiele sind in Abb. 6.44 aufgelistet. Auch diese Diagrammtypen finden wir bereits in Abschn. 5.6.3. Dort sind die Propagatoren allerdings kausale $T = 0$-Green-Funktionen und die Wechselwirkungslinie ist speziell für das Jellium-Modell gedacht. Man beachte, dass der Vertexanteil nullter Ordnung lediglich aus einem einzelnen (Vertex-) Punkt besteht, aber natürlich gezählt werden muss.

Definition 6.3.5 *„Irreduzibler Vertexanteil"*

Vertexanteil, von dem **nicht** durch Auftrennen eines Propagators ein komplettes Selbstenergie-Diagramm oder durch Auftrennen einer Wechselwirkungslinie ein komplettes Polarisationsanteil-Diagramm abgespalten werden kann.

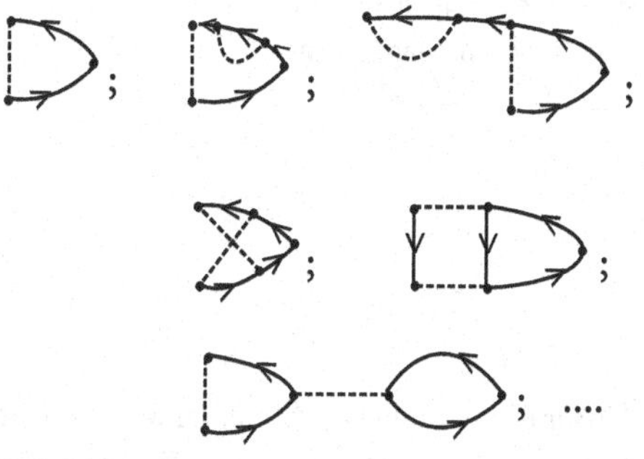

Abb. 6.44 Beispiele von Vertexanteil-Diagrammen

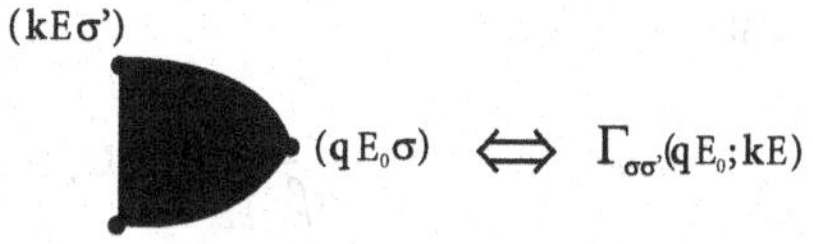

Abb. 6.45 Symbol für die Vertexfunktion

Von den Diagrammen in Abb. 6.44 sind das erste, zweite, vierte und fünfte eindeutig irreduzibel, wohingegen das dritte und das sechste reduzibel sind. Im dritten Diagramm kann ein Selbstenergie-Diagramm erster Ordnung durch Trennen eines Propagators erhalten werden, im sechsten durch Schneiden einer Wechselwirkungslinie das Polarisationsdiagramm nullter Ordnung.

Definition 6.3.6 *„Vertexfunktion"*

$\Gamma_{\sigma\sigma'}(\boldsymbol{q}E_0; \boldsymbol{k}E)$: Summe aller irreduziblen Vertexanteile.

Als Symbol für die Vertexfunktion benutzen wir das aus Abb. 6.45. Dieses ist wie folgt zu lesen: Da an den rechten Vertexpunkt auf jeden Fall eine Wechselwirkungslinie anzuschließen ist, müssen aus der Vertexfunktion in diesen zwei Propagatoren einmünden. $\boldsymbol{q}$ ist der Wellenzahl- und E_0 der Energieübertrag zwischen diesen beiden Propagatoren. Es sei daran erinnert, dass in diesem Abschnitt vorausgesetzt wird, dass diese beiden Propagatoren dieselbe Spinquantenzahl σ besitzen. Der Eintrag $(\boldsymbol{k}E\sigma')$ am linken oberen Vertexpunkt kennzeichnet den (äußeren) Propagator, an den die Vertexfunktion nach links anzuschließen ist. Der Propagator, der am linken unteren Vertexpunkt einläuft, hat dann die Quantenzahlen $(\boldsymbol{k} + \boldsymbol{q}, E + E_0, \sigma')$.

Der Beitrag nullter Ordnung zur Vertexfunktion ist der isolierte Vertexpunkt, der in die Vertexfunktion $\Gamma_{\sigma\sigma'}$ als $\delta_{\sigma\sigma'}$ eingeht. Einige irreduzible Vertexanteile erster und zweiter Ordnung, die zur Vertexfunktion beitragen, sind, wie bereits erwähnt, das erste, zweite, vierte und fünfte Diagramm aus Abb. 6.44. Weitere Anteile der Vertexfunktion sind von derselben Struktur wie die Beispiele nach Definition 5.6.6 in Abschn. 5.6.3.

Abb. 6.46 Darstellung des Polarisationspropagators mit Hilfe der Vertexfunktion

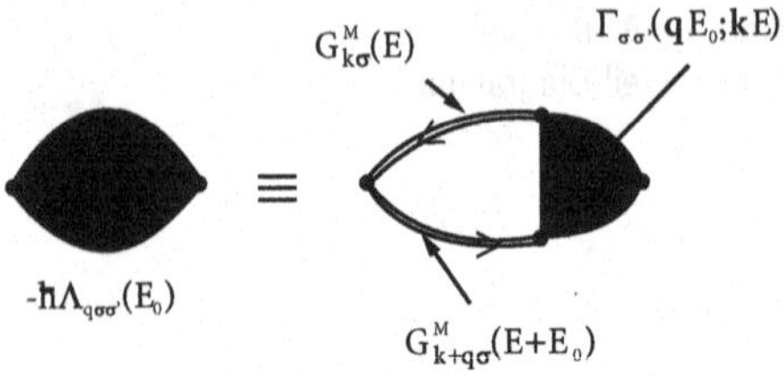

Unser ursprüngliches Anliegen war die Darstellung des Polarisationspropagators durch die Vertexfunktion. Das gelingt so wie in Abb. 6.46 dargestellt und lässt sich wie folgt auswerten:

$$-\hbar\Lambda_{q\sigma\sigma'}(E_0) = \frac{\varepsilon}{\hbar\beta}\sum_{kE}\left(-G^M_{k\sigma}(E)\right)\left(-G^M_{k+q\sigma}(E+E_0)\right)\Gamma_{\sigma'\sigma}(qE_0;kE)\,. \qquad (6.191)$$

Der Vorzeichenfaktor ε resultiert aus der Schleifenregel und der Faktor $1/\hbar\beta$ aus der Tatsache, dass die beiden „vollen" Propagatoren „äußere" Anschlüsse darstellen, wie zu (6.172) erläutert. Auch die Darstellung (6.191) des Polarisationspropagators ist in der Regel nicht streng auswertbar. Wir wollen deshalb zwei denkbare Approximationen diskutieren:

- Benutzt man für die Vertexfunktion die nullte Näherung

$$\Gamma_{\sigma'\sigma}(qE_0;kE) \to \delta_{\sigma'\sigma}$$

  und für die „vollen" die „freien" Propagatoren, so ergibt sich für den Polarisationspropagator das schon besprochene, einfache Ergebnis (6.174) bzw. (6.177).
- Eine weitergehende Approximation stellt die **„Leiternäherung"** dar, die in gewisser Weise als (genäherte) Dyson-Gleichung für die Vertexfunktion aufgefasst werden kann. Sie ist in Abb. 6.47 dargestellt. Dabei wollen wir, um unmittelbar an die exakte Darstellung des Polarisationspropagators in (6.191) bzw. Abb. 6.46 anzuschließen, die vorkommenden Propagatoren gleich als „volle" Ein-Teilchen-Matsubara-Funktionen interpretieren. Ferner beschränken wir uns auf Systeme, die eine Wechselwirkung vom Typ (6.182) wie das Jellium-Modell aufweisen. (Man macht sich leicht klar, dass alle Terme in Abb. 6.47 für das Hubbard-Modell verschwinden, die Leiternäherung in einem solchen Fall also unsinnig wird. Eine Alternative für das Hubbard-Modell wird im nächsten Kapitel besprochen.) Die Auswertung liefert dann:

$$\Gamma^{LN}_{\sigma\sigma'}(qE_0;kE) = \delta_{\sigma\sigma'} + \delta_{\sigma\sigma'}\left(-\frac{1}{\hbar}\right)\frac{1}{\hbar\beta}\sum_{pE_1} v(k-p)\left(-G^M_{p\sigma}(E_1)\right)\times$$
$$\times\left(-G^M_{p+q\sigma}(E_1+E_0)\right)\Gamma^{LN}_{\sigma\sigma}(qE_0;pE_1) \qquad (6.192)$$

Die vereinbarte Spinerhaltung an jedem Vertexpunkt sorgt bei dieser speziellen Näherung dafür, dass nur für $\sigma = \sigma'$ von null verschiedene Beiträge zu erwarten sind.

Abb. 6.47 Leiternäherung für die Vertexfunktion

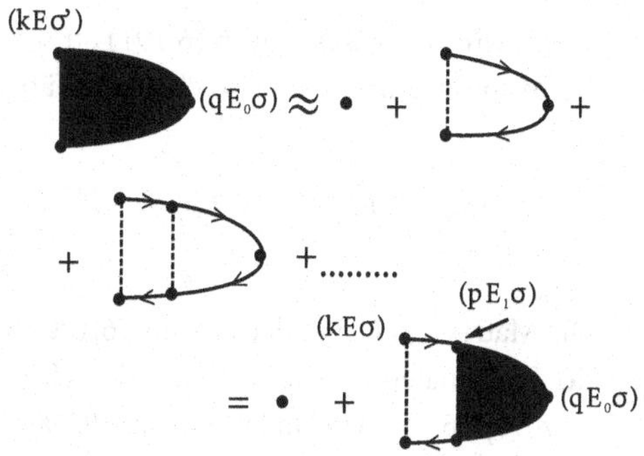

Die Leiternäherung lässt sich weiter auswerten, falls man annehmen kann, dass $v(\boldsymbol{k}-\boldsymbol{p})$ nur schwach oder gar nicht wellenzahlabhängig ist und damit gut durch

$$v(\boldsymbol{k}) \to v_0 = \frac{1}{N}\sum_{\boldsymbol{k}} v(\boldsymbol{k})$$

approximiert werden kann. Dann folgt:

$$\Gamma^{\text{LN}}_{\sigma\sigma'}(\boldsymbol{q}E_0;\boldsymbol{k}E) = \delta_{\sigma\sigma'} - \delta_{\sigma\sigma'}\frac{v_0}{\hbar^2\beta}\sum_{\boldsymbol{p}E_1} G^{\text{M}}_{\boldsymbol{p}\sigma}(E_1)\cdot$$
$$\cdot\, G^{\text{M}}_{\boldsymbol{p}+\boldsymbol{q}\sigma}(E_1+E_0)\,\Gamma^{\text{LN}}_{\sigma\sigma}(\boldsymbol{q}E_0;\boldsymbol{p}E_1)\,.$$

Die rechte Seite ist jetzt unabhängig von $(\boldsymbol{k}, E)$. Die Vertexfunktion vereinfacht sich deshalb zu:

$$\Gamma^{\text{LN}}_{\sigma\sigma'}(\boldsymbol{q}E_0;\boldsymbol{k}E) \to \delta_{\sigma\sigma'}\,\Gamma^{\text{LN}}_{\sigma}(\boldsymbol{q}E_0)\,. \tag{6.193}$$

Es empfiehlt sich, die folgende Abkürzung einzuführen:

$$-\hbar\widehat{\Lambda}_{\boldsymbol{q}\sigma}(E_0) = \frac{\varepsilon}{\hbar\beta}\sum_{\boldsymbol{p}E_1} G^{\text{M}}_{\boldsymbol{p}\sigma}(E_1)G^{\text{M}}_{\boldsymbol{p}+\boldsymbol{q}\sigma}(E_1+E_0)\,. \tag{6.194}$$

Ersetzt man hier die „vollen“ durch „freie“ Propagatoren, so ergibt sich bis auf einen Faktor 1/2 die in (6.174) als nullte Näherung zur Dichtkorrelation $D_{\boldsymbol{q}}(E_0)$ eingeführte Funktion $\hbar\Lambda^{(0)}_{\boldsymbol{q}}(E_0)$. Die Leiternäherung vereinfacht sich damit zu:

$$\Gamma^{\text{LN}}_{\sigma}(\boldsymbol{q}E_0) = 1 + \varepsilon\, v_0\,\widehat{\Lambda}_{\boldsymbol{q}\sigma}(E_0)\,\Gamma^{\text{LN}}_{\sigma}(\boldsymbol{q}E_0)\,.$$

Damit haben wir als Lösung für die Vertexfunktion:

$$\Gamma^{\text{LN}}_{\sigma}(\boldsymbol{q}E_0) = \frac{1}{1-\varepsilon\, v_0\,\widehat{\Lambda}_{\boldsymbol{q}\sigma}(E_0)}\,. \tag{6.195}$$

Wenn wir dieses Resultat in (6.191) einsetzen, erhalten wir den spinaufgelösten Polarisationspropagator in entsprechender Näherung:

$$\Lambda^{\mathrm{LN}}_{q\sigma\sigma'}(E_0) = \widehat{\Lambda}_{q\sigma}(E_0)\,\delta_{\sigma\sigma'}\,\Gamma^{\mathrm{LN}}_{\sigma}(qE_0) = \delta_{\sigma\sigma'}\frac{\widehat{\Lambda}_{q\sigma}(E_0)}{1-\varepsilon v_0\,\widehat{\Lambda}_{q\sigma}(E_0)}\,. \tag{6.196}$$

Die Matrix $\widetilde{\Lambda}_q(E_0)$ in der Lösung (6.180) für die Dichtekorrelation hat also jetzt nur auf der Diagonalen von null verschiedene Einträge. In Systemen, die eine Wechselwirkung vom Typ (6.182) wie im Jellium-Modell aufweisen, kann zudem (6.183) benutzt werden:

$$\Lambda^{\mathrm{LN}}_{q}(E_0) = \sum_{\sigma\sigma'}\Lambda^{\mathrm{LN}}_{q\sigma\sigma'}(E_0) = \sum_{\sigma}\frac{\widehat{\Lambda}_{q\sigma}(E_0)}{1-\varepsilon v_0\,\widehat{\Lambda}_{q\sigma}(E_0)}\,. \tag{6.197}$$

Damit sind über (6.184) und (6.185) Dichtekorrelation und Dielektrizitätsfunktion approximativ bestimmt.
Es bleibt lediglich noch $\widehat{\Lambda}_{q\sigma}(E_0)$ auszuwerten, d. h. zumindest die Energiesummation durchzuführen. Der Rechenweg entspricht dem zu $I_{nml}(E)$ (6.108) in Abschn. 6.2.7 und soll als Aufgabe 6.3.5 durchgeführt werden:

$$\widehat{\Lambda}_{q\sigma}(E_0) = \frac{1}{\hbar^2}\sum_{p}\int\limits_{-\infty}^{+\infty}\mathrm{d}x\int\limits_{-\infty}^{+\infty}\mathrm{d}y\,\frac{S_{p\sigma}(x)S_{p+q\sigma}(y)}{\mathrm{i}E_0+x-y}\Big(f_\varepsilon(x)-f_\varepsilon(y)\Big)\,. \tag{6.198}$$

$f_\varepsilon(x)$ ist wie in (6.107) definiert. Die Spektraldichten im Integranden müssen schließlich noch „*irgendwie*" über die Dyson-Gleichung der Ein-Teilchen-Matsubara-Funktion festgelegt werden. Die Ersetzung $S_{p\sigma}\to S^{(0)}_p$ führt dann wieder auf $\Lambda^{(0)}_q(E_0)$ (6.174).

6.3.5 Transversale Spinsuszeptibilität

Wir wollen zum Schluss noch eine spezielle Anwendung der Vertexfunktion und der Leiternäherung diskutieren. Die transversale Spinsuszeptibilität haben wir in (3.72) eingeführt. Es handelt sich um eine wichtige Größe zur Bestimmung magnetischer Eigenschaften (Spinwellen, Magnonen) wechselwirkender Elektronensysteme, die wir z. B. im Rahmen des Hubbard-Modells beschreiben können (s. Abschn. 4.2.3). Die Spinsuszeptibilität stellt eine Zwei-Teilchen-Matsubara-Funktion dar, die eine gewisse Ähnlichkeit mit der in den letzten Abschnitten ausführlich besprochenen Dichtekorrelation aufweist. Sie wurde in (3.72) wie folgt eingeführt:

$$\chi^{+-}_{ij}(E_0) = -\frac{\gamma}{\hbar^2}\langle\langle\sigma_i^+;\,\sigma_j^-\rangle\rangle^{\mathrm{M}}_{E_0}\qquad \gamma = \frac{\mu_0}{V\hbar}g^2\mu_{\mathrm{B}}^2\,. \tag{6.199}$$

Abb. 6.48 Schematische Diagrammdarstellung der Spinsuszeptibilität $-\widehat{\chi}_q(E_0)$ (6.202)

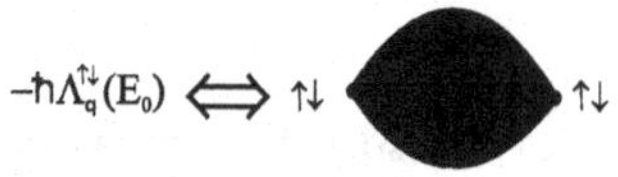

Abb. 6.49 Polarisationspropagator speziell für die Spinsuszeptibilität

γ ist eine für uns hier unbedeutende, dimensionsbehaftete Konstante (4.168). Die Spinoperatoren sollen für itinerante Elektronen gedacht sein und lassen sich dann wie in (4.168) durch Fermionen-Operatoren darstellen ((4.104), (4.105)):

$$\sigma_i^+ = \hbar a_{i\uparrow}^+ a_{i\downarrow} \; ; \quad \sigma_i^- = \hbar a_{i\downarrow}^+ a_{i\uparrow} \; ; \quad \sigma_i^z = \frac{\hbar}{2}\left(a_{i\uparrow}^+ a_{i\uparrow} - a_{i\downarrow}^+ a_{i\downarrow}\right) . \tag{6.200}$$

Der Index i numeriert Gitterplätze. Bei den Konstruktionsoperatoren handelt es sich also um Wannier-Operatoren. Transformation auf Wellenzahlen ergibt:

$$\chi_q^{+-}(E_0) = \frac{1}{N}\sum_{i,j} \chi_{ij}^{+-}(E_0)\, \mathrm{e}^{\mathrm{i}\boldsymbol{q}\cdot(\boldsymbol{R}_i-\boldsymbol{R}_j)} \equiv -\frac{\gamma}{N}\widehat{\chi}_q(E_0) . \tag{6.201}$$

Wir wollen $\widehat{\chi}_q(E_0)$ als die eigentliche *„Spinsuszeptibilität"* auffassen:

$$\widehat{\chi}_q(E_0) = \sum_{p,k} \left\langle\left\langle a_{k\uparrow}^+ a_{k+q\downarrow} \, ; \, a_{p\downarrow}^+ a_{p-q\uparrow} \right\rangle\right\rangle_{E_0}^{\mathrm{M}} . \tag{6.202}$$

Bis auf die Spinindizes entspricht diese Zwei-Teilchen-Matsubara-Funktion der (spinaufgelösten) Dichtekorrelation (6.173). Der Unterschied besteht darin, dass jetzt an die äußeren Anschlüsse jeweils zwei Propagatoren mit *paarweise unterschiedlichen* Spins ankoppeln. Abbildung 6.48 ersetzt Abb. 6.33. Die Spinindizes liegen damit fest, über $\boldsymbol{k}$ und $\boldsymbol{p}$ wird summiert.

Man erkennt an der Dyson-Gleichung in Abb. 6.37, dass für die Spinsuszeptibilität die Summe in der zweiten Zeile verschwindet, da es wegen Spinerhaltung am Vertexpunkt und den speziellen äußeren Anschlüssen *keine reduziblen Polarisationsanteile für* $-\widehat{\chi}_q(E_0)$ geben kann:

$$-\widehat{\chi}_q(E_0) \equiv -\hbar\Lambda_q^{\uparrow\downarrow}(E_0) . \tag{6.203}$$

Die Spinsuszeptibilität entspricht also schon dem entsprechenden Polarisationpropagator (Abb. 6.49)! Die **„Vertexfunktion"** (Abb. 6.50) ist im Prinzip genauso wie in Abschn. 6.3.4 definiert, lediglich die spezielle Spinbezifferung ist zu beachten:

$$-\widehat{\chi}_q(E_0) = \frac{\varepsilon}{\hbar\beta}\sum_{kE} G_{k\uparrow}^{\mathrm{M}}(E)\, G_{k+q\downarrow}^{\mathrm{M}}(E+E_0)\, \Gamma_{\uparrow\downarrow}(\boldsymbol{q}E_0 : \boldsymbol{k}E) . \tag{6.204}$$

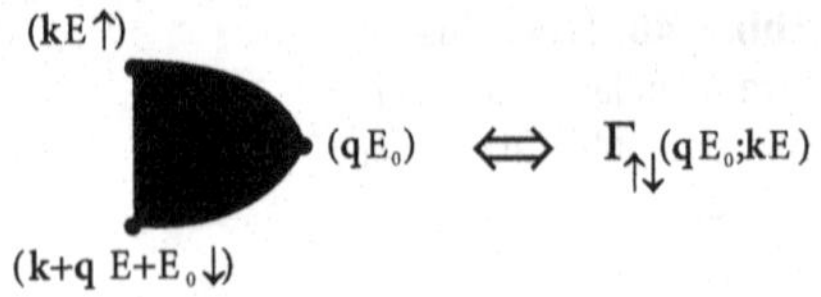

Abb. 6.50 Vertexfunktion speziell für die Spinsuszeptibilität

Dieser Ausdruck ist noch exakt. Die Leiternäherung ((6.192), Abb. 6.47) lässt sich für den Spezialfall des *Hubbard-Modells*, auf das wir uns hier konzentrieren wollen, exakt ausführen:

$$\Gamma^{\mathrm{LN}}_{\uparrow\downarrow}(\boldsymbol{q}E_0;\boldsymbol{k}E) = 1 + \left(-\frac{1}{\hbar}\right)\frac{1}{\hbar\beta}\frac{U}{N}\sum_{\boldsymbol{p},E_1} G^{\mathrm{M}}_{\boldsymbol{p}\uparrow}(E_1)G^{\mathrm{M}}_{\boldsymbol{p}+\boldsymbol{q}\downarrow}(E_1+E_0)\Gamma^{\mathrm{LN}}_{\uparrow\downarrow}(\boldsymbol{q}E_0;\boldsymbol{p}E_1)\,. \tag{6.205}$$

Die rechte Seite hängt nicht von $(\boldsymbol{k}, E)$ ab, sodass man folgern kann:

$$\Gamma^{\mathrm{LN}}_{\uparrow\downarrow}(\boldsymbol{q}E_0;\boldsymbol{k}E) \equiv \Gamma^{\mathrm{LN}}_{\uparrow\downarrow}(\boldsymbol{q}E_0)\,.$$

Das gilt natürlich analog für die Vertexfunktion auf der rechten Seite von (6.205). Zur Auflösung definieren wir ähnlich wie in (6.194):

$$-\hbar\widehat{\Lambda}_{\boldsymbol{q}\uparrow\downarrow}(E_0) = \frac{-1}{\hbar\beta}\sum_{\boldsymbol{p}E_1} G^{\mathrm{M}}_{\boldsymbol{p}\uparrow}(E_1)G^{\mathrm{M}}_{\boldsymbol{p}+\boldsymbol{q}\downarrow}(E_1+E_0)\,. \tag{6.206}$$

($\varepsilon = -1$ im Hubbard-Modell). Wir haben diese Funktion am Ende von Abschn. 6.3.4 bzgl. der Energiesummation ausgewertet. In (6.198) sind lediglich die Spinindizes an den Spektraldichten passend zu ändern:

$$\widehat{\Lambda}_{\boldsymbol{q}\uparrow\downarrow}(E_0) = \frac{1}{\hbar^2}\sum_{\boldsymbol{p}}\int\limits_{-\infty}^{+\infty}\mathrm{d}x\int\limits_{-\infty}^{+\infty}\mathrm{d}y\,\frac{S_{\boldsymbol{p}\uparrow}(x)S_{\boldsymbol{p}+\boldsymbol{q}\downarrow}(y)}{\mathrm{i}E_0+x-y}\left(f_-(x)-f_-(y)\right)\,. \tag{6.207}$$

Damit vereinfacht sich (6.205) zu:

$$\Gamma^{\mathrm{LN}}_{\uparrow\downarrow}(\boldsymbol{q}E_0) = 1 - \frac{U}{N}\widehat{\Lambda}_{\boldsymbol{q}\uparrow\downarrow}(E_0)\,\Gamma^{\mathrm{LN}}_{\uparrow\downarrow}(\boldsymbol{q}E_0) = \frac{1}{1+\frac{U}{N}\widehat{\Lambda}_{\boldsymbol{q}\uparrow\downarrow}(E_0)}\,. \tag{6.208}$$

Die Leiternäherung ergibt also mit (6.204) und (6.208) für die Spinsuszeptibilität im Hubbard-Modell:

$$\widehat{\chi}^{\mathrm{LN}}_{\boldsymbol{q}}(E_0) = \Gamma^{\mathrm{LN}}_{\uparrow\downarrow}(\boldsymbol{q}E_0)\left(\hbar\widehat{\Lambda}_{\boldsymbol{q}\uparrow\downarrow}(E_0)\right) = \frac{\hbar\widehat{\Lambda}_{\boldsymbol{q}\uparrow\downarrow}(E_0)}{1+\frac{U}{N}\widehat{\Lambda}_{\boldsymbol{q}\uparrow\downarrow}(E_0)}\,. \tag{6.209}$$

Dieses Ergebnis ist mit (4.183) zu vergleichen, dem mit der Bewegungsgleichungsmethode für die Spinsuszeptibilität des Hubbard-Modells gefundenen Ausdruck!

6.3.6 Aufgaben

Aufgabe 6.3.1

Zeigen Sie, dass für die Dichtekorrelation im Jellium-Modell die Darstellung (6.184) gültig ist,

1. zum einen durch Ausnutzen der speziellen „nackten" Wechselwirkung in (6.179),
2. zum anderen durch direkte Matrixmultiplikation in (6.180).

Aufgabe 6.3.2

Betrachten Sie die Dichtekorrelation des Hubbard-Modells. Die Elemente $\Lambda_{q\sigma\sigma'}(E_0)$ des spinaufgelösten Polarisationspropagators seien bekannt.

1. Berechnen Sie explizit die Elemente der Matrix $\widetilde{D}_q(E_0)$ aus (6.180), deren Summe die Dichtekorrelation nach (6.181) ergibt.
2. Für ein paramagnetisches Elektronensystem kann $\Lambda_{q\sigma\sigma'}(E_0) = \Lambda_{q-\sigma-\sigma'}(E_0)$ angenommen werden. Wie sieht in diesem Fall die Dichtekorrelation aus?
3. Der Polarisationspropagator wird in nullter Ordnung bestimmt (Abb. 6.32). Legen Sie damit die Dichtekorrelation fest (RPA).
4. Wie sieht die Dichtekorrelation für ein ferromagnetisch gesättigtes Elektronensystem aus?

Aufgabe 6.3.3

Zeigen Sie, dass für die effektive Wechselwirkung im Jellium-Modell die Darstellung (6.190) gültig ist,

1. zum einen durch Ausnutzen der speziellen „nackten" Wechselwirkung in (6.188),
2. zum anderen durch direkte Matrixmultiplikation in (6.189).

Aufgabe 6.3.4

Betrachten Sie die effektive Wechselwirkung des Hubbard-Modells. Die Elemente $\Lambda_{q\sigma\sigma'}(E_0)$ des spinaufgelösten Polarisationspropagators seien bekannt.

1. Zeigen Sie, dass die effektive Wechselwirkung vom Spin der Wechselwirkungspartner abhängt. Berechnen Sie dazu explizit die Matrixelemente $v_{\text{eff}\sigma\sigma'}(\boldsymbol{q}, E)$!
2. Diskutieren Sie das paramagnetische System, für das $\Lambda_{q\sigma\sigma'}(E_0) = \Lambda_{q-\sigma-\sigma'}(E_0)$ angenommen werden kann.
3. Was ergibt sich, wenn der Polarisationspropagator in nullter Ordnung (Abb. 6.32) berechnet wurde?

Aufgabe 6.3.5

Führen Sie für die in (6.194) definierte Funktion

$$-\hbar\widehat{\Lambda}_{q\sigma}(E_0) = \frac{\varepsilon}{\hbar\beta}\sum_{pE_1} G^{\text{M}}_{p\sigma}(E_1)G^{\text{M}}_{p+q\sigma}(E_1+E_0)$$

die Energiesummation durch. Bestätigen Sie damit (6.198)

Kontrollfragen

Zu Abschnitt 6.1

1. Warum ist die retardierte Green-Funktion für Störungstheorien ungeeignet?
2. Warum lässt sich das Wick'sche Theorem aus Abschn. 5.2.2 nicht auch für $T \neq 0$-Probleme ausnutzen?
3. Welcher enge Zusammenhang besteht zwischen den Korrelationsfunktionen $\langle A(t)B(t')\rangle$ und $\langle B(t')A(t)\rangle$, wenn man für die Zeitvariable formal komplexe Werte zulässt?
4. Die Matsubara-Methode geht von rein imaginären Zeiten aus ($\tau = \mathrm{i}t$ reell!). Wie sieht die modifizierte Heisenberg-Darstellung für zeitabhängige Operatoren in diesem Fall aus?
5. Wie ist die Matsubara-Funktion definiert? Wie lautet ihre Bewegungsgleichung?
6. Welche Periodizität weist die Matsubara-Funktion auf?
7. Wie erhält man aus der Matsubara-Funktion die eigentlich interessierende retardierte Green-Funktion?
8. Geben Sie Bewegungsgleichung und weitere Eigenschaften des Zeitentwicklungsoperators in der Dirac-Darstellung bei rein imaginären Zeiten an.
9. Wie lautet die formale Lösung des Zeitentwicklungsoperators $U_{\text{D}}(\tau, \tau'')$?
10. Drücken Sie $\mathrm{e}^{-\beta\mathcal{H}}$ durch U_{D} aus.

11. Wie ist die Ein-Teilchen-Matsubara-Funktion $G_k^{\mathrm{M}}(\tau)$ definiert?
12. Wie sieht die Ein-Teilchen-Matsubara-Funktion für das nicht wechselwirkende System aus?
13. Welche Form der Ein-Teilchen-Matsubara-Funktion eines wechselwirkenden Systems ist für die diagrammatische Störungstheorie geeignet?
14. Wird die Hypothese des *adiabatischen Einschaltens* der Störung im Matsubara-Formalismus auch benötigt?
15. Welche Größe übernimmt im Matsubara-Formalismus die Rolle der Vakuumamplitude in der $T = 0$-Theorie?

Zu Abschnitt 6.2

1. Wie wird im Matsubara-Formalismus die *Kontraktion* definiert?
2. Formulieren Sie das so genannte *verallgemeinerte Wick-Theorem*! Handelt es sich um eine Operatoridentität?
3. Wie unterscheiden sich die Diagrammregeln für die großkanonische Zustandssumme Ξ von denen für die $T = 0$-Vakuumamplitude?
4. Gibt es ein *Linked-Cluster-Theorem* für Ξ?
5. Wie führt man Summationen über Matsubara-Energien aus?
6. Beschreiben Sie die *Ringdiagramm-Näherung* der großkanonischen Zustandssumme.
7. Erläutern Sie, warum für die Ein-Teilchen-Matsubara-Funktion nur offene, zusammenhängende Diagramme mit zwei äußeren Linien aufzusummieren sind.
8. Formulieren Sie die Diagrammregeln für die energieabhängige Ein-Teilchen-Matsubara-Funktion.
9. Lassen sich auch im Matsubara-Formalismus Dyson-Gleichungen formulieren?

Lösungen der Übungsaufgaben

Abschnitt 1.4

Lösung zu Aufgabe 1.4.1

1. Hamilton-Operator des Zwei-Teilchen-Systems:

$$H = H_1 + H_2 = -\frac{\hbar^2}{2m}(\Delta_1 + \Delta_2) + V(x_1) + V(x_2) .$$

Nicht symmetrisierter Eigenzustand:

$$|\varphi_{\alpha_1}\varphi_{\alpha_2}\rangle = |\varphi_{\alpha_1}^{(1)}\rangle\,|\varphi_{\alpha_2}^{(2)}\rangle .$$

Ortsdarstellung:

$$\langle x_1 x_2 \mid \varphi_{\alpha_1}\varphi_{\alpha_2}\rangle = \varphi_n(x_1)\,\varphi_m(x_2)\,\chi_S\left(m_S^{(1)}\right)\chi_S\left(m_S'^{(2)}\right) ,$$

χ_S : Spinfunktion (identische Teilchen haben gleichen Spin S)

$\alpha_1 = (n, m_S)$; $\alpha_2 = (m, m_S')$.

2. Lösung des Ein-Teilchen-Problems:

$$\left(-\frac{\hbar^2}{2m}\Delta + V(x)\right)\varphi(x) = E\varphi(x) .$$

Zunächst gilt:

$$\varphi(x) \equiv 0 \quad \text{für} \quad x < 0 \quad \text{und} \quad x > a .$$

Für $0 \le x \le a$ ist zu lösen:

$$-\frac{\hbar^2}{2m}\Delta\varphi(x) = E\varphi(x) .$$

W. Nolting, *Grundkurs Theoretische Physik 7*, Springer-Lehrbuch,
DOI 10.1007/978-3-642-25808-4, © Springer-Verlag Berlin Heidelberg 2015

Lösungsansatz:

$$\varphi(x) = c\sin(\gamma_1 x + \gamma_2) \ .$$

Randbedingungen:

$$\varphi(0) = 0 \quad \Rightarrow \quad \gamma_2 = 0 \,,$$
$$\varphi(a) = 0 \quad \Rightarrow \quad \gamma_1 = n\frac{\pi}{a} \,; \quad n = 1, 2, 3, \dots \,.$$

Energie-Eigenwerte:

$$E = \frac{\hbar^2}{2m}\gamma_1^2 \quad \Rightarrow \quad E_n = \frac{\hbar^2\pi^2}{2ma^2}n^2 \,; \quad n = 1, 2, \dots \,.$$

Eigenfunktionen:

$$\varphi_n(x) = c\sin\left(n\frac{\pi}{a}x\right) \,,$$

$$1 \overset{!}{=} c^2 \int_0^a \sin^2\left(n\frac{\pi}{a}x\right)\mathrm{d}x \quad \Rightarrow \quad c = \sqrt{\frac{2}{a}} \,,$$

$$\varphi_n(x) = \begin{cases} \sqrt{\frac{2}{a}}\sin\left(n\frac{\pi}{a}x\right) & \text{für} \quad 0 \le x \le a \,, \\ 0 & \text{sonst.} \end{cases}$$

3. Zwei-Teilchen-Problem:

$$|\varphi_{\alpha_1}\varphi_{\alpha_2}\rangle^{(\pm)} \longrightarrow \frac{1}{\sqrt{2}}\Big\{\varphi_n(x_1)\,\varphi_m(x_2)\,\chi_S\left(m_S^{(1)}\right)\chi_S\left(m_{S'}^{(2)}\right)$$
$$\pm\, \varphi_n(x_2)\,\varphi_m(x_1)\,\chi_S\left(m_S^{(2)}\right)\chi_S\left(m_{S'}^{(1)}\right)\Big\} \,,$$

(+): Bosonen, für $(n, m_S) = (m, m_S')$ geänderte Normierung: $\frac{1}{\sqrt{2}} \to \frac{1}{2}$

(−): Fermionen: $(n, m_S) \neq (m, m_S')$ wegen Pauli-Prinzip.

4. Grundzustandsenergie des N-Teilchen-Systems:

Bosonen:
Alle Teilchen im $n = 1$ -Zustand:

$$E_0 = N\frac{\hbar^2\pi^2}{2ma^2} \,.$$

Fermionen:

$$E_0 = 2\sum_{n=1}^{N/2}\frac{\hbar^2\pi^2}{2ma^2}n^2 \approx \frac{\hbar^2\pi^2}{ma^2}\frac{N^3}{24}$$

mit

$$\sum_{n=1}^{N/2} n^2 \underset{N\gg 1}{\approx} \int_1^{N/2} n^2 \mathrm{d}n = \frac{1}{3}\left(\frac{N^3}{8}-1\right) \approx \frac{N^3}{24}\,.$$

Lösung zu Aufgabe 1.4.2

1.

$$P_{12}\,|0,0\rangle_s = -\,|0,0\rangle_s \qquad \text{antisymmetrisch,}$$
$$P_{12}\,|1,M_S\rangle_t = |1,M_S\rangle_t \qquad \text{symmetrisch.}$$
$$(M_S = 0,\pm 1)$$

2. Beweis wird komponentenweise geführt:

$$\begin{aligned}
&P_{12}S_1^z P_{12}\left|m_{S_1}^{(1)},m_{S_2}^{(2)}\right\rangle \\
&= P_{12}S_1^z\left|m_{S_1}^{(2)},m_{S_2}^{(1)}\right\rangle = \hbar m_{S_2} P_{12}\left|m_{S_1}^{(2)},m_{S_2}^{(1)}\right\rangle \\
&= \hbar m_{S_2}\left|m_{S_1}^{(1)},m_{S_2}^{(2)}\right\rangle = S_2^z\left|m_{S_1}^{(1)},m_{S_2}^{(2)}\right\rangle\,.
\end{aligned}$$

Gilt für beliebige Zwei-Teilchen-Zustände, damit auch für die symmetrisierten Basis-Zustände des $\mathcal{H}_2^{(\pm)}$. Es ist somit im $\mathcal{H}_2^{(\pm)}$

$$P_{12}S_1^z P_{12} = S_2^z$$

eine Operatoridentität. Analog zeigt man:

$$P_{12}S_2^z P_{12} = S_1^z\,.$$

Bleiben noch die x- und y-Komponenten:

$$S_j^x = \frac{1}{2}\left(S_j^+ + S_j^-\right)\;;\quad S_j^y = \frac{1}{2\mathrm{i}}\left(S_j^+ - S_j^-\right)\;;\quad j = 1,2\,.$$

Es gilt:

$$\begin{aligned}
P_{12}S_1^{\pm}P_{12}\left|m_{S_1}^{(1)}m_{S_2}^{(2)}\right\rangle &= P_{12}S_1^{\pm}\left|m_{S_1}^{(2)}m_{S_2}^{(1)}\right\rangle \\
&= \hbar\sqrt{\left(\frac{1}{2}\mp m_{S_2}\right)\left(\frac{1}{2}\pm m_{S_2}+1\right)}\,P_{12}\left|m_{S_1}^{(2)},(m_{S_2}\pm 1)^{(1)}\right\rangle \\
&= \hbar\sqrt{\left(\frac{1}{2}\mp m_{S_2}\right)\left(\frac{1}{2}\pm m_{S_2}+1\right)}\left|m_{S_1}^{(1)},(m_{S_2}\pm 1)^{(2)}\right\rangle \\
&= S_2^{\pm}\left|m_{S_1}^{(1)},m_{S_2}^{(2)}\right\rangle\,.
\end{aligned}$$

Schlussfolgerung wie oben:

$$P_{12} S^{\pm}_{1,2} P_{12} = S^{\pm}_{2,1} \,.$$

Damit folgt auch:

$$P_{12} S^{x,y}_{1,2} P_{12} = S^{x,y}_{2,1} \,.$$

Dies beweist die Behauptung.

3. $\mathbf{S}_1 \cdot \mathbf{S}_2 = S^z_1 S^z_2 + \frac{1}{2}\left(S^+_1 S^-_2 + S^-_1 S^+_2\right) .$

$\boxed{m_{S_1} = m_{S_2} = m_S}$

$$S^{\pm}_1 S^{\mp}_2 \left| m^{(1)}_S, m^{(2)}_S \right\rangle = 0 \,,$$

$$S^z_1 S^z_2 \left| m^{(1)}_S, m^{(2)}_S \right\rangle = \frac{\hbar^2}{4} \left| m^{(1)}_S, m^{(2)}_S \right\rangle ,$$

$$\frac{1}{2}\left(\mathbf{1} + \frac{4}{\hbar^2} \mathbf{S}_1 \cdot \mathbf{S}_2\right) \left| m^{(1)}_S, m^{(2)}_S \right\rangle = \left| m^{(1)}_S, m^{(2)}_S \right\rangle = \left| m^{(2)}_S, m^{(1)}_S \right\rangle .$$

$\boxed{m_{S_1} \neq m_{S_2}}$

$$\begin{aligned} S^+_1 S^-_2 \left| m^{(1)}_{S_1}, m^{(2)}_{S_2} \right\rangle &= \hbar^2 \delta_{m_{S_1},-(1/2)} \delta_{m_{S_2},(1/2)} \left| (m_{S_1}+1)^{(1)}, (m_{S_2}-1)^{(2)} \right\rangle \\ &= \hbar^2 \delta_{m_{S_1},-(1/2)} \delta_{m_{S_2},(1/2)} \left| m^{(1)}_{S_2}, m^{(2)}_{S_1} \right\rangle \\ &= \hbar^2 \delta_{m_{S_1},-(1/2)} \delta_{m_{S_2},(1/2)} \left| m^{(2)}_{S_1}, m^{(1)}_{S_2} \right\rangle . \end{aligned}$$

Analog:

$$S^-_1 S^+_2 \left| m^{(1)}_{S_1}, m^{(2)}_{S_2} \right\rangle = \hbar^2 \delta_{m_{S_2},-(1/2)} \delta_{m_{S_1},(1/2)} \left| m^{(2)}_{S_1}, m^{(1)}_{S_2} \right\rangle ,$$

$$\frac{1}{2}\left(S^+_1 S^-_2 + S^-_1 S^+_2\right) \left| m^{(1)}_{S_1}, m^{(2)}_{S_2} \right\rangle = \frac{\hbar^2}{2} \left| m^{(2)}_{S_1}, m^{(1)}_{S_2} \right\rangle .$$

Außerdem gilt:

$$S^z_1 S^z_2 \left| m^{(1)}_{S_1}, m^{(2)}_{S_2} \right\rangle = -\frac{\hbar^2}{4} \left| m^{(1)}_{S_1}, m^{(2)}_{S_2} \right\rangle .$$

Insgesamt bleibt somit:

$$\begin{aligned} &\frac{1}{2}\left(\mathbf{1} + \frac{4}{\hbar^2} \mathbf{S}_1 \cdot \mathbf{S}_2\right) \left| m^{(1)}_{S_1}, m^{(2)}_{S_2} \right\rangle \\ &= \frac{1}{2}\left(1 - \frac{4}{\hbar^2}\frac{\hbar^2}{4}\right) \left| m^{(1)}_{S_1}, m^{(2)}_{S_2} \right\rangle + \frac{1}{2}\left(\frac{4}{\hbar^2}\frac{\hbar^2}{2}\right) \left| m^{(2)}_{S_1}, m^{(1)}_{S_2} \right\rangle \\ &= \left| m^{(2)}_{S_1}, m^{(1)}_{S_2} \right\rangle . \end{aligned}$$

Damit gilt offensichtlich ganz allgemein:

$$P_{12}\left|m_{S_1}^{(1)}, m_{S_2}^{(2)}\right\rangle = \left|m_{S_1}^{(2)}, m_{S_2}^{(1)}\right\rangle .$$

Lösung zu Aufgabe 1.4.3

Beweis durch vollständige Induktion:

Induktionsanfang:

$\boxed{N = 1:}$

$$\begin{aligned}\langle 0 \mid a_{\beta_1} a^+_{\alpha_1} \mid 0\rangle &= \langle 0| \left(\delta(\beta_1 - \alpha_1) + \varepsilon a^+_{\alpha_1} a_{\beta_1}\right) |0\rangle \\ &= \delta(\beta_1 - \alpha_1)\, \langle 0 \mid 0\rangle + \varepsilon \langle 0 \mid a^+_{\alpha_1} a_{\beta_1} \mid 0\rangle \\ &= \delta(\beta_1 - \alpha_1) .\end{aligned}$$

$\boxed{N = 2:}$

$$\begin{aligned}&\langle 0 \mid a_{\beta_2} a_{\beta_1} a^+_{\alpha_1} a^+_{\alpha_2} \mid 0\rangle \\ &= \langle 0| a_{\beta_2} \left(\delta(\beta_1 - \alpha_1) + \varepsilon a^+_{\alpha_1} a_{\beta_1}\right) a^+_{\alpha_2} |0\rangle \\ &= \delta(\beta_1 - \alpha_1)\, \langle 0| \left(\delta(\beta_2 - \alpha_2) + \varepsilon a^+_{\alpha_2} a_{\beta_2}\right) |0\rangle \\ &\quad + \varepsilon \langle 0| a_{\beta_2} a^+_{\alpha_1} \left(\delta(\beta_1 - \alpha_2) + \varepsilon a^+_{\alpha_2} a_{\beta_1}\right) |0\rangle \\ &= \delta(\beta_1 - \alpha_1)\, \delta(\beta_2 - \alpha_2) + \varepsilon\delta(\beta_1 - \alpha_2)\, \langle 0| \left(\delta(\beta_2 - \alpha_1) + \varepsilon a^+_{\alpha_1} a_{\beta_2}\right) |0\rangle \\ &= \delta(\beta_1 - \alpha_1)\, \delta(\beta_2 - \alpha_2) + \varepsilon\delta(\beta_1 - \alpha_2)\, \delta(\beta_2 - \alpha_1) .\end{aligned}$$

Induktionsschluss $N - 1 \to N$:

$$\begin{aligned}&\langle 0| a_{\beta_N} \cdots a_{\beta_1} a^+_{\alpha_1} \cdots a^+_{\alpha_N} |0\rangle \overset{\substack{\alpha_{\beta_1}\text{ nach rechts}\\ \text{„durchziehen"!}}}{=} \\ &= \delta(\beta_1 - \alpha_1)\, \langle 0| a_{\beta_N} \cdots a_{\beta_2} a^+_{\alpha_2} \cdots a^+_{\alpha_N} |0\rangle \\ &\quad + \varepsilon\delta(\beta_1 - \alpha_2)\, \langle 0| a_{\beta_N} \cdots a_{\beta_2} a^+_{\alpha_1} a^+_{\alpha_3} \cdots a^+_{\alpha_N} |0\rangle \\ &\quad + \cdots \\ &\quad + \varepsilon^{N-1} \delta(\beta_1 - \alpha_N)\, \langle 0| a_{\beta_N} \cdots a_{\beta_2} a^+_{\alpha_1} a^+_{\alpha_2} \cdots a^+_{\alpha_{N-1}} |0\rangle =\end{aligned}$$

$$
\overset{\substack{\text{Induktions-}\\\text{voraussetzung}\\\downarrow}}{=} \delta(\beta_1-\alpha_1)\sum_{\mathcal{P}_\alpha}\varepsilon^{\mathcal{P}_\alpha}\mathcal{P}_\alpha\left[\delta(\beta_2-\alpha_2)\cdots\delta(\beta_N-\alpha_N)\right]
$$
$$
+\varepsilon\delta(\beta_1-\alpha_2)\sum_{\mathcal{P}_\alpha}\varepsilon^{\mathcal{P}_\alpha}\mathcal{P}_\alpha\left[\delta(\beta_2-\alpha_1)\delta(\beta_3-\alpha_3)\cdots\delta(\beta_N-\alpha_N)\right]
$$
$$
+\cdots
$$
$$
+\varepsilon^{N-1}\delta(\beta_1-\alpha_N)\sum_{\mathcal{P}_\alpha}\varepsilon^{\mathcal{P}_\alpha}\mathcal{P}_\alpha\left[\delta(\beta_2-\alpha_1)\delta(\beta_3-\alpha_2)\cdots\delta(\beta_N-\alpha_{N-1})\right]
$$
$$
=\sum_{\mathcal{P}_\alpha}\varepsilon^{\mathcal{P}_\alpha}\mathcal{P}_\alpha\left[\delta(\beta_1-\alpha_1)\delta(\beta_2-\alpha_2)\cdots\delta(\beta_N-\alpha_N)\right] \quad \text{q. e. d.}
$$

Lösung zu Aufgabe 1.4.4

Ein-Teilchen-Basis:

$$
|\boldsymbol{k}\rangle \quad \Leftrightarrow \quad \langle \boldsymbol{r}\,|\,\boldsymbol{k}\rangle = \varphi_{\boldsymbol{k}}(\boldsymbol{r}) = (2\pi)^{-3/2}\mathrm{e}^{\mathrm{i}\boldsymbol{k}\cdot\boldsymbol{r}}
$$

ebene Welle.

Operator der kinetischen Energie:

$$
\sum_{i=1}^{N}\frac{p_i^2}{2m} \quad \Rightarrow \quad \iint \mathrm{d}^3k\,\mathrm{d}^3k'\,\langle\boldsymbol{k}|\frac{p^2}{2m}|\boldsymbol{k}'\rangle\, a_{\boldsymbol{k}}^{+}a_{\boldsymbol{k}'}\,.
$$

Matrixelement:

$$
\langle\boldsymbol{k}|\frac{p^2}{2m}|\boldsymbol{k}'\rangle = \int \mathrm{d}^3r\,\langle\boldsymbol{k}\,|\,\boldsymbol{r}\rangle\,\langle\boldsymbol{r}|\frac{p^2}{2m}|\boldsymbol{k}'\rangle = \int \mathrm{d}^3r\,\varphi_{\boldsymbol{k}}^{*}(\boldsymbol{r})\left(-\frac{\hbar^2}{2m}\Delta\right)\varphi_{\boldsymbol{k}'}(\boldsymbol{r})
$$
$$
= \frac{\hbar^2k'^2}{2m}(2\pi)^{-3}\int \mathrm{d}^3r\,\mathrm{e}^{-\mathrm{i}(\boldsymbol{k}-\boldsymbol{k}')\cdot\boldsymbol{r}} = \frac{\hbar^2k'^2}{2m}\delta\left(\boldsymbol{k}-\boldsymbol{k}'\right)\,.
$$

Ein-Teilchen-Operator:

$$
\sum_{i=1}^{N}\frac{p_i^2}{2m} \quad \Rightarrow \quad \int \mathrm{d}\boldsymbol{k}\,\frac{\hbar^2k^2}{2m}a_{\boldsymbol{k}}^{+}a_{\boldsymbol{k}}\,.
$$

Operator der Coulomb-Wechselwirkung:

$$
\frac{1}{2}\sum_{i,j}^{i\neq j}V_{ij} \quad \Rightarrow \quad \frac{1}{2}\int\cdots\int \mathrm{d}^3k_1\,\mathrm{d}^3k_2\,\mathrm{d}^3k_3\,\mathrm{d}^3k_4\,\left\langle\boldsymbol{k}_1\boldsymbol{k}_2\right|V_{12}\left|\boldsymbol{k}_3\boldsymbol{k}_4\right\rangle a_{\boldsymbol{k}_1}^{+}a_{\boldsymbol{k}_2}^{+}a_{\boldsymbol{k}_4}a_{\boldsymbol{k}_3}\,.
$$

Das Matrixelement darf symmetrisiert, aber auch nicht symmetrisiert sein:

$$M \equiv \left\langle \boldsymbol{k}_1^{(1)} \right| \left\langle \boldsymbol{k}_2^{(2)} \right| V_{12} \left| \boldsymbol{k}_3^{(1)} \right\rangle \left| \boldsymbol{k}_4^{(2)} \right\rangle .$$

Ortsdarstellung günstig, da dann V_{12} diagonal ist:

$$\begin{aligned} M &= \int \cdots \int \mathrm{d}^3 r_1 \cdots \mathrm{d}^3 r_4 \left(\left\langle \boldsymbol{k}_1^{(1)} \middle| \boldsymbol{r}_1^{(1)} \right\rangle \left\langle \boldsymbol{r}_1^{(1)} \right| \right) \left(\left\langle \boldsymbol{k}_2^{(2)} \middle| \boldsymbol{r}_2^{(2)} \right\rangle \left\langle \boldsymbol{r}_2^{(2)} \right| \right) \\ &\quad \cdot V\left(\left| \hat{\boldsymbol{r}}^{(1)} - \hat{\boldsymbol{r}}^{(2)} \right| \right) \left(\left| \boldsymbol{r}_3^{(1)} \right\rangle \left\langle \boldsymbol{r}_3^{(1)} \middle| \boldsymbol{k}_3^{(1)} \right\rangle \right) \left(\left| \boldsymbol{r}_4^{(2)} \right\rangle \left\langle \boldsymbol{r}_4^{(2)} \middle| \boldsymbol{k}_4^{(2)} \right\rangle \right) \\ &= \int \cdots \int \mathrm{d}^3 r_1 \cdots \mathrm{d}^3 r_4 \, V\left(\left| \boldsymbol{r}_3 - \boldsymbol{r}_4 \right| \right) \left\langle \boldsymbol{k}_1^{(1)} \middle| \boldsymbol{r}_1^{(1)} \right\rangle \left\langle \boldsymbol{r}_1^{(1)} \middle| \boldsymbol{r}_3^{(1)} \right\rangle \\ &\quad \cdot \left\langle \boldsymbol{k}_2^{(2)} \middle| \boldsymbol{r}_2^{(2)} \right\rangle \left\langle \boldsymbol{r}_2^{(2)} \middle| \boldsymbol{r}_4^{(2)} \right\rangle \left\langle \boldsymbol{r}_3^{(1)} \middle| \boldsymbol{k}_3^{(1)} \right\rangle \left\langle \boldsymbol{r}_4^{(2)} \middle| \boldsymbol{k}_4^{(2)} \right\rangle \\ &= (2\pi)^{-6} \iint \mathrm{d}^3 r_1 \, \mathrm{d}^3 r_2 \, V\left(\left| \boldsymbol{r}_1 - \boldsymbol{r}_2 \right| \right) \mathrm{e}^{-\mathrm{i}(\boldsymbol{k}_1 - \boldsymbol{k}_3) \cdot \boldsymbol{r}_1} \mathrm{e}^{-\mathrm{i}(\boldsymbol{k}_2 - \boldsymbol{k}_4) \cdot \boldsymbol{r}_2} . \end{aligned}$$

Mit Koordinatenwechsel

$$\boldsymbol{r} = \boldsymbol{r}_1 - \boldsymbol{r}_2 \,; \quad \boldsymbol{R} = \frac{1}{2}(\boldsymbol{r}_1 + \boldsymbol{r}_2) \quad \Rightarrow \quad \begin{aligned} \boldsymbol{r}_1 &= \frac{1}{2}\boldsymbol{r} + \boldsymbol{R} , \\ \boldsymbol{r}_2 &= \boldsymbol{R} - \frac{1}{2}\boldsymbol{r} \end{aligned}$$

folgt weiter:

$$\begin{aligned} M &= (2\pi)^{-6} \int \mathrm{d}^3 R \, \mathrm{e}^{-\mathrm{i}(\boldsymbol{k}_1 - \boldsymbol{k}_3 + \boldsymbol{k}_2 - \boldsymbol{k}_4) \cdot \boldsymbol{R}} \\ &\quad \cdot \int \mathrm{d}^3 r \, V(r) \mathrm{e}^{-\frac{1}{2}\mathrm{i}(\boldsymbol{k}_1 - \boldsymbol{k}_3 - \boldsymbol{k}_2 + \boldsymbol{k}_4) \cdot \boldsymbol{r}} \\ &= (2\pi)^{-3} \delta(\boldsymbol{k}_1 - \boldsymbol{k}_3 + \boldsymbol{k}_2 - \boldsymbol{k}_4) \int \mathrm{d}^3 r \, V(r) \mathrm{e}^{-\mathrm{i}(\boldsymbol{k}_1 - \boldsymbol{k}_3) \cdot \boldsymbol{r}} \\ &= V(\boldsymbol{k}_1 - \boldsymbol{k}_3) \delta(\boldsymbol{k}_1 - \boldsymbol{k}_3 + \boldsymbol{k}_2 - \boldsymbol{k}_4) . \end{aligned}$$

Substitution:

$$\boldsymbol{k}_1 \to \boldsymbol{k} + \boldsymbol{q} , \quad \boldsymbol{k}_2 \to \boldsymbol{p} - \boldsymbol{q} , \quad \boldsymbol{k}_3 \to \boldsymbol{k} .$$

Ergebnis:

$$\frac{1}{2} \sum_{i,j}^{i \neq j} V_{ij} \to \frac{1}{2} \iiint \mathrm{d}^3 k \, \mathrm{d}^3 p \, \mathrm{d}^3 q \, V(\boldsymbol{q}) a_{\boldsymbol{k}+\boldsymbol{q}}^{+} a_{\boldsymbol{p}-\boldsymbol{q}}^{+} a_{\boldsymbol{p}} a_{\boldsymbol{k}} \qquad \text{q. e. d.}$$

Lösung zu Aufgabe 1.4.5

$$H = \widehat{T} + \widehat{V} \,,$$

$$\widehat{T} = \int \mathrm{d}^3k \, \frac{\hbar^2 k^2}{2m} a_{\boldsymbol{k}}^{+} a_{\boldsymbol{k}} \,,$$

$$\widehat{V} = \frac{1}{2} \iiint \mathrm{d}^3k \, \mathrm{d}^3p \, \mathrm{d}^3q \, V(\boldsymbol{q}) a_{\boldsymbol{k}+\boldsymbol{q}}^{+} a_{\boldsymbol{p}-\boldsymbol{q}}^{+} a_{\boldsymbol{p}} a_{\boldsymbol{k}} \,.$$

1.

$$\begin{aligned}
\left[\widehat{N}, \widehat{T}\right]_{-} &= \int \mathrm{d}^3p \int \mathrm{d}^3k \, \frac{\hbar^2 k^2}{2m} \left[\hat{n}_{\boldsymbol{p}}, \hat{n}_{\boldsymbol{k}}\right]_{-} \,, \\
\left[\hat{n}_{\boldsymbol{p}}, \hat{n}_{\boldsymbol{k}}\right]_{-} &= a_{\boldsymbol{p}}^{+} a_{\boldsymbol{p}} a_{\boldsymbol{k}}^{+} a_{\boldsymbol{k}} - \hat{n}_{\boldsymbol{k}} \hat{n}_{\boldsymbol{p}} \\
&= a_{\boldsymbol{p}}^{+} \left(\delta(\boldsymbol{p}-\boldsymbol{k}) + \varepsilon a_{\boldsymbol{k}}^{+} a_{\boldsymbol{p}}\right) a_{\boldsymbol{k}} - \hat{n}_{\boldsymbol{k}} \hat{n}_{\boldsymbol{p}} \\
&= \delta(\boldsymbol{p}-\boldsymbol{k}) a_{\boldsymbol{p}}^{+} a_{\boldsymbol{k}} + \varepsilon^2 a_{\boldsymbol{k}}^{+} a_{\boldsymbol{p}}^{+} a_{\boldsymbol{p}} a_{\boldsymbol{k}} - \hat{n}_{\boldsymbol{k}} \hat{n}_{\boldsymbol{p}} \\
&= \delta(\boldsymbol{p}-\boldsymbol{k}) \hat{n}_{\boldsymbol{k}} + \varepsilon a_{\boldsymbol{k}}^{+} a_{\boldsymbol{p}}^{+} a_{\boldsymbol{k}} a_{\boldsymbol{p}} - \hat{n}_{\boldsymbol{k}} \hat{n}_{\boldsymbol{p}} \\
&= \delta(\boldsymbol{p}-\boldsymbol{k}) \hat{n}_{\boldsymbol{k}} + \varepsilon a_{\boldsymbol{k}}^{+} \left(\varepsilon a_{\boldsymbol{k}} a_{\boldsymbol{p}}^{+} - \varepsilon \delta(\boldsymbol{p}-\boldsymbol{k})\right) a_{\boldsymbol{p}} - \hat{n}_{\boldsymbol{k}} \hat{n}_{\boldsymbol{p}} \\
&= \delta(\boldsymbol{p}-\boldsymbol{k}) \hat{n}_{\boldsymbol{k}} + \hat{n}_{\boldsymbol{k}} \hat{n}_{\boldsymbol{p}} - \delta(\boldsymbol{p}-\boldsymbol{k}) a_{\boldsymbol{k}}^{+} a_{\boldsymbol{p}} - \hat{n}_{\boldsymbol{k}} \hat{n}_{\boldsymbol{p}} \\
&= 0 \\
\Rightarrow \quad \left[\widehat{N}, \widehat{T}\right]_{-} &= 0 \,.
\end{aligned}$$

2.

$$\begin{aligned}
\left[\widehat{N}, \widehat{V}\right] &= \frac{1}{2} \iiiint \mathrm{d}^3\bar{q} \, \mathrm{d}^3k \, \mathrm{d}^3p \, \mathrm{d}^3q \, V(\boldsymbol{q}) \left[a_{\bar{\mathbf{q}}}^{+} a_{\bar{\mathbf{q}}}, a_{\boldsymbol{k}+\boldsymbol{q}}^{+} a_{\boldsymbol{p}-\boldsymbol{q}}^{+} a_{\boldsymbol{p}} a_{\boldsymbol{k}}\right]_{-} \\
&= \frac{1}{2} \iiiint \mathrm{d}^3\bar{q} \, \mathrm{d}^3k \, \mathrm{d}^3p \, \mathrm{d}^3q \, V(\boldsymbol{q}) \Big\{\delta(\bar{\boldsymbol{q}}-\boldsymbol{k}-\boldsymbol{q}) a_{\bar{\mathbf{q}}}^{+} a_{\boldsymbol{p}-\boldsymbol{q}}^{+} a_{\boldsymbol{p}} a_{\boldsymbol{k}} \\
&\quad + \varepsilon \delta(\bar{\boldsymbol{q}}-\boldsymbol{p}+\boldsymbol{q}) a_{\bar{\mathbf{q}}}^{+} a_{\boldsymbol{k}+\boldsymbol{q}}^{+} a_{\boldsymbol{p}} a_{\boldsymbol{k}} - \varepsilon^7 \delta(\bar{\boldsymbol{q}}-\boldsymbol{p}) a_{\boldsymbol{k}+\boldsymbol{q}}^{+} a_{\boldsymbol{p}-\boldsymbol{q}}^{+} a_{\boldsymbol{k}} a_{\bar{\mathbf{q}}} \\
&\quad - \varepsilon^8 \delta(\bar{\boldsymbol{q}}-\boldsymbol{k}) a_{\boldsymbol{k}+\boldsymbol{q}}^{+} a_{\boldsymbol{p}-\boldsymbol{q}}^{+} a_{\boldsymbol{p}} a_{\bar{\mathbf{q}}}\Big\} \\
&= \frac{1}{2} \iiint \mathrm{d}^3k \, \mathrm{d}^3p \, \mathrm{d}^3q \, V(\boldsymbol{q}) \Big\{a_{\boldsymbol{k}+\boldsymbol{q}}^{+} a_{\boldsymbol{p}-\boldsymbol{q}}^{+} a_{\boldsymbol{p}} a_{\boldsymbol{k}} + \varepsilon a_{\boldsymbol{p}-\boldsymbol{q}}^{+} a_{\boldsymbol{k}+\boldsymbol{q}}^{+} a_{\boldsymbol{p}} a_{\boldsymbol{k}} \\
&\quad - \varepsilon a_{\boldsymbol{k}+\boldsymbol{q}}^{+} a_{\boldsymbol{p}-\boldsymbol{q}}^{+} a_{\boldsymbol{k}} a_{\boldsymbol{p}} - a_{\boldsymbol{k}+\boldsymbol{q}}^{+} a_{\boldsymbol{p}-\boldsymbol{q}}^{+} a_{\boldsymbol{p}} a_{\boldsymbol{k}}\Big\} \\
&= \frac{1}{2} \iiint \mathrm{d}^3k \, \mathrm{d}^3p \, \mathrm{d}^3q \, V(\boldsymbol{q}) \Big\{2 a_{\boldsymbol{k}+\boldsymbol{q}}^{+} a_{\boldsymbol{p}-\boldsymbol{q}}^{+} a_{\boldsymbol{p}} a_{\boldsymbol{k}} - 2 a_{\boldsymbol{k}+\boldsymbol{q}}^{+} a_{\boldsymbol{p}-\boldsymbol{q}}^{+} a_{\boldsymbol{p}} a_{\boldsymbol{k}}\Big\} \\
&= 0 \\
\Rightarrow \quad \left[\widehat{N}, \widehat{V}\right]_{-} &= 0 \,.
\end{aligned}$$

Lösung zu Aufgabe 1.4.6

Nach Abschn. 1.2 gilt für den Zusammenhang zwischen Feldoperatoren und allgemeinen Konstruktionsoperatoren:

$$\widehat{\psi}^+(\boldsymbol{r}) = \int d\alpha\, \varphi_\alpha^*(\boldsymbol{r}) a_\alpha^+ ,$$
$$\widehat{\psi}(\boldsymbol{r}) = \int d\alpha\, \varphi_\alpha(\boldsymbol{r}) a_\alpha .$$

In der $\boldsymbol{k}$-Darstellung mit ebenen Wellen bedeutet dies:

$$\widehat{\psi}^+(\boldsymbol{r}) = (2\pi)^{-3/2} \int d^3k\, e^{-i\boldsymbol{k}\cdot\boldsymbol{r}} a_{\boldsymbol{k}}^+ ,$$
$$\widehat{\psi}(\boldsymbol{r}) = (2\pi)^{-3/2} \int d^3k\, e^{i\boldsymbol{k}\cdot\boldsymbol{r}} a_{\boldsymbol{k}} .$$

Wir diskutieren zunächst die **kinetische Energie:**

$$\begin{aligned}
\widehat{T} &= \int d^3r\, \widehat{\psi}^+(\boldsymbol{r}) \left\{ -\frac{\hbar^2}{2m}\Delta_r \right\} \widehat{\psi}(\boldsymbol{r}) \\
&= (2\pi)^{-3} \iiint d^3r\, d^3k\, d^3k'\, e^{-i\boldsymbol{k}\cdot\boldsymbol{r}} \left\{ -\frac{\hbar^2}{2m}\Delta_r \right\} e^{i\boldsymbol{k}'\cdot\boldsymbol{r}} a_{\boldsymbol{k}}^+ a_{\boldsymbol{k}'} \\
&= \iint d^3k\, d^3k' \left(\frac{\hbar^2 k'^2}{2m} \right) a_{\boldsymbol{k}}^+ a_{\boldsymbol{k}'} \underbrace{(2\pi)^{-3} \int d^3r\, e^{-i(\boldsymbol{k}-\boldsymbol{k}')\cdot\boldsymbol{r}}}_{\delta(\boldsymbol{k}-\boldsymbol{k}')} \\
&= \int d^3k \left(\frac{\hbar^2 k^2}{2m} \right) a_{\boldsymbol{k}}^+ a_{\boldsymbol{k}} .
\end{aligned}$$

Etwas mehr Aufwand erfordert die **potentielle Energie:**

$$\begin{aligned}
\widehat{V} &= \frac{1}{2} \iint d^3r\, d^3r'\, \widehat{\psi}^+(\boldsymbol{r}) \widehat{\psi}^+(\boldsymbol{r}')\, V\left(|\boldsymbol{r}-\boldsymbol{r}'|\right) \widehat{\psi}(\boldsymbol{r}') \widehat{\psi}(\boldsymbol{r}) \\
&= \frac{1}{2}(2\pi)^{-6} \iint d^3r\, d^3r'\, V\left(|\boldsymbol{r}-\boldsymbol{r}'|\right) \int \cdots \int d^3k_1 \cdots d^3k_4 \\
&\quad \cdot a_{\boldsymbol{k}_1}^+ a_{\boldsymbol{k}_2}^+ a_{\boldsymbol{k}_3} a_{\boldsymbol{k}_4} e^{-i(\boldsymbol{k}_1\boldsymbol{r}+\boldsymbol{k}_2\boldsymbol{r}')} e^{i(\boldsymbol{k}_3\cdot\boldsymbol{r}'+\boldsymbol{k}_4\cdot\boldsymbol{r})} .
\end{aligned}$$

Schwerpunkt- und Relativkoordinaten:

$$\bar{\boldsymbol{r}} = \boldsymbol{r} - \boldsymbol{r}' ; \qquad \boldsymbol{R} = \frac{1}{2}(\boldsymbol{r}+\boldsymbol{r}')$$
$$\Rightarrow \quad \boldsymbol{r} = \frac{1}{2}\bar{\boldsymbol{r}} + \boldsymbol{R} ; \quad \boldsymbol{r}' = \boldsymbol{R} - \frac{1}{2}\bar{\boldsymbol{r}} .$$

Dies bedeutet:

$$\widehat{V} = \frac{1}{2}\int\cdots\int d^3k_1\cdots d^3k_4\, a^+_{k_1} a^+_{k_2} a_{k_3} a_{k_4}$$
$$\cdot (2\pi)^{-3}\int d^3R\, e^{-i(k_1+k_2-k_3-k_4)R}$$
$$\cdot (2\pi)^{-3}\int d^3\bar{r}\, V(\bar{r}) e^{i\frac{1}{2}(-k_1+k_2-k_3+k_4)\bar{r}}$$
$$= \frac{1}{2}\int\cdots\int d^3k_1\cdots d^3k_4\, a^+_{k_1} a^+_{k_2} a_{k_3} a_{k_4}\,\delta(\boldsymbol{k}_1+\boldsymbol{k}_2-\boldsymbol{k}_3-\boldsymbol{k}_4)$$
$$\cdot (2\pi)^{-3}\int d^3\bar{r}\, V(\bar{r}) e^{i\frac{1}{2}(-k_1+k_2-k_3+k_4)\cdot\bar{r}}$$
$$= \frac{1}{2}\iiint d^3k_1\, d^3k_2\, d^3k_3\, a^+_{k_1} a^+_{k_2} a_{k_3} a_{k_1+k_2-k_3}$$
$$\cdot (2\pi)^{-3}\int d^3\bar{r}\, V(\bar{r}) e^{i(k_2-k_3)\cdot\bar{r}}\,.$$

Setzt man

$$\boldsymbol{k}_1 \to \boldsymbol{k}+\boldsymbol{q}\,;\quad \boldsymbol{k}_2 \to \boldsymbol{p}-\boldsymbol{q}\,;\quad \boldsymbol{k}_3 \to \boldsymbol{p}\,,$$

dann gilt mit $V(\boldsymbol{q}) = V(-\boldsymbol{q})$:

$$\widehat{V} = \frac{1}{2}\iiint d^3k\, d^3p\, d^3q\, V(\boldsymbol{q}) a^+_{\boldsymbol{k}+\boldsymbol{q}} a^+_{\boldsymbol{p}-\boldsymbol{q}} a_{\boldsymbol{p}} a_{\boldsymbol{k}} \qquad \text{q. e. d.}$$

Lösung zu Aufgabe 1.4.7

1.

$$\left[\hat{n}_\alpha, a^+_\beta\right]_- = \hat{n}_\alpha a^+_\beta - a^+_\beta \hat{n}_\alpha = a^+_\alpha a_\alpha a^+_\beta - a^+_\beta \hat{n}_\alpha$$
$$= a^+_\alpha\left(\delta_{\alpha\beta} + \varepsilon a^+_\beta a_\alpha\right) - a^+_\beta \hat{n}_\alpha = \delta_{\alpha\beta} a^+_\alpha + \varepsilon^2 a^+_\beta a^+_\alpha a_\alpha - a^+_\beta \hat{n}_\alpha$$
$$= \delta_{\alpha\beta} a^+_\alpha\,.$$

2.

$$\left[\hat{n}_\alpha, a_\beta\right]_- = \hat{n}_\alpha a_\beta - a_\beta \hat{n}_\alpha = \varepsilon a^+_\alpha a_\beta a_\alpha - a_\beta \hat{n}_\alpha$$
$$= \left(a_\beta a^+_\alpha - \delta_{\alpha\beta}\right) a_\alpha - a_\beta \hat{n}_\alpha = -\delta_{\alpha\beta} a_\alpha\,.$$

3.

$$\left[\hat{N}, a^+_\alpha\right]_- = \sum_\gamma \left[\hat{n}_\gamma, a^+_\alpha\right]_- \overset{1.}{=} \sum_\gamma \delta_{\gamma\alpha} a^+_\alpha = a^+_\alpha\,.$$

4.

$$\left[\widehat{N}, a_\alpha\right]_- = \sum_\gamma \left[\hat{n}_\gamma, a_\alpha\right]_- = \sum_\gamma \delta_{\gamma\alpha}(-a_\alpha) = -a_\alpha\,.$$

Lösung zu Aufgabe 1.4.8

1. $[a_\alpha, a_\beta]_+ = 0.$
   Daraus folgt speziell für $\alpha = \beta$:

$$0 = [a_\alpha, a_\alpha]_+ = (a_\alpha)^2 + (a_\alpha)^2 = 2(a_\alpha)^2 \quad \Rightarrow \quad (a_\alpha)^2 = 0 \,.$$

   Wegen des Pauli-Prinzips können zwei Fermionen nicht in allen Quantenzahlen übereinstimmen. Es können deshalb auch nicht zwei *gleiche Fermionen* vernichtet werden. Analog folgt:

$$0 = [a_\alpha^+, a_\alpha^+]_+ \quad \Leftrightarrow \quad (a_\alpha^+)^2 = 0 \,.$$

2.

$$\begin{aligned}(\hat{n}_\alpha)^2 &= a_\alpha^+ a_\alpha a_\alpha^+ a_\alpha = a_\alpha^+ (1 + a_\alpha^+ a_\alpha) a_\alpha \\ &= \hat{n}_\alpha + (a_\alpha^+)^2 (a_\alpha)^2 = \hat{n}_\alpha \quad \text{(Deutung?)} \,.\end{aligned}$$

3.

$$\begin{aligned}a_\alpha \hat{n}_\alpha &= a_\alpha a_\alpha^+ a_\alpha = (1 + a_\alpha^+ a_\alpha) a_\alpha = a_\alpha + a_\alpha^+ (a_\alpha)^2 = a_\alpha \,, \\ a_\alpha^+ \hat{n}_\alpha &= (a_\alpha^+)^2 a_\alpha = 0 \,.\end{aligned}$$

4.

$$\begin{aligned}\hat{n}_\alpha a_\alpha &= a_\alpha^+ (a_\alpha)^2 = 0 \,, \\ a_\alpha \hat{n}_\alpha &= (1 + a_\alpha^+ a_\alpha) a_\alpha = a_\alpha + a_\alpha^+ (a_\alpha)^2 = a_\alpha \,.\end{aligned}$$

Lösung zu Aufgabe 1.4.9

1. Nicht wechselwirkende, identische Bosonen bzw. Fermionen:

$$H = \sum_{i=1}^{N} H_1^{(i)} \,.$$

   Eigenwert-Gleichung:

$$H_1^{(i)} \left| \varphi_r^{(i)} \right\rangle = \varepsilon_r \left| \varphi_r^{(i)} \right\rangle , \quad \left\langle \varphi_r^{(i)} \middle| \varphi_s^{(i)} \right\rangle = \delta_{rs} \,.$$

   Ein-Teilchen-Operator in zweiter Quantisierung:

$$\begin{aligned} H &= \sum_{r,s} \langle \varphi_r | H_1 | \varphi_s \rangle a_r^+ a_s = \sum_{r,s} \varepsilon_s \delta_{rs} a_r^+ a_s \\ \Rightarrow \quad H &= \sum_r \varepsilon_r a_r^+ a_r = \sum_r \varepsilon_r \hat{n}_r \,.\end{aligned}$$

2. Nicht normierte Dichtematrix der großkanonischen Gesamtheit:

$$\rho = \exp\left[-\beta\left(H - \mu\widehat{N}\right)\right],$$
$$\widehat{N} = \sum_r \hat{n}_r\,.$$

Die normierten Fock-Zustände

$$\left|N; n_1 n_2 \cdots n_i \cdots\right\rangle^{(\varepsilon)}$$

sind Eigenzustände zu $\hat{n}_r$ und damit auch zu $\widehat{N}$ und H:

$$H\left|N; n_1\cdots\right\rangle^{(\varepsilon)} = \left(\sum_r \varepsilon_r n_r\right)\left|N; n_1\cdots\right\rangle^{(\varepsilon)},$$
$$\widehat{N}\left|N; n_1\cdots\right\rangle^{(\varepsilon)} = N\left|N; n_1\cdots\right\rangle^{(\varepsilon)}.$$

Spurbildung deshalb zweckmäßig mit diesen Fock-Zuständen:

$$^{(\varepsilon)}\left\langle N; n_1 n_2\cdots\right|\exp\left[-\beta\left(H - \mu\widehat{N}\right)\right]\left|N; n_1 n_2\cdots\right\rangle^{(\varepsilon)}$$
$$= \exp\left[-\beta\sum_r\left(\varepsilon_r - \mu\right)n_r\right] \quad \text{mit} \quad \sum_r n_r = N\,.$$

Daraus folgt:

$$\mathrm{Sp}\,\rho = \sum_{N=0}^{\infty}\sum_{\substack{\{n_r\}\\(\sum n_r = N)}}\exp\left[-\beta\sum_r\left(\varepsilon_r - \mu\right)n_r\right]$$
$$= \sum_{N=0}^{\infty}\sum_{\substack{\{n_r\}\\(\sum n_r = N)}}\prod_r \mathrm{e}^{-\beta(\varepsilon_r - \mu)n_r}$$
$$= \sum_{n_1}\sum_{n_2}\cdots\sum_{n_r}\cdots\prod_r \mathrm{e}^{-\beta(\varepsilon_r - \mu)n_r}$$
$$= \left(\sum_{n_1}\mathrm{e}^{-\beta n_1(\varepsilon_1 - \mu)}\right)\left(\sum_{n_2}\mathrm{e}^{-\beta n_2(\varepsilon_2 - \mu)}\right)\cdots.$$

Großkanonische Zustandssumme:

$$\Xi(T, V, \mu) = \mathrm{Sp}\,\rho = \prod_r\left(\sum_{n_r}\mathrm{e}^{-\beta n_r(\varepsilon_r - \mu)}\right).$$

Bosonen ($n_r = 0, 1, 2, \ldots$):

$$\Xi_B(T, V, \mu) = \prod_r \frac{1}{1 - \varepsilon^{-\beta(\varepsilon_r - \mu)}} .$$

Fermionen ($n_r = 0, 1$):

$$\Xi_F(T, V, \mu) = \prod_r \left(1 + e^{-\beta(\varepsilon_r - \mu)}\right) .$$

3. Erwartungswert der Teilchenzahl:

$$\langle \widehat{N} \rangle = \frac{1}{\Xi} \mathrm{Sp}(\rho \widehat{N}) .$$

Spurbildung empfiehlt sich mit den Fock-Zuständen, da diese Eigenzustände zu $\widehat{N}$ sind:

$$\begin{aligned}
\langle \widehat{N} \rangle &= \frac{1}{\Xi} \sum_{N=0}^{\infty} \sum_{\substack{\{n_r\} \\ (\sum n_r = N)}} \left\{ N \exp\left[-\beta \sum_r (\varepsilon_r - \mu)\, n_r \right] \right\} \\
&= \frac{1}{\beta} \frac{\partial}{\partial \mu} \ln \Xi .
\end{aligned}$$

Mit Teil 2.:

$$\begin{aligned}
\frac{\partial}{\partial \mu} \ln \Xi_B &= \frac{\partial}{\partial \mu} \left\{ -\sum_r \ln\left[1 - e^{-\beta(\varepsilon_r - \mu)}\right] \right\} \\
&= -\sum_r \frac{-\beta e^{-\beta(\varepsilon_r - \mu)}}{1 - e^{-\beta(\varepsilon_r - \mu)}} = \beta \sum_r \frac{1}{e^{\beta(\varepsilon_r - \mu)} - 1} , \\
\frac{\partial}{\partial \mu} \ln \Xi_F &= \frac{\partial}{\partial \mu} \left\{ \sum_r \ln\left[1 + e^{-\beta(\varepsilon_r - \mu)}\right] \right\} \\
&= \beta \sum_r \frac{e^{-\beta(\varepsilon_r - \mu)}}{1 + e^{-\beta(\varepsilon_r - \mu)}} = \beta \sum_r \frac{1}{e^{\beta(\varepsilon_r - \mu)} + 1} .
\end{aligned}$$

Dies bedeutet:

$$\langle \widehat{N} \rangle = \begin{cases} \displaystyle\sum_r \frac{1}{e^{\beta(\varepsilon_r - \mu)} - 1} : & \text{Bosonen,} \\ \displaystyle\sum_r \frac{1}{e^{\beta(\varepsilon_r - \mu)} + 1} : & \text{Fermionen.} \end{cases}$$

4. Innere Energie:

$$U = \langle H \rangle = \frac{1}{\Xi}\,\mathrm{Sp}(\rho H)\,.$$

Fock-Zustände sind auch Eigenzustände zu H, eignen sich deshalb wiederum zur hier erforderlichen Spurbildung!

$$U = \frac{1}{\Xi}\sum_{N=0}^{\infty}\sum_{\substack{\{n_r\}\\(\sum n_r = N)}}\left[\left(\sum_i \varepsilon_i n_i\right)\mathrm{e}^{-\beta\sum_r(\varepsilon_r-\mu)n_r}\right]$$

$$= -\frac{\partial}{\partial\beta}\ln\Xi + \mu\left\langle\widehat{N}\right\rangle\,,$$

$$-\frac{\partial}{\partial\beta}\ln\Xi_{\mathrm{B}} = \sum_r\frac{(\varepsilon_r-\mu)\,\mathrm{e}^{-\beta(\varepsilon_r-\mu)}}{1-\mathrm{e}^{-\beta(\varepsilon_r-\mu)}} = -\mu\left\langle\widehat{N}\right\rangle + \sum_r\frac{\varepsilon_r}{\mathrm{e}^{\beta(\varepsilon_r-\mu)}-1}\,,$$

$$-\frac{\partial}{\partial\beta}\ln\Xi_{\mathrm{F}} = -\sum\frac{-(\varepsilon_r-\mu)\,\mathrm{e}^{-\beta(\varepsilon_r-\mu)}}{1+\mathrm{e}^{-\beta(\varepsilon_r-\mu)}} = -\mu\left\langle\widehat{N}\right\rangle + \sum_r\frac{\varepsilon_r}{\mathrm{e}^{\beta(\varepsilon_r-\mu)}+1}\,.$$

Dies ergibt schließlich:

$$U = \begin{cases}\displaystyle\sum_r\frac{\varepsilon_r}{\mathrm{e}^{\beta(\varepsilon_r-\mu)}-1}: & \text{Bosonen,}\\[2ex] \displaystyle\sum_r\frac{\varepsilon_r}{\mathrm{e}^{\beta(\varepsilon_r-\mu)}+1}: & \text{Fermionen.}\end{cases}$$

5. Fock-Zustände sind auch Eigenzustände zum Besetzungszahloperator:

$$\langle\hat{n}_i\rangle = \frac{1}{\Xi}\,\mathrm{Sp}(\rho\hat{n}_i) = \frac{1}{\Xi}\sum_{N=0}^{\infty}\sum_{\substack{\{n_r\}\\(\sum n_r = N)}}\left[n_i\mathrm{e}^{-\beta\sum_r(\varepsilon_r-\mu)n_r}\right]$$

$$= -\frac{1}{\beta}\frac{\partial}{\partial\varepsilon_i}\ln\Xi\,,$$

$$-\frac{1}{\beta}\frac{\partial}{\partial\varepsilon_i}\ln\Xi_{\mathrm{B}} = +\frac{1}{\beta}\sum_r\frac{+\beta\mathrm{e}^{-\beta(\varepsilon_r-\mu)}}{1-\mathrm{e}^{-\beta(\varepsilon_r-\mu)}}\frac{\partial\varepsilon_r}{\partial\varepsilon_i}$$

$$= \frac{1}{\mathrm{e}^{\beta(\varepsilon_i-\mu)}-1}\quad\textit{(Bose-Funktion)}\,,$$

$$-\frac{1}{\beta}\frac{\partial}{\partial\varepsilon_i}\ln\Xi_{\mathrm{F}} = -\frac{1}{\beta}\sum_r\frac{-\beta\mathrm{e}^{-\beta(\varepsilon_r-\mu)}}{1+\mathrm{e}^{-\beta(\varepsilon_r-\mu)}}\frac{\partial\varepsilon_r}{\partial\varepsilon_i}$$

$$= \frac{1}{\mathrm{e}^{\beta(\varepsilon_i-\mu)}+1}\quad\textit{(Fermi-Funktion)}\,.$$

Es folgt:

$$\langle \hat{n}_i \rangle = \begin{cases} \left\{ \exp\left[\beta\left(\varepsilon_i - \mu\right)\right] - 1 \right\}^{-1} & \textbf{Bosonen,} \\ \left\{ \exp\left[\beta\left(\varepsilon_i - \mu\right)\right] + 1 \right\}^{-1} & \textbf{Fermionen.} \end{cases}$$

Man erkennt unmittelbar durch Vergleich mit den vorangegangenen Aufgaben:

$$\langle \widehat{N} \rangle = \sum_r \langle \hat{n}_r \rangle \,; \quad U = \sum_r \varepsilon_r \langle \hat{n}_r \rangle \,.$$

Lösung zu Aufgabe 1.4.10

1.

$$\widehat{N} = \sum_\sigma \left(\hat{n}_{1\sigma} + \hat{n}_{2\sigma} \right) \,,$$

$$H = \sum_\sigma \left(\varepsilon_{1\sigma} \hat{n}_{1\sigma} + \varepsilon_{2\sigma} \hat{n}_{2\sigma} + V \left(c^+_{1\sigma} c_{2\sigma} + c^+_{2\sigma} c_{1\sigma} \right) \right) \,.$$

Es gilt natürlich:

$$\left[\hat{n}_{i\sigma}, \hat{n}_{j\sigma'} \right]_- = 0 \,, \quad i, j \in \{1, 2\} \,.$$

Dies bedeutet:

$$\begin{aligned} \left[\widehat{N}, H \right]_- &= \left[\sum_\sigma \left(\hat{n}_{1\sigma} + \hat{n}_{2\sigma} \right), V \sum_{\sigma'} \left(c^+_{1\sigma'} c_{2\sigma'} + c^+_{2\sigma'} c_{1\sigma'} \right) \right]_- \\ &= V \sum_\sigma \sum_{\sigma'} \left\{ \left[\hat{n}_{1\sigma}, c^+_{1\sigma'} c_{2\sigma'} \right]_- + \left[\hat{n}_{1\sigma}, c^+_{2\sigma'} c_{1\sigma'} \right]_- \right. \\ &\quad \left. + \left[\hat{n}_{2\sigma}, c^+_{1\sigma'} c_{2\sigma'} \right]_- + \left[\hat{n}_{2\sigma}, c^+_{2\sigma'} c_{1\sigma'} \right]_- \right\} \,. \end{aligned}$$

Wir benutzen die allgemein-gültige Beziehung:

$$\left[\widehat{A}, \widehat{BC} \right]_- = \left[\widehat{A}, \widehat{B} \right]_- \widehat{C} + \widehat{B} \left[\widehat{A}, \widehat{C} \right]_- \,.$$

Ferner zeigt man leicht (s. Aufgabe 1.4.7):

$$\left[\hat{n}_{i\sigma}, c_{j\sigma'} \right]_- = -\delta_{ij} \delta_{\sigma\sigma'} c_{i\sigma} \,,$$

$$\left[\hat{n}_{i\sigma}, c^+_{j\sigma'} \right]_- = \delta_{ij} \delta_{\sigma\sigma'} c^+_{i\sigma} \,.$$

Es bleibt also:

$$\left[\widehat{N}, H \right]_- = V \sum_\sigma \left\{ c^+_{1\sigma} c_{2\sigma} - c^+_{2\sigma} c_{1\sigma} - c^+_{1\sigma} c_{2\sigma} + c^+_{2\sigma} c_{1\sigma} \right\} = 0 \,.$$

2. Fock-Zustände:

$$|N; F\rangle = \left|N; n_{1\uparrow} n_{1\downarrow}; n_{2\uparrow} n_{2\downarrow}\right\rangle^{(-)} .$$

Eigenwert-Gleichung:

$$\begin{aligned} & H\,|E\rangle = |E\rangle \\ \Rightarrow \quad & \langle N; F \mid H \mid E\rangle = E\,\langle N; F \mid E\rangle \\ \Rightarrow \quad & \sum_{N'}\sum_{F'} \langle N; F \mid H \mid N'; F'\rangle\,\langle N'; F' \mid E\rangle = E\,\langle N; F \mid E\rangle . \end{aligned}$$

Nach 1. erhält H die Teilchenzahl. Dies bedeutet:

$$\langle N; F \mid H \mid N'; F'\rangle \sim \delta_{NN'} .$$

Wir haben demnach für $N = 0, 1, 2, 3, 4$ das folgende, homogene Gleichungssystem zu lösen:

$$\sum_{F'} \left(\langle N; F \mid H \mid N; F'\rangle - E\delta_{FF'} \right) \langle N; F' \mid E\rangle = 0 .$$

Die Eigenwerte bestimmen sich aus der Lösbarkeitsbedingung:

$$\det\left(H^{(N)}_{FF'} - E\delta_{FF'}\right) \stackrel{!}{=} 0 , \quad H^{(N)}_{FF'} = \langle N; F \mid H \mid N; F'\rangle .$$

3. $\boxed{N = 0}$

$$|0; F\rangle = |0; 00; 00\rangle^{(-)}$$

ist offenbar Eigenzustand mit $E^{(0)} = 0$.

$\boxed{n = 1}$

Vier mögliche Fock-Zustände:

$$\begin{aligned} |1; F\rangle &= |1; 10; 00\rangle^{(-)};\ |1; 01; 00\rangle^{(-)};\ |1; 00; 10\rangle^{(-)};\ |1; 00; 01\rangle^{(-)} . \\ H\,|1; 10; 00\rangle^{(-)} &= \varepsilon_1\,|1; 10; 00\rangle^{(-)} + V\,|1; 00; 10\rangle^{(-)} , \\ H\,|1; 01; 00\rangle^{(-)} &= \varepsilon_1\,|1; 01; 00\rangle^{(-)} + V\,|1; 00; 01\rangle^{(-)} , \end{aligned}$$

$$H\,|1;00;10\rangle^{(-)} = \varepsilon_2\,|1;00;10\rangle^{(-)} + V\,|1;10;00\rangle^{(0)}\,,$$

$$H\,|1;00;01\rangle^{(-)} = \varepsilon_2\,|1;00;01\rangle^{(-)} + V\,|1;01;00\rangle^{(-)}\,,$$

$$\left(H^{(1)}_{FF'}\right) \equiv \begin{pmatrix} \varepsilon_1 & 0 & V & 0 \\ 0 & \varepsilon_1 & 0 & V \\ V & 0 & \varepsilon_2 & 0 \\ 0 & V & 0 & \varepsilon_2 \end{pmatrix}$$

Lösbarkeitsbedingung:

$$0 \overset{!}{=} \begin{vmatrix} \varepsilon_1 - E & 0 & V & 0 \\ 0 & \varepsilon_1 - E & 0 & V \\ V & 0 & \varepsilon_2 - E & 0 \\ 0 & V & 0 & \varepsilon_2 - E \end{vmatrix}$$

$$= - \begin{vmatrix} \varepsilon_1 - E & 0 & V & 0 \\ V & 0 & \varepsilon_2 - E & 0 \\ 0 & \varepsilon_1 - E & 0 & V \\ 0 & V & 0 & \varepsilon_2 - E \end{vmatrix}$$

$$= \begin{vmatrix} \varepsilon_1 - E & V & 0 & 0 \\ V & \varepsilon_2 - E & 0 & 0 \\ 0 & 0 & \varepsilon_1 - E & V \\ 0 & 0 & V & \varepsilon_2 - E \end{vmatrix}$$

$$= \left\{(\varepsilon_1 - E)(\varepsilon_2 - E) - V^2\right\}^2$$

$$\Rightarrow \quad E_1^{(1)} = E_2^{(1)} = E_+\,; \quad E_3^{(1)} = E_4^{(1)} = E_-\,,$$

$$E_\pm = \frac{1}{2}\left(\varepsilon_1 + \varepsilon_2 \pm \sqrt{(\varepsilon_1 - \varepsilon_2)^2 + 4V^2}\right)\,.$$

4. $\boxed{N = 2}$

Sechs mögliche Fock-Zustände:

$$|2;F\rangle = |2;11;00\rangle^{(-)},\ |2;00;11\rangle^{(-)}\,;$$
$$|2;10;10\rangle^{(-)};\ |2;10;01\rangle^{(-)}\,;$$
$$|2;01;10\rangle^{(-)};\ |2;01;01\rangle^{(-)}\,.$$

Zwei der Fock-Zustände sind bereits Eigenzustände zu H:

$$\begin{aligned}
&H\,|2;10;10\rangle^{(-)} = (\varepsilon_1 + \varepsilon_2)\,|2;10;10\rangle^{(-)}\,, \\
&H\,|2;01;01\rangle^{(-)} = (\varepsilon_1 + \varepsilon_2)\,|2;01;01\rangle^{(-)} \\
&\quad\Rightarrow\quad E_{1,2}^{(2)} = \varepsilon_1 + \varepsilon_2\,, \\
&H\,|2;11;00\rangle^{(-)} = 2\varepsilon_1\,|2;11;00\rangle^{(-)} - V\,|2;01;10\rangle^{(-)} + V\,|2;10;01\rangle^{(-)}\,, \\
&H\,|2;00;11\rangle^{(-)} = 2\varepsilon_2\,|2;00;11\rangle^{(-)} + V\,|2;10;01\rangle^{(-)} - V\,|2;01;10\rangle^{(-)}\,, \\
&H\,|2;10;01\rangle^{(-)} = (\varepsilon_1 + \varepsilon_2)\,|2;10;01\rangle^{(-)} + V\,|2;00;11\rangle^{(-)} + V\,|2;11;00\rangle^{(-)}\,, \\
&H\,|2;01;10\rangle^{(-)} = (\varepsilon_1 + \varepsilon_2)\,|2;01;10\rangle^{(-)} - V\,|2;11;00\rangle^{(-)} - V\,|2;00;11\rangle^{(-)}\,.
\end{aligned}$$

Es bleibt demnach die folgende 4×4-Säkulardeterminante zu lösen:

$$\begin{aligned}
0 \overset{!}{=} &\begin{vmatrix} 2\varepsilon_1 - E & 0 & V & -V \\ 0 & 2\varepsilon_2 - E & V & -V \\ V & V & \varepsilon_1 + \varepsilon_2 - E & 0 \\ -V & -V & 0 & \varepsilon_1 + \varepsilon_2 - E \end{vmatrix} \\
= &\begin{vmatrix} 2\varepsilon_1 - E & -2\varepsilon_2 + E & 0 & 0 \\ 0 & 2\varepsilon_2 - E & V & -V \\ V & V & \varepsilon_1 + \varepsilon_2 - E & 0 \\ 0 & 0 & \varepsilon_1 + \varepsilon_2 - E & \varepsilon_1 + \varepsilon_2 - E \end{vmatrix} \\
= &(\varepsilon_1 + \varepsilon_2 - E)\begin{vmatrix} 2\varepsilon_1 - E & -2\varepsilon_2 + E & 0 \\ 0 & 2\varepsilon_2 - E & V \\ V & V & \varepsilon_1 + \varepsilon_2 - E \end{vmatrix} \\
&- (\varepsilon_1 + \varepsilon_2 - E)\begin{vmatrix} 2\varepsilon_1 - E & -2\varepsilon_2 + E & 0 \\ 0 & 2\varepsilon_2 - E & -V \\ V & V & 0 \end{vmatrix}\,.
\end{aligned}$$

Daran lesen wir eine weitere Lösung ab:

$$E_3^{(2)} = \varepsilon_1 + \varepsilon_2\,.$$

Es bleibt weiter zu berechnen:

$$\begin{aligned}0 &= (2\varepsilon_1 - E)(2\varepsilon_2 - E)(\varepsilon_1 + \varepsilon_2 - E) - V^2(2\varepsilon_2 - E) - \\ &\quad - V^2(2\varepsilon_1 - E) - V^2(2\varepsilon_2 - E) - V^2(2\varepsilon_1 - E) \\ &= (2\varepsilon_1 - E)(2\varepsilon_2 - E)(\varepsilon_1 + \varepsilon_2 - E) \\ &\quad - 2V^2(2\varepsilon_2 - E + 2\varepsilon_1 - E) \;.\end{aligned}$$

Dies ergibt unmittelbar die nächste Lösung:

$$E_4^{(2)} = \varepsilon_1 + \varepsilon_2 \;.$$

Schließlich haben wir nur noch eine quadratische Gleichung:

$$0 = (2\varepsilon_1 - E)(2\varepsilon_2 - E) - 4V^2 \quad \Rightarrow \quad E_{5,6}^{(2)} = 2E_\pm \;.$$

5. $\boxed{N = 3}$

$$\begin{aligned}|3;F\rangle &= |3;01;11\rangle^{(-)},\ |3;10,11\rangle^{(-)},\ |3;11,01\rangle^{(-)},\ |3;11,10\rangle^{(-)}\;, \\ H|3;01,11\rangle^{(-)} &= (\varepsilon_1 + 2\varepsilon_2)|3;01,11\rangle^{(-)} - V|3;11,01\rangle^{(-)}\;, \\ H|3;10,11\rangle^{(-)} &= (\varepsilon_1 + 2\varepsilon_2)|3;10,11\rangle^{(-)} - V|3;11,10\rangle^{(-)}\;, \\ H|3;11,01\rangle^{(-)} &= (2\varepsilon_1 + \varepsilon_2)|3;11,01\rangle^{(-)} - V|3;01,11\rangle^{(-)}\;, \\ H|3;11,10\rangle^{(-)} &= (2\varepsilon_1 + \varepsilon_2)|3;11,10\rangle^{(-)} - V|3;10,11\rangle^{(-)}\;.\end{aligned}$$

Säkular-Determinante:

$$\begin{aligned}0 &\overset{!}{=} \begin{vmatrix}(\varepsilon_1 + 2\varepsilon_2) - E & 0 & -V & 0 \\ 0 & (\varepsilon_1 + 2\varepsilon_2) - E & 0 & -V \\ -V & 0 & (2\varepsilon_1 + \varepsilon_2) - E & 0 \\ 0 & -V & 0 & (2\varepsilon_1 + \varepsilon_2) - E\end{vmatrix} \\ &= -\begin{vmatrix}(\varepsilon_1 + 2\varepsilon_2) - E & 0 & -V & 0 \\ -V & 0 & (2\varepsilon_1 + \varepsilon_2) - E & 0 \\ 0 & (\varepsilon_1 + 2\varepsilon_2) - E & 0 & -V \\ 0 & -V & 0 & (2\varepsilon_1 + \varepsilon_2) - E\end{vmatrix}\end{aligned}$$

$$= \begin{vmatrix} (\varepsilon_1 + 2\varepsilon_2) - E & -V & 0 & 0 \\ -V & (2\varepsilon_1 + \varepsilon_2) - E & 0 & 0 \\ 0 & 0 & (\varepsilon_1 + 2\varepsilon_2) - E & -V \\ 0 & 0 & -V & (2\varepsilon_1 + \varepsilon_2) - E \end{vmatrix}$$

$$= \left\{ \left[(\varepsilon_1 + 2\varepsilon_2) - E \right] \left[(2\varepsilon_1 + \varepsilon_2) - E \right] - V^2 \right\}^2$$

$$\Rightarrow \quad E^{(3)}_{1,2} = \widetilde{E}_+ \, ; \quad E^{(3)}_{3,4} = \widetilde{E}_- \, ,$$

$$\widetilde{E}_\pm = E_\pm + (\varepsilon_1 + \varepsilon_2) \, .$$

$\boxed{N = 4}$

$$|4; F\rangle = |4; 11, 11\rangle^{(-)} \, ,$$

$$H|4; F\rangle = 2(\varepsilon_1 + \varepsilon_2) \, |4; 11, 11\rangle^{(-)}$$

$$\Rightarrow \quad E^{(4)} = 2(\varepsilon_1 + \varepsilon_2) \, .$$

Abschnitt 2.1.4

Lösung zu Aufgabe 2.1.1

$$\boldsymbol{k} = \frac{2\pi}{L} \left(n_x, n_y, n_z \right) \, , \quad n_{x,y,z} = 0, \pm 1, \pm 2, \dots, \pm \left(\frac{N'}{2} - 1 \right), \frac{N'}{2} \, ,$$

$$L = N' a_x = N' a_y = N' a_z \, , \quad a_{x,y,z} = a \, .$$

Wir erkennen unmittelbar:

$$\sum_{\boldsymbol{k}} \mathrm{e}^{\mathrm{i}\boldsymbol{k} \cdot (\boldsymbol{R}_i - \boldsymbol{R}_j)} = N'^3 = N \, , \quad \text{falls} \quad i = j \, .$$

Es bleibt also der Fall $i \neq j$ zu diskutieren:

$$\sum_{\boldsymbol{k}} \mathrm{e}^{\mathrm{i}\boldsymbol{k} \cdot (\boldsymbol{R}_i - \boldsymbol{R}_j)}$$

$$= \sum_{k_x} \mathrm{e}^{\mathrm{i}k_x (R_{ix} - R_{jx})} \sum_{k_y} \mathrm{e}^{\mathrm{i}k_y (R_{iy} - R_{jy})} \sum_{k_z} \mathrm{e}^{\mathrm{i}k_z (R_{iz} - R_{jz})}$$

$$= \sum_{n_x} e^{i\frac{2\pi}{N'} n_x (i_x - j_x)} \sum_{n_y} e^{i\frac{2\pi}{N'} n_y (i_y - j_y)} \sum_{n_z} e^{i\frac{2\pi}{N'} n_z (i_z - j_z)} .$$

Wir berechnen stellvertretend den ersten Faktor:

$$i_x, j_x \in \mathbb{Z} \quad \text{mit} \quad -\frac{N'}{2} < i_x, j_x \leq +\frac{N'}{2} .$$

$$\sum_{n_x} e^{i\frac{2\pi}{N'} n_x (i_x - j_x)}$$

$$= \sum_{n_x=0}^{N'/2} e^{i\frac{2\pi}{N'} n_x (i_x - j_x)} + \sum_{n_x=-\frac{N'}{2}+1}^{-1} e^{i\frac{2\pi}{N'} n_x (i_x - j_x)}$$

$$= \sum_{n_x=0}^{N'/2} e^{i\frac{2\pi}{N'} n_x (i_x - j_x)} + \sum_{n_x=\frac{N'}{2}+1}^{N'-1} e^{i\frac{2\pi}{N'} n_x (i_x - j_x)} \underbrace{e^{-i\frac{2\pi}{N'} N' (i_x - j_x)}}_{=+1}$$

$$= \sum_{n_x=0}^{N'-1} e^{i\frac{2\pi}{N'} n_x (i_x - j_x)} = \frac{1 - e^{i2\pi (i_x - j_x)}}{1 - e^{i\frac{2\pi}{N'} (i_x - j_x)}} .$$

Für $i_x \neq j_x$ ist der Zähler Null, der Nenner endlich. Völlig analoge Ausdrücke ergeben sich für die y- und z-Komponenten. Damit ist die Behauptung

$$\frac{1}{N} \sum_{\boldsymbol{k}} e^{i\boldsymbol{k} \cdot (\boldsymbol{R}_i - \boldsymbol{R}_j)} = \delta_{ij}$$

bewiesen!

Lösung zu Aufgabe 2.1.2

Für beide Integrale ist (wegen $V \to \infty$) die Einführung von Relativ- und Schwerpunktkoordinaten sinnvoll:

$$\boldsymbol{x} = \boldsymbol{r} - \boldsymbol{r}' \; ; \; \boldsymbol{R} = \frac{1}{2}(\boldsymbol{r} + \boldsymbol{r}')$$
$$\boldsymbol{r} = \frac{1}{2}\boldsymbol{x} + \boldsymbol{R} \; ; \; \boldsymbol{r}' = -\frac{1}{2}\boldsymbol{x} + \boldsymbol{R} .$$

Mit Hilfe der Jacobi-Determinante zeigt man zudem:

$$d^3 r \, d^3 r' = d^3 R \, d^3 x$$

1.

$$I_1 = \int_V d^3r \int_V d^3r' \frac{e^{-\alpha|r-r'|}}{|r-r'|} = \int d^3R \int d^3x \frac{e^{-\alpha x}}{x} = V \cdot 4\pi \int_0^\infty dx\, x\, e^{-\alpha x}$$

$$= V \cdot 4\pi \left(-\frac{d}{d\alpha}\right) \int_0^\infty dx\, e^{-\alpha x}$$

$$= V \cdot 4\pi \left(-\frac{d}{d\alpha}\right) \frac{1}{\alpha}$$

Damit bleibt

$$I_1 = \frac{4\pi V}{\alpha^2}$$

2. Zunächst folgt mit $\int d^3R \exp\left(i(\boldsymbol{q}_1 - \boldsymbol{q}_2) \cdot \boldsymbol{R}\right) = V\delta_{q_1-q_2}$:

$$I_2 = \int_V d^3r \int_V d^3r' \frac{\exp(i(\boldsymbol{q} \cdot \boldsymbol{r} + \boldsymbol{q}' \cdot \boldsymbol{r}'))}{|\boldsymbol{r} - \boldsymbol{r}'|}$$

$$= \int \int d^3R\, d^3x \frac{1}{x} \exp\left(\frac{i}{2}(\boldsymbol{q} - \boldsymbol{q}') \cdot \boldsymbol{x}\right) \exp\left(i(\boldsymbol{q} + \boldsymbol{q}') \cdot \boldsymbol{R}\right)$$

$$= V\, \delta_{q,-q'} \cdot \widehat{I}$$

Zur Berechnung von $\widehat{I}$ empfiehlt sich die Einführung eines *konvergenzerzeugenden Faktors*:

$$\widehat{I} = \lim_{\alpha \to 0^+} \int d^3x \frac{1}{x} e^{iq\cdot x}\, e^{-\alpha x}$$

$$= \lim_{\alpha \to 0^+} 2\pi \int_0^\infty dx\, x \int_{-1}^{+1} d\cos\vartheta\, e^{iqx\cos\vartheta}\, e^{-\alpha x}$$

$$= \lim_{\alpha \to 0^+} 2\pi \int_0^\infty dx \frac{x}{iqx} e^{-\alpha x} \left(e^{iqx} - e^{-iqx}\right)$$

$$= \lim_{\alpha \to 0^+} \frac{2\pi}{iq} \int_0^\infty dx \left(e^{iqx-\alpha x} - e^{-iqx-\alpha x}\right)$$

$$= \lim_{\alpha \to 0^+} \frac{2\pi}{iq} \left\{ \frac{1}{iq-\alpha} e^{iqx-\alpha x}\Big|_0^\infty - \frac{1}{-iq-\alpha} e^{-iqx-\alpha x}\Big|_0^\infty \right\}$$

$$= \lim_{\alpha \to 0^+} \frac{2\pi}{iq} \left\{ \frac{-1}{iq-\alpha} - \frac{1}{iq+\alpha} \right\}$$

$$= \frac{2\pi}{iq} \left(\frac{-2}{iq}\right) = \frac{4\pi}{q^2}$$

Wir haben damit gefunden

$$I_2 = \frac{4\pi V}{q^2}\,\delta_{q,-q'}$$

Lösung zu Aufgabe 2.1.3

$$a_{i\sigma} = \frac{1}{\sqrt{N}} \sum_{k}^{1.\,\mathrm{BZ}} \mathrm{e}^{\mathrm{i}k\cdot R_i} a_{k\sigma}$$

$$\Rightarrow \quad \left[a_{i\sigma}, a_{j\sigma'}\right]_+ = \frac{1}{N}\sum_k \sum_{k'} \mathrm{e}^{\mathrm{i}(k\cdot R_i + k'\cdot R_j)} \underbrace{\left[a_{k\sigma}, a_{k'\sigma'}\right]_+}_{=0} = 0\,.$$

Ganz analog findet man:

$$\left[a^+_{i\sigma}, a^+_{j\sigma'}\right]_+ = 0\,.$$

Bleibt noch zu bestimmen:

$$\begin{aligned}
\left[a_{i\sigma}, a^+_{j\sigma'}\right]_+ &= \frac{1}{N}\sum_k \sum_{k'} \mathrm{e}^{\mathrm{i}(k\cdot R_i - k'\cdot R_j)} \left[a_{k\sigma}, a^+_{k'\sigma'}\right]_+ \\
&= \frac{1}{N}\sum_k \sum_{k'} \mathrm{e}^{\mathrm{i}(k\cdot R_i - k'\cdot R_j)} \delta_{\sigma\sigma'}\delta_{kk'} \\
&= \delta_{\sigma\sigma'} \frac{1}{N}\sum_k \mathrm{e}^{\mathrm{i}k\cdot(R_i - R_j)} \\
&= \delta_{\sigma\sigma'}\delta_{ij} \quad \text{(s. Aufgabe 2.1.1)}\,.
\end{aligned}$$

Lösung zu Aufgabe 2.1.4

1.

$$p(y) = \int_{-\infty}^{y} \mathrm{d}x\, g(x) \quad \Leftrightarrow \quad g(y) = \frac{\mathrm{d}p(y)}{\mathrm{d}y}\,.$$

Es folgt mit partieller Integration:

$$\int_{-\infty}^{+\infty} \mathrm{d}x\, g(x) f_-(x) = p(x) f_-(x)\Big|_{-\infty}^{+\infty} - \int_{-\infty}^{+\infty} \mathrm{d}x\, p(x) \frac{\partial f_-(x)}{\partial x}\,.$$

Der erste Term verschwindet an der oberen Grenze, da $f_-(x)$ schneller verschwindet als p divergiert. An der unteren Grenze sind $f_-(x) = 1$ und $p(x) = 0$. Wir haben also gefunden:

$$I(T) = -\int_{-\infty}^{+\infty} dx\, p(x) \frac{\partial f_-(x)}{\partial x} .$$

Der zweite Faktor auf der rechten Seite ist nur in der schmalen *Fermi-Schicht* ($\mu \pm 4k_B T$) merklich von Null verschieden!

2. Taylor-Entwicklung:

$$p(x) = p(\mu) + \sum_{n=1}^{\infty} \frac{(x-\mu)^n}{n!} \left(\frac{d^n p(x)}{dx^n} \right)_{x=\mu} .$$

Der erste Summand liefert den folgenden Beitrag:

$$J_0(\mu) = -p(\mu) \int_{-\infty}^{+\infty} dx \frac{\partial f_-(x)}{\partial x} = p(\mu) .$$

Aus der Summe tragen nur die geraden Potenzen von $(x - \mu)$ bei, da

$$\frac{\partial f_-(x)}{\partial x} = -\beta \frac{e^{\beta(x-\mu)}}{\left[e^{\beta(x-\mu)} + 1\right]^2} = \frac{-\beta}{\left[e^{(1/2)\beta(x-\mu)} + e^{-(1/2)\beta(x-\mu)}\right]^2}$$

eine **gerade** Funktion von $(x - \mu)$ ist.
Wir setzen diese Entwicklung von $p(x)$ in das Integral $I(T)$ ein:

$$I(T,\mu) = J_0(\mu) + \beta \sum_{n=1}^{\infty} \frac{1}{(2n)!} \left(\frac{d^{2n-1}}{dx^{2n-1}} g(x) \right)_{x=\mu} J_{2n}(T) .$$

Dabei haben wir zur Abkürzung definiert:

$$J_{2n}(T) = \int_{-\infty}^{+\infty} dx\, (x-\mu)^{2n} \frac{e^{\beta(x-\mu)}}{\left[e^{\beta(x-\mu)} + 1\right]^2} .$$

Dies lässt sich weiter auswerten:

$$\begin{aligned} J_{2n}(T) &= \beta^{-(2n+1)} \int\limits_{-\infty}^{+\infty} \mathrm{d}y\, y^{2n} \frac{\mathrm{e}^y}{(\mathrm{e}^y+1)^2} \\ &= -2\beta^{-(2n+1)} \left(\frac{\mathrm{d}}{\mathrm{d}\lambda} \int\limits_0^{\infty} \mathrm{d}y \frac{y^{2n-1}}{\mathrm{e}^{\lambda y}+1} \right)_{\lambda=1} \\ &= -2\beta^{-(2n+1)} \left(\frac{\mathrm{d}}{\mathrm{d}\lambda} \lambda^{-2n} \int\limits_0^{\infty} \mathrm{d}u \frac{u^{2n-1}}{\mathrm{e}^u+1} \right)_{\lambda=1} \\ &= 4n\beta^{-(2n+1)} \left(1-2^{1-2n}\right) \Gamma(2n)\zeta(2n)\,. \end{aligned}$$

Riemann'sche ζ-Funktion:

$$\zeta(n) = \sum_{p=1}^{\infty} \frac{1}{p^n} = \frac{1}{(1-2^{1-n})\,\Gamma(n)} \int\limits_0^{\infty} \mathrm{d}u \frac{u^{n-1}}{\mathrm{e}^u+1}\,,$$

$$n \in \mathbb{N}\,; \quad \text{dann:} \quad \Gamma(n) = (n-1)\,!$$

Speziell:

$$\zeta(2) = \frac{\pi^2}{6}\,; \quad \zeta(4) = \frac{\pi^4}{90}\,; \quad \zeta(6) = \frac{\pi^6}{945}\,; \quad \ldots$$

Dies bedeutet:

$$I(T,\mu) = p(\mu) + 2\sum_{n=1}^{\infty} \left(1-2^{1-2n}\right) (k_\mathrm{B}T)^{2n}\, \zeta(2n) g^{(2n-1)}(\mu)\,.$$

3. Der Wert dieser so genannten

▸ Sommerfeld-Entwicklung

wird besonders deutlich für Funktionen $g(x)$, für die

$$g^{(n)}(x)\big|_{x=\mu} \approx \frac{g(\mu)}{\mu^n}$$

gilt, wie z. B. die Zustandsdichte $\rho_0(x) \sim \sqrt{x}$ im *Sommerfeld-Modell* (s. Aufgabe 2.1.5). Dann konvergiert die Reihe nämlich sehr rasch, da die Verhältnisse aufeinander folgender Reihenglieder von der Größenordnung

$$\left(\frac{k_\mathrm{B}T}{\mu}\right)^2 \qquad \left(\approx 10^{-4} \quad \text{für Metalle bei Raumtemperatur}\right)$$

sind. In der Regel kommt man bereits mit den allerersten Summanden aus:

$$\int_{-\infty}^{+\infty} \mathrm{d}x\, g(x) f_-(x) = \int_{-\infty}^{\mu} \mathrm{d}x\, g(x) + \frac{\pi^2}{6} (k_\mathrm{B} T)^2 g'(\mu)$$
$$+ \frac{7\pi^4}{360} (k_\mathrm{B} T)^4 g'''(\mu) + O\left[(k_\mathrm{B} T/\mu)^6\right] .$$

Lösung zu Aufgabe 2.1.5

1. Schrödinger-Gleichung:

$$-\frac{\hbar^2}{2m} \Delta \psi_{\boldsymbol{k}}(\boldsymbol{r}) = \varepsilon(\boldsymbol{k}) \psi_{\boldsymbol{k}}(\boldsymbol{r}) ,$$
$$\Delta = \frac{\mathrm{d}^2}{\mathrm{d}x^2} + \frac{\mathrm{d}^2}{\mathrm{d}y^2} + \frac{\mathrm{d}^2}{\mathrm{d}z^2} .$$

Lösungsansatz:

$$\psi_{\boldsymbol{k}}(\boldsymbol{r}) = \alpha \mathrm{e}^{\mathrm{i}\boldsymbol{k}\cdot\boldsymbol{r}} ,$$

$|\psi_{\boldsymbol{k}}(\boldsymbol{r})|^2 \mathrm{d}^3 r =$ Wahrscheinlichkeit, das Elektron im Volumenelement $\mathrm{d}^3 r$ am Ort $\boldsymbol{r}$ vorzufinden.

Normierung:

$$1 \stackrel{!}{=} \int_V \mathrm{d}^3 r\, |\psi_{\boldsymbol{k}}(\boldsymbol{r})|^2 \quad \Rightarrow \quad \alpha = \frac{1}{\sqrt{V}} .$$

Eigenfunktionen:

$$\psi_{\boldsymbol{k}}(\boldsymbol{r}) = \frac{1}{\sqrt{V}} \mathrm{e}^{\mathrm{i}\boldsymbol{k}\cdot\boldsymbol{r}} .$$

Diese Lösung berücksichtigt noch **keine** Randbedingungen. Sind die Elektronen auf den Kristall beschränkt, so wäre eigentlich $\psi \equiv 0$ an den Rändern zu fordern. Dies erweist sich als unzweckmäßig. Periodische Randbedingungen sind handlicher und lassen sich im thermodynamischen Limes ($N \to \infty$, $V \to \infty$, $N/V \to$ const) rechtfertigen.

$$\psi_{\boldsymbol{k}}(x+L, y, z) \stackrel{!}{=} \psi_{\boldsymbol{k}}(x, y+L, z) \stackrel{!}{=} \psi_{\boldsymbol{k}}(x, y, z+L) \stackrel{!}{=} \psi_{\boldsymbol{k}}(x, y, z)$$
$$\Rightarrow \quad k_{x,y,z} = \frac{2\pi}{L} n_{x,y,z} , \quad n_{x,y,z} \in \mathbb{Z} .$$

„Rastervolumen" = Volumen pro Zustand im $\boldsymbol{k}$-Raum:

$$\Delta k = \frac{(2\pi)^3}{L^3} = \frac{(2\pi)^3}{V} .$$

Eigenenergien:

$$\varepsilon(\boldsymbol{k}) = \frac{\hbar^2 k^2}{2m} = \frac{\hbar^2}{2m}\left(k_x^2 + k_y^2 + k_z^2\right) = \frac{2\hbar^2\pi^2}{mL^2}\left(n_x^2 + n_y^2 + n_z^2\right) .$$

Hieraus folgen diskrete Energieniveaus durch Randbedingungen!

2. Im Grundzustand besetzen die Elektronen alle Zustände mit

$$\varepsilon(\boldsymbol{k}) \le \varepsilon_F = \frac{\hbar^2 k_F^2}{2m} ,$$

ε_F: Fermi-Energie, k_F: Fermi-Wellenvektor.

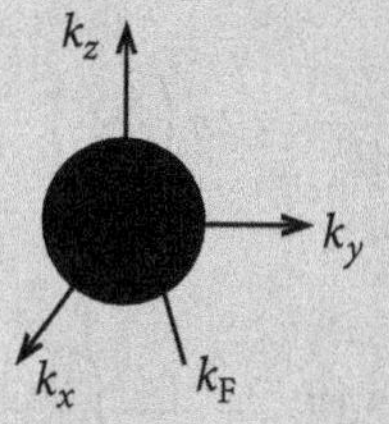

Abb. A.1

Gesamtelektronenzahl:

$$N = 2 \sum_{\boldsymbol{k}}^{k \le k_F} 1 .$$

Faktor 2 erscheint wegen der Spinentartung:

$$N = \frac{2}{\Delta k} \int\limits_{k \le k_F} d^3k = \frac{2V}{(2\pi)^3}\frac{4\pi}{3}k_F^3$$

$$\Rightarrow \quad k_F = \left(3\pi^2 n\right)^{1/3} ; \quad \varepsilon_F = \frac{\hbar^2}{2m}\left(3\pi^2 n\right)^{2/3} .$$

3.

$$\begin{aligned}\bar{\varepsilon} &= \frac{2}{N}\sum_{\boldsymbol{k}}^{k \le k_F} \frac{\hbar^2 k^2}{2m} = \frac{2}{N}\frac{\hbar^2}{2m}4\pi \int\limits_0^{k_F} dk\, k^4 \frac{1}{\Delta k} \\ &= \frac{2}{N}\frac{4\pi\hbar^2}{2m}\frac{k_F^5}{5}\frac{V}{(2\pi)^3} = \frac{2}{N}\frac{4\pi\hbar^2}{2m}\frac{k_F^2}{5}3\pi^2 n\frac{V}{8\pi^3} \\ &= \frac{3}{5}\frac{\hbar^2 k_F^2}{2m} = \frac{3}{5}\varepsilon_F .\end{aligned}$$

4.

$$\rho_0(E)\mathrm{d}E = \text{Zahl der Zustände im Energieintervall} \quad [E; E + \mathrm{d}E] \,,$$

$$\rho_0(E)\mathrm{d}E = \frac{2}{\Delta k} \int\limits_{\substack{\text{Schale}\\ [E;E+\mathrm{d}E]}} \mathrm{d}^3k \,.$$

Integriert wird über eine Schale im $\boldsymbol{k}$-Raum, die die $\boldsymbol{k}$-Vektoren enthält, die zu Energien zwischen E und $E + \mathrm{d}E$ gehören. Mit dem Phasenvolumen

$$\varphi(E) = \int\limits_{\varepsilon(\boldsymbol{k}) \le E} \mathrm{d}^3k = \frac{4\pi}{3} k^3 \bigg|_{\varepsilon(\boldsymbol{k}) = E} = \frac{4\pi}{3} \left(\frac{2m}{\hbar^2} E\right)^{3/2}$$

folgt

$$\frac{\mathrm{d}\varphi(E)}{\mathrm{d}E} = 2\pi \left(\frac{2m}{\hbar^2}\right)^{3/2} \sqrt{E} \,.$$

Es gilt ferner:

$$\rho_0(E)\mathrm{d}E = \frac{2V}{(2\pi)^3} \left(\frac{\mathrm{d}\varphi(E)}{\mathrm{d}E}\right) \mathrm{d}E$$

$$\Rightarrow \quad \rho_0(E) = \begin{cases} d\sqrt{E} \,, & \text{falls} \quad E \ge 0 \,, \\ 0 & \text{sonst,} \end{cases}$$

$$d = \frac{V}{2\pi^2} \left(\frac{2m}{\hbar^2}\right)^{3/2} = \frac{3N}{2\varepsilon_{\mathrm{F}}^{3/2}} \,.$$

5.

$$n = N / V: \quad \text{mittlere Elektronendichte,}$$

$$v = 1 / n: \quad \text{mittleres Volumen pro Elektron,}$$

$$v = \frac{4\pi}{3} (a_{\mathrm{B}} r_s)^3 \,,$$

$$a_{\mathrm{B}} = \frac{4\pi\varepsilon_0 \hbar^2}{me^2}: \quad \textit{Bohr'scher Radius,}$$

$$1\,\mathrm{ryd} \equiv \frac{1}{4\pi\varepsilon_0} \frac{e^2}{2a_{\mathrm{B}}} = \frac{me^4}{2\hbar^2 (4\pi\varepsilon_0)^2} \,,$$

$$a_{\mathrm{B}} r_s = \left(\frac{3v}{4\pi}\right)^{1/3} = \left(\frac{3}{4\pi n}\right)^{1/3} \quad \Rightarrow \quad k_{\mathrm{F}} a_{\mathrm{B}} r_s = \left(\frac{9\pi}{4}\right)^{1/3} = \alpha \,.$$

Damit folgt:

$$\varepsilon_F = \frac{\hbar^2 k_F^2}{2m} = \frac{\hbar^2}{2m}(k_F a_B r_s)^2 \frac{1}{a_B^2 r_s^2}$$
$$= \frac{\alpha^2}{r_s^2}\left(\frac{\hbar^2}{2m}\frac{m^2 e^4}{(4\pi\varepsilon_0)^2\hbar^4}\right) = \frac{\alpha^2}{r_s^2}\left(\frac{me^4}{2\hbar^2(4\pi\varepsilon_0)^2}\right).$$

Es ist also:

$$\varepsilon_F = \frac{\alpha^2}{r_s^2}[\text{ryd}] \quad (\alpha = 1{,}92)$$
$$\Rightarrow \quad E_0 = N\bar{\varepsilon} = N\frac{3}{5}\varepsilon_F = N\frac{2{,}21}{r_s^2}[\text{ryd}].$$

Lösung zu Aufgabe 2.1.6

1. Nach Aufgabe 1.4.9 gilt:

$$\langle \hat{n}_i \rangle = \left\{\exp\left[\beta(\varepsilon_i - \mu)\right] + 1\right\}^{-1}.$$

Dies ist die Wahrscheinlichkeit, dass der Zustand mit der Energie ε_i bei der Temperatur T besetzt ist! Für das Sommerfeld-Modell der Metallelektronen bedeutet dies:

$$\langle \hat{n}_{k\sigma} \rangle = f_-[E = \varepsilon(\boldsymbol{k})],$$
$$f_-(E) = \frac{1}{e^{\beta(E-\mu)} + 1}.$$

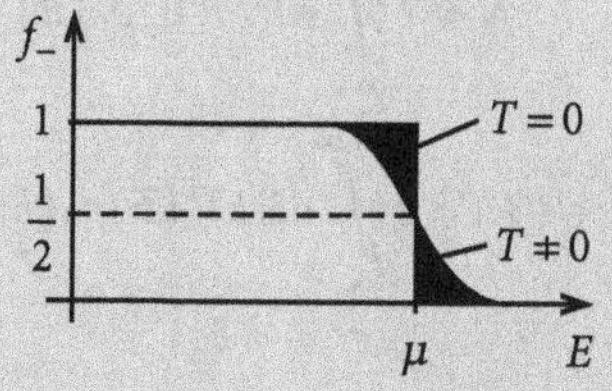

Abb. A.2

Bei $T \neq 0$ wächst die kinetische Energie der Elektronen. Einige wechseln aus Niveaus $\varepsilon < \varepsilon_F$ in höhere, bei $T = 0$ unbesetzte Niveaus. Es gilt jedoch für **alle** Temperaturen:

$$f_-(E = \mu) = \frac{1}{2}.$$

Das *Aufweichen* an der Fermi-Kante erfolgt symmetrisch:

$$f_-(\mu + \Delta E) = 1 - f_-(\mu - \Delta E) ,$$

$$\frac{\mathrm{d}f_-(E)}{\mathrm{d}E} = -\beta \frac{e^{\beta(E-\mu)}}{\left(e^{\beta(E-\mu)} + 1\right)^2} \xrightarrow[E\to\mu]{} -\frac{1}{4k_B T} .$$

Die Breite der aufgeweichten *Fermi-Schicht* lässt sich deshalb auf etwa $4k_B T$ abschätzen!

$$\mu = \mu(T) \quad \text{(s. Teil 3.)} ; \quad \mu(T = 0) = \varepsilon_F .$$

Zahlenwerte:

$$k_B T\,[\text{eV}] = \frac{T\,[\text{K}]}{11.605} ,$$

$$\varepsilon_F = 1\text{–}10\,\text{eV} \quad \text{(typisch für Metalle)}$$

$$\Rightarrow \quad \frac{k_B T}{\varepsilon_F} \geq \frac{1}{40} \quad (\text{bei} \quad T = 290\,\text{K}) .$$

Bei normalen Temperaturen wird also nur ein sehr schmaler Bereich um die Fermi-Kante herum *aufgeweicht*.
Hochenergetischer Ausläufer der Verteilung:

$$E - \mu \gg k_B T ; \quad f_-(E) \approx \exp\left[-\beta(E-\mu)\right] ,$$

entspricht der klassischen Boltzmann-Verteilung.

2. $f_-(E)\rho_0(E)$ = Dichte der **besetzten** Zustände:

$$N = 2 \int_{-\infty}^{+\infty} \mathrm{d}E\, f_-(E)\rho_0(E) ,$$

$$U(T) = 2 \int_{-\infty}^{+\infty} \mathrm{d}E\, E f_-(E)\rho_0(E) .$$

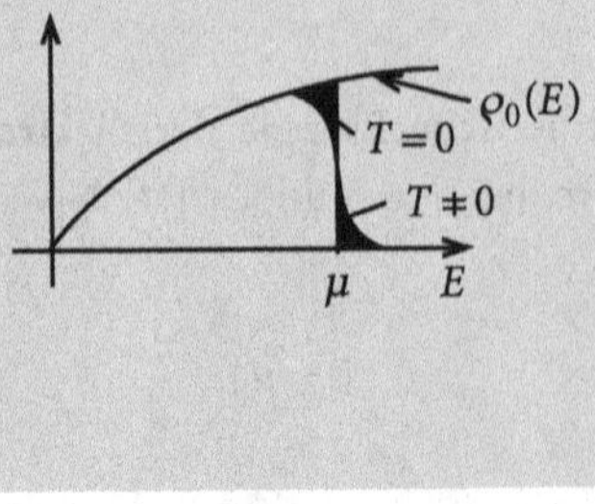

Abb. A.3

Formaler:

$$\begin{aligned}
N &= \sum_{k\sigma} \langle \hat{n}_{k\sigma} \rangle = 2 \sum_{k} f_- (\varepsilon(\boldsymbol{k})) \ , \\
U(T) &= \langle H \rangle = \sum_{k\sigma} \varepsilon(\boldsymbol{k}) \langle \hat{n}_{k\sigma} \rangle = 2 \sum_{k} \varepsilon(\boldsymbol{k}) f_- (\varepsilon(\boldsymbol{k})) \ , \\
\rho_0(E) &= 2 \sum_{k} \delta (E - \varepsilon(\boldsymbol{k}))
\end{aligned}$$

Die Teilchenzahl N ist natürlich nicht wirklich temperaturabhängig!

3.

$$\rho_0(E) = \begin{cases} \dfrac{3N}{2\varepsilon_{\mathrm{F}}^{3/2}} \sqrt{E} & \text{für} \quad E \geq 0 \ , \\ 0 & \text{sonst.} \end{cases} \quad ; \quad \text{Aufgabe 2.1.5}$$

erfüllt die Voraussetzungen der Sommerfeld-Entwicklung!

$$\begin{aligned}
N &\approx \int\limits_{-\infty}^{\mu} \mathrm{d}E \, \rho_0(E) + \frac{\pi^2}{6} (k_{\mathrm{B}} T)^2 \rho_0'(\mu) + \cdots \\
&= \frac{3N}{2\varepsilon_{\mathrm{F}}^{3/2}} \left(\frac{2}{3} \mu^{3/2} + \frac{\pi^2}{6} (k_{\mathrm{B}} T)^2 \frac{1}{2} \mu^{-1/2} + \cdots \right) \\
\Rightarrow \quad 1 &\approx \left(\frac{\mu}{\varepsilon_{\mathrm{F}}} \right)^{3/2} \Bigg[1 + \frac{\pi^2}{8} \underbrace{\left(\frac{k_{\mathrm{B}} T}{\mu} \right)^2}_{\approx 10^{-4} \text{ in typischen Fällen!}} + \cdots \Bigg] \\
\Rightarrow \quad \frac{\mu}{\varepsilon_{\mathrm{F}}} &\approx 1 - \frac{2}{3} \frac{\pi^2}{8} \left(\frac{k_{\mathrm{B}} T}{\mu} \right)^2 \\
\Rightarrow \quad \mu &\approx \varepsilon_{\mathrm{F}} \left[1 - \frac{\pi^2}{12} \left(\frac{k_{\mathrm{B}} T}{\varepsilon_{\mathrm{F}}} \right)^2 \right] .
\end{aligned}$$

Die Temperaturabhängigkeit ist also in der Regel sehr schwach!

4.

$$\begin{aligned}
U(T) &\approx \int\limits_{0}^{\mu} \mathrm{d}E \, E \rho_0(E) + \frac{\pi^2}{6} (k_{\mathrm{B}} T)^2 \left[\mu \rho_0'(u) + \rho_0(\mu) \right] \\
&= \frac{2}{5} \mu^2 \rho_0(\mu) + \frac{\pi^2}{4} (k_{\mathrm{B}} T)^2 \rho_0(\mu)
\end{aligned}$$

$$= \frac{3N}{2\varepsilon_F^{3/2}} \left[\frac{2}{5} \mu^{5/2} + \frac{\pi^2}{4} (k_B T)^2 \mu^{1/2} \right]$$

$$= \frac{3}{5} N \varepsilon_F \left[\left(\frac{\mu}{\varepsilon_F} \right)^{5/2} + \frac{5\pi^2}{8} \left(\frac{k_B T}{\varepsilon_F} \right)^2 \left(\frac{\mu}{\varepsilon_F} \right)^{1/2} \right] ,$$

$$\left(\frac{\mu}{\varepsilon_F} \right)^n \approx 1 - n \frac{\pi^2}{12} \left(\frac{k_B T}{\varepsilon_F} \right)^2 ,$$

$$U(T) = U(0) \left[1 + \frac{5\pi^2}{8} \left(\frac{k_B T}{\varepsilon_F} \right)^2 - \frac{5\pi^2}{24} \left(\frac{k_B T}{\varepsilon_F} \right)^2 + \cdots \right]$$

$$\Rightarrow \quad U(T) - U(0) = U(0) \frac{5\pi^2}{12} \left(\frac{k_B T}{\varepsilon_F} \right)^2 + O\left[\left(\frac{k_B T}{\varepsilon_F} \right)^4 \right] .$$

Spezifische Wärme:

$$c_V = \left(\frac{\partial U}{\partial T} \right)_V = \gamma T$$

$$\gamma = U(0) \frac{5\pi^2}{6} \frac{k_B^2}{\varepsilon_F^2} = \frac{1}{2} N \pi^2 \frac{k_B^2}{\varepsilon_F} = \frac{1}{3} \pi^2 k_B^2 \rho_0 (\varepsilon_F) .$$

5. Großkanonische Gesamtheit:
   Entropie:

$$S = k_B \frac{\partial}{\partial T} (T \ln \Xi) ,$$

$$S = \frac{\partial}{\partial T} \left\{ k_B T \sum_{k\sigma} \ln \left(1 + e^{-\beta(\varepsilon(\boldsymbol{k}) - \mu)} \right) \right\}$$

$$= k_B \sum_{k\sigma} \ln \left(1 + e^{-\beta(\varepsilon(\boldsymbol{k}) - \mu)} \right)$$

$$+ k_B T \frac{1}{k_B T^2} \sum_{k\sigma} \frac{e^{-\beta(\varepsilon(\boldsymbol{k}) - \mu)}}{1 + e^{-\beta(\varepsilon(\boldsymbol{k}) - \mu)}} (\varepsilon(\boldsymbol{k}) - \mu)$$

$$\left(\frac{\partial \mu}{\partial T} \approx 0 \right) ,$$

$$\Rightarrow \quad S = \sum_{k\sigma} \left\{ k_B \ln \left(\frac{1}{1 - \langle \hat{n}_{k\sigma} \rangle} \right) + k_B \beta (\varepsilon(\boldsymbol{k}) - \mu) \langle \hat{n}_{k\sigma} \rangle \right\} ,$$

$$-\beta (\varepsilon(\boldsymbol{k}) - \mu) = \ln \langle \hat{n}_{k\sigma} \rangle + \ln \left(1 + e^{-\beta(\varepsilon(\boldsymbol{k}) - \mu)} \right)$$

$$= \ln \langle \hat{n}_{k\sigma} \rangle - \ln (1 - \langle \hat{n}_{k\sigma} \rangle) .$$

Damit haben wir dann:

$$S = -k_\mathrm{B} \sum_{\boldsymbol{k}\sigma} \Big[\ln\left(1 - \langle \hat{n}_{\boldsymbol{k}\sigma}\rangle\right) + \langle \hat{n}_{\boldsymbol{k}\sigma}\rangle \ln \langle n_{\boldsymbol{k}\sigma}\rangle - \langle \hat{n}_{\boldsymbol{k}\sigma}\rangle \ln\left(1 - \langle \hat{n}_{\boldsymbol{k}\sigma}\rangle\right) \Big] ,$$

$$S = -k_\mathrm{B} \sum_{\boldsymbol{k}\sigma} \Big[\underbrace{\langle \hat{n}_{\boldsymbol{k}\sigma}\rangle \ln \langle \hat{n}_{\boldsymbol{k}\sigma}\rangle}_{\substack{\text{Beitrag der}\\ \text{Elektronen}}} + \underbrace{\left(1 - \langle \hat{n}_{\boldsymbol{k}\sigma}\rangle\right) \ln\left(1 - \langle \hat{n}_{\boldsymbol{k}\sigma}\rangle\right)}_{\substack{\text{Beitrag der}\\ \text{Löcher}}} \Big] .$$

Verhalten bei $T \to 0$:

$$\begin{aligned}
\varepsilon(\boldsymbol{k}) > \mu \quad &\Rightarrow \quad \langle \hat{n}_{\boldsymbol{k}\sigma}\rangle \xrightarrow[T\to 0]{} 0 ; \qquad \ln\left(1 - \langle \hat{n}_{\boldsymbol{k}\sigma}\rangle\right) \xrightarrow[T\to 0]{} 0 , \\
\varepsilon(\boldsymbol{k}) < \mu \quad &\Rightarrow \quad \langle \hat{n}_{\boldsymbol{k}\sigma}\rangle \xrightarrow[T\to 0]{} 1 ; \qquad \ln \langle \hat{n}_{\boldsymbol{k}\sigma}\rangle \xrightarrow[T\to 0]{} 0 .
\end{aligned}$$

Daraus folgt insgesamt die Gültigkeit des Dritten Hauptsatzes:

$$S \xrightarrow[T\to 0]{} 0 .$$

Lösung zu Aufgabe 2.1.7

1. Operator der Elektronendichte:

$$\widehat{\rho}(\boldsymbol{r}) = \sum_{i=1}^{N} \delta\left(\boldsymbol{r} - \hat{\boldsymbol{r}}_i\right) .$$

Zweite Quantisierung mit Wannier-Zuständen $|i\sigma\rangle$:

$$\widehat{\rho}(\boldsymbol{r}) = \sum_{\substack{ij\\ \sigma\sigma'}} \langle i\sigma \,|\, \delta\left(\boldsymbol{r} - \hat{\boldsymbol{r}}'\right) |\, j\sigma'\rangle\, a^+_{i\sigma} a_{j\sigma} .$$

Matrixelement:

$$\begin{aligned}
\langle i\sigma \,|\, \delta\left(\boldsymbol{r} - \hat{\boldsymbol{r}}'\right) |\, j\sigma'\rangle &= \sum_{\sigma''} \int \mathrm{d}^3 r'' \, \langle i\sigma \,|\, \delta\left(\boldsymbol{r} - \hat{\boldsymbol{r}}'\right) |\, \boldsymbol{r}''\sigma''\rangle \langle \boldsymbol{r}''\sigma'' \,|\, j\sigma'\rangle \\
&= \sum_{\sigma''} \int \mathrm{d}^3 r'' \, \delta\left(\boldsymbol{r} - \boldsymbol{r}''\right) \langle i\sigma \,|\, \boldsymbol{r}''\sigma''\rangle \langle \boldsymbol{r}''\sigma'' \,|\, j\sigma'\rangle \\
&= \sum_{\sigma''} \delta_{\sigma\sigma''} \delta_{\sigma''\sigma'} \langle i \,|\, \boldsymbol{r}\rangle \langle \boldsymbol{r} \,|\, j\rangle \\
&= \delta_{\sigma\sigma'}\, \omega^*\left(\boldsymbol{r} - \boldsymbol{R}_i\right) \omega\left(\boldsymbol{r} - \boldsymbol{R}_j\right) \\
\Rightarrow \quad \widehat{\rho}(\boldsymbol{r}) &= \sum_{ij\sigma} \left(\omega^*\left(\boldsymbol{r} - \boldsymbol{R}_i\right) \omega\left(\boldsymbol{r} - \boldsymbol{R}_j\right) \right) a^+_{i\sigma} a_{j\sigma} .
\end{aligned}$$

2.

$$\int d^3r\,\omega^*(\boldsymbol{r}-\boldsymbol{R}_i)\,\omega\big(\boldsymbol{r}-\boldsymbol{R}_j\big) = \delta_{ij}$$

$$\Rightarrow \quad \int d^3r\,\widehat{\rho}(\boldsymbol{r}) = \sum_{ij\sigma} \delta_{ij} a^+_{i\sigma} a_{j\sigma} = \sum_{i\sigma} \hat{n}_{i\sigma}$$

$$\Rightarrow \quad \widehat{N} = \int d^3r\,\widehat{\rho}(\boldsymbol{r})\,.$$

3. Jellium-Modell: Bloch-Funktionen ⇒ ebene Wellen.

Wannier-Funktionen:

$$\omega(\boldsymbol{r}-\boldsymbol{R}_i) = \frac{1}{\sqrt{N}} \sum_{\boldsymbol{k}} e^{-i\boldsymbol{k}\cdot\boldsymbol{R}_i} \frac{1}{\sqrt{V}} e^{i\boldsymbol{k}\cdot\boldsymbol{r}}\,.$$

Dies bedeutet:

$$\langle i\sigma\,|\,\delta(\boldsymbol{r}-\hat{\boldsymbol{r}}')\,|\,j\sigma'\rangle = \delta_{\sigma\sigma'} \frac{1}{VN} \sum_{\boldsymbol{k}\boldsymbol{k}'} e^{-i\boldsymbol{k}(\boldsymbol{r}-\boldsymbol{R}_i)} e^{i\boldsymbol{k}'(\boldsymbol{r}-\boldsymbol{R}_j)}$$

$$= \delta_{\sigma\sigma'} \frac{1}{V} \sum_{\boldsymbol{q}} e^{i\boldsymbol{q}\cdot\boldsymbol{r}} \frac{1}{N} \sum_{\boldsymbol{k}} e^{i\boldsymbol{k}\cdot\boldsymbol{R}_i} e^{-i(\boldsymbol{k}+\boldsymbol{q})\cdot\boldsymbol{R}_j}\,.$$

Damit folgt:

$$\widehat{\rho}(\boldsymbol{r}) = \frac{1}{V} \sum_{\boldsymbol{q}} \widehat{\rho}_{\boldsymbol{q}} e^{i\boldsymbol{q}\cdot\boldsymbol{r}}\,,$$

$$\widehat{\rho}_{\boldsymbol{q}} = \frac{1}{N} \sum_{ij\sigma} \sum_{\boldsymbol{k}} e^{i\boldsymbol{k}\cdot\boldsymbol{R}_i} e^{-i(\boldsymbol{k}+\boldsymbol{q})\cdot\boldsymbol{R}_j} a^+_{i\sigma} a_{j\sigma} = \sum_{\boldsymbol{k},\sigma} a^+_{\boldsymbol{k}\sigma} a_{\boldsymbol{k}+\boldsymbol{q}\sigma}\,.$$

Lösung zu Aufgabe 2.1.8

$$\widehat{\rho}(\boldsymbol{r}) = \sum_{\sigma',\sigma''} \iint d^3r'\,d^3r''\,\langle \boldsymbol{r}'\sigma'|\delta(\boldsymbol{r}-\hat{\boldsymbol{r}})|\boldsymbol{r}''\sigma''\rangle\,\widehat{\psi}^+_{\sigma'}(\boldsymbol{r}')\,\widehat{\psi}_{\sigma''}(\boldsymbol{r}'')$$

$$= \sum_{\sigma',\sigma''} \iint d^3r'\,d^3r''\,\delta(\boldsymbol{r}-\boldsymbol{r}'')\,\langle \boldsymbol{r}'\sigma'\,|\,\boldsymbol{r}''\sigma''\rangle\,\widehat{\psi}^+_{\sigma'}(\boldsymbol{r}')\,\widehat{\psi}_{\sigma''}(\boldsymbol{r}'')$$

$$= \sum_{\sigma',\sigma''} \iint d^3r'\,d^3r''\,\delta(\boldsymbol{r}-\boldsymbol{r}'')\,\delta(\boldsymbol{r}'-\boldsymbol{r}'')\,\delta_{\sigma'\sigma''}\widehat{\psi}^+_{\sigma'}(\boldsymbol{r}')\,\widehat{\psi}_{\sigma''}(\boldsymbol{r}'')$$

$$= \sum_{\sigma} \widehat{\psi}^+_{\sigma}(\boldsymbol{r})\widehat{\psi}_{\sigma}(\boldsymbol{r})\,.$$

Lösung zu Aufgabe 2.1.9

Coulomb-Wechselwirkung H_{ee}:

$$H_{ee} = \frac{1}{2} \sum_{\substack{ijkl \\ \sigma_1,\dots,\sigma_4}} v\left(i\sigma_1, j\sigma_2; k\sigma_3, l\sigma_4\right) a^+_{i\sigma_1} a^+_{j\sigma_2} a_{l\sigma_4} a_{k\sigma_3} .$$

Matrixelement:

$$\begin{aligned} v\left(i\sigma_1, j\sigma_2; k\sigma_3, l\sigma_4\right) &= \frac{e^2}{4\pi\varepsilon_0} \left\langle (i\sigma_1)^{(1)} (j\sigma_2)^{(2)} \right| \frac{1}{\hat{\boldsymbol{r}}^{(1)} - \hat{\boldsymbol{r}}'^{(2)}} \left| (k\sigma_3)^{(1)} (l\sigma_4)^{(2)} \right\rangle \\ &= \delta_{\sigma_1\sigma_3} \delta_{\sigma_2\sigma_4} v(ij, kl) , \end{aligned}$$

$$\begin{aligned} v(ij, kl) &= \frac{e^2}{4\pi\varepsilon_0} \iint \mathrm{d}^3 r_1 \mathrm{d}^3 r_2 \left\langle i^{(1)} j^{(2)} \right| \frac{1}{\hat{\boldsymbol{r}}^{(1)} - \hat{\boldsymbol{r}}'^{(2)}} \left| \boldsymbol{r}_1^{(1)} \boldsymbol{r}_2^{(2)} \right\rangle \left\langle \boldsymbol{r}_1^{(1)} \boldsymbol{r}_2^{(2)} \middle| k^{(1)} l^{(2)} \right\rangle \\ &= \frac{e^2}{4\pi\varepsilon_0} \iint \mathrm{d}^3 r_1 \mathrm{d}^3 r_2 \frac{1}{|\boldsymbol{r}_1 - \boldsymbol{r}_2|} \left\langle i^{(1)} j^{(2)} \middle| \boldsymbol{r}_1^{(1)} \boldsymbol{r}_2^{(2)} \right\rangle \left\langle \boldsymbol{r}_1^{(1)} \boldsymbol{r}_2^{(2)} \middle| k^{(1)} l^{(2)} \right\rangle , \end{aligned}$$

$$\langle \boldsymbol{r} \mid i \rangle = \omega\left(\boldsymbol{r} - \boldsymbol{R}_i\right) : \quad \text{Wannier-Funktion}$$

$$\Rightarrow \quad v(ij, kl) = \frac{e^2}{4\pi\varepsilon_0} \iint \mathrm{d}^3 r_1 \mathrm{d}^3 r_2 \frac{\omega^*\left(\boldsymbol{r}_1 - \boldsymbol{R}_i\right) \omega^*\left(\boldsymbol{r}_2 - \boldsymbol{R}_j\right) \omega\left(\boldsymbol{r}_1 - \boldsymbol{R}_k\right) \omega\left(\boldsymbol{r}_2 - \boldsymbol{R}_l\right)}{|\boldsymbol{r}_1 - \boldsymbol{r}_2|} .$$

Hamilton-Operator:

$$H = \sum_{ij\sigma} T_{ij} a^+_{i\sigma} a_{j\sigma} + \frac{1}{2} \sum_{\substack{ijkl \\ \sigma\sigma'}} v(ij; kl) a^+_{i\sigma} a^+_{j\sigma'} a_{l\sigma'} a_{k\sigma} .$$

Jellium-Modell:

$$\omega\left(\boldsymbol{r} - \boldsymbol{R}_i\right) = \frac{1}{\sqrt{VN}} \sum_{\boldsymbol{k}} \mathrm{e}^{\mathrm{i}\boldsymbol{k} \cdot (\boldsymbol{r} - \boldsymbol{R}_i)} .$$

Wie in Abschn. 2.1.2 ausführlich erläutert, benötigt die explizite Berechnung des Coulomb-Matrixelements die Einführung eines *konvergenzerzeugenden* Faktors:

$$\begin{aligned} v_\alpha(ij; kl) &= \frac{1}{V^2 N^2} \frac{e^2}{4\pi\varepsilon_0} \iint \mathrm{d}^3 r_1 \mathrm{d}^3 r_2 \sum_{\boldsymbol{k}_1, \dots, \boldsymbol{k}_4} \mathrm{e}^{-\alpha|\boldsymbol{r}_1 - \boldsymbol{r}_2|} \\ &\quad \cdot \frac{\mathrm{e}^{-\mathrm{i}\boldsymbol{k}_1 (\boldsymbol{r}_1 - \boldsymbol{R}_i)} \mathrm{e}^{-\mathrm{i}\boldsymbol{k}_2 (\boldsymbol{r}_2 - \boldsymbol{R}_j)} \mathrm{e}^{\mathrm{i}\boldsymbol{k}_3 (\boldsymbol{r}_1 - \boldsymbol{R}_k)} \mathrm{e}^{\mathrm{i}\boldsymbol{k}_4 (\boldsymbol{r}_2 - \boldsymbol{R}_l)}}{|\boldsymbol{r}_1 - \boldsymbol{r}_2|} \\ &= \frac{1}{N^2} \sum_{\boldsymbol{k}_1, \dots, \boldsymbol{k}_4} \mathrm{e}^{\mathrm{i}\left(\boldsymbol{k}_1 \boldsymbol{R}_i + \boldsymbol{k}_2 \boldsymbol{R}_j - \boldsymbol{k}_3 \boldsymbol{R}_k - \boldsymbol{k}_4 \boldsymbol{R}_l\right)} \\ &\quad \cdot \frac{e^2}{4\pi\varepsilon_0} \frac{1}{V^2} \iint \mathrm{d}^3 r_1 \mathrm{d}^3 r_2 \frac{\mathrm{e}^{-\mathrm{i}(\boldsymbol{k}_1 - \boldsymbol{k}_3) \cdot \boldsymbol{r}_1} \mathrm{e}^{-\mathrm{i}(\boldsymbol{k}_2 - \boldsymbol{k}_4) \cdot \boldsymbol{r}_2}}{|\boldsymbol{r}_1 - \boldsymbol{r}_2|} \mathrm{e}^{-\alpha|\boldsymbol{r}_1 - \boldsymbol{r}_2|} . \end{aligned}$$

Die Integrale wurden bereits in (2.56) bzw. (2.59) berechnet:

$$v_\alpha(ij;kl)$$
$$= \frac{1}{N^2}\sum_{k_1,\dots,k_4} e^{i(k_1\cdot R_i + k_2 R_j - k_3 R_k - k_4\cdot R_l)}\delta_{k_1-k_3,k_4-k_2}\frac{e^2}{\varepsilon_0 V\left[(k_1-k_3)^2+\alpha^2\right]}\,.$$

Lösung zu Aufgabe 2.1.10

1.

$$\widehat{\rho}(r) = \frac{1}{V}\sum_q \widehat{\rho}_q e^{iq\cdot r}\,.$$

Damit folgt:

$$G(r,t) = \frac{1}{N}\frac{1}{V^2}\sum_{q,q'}\left\langle \widehat{\rho}_q \widehat{\rho}_{q'}(t)\right\rangle \int d^3r'\, e^{iq\cdot(r'-r)}e^{iq'\cdot r'}$$
$$= \frac{1}{NV}\sum_{q,q'}\left\langle \widehat{\rho}_q \widehat{\rho}_{q'}(t)\right\rangle e^{-iq\cdot r}\delta_{-q,q'}$$
$$= \frac{1}{NV}\sum_{q}\left\langle \widehat{\rho}_q \widehat{\rho}_{-q}(t)\right\rangle e^{-iq\cdot r}\,.$$

Dies ist die bedingte Wahrscheinlichkeit, zur Zeit t bei r ein Teilchen vorzufinden, wenn zur Zeit $t = 0$ eines bei $r = 0$ war.
Homogenes System:

$$\left\langle \rho(r'-r,0)\,\rho(r',t)\right\rangle = \left\langle \rho(-r,0)\rho(0,t)\right\rangle = \left\langle \rho(0,0)\rho(r,t)\right\rangle$$
$$\Rightarrow\quad G(r,t) = \frac{V}{N}\left\langle \rho(0,0)\rho(r,t)\right\rangle\,.$$

2.

$$G(r,0) = \frac{1}{N}\int d^3r' \sum_{i,j}\left\langle \delta(r'-r-\hat{r}_i)\,\delta(r'-\hat{r}_j)\right\rangle = \frac{1}{N}\sum_{i,j}\left\langle \delta(r+\hat{r}_i-\hat{r}_j)\right\rangle$$
$$= \frac{1}{N}\sum_i \delta(r) + \frac{1}{N}\sum_{i,j}^{i\neq j}\left\langle \delta(r+\hat{r}_i-\hat{r}_j)\right\rangle$$
$$= \delta(r) + \frac{1}{N}\sum_{i,j}^{i\neq j}\left\langle \delta(r+\hat{r}_i(0)-\hat{r}_j(0))\right\rangle\,.$$

Durch Vergleich ergibt sich:

$$ng(\boldsymbol{r}) = \frac{1}{N}\sum_{i,j}^{i\neq j}\left\langle\delta\left(\boldsymbol{r}+\hat{\boldsymbol{r}}_i(0)-\hat{\boldsymbol{r}}_j(0)\right)\right\rangle .$$

$g(\boldsymbol{r})$ ist ein Maß für die Wahrscheinlichkeit, zu einem bestimmten Zeitpunkt zwei Teilchen im Abstand r anzutreffen.

3. Dynamischer Strukturfaktor:

$$S(\boldsymbol{q},\omega) = \int d^3r \int_{-\infty}^{+\infty} dt\, G(\boldsymbol{r},t)\mathrm{e}^{\mathrm{i}(\boldsymbol{q}\cdot\boldsymbol{r}-\omega t)}$$

$$\overset{1.}{=} \frac{1}{NV}\sum_{\boldsymbol{q}'}\int d^3r \int_{-\infty}^{+\infty} dt\,\mathrm{e}^{\mathrm{i}(\boldsymbol{q}-\boldsymbol{q}')\cdot\boldsymbol{r}}\mathrm{e}^{-\mathrm{i}\omega t}\left\langle\widehat{\rho}_{\boldsymbol{q}'}\widehat{\rho}_{-\boldsymbol{q}'}(t)\right\rangle$$

$$= \frac{1}{N}\sum_{\boldsymbol{q}'}\int_{-\infty}^{+\infty} dt\,\mathrm{e}^{-\mathrm{i}\omega t}\delta_{\boldsymbol{q},\boldsymbol{q}'}\left\langle\widehat{\rho}_{\boldsymbol{q}'}\widehat{\rho}_{-\boldsymbol{q}'}(t)\right\rangle$$

$$\Rightarrow\quad S(\boldsymbol{q},\omega) = \frac{1}{N}\int_{-\infty}^{+\infty} dt\,\mathrm{e}^{-\mathrm{i}\omega t}\left\langle\widehat{\rho}_{\boldsymbol{q}}\widehat{\rho}_{-\boldsymbol{q}}(t)\right\rangle .$$

Mit

$$\frac{1}{2\pi}\int_{-\infty}^{+\infty} d\omega\,\mathrm{e}^{-\mathrm{i}\omega t} = \delta(t)$$

folgt dann schließlich:

$$S(\boldsymbol{q}) = \frac{2\pi}{N}\left\langle\widehat{\rho}_{\boldsymbol{q}}\widehat{\rho}_{-\boldsymbol{q}}\right\rangle .$$

4. $T=0 \Rightarrow$ Mittelung mit dem Grundzustand $|E_0\rangle$.

$$S(\boldsymbol{q},\omega) = \frac{1}{N}\int_{-\infty}^{+\infty} dt\,\mathrm{e}^{-\mathrm{i}\omega t}\left\langle E_0\left|\widehat{\rho}_{\boldsymbol{q}}\widehat{\rho}_{-\boldsymbol{q}}(t)\right|E_0\right\rangle .$$

Zeitabhängigkeit:

$$\widehat{\rho}_{-\boldsymbol{q}}(t) = \mathrm{e}^{\frac{\mathrm{i}}{\hbar}Ht}\,\widehat{\rho}_{-\boldsymbol{q}}\mathrm{e}^{-\frac{\mathrm{i}}{\hbar}Ht} .$$

Vollständigkeit:

$$\mathbf{1} = \sum_n |E_n\rangle\langle E_n| .$$

Damit folgt:

$$\begin{aligned} S(\boldsymbol{q},\omega) &= \frac{1}{N}\int\limits_{-\infty}^{+\infty} \mathrm{d}t\, \mathrm{e}^{-\mathrm{i}\omega t} \sum_n \left\langle E_0 \middle| \widehat{\rho}_{\boldsymbol{q}} \middle| E_n \right\rangle \left\langle E_n \middle| \widehat{\rho}_{-\boldsymbol{q}}(t) \middle| E_0 \right\rangle \\ &= \frac{1}{N}\sum_n \left\langle E_0 \middle| \widehat{\rho}_{\boldsymbol{q}} \middle| E_n \right\rangle \left\langle E_n \middle| \widehat{\rho}_{-\boldsymbol{q}} \middle| E_0 \right\rangle \int\limits_{-\infty}^{+\infty} \mathrm{d}t\, \mathrm{e}^{-\mathrm{i}\omega t} \mathrm{e}^{\frac{\mathrm{i}}{\hbar}(E_n - E_0)t} \\ &= \frac{2\pi}{N}\sum_n \left\langle E_0 \middle| \widehat{\rho}_{\boldsymbol{q}} \middle| E_n \right\rangle \left\langle E_n \middle| \widehat{\rho}_{-\boldsymbol{q}} \middle| E_0 \right\rangle \delta\left[\omega - \frac{1}{\hbar}(E_n - E_0)\right] . \end{aligned}$$

Wir benutzen noch $\widehat{\rho}_{-\boldsymbol{q}} = \widehat{\rho}_{\boldsymbol{q}}^{+}$:

$$S(\boldsymbol{q},\omega) = \frac{2\pi}{N}\sum_n \left| \left\langle E_n \middle| \widehat{\rho}_{\boldsymbol{q}}^{+} \middle| E_0 \right\rangle \right|^2 \delta\left[\omega - \frac{1}{\hbar}(E_n - E_0)\right] .$$

Lösung zu Aufgabe 2.1.11

1. Der Operator

$$\widehat{\rho}_{\boldsymbol{q}}^{+} = \sum_{\boldsymbol{k}\sigma} a_{\boldsymbol{k}+\boldsymbol{q}\sigma}^{+} a_{\boldsymbol{k}\sigma}$$

erzeugt Teilchen-Loch-Paare. Der Grundzustand $|E_0\rangle$ entspricht der *gefüllten Fermi-Kugel.*

$$q = 0: \quad \left\langle E_n \middle| \widehat{\rho}_{\boldsymbol{q}}^{+} \middle| E_0 \right\rangle = N\delta_{n,0} ,$$

$$q \neq 0: \quad \left\langle E_n \middle| \widehat{\rho}_{\boldsymbol{q}}^{+} \middle| E_0 \right\rangle = \begin{cases} 1 , & \text{falls } |E_n\rangle \text{ einer Teilchen-Loch-Anregung} \\ & \text{entspricht, die in } \widehat{\rho}_{\boldsymbol{q}}^{+} \text{ vorkommt,} \\ 0 , & \text{sonst.} \end{cases}$$

Mit dem allgemeinen Resultat 4. aus Aufgabe 2.1.10 folgt dann:

$$\begin{aligned} S(\boldsymbol{q},\omega) &\overset{(q\neq 0)}{=} 2\frac{2\pi}{N}\sum_{\boldsymbol{k}} \Theta(k_\mathrm{F} - k)\left[1 - \Theta(k_\mathrm{F} - |\boldsymbol{k}+\boldsymbol{q}|)\right] \\ &\quad \cdot \delta\left[\omega - \frac{1}{\hbar}\left(\varepsilon(\boldsymbol{k}+\boldsymbol{q}) - \varepsilon(\boldsymbol{k})\right)\right] , \\ S(0,\omega) &= 2\pi N\delta(\omega) . \end{aligned}$$

Wir setzen zunächst $q \neq 0$ voraus:

$$\begin{aligned}
S(\boldsymbol{q}) &= \int\limits_{-\infty}^{+\infty} d\omega\, S(\boldsymbol{q},\omega) \\
&= \frac{4\pi}{N}\sum_{\boldsymbol{k}}\left[\Theta(k_F - k) - \Theta(k_F - k)\,\Theta(k_F - |\boldsymbol{k}+\boldsymbol{q}|)\right] \\
&= 2\pi - \frac{4\pi}{N}\sum_{\boldsymbol{k}}\Theta(k_F - k)\,\Theta(k_F - |\boldsymbol{k}+\boldsymbol{q}|) \\
&= 2\pi\left[1 - \frac{2}{N}\frac{V}{(2\pi)^3}\int d^3k\,\Theta(k_F - k)\,\Theta(k_F - |\boldsymbol{k}+\boldsymbol{q}|)\right].
\end{aligned}$$

Das Integral auf der rechten Seite wurde in Abschn. 2.1.2 gerechnet. Wir übernehmen (2.95):

$$S(\boldsymbol{q}) = 2\pi\left[1 - \frac{2}{N}\frac{V}{8\pi^3}\frac{4\pi}{3}\Theta(2k_F - q)\left(k_F^3 - \frac{3}{4}qk_F^2 + \frac{1}{16}q^3\right)\right].$$

Mit $k_F^3 = 3\pi^2\frac{N}{V}$ folgt schließlich:

$$S(\boldsymbol{q}) = 2\pi\left[1 - \Theta(2k_F - q)\left(1 - \frac{3q}{4k_F} + \frac{q^3}{16k_F^3}\right)\right].$$

$S(q = 0) = 2\pi N.$

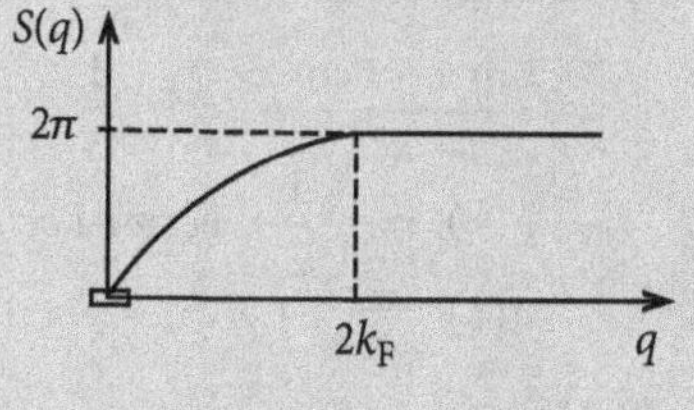

Abb. A.4

2.

$$\begin{aligned}
G(\boldsymbol{r},0) &= \frac{1}{NV}\sum_{\boldsymbol{q}}\langle\widehat{\rho}_{\boldsymbol{q}}\widehat{\rho}_{-\boldsymbol{q}}\rangle e^{-i\boldsymbol{q}\cdot\boldsymbol{r}} = \frac{1}{2\pi V}\sum_{\boldsymbol{q}}S(\boldsymbol{q})e^{-i\boldsymbol{q}\cdot\boldsymbol{r}} \\
&= \frac{2\pi N}{2\pi V} + \frac{1}{V}\sum_{\boldsymbol{q}}e^{-i\boldsymbol{q}\cdot\boldsymbol{r}} - \frac{2}{VN}\sum_{\boldsymbol{q}}\sum_{\boldsymbol{k}}\Theta(k_F - k)\,\Theta(k_F - |\boldsymbol{k}+\boldsymbol{q}|)\,e^{-i\boldsymbol{q}\cdot\boldsymbol{r}}.
\end{aligned}$$

Wir können in den beiden letzten Summanden den eigentlich fehlenden $q = 0$-Term hinzuzählen, da er sich gerade weghebt:

$$G(\boldsymbol{r},0) = n + \delta(\boldsymbol{r}) - \frac{2}{VN}\sum_{\boldsymbol{k}}\sum_{\boldsymbol{p}}e^{-i(\boldsymbol{p}-\boldsymbol{k})\cdot\boldsymbol{r}}\Theta(k_F - k)\,\Theta(k_F - p) \stackrel{!}{=} \delta(\boldsymbol{r}) + ng(\boldsymbol{r}).$$

Hieraus folgt:

$$g(r) = 1 - \frac{2}{n^2}\frac{1}{(2\pi)^6}\iint d^3p\, d^3k\, e^{-i(p-k)\cdot r}\Theta(k_F - k)\,\Theta(k_F - p)$$
$$= 1 - \frac{2}{n^2}\left[\frac{1}{(2\pi)^3}\int d^3p\, e^{-ip\cdot r}\Theta(k_F - p)\right]^2$$
$$= 1 - \frac{2}{n^2}\left[\frac{1}{4\pi^2}\int_0^{k_F} dp\, p^2 \frac{1}{-ipr}\left(e^{-ipr} - e^{ipr}\right)\right]^2$$
$$= 1 - \frac{2}{n^2}\left[\frac{1}{2\pi^2}\frac{1}{r}\int_0^{k_F} dp\, p \sin pr\right]^2$$
$$= 1 - \frac{1}{2\pi^4 n^2}\frac{1}{r^2}\left(\frac{\sin k_F r}{r^2} - \frac{k_F}{r}\cos k_F r\right)^2$$
$$= 1 - \frac{k_F^6}{2\pi^4 n^2}\left[\frac{\sin k_F r - (k_F r)\cos k_F r}{k_F^3 r^3}\right]^2 .$$

Damit haben wir das Schlussresultat:

$$g(r) = 1 - \frac{9}{2}\left[\frac{\sin k_F r - (k_F r)\cos k_F r}{k_F^3 r^3}\right]^2 .$$

Mit der Regel von l'Hospital zeigt man:

$$\frac{\sin x - x\cos x}{x^3} \underset{x\to 0}{\longrightarrow} \frac{1}{3}$$
$$\Rightarrow \quad g(r) \underset{r\to 0}{\longrightarrow} \frac{1}{2} \quad \textit{Fermi-Loch},$$
$$g(r) \underset{r\to\infty}{\longrightarrow} 1 .$$

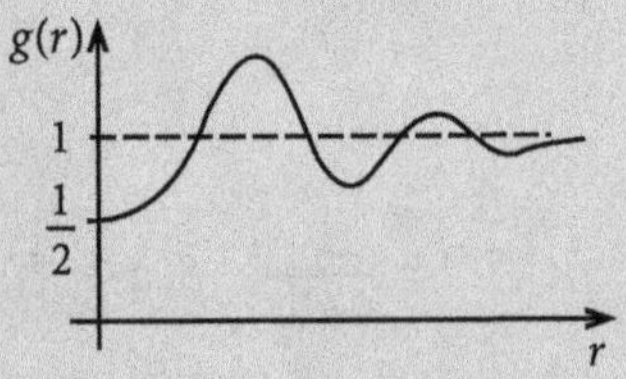

Abb. A.5

Das *Fermi-Loch* resultiert aus dem Pauli-Prinzip, das dafür sorgt, dass sich zwei Elektronen parallelen Spins nicht zu nahe kommen. Der Wert $g(r = 0) = 1/2$ ist trotzdem unsinnig. Das Sommerfeld-Modell vernachlässigt die Coulomb-Wechselwirkung, sodass sich zwei Elektronen mit antiparallelem Spin im Prinzip beliebig nahekommen können.

Lösung zu Aufgabe 2.1.12

$$\varepsilon(\boldsymbol{k}) = T_0 + \gamma_1 \sum_{\Delta} e^{i\boldsymbol{k}\cdot\boldsymbol{R}_\Delta} \, .$$

1. Kubisch innenzentriert

   Anzahl der nächsten Nachbarn: $z_1 = 8$

$$\boldsymbol{R}_\Delta = \frac{a}{2}(\pm 1, \pm 1, \pm 1)$$

$$a: \quad \text{Gitterkonstante,}$$

$$\sum_{\Delta} e^{i\boldsymbol{k}\cdot\boldsymbol{R}_\Delta} = \left(e^{ik_x\frac{a}{2}} + e^{-ik_x\frac{a}{2}}\right)\left(e^{ik_y\frac{a}{2}} + e^{-ik_y\frac{a}{2}}\right)\left(e^{ik_z\frac{a}{2}} + e^{-ik_z\frac{a}{2}}\right)$$

$$\Leftrightarrow \varepsilon_{\text{b.c.c.}}(\boldsymbol{k}) = T_0 + 8\gamma_1 \cos\left(\frac{1}{2}k_x a\right)\cos\left(\frac{1}{2}k_y a\right)\cos\left(\frac{1}{2}k_z a\right) .$$

2. Kubisch flächenzentriert

   $z_1 = 12$

$$\boldsymbol{R}_\Delta = \frac{a}{2}(\pm 1, \pm 1, 0) ; \quad \frac{a}{2}(\pm 1, 0, \pm 1) ; \quad \frac{a}{2}(0, \pm 1, \pm 1) ,$$

$$\begin{aligned}\sum_{\Delta} e^{i\boldsymbol{k}\cdot\boldsymbol{R}_\Delta} &= \left(e^{ik_x\frac{a}{2}} + e^{-ik_x\frac{a}{2}}\right)\left(e^{ik_y\frac{a}{2}} + e^{-ik_y\frac{a}{2}}\right)\\ &\quad + \left(e^{ik_x\frac{a}{2}} + e^{-ik_x\frac{a}{2}}\right)\left(e^{ik_z\frac{a}{2}} + e^{-ik_z\frac{a}{2}}\right)\\ &\quad + \left(e^{ik_y\frac{a}{2}} + e^{-ik_y\frac{a}{2}}\right)\left(e^{ik_z\frac{a}{2}} + e^{-ik_z\frac{a}{2}}\right)\end{aligned}$$

$$\begin{aligned}\Leftrightarrow \varepsilon_{\text{f.c.c.}}(\boldsymbol{k}) = T_0 + 4\gamma_1 \Bigg[&\cos\left(\frac{1}{2}k_x a\right)\cos\left(\frac{1}{2}k_y a\right) +\\ &+ \cos\left(\frac{1}{2}k_x a\right)\cos\left(\frac{1}{2}k_z a\right) + \cos\left(\frac{1}{2}k_y a\right)\cos\left(\frac{1}{2}k_z a\right)\Bigg] .\end{aligned}$$

Lösung zu Aufgabe 2.1.13

Tight-Binding-Ansatz:

$$\psi_{n\boldsymbol{k}}(\boldsymbol{r}) = \frac{1}{\sqrt{N_i}} \sum_{j=1}^{N_i} e^{i\boldsymbol{k}\cdot\boldsymbol{R}_j} \varphi_n\left(\boldsymbol{r} - \boldsymbol{R}_j\right)$$

$$\Rightarrow \quad \psi_{n\boldsymbol{k}}\left(\boldsymbol{r} + \boldsymbol{R}_i\right) = \frac{1}{\sqrt{N_i}} \sum_{j=1}^{N_i} e^{i\boldsymbol{k}\cdot\boldsymbol{R}_j} \varphi_n\left(\boldsymbol{r} + \boldsymbol{R}_i - \boldsymbol{R}_j\right)$$

$$\text{(Substitution: } \boldsymbol{R}_k = \boldsymbol{R}_j - \boldsymbol{R}_i\text{)}$$

$$\begin{aligned}\Rightarrow \quad \psi_{n\boldsymbol{k}}\left(\boldsymbol{r} + \boldsymbol{R}_i\right) &= e^{i\boldsymbol{k}\cdot\boldsymbol{R}_i} \frac{1}{\sqrt{N_i}} \sum_{k=1}^{N_i} e^{i\boldsymbol{k}\cdot\boldsymbol{R}_k} \varphi_n\left(\boldsymbol{r} - \boldsymbol{R}_k\right)\\ &= e^{i\boldsymbol{k}\cdot\boldsymbol{R}_i} \psi_{n\boldsymbol{k}}(\boldsymbol{r}) .\end{aligned}$$

Dies ist das Bloch-Theorem!

Abschnitt 2.2.3

Lösung zu Aufgabe 2.2.1

1. Lineares Bravais-Gitter mit zweiatomiger Basis:

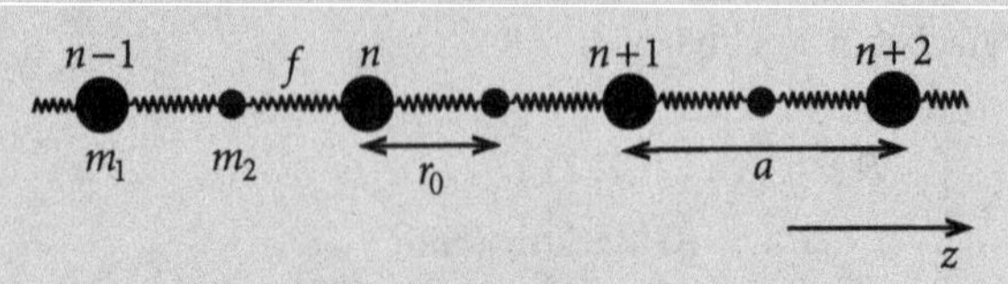

Abb. A.6

Primitive Translationen:

$$\boldsymbol{a} = a\boldsymbol{e}_z = 2r_0\boldsymbol{e}_z\ .$$

Basis:

$$\boldsymbol{R}_1 = 0, \quad \boldsymbol{R}_2 = r_0\boldsymbol{e}_z\ .$$

Gittervektoren:

$$R_1^n = na\ ; \quad R_2^m = \left(m + \frac{1}{2}\right)a\ ; \quad n, m \in \mathbb{Z}\ .$$

Primitive Translationen im reziproken Gitter:

$$\boldsymbol{b} = b\boldsymbol{e}_z\ ; \quad b = \frac{2\pi}{a}\ .$$

1. Brillouin-Zone:

$$-\frac{\pi}{a} \le q \le +\frac{\pi}{a}\ .$$

Reziproke Gittervektoren:

$$G^m = mb\ .$$

2. *Longitudinalwellen*, d. h., die Bewegung der Kettenmoleküle ist auf die Kettenrichtung beschränkt.
Kraft auf $(n, 1)$-Atom in z-Richtung:

von rechts: $f\left(u_2^n - u_1^n\right)$; u : Auslenkung aus der Ruhelage

von links: $f\left(u_2^{n-1} - u_1^n\right)$

$\Rightarrow$ Bewegungsgleichung für $(n, 1)$-Atom:

$$m_1\ddot{u}_1^n = f\left(u_2^n + u_2^{n-1} - 2u_1^n\right)\ .$$

Analog für $(n, 2)$-Atom:

$$m_2 \ddot{u}_2^n = f\left(u_1^{n+1} + u_1^n - 2u_2^n\right) .$$

3. Dieser Ansatz enthält die Translationsinvarianz bezüglich der zweiatomigen Zelle und berücksichtigt, dass die Amplituden wegen unterschiedlicher Teilchenmassen verschieden sein können. Einsetzen in die obigen Bewegungsgleichungen liefert das folgende Gleichungssystem:

$$m_1 \frac{c_1}{\sqrt{m_1}}(-\omega^2) = \frac{fc_2}{\sqrt{m_2}}\left(1 + e^{-iqa}\right) - 2\frac{c_1}{\sqrt{m_1}} f ,$$

$$m_2 \frac{c_2}{\sqrt{m_2}}(-\omega^2) = \frac{fc_1}{\sqrt{m_1}}\left(e^{iqa} + 1\right) - 2\frac{c_2}{\sqrt{m_2}} f .$$

Die Säkulargleichung des homogenen Gleichungssystems,

$$0 = \begin{pmatrix} \frac{2f}{m_1} - \omega^2 & \frac{-f}{\sqrt{m_1 m_2}}\left(1 + e^{-iqa}\right) \\ \frac{-f}{\sqrt{m_1 m_2}}\left(1 + e^{iqa}\right) & \frac{2f}{m_2} - \omega^2 \end{pmatrix} \begin{pmatrix} c_1 \\ c_2 \end{pmatrix} ,$$

liefert die Eigenfrequenzen (*Dispersionszweige*):

$$\omega_{1,2}^2(q) = f\left[\left(\frac{1}{m_1} + \frac{1}{m_2}\right) \pm \sqrt{\left(\frac{1}{m_1} + \frac{1}{m_2}\right)^2 - \frac{2}{m_1 m_2}(1 - \cos qa)}\right] .$$

Die beiden Dispersionszweige sind periodisch in q mit der Periode $\frac{2\pi}{a}$. Für einen beliebigen Vektor $\boldsymbol{G}$ des reziproken Gitters,

$$\boldsymbol{G}^m = m\boldsymbol{b} = m\frac{2\pi}{a}\boldsymbol{e}_z ,$$

gilt offenbar:

$$\omega(q) = \omega(q + G^m) .$$

Alle physikalischen Informationen lassen sich deshalb bereits aus der 1. Brillouin-Zone,

$$-\frac{\pi}{a} \leq q \leq +\frac{\pi}{a} ,$$

ableiten. Außerhalb liegende q's lassen sich durch Addition eines passenden reziproken Gittervektors in die 1. Brillouin-Zone tranformieren, ohne dass sich dabei die Dispersionsrelation ändert.

4.

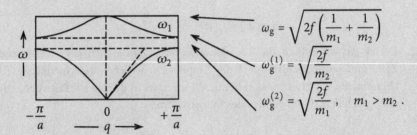

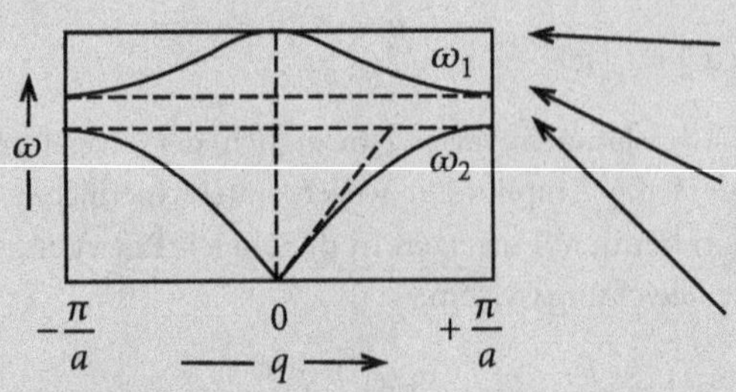

$$\omega_g = \sqrt{2f\left(\frac{1}{m_1} + \frac{1}{m_2}\right)}$$

$$\omega_g^{(1)} = \sqrt{\frac{2f}{m_2}}$$

$$\omega_g^{(2)} = \sqrt{\frac{2f}{m_1}}, \quad m_1 > m_2 .$$

Spezialfälle:

a) $q = 0;\ \omega = \omega_2 \quad \Rightarrow \quad \omega_2(q = 0) = 0$

Aus dem homogenen Gleichungssystem folgt dann für die Amplituden:

$$\frac{c_1}{c_2} = \sqrt{\frac{m_1}{m_2}} .$$

Basisatome schwingen **gleichphasig**, aber mit unterschiedlichen Amplituden.

b) $q \ll \frac{\pi}{a};\ \omega = \omega_2$

$$\omega_2^2 \approx f\left[\left(\frac{1}{m_1} + \frac{1}{m_2}\right) - \left(\frac{1}{m_1} + \frac{1}{m_2}\right)\sqrt{1 - \frac{m_1 m_2}{(m_1 + m_2)^2}(qa)^2}\right]$$

$$\approx f\left[\left(\frac{1}{m_1} + \frac{1}{m_2}\right) - \left(\frac{1}{m_1} + \frac{1}{m_2}\right) + \frac{(qa)^2}{2(m_1 + m_2)}\right]$$

$$\Rightarrow \quad \omega_2 \approx a\sqrt{\frac{f}{2(m_1 + m_2)}}\, q .$$

$q \ll \pi / a$ heißt $\lambda \gg 2a$. Für solche Wellenlängen wird die atomistische Struktur des Festkörpers unbedeutend und die Kontinuumstheorie näherungsweise anwendbar. Diese liefert für **Schallwellen** die Beziehung

$$\omega = v_s q \quad (v_s = \text{Schallgeschwindigkeit}) .$$

Da der untere Dispersionszweig ω_2 also für große Wellenlängen (kleine q) in normale Schallwellen übergeht, heißt er

▸ akustischer Zweig.

c) $q = 0,\ \omega = \omega_1$

$$\Rightarrow \quad \omega_1(q = 0) = \omega_g = \sqrt{2f\left(\frac{1}{m_1} + \frac{1}{m_2}\right)}$$

GrenzfrequenzdesSpektrums.

Jetzt folgt für die Amplituden:

$$\frac{c_1}{c_2} = -\sqrt{\frac{m_2}{m_1}} \,.$$

Basisatome schwingen mit unterschiedlichen Amplituden **gegenphasig**. Sind die Basisatome elektrisch entgegengesetzt geladen (z. B. NaCl-Kristall), so ergibt sich ein zeitlich oszillierendes, elektrisches Dipolmoment. Dieses kann mit elektromagnetischer Strahlung wechselwirken, Wellen absorbieren oder emittieren. Man nennt ω_1 deshalb den

▸ optischen Zweig.

d) Zonenrand: $q = \pm\frac{\pi}{a}$

$$\omega_g^{(1)} = \omega_1\left(q = \pm\frac{\pi}{a}\right) = \sqrt{\frac{2f}{m_2}} \quad \text{(optisch)}\,,$$

$$\omega_g^{(2)} = \omega_2\left(q = \pm\frac{\pi}{a}\right) = \sqrt{\frac{2f}{m_1}} \quad \text{(akustisch)}\,.$$

Aus dem homogenen Gleichungssystem folgt:

$$\omega = \omega_g^{(1)} \quad \Rightarrow \quad c_1 = 0: \quad \text{nur } m_2\text{-Atome schwingen,}$$

$$\omega = \omega_g^{(2)} \quad \Rightarrow \quad c_2 = 0: \quad \text{nur } m_1\text{-Atome schwingen.}$$

Typisch für die zweiatomige Kette ist die

Frequenzlücke: $\omega_g^{(2)} < \omega < \omega_g^{(1)}\,.$

Lösungen mit reellem ω in der Lücke haben komplexe Wellenzahlen q. Die Welle ist dann räumlich gedämpft.

Lösung zu Aufgabe 2.2.2

Lösungsansatz:

$$x_\alpha^n(t) = na + u_\alpha^n(t)\,,$$

$$u_\alpha^n(t) = \frac{c_\alpha}{\sqrt{m_\alpha}} \exp\left[\mathrm{i}\,(q_z na - \omega t)\right]\,.$$

Periodische Randbedingungen:

$$u_\alpha^n(t) \stackrel{!}{=} u_\alpha^{n+N}(t)$$
$$\Leftrightarrow \quad e^{iNq_z a} \stackrel{!}{=} 1 ,$$
$$q_z = \bar{n}\frac{2\pi}{Na} ; \quad \bar{n} = 0, \pm 1, \pm 2, \dots , +\frac{N}{2} .$$

Der Term $-N/2$ wird nicht mitgezählt, da sich q_z von $-N/2$ nach $+N/2$ gerade um $2\pi/a$, also einen reziproken Gittervektor ändert.

$$\omega(q_z) = \omega(-q_z) = \omega(q) ; \quad q = |q_z|$$
$$\Rightarrow \quad D(\omega)d\omega = D(q)\,dq = 2D(q_z)\,dq_z .$$

Zu jedem Betrag q gehört die Frequenz ω zweimal, zu jeder Wellenzahlkomponente $q_z = \pm q$ dagegen nur einmal.

$$D(q_z) = \frac{1}{\frac{2\pi}{Na}} = \frac{Na}{2\pi} , \quad (D(q_z) : \text{ Anzahl der } q_z \text{ pro Wellenzahleinheit}) ,$$
$$v_g = \frac{d\omega}{dq_z} \quad \Rightarrow \quad D(\omega) = 2D(q_z)\frac{dq_z}{d\omega} = \frac{Na}{\pi}\frac{1}{v_g} .$$

Bei mehreren Dispersionszweigen gilt also insgesamt:

$$D(\omega) = \frac{Na}{\pi}\sum_{s=1}^{3p}\frac{1}{v_g^{(s)}} .$$

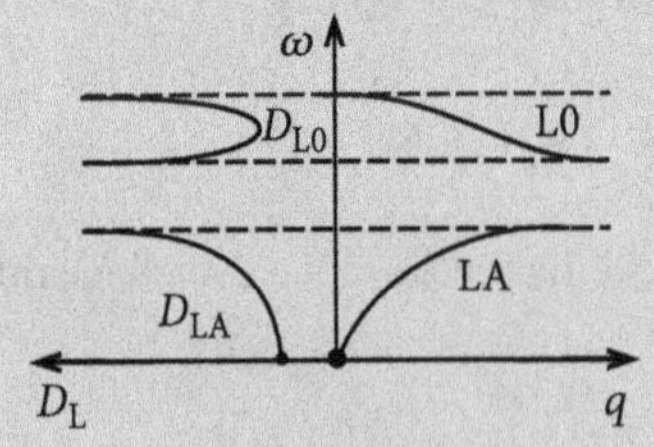

LO: longitudinal-optisch,
LA: longitudinal-akustisch

Abb. A.7

Lösung zu Aufgabe 2.2.3

1. $\boldsymbol{a}_1, \boldsymbol{a}_2, \boldsymbol{a}_3$: primitive Translationen

$$V = (N_1\boldsymbol{a}_1) \cdot [(N_2\boldsymbol{a}_2) \times (N_3\boldsymbol{a}_3)] = NV_z$$

Periodizitätsvolumen,

$V_z = \boldsymbol{a}_1 \cdot [\boldsymbol{a}_2 \times \boldsymbol{a}_3]$

Elementarzelle,

$N = N_1 N_2 N_3$

Anzahl der primitiven Elementarzellen im Periodizitätsvolumen
= Anzahl der Bravais-Gitterpunkte des Kristalls.

Periodische Randbedingungen: Für die Auslenkungen aus den Gleichgewichtslagen soll gelten:

$$u_{\mathrm{S},i}^{(m_1,m_2,m_3)} \stackrel{!}{=} u_{\mathrm{S},i}^{(m_1+N_1,m_2,m_3)} \stackrel{!}{=} u_{\mathrm{S},i}^{(m_1,m_2+N_2,m_3)}$$

$$\stackrel{!}{=} u_{\mathrm{S},i}^{(m_1,m_2,m_3+N_3)}$$

$$\Rightarrow \quad \boldsymbol{q} \cdot \boldsymbol{a}_i = \frac{2\pi}{N_i} n_i \,, \quad i = 1, 2, 3 \,,$$

$$n_i = 0, \pm 1, \pm 2, \ldots, +\frac{N_i}{2} \,.$$

Es gibt also $N = N_1 N_2 N_3$ verschiedene Wellenzahlen $\boldsymbol{q}$:

$$\boldsymbol{q} = \sum_{j=1}^{3} \frac{n_j}{N_j} \boldsymbol{b}_j \,, \quad \boldsymbol{b}_j : \text{primitive Translationen des reziproken Gitters.}$$

2. *Rastervolumen*

$$\Delta^3 q = \frac{1}{N_1 N_2 N_3} \boldsymbol{b}_1 \cdot (\boldsymbol{b}_2 \times \boldsymbol{b}_3) \equiv \frac{V_z^*}{N} \,,$$

$$\boldsymbol{b}_1 = \frac{2\pi}{V_z} (\boldsymbol{a}_2 \times \boldsymbol{a}_3) \quad \text{und zyklisch}$$

(s. (1.200), Bd. 1) ,

$$(\boldsymbol{a}_2 \times \boldsymbol{a}_3) \cdot (\boldsymbol{b}_2 \times \boldsymbol{b}_3) = (\boldsymbol{a}_2 \cdot \boldsymbol{b}_2)(\boldsymbol{a}_3 \cdot \boldsymbol{b}_3) - (\boldsymbol{a}_2 \cdot \boldsymbol{b}_3)(\boldsymbol{a}_3 \cdot \boldsymbol{b}_2) = (2\pi)^2$$

$$\Rightarrow \quad \Delta^3 q = \frac{1}{N} \frac{(2\pi)^3}{V_z} \,; \quad V_z^* = \frac{(2\pi)^3}{V_z} \,.$$

3.

$$D_r(\omega)\,\mathrm{d}\omega = \frac{1}{\Delta^3 q} \int\limits_{\substack{\text{Schale} \\ (\omega_r,\, \omega_r + \mathrm{d}\omega)}} \mathrm{d}^3 q = \frac{V}{(2\pi)^3} \int\limits_{\substack{\text{Schale} \\ (\omega_r,\, \omega_r + \mathrm{d}\omega)}} \mathrm{d}^3 q \,.$$

4.

$$\mathrm{d}f_\omega = \quad \text{Element der Fläche } \omega = \text{const im } \boldsymbol{q}\text{-Raum},$$

$$\nabla_{\boldsymbol{q}}\omega = \quad \text{Vektor senkrecht zur Fläche } \omega(\boldsymbol{q}) = \omega = \text{const}$$

$$\Rightarrow \quad \mathrm{d}\omega = \left|\mathrm{d}\boldsymbol{q}\cdot\nabla_{\boldsymbol{q}}\omega\right| = \mathrm{d}q_\perp \left|\nabla_{\boldsymbol{q}}\omega\right| = v_\mathrm{g}\mathrm{d}q_\perp$$

$$\Rightarrow \quad \text{Volumenelement der Schale:} \quad \mathrm{d}^3q = \mathrm{d}f_\omega \mathrm{d}q_\perp = \frac{1}{v_\mathrm{g}}\mathrm{d}\omega\,\mathrm{d}f_\omega$$

$$\Rightarrow \quad \text{Zustandsdichte:} \quad D_r(\omega) = \frac{V}{(2\pi)^3}\int\limits_{\omega=\text{const}} \frac{\mathrm{d}f_\omega}{v_\mathrm{g}^{(r)}}\,.$$

5. Gesamtzustandsdichte:

$$D(\omega) = \sum_{r=1}^{3p} D_r(\omega)\,.$$

Lösung zu Aufgabe 2.2.4

Für die Zustandsdichte benutzen wir den in Teil 4. von Aufgabe 2.2.3 abgeleiteten Ausdruck:

$$\text{Gruppengeschwindigkeit:} \quad v_\mathrm{g}^{(r)} = \bar{v}_r\,,$$

$$\text{Bravais-Gitter:} \quad p = 1 \quad \Rightarrow \quad r = 1, 2, 3\,.$$

Es gibt einen longitudinal akustischen und zwei (im Allgemeinen entartete) transversale akustische Dispersionszweige:

$$\int\limits_{\omega=\text{const}} \frac{\mathrm{d}f_\omega}{v_\mathrm{g}^{(r)}} \quad\Rightarrow\quad \frac{1}{\bar{v}_r}\int\limits_{\omega=\text{const}} \mathrm{d}f_\omega = \frac{1}{\bar{v}_r}4\pi q^2(\omega) = \frac{4\pi\omega^2}{\bar{v}_r^3}\,.$$

Zustandsdichte:

$$D_r^\mathrm{D}(\omega) = \begin{cases} \dfrac{V}{2\pi^2\bar{v}_r^3}\omega^2 & \text{für} \quad 0 \le \omega \le \omega_r^\mathrm{D}\,, \\ 0 & \text{sonst.} \end{cases}$$

Debye-Frequenz:
Forderung: Anzahl der möglichen Frequenzen pro Dispersionszweig = N,

$$N = \int\limits_0^{\omega_r^\mathrm{D}} \mathrm{d}\omega\, D_r^\mathrm{D}(\omega) = \frac{V}{6\pi^2\bar{v}_r^3}\left(\omega_r^\mathrm{D}\right)^3$$

$$\Rightarrow \quad \omega_r^\mathrm{D} = \bar{v}_r\left(6\pi^2\frac{N}{V}\right)^{1/3}\,.$$

Lösung zu Aufgabe 2.2.5

1. **Innere Energie:**

$$U(T) = \langle H \rangle = \sum_{r=1}^{3p} \sum_{q}^{1.\,BZ} \hbar\omega_r(\boldsymbol{q}) \left(\left\langle b_{qr}^+ b_{qr} \right\rangle + \frac{1}{2} \right) ,$$

$$\left\langle b_{qr}^+ b_{qr} \right\rangle = \left\{ \exp\left(\beta\hbar\omega_r(\boldsymbol{q})\right) - 1 \right\}^{-1} .$$

a) **Hohe Temperaturen:** $k_B T \gg \hbar\omega_r(\boldsymbol{q})$

$$\left\langle b_{qr}^+ b_{qr} \right\rangle = \left\{ 1 + \frac{\hbar\omega_r(\boldsymbol{q})}{k_B T} + \cdots - 1 \right\}^{-1} \approx \frac{k_B T}{\hbar\omega_r(\boldsymbol{q})}$$

$$\Rightarrow \quad U(T) \approx \sum_{r,q} k_B T \left(1 + \frac{1}{2} \frac{\hbar\omega_r(\boldsymbol{q})}{k_B T} + \cdots \right) \approx 3pNk_B T .$$

Dies ist das bekannte klassische Resultat. Jeder der $3pN$ Oszillatoren steuert im Mittel $k_B T$ ($\frac{1}{2}k_B T$ aus kinetischer, $\frac{1}{2}k_B T$ aus potentieller Energie: Gleichverteilungssatz) zur inneren Energie bei! $\Rightarrow$ Spezifische Wärme: $C_V \simeq 3pNk_B$ („Dulong-Petit'sches Gesetz").

b) **Tiefe Temperaturen:** $k_B T \ll \hbar\omega_r(\boldsymbol{q})$
Optische Zweige können vernachlässigt werden, da

$$\left\langle b_{qr}^+ b_{qr} \right\rangle^{\text{opt.}} \approx 0 .$$

Dies gilt nicht für die drei akustischen Zweige, da diese ja für $q \to 0$ verschwindende Energien aufweisen.
Zur Auswertung von $U(T)$ verwandeln wir zunächst die $\boldsymbol{q}$-Summation in eine ω-Integration. Man begründe dazu die folgende Darstellung der Zustandsdichte:

$$D_r(\omega) = \sum_{q} \delta\left(\omega - \omega_r(\boldsymbol{q})\right)$$

$$\Rightarrow \quad \underset{\substack{\uparrow \\ \textit{Nullpunktsenergie}}}{U(T) - U(0)} = \sum_{r=1}^{3} \int_{-\infty}^{+\infty} d\omega \, \frac{\hbar\omega D_r(\omega)}{\exp(\beta\hbar\omega) - 1} .$$

Bei tiefen Temperaturen benutzen wir für die akustischen Zweige die Debye-Näherung aus Aufgabe 2.2.4:

$$U(T) - U(0) = \sum_{r=1}^{3} \frac{V}{2\pi^2 \bar{v}_r^3} \int_0^{\omega_r^D} d\omega \, \frac{\hbar\omega^3}{e^{\beta\hbar\omega} - 1} = \sum_{r=1}^{3} \frac{3N}{(\omega_r^D)^3} \int_0^{\omega_r^D} d\omega \, \frac{\hbar\omega^3}{e^{\beta\hbar\omega} - 1} .$$

2. **Spezifische Wärme**

$$C_V = \left(\frac{\partial U}{\partial T}\right)_V = \sum_{r=1}^{3} \frac{3N}{(\omega_r^D)^3} \frac{1}{k_B T^2} \int_0^{\omega_r^D} d\omega \frac{\hbar^2 \omega^4 e^{\beta\hbar\omega}}{(e^{\beta\hbar\omega} - 1)^2} ,$$

$$x = \beta\hbar\omega \quad \Rightarrow \quad d\omega = \frac{k_B T}{\hbar} dx ; \quad \hbar^2 \omega^4 = \frac{x^4 (k_B T)^4}{\hbar^2} ,$$

$$\Theta_D^{(r)} = \frac{\hbar \omega_r^D}{k_B} \quad \text{(„Debye-Temperatur“)}$$

$$\Rightarrow \quad C_V \approx \sum_{r=1}^{3} 3Nk_B \left(\frac{T}{\Theta_D^{(r)}}\right)^3 \int_0^{\Theta_D^{(r)}/T} dx \frac{x^4 e^x}{(e^x - 1)^2} .$$

Tiefe Temperaturen:

$$T \ll \Theta_D^{(r)} \quad \Rightarrow \quad \int_0^{\Theta_D^{(r)}/T} dx \frac{x^4 e^x}{(e^x - 1)^2} \approx \int_0^{\infty} dx \frac{x^4 e^x}{(e^x - 1)^2} = \frac{4}{15}\pi^4$$

$$\Rightarrow \quad C_V = N\alpha T^3 \quad \text{(„Debye'sches } T^3\text{-Gesetz“)} ,$$

$$\alpha = \frac{4}{5}\pi^4 k_B \sum_{r=1}^{3} \left(\Theta_D^{(r)}\right)^{-3} .$$

Lösung zu Aufgabe 2.2.6

$$\ddot{Q}_r(\mathbf{q}, t) \overset{(2.143)}{=} \frac{1}{\sqrt{N}} \sum_{m,\alpha,i} \sqrt{M_\alpha}\, \ddot{u}_{\alpha,i}^{m}(t)\, \varepsilon_{\alpha,i}^{(r)*}(\mathbf{q})\, e^{-i\mathbf{q}\cdot\mathbf{R}^m}$$

$$\overset{(2.127)}{=} \frac{1}{\sqrt{N}} \sum_{m,\alpha,i} \left[-\frac{1}{\sqrt{M_\alpha}} \sum_{n,\beta,j} \varphi_{m,\alpha,i}^{n,\beta,j}\, u_{\beta,j}^{n}(t) \right] \varepsilon_{\alpha,i}^{(r)*}(\mathbf{q})\, e^{-i\mathbf{q}\cdot\mathbf{R}^m}$$

$$\overset{(2.142)}{=} -\frac{1}{N} \sum_{\substack{m,\alpha,i \\ n,\beta,j}} \frac{1}{\sqrt{M_\alpha M_\beta}} \varphi_{m,\alpha,i}^{n,\beta,j}\, \varepsilon_{\alpha,i}^{(r)*}(\mathbf{q})\, e^{-i\mathbf{q}\cdot\mathbf{R}^m} \sum_{r',\mathbf{q}'} Q_{r'}(\mathbf{q}', t)\, \varepsilon_{\beta,j}^{(r')}(\mathbf{q}')\, e^{i\mathbf{q}'\cdot\mathbf{R}^n}$$

$$\overset{(2.136)}{=} -\frac{1}{N} \sum_{\substack{\alpha,i \\ n,\beta,j}} K_{i,j}^{\alpha,\beta}(\mathbf{q})\, e^{-i\mathbf{q}\cdot\mathbf{R}^n}\, \varepsilon_{\alpha,i}^{(r)*}(\mathbf{q}) \sum_{r',\mathbf{q}'} Q_{r'}(\mathbf{q}', t)\, \varepsilon_{\beta,j}^{(r')}(\mathbf{q}')\, e^{i\mathbf{q}'\cdot\mathbf{R}^n}$$

$$= -\sum_{\substack{\alpha,i \\ \beta,j}} K_{i,j}^{\alpha,\beta}(\mathbf{q})\, \varepsilon_{\alpha,i}^{(r)*}(\mathbf{q}) \sum_{r',\mathbf{q}'} Q_{r'}(\mathbf{q}', t)\, \varepsilon_{\beta,j}^{(r')}(\mathbf{q}')\, \delta_{\mathbf{q},\mathbf{q}'}$$

$$= -\sum_{\alpha,i} \left(\sum_{\beta,j} K_{i,j}^{\alpha,\beta}(\mathbf{q})\, \varepsilon_{\beta,j}^{(r')}(\mathbf{q}) \right) \varepsilon_{\alpha,i}^{(r)*}(\mathbf{q}) \sum_{r'} Q_{r'}(\mathbf{q}, t)$$

$$\overset{(2.134)}{=} -\sum_{r'} Q_{r'}(\boldsymbol{q},t)\,\omega_{r'}^2(\boldsymbol{q})\left(\sum_{\alpha,i}\varepsilon_{\alpha,i}^{(r')}(\boldsymbol{q})\,\varepsilon_{\alpha,i}^{(r)*}(\boldsymbol{q})\right)$$

$$\overset{(2.141)}{=} -\sum_{r'} Q_{r'}(\boldsymbol{q},t)\,\omega_{r'}^2(\boldsymbol{q})\,\delta_{r,r'}\,.$$

Das bedeutet:

$$\ddot{Q}_r(\boldsymbol{q},t)+\omega_r^2(\boldsymbol{q})\,Q_r(\boldsymbol{q},t)=0\quad\forall\boldsymbol{q}\,,\ r=1,2\ldots 3p\,.$$

Abschnitt 2.3.3

Lösung zu Aufgabe 2.3.1

Erzeugungs- und Vernichtungsoperatoren für Cooper-Paare:

$$b_{\boldsymbol{k}}^+ = a_{\boldsymbol{k}\uparrow}^+ a_{-\boldsymbol{k}\downarrow}^+\,;\qquad b_{\boldsymbol{k}} = a_{-\boldsymbol{k}\downarrow}a_{\boldsymbol{k}\uparrow}\,.$$

Dabei sind:

$a_{\boldsymbol{k}\sigma}, a_{\boldsymbol{k}\sigma}^+$: Konstruktionsoperatoren für Elektronen in der Bloch-Darstellung!

Fundamentale Vertauschungsrelationen:

a)

$$[b_{\boldsymbol{k}}, b_{\boldsymbol{k}'}]_- = \left[a_{-\boldsymbol{k}\downarrow}a_{\boldsymbol{k}\uparrow}, a_{-\boldsymbol{k}'\downarrow}a_{\boldsymbol{k}'\uparrow}\right]_- = 0\,,$$

$\left[b_{\boldsymbol{k}}^+, b_{\boldsymbol{k}'}^+\right]_- = 0\,,$ da die Fermionen-Erzeuger und Vernichter miteinander antikommutieren.

b)

$$\begin{aligned}\left[b_{\boldsymbol{k}}, b_{\boldsymbol{k}'}^+\right]_- &= \left[a_{-\boldsymbol{k}\downarrow}a_{\boldsymbol{k}\uparrow}, a_{\boldsymbol{k}'\uparrow}^+ a_{-\boldsymbol{k}'\downarrow}^+\right]_- \\ &= \delta_{\boldsymbol{k}\boldsymbol{k}'}a_{-\boldsymbol{k}\downarrow}a_{-\boldsymbol{k}'\downarrow}^+ - \delta_{-\boldsymbol{k},-\boldsymbol{k}'}a_{\boldsymbol{k}'\uparrow}^+ a_{\boldsymbol{k}\uparrow} \\ &= \delta_{\boldsymbol{k}\boldsymbol{k}'}\left(1-\hat{n}_{-\boldsymbol{k}\downarrow}-\hat{n}_{\boldsymbol{k}\uparrow}\right)\,.\end{aligned}$$

Cooper-Paare sind also trotz Gesamtspin 0 keine *echten* Bosonen, da nur zwei der drei fundamentalen Vertauschungsrelationen erfüllt sind.

c)

$$b_k^2 = \left(b_k^+\right)^2 = 0 \quad \text{wie bei Fermionen,}$$
$$\left[b_k, b_{k'}\right]_+ = 2b_k b_{k'} \neq 0 \quad \text{für} \quad \boldsymbol{k} \neq \boldsymbol{k}' .$$

Natürlich auch keine echten Fermionen!

Lösung zu Aufgabe 2.3.2

1. Modell-Hamilton-Operator:

$$H = \sum_{k\sigma} \varepsilon(\boldsymbol{k}) a^+_{k\sigma} a_{k\sigma} + \sum_{kq\sigma} V_k(\boldsymbol{q}) a^+_{k+q\sigma} a^+_{-k-q-\sigma} a_{-k-\sigma} a_{k\sigma} .$$

Wechselwirkung nur zwischen den beiden *Zusatzelektronen*, die nach Voraussetzung entgegengesetzte Spins und entgegengesetzte Wellenzahlen aufweisen!

2. Cooper-Paar-Zustand:

$$\begin{aligned}
|\psi\rangle &= \frac{1}{\sqrt{2}} \sum_{k\sigma} \alpha_\sigma(\boldsymbol{k}) a^+_{k\sigma} a^+_{-k-\sigma} |\mathrm{FK}\rangle \\
&= \frac{1}{\sqrt{2}} \sum_{k'\sigma'} \alpha_{-\sigma'}\left(-\boldsymbol{k}'\right) a^+_{-k'-\sigma'} a^+_{k'\sigma'} |\mathrm{FK}\rangle \\
&= -\frac{1}{\sqrt{2}} \sum_{k\sigma} \alpha_{-\sigma}(-\boldsymbol{k}) a^+_{k\sigma} a^+_{-k-\sigma} |\mathrm{FK}\rangle
\end{aligned}$$

$$\Rightarrow \quad \alpha_\sigma(\boldsymbol{k}) = -\alpha_{-\sigma}(-\boldsymbol{k}) .$$

3.

$$\begin{aligned}
1 \overset{!}{=} \langle\psi\,|\,\psi\rangle &= \frac{1}{2} \sum_{\substack{k\sigma \\ p\bar\sigma}} \alpha^*_\sigma(\boldsymbol{k}) \alpha_{\bar\sigma}(\boldsymbol{p}) \langle \mathrm{FK}| a_{-k-\sigma} a_{k\sigma} a^+_{p\bar\sigma} a^+_{-p-\bar\sigma} |\mathrm{FK}\rangle \\
&= \frac{1}{2} \sum_{\substack{k\sigma \\ p\bar\sigma}} \alpha^*_\sigma(\boldsymbol{k}) \alpha_{\bar\sigma}(\boldsymbol{p}) \Theta(k - k_\mathrm{F})\, \Theta(p - k_\mathrm{F}) \\
&\quad \cdot \left\{ \delta_{\sigma\bar\sigma} \delta_{kp} \langle \mathrm{FK}| a_{-k-\sigma} a^+_{-p-\bar\sigma} |\mathrm{FK}\rangle \right. \\
&\quad \left. - \delta_{\sigma-\bar\sigma} \delta_{k-p} \langle \mathrm{FK}| a_{-k-\sigma} a^+_{p\bar\sigma} |\mathrm{FK}\rangle \right\} \\
&= \frac{1}{2} \sum_{k\sigma} \alpha^*_\sigma(\boldsymbol{k}) \Theta(k - k_\mathrm{F})\, \Theta(k - k_\mathrm{F}) \\
&\quad \cdot \langle \mathrm{FK}|\, (1 - \hat n_{-k-\sigma})\, |\mathrm{FK}\rangle\, (\alpha_\sigma(\boldsymbol{k}) - \alpha_{-\sigma}(-\boldsymbol{k})) \\
&\overset{2.}{=} \frac{1}{2} \sum_{k\sigma}^{k > k_\mathrm{F}} 2 |\alpha_\sigma(\boldsymbol{k})|^2 \langle \mathrm{FK}\,|\,\mathrm{FK}\rangle = \sum_{k\sigma}^{k > k_\mathrm{F}} |\alpha_\sigma(\boldsymbol{k})|^2 .
\end{aligned}$$

Lösung zu Aufgabe 2.3.3

1.

$$
\begin{aligned}
&2\langle\psi\,|\,T\,|\,\psi\rangle\\
&= \sum_{\substack{kpq\\ \sigma\sigma'\sigma''}} \varepsilon(\boldsymbol{k})\alpha^*_{\sigma'}(\boldsymbol{p})\alpha_{\sigma''}(\boldsymbol{q})\,\langle \mathrm{FK}|a_{-\boldsymbol{p}-\sigma'}a_{\boldsymbol{p}\sigma'}a^+_{\boldsymbol{k}\sigma}a_{\boldsymbol{k}\sigma}a^+_{\boldsymbol{q}\sigma''}a^+_{-\boldsymbol{q}-\sigma''}\,|\mathrm{FK}\rangle\\
&= \sum_{\substack{kpq\\ \sigma\sigma'\sigma''}} \varepsilon(\boldsymbol{k})\alpha^*_{\sigma'}(\boldsymbol{p})\alpha_{\sigma''}(\boldsymbol{q})\Theta\,(p-k_\mathrm{F})\,\Theta\,(q-k_\mathrm{F})\\
&\quad\cdot\,\langle\mathrm{FK}|\Big\{\delta_{\sigma'\sigma}\delta_{\boldsymbol{pk}}a_{-\boldsymbol{p}-\sigma'}a_{\boldsymbol{k}\sigma}a^+_{\boldsymbol{q}\sigma''}a^+_{-\boldsymbol{q}-\sigma''}\\
&\quad+\delta_{\sigma'\sigma''}\delta_{\boldsymbol{pq}}a_{-\boldsymbol{p}-\sigma'}a^+_{\boldsymbol{k}\sigma}a_{\boldsymbol{k}\sigma}a^+_{-\boldsymbol{q}-\sigma''}\\
&\quad-\delta_{\sigma'-\sigma''}\delta_{\boldsymbol{p}-\boldsymbol{q}}a_{-\boldsymbol{p}-\sigma'}a^+_{\boldsymbol{k}\sigma}a_{\boldsymbol{k}\sigma}a^+_{\boldsymbol{q}\sigma''}\Big\}\,|\mathrm{FK}\rangle\\
&= \sum_{\substack{kq\\ \sigma\sigma''}} \varepsilon(\boldsymbol{k})\alpha_{\sigma''}(\boldsymbol{q})\Theta(q-k_\mathrm{F})\\
&\quad\cdot\,\Big\{\alpha^*_\sigma(\boldsymbol{k})\Theta\,(k-k_\mathrm{F})\,\langle\mathrm{FK}|a_{-\boldsymbol{k}-\sigma}a_{\boldsymbol{k}\sigma}a^+_{\boldsymbol{q}\sigma''}a^+_{-\boldsymbol{q}-\sigma''}\,|\mathrm{FK}\rangle\\
&\quad+\alpha^*_{\sigma''}(\boldsymbol{q})\Theta\,(q-k_\mathrm{F})\,\langle\mathrm{FK}|a_{-\boldsymbol{q}-\sigma''}a^+_{\boldsymbol{k}\sigma}a_{\boldsymbol{k}\sigma}a^+_{-\boldsymbol{q}-\sigma''}\,|\mathrm{FK}\rangle\\
&\quad-\alpha^*_{-\sigma''}(-\boldsymbol{q})\Theta\,(q-k_\mathrm{F})\,\langle\mathrm{FK}|a_{\boldsymbol{q}\sigma''}a^+_{\boldsymbol{k}\sigma}a_{\boldsymbol{k}\sigma}a^+_{\boldsymbol{q}\sigma''}\,|\mathrm{FK}\rangle\Big\}\\
&= \sum_{\substack{kq\\ \sigma\sigma''}} \varepsilon(\boldsymbol{k})\alpha^*_\sigma(\boldsymbol{k})\alpha_{\sigma''}(\boldsymbol{q})\Theta\,(q-k_\mathrm{F})\,\Theta\,(k-k_\mathrm{F})\\
&\quad\cdot\,\langle\mathrm{FK}|\left(\delta_{\sigma\sigma''}\delta_{\boldsymbol{kq}}\,(1-\hat{n}_{-\boldsymbol{k}-\sigma})-\delta_{\sigma-\sigma''}\delta_{\boldsymbol{k}-\boldsymbol{q}}\,(1-\hat{n}_{-\boldsymbol{k}-\sigma})\right)|\mathrm{FK}\rangle\\
&\quad+\sum_{\substack{kq\\ \sigma\sigma''}} \varepsilon(\boldsymbol{k})\alpha^*_{\sigma''}(\boldsymbol{q})\alpha_{\sigma''}(\boldsymbol{q})\,(\Theta\,(q-k_\mathrm{F}))^2\\
&\quad\cdot\,\langle\mathrm{FK}|\left(\delta_{\sigma-\sigma''}\delta_{-\boldsymbol{q}\boldsymbol{k}}\,(1-\hat{n}_{\boldsymbol{k}\sigma})+\hat{n}_{\boldsymbol{k}\sigma}+\delta_{\sigma''\sigma}\delta_{\boldsymbol{qk}}\,(1-\hat{n}_{\boldsymbol{k}\sigma})+\hat{n}_{\boldsymbol{k}\sigma}\right)|\mathrm{FK}\rangle
\end{aligned}
$$

$$
\begin{aligned}
\Rightarrow\quad \langle\psi\,|\,T\,|\,\psi\rangle &= \frac{1}{2}\sum_{k\sigma}\varepsilon(\boldsymbol{k})\alpha^*_\sigma(\boldsymbol{k})\,(\Theta\,(k-k_\mathrm{F}))^2\,(\alpha_\sigma(\boldsymbol{k})-\alpha_{-\sigma}(-\boldsymbol{k}))\\
&\quad+\frac{1}{2}\sum_{k\sigma}\varepsilon(\boldsymbol{k})\,(\Theta\,(k-k_\mathrm{F}))^2\left(|\alpha_{-\sigma}(-\boldsymbol{k})|^2+|\alpha_\sigma(\boldsymbol{k})|^2\right)\\
&\quad+\frac{1}{2}2\sum_{k\sigma}\varepsilon(\boldsymbol{k})\Theta\,(k_\mathrm{F}-k)\sum_{q\sigma''}^{q>k_\mathrm{F}}|\alpha_{\sigma''}(\boldsymbol{q})|^2
\end{aligned}
$$

$$= \frac{1}{2} \sum_{k\sigma}^{k>k_F} \varepsilon(\boldsymbol{k}) \left|\alpha_\sigma(\boldsymbol{k})\right|^2 (2+2) + \sum_{k\sigma}^{k<k_F} \varepsilon(\boldsymbol{k})$$

$$= 2 \sum_{k\sigma}^{k>k_F} \varepsilon(\boldsymbol{k}) \left|\alpha_\sigma(\boldsymbol{k})\right|^2 + 2 \sum_{\boldsymbol{k}}^{k<k_F} \varepsilon(\boldsymbol{k}) \quad \text{q. e. d.}$$

2.

$$\begin{aligned}
&2\langle\psi \mid V \mid \psi\rangle \\
&= \sum_{\substack{\boldsymbol{k}\boldsymbol{q}\sigma \\ \boldsymbol{p}_1\sigma_1\boldsymbol{p}_2\sigma_2}} V_{\boldsymbol{k}}(\boldsymbol{q}) \alpha^*_{\sigma_1}(\boldsymbol{p}_1) \alpha_{\sigma_2}(\boldsymbol{p}_2)\, \Theta(p_1 - k_F)\, \Theta(p_2 - k_F) \\
&\quad \cdot \langle \mathrm{FK} | a_{-\boldsymbol{p}_1 - \sigma_1} a_{\boldsymbol{p}_1\sigma_1} a^+_{\boldsymbol{k}+\boldsymbol{q}\sigma} a^+_{-\boldsymbol{k}-\boldsymbol{q}-\sigma} a_{-\boldsymbol{k}-\sigma} a_{\boldsymbol{k}\sigma} \\
&\quad \cdot a^+_{\boldsymbol{p}_2\sigma_2} a^+_{-\boldsymbol{p}_2-\sigma_2} | \mathrm{FK} \rangle \\
&= \sum_{\substack{\boldsymbol{k}\boldsymbol{q}\sigma \\ \boldsymbol{p}_1\sigma_1\boldsymbol{p}_2\sigma_2}} V_{\boldsymbol{k}}(\boldsymbol{q}) \alpha^*_{\sigma_1}(\boldsymbol{p}_1) \alpha_{\sigma_2}(\boldsymbol{p}_2) \Theta(p_1 - k_F)\, \Theta(p_2 - k_F) \\
&\quad \cdot \langle \mathrm{FK} | \Big\{ \delta_{\sigma_1\sigma} \delta_{\boldsymbol{p}_1, \boldsymbol{k}+\boldsymbol{q}} a_{-\boldsymbol{p}_1-\sigma_1} a^+_{-\boldsymbol{k}-\boldsymbol{q}-\sigma} a_{-\boldsymbol{k}-\sigma} a_{\boldsymbol{k}\sigma} \\
&\quad \cdot a^+_{\boldsymbol{p}_2\sigma_2} a^+_{-\boldsymbol{p}_2-\sigma_2} - \delta_{\sigma_1 -\sigma} \delta_{\boldsymbol{p}_1, -\boldsymbol{k}-\boldsymbol{q}} \\
&\quad \cdot a_{-\boldsymbol{p}_1-\sigma_1} a^+_{\boldsymbol{k}+\boldsymbol{q}\sigma} a_{-\boldsymbol{k}-\sigma} a_{\boldsymbol{k}\sigma} a^+_{\boldsymbol{p}_2\sigma_2} a^+_{-\boldsymbol{p}_2-\sigma_2} \\
&\qquad + \delta_{\sigma_1\sigma_2} \delta_{\boldsymbol{p}_1\boldsymbol{p}_2} a_{-\boldsymbol{p}_1-\sigma_1} a^+_{\boldsymbol{k}+\boldsymbol{q}\sigma} a^+_{-\boldsymbol{q}-\boldsymbol{k}-\sigma} a_{-\boldsymbol{k}-\sigma} a_{\boldsymbol{k}\sigma} a^+_{-\boldsymbol{p}_2-\sigma_2} \\
&\qquad - \delta_{\sigma_1 -\sigma_2} \delta_{\boldsymbol{p}_1, -\boldsymbol{p}_2} a_{-\boldsymbol{p}_1-\sigma_1} a^+_{\boldsymbol{k}+\boldsymbol{q}\sigma} a^+_{-\boldsymbol{k}-\boldsymbol{q}-\sigma} a_{-\boldsymbol{k}-\sigma} a_{\boldsymbol{k}\sigma} a^+_{\boldsymbol{p}_2\sigma_2} \Big\} | \mathrm{FK} \rangle \\
&= \sum_{\substack{\boldsymbol{k}\boldsymbol{q}\sigma \\ \boldsymbol{p}_2\sigma_2}} V_{\boldsymbol{k}}(\boldsymbol{q}) \alpha_{\sigma_2}(\boldsymbol{p}_2)\, \Theta(p_2 - k_F) \\
&\quad \cdot \langle \mathrm{FK} | \Big\{ \Big(\alpha^*_\sigma(\boldsymbol{k}+\boldsymbol{q}) \Theta(|\boldsymbol{k}+\boldsymbol{q}| - k_F) \\
&\quad \cdot a_{-\boldsymbol{k}-\boldsymbol{q}-\sigma} a^+_{-\boldsymbol{k}-\boldsymbol{q}-\sigma} - \alpha^*_{-\sigma}(-\boldsymbol{k}-\boldsymbol{q}) \\
&\quad \cdot \Theta(|\boldsymbol{k}+\boldsymbol{q}| - k_F)\, a_{\boldsymbol{k}+\boldsymbol{q}\sigma} a^+_{\boldsymbol{k}+\boldsymbol{q}\sigma} \Big) \\
&\quad \cdot a_{-\boldsymbol{k}-\sigma} a_{\boldsymbol{k}\sigma} a^+_{\boldsymbol{p}_2\sigma_2} a^+_{-\boldsymbol{p}_2-\sigma_2} \\
&\qquad + \Big(\alpha^*_{\sigma_2}(\boldsymbol{p}_2)\, \Theta(p_2 - k_F)\, a_{-\boldsymbol{p}_2-\sigma_2} a^+_{\boldsymbol{k}+\boldsymbol{q}\sigma} \\
&\qquad \cdot a^+_{-\boldsymbol{q}-\boldsymbol{k}-\sigma} a_{-\boldsymbol{k}-\sigma} a_{\boldsymbol{k}\sigma} a^+_{-\boldsymbol{p}_2-\sigma_2} \\
&\qquad - \alpha^*_{-\sigma_2}(-\boldsymbol{p}_2)\, \Theta(p_2 - k_F)\, a_{\boldsymbol{p}_2\sigma_2} a^+_{\boldsymbol{k}+\boldsymbol{q}\sigma} \\
&\qquad \cdot a^+_{-\boldsymbol{k}-\boldsymbol{q}-\sigma} a_{-\boldsymbol{k}-\sigma} a_{\boldsymbol{k}\sigma} a^+_{\boldsymbol{p}_2\sigma_2} \Big) \Big\}\, | \mathrm{FK} \rangle
\end{aligned}$$

$$
\begin{aligned}
&= \sum_{\substack{kq\sigma\\ p_2\sigma_2}} V_k(q)\alpha_{\sigma_2}(p_2)\,\alpha^*_\sigma(k+q)\Theta\left(|k+q|-k_F\right)\\
&\quad\cdot 2\left\langle FK\left|a_{-k-\sigma}a_{k\sigma}a^+_{p_2\sigma_2}a^+_{-p_2-\sigma_2}\right|FK\right\rangle\\
&\quad+\sum_{\substack{kq\sigma\\ p_2\sigma_2}} V_k(q)\left|\alpha_{\sigma_2}(p_2)\right|^2\Theta\left(p_2-k_F\right)\langle FK|\Big\{\delta_{-\sigma_2\sigma}\\
&\qquad\cdot\delta_{-p_2,k+q}a^+_{-q-k-\sigma}a_{-k-\sigma}a_{k\sigma}a^+_{-p_2-\sigma_2}\\
&\qquad-\delta_{\sigma\sigma_2}\delta_{p_2,k+q}a^+_{k+q\sigma}a_{-k-\sigma}a_{k\sigma}a^+_{-p_2-\sigma_2}\\
&\qquad+a^+_{k+q\sigma}a^+_{-k-q-\sigma}a_{-k-\sigma}a_{k\sigma}\left(1-\hat{n}_{-p_2-\sigma_2}\right)\\
&\qquad+\delta_{\sigma\sigma_2}\delta_{p_2,k+q}a^+_{-k-q-\sigma}a_{-k-\sigma}a_{k\sigma}a^+_{p_2\sigma_2}\\
&\qquad-\delta_{\sigma-\sigma_2}\delta_{p_2,-k-q}a^+_{k+q\sigma}a_{-k-\sigma}a_{k\sigma}a^+_{p_2\sigma_2}\\
&\qquad+a^+_{k+q\sigma}a^+_{-k-q-\sigma}a_{-k-\sigma}a_{k\sigma}\left(1-\hat{n}_{p_2\sigma_2}\right)\Big\}|FK\rangle\\
&= \sum_{\substack{kq\sigma\\ p_2\sigma_2}} 2V_k(q)\alpha_{\sigma_2}(p_2)\alpha^*_\sigma(k+q)\Theta\left(|k+q|-k_F\right)\Theta(k-k_F)\\
&\quad\cdot\langle FK|\Big(\delta_{\sigma\sigma_2}\delta_{kp_2}\left(1-\hat{n}_{k-\sigma}\right)-\delta_{\sigma-\sigma_2}\delta_{k-p_2}\left(1-\hat{n}_{k-\sigma}\right)\Big)|FK\rangle\\
&\quad+\sum_{kq\sigma}V_k(q)\left|\alpha_\sigma(k+q)\right|^2\Theta\left(|k+q|-k_F\right)\\
&\qquad\cdot\langle FK|\Big(a^+_{-k-q-\sigma}a_{-k-\sigma}a_{k\sigma}a^+_{k+q\sigma}-a^+_{k+q\sigma}a_{-k-\sigma}a_{k\sigma}a^+_{-k-q-\sigma}\\
&\qquad+a^+_{k+q\sigma}a^+_{-k-q-\sigma}a_{-k-\sigma}a_{k\sigma}+a^+_{-k-q-\sigma}a_{-k-\sigma}a_{k\sigma}a^+_{k+q\sigma}\\
&\qquad-a^+_{k+q\sigma}a_{-k-\sigma}a_{k\sigma}a^+_{-k-q-\sigma}+a^+_{k+q\sigma}a^+_{-k-q-\sigma}a_{-k-\sigma}a_{k\sigma}\Big)|FK\rangle\,.
\end{aligned}
$$

Die zweite Summe verschwindet, da

$$\langle FK|a^+_{k+q\sigma}=\langle FK|a^+_{-k-q-\sigma}=0\,,\qquad \text{falls}\quad |k+q|>k_F\,.$$

In der ersten Summe benutzen wir, wie bereits mehrfach vorher:

$$\alpha_\sigma(k)=-\alpha_{-\sigma}(-k)\,.$$

Damit bleibt:

$$\langle\psi\mid V\mid\psi\rangle=2\sum_{kq\sigma}^{\substack{k>k_F\\ |k+q|>k_F}}V_k(q)\alpha^*_\sigma(k+q)\alpha_\sigma(k)\qquad\text{q. e. d.}$$

Lösung zu Aufgabe 2.3.4

Energie des Modellsystems im *Cooper-Paar-Zustand* nach Aufgabe 2.3.3:

$$E = \langle \psi | H | \psi \rangle$$

$$= 2 \sum_{\boldsymbol{k},\sigma}^{k>k_F} \varepsilon(\boldsymbol{k}) |\alpha_\sigma(\boldsymbol{k})|^2 + 2 \sum_{\boldsymbol{k}}^{k \le k_F} \varepsilon(\boldsymbol{k}) + 2 \sum_{\boldsymbol{k},\boldsymbol{q},\sigma}^{\substack{k>k_F \\ |\boldsymbol{k}+\boldsymbol{q}|>k_F}} V_{\boldsymbol{k}}(\boldsymbol{q}) \alpha_\sigma^*(\boldsymbol{k}+\boldsymbol{q}) \alpha_\sigma(\boldsymbol{k}) \,.$$

1. Zur Bestimmung der $\alpha_\sigma(\boldsymbol{k})$ minimieren wir E, wobei wir die Randbedingung

$$\sum_{\boldsymbol{k},\sigma}^{k>k_F} |\alpha_\sigma(\boldsymbol{k})|^2 = 1$$

mit einem Lagrange-Parameter λ *ankoppeln*:

$$\frac{\partial}{\partial \alpha_\sigma^*(\boldsymbol{k})} \left(E - \lambda \sum_{\boldsymbol{k}',\sigma'}^{k'>k_F} |\alpha_{\sigma'}(\boldsymbol{k}')|^2 \right)$$

$$\overset{(k>k_F)}{=} 2\varepsilon(\boldsymbol{k}) \alpha_\sigma(\boldsymbol{k}) + 2 \sum_{\boldsymbol{q}}^{\substack{k>k_F \\ |\boldsymbol{k}-\boldsymbol{q}|>k_F}} V_{\boldsymbol{k}-\boldsymbol{q}}(\boldsymbol{q}) \alpha_\sigma(\boldsymbol{k}-\boldsymbol{q}) - \lambda \alpha_\sigma(\boldsymbol{k}) \overset{!}{=} 0 \,.$$

Multiplizieren mit $\alpha_\sigma^*(\boldsymbol{k})$, dann summieren über alle $\boldsymbol{k}$ und σ $(k > k_F)$:

$$\lambda = E - 2 \sum_{\boldsymbol{k}}^{k<k_F} \varepsilon(\boldsymbol{k}) = \widehat{E} \,.$$

Der Lagrange-Parameter entspricht also der Zusatzenergie durch die beiden Elektronen des Cooper-Paares. – Mit der in Aufgabe 2.3.2 vereinbarten Vereinfachung für das Matrixelement folgt weiter:

$$\left(2\varepsilon(\boldsymbol{k}) - \widehat{E}\right) \alpha_\sigma(\boldsymbol{k}) = 2V \sum_{\boldsymbol{k}'}^{k'>k_F} \alpha_\sigma\left(\boldsymbol{k}'\right) \equiv 2A_\sigma$$

$$\Leftrightarrow \quad A_\sigma = \sum_{\boldsymbol{k}} \frac{2VA_\sigma}{2\varepsilon(\boldsymbol{k}) - \widehat{E}} \,.$$

Die $\boldsymbol{k}$-Summation läuft natürlich nur über solche Wellenzahl-Vektoren, für die $V \neq 0$ ist. Wir verwandeln die Summe in ein Integral:

$$1 = 2NV \int_{\varepsilon_F}^{\varepsilon_F + \hbar\omega_D} dx \, \frac{\rho_0(x)}{2x - \widehat{E}} \approx 2NV \rho_0(\varepsilon_F) \int_{\varepsilon_F}^{\varepsilon_F + \hbar\omega_D} \frac{dx}{2x - \widehat{E}}$$

$$\approx 2NV\rho_0(\varepsilon_F)\frac{1}{2}\ln\frac{2(\varepsilon_F+\hbar\omega_D)-\widehat{E}}{2\varepsilon_F-\widehat{E}}$$

$$\Rightarrow \quad \widehat{E}\approx 2\varepsilon_F-2\hbar\omega_D\frac{\exp(-1/NV\rho_0(\varepsilon_F))}{1-\exp(-1/NV\rho_0(\varepsilon_F))}\,.$$

Für $V \neq 0$ ist demnach die Energie des Cooper-Paares kleiner als die Energie zweier nicht miteinander wechselwirkender Elektronen an der Fermi-Kante. Das Cooper-Paar stellt somit einen gebundenen Zustand dar. Die Fermi-Kugel ist instabil gegenüber Cooper-Paarbildung!

Lösung zu Aufgabe 2.3.5

1.

$$1 \stackrel{!}{=} \langle \mathrm{BCS}\,|\,\mathrm{BCS}\rangle = \langle 0|\prod_k\prod_p (u_k+v_k b_k)\left(u_p+v_p b_p^+\right)|0\rangle\,.$$

Alle Operatoren kommutieren für unterschiedliche Wellenzahlen. Man kann die Terme deshalb sortieren und dann $b_k|0\rangle = \langle 0|b_k^+ = 0$ ausnutzen:

$$\begin{aligned}
1 &\stackrel{!}{=} \langle 0|\prod_k (u_k+v_k b_k)\left(u_k+v_k b_k^+\right)|0\rangle \\
&= \langle 0|\prod_k \left(u_k^2+v_k\left(b_k+b_k^+\right)u_k+v_k^2 b_k b_k^+\right)|0\rangle \\
&= \langle 0|\prod_k \left(u_k^2+v_k^2 b_k b_k^+\right)|0\rangle \\
&\stackrel{\text{Aufgabe 2.3.1}}{=} \langle 0|\prod_k \Big[u_k^2+v_k^2\left(b_k^+ b_k+1-\hat{n}_{k\uparrow}-\hat{n}_{-k\downarrow}\right)\Big]|0\rangle
\end{aligned}$$

$$b_k^+ b_k|0\rangle = \hat{n}_{k\sigma}|0\rangle = 0$$

$$\Rightarrow \quad 1 \stackrel{!}{=} \langle 0|\prod_k\left(u_k^2+v_k^2\right)|0\rangle = \prod_k\left(u_k^2+v_k^2\right)\,.$$

Alle $\boldsymbol{k}$-Terme sind gleichberechtigt und unabhängig voneinander:

$$1 = u_k^2+v_k^2\,.$$

2.

$$
\begin{aligned}
&\langle \mathrm{BCS} \mid b_k^+ b_k \mid \mathrm{BCS}\rangle \\
&= \langle 0| \prod_q \prod_p \left(u_q + v_q b_q\right) b_k^+ b_k \left(u_p + v_p b_p^+\right) |0\rangle \\
&= \langle 0| \left\{ \prod_q^{\neq k} \prod_p^{\neq k} \left(u_q + v_q b_q\right)\left(u_p + v_p b_p^+\right) \right\} \left(u_k + v_k b_k\right) b_k^+ b_k \left(u_k + v_k b_k^+\right) |0\rangle \\
&= \langle 0| \left\{ \prod_q^{\neq k} \prod_p^{\neq k} \left(u_q + v_q b_q\right)\left(u_p + v_p b_p^+\right) \right\} v_k^2 b_k b_k^+ b_k b_k^+ |0\rangle \ .
\end{aligned}
$$

Wie in Teil 1.: $b_k b_k^+ |0\rangle = |0\rangle$

$$
\begin{aligned}
\Rightarrow \quad \langle \mathrm{BCS} \mid b_k^+ b_k \mid \mathrm{BCS}\rangle &= v_k^2 \langle 0| \prod_q^{\neq k} \prod_p^{\neq k} \left(u_q + v_q b_q\right)\left(u_p + v_p b_p^+\right) |0\rangle \\
&\overset{1.}{=} v_k^2 \prod_p^{\neq k} \left(u_p^2 + v_p^2\right) \overset{1.}{=} v_k^2 \ .
\end{aligned}
$$

v_k^2 ist die Wahrscheinlichkeit dafür, dass das Cooper-Paar $(\boldsymbol{k}\uparrow, -\boldsymbol{k}\downarrow)$ existiert! Der zweite Erwartungswert berechnet sich völlig analog:
$\boldsymbol{k} \neq \boldsymbol{p}$:

$$
\begin{aligned}
\langle \mathrm{BCS} \mid b_k^+ b_k b_p^+ b_p \mid \mathrm{BCS}\rangle &= \langle 0| \left\{ \prod_q^{\neq k,p} \prod_{q'}^{\neq k,p} \left(u_q + v_q b_q\right)\left(u_{q'} + v_{q'} b_{q'}^+\right) \right\} \\
&\quad \cdot \left(u_k + v_k b_k\right) b_k^+ b_k \left(u_k + v_k b_k^+\right)\left(u_p + v_p b_p\right) b_p^+ b_p \left(u_p + v_p b_p^+\right) |0\rangle \\
&= \langle 0| \left\{ \prod_q^{\neq k,p} \prod_{q'}^{\neq k,p} \left(u_q + v_q b_q\right)\left(u_{q'} + v_{q'} b_{q'}^+\right) \right\} v_k^2 v_p^2 b_k b_p^+ b_k b_k^+ b_p b_p^+ b_p b_p^+ |0\rangle \\
&= v_k^2 v_p^2 \langle 0| \left\{ \prod_q^{\neq k,p} \prod_{q'}^{\neq k,p} \left(u_q + v_q b_q\right)\left(u_{q'} + v_{q'} b_{q'}^+\right) \right\} |0\rangle \\
&= v_k^2 v_p^2 \quad \left(= v_k^2 \quad \text{für} \quad \boldsymbol{k} = \boldsymbol{p}\right) \ .
\end{aligned}
$$

$$
\langle \mathrm{BCS} \mid b_k^+ b_k \left(1 - b_p^+ b_p\right) \mid \mathrm{BCS}\rangle = v_k^2 - v_k^2 v_p^2 = v_k^2 u_p^2 \ , \quad \text{falls} \quad \boldsymbol{k} \neq \boldsymbol{p}
$$

(= 0, falls $\boldsymbol{k} = \boldsymbol{p}$). u_p^2 ist die Wahrscheinlichkeit dafür, dass das Cooper-Paar $(\boldsymbol{p}\uparrow, -\boldsymbol{p}\downarrow)$ **nicht** existiert!

Bleibt noch zu berechnen:

$$\begin{aligned}
&\left\langle \mathrm{BCS} \middle| b_p^+ b_k \middle| \mathrm{BCS} \right\rangle \\
&= \langle 0| \left\{ \prod_q^{\neq k,p} \prod_{q'}^{\neq k,p} \left(u_q + v_q b_q\right)\left(u_{q'} + v_{q'} b_{q'}^+\right) \right\} \\
&\quad \cdot \left(u_p + v_p b_p\right) b_p^+ \left(u_p + v_p b_p^+\right)\left(u_k + v_k b_k\right) b_k \left(u_k + v_k b_k^+\right) |0\rangle \\
&= \langle 0| \left\{ \prod_q^{\neq k,p} \prod_{q'}^{\neq k,p} \left(u_q + v_q b_q\right)\left(u_{q'} + v_{q'} b_{q'}^+\right) \right\} u_p v_p b_p b_p^+ u_k v_k b_k b_k^+ |0\rangle \\
&= u_p v_p u_k v_k \langle 0| \left\{ \prod_q^{\neq k,p} \prod_{q'}^{\neq k,p} \left(u_q + v_q b_q\right)\left(u_{q'} + v_{q'} b_{q'}^+\right) \right\} |0\rangle \\
&\overset{\text{s. o.}}{=} u_p v_p u_k v_k \,.
\end{aligned}$$

Dabei wurden Ergebnisse aus Aufgabe 2.3.1 ausgenutzt:

$$\left(b_k^+\right)^2 = \left(b_k\right)^2 = 0\,.$$

Lösung zu Aufgabe 2.3.6

1. Phononen-induzierte Elektron-Elektron-Wechselwirkung (s. Aufgabe 2.3.2):

$$H = \sum_{k\sigma} \varepsilon(\boldsymbol{k}) a_{k\sigma}^+ a_{k\sigma} - V \sum_{\substack{kpq \\ \sigma,\sigma'}}^{q \neq 0} a_{k+q\sigma}^+ a_{p-q\sigma'}^+ a_{p\sigma'} a_{k\sigma}\,.$$

Variation soll mit $|\mathrm{BCS}\rangle$ durchgeführt werden. Nach Aufgabe 2.3.5 enthält dieser Testzustand nur Cooper-Paare. Deshalb kann H auf

$$\overline{H} = \sum_{k\sigma} \varepsilon(\boldsymbol{k}) a_{k\sigma}^+ a_{k\sigma} - V \sum_{p,k}^{p \neq k} b_p^+ b_k$$

reduziert werden. Alle anderen Terme liefern, auf $|\mathrm{BCS}\rangle$ angewendet, keinen Beitrag. Multipliziert man das Produkt in $|\mathrm{BCS}\rangle$ aus, so treten Terme mit unterschiedlicher Anzahl von Erzeugungsoperatoren b_k^+ auf. Daraus folgt: $|\mathrm{BCS}\rangle$ ist kein Zustand fester Teilchenzahl! Die Nebenbedingung $N = \mathrm{const}$ muss deshalb mithilfe eines Lagrange'schen Parameters μ (s. Bd. 2, Abschn. 1.2.5) *angekoppelt* werden:

$$H_{\mathrm{BCS}} = \overline{H}(\varepsilon(\boldsymbol{k}) \to t(\boldsymbol{k})) \quad t(\boldsymbol{k}) = \varepsilon(\boldsymbol{k}) - \mu\,.$$

2. Der Erwartungswert der potentiellen Energie wurde in Teil 2. von Aufgabe 2.3.5 berechnet.
Alle Operatoren kommutieren, solange sie zu unterschiedlichen Wellenzahlen $\boldsymbol{k}$ gehören: Deswegen kann man $\langle \mathrm{BCS} \mid a^+_{\boldsymbol{k}\sigma} a_{\boldsymbol{k}\sigma} \mid \mathrm{BCS} \rangle$ wie folgt sortieren:

$$\langle \mathrm{BCS} \mid a^+_{\boldsymbol{k}\sigma} a_{\boldsymbol{k}\sigma} \mid \mathrm{BCS} \rangle = \langle 0 | \left\{ \prod_{p}^{\neq \pm k} \left(u_p + v_p b_p \right) \left(u_p + v_p b^+_p \right) \right\}$$

$$\cdot \left(u_k + v_k b_k \right) \left(u_{-k} + v_{-k} b_{-k} \right) a^+_{\boldsymbol{k}\sigma} a_{\boldsymbol{k}\sigma} \left(u_k + v_k b^+_k \right) \left(u_{-k} + v_{-k} b^+_{-k} \right) |0\rangle \, ,$$

$$\left[a^+_{\boldsymbol{k}\sigma} a_{\boldsymbol{k}\sigma}, b^+_{\boldsymbol{k}} \right]_- = \left[a^+_{\boldsymbol{k}\sigma} a_{\boldsymbol{k}\sigma}, a^+_{\boldsymbol{k}\uparrow} a^+_{-\boldsymbol{k}\downarrow} \right]_- = \delta_{\sigma\uparrow} b^+_{\boldsymbol{k}} \, ,$$

$$\left[a^+_{\boldsymbol{k}\sigma} a_{\boldsymbol{k}\sigma}, b^+_{-\boldsymbol{k}} \right]_- = \delta_{\sigma\downarrow} b^+_{-\boldsymbol{k}} \, ,$$

$$\left[a^+_{\boldsymbol{k}\sigma} a_{\boldsymbol{k}\sigma}, b^+_{\boldsymbol{k}} b^+_{-\boldsymbol{k}} \right]_- = \left(\delta_{\sigma\downarrow} + \delta_{\sigma\uparrow} \right) b^+_{\boldsymbol{k}} b^+_{-\boldsymbol{k}} = b^+_{\boldsymbol{k}} b^+_{-\boldsymbol{k}} \, .$$

Damit folgt:

$$a^+_{\boldsymbol{k}\sigma} a_{\boldsymbol{k}\sigma} \left(u_k + v_k b^+_k \right) \left(u_{-k} + v_{-k} b^+_{-k} \right) |0\rangle$$
$$= \left(v_k u_{-k} \delta_{\sigma\uparrow} b^+_k + u_k v_{-k} \delta_{\sigma\downarrow} b^+_{-k} + v_k v_{-k} b^+_k b^+_{-k} \right) |0\rangle \, .$$

Es gilt weiter:

$$\langle 0 | \left(u_k + v_k b_k \right) \left(u_{-k} + v_{-k} b_{-k} \right) a^+_{\boldsymbol{k}\sigma} a_{\boldsymbol{k}\sigma} \left(u_k + v_k b^+_k \right) \left(u_{-k} + v_{-k} b^+_{-k} \right) |0\rangle$$
$$= \left(v_k u_{-k} \right)^2 \delta_{\sigma\uparrow} \langle 0 \mid b_k b^+_k \mid 0 \rangle + \left(u_k v_{-k} \right)^2 \delta_{\sigma\downarrow} \langle 0 \mid b_{-k} b^+_{-k} \mid 0 \rangle$$
$$+ v^2_k v^2_{-k} \langle 0 \mid b_k b_{-k} b^+_k b^+_{-k} \mid 0 \rangle$$
$$= v^2_k \delta_{\sigma\uparrow} + v^2_{-k} \delta_{\sigma\downarrow} \, .$$

Schlussfolgerungen wie in der letzten Aufgabe:

$$\langle \mathrm{BCS} \mid a^+_{\boldsymbol{k}\sigma} a_{\boldsymbol{k}\sigma} \mid \mathrm{BCS} \rangle = v^2_k \delta_{\sigma\uparrow} + v^2_{-k} \delta_{\sigma\downarrow} \, .$$

Wegen $t(-\boldsymbol{k}) = t(\boldsymbol{k})$ und Teil 2. von Aufgabe 2.3.5 bleibt schließlich:

$$E = 2 \sum_{\boldsymbol{k}} t(\boldsymbol{k}) v^2_k - V \sum_{k,p}^{k \neq p} v_k v_p u_k u_p \, .$$

3. Minimum-Bedingung:

$$0 \overset{!}{=} \frac{\mathrm{d}E}{\mathrm{d}v_k} = \left(\frac{\partial E}{\partial v_k} \right)_u + \left(\frac{\partial E}{\partial u_k} \right)_v \frac{\partial u_k}{\partial v_k} = \left(\frac{\partial E}{\partial v_k} \right)_u - \frac{v_k}{u_k} \left(\frac{\partial E}{\partial u_k} \right)_v$$
$$= 4t(\boldsymbol{k}) v_k - 2V \sum_{p}^{\neq k} v_p u_p u_k + 2V \frac{v_k}{u_k} \sum_{p}^{\neq k} v_k v_p u_p$$

$$= 4t(\mathbf{k})v_k + 2\Delta_k\left(\frac{v_k^2}{u_k} - u_k\right)$$

$$\Leftrightarrow \quad 4t^2(\mathbf{k})v_k^2u_k^2 = \Delta_k^2\left(v_k^2 - u_k^2\right)^2 = \Delta_k^2\left(4v_k^4 - 4v_k^2 + 1\right)$$

$$= -\Delta_k^2 4v_k^2u_k^2 + \Delta_k^2 \, .$$

Damit folgt:

$$u_kv_k = \frac{1}{2}\frac{\Delta_k}{\sqrt{t^2(\mathbf{k}) + \Delta_k^2}} \, .$$

Einsetzen in die Definitionsgleichung für Δ_k ergibt schließlich:

$$\Delta_k = \frac{1}{2}V\sum_p^{\neq k}\frac{\Delta_p}{\sqrt{t^2(\mathbf{p}) + \Delta_p^2}} \, .$$

4.

$$u_k^2v_k^2 = -v_k^4 + v_k^2 = -\left(v_k^2 - \frac{1}{2}\right)^2 + \frac{1}{4} = \frac{1}{4}\frac{\Delta_k^2}{t^2(\mathbf{k}) + \Delta_k^2}$$

$$\Rightarrow \quad v_k^2 = \frac{1}{2}\left(1 + \frac{t(\mathbf{k})}{-\sqrt{t^2(\mathbf{k}) + \Delta_k^2}}\right) \, ,$$

negative Wurzel, da für $\Delta \to 0$ keine Cooper-Paare existieren.

$$u_k^2 = \frac{1}{2}\left(1 + \frac{t(\mathbf{k})}{\sqrt{t^2(\mathbf{k}) + \Delta_k^2}}\right) \, .$$

BCS-Grundzustandsenergie:

$$E_0 = 2\sum_k t(\mathbf{k})\frac{1}{2}\left(1 - \frac{t(\mathbf{k}}{\sqrt{t^2(\mathbf{k}) + \Delta^2}}\right) - \sum_k v_ku_k\Delta_k$$

$$\Rightarrow \quad E_0 = \sum_k\left\{t(\mathbf{k}) - \frac{t^2(\mathbf{k}) + \frac{1}{2}\Delta_k^2}{\sqrt{t^2(\mathbf{k}) + \Delta_k^2}}\right\} \, .$$

Lösung zu Aufgabe 2.3.7

$$\mathrm{e}^S: \quad \text{unitäre Transformation} \quad \Leftrightarrow \quad \left(\mathrm{e}^S\right)^+ = \left(\mathrm{e}^S\right)^{-1}$$

$$\Leftrightarrow \quad S^+ = -S \, .$$

Nach (2.186):

$$S = \sum_{kq\sigma} T_q \left(x(\mathbf{k},\mathbf{q})b_q + y(\mathbf{k},\mathbf{q})b^+_{-q}\right) a^+_{k+q\sigma} a_{k\sigma}$$

$$\Rightarrow \quad S^+ = \sum_{kq\sigma} T^*_q \left(x^*(\mathbf{k},\mathbf{q})b^+_q + y^*(\mathbf{k},\mathbf{q})b_{-q}\right) a^+_{k\sigma} a_{k+q\sigma} ,$$

$$\mathbf{q} \to -\mathbf{q} ; \quad \mathbf{k} \to \mathbf{k}+\mathbf{q} ; \quad T^*_{-q} = T_q \quad (2.183) ,$$

$$\Rightarrow \quad S^+ = \sum_{kq\sigma} T_q \left(x^*(\mathbf{k}+\mathbf{q},-\mathbf{q})b^+_{-q} + y^*(\mathbf{k}+\mathbf{q},-\mathbf{q})b_q\right) a^+_{k+q\sigma} a_{k\sigma} .$$

$S^+ = -S$ gilt also offensichtlich genau dann, wenn

$$y^*(\mathbf{k}+\mathbf{q},-\mathbf{q}) \stackrel{!}{=} -x(\mathbf{k},\mathbf{q}) ,$$

$$x^*(\mathbf{k}+\mathbf{q},-\mathbf{q}) \stackrel{!}{=} -y(\mathbf{k},\mathbf{q})$$

erfüllt. Das ist nach (2.190) und (2.191) wegen $\hbar\omega(-\mathbf{q}) = \hbar\omega(\mathbf{q})$ offensichtlich der Fall!

Abschnitt 2.4.5

Lösung zu Aufgabe 2.4.1

$$\left[S^+(\mathbf{k}_1), S^-(\mathbf{k}_2)\right]_- = \sum_{i,j} e^{-i(\mathbf{k}_1\mathbf{R}_i + \mathbf{k}_2\mathbf{R}_j)} \left[S^+_i, S^-_j\right]_-$$

$$= \sum_{i,j} e^{-i(\mathbf{k}_1\mathbf{R}_i + \mathbf{k}_2\mathbf{R}_j)} 2\hbar\delta_{ij}S^z_i = 2\hbar \sum_i e^{-i(\mathbf{k}_1+\mathbf{k}_2)\cdot\mathbf{R}_i} S^z_i$$

$$= 2\hbar S^z(\mathbf{k}_1+\mathbf{k}_2) .$$

$$\left[S^z(\mathbf{k}_1), S^\pm(\mathbf{k}_2)\right]_- = \sum_{i,j} e^{-i(\mathbf{k}_1\cdot\mathbf{R}_i + \mathbf{k}_2\cdot\mathbf{R}_j)} \left[S^z_i, S^\pm_j\right]_-$$

$$= \pm\hbar \sum_{i,j} e^{-i(\mathbf{k}_1\cdot\mathbf{R}_i + \mathbf{k}_2\cdot\mathbf{R}_j)} \delta_{ij}S^\pm_i = \pm\hbar S^\pm(\mathbf{k}_1+\mathbf{k}_2) .$$

Lösung zu Aufgabe 2.4.2

$$
\begin{aligned}
&\sum_{i,j} J_{ij} S_i^\alpha S_j^\beta \\
&= \frac{1}{N^3} \sum_{i,j} \sum_{kqp} J(\boldsymbol{k}) S^\alpha(\boldsymbol{p}) S^\beta(\boldsymbol{q}) \mathrm{e}^{-\mathrm{i}\boldsymbol{k}\cdot(\boldsymbol{R}_i - \boldsymbol{R}_j)} \mathrm{e}^{\mathrm{i}\boldsymbol{p}\cdot\boldsymbol{R}_i} \mathrm{e}^{\mathrm{i}\boldsymbol{q}\cdot\boldsymbol{R}_j} \\
&= \frac{1}{N} \sum_{kqp} J(\boldsymbol{k}) S^\alpha(\boldsymbol{p}) S^\beta(\boldsymbol{q}) \delta_{\boldsymbol{k}\boldsymbol{p}} \delta_{\boldsymbol{k},-\boldsymbol{q}} = \frac{1}{N} \sum_{\boldsymbol{k}} J(\boldsymbol{k}) S^\alpha(\boldsymbol{k}) S^\beta(-\boldsymbol{k}) ,
\end{aligned}
$$

$$
\sum_i S_i^z = S^z(\boldsymbol{0}) .
$$

Hieraus folgt:

$$
\begin{aligned}
H &= -\sum_{i,j} J_{ij} \left(S_i^+ S_j^- + S_i^z S_j^z \right) - g_J \frac{\mu_\mathrm{B}}{\hbar} B_0 \sum_i S_i^z \\
&= -\frac{1}{N} \sum_{\boldsymbol{k}} J(\boldsymbol{k}) \left(S^+(\boldsymbol{k}) S^-(-\boldsymbol{k}) + S^z(\boldsymbol{k}) S^z(-\boldsymbol{k}) \right) - g_J \frac{\mu_\mathrm{B}}{\hbar} B_0 S^z(\boldsymbol{0}) .
\end{aligned}
$$

Lösung zu Aufgabe 2.4.3

$$
\begin{aligned}
H &= -\sum_{i,j} J_{ij} \left(S_i^+ S_j^- + S_i^z S_j^z \right) - b \sum_i S_i^z \\
&\left(b = g_J \frac{\mu_\mathrm{B}}{\hbar} B_0 \right) \\
&= -\sum_{i,j} J_{ij} \Big(2S\hbar^2 \varphi(n_i)\, a_i a_j^+ \varphi(n_j) \\
&\quad + \hbar^2 (S - n_i)(S - n_j) \Big) - b \sum_i \hbar (S - n_i) ,
\end{aligned}
$$

$$
\sum_{i,j} J_{ij} = N J_0 ; \quad \sum_i J_{ij} = \sum_j J_{ij} = J_0 .
$$

Grundzustandsenergie:

$$
E_0 = -N J_0 \hbar^2 S - N g_J \mu_\mathrm{B} B_0 S = E_0 (B_0) .
$$

Hieraus folgt:

$$H = E_0(B_0) + 2S\hbar^2 J_0 \sum_i n_i - 2S\hbar^2 \sum_{i,j} J_{ij}\varphi(n_i)\, a_i a_j^+ \varphi(n_j)$$

$$- \hbar^2 \sum_{i,j} J_{ij} n_i n_j \quad \text{q. e. d.}$$

Lösung zu Aufgabe 2.4.4

$$\frac{M_0 - M_s(T)}{M_0} = \frac{1}{NS} \sum_{\boldsymbol{q}} \frac{1}{\exp[\beta\hbar\omega(\boldsymbol{q})] - 1} .$$

Zunächst verwandeln wir die Summe in ein Integral:

$$\sum_{\boldsymbol{q}} \frac{1}{\exp[\beta\hbar\omega(\boldsymbol{q})] - 1} = \frac{V}{(2\pi)^3} \int \mathrm{d}^3 q \left(\mathrm{e}^{\beta\hbar\omega(\boldsymbol{q})} - 1\right)^{-1}$$

$$= \frac{V}{(2\pi)^3} \int \mathrm{d}^3 q \, \frac{\mathrm{e}^{-\beta\hbar\omega(\boldsymbol{q})}}{1 - \mathrm{e}^{-\beta\hbar\omega(\boldsymbol{q})}} = \frac{V}{(2\pi)^3} \sum_{n=1}^{\infty} \int \mathrm{d}^3 q \, \mathrm{e}^{-n\beta\hbar\omega(\boldsymbol{q})} .$$

Integriert wird über die erste Brillouin-Zone. Für tiefe Temperaturen ist β sehr groß, sodass zum Integral nur die kleinen Magnonenenergien wesentlich beitragen. Das sind die mit kleinem $|\boldsymbol{q}|$:

$$J_0 - J(\boldsymbol{q}) = \frac{1}{N} \sum_{i,j} J_{ij} \left(1 - \mathrm{e}^{\mathrm{i}\boldsymbol{q}\cdot\boldsymbol{R}_{ij}}\right) \approx \frac{1}{2N} \sum_{ij} J_{ij} \left(\boldsymbol{q}\cdot\boldsymbol{R}_{ij}\right)^2 \equiv \frac{D}{2S\hbar^2} q^2$$

$$\Rightarrow \quad \hbar\omega(\boldsymbol{q}) \approx D q^2 .$$

Aus demselben Grund können wir auch die Integration über die erste Brillouin-Zone durch eine solche über den gesamten $\boldsymbol{q}$-Raum ersetzen:

$$\frac{M_0 - M_s(T)}{M_0} = \frac{V}{2\pi^2 NS} \sum_{n=1}^{\infty} \int_0^{\infty} \mathrm{d}q \, q^2 \mathrm{e}^{-n\beta D q^2}$$

$$= \frac{V}{2\pi^2 NS} \sum_{n=1}^{\infty} \frac{1}{2} (n\beta D)^{-3/2} \Gamma\left(\frac{3}{2}\right) .$$

Riemann'sche ζ-Funktion: $\zeta(m) = \sum_{n=1}^{\infty} \frac{1}{n^m}$.

Daraus folgt: Tief-Temperatur-Magnetisierung:

$$\frac{M_0 - M_s(T)}{M_0} = C_{3/2} T^{3/2} \quad (T \stackrel{>}{\to} 0)$$

„Bloch'sches $T^{3/2}$-Gesetz",

$$C_{3/2} = \frac{V}{NS} \zeta\left(\frac{3}{2}\right) \left(\frac{k_B}{4\pi D}\right)^{3/2} .$$

Lösung zu Aufgabe 2.4.5

1. Wir überprüfen die Axiome des Skalarprodukts:

   a) (A, B) ist eine komplexe Zahl mit

   $$(A, B) = (B, A)^* ,$$

   denn

   $$\frac{W_m - W_n}{E_n - E_m}$$

   ist eine reelle Zahl und

   $$(\langle n \mid B^+ \mid m \rangle \langle m \mid A \mid n \rangle)^* = \langle n \mid A^+ \mid m \rangle \langle m \mid B \mid n \rangle .$$

   b) Linearitätseigenschaften des Skalarprodukts,

   $$(A, \alpha_1 B_1 + \alpha_2 B_2) = \alpha_1 (A, B_1) + \alpha_2 (A, B_2) \qquad \alpha_1, \alpha_2 \in \mathbb{C} ,$$

   folgen unmittelbar aus denen des Matrixelements $\langle m \mid B \mid n \rangle$.

   c) $(A, A) \geq 0$, denn

   $$\frac{W_m - W_n}{E_n - E_m} \geq 0 \quad \Rightarrow \quad (A, A) = \sum\nolimits'_{n,m} \left| \langle n \mid A^+ \mid m \rangle \right|^2 \frac{W_m - W_n}{E_n - E_m} \geq 0 .$$

   d) Aus $A = 0$ folgt natürlich $(A, A) = 0$. Die Umkehrung gilt allerdings nicht (s. Aufgabe 2.4.6)! Es handelt sich deshalb um ein semidefinites Skalarprodukt!

2.

$$(A,B) = \sum_{n,m}{}' \langle n \mid A^+ \mid m\rangle \langle m \mid [C^+, H]_- \mid n\rangle \frac{W_m - W_n}{E_n - E_m}$$
$$= \sum_{n,m} \langle n \mid A^+ \mid m\rangle \langle m \mid C^+ \mid n\rangle (W_m - W_n) .$$

Wegen des Faktors rechts können die Diagonalterme nun mitgezählt werden. Mithilfe der Vollständigkeitsrelation und der Definition von W_n folgt weiter:

$$(A,B) = -\sum_n W_n \langle n \mid A^+C^+ \mid n\rangle + \sum_m W_m \langle m \mid C^+A^+ \mid m\rangle$$
$$= -\langle A^+C^+\rangle + \langle C^+A^+\rangle = \langle [C^+, A^+]_-\rangle ,$$
$$(B,B) = \langle [C^+, B^+]_-\rangle = \langle [C^+, [H, C]_-]_-\rangle .$$

Für die dritte Beziehung führen wir zunächst die folgende Abschätzung durch:

$$0 < \frac{W_m - W_n}{E_n - E_m} = \frac{1}{\mathrm{Sp}\, \mathrm{e}^{-\beta H}} \frac{\mathrm{e}^{-\beta E_m} + \mathrm{e}^{-\beta E_n}}{E_n - E_m} \frac{\mathrm{e}^{-\beta E_m} - \mathrm{e}^{-\beta E_n}}{\mathrm{e}^{-\beta E_m} + \mathrm{e}^{-\beta E_n}}$$
$$= \frac{W_m + W_n}{E_n - E_m} \tanh\left[\frac{1}{2}\beta (E_n - E_m)\right] ,$$
$$\frac{\mathrm{d}}{\mathrm{d}x} \tanh x = \frac{1}{\cosh^2 x} < 1 \quad \text{für} \quad x \neq 0$$
$$\Rightarrow \quad \frac{\tanh\left(\frac{1}{2}\beta (E_n - E_m)\right)}{E_n - E_m} = \frac{\tanh\left(\frac{1}{2}\beta |E_n - E_m|\right)}{|E_n - E_m|} \leq$$
$$\leq \frac{\frac{1}{2}\beta |E_n - E_m|}{|E_n - E_m|} = \frac{1}{2}\beta .$$

Es gilt also:

$$0 < \frac{W_m - W_n}{E_n - E_m} < \frac{1}{2}\beta (W_n + W_m) , \quad \text{falls} \quad E_n \neq E_m .$$

Damit folgt dann weiter:

$$(A,A) < \frac{1}{2}\beta \sum_{n,m}^{E_n \neq E_m} \langle n \mid A^+ \mid m\rangle \langle m \mid A \mid n\rangle (W_n + W_m)$$
$$\leq \frac{1}{2}\beta \sum_{n,m} \langle n \mid A^+ \mid m\rangle \langle m \mid A \mid n\rangle (W_n + W_m)$$
$$= \frac{1}{2}\beta \left(\langle A^+A\rangle + \langle AA^+\rangle\right) = \frac{1}{2}\beta \langle [A, A^+]_+\rangle \quad \text{q. e. d.}$$

3. Das Skalarprodukt genügt der *Schwarz'schen Ungleichung:*

$$\left|(A,B)\right|^2 \le (A,A)(B,B)\ .$$

Dies bedeutet nach 2.

$$\left|\langle [C,A]_-\rangle\right|^2 \le \frac{1}{2}\beta\ \langle [A,A^+]_+\rangle\ \langle [C^+,[H,C]_-]_-\rangle$$

und beweist die Bogoliubov-Ungleichung!

Lösung zu Aufgabe 2.4.6

1.

$$\begin{aligned}(H,H) &= \sum_{n,m}^{E_n \neq E_m} \langle n\mid H\mid m\rangle\,\langle m\mid H\mid n\rangle\,\frac{W_m - W_n}{E_n - E_m}\\ &= \sum_{n,m}^{E_n \neq E_m} E_n^2\delta_{nm}\delta_{nm}\frac{W_m - W_n}{E_n - E_m} = 0\ .\end{aligned}$$

2.

$$\langle [C,A]_-\rangle = \left[\mathrm{Sp}\left(\mathrm{e}^{-\beta H}\right)\right]^{-1}\sum_n \mathrm{e}^{-\beta E_n}\,\langle n\mid CA - AC\mid n\rangle\ .$$

Wegen $[C,H]_- = 0$ haben C und H gemeinsame Eigenzustände:

$$\langle [C,A]_-\rangle = \left[\mathrm{Sp}\left(\mathrm{e}^{-\beta H}\right)\right]^{-1}\sum_n \mathrm{e}^{-\beta E_n} c_n\,\langle n\mid A - A\mid n\rangle = 0 \quad \text{q.e.d.}$$

Lösung zu Aufgabe 2.4.7

1a)

$$[C,A]_- = [S^+(\boldsymbol{k}),S^-(-\boldsymbol{k}-\boldsymbol{K})]_- = 2\hbar S^z(-\boldsymbol{K}) = 2\hbar\sum_i \mathrm{e}^{\mathrm{i}\boldsymbol{K}\cdot\boldsymbol{R}_i}S_i^z$$

$$\Rightarrow\quad \left\langle [C,A]_-\right\rangle = 2\hbar\sum_i \mathrm{e}^{\mathrm{i}\boldsymbol{K}\cdot\boldsymbol{R}_i}\left\langle S_i^z\right\rangle = \frac{2\hbar N}{b}M(T,B_0)\ .$$

1b)

$$\begin{aligned}
\sum_{\boldsymbol{k}} \left\langle [A, A^+]_+ \right\rangle &= \sum_{\boldsymbol{k}} \left\langle [S^-(-\boldsymbol{k} - \boldsymbol{K}), S^+(\boldsymbol{k} + \boldsymbol{K})]_+ \right\rangle \\
&= \sum_{\boldsymbol{k}} \sum_{i,j} \mathrm{e}^{\mathrm{i}\,(\boldsymbol{k}+\boldsymbol{K}) \cdot (\boldsymbol{R}_i - \boldsymbol{R}_j)} \left\langle S_i^- S_j^+ + S_j^+ S_i^- \right\rangle \\
&= \sum_{i,j} \mathrm{e}^{\mathrm{i}\boldsymbol{K} \cdot (\boldsymbol{R}_i - \boldsymbol{R}_j)} N \delta_{ij} \left\langle S_i^- S_i^+ + S_i^+ S_i^- \right\rangle \\
&= 2N \sum_i \left\langle (S_i^x)^2 + (S_i^y)^2 \right\rangle \\
&\le 2N \sum_i \left\langle \boldsymbol{S}_i^2 \right\rangle = 2\hbar^2 N^2 S\,(S+1)\,.
\end{aligned}$$

1c) Zunächst gilt:

$$R(\boldsymbol{k}) \equiv \left\langle [[C, H]_-, C^+]_- \right\rangle = \sum_{m,n} \mathrm{e}^{-\mathrm{i}\boldsymbol{k} \cdot (\boldsymbol{R}_m - \boldsymbol{R}_n)} \left\langle [[S_m^+, H]_-, S_n^-]_- \right\rangle .$$

Wir haben also einige Kommutatoren zu berechnen:

$$\begin{aligned}
&[S_m^+, H]_- \\
&= -\hbar \sum_i J_{im} \left\{ 2 S_i^+ S_m^z - S_i^z S_m^+ - S_m^+ S_i^z \right\} + \hbar b B_0 S_m^+ \mathrm{e}^{-\mathrm{i}\boldsymbol{K} \cdot \boldsymbol{R}_m} \\
&= -2\hbar \sum_i J_{im} \left(S_i^+ S_m^z - S_i^z S_m^+ \right) + \hbar b B_0 S_m^+ \mathrm{e}^{-\mathrm{i}\boldsymbol{K} \cdot \boldsymbol{R}_m}\,, \\
&\left[[S_m^+, H]_-, S_n^- \right]_- \\
&= -2\hbar \sum_i J_{im} \left\{ S_i^+ [S_m^z, S_n^-]_- + [S_i^+, S_n^-]_- S_m^z - S_i^z [S_m^+, S_n^-]_- \right. \\
&\qquad \left. - [S_i^z, S_n^-]_- S_m^+ \right\} + \hbar b B_0 [S_m^+, S_n^-] \mathrm{e}^{-\mathrm{i}\boldsymbol{K} \cdot \boldsymbol{R}_m} \\
&= -2\hbar^2 \sum_i J_{im} \left\{ -\delta_{mn} S_i^+ S_n^- + 2\delta_{in} S_i^z S_m^z - 2\delta_{mn} S_i^z S_m^z + \delta_{in} S_i^- S_m^+ \right\} \\
&\qquad + 2\hbar^2 b B_0 \delta_{mn} S_m^z \mathrm{e}^{-\mathrm{i}\boldsymbol{k} \cdot \boldsymbol{R}_m} \\
&= 2\hbar^2 \delta_{mn} \sum_i J_{im} \left(S_i^+ S_m^- + 2 S_i^z S_m^z \right) - 2\hbar^2 J_{nm} \left(S_n^- S_m^+ + 2 S_n^z S_m^z \right) \\
&\qquad + 2\hbar^2 b B_0 \delta_{mn} S_m^z \mathrm{e}^{-\mathrm{i}\boldsymbol{k} \cdot \boldsymbol{R}_m}\,.
\end{aligned}$$

Damit folgt als Zwischenergebnis:

$$\begin{aligned}
R(\boldsymbol{k}) &= 2\hbar^2 \sum_{m,n} J_{mn} \left(1 - \mathrm{e}^{-\mathrm{i}\boldsymbol{k} \cdot (\boldsymbol{R}_m - \boldsymbol{R}_n)} \right) \left\langle S_m^+ S_n^- + 2 S_m^z S_n^z \right\rangle \\
&\quad + 2\hbar^2 b B_0 \sum_m \mathrm{e}^{-\mathrm{i}\boldsymbol{K} \cdot \boldsymbol{R}_m} \left\langle S_m^z \right\rangle .
\end{aligned}$$

Hier haben wir mehrmals $J_{ii} = 0$ und $J_{ij} = J_{ji}$ ausgenutzt.
Wegen Teil 2. von Aufgabe 2.4.5 kann $R(\boldsymbol{k})$ nicht negativ sein. Das gilt natürlich auch für den entsprechenden Erwartungswert $R(\boldsymbol{k})$, der statt mit $C = S^+(\boldsymbol{k})$ mit $\widehat{C} = S^+(-\boldsymbol{k})$ berechnet wird. Es gilt deshalb sicher:

$$R(\boldsymbol{k}) \leq R(\boldsymbol{k}) + R(-\boldsymbol{k}) = +4\hbar^2 b B_0 \sum_m \mathrm{e}^{-\mathrm{i}\boldsymbol{K}\cdot\boldsymbol{R}_m} \langle S_m^z \rangle$$
$$+ 4\hbar^2 \sum_{m,n} J_{mn}\Big[1 - \cos\left(\boldsymbol{k}\cdot(\boldsymbol{R}_m - \boldsymbol{R}_n)\right)\Big]\Big\langle \boldsymbol{S}_m \cdot \boldsymbol{S}_n + S_m^z S_n^z \Big\rangle .$$

Zur weiteren Abschätzung nutzen wir für die folgende Form des Skalarprodukts

$$(\boldsymbol{S}_m, \boldsymbol{S}_n) = \langle \boldsymbol{S}_m \cdot \boldsymbol{S}_n \rangle$$

die Schwarz'sche Ungleichung aus:

$$|(\boldsymbol{S}_m, \boldsymbol{S}_n)|^2 \leq (\boldsymbol{S}_m, \boldsymbol{S}_m)\cdot(\boldsymbol{S}_n, \boldsymbol{S}_n) .$$

Diese besagt offenbar:

$$\langle \boldsymbol{S}_m \cdot \boldsymbol{S}_n \rangle^2 \leq \hbar^4 [S(S+1)]^2 .$$

Außerdem gilt sicher:

$$\langle S_m^z S_n^z \rangle \leq \hbar^2 S^2 .$$

Damit folgt weiter:

$$R(\boldsymbol{k}) \leq 4\hbar^2 N \left|B_0 M(T, B_0)\right| + 8\hbar^4 S(S+1) \sum_{m,n} J_{mn}\Big[1 - \cos\left(\boldsymbol{k}\cdot(\boldsymbol{R}_m - \boldsymbol{R}_n)\right)\Big]$$
$$\leq 4\hbar^2 N \left|B_0 M(T, B_0)\right| + 8\hbar^4 S(S+1)\frac{1}{2}k^2 \underbrace{\sum_{m,n} J_{mn} \left|\boldsymbol{R}_m - \boldsymbol{R}_n\right|^2}_{NQ} .$$

Damit haben wir gezeigt:

$$\left\langle [[C, H]_-, C^+]_- \right\rangle \leq 4N\hbar^2 \left\{ \left|B_0 M(T, B_0)\right| + \hbar^2 k^2 Q S(S+1) \right\}.$$

2a) Wir wissen, dass $R(\boldsymbol{k}) \geq 0$ sein muss. Deswegen können wir die Bogoliubov-Ungleichung wie folgt schreiben:

$$\frac{\beta}{2}\left\langle [A, A^+]_+ \right\rangle \geq \frac{|\langle [C, A]_- \rangle|^2}{\left\langle [[C, H]_-, C^+]_- \right\rangle} .$$

Wir summieren diese Ungleichung über alle $\boldsymbol{k}$ der ersten Brillouin-Zone:

$$\beta S(S+1) \geq \frac{M^2}{\hbar^2 b^2}\frac{1}{N}\sum_{\boldsymbol{k}}\frac{1}{|B_0 M| + \hbar^2 k^2 QS(S+1)} .$$

Übergang in den thermodynamischen Limes:

$$\frac{1}{N_d}\sum_{\boldsymbol{k}} \longrightarrow \frac{v_d}{(2\pi)^d}\int \mathrm{d}^d k ,$$

d: Dimension des Systems.
Das d-dimensionale *Volumen* V_d enthalte N_d Spins ($v_d = V_d / N_d$). Der Integrand auf der rechten Seite der Ungleichung ist positiv. Die Ungleichung gilt also erst recht, wenn wir statt über die volle Brillouin-Zone über eine vollständig innerhalb der Zone liegende Kugel vom Radius k_0 integrieren:

$$S(S+1) \geq \frac{M^2 v_d\,\Omega_d}{\beta\hbar^2 b^2 (2\pi)^d}\int_0^{k_0} \mathrm{d}k \frac{k^{d-1}}{|B_0 M| + \hbar^2 k^2 QS(S+1)} .$$

Die Winkelintegration ist bereits ausgeführt und liefert mit Ω_d die Oberfläche der Einheitskugel.

2b) $\boxed{d = 1}$

$$\int \frac{\mathrm{d}x}{a^2 x^2 + b^2} = \frac{1}{ab}\arctan\frac{ax}{b} + c$$

$$\Rightarrow \quad S(S+1) \geq \frac{M^2 v_d}{2\pi\beta\hbar^2 b^2}\frac{\arctan\left(k_0\sqrt{\frac{\hbar^2 QS(S+1)}{|B_0 M|}}\right)}{\sqrt{\hbar^2 QS(S+1)|B_0 M|}} .$$

Uns interessiert das Verhalten für kleine Felder:

$$\arctan\left(k_0\sqrt{\frac{\hbar^2 QS(S+1)}{|B_0 M|}}\right) \underset{B_0 \to 0}{\longrightarrow} \frac{\pi}{2} .$$

Dies bedeutet:

$$|M(T, B_0)| \underset{B_0 \to 0}{\overset{<}{\to}} \mathrm{const}\frac{B_0^{1/3}}{T^{2/3}}$$

und damit

$$M_s(T) = 0 \quad \text{für} \quad T \neq 0!$$

$\boxed{d = 2}$

$$\int \frac{\mathrm{d}x\,x}{a^2x^2+b^2} = \frac{1}{2a^2}\ln c\left(a^2x^2+b^2\right)$$

$$\Rightarrow \quad S(S+1) \geq \frac{M^2 v_d}{2\pi\beta\hbar^2 b^2}\,\frac{\ln\left[\frac{\hbar^2 QS(S+1)+|B_0M|}{|B_0M|}\right]}{2\hbar^2 QS(S+1)}\,.$$

Für kleine Felder gilt somit:

$$\left|M\left(T,B_0\right)\right| \underset{B_0\to 0}{\overset{<}{\to}} \mathrm{const}_1 \frac{1}{\sqrt{T\ln\left(\frac{\mathrm{const}_2+|B_0M|}{|B_0M|}\right)}}\,.$$

Auch das hat

$$M_s(T) = 0 \qquad \text{für} \quad T \neq 0$$

zur Folge!

Abschnitt 3.1.7

Lösung zu Aufgabe 3.1.1

Bewegungsgleichung für Heisenberg-Operatoren:

$$\begin{aligned}
&\mathrm{i}\hbar\frac{\mathrm{d}}{\mathrm{d}t}a_{\boldsymbol{k}\sigma}(t) = \left[a_{\boldsymbol{k}\sigma},H_\mathrm{e}\right]_-(t)\,,\\
&\left[a_{\boldsymbol{k}\sigma},H_\mathrm{e}\right]_- = \sum_{\boldsymbol{k}'\sigma'}\varepsilon\left(\boldsymbol{k}'\right)\left[a_{\boldsymbol{k}\sigma},a^+_{\boldsymbol{k}'\sigma'}a_{\boldsymbol{k}'\sigma'}\right]_-\\
&\qquad = \sum_{\boldsymbol{k}'\sigma'}\varepsilon\left(\boldsymbol{k}'\right)\delta_{\boldsymbol{k}\boldsymbol{k}'}\delta_{\sigma\sigma'}a_{\boldsymbol{k}'\sigma'} = \varepsilon(\boldsymbol{k})a_{\boldsymbol{k}\sigma}\\
\Rightarrow \quad &\mathrm{i}\hbar\frac{\mathrm{d}}{\mathrm{d}t}a_{\boldsymbol{k}\sigma}(t) = \varepsilon(\boldsymbol{k})a_{\boldsymbol{k}\sigma}(t)\,,\\
&a_{\boldsymbol{k}\sigma}(t=0) = a_{\boldsymbol{k}\sigma}\\
&\Rightarrow \quad a_{\boldsymbol{k}\sigma}(t) = a_{\boldsymbol{k}\sigma}\mathrm{e}^{-\frac{\mathrm{i}}{\hbar}\varepsilon(\boldsymbol{k})t}\,.
\end{aligned}$$

Ganz analog findet man für das Phononengas:

$$\begin{aligned}
&\mathrm{i}\hbar\frac{\mathrm{d}}{\mathrm{d}t}b_{\boldsymbol{q}r}(t) = \left[b_{\boldsymbol{q}r},H_\mathrm{p}\right]_-(t) = \hbar\omega_r(\boldsymbol{q})b^+_{\boldsymbol{q}r}(t)\\
\Rightarrow \quad &b_{\boldsymbol{q}r}(t) = b_{\boldsymbol{q}r}\mathrm{e}^{-\mathrm{i}\omega_r(\boldsymbol{q})t}\,.
\end{aligned}$$

Eine alternative Ableitung wurde in (2.166) benutzt!

Lösung zu Aufgabe 3.1.2

1.

$$f(\lambda) = e^{\lambda A} B e^{-\lambda A} \; ; \quad A \neq A(\lambda) \; ; \quad B \neq B(\lambda)$$

$$\Rightarrow \quad \frac{d}{d\lambda} f(\lambda) = e^{\lambda A} [A, B]_- e^{-\lambda A} \, ,$$

$$\frac{d^2}{d\lambda^2} f(\lambda) = e^{\lambda A} [A, [A, B]_-]_- e^{-\lambda A} \, ,$$

$$\vdots$$

$$\frac{d^n}{d\lambda^n} f(\lambda) = e^{\lambda A} \underbrace{\Big[A, \big[A, \ldots [A, B]_- \ldots\big]_-\Big]_-}_{n\text{-fach}} e^{-\lambda A} \, .$$

Taylor-Entwicklumg um $\lambda = 0$:

$$f(\lambda) = B + \sum_{n=1}^{\infty} \frac{\lambda^n}{n!} \left[\frac{d^n}{d\lambda^n} f(\lambda) \right]_{\lambda=0} = B + \sum_{n=1}^{\infty} \frac{\lambda^n}{n!} \underbrace{\Big[A, \big[A, \ldots [A, B]_- \ldots\big]_-\Big]_-}_{n-\text{fach}} \, .$$

Der Vergleich ergibt:

$$\alpha_0 = B \, ,$$

$$\alpha_n = \Big[A, \big[A, \ldots [A, B]_- \ldots\big]_-\Big]_- \frac{1}{n!} \, , \qquad n \geq 1 \, .$$

2.

$$\alpha_n = 0 \quad \text{für} \quad n \geq 2 \, ,$$

$$\alpha_0 = B \; ; \quad \alpha_1 = [A, B]_-$$

$$\Rightarrow \quad f(\lambda) = B + \lambda [A, B]_- \, .$$

3.

$$g(\lambda) = e^{\lambda A} e^{\lambda B} \, ,$$

$$\frac{d}{d\lambda} g(\lambda) = e^{\lambda A} (A + B) e^{\lambda B} = e^{\lambda A} (A + B) e^{-\lambda A} g(\lambda) = (A + f(\lambda)) g(\lambda) \, .$$

Mit Teil 2. folgt dann:

$$\frac{d}{d\lambda} g(\lambda) = (A + B + \lambda [A, B]_-) g(\lambda) \, .$$

4. Die Voraussetzungen liefern:

$$[(A + B), [A, B]_-]_- = 0 \, .$$

Der Operator-Koeffizient in der obigen Differentialgleichung verhält sich bei der Integration deshalb wie eine normale Variable:

$$\frac{\mathrm{d}}{\mathrm{d}\lambda} g(\lambda) = (a_1 + \lambda a_2)\, g(\lambda)\,,$$

$$g(0) = 1$$

$$\Rightarrow \quad g(\lambda) = \mathrm{e}^{a_1 \lambda + \frac{1}{2} a_2 \lambda^2}$$

$$\Rightarrow \quad g(\lambda = 1) = \mathrm{e}^A \mathrm{e}^B = \exp\left(A + B + \frac{1}{2}[A, B]_-\right) \quad \text{q. e. d.}$$

Lösung zu Aufgabe 3.1.3

$$\begin{aligned}
\rho \int_0^\beta \mathrm{d}\lambda \dot{A}(t - \mathrm{i}\lambda\hbar) &= \rho \int_0^\beta \mathrm{d}\lambda \frac{\mathrm{i}}{\hbar} \frac{\mathrm{d}}{\mathrm{d}\lambda} A(t - \mathrm{i}\lambda\hbar) \\
&= \frac{\mathrm{i}}{\hbar} \rho \left[A(t - \mathrm{i}\hbar\beta) - A(t)\right] \\
&= \frac{\mathrm{i}}{\hbar} \rho \left[\mathrm{e}^{\frac{\mathrm{i}}{\hbar}(-\mathrm{i}\hbar\beta)\mathcal{H}} A(t) \mathrm{e}^{-\frac{\mathrm{i}}{\hbar}(-\mathrm{i}\hbar\beta)\mathcal{H}} - A(t)\right] \\
&= \frac{\mathrm{i}}{\hbar} \rho \left(\mathrm{e}^{\beta\mathcal{H}} A(t) \mathrm{e}^{-\beta\mathcal{H}} - A(t)\right) \\
&= \frac{\mathrm{i}}{\hbar} \left[\frac{\mathrm{e}^{-\beta\mathcal{H}} \mathrm{e}^{\beta\mathcal{H}} A(t) \mathrm{e}^{-\beta\mathcal{H}}}{\mathrm{Sp}\,(\mathrm{e}^{-\beta\mathcal{H}})} - \rho A(t)\right] \\
&= \frac{\mathrm{i}}{\hbar} \left(A(t)\rho - \rho A(t)\right) = \frac{\mathrm{i}}{\hbar} [A(t), \rho]_- \quad \text{q. e. d.}
\end{aligned}$$

Lösung zu Aufgabe 3.1.4

$$\begin{aligned}
\left\langle [A(t), B(t')]_- \right\rangle &= \mathrm{Sp}\left\{\rho\, [A(t), B(t')]_-\right\} = \mathrm{Sp}\left\{\rho A(t) B(t') - \rho B(t') A(t)\right\} \\
&= \mathrm{Sp}\left\{B(t')\, \rho A(t) - \rho B(t') A(t)\right\} = \mathrm{Sp}\left\{[B(t'), \rho]_- A(t)\right\}
\end{aligned}$$

(zyklische Invarianz der Spur!) .

Kubo-Identität einsetzen:

$$\langle\langle A(t); B(t') \rangle\rangle^{\text{ret}} = -\mathrm{i}\Theta(t-t')\left\langle [A(t), B(t')]_- \right\rangle$$
$$= -\hbar\Theta(t-t') \int\limits_0^\beta \mathrm{d}\lambda\, \mathrm{Sp}\left\{\rho \dot{B}(t'-\mathrm{i}\lambda\hbar) A(t)\right\}$$
$$= -\hbar\Theta(t-t') \int\limits_0^\beta \mathrm{d}\lambda \left\langle \dot{B}(t'-\mathrm{i}\lambda\hbar) A(t)\right\rangle \quad \text{q. e. d.}$$

Lösung zu Aufgabe 3.1.5

In (3.84) wurde abgeleitet:

$$\sigma^{\beta\alpha}(E) = -\frac{1}{\hbar} \int\limits_{-\infty}^{+\infty} \mathrm{d}t \, \langle\langle j^\beta(0); P^\alpha(-t) \rangle\rangle \, \mathrm{e}^{\frac{\mathrm{i}}{\hbar}(E+\mathrm{i}0^+)t} \, .$$

Mit dem Resultat aus Aufgabe 3.1.4 folgt:

$$\sigma^{\beta\alpha}(E) = \int\limits_0^\infty \mathrm{d}t \int\limits_0^\beta \mathrm{d}\lambda \left\langle \dot{P}^\alpha(-t-\mathrm{i}\lambda\hbar) j^\beta(0)\right\rangle \mathrm{e}^{\frac{\mathrm{i}}{\hbar}(E+\mathrm{i}0^+)t}$$
$$\overset{(3.79)}{=} V \int\limits_0^\infty \mathrm{d}t \int\limits_0^\beta \mathrm{d}\lambda \left\langle j^\alpha(-t-\mathrm{i}\lambda\hbar) j^\beta(0)\right\rangle \mathrm{e}^{\frac{\mathrm{i}}{\hbar}(E+\mathrm{i}0^+)t} \, .$$

Die Korrelationsfunktion ist nur von der Zeitdifferenz abhängig. Deswegen gilt auch:

$$\sigma^{\beta\alpha}(E) = V \int\limits_0^\infty \mathrm{d}t \int\limits_0^\beta \mathrm{d}\lambda \left\langle j^\alpha(0) j^\beta(t+\mathrm{i}\lambda\hbar)\right\rangle \mathrm{e}^{\frac{\mathrm{i}}{\hbar}(E+\mathrm{i}0^+)t} \quad \text{q. e. d.}$$

Lösung zu Aufgabe 3.1.6

Der Dipolmomentenoperator (3.77)

$$\boldsymbol{P} = \sum_{i=n}^{N} q_i \hat{\boldsymbol{r}}_i$$

ist ein Ein-Teilchen-Operator. Wir betrachten identische Teilchen:

$$q_i = q \quad \forall i\,.$$

1. Bloch-Darstellung:

$$\widehat{P} = q \sum_{\substack{k\sigma \\ k'\sigma'}} \langle k\sigma \,|\, \hat{r} \,|\, k'\sigma' \rangle a^+_{k\sigma} a_{k'\sigma'}\,.$$

Matrixelement:

$$\langle k\sigma \,|\, \hat{r} \,|\, k'\sigma' \rangle = \int \mathrm{d}^3 r\, \langle k\sigma \,|\, \hat{r} \,|\, r \rangle \langle r \,|\, k'\sigma' \rangle = \delta_{\sigma\sigma'} \int \mathrm{d}^3 r\, \langle k \,|\, r \rangle r \langle r \,|\, k' \rangle$$
$$= \delta_{\sigma\sigma'} \int \mathrm{d}^3 r\, \psi^*_{k\sigma}(r) r \psi_{k'\sigma}(r)$$

$\psi_{k\sigma}(r)$: Bloch-Funktion (2.20),

$$\langle k\sigma \,|\, \hat{r} \,|\, k'\sigma' \rangle = \delta_{\sigma\sigma'} p_{kk'\sigma}$$
$$p_{kk'\sigma} \equiv \int \mathrm{d}^3 r\, \psi^*_{k\sigma}(r) r \psi_{k'\sigma}(r)$$
$$\Rightarrow \quad \widehat{P} = q \sum_{kk'\sigma} p_{kk'\sigma} a^+_{k\sigma} a_{k'\sigma}\,.$$

2. Wannier-Darstellung:

$$p_{ij\sigma} = \int \mathrm{d}^3 r\, \omega^*_\sigma (r - R_i)\, r\, \omega_\sigma (r - R_j)$$

$\omega_\sigma (r - R_i)$: Wannier-Funktion (2.29)

$$\Rightarrow \quad \widehat{P} = q \sum_{ij\sigma} p_{ij\sigma} a^+_{i\sigma} a_{j\sigma}\,.$$

Stromdichteoperator:

$$\hat{j} = \frac{1}{V} \dot{\widehat{P}} = -\frac{\mathrm{i}}{\hbar V} \left[\widehat{P}, H\right]_-\,.$$

1.

$$\hat{j} = -\frac{\mathrm{i}q}{\hbar V} \sum_{kk'\sigma} p_{kk'\sigma} \left[a^+_{k\sigma} a_{k'\sigma}, H\right]_-\,.$$

2.

$$\hat{j} = -\frac{\mathrm{i}q}{\hbar V} \sum_{ij\sigma} p_{ij\sigma} \left[a^+_{i\sigma} a_{j\sigma}, H\right]_-\,.$$

Der Leitfähigkeitstensor ergibt sich unmittelbar durch Einsetzen in (3.86).

Lösung zu Aufgabe 3.1.7

1. Mit Aufgabe 3.1.6:

$$\widehat{\boldsymbol{P}} \approx q \sum_{i,\sigma} \boldsymbol{R}_i n_{i\sigma} \, ,$$

$$\hat{\boldsymbol{j}} \approx -\frac{\mathrm{i}q}{\hbar V} \sum_{i,\sigma} \boldsymbol{R}_i \left[n_{i\sigma}, H\right]_- \, .$$

2. $n_{i\sigma}$ kommutiert mit allen Besetzungszahloperatoren. Deshalb gilt:

$$\begin{aligned}
\left[n_{i\sigma}, H\right]_- &= \sum_{l,m,\sigma'} T_{lm} \left[n_{i\sigma}, a^+_{l\sigma'} a_{m\sigma'}\right]_- \\
&= \sum_{l,m} T_{lm} \left(\delta_{il} a^+_{i\sigma} a_{m\sigma} - \delta_{im} a^+_{l\sigma} a_{i\sigma}\right) \\
&= \sum_{m} \left(T_{im} a^+_{i\sigma} a_{m\sigma} - T_{mi} a^+_{m\sigma} a_{i\sigma}\right) \, .
\end{aligned}$$

Stromdichteoperator:

$$\hat{\boldsymbol{j}} \approx -\frac{\mathrm{i}q}{\hbar V} \sum_{im\sigma} \boldsymbol{R}_i \left(T_{im} a^+_{i\sigma} a_{m\sigma} - T_{mi} a^+_{m\sigma} a_{i\sigma}\right)$$

$$\Rightarrow \quad \hat{\boldsymbol{j}} \approx -\frac{\mathrm{i}q}{\hbar V} \sum_{im\sigma} T_{im} \left(\boldsymbol{R}_i - \boldsymbol{R}_m\right) a^+_{i\sigma} a_{m\sigma} \, .$$

Leitfähigkeitstensor:

$$\begin{aligned}
\sigma^{\alpha\beta}(E) = \mathrm{i}\hbar \frac{\frac{N}{V} q^2}{m\left(E + \mathrm{i}0^+\right)} - \frac{\mathrm{i}q^2}{\hbar^2 V \left(E + \mathrm{i}0^+\right)} \sum_{\substack{im\sigma \\ jn\sigma'}} T_{im} T_{jn} \\
\cdot \left(R^\alpha_i - R^\alpha_m\right)\left(R^\beta_j - R^\beta_n\right) \left\langle\!\left\langle a^+_{i\sigma} a_{m\sigma}; a^+_{j\sigma'} a_{n\sigma'} \right\rangle\!\right\rangle^{\mathrm{ret}}_E
\end{aligned}$$

$$(\alpha, \beta = x, y, z) \, .$$

Abschnitt 3.2.6

Lösung zu Aufgabe 3.2.1

$$\Theta(t-t') = \int_{-\infty}^{t-t'} dt''\, \delta(t'')$$

$$\Rightarrow \quad \frac{\partial}{\partial t}\Theta(t-t') = \frac{d}{d(t-t')}\Theta(t-t') = \delta(t-t')\ ,$$

$$\frac{\partial}{\partial t'}\Theta(t-t') = -\frac{d}{d(t-t')}\Theta(t-t') = -\delta(t-t')\ .$$

Lösung zu Aufgabe 3.2.2

$$\begin{aligned} G^{c}_{AB}(t,t') &= -i\langle T_\varepsilon (A(t)B(t'))\rangle \\ &= -i\Theta(t-t')\langle A(t)B(t')\rangle - i\varepsilon\Theta(t'-t)\langle B(t')A(t)\rangle\ . \end{aligned}$$

Damit folgt:

$$\begin{aligned} i\hbar\frac{\partial}{\partial t}G^{c}_{AB}(t,t') &= +\hbar\delta(t-t')\langle A(t)B(t')\rangle - i\Theta(t-t')\langle [A,\mathcal{H}]_-(t)B(t')\rangle \\ &\quad - \hbar\varepsilon\delta(t-t')\langle B(t')A(t)\rangle - i\varepsilon\Theta(t'-t)\langle B(t')[A,\mathcal{H}]_-(t)\rangle \\ &= \hbar\delta(t-t')\langle [A(t),B(t')]_{-\varepsilon}\rangle - i\langle T_\varepsilon([A,\mathcal{H}](t)B(t'))\rangle \\ &= \hbar\delta(t-t')\langle [A,B]_{-\varepsilon}\rangle + \langle\langle [A,\mathcal{H}]_-(t); B(t')\rangle\rangle^{c} \qquad \text{q. e. d.} \end{aligned}$$

Lösung zu Aufgabe 3.2.3

$$\begin{aligned} &\langle B(0)A(t+i\beta)\rangle \\ &= \frac{1}{\Xi}\,\mathrm{Sp}\left\{e^{-\beta\mathcal{H}}Be^{\frac{i}{\hbar}\mathcal{H}(t+i\hbar\beta)}Ae^{-\frac{i}{\hbar}\mathcal{H}(t+i\hbar\beta)}\right\} \\ &= \frac{1}{\Xi}\,\mathrm{Sp}\left\{e^{\beta\mathcal{H}}e^{-\beta\mathcal{H}}Be^{\frac{i}{\hbar}\mathcal{H}t}e^{-\beta\mathcal{H}}Ae^{-\frac{i}{\hbar}\mathcal{H}t}\right\} \\ &= \frac{1}{\Xi}\,\mathrm{Sp}\left\{e^{-\beta\mathcal{H}}e^{\frac{i}{\hbar}\mathcal{H}t}Ae^{-\frac{i}{\hbar}\mathcal{H}t}B\right\} = \langle A(t)B(0)\rangle\ . \end{aligned}$$

Dabei wurde mehrfach die zyklische Invarianz der Spur ausgenutzt.

Lösung zu Aufgabe 3.2.4

1. $\boxed{t - t' > 0}$

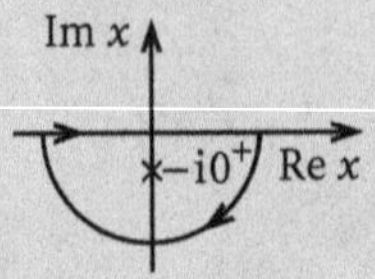

Abb. A.8

Der Integrand hat einen Pol bei $x = x_0 = -\mathrm{i}0^+$. Residuum:

$$c_{-1} = \lim_{x \to x_0} (x - x_0) \frac{\mathrm{e}^{-\mathrm{i}x(t-t')}}{x + \mathrm{i}0^+} = \lim_{x \to x_0} \mathrm{e}^{-\mathrm{i}x(t-t')} = 1 \,.$$

Wegen $t - t' > 0$ Halbkreis in der unteren Halbebene schließen; dann sorgt die exp-Funktion dafür, dass der Beitrag auf dem Halbkreis verschwindet. Der Pol wird mathematisch **negativ** umlaufen. Daraus folgt:

$$\Theta(t - t') = \frac{\mathrm{i}}{2\pi}(-2\pi\mathrm{i})1 = 1 \,.$$

2. $\boxed{t - t' < 0}$

Damit kein Beitrag auf dem Halbkreis erscheint, diesen nun in der oberen Halbebene schließen. Daraus folgt:

$$\Theta(t - t') = 0 \,,$$

da kein Pol im Integrationsgebiet.

Lösung zu Aufgabe 3.2.5

$$f(\omega) = \int_{-\infty}^{+\infty} \mathrm{d}t \bar{f}(t) \mathrm{e}^{\mathrm{i}\omega t} \,.$$

Das Integral möge für reelle ω existieren. Setzen Sie:

$$\omega = \omega_1 + \mathrm{i}\omega_2$$

$$\Rightarrow \quad f(\omega) = \int_{-\infty}^{+\infty} \mathrm{d}t \bar{f}(t) \mathrm{e}^{\mathrm{i}\omega_1 t} \mathrm{e}^{-\omega_2 t} \,.$$

1. $\bar{f}(t) = 0$ für $t < 0$:

$$\Rightarrow \quad f(\omega) = \int_0^{\infty} \mathrm{d}t \bar{f}(t) \mathrm{e}^{\mathrm{i}\omega_1 t} \mathrm{e}^{-\omega_2 t} .$$

Konvergiert für alle $\omega_2 > 0$, also analytisch fortsetzbar in die obere Halbebene!

2. $\bar{f}(t) = 0$ für $t > 0$:

$$\Rightarrow \quad f(\omega) = \int_{-\infty}^{0} \mathrm{d}t \bar{f}(t) \mathrm{e}^{\mathrm{i}\omega_1 t} \mathrm{e}^{-\omega_2 t} .$$

Konvergiert für alle $\omega_2 < 0$, also analytisch fortsetzbar in die untere Halbebene.

Lösung zu Aufgabe 3.2.6

Es ist zweckmäßig, den Leitfähigkeitstensor aus Aufgabe 3.1.7 zunächst von der Bloch-Darstellung in die Ortsdarstellung zu transformieren. Es gilt:

$$\begin{aligned}
&\sum_{\boldsymbol{k}} (\nabla_{\boldsymbol{k}} \varepsilon(\boldsymbol{k})) \, n_{\boldsymbol{k}\sigma} \\
&= \frac{1}{N^2} \sum_{\boldsymbol{k}} \sum_{i,j} \sum_{m,n} T_{ij} \left[-\mathrm{i} \left(\boldsymbol{R}_i - \boldsymbol{R}_j\right)\right] \mathrm{e}^{-\mathrm{i}\boldsymbol{k} \cdot (\boldsymbol{R}_i - \boldsymbol{R}_j)} \mathrm{e}^{\mathrm{i}\boldsymbol{k} \cdot (\boldsymbol{R}_m - \boldsymbol{R}_n)} a^+_{m\sigma} a_{n\sigma} \\
&= \frac{1}{N} \sum_{ij} \sum_{m,n} T_{ij} \left[-\mathrm{i} \left(\boldsymbol{R}_i - \boldsymbol{R}_j\right)\right] \delta_{n,\, m+j-i} a^+_{m\sigma} a_{n\sigma} \\
&= \frac{1}{N} \sum_{ijm} T_{ij} \left[-\mathrm{i} \left(\boldsymbol{R}_i - \boldsymbol{R}_j\right)\right] a^+_{m\sigma} a_{m+j-i\sigma} \, .
\end{aligned}$$

Dies setzen wir in den *Wechselwirkungsterm* des Leitfähigkeitstensors ein, dabei beachtend, dass wegen Translationssymmetrie

$$\frac{1}{N} \sum_m \langle\langle a^+_{m\sigma} a_{m+j-i\sigma}; \ldots \rangle\rangle^{\mathrm{ret}}_E = \langle\langle a^+_{i\sigma} a_{j\sigma}; \ldots \rangle\rangle^{\mathrm{ret}}_E$$

sein muss. Es bleibt dann nach Aufgabe 3.1.7:

$$\begin{aligned}
\sigma^{\alpha\beta}(E) = \mathrm{i}\hbar \frac{\frac{N}{V} e^2}{m\,(E + \mathrm{i}0^+)} &+ \frac{\mathrm{i}e^2}{\hbar^2 V\,(E + \mathrm{i}0^+)} \\
&\cdot \sum_{\substack{\boldsymbol{k}\sigma \\ \boldsymbol{k}'\sigma'}} (\nabla_{\boldsymbol{k}} \varepsilon(\boldsymbol{k}))^{\alpha} \left(\nabla_{\boldsymbol{k}'} \varepsilon\left(\boldsymbol{k}'\right)\right)^{\beta} \langle\langle n_{\boldsymbol{k}\sigma}; n_{\boldsymbol{k}'\sigma'} \rangle\rangle^{\mathrm{ret}}_E \, .
\end{aligned}$$

Wechselwirkungsfreies Elektronensystem:

$$\mathcal{H}_0 = \sum_{p\bar{\sigma}} \varepsilon(\boldsymbol{p}) a^+_{p\bar{\sigma}} a_{p\bar{\sigma}}$$

$$\Rightarrow \quad [n_{k\sigma}, \mathcal{H}_0]_- = 0\,, \quad \langle [n_{k\sigma}, n_{k'\sigma'}]_- \rangle = 0\,.$$

Damit wird die Bewegungsgleichung der *höheren* Green-Funktion trivial:

$$E\langle\langle n_{k\sigma}; n_{k'\sigma'} \rangle\rangle^{\text{ret}}_E \equiv 0\,.$$

Der Wechselwirkungsterm verschwindet also wie erwartet:

$$\left(\sigma^{\alpha\beta}(E)\right)^{(0)} = \mathrm{i}\hbar \frac{\frac{N}{V}e^2}{m(E + \mathrm{i}0^+)}\,.$$

Lösung zu Aufgabe 3.2.7

$$\left[G^{\text{ret, av}}_{AB}(t,t')\right]^* = \left[\mp\mathrm{i}\Theta[\pm(t-t')]\langle [A(t), B(t')]_{-\varepsilon}\rangle\right]^*$$

$$= \pm\mathrm{i}\Theta[\pm(t-t')]\langle [A(t), B(t')]_{-\varepsilon}\rangle^* = \pm\mathrm{i}\Theta[\pm(t-t')]\langle [A(t), B(t')]^+_{-\varepsilon}\rangle$$

$$= \pm\mathrm{i}\Theta[\pm(t-t')]\langle B^+(t')A^+(t) - \varepsilon A^+(t)B^+(t')\rangle$$

$$= \mp\mathrm{i}\varepsilon\Theta[\pm(t-t')]\langle [A^+(t), B^+(t')]_{-\varepsilon}\rangle$$

$$= \varepsilon G^{\text{ret, av}}_{A^+B^+} \quad \text{q. e. d.}$$

Lösung zu Aufgabe 3.2.8

$$\int\limits_{-\infty}^{+\infty} \mathrm{d}E\,\left\{E G^{\mathrm{c}}_{AB}(E) - \hbar\langle [A,B]_{-\varepsilon}\rangle\right\} = \int\limits_{-\infty}^{+\infty} \mathrm{d}E\,\langle\langle [A,\mathcal{H}]_-; B\rangle\rangle^{\mathrm{c}}_E$$

$$= \int\limits_{-\infty}^{+\infty} \mathrm{d}E \int\limits_{-\infty}^{+\infty} \mathrm{d}t\, \mathrm{e}^{\frac{\mathrm{i}}{\hbar}Et} \langle\langle [A,\mathcal{H}]_-(t); B(0)\rangle\rangle^{\mathrm{c}}$$

$$= -\mathrm{i}\int\limits_{-\infty}^{+\infty} \mathrm{d}E \left\{ \int\limits_{0}^{\infty} \mathrm{d}t \mathrm{e}^{\frac{\mathrm{i}}{\hbar}Et} \langle [A,\mathcal{H}]_-(t) B(0)\rangle \right.$$

$$+\varepsilon \int_{-\infty}^{0} \mathrm{d}t\, \mathrm{e}^{\frac{\mathrm{i}}{\hbar}Et} \langle B(0)[A,\mathcal{H}]_-(t)\rangle \Bigg\}$$

$$= 2\pi\hbar^2 \left\{ \int_0^{\infty} \mathrm{d}t\, \delta(t) \left\langle \dot{A}(t)B(0)\right\rangle + \varepsilon \int_{-\infty}^{0} \mathrm{d}t\, \delta(t) \left\langle B(0)\dot{A}(t)\right\rangle \right\}$$

$$= \pi\hbar^2 \left\{ \left\langle \dot{A}(0)B(0)\right\rangle + \varepsilon \left\langle B(0)\dot{A}(0)\right\rangle \right\} \quad \text{q. e. d.}$$

Lösung zu Aufgabe 3.2.9

$$\mathcal{H} = \sum_{k\sigma} \varepsilon(\boldsymbol{k}) a_{k\sigma}^+ a_{k\sigma} - \mu\widehat{N} = \sum_{k\sigma} (\varepsilon(\boldsymbol{k}) - \mu)\, a_{k\sigma}^+ a_{k\sigma} \; .$$

Man berechnet leicht:

$$[a_{k\sigma}, \mathcal{H}] = \sum_{k'\sigma'} \left(\varepsilon\left(\boldsymbol{k}'\right) - \mu\right) \left[a_{k\sigma}, a_{k'\sigma'}^+ a_{k'\sigma'}\right]_-$$
$$= \sum_{k'\sigma'} \left(\varepsilon\left(\boldsymbol{k}'\right) - \mu\right) \delta_{kk'} \delta_{\sigma\sigma'} a_{k'\sigma'} = (\varepsilon(\boldsymbol{k}) - \mu)\, a_{k\sigma} \; .$$

Daraus folgt weiter:

$$[[a_{k\sigma}, \mathcal{H}]_- \mathcal{H}]_- = (\varepsilon(\boldsymbol{k}) - \mu)\, [a_{k\sigma}, \mathcal{H}]_- = (\varepsilon(\boldsymbol{k}) - \mu)^2\, a_{k\sigma} \; .$$

Das bedeutet für die Spektralmomente:

$$M_{k\sigma}^{(0)} = \left\langle [a_{k\sigma}, a_{k\sigma}^+]_+ \right\rangle = 1 \; ,$$
$$M_{k\sigma}^{(1)} = \left\langle [[a_{k\sigma}, \mathcal{H}]_- , a_{k\sigma}^+]_+ \right\rangle$$
$$= (\varepsilon(\boldsymbol{k}) - \mu) \left\langle [a_{k\sigma}, a_{k\sigma}^+]_+ \right\rangle = (\varepsilon(\boldsymbol{k}) - \mu) \; ,$$
$$M_{k\sigma}^{(2)} = \left\langle \left[[[a_{k\sigma}, \mathcal{H}]_- , \mathcal{H}]_- , a_{k\sigma}^+ \right]_+ \right\rangle$$
$$= (\varepsilon(\boldsymbol{k}) - \mu)^2 \left\langle [a_{k\sigma}, a_{k\sigma}^+]_+ \right\rangle = (\varepsilon(\boldsymbol{k}) - \mu)^2$$

Durch vollständige Induktion ergibt sich dann unmittelbar:

$$M_{k\sigma}^{(n)} = (\varepsilon(\boldsymbol{k}) - \mu)^n \; ; \quad n = 0, 1, 2, \dots \; .$$

Der Zusammenhang (3.178) mit der Spektraldichte,

$$M_{k\sigma}^{(n)} = \frac{1}{\hbar} \int_{-\infty}^{+\infty} \mathrm{d}E\, E^n S_{k\sigma}(E) \; ,$$

führt dann zu der Lösung:

$$S_{k\sigma}(E) = \hbar\delta\left(E - \varepsilon(\boldsymbol{k}) + \mu\right) \; .$$

Lösung zu Aufgabe 3.2.10

1.

$$\mathrm{Sp}(\rho) = \int_{-\infty}^{+\infty} \mathrm{e}^{-\beta \frac{p^2}{2m}}\, \mathrm{d}p = \sqrt{2\pi m k_\mathrm{B} T}$$

2.

$$\begin{aligned}
\mathrm{Sp}(\rho)\,\langle H \rangle &= \mathrm{Sp}(\rho H) \\
&= \frac{1}{2m} \int_{-\infty}^{+\infty} p^2 \mathrm{e}^{-\beta \frac{p^2}{2m}}\, \mathrm{d}p \\
&= -\frac{\mathrm{d}}{\mathrm{d}\beta} \int_{-\infty}^{+\infty} \mathrm{e}^{-\beta \frac{p^2}{2m}}\, \mathrm{d}p \\
&= -\frac{\mathrm{d}}{\mathrm{d}\beta} \sqrt{\frac{2\pi m}{\beta}} = \frac{1}{2}\sqrt{2\pi m}\, \beta^{-3/2} \\
\Rightarrow \quad \langle H \rangle &= \frac{1}{2} \frac{\sqrt{2\pi m}}{\sqrt{2\pi m k_\mathrm{B} T}} (k_\mathrm{B} T)^{3/2} = \frac{1}{2} k_\mathrm{B} T
\end{aligned}$$

3.

$$E G_p^{(+)}(E) = \hbar \underbrace{\langle [p, p]_- \rangle}_{=0} + \langle\langle \underbrace{[p, H]_-}_{=0} ; p \rangle\rangle_E^{(+)} = 0$$

$$\Rightarrow \quad G_p^{(+)}(E) \equiv 0 \quad \text{für} E \neq 0$$

4.

$$\left\langle p^2 \right\rangle = \frac{1}{\hbar} \int_{-\infty}^{+\infty} \mathrm{d}E \frac{-\frac{1}{\pi} \operatorname{Im} G_p^{(+)}(E + \mathrm{i}0^+)}{\mathrm{e}^{\beta E} - 1} + D = D$$

5.

$$E G_p^{(-)}(E) = \hbar \langle [p, p]_+ \rangle + \langle\langle \underbrace{[p, H]_-}_{=0} ; p \rangle\rangle_E^{(-)} = 2\hbar \left\langle p^2 \right\rangle$$

$$\Rightarrow \quad \text{„kombinierte" Greenfunktion:} \quad G_p^{(-)}(E) = \frac{2\hbar \left\langle p^2 \right\rangle}{E}$$

$$\Rightarrow \quad 2\hbar D = \lim_{E \to 0} E G_p^{(-)}(E) = 2\hbar \left\langle p^2 \right\rangle$$

$$\Rightarrow \quad D = \left\langle p^2 \right\rangle$$

Widerspruch beseitigt, aber keine Information aus dem Spektraltheorem.

6.

$$H' = \frac{p^2}{2m} + \frac{1}{2}m\omega^2 x^2 \quad (\omega \to 0)$$

$$[p, H']_- = \frac{1}{2}m\omega^2 [p, x^2]_- = \frac{1}{2}m\omega^2 (x[p, x]_- + [p, x]_- p) = -\mathrm{i}\hbar m\omega^2 x$$

$$[x, H']_- = \left[x, \frac{p^2}{2m}\right]_- = \frac{\mathrm{i}\hbar}{m} p$$

Bewegungsgleichungskette:

$$EG_p^{(+)}(E) = 0 + \langle\langle [p, H']_-; p \rangle\rangle_E^{(+)} = -\mathrm{i}\hbar m\omega^2 \langle\langle x; p \rangle\rangle_E^{(+)}$$

$$E \langle\langle x; p \rangle\rangle_E^{(+)} = \mathrm{i}\hbar^2 + \langle\langle [x, H']_-; p \rangle\rangle = i\hbar^2 + \frac{\mathrm{i}\hbar}{m} G_p^{(+)}(E)$$

$$\Rightarrow \quad E^2 G_p^{(+)}(E) = \hbar^3 m\omega^2 + \hbar^2\omega^2 G_p^{(+)}(E)$$

$$\Rightarrow \quad G_p^{(+)}(E) = \frac{\hbar^3 m\omega^2}{E^2 - \hbar^2\omega^2} = \frac{1}{2}m\hbar^2\omega \left(\frac{1}{E - \hbar\omega} - \frac{1}{E + \hbar\omega}\right)$$

7. Antikommutator-Greenfunktion:

$$EG_p^{(-)}(E) = 2\hbar \langle p^2 \rangle - \mathrm{i}\hbar m\omega^2 \langle\langle x; p \rangle\rangle_E^{(-)}$$

$$E \langle\langle x; p \rangle\rangle_E^{(-)} = \hbar \langle xp + px \rangle + \frac{\mathrm{i}\hbar}{m} G_p^{(-)}(E)$$

$$\Rightarrow \quad E^2 G_p^{(-)}(E) = 2\hbar \langle p^2 \rangle E - \mathrm{i}\hbar^2 m\omega^2 \langle xp + px \rangle + \hbar^2\omega^2 G_p^{(-)}(E)$$

$$\Rightarrow \quad G_p^{(-)}(E) = \frac{2\hbar \langle p^2 \rangle E - \mathrm{i}\hbar^2 m\omega^2 \langle xp + px \rangle}{E^2 - \hbar^2\omega^2}$$

Pole natürlich unverändert!

$$\Rightarrow \quad 2\hbar D = \lim_{E \to 0} EG_p^{(-)}(E) = \frac{0}{-\hbar^2\omega^2} = 0$$

$$\Rightarrow \quad D = 0$$

8.

$$\begin{aligned}
\langle H \rangle_\omega &= \frac{1}{2m} \langle p^2 \rangle_\omega \\
&= \frac{1}{2m\hbar} \int_{-\infty}^{+\infty} \mathrm{d}E \frac{-\frac{1}{\pi} \operatorname{Im} G_p^{(+)}(E + \mathrm{i}0^+)}{\mathrm{e}^{\beta E} - 1} \\
&= \frac{\hbar\omega}{4} \int_{-\infty}^{+\infty} \mathrm{d}E \frac{\delta(E - \hbar\omega) - \delta(E + \hbar\omega)}{\mathrm{e}^{\beta E} - 1} \\
&= \frac{\hbar\omega}{4} \left(\frac{1}{\mathrm{e}^{\beta\hbar\omega} - 1} - \frac{1}{\mathrm{e}^{-\beta\hbar\omega} - 1}\right)
\end{aligned}$$

9.

$$\lim_{\omega\to 0}\langle H\rangle_\omega = \lim_{\omega\to 0}\frac{\hbar\omega}{4}\left(\frac{1}{e^{\beta\hbar\omega}-1}-\frac{1}{e^{-\beta\hbar\omega}-1}\right)$$
$$= \lim_{\omega\to 0}\frac{\hbar\omega}{4}\left(\frac{1}{\beta\hbar\omega}-\frac{1}{-\beta\hbar\omega}\right)$$
$$\Rightarrow \quad \lim_{\omega\to 0}\langle H\rangle_\omega = \frac{1}{2}k_B T$$

Das stimmt mit dem Ergebnis aus 2. überein!

Abschnitt 3.3.4

Lösung zu Aufgabe 3.3.1

1. Phononen können in beliebiger Zahl erzeugt und dann wieder vernichtet werden. Im thermodynamischen Gleichgewicht stellt sich die Teilchenzahl ein, für die die freie Energie F minimal wird:

$$\frac{\partial F}{\partial N} \stackrel{!}{=} 0 \,.$$

Die linke Seite definiert andererseits μ!

2. Bewegungsgleichung:

$$\left[b_{qr}, H\right]_- = \sum_{q,r'} \hbar\omega_{r'}(q)\left[b_{qr}, b^+_{q'r'}b_{q'r'}\right]_- = \sum_{q',r'}\hbar\omega_{r'}(q')\left[b_{qr}, b^+_{q'r'}\right]_- b_{q'r'}$$
$$= \hbar\omega_r(q) b_{qr} \,.$$

Damit folgt:

$$\left[E-\hbar\omega_r(q)\right] G^{\alpha}_{qr}(E) = \hbar\left\langle\left[b_{qr}, b^+_{qr}\right]_-\right\rangle = \hbar$$
$$\Rightarrow \quad G^{\text{ret, av}}_{q}(E) = \frac{\hbar}{E-\hbar\omega_r(q)\pm \mathrm{i}0^+} \,.$$

3. In Aufgabe 3.1.1 berechnet:

$$b_{qr}(t) = b_{qr}e^{-i\omega_r(q)t}$$

$$\Rightarrow \quad \left\langle \left[b_{qr}(t), b_{qr}^+(t') \right]_- \right\rangle = \mathrm{e}^{-\mathrm{i}\omega_r(q)(t-t')} \left\langle \left[b_{qr}, b_{qr}^+ \right]_- \right\rangle$$

$$\Rightarrow \quad G_{qr}^{\mathrm{ret}}(t,t') = -\mathrm{i}\Theta(t-t')\,\mathrm{e}^{-\mathrm{i}\omega_r(q)(t-t')} ,$$

$$G_{qr}^{\mathrm{av}}(t,t') = +\mathrm{i}\Theta(t'-t)\,\mathrm{e}^{-\mathrm{i}\omega_r(q)(t-t')} .$$

Kontrolle durch Fourier-Transformation:

$$G_{qr}^{\mathrm{ret}}(t,t') = \frac{1}{2\pi\hbar} \int\limits_{-\infty}^{+\infty} \mathrm{d}E\, \mathrm{e}^{-\frac{\mathrm{i}}{\hbar}E(t-t')} \frac{\hbar}{E - \hbar\omega_r(\boldsymbol{q}) + \mathrm{i}0^+}$$

$$\stackrel{\overline{E}=E-\hbar\omega_r(q)}{=} \mathrm{e}^{-\mathrm{i}\omega_r(q)(t-t')} \frac{1}{2\pi\hbar} \int\limits_{-\infty}^{+\infty} \mathrm{d}\overline{E}\, \frac{\mathrm{e}^{-\frac{\mathrm{i}}{\hbar}\overline{E}(t-t')}}{\overline{E} + \mathrm{i}0^+}$$

$$\stackrel{x=\overline{E}/\hbar}{=} \mathrm{e}^{-\mathrm{i}\omega_r(q)(t-t')} \frac{1}{2\pi} \int\limits_{-\infty}^{+\infty} \mathrm{d}x\, \frac{\mathrm{e}^{-\mathrm{i}x(t-t')}}{x + \mathrm{i}0^+}$$

$$= -\mathrm{i}\Theta(t-t')\,\mathrm{e}^{-\mathrm{i}\omega_r(q)(t-t')} \quad \text{(s. Aufgabe 3.2.4)} .$$

4. Spektraldichte:

$$S_{qr}(E) = -\frac{1}{\pi}\,\mathrm{Im}\, G_{qr}^{\mathrm{ret}}(E) = \hbar\delta(E - \hbar\omega_r(\boldsymbol{q})) .$$

Mittlere Besetzungszahl, Spektraltheorem:

$$\left\langle m_{qr} \right\rangle = \left\langle b_{qr}^+ b_{qr} \right\rangle = D_{qr}^+ + \left[\exp(\beta\hbar\omega_r(\boldsymbol{q})) - 1 \right]^{-1} ,$$

D_{qr} aus der *kombinierten* Antikommutator-Green-Funktion. Wegen

$$\left\langle \left[b_{qr}, b_{qr}^+ \right]_+ \right\rangle = 1 + \left\langle m_{qr} \right\rangle$$

gilt für diese:

$$G_{qr}^{(-)}(E) = \frac{\hbar\left(1 + \left\langle m_{qr} \right\rangle\right)}{E - \hbar\omega_r(\boldsymbol{q})} ,$$

$\omega_r(\boldsymbol{q}) = 0$ nur für akustische Zweige für $q = 0$:

$q = 0 \Leftrightarrow \lambda = \infty$: makroskopische Translation des gesamten Kristalls! Uninteressant!

$q \neq 0$:

$$D_{qr} = \frac{1}{2\hbar} \lim_{E\to 0} E G_{qr}^{(0)}(E) = 0\,.$$

Es bleibt:

$$\langle m_{qr} \rangle = [\exp(\hbar\omega_r(\boldsymbol{q})) - 1]^{-1}$$

Bose-Einstein-Funktion.

Innere Energie:

$$U = \langle H \rangle = \sum_{qr} \hbar\omega_r(\boldsymbol{q}) \left(\langle m_{qr} \rangle + \frac{1}{2} \right)\,.$$

Lösung zu Aufgabe 3.3.2

1. Bewegungsgleichung:

$$\begin{aligned}
&[a_{\boldsymbol{k}\sigma}, H^*]_- \\
&= \sum_{\boldsymbol{p}\sigma'} t(\boldsymbol{p}) \left[a_{\boldsymbol{k}\sigma}, a^+_{\boldsymbol{p}\sigma'} a_{\boldsymbol{p}\sigma'}\right]_- - \Delta \sum_{\boldsymbol{p}} \left[a_{\boldsymbol{k}\sigma}, a_{-\boldsymbol{p}\downarrow} a_{\boldsymbol{p}\uparrow} + a^+_{\boldsymbol{p}\uparrow} a^+_{-\boldsymbol{p}\downarrow}\right]_- \\
&= \sum_{\boldsymbol{p}\sigma'} t(\boldsymbol{p}) \delta_{\sigma\sigma'} \delta_{\boldsymbol{k}\boldsymbol{p}} a_{\boldsymbol{p}\sigma'} - \Delta \sum_{\boldsymbol{p}} \left(\delta_{\boldsymbol{k}\boldsymbol{p}} \delta_{\sigma\uparrow} a^+_{-\boldsymbol{p}\downarrow} - \delta_{\boldsymbol{k}-\boldsymbol{p}} \delta_{\sigma\downarrow} a^+_{\boldsymbol{p}\uparrow} \right) \\
&= t(\boldsymbol{k}) a_{\boldsymbol{k}\sigma} - \Delta\, (\delta_{\sigma\uparrow} - \delta_{\sigma\downarrow})\, a^+_{-\boldsymbol{k}-\sigma}\,,
\end{aligned}$$

$$z_\sigma = \begin{cases} +1 & \text{für} \quad \sigma = \uparrow\,, \\ -1 & \text{für} \quad \sigma = \downarrow\,. \end{cases}$$

Damit lautet die Bewegungsgleichung:

$$(E - t(\boldsymbol{k}))\, G_{\boldsymbol{k}\sigma}(E) = \hbar - \Delta z_\sigma \left\langle\left\langle a^+_{-\boldsymbol{k}-\sigma}; a^+_{\boldsymbol{k}\sigma} \right\rangle\right\rangle\,.$$

Die Green-Funktion auf der rechten Seite der Gleichung verhindert eine direkte Lösung. Wir stellen auch für diese die entsprechende Bewegungsgleichung auf:

$$\begin{aligned}
&[a^+_{-\boldsymbol{k}-\sigma}, H^*]_- \\
&= -t(-\boldsymbol{k}) a^+_{-\boldsymbol{k}-\sigma} - \Delta \sum_{\boldsymbol{p}} \left[a^+_{-\boldsymbol{k}-\sigma}, a_{-\boldsymbol{p}\downarrow} a_{\boldsymbol{p}\uparrow}\right]_- \\
&= -t(\boldsymbol{k}) a^+_{-\boldsymbol{k}-\sigma} - \Delta \sum_{\boldsymbol{p}} \left(\delta_{\boldsymbol{k}\boldsymbol{p}} \delta_{-\sigma\downarrow} a_{\boldsymbol{p}\uparrow} - \delta_{-\boldsymbol{k}\boldsymbol{p}} \delta_{-\sigma\uparrow} a_{-\boldsymbol{p}\downarrow} \right) \\
&= -t(\boldsymbol{k}) a^+_{-\boldsymbol{k}-\sigma} - \Delta z_\sigma a_{\boldsymbol{k}\sigma}\,.
\end{aligned}$$

Dies ergibt die folgende Bewegungsgleichung:

$$(E + t(\boldsymbol{k})) \left\langle\!\left\langle a^+_{-\boldsymbol{k}-\sigma}; a^+_{\boldsymbol{k}\sigma} \right\rangle\!\right\rangle = -\Delta z_\sigma G_{\boldsymbol{k}\sigma}(E)$$

$$\Rightarrow \quad \left\langle\!\left\langle a^+_{-\boldsymbol{k}-\sigma}; a^+_{\boldsymbol{k}\sigma} \right\rangle\!\right\rangle = -\frac{z_\sigma \Delta}{E + t(\boldsymbol{k})} G_{\boldsymbol{k}\sigma}(E) \,.$$

Dies wird in die Bewegungsgleichung für $G^{\text{ret}}_{\boldsymbol{k}\sigma}(E)$ eingesetzt:

$$\left(E - t(\boldsymbol{k}) - \frac{\Delta^2}{E + t(\boldsymbol{k})} \right) G_{\boldsymbol{k}\sigma}(E) = \hbar \,.$$

Anregungsenergien:

$$E(\boldsymbol{k}) = +\sqrt{t^2(\boldsymbol{k}) + \Delta^2} \underset{t \to 0}{\longrightarrow} \Delta \quad \textit{Energielücke.}$$

Green-Funktion:

$$G_{\boldsymbol{k}\sigma}(E) = \frac{\hbar \, (E + t(\boldsymbol{k}))}{E^2 - E^2(\boldsymbol{k})} \,.$$

Berücksichtigung der Randbedingungen:

$$G^{\text{ret}}_{\boldsymbol{k}\sigma}(E) = \frac{\hbar}{2E(\boldsymbol{k})} \left[\frac{t(\boldsymbol{k}) + E(\boldsymbol{k})}{E - E(\boldsymbol{k}) + \mathrm{i}0^+} - \frac{t(\boldsymbol{k}) - E(\boldsymbol{k})}{E + E(\boldsymbol{k}) + \mathrm{i}0^+} \right] .$$

2. Für Δ benötigen wir den Erwartungswert:

$$\left\langle a^+_{\boldsymbol{k}\uparrow} a^+_{-\boldsymbol{k}\downarrow} \right\rangle .$$

Die Bestimmung gelingt mithilfe des Spektraltheorems und der im Teil 1. verwendeten Green-Funktion:

$$\left\langle\!\left\langle a^+_{-\boldsymbol{k}\downarrow}; a^+_{\boldsymbol{k}\uparrow} \right\rangle\!\right\rangle_E = \frac{-\Delta}{E + t(\boldsymbol{k})} G_{\boldsymbol{k}\uparrow}(E) = \frac{-\hbar\Delta}{E^2 - E^2(\boldsymbol{k})} \,.$$

Unter Beachtung der Randbedingungen erhalten wir für die entsprechende retardierte Funktion:

$$\left\langle\!\left\langle a^+_{-\boldsymbol{k}\downarrow}; a^+_{\boldsymbol{k}\uparrow} \right\rangle\!\right\rangle^{\text{ret}}_E = \frac{\hbar\Delta}{2E(\boldsymbol{k})} \left(\frac{1}{E + E(\boldsymbol{k}) + \mathrm{i}0^+} - \frac{1}{E - E(\boldsymbol{k}) + \mathrm{i}0^+} \right) .$$

Dazu gehört die Spektraldichte:

$$S_{-\boldsymbol{k}\downarrow;\boldsymbol{k}\uparrow}(E) = \frac{\hbar\Delta}{2E(\boldsymbol{k})}\left[\delta\left(E + E(\boldsymbol{k})\right) - \delta\left(E - E(\boldsymbol{k})\right)\right] .$$

Spektraltheorem:

$$\begin{aligned}\left\langle a^+_{\boldsymbol{k}\uparrow} a^+_{-\boldsymbol{k}\downarrow}\right\rangle &= \frac{1}{\hbar}\int\limits_{-\infty}^{+\infty} \mathrm{d}E\, \frac{S_{-\boldsymbol{k}\downarrow;\boldsymbol{k}\uparrow}(E)}{\exp(\beta E) + 1} \\ &= \frac{\Delta}{2E(\boldsymbol{k})}\left(\frac{1}{\exp(-\beta E(\boldsymbol{k})) + 1} - \frac{1}{\exp(\beta E(\boldsymbol{k})) + 1}\right) \\ &= \frac{\Delta}{2E(\boldsymbol{k})} \tanh\left(\frac{1}{2}\beta E(\boldsymbol{k})\right) .\end{aligned}$$

Daraus folgt schließlich:

$$\Delta = \frac{1}{2}\Delta V \sum_{\boldsymbol{k}} \frac{\tanh\left(\frac{1}{2}\beta\sqrt{t^2(\boldsymbol{k}) + \Delta^2}\right)}{\sqrt{t^2(\boldsymbol{k}) + \Delta^2}} .$$

$\Delta = \Delta(T) \Rightarrow$ Energielücke ist T-abhängig.

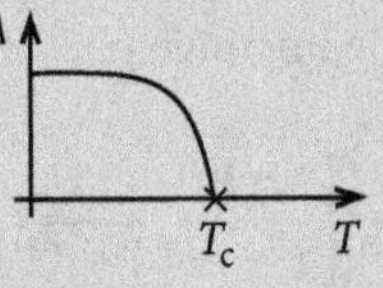

Abb. A.9

Spezialfall:

$$T \to 0 \quad \Rightarrow \quad \tanh\left(\frac{1}{2}\beta\sqrt{t^2(\boldsymbol{k}) + \Delta^2}\right) \to 1$$

$\Rightarrow$ dasselbe Ergebnis wie in Aufgabe 2.3.6 für $\Delta_{\boldsymbol{k}} \equiv \Delta$.

Lösung zu Aufgabe 3.3.3

1. Wir beweisen die Behauptung durch vollständige Induktion:
   Induktionsanfang $p = 1, 2$:

$$[a_{\boldsymbol{k}\sigma}, H^*]_- = t(\boldsymbol{k}) a_{\boldsymbol{k}\sigma} - z_\sigma \Delta a^+_{-\boldsymbol{k}-\sigma}$$
$$\text{(s. Aufgabe 3.3.2)} ,$$

$$\begin{aligned}[][a_{k\sigma}, H^*]_-, H^*]_- &= t(\mathbf{k})\left(t(\mathbf{k})a_{k\sigma} - z_\sigma \Delta a^+_{-\mathbf{k}-\sigma}\right) \\ &\quad - z_\sigma \Delta\left(-t(\mathbf{k})a^+_{-\mathbf{k}-\sigma} - z_\sigma \Delta a_{k\sigma}\right) \\ &= \left(t^2(\mathbf{k}) + \Delta^2\right) a_{k\sigma} \,.\end{aligned}$$

Induktionsschluss $p \longrightarrow p + 1$:

a) p gerade:

$$\underbrace{\left[\dots[[a_{k\sigma}, H^*]_-, H^*]_-, \dots, H^*\right]_-}_{(p+1)\text{-facher Kommutator}}$$

$$= \left(t^2 + \Delta^2\right)^{p/2} [a_{k\sigma}, H^*]_- = \left(t^2 + \Delta^2\right)^{p/2} \left(t a_{k\sigma} - z_\sigma \Delta a^+_{-\mathbf{k}-\sigma}\right) \,.$$

b) p ungerade:

$$\underbrace{\left[\dots[[a_{k\sigma}, H^*]_-, H^*]_-, \dots, H^*\right]_-}_{(p+1)\text{-facher Kommutator}}$$

$$\begin{aligned}&= \left(t^2 + \Delta^2\right)^{(1/2)(p-1)} \left[t a_{k\sigma} - z_\sigma \Delta a^+_{-\mathbf{k}-\sigma}, H^*\right]_- \\ &= \left(t^2 + \Delta^2\right)^{(1/2)(p-1)} \left[t\left(t a_{k\sigma} - z_\sigma \Delta a^+_{-\mathbf{k}-\sigma}\right) - z_\sigma \Delta\left(-t a^+_{-\mathbf{k}-\sigma} - \Delta z_\sigma a_{k\sigma}\right)\right] \\ &= \left(t^2 + \Delta^2\right)^{(1/2)(p+1)} a_{k\sigma} \quad \text{q. e. d.}\end{aligned}$$

Für die Spektralmomente der Ein-Elektronen-Spektraldichte folgt damit unmittelbar:
$n = 0, 1, 2, \dots$

$$\begin{aligned}M^{(2n)}_{k\sigma} &= \left(t^2(\mathbf{k}) + \Delta^2\right)^n \,, \\ M^{(2n+1)}_{k\sigma} &= \left(t^2(\mathbf{k}) + \Delta^2\right)^n t(\mathbf{k}) \,.\end{aligned}$$

2. Wir benutzen:

$$M^{(n)}_{k\sigma} = \frac{1}{\hbar} \int_{-\infty}^{+\infty} \mathrm{d}E\, E^n S_{k\sigma}(E) \,.$$

Bestimmungsgleichungen aus den ersten vier Spektralmomenten:

$$\begin{aligned}\alpha_{1\sigma} + \alpha_{2\sigma} &= \hbar \,, \\ \alpha_{1\sigma}E_{1\sigma} + \alpha_{2\sigma}E_{2\sigma} &= ht \,, \\ \alpha_{1\sigma}E^2_{1\sigma} + \alpha_{2\sigma}E^2_{2\sigma} &= \hbar\left(t^2 + \Delta^2\right) \,, \\ \alpha_{1\sigma}E^3_{1\sigma} + \alpha_{2\sigma}E^3_{2\sigma} &= \hbar\left(t^2 + \Delta^2\right) t \,.\end{aligned}$$

Dies lässt sich umformen:

$$\begin{aligned} \alpha_{2\sigma}\left(E_{2\sigma}-E_{1\sigma}\right) &= \hbar\left(t-E_{1\sigma}\right) , \\ \alpha_{2\sigma}E_{2\sigma}\left(E_{2\sigma}-E_{1\sigma}\right) &= \hbar\left[t^2+\Delta^2-tE_{1\sigma}\right] , \\ \alpha_{2\sigma}E_{2\sigma}^2\left(E_{2\sigma}-E_{1\sigma}\right) &= \hbar\left[\left(t^2+\Delta^2\right)\left(t-E_{1\sigma}\right)\right] . \end{aligned}$$

Nach Division folgt:

$$E_{2\sigma}^2 = t^2+\Delta^2 \quad\Rightarrow\quad E_{2\sigma}(\boldsymbol{k}) = +\sqrt{t^2(\boldsymbol{k})+\Delta^2} \equiv E(\boldsymbol{k}) .$$

Dies hat weiter zur Folge:

$$\begin{aligned} & E(\boldsymbol{k}) = \frac{t^2+\Delta^2-tE_{1\sigma}}{t-E_{1\sigma}} = t+\frac{\Delta^2}{t-E_{1\sigma}} \\ \Rightarrow\quad & \left(E(\boldsymbol{k})-t(\boldsymbol{k})\right)^{-1}\Delta^2 = t(\boldsymbol{k})-E_{1\sigma}(\boldsymbol{k}) \\ \Rightarrow\quad & E_{1\sigma}(\boldsymbol{k}) = t(\boldsymbol{k})-\frac{\Delta^2}{E(\boldsymbol{k})-t(\boldsymbol{k})} = \frac{E(\boldsymbol{k})t(\boldsymbol{k})-E^2(\boldsymbol{k})}{E(\boldsymbol{k})-t(\boldsymbol{k})} \\ \Rightarrow\quad & E_{1\sigma}(\boldsymbol{k}) = -E(\boldsymbol{k}) = -E_{2\sigma}(\boldsymbol{k}) . \end{aligned}$$

Spektrale Gewichte:

$$\begin{aligned} & \alpha_{2\sigma}(\boldsymbol{k})2E(\boldsymbol{k}) = \hbar\left(t(\boldsymbol{k})+E(\boldsymbol{k})\right) \\ \Rightarrow\quad & \alpha_{2\sigma}(\boldsymbol{k}) = \hbar\frac{t(\boldsymbol{k})+E(\boldsymbol{k})}{2E(\boldsymbol{k})} , \\ & \alpha_{1\sigma}(\boldsymbol{k}) = \hbar-\alpha_{2\sigma}(\boldsymbol{k}) = \hbar\frac{E(\boldsymbol{k})-t(\boldsymbol{k})}{2E(\boldsymbol{k})} \\ \Rightarrow\quad & S_{\boldsymbol{k}\sigma}(E) = \hbar\left[\frac{E(\boldsymbol{k})-t(\boldsymbol{k})}{2E(\boldsymbol{k})}\delta\left(E+E(\boldsymbol{k})\right)+\frac{E(\boldsymbol{k})+t(\boldsymbol{k})}{2E(\boldsymbol{k})}\delta\left(E-E(\boldsymbol{k})\right)\right] . \end{aligned}$$

Lösung zu Aufgabe 3.3.4

1. Alle $H_{\boldsymbol{k}}$ kommutieren. Wir brauchen also nur ein festes $\boldsymbol{k}$ zu betrachten. Mit dem normierten Vakuumzustand $|0\rangle$ und der Tatsache, dass es sich um Fermionen handelt, kommen nur die folgenden vier Zustände in Frage:

$$\begin{aligned} |0,0\rangle &= |0\rangle ; \\ |1,0\rangle &= a_{\boldsymbol{k}\uparrow}^{+}|0\rangle ; \\ |0,1\rangle &= a_{-\boldsymbol{k}\downarrow}^{+}|0\rangle ; \\ |1,1\rangle &= a_{\boldsymbol{k}\uparrow}^{+}a_{-\boldsymbol{k}\downarrow}^{+}|0\rangle . \end{aligned}$$

Die Wirkung von $H_{\boldsymbol{k}}$ auf diese Zustände ist leicht ablesbar:

$$\begin{aligned}
H_{\boldsymbol{k}}|0,0\rangle &= -\Delta\,|1,1\rangle\,,\\
H_{\boldsymbol{k}}|1,0\rangle &= t(\boldsymbol{k})\,|1,0\rangle\,,\\
H_{\boldsymbol{k}}|0,1\rangle &= t(\boldsymbol{k})\,|0,1\rangle\,,\\
H_{\boldsymbol{k}}|1,1\rangle &= 2t(\boldsymbol{k})\,|1,1\rangle - \Delta\,|0,0\rangle\,.
\end{aligned}$$

Dies ergibt die folgende Hamilton-Matrix:

$$H_{\boldsymbol{k}} \equiv \begin{pmatrix} 0 & 0 & 0 & -\Delta \\ 0 & t(\boldsymbol{k}) & 0 & 0 \\ 0 & 0 & t(\boldsymbol{k}) & 0 \\ -\Delta & 0 & 0 & 2t(\boldsymbol{k}) \end{pmatrix}.$$

Die Eigenwerte ergeben sich aus der Forderung:

$$\begin{aligned}
\det\left|H_{\boldsymbol{k}} - E\mathbf{1}\right| &\overset{!}{=} 0\,,\\
0 &= (t-E)\det\begin{pmatrix} -E & 0 & -\Delta \\ 0 & t-E & 0 \\ -\Delta & 0 & 2t-E \end{pmatrix}\\
&= (t-E)\left[-E(t-E)(2t-E) - \Delta^2(t-E)\right]
\end{aligned}$$

$$\begin{aligned}
\Rightarrow\quad & E_{1,2}(\boldsymbol{k}) = t(\boldsymbol{k})\,,\\
& 0 = -E(2t-E) - \Delta^2 \quad\Leftrightarrow\quad \Delta^2 = E^2 - 2tE\,.
\end{aligned}$$

Damit haben wir insgesamt die folgenden Eigenenergien:

$$\begin{aligned}
E_0(\boldsymbol{k}) &= t(\boldsymbol{k}) - \sqrt{t^2(\boldsymbol{k}) + \Delta^2} = t(\boldsymbol{k}) - E(\boldsymbol{k})\,,\\
E_1(\boldsymbol{k}) &= E_2(\boldsymbol{k}) = t(\boldsymbol{k})\,,\\
E_3(\boldsymbol{k}) &= t(\boldsymbol{k}) + \sqrt{t^2(\boldsymbol{k}) + \Delta^2} = t(\boldsymbol{k}) + E(\boldsymbol{k})\,.
\end{aligned}$$

2. Ansatz:

$$\begin{aligned}
\left|E_0(\boldsymbol{k})\right\rangle &= \alpha_0\,|0,0\rangle + \alpha_1\,|1,0\rangle + \alpha_2\,|0,1\rangle + \alpha_3\,|1,1\rangle\,,\\
(H_{\boldsymbol{k}} - E_0(\boldsymbol{k})\mathbf{1})\,\left|E_0(\boldsymbol{k})\right\rangle &= 0\,,
\end{aligned}$$

$$\begin{pmatrix} -E_0 & 0 & 0 & -\Delta \\ 0 & t-E_0 & 0 & 0 \\ 0 & 0 & t-E_0 & 0 \\ -\Delta & 0 & 0 & 2t-E_0 \end{pmatrix}\begin{pmatrix} \alpha_0 \\ \alpha_1 \\ \alpha_2 \\ \alpha_3 \end{pmatrix} = \begin{pmatrix} 0 \\ 0 \\ 0 \\ 0 \end{pmatrix}$$

$$\Rightarrow \quad \alpha_1 = \alpha_2 = 0\,,$$
$$E_0\alpha_0 + \Delta\alpha_3 = 0\,; \quad \alpha_0^2 + \alpha_3^2 = 1$$
$$\Rightarrow \quad \alpha_0^2 = \frac{\Delta^2}{E_0^2}\left(1-\alpha_0^2\right) \quad \Rightarrow \quad \alpha_0^2 = \frac{\Delta^2}{E_0^2+\Delta^2}$$
$$\Rightarrow \quad \alpha_0^2 = \frac{1}{2}\frac{\Delta^2}{t^2+\Delta^2-tE(\boldsymbol{k})} = \frac{1}{2}\frac{\Delta^2\left(t^2+\Delta^2+tE(\boldsymbol{k})\right)}{t^4+\Delta^4+2t^2\Delta^2-t^2\left(t^2+\Delta^2\right)}$$
$$= \frac{1}{2}\frac{t^2+\Delta^2+t\sqrt{t^2+\Delta^2}}{\Delta^2+t^2}$$
$$\Rightarrow \quad \alpha_0^2 = \frac{1}{2}\left(1+\frac{t(\boldsymbol{k})}{\sqrt{t^2+\Delta^2}}\right) \equiv u_{\boldsymbol{k}}^2 \quad \text{(s. Aufgabe 2.3.6)}\,.$$

Damit folgt auch:

$$\alpha_3^2 = \frac{1}{2}\left(1-\frac{t(\boldsymbol{k})}{\sqrt{t^2+\Delta^2}}\right) \equiv v_{\boldsymbol{k}}^2 \quad \text{(s. Aufgabe 2.3.6)}\,.$$

Der Grundzustand lautet damit:

$$\left|E_0(\boldsymbol{k})\right\rangle = \left(u_{\boldsymbol{k}} + v_{\boldsymbol{k}} a_{\boldsymbol{k}\uparrow}^+ a_{-\boldsymbol{k}\downarrow}^+\right)|0\rangle\,.$$

Die beiden Ein-Teilchen-Zustände sind klar:

$$\left|E_1(\boldsymbol{k})\right\rangle = a_{\boldsymbol{k}\uparrow}^+|0\rangle\,,$$
$$\left|E_2(\boldsymbol{k})\right\rangle = a_{-\boldsymbol{k}\downarrow}^+|0\rangle\,.$$

Bleibt noch $\left|E_3(\boldsymbol{k})\right\rangle$ zu berechnen:

$$\begin{pmatrix} -t(\boldsymbol{k})-E(\boldsymbol{k}) & 0 & 0 & -\Delta \\ 0 & -E(k) & 0 & 0 \\ 0 & 0 & -E(\boldsymbol{k}) & 0 \\ -\Delta & 0 & 0 & t(\boldsymbol{k})-E(\boldsymbol{k}) \end{pmatrix}\begin{pmatrix}\gamma_0\\ \gamma_1\\ \gamma_2\\ \gamma_3\end{pmatrix} = 0$$
$$\Rightarrow \quad \gamma_1 = 0 = \gamma_2\,,$$
$$(t+E)\gamma_0 + \Delta\gamma_3 = 0\,; \quad \gamma_0^2+\gamma_3^2 = 1$$
$$\Rightarrow \quad \gamma_0^2 = +\frac{\Delta^2}{(t+E)^2}\left(1-\gamma_0^2\right)$$
$$\Rightarrow \quad \gamma_0^2 = \frac{\Delta^2}{\Delta^2+(t+E)^2} = \frac{\Delta^2}{2\Delta^2+2t^2+2tE} =$$

$$= \frac{1}{2}\frac{\Delta^2(\Delta^2 + t^2 - tE)}{\Delta^4 + t^4 + 2t^2\Delta^2 - t^2(t^2 + \Delta^2)}$$

$$= \frac{1}{2}\left(1 - \frac{t}{\sqrt{t^2 + \Delta^2}}\right) = v_k^2$$

$$\Rightarrow \quad \gamma_3^2 = u_k^2$$

$$\Rightarrow \quad |E_3(\boldsymbol{k})\rangle = \left(v_k - u_k a_{k\uparrow}^+ a_{-k\downarrow}^+\right)|0\rangle \, ,$$

Minuszeichen, damit $\langle E_0 \mid E_3 \rangle = 0$ gilt!

3.

$$\Delta_{30} = 2\sqrt{t^2(\boldsymbol{k}) + \Delta^2}$$

erscheint als **Zwei**-Teilchen-Anregung **nicht** als Pol der Ein-Elektronen-Green-Funktion!

$$\Delta_{32} = \Delta_{31} = \Delta_{20} = \Delta_{10} = \sqrt{t^2(\boldsymbol{k}) + \Delta^2} \equiv E(\boldsymbol{k}) \, .$$

Diese **Ein**-Teilchen-Anregungen sind mit den Polen der Green-Funktion aus Aufgabe 3.3.3 identisch!

Lösung zu Aufgabe 3.3.5

1.

$$\begin{aligned}
\rho_{k\uparrow}^+ |E_0(\boldsymbol{k})\rangle &= \left(u_k a_{k\uparrow}^+ - v_k a_{-k\downarrow}\right)\left(u_k + v_k a_{k\uparrow}^+ a_{-k\downarrow}^+\right)|0\rangle \\
&= \left(u_k^2 + v_k^2\right) a_{k\uparrow}^+ |0\rangle = |E_1(\boldsymbol{k})\rangle \, , \\
\rho_{-k\downarrow}^+ |E_0(\boldsymbol{k})\rangle &= \left(u_k a_{-k\downarrow}^+ + v_k a_{k\uparrow}\right)\left(u_k + v_k a_{k\uparrow}^+ a_{-k\downarrow}^+\right)|0\rangle \\
&= \left(u_k^2 + v_k^2\right) a_{-k\downarrow}^+ |0\rangle = |E_2(\boldsymbol{k})\rangle , \\
\rho_{-k\downarrow}^+ |E_1(\boldsymbol{k})\rangle &= \left(u_k a_{-k\downarrow}^+ + v_k a_{k\uparrow}\right) a_{k\uparrow}^+ |0\rangle = \left(v_k - u_k a_{k\uparrow}^+ a_{-k\downarrow}^+\right)|0\rangle \\
&= |E_3(\boldsymbol{k})\rangle \, , \\
\rho_{k\uparrow}^+ |E_2(\boldsymbol{k})\rangle &= \left(u_k a_{k\uparrow}^+ - v_k a_{-k\downarrow}\right) a_{-k\downarrow}^+ |0\rangle = -\left(v_k - u_k a_{k\uparrow}^+ a_{-k\downarrow}^+\right)|0\rangle \\
&= -|E_3(\boldsymbol{k})\rangle \, .
\end{aligned}$$

2.

$$[\rho_{p\uparrow}, \rho_{k\uparrow}^+]_+ = \left[u_p a_{p\uparrow} - v_p a_{-p\downarrow}^+, u_k a_{k\uparrow}^+ - v_k a_{-k\downarrow}\right]_+$$

$$= u_p u_k \left[a_{p\uparrow}, a^+_{k\uparrow}\right]_+ + v_p v_k \left[a^+_{-p\downarrow}, a_{-k\downarrow}\right]_+$$
$$= \left(u_k^2 + v_k^2\right)\delta_{pk} = \delta_{pk}\,,$$
$$\left[\rho_{p\uparrow}, \rho_{k\uparrow}\right]_+ = \left[u_p a_{p\uparrow} - v_p a^+_{-p\downarrow}, u_k a_{k\uparrow} - v_k a^+_{-k\downarrow}\right]_+ = 0\,.$$

3.

$$\left[H^*, \rho^+_{k\uparrow}\right]_- = \left[H_k, \rho^+_{k\uparrow}\right]_-$$
$$= t(\boldsymbol{k})\left[a^+_{k\uparrow}a_{k\uparrow} + a^+_{-k\downarrow}a_{-k\downarrow}, u_k a^+_{k\uparrow} - v_k a_{-k\downarrow}\right]_-$$
$$- \Delta\left[a^+_{k\uparrow}a^+_{-k\downarrow} + a_{-k\downarrow}a_{k\uparrow}, u_k a^+_{k\uparrow} - v_k a_{-k\downarrow}\right]_-$$
$$= t(\boldsymbol{k})u_k\left[a^+_{k\uparrow}a_{k\uparrow}, a^+_{k\uparrow}\right]_- - t(\boldsymbol{k})v_k\left[a^+_{-k\downarrow}a_{-k\downarrow}, a_{-k\downarrow}\right]_-$$
$$+ \Delta v_k\left[a^+_{k\uparrow}a^+_{-k\downarrow}, a_{-k\downarrow}\right] - \Delta u_k\left[a_{-k\downarrow}a_{k\uparrow}, a^+_{k\uparrow}\right]_-$$
$$= t(\boldsymbol{k})\left(u_k a^+_{k\uparrow} + v_k a_{-k\downarrow}\right) + \Delta\left(v_k a^+_{k\uparrow} - u_k a_{-k\downarrow}\right),$$

$$\left(\frac{tu + \Delta v}{u}\right)^2 = \frac{t^2u^2 + \Delta^2 v^2 + 2t\Delta uv}{u^2}\,,$$

$$2tuv = 2t\frac{1}{2}\left(1 - \frac{t^2}{t^2 + \Delta^2}\right)^{1/2} = \frac{t\Delta}{\sqrt{t^2 + \Delta^2}} = \Delta\left(u^2 - v^2\right)$$

$$\Rightarrow \quad \frac{tu + \Delta v}{u} = \sqrt{t^2 + \Delta^2}\,.$$

Analog zeigt man:

$$\frac{tv - \Delta u}{v} = -\sqrt{t^2 + \Delta^2}$$

$$\Rightarrow \quad \left[H^*, \rho^+_{k\uparrow}\right]_- = E(\boldsymbol{k})\left\{u_k a^+_{k\uparrow} - v_k a_{-k\downarrow}\right\} = E(\boldsymbol{k})\rho^+_{k\uparrow}\,.$$

H^* beschreibt den Supraleiter als ein System von wechselwirkungsfreien *Bogolonen*. Das sind die durch ρ^+ erzeugten Quasiteilchen der Supraleitung!

4.

$$\left[H^*, \rho_{k\uparrow}\right]_- = -E(\boldsymbol{k})\rho_{k\uparrow}\,,$$
$$\left\langle\left[\rho_{k\uparrow}, \rho^+_{k\uparrow}\right]_+\right\rangle = 1$$
$$\Rightarrow \quad \widehat{G}^{\text{ret}}_{k\uparrow}(E) = \frac{\hbar}{E + E(\boldsymbol{k}) + \text{i}0^+}\,.$$

Lösung zu Aufgabe 3.3.6

Innere Energie:

$$\begin{aligned}U - E_0 &= \langle H \rangle - E_0 \\ &= \sum_{q,r} \hbar\omega_{qr} \langle n_{qr} \rangle \\ &= \sum_{q,r} \hbar\omega_{qr} \left(e^{\beta\hbar\omega_{qr}} - 1\right)^{-1} \\ &= \sum_{q,r} \sum_{n=1}^{\infty} \hbar\omega_{qr}\, e^{-\beta\hbar\omega_{qr} n}\end{aligned}$$

Dies benutzen wir mit $E_0 = U(0)$ in

$$\begin{aligned}F(T) - U(0) &= -T \int_0^T dT' \, \frac{U(T') - U(0)}{T'^2} \\ &= -T \int_0^T \frac{dT'}{T'^2} \sum_{q,r} \sum_{n=1}^{\infty} \hbar\omega_{qr} \exp(-\beta'\hbar\omega_{qr} n) \\ &= k_B T \int_{\infty}^{\beta} d\beta' \sum_{q,r} \sum_{n=1}^{\infty} \hbar\omega_{qr} \exp(-\beta'\hbar\omega_{qr} n) \\ &= -k_B T \sum_{q,r} \sum_{n=1}^{\infty} \frac{1}{n} \exp(-\beta'\hbar\omega_{qr} n) \Big|_{\infty}^{\beta} \\ &= -k_B T \sum_{q,r} \sum_{n=1}^{\infty} \frac{1}{n} \exp(-\beta\hbar\omega_{qr} n) \\ &= k_B T \sum_{q,r} \ln\left(1 - e^{-\beta\hbar\omega_{qr}}\right) \\ &= -k_B T \sum_{q,r} \ln\left(1 - e^{-\beta\hbar\omega_{qr}}\right)^{-1} \\ &= -k_B T \sum_{q,r} \ln\left(\sum_{n_{qr}=0}^{\infty} e^{-\beta\hbar\omega_{qr} n_{qr}} \right) \\ &= -k_B T \ln\left(\prod_{qr} \sum_{n_{qr}=0}^{\infty} e^{-\beta\hbar\omega_{qr} n_{qr}} \right) \\ &= -k_B T \ln\left(\sum_{n_{q_1 r_1}=0}^{\infty} e^{-\beta\hbar\omega_{q_1 r_1} n_{qr}} \right)\left(\sum_{n_{q_2 r_2}=0}^{\infty} e^{-\beta\hbar\omega_{q_2 r_2} n_{q_2 r_2}} \right) \ldots \\ &= -k_B T \ln\left(\sum_{N=0}^{\infty} \sum_{\{n_{qr}\}}^{\sum n_{qr}=N} \prod_{qr} e^{-\beta\hbar\omega_{qr} n_{qr}} \right)\end{aligned}$$

$$= -k_B T \ln\left(\sum_{N=0}^{\infty} \sum_{\{n_{qr}\}}^{\sum n_{qr}=N} e^{-\beta \sum_{n_{qr}} \hbar\omega_{qr} n_{qr}}\right)$$

Damit gilt:

$$F(T) - U(0) = -k_B T \ln\left(\mathrm{Sp}\left(\exp(-\beta(H - E_0))\right)\right)$$

Mit $U(0) = E_0$ folgt weiter:

$$\begin{aligned} F(T) &= E_0 - k_B T \ln\left(\mathrm{Sp}\left(\exp(-\beta(H - E_0))\right)\right) \\ &= E_0 - k_B T \ln\left(\exp(\beta E_0)\, \mathrm{Sp}\left(\exp(-\beta H)\right)\right) \\ &= -k_B T \ln\left(\mathrm{Sp}\left(\exp(-\beta H)\right)\right) \end{aligned}$$

Das war zu zeigen!

Abschnitt 3.4.6

Lösung zu Aufgabe 3.4.1

Mit

$$\mathcal{H}_0 = \sum_{k\sigma} (\varepsilon(\boldsymbol{k}) - \mu)\, a^+_{k\sigma} a_{k\sigma}$$

berechnen wir zunächst:

$$\begin{aligned} [a_{k\sigma}, \mathcal{H}_0]_- &= \sum_{k'\sigma'} \left(\varepsilon\left(\boldsymbol{k}'\right) - \mu\right) \left[a_{k\sigma}, a^+_{k'\sigma'} a_{k'\sigma'}\right]_- \\ &= \sum_{k',\sigma'} \left(\varepsilon\left(\boldsymbol{k}'\right) - \mu\right) \delta_{kk'} \delta_{\sigma\sigma'} a_{k'\sigma'} = (\varepsilon(\boldsymbol{k}) - \mu)\, a_{k\sigma}\,. \end{aligned}$$

Mehr Aufwand erfordert der Wechselwirkungsterm:

$$\begin{aligned} &[a_{k\sigma}, \mathcal{H} - \mathcal{H}_0]_- \\ &= \frac{1}{2} \sum_{\substack{k'pq \\ \sigma''\sigma'}} v_{k'p}(\boldsymbol{q}) \left[a_{k\sigma}, a^+_{k'+q\sigma''} a^+_{p-q\sigma'} a_{p\sigma'} a_{k'\sigma''}\right]_- \end{aligned}$$

$$= \frac{1}{2} \sum_{\substack{k',p,q \\ \sigma''\sigma'}} v_{k'p}(\boldsymbol{q}) \Big(\delta_{\sigma\sigma''} \delta_{\boldsymbol{k},\boldsymbol{k}'+\boldsymbol{q}} a^+_{\boldsymbol{p}-\boldsymbol{q}\sigma'} a_{\boldsymbol{p}\sigma'} a_{\boldsymbol{k}'\sigma''}$$

$$- \delta_{\sigma\sigma'} \delta_{\boldsymbol{k}\boldsymbol{p}-\boldsymbol{q}} a^+_{\boldsymbol{k}'+\boldsymbol{q}\sigma''} a_{\boldsymbol{p}\sigma'} a_{\boldsymbol{k}'\sigma''} \Big)$$

$$= \frac{1}{2} \sum_{pq\sigma'} v_{\boldsymbol{k}-\boldsymbol{q}\boldsymbol{p}}(\boldsymbol{q}) a^+_{\boldsymbol{p}-\boldsymbol{q}\sigma'} a_{\boldsymbol{p}\sigma'} a_{\boldsymbol{k}-\boldsymbol{q}\sigma}$$

$$- \frac{1}{2} \sum_{k'q\sigma''} v_{\boldsymbol{k}'\boldsymbol{k}+\boldsymbol{q}}(\boldsymbol{q}) a^+_{\boldsymbol{k}'+\boldsymbol{q}\sigma''} a_{\boldsymbol{k}+\boldsymbol{q}\sigma} a_{\boldsymbol{k}'\sigma''} .$$

Im ersten Summanden:

$$\boldsymbol{q} \to -\boldsymbol{q} ; \quad v_{\boldsymbol{k}+\boldsymbol{q},\boldsymbol{p}}(-\boldsymbol{q}) = v_{\boldsymbol{p},\boldsymbol{k}+\boldsymbol{q}}(\boldsymbol{q}) \quad \text{(s. (3.313))} .$$

Im zweiten Summanden:

$$\boldsymbol{k}' \to \boldsymbol{p} ; \quad \sigma'' \to \sigma' .$$

Die beiden Summanden lassen sich dann zusammenfassen:

$$[a_{\boldsymbol{k}\sigma}, \mathcal{H} - \mathcal{H}_0]_- = \sum_{pq\sigma'} v_{\boldsymbol{p},\boldsymbol{k}+\boldsymbol{q}}(\boldsymbol{q}) a^+_{\boldsymbol{p}+\boldsymbol{q}\sigma'} a_{\boldsymbol{p}\sigma'} a_{\boldsymbol{k}+\boldsymbol{q}\sigma} .$$

Bewegungsgleichung:

$$(E - \varepsilon(\boldsymbol{k}) + \mu)\, G^{\text{ret}}_{\boldsymbol{k}\sigma}(E) = \hbar + \sum_{pq\sigma'} v_{\boldsymbol{p},\boldsymbol{k}+\boldsymbol{q}}(\boldsymbol{q}) \left\langle\left\langle a^+_{\boldsymbol{p}+\boldsymbol{q}\sigma'} a_{\boldsymbol{p}\sigma'} a_{\boldsymbol{k}+\boldsymbol{q}\sigma} ; a^+_{\boldsymbol{k}\sigma} \right\rangle\right\rangle^{\text{ret}}_E .$$

Lösung zu Aufgabe 3.4.2

$$\mathcal{H}_0 = \sum_{k\sigma} (\varepsilon(\boldsymbol{k}) - \mu)\, a^+_{\boldsymbol{k}\sigma} a_{\boldsymbol{k}\sigma} .$$

Damit berechnet man leicht:

$$[a_{\boldsymbol{k}\sigma}, \mathcal{H}_0]_- = (\varepsilon(\boldsymbol{k}) - \mu)\, a_{\boldsymbol{k}\sigma} ,$$
$$[a^+_{\boldsymbol{k}\sigma}, \mathcal{H}_0]_- = -(\varepsilon(\boldsymbol{k}) - \mu)\, a^+_{\boldsymbol{k}\sigma} ,$$

$$\begin{aligned}[a^+_{k\sigma}a_{k'\sigma'},\mathcal{H}_0] &= [a^+_{k\sigma},\mathcal{H}_0]_-\,a_{k'\sigma'} + a^+_{k\sigma}\,[a_{k'\sigma'},\mathcal{H}_0]_- \\ &= -\left(\varepsilon(\boldsymbol{k})-\mu\right)a^+_{k\sigma}a_{k'\sigma'} + \left(\varepsilon\left(\boldsymbol{k}'\right)-\mu\right)a^+_{k\sigma}a_{k'\sigma'} \\ &= \left(\varepsilon\left(\boldsymbol{k}'\right)-\varepsilon(\boldsymbol{k})\right)a^+_{k\sigma}a_{k'\sigma'}\,.\end{aligned}$$

$|\psi_0\rangle$ ist Eigenzustand zu $\mathcal{H}_0$, denn:

$$\begin{aligned}\mathcal{H}_0\left|\psi_0\right\rangle &= a^+_{k\sigma}a_{k'\sigma'}\mathcal{H}_0\left|E_0\right\rangle - [a^+_{k\sigma}a_{k'\sigma'},\mathcal{H}_0]_-\left|E_0\right\rangle \\ &= \left(E_0-\varepsilon\left(\boldsymbol{k}'\right)+\varepsilon(\boldsymbol{k})\right)\left|\psi_0\right\rangle\,.\end{aligned}$$

Zeitabhängigkeit:

$$\begin{aligned}\left|\psi_0(t)\right\rangle &= a^+_{k\sigma}(t)a_{k'\sigma'}(t)\left|E_0\right\rangle = e^{\frac{i}{\hbar}\mathcal{H}_0 t}a^+_{k\sigma}a_{k'\sigma'}e^{-\frac{i}{\hbar}\mathcal{H}_0 t}\left|E_0\right\rangle \\ &= e^{-\frac{i}{\hbar}E_0 t}e^{\frac{i}{\hbar}\mathcal{H}_0 t}\left|\psi_0\right\rangle = e^{-\frac{i}{\hbar}E_0 t}e^{\frac{i}{\hbar}(E_0-\varepsilon(\boldsymbol{k}')+\varepsilon(\boldsymbol{k}))t}\left|\psi_0\right\rangle \\ \Rightarrow\quad \left|\psi_0(t)\right\rangle &= e^{-\frac{i}{\hbar}(\varepsilon(\boldsymbol{k}')-\varepsilon(\boldsymbol{k}))t}\left|\psi_0\right\rangle\,.\end{aligned}$$

Mit $\langle E_0\mid E_0\rangle = 1$ folgt noch:

$$\begin{aligned}\left\langle\psi_0\middle|\psi_0\right\rangle &= \left\langle E_0\middle|a^+_{k'\sigma'}a_{k\sigma}a^+_{k\sigma}a_{k'\sigma'}\middle|E_0\right\rangle \\ &= \left\langle E_0\middle|a^+_{k'\sigma'}\left(1-n_{k\sigma}\right)a_{k'\sigma'}\middle|E_0\right\rangle \\ &= \left\langle E_0\middle|a^+_{k'\sigma'}a_{k'\sigma'}\middle|E_0\right\rangle = && (k>k_F) \\ &= \left\langle E_0\middle|\left(1-a_{k'\sigma'}a^+_{k'\sigma'}\right)\middle|E_0\right\rangle \\ &= \left\langle E_0\middle|E_0\right\rangle = && (k'<k_F) \\ &= 1\,.\end{aligned}$$

Damit gilt schließlich:

$$\left\langle\psi_0(t)\middle|\psi_0\left(t'\right)\right\rangle = \exp\left[-\frac{i}{\hbar}\left(\varepsilon\left(\boldsymbol{k}'\right)-\varepsilon(\boldsymbol{k})\right)\left(t-t'\right)\right]$$

$$\Rightarrow\quad \left|\left\langle\psi_0(t)\middle|\psi_0\left(t'\right)\right\rangle\right|^2 = 1: \quad \textit{stationärer Zustand.}$$

Lösung zu Aufgabe 3.4.3

$$G^{\mathrm{ret}}_{k\sigma}(E) = \hbar\left(E-\varepsilon(\boldsymbol{k})+\mu-\Sigma_\sigma(\boldsymbol{k},E)\right)^{-1}$$

allgemeine Darstellung.

1. Es muss gelten:

$$E - \varepsilon(\boldsymbol{k}) + \mu - \Sigma_\sigma(\boldsymbol{k}, E) \stackrel{!}{=} E - 2\varepsilon(\boldsymbol{k}) + \frac{E^2}{\varepsilon(\boldsymbol{k})} + \mathrm{i}\gamma\,|E|$$

$$\Rightarrow \quad \Sigma_\sigma(\boldsymbol{k}, E) = R_\sigma(\boldsymbol{k}, E) + \mathrm{i}I_\sigma(\boldsymbol{k}, E) = \left(\varepsilon(\boldsymbol{k}) + \mu - \frac{E^2}{\varepsilon(\boldsymbol{k})}\right) - \mathrm{i}\gamma\,|E|$$

$$\Rightarrow \quad R_\sigma(\boldsymbol{k}, E) = \varepsilon(\boldsymbol{k}) + \mu - \frac{E^2}{\varepsilon(\boldsymbol{k})}\,, \quad I_\sigma(\boldsymbol{k}, E) = -\gamma\,|E|\ .$$

2.

$$E_{i\sigma}(\boldsymbol{k}) \stackrel{!}{=} \varepsilon(\boldsymbol{k}) - \mu + R_\sigma\left(\boldsymbol{k}, E_{i\sigma}(\boldsymbol{k})\right) = 2\varepsilon(\boldsymbol{k}) - \frac{E_{i\sigma}^2(\boldsymbol{k})}{\varepsilon(\boldsymbol{k})}$$

$$\Rightarrow \quad E_{i\sigma}^2(\boldsymbol{k}) + \varepsilon(\boldsymbol{k})E_{i\sigma}(\boldsymbol{k}) = 2\varepsilon^2(\boldsymbol{k})\,,$$

$$\left(E_{i\sigma}(\boldsymbol{k}) + \frac{1}{2}\varepsilon(\boldsymbol{k})\right)^2 = \frac{9}{4}\varepsilon^2(\boldsymbol{k})\ .$$

Es ergeben sich zwei Quasiteilchen-Energien:

$$E_{1\sigma}(\boldsymbol{k}) = -2\varepsilon(\boldsymbol{k})\ ; \quad E_{2\sigma}(\boldsymbol{k}) = \varepsilon(\boldsymbol{k})\ .$$

Spektrale Gewichte (3.340):

$$\alpha_{i\sigma}(\boldsymbol{k}) = \left|1 - \frac{\partial}{\partial E}R_\sigma(\boldsymbol{k}, E)\right|^{-1}_{E=E_{i\sigma}} = \left|1 + 2\frac{E_{i\sigma}(\boldsymbol{k})}{\varepsilon(\boldsymbol{k})}\right|^{-1}$$

$$\Rightarrow \quad \alpha_{1\sigma}(\boldsymbol{k}) = \alpha_{2\sigma}(\boldsymbol{k}) = \frac{1}{3}\ .$$

Lebensdauern:

$$I_\sigma\left(\boldsymbol{k}, E_{1\sigma}(\boldsymbol{k})\right) = -2\gamma\,|\varepsilon(\boldsymbol{k})| = I_{1\sigma}(\boldsymbol{k})\,,$$

$$I_\sigma\left(\boldsymbol{k}, E_{2\sigma}(\boldsymbol{k})\right) = -\gamma\,|\varepsilon(\boldsymbol{k})| = I_{2\sigma}(\boldsymbol{k})$$

$$\Rightarrow \quad \tau_{1\sigma}(\boldsymbol{k}) = \frac{3\hbar}{2\gamma\,|\varepsilon(\boldsymbol{k})|}\ ; \quad \tau_{2\sigma}(\boldsymbol{k}) = \frac{3\hbar}{\gamma\,|\varepsilon(\boldsymbol{k})|}\ .$$

3. Quasiteilchen-Konzept brauchbar, falls

$$
\begin{aligned}
&\left|I_\sigma(\boldsymbol{k},E)\right| \ll \left|\varepsilon(\boldsymbol{k}) - \mu + R_\sigma(\boldsymbol{k},E)\right| \\
\Leftrightarrow\quad &\left|I_\sigma(\boldsymbol{k},E_{i\sigma})\right| \ll \left|E_{i\sigma}(\boldsymbol{k})\right| \\
\Leftrightarrow\quad &\gamma\left|E_{i\sigma}(\boldsymbol{k})\right| \ll \left|E_{i\sigma}(\boldsymbol{k})\right| \\
\Leftrightarrow\quad &\gamma \ll 1\,.
\end{aligned}
$$

4.

$$
\begin{aligned}
\left(\frac{\partial R_\sigma(\boldsymbol{k},E)}{\partial E}\right)_{\varepsilon(\boldsymbol{k})} &= -\frac{2E}{\varepsilon(\boldsymbol{k})}\,, \\
\left(\frac{\partial R_\sigma(\boldsymbol{k},E)}{\partial \varepsilon(\boldsymbol{k})}\right)_{E} &= 1 + \frac{E^2}{\varepsilon^2(\boldsymbol{k})} \\
\Rightarrow\quad m^*_{1\sigma}(\boldsymbol{k}) &= m\frac{1-4}{1+5} = -\frac{1}{2}m\,, \\
m^*_{2\sigma}(\boldsymbol{k}) &= m\frac{1+2}{1+2} = m\,.
\end{aligned}
$$

Lösung zu Aufgabe 3.4.4

Die Selbstenergie ist reell und $\boldsymbol{k}$-unabhängig. Deswegen gilt mit (3.376):

$$
\rho_\sigma(E) = \rho_0\left[E - \Sigma_\sigma(E-\mu)\right] = \rho_0\left(E - a_\sigma\frac{E-b_\sigma}{E-c_\sigma}\right).
$$

Untere Bandkanten:

$$
\begin{aligned}
0 &\overset{!}{=} E - a_\sigma\frac{E-b_\sigma}{E-c_\sigma} \\
\Leftrightarrow\quad 0 &= E^2 - (a_\sigma + c_\sigma)E + a_\sigma b_\sigma \\
&= \left[E - \frac{1}{2}(a_\sigma + c_\sigma)\right]^2 + a_\sigma b_\sigma - \frac{1}{4}(a_\sigma + c_\sigma)^2 \\
\Rightarrow\quad E^{(u)}_{1,2\sigma} &= \frac{1}{2}\left[a_\sigma + c_\sigma \mp \sqrt{(a_\sigma + c_\sigma)^2 - 4a_\sigma b_\sigma}\,\right].
\end{aligned}
$$

Obere Bandkanten:

$$W \stackrel{!}{=} E - a_\sigma \frac{E - b_\sigma}{E - c_\sigma}$$

$$\Leftrightarrow \quad -c_\sigma W = E^2 - (a_\sigma + c_\sigma + W) E + a_\sigma b_\sigma ,$$

$$0 = \left[E - \frac{1}{2}(a_\sigma + c_\sigma + W)\right]^2 + (a_\sigma b_\sigma + c_\sigma W) - \frac{1}{4}(a_\sigma + c_\sigma + W)^2$$

$$\Rightarrow \quad E^{(o)}_{1,2\sigma} = \frac{1}{2}\left[a_\sigma + c_\sigma + W \mp \sqrt{(a_\sigma + c_\sigma + W)^2 - 4(a_\sigma b_\sigma + c_\sigma W)}\right] .$$

Quasiteilchen-Zustandsdichte:

$$\rho_\sigma(E) = \begin{cases} 1/W , & \text{falls} \quad E^{(u)}_{1\sigma} \le E \le E^{(o)}_{1\sigma} , \\ 1/W , & \text{falls} \quad E^{(u)}_{2\sigma} \le E \le E^{(o)}_{2\sigma} , \\ 0 , & \text{sonst.} \end{cases}$$

Bandaufspaltung in zwei Quasiteilchen-Teilbänder!

Lösung zu Aufgabe 3.4.5

Nach (4.5) lautet die exakte Bewegungsgleichung der (retardierten) Ein-Elektronen-Green-Funktion:

$$(E + \mu)\, G_{ij\sigma}(E) = \hbar\delta_{ij} + \sum_m T_{im} G_{mj\sigma}(E) + U\, \Gamma_{iii,j\sigma}(E)$$

mit der „höheren" Green-Funktion

$$\Gamma_{ilm,j\sigma}(E) \equiv \langle\langle a^\dagger_{i-\sigma} a_{l-\sigma} a_{m\sigma} ; a^\dagger_{j\sigma} \rangle\rangle_E$$

Innere Energie $\widehat{U}$ und Spektraltheorem:

$$\begin{aligned} \widehat{U} = \langle H \rangle &= \sum_{ij\sigma} T_{ij} \langle a^\dagger_{i\sigma} a_{j\sigma} \rangle + \frac{1}{2} U \sum_{i\sigma} \langle n_{i\sigma} n_{i-\sigma} \rangle \\ &= \frac{1}{\hbar} \int\limits_{-\infty}^{+\infty} \frac{\mathrm{d}E}{\mathrm{e}^{\beta E} + 1} \left\{ \sum_{ij\sigma} T_{ij} \left(-\frac{1}{\pi} \operatorname{Im} G_{ji\sigma}(E) \right) \right. \\ &\quad \left. + \frac{1}{2} U \sum_{i\sigma} \left(-\frac{1}{\pi} \operatorname{Im} \Gamma_{iii,i\sigma}(E) \right) \right\} \end{aligned}$$

Aus der Bewegungsgleichung folgt unmittelbar:

$$U \left(-\frac{1}{\pi} \operatorname{Im} \Gamma_{iii,i\sigma}(E) \right) = (E + \mu) \left(-\frac{1}{\pi} \operatorname{Im} G_{ii\sigma}(E) \right) - \sum_m T_{im} \left(-\frac{1}{\pi} \operatorname{Im} G_{mi\sigma}(E) \right)$$

Damit ist die innere Energie durch die Ein-Teilchen-Green-Funktion ausdrückbar:

$$\widehat{U} = \frac{1}{2\hbar} \int_{-\infty}^{+\infty} \frac{dE}{e^{\beta E} + 1} \sum_{ij\sigma} \left(T_{ij} + \delta_{ij}(E + \mu) \right) \left(-\frac{1}{\pi} \operatorname{Im} G_{ji\sigma}(E) \right)$$

Fourier-Transformation:

$$\begin{aligned} T_{ij} &= \frac{1}{N} \sum_{\boldsymbol{k}} \varepsilon(\boldsymbol{k}) \, e^{i\boldsymbol{k}\cdot(\boldsymbol{R}_i - \boldsymbol{R}_j)} \\ G_{ij\sigma} &= \frac{1}{N} \sum_{\boldsymbol{k}} G_{\boldsymbol{k}\sigma}(E) \, e^{-i\boldsymbol{k}\cdot(\boldsymbol{R}_i - \boldsymbol{R}_j)} \\ \delta_{ij} &= \frac{1}{N} \sum_{\boldsymbol{k}} e^{-i\boldsymbol{k}\cdot(\boldsymbol{R}_i - \boldsymbol{R}_j)} \\ \delta_{\boldsymbol{k}\boldsymbol{k}'} &= \frac{1}{N} \sum_{i} e^{i(\boldsymbol{k} - \boldsymbol{k}')\cdot\boldsymbol{R}_i} \end{aligned}$$

Mit

$$\sum_i G_{ii\sigma}(E) = \sum_{\boldsymbol{k}} G_{\boldsymbol{k}\sigma}(E)$$

und

$$\begin{aligned} \sum_{ij} T_{ij} G_{ij\sigma}(E) &= \sum_{ij} \frac{1}{N^2} \sum_{\boldsymbol{k}\boldsymbol{k}'} \varepsilon(\boldsymbol{k}) \, G_{\boldsymbol{k}'\sigma}(E) \, e^{i(\boldsymbol{k} - \boldsymbol{k}')\cdot(\boldsymbol{R}_i - \boldsymbol{R}_j)} \\ &= \frac{1}{N} \sum_{i} \sum_{\boldsymbol{k}\boldsymbol{k}'} \varepsilon(\boldsymbol{k}) \, G_{\boldsymbol{k}'\sigma}(E) \, \delta_{\boldsymbol{k}\boldsymbol{k}'} \\ &= \sum_{\boldsymbol{k}} \varepsilon(\boldsymbol{k}) \, G_{\boldsymbol{k}\sigma}(E) \end{aligned}$$

folgt für die innere Energie:

$$\begin{aligned} \widehat{U} &= \frac{1}{2\hbar} \int_{-\infty}^{+\infty} \frac{dE}{e^{\beta E} + 1} \sum_{\boldsymbol{k}\sigma} (E + \mu + \varepsilon(\boldsymbol{k})) \left(-\frac{1}{\pi} \operatorname{Im} G_{\boldsymbol{k}\sigma}(E) \right) \\ &= \frac{1}{2\hbar} \sum_{\boldsymbol{k}\sigma} \int_{-\infty}^{+\infty} dE f_-(E) \, (E + \varepsilon(\boldsymbol{k})) \, S_{\boldsymbol{k}\sigma}(E - \mu) \end{aligned}$$

Das ist die Gleichung (3.382)!

Abschnitt 4.1.7

Lösung zu Aufgabe 4.1.1

Hubbard-Hamilton-Operator in der Wannier-Darstellung:

$$H = \sum_{ij\sigma} T_{ij} a_{i\sigma}^{+} a_{j\sigma} + \frac{1}{2} U \sum_{i,\sigma} n_{i\sigma} n_{i-\sigma} \, .$$

Nach (2.37) gilt für die *Hopping*-Integrale,

$$T_{ij} = \frac{1}{N} \sum_{\boldsymbol{k}} \varepsilon(\boldsymbol{k}) \mathrm{e}^{\mathrm{i}\boldsymbol{k} \cdot (\boldsymbol{R}_i - \boldsymbol{R}_j)} \, ,$$

und für die Konstruktionsoperatoren:

$$a_{i\sigma} = \frac{1}{\sqrt{N}} \sum_{\boldsymbol{k}} a_{\boldsymbol{k}\sigma} \mathrm{e}^{\mathrm{i}\boldsymbol{k} \cdot \boldsymbol{R}_i} \, .$$

Damit folgt für den Ein-Teilchen-Anteil:

$$\begin{aligned}
&\sum_{ij\sigma} T_{ij} a_{i\sigma}^{+} a_{j\sigma} \\
&= \frac{1}{N^2} \sum_{\substack{\boldsymbol{k},\boldsymbol{p},\boldsymbol{q} \\ \sigma}} \varepsilon(\boldsymbol{k}) a_{\boldsymbol{p}\sigma}^{+} a_{\boldsymbol{q}\sigma} \sum_{i,j} \mathrm{e}^{\mathrm{i}\boldsymbol{k} \cdot (\boldsymbol{R}_i - \boldsymbol{R}_j)} \mathrm{e}^{-\mathrm{i}\boldsymbol{p} \cdot \boldsymbol{R}_i} \mathrm{e}^{-\mathrm{i}\boldsymbol{q} \cdot \boldsymbol{R}_j} \\
&= \sum_{\substack{\boldsymbol{k},\boldsymbol{p},\boldsymbol{q} \\ \sigma}} \varepsilon(\boldsymbol{k}) a_{\boldsymbol{p}\sigma}^{+} a_{\boldsymbol{q}\sigma} \delta_{\boldsymbol{k},\boldsymbol{p}} \delta_{\boldsymbol{k},-\boldsymbol{q}} = \\
&= \sum_{\boldsymbol{p}\sigma} \varepsilon(\boldsymbol{p}) a_{\boldsymbol{p}\sigma}^{+} a_{\boldsymbol{p}\sigma} \, .
\end{aligned}$$

Für den Wechselwirkungsterm benötigen wir:

$$n_{i\sigma} = \frac{1}{N} \sum_{\boldsymbol{k}_1,\boldsymbol{k}_2} \mathrm{e}^{-\mathrm{i}(\boldsymbol{k}_1 - \boldsymbol{k}_2) \cdot \boldsymbol{R}_i} a_{\boldsymbol{k}_1\sigma}^{+} a_{\boldsymbol{k}_2\sigma} \, ,$$

$$\begin{aligned}
&\sum_{i,\sigma} n_{i\sigma} n_{i-\sigma} \\
&= \frac{1}{N^2} \sum_{i,\sigma} \sum_{\substack{\boldsymbol{k}_1,\boldsymbol{k}_2 \\ \boldsymbol{p}_1,\boldsymbol{p}_2}} a_{\boldsymbol{k}_1\sigma}^{+} a_{\boldsymbol{k}_2\sigma} a_{\boldsymbol{p}_1-\sigma}^{+} a_{\boldsymbol{p}_2-\sigma} \mathrm{e}^{-\mathrm{i}(\boldsymbol{k}_1 - \boldsymbol{k}_2 + \boldsymbol{p}_1 - \boldsymbol{p}_2) \cdot \boldsymbol{R}_i} \\
&= \frac{1}{N} \sum_{\substack{\boldsymbol{k}_1,\boldsymbol{k}_2,\boldsymbol{p}_1,\boldsymbol{p}_2 \\ \sigma}} \delta_{\boldsymbol{k}_1+\boldsymbol{p}_1,\boldsymbol{k}_2+\boldsymbol{p}_2} a_{\boldsymbol{k}_1\sigma}^{+} a_{\boldsymbol{k}_2\sigma} a_{\boldsymbol{p}_1-\sigma}^{+} a_{\boldsymbol{p}_2-\sigma} \\
&= \frac{1}{N} \sum_{\substack{\boldsymbol{k}_1,\boldsymbol{k}_2,\boldsymbol{p}_2 \\ \sigma}} a_{\boldsymbol{k}_1\sigma}^{+} a_{\boldsymbol{k}_2+\boldsymbol{p}_2-\boldsymbol{k}_1-\sigma}^{+} a_{\boldsymbol{p}_2-\sigma} a_{\boldsymbol{k}_2\sigma} \\
&= \frac{1}{N} \sum_{\boldsymbol{k},\boldsymbol{p},\boldsymbol{q},\sigma} a_{\boldsymbol{k}+\boldsymbol{q}\sigma}^{+} a_{\boldsymbol{p}-\boldsymbol{q}-\sigma}^{+} a_{\boldsymbol{p}-\sigma} a_{\boldsymbol{k}\sigma} \, .
\end{aligned}$$

Im letzten Schritt wurde substituiert: $\boldsymbol{k}_2 \to \boldsymbol{k}$, $\boldsymbol{p}_2 \to \boldsymbol{p}$, $\boldsymbol{k}_1 \to \boldsymbol{k}+\boldsymbol{q}$. Damit lautet der Hubbard-Hamilton-Operator in der Bloch-Darstellung:

$$H = \sum_{p\sigma} \varepsilon(\boldsymbol{p}) a^+_{\boldsymbol{p}\sigma} a_{\boldsymbol{p}\sigma} + \frac{U}{2N} \sum_{kpq\sigma} a^+_{\boldsymbol{k}+\boldsymbol{q}\sigma} a^+_{\boldsymbol{p}-\boldsymbol{q}-\sigma} a_{\boldsymbol{p}-\sigma} a_{\boldsymbol{k}\sigma} \,.$$

Vergleich mit (2.63):

Jellium		Hubbard	
$\dfrac{\hbar^2 k^2}{2m}$	$\longleftrightarrow$	$\varepsilon(\boldsymbol{k})$	(**Tight-Binding**-Näherung)
$v_0(\boldsymbol{q}) = \dfrac{e^2}{V\varepsilon_0 q^2}$	$\longleftrightarrow$	$\dfrac{U}{N}\delta_{\sigma',-\sigma}$.	

Lösung zu Aufgabe 4.1.2

Sei zunächst $x \neq 0$:

$$\frac{1}{2} \lim_{\beta\to\infty} \frac{\beta}{1+\cosh(\beta x)} = \lim_{\beta\to\infty} \beta e^{-\beta|x|} = 0 \,.$$

Für $x = 0$ divergiert der Ausdruck. Es gilt außerdem:

$$\int\limits_{-\infty}^{+\infty} dx \frac{1}{2} \lim_{\beta\to\infty} \frac{\beta}{1+\cosh(\beta x)} = \lim_{\beta\to\infty} \int\limits_0^{\infty} dx \frac{\beta}{1+\cosh(\beta x)} \,,$$

$$\int\limits_0^{\infty} dx \frac{\beta}{1+\cosh(\beta x)} = \int\limits_0^{\infty} dy \frac{1}{1+\cosh y} = \int\limits_0^{\infty} dy \frac{1}{2\cosh^2 \frac{y}{2}}$$

$$= \int\limits_0^{\infty} dz \frac{1}{\cosh^2 z} = \tanh z \Big|_0^{\infty} = 1 - 0 = 1 \,.$$

Nach (1.2) und (1.3) in Bd. 3 sind damit die Eigenschaften der δ-Funktion erfüllt!

Lösung zu Aufgabe 4.1.3

1. Jellium-Modell (2.63):

$$H = \sum_{k\sigma} \varepsilon_0(\boldsymbol{k}) a^+_{\boldsymbol{k}\sigma} a_{\boldsymbol{k}\sigma} + \frac{1}{2} \sum_{\substack{kpq \\ \sigma,\sigma'}}^{q\neq 0} v_0(\boldsymbol{q}) a^+_{\boldsymbol{k}+\boldsymbol{q}\sigma} a^+_{\boldsymbol{p}-\boldsymbol{q}\sigma'} a_{\boldsymbol{p}\sigma'} a_{\boldsymbol{k}\sigma} \,,$$

$$\varepsilon_0(\boldsymbol{k}) = \frac{\hbar^2 k^2}{2m} \,; \quad v_0(\boldsymbol{q}) = \frac{1}{V} \frac{e^2}{\varepsilon_0 q^2} \,.$$

Hartree-Fock-Näherung am Wechselwirkungsterm:

$$\begin{aligned}
a^+_{k+q\sigma}a^+_{p-q\sigma'}a_{p\sigma'}a_{k\sigma} &\overset{(q\neq 0)}{=} -\left(a^+_{k+q\sigma}a_{p\sigma'}\right)\left(a^+_{p-q\sigma'}a_{k\sigma}\right)\\
&\xrightarrow{\text{HFN}} -\left\langle a^+_{k+q\sigma}a_{p\sigma'}\right\rangle\left(a^+_{p-q\sigma'}a_{k\sigma}\right) - \left(a^+_{k+q\sigma}a_{p\sigma'}\right)\left\langle a^+_{p-q\sigma'}a_{k\sigma}\right\rangle\\
&+\left\langle a^+_{k+q\sigma}a_{p\sigma'}\right\rangle\left\langle a^+_{p-q\sigma'}a_{k\sigma}\right\rangle\\
&= \delta_{p,k+q}\delta_{\sigma\sigma'}\left(-\left\langle n_{k+q\sigma}\right\rangle n_{k\sigma} - n_{k+q\sigma}\left\langle n_{k\sigma}\right\rangle + \left\langle n_{k+q\sigma}\right\rangle\left\langle n_{k\sigma}\right\rangle\right).
\end{aligned}$$

Über die Erwartungswerte konnten wir im letzten Schritt Impuls- und Spinerhaltung ausnutzen. Wir definieren noch:

$$\begin{aligned}
\langle\alpha_\sigma(\boldsymbol{k})\rangle &= \sum_{q}^{\neq 0} v_0(\boldsymbol{q})\left\langle n_{k+q\sigma}\right\rangle = \sum_{p}^{\neq k} v_0(\boldsymbol{p}-\boldsymbol{k})\left\langle n_{p\sigma}\right\rangle,\\
\langle\beta_\sigma\rangle &= \frac{1}{2}\sum_{k,q,\sigma}^{q\neq 0} v_0(\boldsymbol{q})\left\langle n_{k+q\sigma}\right\rangle\left\langle n_{k\sigma}\right\rangle.
\end{aligned}$$

Damit lässt sich der Jellium-Modell-Hamilton-Operator wie folgt schreiben:

$$H_{\text{HFN}} = \sum_{k\sigma}\left\{\varepsilon_0(\boldsymbol{k}) - \langle\alpha_\sigma(\boldsymbol{k})\rangle\right\}a^+_{k\sigma}a_{k\sigma} + \langle\beta_\sigma\rangle.$$

2. Die Bewegungsgleichung der Ein-Elektronen-Green-Funktion ist leicht abgeleitet,

$$(E - \varepsilon_0(\boldsymbol{k}) + \mu + \langle\alpha_\sigma(\boldsymbol{k})\rangle)\, G_{k\sigma}(E) = \hbar,$$

und ebenso leicht gelöst:

$$G^{\text{ret}}_{k\sigma}(E) = \frac{\hbar}{E - \varepsilon_0(\boldsymbol{k}) + \mu + \langle\alpha_\sigma(\boldsymbol{k})\rangle + \mathrm{i}0^+}.$$

Daran liest man unmittelbar die Spektraldichte ab:

$$S_{k\sigma}(E) = \hbar\delta\left(E - \varepsilon_0(\boldsymbol{k}) + \mu + \langle\alpha_\sigma(\boldsymbol{k})\rangle\right).$$

3.

$$\left\langle n_{k\sigma}\right\rangle = \left\langle a^+_{k\sigma}a_{k\sigma}\right\rangle = \frac{1}{\hbar}\int_{-\infty}^{+\infty}\mathrm{d}E\,\frac{S_{k\sigma}(E)}{\mathrm{e}^{\beta E}+1} = f_-\left(E = \varepsilon_0(\boldsymbol{k}) - \langle\alpha_\sigma(\boldsymbol{k})\rangle\right).$$

Implizite Bestimmungsgleichung, da

$$\left\langle\alpha_\sigma(\boldsymbol{k})\right\rangle = \sum_{p}^{\neq k} v_0(\boldsymbol{p}-\boldsymbol{k})\left\langle n_{p\sigma}\right\rangle.$$

4. Nach (3.382) gilt:

$$U(T) = \frac{1}{2\hbar} \sum_{k\sigma} \int_{-\infty}^{+\infty} dE f_-(E) \left(E + \varepsilon_0(\boldsymbol{k})\right) S_{\boldsymbol{k}\sigma}(E - \mu) .$$

Dies bedeutet:

$$U(T) = \frac{1}{2} \sum_{\boldsymbol{k}\sigma} \left(2\varepsilon_0(\boldsymbol{k}) - \langle \alpha_\sigma(\boldsymbol{k}) \rangle\right) \langle n_{\boldsymbol{k}\sigma} \rangle .$$

Es ist damit offensichtlich: $U(T) = \langle H_{\mathrm{HFN}} \rangle$.

5. Bei $T = 0$ wird die Mittelung mit dem Grundzustand durchgeführt:

$$U(T = 0) = \sum_{\boldsymbol{k}\sigma} \varepsilon_0(\boldsymbol{k}) \langle n_{\boldsymbol{k}\sigma} \rangle_0 - \frac{1}{2} \sum_{\boldsymbol{k}\boldsymbol{q}\sigma}^{\boldsymbol{q} \neq 0} v_0(\boldsymbol{q}) \left\langle n_{\boldsymbol{k}+\boldsymbol{q}\sigma} \right\rangle_0 \langle n_{\boldsymbol{k}\sigma} \rangle_0 .$$

Das ist formal identisch mit dem Resultat der Störungstheorie erster Ordnung (2.92). Der Unterschied liegt in den verschiedenen Grundzuständen, die zur Mittelung herangezogen werden. In (2.92) war es der des wechselwirkungsfreien Systems (*gefüllte Fermi-Kugel*).

Lösung zu Aufgabe 4.1.4

Band-Limit:

$$G_{\boldsymbol{k}\sigma}^{\mathrm{ret}(0)}(E) = \frac{\hbar}{E - \varepsilon(\boldsymbol{k}) + \mu + \mathrm{i}0^+} .$$

Atomares Limit (4.11):

$$G_\sigma^{\mathrm{ret}}(E) = \frac{\hbar\,(1 - \langle n_{-\sigma} \rangle)}{E - T_0 + \mu + \mathrm{i}0^+} + \frac{\hbar \langle n_{-\sigma} \rangle}{E - T_0 - U + \mu + \mathrm{i}0^+} .$$

1. Stoner-Näherung (4.23):

$$G_{\boldsymbol{k}\sigma}^{\mathrm{ret}}(E) = \frac{\hbar}{E - \varepsilon(\boldsymbol{k}) - U \langle n_{-\sigma} \rangle + \mathrm{i}0^+} .$$

Das Band-Limit ist ganz offensichtlich erfüllt, nicht jedoch das atomare!

2. Hubbard-Näherung (4.49), (4.50):

$$\text{Band-Limit } U \to 0 \quad \Leftrightarrow \quad \Sigma_\sigma(E) \equiv 0,$$

Hubbard-Näherung in dieser Grenze korrekt.

Im atomaren Limit ($\varepsilon(\boldsymbol{k}) \to T_0 \quad \forall \boldsymbol{k}$) gilt nach (4.50):

$$G_{\boldsymbol{k}\sigma}(E) = \frac{\hbar}{E - T_0 + \mu - \frac{U\langle n_{-\sigma}\rangle(E+\mu-T_0)}{E+\mu-U(1-\langle n_{-\sigma}\rangle)-T_0}}$$

$$= \frac{\hbar\,(E - T_0 + \mu - U\,(1 - \langle n_{-\sigma}\rangle))}{(E - T_0 + \mu)^2 - U\,(E - T_0 + \mu)}$$

$$= \frac{\hbar\,[(E - T_0 + \mu)\,\langle n_{-\sigma}\rangle + (E - T_0 - U + \mu)\,(1 - \langle n_{-\sigma}\rangle)]}{(E - T_0 + \mu)\,(E - T_0 - U + \mu)}$$

$$= \frac{\hbar\,\langle n_{-\sigma}\rangle}{E - T_0 - U + \mu} + \frac{\hbar\,(1 - \langle n_{-\sigma}\rangle)}{E - T_0 + \mu}\;.$$

Dies stimmt mit (4.11) überein, wenn man noch die Randbedingung der retardierten Funktion durch Einfügen von $+\mathrm{i}0^+$ im Nenner erfüllt.
Die Hubbard-Näherung ist also in **beiden** Grenzfällen exakt.

Lösung zu Aufgabe 4.1.5

Die Lösung ergibt sich unmittelbar aus Teil 2. von Aufgabe 4.1.4:

$$\Sigma_\sigma(E) = U\,\langle n_{-\sigma}\rangle\,\frac{E + \mu - T_0}{E + \mu - T_0 - U\,(1 - \langle n_{-\sigma}\rangle)}\;.$$

Die Selbstenergie des atomaren Limits ist also mit der der Hubbard-Lösung (4.49) identisch!

Lösung zu Aufgabe 4.1.6

1.

$$\left[S_i^+, S_j^-\right]_- = \hbar^2\delta_{ij}\left[a_{i\uparrow}^+ a_{i\downarrow}, a_{i\downarrow}^+ a_{i\uparrow}\right]_- = \hbar^2\delta_{ij}\{n_{i\uparrow} - n_{i\downarrow}\} = 2\hbar\delta_{ij}S_i^z\,,$$

$$\left[S_i^z, S_j^+\right]_- = \hbar^2\frac{1}{2}\left[(n_{i\uparrow} - n_{i\downarrow})\,, a_{j\uparrow}^+ a_{j\downarrow}\right]_-$$

$$= \frac{1}{2}\hbar^2\delta_{ij}\Big\{\left[n_{i\uparrow}, a_{i\uparrow}^+ a_{i\downarrow}\right]_- - \left[n_{i\downarrow}, a_{i\uparrow}^+ a_{i\downarrow}\right]_-\Big\}$$

$$= \frac{1}{2}\hbar^2\delta_{ij}\left\{a_{i\uparrow}^+ a_{i\downarrow} - \left(-a_{i\uparrow}^+ a_{i\downarrow}\right)\right\} = \hbar\delta_{ij}S_i^+\,,$$

$$\left[S_i^z, S_j^-\right] = \frac{1}{2}\hbar^2\Big\{\left[n_{i\uparrow}, a_{j\downarrow}^+ a_{j\uparrow}\right]_- - \left[n_{i\downarrow}, a_{j\downarrow}^+ a_{j\uparrow}\right]_-\Big\}$$

$$= \frac{1}{2}\hbar^2\delta_{ij}\left\{-a_{i\downarrow}^+ a_{i\uparrow} - a_{i\downarrow}^+ a_{i\uparrow}\right\} = -\hbar\delta_{ij}S_i^-\;.$$

2. Es gilt zunächst ganz allgemein für Spin-Operatoren:

$$S_i^+ S_i^- = \left(S_i^x + \mathrm{i}S_i^y\right)\left(S_i^x - \mathrm{i}S_i^y\right) = \left(S_i^x\right)^2 + \left(S_i^y\right)^2 + \mathrm{i}\left[S_i^y, S_i^x\right]_-$$
$$= \boldsymbol{S}_i \cdot \boldsymbol{S}_i - \left(S_i^z\right)^2 + \hbar S_i^z .$$

Damit folgt weiter:

$$\frac{1}{\hbar^2}\boldsymbol{S}_i \cdot \boldsymbol{S}_i = a_{i\uparrow}^+ a_{i\downarrow} a_{i\downarrow}^+ a_{i\uparrow} + \frac{1}{4}\left(n_{i\uparrow} - n_{i\downarrow}\right)^2 - \frac{1}{2}\left(n_{i\uparrow} - n_{i\downarrow}\right)$$
$$= n_{i\uparrow} - n_{i\uparrow} n_{i\downarrow} + \frac{1}{4}\left(n_{i\uparrow}^2 + n_{i\downarrow}^2 - 2n_{i\uparrow} n_{i\downarrow}\right) - \frac{1}{2}\left(n_{i\uparrow} - n_{i\downarrow}\right)$$
$$= \frac{3}{4} n_{i\uparrow} + \frac{3}{4} n_{i\downarrow} - \frac{3}{2} n_{i\uparrow} n_{i\downarrow} \qquad \left(n_{i\sigma}^2 = n_{i\sigma}\right)$$
$$\Rightarrow \quad -\frac{2}{3\hbar^2}\sum_i \boldsymbol{S}_i \cdot \boldsymbol{S}_i = \sum_i n_{i\uparrow} n_{i\downarrow} - \frac{1}{2}\widehat{N} ,$$
$$\widehat{N} = \sum_{i,\sigma} n_{i\sigma} .$$

Feldterm:

$$\mu_{\mathrm{B}} B_0 \sum_{i,\sigma} z_\sigma n_{i\sigma} \mathrm{e}^{-\mathrm{i}\boldsymbol{k} \cdot \boldsymbol{R}_i} = b\frac{\hbar}{2}\sum_{i,\sigma} z_\sigma n_{i\sigma} \mathrm{e}^{-\mathrm{i}\boldsymbol{k} \cdot \boldsymbol{R}_i} = b\sum_i S_i^z \mathrm{e}^{-\mathrm{i}\boldsymbol{k} \cdot \boldsymbol{R}_i} .$$

Dabei haben wir benutzt:

$$b = 2\frac{\mu_{\mathrm{B}}}{\hbar} B_0 ; \quad z_\uparrow = +1 ; \quad z_\downarrow = -1 .$$

Hubbard-Hamilton-Operator:

$$H = \sum_{ij\sigma} T_{ij} a_{i\sigma}^+ a_{j\sigma} - \frac{2U}{3\hbar^2}\sum_i \boldsymbol{S}_i \cdot \boldsymbol{S}_i + \frac{1}{2}U\widehat{N} - b\sum_i S_i^z \mathrm{e}^{-\mathrm{i}\boldsymbol{k} \cdot \boldsymbol{R}_i} .$$

3.

$$\left[S^z(\boldsymbol{k}), S^\pm(\boldsymbol{q})\right]_- = \sum_{i,j} \mathrm{e}^{-\mathrm{i}(\boldsymbol{k} \cdot \boldsymbol{R}_i + \boldsymbol{q} \cdot \boldsymbol{R}_j)}\left[S_i^z, S_j^\pm\right]_-$$
$$= \pm\hbar \sum_i \mathrm{e}^{-\mathrm{i}(\boldsymbol{k}+\boldsymbol{q}) \cdot \boldsymbol{R}_i} S_i^\pm = \pm\hbar S^\pm(\boldsymbol{k}+\boldsymbol{q}) .$$

Analog:

$$\left[S^+(\boldsymbol{k}), S^-(\boldsymbol{q})\right]_- = 2\hbar S^z(\boldsymbol{k}+\boldsymbol{q}) .$$

Lösung zu Aufgabe 4.1.7

1. Für die Spin-Spin-Wechselwirkung schreiben wir:

$$\sum_i \boldsymbol{S}_i \cdot \boldsymbol{S}_i = \frac{1}{N^2} \sum_i \sum_{\boldsymbol{k},\boldsymbol{p}} \mathrm{e}^{\mathrm{i}(\boldsymbol{k}+\boldsymbol{p})\cdot \boldsymbol{R}_i} \boldsymbol{S}(\boldsymbol{k}) \cdot \boldsymbol{S}(\boldsymbol{p})$$
$$= \frac{1}{N} \sum_{\boldsymbol{p},\boldsymbol{k}} \delta_{\boldsymbol{p},-\boldsymbol{k}} \boldsymbol{S}(\boldsymbol{k}) \cdot \boldsymbol{S}(\boldsymbol{p}) = \frac{1}{N} \sum_{\boldsymbol{k}} \boldsymbol{S}(\boldsymbol{k}) \cdot \boldsymbol{S}(-\boldsymbol{k}) \,.$$

Für den Feldterm lesen wir direkt ab:

$$\sum_i S_i^z \mathrm{e}^{-\mathrm{i}\boldsymbol{k}\cdot \boldsymbol{R}_i} = S^z(\boldsymbol{K}) \,.$$

Den Operator der kinetischen Energie haben wir bereits früher auf Wellenzahlen transformiert:

$$\sum_{ij\sigma} T_{ij} a_{i\sigma}^+ a_{j\sigma} = \sum_{\boldsymbol{k}\sigma} \varepsilon(\boldsymbol{k}) a_{\boldsymbol{k}\sigma}^+ a_{\boldsymbol{k}\sigma} \,.$$

Damit folgt mit Teil 3. von Aufgabe 4.1.6 unmittelbar die Behauptung.

2.

$$\sum_{\boldsymbol{k}} [S^-(-\boldsymbol{k}-\boldsymbol{K}), S^+(\boldsymbol{k}+\boldsymbol{K})]_+$$
$$= \sum_{\boldsymbol{k}} \sum_{i,j} \left[S_i^-, S_j^+\right]_+ \mathrm{e}^{\mathrm{i}(\boldsymbol{k}+\boldsymbol{K})\cdot \boldsymbol{R}_i} \mathrm{e}^{-\mathrm{i}(\boldsymbol{k}+\boldsymbol{K})\cdot \boldsymbol{R}_j}$$
$$= N \sum_{i,j} \delta_{ij} \left[S_i^-, S_j^+\right]_+ \mathrm{e}^{\mathrm{i}\boldsymbol{K}\cdot(\boldsymbol{R}_i - \boldsymbol{R}_j)} = N \sum_i (S_i^- S_i^+ + S_i^+ S_i^-) \,,$$
$$S_i^- S_i^+ = \hbar^2 a_{i\downarrow}^+ a_{i\uparrow} a_{i\uparrow}^+ a_{i\downarrow} = \hbar^2 n_{i\downarrow}(1 - n_{i\uparrow}) \,,$$
$$S_i^+ S_i^- = \hbar^2 a_{i\uparrow}^+ a_{i\downarrow} a_{i\downarrow}^+ a_{i\uparrow} = \hbar^2 n_{i\uparrow}(1 - n_{i\downarrow}) \,.$$

3.

$$\left[S^+(\boldsymbol{k}), \sum_{\boldsymbol{p}} \boldsymbol{S}(\boldsymbol{p}) \cdot \boldsymbol{S}(-\boldsymbol{p})\right]_-$$
$$= \sum_{\boldsymbol{p}} \Big\{ [S^+(\boldsymbol{k}), S^z(\boldsymbol{p})]_- S^z(-\boldsymbol{p}) + S^z(\boldsymbol{p}) [S^+(\boldsymbol{k}), S^z(-\boldsymbol{p})]_-$$
$$+ \frac{1}{2} [S^+(\boldsymbol{k}), S^+(\boldsymbol{p})]_- S^-(-\boldsymbol{p}) + \frac{1}{2} S^+(\boldsymbol{p}) [S^+(\boldsymbol{k}), S^-(-\boldsymbol{p})]_-$$
$$+ \frac{1}{2} [S^+(\boldsymbol{k}), S^-(\boldsymbol{p})]_- S^+(-\boldsymbol{p}) + \frac{1}{2} S^-(\boldsymbol{p}) [S^+(\boldsymbol{k}), S^+(-\boldsymbol{p})]_- \Big\}$$
$$= \sum_{\boldsymbol{p}} \{ -\hbar S^+(\boldsymbol{k}+\boldsymbol{p}) S^z(-\boldsymbol{p}) - \hbar S^z(\boldsymbol{p}) S^+(\boldsymbol{k}-\boldsymbol{p})$$
$$+ 0 + \underbrace{\hbar S^+(\boldsymbol{p}) S^z(\boldsymbol{k}-\boldsymbol{p})}_{\boldsymbol{p}\to\boldsymbol{p}+\boldsymbol{k}} + \underbrace{\hbar S^z(\boldsymbol{k}+\boldsymbol{p}) S^+(-\boldsymbol{p})}_{\boldsymbol{p}\to\boldsymbol{p}-\boldsymbol{k}} + 0 \} = 0 \,,$$

$$
\begin{aligned}
\left[S^+(\boldsymbol{k}), \widehat{N}\right]_- &= \hbar \sum_{\substack{i,j\\ \sigma}} \mathrm{e}^{-\mathrm{i}\boldsymbol{k}\cdot\boldsymbol{R}_i} \left[a^+_{i\uparrow}a_{i\downarrow}, a^+_{j\sigma}a_{j\sigma}\right]_- \\
&= \hbar \sum_{ij\sigma} \mathrm{e}^{-\mathrm{i}\boldsymbol{k}\cdot\boldsymbol{R}_i} \left(\delta_{ij}\delta_{\downarrow\sigma}a^+_{i\uparrow}a_{j\sigma} - \delta_{ij}\delta_{\uparrow\sigma}a^+_{j\sigma}a_{i\downarrow}\right) \\
&= \hbar \sum_{i} \mathrm{e}^{-\mathrm{i}\boldsymbol{k}\cdot\boldsymbol{R}_i} \left(a^+_{i\uparrow}a_{i\downarrow} - a^+_{i\uparrow}a_{i\downarrow}\right) = 0\,.
\end{aligned}
$$

4. Wir benötigen zunächst:

$$
\begin{aligned}
&\left[S^+(\boldsymbol{k}), \sum_{p\sigma} \varepsilon(\boldsymbol{p}) a^+_{\boldsymbol{p}\sigma}a_{\boldsymbol{p}\sigma}\right]_- \\
&= \sum_i \mathrm{e}^{-\mathrm{i}\boldsymbol{k}\cdot\boldsymbol{R}_i} \sum_{mn\sigma} T_{mn} \left[a^+_{i\uparrow}a_{i\downarrow}, a^+_{m\sigma}a_{n\sigma}\right]_- \\
&= \sum_i \mathrm{e}^{-\mathrm{i}\boldsymbol{k}\cdot\boldsymbol{R}_i} \sum_{mn\sigma} T_{mn} \left(\delta_{im}\delta_{\downarrow\sigma}a^+_{i\uparrow}a_{n\sigma} - \delta_{in}\delta_{\uparrow\sigma}a^+_{m\sigma}a_{i\downarrow}\right) \\
&= \sum_{m,n} T_{mn} \left(\mathrm{e}^{-\mathrm{i}\boldsymbol{k}\cdot\boldsymbol{R}_m} - \mathrm{e}^{-\mathrm{i}\boldsymbol{k}\cdot\boldsymbol{R}_n}\right) a^+_{m\uparrow}a_{n\downarrow}\,.
\end{aligned}
$$

Mit

$$
\left[S^+(\boldsymbol{k}), S^z(\boldsymbol{K})\right]_- = -\hbar S^+(\boldsymbol{k}+\boldsymbol{K})
$$

folgt dann unmittelbar die Behauptung!

5. Der Feldterm ist einfach:

$$
\left[b\hbar S^+(\boldsymbol{k}+\boldsymbol{K}), S^-(-\boldsymbol{k})\right]_- = 2b\hbar^2 S^z(\boldsymbol{K})\,.
$$

Die Berechnung des zweiten Summanden ist etwas aufwändiger:

$$
\begin{aligned}
&\hbar \sum_{i,j} T_{ij} \left(\mathrm{e}^{-\mathrm{i}\boldsymbol{k}\cdot\boldsymbol{R}_i} - \mathrm{e}^{-\mathrm{i}\boldsymbol{k}\cdot\boldsymbol{R}_j}\right) \left[a^+_{i\uparrow}a_{j\downarrow}, S^-(-\boldsymbol{k})\right]_- \\
&= \hbar^2 \sum_{ijm} T_{ij} \left(\mathrm{e}^{-\mathrm{i}\boldsymbol{k}\cdot\boldsymbol{R}_i} - \mathrm{e}^{-\mathrm{i}\boldsymbol{k}\cdot\boldsymbol{R}_j}\right) \mathrm{e}^{\mathrm{i}\boldsymbol{k}\cdot\boldsymbol{R}_m} \underbrace{\left[a^+_{i\uparrow}a_{j\downarrow}, a^+_{m\downarrow}a_{m\uparrow}\right]_-}_{\delta_{jm}a^+_{i\uparrow}a_{m\uparrow} - \delta_{im}a^+_{m\downarrow}a_{j\downarrow}} \\
&= \hbar^2 \sum_{ij\sigma} T_{ij} \left(\mathrm{e}^{-\mathrm{i}z_\sigma \boldsymbol{k}(\boldsymbol{R}_i - \boldsymbol{R}_j)} - 1\right) a^+_{i\sigma}a_{j\sigma}\,.
\end{aligned}
$$

Das beweist die Behauptung!

Lösung zu Aufgabe 4.1.8

1. Nach Teil 2. von Aufgabe 4.1.7 gilt bereits:

$$\sum_{\boldsymbol{k}}\left\langle [A,A^+]_+\right\rangle = N\sum_i\left\langle S_i^-S_i^+ + S_i^+S_i^-\right\rangle$$
$$= \hbar^2N\sum_i\left\langle (n_{i\uparrow}-n_{i\downarrow})^2\right\rangle \le \hbar^2N\sum_i\left\langle n_i^2\right\rangle \le 4\hbar^2N^2 .$$

Für die zweite Ungleichung können wir Teil 5. aus Aufgabe 4.1.7 ausnutzen:

$$0 \le \left\langle [[C,H]_-,C^+]_-\right\rangle \le \hbar^2\sum_{ij\sigma}\left|T_{ij}\right|\left|\mathrm{e}^{-\mathrm{i}z_\sigma\boldsymbol{k}\cdot(\boldsymbol{R}_i-\boldsymbol{R}_j)}-1\right|$$
$$\cdot\left|\left\langle a_{i\sigma}^+a_{j\sigma}\right\rangle\right| + 2\left|b\right|\hbar^2\left|\left\langle S^z(\boldsymbol{K})\right\rangle\right| .$$

Für den ersten Term auf der rechten Seite der Ungleichung lässt sich weiter abschätzen:

$$\left|\mathrm{e}^{-\mathrm{i}z_\sigma\boldsymbol{k}\cdot(\boldsymbol{R}_i-\boldsymbol{R}_j)}-1\right| = \sqrt{\left[\cos\left(z_\sigma\boldsymbol{k}\cdot(\boldsymbol{R}_i-\boldsymbol{R}_j)\right)-1\right]^2+\sin^2\left(z_\sigma\boldsymbol{k}\cdot(\boldsymbol{R}_i-\boldsymbol{R}_j)\right)}$$
$$\le\left|\cos\left(\boldsymbol{k}\cdot(\boldsymbol{R}_i-\boldsymbol{R}_j)\right)-1\right| \le \frac{1}{2}k^2\left(\boldsymbol{R}_i-\boldsymbol{R}_j\right)^2 ,$$
$$\left\langle a_{i\sigma}^+a_{j\sigma}\right\rangle = \frac{1}{N}\sum_{\boldsymbol{k}}\mathrm{e}^{\boldsymbol{k}(\boldsymbol{R}_i-\boldsymbol{R}_j)}\left\langle n_{\boldsymbol{k}\sigma}\right\rangle$$
$$\Rightarrow \quad \left|\left\langle a_{i\sigma}^+a_{j\sigma}\right\rangle\right| \le \frac{1}{N}\sum_{\boldsymbol{k}}\left|\left\langle n_{\boldsymbol{k}\sigma}\right\rangle\right| \le 1 .$$

Damit folgt die Behauptung:

$$\left\langle [[C,H]_-,C^+]_-\right\rangle \le N\hbar^2Qk^2 + 2\hbar^2\left|b\right|\left|\left\langle S^z(\boldsymbol{K})\right\rangle\right| .$$

Die dritte Ungleichung ergibt sich unmittelbar aus den allgemeinen Vertauschungsrelationen der Spin-Operatoren (Aufgabe 4.1.6):

$$\left\langle [C,A]_-\right\rangle = 2\hbar\left\langle S^z(-\boldsymbol{K})\right\rangle .$$

2. Bogoliubov-Ungleichung:

$$\frac{1}{2}\beta\left\langle [A,A^+]_+\right\rangle\left\langle [[C,H]_-,C^+]_-\right\rangle \ge \left|\left\langle [C,A]_-\right\rangle\right|^2 .$$

Nach Teil 2. von Aufgabe 2.4.5 ist $\langle[[C,H]_-,C^+]_-\rangle$ nicht negativ. Deshalb gilt auch:

$$\frac{1}{2}\beta\sum_{\boldsymbol{k}}\left\langle [A,A^+]_+\right\rangle \ge \sum_{\boldsymbol{k}}\frac{\left|\left\langle [C,A]_-\right\rangle\right|^2}{\left\langle [[C,H]_-,C^+]_-\right\rangle} .$$

Mit

$$\left|\langle S^z(\boldsymbol{K})\rangle\right| = \left|\langle S^z(-\boldsymbol{K})\rangle\right| = \frac{N\hbar}{2\mu_B}\left|M(T,B_0)\right|$$

folgt dann durch Einsetzen der Resultate von Teil 1. unmittelbar die Behauptung.

3. In Aufgabe 2.4.7 hatten wir eine entsprechende Ungleichung für das Heisenberg-Modell gefunden:

$$\beta S(S+1) \geq \frac{M^2}{(g_j\mu_B)^2}\frac{1}{N}\sum_{\boldsymbol{k}}\frac{1}{|B_0 M| + \hbar^2 k^2 QS(S+1)} \, .$$

Dies stimmt bis auf unwesentliche Faktoren mit der Ungleichung in Teil 2. überein. Die Schlussfolgerungen sind dieselben, d. h., das Mermin-Wagner-Theorem gilt auch für das Hubbard-Modell!

Lösung zu Aufgabe 4.1.9

Hubbard-Modell im *Grenzfall des unendlich schmalen Bandes*:

$$H = T_0 \sum_{i,\sigma} n_{i\sigma} + \frac{1}{2} U \sum_{i,\sigma} n_{i\sigma} n_{i-\sigma} \, .$$

1. Man berechnet mit

$$[a_{i\sigma}, n_{i\sigma'}]_- = \delta_{\sigma\sigma'} a_{i\sigma}$$

leicht die folgenden Kommutatoren:

$$[a_{i\sigma}, H]_- = T_0 a_{i\sigma} + U a_{i\sigma} n_{i-\sigma} \, ,$$
$$[a_{i\sigma} n_{i-\sigma}, H]_- = (T_0 + U)\, a_{i\sigma} n_{i-\sigma} \, .$$

Wir beweisen zunächst durch vollständige Induktion:

$$\Big[\underbrace{\ldots[[a_{i\sigma}, H]_-, H]_-, \ldots, H}_{n\text{-facher Kommutator}}\Big]_- = T_0^n a_{i\sigma} + \left((T_0+U)^n - T_0^n\right) a_{i\sigma} n_{i-\sigma} \, .$$

Induktionsanfang $n = 1$: siehe oben.
Induktionsschluss $n \longrightarrow n+1$:

$$\Big[\underbrace{\ldots[[a_{i\sigma}, H]_-, H]_-, \ldots, H}_{(n+1)\text{-facher Kommutator}}\Big]_-$$
$$= T_0^n [a_{i\sigma}, H]_- + \left[(T_0+U)^n - T_0^n\right][a_{i\sigma} n_{i-\sigma}, H]_-$$

$$= T_0^n (T_0 a_{i\sigma} + U a_{i\sigma} n_{i-\sigma}) + \left[(T_0 + U)^n - T_0^n\right] (T_0 + U)\, a_{i\sigma} n_{i-\sigma}$$
$$= T_0^{n+1} a_{i\sigma} + a_{i\sigma} n_{i-\sigma} \left((T_0 + U)^{n+1} - T_0^{n+1}\right) \quad \text{q. e. d.}$$

Damit folgt für die Spektralmomente:

$$M_{ii\sigma}^{(n)} = \left\langle \left[\underbrace{\left[\ldots [[a_{i\sigma}, H]_-, H]_-, \ldots, H\right]_-}_{n\text{-facher Kommutator}}, a_{i\sigma}^+ \right]_+ \right\rangle$$
$$= T_0^n \left\langle [a_{i\sigma}, a_{i\sigma}^+]_+ \right\rangle + \left[(T_0 + U)^n - T_0^n\right] \left\langle [a_{i\sigma} n_{i-\sigma}, a_{i\sigma}^+]_+ \right\rangle$$
$$= T_0^n + \left[(T_0 + U)^n - T_0^n\right] \langle n_{i-\sigma} \rangle \quad \text{q. e. d.}$$

2.

$$D_{ii\sigma}^{(r)} = \begin{vmatrix} M_{ii\sigma}^{(0)} & \ldots & M_{ii\sigma}^{(r)} \\ \vdots & & \vdots \\ M_{ii\sigma}^{(r)} & \ldots & M_{ii\sigma}^{(2r)} \end{vmatrix} .$$

$\boxed{r = 1}$

$$D_{ii\sigma}^{(1)} = \begin{vmatrix} M_{ii\sigma}^{(0)} & M_{ii\sigma}^{(1)} \\ M_{ii\sigma}^{(1)} & M_{ii\sigma}^{(2)} \end{vmatrix} = M_{ii\sigma}^{(0)} M_{ii\sigma}^{(2)} - \left(M_{ii\sigma}^{(1)}\right)^2$$
$$= T_0^2 + \left[(T_0 + U)^2 - T_0^2\right] \langle n_{i-\sigma} \rangle - (T_0 + U \langle n_{i-\sigma} \rangle)^2$$
$$= U^2 \langle n_{-\sigma} \rangle (1 - \langle n_{-\sigma} \rangle) \neq 0, \quad \text{falls} \quad \langle n_{-\sigma} \rangle \neq 0, 1 .$$

Für leere Bänder ($\langle n_{-\sigma} \rangle = 0$), voll besetzte Bänder ($\langle n_{-\sigma} \rangle = 1$) und vollständig polarisierte, halbgefüllte Bänder ($\langle n_{\sigma} \rangle = 1$, $\langle n_{-\sigma} \rangle = 0$) besteht die Spektraldichte offensichtlich aus nur **einer** δ-Funktion.

$\boxed{r = 2}$

$$D_{ii\sigma}^{(2)} = M_{ii\sigma}^{(0)} M_{ii\sigma}^{(2)} M_{ii\sigma}^{(4)} + 2 M_{ii\sigma}^{(1)} M_{ii\sigma}^{(2)} M_{ii\sigma}^{(3)}$$
$$- \left(M_{ii\sigma}^{(2)}\right)^3 - M_{ii\sigma}^{(0)} \left(M_{ii\sigma}^{(3)}\right)^2 - \left(M_{ii\sigma}^{(1)}\right)^2 M_{ii\sigma}^{(4)}$$
$$= M_{ii\sigma}^{(4)} \left[M_{ii\sigma}^{(2)} - \left(M_{ii\sigma}^{(1)}\right)^2\right] + M_{ii\sigma}^{(2)} \left[M_{ii\sigma}^{(1)} M_{ii\sigma}^{(3)} - \left(M_{ii\sigma}^{(2)}\right)^2\right]$$
$$+ M_{ii\sigma}^{(3)} \left(M_{ii\sigma}^{(1)} M_{ii\sigma}^{(2)} - M_{ii\sigma}^{(3)}\right)$$
$$= U^2 \langle n_{i-\sigma} \rangle (1 - \langle n_{i-\sigma} \rangle) \left[M_{ii\sigma}^{(4)} + T_0 (T_0 + U) M_{ii\sigma}^{(2)} - (U + 2T_0) M_{ii\sigma}^{(3)}\right]$$
$$= 0 .$$

Damit ist die Spektraldichte im Allgemeinen eine Zwei-Pol-Funktion.

3.
$$S_{ii\sigma}(E) = \hbar\left[\alpha_{1\sigma}\delta\left(E - E_{1\sigma}\right) + \alpha_{2\sigma}\delta\left(E - E_{2\sigma}\right)\right] .$$

Es muss gelten:

$$\frac{1}{\hbar}\int\limits_{-\infty}^{+\infty} \mathrm{d}E\, E^n S_{ii\sigma}(E) = M_{ii\sigma}^{(n)}$$
$$\Leftrightarrow \quad \alpha_{1\sigma}E_{1\sigma}^n + \alpha_{2\sigma}E_{2\sigma}^n = T_0^n\left(1 - \langle n_{i-\sigma}\rangle\right) + \left(T_0 + U\right)^n \langle n_{i-\sigma}\rangle .$$

Daran liest man direkt ab:

$$E_{1\sigma} = E_{1-\sigma} = T_0 ; \qquad \alpha_{1\sigma} = 1 - \langle n_{i-\sigma}\rangle ,$$
$$E_{2\sigma} = E_{2-\sigma} = T_0 + U ; \quad \alpha_{2\sigma} = \langle n_{i-\sigma}\rangle .$$

Lösung zu Aufgabe 4.1.10

1. Spektralmomente in Aufgabe 3.3.3 berechnet:

$$M_{\boldsymbol{k}\sigma}^{(2n)} = \left(t^2(\boldsymbol{k}) + \Delta^2\right)^n = \left(E(\boldsymbol{k})\right)^{2n} ,$$
$$M_{\boldsymbol{k}\sigma}^{(2n+1)} = \left(t^2(\boldsymbol{k}) + \Delta^2\right)^n t(\boldsymbol{k}) = \left(E(\boldsymbol{k})\right)^{2n} t(\boldsymbol{k}) .$$

2. Lonke-Determinante:

$$D_{\boldsymbol{k}\sigma}^{(1)} = M_{\boldsymbol{k}\sigma}^{(0)}M_{\boldsymbol{k}\sigma}^{(2)} - \left(M_{\boldsymbol{k}\sigma}^{(1)}\right)^2 = \left(E(\boldsymbol{k})\right)^2 - t^2(\boldsymbol{k}) = \Delta^2 \neq 0 ,$$
$$\begin{aligned} D_{\boldsymbol{k}\sigma}^{(2)} &= M_{\boldsymbol{k}\sigma}^{(0)}M_{\boldsymbol{k}\sigma}^{(2)}M_{\boldsymbol{k}\sigma}^{(4)} + 2M_{\boldsymbol{k}\sigma}^{(1)}M_{\boldsymbol{k}\sigma}^{(2)}M_{\boldsymbol{k}\sigma}^{(3)} \\ &\quad - \left(M_{\boldsymbol{k}\sigma}^{(2)}\right)^3 - M_{\boldsymbol{k}\sigma}^{(0)}\left(M_{\boldsymbol{k}\sigma}^{(3)}\right)^2 - \left(M_{\boldsymbol{k}\sigma}^{(1)}\right)^2 M_{\boldsymbol{k}\sigma}^{(4)} \\ &= \left(E(\boldsymbol{k})\right)^6 + 2t^2(\boldsymbol{k})\left(E(\boldsymbol{k})\right)^4 - \left(E(\boldsymbol{k})\right)^6 \\ &\quad - t^2(\boldsymbol{k})\left(E(\boldsymbol{k})\right)^4 - t^2(\boldsymbol{k})\left(E(\boldsymbol{k})\right)^4 = 0 \quad \text{q. e. d.} \end{aligned}$$

Abschnitt 4.2.4

Lösung zu Aufgabe 4.2.1

$$\begin{aligned}\left[a^+_{k\sigma}a_{k+q\sigma}, \widehat{N}\right]_- &= \sum_{p,\sigma'}\left[a^+_{k\sigma}a_{k+q\sigma}, a^+_{p\sigma'}a_{p\sigma'}\right]\\ &= \sum_{p,\sigma'}\left\{\delta_{\sigma\sigma'}\delta_{p,k+q}a^+_{k\sigma}a_{p\sigma'} - \delta_{\sigma\sigma'}\delta_{kp}a^+_{p\sigma'}a_{k+q\sigma}\right\}\\ &= a^+_{k\sigma}a_{k+q\sigma} - a^+_{k\sigma}a_{k+q\sigma} = 0\,.\end{aligned}$$

Lösung zu Aufgabe 4.2.2

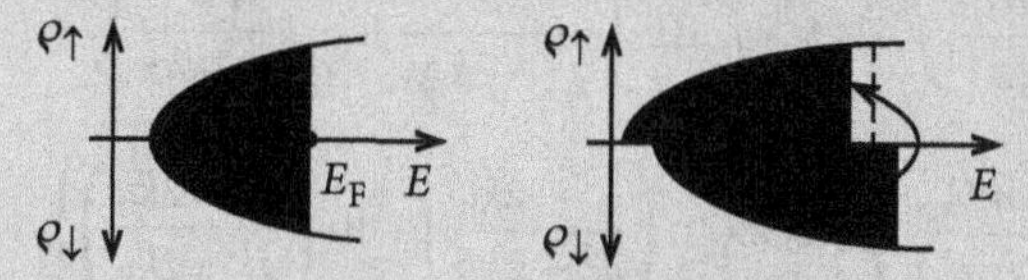

Abb. A.10

1.

$$\rho_\sigma(E) = \frac{1}{2}\rho_0(E) \qquad\qquad \rho_\sigma(E) = \frac{1}{2}\rho_0\left(E + z_\sigma\mu_B B_0\right)\,,$$

$$B_0 = \mu_0 H\,.$$

Magnetisierung:

$$\begin{aligned}N_\sigma &= N\int\limits_{-\infty}^{+\infty}\mathrm{d}E\;\underbrace{f_-(E)}_{\text{Fermi-Funktion}}\;\rho_\sigma(E)\\ &= \frac{N}{2}\int\limits_{-z_\sigma\mu_B B_0}^{+\infty}\mathrm{d}E\,f_-(E)\rho_0\left(E + z_\sigma\mu_B B_0\right)\\ &= \frac{N}{2}\int\limits_{0}^{\infty}\mathrm{d}\overline{E}\,f_-\left(\overline{E} - z_\sigma\mu_B B_0\right)\rho_0(\overline{E})\,,\end{aligned}$$

$\mu_B B_0 = 10^{-4}\ldots 10^{-3}\,\mathrm{eV}$ bei gewöhnlichen Feldern.

Taylor-Entwicklung der Fermi-Funktion kann deshalb nach dem linearen Term abgebrochen werden:

$$N_\sigma \approx \frac{N}{2}\int\limits_0^\infty \mathrm{d}\overline{E}\left(f_-(\overline{E}) - z_\sigma\mu_B B_0\frac{\partial f_-}{\partial\overline{E}}\right)\rho_0(\overline{E})\,,$$

$$\frac{\partial f_-}{\partial \overline{E}} \approx -\delta\left(\overline{E} - E_\mathrm{F}\right)$$

$$\Rightarrow \quad M \approx \mu_\mathrm{B}^2 \mu_0 N \rho_0\left(E_\mathrm{F}\right) H\,.$$

Pauli-Suszeptibilität:

$$\chi_\mathrm{Pauli} \approx 2\mu_\mathrm{B}^2 \mu_0 N \rho_0\left(E_\mathrm{F}\right)\,.$$

2.

$$\begin{aligned}
&\chi_0(\boldsymbol{q}, E = 0)\\
&= \frac{2V\hbar}{(2\pi)^3} \int \mathrm{d}^3k \, \frac{\Theta\left(k_\mathrm{F} - |\boldsymbol{k} + \boldsymbol{q}|\right) - \Theta\left(k_\mathrm{F} - k\right)}{\frac{\hbar^2}{2m}\left[(\boldsymbol{k} + \boldsymbol{q})^2 - k^2\right]}\\
&= \frac{4mV}{\hbar(2\pi)^3} \int \mathrm{d}^3k \, \Theta\left(k_\mathrm{F} - k\right) \left\{\left(2\boldsymbol{k}\cdot\boldsymbol{q} - q^2\right)^{-1} - \left(2\boldsymbol{k}\cdot\boldsymbol{q} + q^2\right)^{-1}\right\}\\
&= -\frac{mV}{\hbar\pi^2} \int\limits_0^{k_\mathrm{F}} \mathrm{d}k\, k^2 \int\limits_{-1}^{+1} \mathrm{d}x \left\{\frac{1}{q^2 + 2kqx} + \frac{1}{q^2 - 2kqx}\right\}\\
&= -\frac{mV}{2\hbar\pi^2 q} \int\limits_0^{k_\mathrm{F}} \mathrm{d}k\, k \left\{\ln\left(\frac{q^2 + 2kq}{q^2 - 2kq}\right) - \ln\left(\frac{q^2 - 2kq}{q^2 + 2kq}\right)\right\}\\
&= -\frac{mV}{\hbar\pi^2 q} \int\limits_0^{k_\mathrm{F}} \mathrm{d}k\, k \ln\left|\frac{q^2 + 2kq}{q^2 - 2kq}\right| = \frac{-mV}{4\hbar\pi^2 q^3} \int\limits_0^{2k_\mathrm{F}q} \mathrm{d}x\, x \ln\left|\frac{q^2 + x}{q^2 - x}\right|\,.
\end{aligned}$$

Wir benutzen die Integralformel (4.158):

$$\begin{aligned}
&\chi_0(\boldsymbol{q}, E = 0)\\
&= \frac{-mV}{4\hbar\pi^2 q^3}\left\{\frac{1}{2}\left(x^2 - q^4\right)\ln\left(q^2 + x\right) - \frac{1}{2}\left(x^2 - q^4\right)\ln\left(q^2 - x\right) - \frac{1}{2}\left(\frac{x^2}{2} - q^2 x\right)\right.\\
&\quad \left.+ \frac{1}{2}\left(\frac{x^2}{2} + q^2 x\right)\right\}_0^{2k_\mathrm{F}q}\\
&= \frac{-mVk_\mathrm{F}}{\hbar\pi^2}\left\{\frac{1}{2} + \frac{k_\mathrm{F}}{2q}\left(1 - \frac{q^2}{4k_\mathrm{F}^2}\right)\ln\left|\frac{2k_\mathrm{F} + q}{2k_\mathrm{F} - q}\right|\right\}.
\end{aligned}$$

In der Klammer entdecken wir die in (4.160) definierte Funktion:

$$g\left(u = \frac{q}{2k_\mathrm{F}}\right).$$

Mit der in Teil 4. von Aufgabe 2.1.5 eingeführten Zustandsdichte des wechselwirkungsfreien Elektronengases (*Sommerfeld-Modell*),

$$\rho_0(E) = \frac{V}{2\pi^2 N}\left(\frac{2m}{\hbar^2}\right)^{3/2} \sqrt{E}\,\Theta(E)\,,$$

können wir den Vorfaktor noch etwas umformulieren:

$$\rho_0(E_F) = \frac{V}{2\pi^2 N}\left(\frac{2m}{\hbar^2}\right)^{3/2}\sqrt{\frac{\hbar^2}{2m}}k_F = \frac{mV}{N\pi^2\hbar^2}k_F$$

$$\Rightarrow \quad \chi_0(\boldsymbol{q}, E=0) = -N\hbar\rho_0(E_F)\,g(q/2k_F)$$
$$= -\frac{\hbar}{\mu_0\mu_B^2}\chi_{\text{Pauli}}\,g(q/2k_F)\,.$$

Lösung zu Aufgabe 4.2.3

1. Wir haben zu berechnen:

$$\chi_{\boldsymbol{q}}^{zz}(E) = -\frac{\mu_0\mu_B^2}{V\hbar}\sum_{\sigma,\sigma'}(2\delta_{\sigma\sigma'}-1)\frac{1}{N}\sum_{\boldsymbol{k},\boldsymbol{k}'}\left\langle\left\langle a_{\boldsymbol{k}\sigma}^+ a_{\boldsymbol{k}+\boldsymbol{q}\sigma}; a_{\boldsymbol{k}'\sigma'}^+ a_{\boldsymbol{k}'-\boldsymbol{q}\sigma'}\right\rangle\right\rangle\,.$$

Es empfiehlt sich, von der folgenden Green-Funktion auszugehen:

$$\chi_{\boldsymbol{kq}}^{\sigma\sigma'}(E) = \sum_{\boldsymbol{k}'}\left\langle\left\langle a_{\boldsymbol{k}\sigma}^+ a_{\boldsymbol{k}+\boldsymbol{q}\sigma}; a_{\boldsymbol{k}'\sigma'}^+ a_{\boldsymbol{k}'-\boldsymbol{q}\sigma'}\right\rangle\right\rangle\,.$$

Hubbard-Modell:

$$\mathcal{H} = \mathcal{H}_0 + H_1\,,$$
$$\mathcal{H}_0 = \sum_{\boldsymbol{k}\sigma}(\varepsilon(\boldsymbol{k})-\mu)\,a_{\boldsymbol{k}\sigma}^+ a_{\boldsymbol{k}\sigma}\,,$$
$$H_1 = \frac{U}{N}\sum_{\boldsymbol{kpq}} a_{\boldsymbol{k}\uparrow}^+ a_{\boldsymbol{k}-\boldsymbol{q}\uparrow} a_{\boldsymbol{p}\downarrow}^+ a_{\boldsymbol{p}+\boldsymbol{q}\downarrow}\,.$$

Für die Bewegungsgleichung der Funktion $\chi_{\boldsymbol{kq}}^{\sigma\sigma'}(E)$ benötigen wir:

a) *Inhomogenität*

$$\left\langle\left[a_{\boldsymbol{k}\sigma}^+ a_{\boldsymbol{k}+\boldsymbol{q}\sigma}, a_{\boldsymbol{k}'\sigma'}^+ a_{\boldsymbol{k}'-\boldsymbol{q}\sigma'}\right]_-\right\rangle$$
$$= \delta_{\sigma\sigma'}\delta_{\boldsymbol{k}',\boldsymbol{k}+\boldsymbol{q}}\left\langle a_{\boldsymbol{k}\sigma}^+ a_{\boldsymbol{k}'-\boldsymbol{q}\sigma'}\right\rangle - \delta_{\sigma\sigma'}\delta_{\boldsymbol{k},\boldsymbol{k}'-\boldsymbol{q}}\left\langle a_{\boldsymbol{k}'\sigma'}^+ a_{\boldsymbol{k}+\boldsymbol{q}\sigma}\right\rangle$$
$$= \delta_{\sigma\sigma'}\delta_{\boldsymbol{k}',\boldsymbol{k}+\boldsymbol{q}}\left(\langle n_{\boldsymbol{k}\sigma}\rangle - \langle n_{\boldsymbol{k}+\boldsymbol{q}\sigma}\rangle\right)\,.$$

b)

$$\left[a_{\boldsymbol{k}\sigma}^+ a_{\boldsymbol{k}+\boldsymbol{q}\sigma}, \mathcal{H}_0\right]_-$$
$$= \sum_{\boldsymbol{k}'\sigma'}\left(\varepsilon(\boldsymbol{k}')-\mu\right)\left[a_{\boldsymbol{k}\sigma}^+ a_{\boldsymbol{k}+\boldsymbol{q}\sigma}, a_{\boldsymbol{k}'\sigma'}^+ a_{\boldsymbol{k}'\sigma'}\right]_-$$
$$= \sum_{\boldsymbol{k}',\sigma'}\left(\varepsilon(\boldsymbol{k}')-\mu\right)\left(\delta_{\sigma\sigma'}\delta_{\boldsymbol{k}',\boldsymbol{k}+\boldsymbol{q}}a_{\boldsymbol{k}\sigma}^+ a_{\boldsymbol{k}'\sigma'} - \delta_{\sigma\sigma'}\delta_{\boldsymbol{k}',\boldsymbol{k}}a_{\boldsymbol{k}'\sigma'}^+ a_{\boldsymbol{k}+\boldsymbol{q}\sigma}\right)$$
$$= \left(\varepsilon(\boldsymbol{k}+\boldsymbol{q}) - \varepsilon(\boldsymbol{k})\right)a_{\boldsymbol{k}\sigma}^+ a_{\boldsymbol{k}+\boldsymbol{q}\sigma}\,.$$

c)

$$
\begin{aligned}
&\left[a^+_{k\sigma}a_{k+q\sigma}, H_1\right]_- \\
&= \frac{U}{N}\sum_{k',p,q'}\left[a^+_{k\sigma}a_{k+q\sigma}, a^+_{k'\uparrow}a_{k'-q'\uparrow}a^+_{p\downarrow}a_{p+q'\downarrow}\right]_- \\
&= \frac{U}{N}\sum_{k',p,q'}\Big\{\delta_{\sigma\uparrow}\delta_{k',k+q}a^+_{k\sigma}a_{k'-q'\uparrow}a^+_{p\downarrow}a_{p+q'\downarrow} \\
&\quad - \delta_{\sigma\uparrow}\delta_{k,k'-q'}a^+_{k'\uparrow}a_{k+q\sigma}a^+_{p\downarrow}a_{p+q'\downarrow} \\
&\quad + \delta_{\sigma\downarrow}\delta_{k+q,p}a^+_{k'\uparrow}a_{k'-q'\uparrow}a^+_{k\sigma}a_{p+q'\downarrow} \\
&\quad - \delta_{\sigma\downarrow}\delta_{k,p+q'}a^+_{k'\uparrow}a_{k'-q'\uparrow}a^+_{p\downarrow}a_{k+q\sigma}\Big\} \\
&= \frac{U}{N}\delta_{\sigma\uparrow}\sum_{p,q'}\left\{a^+_{k\uparrow}a_{k+q-q'\uparrow}a^+_{p\downarrow}a_{p+q'\downarrow} - a^+_{k+q'\uparrow}a_{k+q\uparrow}a^+_{p\downarrow}a_{p+q'\downarrow}\right\} \\
&\quad + \frac{U}{N}\delta_{\sigma\downarrow}\sum_{k',q'}\left\{a^+_{k'\uparrow}a_{k'-q'\uparrow}a^+_{k\downarrow}a_{k+q+q'\downarrow} - a^+_{k'\uparrow}a_{k'-q'\uparrow}a^+_{k-q'\downarrow}a_{k+q\downarrow}\right\} .
\end{aligned}
$$

Der Wechselwirkungsterm H_1 führt also zu den folgenden *höheren* Green-Funktionen:

$$
\begin{aligned}
&\langle\langle \left[a^+_{k\sigma}a_{k+q\sigma}, H_1\right]_- ; \dots\rangle\rangle \\
&= \frac{U}{N}\sum_{p,q'}\Bigg[\delta_{\sigma\uparrow}\Big[\langle\langle a^+_{k\uparrow}a_{k+q-q'\uparrow}a^+_{p\downarrow}a_{p+q'\downarrow}; \dots\rangle\rangle \\
&\quad - \langle\langle a^+_{k+q'\uparrow}a_{k+q\uparrow}a^+_{p\downarrow}a_{p+q'\downarrow}; \dots\rangle\rangle\Big] \\
&\quad + \delta_{\sigma\downarrow}\Big[\langle\langle a^+_{p\uparrow}a_{p-q'\uparrow}a^+_{k\downarrow}a_{k+q+q'\downarrow}; \dots\rangle\rangle \\
&\quad - \langle\langle a^+_{p\uparrow}a_{p-q'\uparrow}a^+_{k-q'\downarrow}a_{k+q\downarrow}; \dots\rangle\rangle\Big]\Bigg] .
\end{aligned}
$$

Die *höheren* Green-Funktionen werden nach dem RPA-Verfahren aus Abschn. 4.2.2 entkoppelt, wobei insbesondere auf Impuls- und Spinerhaltung geachtet wird:

$$
\begin{aligned}
&\langle\langle \left[a^+_{k\sigma}a_{k+q\sigma}, H_1\right]_- ; \dots\rangle\rangle \xrightarrow{\text{RPA}} \\
&\xrightarrow{\text{RPA}} \frac{U}{N}\sum_{p,q'}\Bigg[\delta_{\sigma\uparrow}\Big[\delta_{qq'}\langle n_{k\uparrow}\rangle\langle\langle a^+_{p\downarrow}a_{p+q'\downarrow}; \dots\rangle\rangle \\
&+ \delta_{q',0}\langle n_{p\downarrow}\rangle\langle\langle a^+_{k\uparrow}a_{k+q-q'\uparrow}; \dots\rangle\rangle - \delta_{qq'}\langle n_{k+q\uparrow}\rangle\langle\langle a^+_{p\downarrow}a_{p+q'\downarrow}; \dots\rangle\rangle \\
&- \delta_{q',0}\langle n_{p\downarrow}\rangle\langle\langle a^+_{k+q'\uparrow}a_{k+q\uparrow}; \dots\rangle\rangle\Big] + \delta_{\sigma\downarrow}\Big[\delta_{q'0}\langle n_{p\uparrow}\rangle\langle\langle a^+_{k\downarrow}a_{k+q+q'\downarrow}; \dots\rangle\rangle
\end{aligned}
$$

$$+\delta_{q,-q'}\langle n_{k\downarrow}\rangle\langle\langle a^+_{p\uparrow}a_{p-q'\uparrow};\dots\rangle\rangle-\delta_{q',0}\langle n_{p\uparrow}\rangle\langle\langle a^+_{k-q'\downarrow}a_{k+q\downarrow};\dots\rangle\rangle$$

$$-\delta_{-q',q}\langle n_{k+q\downarrow}\rangle\langle\langle a^+_{p\uparrow}a_{p-q'\uparrow};\dots\rangle\rangle\Big]\Big]$$

$$=\frac{U}{N}\sum_p\left(\langle n_{k\sigma}\rangle-\langle n_{k+q\sigma}\rangle\right)\langle\langle a^+_{p-\sigma}a_{p+q-\sigma};\dots\rangle\rangle\,.$$

Bewegungsgleichung:

$$[E-(\varepsilon(\boldsymbol{k}+\boldsymbol{q})-\varepsilon(\boldsymbol{k}))]\,\chi^{\sigma\sigma'}_{\boldsymbol{kq}}(E)$$
$$=\hbar\delta_{\sigma\sigma'}\left(\langle n_{k\sigma}\rangle-\langle n_{k+q\sigma}\rangle\right)+\frac{U}{N}\sum_p\left(\langle n_{k\sigma}\rangle-\langle n_{k+q\sigma}\rangle\right)\chi^{-\sigma\sigma'}_{\boldsymbol{pq}}(E)\,.$$

Im Sinne der RPA sind die Erwartungswerte als die des wechselwirkungsfreien Systems aufzufassen. Sie sind demnach spinunabhängig ($\langle n_{k\sigma}\rangle^{(0)}=\langle n_{k-\sigma}\rangle^{(0)}$).

$$\chi^{zz}_{\boldsymbol{q}}(E)=-\frac{\mu_0\mu_B^2}{V\hbar}\frac{1}{N}\sum_{k\sigma}\left(\chi^{\sigma\sigma}_{\boldsymbol{kq}}(E)-\chi^{\sigma-\sigma}_{\boldsymbol{kq}}(E)\right)$$

$$\overset{(4.134)}{=}-\frac{\mu_0\mu_B^2}{V\hbar}\left[\frac{1}{N}\chi_0(\boldsymbol{q},E)+\frac{U}{N^2}\frac{1}{2\hbar}\chi_0(\boldsymbol{q},E)\sum_{p,\sigma}\chi^{-\sigma\sigma}_{\boldsymbol{pq}}(E)\right.$$
$$\left.-\frac{U}{N^2}\frac{1}{2\hbar}\chi_0(\boldsymbol{q},E)\sum_{p,\sigma}\chi^{-\sigma-\sigma}_{\boldsymbol{pq}}(E)\right]$$

$$\Rightarrow\quad\chi^{zz}_{\boldsymbol{q}}(E)\left[1+\frac{U}{N}\frac{1}{2\hbar}\chi_0(\boldsymbol{q},E)\right]=-\frac{\mu_0\mu_B^2}{V\hbar N}\chi_0(\boldsymbol{q},E)\,,$$

$$\chi^{zz}_{\boldsymbol{q}}(E)=-\frac{\mu_0\mu_B^2}{V\hbar N}\frac{\chi_0(\boldsymbol{q},E)}{1+\frac{U}{2N\hbar}\chi_0(\boldsymbol{q},E)}\,.$$

2. Mit dem Resultat von Aufgabe 4.2.2 für χ_0 erhalten wir:

$$\left[\lim_{(\boldsymbol{q},E)\to0}\chi^{zz}_{\boldsymbol{q}}(E)\right]^{-1}=V\frac{1-\frac{1}{2}U\rho_0(E_F)}{\mu_0\mu_B^2\rho_0(E_F)}\,.$$

Nach (3.71) liefert die Nullstelle dieses Ausdrucks ein Kriterium für Ferromagnetismus:

$$1\overset{!}{=}\frac{1}{2}U\rho_0(E_F)\,.$$

Dies ist das bekannte Stoner-Kriterium (4.38).

Lösung zu Aufgabe 4.2.4

1. Transformation auf Wellenzahlen, Translationssymmetrie ausnutzen:

$$D_{ij}(E) = \frac{1}{N} \sum_{q} D_{q}(E) \mathrm{e}^{\mathrm{i}\boldsymbol{q} \cdot (\boldsymbol{R}_i - \boldsymbol{R}_j)} ,$$

$$D_{\boldsymbol{q}}(E) = \frac{1}{N} \sum_{\boldsymbol{k},\boldsymbol{p}} D_{\boldsymbol{kp}}(\boldsymbol{q}, E) ,$$

$$D_{\boldsymbol{kp}}(\boldsymbol{q}, E) = \langle\langle a_{\boldsymbol{k}-\sigma} a_{\boldsymbol{q}-\boldsymbol{k}\sigma} ; a^+_{\boldsymbol{q}-\boldsymbol{p}\sigma} a^+_{\boldsymbol{p}-\sigma} \rangle\rangle^{\mathrm{ret}}_E .$$

Bewegungsgleichung berechnen:

$$\begin{aligned}
\left[a_{\boldsymbol{k}-\sigma} a_{\boldsymbol{q}-\boldsymbol{k}\sigma}, a^+_{\boldsymbol{q}-\boldsymbol{p}\sigma} a^+_{\boldsymbol{p}-\sigma}\right]_- &= \delta_{\boldsymbol{kp}} a_{\boldsymbol{k}-\sigma} a^+_{\boldsymbol{p}-\sigma} - \delta_{\boldsymbol{kp}} a^+_{\boldsymbol{q}-\boldsymbol{p}\sigma} a_{\boldsymbol{q}-\boldsymbol{k}\sigma} \\
&= \delta_{\boldsymbol{kp}} \left(1 - n_{\boldsymbol{k}-\sigma} - n_{\boldsymbol{q}-\boldsymbol{k}\sigma}\right) , \\
\left[a_{\boldsymbol{k}-\sigma} a_{\boldsymbol{q}-\boldsymbol{k}\sigma}, \mathcal{H}_{\mathrm{s}}\right]_- &= \sum_{\boldsymbol{k}',\sigma'} \left(E_{\sigma'}(\boldsymbol{k}') - \mu\right) \left[a_{\boldsymbol{k}-\sigma} a_{\boldsymbol{q}-\boldsymbol{k}\sigma}, a^+_{\boldsymbol{k}'\sigma'} a_{\boldsymbol{k}'\sigma'}\right]_- \\
&= \sum_{\boldsymbol{k}',\sigma'} \left(E_{\sigma'}(\boldsymbol{k}') - \mu\right) \left(\delta_{\boldsymbol{k}',\boldsymbol{q}-\boldsymbol{k}} \delta_{\sigma\sigma'} a_{\boldsymbol{k}-\sigma} a_{\boldsymbol{k}'\sigma'} - \delta_{\boldsymbol{k}',\boldsymbol{k}} \delta_{\sigma'-\sigma} a_{\boldsymbol{q}-\boldsymbol{k}\sigma} a_{\boldsymbol{k}'\sigma'}\right) \\
&= \left(E_\sigma(\boldsymbol{q}-\boldsymbol{k}) + E_{-\sigma}(\boldsymbol{k}) - 2\mu\right) a_{\boldsymbol{k}-\sigma} a_{\boldsymbol{q}-\boldsymbol{k}\sigma} \\
\Rightarrow \quad & \left[E + 2\mu - \left(E_\sigma(\boldsymbol{q}-\boldsymbol{k}) + E_{-\sigma}(\boldsymbol{k})\right)\right] D_{\boldsymbol{kp}}(\boldsymbol{q}, E) \\
&= \hbar \delta_{\boldsymbol{kp}} \left(1 - \langle n_{\boldsymbol{k}-\sigma}\rangle - \langle n_{\boldsymbol{q}-\boldsymbol{k}\sigma}\rangle\right) .
\end{aligned}$$

Lösung mit *passender* Randbedingung:

$$D_{\boldsymbol{kp}}(\boldsymbol{q}, E) = \delta_{\boldsymbol{kp}} \frac{\hbar \left(1 - \langle n_{\boldsymbol{k}-\sigma}\rangle - \langle n_{\boldsymbol{q}-\boldsymbol{k}\sigma}\rangle\right)}{E + 2\mu - \left(E_\sigma(\boldsymbol{q}-\boldsymbol{k}) + E_{-\sigma}(\boldsymbol{k})\right) + \mathrm{i}0^+} .$$

Wir benötigen:

$$\begin{aligned}
& S^{(2)}_{ii}(E - 2\mu) \\
&= \frac{1}{N^2} \sum_{\boldsymbol{kpq}} \left(-\frac{1}{\pi} \operatorname{Im} D_{\boldsymbol{kp}}(\boldsymbol{q}, E - 2\mu)\right) \\
&= \frac{1}{N^2} \hbar \sum_{\boldsymbol{kq}} \left(1 - \langle n_{\boldsymbol{k}-\sigma}\rangle - \langle n_{\boldsymbol{q}-\boldsymbol{k}\sigma}\rangle\right) \delta\Big(E - \left(E_\sigma(\boldsymbol{q}-\boldsymbol{k}) + E_{-\sigma}(\boldsymbol{k})\right)\Big) .
\end{aligned}$$

Im Stoner-Modell gilt nach (4.27) für die Ein-Elektronen-Spektraldichte:

$$S^{(S)}_{\boldsymbol{k}\sigma}(E) = \hbar \delta\left(E - \varepsilon(\boldsymbol{k}) - U\langle n_{-\sigma}\rangle + \mu\right) = \hbar \delta\left(E - E_\sigma(\boldsymbol{k}) + \mu\right) .$$

Mit dem Spektraltheorem findet man somit:

$$\langle n_\sigma \rangle = f_-\left(E_\sigma(\boldsymbol{k})\right) .$$

Wir können dann für die Zwei-Teilchen-Spektraldichte weiter schreiben:

$$\begin{aligned}
S_{ii}^{(2)}(E-2\mu) &= \frac{\hbar}{N^2}\sum_{\boldsymbol{kp}}\Big[1-f_-\left(E_{-\sigma}(\boldsymbol{k})\right)-f_-\left(E_\sigma(\boldsymbol{p})\right)\Big] \\
&\quad\cdot\delta\Big[E-\left(E_\sigma(\boldsymbol{p})+E_{-\sigma}(\boldsymbol{k})\right)\Big] \\
&= \hbar\int \mathrm{d}x\,\frac{1}{N}\sum_{\boldsymbol{k}}\left[1-f_-\left(E_{-\sigma}(\boldsymbol{k})\right)-f_-(x)\right] \\
&\quad\cdot\delta\left(E-E_{-\sigma}(\boldsymbol{k})-x\right)\frac{1}{N}\sum_{\boldsymbol{p}}\delta\left(x-E_\sigma(\boldsymbol{p})\right) \\
&= \hbar\int \mathrm{d}x\,\rho_\sigma^{(S)}(x)\left[1-f_-(E-x)-f_-(x)\right] \\
&\quad\cdot\frac{1}{N}\sum_{\boldsymbol{k}}\delta\left(E-E_{-\sigma}(\boldsymbol{k})-x\right) \\
&= \hbar\int \mathrm{d}x\,\rho_\sigma^{(S)}(x)\rho_{-\sigma}^{(S)}(E-x)\left[1-f_-(E-x)-f_-(x)\right]\,.
\end{aligned}$$

Dabei gilt für die Stoner-Quasiteilchen-Zustandsdichte:

$$\rho_\sigma^{(S)}(E)=\frac{1}{N\hbar}\sum_{\boldsymbol{k}}S_{\boldsymbol{k}\sigma}^{(S)}(E-\mu)=\frac{1}{N}\sum_{\boldsymbol{k}}\delta\left(E-E_\sigma(\boldsymbol{k})\right)=\rho_0\left(E-U\langle n_{-\sigma}\rangle\right)\,.$$

2. Die Breite des Spektrums wird durch die Zustandsdichten festgelegt:

$$\begin{aligned}
& E_{-\sigma}^{\min}(\boldsymbol{k})\le E-x\le E_{-\sigma}^{\max}(\boldsymbol{k}) \\
\Rightarrow\quad & E_{\max}=E_{-\sigma}^{\max}(\boldsymbol{k})+x_{\max}=E_{-\sigma}^{\max}(\boldsymbol{k})+E_\sigma^{\max}(\boldsymbol{k})\,, \\
& E_{\min}=E_{-\sigma}^{\min}(\boldsymbol{k})+x_{\min}=E_{-\sigma}^{\min}(\boldsymbol{k})+E_\sigma^{\min}(\boldsymbol{k})\,, \\
\text{Breite} &= E_{\max}-E_{\min}=\left(E_{-\sigma}^{\max}(\boldsymbol{k})-E_{-\sigma}^{\min}(\boldsymbol{k})\right)+\left(E_\sigma^{\max}(\boldsymbol{k})-E_\sigma^{\min}(\boldsymbol{k})\right) \\
&= W_{-\sigma}+W_\sigma\,.
\end{aligned}$$

Im Stoner-Modell ist $W_\sigma=W_{-\sigma}=W \quad\Rightarrow\quad$ Breite des Spektrums: $2W$.

Lösung zu Aufgabe 4.2.5

Zwei-Teilchen-Spektraldichte:

$$S_{ii}^{(2)}(E)=\int\limits_{-\infty}^{+\infty}\mathrm{d}(t-t')\,\mathrm{e}^{\frac{i}{\hbar}E(t-t')}\frac{1}{2\pi}\left\langle\left[\left(a_{i-\sigma}a_{i\sigma}\right)(t),\left(a_{i\sigma}^+a_{i-\sigma}^+\right)(t')\right]_-\right\rangle\,.$$

Wir berechnen die beiden Erwartungswerte gesondert, Ξ = großkanonische Zustandssumme:

$$\begin{aligned}
&\Xi\langle(a_{i\sigma}^+ a_{i-\sigma}^+)(t')(a_{i-\sigma}a_{i\sigma})(t)\rangle \\
&= \mathrm{Sp}\left\{\mathrm{e}^{-\beta\mathcal{H}}(a_{i\sigma}^+ a_{i-\sigma}^+)(t')(a_{i-\sigma}a_{i\sigma})(t)\right\} \\
&= \sum_N\sum_n \mathrm{e}^{-\beta E_n(N)}\left\langle E_n(N)\right|(a_{i\sigma}^+ a_{i-\sigma}^+)(t')(a_{i-\sigma}a_{i\sigma})(t)\left|E_n(N)\right\rangle \\
&= \sum_{N,N'}\sum_{n,m} \mathrm{e}^{-\beta E_n(N)}\left\langle E_n(N)\right|a_{i\sigma}^+ a_{i-\sigma}^+\left|E_m(N')\right\rangle \\
&\quad\cdot\left\langle E_m(N')\right|a_{i-\sigma}a_{i\sigma}\left|E_n(N)\right\rangle \\
&\quad\cdot\exp\left(-\frac{\mathrm{i}}{\hbar}(E_n(N)-E_m(N'))(t-t')\right) \\
&= \sum_N\sum_{n,m} \mathrm{e}^{-\beta E_n(N)}\left\langle E_n(N)\right|a_{i\sigma}^+ a_{i-\sigma}^+\left|E_m(N-2)\right\rangle \\
&\quad\cdot\left\langle E_m(N-2)\right|a_{i-\sigma}a_{i\sigma}\left|E_n(N)\right\rangle \\
&\quad\cdot\exp\left(-\frac{\mathrm{i}}{\hbar}(E_n(N)-E_m(N-2))(t-t')\right)\,.
\end{aligned}$$

Ganz analog ergibt sich für den zweiten Term:

$$\begin{aligned}
&\Xi\langle(a_{i-\sigma}a_{i\sigma})(t)(a_{i\sigma}^+ a_{i-\sigma}^+)(t')\rangle \\
&= \sum_{N'}\sum_{n,m} \mathrm{e}^{-\beta E_n(N)}\mathrm{e}^{-\beta(E_m(N-2)-E_n(N))} \\
&\quad\cdot\left\langle E_n(N)\right|a_{i\sigma}^+ a_{i-\sigma}^+\left|E_m(N-2)\right\rangle\left\langle E_m(N-2)\right|a_{i-\sigma}a_{i\sigma}\left|E_n(N)\right\rangle \\
&\quad\cdot\exp\left(-\frac{\mathrm{i}}{\hbar}(E_n(N)-E_m(N-2))(t-t')\right)\,.
\end{aligned}$$

Damit ergibt sich für die Spektraldichte mit

$$E_n(N)\approx E_n-\mu N\quad(N\gg 1)$$

die folgende **Spektraldarstellung:**

$$\begin{aligned}
S_{ii}^{(2)}(E) &= \frac{\hbar}{\Xi}\sum_N\sum_{n,m}\mathrm{e}^{-\beta E_n(N)}\left\langle E_n(N)\right|a_{i\sigma}^+ a_{i-\sigma}^+\left|E_m(N-2)\right\rangle \\
&\quad\cdot\left\langle E_m(N-2)\right|a_{i-\sigma}a_{i\sigma}\left|E_n(N)\right\rangle\left(\mathrm{e}^{\beta E}-1\right)\delta\left[E-(E_n-E_m-2\mu)\right]\,.
\end{aligned}$$

Wir berechnen damit:

$$\int\limits_{-\infty}^{+\infty} \mathrm{d}E\, I_{\mathrm{AES}}(E-2\mu) = \frac{1}{\hbar}\int\limits_{-\infty}^{+\infty} \mathrm{d}E\, \frac{S_{ii}^{(2)}(E-2\mu)}{\mathrm{e}^{\beta(E-2\mu)}-1}$$

$$= \frac{1}{\Xi}\sum_N \sum_{N'} \sum_{n,m} \mathrm{e}^{-\beta E_n(N)} \left\langle E_n(N)\middle| a_{i\sigma}^+ a_{i-\sigma}^+ \middle| E_m(N')\right\rangle$$

$$\cdot \left\langle E_m(N')\middle| a_{i-\sigma} a_{i\sigma} \middle| E_n(N)\right\rangle$$

$$= \frac{1}{\Xi}\sum_N \sum_n \mathrm{e}^{-\beta E_n(N)} \left\langle E_n(N)\middle| a_{i\sigma}^+ a_{i-\sigma}^+ a_{i-\sigma} a_{i\sigma} \middle| E_n(N)\right\rangle$$

$$= \left\langle a_{i\sigma}^+ a_{i-\sigma}^+ a_{i-\sigma} a_{i\sigma}\right\rangle = \left\langle n_{i\sigma} n_{i-\sigma}\right\rangle = \left\langle n_\sigma n_{-\sigma}\right\rangle \quad \text{q. e. d.}$$

Analog findet man:

$$\int\limits_{-\infty}^{+\infty} \mathrm{d}E\, I_{\mathrm{APS}}(E-2\mu) = \frac{1}{\Xi}\sum_N \sum_{n,m} \mathrm{e}^{-\beta E_n(N)} \mathrm{e}^{\beta(E_n - E_m - 2\mu)}$$

$$\cdot \left\langle E_n(N)\middle| a_{i\sigma}^+ a_{i-\sigma}^+ \middle| E_m(N-2)\right\rangle \left\langle E_m(N-2)\middle| a_{i-\sigma} a_{i\sigma} \middle| E_n(N)\right\rangle$$

$$= \frac{1}{\Xi}\sum_N \sum_{N'} \sum_{n,m} \mathrm{e}^{-\beta E_m(N')} \left\langle E_n(N)\middle| a_{i\sigma}^+ a_{i-\sigma}^+ \middle| E_m(N')\right\rangle$$

$$\cdot \left\langle E_m(N')\middle| a_{i-\sigma} a_{i\sigma} \middle| E_n(N)\right\rangle$$

$$= \frac{1}{\Xi}\sum_{N'} \sum_m \mathrm{e}^{-\beta E_m(N')} \left\langle E_m(N')\middle| a_{i-\sigma} a_{i\sigma} a_{i\sigma}^+ a_{i-\sigma}^+ \middle| E_m(N')\right\rangle$$

$$= \left\langle a_{i-\sigma} a_{i\sigma} a_{i\sigma}^+ a_{i-\sigma}^+\right\rangle = \left\langle (1-n_{i-\sigma})(1-n_{i\sigma})\right\rangle = 1 - n + \left\langle n_{-\sigma} n_\sigma\right\rangle \quad \text{q. e. d.}$$

Für beide Teilergebnisse haben wir die Vollständigkeitsrelation,

$$\sum_N \sum_n \left|E_n(N)\right\rangle \left\langle E_n(N)\right| = \mathbf{1}\,,$$

ausgenutzt. Ferner konnten wir mehrmals

$$\left\langle E_n(N)\middle| a_{i\sigma}^+ a_{i-\sigma}^+ \middle| E_m(N')\right\rangle \sim \delta_{N',N-2}$$

verwenden.

Lösung zu Aufgabe 4.2.6

Wir berechnen die retardierte Green-Funktion

$$D^{\text{ret}}_{mn;jj}(E) = \langle\langle a_{m\sigma} a_{n-\sigma}; a^+_{j-\sigma} a^+_{j\sigma} \rangle\rangle^{\text{ret}}_E$$

mithilfe ihrer Bewegungsgleichung. Wegen des angenommenen leeren Bandes ist $\mu \to -\infty$ anzusetzen, d. h.

$$\frac{e^{\beta(E-2\mu)}}{e^{\beta(E-2\mu)} - 1} \longrightarrow 1\,; \quad \frac{1}{e^{\beta(E-2\mu)} - 1} \longrightarrow 0$$

$$\Rightarrow \quad I_{\text{AES}} \equiv 0\,; \quad I_{\text{APS}}(E - 2\mu) \longrightarrow -\frac{1}{\hbar\pi} \operatorname{Im} D^{\text{ret}}_{ii;ii}(E - 2\mu)\,.$$

Die μ-Abhängigkeit rechts ist nun rein formaler Natur. Das chemische Potential μ taucht in $D^{\text{ret}}_{ii;ii}(E-2\mu)$ explizit nicht mehr auf, sodass wir es der Einfachheit halber bereits im Hamilton-Operator gleich Null setzen:

$$I^{(n=0)}_{\text{APS}}(E) = -\frac{1}{\hbar\pi} \operatorname{Im} D^{\text{ret}}_{ii;ii}(E)\,.$$

Wir benötigen den Kommutator:

$$\begin{aligned}
&[a_{m\sigma} a_{n-\sigma}, H]_- \\
&= \sum_{ij\sigma'} T_{ij} \left[a_{m\sigma} a_{n-\sigma}, a^+_{i\sigma'} a_{j\sigma'}\right]_- + \frac{1}{2} U \sum_{i\sigma'} \left[a_{m\sigma} a_{n-\sigma}, n_{i\sigma'} n_{i-\sigma'}\right]_- \\
&= \sum_j \left(T_{nj} a_{m\sigma} a_{j-\sigma} - T_{mj} a_{n-\sigma} a_{j\sigma}\right) + \frac{1}{2} U \Big[a_{m\sigma}\left(a_{n-\sigma} n_{n\sigma} + n_{n\sigma} a_{n-\sigma}\right) \\
&\quad + \left(a_{m\sigma} n_{m-\sigma} + n_{m-\sigma} a_{m\sigma}\right) a_{n-\sigma}\Big] \\
&= \sum_j \left(T_{nj} a_{m\sigma} a_{j-\sigma} - T_{mj} a_{n-\sigma} a_{j\sigma}\right) + U\left(a_{m\sigma} a_{n-\sigma} n_{n\sigma} + n_{m-\sigma} a_{m\sigma} a_{n-\sigma}\right)\,.
\end{aligned}$$

Das ergibt die noch exakte Bewegungsgleichung:

$$\begin{aligned}
&(E - U\delta_{mn})\, D^{\text{ret}}_{mn;jj}(E) \\
&= \hbar\left(\delta_{nj} \left\langle a_{m\sigma} a^+_{j\sigma}\right\rangle - \delta_{mj} \left\langle a^+_{j-\sigma} a_{n-\sigma}\right\rangle\right) \\
&\quad + \sum_l \left(T_{nl} D^{\text{ret}}_{ml,jj}(E) + T_{ml} D^{\text{ret}}_{ln,jj}(E)\right) \\
&\quad + U(1 - \delta_{mn}) \left\langle\left\langle a_{m\sigma}\left(n_{n\sigma} + n_{m-\sigma}\right) a_{n-\sigma}; a^+_{j-\sigma} a^+_{j\sigma}\right\rangle\right\rangle^{\text{ret}}_E\,.
\end{aligned}$$

Wir können nun die Voraussetzung des leeren Energiebandes ($n = 0$) ausnutzen:

$$\left\langle a_{m\sigma} a_{j\sigma}^{+} \right\rangle = \delta_{mj} - \left\langle a_{j\sigma}^{+} a_{m\sigma} \right\rangle \longrightarrow \delta_{mj} ,$$
$$\left\langle a_{j-\sigma}^{+} a_{n-\sigma} \right\rangle \longrightarrow 0 ,$$
$$\left\langle\left\langle a_{m\sigma} \left(n_{n\sigma} + n_{m-\sigma} \right) a_{n-\sigma j} a_{j-\sigma}^{+} ; a_{j\sigma}^{+} \right\rangle\right\rangle_{E}^{\mathrm{ret}} \underset{m \neq n}{\longrightarrow} 0 .$$

Man verifiziere die letzte Beziehung direkt mit der Definition der Green'schen Funktion. Es bleibt dann als nun schon wesentlich vereinfachte Bewegungsgleichung:

$$(E - U\delta_{mn}) D_{mn;jj}^{\mathrm{ret}}(E) = \hbar\delta_{nj}\delta_{mj} + \sum_{l} \Big(T_{nl} D_{ml;jj}^{\mathrm{ret}}(E) + T_{ml} D_{ln;jj}^{\mathrm{ret}}(E) \Big) .$$

Lösung durch Fourier-Transformation:

$$D_{\boldsymbol{kp};jj}^{\mathrm{ret}}(E) = \frac{1}{N} \sum_{m,n} \mathrm{e}^{-\mathrm{i}(\boldsymbol{k}\cdot\boldsymbol{R}_m + \boldsymbol{p}\cdot\boldsymbol{R}_n)} D_{mn;jj}^{\mathrm{ret}}(E) .$$

Damit findet man im einzelnen:

$$\sum_{l} T_{nl} D_{ml;jj}^{\mathrm{ret}}(E) = \frac{1}{N} \sum_{\boldsymbol{k},\boldsymbol{p}} \mathrm{e}^{\mathrm{i}(\boldsymbol{p}\cdot\boldsymbol{R}_n + \boldsymbol{k}\cdot\boldsymbol{R}_m)} \varepsilon(\boldsymbol{p}) D_{\boldsymbol{kp};jj}^{\mathrm{ret}}(E) ,$$

$$\sum_{l} T_{ml} D_{ln;jj}^{\mathrm{ret}}(E) = \frac{1}{N} \sum_{\boldsymbol{k},\boldsymbol{p}} \mathrm{e}^{\mathrm{i}(\boldsymbol{p}\cdot\boldsymbol{R}_n + \boldsymbol{k}\cdot\boldsymbol{R}_m)} \varepsilon(\boldsymbol{k}) D_{\boldsymbol{kp};jj}^{\mathrm{ret}}(E) ,$$

$$\delta_{mn} D_{mn;jj}^{\mathrm{ret}}(E) = \frac{1}{N^2} \sum_{\boldsymbol{q}} \sum_{\boldsymbol{k},\boldsymbol{p}} \mathrm{e}^{\mathrm{i}(\boldsymbol{p}\cdot\boldsymbol{R}_n + \boldsymbol{k}\cdot\boldsymbol{R}_m)} D_{\boldsymbol{k}-\boldsymbol{q},\boldsymbol{p}+\boldsymbol{q};jj}^{\mathrm{ret}}(E) ,$$

$$\delta_{mj}\delta_{nj} = \delta_{mj}\delta_{mn} = \frac{1}{N^2} \sum_{\boldsymbol{p},\boldsymbol{k}} \mathrm{e}^{\mathrm{i}(\boldsymbol{p}\cdot\boldsymbol{R}_n + \boldsymbol{k}\cdot\boldsymbol{R}_m)} \mathrm{e}^{-\mathrm{i}(\boldsymbol{p}+\boldsymbol{k})\cdot\boldsymbol{R}_j} .$$

Dies ergibt die folgende fouriertransformierte Bewegungsgleichung:

$$[E - \varepsilon(\boldsymbol{k}) - \varepsilon(\boldsymbol{p})] D_{\boldsymbol{kp};jj}^{\mathrm{ret}}(E) = \frac{\hbar}{N} \mathrm{e}^{-\mathrm{i}(\boldsymbol{p}+\boldsymbol{k})\cdot\boldsymbol{R}_j} + \frac{U}{N} \sum_{\boldsymbol{q}} D_{\boldsymbol{k}-\boldsymbol{q},\boldsymbol{p}+\boldsymbol{q};jj}^{\mathrm{ret}}(E) .$$

Günstig erscheint nun die Variablentransformation:

$$\boldsymbol{\rho} = \boldsymbol{k} + \boldsymbol{p} ; \quad \bar{\boldsymbol{\rho}} = \frac{1}{2}(\boldsymbol{k} - \boldsymbol{p})$$

$$\Rightarrow \quad \left[E - \varepsilon\left(\frac{1}{2}\boldsymbol{\rho} + \bar{\boldsymbol{\rho}}\right) - \varepsilon\left(\frac{1}{2}\boldsymbol{\rho} - \bar{\boldsymbol{\rho}}\right) \right] D_{\frac{1}{2}\boldsymbol{\rho}+\bar{\boldsymbol{\rho}},\frac{1}{2}\boldsymbol{\rho}-\bar{\boldsymbol{\rho}};jj}^{\mathrm{ret}}(E)$$
$$= \frac{\hbar}{N} \mathrm{e}^{-\mathrm{i}\boldsymbol{\rho}\cdot\boldsymbol{R}_j} + \frac{U}{N} \sum_{\bar{\boldsymbol{q}}} D_{\frac{1}{2}\boldsymbol{\rho}+\bar{\boldsymbol{q}},\frac{1}{2}\boldsymbol{\rho}-\bar{\boldsymbol{q}};jj}^{\mathrm{ret}}(E) .$$

Wir benötigen:

$$D^{\text{ret}}_{ii;\,ii}(E) = \frac{1}{N}\sum_{\boldsymbol{k},\boldsymbol{p}} \mathrm{e}^{\mathrm{i}(\boldsymbol{k}+\boldsymbol{p})\cdot\boldsymbol{R}_i} D^{\text{ret}}_{\boldsymbol{kp};\,ii}(E) = \frac{1}{N}\sum_{\boldsymbol{\rho},\bar{\boldsymbol{\rho}}} \mathrm{e}^{\mathrm{i}\boldsymbol{\rho}\cdot\boldsymbol{R}_i} D^{\text{ret}}_{\frac{1}{2}\boldsymbol{\rho}+\bar{\boldsymbol{\rho}},\,\frac{1}{2}\boldsymbol{\rho}-\bar{\boldsymbol{\rho}};\,ii}(E)\,.$$

Zunächst lässt sich die Bewegungsgleichung nach Summation über $\bar{\boldsymbol{\rho}}$ mit der vereinbarten Definition von $\Lambda^{(0)}_{\boldsymbol{k}}(E)$ zusammenfassen zu:

$$\frac{1}{N}\sum_{\bar{\boldsymbol{\rho}}} D^{\text{ret}}_{\frac{1}{2}\boldsymbol{\rho}+\bar{\boldsymbol{\rho}},\,\frac{1}{2}\boldsymbol{\rho}-\bar{\boldsymbol{\rho}};\,ii}(E) = \frac{\hbar}{N}\mathrm{e}^{-\mathrm{i}\boldsymbol{\rho}\cdot\boldsymbol{R}_i}\,\frac{\Lambda^{(0)}_{\boldsymbol{\rho}}(E)}{1-U\Lambda^{(0)}_{\boldsymbol{\rho}}(E)}\,.$$

Damit folgt die Behauptung:

$$I^{(n=0)}_{\text{APS}}(E) = -\frac{1}{\pi}\,\mathrm{Im}\,\frac{1}{N}\sum_{\boldsymbol{k}} \frac{\Lambda^{(0)}_{\boldsymbol{k}}(E)}{1-U\Lambda^{(0)}_{\boldsymbol{k}}(E)}\,.$$

Für kleine U vereinfacht sich dieser Ausdruck zu:

$$\begin{aligned}
I^{(n=0)}_{\text{APS}} &\approx \frac{1}{N^2}\sum_{\boldsymbol{k}}\sum_{\boldsymbol{q}} \delta\left[E-\varepsilon\left(\frac{1}{2}\boldsymbol{k}+\boldsymbol{q}\right)-\varepsilon\left(\frac{1}{2}\boldsymbol{k}-\boldsymbol{q}\right)\right]\\
&= \frac{1}{N^2}\sum_{\boldsymbol{k}'}\sum_{\boldsymbol{q}'} \delta\left[E-\varepsilon(\boldsymbol{k}')-\varepsilon(\boldsymbol{q}')\right]\\
&= \int\limits_{-\infty}^{+\infty} \mathrm{d}x\,\rho_0(x)\frac{1}{N}\sum_{\boldsymbol{k}}\delta\left(E-\varepsilon(\boldsymbol{k})-x\right) = \int\limits_{-\infty}^{+\infty}\mathrm{d}x\,\rho_0(x)\rho_0(E-x)\,.
\end{aligned}$$

Dies ist die *Selbstfaltung* der Bloch-Zustandsdichte:

$$\rho_0(x) = \frac{1}{N}\sum_{\boldsymbol{p}}\delta\left(x-\varepsilon(\boldsymbol{p})\right)\,.$$

Lösung zu Aufgabe 4.2.7

Genaugenommen müssten wir in diesem Fall für das chemische Potential $\mu \to +\infty$ wählen. Dies bedeutet:

$$\begin{aligned}
I_{\text{AES}}(E-2\mu) &\longrightarrow +\frac{1}{\hbar\pi}\,\mathrm{Im}\,D^{\text{ret}}_{ii;\,ii}(E-2\mu)\,,\\
I_{\text{APS}}(E-2\mu) &\longrightarrow 0\,.
\end{aligned}$$

In der exakten und allgemein gültigen Bewegungsgleichung für $D^{\text{ret}}_{mn;jj}(E)$ in der Lösung zu Aufgabe 4.2.6 können wir nun wegen $n = 2$ die folgenden Vereinfachungen durchführen:

$$\begin{aligned}\langle a_{m\sigma} a^+_{j\sigma} \rangle &\longrightarrow 0\,,\\ \langle a^+_{j-\sigma} a_{n-\sigma} \rangle &\longrightarrow \delta_{nj}\,,\\ \langle\langle a_{m\sigma} n_{n\sigma} a_{n-\sigma}; a^+_{j-\sigma} a^+_{j\sigma} \rangle\rangle^{\text{ret}}_E &\longrightarrow D^{\text{ret}}_{mn;jj}(E)\,,\\ \langle\langle a_{m\sigma} n_{m-\sigma} a_{n-\sigma}; a^+_{j-\sigma} a^+_{j\sigma} \rangle\rangle^{\text{ret}}_E &\longrightarrow (1-\delta_{mn})\, D^{\text{ret}}_{mn;jj}(E)\,.\end{aligned}$$

Dies führt nun zu der vereinfachten Bewegungsgleichung:

$$\begin{aligned}&[E + 2\mu - U(2-\delta_{nm})]\, D^{\text{ret}}_{mn;jj}(E)\\ &= -\hbar\delta_{mj}\delta_{nj} + \sum_l \left(T_{nl} D^{\text{ret}}_{ml;jj}(E) + T_{ml} D^{\text{ret}}_{ln;jj}(E) \right)\,.\end{aligned}$$

Diese ist der entsprechenden Bewegungsgleichung für $n = 0$ sehr ähnlich. Wir haben nur E durch $E + 2\mu - 2U$ und U durch $-U$ zu ersetzen. Wir können das Ergebnis deshalb direkt übernehmen:

$$\begin{aligned}I^{(n=2)}_{\text{AES}}(E - 2\mu) &= +\frac{1}{\pi}\,\mathrm{Im}\,\frac{1}{N}\sum_{\boldsymbol{k}} \frac{\Lambda^{(2)}_{\boldsymbol{k}}(E)}{1 + U\Lambda^{(2)}_{\boldsymbol{k}}(E)}\,,\\ \Lambda^{(2)}_{\boldsymbol{k}}(E) &= \frac{1}{N}\sum_{\boldsymbol{p}} \frac{1}{E - 2U - \varepsilon\left(\frac{1}{2}\boldsymbol{k} + \boldsymbol{p}\right) - \varepsilon\left(\frac{1}{2}k - p\right) + \mathrm{i}0^+}\,.\end{aligned}$$

Abschnitt 4.4.3

Lösung zu Aufgabe 4.4.1

Es gilt nach (4.292):

$$\sigma \equiv \frac{\langle S^z \rangle}{\hbar S} = \frac{1}{1 + 2\varphi} = 1 - 2\varphi + (2\varphi)^2 - \cdots$$

Für tiefe Temperaturen können wir uns auf die ersten Terme der Entwicklung beschränken:

$$\varphi = \frac{1}{N}\sum_{\boldsymbol{q}} \frac{1}{\exp(\beta E(\boldsymbol{q})) - 1}\,.$$

Nach (4.288) gilt für die Quasiteilchen-Energien:

$$E(\boldsymbol{q}) = 2\hbar \langle S^z \rangle (J_0 - J(\boldsymbol{q})) \quad (B_0 = 0^+) \; .$$

Wir sind an der *spontanen* Magnetisierung interessiert. Ein äußeres Feld sei also nicht eingeschaltet.

Im thermodynamischen Limes können wir die Wellenzahl-Summation in eine Integration verwandeln:

$$\begin{aligned}
\varphi &= \frac{V}{N(2\pi)^3} \int d^3q \, e^{-\beta E(q)} \frac{1}{1 - e^{-\beta E(q)}} \\
&= \frac{V}{N(2\pi)^3} \int d^3q \, e^{-\beta E(q)} \sum_{n=0}^{\infty} e^{-n\beta E(q)} \\
&= \frac{V}{N(2\pi)^3} \sum_{n=1}^{\infty} \int d^3q \, e^{-n\beta 2\hbar \langle S^z \rangle (J_0 - J(q))} \; .
\end{aligned}$$

Bei tiefen Temperaturen ($\beta \to \infty$) ist der Integrand nur für kleine $|\boldsymbol{q}|$ nennenswert von Null verschieden. Wir dürfen deshalb wie folgt approximieren:

$$\varphi \approx \frac{V}{N 2\pi^2} \sum_{n=1}^{\infty} \int_0^{\infty} dq \, q^2 e^{-n\beta\sigma D q^2} = \frac{V}{4\pi^2 N} \sum_{n=1}^{\infty} (n\beta\sigma D)^{-3/2} \Gamma\left(\frac{3}{2}\right) ,$$

$$\Gamma\left(\frac{3}{2}\right) = \frac{1}{2}\sqrt{\pi} ,$$

$$\zeta\left(\frac{3}{2}\right) = \sum_{n=1}^{\infty} \frac{1}{n^{3/2}} \approx 2{,}612 \quad \text{(Riemann'sche } \zeta\text{-Funktion)} \; .$$

Dies bedeutet schließlich:

$$\varphi \approx \frac{V}{N} \left(\frac{k_B T}{4\pi\sigma D} \right)^{3/2} \zeta\left(\frac{3}{2}\right) .$$

Nahe der ferromagnetischen Sättigung ist $\varphi \ll 1$:

$$1 - \frac{\langle S^z \rangle}{\hbar S} \equiv 1 - \sigma \approx 2\varphi \sim T^{3/2} \quad \text{q. e. d.}$$

Lösung zu Aufgabe 4.4.2

Aus der Operatoridentität (4.307),

$$\prod_{m_s=-1}^{+1} (S_i^z - \hbar m_s) = (S_i^z + \hbar) S_i^z (S_i^z - \hbar) \; ,$$

folgt für $S = 1$:

$$(S_i^z)^3 = \hbar^2 S_i^z \,.$$

Das Gleichungssystem (4.311) werten wir für $n = 0, 1$ aus:

$\boxed{n = 0}$

$$2\hbar^2 - \hbar \langle S^z \rangle - \left\langle (S^z)^2 \right\rangle = 2\hbar \langle S^z \rangle \, \varphi(1) \,.$$

$\boxed{n = 1}$

$$2\hbar^2 \langle S^z \rangle - \hbar \left\langle (S^z)^2 \right\rangle - \left\langle (S^z)^3 \right\rangle = \left(3\hbar \left\langle (S^z)^2 \right\rangle - \hbar^2 \langle S^z \rangle - 2\hbar^3 \right) \varphi(1) \,.$$

Die aus der $n = 0$-Gleichung folgende Beziehung,

$$\left\langle (S^z)^2 \right\rangle = 2\hbar^2 - \hbar \langle S^z \rangle (1 + 2\varphi(1)) \,,$$

wird in die $n = 1$-Gleichung eingesetzt:

$$\begin{aligned} &2\hbar^2 \langle S^z \rangle - 2\hbar^3 + \hbar^2 \langle S^z \rangle (1 + 2\varphi(1)) - \hbar^2 \langle S^z \rangle \\ &= \left[6\hbar^3 - 3\hbar^2 \langle S^z \rangle (1 + 2\varphi(1)) - \hbar^2 \langle S^z \rangle - 2\hbar^3 \right] \varphi(1) \,. \end{aligned}$$

Nach $\langle S^z \rangle$ aufgelöst ergibt das die Behauptung:

$$\langle S^z \rangle = \hbar \frac{1 + 2\varphi(1)}{1 + 3\varphi(1) + 3\varphi^2(1)} \,.$$

Da $\langle S^z \rangle$ auch noch in $\varphi(1)$ steckt, ist dies eine *implizite* Bestimmungsgleichung für $\langle S^z \rangle$. – Durch Einsetzen findet man außerdem:

$$\left\langle (S^z)^2 \right\rangle_{S=1} = \hbar^2 \frac{1 + 2\varphi(1) + 2\varphi^2(1)}{1 + 3\varphi(1) + 3\varphi^2(1)} \,.$$

Lösung zu Aufgabe 4.4.3

1. Beweis durch vollständige Induktion:
   $n = 1$:

$$[S_i^-, S_i^z]_- = \hbar S_i^- \,.$$

$n \longrightarrow n+1$:

$$\left[(S_i^-)^{n+1}, S_i^z\right]_- = (S_i^-)^n [S_i^-, S_i^z]_- + [(S_i^-)^n, S_i^z]_- S_i^-$$
$$= \hbar (S_i^-)^{n+1} + n\hbar (S_i^-)^n S_i^- = (n+1)\hbar (S_i^-)^{n+1} .$$

2. Beweis mithilfe des Teilergebnisses 1.:

$$\left[(S_i^-)^n, (S_i^z)^2\right]_- = [(S_i^-)^n, S_i^z]_- S_i^z + S_i^z \left[(S_i^-)^n, S_i^z\right]_- = n\hbar \left((S_i^-)^n S_i^z + S_i^z (S_i^-)^n\right)$$
$$= n\hbar \left(n\hbar\, (S_i^-)^n + 2S_i^z (S_i^-)^n\right) = n^2\hbar^2\, (S_i^-)^n + 2n\hbar S_i^z (S_i^-)^n .$$

3. Beweis durch vollständige Induktion:
$n = 1$:

$$[S_i^+, S_i^-]_- = 2\hbar S_i^z .$$

$n \longrightarrow n+1$:

$$\left[S_i^+, (S_i^-)^{n+1}\right]_- = S_i^- \left[S_i^+, (S_i^-)^n\right]_- + [S_i^+, S_i^-]_- (S_i^-)^n$$
$$= S_i^- \left[2n\hbar S_i^z + \hbar^2 n (n-1)\right] (S_i^-)^{n-1} + 2\hbar S_i^z (S_i^-)^n$$
$$= \hbar^2 n (n-1) (S_i^-)^n + 2n\hbar \left(\hbar S_i^- + S_i^z S_i^-\right) (S_i^-)^{n-1} + 2\hbar S_i^z (S_i^-)^n$$
$$= \hbar^2 n (n+1) (S_i^-)^n + 2\hbar (n+1) S_i^z (S_i^-)^n \quad \text{q. e. d.}$$

Lösung zu Aufgabe 4.4.4

$$(S_i^-)^n (S_i^+)^n$$
$$= (S_i^-)^{n-1} \left[\hbar^2 S(S+1) - \hbar S_i^z - (S_i^z)^2\right] (S_i^+)^{n-1}$$
$$= \left\{\hbar^2 S(S+1) - \hbar S_i^z - (S_i^z)^2\right\} (S_i^-)^{n-1} (S_i^+)^{n-1} - \hbar \left[(S_i^-)^{n-1}, S_i^z\right]_- (S_i^+)^{n-1}$$
$$- \left[(S_i^-)^{n-1}, (S_i^z)^2\right]_- (S_i^+)^{n-1}$$
$$= \left\{\hbar^2 S(S+1) - \hbar S_i^z - (S_i^z)^2\right\} (S_i^-)^{n-1} (S_i^+)^{n-1}$$
$$- \hbar \left\{(n-1)\hbar (S_i^-)^{n-1}\right\} (S_i^+)^{n-1}$$
$$- \left\{(n-1)^2\hbar^2 + 2(n-1)\hbar S_i^z\right\} (S_i^-)^{n-1} (S_i^+)^{n-1}$$
$$= \left\{\hbar^2 S(S+1) - n(n-1)\hbar^2 - (2n-1)\hbar S_i^z - (S_i^z)^2\right\} (S_i^-)^{n-1} (S_i^+)^{n-1}$$

$$= \prod_{p=1}^{n} \left\{ \hbar^2 S(S+1) - (n-p)(n-p+1)\hbar^2 \right.$$

$$\left. - (2n-2p+1)\hbar S_i^z - (S_i^z)^2 \right\} \quad \text{q. e. d.}$$

Lösung zu Aufgabe 4.4.5

Der für die Bewegungsgleichung *aktive* Operator S_i^+ links vom Semikolon ist derselbe wie in (4.281). Die Tyablikow-Näherung führt deshalb zu der zu (4.287) völlig analogen Lösung:

$$G_q^{(n)}(E) = \left\langle \left[S_i^+, (S_i^-)^{n+1} (S_i^+)^n \right]_- \right\rangle \frac{1}{E - E(\boldsymbol{q}) + \mathrm{i}0^+} ,$$

$$E(\boldsymbol{q}) = 2\hbar \langle S^z \rangle (J_0 - J(\boldsymbol{q})) .$$

Das Spektraltheorem liefert dann:

$$\left\langle (S_i^-)^{n+1} (S_i^+)^{n+1} \right\rangle = \left\langle \left[S_i^+, (S_i^-)^{n+1} (S_i^+)^n \right]_- \right\rangle \varphi(S) ,$$

$$\varphi(S) = \frac{1}{N} \sum_q \left(\mathrm{e}^{\beta E(q)} - 1 \right)^{-1} .$$

Hier setzen wir nun Teilergebnisse der beiden vorangegangenen Aufgaben ein:

$n = 0$:

$$\hbar^2 S(S+1) - \hbar \langle S^z \rangle - \left\langle (S^z)^2 \right\rangle = 2\hbar \langle S^z \rangle \varphi(S) .$$

$n \geq 1$:

$$\left\langle \prod_{p=1}^{n+1} \left\{ \hbar^2 S(S+1) - (n+1-p)(n+2-p)\hbar^2 - (2n-2p+3)\hbar S^z - (S^z)^2 \right\} \right\rangle$$

$$= \varphi(S) \left\langle \left[\hbar^2 n(n+1) + 2\hbar(n+1) S^z \right] \prod_{p=1}^{n} \left\{ \hbar^2 S(S+1) - (n-p)(n+1-p)\hbar^2 \right. \right.$$

$$\left. \left. - (2n-2p+1)\hbar S^z - (S^z)^2 \right\} \right\rangle .$$

Auswertung für $S = 1$:
Wegen $2S - 1 = 1$ benötigen wir die Gleichungen für $n = 0$ und $n = 1$:

$n = 0$:

$$2\hbar^2 - \hbar \langle S^z \rangle - \left\langle (S^z)^2 \right\rangle = 2\hbar \langle S^z \rangle \varphi(1) .$$

$n = 1$:

$$\left\langle (S^z)^4 + 4\hbar\,(S^z)^3 + \hbar^2\,(S^z)^2 - 6\hbar^3 S^z \right\rangle$$
$$= \varphi(1)\left\langle 4\hbar^4 + 6\hbar^3 S^z - 6\hbar^2\,(S^z)^2 - 4\hbar\,(S^z)^3 \right\rangle .$$

Außerdem gilt noch nach (4.307):

$$(S^z)^3 = \hbar^2 S^z \quad \Leftrightarrow \quad (S^z)^4 = \hbar^2\,(S^z)^2 .$$

Damit wird aus der $n = 1$-Gleichung:

$$2\hbar^2\left\langle (S^z)^2 \right\rangle - 2\hbar^3\,\langle S^z\rangle = \varphi(1)\left\{4\hbar^4 + 2\hbar^3\,\langle S^z\rangle - 6\hbar^2\left\langle (S^z)^2\right\rangle\right\} .$$

Die $n = 0$-Gleichung liefert:

$$\left\langle (S^z)^2 \right\rangle = 2\hbar^2 - \hbar\,\langle S^z\rangle\,(1 + 2\varphi(1)) .$$

Das wird eingesetzt:

$$4\hbar^4 - 4\hbar^3\,\langle S^z\rangle\,(1 + \varphi(1)) = \varphi(1)\left\{-8\hbar^4 + 2\hbar^3\,\langle S^z\rangle\,(4 + 6\varphi(1))\right\}$$
$$\Rightarrow \quad 4\hbar^4\,(1 + 2\varphi(1)) = 4\hbar^3\,\langle S^z\rangle\left(1 + 3\varphi(1) + 3\varphi^2(1)\right) .$$

Daraus folgt die aus Aufgabe 4.4.2 bekannte Beziehung:

$$\langle S^z\rangle_{S=1} = \hbar\,\frac{1 + 2\varphi(1)}{1 + 3\varphi(1) + 3\varphi^2(1)} \quad \text{q. e. d.}$$

Abschnitt 4.5.5

Lösung zu Aufgabe 4.5.1

Wir benötigen für die Bewegungsgleichung eine Reihe von Kommutatoren:

$$[S_i^z, H_f]_- = -\sum_{m,n} J_{mn}\,[S_i^z, S_m^+ S_n^-]_- = \hbar \sum_m J_{im}\,(S_m^+ S_i^- - S_i^+ S_m^-) ,$$

$$[S_i^z, H_{s-f}]_- = -\frac{1}{2} g\hbar \sum_{m,\sigma} [S_i^z, S_m^\sigma]_-\, a_{m-\sigma}^+ a_{m\sigma} = -\frac{1}{2} g\hbar^2 \sum_\sigma z_\sigma S_i^\sigma a_{i-\sigma}^+ a_{i\sigma} .$$

Damit folgt insgesamt:

$$[S_i^z, H]_- = \hbar \sum_m J_{im} \left(S_m^+ S_i^- - S_i^+ S_m^- \right) - \frac{1}{2} g \hbar^2 \sum_\sigma z_\sigma S_i^\sigma a_{i-\sigma}^+ a_{i\sigma} \, .$$

Das kombinieren wir mit (4.395):

$$\begin{aligned} [S_i^z a_{\mathbf{k}\sigma}, H]_- &= S_i^z \left[a_{k\sigma}, H \right]_- + [S_i^z, H]_- \, a_{k\sigma} \\ &= \sum_m T_{km} S_i^z a_{m\sigma} + U S_i^z n_{k-\sigma} a_{k\sigma} \\ &\quad - \frac{1}{2} g \hbar z_\sigma S_i^z S_k^z a_{k\sigma} - \frac{1}{2} g \hbar S_i^z S_k^{-\sigma} a_{k-\sigma} \\ &\quad + \hbar \sum_m J_{im} \left(S_m^+ S_i^- - S_i^+ S_m^- \right) a_{k\sigma} \\ &\quad - \frac{1}{2} g \hbar^2 \left(S_i^+ a_{i\downarrow}^+ a_{i\uparrow} - S_i^- a_{i\uparrow}^+ a_{i\downarrow} \right) a_{k\sigma} \, . \end{aligned}$$

Wir definieren einige neue Green-Funktionen:

$$\begin{aligned} D_{ik,j\sigma}^{(1)}(E) &= \langle\langle S_i^z n_{k-\sigma} a_{k\sigma}; a_{j\sigma}^+ \rangle\rangle_E \, , \\ D_{ik,j\sigma}^{(2)}(E) &= \langle\langle S_i^z S_k^z a_{k\sigma}; a_{j\sigma}^+ \rangle\rangle_E \, , \\ D_{ik,j\sigma}^{(3)}(E) &= \langle\langle S_i^z S_k^{-\sigma} a_{k-\sigma}; a_{j\sigma}^+ \rangle\rangle_E \, , \\ H_{imk,j\sigma}(E) &= \langle\langle \left(S_m^+ S_i^- - S_i^+ S_m^- \right) a_{k\sigma}; a_{j\sigma}^+ \rangle\rangle_E \, , \\ L_{ik,j\sigma}(E) &= \left\langle\!\!\left\langle \left(S_i^+ a_{i\downarrow}^+ a_{i\uparrow} - S_i^- a_{i\uparrow}^+ a_{i\downarrow} \right) a_{k\sigma}; a_{j\sigma}^+ \right\rangle\!\!\right\rangle_E \, . \end{aligned}$$

Mit diesen Definitionen lautet die schon recht komplizierte, vollständige Bewegungsgleichung:

$$\begin{aligned} &\sum_m \left(E\delta_{km} - T_{km} \right) D_{im,j\sigma}(E) \\ &= \hbar \delta_{kj} \langle S^z \rangle + U D_{ik,j\sigma}^{(1)}(E) - \frac{1}{2} g \hbar z_\sigma D_{ik,j\sigma}^{(2)}(E) \\ &\quad - \frac{1}{2} g \hbar D_{ik,j\sigma}^{(3)}(E) + \hbar \sum_m J_{im} H_{imk,j\sigma}(E) - \frac{1}{2} g \hbar^2 L_{ik,j\sigma}(E) \, . \end{aligned}$$

Lösung zu Aufgabe 4.5.2

Wir benötigen für die Bewegungsgleichung wiederum eine Reihe von Kommutatoren:

$$
\begin{aligned}
[n_{i-\sigma}, H]_- &= [n_{i-\sigma}, H_s]_- + [n_{i-\sigma}, H_{s-f}]_- \,, \\
[n_{i-\sigma}, H_s]_- &= \sum_{\substack{m,n\\ \sigma'}} T_{mn} \left[n_{i-\sigma}, a^+_{m\sigma'} a_{n\sigma'}\right]_- \\
&= \sum_{\substack{m,n\\ \sigma'}} T_{mn} \left\{\delta_{im}\delta_{\sigma'-\sigma} a^+_{i-\sigma} a_{n\sigma'} - \delta_{in}\delta_{\sigma'-\sigma} a^+_{m\sigma'} a_{i-\sigma}\right\} \\
&= \sum_m T_{im} \left(a^+_{i-\sigma} a_{m-\sigma} - a^+_{m-\sigma} a_{i-\sigma}\right) \,, \\
[n_{i-\sigma}, H_{s-f}]_- &= -\frac{1}{2} g\hbar \sum_{m,\sigma'} S^{\sigma'}_m \left[n_{i-\sigma}, a^+_{m-\sigma'} a_{m\sigma'}\right]_- \\
&= -\frac{1}{2} g\hbar \sum_{m,\sigma'} S^{\sigma'}_m \delta_{im} \left(\delta_{\sigma\sigma'} a^+_{i-\sigma} a_{m\sigma'} - \delta_{-\sigma\sigma'} a^+_{m-\sigma'} a_{i-\sigma}\right) \\
&= -\frac{1}{2} g\hbar \left(S^{\sigma}_i a^+_{i-\sigma} a_{i\sigma} - S^{-\sigma}_i a^+_{i\sigma} a_{i-\sigma}\right) \,.
\end{aligned}
$$

Dies ergibt insgesamt mit (4.395):

$$
\begin{aligned}
&[n_{i-\sigma} a_{k\sigma}, H]_- \\
&= \sum_m T_{km} n_{i-\sigma} a_{m\sigma} + \sum_m T_{im} \left(a^+_{i-\sigma} a_{m-\sigma} - a^+_{m-\sigma} a_{i-\sigma}\right) a_{k\sigma} \\
&\quad + U n_{i-\sigma} n_{k-\sigma} a_{k\sigma} - \frac{1}{2} g\hbar z_\sigma S^z_k n_{i-\sigma} a_{k\sigma} - \frac{1}{2} g\hbar S^{-\sigma}_k n_{i-\sigma} a_{k-\sigma} \\
&\quad - \frac{1}{2} g\hbar \left(S^{\sigma}_i a^+_{i-\sigma} a_{i\sigma} - S^{-\sigma}_i a^+_{i\sigma} a_{i-\sigma}\right) a_{k\sigma} \,.
\end{aligned}
$$

Wir definieren ein paar neue Green-Funktionen:

$$
\begin{aligned}
K_{imk,j\sigma}(E) &= \langle\langle \left(a^+_{i-\sigma} a_{m-\sigma} - a^+_{m-\sigma} a_{i-\sigma}\right) a_{k\sigma}; a^+_{j\sigma} \rangle\rangle_E \,, \\
L_{ik,j\sigma}(E) &= \langle\langle n_{i-\sigma} n_{k-\sigma} a_{k\sigma}; a^+_{j\sigma} \rangle\rangle_E \,, \\
P^{(1)}_{ik,j\sigma}(E) &= \langle\langle S^z_k n_{i-\sigma} a_{k\sigma}; a^+_{j\sigma} \rangle\rangle_E \,, \\
P^{(2)}_{ik,j\sigma}(E) &= \langle\langle S^{-\sigma}_k n_{i-\sigma} a_{k-\sigma}; a^+_{j\sigma} \rangle\rangle_E \,, \\
P^{(3)}_{ik,j\sigma}(E) &= \langle\langle \left(S^{\sigma}_i a^+_{i-\sigma} a_{i\sigma} - S^{-\sigma}_i a^+_{i\sigma} a_{i-\sigma}\right) a_{k\sigma}; a^+_{j\sigma} \rangle\rangle_E \,.
\end{aligned}
$$

Damit lautet die vollständige Bewegungsgleichung:

$$
\begin{aligned}
&\sum_m \left(E\delta_{km} - T_{km}\right) P_{im,j\sigma}(E) \\
&= \hbar\delta_{kj} \langle n_{-\sigma}\rangle + \sum_m T_{im} K_{imk,j\sigma}(E) + U L_{ik,j\sigma}(E) \\
&\quad - \frac{1}{2} g\hbar z_\sigma P^{(1)}_{ik,j\sigma}(E) - \frac{1}{2} g\hbar \left(P^{(2)}_{ik,j\sigma}(E) + P^{(3)}_{ik,j\sigma}(E)\right) \,.
\end{aligned}
$$

Lösung zu Aufgabe 4.5.3

Wir benötigen für die Bewegungsgleichung die folgenden Kommutatoren:

$$\begin{aligned}
[S_i^\sigma, H]_- &= [S_i^\sigma, H_\text{f}]_- + [S_i^\sigma, H_{\text{s-f}}]_- \,, \\
[S_i^\sigma, H_\text{f}]_- &= -\sum_{m,n} J_{mn}\left([S_i^\sigma, S_m^+ S_n^-]_- + [S_i^\sigma, S_m^z S_n^z]_-\right) \\
&= -\sum_{m,n} J_{mn}\Big[\delta_{\sigma\downarrow}(-2\hbar S_i^z \delta_{im}) S_n^- \\
&\quad + S_m^+ \delta_{\sigma\uparrow}(2\hbar S_i^z \delta_{in}) + S_m^z(-z_\sigma \hbar S_i^\sigma \delta_{in}) + (-z_\sigma \hbar S_i^\sigma \delta_{im}) S_n^z\Big] \\
&= 2\hbar z_\sigma \sum_m J_{im}\left(S_m^z S_i^\sigma - S_m^\sigma S_i^z\right) .
\end{aligned}$$

Im letzten Schritt haben wir $J_{ii} = 0$ ausgenutzt:

$$\begin{aligned}
[S_i^\sigma, H_\text{sf}]_- &= -\frac{1}{2} g\hbar \sum_{m,\sigma'} \left(z_{\sigma'}[S_i^\sigma, S_m^z]_- n_{m\sigma'} + \left[S_i^\sigma, S_m^{\sigma'}\right]_- a_{m-\sigma'}^+ a_{m\sigma'}\right) \\
&= +\frac{1}{2} g\hbar^2 S_i^\sigma (n_{i\sigma} - n_{i-\sigma}) - g\hbar^2 z_\sigma S_i^z a_{i\sigma}^+ a_{i-\sigma} .
\end{aligned}$$

Dies wird nun mit dem Kommutator (4.395) kombiniert:

$$\begin{aligned}
[S_i^{-\sigma} a_{k-\sigma}, H]_- &= S_i^{-\sigma}[a_{k-\sigma}, H]_- + [S_i^{-\sigma}, H]_- a_{k-\sigma} \\
&= \sum_m T_{km} S_i^{-\sigma} a_{m-\sigma} + U S_i^{-\sigma} n_{k\sigma} a_{k-\sigma} \\
&\quad + \frac{1}{2} g\hbar z_\sigma S_i^{-\sigma} S_k^z a_{k-\sigma} - \frac{1}{2} g\hbar S_i^{-\sigma} S_k^\sigma a_{k\sigma} \\
&\quad - \frac{1}{2} g\hbar^2 S_i^{-\sigma}(n_{i\sigma} - n_{i-\sigma}) a_{k-\sigma} \\
&\quad + g\hbar^2 z_\sigma S_i^z a_{i-\sigma}^+ a_{i\sigma} a_{k-\sigma} \\
&\quad - 2\hbar z_\sigma \sum_m J_{im}\left(S_m^z S_i^{-\sigma} - S_m^{-\sigma} S_i^z\right) a_{k-\sigma} .
\end{aligned}$$

Wir definieren die folgenden *höheren* Green-Funktionen:

$$\begin{aligned}
F_{ik,j\sigma}^{(1)}(E) &= \langle\langle S_i^{-\sigma} S_k^z a_{k-\sigma}; a_{j\sigma}^+ \rangle\rangle_E \,, \\
F_{ik,j\sigma}^{(2)}(E) &= \langle\langle S_i^{-\sigma} S_k^\sigma a_{k\sigma}; a_{j\sigma}^+ \rangle\rangle_E \,, \\
F_{ik,j\sigma}^{(3)}(E) &= \langle\langle S_i^{-\sigma}(n_{i\sigma} - n_{i-\sigma}) a_{k-\sigma}; a_{j\sigma}^+ \rangle\rangle_E \,, \\
F_{ik,j\sigma}^{(4)}(E) &= \langle\langle S_i^{-\sigma} n_{k\sigma} a_{k-\sigma}; a_{j\sigma}^+ \rangle\rangle_E \,, \\
R_{ik,j\sigma}(E) &= \langle\langle S_i^z a_{i-\sigma}^+ a_{i\sigma} a_{k-\sigma}; a_{j\sigma}^+ \rangle\rangle_E \,, \\
Q_{imk,j\sigma}(E) &= \langle\langle (S_i^{-\sigma} S_m^z - S_m^{-\sigma} S_i^z) a_{k-\sigma}; a_{j\sigma}^+ \rangle\rangle_E .
\end{aligned}$$

Bewegungsgleichung:

$$\sum_m \left(E\delta_{km} - T_{km}\right) F_{im,j\sigma}(E)$$
$$= UF^{(4)}_{ik,j\sigma}(E) + \frac{1}{2}g\hbar\left(z_\sigma F^{(1)}_{ik,j\sigma}(E) - F^{(2)}_{ik,j\sigma}(E)\right)$$
$$- \frac{1}{2}g\hbar^2\left(F^{(3)}_{ik,j\sigma}(E) - 2z_\sigma R_{ik,j\sigma}(E)\right) - 2\hbar z_\sigma \sum_m J_{im} Q_{imk,j\sigma}(E)\,.$$

Lösung zu Aufgabe 4.5.4

1. Exakte Bewegungsgleichung der Ein-Elektronen-Green-Funktion (s. (4.395)):

$$\sum_m \left(E\delta_{im} - T_{im}\right) G_{mj\sigma}(E)$$
$$= \hbar\delta_{ij} + UP_{ii,j\sigma}(E) - \frac{1}{2}g\hbar\left(z_\sigma D_{ii,j\sigma}(E) + F_{ii,j\sigma}(E)\right)\,.$$

Für den Spezialfall ($n = 2$, $T = 0$) können wir ausnutzen:

$$D_{ii,j\sigma}(E) \equiv \langle\langle S_i^z a_{i\sigma}; a_{j\sigma}^+ \rangle\rangle_E \xrightarrow[(n=2,\,T=0)]{} \hbar S G_{ij\sigma}(E)\,,$$
$$P_{ii,j\sigma}(E) \equiv \langle\langle n_{i-\sigma} a_{i\sigma}; a_{j\sigma}^+ \rangle\rangle_E \xrightarrow[(n=2,\,T=0)]{} G_{ij\sigma}(E)\,.$$

Es ergibt sich die noch exakte, aber für ($n = 2$, $T = 0$) schon stark vereinfachte Bewegungsgleichung:

$$\sum_m \left[\left(E - U + \frac{1}{2}g\hbar^2 S z_\sigma\right)\delta_{im} - T_{im}\right] G_{mj\sigma}(E) = \hbar\delta_{ij} - \frac{1}{2}g\hbar F_{ii,j\sigma}(E)\,.$$

Für die Spinflip-Funktion gilt außerdem:

$$F_{ii,j\downarrow}(E) \equiv \langle\langle S_i^+ a_{i\uparrow}; a_{j\downarrow}^+ \rangle\rangle \xrightarrow[(n=2,\,T=0)]{} 0\,.$$

Dies erkennt man am besten an der zeitabhängigen Funktion:

$$F_{ii,j\downarrow}(t,t') = -\mathrm{i}\Theta(t-t')\Big[\big\langle \underbrace{(S_i^+ a_{i\uparrow})(t)}_{=0,\ \text{wegen}\ n=2} a_{j\downarrow}^+(t')\big\rangle + \big\langle a_{j\downarrow}^+(t') \underbrace{(S_i^+ a_{i\uparrow})(t)}_{=0,\ \text{wegen}\ T=0}\big\rangle\Big]\,.$$

Die verbleibende Bewegungsgleichung ist durch Fourier-Transformation leicht zu lösen:

$$G^{(n=2,\,T=0)}_{\boldsymbol{k}\downarrow}(E) = \hbar\left[E - \varepsilon(\boldsymbol{k}) - U - \frac{1}{2}g\hbar^2 S + \mathrm{i}0^+\right]^{-1}\,.$$

2. Für $\sigma = \uparrow$-Elektronen verschwindet die Spinflip-Funktion nicht. Ihre Bewegungsgleichung wurde in Aufgabe 4.5.3 berechnet:

$$\begin{aligned}\sum_m (E\delta_{km} - T_{km})\, F_{im,j\uparrow}(E) = UF^{(4)}_{ik,j\uparrow}(E) &+ \frac{1}{2} g\hbar \left(F^{(1)}_{ik,j\uparrow}(E) - F^{(2)}_{ik,j\uparrow}(E)\right) \\ &- \frac{1}{2} g\hbar^2 \left(F^{(3)}_{ik,j\uparrow}(E) - 2R_{ik,j\uparrow}(E)\right) \\ &- 2\hbar \sum_m J_{im} Q_{imk,j\uparrow}(E)\,.\end{aligned}$$

Die *höheren* Green-Funktionen lassen sich zum Teil wegen ($n = 2$, $T = 0$) vereinfachen:

$$\begin{aligned}F^{(4)}_{ik,j\uparrow}(E) &\equiv \langle\langle S_i^- n_{k\uparrow} a_{k\downarrow}; a_{j\uparrow}^+ \rangle\rangle_E \xrightarrow[(n=2,\,T=0)]{} F_{ik,j\uparrow}(E)\,, \\ F^{(1)}_{ik,j\uparrow}(E) &\equiv \langle\langle S_i^- S_k^z a_{k\downarrow}; a_{j\uparrow}^+ \rangle\rangle_E \xrightarrow[(n=2,\,T=0)]{} \hbar S F_{ik,j\uparrow}(E)\,, \\ F^{(2)}_{ik,j\uparrow}(E) &= \langle\langle S_i^- S_k^+ a_{k\uparrow}; a_{j\downarrow}^+ \rangle\rangle_E \xrightarrow[(n=2,\,T=0)]{} 0\,, \\ F^{(3)}_{ik,j\uparrow}(E) &\equiv \langle\langle S_i^- (n_{i\uparrow} - n_{i\downarrow}) a_{k\downarrow}; a_{j\uparrow}^+ \rangle\rangle_E \xrightarrow[(n=2,\,T=0)]{} +\delta_{ik} F_{ik,j\uparrow}(E)\,, \\ R_{ik,j\uparrow}(E) &\equiv \langle\langle S_i^z a_{i\downarrow}^+ a_{i\uparrow} a_{k\downarrow}; a_{j\uparrow}^+ \rangle\rangle_E \xrightarrow[(n=2,\,T=0)]{} -\delta_{ik}\hbar S G_{ij\uparrow}(E)\,, \\ Q_{imk,j\uparrow}(E) &\equiv \langle\langle (S_i^- S_m^z - S_m^- S_i^z)\, a_{k\downarrow}; a_{j\uparrow}^+ \rangle\rangle_E \\ &\xrightarrow[(n=2,\,T=0)]{} \hbar S \left(F_{ik,j\uparrow}(E) - F_{mk,j\uparrow}(E)\right)\,.\end{aligned}$$

Dies ergibt die nun schon stark vereinfachte Bewegungsgleichung:

$$\begin{aligned}&\left[E - U - \frac{1}{2} g\hbar^2\, (S - \delta_{ik})\right] F_{ik,j\uparrow}(E) \\ &= \sum_m T_{km} F_{im,j\uparrow}(E) - g\hbar^3 S \delta_{ik} G_{ij\uparrow}(E) - 2\hbar^2 S \sum_m J_{im} \left(F_{ik,j\uparrow}(E) - F_{mk,j\uparrow}(E)\right)\,.\end{aligned}$$

Dazu gehört noch die Gleichung für die Ein-Teilchen-Green-Funktion:

$$\sum_m \left[\left(E - U + \frac{1}{2} g\hbar^2 S\right)\delta_{im} - T_{im}\right] G_{mj\uparrow}(E) = \hbar\delta_{ij} - \frac{1}{2} g\hbar F_{ii,j\uparrow}(E)\,.$$

Zur Lösung dieses Gleichungssystems gehen wir zu den in (4.412) und (4.413) definierten Fourier-Transformationen über, woraus ganz analog zu (4.414) und (4.417) die folgenden Gleichungen folgen:

$$\left(E - U + \frac{1}{2}g\hbar^2 S - \varepsilon(\boldsymbol{k})\right) G^{(2,0)}_{\boldsymbol{k}\uparrow}(E) = \hbar - \frac{1}{2}g\hbar \frac{1}{\sqrt{N}} \sum_{\boldsymbol{q}} F^{(2,0)}_{\boldsymbol{kq}\uparrow}(E) ,$$

$$\left[E - U - \frac{1}{2}g\hbar^2 S - \varepsilon(\boldsymbol{k}-\boldsymbol{q}) + \hbar\omega(\boldsymbol{q})\right] F^{(2,0)}_{\boldsymbol{kq}\uparrow}(E)$$
$$= -\frac{1}{2}g\hbar^2 \frac{1}{N} \sum_{\bar{\boldsymbol{q}}} F^{(2,0)}_{\boldsymbol{k}\bar{\boldsymbol{q}}\uparrow}(E) - g\hbar^3 S \frac{1}{\sqrt{N}} G^{(2,0)}_{\boldsymbol{k}\uparrow}(E) .$$

Die Spinwellen-Energien sind wie in (2.232) definiert. Wir kürzen ab:

$$B^{(2)}_{\boldsymbol{k}}(E) = \frac{1}{N} \sum_{\boldsymbol{q}} \left[E - U - \frac{1}{2}g\hbar^2 S - \varepsilon(\boldsymbol{k}-\boldsymbol{q}) + \hbar\omega(\boldsymbol{q})\right]^{-1} .$$

Damit folgt:

$$\frac{1}{\sqrt{N}} \sum_{\boldsymbol{q}} F^{(2,0)}_{\boldsymbol{kq}\uparrow}(E) = \frac{-g\hbar^3 S B^{(2)}_{\boldsymbol{k}}(E)}{1 + \frac{1}{2}g\hbar^2 B^{(2)}_{\boldsymbol{k}}(E)} G^{(2,0)}_{\boldsymbol{k}\uparrow}(E) .$$

Dies ergibt als Bewegungsgleichung für die Ein-Elektronen-Green-Funktion:

$$\left\{E - U + \frac{1}{2}g\hbar^2 S - \varepsilon(\boldsymbol{k}) - \frac{\frac{1}{2}g^2\hbar^4 S B^{(2)}_{\boldsymbol{k}}(E)}{1 + \frac{1}{2}g\hbar^2 B^{(2)}_{\boldsymbol{k}}(E)}\right\} G^{(2,0)}_{\boldsymbol{k}\uparrow}(E) = \hbar .$$

Daraus folgt schlussendlich für die Selbstenergie:

$$\Sigma^{(2,0)}_{\boldsymbol{k}\uparrow}(E) = U - \frac{1}{2}g\hbar^2 S \left(1 - \frac{g\hbar^2 B^{(2)}_{\boldsymbol{k}}(E)}{1 + \frac{1}{2}g\hbar^2 B^{(2)}_{\boldsymbol{k}}(E)}\right) .$$

Damit ist das Problem gelöst. Man vergleiche mit (4.419). Die weitere Auswertung erfolgt wie in Abschn. 4.5.4.

Lösung zu Aufgabe 4.5.5

Hartree-Fock-Näherung:

$$\begin{aligned} D_{ii,j\sigma}(E) &\longrightarrow \langle S^z \rangle G_{ij\sigma}(E) , \\ P_{ii,j\sigma}(E) &\longrightarrow \langle n_{-\sigma} \rangle G_{ij\sigma}(E) , \\ F_{ii,j\sigma}(E) &\longrightarrow 0 . \end{aligned}$$

Die so vereinfachte Bewegungsgleichung,

$$\sum_m \left[\left(E - U\langle n_{-\sigma}\rangle + \frac{1}{2} g\hbar z_\sigma \langle S^z\rangle\right)\delta_{im} - T_{im}\right] G^{(\mathrm{HFN})}_{mj\sigma}(E) = \hbar\delta_{ij}\,,$$

lässt sich leicht durch Fourier-Transformation lösen:

$$G^{\mathrm{HFN}}_{\boldsymbol{k}\sigma}(E) = \frac{\hbar}{E - \varepsilon(\boldsymbol{k}) - U\langle n_{-\sigma}\rangle + \frac{1}{2} g\hbar z_\sigma \langle S^z\rangle + \mathrm{i}0^+}\,.$$

„Band-Limit“ ($U = g = 0$) : korrekt,
Atomares Limit ($\varepsilon(\boldsymbol{k}) = T_0\ \forall \boldsymbol{k}$) : falsch,
($n = 0, T = 0$) : korrekt für $\sigma = \uparrow$, falsch für $\sigma = \downarrow$,
($n = 2, T = 0$) : korrekt für $\sigma = \downarrow$, falsch für $\sigma = \uparrow$.

Der Hauptnachteil der Hartree-Fock-Näherung dürfte in der völligen Unterdrückung der Spinflip-Prozesse liegen!

Abschnitt 5.1.4

Lösung zu Aufgabe 5.1.1

$$[P_0, \mathcal{H}_0]_- = |\eta\rangle\langle\eta \,|\, \mathcal{H}_0 - \mathcal{H}_0 \,|\, \eta\rangle\langle\eta| = (\eta - \eta)|\eta\rangle\langle\eta| = 0\,,$$

da $\mathcal{H}_0$ hermitesch,

$$[Q_0, \mathcal{H}_0]_- = [\mathbf{1} - P_0, \mathcal{H}_0]_- = -[P_0, \mathcal{H}_0]_- = 0\,.$$

Lösung zu Aufgabe 5.1.2

$$\frac{\mathrm{d}}{\mathrm{d}\lambda}E_0(\lambda) = \frac{\mathrm{d}}{\mathrm{d}\lambda}\langle E_0(\lambda)|H(\lambda)|E_0(\lambda)\rangle$$
$$= \langle E_0(\lambda)|v|E_0(\lambda)\rangle + \left\langle \frac{\mathrm{d}}{\mathrm{d}\lambda}E_0(\lambda)\right| H(\lambda)|E_0(\lambda)\rangle + \langle E_0(\lambda)|H(\lambda)\left|\frac{\mathrm{d}}{\mathrm{d}\lambda}E_0(\lambda)\right\rangle$$

$$= \langle E_0(\lambda)|v|E_0(\lambda)\rangle + E_0(\lambda)\left\langle \frac{\mathrm{d}}{\mathrm{d}\lambda}E_0(\lambda)\middle|E_0(\lambda)\right\rangle + E_0(\lambda)\left\langle E_0(\lambda)\middle|\frac{\mathrm{d}}{\mathrm{d}\lambda}E_0(\lambda)\right\rangle$$
$$= \langle E_0(\lambda)|v|E_0(\lambda)\rangle + E_0(\lambda)\frac{\mathrm{d}}{\mathrm{d}\lambda}\langle E_0(\lambda)|E_0(\lambda)\rangle$$
$$= \langle E_0(\lambda)|v|E_0(\lambda)\rangle \,.$$

Mit $\eta_0 = E_0(0)$ folgt dann:

$$\Delta E_0 = E_0 - \eta_0 = \int_0^\lambda \mathrm{d}\lambda' \,\langle E_0(\lambda')|v|E_0(\lambda')\rangle .$$

Lösung zu Aufgabe 5.1.3

1. Offensichtlich gilt:

$$H_0 = \sum_{\boldsymbol{k}\sigma}(H_{\boldsymbol{k}\sigma})_0 \,,$$

wobei in der Basis

$$|\psi^\alpha_{\boldsymbol{k}\sigma}\rangle = a^+_{\boldsymbol{k}\sigma\alpha}|0\rangle \,; \quad \alpha = \mathrm{A,B}$$

gilt:

$$(H_{\boldsymbol{k}\sigma})_0 \equiv \begin{pmatrix} \varepsilon(\boldsymbol{k}) & t(\boldsymbol{k}) \\ t^*(\boldsymbol{k}) & \varepsilon(\boldsymbol{k}) \end{pmatrix},$$
$$\det\left[\eta - \left(H^{\alpha\beta}_{\boldsymbol{k}\sigma}\right)_0\right] \overset{!}{=} 0$$
$$\Rightarrow \quad \eta^{(0)}_\pm(\boldsymbol{k}) = \varepsilon(\boldsymbol{k}) \pm |t(\boldsymbol{k})| \,.$$

Eigenzustände:

$$\begin{pmatrix} \mp|t(\boldsymbol{k})| & t(\boldsymbol{k}) \\ t^*(\boldsymbol{k}) & \mp|t(\boldsymbol{k})| \end{pmatrix}\begin{pmatrix} C_\mathrm{A} \\ C_\mathrm{B} \end{pmatrix} = 0 \,,$$
$$C^\pm_\mathrm{A} = \pm\gamma C_\mathrm{B} \,; \quad \gamma = \frac{t(\boldsymbol{k})}{|t(\boldsymbol{k})|} \,.$$

Normierung:

$$|\eta^{(0)}_\pm(\boldsymbol{k})\rangle = \frac{1}{\sqrt{2}}\left(a^+_{\boldsymbol{k}\sigma\mathrm{A}} \pm \gamma a^+_{\boldsymbol{k}\sigma\mathrm{B}}\right)|0\rangle \,.$$

Wegen $(-\sigma,\mathrm{B}) \Leftrightarrow (\sigma,\mathrm{A})$ ist die rechte Seite nicht wirklich spinabhängig!

2. Energiekorrektur erster Ordnung:

$$\begin{aligned}\left\langle \eta_\pm^{(0)}(\boldsymbol{k})\middle| H_1 \middle| \eta_\pm^{(0)}(\boldsymbol{k})\right\rangle &= \frac{1}{2}\left(-\frac{1}{2}g\left\langle S^z\right\rangle\right)\langle 0|\left(a_{\boldsymbol{k}\sigma\mathrm{A}} \pm \gamma^* a_{\boldsymbol{k}\sigma\mathrm{B}}\right)\sum_{\sigma'} z_{\sigma'} \\ &\cdot \left(a^+_{\boldsymbol{k}\sigma'\mathrm{A}} a_{\boldsymbol{k}\sigma'\mathrm{A}} - a^+_{\boldsymbol{k}\sigma'\mathrm{B}} a_{\boldsymbol{k}\sigma'\mathrm{B}}\right)\left(a^+_{\boldsymbol{k}\sigma\mathrm{A}} \pm \gamma a^+_{\boldsymbol{k}\sigma\mathrm{B}}\right)|0\rangle \\ &= -\frac{1}{4} g z_\sigma \left\langle S^z\right\rangle \langle 0|\left(a_{\boldsymbol{k}\sigma\mathrm{A}} \pm \gamma^* a_{\boldsymbol{k}\sigma\mathrm{B}}\right)\left(a^+_{\boldsymbol{k}\sigma\mathrm{A}} \mp \gamma a^+_{\boldsymbol{k}\sigma\mathrm{B}}\right)|0\rangle \\ &= -\frac{1}{4} g z_\sigma \left\langle S^z\right\rangle \langle 0|\left(\mathbf{1} - |\gamma|^2\mathbf{1}\right)|0\rangle = 0 \\ \Rightarrow \quad & \eta_\pm^{(1)}(\boldsymbol{k}) \equiv 0\,.\end{aligned}$$

Energiekorrektur zweiter Ordnung:

$$\begin{aligned}&\left\langle \eta_-^{(0)}(\boldsymbol{k})\middle| H_1 \middle| \eta_+^{(0)}(\boldsymbol{k})\right\rangle \\ &= -\frac{1}{4} g z_\sigma \left\langle S^z\right\rangle \langle 0|\left(a_{\boldsymbol{k}\sigma\mathrm{A}} - \gamma^* a_{\boldsymbol{k}\sigma\mathrm{B}}\right)\left(a^+_{\boldsymbol{k}\sigma\mathrm{A}} - \gamma a^+_{\boldsymbol{k}\sigma\mathrm{B}}\right)|0\rangle \\ &= -\frac{1}{4} g z_\sigma \left\langle S^z\right\rangle \langle 0|\left(\mathbf{1} + |\gamma|^2\mathbf{1}\right)|0\rangle = -\frac{1}{2} g z_\sigma \left\langle S^z\right\rangle \\ \Rightarrow \quad \eta_\pm^{(2)}(\boldsymbol{k}) &= \frac{\left|\left\langle \eta_\mp^{(0)}(\boldsymbol{k})\middle| H_1 \middle| \eta_\pm^{(0)}(\boldsymbol{k})\right\rangle\right|^2}{\eta_\pm^{(0)}(\boldsymbol{k}) - \eta_\mp^{(0)}(\boldsymbol{k})} = \pm\frac{1}{8} g^2 \frac{\left\langle S^z\right\rangle^2}{|t(\boldsymbol{k})|}\,.\end{aligned}$$

Die Störungstheorie nach Schrödinger liefert also bis zur zweiten Ordnung:

$$\eta_\pm^{(S)}(\boldsymbol{k}) = \varepsilon(\boldsymbol{k}) \pm |t(\boldsymbol{k})| \pm \frac{1}{8} g^2 \frac{\left\langle S^z\right\rangle^2}{|t(\boldsymbol{k})|} + O\left(g^3\right)\,.$$

Probleme am Zonenrand, da dort $t(\boldsymbol{k})$ verschwindet.

3. Die Energiekorrektur erster Ordnung nach Brillouin-Wigner ist dieselbe wie die nach Schrödinger:

$$\eta_\pm^{(1)}(\boldsymbol{k}) \equiv 0\,.$$

In zweiter Ordnung gilt:

$$\begin{aligned}\eta_\pm^{(2)}(\boldsymbol{k}) &= \frac{\left|\left\langle \eta_\mp^{(0)}(\boldsymbol{k})\middle| H_1 \middle| \eta_\pm^{(0)}(\boldsymbol{k})\right\rangle\right|^2}{\eta_\pm(\boldsymbol{k}) - \eta_\mp^{(0)}(\boldsymbol{k})} \\ \Rightarrow \quad \eta_\pm^{(\mathrm{BW})}(\boldsymbol{k}) &= \eta_\pm^{(0)}(\boldsymbol{k}) + \frac{1}{4} g^2 \left\langle S^z\right\rangle^2 \frac{1}{\eta_\pm^{(\mathrm{BW})}(\boldsymbol{k}) - \eta_\mp^{(0)}(\boldsymbol{k})} \\ \Rightarrow \quad & \left(\eta_\pm^{(\mathrm{BW})}(\boldsymbol{k})\right)^2 - \eta_\pm^{(\mathrm{BW})}(\boldsymbol{k})\left(\eta_\pm^{(0)}(\boldsymbol{k}) + \eta_\mp^{(0)}(\boldsymbol{k})\right) \\ &= \frac{1}{4} g^2 \left\langle S^z\right\rangle^2 - \eta_\pm^{(0)}(\boldsymbol{k})\eta_\mp^{(0)}(\boldsymbol{k})\end{aligned}$$

$$\Rightarrow \quad \left(\eta_\pm^{(\mathrm{BW})}(\boldsymbol{k}) - \varepsilon(\boldsymbol{k})\right)^2 = \frac{1}{4} g^2 \langle S^z \rangle^2 + |t(\boldsymbol{k})|^2 ,$$

$$\eta_\pm^{(\mathrm{BW})}(\boldsymbol{k}) = \varepsilon(\boldsymbol{k}) \pm \sqrt{\frac{1}{4} g^2 \langle S^z \rangle^2 + |t(\boldsymbol{k})|^2} .$$

Keine Probleme am Zonenrand; dort Aufspaltung um $|g \langle S^z \rangle|$ (*Slater-Gap*).

4. Exakte Eigenenergien:

$$H = \sum_{\boldsymbol{k}\sigma} H_{\boldsymbol{k}\sigma} ,$$

$$H_{\boldsymbol{k}\sigma} = \begin{pmatrix} \varepsilon(\boldsymbol{k}) - \frac{1}{2} g z_\sigma \langle S^z \rangle & t(\boldsymbol{k}) \\ t^*(\boldsymbol{k}) & \varepsilon(\boldsymbol{k}) + \frac{1}{2} g z_\sigma \langle S^z \rangle \end{pmatrix} ,$$

$$\det(E - H_{\boldsymbol{k}\sigma}) \stackrel{!}{=} 0$$

$$\Rightarrow \quad (E - \varepsilon(\boldsymbol{k}))^2 - \frac{1}{4} g^2 \langle S^z \rangle^2 = |t(\boldsymbol{k})|^2$$

$$\Rightarrow \quad E_\pm(\boldsymbol{k}) = \varepsilon(\boldsymbol{k}) \pm \sqrt{\frac{1}{4} g^2 \langle S^z \rangle^2 + |t(\boldsymbol{k})|^2} .$$

Die Brillouin-Wigner'sche Störungstheorie ist also in zweiter Ordnung bereits exakt, während die Schrödinger'sche Störungstheorie in derselben Ordnung gerade den ersten Entwicklungsterm der Wurzel darstellt!

Abschnitt 5.2.3

Lösung zu Aufgabe 5.2.1

1. Wir benutzen das Wick'sche Theorem:

$$\begin{aligned}
&T_\varepsilon \left\{ a_{\boldsymbol{k}\sigma}(t_1)\, a^+_{\boldsymbol{l}\sigma'}(t_2)\, a_{\boldsymbol{m}\sigma}(t_3)\, a^+_{\boldsymbol{n}\sigma'}(t_3) \right\} \\
&= N \left\{ a_{\boldsymbol{k}\sigma}(t_1)\, a^+_{\boldsymbol{l}\sigma'}(t_2)\, a_{\boldsymbol{m}\sigma}(t_3)\, a^+_{\boldsymbol{n}\sigma'}(t_3) \right\} \\
&\quad + \underline{a_{\boldsymbol{k}\sigma}(t_1)\, a^+_{\boldsymbol{l}\sigma'}}(t_2) N \left\{ a_{\boldsymbol{m}\sigma}(t_3)\, a^+_{\boldsymbol{n}\sigma'}(t_3) \right\} \\
&\quad + \underline{a_{\boldsymbol{m}\sigma}(t_3)\, a^+_{\boldsymbol{n}\sigma'}}(t_3) N \left\{ a_{\boldsymbol{k}\sigma}(t_1)\, a^+_{\boldsymbol{l}\sigma'}(t_2) \right\} \\
&\quad + \underline{a_{\boldsymbol{k}\sigma}(t_1)\, a^+_{\boldsymbol{n}\sigma'}}(t_3) N \left\{ a^+_{\boldsymbol{l}\sigma'}(t_2)\, a_{\boldsymbol{m}\sigma}(t_3) \right\} \\
&\quad + \underline{a^+_{\boldsymbol{l}\sigma'}(t_2)\, a_{\boldsymbol{m}\sigma}}(t_3) N \left\{ a_{\boldsymbol{k}\sigma}(t_1)\, a^+_{\boldsymbol{n}\sigma'}(t_3) \right\} \\
&\quad + \underline{a_{\boldsymbol{k}\sigma}(t_1)\, a^+_{\boldsymbol{l}\sigma'}}(t_2) \underline{a_{\boldsymbol{m}\sigma}(t_3)\, a^+_{\boldsymbol{n}\sigma'}}(t_3) \\
&\quad + \underline{a_{\boldsymbol{k}\sigma}(t_1)\, a^+_{\boldsymbol{n}\sigma'}}(t_3) \underline{a^+_{\boldsymbol{l}\sigma'}(t_2)\, a_{\boldsymbol{m}\sigma}}(t_3) .
\end{aligned}$$

Lediglich die Kontraktionen zwischen Erzeugungs- und Vernichtungsoperatoren können von Null verschieden sein!

2. Der Erwartungswert eines Normalprodukts im Grundzustand $|\eta_0\rangle$ ist stets Null:

$$\begin{aligned}
&\langle\eta_0|T_\varepsilon\{a_{k\sigma}(t_1)\,a^+_{l\sigma'}(t_2)\,a_{m\sigma}(t_3)\,a^+_{n\sigma'}(t_3)\}|\eta_0\rangle\\
&=\underbrace{a_{k\sigma}(t_1)\,a^+_{l\sigma'}}(t_2)\underbrace{a_{m\sigma}(t_3)\,a^+_{n\sigma'}}(t_3)+\underbrace{a_{k\sigma}(t_1)\,a^+_{n\sigma'}}(t_3)\underbrace{a^+_{l\sigma'}(t_2)\,a_{m\sigma}}(t_3)\\
&=-\delta_{kl}\delta_{mn}\delta_{\sigma\sigma'}G^{0,c}_{k\sigma}(t_1-t_2)\,G^{0,c}_{m\sigma}(0^-)+\delta_{kn}\delta_{lm}\delta_{\sigma\sigma'}G^{0,c}_{k\sigma}(t_1-t_3)\,G^{0,c}_{m\sigma}(t_3-t_2)\\
&=\delta_{\sigma\sigma'}\left[\delta_{kn}\delta_{lm}G^{0,c}_{k\sigma}(t_1-t_3)\,G^{0,c}_{l\sigma}(t_3-t_2)-\mathrm{i}\delta_{kl}\delta_{mn}G^{0,c}_{k\sigma}(t_1-t_2)\,\langle n_{m\sigma}\rangle^{(0)}\right].
\end{aligned}$$

Lösung zu Aufgabe 5.2.2

Wir übernehmen von der Lösung der letzten Aufgabe:

$$\begin{aligned}
&\langle\eta_0|T_\varepsilon\{a_{k\sigma}(t_1)\,a^+_{k\sigma}(t_2)\,a_{k\sigma}(t_3)\,a^+_{k\sigma}(t_3)\}|\eta_0\rangle\\
&=\mathrm{i}G^{0,c}_{k\sigma}(t_1-t_3)\left[-\mathrm{i}G^{0,c}_{k\sigma}(t_3-t_2)-\langle n_{k\sigma}\rangle^{(0)}\right].
\end{aligned}$$

1. $t_1>t_2>t_3$:

$$\begin{aligned}
&\langle\eta_0|T_\varepsilon\{a_{k\sigma}(t_1)\,a^+_{k\sigma}(t_2)\,a_{k\sigma}(t_3)\,a^+_{k\sigma}(t_3)\}|\eta_0\rangle\\
&=\mathrm{e}^{-\frac{\mathrm{i}}{\hbar}(\varepsilon(\boldsymbol{k})-\mu)(t_1-t_3)}\left(1-\langle n_{k\sigma}\rangle^{(0)}\right)\langle n_{k\sigma}\rangle^{(0)}\left(\mathrm{e}^{-\frac{\mathrm{i}}{\hbar}(\varepsilon(\boldsymbol{k})-\mu)(t_3-t_2)}-1\right)=0\,.
\end{aligned}$$

Kontrolle durch direkte Rechnung:

$$\begin{aligned}
&\langle\eta_0|T_\varepsilon\{a_{k\sigma}(t_1)\,a^+_{k\sigma}(t_2)\,a_{k\sigma}(t_3)\,a^+_{k\sigma}(t_3)\}|\eta_0\rangle\\
&=-\langle\eta_0|\underset{\overleftarrow{\;=0\text{ für }k\le k_\mathrm{F}\;}}{a_{k\sigma}(t_1)}\,a^+_{k\sigma}(t_2)\,\underset{\overrightarrow{\;=0\text{ für }k>k_\mathrm{F}\;}}{n_{k\sigma}(t_3)}|\eta_0\rangle=0\,.
\end{aligned}$$

2. $t_1>t_3>t_2$:

$$\begin{aligned}
&\langle\eta_0|T_\varepsilon\{a_{k\sigma}(t_1)\,a^+_{k\sigma}(t_2)\,a_{k\sigma}(t_3)\,a^+_{k\sigma}(t_3)\}|\eta_0\rangle\\
&=\mathrm{e}^{-\mathrm{i}(\hbar\varepsilon(\boldsymbol{k})-\mu)(t_1-t_3)}\left(1-\langle n_{k\sigma}\rangle^{(0)}\right)\\
&\quad\cdot\left[-\left(1-\langle n_{k\sigma}\rangle^{(0)}\right)\mathrm{e}^{-\frac{\mathrm{i}}{\hbar}(\varepsilon(\boldsymbol{k})-\mu)(t_3-t_2)}-\langle n_{k\sigma}\rangle^{(0)}\right]\\
&=-\left(1-\langle n_{k\sigma}\rangle^{(0)}\right)\mathrm{e}^{-\frac{\mathrm{i}}{\hbar}(\varepsilon(\boldsymbol{k})-\mu)(t_1-t_2)}\\
&=\begin{cases}0 & \text{für}\quad k\le k_\mathrm{F}\,,\\ -\exp\left[-\frac{\mathrm{i}}{\hbar}(\varepsilon(\boldsymbol{k})-\mu)(t_1-t_2)\right] & \text{für}\quad k>k_\mathrm{F}\,.\end{cases}
\end{aligned}$$

Kontrolle durch direkte Rechnung:

$$\begin{aligned}
&\left\langle\eta_0\middle|T_\varepsilon\left\{a_{k\sigma}(t_1)\,a^+_{k\sigma}(t_2)\,a_{k\sigma}(t_3)\,a^+_{k\sigma}(t_3)\right\}\middle|\eta_0\right\rangle\\
&=-\left\langle\eta_0\middle|a_{k\sigma}(t_1)\,n_{k\sigma}(t_3)\,a^+_{k\sigma}(t_2)\middle|\eta_0\right\rangle\\
&=-\mathrm{e}^{-\frac{\mathrm{i}}{\hbar}(\varepsilon(\boldsymbol{k})-\mu)(t_1-t_2)}\left\langle\eta_0\middle|a_{k\sigma}n_{k\sigma}a^+_{k\sigma}\middle|\eta_0\right\rangle\\
&=-\left(1-\langle n_{k\sigma}\rangle^{(0)}\right)\mathrm{e}^{-\frac{\mathrm{i}}{\hbar}(\varepsilon(\boldsymbol{k})-\mu)(t_1-t_2)}\;.
\end{aligned}$$

Abschnitt 5.3.4

Lösung zu Aufgabe 5.3.1

Nach (5.92) gilt für die erste Ordnung Störungstheorie der Vakuumamplitude:

$$\left\langle\eta_0\middle|U_\alpha^{(1)}(t,t')\middle|\eta_0\right\rangle=\overline{U}_1\left(\frac{\mathrm{i}}{2\hbar}\int\limits_{t'}^{t}\mathrm{d}t_1\,\mathrm{e}^{-\alpha|t_1|}\right).$$

Das Zeitintegral lässt sich einfach ausführen:

$$\overline{U}_1\equiv\sum_{kl}\langle n_k\rangle\langle n_l\rangle\left[v(kl;lk)-v(kl;kl)\right]\;.$$

1. Hubbard-Modell

$$k\equiv(\boldsymbol{k},\sigma_k),\ldots$$

Nach Aufgabe 4.1.1 gilt für den Wechselwirkungsterm:

$$\begin{aligned}
V&=\frac{1}{2}\sum_{klmn}v_{\mathrm{H}}(kl;nm)a_k^+a_l^+a_ma_n\;,\\
v_{\mathrm{H}}(kl;nm)&\equiv\frac{U}{N}\delta_{\boldsymbol{k}+\boldsymbol{l},\boldsymbol{m}+\boldsymbol{n}}\delta_{\sigma_k\sigma_n}\delta_{\sigma_l\sigma_m}\delta_{\sigma_k-\sigma_l}\;.
\end{aligned}$$

Man erkennt unmittelbar:

$$\begin{aligned}
v_{\mathrm{H}}(kl;lk)&=\frac{U}{N}\delta_{\boldsymbol{k}+\boldsymbol{l},\boldsymbol{k}+\boldsymbol{l}}\delta_{\sigma_k\sigma_l}\delta_{\sigma_l\sigma_k}\delta_{\sigma_k-\sigma_l}=0\;,\\
v_{\mathrm{H}}(kl;kl)&=\frac{U}{N}\delta_{\boldsymbol{k}+\boldsymbol{l},\boldsymbol{l}+\boldsymbol{k}}\delta_{\sigma_k\sigma_k}\delta_{\sigma_l\sigma_l}\delta_{\sigma_k-\sigma_l}=\frac{U}{N}\delta_{\sigma_k-\sigma_l}\;.
\end{aligned}$$

Es bleibt somit:

$$\overline{U}_1 = -\frac{U}{N}\sum_{kl\sigma}\langle n_{k\sigma}\rangle\langle n_{l-\sigma}\rangle = -\frac{U}{N}N_\sigma N_{-\sigma}\,,$$

$$N_\sigma = \sum_{\boldsymbol{k}}\langle n_{k\sigma}\rangle : \quad \text{Zahl der Elektronen mit Spin } \sigma.$$

2. Jellium-Modell

$$v_j(kl;nm) = v(\boldsymbol{k}-\boldsymbol{n})\,(1-\delta_{\boldsymbol{kn}})\,\delta_{\boldsymbol{k}+\boldsymbol{l},\boldsymbol{m}+\boldsymbol{n}}\delta_{\sigma_k\sigma_n}\delta_{\sigma_m\sigma_l}\,.$$

Das bedeutet für die hier benötigten Spezialfälle:

$$v_j(kl;lk) = v(\boldsymbol{k}-\boldsymbol{l})(1-\delta_{\boldsymbol{kl}})\delta_{\sigma_k\sigma_l}\,,$$
$$v_j(kl;kl) = v(\boldsymbol{0})(1-\delta_{\boldsymbol{kk}}) = 0\,.$$

Blasen liefern keinen Beitrag!
Es bleibt somit:

$$\overline{U}_1 = \sum_{\boldsymbol{kl}\sigma} v(\boldsymbol{k}-\boldsymbol{l})(1-\delta_{\boldsymbol{kl}})\langle n_{\boldsymbol{k}\sigma}\rangle\langle n_{\boldsymbol{l}\sigma}\rangle\,.$$

Dieser Term wurde explizit in Abschn. 2.1.2 (s. (2.92)) ausgewertet.

Lösung zu Aufgabe 5.3.2

1. Beitrag des Diagramms nach den Regeln aus Abschn. 5.3.1:

$$\begin{aligned}(D) = {}& \frac{1}{2!}\left(-\frac{\mathrm{i}}{2\hbar}\right)^2\int_{t'}^{t}\!\!\cdots\!\int \mathrm{d}t_1\,\mathrm{d}t_1'\,\mathrm{d}t_2\,\mathrm{d}t_2'\,\delta(t_1-t_1')\,\delta(t_2-t_2')\,\mathrm{e}^{-\alpha(|t_1|+|t_2|)}\\
&\cdot\sum_{\substack{k_1l_1m_1n_1\\k_2l_2m_2n_2}} v(k_1l_1;n_1m_1)\,v(k_2l_2;n_2m_2)\,(-1)^2\\
&\cdot\left[\mathrm{i}G^{0,\mathrm{c}}_{l_1}(t_2'-t_1')\,\delta_{l_1m_2}\right]\left[\mathrm{i}G^{0,\mathrm{c}}_{n_1}(t_1-t_2')\,\delta_{n_1l_2}\right]\\
&\cdot\left(-\langle n_{k_1}\rangle\,\delta_{k_1m_1}\right)\left(-\langle n_{k_2}\rangle\,\delta_{k_2n_2}\right)\\
= {}& \frac{1}{8\hbar^2}\iint_{t'}^{t}\mathrm{d}t_1\,\mathrm{d}t_2\,\mathrm{e}^{-\alpha(|t_1|+|t_2|)}\\
&\cdot\sum_{k_1,l_1,n_1,k_2} v(k_1l_1;n_1k_1)\,v(k_2n_1;k_2l_1)\\
&\cdot G^{0,\mathrm{c}}_{l_1}(t_2-t_1)\,G^{0,\mathrm{c}}_{n_1}(t_1-t_2)\,\langle n_{k_1}\rangle\langle n_{k_2}\rangle\,.\end{aligned}$$

2. Hubbard-Modell:

$$v_H(k_1l_1;n_1k_1) = \frac{U}{N}\delta_{l_1,n_1}\,\delta_{\sigma_{k_1}\sigma_{n_1}}\,\delta_{\sigma_{l_1}\sigma_{k_1}}\,\delta_{\sigma_{k_1}-\sigma_{l_1}} = 0$$
$$\Rightarrow \quad (D) = 0\,.$$

3. Jellium-Modell:

$$v_j(k_2n_1;k_2l_1) = v(\mathbf{0})\,(1-\delta_{\mathbf{k}_2\mathbf{k}_2})\,\delta_{\mathbf{n}_1 l_1}\,\delta_{\sigma_{l_1}\sigma_{n_1}} = 0$$
$$\Rightarrow \quad (D) = 0\,.$$

Lösung zu Aufgabe 5.3.3

Die Indizes entsprechen im Folgenden der Diagramm-Bezifferung aus Abschn. 5.3.1:

$$h(\Theta_1) = 8 \longrightarrow A(\Theta_1) = 1\,,$$

$$h(\Theta_2) = 4 \longrightarrow A(\Theta_2) = 1\,,$$

gleicher Beitrag der Diagramme (2), (8),

$$h(\Theta_3) = 2 \longrightarrow A(\Theta_3) = 4\,,$$

gleicher Beitrag der Diagramme (3), (6), (15), (22),

$$h(\Theta_4) = 1 \longrightarrow A(\Theta_4) = 8\,,$$

gleicher Beitrag der Diagramme (4), (5), (9), (12), (13), (16), (20), (21),

$$h(\Theta_7) = 8 \longrightarrow A(\Theta_7) = 1\,,$$

$$h(\Theta_{10}) = 2 \longrightarrow A(\Theta_{10}) = 4\,,$$

gleicher Beitrag der Diagramme (10), (11), (14), (19),

$$h(\Theta_{17}) = 4 \longrightarrow A(\Theta_{17}) = 2\,,$$

gleicher Beitrag der Diagramme (17), (24),

$$h(\Theta_{18}) = 4 \longrightarrow A(\Theta_{18}) = 2\,,$$

gleicher Beitrag der Diagramme (18), (23).

Abschnitt 5.4.3

Lösung zu Aufgabe 5.4.1

Für die Elektron-Elektron-Wechselwirkung gilt im Hubbard-Modell (s. Aufgabe 5.3.1):

$$v_{\mathrm{H}}(kl;nm) = \frac{U}{N}\delta_{\boldsymbol{k}+\boldsymbol{l},\boldsymbol{n}+\boldsymbol{m}}\delta_{\sigma_k\sigma_n}\delta_{\sigma_l\sigma_m}\delta_{\sigma_k-\sigma_l}\,.$$

Zur Selbstenergie gehören in erster Ordnung die beiden folgenden Diagramme:

1.

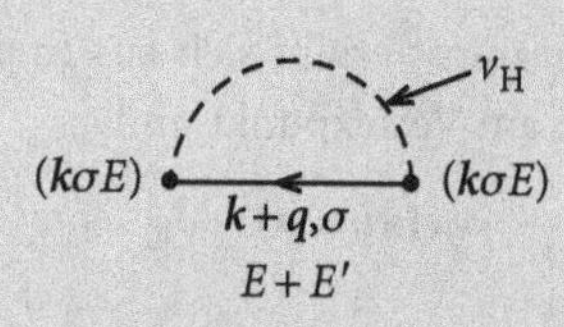

Abb. A.11

$$k = (\boldsymbol{k}+\boldsymbol{q},\sigma)\,,\quad l = (\boldsymbol{k},\sigma)\,,\quad m = (\boldsymbol{k}+\boldsymbol{q},\sigma)\,,\quad n = (\boldsymbol{k},\sigma)$$

$$\Rightarrow\quad v_{\mathrm{H}}(kl;nm) = 0 \quad \text{wegen} \quad \delta_{\sigma_k-\sigma_l} = 0\,.$$

2.

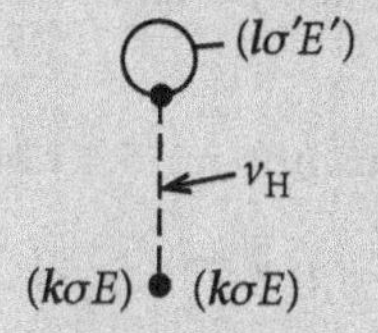

Abb. A.12

$$k = (\boldsymbol{k},\sigma)\,,\quad l = (\boldsymbol{l},\sigma')\,,\quad m = (\boldsymbol{l},\sigma')\,,\quad n = (\boldsymbol{k},\sigma)\,,$$

$$v_{\mathrm{H}}(kl;nm) = \frac{U}{N}\delta_{\sigma-\sigma'}$$

$\Rightarrow$ Beitrag zur Selbstenergie:

$$-\frac{\mathrm{i}}{\hbar}\Sigma^{(1)}_{\boldsymbol{k}\sigma}(E) = -\frac{\mathrm{i}}{\hbar}(-1)\frac{1}{2\pi\hbar}\frac{U}{N}\sum_{\boldsymbol{l}}\int \mathrm{d}E'\left(\mathrm{i}G^{0,\mathrm{c}}_{\boldsymbol{l}-\sigma}(E')\right)$$

$$\Rightarrow\quad \Sigma^{(1)}_{\boldsymbol{k}\sigma}(E) = -\frac{U}{N}\sum_{\boldsymbol{l}}\left(\mathrm{i}G^{0,\mathrm{c}}_{\boldsymbol{l}-\sigma}(0^-)\right) = \frac{U}{N}\sum_{\boldsymbol{l}}\langle n_{\boldsymbol{l}-\sigma}\rangle^{(0)} = U\langle n_{-\sigma}\rangle^{(0)}\,.$$

Dies ergibt die folgende kausale Ein-Teilchen-Green-Funktion:

$$G^{\mathrm{c}}_{\boldsymbol{k}\sigma}(E) = \frac{\hbar}{E-\left(\varepsilon(\boldsymbol{k})+U\langle n_{-\sigma}\rangle^{(0)}-\varepsilon_{\mathrm{F}}\right)\pm \mathrm{i}0^+}\,.$$

Sie ist im Wesentlichen mit der des $T = 0$-Stoner-Modells (4.23) identisch, entspricht also der Hartree-Fock-Näherung der Bewegungsgleichungsmethode. Allerdings ist hier $\langle n_{-\sigma} \rangle$ der Erwartungswert des Anzahloperators für das **nicht** wechselwirkende System. Dasselbe gilt auch für das chemische Potential $\mu(T = 0) = \varepsilon_{\mathrm{F}}$.

Lösung zu Aufgabe 5.4.2

1. Die Bezifferung des Diagramms ergibt sich aus Impuls- und Energieerhaltung am Vertex, Spinerhaltung am Vertexpunkt und

$$v_{\mathrm{H}}(kl; nm) \sim \delta_{\sigma_k - \sigma_l} \,.$$

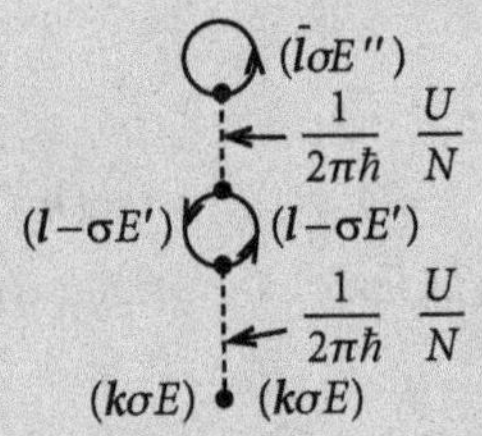

Abb. A.13

Nach den Diagrammregeln aus Abschn. 5.4.1 bleibt dann auszuwerten:

$$-\frac{\mathrm{i}}{\hbar}\Sigma_{k\sigma}^{(2,a)}(E) = \iint \mathrm{d}E'\mathrm{d}E'' \sum_{l,\bar{l}} (-1)^2 \left(-\frac{\mathrm{i}}{\hbar}\right)^2 \left(\frac{1}{2\pi\hbar}\frac{U}{N}\right)^2$$

$$\cdot \left(\mathrm{i}G_{l-\sigma}^{0,\mathrm{c}}(E')\right)^2 \left(\mathrm{i}G_{\bar{l}\sigma}^{0,\mathrm{c}}(E'')\right)$$

$$\Rightarrow \quad \Sigma_{k\sigma}^{(2,a)}(E) = U^2 \langle n_\sigma \rangle^{(0)} \left(-\frac{\mathrm{i}}{\hbar}\right) \frac{1}{N} \sum_l \frac{1}{2\pi\hbar} \int \mathrm{d}E' \left(\mathrm{i}G_{l-\sigma}^{0,\mathrm{c}}(E')\right)^2 .$$

2. Die Bezifferung des Diagramms begründet sich wie oben.

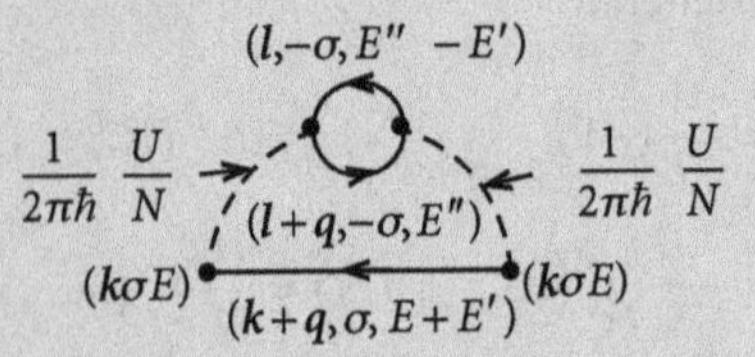

Abb. A.14

$$\Rightarrow \quad \Sigma_{k\sigma}^{(2,b)}(E) = U^2 \frac{\mathrm{i}}{\hbar}\frac{1}{N^2} \sum_{lq} \frac{1}{(2\pi\hbar)^2} \iint \mathrm{d}E'\mathrm{d}E'' \left(\mathrm{i}G_{k+q\sigma}^{0,\mathrm{c}}(E+E')\right)$$

$$\cdot \left(\mathrm{i}G_{l+q-\sigma}^{0,\mathrm{c}}(E'')\right)\left(\mathrm{i}G_{l-\sigma}^{0,\mathrm{c}}(E''-E')\right) .$$

Alle anderen Diagramme zweiter Ordnung sind wegen

$$v_{\mathrm{H}}(kl;nm) \sim \delta_{\sigma_k - \sigma_l}$$

Null.

Lösung zu Aufgabe 5.4.3

Störungstheorie erster Ordnung:

$$\mathrm{i}G^{\mathrm{c}}_{k\sigma}(E) \approx \mathrm{i}G^{0,\mathrm{c}}_{k\sigma}(E) - \frac{\mathrm{i}}{\hbar}U\langle n_{-\sigma}\rangle^{(0)}\left(\mathrm{i}G^{0,\mathrm{c}}_{k\sigma}(E)\right)^2$$

$$\Rightarrow \quad G^{\mathrm{c}}_{k\sigma}(E) \approx G^{0,\mathrm{c}}_{k\sigma}(E)\left[1 + \frac{1}{\hbar}U\langle n_{-\sigma}\rangle^{(0)} G^{0,\mathrm{c}}_{k\sigma}(E)\right] .$$

Dyson-Gleichung (Aufgabe 5.4.1):

$$G^{\mathrm{c}}_{k\sigma}(E) \approx G^{0,\mathrm{c}}_{k\sigma}(E)\left[1 + \frac{1}{\hbar}U\langle n_{-\sigma}\rangle^{(0)} G^{\mathrm{c}}_{k\sigma}(E)\right] .$$

Die Störungstheorie erster Ordnung entspricht also dem ersten Entwicklungsterm in der unendlichen Teilreihe, die durch die Dyson-Gleichung vermittelt wird.

Lösung zu Aufgabe 5.4.4

Abb. A.15

Über die Dyson-Gleichung ergibt das für die Ein-Elektronen-Green-Funktion bis zur zweiten Ordnung die folgenden Diagramme:

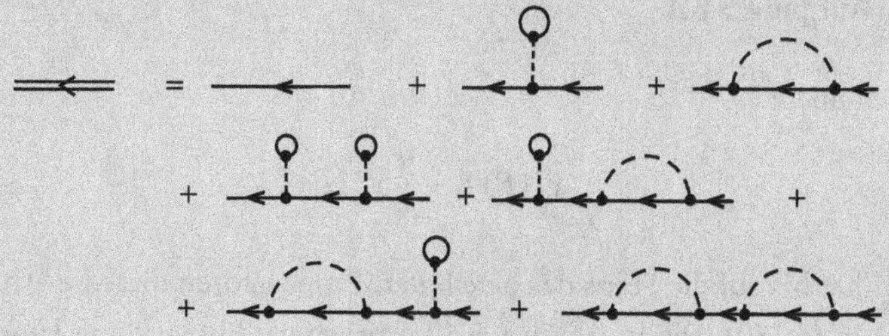

Abb. A.16

Lösung zu Aufgabe 5.4.5

$$
\begin{aligned}
&-\frac{\mathrm{i}}{\hbar}\widehat{\Sigma}^{(1)}_{k\sigma}(E)\\
&=-\frac{\mathrm{i}}{\hbar}\frac{1}{2\pi\hbar}\sum_{l,\sigma'}\int \mathrm{d}E'\left[-v(\boldsymbol{kl};\boldsymbol{kl})\left(\mathrm{i}G^{\mathrm{c}}_{l\sigma'}(E')\right)+v(\boldsymbol{lk};\boldsymbol{kl})\delta_{\sigma'\sigma}\left(\mathrm{i}G^{\mathrm{c}}_{l\sigma}(E')\right)\right].
\end{aligned}
$$

Es gilt:

$$
\frac{1}{2\pi\hbar}\int \mathrm{d}E'\, G^{\mathrm{c}}_{l\sigma'}(E')=-\mathrm{i}\left\langle T_\varepsilon\left[a_{l\sigma'}(t)c^{+}_{l\sigma'}(t+0^{+})\right]\right\rangle=+\mathrm{i}\langle n_{l\sigma'}\rangle\ .
$$

Dabei haben wir die *Gleichzeitigkeits-Konvention* ausgenutzt:

$$
\widehat{\Sigma}^{(1)}_{k\sigma}(E)=\sum_{l,\sigma'}\left[v(\boldsymbol{kl};\boldsymbol{kl})-v(\boldsymbol{lk};\boldsymbol{kl})\delta_{\sigma'\sigma}\right]\langle n_{l\sigma'}\rangle\ .
$$

Der Unterschied zur Lösung von Aufgabe 5.4.4 besteht *lediglich* darin, dass der Erwartungswert des Besetzungszahloperators nun für das wechselwirkende, nicht mehr für das *freie* System zu bilden ist.

Die *Renormierung* führt zu einer ganzen Reihe von *neuen* Diagrammen, wie z. B.

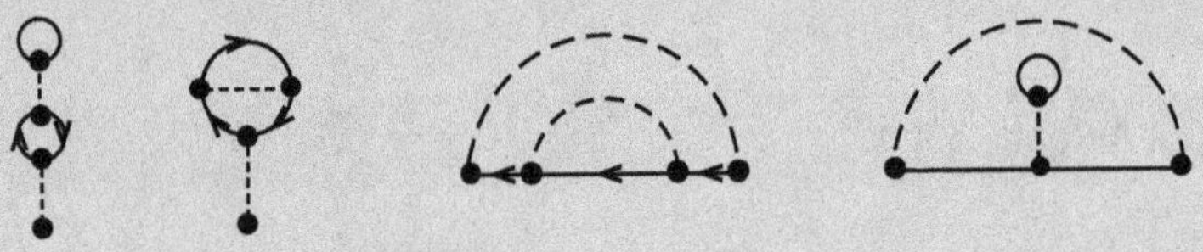

Abb. A.17

Abschnitt 5.6.4

Lösung zu Aufgabe 5.6.1

1. Wir schreiben:

$$
\chi^{\pm}_{q}(E)=-\frac{\gamma}{N}\widehat{\chi}^{\pm}_{q}(E)\ .
$$

$\mathrm{i}\widehat{\chi}^{\pm}_{q}(E)$ hat bis auf die Spins der beteiligten Propagatoren dieselbe Struktur wie $\mathrm{i}D_q(E)$ in (5.180). Die in Abschn. 5.6 besprochene Entwicklung kann deshalb bis (5.198) fast direkt übernommen werden. Wir müssen nur darauf achten, dass die bei den festen Zeiten t und t' ein- bzw. auslaufenden Propagatoren (s. z. B. (5.182)) unterschiedliche Spins haben.

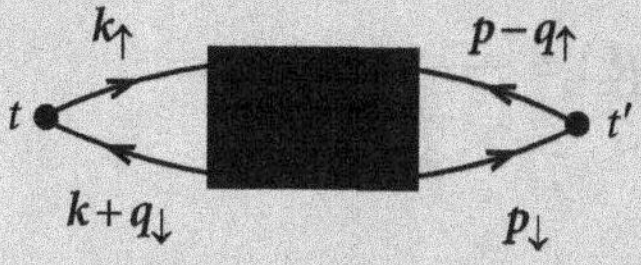

$$\hat{=} \quad \mathrm{i}\widehat{\chi}_{q}^{\pm}(t,t')$$

Abb. A.18

Nach Fourier-Transformation auf Energien verschwindet dann aber in der zu (5.184) analogen Dyson-Gleichung der zweite Summand, da wegen Spinerhaltung am Vertexpunkt an die Endpunkte des obigen Diagramms **keine** Wechselwirkungslinie angeschlossen werden kann.

$$\Rightarrow \quad \mathrm{i}\widehat{\chi}_{q}^{\pm}(E) \quad \hat{=}$$

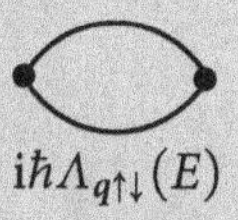

2. Vertex-Funktion in der Leiter-Näherung:

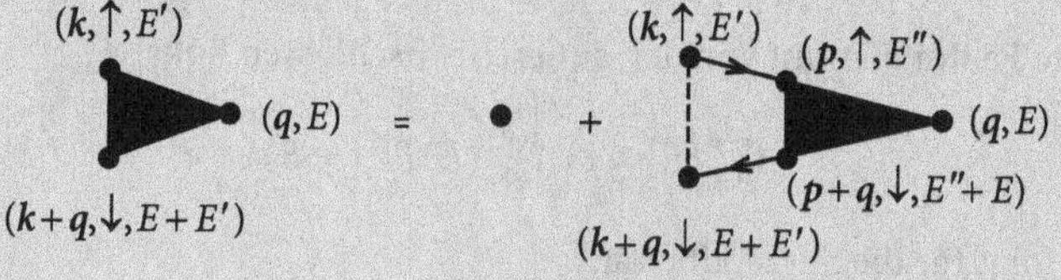

Abb. A.19

$$\begin{aligned}&\Gamma_L^{\uparrow\downarrow}(qE;kE')\\&=1+\frac{1}{2\pi\hbar}\frac{U}{N}\left(-\frac{\mathrm{i}}{\hbar}\right)\sum_{p}\int \mathrm{d}E''\left(\mathrm{i}G_{p\uparrow}^{0,\mathrm{c}}(E'')\right)\left(\mathrm{i}G_{p+q\downarrow}^{0,\mathrm{c}}(E''+E)\right)\Gamma_L^{\uparrow\downarrow}(qE;pE'')\ .\end{aligned}$$

Da im Hubbard-Modell das Wechselwirkungs-Matrixelement eine Konstante ist, ist die rechte Seite von (k,E') unabhängig. Dies bedeutet

$$\Gamma_L^{\uparrow\downarrow}(qE;kE')\equiv\Gamma_L^{\uparrow\downarrow}(qE)$$

und somit:

$$\begin{aligned}&\Gamma_L^{\uparrow\downarrow}(qE)\\&=1+\Gamma_L^{\uparrow\downarrow}(qE)\left\{\frac{\mathrm{i}}{\hbar}\frac{U}{N}\left(-\frac{1}{2\pi\hbar}\right)\sum_{p}\int \mathrm{d}E''\left(\mathrm{i}G_{p\uparrow}^{0,\mathrm{c}}(E'')\right)\left(\mathrm{i}G_{p+q\downarrow}^{0,\mathrm{c}}(E''+E)\right)\right\}\\&=1+\Gamma_L^{\uparrow\downarrow}(qE)\left\{\frac{\mathrm{i}}{\hbar}\frac{U}{N}\left(\mathrm{i}\hbar\Lambda_{q\uparrow\downarrow}^{(0)}(E)\right)\right\}\ .\end{aligned}$$

Die Leiter-Näherung lässt sich also im Fall des Hubbard-Modells exakt aufsummieren:

$$\Gamma_L^{\uparrow\downarrow}(\boldsymbol{q}E) = \frac{1}{1 + \frac{U}{N}\Lambda^{(0)}_{\boldsymbol{q}\uparrow\downarrow}(E)} .$$

3. Exakt gilt:

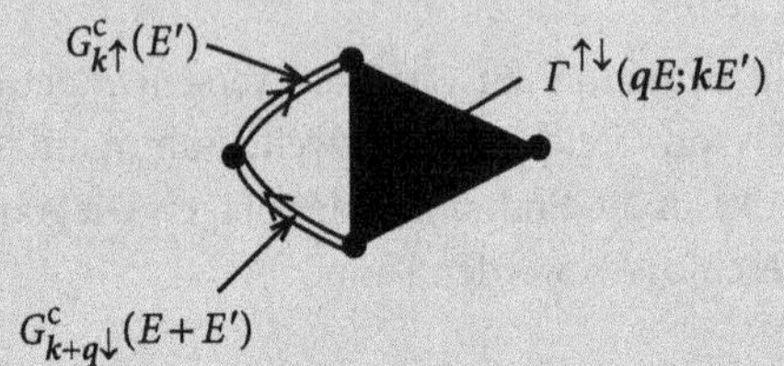

Abb. A.20

4.

$$\mathrm{i}\widehat{\chi}^{\pm}_{\boldsymbol{q}}(E) \approx -\frac{1}{2\pi\hbar}\sum_{\boldsymbol{k}}\int \mathrm{d}E' \left(\mathrm{i}G^{0,\mathrm{c}}_{\boldsymbol{k}\uparrow}(E')\right)\left(\mathrm{i}G^{(0,\mathrm{c})}_{\boldsymbol{k}+\boldsymbol{q}\downarrow}(E+E')\right)\Gamma_L^{\uparrow\downarrow}(\boldsymbol{q},E) .$$

Der erste Faktor stammt von den äußeren Anschlüssen links!

$$\mathrm{i}\widehat{\chi}^{\pm}_{\boldsymbol{q}}(E) \approx \mathrm{i}\hbar\Lambda^{(0)}_{\boldsymbol{q}\uparrow\downarrow}(E)\Gamma_L^{\uparrow\downarrow}(\boldsymbol{q},E) .$$

Daraus folgt für die Suszeptibilität:

$$\chi^{\pm}_{\boldsymbol{q}}(E) = -\gamma\frac{\frac{\hbar}{N}\Lambda^{(0)}_{\boldsymbol{q}\uparrow\downarrow}(E)}{1 + \frac{U}{N}\Lambda^{(0)}_{\boldsymbol{q}\uparrow\downarrow}(E)} .$$

Bis auf den Faktor $\left(-\frac{\gamma}{N}\right)$ ist $\Lambda^{(0)}_{\boldsymbol{q}\uparrow\downarrow}$ mit der *freien* Suszeptibilität identisch. Das obige Ergebnis stimmt also mit (4.183) überein! $\Lambda^{(0)}_{\boldsymbol{q}\uparrow\downarrow}(E)$ wurde in (5.192) berechnet.

Lösung zu Aufgabe 5.6.2

$$: \; -\frac{\mathrm{i}}{\hbar}T_{\boldsymbol{k}\sigma}(E)$$

Alle anderen Symbole haben dieselbe Bedeutung wie im Text:

T-Matrix-Gleichung:

Abb. A.21

$$
\mathrm{i}G^{\mathrm{c}}_{\mathbf{k}\sigma}(E) = \mathrm{i}G^{0,\mathrm{c}}_{\mathbf{k}\sigma}(E) + \mathrm{i}G^{0,\mathrm{c}}_{\mathbf{k}\sigma}(E)\left(-\frac{\mathrm{i}}{\hbar}T_{\mathbf{k}\sigma}(E)\right)\mathrm{i}G^{0,\mathrm{c}}_{\mathbf{k}\sigma}(E)\,,
$$

$$
G^{\mathrm{c}}_{\mathbf{k}\sigma}(E) = G^{0,\mathrm{c}}_{\mathbf{k}\sigma}(E) + \frac{1}{\hbar}G^{0,\mathrm{c}}_{\mathbf{k}\sigma}(E)T_{\mathbf{k}\sigma}(E)G^{0,\mathrm{c}}_{\mathbf{k}\sigma}(E)\,.
$$

Vergleich mit der Dyson-Gleichung:

Abb. A.22

Dies bedeutet:

Abb. A.23

$$
-\frac{\mathrm{i}}{\hbar}T_{\mathbf{k}\sigma}(E) = -\frac{\mathrm{i}}{\hbar}\Sigma_{\mathbf{k}\sigma}(E) + \left(-\frac{\mathrm{i}}{\hbar}\Sigma_{\mathbf{k}\sigma}(E)\right)\mathrm{i}G^{0,\mathrm{c}}_{\mathbf{k}\sigma}(E)\left(-\frac{\mathrm{i}}{\hbar}T_{\mathbf{k}\sigma}(E)\right)
$$

$$
\Rightarrow \quad T_{\mathbf{k}\sigma}(E) = \frac{\Sigma_{\mathbf{k}\sigma}(E)}{1 - \frac{1}{\hbar}G^{0,\mathrm{c}}_{\mathbf{k}\sigma}(E)\Sigma_{\mathbf{k}\sigma}(E)}\,.
$$

Lösung zu Aufgabe 5.6.3

Zu berechnen ist die folgende Zwei-Teilchen-Spektraldichte:

$$
S^{(2)}_{ii\sigma}(E - 2\mu) = -\frac{1}{\pi}\frac{1}{N}\sum_{\mathbf{q}}\mathrm{Im}\,\widehat{D}_{\mathbf{q}}(E - 2\mu)\,.
$$

Dabei ist:

$$
\mathrm{i}\widehat{D}_{\mathbf{q}\sigma}(E) = \int\limits_{-\infty}^{+\infty} \mathrm{d}(t-t')\,\mathrm{e}^{\frac{\mathrm{i}}{\hbar}E(t-t')}
\cdot \sum_{\substack{\mathbf{k}\mathbf{p}\\ \sigma}} \left\langle E_0\middle| T_\varepsilon\left\{a_{\mathbf{k}-\sigma}(t)a_{\mathbf{q}-\mathbf{k}\sigma}(t)a^+_{\mathbf{q}-\mathbf{p}\sigma}(t')\,a^+_{\mathbf{p}-\sigma}(t')\right\}\middle|E_0\right\rangle\,.
$$

1. Das allgemeine Diagramm hat die Form:

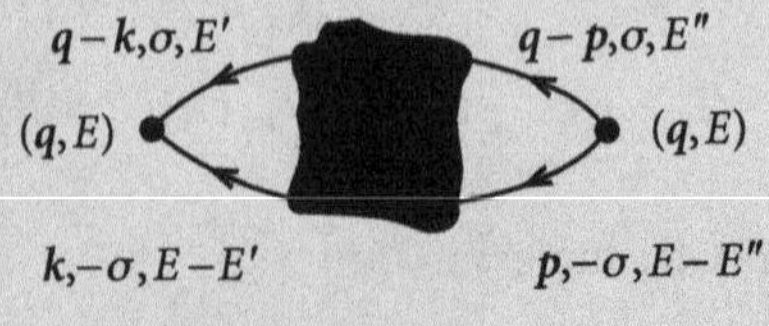

Abb. A.24

Bis auf die Bezifferung und die Pfeilrichtungen haben wir dieselben Diagrammtypen wie bei der Dichte-Korrelation $D_q(E)$ in Abschn. 5.6. Die Diagramm-Regeln entsprechen weitgehend denen nach (5.183) in Abschn. 5.6.1. Wir haben lediglich die äußeren Anschlüsse (Regel 4) gemäß dem obigen Bild zu indizieren. – Wegen der speziellen Pfeilrichtungen kann es allerdings **keine** reduziblen Polarisationsanteile im Sinne von Abschn. 5.6.1 geben.

2.

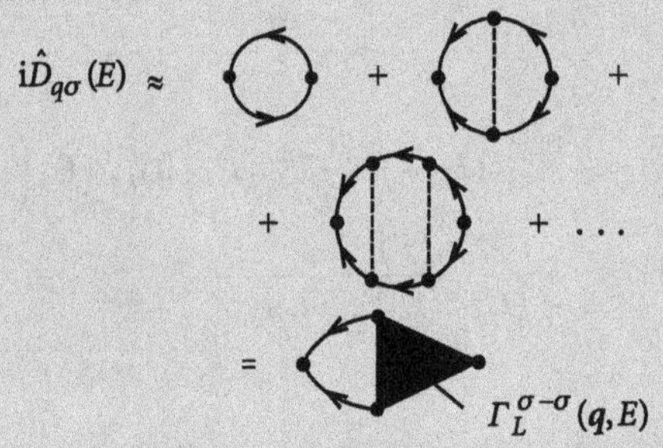

Abb. A.25

$$i\hbar\widehat{\Lambda}^{(0)}_{q\sigma} = -\frac{1}{2\pi\hbar}\sum_{k}\int dE'\left(iG^{0,c}_{q-k\sigma}(E')\right)\left(iG^{0,c}_{k-\sigma}(E-E')\right) .$$

Wie in Aufgabe 5.6.1 findet man:

$$\Gamma_L^{\sigma-\sigma}(q,E) = \frac{1}{1+\frac{U}{N}\widehat{\Lambda}^{(0)}_{q\sigma}(E)} .$$

Dies ergibt:

$$\widehat{D}_{q\sigma}(E) = \hbar\frac{\widehat{\Lambda}^{(0)}_{q\sigma}(E)}{1+\frac{U}{N}\widehat{\Lambda}^{(0)}_{q\sigma}(E)} .$$

$\Lambda^{(0)}_{q\sigma}(E)$ berechnet sich völlig analog zu (5.192).

3. Ersetzen Sie in $\widehat{\Lambda}^{(0)}_{q\sigma}(E)$ die *freien* durch die *vollen* Propagatoren!

Abschnitt 6.1.4

Lösung zu Aufgabe 6.1.1

Wir setzen (6.44)

$$G_k^{0,M}(\tau) = -\exp\left(-\frac{1}{\hbar}(\varepsilon(\boldsymbol{k}) - \mu)\tau\right)\left\{\Theta(\tau)\left(1 + \varepsilon\langle n_k\rangle^{(0)}\right) + \Theta(-\tau)\varepsilon\langle n_k\rangle^{(0)}\right\}$$

in (6.16) ein:

$$G_k^{0,M}(E_n) = \int_0^{\hbar\beta} d\tau\, G_k^{0,M}(\tau)\exp\left(\frac{i}{\hbar}E_n\tau\right) .$$

Offensichtlich trägt nur der erste Summand bei:

$$\begin{aligned}
G_k^{0,M}(E_n) &= -\left(1 + \varepsilon\langle n_k\rangle^{(0)}\right)\int_0^{\hbar\beta} d\tau\, \exp\left(-\frac{1}{\hbar}(\varepsilon(\boldsymbol{k}) - \mu - iE_n)\tau\right)\\
&= \left(1 + \varepsilon\langle n_k\rangle^{(0)}\right)\frac{\hbar}{\varepsilon(\boldsymbol{k}) - \mu - iE_n}\exp\left(-\frac{1}{\hbar}(\varepsilon(\boldsymbol{k}) - \mu - iE_n)\tau\right)\Bigg|_0^{\hbar\beta}\\
&= \frac{\hbar}{\varepsilon(\boldsymbol{k}) - \mu - iE_n}\left(1 + \varepsilon\langle n_k\rangle^{(0)}\right)\left(e^{-\beta(\varepsilon(\boldsymbol{k})-\mu-iE_n)} - 1\right)\\
&= \frac{\hbar}{\varepsilon(\boldsymbol{k}) - \mu - iE_n}\frac{e^{\beta(\varepsilon(\boldsymbol{k})-\mu)}}{e^{\beta(\varepsilon(\boldsymbol{k})-\mu)} - \varepsilon}\, e^{-\beta(\varepsilon(\boldsymbol{k})-\mu)}\left(\varepsilon - e^{\beta(\varepsilon(\boldsymbol{k})-\mu)}\right)\\
&= \frac{\hbar}{iE_n - \varepsilon(\boldsymbol{k}) + \mu} .
\end{aligned} \tag{6.46}$$

Im vorletzten Schritt haben wir für die Besetzungszahl (6.45) eingesetzt und ferner gemäß (6.17)

$$e^{i\beta E_n} \equiv \varepsilon$$

ausgenutzt.

Lösung zu Aufgabe 6.1.2

1. In der Definition (6.38) der Ein-Teilchen-Matsubara-Funktion wird vorausgesetzt, dass die Konstruktionsoperatoren in der Ein-Teilchen-Basis dargestellt sind, in der $\mathcal{H}_0$ diagonal ist:

$$G_k^M(\tau) = -\langle T_\tau\left(a_k(\tau)\, a_k^+(0)\right)\rangle .$$

Damit gilt:

$$
\begin{aligned}
G_k^M(0^+) - G_k^M(0^-) &= -\left\langle T_\tau\left(a_k(0^+)\, a_k^+(0)\right) - T_\tau\left(a_k(0^-)\, a_k^+(0)\right)\right\rangle \\
&= -\left\langle a_k(0^+)\, a_k^+(0) - \varepsilon\, a_k^+(0)\, a_k(0^-)\right\rangle \\
&= -\left\langle \underbrace{\left[a_k(0),\, a_k^+(0)\right]_{-\varepsilon}}_{=1} \right\rangle \\
&= -1\,.
\end{aligned}
$$

Werden die Konstruktionsoperatoren in einer beliebigen Ein-Teilchen-Basis $|\alpha\rangle$ gebildet, so lautet die entsprechend verallgemeinerte Ein-Teilchen-Matsubara-Funktion:

$$
G_{\alpha\beta}^M(\tau) = -\left\langle T_\tau\left(a_\alpha(\tau)\, a_\beta^+(0)\right)\right\rangle\,.
$$

Für diese leitet man völlig analog ab:

$$
G_{\alpha\beta}^M(0^+) - G_{\alpha\beta}^M(0^-) = -\delta_{\alpha\beta}\,.
$$

2. Nach (6.15) ist

$$
\frac{1}{\hbar\beta}\sum_{n=-\infty}^{+\infty} G_k^M(E_n)
$$

die Fourier-Darstellung der zeitabhängigen Ein-Teilchen-Matsubara-Funktion an der Stelle $\tau = 0$. Wegen des Unstetigkeitssprungs gilt deshalb nach Regeln der Theorie der Fourier-Transformation:

$$
\begin{aligned}
\frac{1}{\hbar\beta}\sum_{n=-\infty}^{+\infty} G_k^M(E_n) &= \frac{1}{2}\left\{G_k^M(0^+) + G_k^M(0^-)\right\} \\
&= \frac{1}{2}\left\{-\left\langle T_\tau\left(a_k(0^+)\, a_k^+(0)\right) + T_\tau\left(a_k(0^-)\, a_k^+(0)\right)\right\rangle\right\} \\
&= \frac{1}{2}\left\{-\left\langle a_k(0^+)\, a_k^+(0) + \varepsilon\, a_k^+(0)\, a_k(0^-)\right\rangle\right\} \\
&= -\varepsilon\,\langle n_k\rangle - \frac{1}{2}\,.
\end{aligned}
$$

Wir werden dieses Ergebnis in Aufgabe 6.2.6 noch einmal explizit ableiten. Nun ist andererseits mit infinitesimal kleinem, aber endlichem 0^+

$$
\begin{aligned}
\frac{1}{\hbar\beta}\sum_{n=-\infty}^{+\infty} G_k^M(E_n)\exp\left(\frac{\mathrm{i}}{\hbar}E_n 0^+\right) &= G_k^M(-0^+) \\
&= -\left\langle \varepsilon\, a_k^+(0)\, a_k(-0^+)\right\rangle = -\varepsilon\,\langle n_k\rangle\,.
\end{aligned}
$$

Diese Überlegung macht die Bedeutung des Faktors $\exp\left(\frac{\mathrm{i}}{\hbar}E_n 0^+\right)$ klar (s. Diagrammregeln in Abschn. 6.2.2 und 6.2.4).

Lösung zu Aufgabe 6.1.3

In der gesamten komplexen Ebene mit Ausnahme der reellen Achse ist $G_{AB}(E)$ analytisch. Dasselbe gelte für $F_{AB}(E)$ und außerdem $F_{AB}(\mathrm{i}E_n) = G_{AB}(\mathrm{i}E_n)$. Variablensubstitution:

$$E \to z = \frac{1}{E} \qquad G_{AB}(E) \to \widehat{G}_{AB}(z) \quad F_{AB}(E) \to \widehat{F}_{AB}(z) \, .$$

Die reziproken Matsubara-Energien stellen eine Nullfolge dar:

$$z_n = \frac{-\mathrm{i}\beta}{n\,\pi} \overset{n\to\infty}{\longrightarrow} 0 \, .$$

Wegen

$$\widehat{G}_{AB}(z_n) = \widehat{F}_{AB}(z_n) \quad \forall\, n$$

muss dann nach dem Identitätssatz der Funktionentheorie

$$\widehat{G}_{AB}(z) \equiv \widehat{F}_{AB}(z)$$

in der gesamten komplexen Ebene $\mathbb{C}$ mit Ausnahme der reellen Achse gelten. Das ist dann natürlich auch für die Ausgangsfunktionen richtig:

$$G_{AB}(E) \equiv F_{AB}(E) \, .$$

Damit ist die behauptete Eindeutigkeit der analytischen Fortsetzung der Matsubara-Funktion gezeigt.

Lösung zu Aufgabe 6.1.4

Man findet leicht mit (6.23):

$$\left[a_p, \mathcal{H}_0\right]_- = (\varepsilon(p) - \mu)\, a_p \, .$$

Das bedeutet

$$\sum_p a_p^+ \left[a_p, \mathcal{H}_0\right]_- = \mathcal{H}_0 \, .$$

Mit (6.24) berechnet man:

$$
\begin{aligned}
\left[a_p, V\right]_- &= \frac{1}{2} \sum_{klmn} v(kl;nm) \left(\delta_{pk}\, a_l^+ a_m a_n - \delta_{pl}\, a_k^+ a_m a_n\right) \\
&= \frac{1}{2} \sum_{lmn} \left(v(pl;nm) - v(lp;nm)\right) a_l^+ a_m a_n \\
\curvearrowright \quad \sum_p a_p^+ \left[a_p, V\right]_- &= \frac{1}{2} \sum_{plmn} \left(v(pl;nm) - v(lp;nm)\right) a_p^+ a_l^+ a_m a_n \\
&= \sum_{plmn} v(pl;nm)\, a_p^+ a_l^+ a_m a_n \\
&= 2V\,.
\end{aligned}
$$

Insgesamt haben wir damit gefunden:

$$
\sum_p a_p^+ \left[a_p, \mathcal{H}\right]_- = \mathcal{H}_0 + 2V\,.
$$

Bilden wir nun die thermodynamischen Erwartungswerte, so gilt zunächst:

$$
\langle \mathcal{H} \rangle = \langle \mathcal{H}_0 + V \rangle = \frac{1}{2} \left(\sum_p \left\langle a_p^+ \left[a_p, \mathcal{H}\right]_- \right\rangle + \sum_p \left(\varepsilon(p) - \mu\right) \left\langle a_p^+ a_p \right\rangle \right).
$$

Die Erwartungswerte lassen sich durch die Ein-Teilchen-Matsubara-Funktion (6.38) ausdrücken:

$$
\begin{aligned}
\left\langle a_p^+ a_p \right\rangle &= -\varepsilon \lim_{\tau \to -0^+} G_p^M(\tau) \\
\left\langle a_p^+ \left[a_p, \mathcal{H}\right]_- \right\rangle &= \lim_{\tau \to -0^+} \left\langle a_p^+(0) \left(-\hbar \frac{\partial}{\partial \tau} a_p(\tau)\right) \right\rangle \\
&= -\hbar\, \varepsilon \lim_{\tau \to -0^+} \frac{\partial}{\partial \tau} \left\langle T_\tau \left(a_p(\tau) a_p^+(0)\right) \right\rangle \\
&= \varepsilon \hbar \lim_{\tau \to -0^+} \frac{\partial}{\partial \tau} G_p^M(\tau)\,.
\end{aligned}
$$

Damit folgt die Behauptung ($H_0 = \mathcal{H}_0(\mu = 0)$):

$$
U = \langle H \rangle = -\frac{1}{2} \varepsilon \lim_{\tau \to -0^+} \sum_p \left(\varepsilon(p) - \hbar \frac{\partial}{\partial \tau}\right) G_p^M(\tau)\,.
$$

Lösung zu Aufgabe 6.1.5

Nach Teil 2.) von Aufgabe 6.1.2 gilt (s. auch Teil 1.) von Aufgabe 6.2.6):

$$\frac{1}{\hbar\beta}\sum_{n=-\infty}^{+\infty} G_k^{0,M}(E_n) = \frac{1}{\hbar\beta}\sum_{n=-\infty}^{+\infty} \frac{\hbar}{\mathrm{i}E_n - \varepsilon(\boldsymbol{k}) + \mu} = -\varepsilon\,\langle n_k\rangle^{(0)} - \frac{1}{2}\,.$$

Das beweist bereits die Behauptung!

Abschnitt 6.2.11

Lösung zu Aufgabe 6.2.1

1. Gesucht ist die totale Paarung des „freien“ Mittelwerts des zeitgeordneten Produkts

$$\begin{aligned}
&\left\langle T_\tau\left\{a_{k\sigma}(\tau_1)a^\dagger_{l\sigma'}(\tau_2)a_{m\sigma}(\tau_3)a^\dagger_{n\sigma'}(\tau_3)\right\}\right\rangle^{(0)}\\
&= a_{k\sigma}(\tau_1)a^\dagger_{l\sigma'}(\tau_2)a_{m\sigma}(\tau_3)a^\dagger_{n\sigma'}(\tau_3) + a_{k\sigma}(\tau_1)a^\dagger_{l\sigma'}(\tau_2)a_{m\sigma}(\tau_3)a^\dagger_{n\sigma'}(\tau_3)\\
&= a_{k\sigma}(\tau_1)a^\dagger_{l\sigma'}(\tau_2)a_{m\sigma}(\tau_3)a^\dagger_{n\sigma'}(\tau_3) + \varepsilon^2\, a_{k\sigma}(\tau_1)a^\dagger_{n\sigma'}(\tau_3)a^\dagger_{l\sigma'}(\tau_2)a_{m\sigma}(\tau_3)\,.
\end{aligned}$$

Nur Kontraktionen zwischen Vernichtungs- und Erzeugungsoperatoren können von null verschieden sein.

2.
$$\begin{aligned}
&\left\langle T_\tau\left\{a_{k\sigma}(\tau_1)a^\dagger_{l\sigma'}(\tau_2)a_{m\sigma}(\tau_3)a^\dagger_{n\sigma'}(\tau_3)\right\}\right\rangle^{(0)}\\
&= \delta_{kl}\delta_{mn}\delta_{\sigma\sigma'}\left(-G^{(0)}_{k\sigma}(\tau_1-\tau_2)\right)\left(-G^{(0)}_{m\sigma}(-0^+)\right)\\
&\quad + \delta_{kn}\delta_{lm}\delta_{\sigma\sigma'}\left(-G^{(0)}_{k\sigma}(\tau_1-\tau_3)\right)\left(-\varepsilon\, G^{(0)}_{m\sigma}(\tau_3-\tau_2)\right)\\
&= \delta_{\sigma\sigma'}\left\{\delta_{kl}\delta_{mn}(-\varepsilon)\,\langle n_{m\sigma}\rangle^{(0)}\; G^{(0)}_{k\sigma}(\tau_1-\tau_2)\right.\\
&\quad \left. + \,\varepsilon\,\delta_{kn}\delta_{lm} G^{(0)}_{k\sigma}(\tau_1-\tau_3)G^{(0)}_{m\sigma}(\tau_3-\tau_2)\right\}\,.
\end{aligned}$$

Lösung zu Aufgabe 6.2.2

In erster Ordnung Störungstheorie ist nach (6.61) auszuwerten $\left((\Xi/\Xi_0)^{(0)} = 1\right)$:

$$\left(\frac{\Xi}{\Xi_0}\right)^{(1)} = -\frac{1}{2\hbar}\sum_{klmn} v(kl;nm)\int_0^{\hbar\beta} \mathrm{d}\tau \left\langle T_\tau\left(a^\dagger_k(\tau)a^\dagger_l(\tau)a_m(\tau)a_n(\tau)\right)\right\rangle^{(0)}\,.$$

Die totale Paarung des Wick'schen Theorems liefert dann die beiden in der Abbildung dargestellten Diagramme, die wir nach den Diagrammregeln aus Abschn. 6.2.2 auswerten.

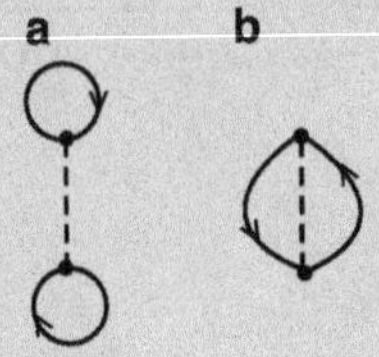

Abb. A.26

1. Hubbard-Modell
   Das Coulomb-Matrixelement hat nach (6.112) die Gestalt:

$$v_{\mathrm{H}}(kl;nm) = \frac{U}{N}\,\delta_{\boldsymbol{k}+\boldsymbol{l},\boldsymbol{m}+\boldsymbol{n}}\,\delta_{\sigma_k\sigma_n}\,\delta_{\sigma_l\sigma_m}\,\delta_{\sigma_k-\sigma_l}\,.$$

   Damit ist klar, dass das Diagramm (b) keinen Beitrag liefert, da dieses $\sigma_k = \sigma_m$ erfordert. Es bleibt nur Diagramm (a):

$$\begin{aligned}
\left(\frac{\Xi}{\Xi_0}\right)^{(1)} &= -\frac{1}{2\hbar}\sum_{\boldsymbol{klmn}}\sum_{\sigma_k\sigma_l\sigma_m\sigma_n}\int_0^{\hbar\beta} d\tau\,\frac{U}{N}\,\delta_{\boldsymbol{k}+\boldsymbol{l},\boldsymbol{m}+\boldsymbol{n}}\,\delta_{\sigma_k\sigma_n}\,\delta_{\sigma_l\sigma_m}\,\delta_{\sigma_k-\sigma_l}\,\cdot \\
&\quad \cdot \varepsilon^2\left(\varepsilon\delta_{\boldsymbol{lm}}\delta_{\sigma_l\sigma_m}\left\langle n_{\boldsymbol{l}\sigma_l}\right\rangle^{(0)}\right)\cdot\left(\varepsilon\delta_{\boldsymbol{kn}}\delta_{\sigma_k\sigma_n}\left\langle n_{\boldsymbol{k}\sigma_k}\right\rangle^{(0)}\right) \\
&= -\frac{1}{2\hbar}\,\frac{U}{N}\sum_{\boldsymbol{kl}\sigma}\int_0^{\hbar\beta} d\tau\,\left\langle n_{\boldsymbol{k}\sigma}\right\rangle^{(0)}\left\langle n_{\boldsymbol{l}-\sigma}\right\rangle^{(0)}
\end{aligned}$$

$$\begin{aligned}
\curvearrowright\quad \left(\frac{\Xi}{\Xi_0}\right)^{(1)} &= -\frac{U}{2k_{\mathrm{B}}T}\,\frac{1}{N}\sum_{\boldsymbol{kl}\sigma}\left\langle n_{\boldsymbol{k}\sigma}\right\rangle^{(0)}\left\langle n_{\boldsymbol{l}-\sigma}\right\rangle^{(0)} \\
&= -\frac{1}{2}\beta U\frac{1}{N}\sum_{\sigma} N_\sigma\cdot N_{-\sigma}\,.
\end{aligned}$$

   Dabei ist

$$N_\sigma = \sum_{\boldsymbol{k}}\left\langle n_{\boldsymbol{k}\sigma}\right\rangle^{(0)}$$

   die Zahl der Elektronen mit Spin σ.
2. Jellium-Modell
   Das Coulomb-Matrixelement hat nun die Gestalt (6.119):

$$v_{\mathrm{J}}(kl;nm) = v(\boldsymbol{k}-\boldsymbol{n})\,\delta_{\boldsymbol{k}+\boldsymbol{l},\boldsymbol{m}+\boldsymbol{n}}(1-\delta_{\boldsymbol{kn}})\,\delta_{\sigma_k\sigma_n}\,\delta_{\sigma_l\sigma_m}\,.$$

Wegen $(1-\delta_{\boldsymbol{kn}})$ bringen die „Blasen" das Diagramm (a) zum verschwinden. Es bleibt jetzt also nur das Diagramm (b):

$$\left(\frac{\Xi}{\Xi_0}\right)^{(1)} = -\frac{1}{2\hbar}\sum_{klmn} v(kl;nm)\int_0^{\hbar\beta} \mathrm{d}\tau\, \varepsilon\left(\varepsilon\delta_{km}\left\langle n_k\right\rangle^{(0)}\right)\cdot\left(\varepsilon\delta_{ln}\left\langle n_l\right\rangle^{(0)}\right)$$

$$= -\frac{1}{2\hbar}\varepsilon^3\sum_{\boldsymbol{klmn}}\sum_{\sigma_k\sigma_l\sigma_m\sigma_n} v(\boldsymbol{k}-\boldsymbol{n})\,\delta_{\boldsymbol{k}+\boldsymbol{l},\boldsymbol{m}+\boldsymbol{n}}(1-\delta_{\boldsymbol{kn}})\,\delta_{\boldsymbol{km}}\delta_{\boldsymbol{ln}}\cdot$$

$$\cdot\,\delta_{\sigma_k\sigma_n}\delta_{\sigma_m\sigma_l}\delta_{\sigma_k\sigma_m}\delta_{\sigma_l\sigma_n}\int_0^{\hbar\beta}\mathrm{d}\tau\left\langle n_{\boldsymbol{k}\sigma_k}\right\rangle^{(0)}\cdot\left\langle n_{\boldsymbol{l}\sigma_l}\right\rangle^{(0)}$$

$$\curvearrowright\quad\left(\frac{\Xi}{\Xi_0}\right)^{(1)} = \frac{\beta}{2}\sum_{\boldsymbol{kl}\sigma} v(\boldsymbol{k}-\boldsymbol{l})(1-\delta_{\boldsymbol{kl}})\left\langle n_{\boldsymbol{k}\sigma}\right\rangle^{(0)}\cdot\left\langle n_{\boldsymbol{l}\sigma}\right\rangle^{(0)}\,.$$

Lösung zu Aufgabe 6.2.3

1. Mit den Regeln aus Abschn. 6.2.2 finden wir:

$$D = \frac{1}{2!}\left(-\frac{1}{2\hbar}\right)^2\int_0^{\hbar\beta}\int_0^{\hbar\beta}\mathrm{d}\tau_1\,\mathrm{d}\tau_2\sum_{\substack{k_1l_1m_1n_1\\k_2l_2m_2n_2}} v(k_1l_1;n_1m_1)v(k_2l_2;n_2m_2)\cdot$$

$$\cdot\,\varepsilon^2\left(-\delta_{k_1m_1}G_{k_1}^{(0)}(-0^+)\right)\left(-\delta_{l_1m_2}G_{l_1}^{(0)}(\tau_2-\tau_1)\right)\cdot$$

$$\cdot\left(-\delta_{n_1l_2}G_{n_1}^{(0)}(\tau_1-\tau_2)\right)\left(-\delta_{k_2n_2}G_{k_2}^{(0)}(-0^+)\right)$$

$$= \frac{1}{2!}\left(-\frac{1}{2\hbar}\right)^2\int_0^{\hbar\beta}\int_0^{\hbar\beta}\mathrm{d}\tau_1\,\mathrm{d}\tau_2\sum_{k_1l_1n_1k_2} v(k_1l_1;n_1k_1)v(k_2n_1;k_2l_1)\cdot$$

$$\cdot\left\langle n_{k_1}\right\rangle^{(0)}\left\langle n_{k_2}\right\rangle^{(0)}G_{l_1}^{(0)}(\tau_2-\tau_1)G_{n_1}^{(0)}(\tau_1-\tau_2)$$

2. Das Coulomb-Matrixelement hat im Hubbard-Modell nach (6.112) die Gestalt:

$$v_{\mathrm{H}}(kl;nm) = \frac{U}{N}\,\delta_{\boldsymbol{k}+\boldsymbol{l},\boldsymbol{m}+\boldsymbol{n}}\,\delta_{\sigma_k\sigma_n}\,\delta_{\sigma_l\sigma_m}\,\delta_{\sigma_k-\sigma_l}\,.$$

Das bedeutet

$$v(k_1l_1;n_1k_1)\propto\delta_{\sigma_{k_1}\sigma_{n_1}}\,\delta_{\sigma_{l_1}\sigma_{k_1}}\,\delta_{\sigma_{k_1}-\sigma_{l_1}} = 0\quad\curvearrowright\quad D=0$$

3. Das Coulomb-Matrixelement hat beim Jellium-Modell die Gestalt (6.119):

$$v_J(kl;nm) = v(\boldsymbol{k}-\boldsymbol{n})\,\delta_{\boldsymbol{k}+\boldsymbol{l},\boldsymbol{m}+\boldsymbol{n}}(1-\delta_{\boldsymbol{kn}})\,\delta_{\sigma_k\sigma_n}\,\delta_{\sigma_l\sigma_m}\,.$$

Wegen $(1-\delta_{\boldsymbol{kn}})$ bringt die „Blase" das Diagramm zum verschwinden:

$$v(k_2n_1;k_2l_1) \propto (1-\delta_{\boldsymbol{k}_2\boldsymbol{k}_2}) = 0 \quad \curvearrowright \quad D = 0$$

4. Wir müssen das Diagramm (6.25) neu beschriften und werten

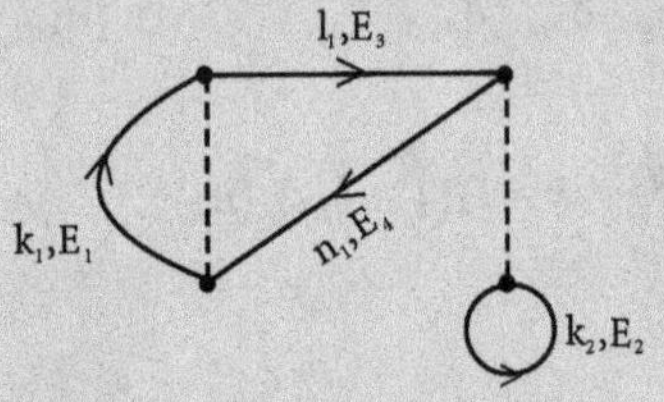

Abb. A.27

es mit den Regeln aus Abschn.6.2.2!

$$\begin{aligned}
D = \frac{1}{2!}\left(-\frac{1}{2\hbar}\right)^2 \varepsilon^2 &\sum_{\substack{E_1E_2E_3E_4\\ k_1k_2l_1n_1}} v(k_1l_1;n_1k_1)v(k_2n_1;k_2l_1)\,\cdot\\
&\cdot\frac{1}{(\hbar\beta)^2}\delta_{E_1+E_3,E_4+E_1}\,\delta_{E_3+E_2,E_2+E_4}\left(-G^{(0)}_{k_1}(E_1)e^{\frac{i}{\hbar}E_1 0^+}\right)\cdot\\
&\cdot\left(-G^{(0)}_{l_1}(E_3)\right)\left(-G^{(0)}_{n_1}(E_4)\right)\left(-G^{(0)}_{k_2}(E_2)e^{\frac{i}{\hbar}E_2 0^+}\right)\\
= \frac{1}{8\hbar^2}&\sum_{k_1k_2l_1n_1} v(k_1l_1;n_1k_1)v(k_2n_1;k_2l_1)\left\langle n_{k_1}\right\rangle^{(0)}\left\langle n_{k_2}\right\rangle^{(0)}\cdot\\
&\cdot\sum_{E_3} G^{(0)}_{l_1}(E_3)G^{(0)}_{n_1}(E_3)\,.
\end{aligned}$$

Im letzten Schritt haben wir ausgenutzt, dass

$$\frac{1}{\hbar\beta}\sum_{E_{1,2}} G^{(0)}_{k_{1,2}}(E_{1,2})e^{\frac{i}{\hbar}E_{1,2}0^+} = -\varepsilon\left\langle n_{k_{1,2}}\right\rangle^{(0)}$$

gilt.

Lösung zu Aufgabe 6.2.4

Wir führen zunächst gemäß (6.75) die Summation über die Matsubara-Energie E_2 durch:

$$F_E(x,y,z) = \frac{1}{\hbar\beta}\sum_{E_1}\frac{1}{\mathrm{i}E_1 - x}\frac{\varepsilon}{2\pi\mathrm{i}\hbar}\cdot \cdot \oint\limits_{C'} \mathrm{d}E'\frac{1}{\mathrm{e}^{\beta E'}-\varepsilon}\cdot\frac{1}{E'-y}\cdot\frac{1}{\mathrm{i}(E-E_1)+E'-z}\,.$$

C' ist der in Abb. 6.3 dargestellte Weg in der komplexen E'-Ebene. Innerhalb des eingeschlossenen Gebiets hat der Integrand zwei Pole, bei $E' = \mathrm{i}(E_1 - E) + z$ und bei $E' = y$, die im mathematisch negativen Sinn umlaufen werden. Dann liefert der Residuensatz:

$$F_E(x,y,z) = \frac{1}{\hbar\beta}\sum_{E_1}\frac{1}{\mathrm{i}E_1 - x}\frac{-\varepsilon}{\hbar}\cdot \cdot\left\{\frac{1}{\mathrm{e}^{\beta y}-\varepsilon}\cdot\frac{1}{\mathrm{i}(E-E_1)+y-z}+\frac{1}{\mathrm{e}^{\beta(\mathrm{i}(E_1-E)+z)}-\varepsilon}\cdot\frac{1}{\mathrm{i}(E_1-E)+z-y}\right\}.$$

Die Energiedifferenz $E_1 - E$ ist auf jeden Fall bosonisch und damit gleich $2n\pi/\beta$. Das ergibt das Zwischenergebnis:

$$F_E(x,y,z) = \frac{-\varepsilon}{\hbar^2\beta}\sum_{E_1}\frac{1}{\mathrm{i}E_1 - x}\cdot\frac{1}{\mathrm{i}E_1 - \mathrm{i}E + z - y}\left\{f_\varepsilon(z) - f_\varepsilon(y)\right\}.$$

f_ε ist in (6.107) definiert. Nun ist die E_1-Summation durchzuführen:

$$\begin{aligned}
F_E(x,y,z) &= \left\{f_\varepsilon(z) - f_\varepsilon(y)\right\}\frac{-\varepsilon^2}{2\pi\mathrm{i}\hbar^2}\oint\limits_{C'}\mathrm{d}E'\frac{1}{\mathrm{e}^{\beta E'}-\varepsilon}\,\frac{1}{E'-x}\cdot\frac{1}{E'-\mathrm{i}E+z-y}\\
&= \frac{1}{\hbar^2}\left\{f_\varepsilon(z) - f_\varepsilon(y)\right\}\left[\frac{1}{\mathrm{e}^{\beta x}-\varepsilon}\cdot\frac{1}{x-\mathrm{i}E+z-y}\right.\\
&\quad\left.+\frac{1}{\mathrm{e}^{\beta(\mathrm{i}E-z+y)}-\varepsilon}\cdot\frac{1}{\mathrm{i}E-z+y-x}\right]\\
&= \frac{1}{\hbar^2}\,\frac{f_\varepsilon(z)-f_\varepsilon(y)}{\mathrm{i}E-x+y-z}\left\{\frac{1}{\mathrm{e}^{\mathrm{i}\beta E}\mathrm{e}^{\beta(y-z)}-\varepsilon}-f_\varepsilon(x)\right\}.
\end{aligned}$$

Im ersten Summanden können wir $e^{i\beta E} = \varepsilon$ ausnutzen. Es bleibt zu berechnen:

$$\begin{aligned}
\frac{\varepsilon}{e^{\beta(y-z)}-1}\left\{f_\varepsilon(z)-f_\varepsilon(y)\right\} &= \frac{\varepsilon}{e^{\beta(y-z)}-1}\left(\frac{1}{e^{\beta z}-\varepsilon}-\frac{1}{e^{\beta y}-\varepsilon}\right)\\
&= \frac{\varepsilon e^{\beta z}}{e^{\beta y}-e^{\beta z}}f_\varepsilon(y)\left(\frac{e^{\beta y}-\varepsilon}{e^{\beta z}-\varepsilon}-1\right)\\
&= \frac{\varepsilon e^{\beta z}}{e^{\beta y}-e^{\beta z}}f_\varepsilon(y)\,\frac{e^{\beta y}-e^{\beta z}}{e^{\beta z}-\varepsilon}\\
&= \frac{\varepsilon e^{\beta z}}{e^{\beta z}-\varepsilon}f_\varepsilon(y)\\
&= \frac{1}{\varepsilon-e^{-\beta z}}f_\varepsilon(y)\\
&= -f_\varepsilon(-z)f_\varepsilon(y)\,.
\end{aligned}$$

Damit können wir zusammenfassen:

$$\left(f_\varepsilon(z)-f_\varepsilon(y)\right)\left\{\frac{1}{e^{i\beta E}e^{\beta(y-z)}-\varepsilon}-f_\varepsilon(x)\right\} = -f_\varepsilon(-z)f_\varepsilon(y)-f_\varepsilon(z)f_\varepsilon(x)+f_\varepsilon(y)f_\varepsilon(x)\,.$$

Das liefert das gewünschte Resultat (6.106):

$$F_E(x,y,z) = \frac{1}{\hbar^2}\,\frac{-f_\varepsilon(-z)f_\varepsilon(y)-f_\varepsilon(z)f_\varepsilon(x)+f_\varepsilon(y)f_\varepsilon(x)}{iE-x+y-z}\,.$$

Lösung zu Aufgabe 6.2.5

1. Wir schreiben

$$f_\varepsilon(E) = \frac{1}{E-iE_n}g_\varepsilon(E) \qquad g_\varepsilon(E) = \frac{E-iE_n}{e^{\beta E}-\varepsilon}$$

und zeigen, dass $g_\varepsilon(E)$ bei $E = iE_n$ endlich ist. Das gelingt mit der Regel von l'Hospital:

$$\lim_{E\to iE_n} g_\varepsilon(E) = \lim_{E\to iE_n}\frac{\frac{d}{dE}(E-iE_n)}{\frac{d}{dE}(e^{\beta E}-\varepsilon)} = \lim_{E\to iE_n}\frac{1}{\beta e^{\beta E}} = \frac{1}{\beta\varepsilon} = \frac{\varepsilon}{\beta}\,.$$

$f_\varepsilon(E)$ besitzt also Pole erster Ordnung bei $E = iE_n$ mit für alle Pole identischem Residuum $\frac{\varepsilon}{\beta}$.

2. C sei ein Kreis in der komplexen Ebene mit dem Radius R und seinem Mittelpunkt z. B. im Ursprung. Man betrachte das Integral

$$I_C \equiv \oint_C \frac{H(E)}{e^{\beta E} - \varepsilon} \, dE \, .$$

Für $R \to \infty$ umfasst C sicher alle Polstellen des Integranden. Wegen der angenommenen Eigenschaften von $H(E) f_\varepsilon(E)$ verschwindet aber der Integrand für $R \to \infty$ auf C stärker als $\frac{1}{E}$. Das bedeutet

$$I_C(R \to \infty) = 0 \, .$$

Andererseits gilt mit dem Residuensatz:

$$\begin{aligned} I_C(R \to \infty) = &\pm 2\pi i \sum_{E_n} \left(\text{Res}_{iE_n} f_\varepsilon(E) \right) H(iE_n) \\ &\pm 2\pi i \sum_{\widehat{E}_i} f_\varepsilon(\widehat{E}_i) \left(\text{Res}_{\widehat{E}_i} H(E) \right) . \end{aligned}$$

Mit Teil 1.) folgt dann die Behauptung:

$$-\frac{\varepsilon}{\beta} \sum_{E_n} H(iE_n) = \sum_{\widehat{E}_i} f_\varepsilon(\widehat{E}_i) \left(\text{Res}_{\widehat{E}_i} H(E) \right) .$$

Dasselbe Resultat ergibt sich, wenn man in (6.75) für das Integral auf der rechten Seite den Residuensatz anwendet. Unter den getroffenen Annahmen darf man dabei den Integrationsweg C wie in Abb. 6.3 angegeben durch den Weg C' ersetzen, der mathematisch negativ durchlaufen wird.

Lösung zu Aufgabe 6.2.6

1. Es ist zu berechnen

$$G_k^{0,M}(\tau = 0) = \frac{1}{\hbar\beta} \sum_{E_n} \frac{\hbar}{iE_n - \varepsilon(k) + \mu} = -\frac{\varepsilon}{\beta} \sum_{E_n} \widehat{H}(iE_n)$$

mit

$$\widehat{H}(E) = -\varepsilon \frac{1}{E - \varepsilon(k) + \mu} \, .$$

Dazu betrachten wir analog zum Vorgehen in Aufgabe 6.2.5 das komplexe Wegintegral:

$$I_C \equiv \oint_C \frac{\widehat{H}(E)}{e^{\beta E} - \varepsilon} \mathrm{d}E \,.$$

C sei wiederum ein Kreis in der komplexen E-Ebene mit dem Radius R und dem Mittelpunkt bei $E = 0$. Die Punkte auf C sind also durch

$$E = R\,(\cos\varphi + \mathrm{i}\,\sin\varphi)$$

gegeben. Für $R \to +\infty$ liegen alle Singularitäten des Integranden im von C umschlossenen Gebiet. Die Schlussfolgerungen in Aufgabe 6.2.5 erfordern, dass der Integrand in I_C für $R \to +\infty$ stärker(!) als $\frac{1}{E}$ auf C verschwindet. Wegen

$$\lim_{R\to+\infty} \frac{1}{e^{\beta E} - \varepsilon} = \lim_{R\to+\infty} \frac{1}{e^{\beta R(\cos\varphi + \mathrm{i}\,\sin\varphi)} - \varepsilon} = \begin{cases} 0 & \text{für} \quad \cos\varphi > 0 \\ -\varepsilon & \text{für} \quad \cos\varphi < 0 \end{cases}$$

ist das ersichtlich nur für den Halbkreis $\mathrm{Re}E > 0$ der Fall. Wir können die Formel aus Aufgabe 6.2.5 also nicht direkt anwenden.
Wenn wir aber schreiben

$$G_k^{0,M}(\tau = 0) = \frac{1}{\hbar\beta} \sum_{E_n} \frac{\hbar}{\mathrm{i}E_n - \varepsilon(k) + \mu} = \frac{1}{\beta} \sum_{E_n} \frac{\mathrm{i}E_n + \varepsilon(k) - \mu}{(\mathrm{i}E_n)^2 - (\varepsilon(k) - \mu)^2} \,,$$

dann können wir ausnutzen, dass

$$\sum_{E_n} \frac{\mathrm{i}E_n}{(\mathrm{i}E_n)^2 - (\varepsilon(k) - \mu)^2} = 0$$

sein muss, da zu jeder von Null verschiedenen Matsubara-Energie E_n eine mit dem entgegengesetzten Vorzeichen existiert. Es bleibt also:

$$G_k^{0,M}(\tau = 0) = -\frac{\varepsilon}{\beta} \sum_{E_n} H(\mathrm{i}E_n)$$

mit

$$H(E) = -\varepsilon \frac{\varepsilon(k) - \mu}{E^2 - (\varepsilon(k) - \mu)^2} \,.$$

Jetzt sind alle Voraussetzungen erfüllt, um die Formel aus Aufgabe 6.2.5 (bzw. (6.75)) anwenden zu können:

$$G_k^{0,M}(\tau = 0) = -\frac{\varepsilon}{\beta} \sum_{E_n} H(\mathrm{i}E_n) = \sum_{\widehat{E}_i} f_\varepsilon(\widehat{E}_i) \left(\mathrm{Res}_{\widehat{E}_i} H(E)\right) .$$

Wir benötigen also lediglich noch die Pole $\widehat{E}_i$ der Funktion $H(E)$ und ihre Residuen:

$$H(E) = \frac{\varepsilon}{2}\left(\frac{1}{E + (\varepsilon(k) - \mu)} - \frac{1}{E - (\varepsilon(k) - \mu)}\right) .$$

Pole liegen bei $\pm(\varepsilon(k) - \mu)$ mit Residuen $\mp\frac{\varepsilon}{2}$. Also bleibt:

$$G_k^{0,M}(\tau = 0) = -\frac{\varepsilon}{2}\,\frac{1}{\mathrm{e}^{\beta(\varepsilon(k)-\mu)} - \varepsilon} + \frac{\varepsilon}{2}\,\frac{1}{\mathrm{e}^{-\beta(\varepsilon(k)-\mu)} - \varepsilon} .$$

Mit

$$\frac{1}{\mathrm{e}^{-\beta(\varepsilon(k)-\mu)} - \varepsilon} = -\varepsilon\left(1 + \frac{\varepsilon}{\mathrm{e}^{\beta(\varepsilon(k)-\mu)} - \varepsilon}\right)$$

folgt schließlich:

$$\begin{aligned} G_k^{0,M}(\tau = 0) &= \frac{1}{\hbar\beta}\sum_{E_n}\frac{\hbar}{\mathrm{i}E_n - \varepsilon(k) + \mu} \\ &= -\varepsilon\,\frac{1}{\mathrm{e}^{\beta(\varepsilon(k)-\mu)} - \varepsilon} - \frac{1}{2} = -\varepsilon\,\langle n_k\rangle^{(0)} - \frac{1}{2} . \end{aligned}$$

Das wird von dem Ergebnis aus Aufgabe 6.1.2 bestätigt.

2. Wir untersuchen nun:

$$G_k^{0,M}(\tau = -0^+) = \frac{1}{\hbar\beta}\sum_{E_n} G_k^{0,M}(E_n)\,\exp\left(\frac{\mathrm{i}}{\hbar}E_n 0^+\right) = -\frac{\varepsilon}{\beta}\sum_{E_n} H(\mathrm{i}E_n)$$

mit

$$H(E) = -\varepsilon\,\frac{\exp\left(\frac{1}{\hbar}E\,0^+\right)}{E - \varepsilon(k) + \mu} .$$

Das Wegintegral I_C sei wie in Teil 1.) definiert. Um $I_C(R \to +\infty) = 0$ zu gewährleisten, muss der Integrand stärker als $\frac{1}{E}$ auf C verschwinden. Das gilt, falls

$$\lim_{R\to+\infty}\frac{\exp\left(\frac{1}{\hbar}E\,0^+\right)}{\exp(\beta E) - \varepsilon} = 0$$

für Punkte auf C gilt. Das ist in der Tat der Fall:

$$\begin{aligned}\lim_{R\to+\infty}\frac{\exp\left(\frac{1}{\hbar}E\,0^+\right)}{\exp(\beta E)-\varepsilon} &= \lim_{R\to+\infty}\frac{1}{\exp\left(\left(\beta-\frac{0^+}{\hbar}\right)E\right)-\varepsilon\exp\left(-\frac{1}{\hbar}0^+E\right)}\\ &\approx \lim_{R\to+\infty}\frac{1}{\exp(\beta E)-\varepsilon\exp\left(-\frac{1}{\hbar}0^+E\right)}\\ &= \lim_{R\to+\infty}\frac{1}{e^{\beta R\cos\varphi}e^{i\beta R\sin\varphi}-\varepsilon\, e^{-\frac{R}{\hbar}0^+\cos\varphi}\,e^{-\frac{i}{\hbar}R0^+\sin\varphi}}\\ &= 0\,.\end{aligned}$$

Für $\cos\varphi > 0$ sorgt der erste Summand im Nenner, für $\cos\varphi < 0$ der zweite Summand für das Verschwinden des Terms. Damit sind die Voraussetzungen für die Anwendung der „*bequemen*" Formel aus Aufgabe 6.2.5 erfüllt.

$$G_k^{0,M}(\tau=-0^+) = -\frac{\varepsilon}{\beta}\sum_{E_n}H(iE_n) = \sum_{\widehat{E}_i}f_\varepsilon(\widehat{E}_i)\left(\mathrm{Res}_{\widehat{E}_i}H(E)\right).$$

$H(E)$ hat einen Pol erster Ordnung bei $\varepsilon(k)-\mu$ mit dem Residuum $-\varepsilon\exp\left(\frac{1}{\hbar}(\varepsilon(k)-\mu)\,0^+\right)$. Das führt schließlich zu:

$$\begin{aligned}G_k^{0,M}(\tau=-0^+) &= \frac{1}{\hbar\beta}\sum_{E_n}\frac{1}{iE_n-\varepsilon(k)+\mu}e^{\frac{i}{\hbar}E_n0^+}\\ &= \frac{-\varepsilon e^{\frac{1}{\hbar}(\varepsilon(k)-\mu)\,0^+}}{e^{\beta(\varepsilon(k)-\mu)}-\varepsilon} \approx \frac{-\varepsilon}{e^{\beta(\varepsilon(k)-\mu)}-\varepsilon} = -\varepsilon\langle n_k\rangle^{(0)}\,.\end{aligned}$$

Nach (!) Durchführung der Integration kann natürlich $e^{\frac{1}{\hbar}(\varepsilon(k)-\mu)\,0^+}\approx 1$ gesetzt werden, aber, wie Teil 1.) gezeigt hat, erst nachher! Auch dieses Ergebnis wird von den Überlegungen in Teil 2.) von Aufgabe 6.1.2 bestätigt.

Lösung zu Aufgabe 6.2.7

Nach (6.75) muss gelten

$$\langle n_k\rangle = \frac{-1}{2\pi i\hbar}\oint_C dE\,\frac{G_k(E)\exp\left(\frac{E}{\hbar}\cdot 0^+\right)}{\exp(\beta E)+1}\,.$$

Mit C ist der Weg aus dem linken Teil von Abb. 6.3 gemeint. Die allgemein gültige Hochenergieentwicklung (3.180) besagt, dass $G_k(E)$ im Unendlichen mindestens wie $\frac{1}{E}$ verschwindet. In Teil 2.) von Aufgabe 6.2.6 wird gezeigt, dass auch $\frac{\exp\left(\frac{E}{\hbar}\cdot 0^+\right)}{\exp(\beta E)+1}$ im Unendlichen verschwindet,

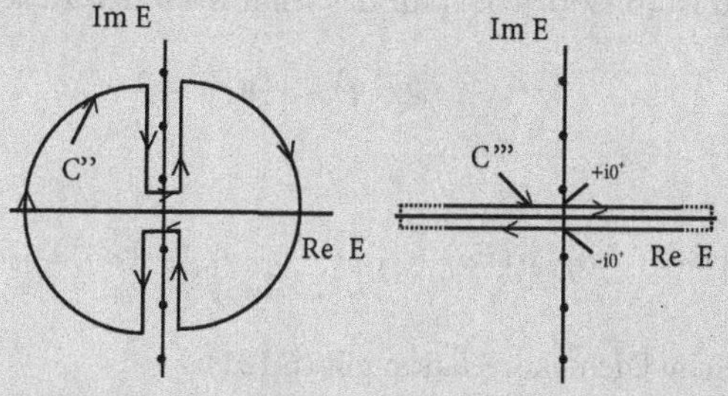

Abb. A.28

sodass wir schlussfolgern können, dass der gesamte obige Integrand stärker als $\frac{1}{E}$ gegen null geht. Damit können wir den Weg C durch den Weg C' in Abb. 6.3 ersetzen. Da die dem Nullpunkt nächstbenachbarten fermionischen Matsubara-Energien $\mathrm{i}E_n$ bei $\pm\frac{\pi}{\beta}$ liegen, können wir den Integrationsweg zunächst noch einmal, wie in der Skizze angedeutet, auf C'' ändern, da sich die Beiträge auf den beiden kleinen Teilstücken nahe des Nullpunkts gerade kompensieren. Im von C'' eingeschlossenen Gebiet befinden sich nur die reellen Pole von $G_k(E)$. Deshalb lässt sich der Integrationsweg schließlich von C'' auf C''' deformieren, also im wesentlichen auf zwei um $\pm\mathrm{i}0^+$ in die jeweilige Halbebene verschobene Parallelen zur reellen Achse. Das bedeutet:

$$\begin{aligned}\langle n_k\rangle &= \frac{\mathrm{i}}{2\pi\hbar}\oint\limits_{C'''}\mathrm{d}E\,\frac{G_k(E)\exp\left(\frac{E}{\hbar}\cdot 0^+\right)}{\exp(\beta E)+1}\\ &= \frac{\mathrm{i}}{2\pi\hbar}\int\limits_{-\infty}^{+\infty}\frac{\mathrm{d}E}{\exp(\beta E)+1}\Big(G_k(E+\mathrm{i}0^+)-G_k(E-\mathrm{i}0^+)\Big)\\ &= \frac{1}{\hbar}\int\limits_{-\infty}^{+\infty}\mathrm{d}E\,\frac{S_k(E)}{\exp(\beta E)+1}\,.\end{aligned}$$

$S_k(E)$ ist die Ein-Teilchen-Spektraldichte (3.153). Damit ist das Spektraltheorem verifiziert. Die in der Aufgabenstellung gegebene Darstellung für $\langle n_k\rangle$ ist offensichtlich korrekt.

Abschnitt 6.3.5

Lösung zu Aufgabe 6.3.1

1. Ausgangspunkt ist (6.179), wobei für das Jellium-Modell zu setzen ist:

$$v_{\sigma''\sigma'''}(\boldsymbol{q}) \equiv v(\boldsymbol{q}) \, .$$

Damit bleibt:

$$D_{q\sigma\sigma'}(E_0) = \hbar\Lambda_{q\sigma\sigma'}(E_0) + v(\boldsymbol{q}) \sum_{\sigma''\sigma'''} \Lambda_{q\sigma\sigma''}(E_0)\, D_{q\sigma'''\sigma'}(E_0) \, .$$

Für die eigentliche Dichtekorrelation gilt (6.181):

$$\begin{aligned} D_{\boldsymbol{q}}(E_0) &= \sum_{\sigma\sigma'} D_{q\sigma\sigma'}(E_0) \\ &= \hbar \sum_{\sigma\sigma'} \Lambda_{q\sigma\sigma'}(E_0) + v(\boldsymbol{q}) \left(\sum_{\sigma\sigma''} \Lambda_{q\sigma\sigma''}(E_0) \right) \left(\sum_{\sigma'''\sigma'} D_{q\sigma'''\sigma'}(E_0) \right) \\ &= \hbar\Lambda_{\boldsymbol{q}}(E_0) + v(\boldsymbol{q})\, \Lambda_{\boldsymbol{q}}(E_0)\, D_{\boldsymbol{q}}(E_0) \, . \end{aligned}$$

Im letzten Schritt haben wir noch (6.183) ausgenutzt. Damit ist (6.184) verifiziert:

$$D_{\boldsymbol{q}}(E_0) = \frac{\hbar\Lambda_{\boldsymbol{q}}(E_0)}{1 - v(\boldsymbol{q})\, \Lambda_{\boldsymbol{q}}(E_0)}$$

2. Ausgangspunkt ist nun (6.180):

$$\begin{aligned} \widetilde{V}(\boldsymbol{q}) \cdot \widetilde{D}(\boldsymbol{q}) &= v(\boldsymbol{q}) \begin{pmatrix} 1 & 1 \\ 1 & 1 \end{pmatrix} \begin{pmatrix} D_{q\uparrow\uparrow} & D_{q\uparrow\downarrow} \\ D_{q\downarrow\uparrow} & D_{q\downarrow\downarrow} \end{pmatrix} \\ &= v(\boldsymbol{q}) \begin{pmatrix} D_{q\uparrow\uparrow} + D_{q\downarrow\uparrow} & D_{q\uparrow\downarrow} + D_{q\downarrow\downarrow} \\ D_{q\uparrow\uparrow} + D_{q\downarrow\uparrow} & D_{q\uparrow\downarrow} + D_{q\downarrow\downarrow} \end{pmatrix} . \end{aligned}$$

Mit

$$\widetilde{\Lambda}_{\boldsymbol{q}}(E_0) = \begin{pmatrix} \Lambda_{q\uparrow\uparrow}(E_0) & \Lambda_{q\uparrow\downarrow}(E_0) \\ \Lambda_{q\downarrow\uparrow}(E_0) & \Lambda_{q\downarrow\downarrow}(E_0) \end{pmatrix}$$

folgt weiter:

$$\begin{aligned} \left(\widetilde{\Lambda}_{\boldsymbol{q}}(E_0)\widetilde{V}(\boldsymbol{q})\widetilde{D}(\boldsymbol{q})(E_0)\right)_{\uparrow\uparrow} &= v(\boldsymbol{q}) \left(\Lambda_{q\uparrow\uparrow}(D_{q\uparrow\uparrow} + D_{q\downarrow\uparrow}) + \Lambda_{q\uparrow\downarrow}(D_{q\uparrow\uparrow} + D_{q\downarrow\uparrow}) \right) \\ \left(\widetilde{\Lambda}_{\boldsymbol{q}}(E_0)\widetilde{V}(\boldsymbol{q})\widetilde{D}(\boldsymbol{q})(E_0)\right)_{\uparrow\downarrow} &= v(\boldsymbol{q}) \left(\Lambda_{q\uparrow\uparrow}(D_{q\uparrow\downarrow} + D_{q\downarrow\downarrow}) + \Lambda_{q\uparrow\downarrow}(D_{q\uparrow\downarrow} + D_{q\downarrow\downarrow}) \right) \\ \left(\widetilde{\Lambda}_{\boldsymbol{q}}(E_0)\widetilde{V}(\boldsymbol{q})\widetilde{D}(\boldsymbol{q})(E_0)\right)_{\downarrow\uparrow} &= v(\boldsymbol{q}) \left(\Lambda_{q\downarrow\uparrow}(D_{q\uparrow\uparrow} + D_{q\downarrow\uparrow}) + \Lambda_{q\downarrow\downarrow}(D_{q\uparrow\uparrow} + D_{q\downarrow\uparrow}) \right) \\ \left(\widetilde{\Lambda}_{\boldsymbol{q}}(E_0)\widetilde{V}(\boldsymbol{q})\widetilde{D}(\boldsymbol{q})(E_0)\right)_{\downarrow\downarrow} &= v(\boldsymbol{q}) \left(\Lambda_{q\downarrow\uparrow}(D_{q\uparrow\downarrow} + D_{q\downarrow\downarrow}) + \Lambda_{q\downarrow\downarrow}(D_{q\uparrow\downarrow} + D_{q\downarrow\downarrow}) \right) . \end{aligned}$$

Man erkennt:

$$\begin{aligned}
&\sum_{\sigma\sigma'} \left(\widetilde{\Lambda}_q(E_0)\widetilde{V}(q)\widetilde{D}(q)(E_0)\right)_{\sigma\sigma'} \\
&= v(q)\left(\Lambda_{q\uparrow\uparrow} + \Lambda_{q\uparrow\downarrow} + \Lambda_{q\downarrow\uparrow} + \Lambda_{q\downarrow\downarrow}\right)\cdot\left(D_{q\uparrow\uparrow} + D_{q\uparrow\downarrow} + D_{q\downarrow\uparrow} + D_{q\downarrow\downarrow}\right) \\
&= v(q)\left(\sum_{\sigma\sigma'} \Lambda_{q\sigma\sigma'}\right)\left(\sum_{\sigma\sigma'} D_{q\sigma\sigma'}\right) = v(q)\,\Lambda_q(E_0)\,D_q(E_0)\,.
\end{aligned}$$

Damit ist die Behauptung bewiesen:

$$\begin{aligned}
&\sum_{\sigma\sigma'} D_{q\sigma\sigma'} = \hbar\sum_{\sigma\sigma'} \Lambda_{q\sigma\sigma'} + \sum_{\sigma\sigma'}\left(\widetilde{\Lambda}_q(E_0)\widetilde{V}(q)\widetilde{D}(q)(E_0)\right)_{\sigma\sigma'} \\
&\curvearrowright\; D_q(E_0) = \hbar\Lambda_q(E_0) + v(q)\,\Lambda_q(E_0)\,D_q(E_0)\,.
\end{aligned}$$

Lösung zu Aufgabe 6.3.2

1. Wegen

$$v_{\sigma\sigma'}(q) \equiv \frac{U}{N}\,\delta_{\sigma,-\sigma'}$$

bleibt nach (6.179) zu berechnen:

$$D_{q\sigma\sigma'}(E_0) = \hbar\Lambda_{q\sigma\sigma'}(E_0) + \frac{U}{N}\sum_{\sigma''}\Lambda_{q\sigma\sigma''}(E_0)D_{q-\sigma''\sigma'}(E_0)\,.$$

Das bedeutet elementweise:

$$\begin{aligned}
D_{q\uparrow\uparrow} &= \hbar\Lambda_{q\uparrow\uparrow} + \frac{U}{N}\left(\Lambda_{q\uparrow\uparrow}D_{q\downarrow\uparrow} + \Lambda_{q\uparrow\downarrow}D_{q\uparrow\uparrow}\right) \\
D_{q\uparrow\downarrow} &= \hbar\Lambda_{q\uparrow\downarrow} + \frac{U}{N}\left(\Lambda_{q\uparrow\uparrow}D_{q\downarrow\downarrow} + \Lambda_{q\uparrow\downarrow}D_{q\uparrow\downarrow}\right) \\
D_{q\downarrow\uparrow} &= \hbar\Lambda_{q\downarrow\uparrow} + \frac{U}{N}\left(\Lambda_{q\downarrow\uparrow}D_{q\downarrow\uparrow} + \Lambda_{q\downarrow\downarrow}D_{q\uparrow\uparrow}\right) \\
D_{q\downarrow\downarrow} &= \hbar\Lambda_{q\downarrow\downarrow} + \frac{U}{N}\left(\Lambda_{q\downarrow\uparrow}D_{q\downarrow\downarrow} + \Lambda_{q\downarrow\downarrow}D_{q\uparrow\downarrow}\right)\,.
\end{aligned}$$

Aus der ersten und der dritten Zeile folgt:

$$\begin{aligned}
D_{q\uparrow\uparrow} &= \frac{\hbar\Lambda_{q\uparrow\uparrow}}{1-\frac{U}{N}\Lambda_{q\uparrow\downarrow}} + \frac{\frac{U}{N}\Lambda_{q\uparrow\uparrow}}{1-\frac{U}{N}\Lambda_{q\uparrow\downarrow}}\,D_{q\downarrow\uparrow} \\
D_{q\downarrow\uparrow} &= \frac{\hbar\Lambda_{q\downarrow\uparrow}}{1-\frac{U}{N}\Lambda_{q\downarrow\uparrow}} + \frac{\frac{U}{N}\Lambda_{q\downarrow\downarrow}}{1-\frac{U}{N}\Lambda_{q\downarrow\uparrow}}\,D_{q\uparrow\uparrow}\,.
\end{aligned}$$

Einsetzen

$$D_{q\uparrow\uparrow}\left(1-\frac{\frac{U^2}{N^2}\Lambda_{q\uparrow\uparrow}\Lambda_{q\downarrow\downarrow}}{\left(1-\frac{U}{N}\Lambda_{q\uparrow\downarrow}\right)\left(1-\frac{U}{N}\Lambda_{q\downarrow\uparrow}\right)}\right)=\frac{\hbar\Lambda_{q\uparrow\uparrow}\left(1-\frac{U}{N}\Lambda_{q\downarrow\uparrow}\right)+\hbar\frac{U}{N}\Lambda_{q\uparrow\uparrow}\Lambda_{q\downarrow\uparrow}}{\left(1-\frac{U}{N}\Lambda_{q\uparrow\downarrow}\right)\left(1-\frac{U}{N}\Lambda_{q\downarrow\uparrow}\right)}\,.$$

Auflösen ergibt schließlich:

$$D_{q\uparrow\uparrow}=\hbar\frac{\Lambda_{q\uparrow\uparrow}}{1-\frac{U}{N}\left(\Lambda_{q\uparrow\downarrow}+\Lambda_{q\downarrow\uparrow}\right)+\frac{U^2}{N^2}\left(\Lambda_{q\downarrow\uparrow}\Lambda_{q\uparrow\downarrow}-\Lambda_{q\uparrow\uparrow}\Lambda_{q\downarrow\downarrow}\right)}\,.$$

Damit ist auch $D_{q\downarrow\uparrow}$ festgelegt. Die beiden anderen Matrixelemente $D_{q\downarrow\downarrow}$ und $D_{q\uparrow\downarrow}$ ergeben sich dann einfach durch Spinflip ($\uparrow\to\downarrow$, $\downarrow\to\uparrow$) auf jeweils beiden Seiten der Gleichungen.

2. Wegen

$$D_q(E_0)=\sum_{\sigma\sigma'}D_{q\sigma\sigma'}(E_0)\qquad\Lambda_q(E_0)=\sum_{\sigma\sigma'}\Lambda_{q\sigma\sigma'}(E_0)$$

liefern die Formeln aus Teil 1.):

$$\begin{aligned}D_q(E_0)=\hbar\Lambda_q(E_0)&+\frac{U}{N}\Big(D_{q\uparrow\uparrow}+D_{q\uparrow\downarrow}\Big)\Big(\Lambda_{q\uparrow\downarrow}+\Lambda_{q\downarrow\downarrow}\Big)\\&+\frac{U}{N}\Big(D_{q\downarrow\uparrow}+D_{q\downarrow\downarrow}\Big)\Big(\Lambda_{q\uparrow\uparrow}+\Lambda_{q\downarrow\uparrow}\Big)\,.\end{aligned}$$

Im paramagnetischen System kann

$$\Lambda_{q\sigma\sigma'}(E_0)=\Lambda_{q-\sigma-\sigma'}(E_0)$$

benutzt werden. Dies bedeutet:

$$\Lambda_{q\uparrow\uparrow}+\Lambda_{q\downarrow\uparrow}\equiv\Lambda_{q\downarrow\downarrow}+\Lambda_{q\uparrow\downarrow}\equiv\frac{1}{2}\Lambda_q(E_0)\,.$$

Damit vereinfacht sich die obige Gleichung:

$$\begin{aligned}D_q(E_0)&=\hbar\Lambda_q(E_0)+\frac{U}{2N}\Lambda_q(E_0)\sum_{\sigma\sigma'}D_{q\sigma\sigma'}(E_0)\\&=\hbar\Lambda_q(E_0)+\frac{U}{2N}\Lambda_q(E_0)\,D_q(E_0)\,.\end{aligned}$$

Man erhält damit ein stark vereinfachtes Resultat für die Dichtekorrelation des Hubbard-Modells, das von der Struktur her dem des Jellium-Modells sehr ähnelt:

$$D_q(E_0)=\frac{\hbar\Lambda_q(E_0)}{1-\frac{U}{2N}\Lambda_q(E_0)}$$

3. Nehmen wir für den Polarisationspropagator in einfachster Näherung das Ergebnis $\Lambda_{\boldsymbol{q}}^{(0)}(E_0)$ (6.177), d. h. berechnen wir diesen im nicht-wechselwirkenden System, was insbesondere paramagnetisch ist, so ergibt sich die sog. *„random phase approximation"*:

$$D_{\boldsymbol{q}}(E_0) = \frac{\hbar\Lambda_{\boldsymbol{q}}^{(0)}(E_0)}{1 - \frac{U}{2N}\Lambda_{\boldsymbol{q}}^{(0)}(E_0)} .$$

4. In der ferromagnetischen Sättigung enthält das System nur ↑-Elektronen. Im Rahmen des Hubbard-Modells gibt es also keine Wechselwirkungen:

$$D_{\boldsymbol{q}}(E_0) \equiv D_{\boldsymbol{q}\uparrow\uparrow}(E_0) = \hbar\Lambda_{\boldsymbol{q}}(E_0) = \hbar\Lambda_{\boldsymbol{q}\uparrow\uparrow}(E_0) = \hbar\Lambda_{\boldsymbol{q}}^{(0)}(E_0) .$$

Lösung zu Aufgabe 6.3.3

1. Wir werten (6.188) für das Jellium-Modell mit

$$v_{\sigma\sigma'}(\boldsymbol{q}) \equiv v(\boldsymbol{q})$$

aus:

$$v_{\text{eff},\sigma\sigma'}(\boldsymbol{q}, E) = v(\boldsymbol{q}) + v(\boldsymbol{q}) \sum_{\sigma''\sigma'''} \Lambda_{\boldsymbol{q}\sigma''\sigma'''}(E)\, v_{\text{eff},\sigma'''\sigma'}(\boldsymbol{q}, E) .$$

Die rechte Seite ist nicht von σ abhängig, die effektive Wechselwirkung damit zumindest nicht von ihrem ersten Spinindex. Wir können also auf der rechten Seite die effektive Wechselwirkung vor die Summe ziehen. Formal ergibt sich dann:

$$\begin{aligned} v_{\text{eff},\sigma\sigma'}(\boldsymbol{q}, E_0) &= v(\boldsymbol{q}) + v(\boldsymbol{q})\, v_{\text{eff},\sigma\sigma'}(\boldsymbol{q}, E) \sum_{\sigma''\sigma'''} \Lambda_{\boldsymbol{q}\sigma''\sigma'''}(E) \\ &= v(\boldsymbol{q}) + v(\boldsymbol{q})\, v_{\text{eff},\sigma\sigma'}(\boldsymbol{q}, E_0)\, \Lambda_{\boldsymbol{q}}(E) . \end{aligned}$$

Das bedeutet, dass die effektive Wechselwirkung im Jellium-Modell unabhängig vom Spin der Wechselwirkungspartner ist:

$$v_{\text{eff},\sigma\sigma'}(\boldsymbol{q}, E_0) \equiv v_{\text{eff}}(\boldsymbol{q}, E_0) = \frac{v(\boldsymbol{q})}{1 - v(\boldsymbol{q})\, \Lambda_{\boldsymbol{q}}(E_0)}$$

2. Dasselbe Ergebnis muss natürlich auch aus einer formalen Untersuchung der Matrix-Gleichung (6.189) folgen. Zunächst gilt:

$$\widetilde{V}(\boldsymbol{q})\,\widetilde{\Lambda}_{\boldsymbol{q}}(E_0) = v(\boldsymbol{q})\begin{pmatrix} \Lambda_{\boldsymbol{q}\uparrow\uparrow} + \Lambda_{\boldsymbol{q}\downarrow\uparrow} & \Lambda_{\boldsymbol{q}\uparrow\downarrow} + \Lambda_{\boldsymbol{q}\downarrow\downarrow} \\ \Lambda_{\boldsymbol{q}\uparrow\uparrow} + \Lambda_{\boldsymbol{q}\downarrow\uparrow} & \Lambda_{\boldsymbol{q}\uparrow\downarrow} + \Lambda_{\boldsymbol{q}\downarrow\downarrow} \end{pmatrix}.$$

Damit ergibt sich:

$$\left(\widetilde{V}(\boldsymbol{q})\,\widetilde{\Lambda}_{\boldsymbol{q}}(E_0)\widetilde{v}_{\text{eff}}(\boldsymbol{q},E)\right)_{\uparrow\uparrow} = v(\boldsymbol{q})\Big(v_{\text{eff}\uparrow\uparrow}\left(\Lambda_{\boldsymbol{q}\uparrow\uparrow} + \Lambda_{\boldsymbol{q}\downarrow\uparrow}\right) + v_{\text{eff}\downarrow\uparrow}\left(\Lambda_{\boldsymbol{q}\uparrow\downarrow} + \Lambda_{\boldsymbol{q}\downarrow\downarrow}\right)\Big)$$

$$\left(\widetilde{V}(\boldsymbol{q})\,\widetilde{\Lambda}_{\boldsymbol{q}}(E_0)\widetilde{v}_{\text{eff}}(\boldsymbol{q},E)\right)_{\downarrow\uparrow} = v(\boldsymbol{q})\Big(v_{\text{eff}\uparrow\uparrow}\left(\Lambda_{\boldsymbol{q}\uparrow\uparrow} + \Lambda_{\boldsymbol{q}\downarrow\uparrow}\right) + v_{\text{eff}\downarrow\uparrow}\left(\Lambda_{\boldsymbol{q}\uparrow\downarrow} + \Lambda_{\boldsymbol{q}\downarrow\downarrow}\right)\Big).$$

Die beiden Ausdrücke sind offenbar identisch. Aus (6.189) folgt dann:

$$\begin{aligned}
v_{\text{eff},\uparrow\uparrow}(\boldsymbol{q},E_0) &= v(\boldsymbol{q}) + v(\boldsymbol{q})\Big(v_{\text{eff},\uparrow\uparrow}\left(\Lambda_{\boldsymbol{q}\uparrow\uparrow} + \Lambda_{\boldsymbol{q}\downarrow\uparrow}\right) + v_{\text{eff},\downarrow\uparrow}\left(\Lambda_{\boldsymbol{q}\uparrow\downarrow} + \Lambda_{\boldsymbol{q}\downarrow\downarrow}\right)\Big) \\
&= v_{\text{eff}\downarrow\uparrow}(\boldsymbol{q},E_0) \\
\curvearrowright\quad v_{\text{eff},\uparrow\uparrow}(\boldsymbol{q},E_0) &= v(\boldsymbol{q}) + v(\boldsymbol{q})\Big(\Lambda_{\boldsymbol{q}\uparrow\uparrow} + \Lambda_{\boldsymbol{q}\downarrow\uparrow} + \Lambda_{\boldsymbol{q}\uparrow\downarrow} + \Lambda_{\boldsymbol{q}\downarrow\downarrow}\Big)v_{\text{eff},\uparrow\uparrow}(\boldsymbol{q},E_0) \\
&= v(\boldsymbol{q}) + v(\boldsymbol{q})\Lambda_{\boldsymbol{q}}(E_0)v_{\text{eff},\uparrow\uparrow}(\boldsymbol{q},E_0) \\
\curvearrowright\quad v_{\text{eff},\uparrow\uparrow}(\boldsymbol{q},E_0) &= \frac{v(\boldsymbol{q})}{1 - v(\boldsymbol{q})\Lambda_{\boldsymbol{q}}(E_0)} = v_{\text{eff},\downarrow\uparrow}(\boldsymbol{q},E_0).
\end{aligned}$$

Ganz analog berechnen sich die beiden anderen Matrixelemente. Diese Rechnung bestätigt erneut, dass im Jellium-Modell die effektive Wechselwirkung unabhängig von den Spins der beteiligten Elektronen ist:

$$v_{\text{eff},\sigma\sigma'}(\boldsymbol{q},E_0) \equiv v_{\text{eff}}(\boldsymbol{q},E_0) = \frac{v(\boldsymbol{q})}{1 - v(\boldsymbol{q})\Lambda_{\boldsymbol{q}}(E_0)}.$$

Lösung zu Aufgabe 6.3.4

1. Im Fall des Hubbard-Modells haben wir in (6.188)

$$v_{\sigma\sigma''}(\boldsymbol{q}) \equiv \frac{U}{N}\,\delta_{\sigma-\sigma''}$$

einzusetzen:

$$v_{\text{eff},\sigma\sigma'}(\boldsymbol{q},E_0) = \frac{U}{N}\,\delta_{\sigma-\sigma'} + \frac{U}{N}\sum_{\sigma'''}\Lambda_{\boldsymbol{q}-\sigma\sigma'''}v_{\text{eff},\sigma'''\sigma'}(\boldsymbol{q},E_0).$$

Das bedeutet:

$$
\begin{aligned}
v_{\text{eff},\uparrow\uparrow}(\boldsymbol{q},E_0) &= \frac{U}{N}\Big(\Lambda_{q\downarrow\uparrow}v_{\text{eff}\uparrow\uparrow} + \Lambda_{q\downarrow\downarrow}v_{\text{eff}\downarrow\uparrow}\Big)\\
\curvearrowright\quad v_{\text{eff},\uparrow\uparrow}(\boldsymbol{q},E_0) &= \frac{\frac{U}{N}\Lambda_{q\downarrow\downarrow}}{1-\frac{U}{N}\Lambda_{q\downarrow\uparrow}}\,v_{\text{eff}\downarrow\uparrow}(\boldsymbol{q},E_0)\\
v_{\text{eff},\downarrow\uparrow}(\boldsymbol{q},E_0) &= \frac{U}{N} + \frac{U}{N}\Big(\Lambda_{q\uparrow\uparrow}v_{\text{eff}\uparrow\uparrow} + \Lambda_{q\uparrow\downarrow}v_{\text{eff}\downarrow\uparrow}\Big)\\
\curvearrowright\quad v_{\text{eff},\downarrow\uparrow}(\boldsymbol{q},E_0) &= \frac{\frac{U}{N}}{1-\frac{U}{N}\Lambda_{q\uparrow\downarrow}} + \frac{\frac{U}{N}\Lambda_{q\uparrow\uparrow}}{1-\frac{U}{N}\Lambda_{q\uparrow\downarrow}}\,v_{\text{eff}\uparrow\uparrow}(\boldsymbol{q},E_0)\,.
\end{aligned}
$$

Einsetzen und auflösen:

$$
v_{\text{eff},\uparrow\uparrow}(\boldsymbol{q},E_0)\left(1-\frac{\frac{U^2}{N^2}\Lambda_{q\downarrow\downarrow}\Lambda_{q\uparrow\uparrow}}{\left(1-\frac{U}{N}\Lambda_{q\downarrow\uparrow}\right)\left(1-\frac{U}{N}\Lambda_{q\uparrow\downarrow}\right)}\right) = \frac{\frac{U^2}{N^2}\Lambda_{q\downarrow\downarrow}}{\left(1-\frac{U}{N}\Lambda_{q\downarrow\uparrow}\right)\left(1-\frac{U}{N}\Lambda_{q\uparrow\downarrow}\right)}\,.
$$

Damit haben wir als erstes Resultat:

$$
\boxed{v_{\text{eff},\uparrow\uparrow}(\boldsymbol{q},E_0) = \frac{\frac{U^2}{N^2}\Lambda_{q\downarrow\downarrow}(E_0)}{\left(1-\frac{U}{N}\Lambda_{q\downarrow\uparrow}(E_0)\right)\left(1-\frac{U}{N}\Lambda_{q\uparrow\downarrow}(E_0)\right)-\frac{U^2}{N^2}\Lambda_{q\downarrow\downarrow}(E_0)\Lambda_{q\uparrow\uparrow}(E_0)}}
$$

Das setzen wir in den obigen Ausdruck für das Nichtdiagonalelement ein:

$$
v_{\text{eff},\downarrow\uparrow}(\boldsymbol{q},E_0) = \frac{\frac{U}{N}}{1-\frac{U}{N}\Lambda_{q\uparrow\downarrow}}\left(1+\frac{\frac{U^2}{N^2}\Lambda_{q\downarrow\downarrow}\Lambda_{q\uparrow\uparrow}}{\left(1-\frac{U}{N}\Lambda_{q\downarrow\uparrow}\right)\left(1-\frac{U}{N}\Lambda_{q\uparrow\downarrow}\right)-\frac{U^2}{N^2}\Lambda_{q\downarrow\downarrow}\Lambda_{q\uparrow\uparrow}}\right)\,.
$$

Das ergibt als zweites Resultat:

$$
\boxed{v_{\text{eff},\downarrow\uparrow}(\boldsymbol{q},E_0) = \frac{\frac{U}{N}\left(1-\frac{U}{N}\Lambda_{q\downarrow\uparrow}(E_0)\right)}{\left(1-\frac{U}{N}\Lambda_{q\downarrow\uparrow}(E_0)\right)\left(1-\frac{U}{N}\Lambda_{q\uparrow\downarrow}(E_0)\right)-\frac{U^2}{N^2}\Lambda_{q\downarrow\downarrow}(E_0)\Lambda_{q\uparrow\uparrow}(E_0)}}
$$

Die beiden anderen Elemente findet man einfach durch Spinaustausch ($\uparrow\leftrightarrow\downarrow$). Im Hubbard-Modell trägt die effektive Wechselwirkung also eine explizite Spinabhängigkeit. Dabei ist diese, anders als die „nackte“ Wechselwirkung, im allgemeinen auch für Wechselwirkungspartner gleichen Spins von null verschieden.

2. Für den paramagnetischen Fall können wir

$$
\Lambda_{q\sigma\sigma'}(E_0) \equiv \Lambda_{q-\sigma-\sigma'}(E_0)
$$

voraussetzen. Mit den Abkürzungen

$$\Lambda_{\boldsymbol{q}}^{(+)}(E_0) = \Lambda_{\boldsymbol{q}\sigma\sigma}(E_0) \qquad \Lambda_{\boldsymbol{q}}^{(-)}(E_0) = \Lambda_{\boldsymbol{q}\sigma-\sigma}(E_0)$$

kann die effektive Wechselwirkung dann wie folgt geschrieben werden:

$$v_{\text{eff},\sigma\sigma}(\boldsymbol{q}, E_0) = \frac{\frac{U^2}{N^2}\Lambda_{\boldsymbol{q}}^{(+)}(E_0)}{\left(1 - \frac{U}{N}\Lambda_{\boldsymbol{q}}^{(-)}(E_0)\right)^2 - \frac{U^2}{N^2}\Lambda_{\boldsymbol{q}}^{(+)2}(E_0)}$$

$$v_{\text{eff},\sigma-\sigma}(\boldsymbol{q}, E_0) = \frac{\frac{U}{N}\left(1 - \frac{U}{N}\Lambda_{\boldsymbol{q}}^{(-)}(E_0)\right)}{\left(1 - \frac{U}{N}\Lambda_{\boldsymbol{q}}^{(-)}(E_0)\right)^2 - \frac{U^2}{N^2}\Lambda_{\boldsymbol{q}}^{(+)2}(E_0)}$$

3. Der Spezialfall

$$\Lambda_{\boldsymbol{q}}(E_0) \to \Lambda_{\boldsymbol{q}}^{(0)}(E_0) \quad \curvearrowright \quad \Lambda_{\boldsymbol{q}\sigma\sigma'}(E_0) \to \frac{1}{4}\Lambda_{\boldsymbol{q}}^{(0)}(E_0)$$

führt zur sog. „*random phase approximation*“:

$$v_{\text{eff},\sigma\sigma}^{RPA}(\boldsymbol{q}, E_0) = \frac{\left(\frac{U}{2N}\right)^2 \Lambda_{\boldsymbol{q}}^{(0)}(E_0)}{1 - \frac{U}{2N}\Lambda_{\boldsymbol{q}}^{(0)}(E_0)}$$

$$v_{\text{eff},\sigma-\sigma}^{RPA}(\boldsymbol{q}, E_0) = \frac{\frac{U}{N}\left(1 - \frac{U}{4N}\Lambda_{\boldsymbol{q}}^{(0)}(E_0)\right)}{1 - \frac{U}{2N}\Lambda_{\boldsymbol{q}}^{(0)}(E_0)} \,.$$

Lösung zu Aufgabe 6.3.5

Zur Durchführung der Energiesummation für die in (6.194) definierte Funktion

$$-\hbar\widehat{\Lambda}_{\boldsymbol{q}\sigma}(E_0) = \frac{\varepsilon}{\hbar\beta}\sum_{\boldsymbol{p}E_1} G_{\boldsymbol{p}\sigma}^M(E_1) G_{\boldsymbol{p}+\boldsymbol{q}\sigma}^M(E_1 + E_0)$$

benutzen wir die Spektraldarstellung (6.20) der Ein-Teilchen-Matsubara-Funktion:

$$G_{\boldsymbol{p}\sigma}^M(E_1) = \int_{-\infty}^{+\infty} dE' \, \frac{S_{\boldsymbol{p}\sigma}(E')}{iE_1 - E'} \,.$$

Dann bleibt zu berechnen,

$$\widehat{\Lambda}_{q\sigma}(E_0) = \frac{-\varepsilon}{\hbar^2\beta}\sum_p \int_{-\infty}^{+\infty} dx \int_{-\infty}^{+\infty} dy\, S_{p\sigma}(x) S_{p+q\sigma}(y) F_{E_0}(x,y) ,$$

mit der Abkürzung:

$$F_{E_0}(x,y) = \sum_{E_1} \frac{1}{iE_1 - x}\,\frac{1}{iE_1 + iE_0 - y} = \sum_{E_1} H_{x,y}(iE_1) .$$

Die Summation über die Matsubara-Energien E_1 lässt sich mit (6.75) durchführen oder, da $H_{x,y}(E)$ im Unendlichen stärker als $\frac{1}{E}$ verschwindet, mit der äquivalenten, in Aufgabe 6.2.5 bewiesenen Formel:

$$\sum_{E_1} H_{x,y}(iE_1) = -\varepsilon\beta \sum_{\widehat{E}_i} f_\varepsilon(\widehat{E}_i)\left(\mathrm{Res}_{\widehat{E}_i} H(E)\right) .$$

$H(E)$ hat zwei Pole:

$$\begin{aligned} i\widehat{E}_1 &= x, & \mathrm{Res}_{\widehat{E}_1} &= (x + iE_0 - y)^{-1} \\ i\widehat{E}_2 &= y - iE_0, & \mathrm{Res}_{\widehat{E}_2} &= (y - iE_0 - x)^{-1} . \end{aligned}$$

Damit ergibt sich:

$$F_{E_0}(x,y) = -\varepsilon\beta\left(\frac{f_\varepsilon(x)}{x + iE_0 - y} + \frac{f_\varepsilon(y - iE_0)}{y - iE_0 - x}\right) .$$

E_0 ist eine bosonische Matsubara-Energie, also gilt

$$e^{-i\beta E_0} = +1 .$$

Damit bleibt:

$$F_{E_0}(x,y) = -\varepsilon\beta\,\frac{f_\varepsilon(x) - f_\varepsilon(y)}{iE_0 + x - y}$$

in den obigen Ausdruck für $\widehat{\Lambda}_{q\sigma}(E_0)$ eingesetzt, ergibt das genau (6.198):

$$\widehat{\Lambda}_{q\sigma}(E_0) = \frac{1}{\hbar^2}\sum_p \int_{-\infty}^{+\infty} dx \int_{-\infty}^{+\infty} dy\, \frac{S_{p\sigma}(x) S_{p+q\sigma}(y)}{iE_0 + x - y}\left(f_\varepsilon(x) - f_\varepsilon(y)\right) .$$

Sachverzeichnis

Fette Seitenzahlen verweisen auf eine Definition, die Formulierung eines Satzes oder eine wichtige Aussage, kursive auf eine Aufgabe.

Printed in the United States
By Bookmasters